中 国 地 震 年 鉴

CHINA EARTHQUAKE YEARBOOK

2 0 0 8

地 震 出 版 社

图书在版编目（CIP）数据

中国地震年鉴.2008/《中国地震年鉴》编辑部编.
—北京：地震出版社，2019.12

ISBN 978-7-5028-5114-9

Ⅰ.①中… Ⅱ.①中… Ⅲ.①地震—中国—2008—年鉴
Ⅳ.①P316.2-54

中国版本图书馆CIP数据核字（2019）第247340号

地震版 XM4243

中国地震年鉴(2008)

CHINA EARTHQUAKE YEARBOOK (2008)

《中国地震年鉴》编辑部

责任编辑：李 玲 董 青 樊 钰

特约编辑：李巧萍 张琼瑞

责任校对：庞亚萍 刘 丽

出版发行：地 震 出 版 社

北京市海淀区民族大学南路9号 邮编：100081

发行部：68423031 68467993 传真：88421706

门市部：68467991 传真：68467991

总编室：68462709 68423029 传真：68455221

http://seismologicalpress.com

经销：全国各地新华书店

印刷：北京地大彩印有限公司

版（印）次：2019年12月第一版 2019年12月第一次印刷

开本：787×1092 1/16

字数：1178千字

印张：46

书号：ISBN 978-7-5028-5114-9/P（5832）

定价：198.00元

2008年3月26～27日，全国地震局长会议暨党风廉政建设工作会议在北京召开

中国地震局召开深入学习实践科学发展观活动动员大会

2008年，召开全国地震系统廉政文化建设经验交流会

（中国地震局办公室　提供）

国家地震灾害紧急救援队从北京登机直奔汶川地震灾区

现场救援队

国家地震灾害紧急救援队队员在汶川地震现场救援

国家地震灾害紧急救援队队员在汶川地震现场搜索废墟中的幸存者

（地震出版社　提供）

2008年5月，中国地震局党组书记、局长陈建民在四川地震灾区指导救援工作

2008年5月，中国地震局党组成员、副局长刘玉辰（右二）在四川汶川8.0级地震现场指挥地震应急救援工作

2008年5月，中国地震局党组成员、副局长赵和平（左二）在都江堰的四川汶川8.0级地震现场联合工作队指挥部指挥地震应急救援工作

2008年5月，中国地震局党组成员、副局长修济刚（右二）接受中国政府网、新华网联合访问，就四川汶川地震相关情况与网友在线交流

2008年8月，中国地震局党组成员、副局长阴朝民赴四川省检查指导防震减灾工作

（中国地震局办公室　提供）

中国数字地震观测网络项目验收会议在北京召开

中国地震局召开 2008 年度地震科技外事工作会议

全国地震系统 2008 年公文质量检查评比暨公文处理培训班

中国地震局事业单位岗位设置实施工作培训班

（中国地震局办公室　提供）

中国地震局党组书记、局长陈建民向全国人大常委会作《中华人民共和国防震减灾法》（修订草案）说明

（中国地震局震害防御司　提供）

《中华人民共和国防震减灾法》（修订草案）通过后在人民大会堂召开新闻发布会

（中国地震局震害防御司　提供）

国务院法制办公室副主任张穹，中国地震局党组成员、副局长刘玉辰主持召开《中华人民共和国防震减灾法》修订调研座谈会

（中国地震局震害防御司　提供）

2008 年 1 月 8 日，国务院法制办公室在广州召开《中华人民共和国防震减灾法》（修订草案）立法调研座谈会

（朱建明　摄）

2018 年 9 月 2 ~ 7 日，全国人大教科文卫委员会、法律委员会和全国人大常委会法制工作委员会组成联合工作组，在四川省开展《中华人民共和国防震减灾法》立法调研座谈会

（韩震　摄）

2008 年 4 月 3 日，安徽省地震局与省人大教科文卫工作委员会联合召开纪念《中华人民共和国防震减灾法》实施十周年座谈会，安徽省人大常委会副主任朱维芳、省政府副秘书长余焰炉出席会议并讲话

（安徽省地震局　提供）

2008年6月，天津市和平区开展“以汶川特大地震为昭示，增强全民防灾应急意识，平安迎奥运”宣传月活动

（荣跃华　摄）

2008年3月16日，甘肃省永靖县委、县政府为中国地震局“减灾林”立碑

（甘肃省地震局　提供）

2008年7月22日，宁夏回族自治区召开全区宣传文化系统领导干部防震减灾知识讲座报告会

（闫冲　摄）

中国地震局全体职工为汶川地震灾区送温暖献爱心

（中国地震局办公室　提供）

中国地震灾害防御中心为汶川地震灾区捐款

（中国地震灾害防御中心　提供）

山西省地震局共产党员积极向地震灾区交纳“特殊党费”

（山西省地震局　提供）

北京市宣武区防震减灾科普教育基地

（北京市地震局 提供）

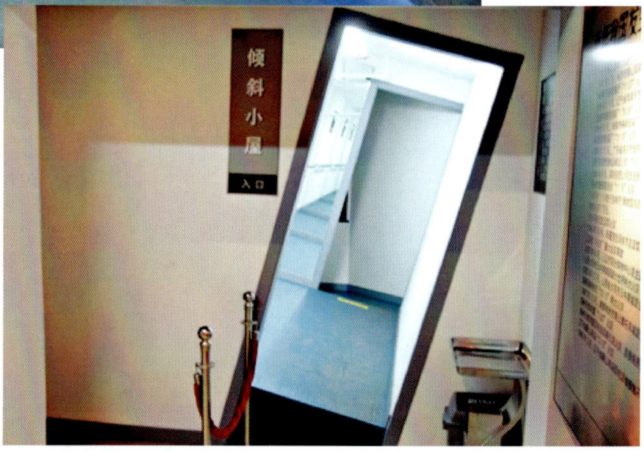

北京市望京倾斜小屋

（北京市地震局 提供）

2008 年 12 月 25 日第一届全国地震速报竞赛沈阳赛区复赛在辽宁省地震局举行

（侯作亮 摄影）

目　录

专　载

地震与地震灾害

防 震 减 灾

科技进展与成果推广

机构·人事·教育

机构设置

人事教育

人物

表彰奖励

合作与交流

计划·财务·审计·党建

党建工作

附　　录

专　载

主要收载党中央、国务院、中国地震局领导有关防震减灾工作的重要讲话；国务院、国务院办公厅和中国地震局及省级机关印发的有关防震减灾工作的重要法规和文件。

中华人民共和国主席令

第七号

《中华人民共和国防震减灾法》已由中华人民共和国第十一届全国人民代表大会常务委员会第六次会议于2008年12月27日修订通过，现将修订后的《中华人民共和国防震减灾法》公布，自2009年5月1日起施行。

中华人民共和国主席　胡锦涛

2008年12月27日

中华人民共和国防震减灾法

（1997年12月29日第八届全国人民代表大会常务委员会第二十九次会议通过
2008年12月27日第十一届全国人民代表大会常务委员会第六次会议修订）

目　　录

第一章　总　　则

第一条　为了防御和减轻地震灾害，保护人民生命和财产安全，促进经济社会的可持续发展，制定本法。

第二条 在中华人民共和国领域和中华人民共和国管辖的其他海域从事地震监测预报、地震灾害预防、地震应急救援、地震灾后过渡性安置和恢复重建等防震减灾活动，适用本法。

第三条 防震减灾工作，实行预防为主、防御与救助相结合的方针。

第四条 县级以上人民政府应当加强对防震减灾工作的领导，将防震减灾工作纳入本级国民经济和社会发展规划，所需经费列入财政预算。

第五条 在国务院的领导下，国务院地震工作主管部门和国务院经济综合宏观调控、建设、民政、卫生、公安以及其他有关部门，按照职责分工，各负其责，密切配合，共同做好防震减灾工作。

县级以上地方人民政府负责管理地震工作的部门或者机构和其他有关部门在本级人民政府领导下，按照职责分工，各负其责，密切配合，共同做好本行政区域的防震减灾工作。

第六条 国务院抗震救灾指挥机构负责统一领导、指挥和协调全国抗震救灾工作。县级以上地方人民政府抗震救灾指挥机构负责统一领导、指挥和协调本行政区域的抗震救灾工作。

国务院地震工作主管部门和县级以上地方人民政府负责管理地震工作的部门或者机构，承担本级人民政府抗震救灾指挥机构的日常工作。

第七条 各级人民政府应当组织开展防震减灾知识的宣传教育，增强公民的防震减灾意识，提高全社会的防震减灾能力。

第八条 任何单位和个人都有依法参加防震减灾活动的义务。

国家鼓励、引导社会组织和个人开展地震群测群防活动，对地震进行监测和预防。

国家鼓励、引导志愿者参加防震减灾活动。

第九条 中国人民解放军、中国人民武装警察部队和民兵组织，依照本法以及其他有关法律、行政法规、军事法规的规定和国务院、中央军事委员会的命令，执行抗震救灾任务，保护人民生命和财产安全。

第十条 从事防震减灾活动，应当遵守国家有关防震减灾标准。

第十一条 国家鼓励、支持防震减灾的科学技术研究，逐步提高防震减灾科学技术研究经费投入，推广先进的科学研究成果，加强国际合作与交流，提高防震减灾工作水平。

对在防震减灾工作中做出突出贡献的单位和个人，按照国家有关规定给予表彰和奖励。

第二章 防震减灾规划

第十二条 国务院地震工作主管部门会同国务院有关部门组织编制国家防震减灾规划，报国务院批准后组织实施。

县级以上地方人民政府负责管理地震工作的部门或者机构会同同级有关部门，根据上一级防震减灾规划和本行政区域的实际情况，组织编制本行政区域的防震减灾规划，报本级人民政府批准后组织实施，并报上一级人民政府负责管理地震工作的部门或者机构备案。

第十三条 编制防震减灾规划，应当遵循统筹安排、突出重点、合理布局、全面预防的原则，以震情和震害预测结果为依据，并充分考虑人民生命和财产安全及经济社会发展、资源环境保护等需要。

县级以上地方人民政府有关部门应当根据编制防震减灾规划的需要，及时提供有关资料。

第十四条 防震减灾规划的内容应当包括：震情形势和防震减灾总体目标，地震监测台网建设布局，地震灾害预防措施，地震应急救援措施，以及防震减灾技术、信息、资金、物资等保障措施。

编制防震减灾规划，应当对地震重点监视防御区的地震监测台网建设、震情跟踪、地震灾害预防措施、地震应急准备、防震减灾知识宣传教育等作出具体安排。

第十五条 防震减灾规划报送审批前，组织编制机关应当征求有关部门、单位、专家和公众的意见。

防震减灾规划报送审批文件中应当附具意见采纳情况及理由。

第十六条 防震减灾规划一经批准公布，应当严格执行；因震情形势变化和经济社会发展的需要确需修改的，应当按照原审批程序报送审批。

第三章　地震监测预报

第十七条 国家加强地震监测预报工作，建立多学科地震监测系统，逐步提高地震监测预报水平。

第十八条 国家对地震监测台网实行统一规划，分级、分类管理。

国务院地震工作主管部门和县级以上地方人民政府负责管理地震工作的部门或者机构，按照国务院有关规定，制定地震监测台网规划。

全国地震监测台网由国家级地震监测台网、省级地震监测台网和市、县级地震监测台网组成，其建设资金和运行经费列入财政预算。

第十九条 水库、油田、核电站等重大建设工程的建设单位，应当按照国务院有关规定，建设专用地震监测台网或者强震动监测设施，其建设资金和运行经费由建设单位承担。

第二十条 地震监测台网的建设，应当遵守法律、法规和国家有关标准，保证建设质量。

第二十一条 地震监测台网不得擅自中止或者终止运行。

检测、传递、分析、处理、存贮、报送地震监测信息的单位，应当保证地震监测信息的质量和安全。

县级以上地方人民政府应当组织相关单位为地震监测台网的运行提供通信、交通、电力等保障条件。

第二十二条 沿海县级以上地方人民政府负责管理地震工作的部门或者机构，应当加强海域地震活动监测预测工作。海域地震发生后，县级以上地方人民政府负责管理地震工作的部门或者机构，应当及时向海洋主管部门和当地海事管理机构等通报情况。

火山所在地的县级以上地方人民政府负责管理地震工作的部门或者机构，应当利用地震监测设施和技术手段，加强火山活动监测预测工作。

第二十三条 国家依法保护地震监测设施和地震观测环境。

任何单位和个人不得侵占、毁损、拆除或者擅自移动地震监测设施。地震监测设施遭到破坏的，县级以上地方人民政府负责管理地震工作的部门或者机构应当采取紧急措施组织修复，确保地震监测设施正常运行。

任何单位和个人不得危害地震观测环境。国务院地震工作主管部门和县级以上地方人民政府负责管理地震工作的部门或者机构会同同级有关部门，按照国务院有关规定划定地震观测环境保护范围，并纳入土地利用总体规划和城乡规划。

第二十四条 新建、扩建、改建建设工程，应当避免对地震监测设施和地震观测环境造成危害。建设国家重点工程，确实无法避免对地震监测设施和地震观测环境造成危害的，建设单位应当按照县级以上地方人民政府负责管理地震工作的部门或者机构的要求，增建抗干扰设施；不能增建抗干扰设施的，应当新建地震监测设施。

对地震观测环境保护范围内的建设工程项目，城乡规划主管部门在依法核发选址意见书时，应当征求负责管理地震工作的部门或者机构的意见；不需要核发选址意见书的，城乡规划主管部门在依法核发建设用地规划许可证或者乡村建设规划许可证时，应当征求负责管理地震工作的部门或者机构的意见。

第二十五条 国务院地震工作主管部门建立健全地震监测信息共享平台，为社会提供服务。

县级以上地方人民政府负责管理地震工作的部门或者机构，应当将地震监测信息及时报送上一级人民政府负责管理地震工作的部门或者机构。

专用地震监测台网和强震动监测设施的管理单位，应当将地震监测信息及时报送所在地省、自治区、直辖市人民政府负责管理地震工作的部门或者机构。

第二十六条 国务院地震工作主管部门和县级以上地方人民政府负责管理地震工作的部门或者机构，根据地震监测信息研究结果，对可能发生地震的地点、时间和震级作出预测。

其他单位和个人通过研究提出的地震预测意见，应当向所在地或者所预测地的县级以上地方人民政府负责管理地震工作的部门或者机构书面报告，或者直接向国务院地震工作主管部门书面报告。收到书面报告的部门或者机构应当进行登记并出具接收凭证。

第二十七条 观测到可能与地震有关的异常现象的单位和个人，可以向所在地县级以上地方人民政府负责管理地震工作的部门或者机构报告，也可以直接向国务院地震工作主管部门报告。

国务院地震工作主管部门和县级以上地方人民政府负责管理地震工作的部门或者机构接到报告后，应当进行登记并及时组织调查核实。

第二十八条 国务院地震工作主管部门和省、自治区、直辖市人民政府负责管理地震工作的部门或者机构，应当组织召开震情会商会，必要时邀请有关部门、专家和其他有关人员参加，对地震预测意见和可能与地震有关的异常现象进行综合分析研究，形成震情会商意见，报本级人民政府；经震情会商形成地震预报意见的，在报本级人民政府前，应当进行评审，作出评审结果，并提出对策建议。

第二十九条 国家对地震预报意见实行统一发布制度。

全国范围内的地震长期和中期预报意见，由国务院发布。省、自治区、直辖市行政区域内的地震预报意见，由省、自治区、直辖市人民政府按照国务院规定的程序发布。

除发表本人或者本单位对长期、中期地震活动趋势的研究成果及进行相关学术交流外，任何单位和个人不得向社会散布地震预测意见。任何单位和个人不得向社会散布地震预报意见及其评审结果。

第三十条 国务院地震工作主管部门根据地震活动趋势和震害预测结果，提出确定地震重点监视防御区的意见，报国务院批准。

国务院地震工作主管部门应当加强地震重点监视防御区的震情跟踪，对地震活动趋势进行分析评估，提出年度防震减灾工作意见，报国务院批准后实施。

地震重点监视防御区的县级以上地方人民政府应当根据年度防震减灾工作意见和当地的地震活动趋势，组织有关部门加强防震减灾工作。

地震重点监视防御区的县级以上地方人民政府负责管理地震工作的部门或者机构，应当增加地震监测台网密度，组织做好震情跟踪、流动观测和可能与地震有关的异常现象观测以及群测群防工作，并及时将有关情况报上一级人民政府负责管理地震工作的部门或者机构。

第三十一条 国家支持全国地震烈度速报系统的建设。

地震灾害发生后，国务院地震工作主管部门应当通过全国地震烈度速报系统快速判断致灾程度，为指挥抗震救灾工作提供依据。

第三十二条 国务院地震工作主管部门和县级以上地方人民政府负责管理地震工作的部门或者机构，应当对发生地震灾害的区域加强地震监测，在地震现场设立流动观测点，根据震情的发展变化，及时对地震活动趋势作出分析、判定，为余震防范工作提供依据。

国务院地震工作主管部门和县级以上地方人民政府负责管理地震工作的部门或者机构、地震监测台网的管理单位，应当及时收集、保存有关地震的资料和信息，并建立完整的档案。

第三十三条 外国的组织或者个人在中华人民共和国领域和中华人民共和国管辖的其他海域从事地震监测活动，必须经国务院地震工作主管部门会同有关部门批准，并采取与中华人民共和国有关部门或者单位合作的形式进行。

第四章　地震灾害预防

第三十四条 国务院地震工作主管部门负责制定全国地震烈度区划图或者地震动参数区划图。

国务院地震工作主管部门和省、自治区、直辖市人民政府负责管理地震工作的部门或者机构，负责审定建设工程的地震安全性评价报告，确定抗震设防要求。

第三十五条 新建、扩建、改建建设工程，应当达到抗震设防要求。

重大建设工程和可能发生严重次生灾害的建设工程，应当按照国务院有关规定进行地震安全性评价，并按照经审定的地震安全性评价报告所确定的抗震设防要求进行抗震设防。建设工程的地震安全性评价单位应当按照国家有关标准进行地震安全性评价，并对地震安全性评价报告的质量负责。

前款规定以外的建设工程，应当按照地震烈度区划图或者地震动参数区划图所确定的抗震设防要求进行抗震设防；对学校、医院等人员密集场所的建设工程，应当按照高于当地房屋建筑的抗震设防要求进行设计和施工，采取有效措施，增强抗震设防能力。

第三十六条 有关建设工程的强制性标准，应当与抗震设防要求相衔接。

第三十七条 国家鼓励城市人民政府组织制定地震小区划图。地震小区划图由国务院地震工作主管部门负责审定。

第三十八条 建设单位对建设工程的抗震设计、施工的全过程负责。

设计单位应当按照抗震设防要求和工程建设强制性标准进行抗震设计，并对抗震设计的质量以及出具的施工图设计文件的准确性负责。

施工单位应当按照施工图设计文件和工程建设强制性标准进行施工，并对施工质量负责。

建设单位、施工单位应当选用符合施工图设计文件和国家有关标准规定的材料、构配件和设备。

工程监理单位应当按照施工图设计文件和工程建设强制性标准实施监理，并对施工质量承担监理责任。

第三十九条 已经建成的下列建设工程，未采取抗震设防措施或者抗震设防措施未达到抗震设防要求的，应当按照国家有关规定进行抗震性能鉴定，并采取必要的抗震加固措施：

（一）重大建设工程；

（二）可能发生严重次生灾害的建设工程；

（三）具有重大历史、科学、艺术价值或者重要纪念意义的建设工程；

（四）学校、医院等人员密集场所的建设工程；

（五）地震重点监视防御区内的建设工程。

第四十条 县级以上地方人民政府应当加强对农村村民住宅和乡村公共设施抗震设防的管理，组织开展农村实用抗震技术的研究和开发，推广达到抗震设防要求、经济适用、具有当地特色的建筑设计和施工技术，培训相关技术人员，建设示范工程，逐步提高农村村民住宅和乡村公共设施的抗震设防水平。

国家对需要抗震设防的农村村民住宅和乡村公共设施给予必要支持。

第四十一条 城乡规划应当根据地震应急避难的需要，合理确定应急疏散通道和应急避难场所，统筹安排地震应急避难所必需的交通、供水、供电、排污等基础设施建设。

第四十二条 地震重点监视防御区的县级以上地方人民政府应当根据实际需要，在本级财政预算和物资储备中安排抗震救灾资金、物资。

第四十三条 国家鼓励、支持研究开发和推广使用符合抗震设防要求、经济实用的新技术、新工艺、新材料。

第四十四条 县级人民政府及其有关部门和乡、镇人民政府、城市街道办事处等基层组织，应当组织开展地震应急知识的宣传普及活动和必要的地震应急救援演练，提高公民在地震灾害中自救互救的能力。

机关、团体、企业、事业等单位，应当按照所在地人民政府的要求，结合各自实际情况，加强对本单位人员的地震应急知识宣传教育，开展地震应急救援演练。

学校应当进行地震应急知识教育，组织开展必要的地震应急救援演练，培养学生的安全意识和自救互救能力。

新闻媒体应当开展地震灾害预防和应急、自救互救知识的公益宣传。

国务院地震工作主管部门和县级以上地方人民政府负责管理地震工作的部门或者机构，应当指导、协助、督促有关单位做好防震减灾知识的宣传教育和地震应急救援演练等工作。

第四十五条 国家发展有财政支持的地震灾害保险事业，鼓励单位和个人参加地震灾害保险。

第五章 地震应急救援

第四十六条 国务院地震工作主管部门会同国务院有关部门制定国家地震应急预案，报国务院批准。国务院有关部门根据国家地震应急预案，制定本部门的地震应急预案，报国务院地震工作主管部门备案。

县级以上地方人民政府及其有关部门和乡、镇人民政府，应当根据有关法律、法规、规章、上级人民政府及其有关部门的地震应急预案和本行政区域的实际情况，制定本行政区域的地震应急预案和本部门的地震应急预案。省、自治区、直辖市和较大的市的地震应急预案，应当报国务院地震工作主管部门备案。

交通、铁路、水利、电力、通信等基础设施和学校、医院等人员密集场所的经营管理单位，以及可能发生次生灾害的核电、矿山、危险物品等生产经营单位，应当制定地震应急预案，并报所在地的县级人民政府负责管理地震工作的部门或者机构备案。

第四十七条 地震应急预案的内容应当包括：组织指挥体系及其职责，预防和预警机制，处置程序，应急响应和应急保障措施等。

地震应急预案应当根据实际情况适时修订。

第四十八条 地震预报意见发布后，有关省、自治区、直辖市人民政府根据预报的震情可以宣布有关区域进入临震应急期；有关地方人民政府应当按照地震应急预案，组织有关部门做好应急防范和抗震救灾准备工作。

第四十九条 按照社会危害程度、影响范围等因素，地震灾害分为一般、较大、重大和特别重大四级。具体分级标准按照国务院规定执行。

一般或者较大地震灾害发生后，地震发生地的市、县人民政府负责组织有关部门启动地震应急预案；重大地震灾害发生后，地震发生地的省、自治区、直辖市人民政府负责组织有关部门启动地震应急预案；特别重大地震灾害发生后，国务院负责组织有关部门启动地震应急预案。

第五十条 地震灾害发生后，抗震救灾指挥机构应当立即组织有关部门和单位迅速查清受灾情况，提出地震应急救援力量的配置方案，并采取以下紧急措施：

（一）迅速组织抢救被压埋人员，并组织有关单位和人员开展自救互救；

（二）迅速组织实施紧急医疗救护，协调伤员转移和接收与救治；

（三）迅速组织抢修毁损的交通、铁路、水利、电力、通信等基础设施；

（四）启用应急避难场所或者设置临时避难场所，设置救济物资供应点，提供救济物品、简易住所和临时住所，及时转移和安置受灾群众，确保饮用水消毒和水质安全，积极开展卫生防疫，妥善安排受灾群众生活；

（五）迅速控制危险源，封锁危险场所，做好次生灾害的排查与监测预警工作，防范地震可能引发的火灾、水灾、爆炸、山体滑坡和崩塌、泥石流、地面塌陷，或者剧毒、强腐蚀性、放射性物质大量泄漏等次生灾害以及传染病疫情的发生；

（六）依法采取维持社会秩序、维护社会治安的必要措施。

第五十一条 特别重大地震灾害发生后，国务院抗震救灾指挥机构在地震灾区成立现场指挥机构，并根据需要设立相应的工作组，统一组织领导、指挥和协调抗震救灾工作。

各级人民政府及有关部门和单位、中国人民解放军、中国人民武装警察部队和民兵组织，应当按照统一部署，分工负责，密切配合，共同做好地震应急救援工作。

第五十二条 地震灾区的县级以上地方人民政府应当及时将地震震情和灾情等信息向上一级人民政府报告，必要时可以越级上报，不得迟报、谎报、瞒报。

地震震情、灾情和抗震救灾等信息按照国务院有关规定实行归口管理，统一、准确、及时发布。

第五十三条 国家鼓励、扶持地震应急救援新技术和装备的研究开发，调运和储备必要的应急救援设施、装备，提高应急救援水平。

第五十四条 国务院建立国家地震灾害紧急救援队伍。

省、自治区、直辖市人民政府和地震重点监视防御区的市、县人民政府可以根据实际需要，充分利用消防等现有队伍，按照一队多用、专职与兼职相结合的原则，建立地震灾害紧急救援队伍。

地震灾害紧急救援队伍应当配备相应的装备、器材，开展培训和演练，提高地震灾害紧急救援能力。

地震灾害紧急救援队伍在实施救援时，应当首先对倒塌建筑物、构筑物压埋人员进行紧急救援。

第五十五条 县级以上人民政府有关部门应当按照职责分工，协调配合，采取有效措施，保障地震灾害紧急救援队伍和医疗救治队伍快速、高效地开展地震灾害紧急救援活动。

第五十六条 县级以上地方人民政府及其有关部门可以建立地震灾害救援志愿者队伍，并组织开展地震应急救援知识培训和演练，使志愿者掌握必要的地震应急救援技能，增强地震灾害应急救援能力。

第五十七条 国务院地震工作主管部门会同有关部门和单位，组织协调外国救援队和医疗队在中华人民共和国开展地震灾害紧急救援活动。

国务院抗震救灾指挥机构负责外国救援队和医疗队的统筹调度，并根据其专业特长，科学、合理地安排紧急救援任务。

地震灾区的地方各级人民政府，应当对外国救援队和医疗队开展紧急救援活动予以支持和配合。

第六章 地震灾后过渡性安置和恢复重建

第五十八条 国务院或者地震灾区的省、自治区、直辖市人民政府应当及时组织对地震灾害损失进行调查评估，为地震应急救援、灾后过渡性安置和恢复重建提供依据。

地震灾害损失调查评估的具体工作，由国务院地震工作主管部门或者地震灾区的省、自治区、直辖市人民政府负责管理地震工作的部门或者机构和财政、建设、民政等有关部门按照国务院的规定承担。

第五十九条 地震灾区受灾群众需要过渡性安置的，应当根据地震灾区的实际情况，在确保安全的前提下，采取灵活多样的方式进行安置。

第六十条 过渡性安置点应当设置在交通条件便利、方便受灾群众恢复生产和生活的区域，并避开地震活动断层和可能发生严重次生灾害的区域。

过渡性安置点的规模应当适度，并采取相应的防灾、防疫措施，配套建设必要的基础设施和公共服务设施，确保受灾群众的安全和基本生活需要。

第六十一条 实施过渡性安置应当尽量保护农用地，并避免对自然保护区、饮用水水源保护区以及生态脆弱区域造成破坏。

过渡性安置用地按照临时用地安排，可以先行使用，事后依法办理有关用地手续；到期未转为永久性用地的，应当复垦后交还原土地使用者。

第六十二条 过渡性安置点所在地的县级人民政府，应当组织有关部门加强对次生灾害、饮用水水质、食品卫生、疫情等的监测，开展流行病学调查，整治环境卫生，避免对土壤、水环境等造成污染。

过渡性安置点所在地的公安机关，应当加强治安管理，依法打击各种违法犯罪行为，维护正常的社会秩序。

第六十三条 地震灾区的县级以上地方人民政府及其有关部门和乡、镇人民政府，应当及时组织修复毁损的农业生产设施，提供农业生产技术指导，尽快恢复农业生产；优先恢复供电、供水、供气等企业的生产，并对大型骨干企业恢复生产提供支持，为全面恢复农业、工业、服务业生产经营提供条件。

第六十四条 各级人民政府应当加强对地震灾后恢复重建工作的领导、组织和协调。

县级以上人民政府有关部门应当在本级人民政府领导下，按照职责分工，密切配合，采取有效措施，共同做好地震灾后恢复重建工作。

第六十五条 国务院有关部门应当组织有关专家开展地震活动对相关建设工程破坏机理的调查评估，为修订完善有关建设工程的强制性标准、采取抗震设防措施提供科学依据。

第六十六条 特别重大地震灾害发生后，国务院经济综合宏观调控部门会同国务院有关部门与地震灾区的省、自治区、直辖市人民政府共同组织编制地震灾后恢复重建规划，报国务院批准后组织实施；重大、较大、一般地震灾害发生后，由地震灾区的省、自治区、直辖市人民政府根据实际需要组织编制地震灾后恢复重建规划。

地震灾害损失调查评估获得的地质、勘察、测绘、土地、气象、水文、环境等基础资料和经国务院地震工作主管部门复核的地震动参数区划图，应当作为编制地震灾后恢复重建规划的依据。

编制地震灾后恢复重建规划，应当征求有关部门、单位、专家和公众特别是地震灾区受灾群众的意见；重大事项应当组织有关专家进行专题论证。

第六十七条 地震灾后恢复重建规划应当根据地质条件和地震活动断层分布以及资源环境承载能力，重点对城镇和乡村的布局、基础设施和公共服务设施的建设、防灾减灾和生态环境以及自然资源和历史文化遗产保护等作出安排。

地震灾区内需要异地新建的城镇和乡村的选址以及地震灾后重建工程的选址，应当符合地震灾后恢复重建规划和抗震设防、防灾减灾要求，避开地震活动断层或者生态脆弱和可能发生洪水、山体滑坡和崩塌、泥石流、地面塌陷等灾害的区域以及传染病自然疫源地。

第六十八条 地震灾区的地方各级人民政府应当根据地震灾后恢复重建规划和当地经济

社会发展水平，有计划、分步骤地组织实施地震灾后恢复重建。

第六十九条 地震灾区的县级以上地方人民政府应当组织有关部门和专家，根据地震灾害损失调查评估结果，制定清理保护方案，明确典型地震遗址、遗迹和文物保护单位以及具有历史价值与民族特色的建筑物、构筑物的保护范围和措施。

对地震灾害现场的清理，按照清理保护方案分区、分类进行，并依照法律、行政法规和国家有关规定，妥善清理、转运和处置有关放射性物质、危险废物和有毒化学品，开展防疫工作，防止传染病和重大动物疫情的发生。

第七十条 地震灾后恢复重建，应当统筹安排交通、铁路、水利、电力、通信、供水、供电等基础设施和市政公用设施，学校、医院、文化、商贸服务、防灾减灾、环境保护等公共服务设施，以及住房和无障碍设施的建设，合理确定建设规模和时序。

乡村的地震灾后恢复重建，应当尊重村民意愿，发挥村民自治组织的作用，以群众自建为主，政府补助、社会帮扶、对口支援，因地制宜，节约和集约利用土地，保护耕地。

少数民族聚居的地方的地震灾后恢复重建，应当尊重当地群众的意愿。

第七十一条 地震灾区的县级以上地方人民政府应当组织有关部门和单位，抢救、保护与收集整理有关档案、资料，对因地震灾害遗失、毁损的档案、资料，及时补充和恢复。

第七十二条 地震灾后恢复重建应当坚持政府主导、社会参与和市场运作相结合的原则。

地震灾区的地方各级人民政府应当组织受灾群众和企业开展生产自救，自力更生、艰苦奋斗、勤俭节约，尽快恢复生产。

国家对地震灾后恢复重建给予财政支持、税收优惠和金融扶持，并提供物资、技术和人力等支持。

第七十三条 地震灾区的地方各级人民政府应当组织做好救助、救治、康复、补偿、抚慰、抚恤、安置、心理援助、法律服务、公共文化服务等工作。

各级人民政府及有关部门应当做好受灾群众的就业工作，鼓励企业、事业单位优先吸纳符合条件的受灾群众就业。

第七十四条 对地震灾后恢复重建中需要办理行政审批手续的事项，有审批权的人民政府及有关部门应当按照方便群众、简化手续、提高效率的原则，依法及时予以办理。

第七章 监督管理

第七十五条 县级以上人民政府依法加强对防震减灾规划和地震应急预案的编制与实施、地震应急避难场所的设置与管理、地震灾害紧急救援队伍的培训、防震减灾知识宣传教育和地震应急救援演练等工作的监督检查。

县级以上人民政府有关部门应当加强对地震应急救援、地震灾后过渡性安置和恢复重建的物资的质量安全的监督检查。

第七十六条 县级以上人民政府建设、交通、铁路、水利、电力、地震等有关部门应当按照职责分工，加强对工程建设强制性标准、抗震设防要求执行情况和地震安全性评价工作的监督检查。

第七十七条 禁止侵占、截留、挪用地震应急救援、地震灾后过渡性安置和恢复重建的资金、物资。

县级以上人民政府有关部门对地震应急救援、地震灾后过渡性安置和恢复重建的资金、物资以及社会捐赠款物的使用情况，依法加强管理和监督，予以公布，并对资金、物资的筹集、分配、拨付、使用情况登记造册，建立健全档案。

第七十八条 地震灾区的地方人民政府应当定期公布地震应急救援、地震灾后过渡性安置和恢复重建的资金、物资以及社会捐赠款物的来源、数量、发放和使用情况，接受社会监督。

第七十九条 审计机关应当加强对地震应急救援、地震灾后过渡性安置和恢复重建的资金、物资的筹集、分配、拨付、使用的审计，并及时公布审计结果。

第八十条 监察机关应当加强对参与防震减灾工作的国家行政机关和法律、法规授权的具有管理公共事务职能的组织及其工作人员的监察。

第八十一条 任何单位和个人对防震减灾活动中的违法行为，有权进行举报。

接到举报的人民政府或者有关部门应当进行调查，依法处理，并为举报人保密。

第八章 法律责任

第八十二条 国务院地震工作主管部门、县级以上地方人民政府负责管理地震工作的部门或者机构，以及其他依照本法规定行使监督管理权的部门，不依法作出行政许可或者办理批准文件的，发现违法行为或者接到对违法行为的举报后不予查处的，或者有其他未依照本法规定履行职责的行为的，对直接负责的主管人员和其他直接责任人员，依法给予处分。

第八十三条 未按照法律、法规和国家有关标准进行地震监测台网建设的，由国务院地震工作主管部门或者县级以上地方人民政府负责管理地震工作的部门或者机构责令改正，采取相应的补救措施；对直接负责的主管人员和其他直接责任人员，依法给予处分。

第八十四条 违反本法规定，有下列行为之一的，由国务院地震工作主管部门或者县级以上地方人民政府负责管理地震工作的部门或者机构责令停止违法行为，恢复原状或者采取其他补救措施；造成损失的，依法承担赔偿责任：

（一）侵占、毁损、拆除或者擅自移动地震监测设施的；

（二）危害地震观测环境的；

（三）破坏典型地震遗址、遗迹的。

单位有前款所列违法行为，情节严重的，处二万元以上二十万元以下的罚款；个人有前款所列违法行为，情节严重的，处二千元以下的罚款。构成违反治安管理行为的，由公安机关依法给予处罚。

第八十五条 违反本法规定，未按照要求增建抗干扰设施或者新建地震监测设施的，由国务院地震工作主管部门或者县级以上地方人民政府负责管理地震工作的部门或者机构责令限期改正；逾期不改正的，处二万元以上二十万元以下的罚款；造成损失的，依法承担赔偿责任。

第八十六条 违反本法规定，外国的组织或者个人未经批准，在中华人民共和国领域和中华人民共和国管辖的其他海域从事地震监测活动的，由国务院地震工作主管部门责令停止违法行为，没收监测成果和监测设施，并处一万元以上十万元以下的罚款；情节严重的，并处十万元以上五十万元以下的罚款。

外国人有前款规定行为的，除依照前款规定处罚外，还应当依照外国人入境出境管理法律的规定缩短其在中华人民共和国停留的期限或者取消其在中华人民共和国居留的资格；情节严重的，限期出境或者驱逐出境。

第八十七条 未依法进行地震安全性评价，或者未按照地震安全性评价报告所确定的抗震设防要求进行抗震设防的，由国务院地震工作主管部门或者县级以上地方人民政府负责管理地震工作的部门或者机构责令限期改正；逾期不改正的，处三万元以上三十万元以下的罚款。

第八十八条 违反本法规定，向社会散布地震预测意见、地震预报意见及其评审结果，或者在地震灾后过渡性安置、地震灾后恢复重建中扰乱社会秩序，构成违反治安管理行为的，由公安机关依法给予处罚。

第八十九条 地震灾区的县级以上地方人民政府迟报、谎报、瞒报地震震情、灾情等信息的，由上级人民政府责令改正；对直接负责的主管人员和其他直接责任人员，依法给予处分。

第九十条 侵占、截留、挪用地震应急救援、地震灾后过渡性安置或者地震灾后恢复重建的资金、物资的，由财政部门、审计机关在各自职责范围内，责令改正，追回被侵占、截留、挪用的资金、物资；有违法所得的，没收违法所得；对单位给予警告或者通报批评；对直接负责的主管人员和其他直接责任人员，依法给予处分。

第九十一条 违反本法规定，构成犯罪的，依法追究刑事责任。

第九章　附　　则

第九十二条 本法下列用语的含义：

（一）地震监测设施，是指用于地震信息检测、传输和处理的设备、仪器和装置以及配套的监测场地。

（二）地震观测环境，是指按照国家有关标准划定的保障地震监测设施不受干扰、能够正常发挥工作效能的空间范围。

（三）重大建设工程，是指对社会有重大价值或者有重大影响的工程。

（四）可能发生严重次生灾害的建设工程，是指受地震破坏后可能引发水灾、火灾、爆炸，或者剧毒、强腐蚀性、放射性物质大量泄漏，以及其他严重次生灾害的建设工程，包括水库大坝和贮油、贮气设施，贮存易燃易爆或者剧毒、强腐蚀性、放射性物质的设施，以及其他可能发生严重次生灾害的建设工程。

（五）地震烈度区划图，是指以地震烈度（以等级表示的地震影响强弱程度）为指标，将全国划分为不同抗震设防要求区域的图件。

（六）地震动参数区划图，是指以地震动参数（以加速度表示地震作用强弱程度）为指标，将全国划分为不同抗震设防要求区域的图件。

（七）地震小区划图，是指根据某一区域的具体场地条件，对该区域的抗震设防要求进行详细划分的图件。

第九十三条 本法自 2009 年 5 月 1 日起施行。

中国地震局党组书记、局长陈建民在2008年全国地震局长会暨党风廉政建设工作会议上的讲话（摘要）

（2008年3月26日）

这次会议的主要任务是：全面贯彻党的十七大精神，以邓小平理论和“三个代表”重要思想为指导，深入贯彻落实科学发展观，贯彻落实中央纪委二次全会和国务院防震减灾工作联席会议精神，回顾总结2007年、研究部署2008年防震减灾和党风廉政建设工作。

一、2007年防震减灾工作回顾

2007年是党和国家各项事业取得重要进展的一年。地震部门认真学习贯彻党的十七大精神，以科学发展观统领防震减灾工作全局，认真落实党中央国务院关于防震减灾工作的部署，坚持防震减灾事业发展基本思路，开拓创新，真抓实干，圆满完成了全年防震减灾各项工作和任务。

（一）抗震救灾工作成效显著

2007年，全国发生5级以上地震17次，其中大陆地区6次，有3次致灾，造成3人死亡、28人重伤，直接经济损失约20亿元。

一年中，党中央、国务院领导对防震减灾工作做出批示达24次，充分体现了党中央、国务院对防震减灾工作高度重视。特别是2007年6月3日云南宁洱6.4级地震后，胡锦涛总书记作出重要批示，要求向灾区提供帮助，使需转移的群众都能得到妥善安置。温家宝总理和回良玉副总理也多次作出批示，并亲赴灾区指导抗震救灾工作。中国地震局成立了地震应急指挥部，统一安排部署地震应急处置工作，及时派出国家地震现场应急工作队，与云南省现场应急工作队和紧急救援队密切协作，迅速有序地开展震情趋势判断、地震监测、灾害调查、损失评估、医疗救助和防震避险知识宣传等工作，为夺取抗震救灾胜利发挥了重要作用。全年对13次地震突发事件，启动应急预案，快速反应，妥善处置。

（二）国家防震减灾规划落实工作稳步推进

以《国家防震减灾规划（2006～2020年）》为核心的防震减灾规划体系进一步建立健全。已有26个省（区、市）、260多个市县防震减灾规划印发实施，《国家防震减灾规划（2006～2020年）》部署的发展战略和重点任务在各级各类防震减灾规划中得到细化和落实。《中国地震局“十一五”事业发展规划》、《地震科学技术发展规划（2006～2020年）》的实施，在合理配置资源、科学安排“3+1”体系建设上发挥了重要作用。

编制完成了《全国防震减灾2020年奋斗目标实施方案》，明确了地方政府的主体责任，强调各部门要在政府统一领导下各司其职，提出了“房屋基本不倒，社会基本稳定”的总体要求，明确了城市地震安全保障、重大建设工程抗震、农村民居地震安全保障、地震监测预报、地震应急处置、公众应对地震灾害、震后救助恢复等7个方面的能力要求，细化了7项指标和36项具体任务。这一方案正在征求各地意见，将尽快以国务院防震减灾工作联席会议名义印发实施。

2007年12月18日，中国地震局、总参测绘局、中国科学院、国家测绘局、中国气象局和教育部六部门共同实施的中国大陆构造环境监测网络项目正式开工建设，该项目总投资达5.2亿元。国家地震安全工程项目建议书已编制完成并上报国家发改委，中国地震背景场探测工程和国家地震社会服务工程两个子项正在按程序进行立项评估。辽宁、福建、山东、广东、陕西等地防震减灾“十一五”重点项目已开始实施。

在全力抓好规划落实的同时，还着手开始了“十二五”防震减灾发展战略研究，目前，已经完成了13个专题的调研、专题报告编制和专题验收工作。

（三）数字地震项目建设即将胜利完成

2007年是数字地震项目决战之年，局党组要求全力以赴，一鼓作气，打好最后的决胜之战。按照局党组的部署，局机关各有关部门认真履行职责，针对项目实施中存在的关键技术和管理问题，开展了卓有成效的组织协调工作，解决了概算调整、项目集成等难题。各建设单位认真履行项目法人职责，以高度的责任感把数字地震项目作为全年工作的重中之重，组织精干力量，创新管理方式，加大执行力度，全力推进工程实施。

通过全局上下的共同努力，新建和改建测震台1032个、前兆台375个、强震动台1154个，数字地震技术系统运行稳定，已实现由台站到区域中心、由区域中心到国家中心的联网和实时数据传输，达到预期标准。6个分项建设任务总体上全部完成，项目投资完成率已超过95%，项目的质量、进度和投资全面达到设计要求，目前已完成47个单位工程和6个分项的验收，4月份将进行项目整体验收。数字地震项目的实施使我国防震减灾基础设施现代化建设跃升到了一个新的水平，并已在地震监视跟踪、地震速报、应急处置、国土规划和城市建设等方面取得了初步效益。现在可以讲，继2006年打了一个漂亮的翻身仗之后，2007年数字地震项目决战取得全面胜利。

数字地震项目取得的可喜成绩极大地激发了地震系统干部职工的凝聚力和创造力，积累了宝贵的经验。首先，必须齐心协力，团结协作，理清管理机制，创新管理方式。机关各部门、系统各单位认真贯彻落实党组的决策，各司其职，形成合力，表现出了很强的责任意识和大局意识。第二，严格落实项目法人责任制、招投标制、监理制和合同制，充分发挥主管部门的作用，充分调动建设单位的积极性，加强招投标管理，发挥监理作用，保证项目建设质量。第三，严肃基本建设程序的刚性要求，花大力气完成了数字地震项目任务和投资的一一对应，理顺了数字地震项目、救援基地项目和台网中心工程项目的关系，为数字地震项目的顺利实施、竣工验收等打下了坚实基础。

（四）震情监视与跟踪工作成绩突出

按照全国一盘棋思想，确定了国家台网、区域台网布局原则以及地震监测工作发展的重点领域。积极推进地震监测系列标准编制，研究制定新建台网运行细则，规范台网运行管理。举办了首次全国地震监测质量评比与质量周活动，开展了地震监测系统运行效能评估，促进了台站科技人员的技术交流，保证了基础数据资料的质量。进一步规范和优化地震速报流程，明确速报责任主体和时限，加强新技术集成与整合，地震速报时效明显提高。

2007 年年初，全国地震趋势会商会确定了 7 个地震重点危险区和 7 个值得注意的地区，中国地震局及时下发了震情监视跟踪工作方案和做好工作的意见，对震情监视跟踪做了全面部署，特别是针对近百年来最突出的地震平静背景，开展了广泛、深入的专题研究，基本上把握了全国地震发展趋势。继续大力推进地震新参数应用研究及示范推广工作，深化对地震孕育发生的认识，探索地震预测预报研究新方法。经过努力，我们对云南宁洱 6.4 级、新疆特克斯 5.7 级地震做出了较好的短临预报和震后趋势判定，这两次地震全部落在年度重点危险区内。

2007 年，局党组高度重视、周密部署，圆满完成了党的十七大等重大活动的震情保障任务。同时，奥运震情保障工作扎实推进，中国地震局印发了《关于加强 2008 年奥运地震安全保障工作的通知》，奥运赛区所在地的地震部门按照中国地震局的统一部署，积极开展了震情监视跟踪、趋势分析、应急救援准备、新闻宣传等工作，目前进展顺利。

（五）社会防御地震灾害能力不断增强

制定印发了《关于进一步规范和加强地震安全性评价工作的通知》，对行政许可实施、职业资格和资质管理、报告评审、行业协作与自律、执法监督与检查等提出了具体要求。制定《地震安全性评价报告评审要点》，明确安评报告应把握的关键环节和主要问题。召开地震安全性评价资质单位负责人研讨会，加强交流协作，引导行业自律，促进地震安全性评价工作健康有序发展。面向社会组织实施了首次一级地震安全性评价工程师资格考试，共有 1265 人参考，210 人通过考试和审核。组织开展地震安全性评价报告质量检查。组织完成了江苏第二核电厂、北京地铁八号线等百余项国家重要工程、2300 余项省级重点工程的地震安全性评价工作和相应抗震设防要求的批复。

城乡抗震设防能力进一步提高。2007 年，我们在张家口、昆明、威海等 12 个城市开展了地震重点监视防御区试点工作，涵盖活断层探测、地震小区划、震害预测、避难场所建设、地震应急管理、社区志愿者队伍建设、农居工程、科普教育基地建设、“三网一员”等九项社会管理和公共服务内容。通过试点，促进了当地防震减灾工作，为在全国进一步加强重点监视防御区工作积累了经验。农村民居防震保安工作继续扎实推进，云南、甘肃等还出台了有关管理条例，将农居工程纳入法制化管理。据不完全统计，全国已建成农居地震安全工程示范点 3000 多个，近 200 万户农民住上了地震安心房。

多样化的宣传模式逐步形成，公众防震减灾意识逐步增强，科学素养得到新的提升。据不完全统计，2007 年全国各地共开展防震减灾宣传活动 6200 多次，发放宣传品 200 多万份，展出展板 10000 多块，在各种媒体发表文章 1500 多篇，举办地震科普夏令营近 200 次，建成各类地震科普教育基地 400 余个。防震减灾示范学校建设进展喜人，山东省已达到 165 所，实现了每县一所地震科普示范学校的目标。市县防震减灾工作进展明显，机构不断完善，队伍不断壮大，人员素质不断提高，管理不断规范，已经成为防震减灾事业越来越重要的力量。

为进一步加强和推进地震系统依法行政工作，成立了中国地震局依法行政工作领导小组，制定了《中国地震局关于全面推进依法行政实施意见》，对地震系统推进依法行政工作进行了全面部署。《中华人民共和国防震减灾法》修订工作进展顺利，已列入国务院 2008 年重点立法计划。地震标准化工作加速推进，发布实施了 1 项国家标准和 6 项行业标准，目前国家标准共有 16 项，行业标准共有 30 项。

（六）地震应急救援能力继续提升

进一步加强地震应急联动机制建设。与民政部等16个联席会议成员单位建立了应急组织协调工作机制。印发了《关于推进地震应急协作区域联动工作的意见》，对进一步做好区域联动工作做出部署。成功组织了国务院抗震救灾指挥部首次应急演练，33个部门和单位参加了演练，促进了各部门协同配合和职责落实。福建、陕西、广东、辽宁、云南、海南等省和有关直属单位开展了多种形式的应急演练，有力地推进了联动机制建设，提高了地方各级政府应急指挥、协调和处置能力。

国家地震灾害紧急救援队继续发挥重要作用。2007年7月31日至8月3日，国家地震灾害紧急救援队派员参加在蒙古举办的亚太地震演练，队员出色的表现得到了各方好评，同时，还协助蒙古国开展了演练的筹备和组织工作。2008年1月13日，应天津市政府请求，国家救援队及时派出小分队赴天津蓟县实施了山体滑坡搜救行动，为协助当地政府紧急处置这一突发事件发挥了重要作用，这是救援队“一队多用”的又一次成功实践。省级救援队伍进一步发展壮大，2007年又有河北、内蒙古、安徽、河南、湖北、湖南、西藏等7个省（区）建立了救援队，目前省级救援队已达26支，总人数超过3000人。市县地震紧急救援队和城市社区志愿者队伍建设蓬勃开展，全国志愿者总人数已达10万人。

各级政府、有关部门、企事业单位和基层组织预案工作明显加强。印发了《关于加强市县地震应急救援管理工作的意见》，市县地震应急救援能力进一步提升。目前全国各级各类地震应急预案已达17300多件，比2006年增加近1倍。制定印发了《地震应急预案管理办法》，开展了预案信息平台建设。

（七）地震科技创新工作呈现新局面

2007年，召开了第一次全国地震科技大会，回良玉副总理出席会议并做了重要讲话，大会对全面实施《国家地震科学技术发展纲要（2007～2020年）》进行了部署，这是一次具有里程碑意义的重要会议。地震部门以此作为推进地震科技创新发展的重要契机，主动与有关部门沟通，推动相关配套政策的研究制定，积极组织相关科技项目的申请立项。很多地方的地震部门与科技部门联合召开会议，结合实际提出了鼓励支持地震科技创新的有关政策和保障措施。地震科技投入稳步增加，地震科技创新发展环境明显改善，国家科技支撑计划、国家重点基础研究发展规划项目、公益性行业科研专项、科研院所修缮购置专项、科技基础条件平台项目等获得近3亿元的经费支持。地震动力学国家重点实验室建设取得明显进展，地震电磁卫星项目已进入综合论证阶段。在局党组的高度重视和有关部委的大力支持下，经过大家的共同努力，地震科技创新发展的环境实现了从维持生存型向支持发展型的转变，迎来了地震科技创新发展新的良好机遇期。

地震科技交流与合作日益活跃。地震系统内局所合作不断深入，省局和研究所共同开展科技攻关，加强科技成果的推广应用，实现优势互补、资源共享。局校合作取得新的进展，与北京大学、中国科技大学、云南大学等高校合作，开展人才培养和科学研究。地震科技国际交流合作进一步推进，与23个国家举行了地震科技合作双边会晤，与有关国际组织、区域组织合作进一步加强，在国际组织中的作用和影响力进一步扩大。援助阿尔及利亚地震台网全部建成，援助印尼、巴基斯坦、缅甸、老挝、蒙古等地震台网建设进展顺利。第十四届世界地震工程大会筹备工作扎实推进。

2008年年初，中国地震局开展了2007年十大科技进展评选活动。经过单位推荐和中国地震局科技委的评选，其中“全国地震科技大会召开暨《国家地震科学技术发展纲要(2007～2020年)》发布”、“云南宁洱6.4级地震预报成功”、“地震监测的自动化、网络化、集成化与信息共享系统建设全面完成”等入围。这项活动是中国地震局首次开展的科技进展评选活动，对于展示中国地震局的科技创新成果和实力，调动各方面的积极性和创造性具有重要意义。

（八）党的建设和队伍建设扎实有力

地震系统各级党组织和广大党员以迎接党的十七大胜利召开和学习贯彻党的十七大精神为主线，按照党中央的部署和要求，及早研究准备，制定详尽计划，营造氛围，形成系列，突出重点，迅速掀起学习贯彻党的十七大精神的热潮，把思想和行动统一到党的十七大精神上来，把智慧和力量凝聚到实现党的十七大确定的宏伟目标上来，凝聚到防震减灾各项任务中来。

各单位坚持将精神文明建设纳入防震减灾事业总体布局中，坚持精神文明建设和业务工作两手抓、两手硬，加强规划指导和组织保障，注重挖掘行业资源，积极培育特色文化，为防震减灾事业又好又快发展营造了和谐文明的环境。

深化干部人事制度改革，加强领导干部队伍建设。中国地震局先后在四川省地震局、防灾科技学院、江苏省地震局、宁夏回族自治区地震局4个单位开展了领导干部竞争上岗和公开选拔。各单位通过实行竞争上岗、干部公示和试用期制度选拔中层干部，既拓宽了用人视野，又进一步落实了群众的知情权、参与权、选择权、监督权。细化完善了干部综合考核评价体系，并在北京市地震局、西藏自治区地震局进行了试点，增强了干部考核的客观性和科学性。制定了《中国地震局干部教育培训规划》，干部培训力度不断加大。制定了中国地震局事业单位岗位设置方案，并获人事部的批准。

中国地震局继续教育网站开通运行。防灾科技学院本科专业增至15个，办学条件不断改善。地震台站培训专项计划正式启动，新疆、甘肃、云南、四川等地地震局共举办13期培训班。中国地震局和直属单位两级教育培训体系初步形成，全年培训达7700人次。继续加强高层次人才培养，28人入围“优秀人才百人计划”。修订了地震专业技术职务任职资格量化评审标准，24人通过评审获得研究员资格。

各单位高度重视并着力改善干部职工生活，努力解决涉及职工切身利益的问题。许多单位职工工作、生活环境得到进一步改善，部分老旧台站面貌焕然一新，一些影响职工切身利益的历史遗留问题得到较好的解决。认真落实老干部的政治待遇和生活待遇，中央财政全额支持投入1.4亿元，一次性解决了京外离退休职工购房补贴资金问题。中国地震局老年大学、老干部活动中心的建立，带动了全系统老年教育活动的开展，老干部活动场所面积比2005年增加了一倍，离退休老同志精神文化生活更加丰富。

二、2007年党风廉政建设工作回顾（略）

三、认真实践科学发展观，坚定不移地贯彻落实防震减灾事业发展基本思路

2007年，中国地震局党组系统完整地提出了“牢固树立‘震情第一’观念，切实加强‘两个能力’建设，建立健全‘3+1’体系，始终坚持‘四个面向’”的基本思路。

这一思路是立足于实现防震减灾2020年奋斗目标和三大战略要求，在深入分析防震减灾面临的新形势和新要求，全面总结经验的基础上提出来的，集中了地震系统广大干部职工的集体智慧，得到了国务院领导同志、有关部门、地方政府和地震系统广大干部职工的充分肯定。这一思路符合党的十七大精神，符合科学发展观的实质要求，符合党中央、国务院对防震减灾工作的战略部署，符合防震减灾事业发展的客观实际，已经在指导防震减灾事业发展的实践中发挥了重要作用，防震减灾各项工作呈现了统筹发展、协调推进的良好局面。实践证明，这一思路是当前和今后一个时期推动防震减灾事业又好又快发展的基本思路，必须坚定不移地贯彻落实。

在今后贯彻落实中，必须以科学发展观为统领，准确把握这一思路的深刻内涵和基本要求，坚持用这一思路指导防震减灾实践。同时，还必须根据形势的发展和任务的变化，在实践中不断探索和创新，不断丰富和完善，更加扎实地推进防震减灾事业又好又快发展。

（一）贯彻防震减灾事业发展基本思路，必须坚持“四个把握”

防震减灾是社会公益性事业，防震减灾事业发展与国家经济建设和社会发展密切相关。贯彻防震减灾事业发展基本思路必须基于国情、社情、震情，把握经济建设的新形势、把握社会发展的新要求、把握应急管理的新趋势、把握防震减灾的新经验。

第一，必须把握经济建设的新形势。党的十七大提出了到2020年实现人均GDP比2000年翻两番的宏伟目标。当前，我国经济持续快速发展，2007年GDP超过24万亿元，位居世界第四。今后十几年，城市建设和城镇化进程将继续加快，重大工程特别是生命线工程、新型结构不断出现，地震灾害潜在威胁将更加突出，经济建设对防震减灾工作提出了新的更高要求。因此，必须把握经济建设的新形势。一方面必须把防震减灾工作放到经济建设大局中去思考、去谋划，另一方面必须紧紧围绕为经济建设服务，找准工作的着力点，扎实工作，不断提升防震减灾能力，切实发挥防震减灾在经济建设中的减灾效益。

第二，必须把握社会发展的新要求。党的十七大提出要加快推进以改善民生为重点的社会建设。随着社会快速发展，人民富裕程度不断提高，人民群众的幸福追求将更加广泛而全面。在诸多幸福追求中，安全的生活空间、良好的生态环境将越来越成为其中最重要的追求。同时，随着家庭财产的普遍增加，人民群众要求更好地保护财产。而地震灾害却严重威胁着人民生命和财产的安全，影响社会和谐稳定。可以说，广大人民群众对减轻地震灾害的期望越来越高。因此，必须把握好社会发展的新要求，把防震减灾工作作为保障和改善民生的重要内容，站在社会发展的高度，着眼社会发展的全局，来审视和思考防震减灾事业发展，努力提高防震减灾的社会管理能力和水平，开创全社会共同抵御地震灾害的局面。

第三，必须把握应急管理的新趋势。2007年11月1日，《中华人民共和国突发事件应对法》正式实施，这部法律是我国应急管理工作实践的总结和升华，所确定的基本精神、基本原则和主要制度，对于明确地震部门履行好地震突发事件应急管理职责提出了具体要求。2008年初发生在我国南方的低温雨雪冰冻灾害暴露出应对雪灾准备不足、基础设施防灾能力薄弱等问题，给地震灾害应急管理以重要启示。温家宝总理在2008年《政府工作报告》中明确指出，要从这次特大自然灾害中，认真总结经验教训，加强应急体系和机制建设，提高预防和处置突发事件能力。因此，必须把握应急管理的新趋势，加强对现代条件下地震灾害特点和规律的研究，加强大震巨灾的应对准备工作，不断提升应对突发地震灾害的能力。

第四，必须把握防震减灾的新经验。人们对客观事物的认识过程，是不断探索实践和总结经验的过程。防震减灾事业发展基本思路就是在不断总结以往经验的基础上逐步形成的，并将在不断总结新经验的基础上进一步丰富完善。在防震减灾工作实践中，新的经验会不断涌现。近年来，我们在加强“两个能力”建设、强化防震减灾社会管理、拓展公共服务、推进地震科技创新，以及充分发挥地方各级政府和部门作用等方面进行了积极探索，创造和积累了很多很好的做法和经验，在防震减灾事业发展过程中发挥了重要作用。因此，必须把握防震减灾的新经验，既要及时总结全国各地在防震减灾实践过程中积累和产生的好经验、好做法，也要充分利用发达国家在防震减灾管理、技术、措施等方面的先进经验，要敢于创新，勇于实践，善于总结，更好地推动防震减灾事业的进步和发展。

（二）贯彻防震减灾事业发展基本思路，必须正确处理好“五个关系”

第一，当前和长远的关系。立足当前，着眼长远，是科学发展观的重要内涵。科学发展观要求既要重视当前发展，也要考虑长远发展，不能只顾当前，牺牲长远，必须把当前利益与长远利益很好地结合起来。立足当前，就是立足实际、立足发展的重点和当务之急，抓紧解决当前事业发展中亟待解决的突出矛盾和问题，努力推动发展、加快发展。着眼长远，就是要以超前的意识，着眼未来发展的趋势和变化，加强对全局性、战略性重大问题的长远考虑，在推进防震减灾事业发展过程中留有足够的余地，防止急功近利，实现可持续发展。

第二，全局与局部的关系。正确处理全局与局部的关系，是抓发展的一个核心问题。对于防震减灾工作而言，全局与局部关系的矛盾冲突主要表现在利益上。这就要求我们树立大局意识，要从讲大局的高度，正确处理好全局利益与局部利益的关系，牢固树立一盘棋的思想，统筹兼顾好各方利益，使局部利益与全局利益相互协调统一。我们要清醒地认识到，处理好全局利益与局部利益的关系，是衡量领导干部领导能力和水平的一个重要标志，把握好全局与局部的关系，是提高地震部门执行力的必然要求。

第三，好与快的关系。又好又快发展是科学发展观的实质要求，其中，“好”是第一位的。“好”应该包括：要保持发展的稳定性，大起大落不是好的发展；要增强发展的协调性，“一条腿长、一条腿短”不是好的发展；要提高发展的效益性，成本过高、代价过大不是好的发展；要实现发展的持续性，一时快速但难以持续不是好的发展。必须清楚看到，在我们实际工作中，还不同程度地存在着效益不高问题，比如有些基本建设项目存在超需求、超标准、超规模立项建设问题，也有铺张浪费、进度缓慢等效益不高问题。这些问题的主要原因是没有很好把握规模与效益的关系，也是没有很好地领会、贯彻落实科学发展观的具体体现。

第四，继承与创新的关系。继承是创新的基础和前提，创新是继承基础上的突破和超越，继承与创新是辩证的统一。现在的关键是要自觉地把两者的关系处理好，不要把两者对立起来。不能一讲到继承，就什么都不能动，一讲到创新，就什么都可以丢。在继承与创新中，必须充分遵循事物的自身特点和发展规律，绝不排斥先进技术和管理方法，也不能抛弃过去的优良传统，而要充分吸纳，为我所用，为我服务。在新时期防震减灾事业发展过程中，必须正确处理好继承与创新的关系，既要继承优良传统，也要结合实际，以改革创新的精神，创造性地开展工作，用新的视角，探索新途径，提出新举措，解决新问题，积累新经验。

第五，勤政和廉政的关系。将廉政建设与勤政建设结合起来，这是胡锦涛总书记在中央纪委二次全会上对党的各级领导机关和全党同志提出的新的更高要求。廉政和勤政，是对各级干部的基本要求，也是加强反腐倡廉建设要达到的两个相互联系的重要目标。廉政建设搞好了，有利于广大干部发扬优良作风，规范从政行为，正确使用权力，为勤政建设创造良好条件；勤政建设搞好了，有利于广大干部形成昂扬向上的精神状态，恪尽职守，转变工作作风，增强服务意识，提高工作效率，为廉政建设打下坚实基础。我们既要毫不放松地抓好廉政建设，又要持之以恒地抓好勤政建设，支持广大干部勇于开拓，大胆创新，奋发有为，不断创造实绩。

（三）贯彻防震减灾事业发展基本思路，必须在“四个方面”见实效

第一，必须在提高自身能力上见实效。提高自身能力对于推进防震减灾事业又好又快发展至关重要。经过几十年的努力，我们自身能力不断提升，为经济建设、社会发展做出了重要贡献。随着经济社会快速发展，我们自身能力与经济社会需求的矛盾仍然突出，必须切实加强防震减灾专业基础设施、技术系统、条件平台等硬件建设，不断提高科技创新能力，提升地震监测预测能力、地震灾情获取能力、地震应急救援能力和综合技术保障能力。同时，要进一步转变观念，加强队伍建设，强化行政意识，提高管理能力。

第二，必须在加强社会管理上见实效。认真履行防震减灾社会管理职能是提升全社会抵御地震灾害能力的重要保证。要努力形成依法管理、敢于管理、善于管理的良好局面。要积极谋划推进防震减灾事业发展的思路，制定落实发展规划，把防震减灾的工作部署融入当地经济社会发展的总体布局。大力加强法规和标准体系建设，用法规和标准来规范全社会的防震减灾行为。要充分发挥市县地震部门在管理社会、动员社会、宣传社会的重要作用，建立健全与社会发展相适应的防震减灾社会管理体制和机制。

第三，必须在强化公共服务上见实效。防震减灾公共服务是政府公共服务的重要组成部分。要找准防震减灾在公共服务中的定位，强化服务意识，拓展服务领域，创新服务方式，改善服务手段。加强防震减灾应用研究和技术开发，完善震情与灾情信息发布、应急救援、灾情评估、抗震技术、农居地震安全、科普教育等服务体系，增强服务的针对性、有效性、普惠性，不断满足公众日益增长的地震安全需求，努力为全社会提供更好更多的防震减灾公共产品和公共服务。

第四，必须在地震科技创新上见实效。地震科技创新对防震减灾事业发展起着支撑和引领作用。要认真落实好《国家地震科学技术发展纲要（2007～2020年）》，谋划好地震科技创新的整体布局，抓好项目顶层设计，增强科技项目立项工作的计划性、科学性、前瞻性，保证《纲要》提出的关键科学问题和核心技术问题优先得到经费支持。要抓住地震科技创新的着力点和切入点，在地震科学基础理论研究特别是地震预测研究方面早日有新的突破。大力加强防震减灾实用技术研发和推广使用，提升地震科技在减灾领域的贡献率。

四、2008年防震减灾工作的主要任务

2008年是全面贯彻落实党的十七大战略部署的第一年，将迎来改革开放30周年，还要举办北京奥运会、残奥会等，做好今年的防震减灾工作具有特别重要的意义。2008年的《政府工作报告》首次提出“加强气象、地震、测绘基础研究和能力建设”，这对防震减灾工作提出了新的更高要求，必须认真贯彻落实，努力做好2008年防震减灾各项工作。工作的总体思路是：全面贯彻党的十七大精神，高举中国特色社会主义伟大旗帜，以邓小平理论

和“三个代表”重要思想为指导，贯彻落实科学发展观，落实《中华人民共和国突发事件应对法》，围绕防震减灾2020年奋斗目标，实施《国家防震减灾规划》，推进地震科技创新，加强防震减灾基础研究和能力建设，为实现全面建设小康社会奋斗目标作出新的贡献。

（一）努力做好地震监视跟踪和预测工作

2008年初，全国地震趋势会商会确定了5个地震重点危险区和5个中强地震值得注意地区。虽然2007年我国大陆地震活动的总体水平比较低，但绝不能掉以轻心，绝不能忽视震情的复杂性，2008年3月21日发生在新疆于田的7.3级地震再次给我们敲响了警钟。回良玉副总理在2008年的国务院防震减灾工作联席会议上强调指出：“务必要认识到地震灾害突发性强、破坏力大的特点，以及震情预测的局限性；务必要认识到相对平静背后的相对危险性，以及震情形势的复杂性；务必要认识到防震减灾工作还存在许多薄弱环节，小震致灾、小震大灾的现象仍有发生。”这一重要指示言简意赅，寓意深刻，各单位、各部门一定要认真学习、深刻领会。各单位的主要负责人一定要牢固树立“震情第一”的观念，既要尊重科学也要从国家政治的高度来考虑问题，把震情工作作为头等大事来抓，要按照全国地震趋势会商会的要求和部署，制定并落实有针对性的跟踪措施，加强重点危险区的震情跟踪工作，对异常情况要迅速落实，特别要加强重要时段、重点地区的跟踪，同时要认真研究大震巨灾的对策，切实做好震情保障服务。要继续加强地震活动大形势的分析研究，努力把握震情发展趋势和动态，提高预测准确性。

各单位要做好监测系统的维护与技术保障，进一步加强地震监测台网运行管理和观测质量管理，保障台网稳定、可靠地运行。有关单位要切实做好遭受雪灾地震台站的灾后恢复修建工作，保证监测台网尽快恢复正常运行。要认真整合新老监测网络，充分发挥新建台网建设成效，努力提高地震速报的质量和时效。

（二）切实提高地震突发事件应对能力

切实做好各项应急准备，高效、有序地处置地震突发事件。抓好基层预案建设的指导，积极开展预案信息平台建设、评估机制建设和地震应急救援综合演练，推进大震巨灾应急预案编制和相应工作机制建设，在实践中不断提高预案的针对性和可操作性。开展地震应急联合检查，大力推进部门间、军地间、部门与政府间的协作联动，深化地震应急区域联动工作机制建设，完善各项管理制度和措施。积极开展应急避难场所、志愿者队伍、社团组织和基层组织等广泛参与的社会动员机制建设。

强化地震灾情信息的收集报送能力。要完善信息平台建设，充分发挥“三网一员”的作用，以各级地震应急救援指挥系统和地震应急基础数据库为基础，拓展为政府和社会服务功能。推进全国一体化的地震灾情速报呼叫中心和地震应急短信息平台系统建设，拓展巨灾状态下应急救援信息获取、通报和发布手段。

强化各级应急救援与志愿者队伍的培训、演练和考核，提高实战能力。要认真组织中日合作应急救援能力建设项目的实施。推进国家应急体系项目的实施，充分发挥应急指挥系统和国家地震灾害紧急救援培训基地的作用。继续开展国际国内应急管理人员的培训与交流。做好国家地震灾害紧急救援队获得国际重型救援队资格的评估准备工作。

加强对市县地震部门应急救援工作的指导。不断完善市县地震应急救援组织体系和工作机制，加强市县应急指挥平台、应急救援队伍建设、物资保障建设和灾情信息接报工作。加强基层社会应急联动，促进各类地震应急救援资源的整合统筹，加大对基层应急救援工作的指导和培训力度。

（三）全力做好奥运地震安全保障和世界地震工程大会的组织筹备工作

做好奥运地震安全保障工作，是党和国家赋予地震部门光荣而艰巨的政治任务，意义十分重大。回良玉副总理对做好奥运安保工作多次做出重要指示，明确指出，务必强化震情监测，进一步细化实化首都圈地区和北京奥运会的地震安全保障工作。2008 年 2 月 21 日，中国地震局成立了奥运地震安全保障工作领导小组并召开了第一次会议，对各项准备工作进行了认真研究和全面部署。地震系统各单位，特别是各赛区有关单位要充分认识奥运地震安保工作的重要性、复杂性，切实做好震情监视跟踪、趋势分析、应急救援准备、新闻宣传等各项工作。要针对地震速报、信息报送等重要环节，进一步细化实化工作方案，突出方案的有效性、实用性，明确职责，便于操作。要以高度的政治意识、责任意识，按照“内紧外松”的原则，以“保平安、保稳定、帮忙不添乱”为宗旨，既要扎实做好各项准备工作，又要积极与当地人民政府、奥组委等有关方面联系沟通、协调配合，健全完善相应的协调联动机制，为奥运会的顺利举办提供地震安全保障。

第十四届世界地震工程大会 2008 年 10 月将首次在我国召开。截至目前，已收到近 80 个国家和地区提交的近 4800 篇论文摘要，创大会历史纪录，预计将有 3000 余名国内外代表参加本次盛会。这是我们承办的一次规模空前的国际会议，有关部门和单位要在前期工作的基础上，通力协作，精心组织，周密安排，进一步细化工作方案，确保将其办成一届有特色、有水平、高质量的地震工程领域国际盛会。同时，要通过这次大会扩大我国地震科技的国际影响力，促进我国防震减灾工作水平的提升。

（四）加快推进规划落实和“十一五”立项实施

《全国防震减灾 2020 年奋斗目标实施方案》即将由国务院防震减灾工作联席会议颁布实施，实施好《方案》是 2008 年乃至今后一段时间一项极其重要的工作，这对增强全社会地震灾害综合防御能力、最大限度地减轻地震灾害损失、保障人民生命安全、实现 2020 奋斗目标具有十分重要的意义。各地一定要高度重视，结合实际，制定切实可行的措施，明确实施的方法和步骤，确保方案得到有效落实。

做好“十五”项目验收和运行管理工作是“十一五”立项的基础。数字地震项目验收的各项准备工作已经基本就绪，要再接再厉，一鼓作气，圆满完成项目验收任务。项目通过验收不是最终目的，要高度重视项目运行和维护管理，切实把项目建设成果转化为防震减灾综合能力，最大限度地发挥投资效益。与此同时，救援基地项目、台网中心工程项目要加快实施进度，尽快完成验收工作。

全力推进国家地震安全工程项目的立项工作，力争年内完成可行性研究报告批复。要在深入总结“十五”项目建设经验和教训的基础上，研究确定“十一五”项目的组织管理模式，制定项目管理办法，为项目实施做好充分准备。中国大陆构造环境监测网络项目是地震局牵头、多部门共同实施的重大项目，要密切配合，充分发挥各方积极性，扎实推进项目实施。

省级地震部门要积极争取本地区财政、投资主管部门的支持，全力推进本地区“十一五”项目的立项工作。已经开始实施的单位要精心组织、周密安排，确保项目投资、质量、进度协调统一，稳步推进。

（五）不断增强地震灾害综合防御能力

继续加大地震重点监视防御区的试点工作力度，推广试点经验，制定完善有关政策保障措施，切实提高综合防御能力。加快推进农村民居地震安全工程的深入实施，不断提高农村防震保安能力。

开展城市地震安全社区示范工作，进一步提升大城市和城市群的地震灾害综合防御能力。继续推进城市活断层探测、震害预测和小区划工作，为城市发展规划和重大工程建设提供科学合理的基础依据。开展建设工程抗震设防标准研究。完善地震安全性评价工程师职业资格制度。推进新一代全国地震动参数区划图研究编制工作。充分发挥市县地震工作机构的重要作用。精心组织防震减灾文化产品“进社区、进学校、进农村”活动，提升公众意识和自救互救能力。大力推进科普教育基地建设。

（六）大力推进地震科技创新

近几年，中国地震局的地震科技项目经费大幅度增加，科研经费紧缺状况得到很大程度的缓解。现在的关键是把资金投入到亟须解决的问题上，把重点项目管理好，取得一批成果。要做好重大科技项目申报与管理，组织好国家科技支撑计划、“973”计划等重大科技项目的实施。2008 年 3 月 14 日，国防科工委下发通知，要求抓紧开展地震电磁卫星工程立项综合论证，并要求于 7 月底前完成上报工程立项工作，有关部门和单位要高度重视，组织力量，全力推进。要建立科技项目评价体系、追踪问效制度、科研项目库及科研人员信誉档案。要全面落实人才规划，统筹抓好以高层次人才为重点的各类人才培养。加强科研道德建设，改进和完善人才培养、评价、选拔、激励、保障机制，逐步形成地震科技创新文化，建设一支引领地震科技发展的高水平科学家队伍。

（七）扎实推进防震减灾法制和标准建设

推进《中华人民共和国防震减灾法》修订工作，力争年内通过国务院常务会议审定后报全国人大审议。各省（区、市）地震局在关注《中华人民共和国防震减灾法》修订工作的同时，也要密切配合省级人大和政府，积极推进地方法规、政府规章制定修订工作。积极开展法制监督检查活动，增强依法行政意识和能力。按照“五五”普法规划，组织开展地震系统法制宣传教育活动，提高公众防震减灾法制观念。

地震部门要按照国务院发布的《全面推进依法行政实施纲要》要求，以贯彻落实《中华人民共和国突发事件应对法》、《政府信息公开条例》等为契机，建立健全责任制，完善行政许可事项的管理，将推进依法行政工作落到实处，促进地震部门政务公开，增强执行力和公信力。

贯彻落实国家标准战略，加大地震标准化工作力度，加强地震标准化基础研究和标准体系研究，加快制定急需的技术标准，努力推进地震标准计量管理工作。

（八）着力抓好党的建设、精神文明建设和干部队伍建设

把学习贯彻党的十七大精神不断引向深入，通过中心组示范、专题研讨、主题实践、宣传交流等有效形式，把学习好、宣传好、贯彻好党的十七大精神，贯穿到全年各项工作中，把党员干部的思想进一步统一到党的十七大精神上来，根据中央的安排部署，切实组织好深入学习实践科学发展观活动。关于党的十七大精神的学习贯彻，局党组高度重视，根据学习培训计划，在前期学习培训基础上，这次会后还将安排一次专题培训。

加强地震系统精神文明建设的组织协调指导，强化齐抓共管，强化典型宣传，强化目标要求，创新思路和举措。以建设社会主义核心价值体系，推进防震减灾事业科学发展和形成风正劲足、团结和谐的生动局面为重点，以“讲文明、树新风、展风采、作贡献”和“创建文明机关、争做人民满意公务员”为载体，扎实开展创建活动。

以提高领导水平和执政能力为主线，以提高领导班子成员尤其是主要领导的思想政治素质和开拓创新能力为重点，全面加强领导班子思想建设、作风建设、组织建设、制度建设和反腐倡廉建设。继续推进领导班子副职竞争上岗，完善民主推荐、民主测评方法，提高选人用人公信度。建立健全干部综合考核评价办法。加强干部教育培训，实施《中国地震局干部教育培训规划》。加强各单位后备干部队伍建设，补充后备新力量。建立健全公平的竞争机制、民主的运行机制、实效的教育机制、全程的监督机制和科学的考察机制。

大力推行事业单位人员聘用制度，完成事业单位岗位设置实施工作。开展事业单位岗位设置管理是事业单位人事管理制度的重大改革，其核心内容是转换用人机制，实现由固定用人向合同用人、由身份管理向岗位管理的转变，是打破身份管理的关键步骤，是实现人员能上能下、待遇能高能低的重要条件，是搞活用人制度的重要内容。这项工作是今年的一件大事，各单位要充分认识这项工作的重要性、复杂性、艰巨性和紧迫性，加强领导，科学运作，制定切实可行的实施方案，将可能涉及到的问题想全、想透，认真做好思想发动和疏导工作，为推进改革营造良好环境。要统筹规划，合理设置岗位，通过岗位设置管理，建立科学的用人导向和合理的用人机制，调动各类人才积极性、创造性，增强事业单位生机与活力，同时要妥善处理改革发展与稳定的关系。关于这项工作，明天上午会议还将进行专门部署。

领导干部要不断探索密切联系群众的方式方法，切实解决涉及群众切身利益的突出问题，真正为群众办实事，解难题。要按照党的十七大对老干部工作提出的新要求，认真研究新形势下老干部工作遇到的新情况新问题，全面落实老干部政治待遇、生活待遇。要真心、真情、真诚为老干部服务，尤其要为有特殊困难的老干部解燃眉之急，努力让他们过一个幸福、安宁、保持尊严的晚年。

五、2008 年党风廉政建设的主要任务（略）

2008 年防震减灾和党风廉政建设工作，任务艰巨，责任重大。我们一定要认真学习贯彻党的十七大精神，在以胡锦涛同志为总书记的党中央领导下，深入贯彻落实科学发展观，以强烈的责任感和饱满的工作热情，进一步解放思想，求真务实，开拓进取，切实抓好各项工作的落实，为促进经济社会又好又快发展做出新的贡献！

中国地震局局长陈建民在2008年度全国地震趋势会商会开幕式上的讲话（摘要）

（2008年1月7日）

一、认真分析当前地震活动特点，科学判定未来震情趋势

刚刚过去的2007年，是我国大陆地震活动水平非常低的一年，全年仅发生5级以上地震6次，继2006年地震强度达到1950年以来最低水平之后，2007年5级以上地震年频次也达到了最低水平。这种低水平的活动预示着什么，将持续多久，是我们需要认真研究的重要课题。

近年来地震活动水平低是客观事实，这种低水平状态在我国大陆是少见的，表现出以下特征：

一是近年来7级地震平静突出。自2001年昆仑山口西8.1级地震后，我国大陆已连续6年没有发生7级以上地震，这在中国大陆1900年以来是少有的。

二是在7级地震平静的背景下，近两年来6级地震活动突破了1900年以来的最低水平。

三是2007年5级以上地震频次达到1950年以来的最低水平。

深入分析近年来我国大陆的地震活动特征，一方面，地震活动低水平态势十分突出，是摆在我们面前的事实；但另一方面，这种地震活动平静意味着什么，下一步将如何发展，需要我们认真地加以研究和判定。

科学地判断震情形势，是我们开展防震减灾各项工作的重要依据。每年年初的全国地震趋势会商会研究成果，是做好全年震情跟踪、震灾预防、应急救援等各项工作的基础，希望与会代表充分认识本次会议的重要性，真正开好这次会商会。第一，要做好2008年全国地震趋势判定。多种资料分析表明，2008年地震活动比2007年会有所增强，还存在发生个别7级地震的危险。希望大家在认真讨论研究的基础上，能够对未来7级地震危险的紧迫性以及可能发生的地点等问题作进一步的分析研究。第二，要做好2008年地震危险区的判定。年度地震危险区的判定意见历来受到国务院和各级地方政府的高度重视，如果我们能较准确地判定危险区，就能使我们的工作部署更具有针对性，同时也能为地方政府开展经济社会建设提供更好的服务与参考。因此，与会专家要对当前震情形势进行科学的研究，深入分析，认真会商，努力提高年度危险区判定的科学水平和准确性。第三，要集思广益，鼓励学术争鸣。要在认真分析数据资料、扎实严谨工作的基础上，敢于提出不同的观点和意见，持不同意见的专家要敢于坚持、敢于碰撞，使会商会“商”的气氛更浓，将震情会商会开成专题研讨会、科研交流会，要在得出会商结论的同时，更多地提出需要进一步深入研究的问题。只有这样，全国年度趋势会商研究才能越来越深入，预测预报工作的科学水平才能不断

提高。

二、强化责任意识，完成好奥运地震安全保障工作

明天，岳明生同志还将对全年的震情跟踪和判定等工作进行全面部署。在此，我重点谈一谈奥运地震安全保障工作。

2008 年北京奥运会不仅仅是一次规模宏大的体育盛会，也被国际社会视为一次涉及到世界政治经济格局的大事。突发地震事件作为可能影响奥运会顺利举办的因素之一，必须全面做好应对工作，切实保障奥运地震安全，这是国家赋予地震系统的政治任务，是对我们的一次严峻考验，责任重大。各有关单位一定要充分认识做好奥运地震安全保障工作的重要意义，高度重视，加强领导，将工作方案和具体措施制定好、落实好。特别是奥运会期间及召开前夕，各单位、各部门要枕戈待旦，既要明确责任，又要相互配合，及时妥善地应对各种突发地震事件。

一是要强化地震速报。要经常进行认真全面的检查，确保地震监测台网正常运行、数据通讯通畅，能够及时发现和解决技术系统存在的问题。要严格值班制度，加强值班人员业务培训，严格执行速报规定，确保地震速报及时、准确及信息畅通。

二是要加强震情跟踪判定。各单位要编制操作性强的工作方案，针对奥运震情保障不同阶段、不同突发事件的不同需求，细化实化各项工作措施，确保震情会商、突发震情判定和地震谣言应对等各项工作高效、有序。在开展震例资料总结的基础上，制定科学合理的震情判定技术方案，确定重点跟踪的地震活动和前兆异常指标，提高震情判定意见的准确性和把握性。要细化、完善会商机制，执行严格的异常落实、跟踪和信息传递制度，确保各单位的震情跟踪与判定工作协调配合、扎实有效。

三是要加强地震应急准备工作。要编制应急反应行动方案和工作流程，将方案和流程细化、具体到每一个奥运会场馆，并积极开展有针对性的桌面和模拟演练进行检验。要抓好应急预案的落实以及队伍、物资和装备的保障，并确保应急指挥技术系统的正常运行。要加强志愿者队伍培训，提高公众自救互救意识与能力。对奥运会主要场馆，要结合奥组委的综合应急应对措施，开展必要的地震应急风险评估，提出震时紧急疏散建议方案。

四是要加强对奥运地震安全保障新闻及科普宣传工作的领导。近年来，国家和社会公众对信息公开的要求很高，奥运会相关信息公开的需求将会更加迫切。各单位要建立健全新闻工作制度，针对不同时段、不同地震事件的具体情况，制定新闻宣传工作方案和新闻发布程序，明确新闻宣传的责任部门和人员，加强人员业务培训，配备必要的技术设备，确保新闻工作取得实效，保障奥运会的顺利进行。我们要制定专门的应对方案，一旦发现可能会影响奥运会举办的地震传言，立即采取主动积极的有效措施，将不良影响降到最低。

同时，要做好年度地震重点危险区的震情跟踪等工作。在当今信息社会，网络技术高速发展，地震信息传播的速度越来越快、影响的范围越来越广，造成的后果越来越复杂，在非奥运赛区发生的地震既可能给当地造成经济损失和人员伤亡，也将可能对奥运会的顺利举办产生不利的影响。因此，重点危险区所属单位，一定要切实加强震情监视，做好预防和应急准备工作，这既有利于当地经济社会发展，也是为奥运会的顺利进行作出贡献。

三、完成好数字地震项目，不断提高地震监测能力

截止到2007年底，“十五”数字地震项目已经完成了中央投资92%的建设任务。从目前的情况来看，如期完成项目建设，可以说已经没有太大困难。这一成绩的取得，确实来之不易，系统各单位、机关各司室的干部职工付出了很多艰辛和努力，大家克服时间紧、任务重的实际困难，扎扎实实地开展工作，积极解决难题，经常加班加点，做了大量艰苦、细致和卓有成效的工作。通过数字地震项目实施可以看出，我们这支防震减灾队伍是一支能吃苦、能战斗的队伍，地震系统的光荣传统正在发扬光大。

我们在总结成绩的同时，对存在的问题和差距也应该有一个清醒的认识。目前，各单位、各分项都在进行收尾和全面验收，希望有关部门和单位对验收发现的问题和不足及时解决、改进，确保项目的全面优质完成。

系统运行好、使用好，并充分发挥应有的作用，使国家投资见成果、见效益，是我们实施重大项目的主要目的。对于这一点，越来越成为大家关注的问题和统一的认识，在2007年12月份召开的局机关司级干部务虚会上不少同志都提到这个问题。“十五”数字地震项目将于2008年4月份全面完成并投入使用，各单位要将工作重点从项目实施及时调整到运行管理上来。要制定完善运行管理办法和观测技术规范，强化技术人员培训，切实加强日常维护管理，确保系统正常运转，确保观测数据质量。同时，要做好“十五”系统与“九五”系统之间的比测与衔接，保证各项日常观测工作正常进行。

要做好“十五”系统观测数据的产出与应用，使之尽快投入日常监测预报、地震速报、应急反应和科学研究等各项工作，不断提高地震监测能力。要利用“十五”建立的平台，实现数据的规范化、标准化，在不违反国家保密规定的基础上，大力推进数据共享，使数据资料得到更广泛的应用。要高度重视对“十五”系统产出的大量数字化观测资料的深入研究，推动地震学乃至整个地球科学的发展。

四、增强信心，知难而进，不断提高地震预报水平

地震预报是当今世界科学难题，其探索之路必将艰难曲折、布满荆棘。但党和政府坚持以人为本，以人民的生命财产为重，将地震预报纳入政府职能，始终给予高度的重视和支持，并为此投入了大量人力和物力。党和政府的高度重视以及人民群众的迫切需求，是我国地震预报得以坚持发展的根本保证和动力来源。地震分析预报人员既承担着探索地震预报的科学任务，更肩负着保护人民生命财产、服务于经济社会发展的神圣使命。既要清醒地认识到地震预报发展过程中难免遇到困难和挫折，更要树立克服困难、攀登地震预报科学高峰的信心，既不能盲目悲观，也要避免盲目乐观。只要我们的研究工作更加精细、基础更加扎实，还是能够有所进步、有所作为的。

近几年来的震情跟踪工作就说明了这一点。在1997年玛尼地震后，围绕中国大陆是否进入7级地震弱活动阶段，存在着截然不同的看法，2001年昆仑山口西8.1级地震后，对地震形势的判定也偏离了实际地震活动水平。但近两年的年度会商，对于中国大陆已处于7级地震弱活动阶段，已基本形成共识。特别是2007年的会商会，面对历史上从未出现过的

6 级地震平静，广大分析预报人员开展了广泛、深入的分析研究，经过多次开会讨论，作出了基本符合实际的趋势意见，比较好地把握了地震发展趋势，并且在 2007 年 6 月 3 日云南宁洱 6.4 级地震前作出了一定程度的短临预报，取得了一定的减灾实效。这就是经过认真研究、努力工作所取得的进步。

提高地震预报研究水平，必须在精细上下功夫。我曾在多个场合强调过，震情跟踪和分析研究工作要求精、求细。所谓“精”，就是应努力做到研究工作要深入、分析论证要严谨、结论意见要可信、要经得起推敲；所谓“细”，就是考虑问题要周全，大的问题要研究，小的、细枝末节的问题也要考虑，既要全面系统地分析震情，对个别的、局部的突出情况也要认真调查分析。震情跟踪和研究工作要达到精细，既要求有严谨的学风、追求科学真理的信念，又要有探索地震预报的热情、刻苦钻研的精神。只有具备了求真务实的精神，才可能做得更精、更细，把问题搞得更清楚，不断推进地震预报发展，不断强化震情判定和预测的基础，地震预报的水平才有可能不断提高。

正如前面所列举的，当今中国大陆地震活动不断创出新的历史，因此我们预测预报研究也要不断创新。目前，地震预报仍处于探索阶段，探索的过程是不断发现新的事实、新的规律，发展新的技术、新的方法，建立新的理论基础的过程。当前，面对历史上少有的地震形势，就更加需要创新，一方面要创造性地灵活运用以往的地震预报经验，尊重经验但不囿于经验，要在继承中求发展；另一方面，更要开阔思路，多角度思考问题，以新的思路、新的方法、运用新的技术研究问题，在更加丰富、坚实的基础上进行地震预报研究，努力提高预报的把握性和准确性。

中国地震局局长陈建民在中国地震局奥运地震安全保障工作领导小组会议上的讲话（摘要）

（2008 年 7 月 14 日）

一、要进一步提高认识、加强领导、协调配合

2008 年 5 月 12 日在四川汶川发生的 8.0 级特大地震，造成了特别重大的人员伤亡和经济损失，至今余震活动仍在持续，全国其他地区在汶川 8.0 级地震后出现了大量的地震活动和异常变化，当前我国的地震形势十分复杂。在这种特殊的形势背景下，中华民族的百年盛事、2008 年奥运会赛事即将在北京等 7 个城市进行，是对我们地震部门的一次严峻考验，也是我们服务社会的重要机遇，奥运地震安全保障工作具有特别重要的政治意义，任务很重、难度很大。

各单位要充分认识目前我国大陆震情形势的复杂性、奥运地震安全保障工作的重要性和艰巨性，务必牢记党和人民的重托。要铭记汶川特大地震的惨痛经历，对地震灾害的严重威胁时刻保持警惕和清醒的认识，牢固树立“震情第一”观念，要在前期大量筹备工作的基础上，以地震速报、震情跟踪、应急应对、新闻宣传为重点，要加强领导、落实措施，要确保领导到位、人员到位、保障到位，全力以赴地做好奥运地震安全保障工作。

局机关各有关部门、各单位要通力协作、密切配合，在完成各自岗位任务的同时，积极主动地配合其他部门和单位的工作，真正使奥运地震安全保障各项工作有序开展，取得好的效果。同时，也希望各单位积极地与各级政府、各赛区奥组委沟通，主动配合开展信息宣传、新闻服务、突发事件应对等方面的工作，为奥运会的顺利成功举办贡献我们的力量。

二、要认真落实地震安全保障方案

中国地震局自 2006 年初正式全面启动奥运地震安全保障的各项筹备工作。两年多来，局各部门、各赛区有关单位、台网中心，开展了广泛、细致、全面、扎实的准备工作，加强了硬件设施和软件能力的建设，提高了地震速报和前兆观测能力、加大了震情分析研究的深度、拓展了新闻宣传工作的思路、落实了翔实细致的工作措施、加强了应急预案完善和应急演练，制定了全系统地震速报、震情跟踪、新闻宣传和应急应对的保障方案，以及针对北京、天津、秦皇岛、沈阳、青岛、上海、香港各赛区和台网中心的综合性奥运地震安全保障方案。

目前，地震部门的奥运地震安全保障筹备工作已基本就绪，即将进入奥运赛期的实战状态。要求各部门、各单位，抓紧赛事开始前的有限时间，再对各项保障方案和工作措施进行全面的检查，发现遗漏问题及时上报并采取有效措施予以解决，不得拖延和懈怠。各赛区有

关单位、台网中心，全国其他非赛区单位，必须认真按照方案的规定和要求，严格值班、会商、信息报送制度，要周密部署、精心安排，切实做好地震速报、震情跟踪、应急应对、新闻宣传等各项工作。

三、要加强地震监测和震情跟踪工作

要加强测震和前兆台网的维护，保障正常运行，保障观测环境稳定，要确保观测数据连续，传输、处理及时，要确保地震速报及时、准确、信息畅通，及时发现、解决技术系统存在的问题。同时，要严格值班制度、领导带班制度，加强值班人员力量，做好震情信息工作。昨天下午进行了地震速报系统的实战演练，从目前看速报系统作了比较大的改进，总体来讲进步比较大，围绕奥运地震安全保障的工作比较到位。我认为，地震发生后，速报工作，第一要及时；第二要准确；第三要尽可能提供服务政府和服务社会的信息产品。制度建设也很重要，要进一步完善，严格执行。同时，要加强人员培训。

四、要加强突发地震事件的应急准备

要抓紧奥运赛事开始前的有限时间，对各赛区的应急措施、责任落实、应急值班、行动方案等进行认真全面的检查，加强应急队伍训练和技术技能培训，有针对性开展训练和演练。要实行周密的应急值守和值班、备班制度，开展岗位练兵，熟悉应急事件处置工作流程，做好应急出动的准备。在突发地震事件发生后，各单位要迅速启动应急预案，立即派出应急队伍赶赴震区，在地震应急处置中要做到第一时间报告震情，迅速启动预案；第一时间判断灾情，了解灾害规模；第一时间报送信息，为中国地震局和各级政府提供决策依据；第一时间派出队伍，稳定震区情绪。

此外，要在现有的应急预案与措施的基础上，加强震情信息的应急准备，明确震后趋势判定和余震预测的应对工作措施，加强现场流动观测设备的检查，确保随时处于备震状态。

五、要做好奥运地震安全保障新闻宣传工作

汶川特大地震发生后，国内外对我国防震减灾的关注程度空前高涨，舆论形势错综复杂，新闻宣传的重要性更加突出。机关各有关部门、各单位，要进一步提高对奥运新闻宣传工作重要性和复杂性的认识，全面贯彻落实中央的要求，切实加强对本部门、本单位奥运新闻宣传工作的组织领导，要充分准备，要狠抓细节，要务求实效，将每项措施和任务都落到实处。接受记者采访时，不能回避拒绝，但要把握好分寸。新闻宣传的重要性不亚于震情，如果处理不好，也会发生“地震”。既要大力宣传改革开放 30 年以来防震减灾工作取得的成就，宣传我国地震监测预报、震灾预防、紧急救援三大工作体系和地震科技工作的主要进展，同时也要客观分析存在的不足。各单位主要领导要亲自抓，要充分发挥各个单位的自主性和主观能动性，坚持正确的舆论导向，把握新闻宣传的主动权。要整合信息资源，调整中国地震局和重点单位门户网站栏目，密切与主流媒体的关系，充分发挥各方面的积极作用。

要建立健全新闻工作制度，规范新闻宣传工作程序，严格审批程序和制度。要主动配合

地方政府和奥运会组织机构，建立信息沟通共享和快捷有效的新闻发布机制。要加强对本单位新闻宣传工作队伍和专家的管理。

奥运会日益临近，在中华民族的百年盛事中，地震系统绝不能松懈，要发扬万众一心、众志成城，不畏艰险、百折不挠，以人为本、尊重科学的伟大精神，尽全力做好我们的工作，尽最大努力保障奥运赛事顺利举行。

中国地震局局长陈建民在四川汶川“5·12”8.0级地震科学总结与反思启动大会上的讲话（摘要）

（2008 年 8 月 11 日）

2008 年 5 月 12 日，在我国四川汶川发生了 8.0 级特大地震，在过去的三个月中，我相信参加会议的每个人心里都是不平静的，汶川地震给我们每一位从事地震工作的同志留下了太多刻骨铭心的记忆。在前期抗震救灾大量工作的基础上，今天我们在这里召开全国地震系统视频会议，全面启动四川汶川“5·12 ”8.0 级地震科学总结与反思工作。

这次汶川 8.0 级地震破裂持续长达 2 分钟，强烈的震感几乎覆盖全国，并且波及到数个邻国，震动了全世界。这次地震是新中国成立以来破坏性最强、波及范围最广、救灾难度最大的一次地震。到目前为止，地震已造成将近 7 万人遇难，1.8 万多人失踪，37 万多人受伤，受灾地区人民生命财产和社会经济损失巨大。作为地震工作者，我们深感悲痛和不安，血的教训使我们再一次深刻认识到我们的责任重大，任务艰巨。

汶川地震发生后，党中央、国务院高度重视，迅速作出全面部署，胡锦涛总书记立即作出重要指示，多次主持召开中央政治局常委会议、中央政治局会议全面部署抗震救灾工作，并亲赴地震灾区指挥抗震救灾。国务院第一时间成立由温家宝总理任指挥长，李克强、回良玉副总理任副指挥长的国务院抗震救灾总指挥部。国务院召开二十多次抗震救灾总指挥部会议，研究部署抗震救灾工作。国务院组织了国家汶川地震专家委员会，开展了大量卓有成效的工作，中国地震局会同科技部、国土资源部全力开展服务和协调工作。

地震行业广大干部职工坚持“灾情就是命令，时间就是生命”，在第一时间投身到抗震救灾工作中，经受了一次次重大考验。地震发生后，中国地震局立即启动国家地震应急预案，成立局应急指挥部和现场指挥部，积极迅速开展抗震救灾工作。快速提供地震速报信息，现场提供余震震中分布和灾损模型快速评估结果，为中央部署抗震救灾提供决策依据；派出国家地震灾害紧急救援队与国家地震现场应急工作队及时到达灾区，全力开展科学施救，积极组织现场工作；开展现场加密监测，24 小时动态跟踪和会商，做好震区的震情监视跟踪和趋势判定；开展现场科学调查、灾害损失评估，为灾后恢复重建提供科学依据；及时发布震情信息，针对北京等地区地震传言迅速进行辟谣。综上所述，汶川地震发生后，地震行业广大干部职工按照党中央、国务院的要求，认真负责、有序高效地开展抗震救灾各项工作，事实证明这支队伍是一支爱岗敬业、无私奉献的队伍，是一支吃苦耐劳、能打硬仗的队伍，关键时刻能够承担起党和人民的重托。在此，我代表中国地震局党组对地震行业的每一位同志表示衷心的感谢。

汶川地震给我们带来的损失和影响是巨大的，启示和教训是深刻的，资料和经验是宝贵的，中国地震局党组要求各部门、各单位针对汶川地震给我们带来的启示和警示，深入思考如何更好地推进防震减灾工作，进一步提升防震减灾能力，并结合各自工作提出建议；随后，多次召开专题座谈会，广纳贤言，诚恳听取各方面意见和建议；先期组织了400多人开展现场科学考察，并启动了汶川地震资料的收集整理。通过以上深入细致的工作，7月29日中国地震局成立了四川汶川“5·12”8.0级地震科学总结与反思工作领导小组及其办公室、科学咨询委员会和科学工作委员会。今天，我们在此召开大会，全面启动和系统部署四川汶川“5·12”8.0级地震科学总结与反思工作。

借此机会，我讲三点意见，供大家讨论和指正。

一、汶川地震科学总结与反思具有非常重要的意义

第一，科学总结与反思对完善防震减灾工作思路有重要意义。

从邢台地震开始，40多年来，我国防震减灾工作走过了一条艰难曲折的发展道路，逐步完善了防震减灾的工作方针、指导思想，提出了建立健全地震监测预报、震灾预防、紧急救援三大工作体系的重要任务。在此基础上，近年来地震行业深入分析国家经济社会发展新形势，研究提出了防震减灾事业又好又快发展的基本工作思路，即“牢固树立‘震情第一’观念，切实加强‘两个能力’建设，建立健全‘3+1’体系，始终坚持‘四个面向’”。经过近几年的实践证明，这一工作思路是正确的，是符合我国地震灾害特点和防震减灾事业发展规律的。汶川地震发生在改革开放30周年的今天，对我们的工作思路具有直接的检验作用，有必要通过对汶川地震的科学总结与反思，对我们的工作思路全面系统地进行对照检查，作进一步的细化和深入的完善，使之对当前和今后一段时期的防震减灾工作具有更有力和更直接的指导意义。

第二，科学总结与反思对防震减灾工作改革创新有重要意义。

防震减灾工作几十年来，形成了一套完整的管理体制、工作机制和具体对策，对促进防震减灾事业发展和综合防御能力提升发挥了重要作用。但是通过这次汶川地震，也暴露出我们工作中的不足和薄弱环节。我们的体制、机制、措施是否有效，要以这次汶川地震为标尺，要用这次汶川地震来衡量，找出各方面与实际要求不相适应的地方。汶川地震发生三个月以来，我们在开展抗震救灾和恢复重建的同时，已经开始进行一些初步的总结和思考，也初步发现了一些需要改革和调整的方面。从这次地震来看，地震短临预报非常困难，需要下大决心、花大力气去推进地震预报的研究和实践。地震中长期趋势预测相对短临预报要可靠一些。为增强社会公众对地震灾害的警惕性和防御地震灾害的自觉性，促进当地政府和有关部门落实灾害预防措施，形成社会参与、共同抵御的局面。

此外，市县地震机构管理体系与防震减灾社会管理和公共服务的要求还不能完全适应，抗震设防的监管还不到位，地震科普宣传的力度和成效也与我国多震灾的实际有不小的差距，推进地震保险存在很大困难等，需要我们认真分析当前经济社会发展形势，用新的视角来审视，用新的标准来衡量，用新的思路来谋划，积极推进改革，采取有力措施，加大工作力度，在全面提升防震减灾综合能力上真正发挥作用。

第三，科学总结与反思对提升防震减灾能力有重要意义。

这次地震引起了国内外前所未有的广泛关注。地震发生后，党和政府对防震减灾更加高度重视，为我们推进改革、提升能力营造了非常有利的环境；广大群众对于地震灾害和防震

减灾工作的认识有较大提升，为我们开展科普宣传、提升社会公众防震减灾综合素质带来了前所未有的机遇；同时，这次地震在科技界也引发了新一轮地震科学研究的热潮，无疑是一次深入了解地球、认识地震发生规律的契机。作为地震工作者，我们要特别珍惜这次宝贵机遇，认真查找不足，不断完善思路，扎实推进改革，全面改进和加强我们的工作，提升地震部门自身能力和社会防御地震灾害能力，将防震减灾事业推向一个新的发展阶段，通过我们的努力真正减轻地震灾害给人民生命财产和经济社会发展造成的损失和影响。

国内外几次大地震后的经验也表明，及时做好总结与反思工作对提升防震减灾能力意义重大。例如，1906 年美国旧金山发生 8.3 级大地震后，美国政府进行深刻反思，对地震工作开始高度重视，投入巨资开展研究，出台地震减灾法律法规，建立健全应急救灾机制体制，其防震减灾能力一直处于世界领先水平。1995 年日本阪神大地震后，日本政府也进行深刻反思，找出了城市设防、火灾消防、应急预案等方面的薄弱环节，直接引起了日本对于地震科学、都市建筑、地震搜救、应急预案等方面的重视。目前，日本无论是灾害科学研究还是灾害管理水平都有了很大的提升。1999 年我国台湾地区集集地震后，经过深入的科学调查研究，得出了防震抗震要避开地震活断层的经验。这条经验在城市规划和工程选址中得到广泛应用，提升了工程抗震的科学水平。

第四，科学总结与反思对推进地震科技进步具有重要意义。

防震减灾是一项社会公益性事业，同时也是一项科技性很强的事业，科技对防震减灾工作具有重要的支撑和引领作用，而这次地震是开展防震减灾科学研究的资料宝库。这次地震发生在青藏高原和四川盆地之间的龙门山地区，地形地貌多样，地质构造复杂，震区人口稠密，诸多方面与 2001 年 11 月 4 日昆仑山口西 8.1 级地震有很大区别。据初步了解和多方面反映的情况，这次汶川地震在震区产生了大量而丰富的构造运动、地壳形变、地表破坏、建筑与工程结构破坏以及次生地质灾害。对这些资料进行系统全面科学的总结和研究，有利于我们查明汶川地震的成因机理，深化地震预测预报研究，丰富地震震例资料；有利于汶川地震灾区的恢复重建；有利于科学地指导今后全国的防震减灾工作。

第五，科学总结与反思对国家防灾减灾有重要的借鉴作用。

从灾害预防和减轻的角度来说，不同的灾种是相通的，是可以相互借鉴的。我国是世界上自然灾害最为严重的国家之一，灾害种类多，分布地域广，发生频率高，造成损失重。除了地震灾害，洪涝、台风、干旱、沙尘暴、地质等灾害在我国都有发生。希望通过此次汶川地震的科学总结与反思，为今后我国巨灾应对和危机管理提供宝贵的经验。一是在自然灾害孕育发生和致灾机理的研究方面，为科学预测和预防自然灾害提供借鉴；二是在构建自然灾害立体监测体系、预警预报网络体系方面提供借鉴；三是在应对各类自然灾害预案的编制，完善国家和地方灾情监测、预警、评估、应急救助指挥体系方面提供借鉴等等。

二、科学总结与反思的指导思想和基本原则

四川汶川“5·12”8.0 级地震科学总结与反思工作，要全面贯彻党的十七大精神，认真落实胡锦涛总书记 2008 年 6 月 23 日在两院院士大会上的重要讲话精神，以科学发展观为指导，本着科学、客观、深刻、全面的精神，总结防震减灾工作的成功和经验，查找分析不足和教训，认知和探求其成因，为防震减灾事业发展提供鲜活案例，为历史保存一份珍贵档

案。科学总结与反思旨在努力构建人与自然和谐发展的社会，探索国家防震减灾工作改革新模式，致力于最大限度地减轻地震灾害损失。

四川汶川“5·12”8.0级地震科学总结与反思工作，必须遵循以下五项原则：

第一项原则：必须具有高度国家使命感。

汶川地震后，作为地震工作者，我们深刻地认识到，做好防震减灾工作，最大限度减少人民生命财产损失，集中体现了以人为本的科学发展观的要求，防震减灾是一项功在当代、利泽千秋的伟大事业，事关人民生命财产安全，事关全社会的稳定和谐，事关经济和社会发展的大局，事关全面建设小康社会的宏伟目标。胡锦涛总书记在两院院士大会上的重要讲话，对防灾减灾作了专门论述。我们必须认真学习胡锦涛总书记重要讲话精神，以讲话精神为指导，以高度的责任感和使命感做好这次科学总结与反思工作。

第二项原则：必须坚持科学理性的原则。

开展科学总结与反思的关键在于找出问题，分析原因，改进工作。必须坚持实事求是的科学精神，以理性、冷静、客观的科学态度，紧密联系实际开展总结与反思。有什么问题就查摆什么问题，是什么问题就解决什么问题。要做到把问题的症结找准，把原因分析透彻，提出的建议和制定的措施切实可行。

第三项原则：必须坚持广泛民主的原则。

为做好科学总结与反思工作，我们成立了领导小组、领导小组办公室、科学咨询委员会和科学工作委员会。科学总结与反思以科学咨询委员会和科学工作委员会的同志为主，但并不局限于这个范围。各单位要全力支持，发扬民主，集思广益，引导各方面积极参与。与此同时，还要广泛听取和吸纳全社会的意见和建议。

第四项原则：必须坚持客观真实的原则。

汶川地震非常罕见，带给我们的信息和启示弥足珍贵。科学总结与反思必须全面、客观、真实，必须以事实为唯一依据，严禁主观臆断，必须以客观科学记录为第一手资料，严禁道听途说。大家要高度重视记录事件客观真实面目，为历史保存一份珍贵档案。此外，在开展总结与反思的工作过程中一定要注重实效，切忌空谈，更不能隔靴搔痒。

第五项原则：必须坚持一切为了发展的原则。

我们进行这次科学总结与反思有明确的目的和任务，它的出发点和落脚点都是最大限度地减轻地震灾害损失。因此，在开展工作中必须要把总结与反思同探索防震减灾事业发展的新模式、新途径、新举措结合起来，同健全防震减灾规划体系结合起来，形成全局上下共同参与，谋求防震减灾事业大发展的良好局面。

三、科学总结与反思的总体要求

四川汶川“5·12”8.0级地震科学总结与反思工作是地震行业的责任和义务。科学总结与反思不仅仅涉及科学本身的问题，还涉及到社会管理的各个方面，同时也涉及到公共服务的各个环节，是一项非常全面系统的工作。科学总结与反思是不可能一蹴而就的，需要长时间的考察、研究、评估、分析，需要不断地查找不足、推进改革、改进工作，是一项长期艰巨的工作。

我想针对以下六个方面谈一些思考和想法。

第一，政务工作是防震减灾工作的重要组成和保障。通过科学总结与反思，进一步完善防震减灾工作思路，进一步确立防震减灾政策体系，进一步建立健全管理体制和机制。应全面推进政务信息化建设，大幅度提升地震应急时政务工作的时效，进一步完善政府信息公开和新闻发布机制，完善信息传递和应急值守机制，形成政务和业务有机联合的工作机制。

第二，地震监测是防震减灾工作的基础。通过总结与反思，首先要科学研究分析台网布局，做好监测网络规划；其次要建立监测标准体系，规范台站建设和数据产出；并下大力度研发新的地震观测方法和观测技术，努力捕捉地震前兆信息。速报工作应全力提升准确度和内涵，建立严格的审核机制，缩短速报时间，向欧美先进水平学习；建立志愿者、学校、企业等社会非职业观测机制；逐步将测震台网与强震动台网汇成地震灾害破坏度速报台网。

第三，防震减灾工作要强化地震预报。目前，地震预报尚处于科学探索阶段，短临预报能力较低，科学理论依据匮乏，人才严重不足，难以满足社会和民众的需求。但是，开展地震预报探索和实践，是我国多震灾国情的必然选择，是经济社会可持续发展的现实需求，尽管难度很大，但我们要百折不挠地坚持推进。要花更大的力气，投入更多的精力，竭尽全力投身于地震预报；要统筹长中短临地震预报，充分发挥各自作用，在长中期预报的基础上，努力提高短临预报准确度。

通过汶川地震，如何调整和定位地震预报工作的思路？怎样汇集专业预报人才，形成有效的团队优势，形成有效的机构优势？怎样逐步夯实地震预报科学理论基础，稳步而循序渐进地提升短临预报能力？怎样科学确定地震长期、中期和短临预报间的比重和关系？这些问题都需要认真总结与反思。

第四，防震减灾工作要突出震害防御。震害防御工作是有效减轻地震灾害损失的重要手段之一。目前一般建设工程的监管缺乏法律依据，未设立相应的行政许可事项；农村民居建设管理缺位，基本处于不设防状态。怎样加强城乡抗震设防行政监管，完善防震减灾法律法规体系，加大执法力度，界定各地抗震设防标准和等级，完善地震灾害破损分布速报体系，提升灾情快速判断能力，推动地震预警系统建设，建立地震保险机制？这些问题也都需要我们认真总结与反思。

灾区群众防震、自救互救等知识不足，防灾知识宣传普及率低。仅有小部分学校平时注重防震减灾宣传教育，经常进行应急演练，基本上没有造成学生伤亡。如何推动防震减灾科普宣传进学校、进家庭、进社区，加强防震减灾科普宣传和教育工作，提高国民应对地震灾害的能力和素质，是震害防御工作的关键。

汶川地震现场，处处可见志愿者忙碌的身影，他们都是自发前往，辗转灾区为灾民服务或者帮助专业队伍开展工作，为抗震救灾工作发挥了重要作用。很多志愿者虽然精神可嘉，却缺少必要的救灾常识。这些问题都需要我们研究和总结。

第五，地震应急救援工作要常备不懈。此次地震中，在启动应急预案、组织现场应急工作和救援方面都取得了比较好的效果，最大限度地抢救了生命，带来了很好的社会效益。这得益于我们多年扎实推进预案的编制工作，形成了横向到边、纵向到底的完整预案体系，同时加强了应急演练，保证迅速派出队伍开赴地震灾区，开展有力、有序、有效的救援行动。国家和省级地震灾害紧急救援队成为汶川地震救援的技术核心力量，国家队救出 49 人，省级救援队共救出 371 人，受到了灾区人民和总理的称赞，凸显了专业救援队伍的重要性。

今后应进一步完善预案，将应急演练常态化；进一步完善地震灾害损失评估机制，建立全社会联动机制，建立现代高效的网络化区域联动和现场指挥协调机制。面对汶川地震这样的巨大地震灾害，专业救援队的规模显得过小，精而不足，因此加强国家和省级救援队伍的建设和管理，建立专业紧急救援队国家统一指挥协调机制迫在眉睫。

第六，地震科学研究应充分发挥金字塔底座效应。要为防震减灾三大工作体系提供有力支持，将地震科学研究与防震减灾任务需求更加紧密结合。要以增强自主创新能力为主线，针对地震科技前沿性、前瞻性、基础性的特点，切实解决制约防震减灾事业发展的关键科技问题。要积极推进各方面相互支持、密切配合和共同努力，提倡大协作、大联合，动员全社会科技力量，共享信息与资源，合力推进地震科技创新和发展。要建立科技项目评价体系、追踪问效制度、科研项目库及科研人员信誉档案。要全面落实人才规划，统筹抓好以高层次人才为重点的各类人才培养。

国家多年来的防震减灾投入发挥了重要作用。“十五”中国数字地震观测网络项目 4 月 11 日刚刚通过验收就经受了大地震的考验。国家强震动台网首次获得了 80 多个台站的近场强震动记录，国家测震台网 10 分钟左右实现了速报，通信和信息系统经受住了考验。中国地壳运动观测网络获得了地震同震位移场的连续变化，为地球科学研究留下了宝贵的数据。如何进一步发挥数字化观测资料的作用，完善观测体系，丰富服务手段，提升服务能力，提高国家投资效益，是需要认真总结与反思的。在充分汲取汶川地震的经验和教训的基础上，急需完善并努力推进国家地震安全计划和喜马拉雅计划，继续提升国家防震减灾能力。

四川汶川“5・12”8.0 级地震科学总结与反思是一项任重而道远的工作，是推动防震减灾事业改革和创新、促进发展的长期任务。这次集中总结与反思只是一个阶段性的工作。科学总结与反思总体上讲要分为短、中、长三个阶段。短期阶段是通过集中方式，对汶川地震进行系统的总结和反思，形成各自工作报告和成果。中期阶段主要是各单位结合形成的报告，深刻分析对照检查工作中存在的不足和薄弱环节，提出改进的方法和措施，落实到规划中，落实到各自的日常工作中。长期阶段就是针对短、中期阶段不能分析认知到位的问题和未能解决的问题，继续开展深层次的工作。

让我们团结起来，借四川汶川“5・12”8.0 级地震科学总结与反思这样一次难得的机遇，全力推动国家防震减灾工作步上一个新的台阶，努力减轻地震灾害给人民生命财产和经济社会发展造成的损失，为实现全面建设小康社会的宏伟目标做出积极的贡献！

中国地震局副局长岳明生在2008年度全国地震趋势会商会闭幕式上的讲话（摘要）

（2008年1月8日）

一、虽然判定地震趋势的总体水平比较低，但仍要清醒地认识到地震形势的复杂性和严峻性

2008年的年度会商与往年有所不同的是，专家对我国当前震情形势的看法基本上趋于一致。我认为，这主要是基于近几年我国大陆出现了特别突出和显著的地震平静现象，事实是不可辩驳的。首先，7级地震平静。2001年，在昆仑山口西发生了8.1级大地震，是在我国大陆8级地震平静50年后首次发生的8级地震，此后至今，已连续6年没有发生7级以上地震，这在100多年以来是比较少有的。其次，6级地震平静。2005年4月8日西藏仲巴6.5级地震后，我国6级地震平静了2年多，直到2007年5月5日西藏日土－改则发生了6.1级地震，打破了6级地震平静，期间长达756天没有发生6级地震。第三，在7级、6级地震显著平静的背景下，5级地震也很平静。2007年，中国大陆只发生了6次5级以上地震，仅为近百年来中国大陆每年发生约20次5级以上地震的平均年频次的三分之一，是自1950年以来的年度最低水平。

在这种形势下要正确看待明年我国震情形势，要充分认识到地震预测的局限性，不能掉以轻心。

首先，目前我国地震活动整体水平很低，进入7级地震活动相对平静的时期，平静是相对的，不是绝对的，历史上平静期发生7级以上地震的例子很多。1997年玛尼地震后我国7级地震活动就进入了平静期，到2008年已经是11个年头了，也已经是平静期的后期，新的活跃期即将开始，一旦开始发生7级地震的可能性还是相当大的。

其次，我们也要一分为二地看待我国近些年来7级地震、6级地震、5级地震平静问题。到2007年底，我国7级地震已平静6年，100多年来我国平均3年发生2次7级地震，最长平静时间是8年，弹性回调理论告诉我们，随着平静时间的越来越长，发生7级地震的可能性越来越大，万万不可掉以轻心。

第三，2007年，在我国大陆地震活动整体处于低水平的同时，部分地区的震情还是很突出的，2008年这些地区震情有可能进一步加强。

第四，现在地震预报仍处于探索阶段、总体水平还很低，不论是年度趋势预测，还是危险区判定，其准确性都十分有限，预测以外的震情、灾情还是经常发生的。为此，提醒大家特别注意的是，必须密切跟踪震情的动态变化，时刻警惕震情的突变和预料之外地震事件的发生。

二、不负党和人民重托，切实加强震情短临监视跟踪，尽最大努力减轻地震灾害影响

我国是世界上地震灾害最严重的国家之一，20 世纪的多次巨大地震使我国人民蒙受毁灭性灾难。党和政府高度重视防震减灾事业，“十五”以来投入巨额经费建成了世界瞩目的数字地震观测网络。人民对地震预报的期盼、社会对地震预报的迫切需求，是地震预报实践和研究继续发展的基本动力；党和政府的支持，是地震预报工作的根本保障。地震工作者应不负党和人民重托，勇于探索地震预报科学难题，切实加强震情短临监视跟踪，尽最大努力减轻地震灾害。

各单位要高度重视地震短临跟踪工作。这个问题每年都讲，是由于这个问题的极端重要性。监测预报是防震减灾工作的首要的、关键的环节，是重中之重。各级主要领导必须亲自抓，务必做到思想要到位、计划要落实、措施要具体，跟踪要科学，努力捕捉震情短临信息。关于做好震情短临跟踪工作我讲 6 点要求：

（一）明确责任，加强领导

短临跟踪工作的目的在于实现破坏性地震的短临预报，短临预报的责任主要在各属地的省级地震部门，因此，各省级地震部门要进一步明确职责，加强领导，牢固树立震情第一的观念，落实措施，科学跟踪，切实做到把震情跟踪工作作为本单位核心和首要的任务来抓。

（二）严格制度、加强管理，不断提高会商水平

各单位都建立了比较完善的会商制度，要严格遵守这些制度，在任何情况下都不可松懈。遇有紧急情况，一定要及时召开紧急会商会，科学判定震情。特别是少震地区，由于地震实践机会相对不多，容易产生麻痹思想，一定要严格制度，加强管理。地震预报事关人民生命财产，容不得半点疏忽懈怠，各单位领导要高度重视。另外，要进一步提高会商会质量。会前准备要充分，会上讨论要深入细致，要把会商会开成科学讨论会，要把主要精力用于讨论预测依据上，而不是预测结论上。面对严峻复杂的震情形势，各单位既要严格执行相关制度，加强管理，又要科学求实，大胆创新，不断提高判定震情的科学水平。

（三）及时调查核实各种异常，确保观测数据的信度

目前地震预报没有过关，我们还没有找到必震的信息，只能依据一些基本的理论假设和可能与地震孕育、发生有关的现象做出判断。震情判定工作一般分为两步，首先，要确认观测数据的真实可靠性，分析排除各种人为的、仪器的、环境的干扰因素；其次，再进一步分析资料变化与地震的关系。在这两个方面中，前者是基础，是做出准确预测的基本前提。在这次会商会上，作为判定 2008 年全国地震趋势、地震危险区的依据，各单位都提出了一些异常，部分异常还相当突出，有的已经调查落实过了，有的还需要进一步的分析核实。凡是需要进一步开展工作的，大家回去以后都要立即采取措施。在今年的短临跟踪工作中，也必将发现许多新的宏观和微观异常，必须做到出现一起核实一起，时间上必须做到及时，科学上必须做到求实，工作上必须做到扎实，尽我们最大的努力捕捉地震信息，提高观测数据的信度和震情判定的科学性。

（四）确保信息渠道畅通

刚才我强调了数据的产出和信度，同时还有一个很关键的环节就是保障网络畅通和数据

共享。一旦网络和数据共享出了问题，我们的日常分析预报工作可能会受到非常大影响。尤其是一旦遇到突发地震事件，我们的应对工作甚至会陷入瘫痪。因此，各单位一定要有全局意识、政治意识，高度重视这一工作，把责任落实到人，保证各种通讯渠道的畅通，保证业务数据及时共享。

（五）做好特殊时期和奥运会的地震监视预报工作

2008 年奥运会将在北京召开，这是一场非常重要的国事活动。奥运会地震安全保障工作的责任在各地政府，为此，北京局、台网中心、天津局、河北局、山东局、辽宁局、上海局、广东局等相关单位要继续做好奥运地震安全保障专项的实施工作，加强监测、震情跟踪、信息宣传和应急应对等各项工作，以满足奥运地震安全保障的需求。2008 年是奥运地震安全保障各项筹备工作发挥实际作用、检验地震部门服务社会、应对复杂震情形势能力的关键时期，地震系统干部职工必须以饱满的政治热情、严谨的科学态度、周密的工作部署，负责的职业精神，全力以赴做好奥运地震安全保障工作。

（六）认真研究制定震情应急方案

我们每个单位都制定了一套完整的地震应急方案，主要是针对地震发生后的各项应对工作。对于紧急震情，经验与教训都告诉我们，对于这些震情也需要制定一套完整的预案。各单位要依据本地区实际情况制定好本地区、本单位的突发震情应对预案，提高应对各种突发地震事件和服务社会的能力。

三、加强台网建设和运行管理，夯实预报观测基础

（一）确保监测仪器正常运转，数据连续可靠

监测是分析预报的基础，各单位各部门要积极采取有效措施，最大限度地为地震监测网络无故障或低故障运行提供必要的条件保障。确保仪器正常运转，提供及时、准确、连续、可靠的数据，这是做好分析预报工作的基本前提，也是做好短临跟踪第一位的和最重要的工作。特别是十五网络项目主体工程已基本建成，极大地提高了我国地震台网的监测能力，但也对监测台网的组织管理提出了更高的要求。希望各单位对此给予高度重视，统筹安排、严格制度、加强管理，保证项目仪器的正常运转，努力发挥新设备、新仪器的作用。

（二）加强地震台网管理，提高地震速报的时效性和准确性

当今信息网络技术高速发展，及时、准确的地震速报信息是做好突发震情各项应急应对工作的必要前提条件。各单位要严格按照地震速报的有关规定，确保地震速报及时、准确、信息畅通，提供有效的服务。特别是针对奥运会，相关单位更要确保地震速报的服务质量和水平。要确保地震监测台网运行率、数据通讯通畅，及时发现、解决技术系统存在的问题。要严格值班制度，加强值班人员业务素质培训，使地震速报工作保持稳定的高水平。

（三）切实加强水库地震的监视和跟踪分析工作

近年来，浙江、广西等地区的 4 级左右水库地震，都造成了一定的破坏和相当广泛的社会影响。各省级地震部门要加强对省内水库基础性工作的开展，高度重视对水库地震的监视和应对。三峡水库所属辖区的各省级地震部门要认真按照三峡水库地震监测的年度任务，组织好地震监测和震情分析工作。负责重大水电工程地震台网运行维护的各有关单位，要务必确保仪器正常运行、地震记录完整可靠，要密切监视库区地震活动变化，做好库区震情跟踪

和分析，为水电设施安全运行和社会稳定作出我们应有的贡献。

（四）加强监测预报的结合，加快新资料的应用研究

“十五”建成的数字地震观测网络，多数已投入运行，每天都有大量数据产生，各单位要加快新资料处理技术和分析方法的研究，分析预报人员要与时俱进，尽快研究、掌握新的数字化观测数据的新特点和异常信息提取技术，使国家投入巨额经费、巨大人力物力建成的现代化的地震观测网络能够尽快地在地震预报和科学研究中发挥效益。

（五）加强陆态工程的组织实施与管理

中国地壳运动观测网络项目建成了初具规模的 GPS 观测系统，所产出的数据资料近年来在地震形势研究和震情跟踪中发挥了十分重要的作用，对于推进我国地震预报、提升科技创新能力具有十分重大的意义。2007 年，经多方面的努力，该项目二期陆态工程已经完成了申请立项和初步设计，2008 年将是工程实施的关键期。有关单位要加强项目的实施管理，确保工程建设效果。与此同时，要加快 GPS 数据处理、信息提取和分析方法研究，尽快将工程建设成果转化成科技创新能力。

（六）做好“十一五”地震预报实验场项目的设计和立项申请

我国地震预报经过几十年的艰苦探索，虽然已取得大量成果和显著成效，但总体仍处于较低水平，与政府和公众的要求和期待还存在着巨大差距，必须探索新的发展途径提高地震预报科学水平。“十一五”规划的地震预报实验场项目，将是我国地震预报发展中的一个战略性的重大举措，将对推进我国乃至世界地震预报发挥重要作用。为了确保实验场项目的建设取得成效，在项目的规划设计中，既要理清实验场的科学思路，又要有能够实现科学思路的合理可行的技术途径；既要有科学目标，也要与我国实际的地震监测预报工作内容紧密结合；既要有明确的科学意义，又要能在现实的地震预报探索中发挥作用；既要继承和发展中国特色地震预报的思路与方法，更要吸收国际最新的、最前沿的观测技术和理论研究成果；既要实现工程项目的阶段性建设目标，还要兼顾我国防震减灾事业和地震预报探索的持久性和长远规划目标。

四、关于这次会议精神的传达、贯彻与落实

陈建民局长在这次会议开幕所做的重要讲话精神和 2008 年度全国地震趋势的基本结论意见，与会代表回去后要向各单位局党组认真传达、贯彻执行。今年会商会之后，争取以国务院或国务院办公厅文件的形式转发各省、市、自治区人民政府。希望各地接到文件后，立即组织传达贯彻，结合各地实际，抓紧部署 2008 年的短临跟踪和地震应对等工作。

安徽省地震监测设施和观测环境保护暂行规定

（1992 年 3 月 15 日省人民政府令第 32 号发布　根据安徽省人民政府令第 211 号《安徽省人民政府关于修改〈安徽省地震监测设施和观测环境保护暂行规定〉等规章的决定》修正）

第一条　为保护我省地震监测设施和观测环境，保证地震预报工作顺利进行，保障人民生命、财产安全，根据《中华人民共和国防震减灾法》、国务院《地震监测管理条例》和《安徽省防震减灾条例》，结合本省实际，制定本规定。

第二条　本规定所称地震监测设施，包括地震台（站）、遥测台网、观测井（泉）、测量标志以及地震监测专用通讯、供电、供水等设施。

第三条　省地震主管部门负责全省地震监测设施和观测环境的保护工作。

市、县地震主管部门或者工作机构负责本行政区域内地震监测设施和观测环境的保护工作。

各级公安机关和其他有关部门应当配合地震主管部门做好地震监测设施和观测环境的保护工作。

第四条　地震监测设施是国家财产，任何单位和个人不得破坏。

第五条　地震观测环境应当按照地震监测设施周围不能有影响其工作效能的干扰源的要求划定保护范围。具体保护范围，由县级以上地震主管部门或者工作机构会同其他有关部门，按照国家有关标准规定的最小距离划定。

国家有关标准对地震监测设施保护的最小距离尚未作出规定的，由县级以上地震主管部门或者工作机构会同其他有关部门，按照国家有关标准规定的测试方法、计算公式等，通过现场实测确定。

第六条　县级以上地震主管部门或者工作机构，应当会同有关部门在地震监测设施附近设立保护标志，标明地震监测设施和地震观测环境保护的要求。

第七条　县级以上地震主管部门或者工作机构，应当将本行政区域内的地震监测设施的分布地点及其保护范围，报告当地人民政府，并通报同级公安机关和国土资源、城乡规划、测绘等部门。

第八条　新建地震监测设施，应按地震观测规范的要求选址，避开各种干扰源，并征得当地城乡建设、地矿和水资源等主管部门同意。

城乡建设主管部门应当将新建、改建、扩建地震监测工程项目和观测环境保护范围纳入城乡建设总体规划，统筹安排。

第九条　禁止下列危及地震台（站）安全或损害其工作效能的行为：

（一）擅自在台（站）保护范围内堆放金属物、笨重物，倾倒垃圾或从事爆破、采石及其他振动性作业；

（二）污染观测井（泉）或直接改变观测井（泉）出水状态；

（三）在自流观测井（泉）保护范围内钻井取水或启用原有井（泉）超量取水；

（四）擅自在观测出洞洞口保护范围内烧荒或砍伐林木；

（五）在地电观测环境保护范围内埋设金属管（线）或设置变电设施；

（六）在电磁波接收天线保护范围内新设电磁辐射装置；

（七）在地磁观测墩到测量标志之间，或在地震监测专用通讯线路、供电设施保护范围内建房或设置其他障碍物；

（八）在地下电缆线路保护范围内挖掘土石或擅自在专用供电线路上连接电器设备。

第十条 禁止下列及地震预测台网安全或损害其工作效能的行为：

（一）在遥测子台保护范围内挖掘土石；

（二）在高频发射天线保护范围内成片种植影响高频发射的树木或堆放金属物；

（三）设置与遥测同频的无线发射装置；

（四）擅自在无线传输设施保护范围内烧荒；

（五）擅自在专用供电线路上连接电器设备。

第十一条 禁止下列危及地震测量标志安全或损害其工作效能的行为：

（一）擅自移动测量标志；

（二）在测量标志保护范围内挖掘土石或从事其他引起地形变化的作业；

（三）在地磁测量标志保护范围内旋放置铁磁性物体。

第十二条 新建、扩建、改建建设工程，应当遵循国家有关测震、电磁、形变、流体等地震观测环境保护的标准，避免对地震监测设施和地震观测环境造成危害。对在地震观测环境保护范围内的建设工程项目，县级以上地方人民政府城乡规划主管部门在核发选址意见书时，应当事先征求同级地震主管部门或者工作机构的意见；地震主管部门或者工作机构应当在10日内反馈意见。

第十三条 建设国家重点工程，确实无法避免对地震监测设施和地震观测环境造成破坏的，建设单位应当按照县级以上地震主管部门或者工作机构的要求，增建抗干扰设施或者新建地震监测设施后，方可进行建设。

需要新建地震监测设施的，县级以上地震主管部门或者工作机构，可以要求新建地震监测设施正常运行1年以后，再拆除原地震监测设施。

本条第一款、第二款规定的措施所需费用，由建设单位承担。

第十四条 违反本规定，县级以上地震主管部门或者工作机构的工作人员，不履行监督管理职责，发现违法行为不予查处或者有其他滥用职权、玩忽职守、徇私舞弊行为，构成犯罪的，依照刑法有关规定追究刑事责任；尚不构成犯罪的，对主管人员和其他直接责任人员依法给予行政处分。

第十五条 因特殊情况，需在地震监测设施和观测环境保护范围内烧荒、临时堆放物口，或从事爆破、采石及其他振动性作业，必须经监测设施管理单位同意，并应采取防护措施。

第十六条 违反本规定，破坏、强占、盗窃地震监测设施，扰乱地震台（站）、遥测台网工作秩序的，由县级以上地震主管部门或者工作机构按照管理权限，依照国务院《地震监测管理条例》的规定给予处罚。应当给予治安管理处罚的，由公安机关依据《中华人民共和国治安管理处罚法》的规定处罚；情节严重、构成犯罪的，由司法机关依法追究刑事责任。

第十七条 建设单位从事建设活动时，未按照要求增建抗干扰设施或者新建地震监测设施，对地震监测设施或者地震观测环境造成破坏的，由县级以上地震主管部门或者工作机构责令改正，限期恢复原状或者采取相应的补救措施；情节严重的，依照《中华人民共和国防震减灾法》的规定处以罚款；构成犯罪的，依法追究刑事责任；造成损失的，依法承担赔偿责任。

第十八条 本规定由安徽省地震局负责解释。

第十九条 本规定自 2008 年 4 月 22 日施行。

2008 年发布 4 项国家标准

标准名称：GB/T 17742—2008《中国地震烈度表》（代替 GB/T 17742—1999）

英文名称： The Chinese seismic intensity scale

发布日期： 2008 年 11 月 13 日

实施日期： 2009 年 03 月 01 日

范　　围： 本标准规定了地震烈度的评定指标，包括人的感觉、房屋震害程度、其他震害现象、水平向地震动参数。

本标准适用于地震烈度评定。

本标准于 1999 年 4 月 26 日首次发布，本次修订为第 1 次修订。

标准名称：GB/T 18207.1—2008《防震减灾术语　第 1 部分：基本术语》（代替 GB/T 18207.1—2000）

英文名称： Terminology of protecting against and mitigating earthquake disaster – Part 1：Basic terms

发布日期： 2008 年 06 月 06 日

实施日期： 2008 年 10 月 01 日

范　　围： 本部分规定了防震减灾的基本术语，适用于防震减灾有关工作及制定防震减灾有关法规和标准，也适用于科研、教学、新闻、出版。

本部分于 2000 年 10 月 17 日首次发布，本次修订为第一次修订。

标准名称：GB 21734—2008《地震应急避难场所　场址及配套设施》

英文名称： Emergency shelter for earthquake disasters——Site and its facilities

发布日期： 2008 年 05 月 07 日

实施日期： 2008 年 12 月 01 日

范　　围： 本标准规定了地震应急避难场所的分类、场址选择及设施配置的要求。

本标准适用于经城乡规划选定为地震应急避难场所的设计、建设或改造。

标准名称：GB/T 22568—2008《公共地震信息发布》

英文名称： Public earthquake – related information release

发布日期： 2008 年 11 月 13 日

实施日期： 2009 年 03 月 01 日

范　　围： 本标准规范公共地震信息发布中信息发布的内容、方式和应遵循的要求。

本标准适用于国内各级机构和单位从事面向公众的地震信息发布、转载和引用的所有活动。

2008年发布14项地震行业标准

标准名称：DB/T 1—2008《地震行业标准体系表》（代替DB/T 1—2000）

英文名称： Diagram of standard system for earthquake

发布日期： 2008年06月20日

实施日期： 2008年09月01日

起草单位： 中国地震台网中心、中国地震局地球物理研究所。

内容范围： 本标准规定了地震行业标准化范围内的标准体系结构、标准组成，以及标准之间的内在联系，适用于编制地震标准制定、修订的规划和计划。

本标准于2000年11月29日首次发布，本次修订为第1次修订。

标准名称：DB/T 25—2008《地震观测量和单位》

英文名称： Quantities and units for earthquake observation

发布日期： 2008年04月23日

实施日期： 2008年08月01日

起草单位： 中国地震局地球物理研究所、中国地震台网中心、中国地震局地壳应力研究所。

内容范围： 本标准规定了测震、强震动观测、地震电磁观测、地震地壳形变观测和地震地下流体观测中使用的量名称、量符号、单位名称和单位符号，适用于地震观测、地震科学研究与应用等领域，也适用于地震标准、图书、期刊、文献等。

标准名称：DB/T 26—2008《地震观测仪器分类与代码》

英文名称： Classification and code for earthquake observation instrument

发布日期： 2008年04月23日

实施日期： 2008年08月01日

起草单位： 中国地震局地震预测研究所、中国地震局地球物理研究所、中国地震台网中心、湖北省地震局和安徽省地震局。

内容范围： 本标准规定了地震观测仪器的分类原则与方法、编码方法，给出了地震观测仪器分类代码，适用于地震观测仪器信息的管理和应用。

标准名称：DB/T 27—2008《地震观测仪器质量检验规则》

英文名称： Quality inspection provision for earthquake observation instrument

发布日期： 2008年04月23日

实施日期： 2008年08月01日

起草单位：中国地震局地壳应力研究所、中国地震局地震预测研究所、中国地震局地球物理研究所。

内容范围：本标准规定了地震观测仪器（以下简称仪器）质量的检验规则，包括检验分类、检验项目、检验方法和判定规则，适用于各类地震观测仪器的质量检验。

标准名称：DB/T 28—2008《弱磁感应强度测量仪器检定规程》

英文名称：Calibration code of measuring instruments for magnetic induction of low field

发布日期：2008 年 04 月 23 日

实施日期：2008 年 08 月 01 日

起草单位：中国地震局地球物理研究所、中国计量科学研究院。

内容范围：本标准规定了弱磁感应强度测量仪器的检定内容和检定方法，适用于磁感应强度的测量范围为 0 ~ 70 000 nT 的各种量子磁力仪及磁通门磁力仪的检定。

标准名称：DB/T 29.1—2008《地震观测仪器进网技术要求　地电观测仪　第 1 部分：直流地电阻率仪》

英文名称：Technical requirements of instruments in network for earthquake monitoring Geoelectrical meters　Part 1：Direct current meter for geoelectrical resistivity

发布日期：2008 年 08 月 11 日

实施日期：2008 年 12 月 01 日

起草单位：中国地震局地震预测研究所、甘肃省地震局、中国地震局地球物理研究所、江苏省地震局。

内容范围：本部分规定了地震观测仪器中直流地电阻率仪进网的技术要求和测试方法，适用于直流电阻率仪的设计、生产、使用、维护、引进和质量监督。

标准名称：DB/T 29.2—2008《地震观测仪器进网技术要求　地电观测仪　第 2 部分：地电场仪》

英文名称：Technical requirements of instruments in network for earthquake monitoring Geoelectrical meters　Part 2：Meter for geoelectrical field

发布日期：2008 年 08 月 11 日

实施日期：2008 年 12 月 01 日

起草单位：中国地震局地震预测研究所、中国地震局地球物理研究所、江苏省地震局、甘肃省地震局、中国地震应急搜救中心。

内容范围：本部分规定了地震观测仪器中地电场仪进网的技术要求和测试方法，适用于地电场仪的设计、生产、使用、维护、引进和质量监督。

标准名称：DB/T 30.1—2008《地震观测仪器进网技术要求　地磁观测仪　第 2 部分：磁通门磁力仪》

英文名称：Technical requirements of instruments in earthquake monitoring Geomagnetic meters Part 1：Fluxgate magnetometer

发布日期：2008 年 08 月 11 日

实施日期：2008 年 12 月 01 日

起草单位：中国地震局地球物理研究所、中国地震局地震预测研究所、江苏省地震局。

内容范围：本部分规定了地震观测仪器中磁通门磁力仪进网的技术要求及测试方法，适用于磁通门磁力仪的设计、生产、使用、维护、引进和质量监督。

标准名称：DB/T 30.2—2008《地震观测仪器进网技术要求　地磁观测仪　第 2 部分：质子矢量磁力仪》

英文名称：Technical requirements of instruments in network for earthquake monitoring Geomagnetic meter Part 2：Proton vector magnetometer

发布日期：2008 年 08 月 11 日

实施日期：2008 年 12 月 01 日

起草单位：中国地震局地震预测研究所、江苏省地震局、中国地震应急搜救中心、中国地震局地球物理研究所。

内容范围：本部分规定了地震观测仪器中质子矢量磁力仪进网的技术要求和测试方法，适用于质子矢量磁力仪的设计、生产、使用、维护、引进和质量监督。

标准名称：DB/T 31.1—2008《地震观测仪器进网技术要求　地壳形变观测仪　第 1 部分：倾斜仪》

英文名称：Technical requirements of instruments in network for earthquake monitoring The instrument for crustal deformation observation　Part 1：Tiltmeter

发布日期：2008 年 08 月 11 日

实施日期：2008 年 12 月 01 日

起草单位：中国地震局地震研究所、中国地震台网中心、中国地震局地壳应力研究所。

内容范围：本部分规定了地壳形变观测中倾斜仪进网的技术指标及其观测方法，适用于磁通门磁力仪的设计、生产、使用、维护、引进和质量监督。

标准名称：DB/T 31.2—2008《地震观测仪器进网技术要求　地壳形变观测仪　第 2 部分：应变仪》

英文名称：Technical requirements of instruments in network for earthquake monitoring The instrument for crustal deformation observation Part 2：Strainmeter

发布日期：2008 年 08 月 11 日

实施日期：2008 年 12 月 01 日

起草单位：中国地震局地震研究所、中国地震台网中心、中国地震局地壳应力研究所。

内容范围：本部分规定了地壳形变观测中应变仪进网的技术指标及其测试方法，适用于应变仪的设计、生产、使用、维护、引进和质量监督。

标准名称：**DB/T 32.1—2008《地震观测仪器进网技术要求　地下流体观测仪　第 1 部分：压力式水位仪》**

英文名称：Technical requirements of instruments in network for earthquake monitoring Underground fluid observation instruments Part 1：Pressure instrument for water level

发布日期：2008 年 08 月 11 日

实施日期：2008 年 12 月 01 日

起草单位：中国地震台网中心。

内容范围：本部分规定了地震观测仪器中的压力式水位仪的进网技术要求和测试方法，适用于压力式水位仪的设计、生产、测试、使用、维护、引进和质量监督。

标准名称：**DB/T 32.2—2008《地震观测仪器进网技术要求　地下流体观测仪　第 2 部分：测温仪》**

英文名称：Technical requirements of instruments in network for earthquake monitoring Underground fluid observation instruments Part 2：Temperature indicator

发布日期：2008 年 08 月 11 日

实施日期：2008 年 12 月 01 日

起草单位：中国地震台网中心、中国地震局地壳应力研究所、中国地震局地震预测研究所、中国地震局地质研究所。

内容范围：本部分规定了地震观测仪器中测温仪的进网技术要求和测试方法，适用于测温仪的设计、生产、测试、使用、维护、引进和质量监督。

标准名称：**DB/T 32.3—2008《地震观测仪器进网技术要求　地下流体观测仪　第 3 部分：闪烁测氡仪》**

英文名称：Technical requirements of instruments in network for earthquake monitoring Underground fluid observation instruments Part 3：Scintillation radonscope

发布日期：2008 年 08 月 11 日

实施日期：2008 年 12 月 01 日

起草单位：中国地震台网中心、中国地震局地震预测研究所、中国地震局地质研究所。

内容范围：本部分规定了地震观测仪器中闪烁测氡仪进网的技术要求和测试方法，适用于闪烁测氡仪的设计、生产、测试、使用、维护、引进和质量监督。

关于印发《中国地震局工作规则》的通知

中震办发〔2008〕103 号

各省、自治区、直辖市地震局，各直属单位，机关各部门：

《中国地震局工作规则》已经2008 年第3 次局务会议审议通过。现予印发。

2008 年 7 月 9 日

中国地震局工作规则

（2008 年 6 月 25 日第 3 次局务会议审议通过）

第一章　总　　则

一、为使中国地震局各项工作规范化和制度化，提高工作质量和效率，根据《国务院工作规则》和中国地震局的职责，制定本规则。

二、中国地震局工作的指导思想是，高举中国特色社会主义伟大旗帜，以邓小平理论和“三个代表”重要思想为指导，深入贯彻落实科学发展观，执行党的路线方针政策，落实国务院各项工作部署。

三、中国地震局实行科学民主决策，坚持依法行政，推进政务公开，健全监督制度，加强廉政建设。

第二章　职 责 分 工

四、中国地震局实行局长负责制，局长领导局的全面工作，副局长协助局长工作。

五、副局长按分工负责处理分管工作，受局长委托，负责其他方面的工作或者专项任务。

六、局长出访、出差期间，由局长指定的一位副局长主持工作。副局长出访、出差期间，由局长或局长指定的其他副局长代行其职责。

七、局属各单位、机关各司（室）主要负责人负责本单位、本部门的工作。

八、局属各单位、机关各司（室）要各司其职，各尽其责，顾全大局，精诚团结，密切配合，切实贯彻落实中国地震局各项工作部署。

第三章　履行防震减灾职能

九、中国地震局要认真履行《中华人民共和国防震减灾法》赋予的职能职责，建立健全地震监测预报、震灾预防、紧急救援三大工作体系，推进地震科技创新，完善防震减灾社会管理和公共服务，提升全社会防震减灾能力和水平。

十、加强监测预报体系建设，完善地震监测台网布局，提升台网运行管理水平，努力推进地震预测理论及实践的探索和创新，深化对地震孕育发生机理的认识，为减轻地震灾害提供有效预警信息。

十一、强化震灾预防体系建设，加强抗震设防要求监管，大力开展防震减灾宣传教育，坚持工程性和非工程性防御措施并举，提高城乡综合防御地震灾害能力和公众防震减灾素质。

十二、推进应急救援体系建设，建立健全地震应急指挥体系，完善地震应急预案，加强联动机制建设，增强紧急救援队伍实战能力，促进地震应急救援管理水平的全面提升。

十三、建立“开放、流动、竞争、协作”的地震科技运行机制和管理体制，坚持不懈地致力于地震科学重大理论和关键技术探索和研究，支撑和引领防震减灾事业发展。

第四章　实行科学民主决策

十四、中国地震局要健全重大决策的规则和程序，完善群众参与、专家咨询和领导决策相结合的决策机制，实行科学决策、民主决策和依法决策。

十五、中国地震局起草的法规草案，制定的部门规章、发展战略和重要政策措施、发展规划和计划、重要改革方案，以及年度经费预决算、重大项目立项、重大突发事件和关系到干部职工切身利益的重要工作事项等必须经局务会议讨论决定。

十六、中国地震局研究决定的重要工作事项，必须对其必要性和可行性进行深入的调查研究。涉及国务院相关部委和地方政府的，应充分协商；涉及下属单位的，应充分征求意见；涉及职工切身利益的，应广泛听取职工的意见；涉及重要科技问题的，须经中国地震局科技委论证。

十七、局属各单位、机关各司（室）必须坚决贯彻落实中国地震局的重大决策，及时跟踪和反馈执行情况。机关有关司（室）要加强督促检查，保障政令畅通。

第五章　坚持依法行政

十八、中国地震局要严格按照《中华人民共和国防震减灾法》及相关法律、法规的规定和国务院的要求，全面履行法定职责，严格按照法定权限和程序行使行政权，不断提高依法行政的能力和水平。

十九、中国地震局要根据国家经济社会发展和防震减灾工作的需要，适时提请国务院提出立法建议或制定、修改、废止行政法规，适时制定、修改、废止部门规章和其他规范性文件。

二十、中国地震局制定的部门规章和其他规范性文件必须符合法律、法规和国家的方针政策。部门规章要报经国务院法律机构备案审查。行政法规草案和部门规章由中国地震局法制工作部门组织起草，部门规章解释工作由局法制部门承担。重要规范性文件经局法制部门审查、会签并提请局务会议讨论后，由局长签发。部门规章实施后要进行后评估，发现问题，及时完善。

二十一、中国地震局承担的行政审批事项要公开审批程序和条件，明确审批期限，实行审批责任制和审批过错追究制。机关有关司（室）要依据行政许可的有关要求将涉及行政许可的事项采取适当方式进行公示。

第六章　推进政务公开

二十二、中国地震局要大力推进政务公开，健全政府信息发布制度，完善各类公开办事制度，提高工作透明度。

二十三、局务会议和局长专题会议讨论决定的事项、中国地震局制定的政策，除依法应当保密的外，要通过适当方式公开。

二十四、凡《政府信息公开条例》规定需要公开事项，均应通过政府网站、新闻发布会以及报刊、广播、电视等方式，依法、及时、准确地向社会公开。做好依申请公开工作。

第七章　健全监督制度

二十五、中国地震局要自觉接受国务院的行政监督，自觉接受人大和政协的监督。要认真办理全国人大代表、全国政协委员的建议、提案，虚心听取意见和建议。

二十六、中国地震局要依照有关法律的规定接受司法机关实施的监督，自觉接受监察、审计等部门的监督。对监督中发现的问题，要认真查处和整改并向国务院报告。

二十七、加强中国地震局内部监督，完善监督机制，健全监督制度。要严格执行行政复议法和规章备案制度，及时撤销或修改违反法律、行政法规的规章和其他规范性文件，纠正违法或不当的行政行为。

二十八、中国地震局要重视人民群众来信来访工作，进一步完善信访制度，确保信访渠道的畅通，中国地震局负责同志、局属各单位负责人要亲自阅批重要的群众来信。

二十九、中国地震局要接受新闻舆论和群众的监督。对新闻媒体报道和各方面反映的重大问题，要积极主动地查处和整改并向国务院报告。

三十、中国地震局要推行行政问责制度和绩效管理制度，规范问责程序，严格责任追究，明确绩效目标，建立科学评价体系，提高执行力和公信力。

第八章　加强廉政建设

三十一、中国地震局要对职责范围内的事项按程序和时限积极负责地办理，对不符合规定的事项要坚持原则不得办理；对因推诿、拖延等官僚作风及失职、渎职造成影响和损失的，要追究责任；对越权办事、以权谋私等违规、违纪、违法行为，要严肃查处。

三十二、中国地震局要严格执行财经纪律，规范公务接待，不得用公款送礼和宴请。要艰苦奋斗、勤俭节约，切实降低行政成本，建设节约型机关。

三十三、中国地震局负责同志，局属各单位和机关各司（室）负责人要严格执行有关廉洁自律的规定，不得利用职权和职务影响为本人或特定关系人谋取不正当利益；要严格要求亲属和身边的工作人员，不得利用特殊身份拉关系、谋私利。

第九章 会 议 制 度

三十四、中国地震局实行局务会议和局长专题会议制度。

三十五、局务会议由局长、副局长、机关各司（室）主要负责人组成，由局长或局长授权的副局长召集和主持。局务会议由局长根据情况决定召开，根据需要可安排有关人员列席会议。局务会议的主要任务是：

（一）讨论决定中国地震局重要工作事项；

（二）部署中国地震局重要工作。

三十六、局长专题会议由局长、副局长按照分工召集和主持。局长专题会议的主要任务是：

（一）讨论决定中国地震局重要专项工作；

（二）部署中国地震局重要专项工作；

（三）对涉及全局性的工作进行预协调；

（四）听取下属单位工作汇报，讨论决定下属单位请示的重大事项。

三十七、提请局务会议讨论的议题，由分管局领导协调或审核后提出，报局长确定。经局长确定提交局务会议审议的事项，涉及几个部门分管的，主办部门应主动与有关部门进行协商，不能达成一致意见的，由分管局领导组织协调后再提交会议审议。提请局长专题会议讨论的议题，由主办部门提出，报会议召集人确定。

局务会议和局长专题会议的准备和组织工作，由办公室牵头会同相关司（室）负责。议题、有关文件材料于会前送达与会人员。

三十八、副局长不能出席局务会议，向局长请假；如对议题有意见或建议，可在会前提出。机关各司（室）主要负责人不能出席局务会议，由办公室汇总后向局长报告，根据需要司（室）其他负责人可参加会议。

三十九、局务会议纪要由局长签发；局长专题会议纪要由会议召集人签发，如会议议定事项超出会议召集人分工的范围，应经与议定事项有关的局领导会签，必要时报局长审签。

四十、机关各司（室）召开的全局性工作会议，要减少数量，控制规模，严格审批。

第十章 公 文 审 批

四十一、局属各单位、机关各司（室）要按照《国家行政机关公文处理办法》和《地震工作部门公文处理办法》等有关规定，规范本单位、本部门发文、收文、批文程序。

四十二、中国地震局收到的国务院文件，由办公室报送局长阅批。

中国地震局收到的国务院有关部门和各省、自治区、直辖市人民政府的文件，由办公室报送分管局领导阅批，重大事项报送局长阅批。

局属各单位的请示、报告，由办公室按照局领导职责分工呈批，并根据需要由局领导转请其他局领导核批，重大事项报局长审批。机关各司（室）报送的签报和呈批的公文，应明确呈送的局领导，由办公室审核后呈批。除局领导交办事项和必须直接报送的重大事项外，一般不得直接向局领导个人报送公文和签报。

四十三、以中国地震局名义发文，由局长或分管局领导签发。中国地震局颁布的命令、决定、部门规章由局长签署；报送国务院的请示、报告，局管干部的人事任免和重大工作部署等涉及重要事项的文件由局长签发。

以局办公室名义发文，由办公室主任签发；必要时，核报分管局领导或局长签发。

除局办公室外，其他司（室）不得对外正式行文。

四十四、中国地震局与国务院有关部门以及省、自治区、直辖市人民政府联合发文，主办部门要认真协商，主动配合，积极合作。

四十五、机关各司（室）办理公文、签报要主动协商。涉及其他部门职责和业务范围的，必须会签。出现分歧，经协商不能取得一致意见的，主办部门应列出各方理据，提出意见，报局领导协调或裁定。

局属各单位报送请示、报告，机关各司（室）报送签报由主要负责同志签署。

第十一章　纪律和作风

四十六、中国地震局各级领导干部要坚决贯彻执行党和国家的路线方针政策，坚决执行国务院工作部署和国务院领导同志的重要批示、指示，要严格遵守纪律，有令必行，有禁必止。

四十七、中国地震局负责同志，局属各单位和机关各司（室）负责人要做学习的表率，中国地震局及局属各单位要努力建设学习型、团结型、服务型、实干型机关。

四十八、中国地震局负责同志要深入基层，考察调研，了解情况，指导工作，解决实际问题。下基层要简化接待，轻车简从。

四十九、中国地震局负责同志一般不为部门和单位的会议、活动等发贺信、贺电，不题词。

五十、中国地震局负责同志，局属各单位和机关各司（室）负责人必须坚决执行中国地震局的决定，如有不同意见可在内部提出，在没有重新做出决定前，不得有任何与局决定相违背的言论和行为；代表中国地震局发表讲话或文章，个人发表涉及未经中国地震局研究决定的重大问题及事项的讲话或文章，事先须经中国地震局同意。

五十一、中国地震局各级领导干部要严格遵守保密纪律和外事纪律，严禁泄漏国家秘密、工作秘密等，坚决维护国家的安全、荣誉和利益。

五十二、严格执行请假制度。局长离京出差（出访）或休假，要按规定向国务院报告；副局长、局党组成员离京出差（出访）或休假，应事先向局长报告。机关各司（室）负责人离京出差或休假，由局办公室报分管局领导审批，其中主要负责人需核报局长批准。

局属各单位主要负责人出差或休假，应提前三个工作日向中国地震局报告。

领导干部出国（境）严格按有关外事规定执行。

局属各单位要根据本规则，结合实际制定完善本单位工作规则，完善工作制度。机关各司（室）要按照本规则要求，建立健全相关工作规章制度。

关于印发国家“十二五”防震减灾规划体系的通知

中震财发〔2008〕149号

各省、自治区、直辖市地震局，各直属单位：

为全面建立我国防震减灾规划体系，进一步发挥规划对防震减灾事业发展的指导作用，根据2008年中国地震局第七次局务会议决议，现印发国家“十二五”防震减灾规划体系，并全面启动国家“十二五”防震减灾相关规划编制工作。

国家“十二五”防震减灾规划体系是我国防震减灾行业开展规划工作的总体构架。“十二五”期间，中国地震局将以此规划体系为蓝本，开展规划编制工作。各单位在编制“十二五”规划时，应遵照《中国地震局规划管理办法》编制，依照规划体系要求做好本单位规划工作，并协助各级政府和局有关部门开展规划的编制工作。

附件：国家“十二五”防震减灾规划体系

2008年9月22日

附件：

国家“十二五”防震减灾规划体系

防震减灾工作是国家安全的重要组成部分。发展防震减灾事业，不断提升国家社会地震安全水平，需要指导性的纲领和蓝图。在发展问题上，我国长期以来采取的是以“五年计划”为主的计划指导模式，近年来经过不断的改革，已将规划作为引导和推动经济社会发展的重要手段。“十一五”期间，我国已基本形成以行政层级和对象功能类别为框架的三级三类规划管理体系。在防震减灾规划领域，发布实施了《国家防震减灾规划（2006～2020年）》这一国家级专项规划、26部省级防震减灾规划、200余部市县级防震减灾规划；同时我局发布了《中国地震局“十一五”事业发展规划纲要》，会同有关部门发布了《国家地震科学技术发展纲要（2007～2020年）》等规划，为防震减灾规划体系的建立奠定了基础。

一、建立规划体系的必要性

近年来，我局的规划工作取得很大成绩，各级防震减灾规划的发布和实施，为统筹事业发展发挥了科学指导作用。但是，国家关于规划工作的要求和防震减灾事业发展需求，以及四川汶川8.0级地震发生后，全社会对防震减灾事业发展问题的关注和重视，都要求我局在下一个五年时期，制定并实施更为科学细致、相互衔接的事业发展整体规划体系和实施计划。

根据《国务院关于加强国民经济和社会发展规划编制工作的若干意见》中关于建立健全规划体系的要求，应建立分级分类的规划体系，明确各级各类规划的定位、领域和范围，并提出建立以国家、省、市县和总体、专项、区域为框架的三级三类规划体系。

目前防震减灾规划在行政层级上已较为完善，但在对象功能方面，分级分类的规划很不充实，无论是从“两个能力”的发展目的，还是“3+1”工作体系内涵，都没有系统的专项规划体系。而仅仅依赖我局“十一五”事业发展规划纲要这样的总体规划，其指导性和操作性难以有效兼顾。

二、建立规划体系的原则

规划体系一般可以根据规划涉及的领域、内容、空间、时间等因素制定。从规划体系的一般特征出发，结合防震减灾各项工作特点，我们认为，设计防震减灾规划体系应坚持下列原则：

（一）将规划体系统一到事业发展根本目的上

中国地震局确定的防震减灾事业发展基本思路明确了事业发展的根本目的，即提升“两个能力”，其中自身能力建设也是为全社会抗御地震能力建设服务的。各类规划的目标和任务，都应紧紧围绕“两个能力”建设。

（二）分清防震减灾各项工作的层次

在规划体系设计过程中，由于规划主体和实施方式涉及政府职能，政府与市场关系等诸多因素，使得规划体系的建立产生很多复杂问题。从理清防震减灾各项工作层次入手，确保规划体系的协调性和开放性，是建立规划体系的关键。

对防震减灾各项工作内容进行分类，最佳的两种标准是“两个能力”和“3+1”体系。“两个能力”规范了各项工作的目的，“3+1”体系规范了各项工作的内涵。发展问题涉及方方面面，首要问题应是发展的根本目的，发展的受益对象和受益程度，发展涉及的工作领域是下一层面的问题。为设计规划层次而对事业工作进行分类，应以“两个能力”为最基本的坐标轴，对各项工作分类。判断主要是属于自身能力建设，还是社会抗御地震能力建设，还是为“两个能力”建设奠定基础。

中国地震局作为国家防震减灾主管部门，在规划工作中理应将发挥政府职能放在首位，将社会作为规划工作的第一主体，首先为社会的防震减灾需求，为提升社会防震减灾能力设置专项规划，其次在考虑自身能力建设所需的专项规划。面向社会的专项规划，应从社会的防震减灾需求出发，根据需求类别设置，面向行业的专项规划，应从行业工作需求出发，根据工作组织结构设置。局属各单位的单位规划，应从本单位的事业发展需求出发，体现地区特色和专业优势。

（三）考虑防震减灾工作结构特点，有分有合，简化基层规划

地震行业包括中央、省地震局和直属单位、市县地震机构三级。规划体系在中央层面，包括事业发展规划和以“两个能力”分类的专项规划。如果局直属单位也按照中央的分类方法设定规划，容易导致规划的数量激增，不仅加大了编制难度，质量也难以保证。

因此，在局直属单位的规划体系建设中，重点工作是编制单位的整体事业发展规划，局直属单位可以参照国家规划体系建设的思路方法，从自身需求出发，在编好事业发展规划的同时，开展本单位专项规划工作。

三、规划体系框架、定位

根据分级分类规划体系的指导思想，我国防震减灾领域的规划框架应为三级两类，三级为国家级、省（区、市）级、市县级，两类为总体类和专项类。

规划体系架构关系如图1所示，国家“十二五”防震减灾规划体系两条主要脉络，国家防震减灾规划从功能对象角度，向下延伸至中国地震局事业发展规划、国家地震科学技术发展纲要（2007~2020年）、防震减灾专项规划，直至中国地震局直属单位事业发展规划；从行政层级角度，向下延伸至省（区、市）防震减灾规划、省（区、市）地震局事业发展规划和专项规划，直至市县防震减灾规划。中国地震局事业发展规划和防震减灾专项规划为全国性规划，对省（区、市）地震局事业发展规划起指导作用。

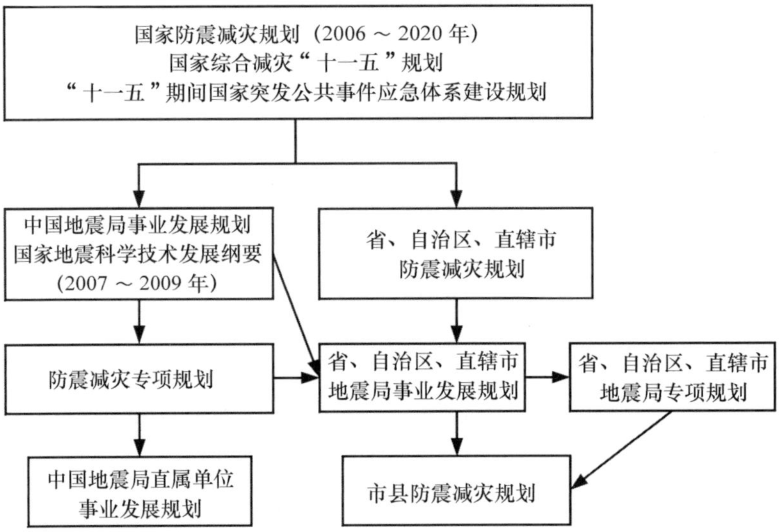

国家“十二五”防震减灾规划结构示意图

规划体系的定位为：从国家防震减灾需求出发，以提升全社会抗御地震灾害为目的，科学系统规划国家在规划期内防震减灾各项工作的发展原则方向、发展目标、主要任务和保障措施。规划体系涵盖我国防震减灾事业各方面工作。

规划体系的规划期为2011年至2015年。

四、规划体系内容

《国家防震减灾规划（2006～2020年）》、《国家综合减灾“十一五”规划》、《“十一五”期间国家突发公共事件应急体系建设规划》等国家级规划已经发布。《国家地震科学技术发展纲要（2007～2020年）》、大部分省（区、市）防震减灾规划在“十一五”期间也已发布。“十二五”期间需编制的规划，主要包含中国地震局事业发展规划、防震减灾专项规划、省（区、市）地震局事业发展规划和专项规划、直属单位事业发展规划。

其中，中国地震局事业发展规划是涵盖我局各项工作的整体规划，是防震减灾专项规划和局属各单位事业发展规划的指导之一。

防震减灾专项规划针对中国地震局作为国务院防震减灾行政主管部门的职能职责、我国地震行业领域各项业务工作能力和基础性能力，从经济、社会、民众对防震减灾需求，以及防震减灾事业各项工作需求出发，以提升社会抗御地震灾害能力为根本目的，规划防震减灾事业各个领域的发展。

省地震局事业发展规划和专项规划、直属单位事业发展规划，由局属各单位基于自身事业功能定位和发展方向，设定规划目标和任务，并与上级规划衔接。

五、防震减灾专项规划

（一）防震减灾法律法规规划

以政府的防震减灾职能职责为工作基础，研究制订规范我国防震减灾领域的政府和社会、公众活动的法律法规体系，并制订法律法规体系建设的目标、任务和保障措施等。

（二）防震减灾技术标准规划

以我国社会防震减灾活动和业务工作内容为基础，研究制订所需的技术标准体系，包括技术工作应达到相应标准和能达到标准的技术说明，明确制定和实施技术标准的目标、任务和保障措施等。

（三）防震减灾社会管理与公共服务规划

明确国家向社会提供的防震减灾社会管理和公共服务内容的发展规划，基于政府职能职责，明确社会管理和公共服务能力建设方面的总体设想，管理和服务的内容和手段，所需的软硬件平台等，以及实现目标所需的任务和保障措施。

（四）防震减灾宣传规划

明确国家面向社会公众的防震减灾知识宣传科普，突发事件新闻宣传、发布制度等工作的发展规划，明确宣传科普新闻宣传制度建设、宣传平台建设等规划目标，任务和保障措施。

（五）地震监测规划

研究制定我国地震监测的发展原则和方向，规划与社会需求和自身需求相匹配的地震监测体制、机制和软硬件平台体系，明确地震监测工作发展，包含火山、水库地震安全工作等规划目标、指标、相关任务以及保障措施。

（六）地震预报规划

研究制定我国地震预报工作的发展原则和方向，明确未来一段时期地震预报的体系架构，明确预报工作的规划目标、相关任务以及保障措施。

（七）地震灾害防御规划

研究制定地震灾害防御工作的发展原则和方向，提出地震灾害防御工作体系和内容，明确地震灾害防御工作的规划目标、指标、相关任务以及保障措施。

（八）地震应急救援规划

研究制订地震应急和紧急救援两个方面的发展原则和方向，提出地震应急和紧急救援工作体系和内容，明确相应的规划目标、指标、相关任务以及保障措施。

（九）地震科技规划

完善地震科技基础科学和应用技术的工作体系，提出从基础理论研究、基础技术研究、引进技术消化、应用技术推广、科研体系建设等方面的规划目标、指标、相关任务以及保障措施。

（十）中国地震局土地资源规划

从中国地震局事业功能出发，以摸清系统现有资源情况为工作出发点，结合各地土地规划政策要求，明确系统土地和各类建筑物资源整合发展原则、目标以及相关任务。

（十一）防震减灾人才规划

从防震减灾的工作需要和干部队伍、技术队伍的特点出发，以保障事业发展需要，扩大人才来源和使用范围为出发点，研究制订日常工作锻炼和专门培养相结合的人才队伍建设体系，明确干部队伍、技术队伍建设的规划目标、任务以及保障措施。

（十二）防震减灾国际合作与交流规划

从防震减灾的“两个能力”建设出发，规划防震减灾事业国际合作与交流工作，明确国际合作和交流的总体设想和发展原则，制定相应的规划目标、任务和保障措施。

（十三）防震减灾信息化规划

从防震减灾业务工作需求和发挥政府职能出发，规划整体、科学、开放、安全的信息基础平台，规划通用性和资源共享性较强地震信息网络和电子政务网络、规划档案工作发展，就上述工作形成规划目标、任务和保障措施。

六、规划体系的协调衔接

规划的衔接是建立和实施规划体系的关键因素，直接影响规划体系的最终效果。衔接贯穿于规划的研究、制定、实施全过程。在规划体系设计阶段，也要特别注重规划衔接问题，确保相互协调衔接一致，全面覆盖事业发展的方方面面。由于事业内容的紧密相关，规划体系中的不同规划难免在一些工作的目标和任务上交叉重叠。这就需要我们做好规划体系的协调衔接，在工作中注意下列几个关键问题：

（一）严格明确规划的定位和论述角度

从规划体系的设计，到规划的编制和实施，都应严格明确规划的定位和针对各种问题的分析角度。同一问题和工作在不同的规划中明确目标和任务是正常的，关键是要基于本规划的原则方向和功能定位，从不同角度对同一事项的各个方面进行科学规划，确保对同一工作目标保持一致。

（二）发展原则衔接是规划衔接的基础

发展原则的衔接，主要是保证规划体系内各个规划的一致性。发展原则表明了编制主体的发展设想和愿望，代表编制主体的利益取向。协调防震减灾规划体系的发展原则，就是要把不同部门的发展思路统一到国家防震减灾发展思路上来。

（三）发展目标衔接是规划衔接的关键

各个规划都要制定发展目标，并且形成一套说明目标的指标体系。发展目标的协调衔接是规划衔接的关键。例如在专项规划体系中，实现基础性规划的目标是实现业务工作规划和政府职能规划目标的保障条件，如果基础性规划的目标和上一层规划目标产生较大分歧，规划间相互脱离，整个规划体系将无法协调实施。

指标是量化测评目标的属性和水平的因素，是说明目标实现程度的依据。在规划间目标衔接的同时，还应进行指标衔接。指标衔接要求不同规划就相同问题使用的指标应在名称、意义、属性上一致。规划中的指标，尤其是技术性指标，在规划中应做详细说明。

（四）工作任务衔接是规划衔接的重点

规划体系中的每个规划，最终都要落实到工作任务上。规划任务的衔接，是规划衔接的重点，应注意下列几方面的问题：

1. 内容协调一致

规划体系中各个规划的工作任务，有很大的相似性，集中在台网建设、信息收集整理、软硬件研发等方面。规划间体系包括的工作任务，应从整体上进行协调衔接。对不同规划的同类任务集中研究分析，在保证各级规划目标得以完成，规划功能得以实现的前提下，从整体效益最大化的角度对各规划工作内容进行衔接，避免重复、盲目、冲突的任务设置，才能真正地确保规划体系中各个规划的任务协调一致。

2. 时序安排合理

规划体系中各规划的目标和任务，既是相互支撑的，同时也是相互关联的，这是由工作任务之间的相关性决定的。任务的协调衔接，必须对各项工作任务在整个规划体系中的作用进行合理的分析判定，在时序上对每项工作进行合理安排，确保各项工作顺畅发挥相互支撑作用，避免无米之炊的现象发生。

3. 资源整合共享

规划体系中各项规划的任务，很多需要通过项目加以落实。规划任务在衔接时，应尽量将各个规划中的零散项目整合形成更为全面整体的项目，通过项目整合实现资源整合，尽量提高各规划任务实施时的资源共享水平，尤其是在基础性的专项规划中，应整合业务性规划和政府职能规划所需的基础性能力建设内容，避免各级规划分散开展相同任务工作。

关于印发《地震速报技术管理规定》的通知

中震测发〔2008〕137号

各省、自治区、直辖市地震局，各直属单位：

为进一步规范和加强我局地震速报技术管理工作，努力提高地震速报工作的质量和水平，不断适应政府和社会的需求，根据局领导关于完善地震速报技术系统和强化管理的指示精神，中国地震局及时组织有关单位和专家对现有的《地震速报及地震参数发布规定》（中震函〔2007〕（130号））进行了修订，现将修订后的《地震速报技术管理规定》（以下简称《规定》）印发给你们，望严格遵照执行。

请各单位高度重视修订的《规定》，尽快组织本单位相关业务人员培训学习，认真落实《规定》中各项要求，加大执行力度并制定相关细则，于2008年10月1日前报中国地震局监测预报司备案。

2008年8月22日

地震速报技术管理规定

（2008年修订）

第一章　总　　则

第一条　为提高地震速报质量，加强地震速报及地震参数发布的管理，特制定本规定。

第二条　本规定适用于国家和省级台网的地震速报及地震参数上报、交换、发布与信息发送的技术流程与管理。

第三条　中国地震台网中心与各省级地震台网中心之间的地震参数速报、共享、交换与反馈统一使用全国速报数据交换平台（EQIM2.2版本），并根据需要更新升级，具体技术约定见附件1。

第二章　地震速报基本参数

第四条　发震时刻与震中坐标。发震时刻使用北京时间，以“年－月－日”、“时－

分-秒”表示；震中坐标以地理纬度、经度表示，以度为单位，保留1位小数。

第五条 速报震级与震源深度。使用国家标准震级 M（GB 17740—1999）；原则使用多台测定值的算术平均值，保留1位小数。震源深度以千米为单位，保留到个位数，不能为零或空。

第六条 深震（震源深度大于70km）与近震不能用地震面波测定 M_S 震级时，可用《地震及前兆数字观测技术规范（试行）》（2001）规定的 m、M_L 测定。为保证速报震级的统一性，速报时须将其换算为国家标准震级 M，见附表1、2。

第三章　震中参考地名及相邻地区交界的划分

第七条 震中位于某省（自治区、直辖市、特别行政区，下同）、某市（地、州）内且在某行政县（旗、市，其中地级市代管的省辖县级市前略去地级市名称，下同）内时，使用震中所在的行政县级地名，如“某省（自治区、直辖市）、某市（地、州）、某县（旗、市）”。

第八条 震中靠近两个以上（含两个）行政县级交界地区时，使用排列方式命名，如“某省某市某县与某县交界地区（或某省某市某县、某县、某县交界地区）”。当各县分属不同省时，在县名前加注所属市名与省名，如“某省某市某县与某省某市某县交界地区（或某省某市某县、某省某市某县、某省某市某县交界地区）”。

第九条 省内两县（或三县）交界，以震中距离县界5km为限（5km内为交界）；两省或三省交界以震中距离省界10km为限（10km内为交界）。

第十条 发生在边境地区的地震，使用中国与相邻国国名交界地区方式命名，如“中缅交界地区（或中蒙俄交界地区）”。

第十一条 在不便使用行政地名命名时，可以采用地理地名命名，如“唐古拉山”、“兴都库什”、“渤海海域”、“黄海海域”、“东海海域”、“台湾海峡”、“北部湾海域”和“南海海域”等。对于发生在中国海域的地震，应标注震中与陆地某个最近大中城市的距离（千米）。

第十二条 震中参考地名应该以更名后的最新地名命名。（如彭县更名为彭州，云南中甸更名为云南香格里拉等）

第十三条 对于发生在国外、公海或其他国家海域的地震，难以给出准确参考震中地名时，可直接用国名、海岛或某公海海域。

第四章　中国地震台网中心速报任务及时间要求

第十四条 在10分钟内向中国地震局完成首都圈地区（含北京市、天津市、河北省三个完整行政区，下同）$M \geqslant 3.0$ 地震的正式速报（样式见附件3，下同），和向各省级地震台网中心反馈正式速报结果。

第十五条 在20分钟内向中国地震局完成黑龙江、吉林、辽宁、山西、山东、陕西、宁夏、河南、安徽、江苏、上海、湖北、湖南、江西、福建、浙江、广东、广西、海南、香港、澳门、重庆、贵州23个完整行政区以及我国沿岸近海地区（指我国海岸线外50km范围内，下同）$M \geqslant 4.0$ 地震，四川、云南、甘肃 3 个完整行政区 $M \geqslant 5.0$ 地震的正式速报和向各省级地震台网中心反馈正式速报结果。

第十六条 在 30 分钟内向中国地震局完成青海、新疆、内蒙古、西藏、台湾 5 个完整行政区 $M \geqslant 5.0$ 地震的正式速报和向各省级地震台网中心反馈正式速报结果。

第十七条 在 40 分钟内向中国地震局完成我国国境线外 300km 范围内 $M \geqslant 6.0$ 地震的正式速报和向各省级地震台网中心反馈正式速报结果。

第十八条 在地震最大面波掠过整个国家地震台网后的 20 分钟内，完成其他国外地区 $M \geqslant 7.0$ 地震的速报和向各省级地震台网中心反馈正式速报结果。

第十九条 负责国外有影响地震（一般 $M \geqslant 6.0$）的地震短信信息通报，并根据中国地震局要求打印正式速报卡。

第二十条 负责各省级台网 $M \geqslant 3.0$ 及其辖区内大中城市发生的有感地震初步速报及正式速报的信息转发，并根据中国地震局要求打印正式速报卡。

第二十一条 对于发生在国内和国外 $M \geqslant 6.5$ 以上的地震，震级和位置可以修订，第一次速报结果可以作为初步速报，最后一次为正式速报，正式速报时间可以相应延长。

第二十二条 中国地震台网中心在规定时限内完成上述速报任务的同时，要通过专用电话（见附件 5）和中国地震局予以确认。

第二十三条 严禁跨上述规定范围和任务的速报。

第五章　省级地震局速报任务及时间要求

第二十四条 首都圈地区的省级地震局在 8 分钟内向中国地震台网中心完成首都圈地区 $M \geqslant 3.0$ 的地震以及本行政区内的大中城市有感地震的初步速报（样式见附件 2，下同）；在 15 分钟内向中国地震台网中心完成本行政区边线外 100km 范围内（不含本行政区）$M \geqslant 4.0$ 地震、200km 范围内（不含本行政区）$M \geqslant 5.0$ 地震、300km 范围内（不含本行政区）$M \geqslant 6.0$ 地震的初步速报。

第二十五条 黑龙江、吉林、辽宁、山西、山东、陕西、宁夏、河南、安徽、江苏、上海、湖北、湖南、江西、福建、浙江、广东、广西、海南、重庆、四川、云南、甘肃、贵州等省级地震局在 12 分钟内向中国地震台网中心完成本行政区边线外（注：行政区边线指海岸线、省界和国界，下同）50km 范围内（含本行政区）$M \geqslant 3.0$ 地震的初步速报，以及本行政区内的大中城市有感地震的初步速报。

青海、新疆、内蒙古、西藏等省级地震局在 15 分钟内完成上述规定范围和震级的初步速报任务。

另外，福建省地震局负责台湾地区，广东省地震局负责香港、澳门地区规定地震的速报任务，下同。

第二十六条 各省级地震局在 15 分钟内向中国地震台网中心完成本行政区边线外 100km 范围内（不含本行政区）$M \geqslant 4.0$ 地震、200km 范围内（不含本行政区）$M \geqslant 5.0$ 地震、300km 范围内（不含本行政区）$M \geqslant 6.0$ 地震的初步速报。

香港、澳门、台湾地区行政区边线外的地震速报要求同上。

第二十七条 各省级地震局负责规定和执行本行政区范围内的其他地震（一般是指低

于本规定关于省级初步速报震级的地震）的速报。

第二十八条 各省级地震局在速报地震时，要包括震相数据，参加计算震级的台数一般不应少于4个。

第二十九条 各省级地震局严禁跨上述规定范围和任务的速报。但考虑到省级台网速报结果和国家台网中心确定的最终结果之间可能有误差，对于行政区边界外范围和震级的误差规定可根据本省台网的具体情况自行制订。

第六章 地震速报参数的确定

第三十条 属于国家台网速报范围的地震参数以省级台网测定的参数为初步速报结果，以国家台网测定的参数为正式速报结果。

第三十一条 不属于国家台网速报范围的地震参数以震中所在区域的省级台网测定的参数为初步速报和正式速报结果。但震级 $M \geqslant 3.0$ 的地震在以下四种情况下，以国家台网反馈（用CD/CC身份）的结果为正式速报结果。

1. 当地震发生在省边界时，各省级台网都把地震定位为本省的地震；
2. 当地震发生在省边界时，各省级台网都把地震定位为他省的地震；
3. 当省级台网测定的参数达到属于国家台网速报范围，但国家台网测定的实际地震参数未达到国家台网速报范围；
4. 当省级台网测定的参数未达到属于国家台网速报范围，但国家台网测定的实际地震参数达到国家台网速报范围。

第七章 地震速报信息的上报和发布

第三十二条 中国地震局负责首都圈地区 $M \geqslant 3.0$，黑龙江、吉林、辽宁、山西、山东、陕西、宁夏、河南、安徽、江苏、上海、湖北、湖南、江西、福建、浙江、广东、广西、海南、香港、澳门、重庆、贵州（含沿岸近海）$M \geqslant 4.0$，四川、云南、甘肃、青海、新疆、内蒙古、西藏及台湾地区 $M \geqslant 5.0$，边境外地区（300km以内）$M \geqslant 6.0$，国外其他地区 $M \geqslant 7.0$ 的地震初步速报和正式速报信息的上报和正式速报信息的发布。

上报部门、样式、完成时间和发布方式、对象根据中国地震局办公室相关规定和要求执行。

第三十三条 各省级地震局应按照上述中国地震局上报震级的范围要求，负责本辖区内所发生地震的初步速报信息和正式速报信息的上报以及正式速报信息的发布。其中初步速报信息的上报使用本单位测定的速报参数；正式速报信息的上报使用中国地震台网中心反馈的结果，达到国家台网速报震级的，以国家台网结果作为正式速报结果；达不到国家台网速报震级的，以本单位测定的参数作为正式速报结果。

上报的部门、样式、完成时间以及发布方式、对象由省级地震局另行规定。

在本规定范围以外地震速报信息的上报，由各省级地震局自行规定，并报中国地震局备案。

第三十四条 中国地震局和各省级地震局对于同一地震的正式速报参数上报和发布口径

要统一，应使用统一的 M 震级、位置、时间、震源深度等参数。

第八章　地震速报信息的短信发送

第三十五条　中国地震局和各省级地震局通过手机短信方式分别向各自用户发送初步速报和正式速报信息，发送信息须经审核确认无误后方可发出。

第三十六条　手机短信发送速报信息内容：地震的发震时刻、震中纬度、震中经度、震源深度、震级和参考地名，样式与内容可参考见附件4。

第三十七条　手机短信发送速报信息流程：首先向地震系统内部用户发送初步速报信息；然后向地震系统内部和外部用户发送正式速报信息。

第三十八条　手机短信用户发送范围的确定：中国地震局监测预报司会同办公室、应急司负责确定北京地区地震系统内部用户和外部用户，各省级地震局负责确定各自辖区的地震系统内部和外部用户。

第九章　附　　则

第三十九条　全国35个国家大震速报台站的速报任务、速报内容及报送方式仍按原规定执行。

第四十条　各省、自治区、直辖市地震局应根据本规定制定具体的实施细则，并报中国地震局备案。

第四十一条　本规定自2008年9月1日起正式执行，2007年中国地震局发布的《地震速报及地震参数发布规定》（中震发测〔2007〕130号）同时废止。

第四十二条　本规定由中国地震局监测预报司负责解释。

关于印发《地震信息网络管理暂行规定》的通知

中震测发〔2008〕140号

各省、自治区、直辖市地震局，各直属单位：

随着《中国数字地震观测网络项目》中地震信息服务系统的建设完成并投入运行，作为基础支撑设施，地震信息网络为防震减灾工作的顺利开展，提供了快速的数据信息传递、存储、获取和处理平台，为数据信息共享和政府部门决策提供了基础保障。为加强地震信息网络管理，中国地震局组织制订了《地震信息网络管理暂行规定》，现予印发。请各单位遵照执行。

特此通知

2008年8月29日

地震信息网络管理暂行规定

第一章　总　　则

第一条　为加强地震信息网络管理，规范地震信息网络的建设与运行，为防震减灾三大工作体系和地震科技创新提供先进的基础信息网络平台，依据《中华人民共和国防震减灾法》、《地震监测管理条例》和国家有关计算机信息网络管理的法律法规，制定本规定。

第二条　地震信息网络是指中国地震局和县级以上地方人民政府地震工作管理部门或机构负责管理的计算机网络与信息平台。

地震信息网络由国家地震信息网络中心、省级地震信息网络中心、市县和台站地震信息节点、流动或移动地震信息节点及其相关信道组成。

地震信息网络用户是指使用地震信息网络进行各项业务活动的单位、部门和个人。

第三条　地震信息网络实行“统一规划、统一管理、分级负责”。中国地震局监测预报司是全国地震信息网络的主管部门。中国地震台网中心负责管理运行国家地震信息网络中心；各省、自治区、直辖市地震局及各直属单位负责管理运行省级地震信息网络以及所属地震信息节点。

中国地震局地震信息学科技术协调组负责全国地震信息网络的技术协调与指导。

第四条 各省、自治区、直辖市地震局及各直属单位应明确所属地震信息网络主管部门，负责地震信息网络的管理工作；并设立地震信息网络运行具体负责单位，承担地震信息网络的运行和维护工作。

第五条 地震信息网络用户应服从网络管理人员的安排，合理安全使用网络资源，自觉维护良好的网络环境。

第二章 网 络 建 设

第六条 地震信息网络建设实行统一规划、分级管理，并充分利用现有资源。中国地震局监测预报司负责国家和省级地震信息网络建设方案的审批，省级地震信息网络主管部门负责所属地震信息网络节点建设方案的审批。

地震信息网络的重大技术改造和扩建，应制定技术方案，并按规定进行审批。

第七条 凡涉及使用地震信息网络资源，接入地震信息网络的新建和改建项目，需将项目中涉及网络资源使用和网络接入的内容形成技术方案，报请接入网络节点的网络主管部门审批。

第八条 未经审批，任何单位和个人都不允许擅自接入、改动和占用地震信息网络资源。

第三章 网 络 运 行

第九条 地震信息网络运行单位按照网络主管部门的任务要求，制定具体的网络运行方案，做好地震信息网络运行监控、设备维护、故障处置、性能优化、服务管理等工作，保障地震信息网络连续可靠运行，并定期向管理部门提交网络运行报告。

第十条 网络运行单位应当对可能发生的突发事件和重大网络故障制定应急预案，并报送同级主管部门审批和上级主管部门备案。

第十一条 网络运行单位应对地震信息网络资源，包括网络线路、设备、地址、域名等进行管理，合理有效地分配和回收网络资源，定期向网络主管部门提交网络资源管理报告。

第十二条 未经批准，任何单位和个人都不允许擅自中断和停止地震信息网络运行。

第四章 网 络 安 全

第十三条 网络安全实行国家规定的“谁主管谁负责、谁运行谁负责、谁使用谁负责”的原则。

第十四条 网络运行单位应制定有效的网络安全管理规定和措施，防范计算机病毒、网络入侵等各类安全危害，及时排除隐患。

定期对供电、消防、避雷等设施进行安全检查。

第十五条 网络运行单位应加强对地震信息网络的安全监控，对严重影响网络安全的行为和设备采取必要的技术处置。

第十六条 网络用户应对用户设备和业务进行安全维护，并接受网络管理部门的安全检查。

网络用户对利用网络传输、交换和存储的数据和信息承担安全和保密责任。

第十七条 网络主管部门应加强网络安全的管理，定期对网络安全工作进行监督和检查。对发现的网络安全故障或隐患及时处置，并报上一级网络主管部门。

第十八条 网络运行单位发现严重影响网络安全运行的用户设备，应及时采取技术隔离或终止服务等措施。

第五章 网络服务

第十九条 网络主管部门应对各项网络服务实行任务管理，定期公布网络服务内容和服务提供方式，检查网络服务质量，接受用户提出的意见和建议。

第二十条 网络运行单位按照网络主管部门的要求保障提供各项网络基础服务，为用户提供注册和技术支持。

第二十一条 网络用户需要专业服务时，须向网络主管部门申请，说明所需网络资源和服务要求，经批准，由网络运行单位实施。

第六章 奖 惩

第二十二条 地震信息网络主管部门依照本规定对网络运行、安全、服务质量进行监督、检查和评比。

第二十三条 地震信息网络主管部门对遵守本规定，成绩显著的单位和个人予以表彰和奖励。

第二十四条 地震信息网络主管部门对违反本规定者，视情节轻重，予以警告或通报批评；对造成严重后果者，依法追究法律责任。

第七章 附 则

第二十五条 各级地震信息网络主管部门可根据本规定制定具体的地震信息网络管理细则。

第二十六条 本规定由中国地震局监测预报司负责解释。

第二十七条 本规定自公布之日起试行。

关于印发《地震信息网络运行管理办法》的通知

中震测发〔2008〕179号

各省、自治区、直辖市地震局，各直属单位：

为加强地震信息网络运行管理，建立安全、稳定、健康的网络工作环境，保障网络运行质量，提高网络服务水平，依据中国地震局《地震信息网络管理暂行规定》（中震测发〔2008〕140号），组织制订了《地震信息网络运行管理办法》，现予印发。请各单位遵照执行。

特此通知

附件：1.《地震信息网络运行管理办法》（略）

2. 地震信息网络运行日报、月报模板（略）

2008年12月17日

附件1：

地震信息网络运行管理办法

第一章　总　　则

第一条　为加强地震信息网络运行管理，建立安全、稳定、健康的网络工作环境，保障网络运行质量，提高网络服务水平，依据中国地震局《地震信息网络管理暂行规定》，制定本办法。

第二条　本办法对各单位网络维护、网络安全、网络服务和网站管理等项工作提出基本任务和要求，各级网络管理和运行单位应统一遵照执行。各级地震信息网络主管部门可依据本办法，制定具体的地震信息网络运行管理的工作细则。

第三条　网络日常运行与维护实行属地化管理。中国地震局监测预报司负责全国地震信息网络运行管理；中国地震局信息学科技术协调组负责网络运行的技术协调与指导；中国地震台网中心负责全国地震信息主干网运行的监督、技术指导和咨询工作；省级地震局和中国地震局直属单位负责本单位辖区内地震信息网络节点的运行管理。

第四条　各单位应配备适量的专职技术人员，负责系统管理、数据管理、网站管理、节点维护等工作，保证地震信息网络系统运行维护工作的顺利开展。

第五条 通过各级主管部门验收的各级地震信息节点均需按照本办法纳入中国地震信息网络运行和管理，如有增减，需要由本单位网络主管部门向中国地震局信息网络主管部门提出申请。各单位不得擅自停止已纳入运行管理的信息节点的运行。

第二章 网 络 维 护

第六条 各单位应保证地震信息网络 7×24 小时的连续运行，网络运行维护指标：全国骨干网络和区域骨干网络连通率均不低于99%。

第七条 各单位应制定运行监控和值班制度，监控和值班内容包括机房安全（电源、温度、避雷）、网络线路状态检查、网络和节点流量统计、设备保养与维护、系统的备份、故障处理记录等。应填写运行日志，保证日志内容真实和完整。

第八条 各单位应对网络运行设备进行分类管理。设备分为核心层、接入层和用户层。核心层设备为承担全网运行连接、联通的设备，包括网络核心交换机、路由器、关键应用服务器和存储等；接入层设备为连接用户和核心设备之间的设备，包括各类接入层交换机、节点路由器、网络边缘设备等；用户层设备为业务应用服务器或用户个人使用的计算机等设备。

第九条 各单位的网络运行部门应配置网络管理软件，网络管理软件监控各节点和主要设备的运行状态，网管系统的运行状态数据不得人为进行修改，并妥善保存。

第三章 网 络 安 全

第十条 各单位要建立健全网络安全管理措施。规范用户网络使用行为，建立用户和网络服务登记管理制度，网络外部连接和对外服务需经过本单位网络主管部门的审批。

第十一条 网络运行部门需对网络外部连接和对外服务的安全性提出建议，监控网络资源的使用情况，及时发现和处置网络异常行为。

第十二条 各单位应部署网络安全设备（如防火墙、IDS、防病毒网关等），保证 7×24 小时的连续运行，每周检查安全设备更新状态，并记录检查结果。

第十三条 各单位每月要进行一次网络安全检查，对网络安全设备运行状况、入侵侦听情况、网络流量、病毒查杀情况统计，分析网络安全隐患，发布网络安全通告，采取防范措施，对各类设备的防病毒措施和补丁更新提出要求。

第四章 网 络 服 务

第十四条 各单位应建立网络应用服务，包括 DNS、FTP、EMAIL、NTP、VOIP、WEB 等，各类应用服务无故障运行率应大于95%。网络运行部门应为本单位业务部门提供网络技术服务，并不断提高服务质量和拓展服务范围。

第十五条 各单位网络运行部门应制定应用系统维护技术手册、用户手册，保存各类网络服务工作日志。

第十六条 各单位应提供数据共享服务，逐步建立数据服务流程，提供用户手册和数据目录。

第十七条 鼓励各单位积极应用各类项目的建设成果，不断拓展新的网络服务。

第五章 网 站 管 理

第十八条 各单位建立的所有互联网信息服务网站均需经过本单位主管部门的审批，并按国家有关规定进行备案。

第十九条 各单位对互联网信息服务网站应建立统一管理档案，明确网站内容审核流程，各单位应建立门户网站，逐步对各互联网信息服务网站进行整合。

第二十条 各单位的网络运行部门应根据主管部门要求，对负责的网站提供系统维护、网络安全防范和网页栏目的技术服务。每月进行网站安全扫描，每月对网站的核心内容进行一次全备份。各单位应及时进行内容更新，对网站的更新情况、访问情况进行统计。

第二十一条 各单位网络主管部门应当每月进行一次网站运行检查，检查包括网站服务和安全情况等。

第六章 突发事件及故障处理

第二十二条 各单位应当建立和健全网络应急预案和重大事件报告制度，当突发事件发生时，依据预案和制度能够采取有效措施，保证地震信息网络的安全运行。

第二十三条 故障处置内容包括网络设备异常、信道中断、网络服务异常、数据流异常等。区域网骨干网络中断并持续 5 分钟以上为一次网络故障，网络服务失效并持续 10 分钟以上为一次应用故障。同一设备或应用在 24 小时以内出现的连续故障，可以归并处理；由一个故障而引起的关联故障，也可以归并处理。

第二十四条 各单位应建立运行故障处理流程，实现 7 ×24 小时故障响应，及时主动发现网络运行故障，在接到故障报警或报告后 30 分钟内启动故障响应流程。对本单位各类运行故障及时处理，记录故障处理过程，对故障原因进行分析，明确不同级别故障报告范围，明确故障级别和处理对策，建立故障响应、故障通告和故障报告制度。

第七章 报告与产出

第二十五条 各单位应建立和健全网络运行档案。运行档案包括：运行负责人、网络拓扑、节点信道类型、节点代码、设备配置信息、网管数据、维护日志内容等。

第二十六条 各单位应建立和健全网络运行报告制度，按时汇总上报网络运行日报、月报和年报。中国地震台网中心定期通过日报和月报汇总各单位的网络运行状态数据。对需要进一步核实的问题，各单位应在一个工作日内给予答复或澄清。

第二十七条 每天 14：00 前上报前一天的网络运行日报，日报包括：所有信道的中断统计、设备运行状态、网络服务运行状态、网络安全事件、网站内容更新、故障处理等；每月 10 日前上报前一月的网络运行月报，月报包括：网络运行概述、网络安全检查、存在问题和解决办法等；年报包括年度工作总结、下一年度工作计划和运行管理建议等内容，年报应在下一年 1 月底前提交。

第八章　附　　则

第二十八条　各单位应加强并规范本单位地震信息网的运行管理。对地震信息网络运行质量等优秀的单位进行表彰和奖励，对管理不力、运行质量差的单位进行通报和处罚。

第二十九条　本办法由中国地震局监测预报司负责解释。

第三十条　本办法自 2009 年 1 月 1 日起试行。

关于印发《强震动台网管理办法（暂行）》和《强震动观测评比办法》的通知

中震防发〔2008〕143号

各省、自治区、直辖市地震局，各直属单位：

为规范强震动观测管理工作，保证强震动台网的正常运行，根据《中国数字强震动台网技术规程》、《强震动观测规程》和相关规定，在广泛征求意见的基础上，我局制定了《强震动台网管理办法（暂行）》，并修订了《强震动观测评比办法》。现印发你们，请遵照执行。

2008年9月12日

强震动台网管理办法（暂行）

第一章　总　　则

第一条　为加强强震动台网运行管理，确保强震动台网安全、连续和可靠运行，提高记录资料的质量和使用价值，制定本办法。

第二条　本办法适用于国家或地方投资建设的强震动台网的运行维护和管理。

第三条　本办法所称的强震动台网包括固定强震动台站、地震动强度（烈度）速报台站、专用台阵、流动台网和地震动强度（烈度）速报中心、区域强震动台网部、国家强震动台网中心。

第四条　中国地震局震害防御司负责全国强震动台网的管理，各省、自治区、直辖市地震局（以下简称省级地震局）负责本区域内强震动台网的运行维护管理。

第二章　中心、区域台网部及省级地震局职责

第五条　国家强震动台网下设1个国家强震动台网中心和东南、西南、西北3个区域强震动台网部，国家强震动台网中心兼具东北、华北区域台网部功能。其中，东南区域台网部

管辖的范围包括江苏、浙江、上海、广东、海南、安徽、江西、福建、湖北、湖南等10个省（市）；西南区域台网部管辖的范围包括云南、四川、广西、贵州、西藏等5个省（区）；西北区域台网部管辖的范围包括甘肃、新疆、青海、陕西、宁夏等5个省（区）；东北、华北区域台网部管辖的范围包括黑龙江、吉林、辽宁、内蒙古、河北、北京、天津、山东、河南、山西等10个省（区、市），中国地震局工程力学研究所管理的台站（阵）纳入东北、华北区域台网部的管辖范围。

第六条 国家强震动台网中心负责汇集、整理和处理分析全国强震动观测台网获取的强震动记录；建立强震动观测数据库，按照中国地震局要求发布强震动观测数据及其处理结果，为社会服务；对强震动观测仪器的主要技术性能进行检测和标定；执行全国强震动流动观测任务。

第七条 区域台网部负责收集、处理本区域内强震动台网获取的强震动记录，并将初步处理后的强震动记录传送国家强震动台网中心；负责抽检辖区台站运行情况；建立本区域台网强震动观测数据库，及时发布本区域破坏性地震的地震动信息；执行强震动流动观测任务。

第八条 地震动强度（烈度）速报中心负责区域内的地震动强度（烈度）速报，负责汇集、处理区域内获取的强震动记录，将初步处理后的强震动记录传送至相应的区域强震动台网部和国家强震动台网中心。

第九条 省级地震局负责本区域强震动台网的运行、维护、管理；收集本区域强震动台网获取的强震动记录，并及时将强震动记录传送所属区域强震动台网部。

第三章 台网维护管理

第十条 台站的日常维护管理由所在省级地震局负责。各区域台网部应通过远程通讯对所辖台站进行抽查，并保证每年至少4次，确保强震动台网运行的安全、连续、可靠。

第十一条 国家强震动台网中心、各区域强震动台网部、烈度速报中心应建立机房管理制度，每天填写工作日志，主要内容包括：数据汇集及数据转换情况；数据整理情况；数据入库情况；数据备份情况；台网软、硬件检查维护情况等。

第十二条 省级地震局每月远程通讯检查所辖强震动台站（阵）至少2次，填写远程通讯检查表；每6个月现场检查至少1次，填写现场检查表。

第十三条 对地震活动性明显增强或已发布短临预报的地区，适当增加台站（阵）远程通讯检查和现场检查次数。

第十四条 遇有特殊情况（如洪水、滑坡等）或获知台站（阵）仪器发生故障时，应及时前往台站（阵）进行处理。

第十五条 台站设备进行检修、更换期间，应安装备机，保证台站的连续观测。

第十六条 台站（阵）监控区内发生5级以上地震后，应立即前往台站进行现场检查。

第十七条 台站（阵）应建立观测资料档案，内容包括建台报告、台站检查资料、获取记录情况和相应的地震资料、仪器故障和排除记载、加速度计标定检测报告、台站（阵）重大事件记载等。

第十八条 台网的维护管理费应专款专用，确保台网正常运转。

第十九条 强震动观测实行定期评比制度，每年举行一次。对成绩优异的单位予以奖励，观测质量差、工作存在失误的单位予以通报批评。

第四章　台站观测数据的汇集

第二十条 地震发生后，区域强震动台网部应立即汇集、处理所辖地区强震动台站（阵）获取的记录，复制备份原始数据，刻盘永久保存，并在72小时内将原始数据及观测记录报告单上传国家强震动台网中心。

第二十一条 地震发生后，地震动强度（烈度）速报中心应及时提供地震动强度（烈度）分布结果，并汇集、处理本地区速报台站和强震动台站（阵）的记录，复制备份原始数据，刻盘永久保存，并在72小时内将原始数据及观测记录报告单上传国家强震动台网中心。

第二十二条 地震发生后，省级地震局应立即汇集并初步处理本地区强震动台站（阵）获取的记录，并复制备份原始数据。4级以上地震的记录或峰值加速度10Gal以上的记录应填写观测记录报告单，72小时内报送到区域强震动台网部、国家强震动台网中心。

第二十三条 区域强震动台网部、速报中心汇集记录后，两周内按照《强震动数据规范》要求完成记录头段文件编辑，并通过信息网以FTP方式将4级以上地震的记录和峰值加速度10Gal以上的记录发送至国家强震动台网中心。

第二十四条 各台网部每6个月编写一期本区域强震动记录报告，分发至区域各单位，并报送国家强震动台网中心和中国地震局震害防御司。

第二十五条 国家强震动台网中心每6个月编写一期全国强震动记录报告，分发各省级地震局，同时报送中国地震局震害防御司。监控区域内发生6级以上地震后，应在3个月内编辑强震动记录专集，并报送中国地震局震害防御司。

第五章　台站观测数据的常规处理

第二十六条 各区域强震动台网部负责本区域所有台站获取记录的常规处理，并对原始数据编辑相应的元数据。

第二十七条 各速报中心负责本区域速报台网和其他强震动台站获取记录的常规处理，并对原始数据编辑相应的元数据。

第二十八条 国家强震动台网中心负责对全国所有4级以上地震的记录和最大加速度峰值10Gal以上的记录进行常规处理，并对台网原始数据编辑、校核相应的元数据。

第六章　台站观测数据的发布和使用

第二十九条 国家强震动台网中心统一对外发布强震动记录数据和处理结果；各区域强震动台网部、速报中心和省级地震局可以对外发布经国家强震动台网中心处理后的本区域记录波形。

第三十条 省级地震局在获取记录后3个月内具有对获取记录的优先使用权。在此期间，未经主管部门许可，任何单位或个人不得对外提供相应的数字化记录数据。

第七章　仪器的标定检测

第三十一条　加速度计原则上每五年进行一次标定检测。

第三十二条　加速度计由符合技术要求并具备相关资质的机构或国家强震动台网中心仪器检定实验室进行标定检测。

第三十三条　获取最大加速度200Gal的加速度计，待其所在台站（阵）附近地震活动平静后，应及时进行标定检测。

第八章　台 址 变 动

第三十四条　台址因故需要变动，应提前向中国地震局震害防御司报告，经批准后方可变动。

第三十五条　台址变动后，应及时建立相关资料档案，并将变动情况报送中国地震局震害防御司、国家强震动台网中心和相应的区域台网部。

第九章　人 员 配 置

第三十六条　各单位应根据本单位台站数量配备相应的专职台站维护管理技术人员。原则上20个以下（含20个）台站配备至少2人，21~100个台站配备3~5人，101~200个台站配备6~8人，200个以上台站配备9人以上。

第三十七条　各区域强震动台网部和速报中心应配备4~6名专职数据处理与机房管理技术人员。国家强震动中心应配备6名以上专职数据处理与机房管理技术人员。

第十章　附　　则

第三十八条　省级地震局可根据本规定制定本区域强震动台网管理实施细则。

第三十九条　各级地方地震工作部门可参照本规定管理本区域内强震动台网，并与全国强震动台网联网共享数据。

第四十条　本办法由中国地震局震害防御司负责解释。

第四十一条　本办法自发布之日起执行。

关于印发《一级地震安全性评价工程师注册实施办法》的通知

中震防发〔2008〕153 号

各省、自治区、直辖市地震局，各直属单位，国资委管理的有关企业：

为规范一级地震安全性评价工程师注册管理工作，根据《中华人民共和国行政许可法》、《地震安全性评价工程师制度暂行规定》（国人部发〔2005〕72 号），在广泛征求意见的基础上，我局制定了《一级地震安全性评价工程师注册实施办法》，现印发给你们，请遵照执行。

2008 年 9 月 28 日

一级地震安全性评价工程师注册实施办法

第一章　总　　则

第一条　为规范一级地震安全性评价工程师注册管理工作，根据《中华人民共和国行政许可法》、《地震安全性评价工程师制度暂行规定》（国人部发〔2005〕72 号）和相关法律法规，制定本办法。

第二条　中华人民共和国境内一级地震安全性评价工程师注册管理适用本办法。

第三条　国务院地震工作主管部门（以下称中国地震局）为一级地震安全性评价工程师注册审批机关。省、自治区、直辖市地震工作主管部门（以下简称省级地震局）负责本行政区域内一级地震安全性评价工程师注册申请的受理和初审工作。

第二章　注册申报程序

第四条　取得一级地震安全性评价工程师资格证书并申请注册的人员，应受聘于一个具有地震安全性评价资质的单位，并通过聘用单位向本单位所在地的省级地震局提出注册申请。

第五条 申请人应当如实向聘用单位提供有关申报材料，聘用单位应当进行核实并如实向省级地震局提供申请材料，申请人和聘用单位对材料内容的真实性负责。

第六条 注册申请包括初始注册、延续注册、变更注册、注销注册。一级地震安全性评价工程师遗失或污损注册证书、执业印章的，可申请补办。

第七条 申请人可自资格证书签发之日起1年内申请初始注册。逾期未申请的，在申请初始注册时，应当提供相应的继续教育证明，其学习内容应当符合中国地震局关于一级地震安全性评价工程师继续教育的规定。初始注册有效期为3年。

申请初始注册应当提交下列材料：

（一）《一级地震安全性评价工程师初始注册申请表》；

（二）资格证书和身份证明复印件；

（三）所在单位意见；

（四）申请人与聘用单位签订的劳动（聘用）合同复印件，或聘用单位出具的劳动、人事、工资关系证明；

（五）逾期申请初始注册的继续教育证明材料复印件。

第八条 申请初始注册按照下列程序办理：

（一）申请人向聘用单位提交《一级地震安全性评价工程师初始注册申请表》；

（二）聘用单位将《一级地震安全性评价工程师初始注册申请汇总表》和申请人的全部申请材料一式二份报省级地震局；

（三）省级地震局将《一级地震安全性评价工程师初始注册初审意见表》、《一级地震安全性评价工程师初始注册初审汇总表（单位申请人）》、《一级地震安全性评价工程师初始注册初审汇总表（专业）》和申请人的申请材料一式一份报中国地震局。

（四）中国地震局审核上报材料，对符合条件者核发《中华人民共和国一级地震安全性评价工程师注册证》（以下简称《注册证》）和执业印章。

第九条 注册有效期满需继续执业的，应当在注册有效期满前30日内，按照本办法第八条规定的程序，申请延续注册。延续注册的有效期限为3年。

申请延续注册应当提交下列材料：

（一）《一级地震安全性评价工程师延续注册申请表》；

（二）注册证书原件和执业印章；

（三）所在单位意见；

（四）申请人与聘用单位签订的劳动（聘用）合同复印件，或聘用单位出具的劳动、人事、工资关系证明；

（五）达到注册期内继续教育要求的证明材料复印件。

第十条 在注册有效期内，一级地震安全性评价工程师变更执业单位、聘用单位名称变更或姓名变更的，应当按照本办法第八条规定的程序，及时申请变更注册。变更注册后，有效期执行原注册证书的有效期。

申请变更注册应当提交下列材料：

（一）《一级地震安全性评价工程师变更注册申请表》；

（二）注册证书原件和执业印章；

（三）所在单位意见；

（四）变更执业单位的，应当提供申请人与新聘用单位签订的劳动（聘用）合同复印件，或新聘用单位出具的劳动、人事、工资关系证明；同时提供工作调动证明复印件，或与原聘用单位解除聘用（劳动）关系的证明，或退休人员的退休证明；

（五）聘用单位名称变更的，应当提供变更后的《企业法人营业执照》或《事业单位法人证书》复印件；

（六）地震安全性评价工程师姓名变更的，应当提供变更后的身份证明复印件或公安机关户籍管理部门出具的有效证明。

一级地震安全性评价工程师跨省变更执业单位的，应当先行向原受理其注册的省级地震局申请办理注销注册手续。

第十一条 一级地震安全性评价工程师有下列情形之一的，应由一级地震安全性评价工程师本人、聘用单位或聘用单位所在省级地震局，按照本办法第八条规定的程序，及时提出注销注册申请。

（一）申请注销注册的；

（二）聘用单位破产的；

（三）聘用单位被吊销营业执照的；

（四）聘用单位被吊销地震安全性评价资质证书的；

（五）与聘用单位解除劳动（聘用）关系的；

（六）注册有效期满且未延续注册的；

（七）被依法撤销注册的；

（八）被依法吊销注册证书的；

（九）年龄超过70周岁的；

（十）丧失行为能力、死亡、被宣告失踪或不具有完全民事行为能力的；

（十一）受到刑事处罚，处罚尚未执行完毕的；

（十二）法律、法规规定应当注销注册的其他情形。

申请注销注册应当提供下列材料：

（一）《一级地震安全性评价工程师注销注册申请表》；

（二）注册证书原件和执业印章；

（三）符合注销注册条件的证明材料复印件。

第十二条 被注销注册或不予注册的人员，在重新具备注册条件后，可按初始注册要求申请注册。

第十三条 注册证书、执业印章遗失或污损，需要补办的，可按照本办法第八条规定的程序申请补办。

申请补办注册证书、执业印章应当提交下列材料：

（一）《一级地震安全性评价工程师注册证书、执业印章补办申请表》；

（二）身份证明复印件；

（三）注册证书、执业印章遗失的，应当提供省级以上报纸刊登的遗失声明原件；

（四）注册证书、执业印章污损的，应当提供污损的注册证书原件、执业印章。

第三章　受理和初审

第十四条　省级地震局收到一级地震安全性评价工程师注册申请材料后，应对申请材料的完整性进行查验，并根据下列情况分别作出处理：

（一）申请材料存在可以当场更正错误的，应允许申请人当场更正；

（二）申请材料不齐全或者不符合法定形式的，应当场或在5个工作日内一次性告知申请人需要补正的全部内容，逾期不告知的，自收到申请材料之日起即为受理；

（三）申请材料齐全、符合法定形式，或者申请人按要求提交全部补正材料的，应当受理申请人的注册申请。

受理或不予受理注册申请，应出具加盖省级地震局专用印章和注明日期的书面凭证，不予受理的应当说明理由。

第十五条　省级地震局应对申请材料进行初审，认真核对资格证书、身份证明、继续教育证明、劳动（聘用）合同、《企业法人营业执照》、《事业单位法人证书》等复印件与原件是否一致。

第十六条　对申请初始注册、注销注册和变更注册的，省级地震局应当自受理申请之日起，20个工作日内对申请人注册条件和申报材料进行审查，并作出书面初审意见。

对申请延续注册、补办注册证书（执业印章）的，省级地震局应当自受理申请之日起，10个工作日内对申请人注册条件和申报材料进行审查，并作出书面初审意见。

第四章　审核与审批

第十七条　对申请初始注册、注销注册和变更注册的，中国地震局收到初审意见后，20个工作日内审批完毕并作出书面决定，审批结果向社会公示10日，公示无异议的，准予注册，并核发《中华人民共和国一级地震安全性评价工程师注册证书》和执业印章。

对申请延续注册的，中国地震局收到初审意见后，10个工作日内审批完毕并作出书面决定，审批结果向社会公示10日，公示无异议的，准予延续。

对申请补办注册证书（执业印章）的，中国地震局收到初审意见后，10个工作日内审批完毕并作出书面决定，符合条件的，准予补办。

第十八条　申请人有下列情形之一的，不予注册：

（一）不具有完全民事行为能力的；

（二）申请在两个或者两个以上单位注册的；

（三）未达到一级地震安全性评价工程师继续教育要求的；

（四）刑事处罚尚未执行完毕的；

（五）因执业活动受到刑事处罚，自刑事处罚执行完毕之日起至申请注册之日止不满2年的；

（六）被吊销注册证书，自处罚决定之日起至申请注册之日止不满2年的；

（七）申请人因以不正当手段获取注册，依法被审批机关撤销注册，自处罚决定之日起至申请注册之日止不满3年的；

（八）申请人的聘用单位不符合地震安全性评价资质单位要求的；

（九）年龄超过70周岁的；

（十）法律、法规规定不予注册的其他情形。

第五章　附　　则

第十九条　中国地震局不收取一级地震安全性评价工程师注册费用。省级地震局在注册工作中发生的相关费用，请商同级有关主管部门解决。

第二十条　二级地震安全性评价工程师的申请注册由省级地震局负责受理和审批，具体审批程序由省级地震局参照本实施办法制定。对批准注册的，由省级地震局核发注册证书和执业印章，并在30日内报中国地震局备案。

第二十一条　本实施办法由中国地震局负责解释。

第二十二条　本办法自2008年11月1日起执行。

关于印发《省级地震应急指挥中心考核评比办法》（试行）的通知

中震救发〔2008〕173 号

各省、自治区、直辖市地震局，各直属单位：

为了推动省级地震应急指挥中心的良性发展，保障应急指挥中心的正常运转，使应急指挥中心在地震应急工作中切实发挥作用，中国地震局制定了《省级地震应急指挥中心考核评比办法》（试行），现印发执行。

2008 年 12 月 1 日

省级地震应急指挥中心考核评比办法（试行）

为贯彻落实《省级地震应急指挥中心运行管理办法》（试行），促进省级地震应急指挥中心的建设和发展，建立健全地震应急指挥工作制度，交流经验，鼓励先进，促进地震应急指挥中心的持续发展，依照《省级地震应急指挥中心运行维护细则》（试行）制定本办法。

一、评比原则

（一）评比工作坚持实事求是、公平公正、注重实绩的原则。

（二）评比采用年度评比的办法，每年 4 月前进行上一年度的评比。

二、评比范围

（一）先进集体的评比范围为各省（自治区、直辖市）地震局应急指挥中心运行维护任务具体承担部门。

（二）先进个人的评比范围为各省（自治区、直辖市）地震局、中国地震局直属单位以及市（州、盟、地区）、县（市、区）地震工作部门为地震应急指挥中心建设和发展做出突出贡献的人员。

三、评比组织

评比工作由中国地震局震灾应急救援司统一组织实施，由地震应急指挥技术协调组承担具体事务。

四、奖项设置

（一）先进集体根据分数排名，设一等奖1个、二等奖3个、三等奖5个、优秀奖5～8个。

（二）先进个人的数量一般控制在10～15人。

（三）在先进集体评比中，设置地震现场应急工作技术系统单项奖，适用于天津、河北、山西、内蒙古、辽宁、上海、江苏、福建、山东、广东、湖北、重庆、四川、云南、陕西、甘肃、宁夏、青海、新疆19个省（自治区、直辖市）地震局的地震现场应急工作技术系统。设置一等奖1个、二等奖2个、三等奖3个。

（四）在先进集体评比中，设置地震应急基础数据库质量评比单项奖，设置一等奖1个，二等奖2个，三等奖3个，优秀奖3～5个，并评选若干优秀个人。

（五）设置地市级地震应急基础数据库质量评比单项奖，设置一等奖1个，二等奖3个，三等奖5个，优秀奖3～5个，并评选若干优秀个人。

五、先进集体评比内容

（一）常规运维

1. 日运维情况
2. 周运维情况
3. 月运维情况
4. 半年运维情况
5. 年度运维情况

（二）地震应急运维

1. 应急响应情况
2. 视频会议联通情况
3. 报告产出结果情况

六、先进集体评分标准

（一）常规运维（总分100分）

1. 日运维（40分）

（1）指挥中心巡检与使用（15分）：

未按时提交巡检日志或指挥大厅使用，缺1次扣0.1分，扣完为止。

（2）模拟地震触发（25 分）：

未按时上报灾情简报与辅助决策报告，每次每项扣 0.1 分；未按时提交地震触发日志，每次扣 0.1 分，扣完为止。

计算结果合理性不断提高的加 5 分；完成重点监视防御区和年度重点危险区模拟地震触发的加 5 分。

2. 周运维（20 分）

未按时提交周志，每次扣 0.5 分，扣完为止。

3. 月运维（20 分）

（1）月报（6 分）：未按时提交月报，每次扣 0.5 分。

（2）每月演练（6 分）：未按时提交演练总结报告，每次扣 0.5 分。

（3）地震应急协作联动区三个月演练（8 分）：未完成视频会议联动、地震触发测试、汇报演练、数据传输测试中的每一项均扣 0.5 分。

4. 半年运维（10 分）

由地震应急指挥技术协调组组织专家评分。

5. 年度运维（10 分）

（1）报告内容及质量（4 分）：由地震应急指挥技术协调组组织专家评分。

（2）提交材料不全，缺一项内容扣 1 分。

（3）在规定时间内未提交材料，扣 10 分。

（二）地震应急运维（总分 50 分）

1. 应急响应情况（20 分）

（1）在规定时间内，主要设备未启动，扣 20 分。

（2）在规定时间内，大屏幕系统、视频会议系统、数字会议系统、触发软件启动、灾害快速评估软件系统、决策软件系统、综合平台等主要设备和软件不能正常工作，每项扣 2 分。

2. 视频会议联通情况（10 分）

（1）在规定时间内不能连通扣 10 分。

（2）在规定时间内，音频不能连通扣 5 分；视频不能连通扣 5 分。

（3）涉及两省及以上的地震，要作好联动，未做好视情况扣 1 ~5 分。

3. 报告产出结果情况（20 分）

（1）在规定时间内，全部报告未产出扣 20 分。

（2）在规定时间内，未按时上报灾情简报扣 5 分；产出文档未经过修正扣 5 分。

（三）地震现场单项奖

1. 月运维（48 分）

（1）月报（24 分）：未按时提交月报，每次扣 2 分；未提交者，每次扣 10 分，扣完为止。

（2）每三个月演练（24 分）：未按时提交演练总结报告，每次扣 6 分。每年演练 4 次，每次演练总分 6 分，演练过程中，数据业务、视频业务、话音传真业务的任一项不能正常运行扣 2 分，扣完为止。

2. 半年运维（30 分）

（1）总结报告（10 分）：未按时提交演练总结报告，扣 10 分。

（2）演练效果（20 分）：演练过程中，数据传输、视频会议、语音通话的任一项不能正常运行扣 2 分，功能抽查不合格扣 10 分。

3. 年运维（20 分）

（1）报告内容及质量（4 分）：由地震应急指挥技术协调组组织专家评分。

（2）提交材料不全，缺一项内容扣 1 分。

（3）在规定时间内未提交材料，扣 10 分。

4. 地震应急运维（50 分）

根据地震应急运维的要求，针对地震事件应急响应情况设置扣分项和加分项。

（1）在规定时间内未达到出队要求扣 10 分。

（2）在规定时间内未完成与省抗震救灾指挥部、中国地震局应急指挥中心的联通扣 10 分。

（3）数据业务、视频业务、话音传真业务的任一项不能正常运行每项扣 5 分。

（4）未按时提交现场应急总结报告，扣 10 分。

（5）任务完成及时、前后方信息保持通畅、现场资料汇交及时，加 5～10 分。

（6）涉及两省及以上的地震，要作好联动，未做好视情况扣 1～5 分。

（四）地震应急基础数据库单项奖

1. 应急基础数据库维护与更新材料（30 分）

数据维护与更新自评材料分为 5 个部分进行考核：年度工作总结，数据库现状与更新说明，元数据材料、专题地图，数据自检测试报告。

（1）年度应急基础数据库工作总结（2 分）。

（2）数据库现状与更新说明（10 分）：每一个数据表详细现状与更新说明，缺一项扣 0.2 分。在现状说明中详述实际数据现状与实际情况的对比。更新说明详述自上一个评比期之后所做的数据更新。

（3）元数据材料（3 分）：软件界面和报送材料均要求填写完整，每缺一项扣 0.1 分。

（4）专题地图（5 分）：按《中国数字地震观测网络应急指挥分项工程验收细则》中关于专题地图的要求，提交电子版，每缺一项扣 0.3 分。

（5）数据自检测试报告（10 分）：不以数据库自检程序为基础，手工检查测试所有数据，每缺数据库中的一项扣 0.2 分。数据自检报告的检查内容为：

空间数据的坐标系是否为经纬度；

空间数据是否按要求拼接为一块；

空间数据是否满足行政区划无空缺，无重叠，无缝隙，拓扑完好要求；

空间数据的现势性；地市、区县、乡镇代码库数据编码是否满足规范要求；

空间数据中属性数据的完整程度；

空间数据结构是否符合规范要求；

空间数据的数据说明是否满足检查规定；

空间数据的数据量是否符合本区域实际情况；

空间数据内容是否有明显错误；

属性数据的编码完整；
属性数据编码与地市、区县、乡镇代码库交联测试情况；
属性数据编码 10 ~ 12 位重点目标代码完整情况；
属性数据字段名和数据库名符合规范；
属性数据的丰满性（字段内容的缺失程度）；
属性数据的完整性（如重点数据的覆盖程度）；
属性数据的现势性；
属性数据的数据说明是否满足检查规定；
属性数据的数据量是否符合本区域实际情况；
属性数据内容是否有明显错误；

2. 应急基础数据库数据抽查（50 分）

（1）基础数据库数据表抽查评比（45 分）：由地震应急指挥技术协调组组织专家抽查基础数据库，每一个数据库的得分由测评专家负责确定，评分原则如下（每一项数据以 10 分为满分）。

分值	空间数据	属性数据
10	完全合格，直接可用	完全合格，直接可用
9	数据满足数据库规范要求，空间数据部分翔实、可靠，数据缺失量小于 10%	数据满足数据库规范要求，数据编码完整正确，属性数据内容翔实、可靠，数据缺失量小于 10%
8	数据满足数据库规范要求，空间数据部分基本翔实、可靠，属性值缺失量小于 20%	数据满足数据库规范要求，数据编码完整正确，属性数据内容基本翔实、可靠，属性值缺失量小于 20%
7	数据满足数据库规范要求，空间数据和属性数据均有问题，属性值缺失量小于 30%	数据满足数据库规范要求，数据编码有较多缺陷，数据内容基本翔实、可靠，属性值缺失量小于 30%
5	不能满足数据库规范要求，数据内容不够翔实、可靠，属性数据缺失量大于 30%）	不能满足数据库规范要求，数据编码未编码，数据内容不够翔实、可靠，属性数据缺失量大于 30%
3	不能满足数据库规范要求数据内容不够翔实、可靠，属性数据缺失量大于 60%，离满足要求，有较大距离	不能满足数据库规范要求，数据内容不够翔实、可靠，属性数据缺失量大于 60%，离满足要求，有较大距离
1	提供数据，基本不可用	提供数据，基本不可用
0	未提供数据	未提供数据
	本地区无此类数据不考核	本地区无此类数据不考核

考虑到不同数据收集和整理难度和实际需要，给出不同的权重。

数据库名	数据表名	权值
2. 行政区划图（空间数据库）	地市代码库（面属性）city_code	8
	区县代码库（面属性）county_code	
	乡镇代码库（点属性或面属性）town_code	
	行政村所在地编码库（点属性）village_code	
	大型企业代码库（点属性或面属性）enterprise_code	
3. 城区图库（空间数据库）	城区道路分布图（面属性或线属性）city_street	2（地市级此项为12）
	城区管道分布图（线属性）city_pipe	
	城区市内桥梁分布图（面属性或点属性）city_bridge	
	城区疏散场地分布图（面属性或点属性）city_site	
	城区重要目标分布图（点属性）city_keyobject	
4. 人口统计表	地市级人口统计表（属性表）city_population	12
	区县级人口统计表（属性表）county_population	
	乡镇人口统计表（街道办事处）（属性表）town_population	
5. 房屋基本情况调查	地市房屋总体统计表（属性表）city_building	12
	地市房屋总体统计表（属性表）city_building2	
	区县级房屋统计表（属性表）county_building	
	区县级房屋统计表（属性表）county_building2	
	区县中城区房屋统计比例表（属性表）city_building_ratio	
	区县中农村房屋统计比例表（属性表）rural_building_ratio	
	乡镇房屋统计表（属性表）town_building	
	乡镇房屋统计表（属性表）town_building2	
6. 国民经济统计（属性库）	国民经济统计表（属性表）economy	5
7. 企业经济统计	大型企业经济统计表（属性表）firm_economy	3
	大型企业房屋统计表（属性表）firm_building	
8. 地质图	地层（面属性）stratigraphy	1
	岩体（面属性）rock	
	断裂（线属性）fault	
9. 活动构造分布图	活动断裂（表属性）ActiveFault	2
10. 地震区划图	地震区（面属性）seismic_region	1
	地震带（面属性）seismic_belt	

续表

数据库名	数据表名	权值
11. 地震活动	潜在震源区分布图(面属性)potential_source	3
	历史 4 $^{3}/_{4}$ 以上强震目录(点属性)strong_catalog	
	1970 年以来小震目录(点属性)instrument_catalog	
12. 重点监视防御区	重点监视防御区分布图(面属性)prevent_region	0.5
	地震重点监视防御城市(点属性)prevent_city	
13. 地震台网	地震台站(点属性)observation_station	0.5
14. 震害与救灾案例	震害与救灾案例(点属性)disaster_case	3
17. 机场数据	机场(点属性或面属性)airport	1
18. 交通分布图(公路、铁路、水道)	公路分布图(线属性)road	10
	铁路分布图(线属性)railway	
	水道分布图(线属性)waterway	
19. 桥梁、隧道分布图(不含市内桥梁隧道)	桥梁分布图(点属性或线属性)bridge	8
	隧道分布图(点属性或线属性)tunnel	
20. 大型油气管线分布图	大型油气管线分布图(线属性)petroline	1
21. 港口、码头分布图	港口、码头分布图(点属性或面属性)harbor	1
22. 水库数据	水库分布图(面属性)reservior	5
24. 重大火灾、爆炸、有毒、放射危险源分布图	重大火灾、爆炸、有毒、放射危险源分布图(点属性)dangerous_ source	5
25. 崩塌、滑坡、泥石流危险区分布图	崩塌、滑坡、泥石流危险区分布图(点属性)geological_hazard	2
27. 国家级、省级旅游景点和自然保护区分布图	旅游景点和自然保护区分布图(点属性或面属性)tourism_spot	1
28. 国家和省级大型文物保护单位分布图	文物保护单位分布图(属性表)landmark	1
29. 区县行政区的少数民族	区县行政区的少数民族(属性表)minority	1
30. 国家级、省级贫困县分布图	贫困县分布图(属性表)poor_county	1
31. 各地市、区县气象统计数据	气候(属性表)climate	1
32. 各地学校数据	学校表(属性表)school	3

续表

数据库名	数据表名	权值
33. 医疗救护力量数据	医院(属性表)hospital	3
	医疗力量(属性表)medical	
34. 各地消防力量数据	消防力量 Fire_power(属性表)	1
35. 各地物资储备数据(含救灾物资仓库明细)	物资储备库分布图(属性表)storage	3
	救灾物资仓库明细表(属性表)storage_inventory	
36. 救灾队伍数据	专业救灾队伍(属性表)relief_troop	5
	行业抢险救灾队伍(属性表)relief_troop2	
37. 地震系统联络数据	地震系统联系(属性表)nsb_communication	3
38. 地方政府系统联络数据	地方政府系统联系(属性表)local_gov_communication	5
39. 地方抗震救灾指挥部联系数据	地方抗震救灾指挥部联系(属性表)local_headquarters	5
40. 灾情速报网络	灾情速报网络(属性表)local_net	7
41. 军队与武警联系数据	军队与武警联系(属性表)troop_communication	2
42. 各地地震应急预案数据	地震应急预案表(属性表)emergcy_plan	3

$$实际得分 = \sum(数据库权值 \times 评测打分)/\sum(数据库权值 \times 10) \times 45$$

（2）属性数据空间化（5 分）：部分省局把数据规范中属性数据也给予空间化，如学校、医院等，这些属性数据的空间化大大地增强了数据的使用效果（空间化率 100%），每一项加分 1.0。

3. 地震应急数据库管理制度和执行情况（20 分）

（1）数据库管理制度（10 分）：包括人员管理制度、岗位责任制度、数据保密制度、数据服务制度、制度执行情况，每项 2 分，需提交相关报告和制度执行情况，由主管部门加盖公章。

（2）技术系统管理制度的制定与执行（4 分）：提交以下报告，每项 2 分。

原始数据保存、备份、归档制度和执行情况

数据库保存、备份、归档制度和执行情况

（3）与外部厅局相关数据提供部门的数据更新协议及执行情况（4 分）：提交以下报告，每项 2 分。

数据更新协议情况

实际数据更新情况

（4）地震局内部数据更新方案及执行情况（2 分）

七、先进个人评选条件

（一）热心地震应急救援事业，爱岗敬业、尽职尽责，具有较强的事业心和责任感。
（二）积极开拓进取，努力学习地震应急指挥业务知识，具有较高的业务技术素质。
（三）在地震应急处置工作中起到骨干作用，取得显著成绩。

八、评比程序

（一）先进集体

1. 各省（自治区、直辖市）地震局均参加常规运维的评比。对年度内发生 5.0 级及以上地震的省（自治区、直辖市）地震局的地震应急运维进行单独评比。

2. 地震应急指挥技术协调组根据上述“先进集体评分标准”和各单位提交的评测报告、抽取指定时间段的日志、抽查指定数据库内容，遴选出常规运维和地震应急运维的先进集体建议名单。

3. 中国地震局震灾应急救援司根据评比结果进行综合评定。

（二）先进个人

1. 各单位根据本单位地震应急救援工作人员开展工作的成绩提出推荐名单，并将推荐名单和先进个人事迹提交地震应急指挥技术协调组。

2. 地震应急指挥技术协调组根据各单位推荐的个人先进事迹和先进个人评选条件，遴选出先进个人建议名单；

3. 中国地震局震灾应急救援司根据评比结果进行综合评定。

九、本办法由中国地震局震灾应急救援司负责解释，自发布之日起施行

关于印发《中国地震局基本建设管理办法》的通知

中震财发〔2008〕37号

各省、自治区、直辖市地震局，各直属单位：

为加强基本建设管理工作，规范基本建设程序，提高投资效益，促进防震减灾事业又好又快发展，依据国家基本建设相关法律、法规和政策，我局制定了《中国地震局基本建设管理办法》，现印发给你们，请遵照执行。

2008年3月10日

中国地震局基本建设管理办法

第一章　总　　则

第一条　为加强基本建设管理，保障基本建设质量，提高投资效益，促进防震减灾事业全面、协调、可持续发展，根据国家有关法律法规和基本建设管理制度，结合我局实际，制定本办法。

第二条　本办法所指基本建设是各省、自治区、直辖市地震局和局直属单位使用中央预算内资金、单位自有资金和其他资金进行的防震减灾工程及附属设施建设。主要包括：

（一）地震监测预报、震灾预防、紧急救援技术系统及附属设施建设；专用科学实验、技术检定系统及附属设施建设；

（二）行政、业务、科研、教育用房及其附属设施建设；

（三）单台（套）5万元及以上大型仪器设备的购置；

（四）其他按基本建设程序管理的建设项目。

第三条　基本建设应遵循科学规划、突出重点、统筹兼顾和效益优先的原则；严格履行基本建设程序，实行项目全过程监管；按照勤俭节约、经济实用的要求，坚持采用先进技术、环保和节能降耗产品。

第四条　基本建设投资应坚持统筹中央和地方、重点项目和一般项目、新建项目和续建项目、技术系统和各类用房建设、事业现状和未来发展等方面的关系。

第五条　基本建设管理实行项目法人责任制、招标投标制、监理制和合同制，推进代建制。

第六条 积极拓宽基本建设投资渠道，争取地方政府投资，鼓励社会投资，为防震减灾事业发展提供资金保障。

第二章 管 理 体 制

第七条 中国地震局基本建设实行两级管理体制。

中国地震局为一级管理单位，发展与财务司是中国地震局基本建设管理工作的主管职能部门，各相关业务司（室）按职能分工负责相关管理工作。

各省、自治区、直辖市地震局和局直属单位为二级管理单位，管理本单位基本建设项目，履行项目法人职责。

第八条 中国地震局基本建设管理职责。

（一）贯彻执行国家基本建设方针、政策和法律法规，制定中国地震局基本建设管理规章制度和建设标准；对二级管理单位的基本建设工作进行指导、监督、检查和奖惩；

（二）负责制定中国地震局基本建设规划，指导二级管理单位基本建设规划的制定；

（三）组织编制重点建设项目建议书和可行性研究报告、初步设计和概算，负责向国家投资主管部门申请办理审批手续；负责部门自身建设项目建议书、可行性研究报告、初步设计和概算的审批；

（四）落实中央预算内建设资金，组织编制基本建设年度投资计划和预算，报国家投资主管部门批准后下达；

（五）对基本建设质量、投资、进度以及财务、招标、合同、档案进行监管；

（六）配合国家有关部门对建设项目审计和稽查等；

（七）按权限负责基本建设项目的竣工验收及竣工财务决算的审核和审批。

第九条 二级管理单位基本建设管理职责。

（一）根据中国地震局和属地基本建设有关规定，制定本单位的基本建设管理办法；

（二）编制本单位基本建设规划，并报中国地震局备案；

（三）组织本单位项目建议书、可行性研究报告、初步设计和概算编制及报批工作，组织项目施工设计和预算的编制；

（四）筹措配套建设资金，编制本单位基本建设年度投资计划和预算，按照投资渠道报相关管理部门批准；

（五）负责组织本单位项目的招标和工程建设，严格控制工程质量、投资、进度，做好财务、合同和档案管理工作；

（六）负责组织本单位建设项目的交工验收、本单位项目全面竣工验收的相关准备工作及编报竣工财务决算。

第十条 基本建设项目实行项目责任人终身负责制。项目法人须明确本单位基本建设项目责任人。项目责任人按国家有关规定在项目建设期间原则上不能调离，如确需调整的，应事前报中国地震局基本建设部门备案。

第三章　管 理 程 序

第十一条　基本建设程序是指基本建设全过程中各项工作必须遵循的先后顺序，完成上一道程序后，方可进行下一道程序：

（一）投资机会研究阶段，完成项目建议书；

（二）可行性研究阶段，完成项目可行性研究报告；

（三）设计阶段，完成初步设计和概算、施工图设计和预算；

（四）建设准备阶段，完成开工准备；

（五）建设实施阶段，按批准的质量、投资、进度完成建设任务和试运行；

（六）竣工验收阶段，对建设各环节审验，作出全面评价，编制竣工决算；

（七）后评价阶段，运行 1 至 2 年后，对项目建设成果和投资效益进行全面评估。

第十二条　基本建设审批程序是指与基本建设程序相适应的批准程序，完成上一道程序后，方可进入下一道审批程序。主要审批步骤：

（一）项目建议书审批；

（二）可行性研究报告审批；

（三）初步设计和概算审批；

（四）初步设计和概算调整审批；

（五）竣工财务决算审批。

第十三条　基本建设项目一般按投资规模和审批权限划分为两类：总投资 3000 万元及以上的为大中型建设项目，3000 万元以下的为部门自身建设项目。

第四章　立 项 管 理

第十四条　项目立项须依据国家或地方颁布的防震减灾规划以及中国地震局、二级管理单位颁布的防震减灾事业发展规划、基本建设规划。

第十五条　鼓励各二级管理单位在各级各类规划的指导下，组织编制本单位基本建设规划，也可委托具有相应资质的设计单位编制。规划经中国地震局审查后报当地规划部门审批。

第十六条　项目建议书是申请项目立项的文件。主要包括项目建设的必要性和依据，建设规模、建设方案及建设地点的初步设想，建设条件及资源情况、协作条件的初步分析，投资估算和资金筹措方式，进度安排，经济和社会效益分析。

第十七条　二级管理单位须依据批准的项目建议书开展项目可行性研究，形成项目可行性研究报告。可行性研究报告主要包括：项目背景、需求分析、拟建规模、选址方案、建设方案、实施进度、投资估算、经费筹措、社会和经济效益分析等。同时，根据需要进行环境、地震安全性等专题评价；根据组织机构和人员情况，明确项目法人和项目责任人，提出招标方案。

项目责任人接受项目法人的委托，负责管理基本建设项目的全过程，是项目建设的直接组织者和实施者，具体承担项目管理职责。

第十八条 可行性研究的结论是最终投资决策的依据。可行性研究报告须由有资质的咨询机构编制。可行性研究报告投资估算原则上不得超出批复的项目建议书投资估算的10%，否则应按程序重新立项。

第十九条 大中型项目的项目建议书、可行性研究报告可由中国地震局或二级管理单位组织编制，经中国地震局按程序决策审定后统一报请国家投资主管部门审批或经国家投资主管部门核报国务院审批；

部门自身建设项目的项目建议书、可行性研究报告由二级管理单位组织编制，报中国地震局审批。

第二十条 部门自身建设项目立项实行项目库管理，由中国地震局按照基本建设项目管理要求，对各二级管理单位申报项目筛选排序后入库。项目库分为规划项目库和备建项目库。项目建议书经中国地震局批准后，纳入规划项目库。项目可行性研究报告经中国地震局批准后，纳入备建项目库，项目库实行动态滚动管理。

地方政府批准立项需中央预算内安排资金配套项目，直接纳入备建项目库管理。

第二十一条 投资额在1000万元以下的部门自身建设项目，可以合并编制项目建议书和可行性研究报告，经中国地震局批准后，纳入备建项目库。

第二十二条 中国地震局从备建项目库中择优遴选项目。对未纳入项目库管理的项目，原则上不予安排。

第五章　设 计 管 理

第二十三条 可行性研究报告经批准后，即可据此开展设计工作。项目设计一般包括初步设计和施工图设计两个阶段。初步设计须编制初步设计概算，施工图设计需编制施工图预算。设计及概算须由有资质的机构编制。

第二十四条 初步设计应严格遵照可行性研究报告批准的建设内容、建设标准、建设规模编制。初步设计概算原则上不得超出批复的可行性研究报告投资估算的10%，否则须重新立项。

第二十五条 项目初步设计和概算由项目可行性研究报告确定的项目法人组织编制，大中型项目报请国家投资主管部门审批，部门自身建设项目报中国地震局审批。

初步设计和概算按权限经批准后，即可据此编制施工图设计和施工图预算。

第六章　投 资 计 划

第二十六条 基本建设年度投资计划坚持优先安排续建项目，严格控制新开工项目的原则，坚持优先安排中央预算内投资以外的其他投资已落实项目的原则，坚持优先安排后评价较好单位的项目的原则。

对上年度投资计划执行不力的项目暂缓安排下年度投资计划。

第二十七条 中国地震局编制年度基本建设投资计划，申请中央投资。本年度编制下一年度的投资计划。

第二十八条 中国地震局年度基本建设投资计划根据项目安排原则，综合平衡，合理安排。具体程序和要求如下：

（一）6 月底以前中国地震局依据备建项目库中的项目，汇总研究二级管理单位下一年度投资需求；二级管理单位须在截止日期前提出下一年度项目建设进度计划和投资需求申请；

（二）7 月上中旬，中国地震局审定年度基本建设投资计划，并于 7 月底报送国家投资主管部门；

（三）9 至 11 月，中国地震局与国家投资主管部门沟通确定年度基本建设投资计划；

（四）11 月至 12 月，二级管理单位根据财政部“一下”基本建设项目预算控制数，编制“二上”项目预算。

第二十九条 中国地震局年度基本建设投资计划在中央部门预算“二下”批复后下达，一般为每年 4 月份。

基本建设年度投资计划一经下达原则上不予调整。如确需调整，按程序应经中国地震局审核，报国家投资主管部门审批后执行。

第七章 招 标 采 购

第三十条 项目的咨询、勘察、设计、施工、监理以及与工程建设有关的重要设备、材料等的采购，均严格遵照《招标投标法》、《政府采购法》以及相关规定进行。

第三十一条 项目招标方案实行核准制。按照本办法第四章第十七条规定，项目招标方案作为可行性研究报告的组成部分在可行性研究阶段提出，在审批可行性研究报告的同时核准项目招标方案。

第三十二条 项目招标实行法人负责制，二级管理单位作为本单位项目的招标人，有权自行选择招标代理机构，委托其办理招标事宜。任何单位和个人不得以任何方式为招标人指定招标代理机构。

第三十三条 项目招标采购以批准的初步设计和概算等为编制招标文件的依据。对于项目重要设备和原材料的集中采购，按照政府集中采购有关规定执行。

因特殊情况需采用批准的项目招标方案之外的方式采购的，事前应按程序上报审批。

第八章 合 同 管 理

第三十四条 基本建设项目实行全过程合同管理。项目咨询、勘察、设计、施工、监理以及设备、材料的采购应签订合同。合同签订须以法定中标价或政府采购其他方式产生的法定结果、招标投标文件等为依据。项目合同应采用国家工商行政管理部门或中国地震局制订的规范格式合同文本。

第三十五条 二级管理单位须建立健全合同管理制度。确立合同体系，根据项目管理要求和特点选择合同类型、合同条件和合同文本；建立合同执行程序，全过程跟踪管理合同执行情况，实现合同目标；建立合同处理机制，控制和处理合同变更、索赔，解决合同争议；建立合同档案制度，做好合同信息的搜集、记录、整理、分析等工作。

第九章　实 施 管 理

第三十六条　项目经中国地震局立项批复后，二级管理单位应及时进行建设准备工作，主要包括：征地拆迁、办理建设手续、场地三通一平、落实水、电、暖、通信等市政基础设施配套条件。

第三十七条　项目开工前，二级管理单位应组织设计、施工、监理等单位进行施工图图纸会审和技术交底；审阅施工组织设计、监理规划、监理工作实施细则，制定工程项目质量监督方案。

第三十八条　建设准备完成后，二级管理单位自行确定开工日期。项目开工后，应严格控制工程质量、投资、进度，确保工程质量达到设计要求，投资不突破概算，工期不拖延。

第三十九条　二级管理单位须加强质量管理。把好仪器设备、材料、半成品、构配件及施工工序质量关；加强对基础工程、主体工程、装饰装修、设备安装工程等的监督检查；对涉及结构安全、使用功能、关键部位的实体质量或材料进行监督检测，检测记录应列入质量监督报告。

第四十条　二级管理单位应严格控制投资。初步设计阶段批准的概算即为该项目投资的最高限额，确因不可抗拒因素和重大设计变更造成投资突破概算时，须报原项目审批部门审批。

第四十一条　二级管理单位须加强进度管理。建立健全项目进度和执行情况月报告制度。

第十章　档 案 管 理

第四十二条　二级管理单位应严格按照国家有关档案管理的规定，及时收集、整理、归档从项目筹划到竣工验收各环节的文件档案资料，保证项目档案真实、准确、完整。

第四十三条　在项目竣工验收后一年内，二级管理单位应按规定将相关档案移交本单位档案部门和所在地相关档案管理部门。

第十一章　财 务 管 理

第四十四条　二级管理单位应严格按照财政部《基本建设财务管理规定》等要求，建立健全基本建设财务管理制度。基本建设资金必须专款专用。

中央预算财政拨款应严格按照中央财政国库支付资金管理办法执行；地方预算财政拨款，按照地方财政资金管理办法执行。

第四十五条　二级管理单位应严格按照《国有建设单位会计制度》等规定进行会计核算。

基本建设结余资金，30%作为建设单位留成收入，主要用于项目配套设施建设、职工奖励和工程质量奖，70%按投资来源比例归还投资方。

第四十六条　工程建设中形成的资产均为国有资产。国有资产管理和使用要坚持统一政策、责任到人的原则。二级管理单位应建立健全资产管理制度，在收到建设项目竣工决算批复后，应及时办理固定资产交付和登记工作，做到账账相符、账实相符。

第十二章　竣 工 验 收

第四十七条　竣工验收是全面考核建设项目成果，检验建设项目决策、设计、施工和管理水平以及总结建设项目管理经验的重要环节。竣工验收一般分为两个阶段：第一阶段为交工验收、第二阶段为全面竣工验收。

第四十八条　对于规模较小且简单的建设项目交工验收和全面竣工验收应合并一次进行；对于单位工程较多且复杂的技术系统建设项目，在单位工程交工验收且完成整个系统的试运行后，须进行技术验收。

全面竣工验收前，须完成档案、消防等专业验收。

第四十九条　项目按照批准建设规模、内容建成，达到规定验收标准，经试运行考核，满足设计要求，须及时申请竣工验收。

第五十条　全面竣工验收前，须按规定对建设工程的竣工财务决算进行审查、审核和认定。按规定审查认定后，方可办理工程结算，支付工程尾款。

第五十一条　基本建设项目竣工财务决算根据“先审核、后审批”的原则，经有资质的社会中介机构审核后，由中国地震局或财政部根据投资规模按权限分别进行审批。

二级管理单位应在项目竣工后3个月内完成竣工财务决算的编制工作。在竣工财务决算未经批复之前，项目组织机构不得撤销。

第十三章　监督检查和后评价

第五十二条　中国地震局基本建设部门、纪检监察部门、审计部门应加强基本建设项目的监督检查。监督检查包括以下主要内容：

（一）基本建设政策法规的执行情况；

（二）批准的项目规模、建设内容实施情况；

（三）项目质量、投资、进度控制情况；

（四）项目合同的执行情况；

（五）其他应当监督检查的内容。

接受检查的单位和个人应当如实反映情况，提供有关材料。

第五十三条　二级管理单位要建立健全基本建设内部监督制约机制，接受上级或同级审计、财政、监察等部门及社会的监督。

任何单位和个人有权对基本建设中的违法行为进行投诉和检举，有关部门应及时依法处理。

第五十四条　对于重点建设项目，在竣工验收1至2年后，应对项目的立项决策、设计、施工、竣工验收及运行全过程，进行全面、系统的综合评价。

第十四章 奖　　惩

第五十五条 根据国家有关规定，对在工程质量、投资、进度控制中做出突出贡献的单位和个人应进行表彰和奖励。

第五十六条 任何单位和个人不得擅自调整项目建设内容、建设标准和建设规模。对存在擅自调整建设内容和建设规模、严重超概算、建设质量低劣、进度严重滞后等问题的项目，责令改正；对相关责任人依照国家相关规定予以处理。

第五十七条 任何单位和个人不得挪用、截留项目资金。

对挪用、截留和变相转移及不按照规定用途使用建设资金的，在基本建设管理和建设中出现重大问题和安全事故的，将追究有关责任人的责任，按有关规定严肃处理，触犯法律的，依法移送司法机关追究法律责任。

第十五章 附　　则

第五十八条 二级管理单位应根据本办法，结合本地区和本单位的实际，制定实施细则，报中国地震局备案。

第五十九条 对于重点建设项目的管理，可在执行本办法的基础上，另行制定管理办法。

第六十条 本办法由中国地震局发展与财务司负责解释。

第六十一条 本办法自发布之日起施行，原《国家地震局基本建设管理办法》（震发计〔1997〕052 号）同时废止。

关于印发《中国地震局政府采购管理细则》的通知

中震财发〔2008〕44 号

各省、自治区、直辖市地震局，各直属单位：

《中国地震局政府采购管理细则》已经中国地震局 2008 年 2 月 18 日局长专题会议审议通过，现予印发，请认真贯彻执行。

2008 年 3 月 21 日

中国地震局政府采购管理细则

第一章 总 则

第一条 为规范我局政府采购行为，加强财务支出管理，提高资金使用效益，根据《政府采购法》以及财政部《政府采购货物和服务招标管理办法》、《中央单位集中采购机构采购管理实施办法》等有关规定，结合我局实际，制订本细则。

第二条 中国地震局机关、各省（自治区、直辖市）地震局和各直属单位（以下简称采购单位），使用中央财政性资金和与之配套的自筹资金，以购买、租赁、委托等方式获取货物、工程和服务，适用本细则。

第三条 中国地震局政府采购管理的主要任务是：贯彻落实国家政府采购管理法律法规和方针政策；组织政府采购预算和实施计划编制，监督政府采购活动的执行，提高财政资金的使用效益，促进廉政建设。

第四条 中国地震局政府采购分为集中采购机构采购、部门集中采购和单位分散采购三种组织形式。

（一）集中采购机构采购，是指中国地震局将由集中采购机构采购的项目委托中央国家机关政府采购中心实施的采购活动。

（二）部门集中采购，是指中国地震局将部门集中采购的项目委托地震政府采购中心及招标入围政府采购代理机构实施的采购活动。采购范围主要包括：地震专用仪器、网络专用仪器、大型修缮项目、地震科技服务项目及其他专项等。

（三）单位分散采购，是指采购单位组织实施集中采购机构采购和部门集中采购项目以外、部门采购限额标准以上的采购活动。

集中采购机构采购、部门集中采购和单位分散采购限额标准按国务院颁发的年度中央预算单位政府集中采购目录及标准执行。

第五条 政府采购应当遵循公开、公平、公正、竞争、效益及维护公共利益的原则。

第六条 政府采购应当采购国货，优先采购节能产品、环境标志产品和自主创新产品，发挥政府采购政策功能。

第七条 采购单位政府采购工作应由财务部门统一管理。

第八条 招标文件编制实行分工负责，实行责任人制度。

第九条 政府采购评审专家应按规定程序从财政部建立的中央单位政府采购评审专家库中随机抽取。

第二章 机构与职责

第十条 中国地震局发展与财务司职责

（一）根据国家政府采购的法律、法规和政策，组织制订我局政府采购工作管理制度；

（二）组织编制中国地震局政府采购预算；

（三）组织编制政府采购实施计划；

（四）协助实施集中采购机构采购；

（五）组织实施部门集中采购；

（六）负责向财政部报送政府采购有关审批或备案文件、执行情况和统计信息；

（七）负责指导、监督地震政府采购中心及招标入围政府采购代理机构的管理工作；

（八）办理其他有关政府采购的事务。

第十一条 中国地震局业务司职责

（一）组织审定全局统一组织采购项目的技术指标；

（二）对采购单位的采购项目技术部分进行指导；

（三）负责其他有关政府采购项目技术指标审定工作。

第十二条 中国地震局监察司职责

（一）负责对政府采购执行法律、法规和有关规定的情况进行监督；

（二）负责对具体采购活动以及政府采购工作人员在采购活动中出现的违反有关法律、法规和徇私舞弊的行为进行查处；

（三）负责其他有关政府采购监督工作。

第十三条 中国地震局直属机关党委职责

（一）负责对全局政府采购执行法律、法规和有关情况进行监督；

（二）负责对政府采购活动的真实、合法、效益情况进行审计；

（三）负责其他有关政府采购审计监督工作。

第十四条 中国地震应急搜救中心作为地震政府采购中心的挂靠单位，承担地震政府采购中心法人责任。地震政府采购中心主要职责：

（一）协助中国地震局研究制定本系统有关政府集中采购制度和办法；协助编制、调整中国地震局采购实施计划，并承担本系统政府采购档案管理、统计等有关管理工作；

（二）承担中国地震局委托的部门集中采购的政府采购工作；
（三）负责处理政府采购供应商对部门集中采购的质疑事宜；
（四）接受各单位委托，代理中国地震局部门集中采购以外项目的采购工作，根据委托权限组织签订采购合同并督促合同履行；
（五）完成中国地震局交办的其他工作。
第十五条 各省、自治区、直辖市地震局及直属单位职责
（一）组织制订本单位政府采购管理实施细则；
（二）组织编制本单位政府采购实施计划和预算；
（三）负责组织本单位分散采购项目的实施工作；
（四）依法签订和履行政府采购合同；
（五）负责编制本单位政府采购信息统计；
（六）接受财政和政府采购监督部门的监督检查。

第三章 政府采购方式

第十六条 政府采购采取公开招标、邀请招标、竞争性谈判、询价和单一来源等采购方式。
公开招标应作为我局政府采购活动的主要方式。
第十七条 达到公开招标标准以上的采购项目，应采用公开招标方式进行采购。
公开招标的标准，按照国务院颁发的年度公开招标标准执行。
第十八条 采购单位不得将应当以公开招标方式采购的项目化整为零或者以其他任何方式规避公开招标采购。
第十九条 符合下列情形之一的，经中国地震局审核，报财政部批准后可以采用邀请招标方式采购：
（一）具有特殊性，只能从有限范围的供应商处采购的；
（二）采用公开招标方式的费用占政府采购项目总价值的比例过大的。
第二十条 符合下列情形之一的，经中国地震局审核，报财政部批准后可以采用竞争性谈判方式采购：
（一）公开招标后没有供应商投标或者没有合格标的或者重新招标未能成立的；
（二）技术复杂或者性质特殊，不能确定详细规格或者具体要求的；
（三）采用招标所需时间不能满足用户紧急需要的；
（四）不能事先计算出价格总额的。
第二十一条 符合下列情形之一的，经中国地震局审核，报财政部批准后可以采用单一来源方式采购：
（一）只能从唯一供应商处采购的；
（二）发生了不可预见的紧急情况不能从其他供应商处采购的；
（三）必须保证原有采购项目一致性或者服务配套的要求，需要继续从原供应商处添购，且添购资金总额不超过原合同采购金额百分之十的。
第二十二条 采购的货物规格、标准统一、现货货源充足且价格变化幅度小的政府采购

项目，经中国地震局审核，报财政部批准后可以采用询价方式采购。

第四章　政府采购预算和实施计划

第二十三条　政府采购预算纳入年度部门预算编制，采购单位在编制下年度部门预算时，应当将政府采购项目及资金预算在政府采购预算表中单列，按程序报中国地震局，由中国地震局审核汇总后报财政部审批。

第二十四条　采购单位根据中国地震局批复的政府采购预算，应于30日内将政府采购实施计划报中国地震局。

第二十五条　中国地震局负责组织编制中国地震局政府采购实施计划，将集中采购机构采购实施计划抄送中央国家机关政府采购中心，将部门集中采购实施计划委托地震政府采购中心。

第二十六条　政府采购预算和实施计划一经批准，原则上不再调整。

确需调整的，采购单位应在采购活动前报中国地震局批复。

第二十七条　采购单位按照预算管理程序调整或补报政府采购预算的，经批准后，应当及时调整政府采购实施计划。

第五章　政府采购审批和备案

第二十八条　采购单位应当按照政府采购的有关规定，以文件形式将本单位政府采购文件或采购活动事项报送中国地震局，由中国地震局上报财政部审批或备案。

第二十九条　下列事项须经中国地震局审核后，按程序报财政部审批后实施：

（一）因特殊情况对达到公开招标数额标准的采购项目，需要采用公开招标以外采购方式的；

（二）因特殊情况需要采购非本国货物、工程或服务的；

集中采购机构采购协议供货协议书、定点采购协议书和财政直接支付项目采购合同的变更，涉及支付金额的；

（三）法律、行政法规规定其他需要审批的事项。

第三十条　下列事项须经中国地震局审核后，由中国地震局按程序报财政部备案：

（一）采购单位补报的政府采购预算或政府采购预算的变更；

（二）财政部批准的采用公开招标以外方式采购的事项；

（三）政府采购实施计划、中国地震局增加的部门集中采购；

（四）部门集中采购招标公告、部门集中采购操作方案；

（五）政府采购项目合同副本；

（六）法律、法规规定其他需要备案的事项。

第六章　集中采购机构采购

第三十一条　采购单位应当将属于集中采购机构采购的项目，委托中央国家机关政府采购中心代理采购。

采购单位不得将集中采购机构采购项目的实施委托社会政府采购代理机构采购或者自行采购。因特殊情况确需自行采购的，应当按程序审批。

第三十二条 采购单位在集中采购机构采购实施前，应与中央国家机关政府采购中心签订委托代理协议，明确委托的事项、双方的权利与义务等。

第三十三条 采购单位应按照规定采购协议供货和定点采购项目。一次性采购批量较大的，应当与中标供应商就价格再次谈判或询价。

第三十四条 集中采购机构采购应当遵循以下工作程序：

采购单位根据批复的政府采购预算，在规定时间内制订本单位政府采购实施计划，报中国地震局审核后，委托中央国家机关政府采购中心实施采购；

（一）属协议供货方式进行采购的项目，采购单位应在中央国家机关政府采购中心确定的中标供应商范围内进行采购；

（二）属定点采购方式进行采购的项目，采购单位应在中央国家机关政府采购中心确定的定点供应商范围内进行采购；

（三）确定中标结果。采购单位授权中央国家机关政府采购中心采用公开招标方式确定中标结果的，应根据其提供的评标报告，确定中标人；

（四）采购单位应当自中标书发出30日内，与中标人签订采购合同。

第七章 部门集中采购

第三十五条 采购单位的部门集中采购，应当实行部门集中采购。

中国地震局所属各单位部门集中采购由单位择优选取中央国家机关政府采购中心、地震政府采购中心或中国地震局招标入围的政府采购代理机构，经中国地震局同意后单位委托其实施。因特殊情况确需自行采购的，应当按程序审批。

重大项目的招标，经批准后，可通过招标方式选择社会政府采购代理机构。

第三十六条 采购单位应当在采购前与采购代理机构签订委托代理协议，明确委托的事项、双方的权利与义务等。

第三十七条 采购代理机构应当在接到单位委托项目后30日内完成招标工作，推荐中标供应商。

经财政部批准采用非招标采购方式进行的紧急采购，应当在发出采购通知书后15日内推荐中标、成交供应商。

第三十八条 部门集中采购应当遵循以下工作程序：

（一）编制实施计划。采购单位根据工作要求，在规定的时间内编制部门集中采购实施计划报中国地震局；

（二）汇总实施计划。中国地震局审核汇总采购单位的部门集中采购实施计划；

（三）实施采购。采购单位根据中国地震局下达的部门集中政府采购实施计划与采购代理机构签订委托代理协议；

（四）采购代理机构接到采购实施计划后，应当制订具体实施方案并及时组织招标采购，推荐中标、成交供应商，并向其发出中标或成交通知书，同时发布中标、成交公告；

（五）各单位应在中标、成交通知书发出 30 日内，与中标、成交供应商签订采购合同，并组织采购合同履行及验收工作。

第八章　单位分散采购

第三十九条　分散采购项目由采购单位自行组织，可委托采购代理机构实施，也可以委托中央国家机关政府采购中心、地震政府采购中心或通过招标确定的采购代理机构实施。

第四十条　采购单位分散采购应当依据规定的方式和程序开展采购活动，并完整保存采购文件。

第四十一条　采购单位分散采购应当按照本细则规定实行备案和审批管理。

第九章　政府采购合同

第四十二条　采购单位应与中标、成交供应商签订政府采购合同；采购单位也可以委托采购代理机构与中标、成交供应商签订书面合同。

委托采购代理机构与中标、成交供应商签订合同的，应当在合同条款中明确各自的权利和义务。

第四十三条　达到财政部备案要求的政府采购合同，采购单位应当自签订之日起 7 个工作日内，将合同副本一式二份报中国地震局，由中国地震局报财政部备案。

第四十四条　采购单位在中标、成交通知书发出时间超过 30 日后，拒绝签订合同的，按照国家相关规定承担相应的责任。

第四十五条　采购单位应当按照合同约定，对采购项目情况进行验收，签署政府采购验收单。重大采购项目应当委托国家专业检测机构进行验收。

第四十六条　政府采购合同订立后，不得擅自变更、中止或者终止。经合同双方当事人协商一致的，可以依法变更合同。

第四十七条　采购单位财务管理部门根据采购合同对政府采购验收单进行审核，按合同约定支付采购资金。

第四十八条　采购单位国有资产管理部门应及时办理新增固定资产的登记。

第十章　政府采购监督

第四十九条　中国地震局发展与财务司、直属机关党委、监察司应加强对政府采购监督检查。监督检查包括以下主要内容：

（一）有关政府采购的法律、法规的政策的执行情况；

（二）政府采购项目预算的执行情况；

（三）政府采购的采购标准、采购方式和采购程序的执行情况；

（四）政府采购合同的履行情况；

（五）其他应当监督检查的内容。

被监督检查的单位和个人应当如实反映情况，提供有关材料。

第五十条 纪检监察及有关部门发现正在进行的政府采购行为严重违反规定，可能给国家利益造成重大损害或导致采购无效的，应当责令停止采购，并及时按规定予以处理。

第五十一条 政府采购工作应当接受审计、监察等部门以及社会的监督。

任何单位和个人有权对政府采购中的违法行为进行控告和检举，有关部门应及时依法处理。

第十一章 奖 惩

第五十二条 中国地震局对政府采购管理工作中取得突出成绩的单位和个人给予表彰或奖励。

第五十三条 采购单位有下列情形之一的，由主管部门责令改正，并可给予警告；对直接负责的主管人员和其他直接责任人员，由其行政主管机关给予处分；给供应商造成损失的，应当承担赔偿责任：

（一）应当采用招标采购方式而未采用的；

（二）擅自提高采购标准的；

（三）与供应商违规串通的；

（四）开标后与投标人进行协商谈判的；

（五）中标通知书发出后，无正当理由不与中标人签订采购合同的；

（六）项目主管人员和行政监督管理人员参加评标；

（七）拒绝主管部门的检查或者不如实反映情况、提供材料的；

（八）其他违反政府采购的情形。

第五十四条 采购单位管理部门的工作人员，不履行本细则的规定，徇私舞弊、玩忽职守的，由采购单位主管部门给予处分；情节严重构成犯罪的，移送司法机关依法追究刑事责任。

第十二章 附 则

第五十五条 涉及国家安全、国家秘密、救灾等，需要紧急采购的项目除外。

第五十六条 采购单位用国际组织、外国政府或者外国法人、其他组织及其个人的贷款或者赠款进行采购，贷款或赠款人对采购方式有约定的，从其约定。

第五十七条 政府采购程序，按《中国地震局政府采购规程》执行。

第五十八条 工程项目招标，按《中华人民共和国政府采购法》、《中华人民共和国招标投标法》及其他相关规定执行。

第五十九条 本细则由中国地震局发展与财务司负责解释。

第六十条 本细则自发布之日起施行。《中国地震局政府采购管理暂行办法》（中震发财〔2001〕233 号）同时废止。

关于印发《中国地震局政府采购规程》的通知

中震财发〔2008〕54号

各省、自治区、直辖市地震局，各直属单位：

《中国地震局政府采购规程》已经中国地震局2008年2月18日局长专题会议审议通过，现予印发，请认真贯彻执行。

2008年4月8日

中国地震局政府采购规程

第一章　总　　则

第一条　为规范我局政府采购行为，提高政府采购工作效率，明确政府采购工作程序，根据《中国地震局政府采购管理细则》，制订本规程。

第二条　中国地震局机关、各省（自治区、直辖市）地震局和各直属单位（以下简称采购单位）实施政府采购活动适用本规程。

第三条　采购单位实施政府采购的程序包括编制政府采购预算、编制政府采购实施计划、确定政府采购采购方式、确定采购文件、施行采购、确定中标供应商、签订合同、验收、采购资金支付和文件管理等工作过程。

第二章　政府采购预算

第四条　政府采购预算，是反映采购单位年度政府采购项目及资金的计划，是部门预算的组成部分。

第五条　采购单位上报“二上”部门预算时，应同时组织编制本单位政府采购预算。根据财政部“二下”政府采购预算批复，组织开展本单位政府采购活动。

第六条　政府采购预算一经批准，原则上不再调整。

确需调整或追加政府采购预算的，采购单位应当在实施采购前30日内，将调整后的政府采购预算经中国地震局审核后，报财政部备案。

第三章　政府采购实施计划

第七条　政府采购实施计划，是政府采购预算的具体实施方案，也是年度政府采购执行和考核的依据。政府采购实施计划主要内容包括采购货物、工程及服务的名称、采购预算、数量、资金来源、交货（工）时间、技术指标和服务要求等。

第八条　采购单位收到部门预算批复后，应将细化的政府采购项目，按照政府集中采购目录及标准，组织编制本单位政府采购实施计划。采购单位应于收到部门预算批复后 25 日内，将本单位的政府采购实施计划上报中国地震局。

第九条　中国地震局负责组织编制中国地震局政府采购实施计划，将政府采购实施计划上报财政部，并分别抄送相应的政府采购机构及委托其实施。

第十条　中国地震局政府采购实施计划一经批准，原则上不再调整。

确需调整的，采购单位应在采购活动前 30 日内，将变更的文件报中国地震局，文件包括：

（一）调整理由：采购项目调整的必要性、可行性和合理性；

（二）调整的内容：预算、数量、技术指标等；

（三）调整前后比较：调整前后在目标、预算、数量、技术指标、质量等方面的比较分析。

第十一条　采购单位可于每年 10 月底之前将本单位调整或增加的政府采购实施计划报送中国地震局。

第四章　政府采购方式确定

第十二条　政府采购实行集中采购机构采购、部门集中采购和分散采购三种组织形式。

第十三条　达到公开招标标准以上的采购项目，应当采用公开招标方式进行采购；公开招标标准以下的采购项目，应当依法采用邀请招标、竞争性谈判、询价或单一来源方式采购。

第十四条　集中采购机构采购中采用协议供货、定点采购的，由采购单位按照中央国家机关政府采购中心规定的程序执行。

属于集中采购机构采购、达到中央国家机关政府采购中心规定的公开招标限额以上的，应委托中央国家机关政府采购中心组织公开招标。

第十五条　采购单位委托中央国家机关政府采购中心承担招标工作的，双方可根据实际情况，签订委托协议，协商确定委托事项及双方的权利和义务。

第十六条　部门集中采购项目的实施由采购单位择优选取中央国家机关政府采购中心、地震政府采购中心或入围的政府采购代理机构，经中国地震局同意后单位委托其实施。因特殊情况确需自行采购的，应当按程序审批。

第十七条　采购单位委托地震政府采购中心或入围政府采购代理机构承担招标工作的，双方可根据实际情况，签订委托协议，协商确定委托事项及双方的权利和义务。

第十八条　分散采购项目由采购单位自行负责实施。

第十九条 采购单位因特殊情况需要自行采购属于集中采购项目的，应事前提出书面申请和说明理由，报中国地震局审批后实施。

第二十条 出现下列情况之一的，应由采购单位提出书面申请，说明理由，经中国地震局审核，报财政部批准后实施采购：

（一）应当采用公开招标采购方式，因情况特殊需要采用其他采购方式的；

（二）公开招标中实质性响应的供应商不足 3 家造成废标，需要采用其他采购方式的；

（三）因特殊原因需采购进口国外产品的；

（四）其他需报中国地震局审核同意的特殊情况。

第五章　采购文件确定

第二十一条 采购单位负责提出招标文件的技术要求，技术要求的编写程序：

（一）项目实施部门根据项目设计和市场产品状况，负责起草招标文件技术要求；

（二）业务主管部门负责审定招标文件的技术要求；对于重大的、技术复杂的项目，应组织专家进行论证。必要时，可聘请熟悉该领域技术状况的社会专家参加论证。

第二十二条 招标文件商务部分由政府采购代理机构会同采购单位进行编制。

第二十三条 对于重大、技术复杂或者对技术指标意见不一致的采购项目，应当举行项目论证会，论证内容包括采购项目的商务要求、技术指标和评分细则等。

第二十四条 采购文件必须符合有关法律法规和国家政策规定，坚持公开、公平、公正的原则，不得限制供应商公平竞争或以不合理条件对供应商实行差别待遇或歧视待遇，不得以任何方式指定品牌和供应商。采购单位提出限制性条款的，政府采购代理机构应予以修正。

第二十五条 招标文件已经确定，原则上不得变更；确需变更的，应重新履行审定程序。除招标采购方式外，其他采购方式的采购文件参照招标文件确认程序。

第六章　施 行 采 购

第二十六条 采购单位应当按照政府采购实施计划中确定的采购范围和方式组织采购活动。

第二十七条 实行招标采购方式的，应当按《政府采购法》和《招投标法》等有关法律、规章规定的程序及要求，编制标书、刊登公告或发投标邀请、接收投标、组织开标、评标和定标。

第二十八条 采购文件编制完成后，应经采购单位签字并盖章确认，由政府采购代理机构在指定媒体上公告。

第二十九条 邀请招标项目，招标文件经采购单位确认后，由政府采购代理机构负责按规定在指定媒体上发布资格预审公告，期限不得少于 7 个工作日，公告期结束后 2 个工作日内，由专家确定合格供应商名单，由采购单位和政府采购代理机构共同从评审合格的供应商中随机确定 5 家以上（含 5 家）入围供应商。

第三十条 因特殊情况需要缩短采购公告期限的，由采购单位提出申请，经中国地震局审核报财政部审批后实施。

第三十一条　公开招标、邀请招标采购项目，采购单位因特殊情况需对已经公布的招标文件作必要的澄清或更正的，应当在招标文件规定的提交投标文件截止时间15天前提出，政府采购代理机构应按照有关规定发布更正公告并通知潜在供应商。超过规定期限的，采购项目的开标时间应当向后顺延。

第三十二条　采购代理机构应于评审活动开始前1个工作日，按照财政部《政府采购评审专家管理办法》随机抽取评标专家，专家不得少于评审或谈判成员总数的三分之二。采购单位的纪检监察部门应监督评标专家的抽取过程。

经抽取，专家库不能满足需要的，可以另行选取专家，但应当在评审工作结束后10日内，将评审专家名单报财政部。

第三十三条　采购单位需要派代表参加评审的，应当向被委托的政府采购代理机构出具推荐函，同时报中国地震局备案。推荐函须加盖公章，内容应当包括采购项目名称、被推荐人姓名和职务等。

项目主管人员和行政监督管理人员不得作为专家参加评标。

第三十四条　重大、技术复杂的采购项目，采购单位纪检监察部门应对评审全过程进行监督。

第三十五条　公开招标、邀请招标采购项目，应当按照预先公告的时间和地点进行开标。开标由政府采购代理机构主持，采购人、供应商和有关方面应派代表参加。

第三十六条　公开招标、邀请招标采购项目开标时，应当由供应商或者其推选的代表检查投标文件的密封情况，也可以由采购单位委托的公证机构检查并公证；经确认无误后，由工作人员当众拆封，宣读投标供应商名称、投标价格、价格折扣、招标文件允许提供的备选投标方案和投标文件的其他主要内容。

第三十七条　公开招标、邀请招标采购项目，采购单位对采购项目设有拦标价的，应在供应商提交投标文件的同时密封提交拦标价，拦标价应当加盖采购单位公章。

第三十八条　公开招标、邀请招标采购项目，政府采购代理机构应安排各评标委员会成员单独评标，采购单位派出的非评标人员不得参加评标，并应当退出评标现场，但纪检监察人员除外。

第三十九条　采购单位需要对采购需求和项目背景进行一般性陈述的，应当在招标文件中注明；需要进行特别陈述的，应当提供文字说明并由负责人签字，加盖采购单位公章，由采购单位代表在评审或谈判活动开始前提交评标委员会宣读并作为业务资料存档。

第四十条　竞争性谈判项目采购的，应遵循以下程序：

（一）成立谈判小组。谈判小组由采购单位的代表和有关专家共3人以上的单数组成，其中专家的人数不得少于成员总数的三分之二。

（二）制定谈判文件。谈判文件应当明确谈判程序、谈判内容、合同草案的条款以及评定成交的标准等事项。

（三）确定邀请参加谈判的供应商名单。谈判小组从符合相应资格条件的供应商名单中确定不少于3家的供应商参加谈判，并向其提供谈判文件。

（四）谈判。谈判小组所有成员集中与单一供应商分别进行谈判。在谈判中，谈判的任何一方不得透露与谈判有关的其他供应商的技术资料、价格和其他信息。谈判文件有实质性变动的，谈判小组应当以书面形式通知所有参加谈判的供应商。

谈判小组根据谈判文件规定确定谈判结果。

第四十一条　采取询价方式采购的，应遵循以下程序：

（一）成立询价小组。询价小组由采购人的代表和有关专家共 3 人以上的单数组成，其中专家的人数不得少于成员总数的三分之二。询价小组应当对采购项目的价格构成和评定成交的标准等事项作出规定。

（二）确定被询价的供应商名单。询价小组根据采购需求，从符合相应资格条件的供应商名单中确定不少于 3 家的供应商，并向其发出询价通知书让其报价。

（三）询价。询价小组要求被询价的供应商一次报出不得更改的价格。

询价小组根据招标文件规定确定询价结果。

第四十二条　采取单一来源方式采购的，采购人与供应商应当遵循本规程规定的原则，在保证采购项目质量和双方商定合理价格的基础上进行采购。

第七章　确定中标供应商

第四十三条　评审结束后，政府采购代理机构应当在 5 个工作日内将评审报告送采购单位，采购单位应当在收到评审报告 5 个工作日内予以确认。

政府采购代理机构负责按照评标委员会确定的采购结果，在指定媒体上发布中标公告，并向中标供应商发出中标通知书，向未中标供应商发出未中标通知书。

第四十四条　采购项目废标的，政府采购代理机构应当按规定发布公告，并根据有关规定重新确定采购方式后组织采购。

第四十五条　采取竞争性谈判、询价和单一来源方式采购的，采购单位根据谈判小组确定的结果，向中标供应商发出中标通知书，同时向未中标供应商发出未中标通知书。

第八章　签 订 合 同

第四十六条　采购单位应在中标通知书发出之日起 30 日内与中标供应商签订政府采购合同。

第四十七条　采购合同应当使用财政部监制的政府采购格式合同文本，由采购单位根据招投标文件和商务谈判结果签订政府采购合同。

第四十八条　政府采购合同的必备条款包括：招标文件中规定的合同通用条款与专用条款、合同标的质量及数量、合同金额、交货（工）时间及地点、验收、资金支付、违约处理、合同附件、中标通知书等。

第四十九条　政府采购合同应采用中文简体字，产品技术说明中若有其他文字表述的应译成中文，专用字母、词和词组应提供中文注解。

第五十条　政府采购合同中所使用的计量单位，除招标文件有特殊要求外，均应采用中华人民共和国法定的计量单位。

第五十一条　政府采购合同必须采用书面形式，合同正文统一采用 A4 复印纸。

第五十二条　集中采购机构采购中属于协议供货、定点采购的采购项目，采购单位应按照中央国家机关采购中心规定的政府采购合同格式签订。

第五十三条 政府采购合同应由双方当事人的法定代表人或经其正式授权的委托代表签字并加盖公章（或合同专用章），自双方签字盖章之日或招标文件规定的合同生效条件达成时生效。

第五十四条 政府采购合同（包括追加或补充合同）一式四份，采购单位保存 2 份、供应商 1 份。达到财政部备案要求的政府采购合同，采购单位在合同签订之日起 7 个工作日内上报，由中国地震局报财政部备案 1 份。

第五十五条 政府采购合同履行中，采购单位需追加与合同标的相同的货物、工程或者服务的，在不改变合同其他条款的前提下，可与供应商签订补充合同，但所有补充合同的采购金额不得超过原合同采购金额的百分之十。

第九章 验　　收

第五十六条 采购单位根据采购合同约定的时间、地点和方式，负责对供应商所提供的货物、工程和服务进行验收，采购单位认为必要时可邀请国家权威检测机构进行验收。

第五十七条 供应商按合同约定将货物交采购单位清点无误，并调试合格后，向采购单位申请验收。

第五十八条 验收过程中，采购单位应要求供应商派员到现场当面进行验收，并签署验收证明，作为双方确定责任的依据。

第五十九条 采购单位验收人员应具备与采购项目相关的专业知识和实践经验，本单位专业技术人员不足的，应邀请相关技术人员参加验收。

第六十条 按规定邀请经对方认可的国家法定质量检测机构进行验收时，验收费用由邀请方承担，验收完成后由法定质量检测机构出具验收报告及相关证书。

第六十一条 如验收标的规格、配置高于招标文件对采购项目质量、技术性能的要求，在不增加采购资金的条件下，按履约合格验收。

第六十二条 货物验收合格后，由采购单位负责收取发票，并按要求填写货物验收单，签署验收人姓名并加盖采购单位和供应商公章。

第六十三条 货物验收单是实施政府集中采购的有效凭证，应和发票一起入账，作为财务部门的付款凭证和国有资产管理的登记入账凭证以及审计检查的依据。

第六十四条 采购单位在验收过程中发现货物数量、规格等与合同要求不符或有表面瑕疵时，应当面提出，并签署书面形式证明；对质量、技术等问题有异议时，应在合同约定的期限内提出。

第六十五条 采购单位与供应商之间就验收合格与否产生分歧的，应邀请国家法定质量检测机构重新组织验收，并出具验收报告。由此所发生的费用，由责任方支付。

第六十六条 采购单位在供应商按合同规定交货或安装、调试后，无正当理由而拖延接收、验收或拒绝接收、验收的，应承担由此而造成的供应商的直接损失。

第十章　采购资金支付

第六十七条　合同签订后，采购单位应按照招标文件或商务谈判的结果向供应商收取不少于合同总额10%履约保证金。履约保证金的期限一般至合同履约结束。

第六十八条　采购单位收到供应商履约保证金后，应按合同约定，及时向供应商支付合同约定的款项。供应商完成其合同义务包括任何保证义务，采购单位应在质量保证期结束后于10日内，将合同履约保证金无息退还供应商。

第六十九条　纳入协议供货、定点采购的具体采购项目，采购单位按合同约定办理资金支付手续。

第十一章　招标文件管理

第七十条　采购单位、地震政府采购中心应对每项采购活动的招标文件应妥善保管，不得伪造、变造隐匿或者销毁。入围政府采购代理机构在采购活动结束后30日内，应将采购相关文件交地震政府采购中心归档。

第七十一条　招标文件的保存期限为从采购结束之日起至少保存15年。

第七十二条　招标文件包括采购活动记录、采购预算、招标文件、投标文件、评标标准、评估报告、定标文件、合同文本、验收证明、质疑答复、投诉处理决定及其他有关文件、资料。

第十二章　附　　则

第七十三条　供应商的质疑由采购单位和政府采购代理机构负责答复。对供应商提出的询问或质疑，按照财政部供应商询问、质疑处理的有关规定处理。

第七十四条　政府采购代理机构收到供应商的质疑后，应在7个工作日内作出答复，并以书面形式通知质疑供应商和其他有关供应商；采购单位提出的采购项目的商务要求、技术指标和评分细则存在倾向性和排斥性的，应当依法承担相应责任。

第七十五条　本规程由中国地震局发展与财务司负责解释。

第七十六条　本规程自发布之日起施行。

关于印发《中国地震局银行账户管理细则》的通知

中震财发〔2008〕60号

各省、自治区、直辖市地震局，各直属单位：

为规范地震系统银行账户管理，强化监督，从源头上预防和治理腐败，根据国家银行账户管理相关规定，我局制定了《中国地震局银行账户管理细则》，现予印发，请认真贯彻执行。

2008年4月16日

中国地震局银行账户管理细则

第一章 总 则

第一条 为规范地震系统银行账户管理，强化监督，从源头上预防和治理腐败，根据《中央预算单位银行账户管理暂行办法》（财库〔2002〕48号）、《〈中央预算单位银行账户管理暂行办法〉的补充通知》（财库〔2004〕1号）、《〈中央预算单位银行账户管理暂行办法〉补充规定》（财库〔2006〕96号）等法律法规规定，结合地震系统实际，特制定本细则。

第二条 本细则适用于中国地震局本级及所属单位银行账户的管理。

第三条 单位开立、变更、撤销银行账户，实行中国地震局审核、财政审批及备案制度。

第四条 单位应在国有、国家控股银行开立银行账户。

第二章 管理机构及其职责

第五条 中国地震局职责

（一）根据国家银行账户管理的法规、规章和制度，负责制订中国地震局银行账户管理制度；

（二）负责审核各单位银行账户开立、变更、撤销等事项；

（三）负责代办由财政部审批的银行账户开立、变更、撤销、备案及年检等事项；

（四）负责组织全局银行账户管理和使用情况的考核评价；
（五）负责对全局银行账户管理进行监督检查；
（六）财务部门负责银行账户管理工作；
（七）审计部门负责银行账户审计监督。

第六条 单位职责

（一）负责制定本单位银行账户管理实施细则；
（二）负责办理本单位银行账户的开立、变更、撤销、备案及年检等事项；
（三）负责本单位银行账户的使用和管理；
（四）财务部门承担银行账户管理工作。

第七条 单位法人代表对本单位银行账户申请开立及使用的合法性、合规性、安全性负责。

第三章 银行账户设置

第八条 单位应开设中央零余额账户，有地方财政投入的可开设地方零余额账户，用于办理本单位财政国库集中支付资金的日常转账结算和现金收付等业务。

第九条 单位只能开设一个基本存款账户，用于办理本单位财政国库集中支付以外资金的日常转账结算和现金收付等业务。

第十条 单位只能开设一个基本建设资金专用存款账户，用于核算本单位使用的各种基建资金。

第十一条 按有关规定收取非税收入的单位，可开设一个预算收入汇缴专用存款账户，用于非税收入的收缴。该账户的资金只能按规定及时上缴中央国库或中央财政专户，不得用于本单位的支出。

第十二条 单位根据住房管理制度改革的有关规定，可分别开设售房收入、住房维修基金及其利息、个人公积金、购房补贴专用存款账户，用于核算职工按住房制度改革政策规定交纳的购房款等资金。

第十三条 单位按相关规定可开设党费、工会经费专用存款账户。

第十四条 单位所属下级单位只能开设一个基本存款账户。

第十五条 因工作特殊需要，可申请开设专户。

第四章 银行账户开立

第十六条 单位开立零余额账户，按《中央单位财政国库管理制度改革试点资金支付管理办法》（财库〔2002〕28 号）的规定执行，由地方财政部门开设的零余额账户执行地方财政部门的相关规定，并报中国地震局发展与财务司备案。

第十七条 单位开立其他银行账户，须报送“开立银行账户申请报告”，填写财政部统一规定的《中央基层预算单位开立银行账户申请表》（附件一），并提供相关证明材料。

第十八条 “开立银行账户申请报告”应详细说明单位的基本情况和申请开户的理由，包括新开账户的名称、用途、使用范围，开户依据或开户理由，相关证明材料清单及其他需要说明的情况等。

第十九条 提供的证明材料包括：

（一）开立基本存款账户的，应提供机构编制、人事、民政等部门批准本单位成立的文件。

（二）开立其他账户的，应提供下列证明材料之一：

1. 基本建设项目的立项批准文件；

2. 按照国务院规定程序批准收取行政事业性收费及其他预算内、预算外资金的文件；

3. 实行住房制度改革的批复文件；

4. 其他相应证明材料。

第二十条 单位的“开立银行账户申请报告”、《中央基层预算单位开立银行账户申请表》（附软盘）及相关证明材料经中国地震局财务主管部门审核签署意见后，报单位所在省份或计划单列市的财政监察专员办事处（以下简称财政专员办）审批。

第二十一条 单位持财政部门签发的《中央预算单位开立银行账户批复书》，按照中国人民银行账户管理的有关规定，到相关银行办理开户手续。

第二十二条 单位应在财政部门签发《中央预算单位开立银行账户批复书》的15个工作日内，开立相应的银行账户，在开立银行账户后3个工作日内，填写财政部统一规定的《中央预算单位银行账户备案表》（附件二），附软盘报相应批准开户的财政部门和中国地震局财务主管部门备案。

第五章　银行账户变更与撤销

第二十三条 单位发生的下列变更事项，须在变更发生后一个月内，按本细则第二十二条规定进行备案：

（一）单位变更名称，但不改变开户银行及账号的；

（二）单位法人代表、地址及其他开户资料变更的；

（三）因开户银行原因变更银行账号，但不改变开户银行的；

（四）其他按规定不需报经财政部门审批的变更事项。

第二十四条 单位确需延长有规定使用期限银行账户使用期的，应提前半年提出申请并按本细则第四章规定的程序报中国地震局审核、中央或地方财政部门审批。

第二十五条 单位确因特殊需要变更开户银行的，应按本细则办理开户手续，在开户后一个月内将原账户撤销，将原账户的资金余额转入新开账户，并按本细则第二十二条办理原账户撤户和新账户开户的备案手续。

第二十六条 单位被合并的，其账户按规定撤销，资金余额转入合并单位的同类账户，合并单位办理备案手续。

第二十七条 单位银行账户使用期满时必须撤户。撤户时预算收入汇缴专用存款账户的资金余额按规定缴入中央国库或中央财政专户，其他账户资金余额转入本单位基本存款账户，销户后的未了事项纳入基本存款账户核算。同时办理备案手续。

第二十八条 单位按规定开设的银行账户，除个别专用账户外，在开立后一年内没有发生资金往来业务的，该账户应作撤销处理并办理备案手续。

第二十九条 单位因机构改革等原因被撤销的，必须在半年内撤销所开立的银行账户，并按相应的政策处理账户资金余额。

第三十条 单位要按照财政部和中国人民银行规定的用途使用银行账户，不得将预算收入汇缴专用存款账户资金和财政拨款转为定期存款，不得以个人名义存放单位资金，不得出租、转让银行账户，不得为个人或其他单位提供信用。

第三十一条 单位对不同性质或需要单独核算的资金，应建立相应明细账，分账核算。

第六章 银行账户年检

第三十二条 每年1月31日之前，单位对截止上年12月31日保留的所有银行账户填写《中央预算单位银行账户年检申请表》（见附件三），附电子文档报其所在省份或计划单列市的财政专员办审批。

第三十三条 存在下列情形的，应在报送账户年检资料时一并提供书面说明。

（一）超出本细则适用范围管理的账户；

（二）未按规定经中央财政部门批准开设的账户；

（三）擅自改变账户用途，逾期使用账户；

（四）出借、出租账户；

（五）未按规定报备账户；

（六）其他违规账户。

第七章 奖 惩

第三十四条 主管部门将不定期对银行账户管理和使用情况进行考核，并视情对银行账户管理和使用优秀的单位给予表彰。

第三十五条 单位有下列情形之一的，监督检查部门除责令违规单位立即纠正外，同时提交监察部门对违规单位的责任人员给予相应的行政处分；涉嫌犯罪的，依照《行政执法机关移送涉嫌犯罪案件的规定》（中华人民共和国国务院令第310号）移交司法机关处理：

（一）违反本细则规定开立银行账户的；

（二）违反本细则第二章规定，改变账户用途，使用相应银行账户的；

（三）违反本细则第三十条规定的；

（四）不按本细则规定变更、撤销银行账户的，或变更、撤销银行账户不按规定报送财政部门审核、备案的；

（五）其他违反账户管理规定的。

第八章 附 则

第三十六条 本细则由中国地震局发展与财务司负责解释。

第三十七条 本细则自发布之日起施行。原《地震系统银行账户管理暂行办法》（中震发财〔2003〕19号）从本细则施行之日起废止。

关于印发《中国地震局基本建设项目竣工财务决算管理细则》的通知

中震财发〔2008〕121号

各省、自治区、直辖市地震局，各直属单位：

为规范我局基本建设项目竣工财务决算管理，总结竣工项目概（预）算执行情况，考核投资效果，核定新增资产价值，根据财政部《基本建设财务管理规定》和《中国地震局基本建设管理办法》等有关规定，我局制定了《中国地震局基本建设项目竣工财务决算管理细则》，现印发给你们，请遵照执行。

2008年7月30日

中国地震局基本建设项目竣工财务决算管理细则

第一章　总　　则

第一条　为规范我局基本建设项目竣工财务决算管理，总结竣工项目概（预）算执行情况，考核投资效果，核定新增资产价值，根据财政部《基本建设财务管理规定》和《中国地震局基本建设管理办法》等有关规定，结合我局实际，制定本细则。

第二条　本细则适用于各省、自治区、直辖市地震局，各直属单位（以下简称建设单位）所有列入国家基本建设投资计划的项目竣工财务决算工作。

第三条　全局基本建设项目竣工财务决算由发展与财务司负责管理，建设单位负责编制其建设项目竣工财务决算。建设单位应组织基建、财务、工程技术和国有资产管理等专业人员共同完成此项工作。设计、施工、监理等单位应予以配合。在竣工财务决算未经批复之前，未经中国地震局同意，项目主要责任人、财务人员等有关人员不得调离。

第四条　建设单位应对竣工财务决算的真实性、完整性和准确性负责。

第五条　建设单位应在项目具备竣工验收条件后3个月内完成竣工财务决算的编制工作。如有特殊情况确实无法在规定期内完成的，应提前30日报中国地震局，经同意后可适当延期。未在规定时间完成竣工财务决算编制工作，中国地震局将暂停安排下年度基本建设投资项目投资。

第六条 竣工财务决算是全面反映基本建设项目建设成果的总结性文件，是项目资产形成、移交和核销投资的依据。

第二章 编制依据和要求

第七条 竣工财务决算的编制依据：

一、国家有关法律法规；

二、中国地震局有关规章制度

三、经批准的项目立项、可行性研究报告和初步设计文件，项目概（预）算及调整概（预）算文件；

四、中国地震局下达的年度投资计划、预算；

五、中国地震局批复的年度基本建设财务决算；

六、项目合同文件；

七、会计核算及财务管理资料；

八、工程价款结算、物资消耗等有关资料；

九、其他有关项目管理文件。

第八条 建设单位应按本细则规定的内容、格式编制竣工财务决算。除对非工程类项目可根据项目实际情况，适当简化外，不得改变本细则规定的格式，不得减少应编报的内容。

第九条 建设单位应从项目筹建起，指定专人负责竣工财务决算的编制工作，并与项目建设进度相适应。竣工财务决算的编制人员应保持相对稳定。

第十条 竣工财务决算应按大中和小型项目分别编制。

由中国地震局组织编制项目建议书的大中型项目，其竣工财务决算由中国地震局统一组织编制；各单位按照中国地震局要求编制完成本单位的项目决算；直接由建设单位组织编制的项目，其竣工财务决算由建设单位负责编制。

第十一条 建设项目包括两个或两个以上独立概算的单项工程的，单项工程竣工并交付使用时，应编制单项工程竣工财务决算。建设项目是大中型项目而单项工程是小型的，应按大中型项目编制内容编制单项工程竣工财务决算整个建设项目全部竣工后，还应汇总编制该项目的竣工财务决算。

第十二条 建设项目达到国家规定的竣工验收条件，但尚有少量未完工程费用，可按概（预）算纳入竣工财务决算。预计未完工程费用，应控制在总概算的5%以内。项目竣工验收时，建设单位应将未完工程及费用的详细情况提交项目竣工验收委员会确认。

第三章 审 批 程 序

第十三条 竣工财务决算实行先审核、后审批的原则，即先委托经财政部认可的有资质的中介机构对竣工财务决算进行审核，再按规定报批。

第十四条 竣工财务决算审批采用分级审批的方式。凡投资额在1亿元以上（含1亿元）的项目、国家确认的重点项目和财政部认为需要审批的其他项目，其竣工财务决算经中国地震局审核后，报财政部审批。凡投资额在3000万元以上（含3000万元）至1亿元的项目，其竣工财务决算经中国地震局审批后，报财政部备案。凡投资额在3000万元以下的项目，其竣工财务决算由中国地震局审批。

第十五条 财政部负责审批竣工财务决算的项目，由财政部委托中介机构进行审核，其费用由财政部负责处理；由中国地震局审批的项目，其中介机构由建设法人单位自行委托，审核费用列入工程成本。

第十六条 建设单位应在竣工财务决算批复15日内，完成办理全部资产的交付手续。

第四章 编制内容

第十七条 竣工财务决算应包括项目从筹建到竣工验收的全部费用，即建筑安装工程支出、设备投资支出、待摊投资支出和其他投资支出等。

第十八条 竣工财务决算应由以下三部分组成

一、竣工财务决算封面；

二、竣工财务决算说明书；

三、竣工财务决算报表。

第十九条 竣工财务决算说明书应总括反映竣工项目建设过程、建设成果的书面文件。其主要内容应包括：

一、项目概况。主要包括项目建设缘由、历史沿革、项目设计、建设内容、建设过程、社会效益等情况；

二、概（预）算及计划执行情况。概（预）算批复及调整、概（预）算执行、计划下达及执行等情况；

三、投资来源。包括投资构成等；

四、招（投）标及合同执行情况；

五、基建结余资金的形成和分配等情况；

六、会计核算、账务处理及债权、债务清偿情况，资产清理和财务管理情况；

七、项目效益及主要技术经济指标的分析情况；

八、存在的主要问题及其处理意见；

九、其他需说明的事项。

第二十条 竣工财务决算报表应包括以下5个表格：

一、基本建设项目竣工财务决算报表（封面）；

二、基本建设项目概况表；

三、基本建设项目竣工财务决算表；

四、基本建设竣工项目交付使用资产总表；

五、基本建设项目交付使用资产明细表。

建设单位如有必要，可在上述表格的基础上自行设计反映竣工项目的全面情况的辅助报表。

第五章 编制方法

第二十一条 建设单位应从项目建账开始，以项目概（预）算中单项、单位工程和费用明细项目等为基础进行成本核算，使之与项目概（预）算的费用构成在口径上保持一致。

第二十二条 建设单位必须及时做好竣工财务决算编制的各项基础工作。其主要内容应包括：

一、投资、计划及调整的核实、核对工作；

二、财产物资、核销投资、已完工程的清查工作；

三、合同清理工作；

四、价款结算、债权债务清理和竣工结余资金分配等基本建设结算清理工作；

五、竣工年度财务决算的编制工作有关资料的收集、整理工作。

第二十三条 建设单位应正确分摊待摊费用，对能够确定由某项资产负担的待摊费用，直接计入该资产成本；不能确定负担对象的待摊费用，应根据项目特点采用合理的方法分摊计入受益的各项资产成本。

一、按概算数的比例分摊：

$$预定分配率=\frac{概算中各项待摊费项目的合计数（扣除可直接计入的部分）}{\begin{array}{c}概算中建筑安装工程投资、安装设备投资和\\其他投资中应负担待摊费用的部分\end{array}}\times 100\%$$

某资产应分摊待摊费用 = 该资产应负担待摊费用部分的实际价值 × 预定分配率

二、按实际数的比例分摊：

$$预定分配率=\frac{上期结转和本期发生的待摊费用合计（扣除可直接计入的部分）}{\begin{array}{c}上期结转和本期发生的建筑安装工程投资、安装设备投资和\\其他投资中应负担待摊费用的部分\end{array}}\times 100\%$$

某资产应分摊待摊费用 = 该资产应负担待摊费用部分的实际价值 × 实际分配率

第二十四条 建设单位应正确计算项目建设成本及核销的投资。对确实不能形成资产的投资，应说明原因，并随竣工财务决算一起上报，经中国地震局审核，报财政部批复后按规定处理。

第六章 附　　则

第二十五条 本细则由中国地震局发展与财务司负责解释。

第二十六条 本细则自发布之日起施行。

关于印发《中国地震局财务决算管理细则》的通知

中震财发〔2008〕124 号

各省、自治区、直辖市地震局，各直属单位：

为了规范财务决算工作，提高财务决算编报质量，准确反映各单位年度预算执行和财务资产情况，根据国家有关法律、法规和规定，结合近几年财务决算工作的实际情况，我局制定了《中国地震局财务决算管理细则》，现予印发，请认真贯彻执行。

2008 年 8 月 4 日

中国地震局财务决算管理细则

第一章　总　　则

第一条　为规范财务决算工作，保证财务决算质量，以准确反映我局年度预算执行和财务资产情况，发挥财务决算的监督和辅助决策作用，根据国家有关法律、法规和规定，结合我局实际，特制定本细则。

第二条　本细则所称财务决算是指在会计年度终了后，根据财政部统一要求，在日常会计核算基础上汇总编制的年度综合财务报告，主要包括部门决算、财政性资金投资基本建设项目决算和企业财务会计决算。

第三条　中国地震局机关及二级预算单位适用本细则。

第四条　财务决算级次应依据单位财务管理关系和预算级次确定，独立编制财务决算的单位户应与上年度保持一致，未经批准不得擅自变动。

第五条　财务决算须按照与预算相衔接、收支全纳入的原则进行，做到准确、真实、完整、及时。

第二章　机构与职责

第六条　中国地震局发展与财务司（以下称发展与财务司）主管全局财务决算工作，主要职责如下：

（一）根据国家有关法律法规，制订中国地震局财务决算相关规章制度；
（二）按照财政部统一要求，布置全局财务决算工作；
（三）负责二级预算单位财务决算的收集、审核、汇总；
（四）负责编制中国地震局财务决算并报送财政部；
（五）组织财务决算稽核；
（六）组织财务决算评比和表彰；
（七）根据财政部文件批复二级预算单位财务决算。

第七条 二级预算单位财务决算主要职责：
（一）负责本单位财务决算的编制、审核、汇总和上报；
（二）协调本单位相关部门配合编制财务决算补充材料；
（三）落实中国地震局财务决算批复意见；
（四）开展财务决算监督。

第三章 财务决算编制准备

第八条 发展与财务司根据财政部要求，部署全局财务决算工作，组织相关业务培训；二级预算单位及时布置本单位财务决算工作，并组织培训。

第九条 二级预算单位财务决算编制前须进行年终清理，包括核对年度预算收支和上年度决算批复数据，清理往来款项，核对零余额账户到账及用款额度、直接支付已使用额度、银行存款、现金和有价证券，清理盘点固定资产，进行财务与资产对账等，做到账证、账账、账实相符。

第十条 年终清理中对关键指标的核对要求如下：
（一）财务账面上年收支结余数与决算批复数一致；
（二）上年国库结余指标、本年指标、本年已使用指标、本年年末结余指标与部门预算、银行对账单、财政直接支付到账通知书、财政国库管理制度实施单位年终预算结余资金申报核定表一致；
（三）财务账面各类资产的类别、价值和数量、增减变动情况与单位国有资产管理系统数据、银行对账单、现金库存、借款存根、汇款登记簿等一致；
（四）单位人员编制数、年末实有人数与单位人事信息管理系统中数据一致；
（五）项目名称、性质、所属预算科目及编码与预算文件一致。

第四章 财务决算编报

第十一条 财务决算编制工作包括三部分：
（一）编制财务决算报表；
（二）撰写填报说明；
（三）进行财务分析，撰写分析报告。

第十二条 财务决算报表严格按照财政部统一制定的报表编制说明、指标解释认真编制。编制过程中加强审核，做到表内项目之间、表与表之间、本年数据与上年数据之间相互衔接，并与国有资产、综合统计、人员编制等报表数据一致。

第十三条 财务决算报表编制完成撰写填报说明，对决算汇编基本情况、与财政部门对账情况、公式审核情况及决算数据需要说明事项进行详细说明。

第十四条 财务分析完成撰写财务分析报告，主要包括：

（一）基本情况分析；

（二）年度预算执行情况分析，重点分析中央财政资金的投资效益和重点项目执行情况等；

（三）财务状况分析，包括年度收入支出结构分析、年度决算与预算对比分析、年度资产负债情况分析以及经费自给率等重要指标分析；

（四）年度财务工作总结及下年度工作设想；

（五）存在的问题及建议。

第十五条 财务决算须按规定时限报送。财务决算报表须经单位内部审核无误，本单位法定代表人、财务负责人签字盖章，并加盖本单位公章。

第五章　财务决算会审汇编

第十六条 发展与财务司组织成立财务决算会审工作组，审核二级预算单位财务决算，汇总编制中国地震局财务决算。

第十七条 会审工作组主要任务：

（一）对二级预算单位财务决算进行集中对账，确保年度预算指标、财政拨款指标、预算外资金收入及上解指标、上年结转数等关键指标填报准确；

（二）对二级预算单位财务决算进行审核。针对查出的问题和错误，与填报单位进行沟通，指导填报单位进行修改；

（三）编制完成中国地震局财务决算；

（四）对二级预算单位财务决算质量提出会审意见；

（五）形成会审报告。

第十八条 会审工作组应坚持公正、客观的原则，会审工作组成员对本单位财务决算审核回避。

第十九条 会审工作组按下列程序开展工作：

（一）对上年年末余额、本年预算指标、人员编制、离休人数、本年国库收支余、预算外资金收支等关键指标进行集中对账。

（二）采用人工审核与计算机审核相结合的方式进行集中会审，审核人员做出书面记录并签字确认。

（三）汇总合并二级预算单位财务决算报表，审核调整相关事项，撰写填报说明和分析报告，形成中国地震局年度财务决算报告。

（四）撰写财务决算会审报告。

第六章　财务决算批复

第二十条　自财政部下达年度财务决算批复之日起 10 个工作日内，中国地震局对二级预算单位财务决算进行批复；二级预算单位应在接到决算批复后 10 个工作日内批复所属基层单位的财务决算。

第二十一条　年度财务决算批复数与账簿年初数不一致的，按有关规定在批复当月做相应调账处理。

第七章　财务决算稽核

第二十二条　中国地震局不定期组织财务决算稽核，被稽核单位应按要求提供所需的资料档案，如实反映有关情况。

第二十三条　财务决算稽核主要内容如下：

（一）财务决算编制工作中存在的问题：财务决算编制范围是否完整、财务决算报表与账簿是否一致、财务决算报表编制口径与汇总方法是否正确、向不同部门提供的报表数据是否一致等。

（二）财务决算反映出的问题：会计科目使用是否正确、资金管理是否合规、资产登记处置是否及时、项目执行进度以及结余资金是否合理等。

第八章　财务决算公开、评比和奖惩

第二十四条　推进财务决算公开工作，试点以财务决算书形式在一定范围内公开二级预算单位年度收支与财务资产状况。

第二十五条　二级预算单位财务决算工作依据《中国地震局财务决算工作考核评比标准》（另行制定下发）进行评比，对优秀的单位和个人给予表彰。

第二十六条　发展与财务司将财务决算审核情况以书面形式反馈二级预算单位。对工作组织不力或不当、拖延报送财务决算或错误严重，给全局财务决算工作造成不良影响的，依据国家有关规定追究相关单位和责任人的责任。

第九章　附　　则

第二十七条　本细则由中国地震局发展与财务司负责解释。

第二十八条　本细则自发布之日起施行。

关于印发《国家地震安全计划管理办法》的通知

中震财发〔2008〕147 号

各省、自治区、直辖市地震局，各直属单位：

国家地震安全计划是《国家防震减灾规划（2006～2020 年）》确定的战略行动。为规范国家地震安全计划管理，提高投资效益，在全面总结数字地震项目的基础上，依据国家基本建设相关法律、法规、政策及《中国地震局基本建设管理办法》，中国地震局组织制定了《国家地震安全计划管理办法》，于 2008 年 8 月 15 日经中国地震局第 7 次局务会议审议通过，现予以印发，请遵照执行。

2008 年 9 月 22 日

国家地震安全计划管理办法

第一章　总　　则

第一条　为规范国家地震安全计划中项目管理，保证工程质量，依据国家基本建设相关法律、法规、政策和标准，依据《中国地震局基本建设管理办法》，结合项目实际，制定本办法。

第二条　国家地震安全计划（以下简称“震安计划”）包括中国地震背景场探测工程、国家地震社会服务工程、国家地震专业基础设施和国家地震预报实验场等项目。

项目按承建单位分为若干单位子项目，单位子项目由若干单位工程组成。项目按专业分类可分为若干专业分项，单位子项目可分为若干单位专业分项。

第三条　震安计划投资主管部门为国家发展和改革委员会。震安计划建设主管部门为中国地震局。

第四条　震安计划实行项目法人责任制、招标投标制、监理制、合同制和质量终身负责制。

第二章　管理体制及职责

第一节　管理体制

第五条　震安计划建设实行两级管理体制，中国地震局为一级管理单位，建设单位为二级管理单位。建设单位指承担震安计划建设的各省、自治区、直辖市地震局和各直属单位。

第六条　一级管理实行中国地震局党组或局务会议决策制和各司室分工负责制；聘用有法人资质单位作为项目法人，实行项目法人责任制。

第七条　二级管理实行建设单位项目法人责任制。

第二节　中国地震局管理职责

第八条　各司室按职责分工，负责制定管理规章制度、建设标准、技术规范，审核工程设计、经费概（预）算及调整内容，开展检查指导。

第九条　发展与财务司职责

一、负责震安计划的综合协调，配合国家投资主管部门工作；

二、负责建设中重要事项和部门间协调与指导，重大事项报局党组决定；

三、组织制定管理规章制度；

四、组织编制项目建议书；

五、组织编制可行性研究报告和投资估算；

六、组织审定初步设计和投资概（预）算；

七、负责审批单位子项目的预算；

八、组织审核年度投资计划，报国家投资主管部门审批后下达；

九、负责投资监控；

十、负责进度监控；

十一、负责招标采购的监督管理；

十二、负责财务的监督管理；

十三、负责组织编制验收大纲；

十四、组织审核项目竣工财务决算，报财政部审批；

十五、负责审批单位子项目验收意见；

十六、配合国家投资主管部门开展各项目总验收；

十七、负责稽查工作。

第十条　各业务司室按分工履行下列职责

一、负责组织制定项目规章制度、行业标准和技术规程等；

二、负责项目建议书相关内容的编制；

三、负责可行性研究报告和投资估算相关内容的编制；

四、负责指导并审核初步设计和概（预）算相关内容的编制；

五、负责审核建设单位初步设计和概（预）算；

六、负责审批建设单位施工图设计；

七、负责审核建设单位预算；

八、负责审核相关的年度建设任务和投资计划；

九、负责审批相关的预算内设计变更；

十、负责审定设备和软件的技术指标；

十一、负责编制相关的测试大纲和验收大纲；

十二、负责审批单位子项目技术验收。

第十一条 档案管理部门职责

一、负责项目文件监管工作；

二、负责项目保密的监管工作；

三、负责项目档案监管工作；

四、负责审批单位子项目档案验收。

第十二条 审计部门职责

一、组织制定审计方案；

二、负责震安计划审计监督；

三、提交审计年度报告和总报告；

四、针对存在的问题进行监督整改。

第十三条 监察部门职责

一、监督震安计划管理过程和决策；

二、负责查处震安计划中的违规违纪行为；

三、协助国家相关部门查处震安计划中的违法行为。

第十四条 各司室每季度向中国地震局汇报项目进展情况。

第十五条 中国地震局设震安计划总设计师，负责指导项目初步设计，负责编制项目验收大纲，审核项目法人单位和建设单位提出的重大设计变更。

第十六条 震安计划总设计师根据需要提出工作团队组建方案，经中国地震局批准后生效。

第三节 项目法人管理职责

第十七条 项目法人职责

一、组织编制初步设计和投资概（预）算；

二、组织编制年度投资计划，报中国地震局；

三、负责审核建设单位施工图设计；

四、组织编制建设单位预算；

五、提出预算内的设计变更意见，报中国地震局；

六、负责投资控制；

七、负责进度控制；

八、负责招标采购的管理，实施中国地震局集中采购；

九、提出设备和软件的技术指标，报中国地震局；

十、负责财务的管理；

十一、负责组织项目培训；

十二、组织编制项目竣工财务决算；

十三、负责单位子项目验收，报中国地震局；

十四、负责项目总验收的准备工作；

十五、负责项目档案归档和管理工作。

项目法人每季度应向中国地震局汇报项目进展和下阶段主要工作。

第十八条 震安计划各项目设项目总设计师、项目总工程师和项目总会计师，震安计划总设计师统称总师。

第十九条 项目设计师在各司室和项目法人领导下，负责相关项目设计工作，同时接受震安计划总设计师的指导。

第二十条 项目总工程师根据项目设计，负责相关项目的实施指导。主要负责项目建设中的有关科技重大事项的决策建议；审核项目建设依据、技术规程等。

第二十一条 项目总会计师负责制定项目财务管理制度、有关财务重大事项的决策，审核项目预算和年度投资计划，组织编制财务分析报告和竣工决算工作。

第二十二条 各项目总师具体由项目法人提出建议，报中国地震局同意后任命。

第二十三条 建设单位职责

建设单位是单位子项目的项目法人，单位法人代表对单位子项目建设终身负责，应严格按照初步设计和投资概（预）算的建设规模和内容、投资额度、建设工期组织实施。

一、负责组建单位子项目管理机构；

二、负责制定单位子项目管理规章制度；

三、负责制定单位子项目年度投资计划；

四、负责单位子项目投资控制；

五、负责单位子项目进度控制；

六、负责单位子项目质量控制；

七、组织编制本单位工程施工图设计和预算；

八、负责单位子项目财务管理；

九、负责单位子项目招标采购工作；

十、负责建设单位国有资产管理；

十一、负责单位子项目信息及档案管理；

十二、负责单位工程验收；

十三、负责建设单位宣传、保密工作。

第二十四条 项目法人须明确本单位子项目责任人。子项目责任人按国家有关规定在项目建设期间原则上不能调离。如确需调整的，应事前报中国地震局备案。

第二十五条 项目法人通过公开招标方式确定设计单位和监理单位。

第三章 投 资 管 理

第二十六条 建设单位应严格按照初步设计方案和投资概（预）算建设，严禁擅自变更建设规模，保证专款专用。

第二十七条 建设单位确需调整设计和预算的，须上报中国地震局，获得批复后方可执行。调整首先应征得项目法人、震安计划总设计师同意，并经各司室审核后，报中国地震局审定，最后由国家投资主管部门批复后执行。

上报文件内容包括：

一、调整理由：方案调整的必要性、可行性和合理性；

二、调整内容：设计方案、图纸、概（预）算、技术规范和其他内容等；

三、调整前后比较：变更方案与原方案在设计目标、具体技术指标、标准、质量、工期和造价上的比较分析；

四、设计方与监理方审查意见。

第二十八条 建设单位确需调整工程实施方案和预算的，须上报中国地震局，获得批复后方可执行。调整首先应征得项目法人同意，并经各司室审核后，报中国地震局审定，最后由国家投资主管部门批复后执行。

上报资料参照本办法第二十七条。

第二十九条 建设单位工程投资执行率达到85%，才具备资格申请预备费。

第四章 质量管理

第三十条 项目实行全过程质量监管制度，实行建设单位法定代表人质量终身负责制，监察部门对工程建设质量管理进行全程监督。

第三十一条 建设单位建立质保体系，监管本单位的施工质量。

第三十二条 建设单位应充分发挥项目监理的作用，监督项目监理方依照法律法规以及有关技术标准、设计文件和合同，对施工质量实施监理。

第五章 进度管理

第三十三条 建设单位依据初步设计中项目总进度组织编制年度进度计划，经项目法人审核、汇总后，提请各司室审定，发展与财务司编制下发项目年度进度计划。

第三十四条 建设单位调整当年进度，影响下年度投资计划的，须报中国地震局批复后方可实行。调整经项目法人审核、汇总后，提请各司室审定，发展与财务司编制下发项目年度进度调整计划。

第六章 招标采购管理

第三十五条 震安计划的勘察、设计、施工、监理以及与工程建设有关的重要设备、材料等的采购，均严格遵照《招标投标法》、《政府采购法》、《中国地震局政府采购管理细则》、《中国地震局政府采购规程》以及相关规定进行。

第三十六条 震安计划招标采购实行建设单位自行招标和中国地震局集中招标相结合，以建设单位自行招标采购为主的方式。

第三十七条 震安计划通用设备和通用软件的招标采购，由建设单位自行组织实施。

第三十八条 震安计划专用设备、大型设备和专业软件的采购，其技术指标应征得项目法人同意，经各司室统一审定后，由建设单位自行组织采购。

第三十九条 中国地震局集中招标采购的，由各相关司室提出意见，报中国地震局审定后，由项目法人负责组织实施。

第四十条 建设单位采购结果须报中国地震局备案。

第七章 合同管理

第四十一条 震安计划合同文本必须采用国家工商管理等部门制订的规范格式合同文本。

第四十二条 震安计划合同须经财务部门和审计部门审查后签订。财务部门按照生效合同办理相关财务手续。

第四十三条 建设单位应建立合同管理制度，全过程负责勘察、设计、施工和货物采购等合同的管理。

第四十四条 建设单位应完整保存合同正本及相关材料，形成合同档案。

第八章 财务与资产管理

第四十五条 建设单位应严格按照财政部《基本建设财务管理规定》和中国地震局相关要求，建立健全财务管理制度，对震安计划资金实行专款专用。

第四十六条 财政资金严格按照中央财政国库支付资金管理办法执行。

第四十七条 建设单位在震安计划建设中形成的资产均为国有资产。建设单位法人代表对项目国有资产的安全完整负领导责任。建设单位应建立健全资产管理制度，对震安计划形成的国有资产实行全过程管理，并设专人负责项目国有资产的管理。

第四十八条 建设单位应在项目竣工后3个月内，完成竣工财务决算的编制工作，并办理资产交付手续。

第四十九条 建设单位应由会计师及以上资质的人员担任项目主管会计。同时应保持建设期间项目财务人员的稳定性，如确需调整项目主管会计的，应事前报中国地震局备案。

第九章 信息和档案管理

第五十条 震安计划实行月报告制度。月报主要包括本月工程形象进度、建设质量、投资完成情况及存在问题，建设单位应在次月前5个工作日内报中国地震局。

第五十一条 震安计划档案管理按照《国家重大项目文件归档要求与档案整理规范》（DA/T28—2002）及《中国地震局重点项目档案管理暂行办法》的有关规定执行。

第十章 验收管理

第五十二条 项目完成建设任务，经试运行合格，投资完成率达到95%以上，可申请竣工验收。

验收基本程序为在建设单位组织设计、施工、监理及有关监督部门完成单位工程初验收基础上，各司室依次开展单位子项目档案预验收、技术预验收；项目竣工决算委托中介机构进行评审；中国地震局完成单位子项目预验收后，向国家投资主管部门申请项目验收。

第五十三条 项目验收应以国家投资主管部门批复的初步设计、投资概（预）算、调整概（预）算为依据。

第五十四条 项目实行分级验收。

一、项目验收由国家投资主管部门主持；

二、单位子项目预验收由中国地震局主持；

三、单位子项目技术验收由中国地震局相关司室主持；

四、单位子项目档案验收由中国地震局办公室主持；

五、单位工程初验收由建设单位主持。

第五十五条 验收工作按照验收大纲执行，验收大纲由中国地震局发展与财务司会同各司室制定。单位子项目技术验收大纲由相关司室负责制定。

第十一章 奖 惩

第五十六条 根据国家有关规定，对在工程建设中做出突出贡献的单位和个人进行表彰和奖励。

对在环保节能、技术创新等方面获得专利的单位和个人进行专项表彰和奖励。

第五十七条 任何单位和个人不得擅自调整项目建设规模、内容和投资。对擅自调整建设内容和规模、严重超概算、建设质量低劣、进度严重滞后的建设单位，责令限期整改，并予以通报批评；对直接负责的主管人员和直接责任人员依照国家相关规定予以处理；触犯法律的，依法送交司法机关处理。

第五十八条 任何单位和个人不得挪用、截留项目的建设资金以及采购结余资金。

挪用、截留项目建设资金的，由审计机关追还被挪用、截留的资金，对单位予以通报批评，对直接负责的主管人员和直接责任人员依照国家相关规定予以处理；触犯法律的，依法送交司法机关处理。

第十二章 附 则

第五十九条 本办法由中国地震局发展与财务司负责解释。

第六十条 本办法自发布之日起施行。

关于印发《中国地震局基本建设项目竣工验收管理细则》的通知

中震财发〔2008〕169号

各省、自治区、直辖市地震局，各直属单位：

为规范我局基本建设项目竣工验收管理，全面考核建设成果，检验投资效果，根据《中国地震局基本建设管理办法》，我局制定了《中国地震局基本建设项目竣工验收管理细则》，现印发给你们，请遵照执行。

2008年11月17日

中国地震局基本建设项目竣工验收管理细则

第一章　总　　则

第一条　为规范我局基本建设项目竣工验收工作，全面考核建设成果，检验投资效果，根据《中国地震局基本建设管理办法》，结合我局实际，制定本细则。

第二条　本细则适用于经由国家投资主管部门或中国地震局批准的，各省、自治区、直辖市地震局，各直属单位（以下简称建设单位）负责承建的基本建设项目验收工作。

第三条　基本建设项目竣工验收包括预验收和全面竣工验收两个阶段。预验收包括交工验收和技术验收。

交工验收是指由工程施工承包方提出申请，建设单位组织设计、施工、监理、有关监督部门对其承建工程进行的验收；

技术验收是指地震监测预报、震灾预防、紧急救援技术系统工程建成后，由建设单位提出申请，由其业务主管部门组织对其建设成果的技术验收。

全面竣工验收是指已完成交工验收、技术验收、档案等验收和竣工财务决算后，由建设单位提出申请，由工程审批部门组织对其建设成果的全面验收。

第四条　竣工验收应坚持集中、简化、节约、效率的原则。对于规模较小且简单的建设工程预验收和全面竣工验收应合并进行。

第五条 竣工验收工作由局发展与财务司归口管理，局各业务主管部门按职责分工负责其技术验收工作。

第六条 各建设单位负责的基本建设项目，按批准的设计文件所规定的内容建成并符合验收标准，应及时组织验收。未经验收或验收不合格的项目不得交付使用。

第二章 验收依据与条件

第七条 竣工验收依据

一、批准的建设项目建议书、可行性研究报告、初步设计和投资概算；

二、有关建设项目变更和备案文件；

三、下达的年度投资计划和调整计划、预算和调整预算；

四、招投标文件、合同文件等；

五、施工图设计文件和设计变更文件；

六、国家、中国地震局和地方颁布的技术标准、规范和规程。

第八条 交工验收应具备条件

一、工程施工承包方完成建设工程设计和合同约定的各项内容；主要设备配套设施经联动试运行合格，能够产出符合设计文件规定的合格数据或产品；准备工作能适应正式运行的需要；环境保护设施、消防设施以及必需的生活设施已按设计要求与主体工程同时建成，并经有关专业部门验收合格可交付使用；

二、项目投资已全部到位；

三、地方或行业主管部门签发的安全、环境、消防等方面的验收手续齐全；

四、建设项目的技术资料已经按照要求整理归档，完成工程档案验收；

五、社会中介机构出具建设项目竣工结算审核报告和竣工财务决算审计报告。

第九条 建设单位完成交工验收方可进入技术验收。技术验收应具备条件：地震监测预报、震灾预防、紧急救援技术系统经试运行合格。

第十条 完成预验收，方可进入全面竣工验收阶段。全面竣工验收应具备以下条件

一、由工程设计、勘察、施工及监理各方签署的竣工合格报告；

二、建设行政主管部门签发的工程竣工验收备案表，施工方签署的工程保修书；

三、工程完成量达到95%以上；

四、地震监测预报、震灾预防、紧急救援技术系统的建设工程应提交业务主管部门出具的测试报告和技术验收意见；

五、地方或主管部门签发的安全、环境、消防、档案等方面的验收手续；

六、交工验收、技术验收所发现的问题已处理，尾工已合理安排；

七、社会中介机构出具建设项目竣工结算审核报告和竣工财务决算审计报告。

第十一条 对基本符合上述竣工验收条件，但零星土建工程和少数非主要技术设备安装未按设计规定完成，不影响正常使用和运行的工程，也可办理竣工验收手续。对上述未完工程应按设计留足工程尾款，限期完成。

第三章　交 工 验 收

第十二条　交工验收程序

一、工程施工承包方提出申请

向建设单位提出交工验收申请，同时提供施工工序合格文件、设备安装和调试合格记录、工程总结等竣工文件资料。交验资料须经监理工程师现场签字确认。

二、建设单位组织验收

建设单位组织由设计、勘察、施工及监理等单位参加的验收组进行验收。

1. 检查复核资料。确定技术资料的完整性、准确性；

2. 核实交工项目的完整性。按照设计文件和合同检查已完工程是否有漏项；

3. 组织现场联合检查；

4. 检查各种记录。试运行记录及试运行中所发现的问题是否已得到改正。

第十三条　建设单位应及时将交工验收意见报中国地震局基本建设主管部门备案。验收合格的单项工程，在全部工程竣工验收时，原则上不再办理验收手续，但应将单项工程交工验收证明书作为最终验收的附件并加以说明。

第四章　技 术 验 收

第十四条　技术验收程序

一、建设单位提出申请。向业务主管部门提出技术验收申请，同时提交“工程竣工报告、工程技术报告、工程试运行报告、用户使用报告、工程财务报告、工程监理报告”等验收文件。

二、业务主管部门组织验收

业务主管部门组织测试专家组和验收专家组进行验收。

1. 检查测试。对工程建设规模、建设质量和主要功能进行检查测试；

2. 会议验收。验收组受主管业务部门委托进行验收工作，主要程序包括听取工程建设情况汇报，察看档案和资料，实地察看情况，讨论并形成验收意见等。

第十五条　技术验收完成后业务主管部门应及时出具测试报告和技术验收意见。

第五章　全面竣工验收

第十六条　在全部完成交工验收、技术验收、档案等验收和竣工财务决算后，由建设单位提出申请，按投资规模由投资主管部门组织全面竣工验收。

第十七条　验收准备

一、工程收尾；

二、竣工验收资料准备。竣工验收资料一般应包括以下主要内容：

1. 建设工程所有申报及批复文件；

2. 建设工程开工报告、竣工报告；

3. 竣工工程一览表，主要包括工程名称、建设地点、建设规模、概算、主要功能、开竣工日期等；

4. 设备清单，包括设备名称、规格、数量、产地、主要性能、单价、备品备件名称与数量等；

5. 建设工程土建施工记录，隐蔽工程验收记录及施工日志；

6. 建筑物的原形测试记录，包括沉降、变形、防振、防爆、绝缘、密闭、隔热等；

7. 设计交底、设计图会审记录、设计变更通知书、技术变更核实单等；

8. 工程质量事故调查、处理记录；

9. 工程质量检验评定资料；

10. 安装调试、试运行原始记录及总结资料；

11. 环境、安全、消防安全考核记录；

12. 全部建设工程的竣工图；

13. 相应的专业验收组的验收报告及验收纪要。专业验收一般为：环境保护、消防、财务、档案等；

14. 建设工程文件资料全部立案归档并通过档案专项验收证明。

三、地震监测预报、震灾预防、紧急救援技术系统的工程，应提交中国地震局相关业务主管部门的技术验收意见；

四、竣工财务决算批复意见。

第十八条 建设项目竣工验收按投资规模划分为两个级别。投资规模在3000万元及以上的工程竣工验收，由国家投资主管部门组织；投资规模在3000万元以下的工程竣工验收，由中国地震局组织。其中投资规模在1000万元及以下的工程竣工验收，经批准可委托建设单位组织，验收结果报中国地震局。

第十九条 全面竣工验收的组织

一、成立验收委员会

竣工验收应根据项目规模大小、复杂程度，组成验收委员会。验收委员会应由工程管理人员、地震专业技术人员、财务管理人员及地震系统外相关专家组成。建设单位、设计勘察单位、施工单位、监理单位等单位参加验收工作。3000万元及以上工程验收专家人员根据国家投资主管部门有关规定执行；1000万元至3000万元的工程验收专家应不少于7人；1000万元及以下的工程验收专家应不少于5人。验收委员会设主任和副主任。

二、验收委员会的任务

1. 听取建设单位全面工作汇报和有关单位的工作总结报告；

2. 查验建设工程现场；

3. 审查各项运行准备工作情况，以及操作规程、运行管理规章制度等；

4. 审查技术验收意见；

5. 审查档案验收意见；

6. 审查竣工财务决算；

7. 做出全面评价结论；

8. 核定收尾工程，对遗留问题提出具体解决意见，限期落实完成；

9. 签署竣工验收意见。

第六章　验 收 意 见

第二十条　通过验收委员会验收的项目，验收意见为该项目完成了全部建设任务，工程质量合格，总体功能和技术指标达到设计要求；文档资料齐全，归档完整；经费使用合理。同意通过验收。

第二十一条　在竣工验收过程中，如有保留意见，由提出意见的委员提出书面意见。

第二十二条　有下列情况之一的，竣工验收不予通过

一、主要建设内容未完成的；

二、与工程设计和图纸不符的，随意变更的；

三、未达到所要求主要技术指标的；

四、与批准概算不相符，超过批准总投资 5% 的；

五、材料严重失真，完整性差的；

六、造成重大损失的。

第二十三条　项目竣工验收意见一式 5 份，验收委员会正、副主任签字，并附验收委员会全体委员签名名单。

第二十四条　验收意见自通过之日起 30 个工作日内，由验收组织部门印发给建设单位。

第二十五条　竣工验收后，建设单位应按有关规定办理项目资产交付手续。

第七章　附　　则

第二十六条　项目建成后 3 个月内，建设单位应完成竣工财务决算编制工作。竣工财务决算工作按《中国地震局基本建设项目竣工财务决算管理细则》执行。

第二十七条　房屋建筑工程的专业验收按照建设部《房屋建筑工程和市政基础设施工程竣工验收备案管理暂行办法》等相关规定执行。

第二十八条　各建设单位可根据实际情况制定本单位建设项目验收管理实施细则。

第二十九条　本细则由中国地震局发展与财务司负责解释。

第三十条　本细则自发布之日起施行。

关于印发《中国地震局预算管理办法》的通知

中震财发〔2008〕182号

各省、自治区、直辖市地震局，各直属单位：

为加强预算管理，提高资金使用效益，保障和促进防震减灾事业全面、协调、可持续发展，依据国家法律、法规，组织制定了《中国地震局预算管理办法》，现予以印发，请遵照执行。

2008年12月29日

中国地震局预算管理办法

目　录

第一章　总　则

第一条　为加强预算管理，提高资金使用效益，保障和促进防震减灾事业全面、协调、可持续发展，根据《中华人民共和国预算法》、《中华人民共和国预算法实施条例》和《财政违法行为处罚处分条例》等法律法规，结合我局实际，制定本办法。

第二条　本办法所指预算是指由我局编制，反映我局防震减灾工作发展目标和工作内容，并经法定程序批准的年度收支计划。

第三条 中国地震局本级，各省、自治区、直辖市地震局，各直属单位的预算管理，适用本办法。

第四条 预算管理遵循科学发展、规范有序、公开透明、务实高效的原则，严格履行预算管理程序，实行预算全过程监管。

第二章 管 理 体 制

第五条 中国地震局预算实行两级管理体制

中国地震局为一级预算单位。发展与财务司是中国地震局预算管理主管部门，各相关司（室）按职能分工参与预算管理，负责职责范围内的预算管理事宜。

各省、自治区、直辖市地震局，各直属单位，中国地震局机关为二级预算单位，管理本单位预算。中国地震局机关预算，即中国地震局本级预算，由中国地震局办公室负责。

第六条 发展与财务司职责

（一）制定中国地震局预算管理规章制度；

（二）负责审定基本支出和项目支出预算定额标准；

（三）负责中国地震局部门预算设计；

（四）组织编制中国地震局部门预算；

（五）批复二级预算单位预算；

（六）负责预算资金的国库支付管理；

（七）负责预算调整；

（八）负责预算执行管理；

（九）负责预算绩效考评；

（十）组织财务决算；

（十一）配合国家审计部门预算审计。

第七条 相关司室职责

（一）编制相关预算定额标准；

（二）储备部门预算所属项目；

（三）提出业务领域内预算申报建议；

（四）提出业务领域内预算分解建议；

（五）监督业务领域内预算执行；

（六）审核业务领域内预算调整建议；

（七）参与业务领域内绩效考评；

（八）配合部门预算审计工作。

第八条 监察部门职责

（一）监督预算管理过程和决策；

（二）负责查处预算管理中的违规违纪行为；

（三）协助国家相关部门查处预算管理中的违法行为。

第九条 审计部门职责

（一）组织制定审计方案；
（二）负责预算管理的审计监督；
（三）提交审计相关报告；
（四）针对存在的问题进行监督整改。

第十条 二级预算单位预算职责

（一）制定本单位预算管理办法；
（二）编制本单位部门预算；
（三）申请本单位预算调整；
（四）负责本单位预算执行；
（五）组织本单位预算的绩效考评；
（六）负责本单位财务决算；
（七）配合上级的监察和审计工作。

第三章 预 算 组 成

第十一条 预算由收入预算和支出预算两部分组成。

第十二条 收入预算包括一般收入预算和政府性基金收入预算。一般收入预算包括财政拨款收入预算、上级补助收入预算、经营收入预算、事业收入预算、附属单位上缴收入预算、其他收入预算等。

第十三条 支出预算包括一般支出预算和政府性基金支出预算。一般支出预算包括基本支出预算和项目支出预算。

基本支出预算，是为保障机构正常运转、完成日常工作任务而编制的年度基本支出计划，按其性质分为人员经费和日常公用经费。

项目支出预算，是为完成特定的工作任务或事业的发展目标，在基本支出之外编制的年度项目支出计划。包括基本建设、有关事业发展专项计划、专项业务费、大型修缮、大型购置、大型会议等。

第四章 预 算 编 制

第十四条 二级预算单位所有收入、支出必须全部纳入预算。预算按照管理级次逐级编制、审核、汇总，不得越级。

第十五条 预算编制要按照国家财政主管部门规定的格式和规范的编制方法进行编制。

第十六条 预算编制的依据：

（一）国家有关法律、法规；
（二）国务院、国家财政主管部门和其他相关部门的规章制度；
（三）中国地震局的规章制度；
（四）地震及相关行业技术标准、定额、工作规范；
（五）机构、职责与人员编制，资产、资源情况；
（六）行业规划、事业发展计划和年度工作任务；

（七）以前年度预算执行情况、年度预算收支变化因素等。

第十七条 收入预算的编制应实事求是，不得隐瞒、少列，也不得将上年的非正常收入作为编制收入预算的依据。

第十八条 支出预算的编制应当量入为出，收支平衡。保证重点支出需要、严格控制一般性支出。

第十九条 预算编制划分为“准备、一上、一下、二上、二下”五个阶段。

（一）准备：组织开展上一年度预算批复项目的清理，按照国家财政主管部门规定的范围和标准，确定项目类别，报送国家财政主管部门；收集汇总下一年度重大支出事项，报送国家财政主管部门。做好预算单位人员、资产、结余资金等基础数据的收集，分析上一年度预算执行。

（二）一上：二级预算单位结合单位实际，以及各相关司室在职责范围内提出项目支出预算申报建议，编制单位一上部门预算，发展与财务司审核、汇总后形成中国地震局一上预算，经中国地震局审定，报送国家财政主管部门。

（三）一下：根据国家财政主管部门核定的预算控制数，发展与财务司对基本支出进行分解，各相关司室对职责范围内的项目支出预算进行分解，形成预算控制数安排建议，报经中国地震局审定，下达到二级预算单位。

（四）二上：二级预算单位根据下达的预算控制数，以及本单位非财政拨款收入与支出情况，编制单位二上预算，报送中国地震局审核、汇总，形成二上部门预算，报送国家财政主管部门。

（五）二下：根据国家财政主管部门对中国地震局预算的批复，批复二级预算单位的预算。

（六）政府采购预算作为年度政府采购计划，住房改革支出预算作为年度住房改革支出计划，在预算编制过程中同时编报。

第二十条 中国地震局预算以预算书批复下达，预算书包括基本支出预算、项目支出预算及各二级预算单位明细预算等。二级预算单位按照批复编制本单位预算书。

第五章　预 算 执 行

第二十一条 二级预算单位的收支必须按照中国地震局批复的预算执行，必须按照规定的开支标准和开支范围使用预算资金，保证执行进度。

第二十二条 中央财政拨款预算指标全部实行国库集中支付；二级预算单位按照国家财政主管部门和中国地震局的相关要求申报本单位财政国库用款计划。

第二十三条 中国地震局应及时掌握二级预算单位预算执行动态，分析预算收支执行情况，指导和监督二级预算单位规范使用预算资金。

第二十四条 发展与财务司委托相关机构审核二级预算单位用款计划，汇总办理预算资金用款计划额度的申请。

第二十五条 各业务司室负责监管各业务领域内预算安排的工作目标和工作内容的实施。

第二十六条 二级预算单位应按照国家财政主管部门和中国地震局的相关要求做好预算

执行中的招投标、政府采购、财务、合同管理等相关工作。

第二十七条 二级预算单位需跟踪分析本单位预算执行情况，发现问题及时采取措施，予以解决。

第二十八条 预算执行实行定期报告制度。二级预算单位负责定期编制本单位预算执行情况报告。

第六章 预 算 调 整

第二十九条 预算一经批复，原则不予调整。如遇以下特殊情况可申请预算调整：

（一）因国家政策、工作任务和事业计划有较大变动，或遇发生重大自然灾害等，对单位收支预算影响较大的；

（二）由于单位变更或行政隶属关系变化，需调整预算的；

（三）上年实际结余与预算编制时预计的结余不同的，各单位根据国家财政主管部门批复的额度，确定预算上年结余数。

第三十条 确需进行预算调整的，二级预算单位提交预算调整申请报告，二级预算单位预算调整申请报告应在10月以前上报中国地震局。预算调整报告应列明预算调整事项的目的、具体内容和调整数额的说明。

第三十一条 预算调整按程序审定后，报国家财政主管部门批复后执行。

第三十二条 国家财政主管部门追加、调减财政性资金的预算调整，中国地震局按照程序批复二级预算单位，相关单位据此调整年度收支预算。

第七章 预 算 公 开

第三十三条 预算公开遵守国家相关规定和保密制度。

第三十四条 中国地震局预算书在系统内公开。

第三十五条 二级预算单位预算书在本单位公开。

第八章 监督检查与考评

第三十六条 中国地震局负责对二级预算单位的预算管理工作进行监督检查。接受检查的单位和个人应如实反映情况，提供有关材料。

第三十七条 二级预算单位要加强对本单位预算管理全过程的监督检查，处理和纠正出现的问题，并向中国地震局报告情况。接受上级或同级审计、财政、监察等部门及社会的监督。

任何单位和个人有权对预算管理中的违法行为进行投诉和检举，有关部门应依法处理。

第三十八条 中国地震局按照有关规定组织开展绩效考评工作。二级预算单位对本单位的预算或项目开展绩效考评工作，并将评价报告报中国地震局。

第三十九条 通过绩效考评对年度预算执行进度快，资金使用效益高的二级预算单位，视情况给予表彰并在下一年度预算安排时予以优先考虑。

第四十条 有下列行为之一的，按照国家有关法律、法规规定处理处罚：

（一）违反规定编制批复预算；

（二）违反规定调整预算；

（三）违反规定超预算投资；

（四）隐瞒应当上缴的财政收入；

（五）违反规定改变财政收入项目的范围、标准、对象和期限；

（六）违反规定改变财政支出项目的范围、标准、对象和期限；

（七）以虚报、冒领的手段骗取财政资金；

（八）滞留、截留、挪用财政资金；

（九）违反规定编制批复决算；

（十）其他违反国家有关法律法规的行为。

第四十一条 有下列行为的，中国地震局视情节予以通报批评：

（一）预算不公开；

（二）预算执行严重迟缓；

（三）预算执行情况报告提交滞后超过10个工作日。

第九章　附　　则

第四十二条 各单位可根据本办法，结合本单位实际情况制定具体实施细则，并报中国地震局备案。

第四十三条 本办法由中国地震局发展与财务司负责解释。

本办法自发布之日起施行。

关于印发《中国地震局事业单位岗位管理实施办法（试行）》等3个文件的通知

中震人发〔2008〕146号

各省、自治区、直辖市地震局，各直属单位：

根据人事部《事业单位岗位设置管理试行办法》（国人部发〔2006〕70号）、《〈事业单位岗位设置管理试行办法〉实施意见》（国人部发〔2006〕87号）和国务院办公厅《关于在事业单位试行人员聘用制度的意见》（国办发〔2002〕35号）要求，在深入调查研究和广泛征求意见的基础上，我局研究制定了《中国地震局事业单位岗位管理实施办法（试行）》、《中国地震局事业单位专业技术岗位首次分级聘用工作实施意见》和《中国地震局事业单位专业技术二级岗位拟聘人员审核办法》，现印发给你们，请结合本单位实际认真贯彻实施。

事业单位岗位设置管理是事业单位人事制度改革的重要内容，是一项十分重要的基础性工作。各单位要从创新人事管理体制、转换用人机制的高度，充分认识这项工作的重要性、紧迫性、复杂性，根据国家有关政策和本实施办法等文件，在做好动员宣传工作的基础上，精心准备，稳慎实施。在实施中遇到的问题，请及时反馈局人事教育和科技司。

附件：1. 中国地震局事业单位岗位管理实施办法（试行）

2. 中国地震局事业单位专业技术岗位首次分级聘用工作实施意见

3. 中国地震局事业单位专业技术二级岗位拟聘人员审核办法

2008年9月16日

附件1：

中国地震局事业单位岗位管理实施办法（试行）

第一章　总　　则

第一条　根据人事部《关于印发〈事业单位岗位设置管理试行办法〉的通知》（国人部发〔2006〕70号）、《关于印发〈事业单位岗位设置管理试行办法〉实施意见的通知》（国人部发〔2006〕87 号)、《关于〈中国地震局所属事业单位岗位设置管理实施方案〉的批复》(国人部函〔2007〕374 号)的有关规定，为建立健全具有地震系统特点的岗位管理制度，实现人事管理的科学化、规范化、制度化，引导和促进地震行业各类人员的职业发展，制定本办法。

第二条 本办法适用于中国地震局所属事业单位(以下简称局所属事业单位)。局所属事业单位中在册在岗的正式工作人员纳入岗位管理。涉及领导人员的，按照干部人事管理权限的有关规定执行。

第三条 中国地震局将围绕防震减灾事业发展的要求，遵循配置科学、总量控制、结构合理、管理规范的原则进行各类岗位的设置并实施。

第四条 中国地震局按照宏观调控、分类管理的方式确定局所属事业单位的岗位总量和结构比例，并建立指导、监督、管理相结合的长效机制。

第五条 局所属事业单位按照本办法规定的岗位设置要求、基本任职条件和中国地震局核准的岗位总量及结构比例，设置相应的岗位并明确岗位名称、职责任务和任职条件等。坚持按需设岗、竞争上岗、按岗聘用、合同管理。

在岗位设置管理工作中，各单位要注重不断优化队伍结构，提高创新活力，有利于优秀人才脱颖而出。

第二章 岗位类别

第六条 局所属事业单位岗位分为管理岗位、专业技术岗位和工勤技能岗位三种类别。

第七条 管理岗位指担负领导职责或管理任务的工作岗位。管理岗位的设置要适应增强单位运转效能、提高工作效率、提升管理水平的需要。管理岗位主要执行职员系列。

第八条 专业技术岗位指从事专业技术工作，具有相应专业技术水平和能力要求的工作岗位。专业技术岗位的设置要符合专业技术工作的规律和特点，针对我国防震减灾事业发展的需要，我局的主体岗位为科学研究系列岗位和工程技术系列岗位。

会计、审计等国家有职业资格要求的岗位，应设置为专业技术岗位。

第九条 工勤技能岗位指承担技能操作和维护、后勤保障、服务等职责的工作岗位。工勤技能岗位的设置要适应提高操作维护技能，提升服务水平的要求，满足业务工作的实际需要。

鼓励事业单位后勤服务社会化，逐步扩大社会化服务的覆盖面。已经实现社会化服务的一般性劳务工作，不再设置相应的工勤技能岗位。

第十条 根据事业发展和工作需要，事业单位可设置特设岗位，是事业单位中的非常设岗位，主要用于聘用急需的高层次人才等特殊需要。特设岗位的等级根据具体情况确定，特设岗位不受事业单位岗位总量、最高等级和结构比例限制，在完成工作任务后，按照管理权限予以核销。特设岗位的等级和数量根据实际需要由所在事业单位提出申请，中国地震局批准并报人事部备案后实施。

第三章　岗 位 等 级

第十一条　管理岗位等级

（一）局所属事业单位管理岗位设有 8 个岗位等级，即三至十级职员岗位，现行职务对应职员系列岗位等级关系如下：

1. 厅级正职对应三级职员岗位；
2. 厅级副职对应四级职员岗位；
3. 处级正职对应五级职员岗位；
4. 处级副职对应六级职员岗位；
5. 科级正职对应七级职员岗位；
6. 科级副职对应八级职员岗位；
7. 科员对应九级职员岗位；
8. 办事员对应十级职员岗位。

（二）管理岗位的最高等级根据事业单位的规格、规模、隶属关系，按照干部人事管理有关规定和权限确定。

第十二条　专业技术岗位等级

（一）专业技术岗位分十三个等级。高级岗位分 7 个等级，即一至七级。高级专业技术职务正高级的岗位包括一至四级，副高级的岗位包括五至七级；中级岗位分 3 个等级，即八至十级；初级岗位分 3 个等级，即十一至十三级，其中十三级是员级岗位。

（二）专业技术岗位的最高等级按照事业单位的功能、规格、隶属关系、专业技术水平和现行专业技术职务管理有关规定等因素综合确定。一级岗位按国家有关政策规定设置和报批，二级及以下岗位由中国地震局负责设置管理。

第十三条　工勤技能岗位等级

工勤技能岗位分技术工岗位（设 5 个等级）和普通工岗位。现行的工人技术等级岗位与工勤技能岗位等级的对应关系如下：

1. 高级技师岗位对应国家通用技术工一级岗位；
2. 技师岗位对应国家通用技术工二级岗位；
3. 高级工岗位对应国家通用技术工三级岗位；
4. 中级工岗位对应国家通用技术工四级岗位；
5. 初级工岗位对应国家通用技术工五级岗位；
6. 普通工岗位不分等级。

技术工一级、二级岗位主要应在专业技术辅助岗位承担技能操作和维护职责等对技能水平要求较高的领域，按照岗位等级规范、技能水平和工作需要设置。

第四章　岗位结构比例

第十四条　根据各单位承担的主要任务和职责，局所属事业单位管理岗位、专业技术岗位、工勤技能岗位的结构比例，总体控制为：

（一）局所属事业单位岗位总量不超过事业编制总数，其中，管理岗位不超过岗位总量的20%，专业技术岗位不低于岗位总量的70%，工勤技能岗位不超过岗位总量的10%。

（二）对单位小、人员少、性质特殊的事业单位，岗位设置的结构比例由中国地震局统一综合调控。

第十五条 根据宏观调控、分类管理的原则，按照省级地震局、研究所、其他直属事业单位分三类确定各类岗位的总量和结构比例。

第十六条 管理岗位中，四级及以上职员岗位按干部人事管理有关规定和权限确定；五级、六级职员岗位总量由局根据各单位的机构、领导干部职数等因素综合核定；七级及以下职员岗位，由各单位根据实际情况，合理确定。

第十七条 局所属事业单位专业技术高级、中级、初级岗位之间的结构比例实行总体控制，按照各单位所属类别、实有人员比例等情况综合确定。

第十八条 局所属事业单位专业技术高级、中级、初级岗位内部不同等级之间的结构比例按照单位类别确定。

第十九条 工勤技能岗位的一级、二级、三级岗位总量占工勤技能岗位总量的比例控制在60%以内。其中，一级、二级岗位总量占工勤技能岗位总量的比例控制在5%以内，由中国地震局对各单位的岗位数量进行总量调控；技术工四级及以下岗位由各单位合理确定。

第五章 岗位基本条件

第二十条 管理岗位、专业技术岗位和工勤技能岗位的基本条件，主要根据岗位的职责任务和任职条件确定。事业单位三类岗位的基本条件是：

（一）遵守宪法和法律；

（二）具有良好的品行；

（三）岗位所需的专业、能力或技能条件；

（四）适应岗位要求的身体条件。

第二十一条 管理、专业技术、工勤技能等系列各岗位基本任职条件详见附表1。其中：

（一）管理岗位基本任职条件

职员岗位一般应具有中专以上文化程度，其中六级以上职员岗位一般应具有大学专科以上文化程度，四级以上职员岗位一般应具有大学本科以上文化程度。

各等级职员岗位还必须具备下列基本任职条件：三级、五级职员岗位，须分别在四级、六级职员岗位上工作两年以上；四级、六级职员岗位，须分别在五级、七级职员岗位上工作三年以上；七级、八级职员岗位，须分别在八级、九级职员岗位上工作三年以上。

（二）专业技术岗位基本任职条件

1．专业技术岗位基本任职条件按照现行专业技术职务评聘的有关规定执行。实行职业资格准入控制的专业技术岗位的基本条件，应包括准入控制的要求。

2．高级、中级、初级岗位内部不同等级岗位的条件，由中国地震局根据岗位的职责任务、专业技术水平要求等因素综合确定基本任职条件。

3．中国地震局专业技术主体系列岗位以外的专业技术岗位，其基本任职条件由各单位参照局专业技术主体系列岗位的基本任职条件自行制定。

（三）工勤技能岗位基本任职条件

1. 一级、二级工勤技能岗位，须在本工种下一级岗位工作满 5 年，并分别通过高级技师、技师技术等级考评；

2. 三级、四级工勤技能岗位，须在本工种下一级岗位工作满 5 年，并分别通过高级工、中级工技术等级考核；

3. 学徒（培训生）学习期满和工人见习、试用期满，通过初级工技术等级考核后，可确定为五级工勤技能岗位。

第二十二条 对于聘用的管理人员、专业技术人员及工勤技能人员在试用期满后，按国家有关规定或认定的资格聘用到相应级别的岗位。

第二十三条 对引进的特别优秀的人才、做出重大创新贡献的人员以及重大项目的骨干，可进行破格聘用，具体办法另行制定。

第二十四条 对兼有专业技术岗位职责要求的管理岗位，如执行专业技术系列，所聘人员应同时满足管理岗位和专业技术岗位相关任职条件。

第六章 岗位聘用程序与等级聘用

第二十五条 局所属事业单位可根据岗位设置需要，分类分级成立岗位聘用委员会。

第二十六条 聘用工作按照国家有关规定实行回避制度。受聘人员凡与聘用单位负责人有夫妻关系、直系血亲关系、三代以内旁系血亲或者近姻亲关系的，不得被聘用为单位负责人的秘书或本单位人事、财务、纪检、监察岗位，也不得被聘用为有直接上下级领导关系的岗位。聘用工作组织成员在办理人员聘用事项时，遇有上述亲属关系的，也应当回避。

第二十七条 聘用程序

（一）公布岗位

将岗位名称、等级、职责、任职条件和待遇等，按一定的程序对外公布。涉密岗位确需使用其他方法选拔人员的除外。

（二）竞聘上岗

1. 应聘人员提出申请并填写《中国地震局事业单位岗位聘用审核登记表》（附表2）；

2. 人事部门对应聘人员的资格条件进行审查；

3. 用人部门审核；

4. 岗位聘用委员会对应聘人员进行考核、评议，择优推荐聘用人选；

5. 单位领导集体研究确定拟聘人选。

（三）公示聘用

1. 拟聘人员应在适当范围内进行公示，公示期一般为 7 至 15 日；

2. 单位法定代表人或其委托人与受聘人员签订岗位聘用合同；

第二十八条 各单位人员原则上不得同时在两类岗位上任职，确因工作需要兼任的，须按人事管理权限审批。

第二十九条 竞聘专业技术二级岗位的人员，由用人单位根据岗位任职条件及结构比例进行初评，确定推荐人选，报中国地震局审核。中国地震局审核通过后，用人单位正式聘用。

第三十条 根据国家有关规定，拟聘专业技术一级岗位的人员，报中国地震局审核并经国家人事部核准后，用人单位正式聘用。

第三十一条 局所属事业单位要严格按照岗位的职责任务和任职条件，按照不低于国家和中国地震局规定的基本任职条件要求聘用人员。对确有真才实学，岗位急需且具有突出贡献的中青年科技人才，可适当放宽任职年限，在本层级的专业技术岗位等级内可高聘一级。

第三十二条 岗位类别未发生变动的，所执行的工资系列不得变更；岗位类别发生变动的，可根据有关政策执行相应的岗位工资系列。

第三十三条 竞聘岗位类别发生变化时，须符合所竞聘岗位的基本任职条件。

第三十四条 局所属事业单位按照核准的岗位设置方案，在岗位有空缺的条件下，按照公开招聘、竞聘上岗的有关规定择优聘用人员，确定具体岗位，明确岗位等级，签订岗位聘用合同。

第七章 岗位设置审核与实施

第三十五条 我局岗位设置实行核准制度，局所属事业单位须根据本办法，制定具体的岗位设置方案和岗位管理实施细则。

第三十六条 岗位设置工作按以下程序进行：

（一）局所属事业单位制定岗位设置方案，填写《中国地震局事业单位岗位设置审核表》（附表3），一并报中国地震局核准；

（二）岗位设置方案经中国地震局核准后，制定本单位具体的岗位管理实施细则；

（三）岗位管理实施细则应广泛征求职工意见；

（四）岗位管理实施细则由单位领导班子集体讨论通过，报中国地震局备案；

（五）组织实施。

第三十七条 经中国地震局核准的岗位设置方案，作为单位聘用人员、确定岗位等级、调整岗位以及核定工资的依据。

第三十八条 局所属事业单位岗位设置方案经中国地震局核准后，必须严格执行，不得擅自变更。如现有人员总量与结构比例已超过中国地震局核准的岗位总量与结构比例，应采取低聘、自然减员、转岗分流等办法，逐步达到中国地震局核准的岗位总量与结构比例。

第三十九条 局所属各事业单位的岗位总量、结构比例和最高等级应保持相对稳定。有下列情形之一的，岗位设置方案可按照权限申请变更：

（一）事业单位出现分立、合并，须对本单位的岗位进行重新设置的；

（二）根据中国地震局或省级机构编制部门的正式文件，增减机构编制的；

（三）按照业务发展和实际情况，为完成工作任务确需变更岗位设置的。

符合上述规定的，须按照第三十六条规定的程序和审核权限，填写岗位设置变更（增设）表，报中国地震局核准。

第八章　附　　则

第四十条　本办法第十五条所列局其他直属事业单位中，有行业岗位设置指导意见的，要参照本办法和行业岗位设置指导意见的有关规定制定岗位设置方案，经中国地震局核准后组织实施。

第四十一条　我局岗位设置工作针对各单位特点，岗位设置方案实行分类审批。

第四十二条　尚未实行聘用制度的事业单位，应按照《国务院办公厅转发人事部关于在事业单位试行人员聘用制度意见的通知》（国办发〔2002〕35 号）和本实施办法的精神，进行岗位设置，实行聘用制度，组织岗位聘用。

第四十三条　已经实行聘用制、签订聘用合同的事业单位，可根据国家和本实施办法的要求以及各单位的岗位设置方案，按照职工首次确定的岗位类别和等级，变更合同相应内容。

第四十四条　岗位合同的聘期一般为 3 –5 年。

专业技术岗位中聘用的科学研究系列、工程技术系列二级岗位人员和其他系列中聘用的三级岗位人员，用人单位可直接聘用至国家规定的退休年龄。

在专业技术岗位上做出突出贡献的人员，经过不少于 10 年的岗位聘用，可签订长期岗位聘用合同（距离国家规定的退休年龄不足 2 个聘期的，可聘用至国家规定的退休年龄；其他签订长期岗位聘用合同的人员总量应控制在本单位专业技术岗位总量的 20% 以内）。

第四十五条　中国地震局有关部门对各单位的岗位设置管理工作进行监督、检查。各单位应组建由党政、纪检、职工代表等人员构成的岗位聘用工作监督委员会，对本单位岗位设置及聘用工作进行监督。

第四十六条　本办法由中国地震局人事教育和科技司负责解释。

第四十七条　本办法自印发之日起施行。

附件 2：

中国地震局事业单位专业技术岗位首次分级聘用工作实施意见

为保证我局各事业单位专业技术岗位设置及聘用工作的顺利开展，就《中国地震局事业单位岗位管理实施办法（试行）》（以下简称《实施办法》）施行中，专业技术人员首次岗位分级聘用工作，提出以下实施意见：

一、根据人事部《关于印发〈事业单位岗位设置管理试行办法〉的通知》（国人部发〔2006〕70 号）、《关于印发〈事业单位岗位设置管理试行办法〉实施意见的通知》（国人部发〔2006〕87 号）的规定，充分体现了国家对专业技术岗位设置进行的重大改革。局属各事业单位务必高度重视，并根据《实施办法》的有关规定认真组织实施。

二、各单位应在认真分析专业技术人员现状的基础上，根据防震减灾事业人才发展规划，合理设置岗位。在首次分级聘用时，重点考虑现有人员所在岗位、能力、贡献、所承担科研（业务）工作及任职年限等因素。

三、各单位在进行专业技术岗位首次分级聘用时，只开展专业技术人员现职务（资格）等级的分级聘用工作，不进行跨等级聘用。

四、专业技术一级岗位首次聘用人员的范围，限定为人事部批准执行专业技术一级岗位工资的中国科学院院士和中国工程院院士。

五、中期考核为优秀的“局百人计划”入选者，在同等情况下可优先聘用。

六、离岗安置、待岗、长期病休等在册不在岗的专业技术人员，按照 2006 年收入分配制度改革时套定的专业技术岗位工资等级确定，不再参加此次岗位分级。

七、2006 年 7 月 1 日至 2008 年 3 月 31 日期间退休的专业技术人员，根据本人退休前的岗位，按照任职条件要求，可参加本单位的专业技术岗位首次分级，占各单位当年的专业技术岗位职数，退休时间不变。

八、各单位专业技术岗位首次分级聘用时，不得超过局核准的各专业技术等级岗位的数量和结构比例。同时，专业技术二级、三级、五级岗位原则上要各留有一定比例的空岗，为人才引进和事业发展留有空间。

九、为了公开、公正地开展专业技术岗位首次分级聘用工作，各单位须组建具有公信力和权威性的各级岗位首次分级聘用委员会。聘用委员会成员不少于 9 人，其中高级岗位聘用委员会中，专家人数不少于三分之二，可吸收外单位专家参加。聘用委员会成员实行回避制度。

十、专业技术三级及以下岗位首次分级聘用工作程序：

（一）各单位按照局专业技术岗位基本任职条件，制定本单位的专业技术岗位任职条件，根据局核准的岗位总量，公布各岗位等级的数量和任职条件；

（二）本人提出岗位分级聘用申请，并填写《中国地震局事业单位岗位聘用审核表》；

（三）人事部门会同相关业务职能部门联合对申请人进行资格审查；

（四）单位首次分级聘用委员会对申请人进行评议、推荐；

（五）单位领导班子集体研究确定拟聘人员；

（六）对拟聘人员进行公示，公示期一般为 7 至 15 日；

（七）单位法定代表人或其委托人与聘用人员签订岗位聘用合同，如聘用人员为单位法定代表人，由上级主管部门与其签订岗位聘用合同。

十一、竞聘专业技术二级岗位的人员，填写《中国地震局专业技术二级岗位审核表》（见附表），按照上述首次分级聘用工作程序，由各单位根据局核定的结构比例及岗位任职条件进行初评，确定推荐人员并排序，报局审核评议。中国地震局审核通过后，各单位正式聘用。

十二、各单位在岗位设置聘用工作完成后，专业技术人员按新岗位等级，统一从 2008 年 4 月起兑现岗位工资；2006 年 7 月 1 日至 2008 年 3 月 31 日期间退休的专业技术人员，从 2008 年 4 月起按新岗位等级工资重新计发退休费。

十三、本实施意见只适用专业技术岗位首次分级聘用工作。各单位专业技术岗位首次分级聘用工作完成后，按《实施办法》等局有关文件规定，正常开展各岗位的聘用工作。

十四、各单位应按照《实施办法》和本实施意见，制定适合本单位的专业技术岗位首次分级聘用办法，并报局备案后执行。各单位首次分级聘用工作应于2008年12月底前完成。

十五、本实施意见由中国地震局人事教育和科技司负责解释。

十六、本实施意见自印发之日起施行。

附件3：

中国地震局事业单位专业技术
二级岗位拟聘人员审核办法

根据《中国地震局事业单位岗位管理实施办法（试行)》的有关规定，为保证专业技术二级岗位聘用审核工作的顺利开展，制定本办法。

一、中国地震局成立专业技术二级岗位专家评议委员会（以下简称专家委员会)。其主要职责是评议专业技术二级岗位拟聘人员，并提出推荐人选。

专家委员会下设审核工作办公室，负责专家委员会的日常工作，审核工作办公室设在人事教育和科技司科技人才和成果处。

专家委员会由相关领域专家组成，成员不少于15人，主要由专业技术二级及以上专家组成。

二、审核工作办公室负责审核、汇总各单位的上报材料，为专家委员会提供有关信息和服务。

三、审核程序

1. 各单位按局有关规定，将专业技术二级岗位推荐人选相关材料报审核办公室；

2. 审核办公室将审核、汇总后的材料送专家委员会；

3. 专家委员会对推荐人选进行评议，根据投票结果推荐拟聘人员；

4. 局党组会议研究确定拟聘人员；

5. 对党组会议审定通过的拟聘人员进行公示，公示期为15日；

6. 局发文公布二级岗位拟聘人员名单。

四、其他

1. 局一般每年第四季度进行专业技术二级岗位拟聘人员审核工作。各单位根据局有关规定，进行初评和推荐人选材料的报送工作。

2. 推荐人选须如实填写审核材料，各单位应认真审查、严格把关。对弄虚作假者，一经查实，将取消审核资格，同一人员五年内不得再推荐为专业技术二级岗位拟聘人员。同时，将对相关人员和单位予以通报批评。

五、本办法由中国地震局人事教育和科技司负责解释。

六、本办法自印发之日起施行。

地震与
地震灾害

本部分包括四方面内容：一是全球 $M \geqslant 7.0$ 地震目录；二是中国大陆及沿海地区 $M \geqslant 4.0$ 地震目录；三是对我国及全球一年来地震活动的综述，我国及世界地震灾害情况简介；四是将一年来我国各地地震活动性及破坏性地震震害的宏观考察加以记载。从中既可纵览地震总体形势，又可了解有关地震事件的基本情况。

2008 年世界 $M \geqslant 7.0$ 地震目录

序号	发震时间	震中位置		深度/km	震级		地区
	月-日-时:分:秒	ϕ(°)	λ(°)		M_S	M_W	
1	01-05-19:01:02.3	51.30N	130.80W	10	7.0	6.6	加拿大夏洛特皇后群岛地区
2	02-08-17:38:14.1	10.70N	41.90W	9	7.3	6.9	中大西洋海岭北部
3	02-20-16:08:26.8	2.54N	95.89E	30	7.7	7.4	印尼苏门答腊北部西岸近海
4	02-25-16:36:28.2	2.94S	99.88E	31	7.7	7.2	印尼苏门答腊南部地区
5	02-26-05:02:16.5	2.39S	99.74E	35	7.1	6.7	印尼苏门答腊南部地区
6	03-21-06:32:58.7	35.64N	81.54E	21	7.5	7.2	中国新疆维吾尔自治区和田地区于田县
7	04-09-20:46:10.1	19.86S	169.88E	40	7.2	7.3	洛亚尔提群岛
8	04-12-08:30:09.4	55.77S	158.38E	9	7.0	7.1	麦夸里岛地区[太平洋]
9	05-02-09:33:37.5	52.14N	178.11W	16	7.0	6.6	安德烈亚诺夫群岛[阿留申群岛]
10	05-08-00:45:18.4	36.24N	141.26E	31	7.2	6.9	日本本州东岸近海
11	05-12-14:27:59.5	31.01N	103.42E	14	8.0	7.9	中国四川省阿坝藏族羌族自治州汶川县
12	06-14-07:43:38.9	38.91N	141.29E	7	7.3	6.9	日本本州东岸近海
13	07-05-10:12:03.3	53.83N	152.95E	636	7.4(m_B)	7.7	鄂霍次克海
14	07-19-10:39:28.4	37.56N	141.91E	22	7.2	7.0	日本本州东岸近海
15	07-23-23:26:17.2	39.70N	141.46E	107	7.0(m_B)	6.8	日本本州东部
16	09-09-02:52:09.5	13.03S	167.01E	129	7.2(m_B)	6.9	瓦努阿图群岛
17	09-10-21:08:14.9	8.10N	38.70W	10	7.0	6.6	中大西洋海岭中部
18	09-11-08:20:49.4	41.90N	143.78E	33	7.3	6.8	日本北海道地区
19	09-29-23:19:27.7	29.46S	177.03W	26	7.1	7.0	新西兰克马德克群岛

续表

序号	发震时间	震中位置		深度/km	震级		地区
	月-日-时:分:秒	ϕ(°)	λ(°)		M_S	M_W	
20	10-05-23:52:47.4	39.58N	73.67E	27	7.0	6.6	中国新疆维吾尔自治区乌恰县与吉尔吉斯坦交界
21	10-19-13:10:31.6	21.32S	173.35W	21	7.0	6.9	汤加群岛地区
22	11-17-01:02:29.1	1.12N	122.45E	30	7.0	7.3	印尼米纳哈沙半岛
23	11-24-17:02:58.0	54.03N	154.54E	509	7.1(m_B)	7.3	鄂霍次克海

注：本资料根据中国数字地震台网观测报告和中国月报地震目录整理而成，矩震级 M_W 引自美国 PDE，M_B 为中长周期体波震级。

（中国地震台网中心地震台网部）

2008 年中国及邻区 $M \geqslant 4.0$ 地震目录

序号	发震时间	震中位置		深度/km	震级		地区
	月-日-时:分:秒	$\phi_N(°)$	$\lambda_E(°)$		M_S	M_W	
1	01-04-09:53:33.8	44.02	82.31	14	4.8(m_B)		新疆维吾尔自治区伊犁哈萨克自治州尼勒克县
2	01-08-21:26:45.5	23.51	120.94	15	4.3(m_b)		台湾南投县
3	01-09-16:26:44.0	32.39	85.27	10	6.8	6.4	西藏自治区阿里地区改则县
4	01-09-17:32:40.3	32.23	84.9	8	4.7		西藏自治区阿里地区改则县
5	01-09-21:54:13.6	32.39	85.23	32	4.6		西藏自治区阿里地区改则县
6	01-10-01:48:07.2	32.52	85.2	18	4.1		西藏自治区阿里地区改则县
7	01-10-14:49:39.4	32.54	84.97	24	4.4(m_B)		西藏自治区阿里地区改则县
8	01-12-03:27:23.3	21.07	120.32	30	4.1		台湾恒春海域
9	01-12-09:05:04.2	35.48	74.69	23	4.1(m_b)		克什米尔西北部
10	01-13-00:40:36.9	26.55	96.18	47	4.2(m_b)		缅甸
11	01-13-15:57:30.2	21.74	120.48	22	4.0		台湾恒春海域
12	01-14-11:21:43.2	32.54	85.26	22	4.7	4.9	西藏自治区阿里地区改则县
13	01-15-01:49:54.6	25.93	98.74	11	4.2		云南省怒江傈僳族自治州泸水县
14	01-16-19:54:43.4	32.44	85.18	10	6.2	5.9	西藏自治区阿里地区改则县
15	01-17-08:36:45.8	32.57	85.27	30	4.4		西藏自治区阿里地区改则县
16	01-17-11:04:11.4	24.5	122	10	4.5		台湾宜兰海域

序号	发震时间	震中位置		深度/km	震级		地区
	月-日-时:分:秒	ϕ_N(°)	λ_E(°)		M_S	M_W	
17	01-17-14:25:42.9	43.62	84.31	13	4.4		新疆维吾尔自治区伊犁哈萨克自治州尼勒克县
18	01-17-15:09:56.1	32.34	85.15	16	4.7	4.9	西藏自治区阿里地区改则县
19	01-17-15:18:42.4	43.92	84.15	11	4.3		新疆维吾尔自治区塔城地区乌苏市
20	01-19-03:18:50.1	38.18	73.22	47	4.4		塔吉克斯坦
21	01-19-13:35:11.7	32.33	85.1	22	4.4(m_B)		西藏自治区阿里地区改则县
22	01-19-13:55:06.9	21.44	121.3	6	4.1		巴士海峡
23	01-20-19:17:57.7	37.92	95.22	29	4.1		青海省海西蒙古族藏族自治州
24	01-21-03:12:24.3	22.17	122.04	32	4.2(m_b)		台湾台东海域
25	01-21-04:00:22.2	32.55	85.5	9	4.3		西藏自治区那曲地区尼玛县
26	01-21-19:39:54.7	35.92	82.02	13	4.1(m_b)		新疆维吾尔自治区和田地区于田县
27	01-22-21:43:11.6	32.48	85.39	14	4.0		西藏自治区那曲地区尼玛县
28	01-23-00:23:28.7	26.04	99.03	15	4.0		云南省大理白族自治州云龙县
29	01-23-02:43:32.4	32.49	85.29	13	5.6	5.5	西藏自治区阿里地区改则县
30	01-23-18:35:43.0	32.59	85.18	9	4.4		西藏自治区阿里地区改则县
31	01-24-06:39:30.1	32.65	85.46	11	4.4(m_B)		西藏自治区阿里地区改则县
32	01-25-23:10:27.1	28.05	94.31	37	4.8(m_B)		西藏自治区林芝地区墨脱县
33	01-27-16:03:13.7	32.56	85.14	9	4.0		西藏自治区阿里地区改则县

续表

序号	发震时间	震中位置		深度/km	震级		地区
	月-日-时:分:秒	ϕ_N(°)	λ_E(°)		M_S	M_W	
34	01-27-21:54:26.0	24.25	122.8	28	4.0		台湾宜兰海域
35	01-29-20:23:51.3	27.6	92.65	29	4.8(m_B)		西藏自治区山南地区错那县
36	01-31-00:35:55.3	32.55	85.39	14	4.0		西藏自治区那曲地区尼玛县
37	01-31-07:48:16.2	32.04	95.1	20	4.2		西藏自治区昌都地区丁青县
38	02-01-05:06:47.1	28.41	105.01	30	4.6		四川省宜宾市江安县
39	02-03-09:30:28.7	38.76	76.14	25	4.3(m_B)		新疆维吾尔自治区喀什地区英吉沙县
40	02-03-12:57:13.9	42.23	77.28	10	4.1(m_b)		吉尔吉斯斯坦伊塞克湖地区
41	02-03-21:30:31.6	24.2	122.04	37	4.3(m_B)		台湾花莲海域
42	02-06-13:57:40.3	22.4	121.54	16	4.0(m_b)		台湾台东海域
43	02-07-12:38:26.0	41.53	79.32	14	4.2(m_b)		新疆维吾尔自治区阿克苏地区乌什县
44	02-08-23:26:18.8	38.87	77.87	21	4.5(m_b)		新疆维吾尔自治区喀什地区麦盖提县
45	02-09-11:45:42.9	25.3	123.55	147	4.7(m_B)		台湾台北东北海域
46	02-10-16:38:56.4	26.46	95.53	50	4.9(m_B)		缅甸—印度边境地区
47	02-11-05:02:54.7	32.0	95.07	32	4.5		西藏自治区昌都地区丁青县
48	02-16-14:00:07.8	29.4	102.14	11	4.3		四川省雅安市石棉县
49	02-18-04:33:00.7	23.31	121.45	21	5.5		台湾花莲沿岸
50	02-18-10:44:46.1	25.69	99.91	14	4.6		云南省大理白族自治州漾濞彝族自治县
51	02-20-00:57:09.5	20.35	121.11	30	5.0	5.2	巴坦群岛以西海中
52	02-20-15:09:28.7	47.03	90.09	12	4.5		新疆维吾尔自治区阿勒泰地区青河县
53	02-22-16:12:01.2	43.25	84.75	12	4.5(m_b)		新疆维吾尔自治区巴音郭楞蒙古自治州和静县

序号	发震时间	震中位置		深度/km	震级		地区
	月－日－时:分:秒	ϕ_N(°)	λ_E(°)		M_S	M_W	
54	02－24－02:14:20.1	23.34	120.89	10	4.8(m_B)		台湾高雄县
55	02－27－01:50:01.9	30.13	102.04	22	4.9	5.1	四川省甘孜藏族自治州康定县
56	02－28－02:54:08.8	24.82	122.16	17	4.5		台湾台北沿海
57	02－28－04:10:58.3	26.78	95.96	60	4.4		缅甸—印度边境地区
58	03－01－00:58:04.4	24.11	122.6	34	4.7	4.9	台湾花莲海域
59	03－01－16:36:15.9	35.83	75.72	60	4.2		克什米尔东部
60	03－01－17:22:25.7	35.55	75.45	6	4.4		克什米尔东部
61	03－02－22:13:53.7	29.24	81.56	16	4.3(m_B)		尼泊尔
62	03－03－02:26:45.7	22.41	102.33	30	4.0		云南省江城哈尼族彝族自治县与越南交界地区
63	03－03－04:40:32.0	25.22	122.88	144	4.2(m_B)		台湾台北海域
64	03－04－20:56:52.1	25.04	120.72	15	4.1(m_B)		台湾海峡
65	03－05－01:31:46.2	23.11	120.8	22	5.4	5.2	台湾台南县、高雄县交界
66	03－05－06:42:40.3	23.76	120.46	15	4.2		台湾云林县
67	03－05－21:50:13.8	40.37	77.51	6	4.2		新疆维吾尔自治区克孜勒苏柯尔克孜自治州阿图什市
68	03－06－10:23:23.5	34.46	86.49	36	4.4(m_B)		西藏自治区那曲地区尼玛县
69	03－06－21:58:02.4	26.37	118.54	16	4.4		福建省宁德市古田县
70	03－06－22:25:36.2	27.77	87.36	35	4.2		尼泊尔
71	03－08－07:39:53.4	28.05	101.82	10	4.4(m_B)		四川省凉山彝族自治州西昌市
72	03－09－16:31:28.2	26.22	116.56	15	4.1(m_B)		福建省三明市宁化县
73	03－10－05:45:13.9	34.91	114.83	15	4.1		河南省封丘县、长垣县、兰考县交界
74	03－10－07:22:09.9	26.45	118.59	27	4.0		福建省宁德市古田县
75	03－10－17:56:10.1	20.77	121.38	46	4.6(m_B)		巴坦群岛
76	03－11－04:24:15.6	39.99	118.97	15	4.0		河北省秦皇岛市卢龙县

续表

序号	发震时间	震中位置		深度/km	震级		地区
	月-日-时:分:秒	ϕ_N(°)	λ_E(°)		M_S	M_W	
77	03-12-11:18:48.0	27.04	96.89	27	4.4		缅甸—印度边境地区
78	03-15-10:48:55.9	26.89	95.9	73	4.3(m_b)		缅甸—印度边境地区
79	03-15-16:05:52.8	24.3	124.5	65	4.0	4.4	日本琉球群岛西南部
80	03-15-23:42:11.8	39.9	77.77	16	4.0(m_b)		新疆维吾尔自治区喀什地区伽师县
81	03-17-08:56:22.6	31.38	96.9	10	4.0		西藏自治区昌都地区昌都县
82	03-18-23:32:05.9	27.4	93.42	56	4.2(m_b)		西藏自治区山南地区错那县
83	03-20-18:14:09.5	34.45	82.62	64	4.5(m_B)		西藏自治区阿里地区改则县
84	03-21-06:32:58.7	35.64	81.54	21	7.5	7.2	新疆维吾尔自治区和田地区于田县
85	03-21-06:38:50.9	35.02	81.24	15	5.2		新疆维吾尔自治区和田地区于田县
86	03-21-06:50:30.4	35.61	81.11	15	6.2		新疆维吾尔自治区和田地区策勒县
87	03-21-06:57:20.3	35.03	80.6	30	5.4(m_b)		西藏自治区阿里地区日土县
88	03-21-07:12:02.0	35.66	81.55	20	5.8		新疆维吾尔自治区和田地区于田县
89	03-21-07:37:42.5	36.05	81.69	15	4.2(m_b)		新疆维吾尔自治区和田地区于田县
90	03-21-07:50:06.5	35.5	81.53	12	5.2		新疆维吾尔自治区和田地区策勒县
91	03-21-07:54:24.5	35.36	81.12	14	4.5(m_b)		西藏自治区阿里地区日土县
92	03-21-07:55:02.1	35.56	81.52	13	5.2(m_B)		新疆维吾尔自治区和田地区策勒县
93	03-21-08:10:36.3	35.54	81.57	10	5.0		新疆维吾尔自治区和田地区于田县
94	03-21-08:26:13.4	35.63	81.53	15	5.2		新疆维吾尔自治区和田地区于田县
95	03-21-08:39:42.9	35.39	81.46	26	4.3(m_b)		新疆维吾尔自治区和田地区策勒县

续表

序号	发震时间	震中位置		深度/km	震级		地区
	月-日-时:分:秒	ϕ_N(°)	λ_E(°)		M_S	M_W	
96	03-21-08:48:51.8	35.35	81.42	10	4.6		西藏自治区阿里地区日土县
97	03-21-09:08:51.5	35.56	81.57	17	4.6		新疆维吾尔自治区和田地区策勒县
98	03-21-09:46:54.9	35.52	81.41	17	4.5		新疆维吾尔自治区和田地区策勒县
99	03-21-09:55:50.7	35.54	81.52	10	4.1(m_b)		新疆维吾尔自治区和田地区策勒县
100	03-21-10:10:40.4	35.82	81.7	23	4.1		新疆维吾尔自治区和田地区于田县
101	03-21-10:15:34.4	35.43	81.57	10	4.3(m_b)		新疆维吾尔自治区和田地区于田县
102	03-21-10:40:51.3	35.5	81.52	9	4.4		新疆维吾尔自治区和田地区策勒县
103	03-21-10:46:35.6	35.62	81.46	18	4.1(m_b)		新疆维吾尔自治区和田地区策勒县
104	03-21-12:03:25.6	35.68	81.62	10	4.8		新疆维吾尔自治区和田地区于田县
105	03-21-12:52:34.2	35.78	81.72	11	4.1		新疆维吾尔自治区和田地区于田县
106	03-21-13:01:12.6	35.82	81.87	8	4.1		新疆维吾尔自治区和田地区于田县
107	03-21-14:16:03.4	35.78	81.62	19	4.7	5.2	新疆维吾尔自治区和田地区于田县
108	03-21-14:48:03.4	35.52	81.64	15	4.6(m_B)		新疆维吾尔自治区和田地区于田县
109	03-21-14:51:12.0	35.8	81.73	14	4.0(m_B)		新疆维吾尔自治区和田地区于田县
110	03-21-18:31:19.0	35.58	81.42	9	4.2		新疆维吾尔自治区和田地区策勒县
111	03-21-18:34:16.6	35.76	81.69	12	4.4(m_b)		新疆维吾尔自治区和田地区于田县

续表

序号	发震时间 月-日-时:分:秒	震中位置 ϕ_N(°)	 λ_E(°)	深度/km	震级 M_S	 M_W	地区
112	03-21-19:09:27.4	35.33	81.47	9	4.3		新疆维吾尔自治区和田地区策勒县
113	03-21-20:02:54.5	35.46	81.47	14	4.9	5.2	新疆洛浦与西藏日土交界地区
114	03-21-20:36:54.7	24.4	97.71	13	5.2	5.1	云南省盈江县与缅甸交界地区
115	03-21-21:45:55.1	24.45	97.69	14	4.2		云南省盈江县与缅甸交界地区
116	03-22-00:36:09.9	35.83	81.76	9	4.3(m_b)		新疆维吾尔自治区和田地区于田县
117	03-22-02:06:46.9	35.75	81.65	10	4.4		新疆维吾尔自治区和田地区于田县
118	03-22-04:20:01.7	35.78	81.73	9	4.1		新疆维吾尔自治区和田地区于田县
119	03-22-04:52:16.2	35.22	81.35	24	4.6	5.0	西藏自治区阿里地区日土县
120	03-22-06:53:54.4	35.57	81.53	26	4.3(m_B)		新疆维吾尔自治区和田地区策勒县
121	03-22-07:42:24.4	35.45	81.56	11	4.0(m_b)		新疆维吾尔自治区和田地区策勒县
122	03-22-09:30:21.0	35.78	81.69	11	4.2		新疆维吾尔自治区和田地区于田县
123	03-23-05:59:29.6	35.8	81.59	10	4.4(m_b)		新疆维吾尔自治区和田地区于田县
124	03-23-11:49:34.0	35.68	81.54	8	4.0		新疆维吾尔自治区和田地区于田县
125	03-23-14:06:45.4	35.52	81.62	11	4.4(m_B)		新疆维吾尔自治区和田地区于田县
126	03-23-15:00:06.0	35.25	81.5	11	4.1		西藏自治区阿里地区日土县
127	03-23-22:47:50.4	35.43	81.33	10	4.0		新疆维吾尔自治区和田地区策勒县

续表

序号	发震时间	震中位置		深度/km	震级		地区
	月-日-时:分:秒	ϕ_N(°)	λ_E(°)		M_S	M_W	
128	03-24-03:48:44.1	35.81	81.62	7	4.6(m_B)		新疆维吾尔自治区和田地区于田县
129	03-24-04:56:13.0	35.84	81.63	11	4.9	5.1	新疆维吾尔自治区和田地区于田县
130	03-24-10:28:14.1	35.64	81.65	11	4.4		新疆维吾尔自治区和田地区于田县
131	03-24-15:58:31.4	35.77	81.66	8	4.7	5.1	新疆维吾尔自治区和田地区于田县
132	03-24-16:16:37.8	35.74	81.65	9	4.4		新疆维吾尔自治区和田地区于田县
133	03-24-19:34:15.7	35.7	81.62	10	4		新疆维吾尔自治区和田地区于田县
134	03-24-19:41:42.4	36.01	81.73	6	4.8(m_B)		新疆维吾尔自治区和田地区于田县
135	03-24-23:24:39.6	32.51	110.22	10	4.4		湖北省十堰市竹山县
136	03-24-23:28:38.4	35.38	81.68	7	4.3		新疆维吾尔自治区和田地区于田县
137	03-25-07:15:33.7	35.15	81.45	7	4.1(m_B)		西藏自治区阿里地区日土县
138	03-25-12:45:39.2	35.33	81.87	4	4.2(m_b)		新疆维吾尔自治区和田地区于田县
139	03-25-18:36:14.8	24.9	123.2	136	5.0(m_B)		台湾台北以东海域
140	03-25-22:18:10.3	35.38	81.4	7	4.2		新疆维吾尔自治区和田地区策勒县
141	03-25-22:59:39.2	35.88	81.45	8	4.1(m_b)		新疆维吾尔自治区和田地区于田县
142	03-26-18:39:27.0	35.77	81.63	14	5.0	5.2	新疆维吾尔自治区和田地区于田县
143	03-26-19:05:57.1	35.71	81.68	20	4.0		新疆维吾尔自治区和田地区于田县
144	03-27-05:56:01.1	35.51	81.47	15	4.0(m_b)		新疆维吾尔自治区和田地区策勒县

续表

序号	发震时间	震中位置		深度/km	震级		地区
	月-日-时:分:秒	ϕ_N(°)	λ_E(°)		M_S	M_W	
145	03-28-01:02:18.8	32.82	87.3	8	4.5		西藏自治区那曲地区尼玛县
146	03-28-16:24:27.6	35.43	81.63	11	4.1(m_b)		新疆维吾尔自治区和田地区于田县
147	03-29-22:30:12.2	35.23	81.36	13	4.1		西藏自治区阿里地区日土县
148	03-30-16:32:24.7	37.97	101.92	11	5.2	5.1	甘肃省张掖市肃南裕固族自治县
149	04-01-06:50:08.0	35.42	81.51	12	4.2(m_b)		新疆维吾尔自治区和田地区策勒县
150	04-01-18:17:08.3	28.63	87.22	59	4.7(m_B)		西藏自治区日喀则地区定日县
151	04-02-18:10:37.1	44.54	83.23	15	4.5(m_B)		新疆维吾尔自治区博尔塔拉蒙古自治州精河县
152	04-04-06:12:51.6	26.13	96.85	11	4.2		缅甸
153	04-04-08:18:43.6	25.13	125.05	19	4.3(m_B)		日本琉球群岛西南部
154	04-06-09:05:51.3	36.33	106.39	12	4.3		宁夏回族自治区固原市市辖区
155	04-06-10:48:40.8	35.76	81.76	13	4.2(m_b)		新疆维吾尔自治区和田地区于田县
156	04-06-11:20:42.5	36.14	106.11	13	4.3(m_B)		宁夏回族自治区固原市市辖区
157	04-06-20:36:07.8	24.81	122.34	21	4.4		台湾宜兰海域
158	04-07-08:08:03.9	24.66	122.42	12	4.1		台湾宜兰海域
159	04-10-15:17:21.1	39.61	75.06	13	4.8	5.0	新疆维吾尔自治区克孜勒苏柯尔克孜自治州乌恰县
160	04-10-15:35:49.9	32.23	85.01	14	4.0		西藏自治区阿里地区改则县
161	04-11-14:09:37.0	38.73	74.92	23	4.2		新疆维吾尔自治区克孜勒苏柯尔克孜自治州阿克陶县

续表

序号	发震时间	震中位置		深度/km	震级		地区
	月-日-时:分:秒	ϕ_N(°)	λ_E(°)		M_S	M_W	
162	04-14-12:57:26.3	35.04	81.53	9	4.5(m_B)		西藏自治区阿里地区日土县
163	04-14-23:39:42.2	22.77	121.48	27	4.7	5.0	台湾台东海域
164	04-18-09:55:48.0	35.61	81.64	16	4.2		新疆维吾尔自治区和田地区于田县
165	04-18-11:01:52.9	35.27	81.26	19	4.7	5.0	西藏自治区阿里地区日土县
166	04-20-18:46:48.7	26.07	96.92	21	4.2(m_b)		缅甸
167	04-20-21:14:45.5	46.09	82.81	20	4.9	4.9	新疆维吾尔自治区塔城地区裕民县
168	04-21-08:25:29.6	35.39	81.42	14	4.2		新疆维吾尔自治区和田地区策勒县
169	04-21-16:35:51.3	39.32	102.1	7	4.1		内蒙古自治区阿拉善盟阿拉善右旗
170	04-23-14:24:40.1	24.27	121.81	10	4.6		台湾花莲沿海
171	04-24-02:28:41.5	22.96	121.74	18	6.4	6.0	台湾台东海域
172	04-24-03:33:52.7	23.09	121.66	10	4.1(m_b)		台湾台东海域
173	04-24-04:21:31.4	23.31	121.55	15	4.3		台湾台东沿海
174	04-24-06:04:13.9	22.74	121.79	15	5.0	5.1	台湾台东海域
175	04-24-06:09:14.2	22.87	121.62	22	4.9	5.0	台湾台东海域
176	04-24-07:25:25.4	23.75	122.11	15	4.3		台湾花莲海域
177	04-24-07:53:45.1	22.83	122.06	15	4.6		台湾台东海域
178	04-25-14:45:37.3	23.03	121.65	13	4.2		台湾台东海域
179	04-25-20:03:48.9	32.63	85.28	10	4.6	5.0	西藏自治区阿里地区改则县
180	04-26-05:49:32.5	35.63	81.43	15	4.3(m_B)		新疆维吾尔自治区和田地区策勒县
181	04-26-07:35:54.2	32.77	85.7	26	4.0		西藏自治区阿里地区改则县
182	04-26-13:10:45.2	23.41	121.65	10	4.1		台湾花莲沿海

续表

序号	发震时间	震中位置		深度/km	震级		地区
	月-日-时:分:秒	ϕ_N(°)	λ_E(°)		M_S	M_W	
183	04-26-21:23:43.6	21.41	120.19	25	4.1		台湾恒春海域
184	04-28-02:09:47.4	24.04	97.76	20	4.2		云南省德宏傣族景颇族自治州瑞丽市
185	04-28-07:31:23.6	23.95	121.32	11	4.0		台湾花莲县
186	04-28-13:59:40.1	23.15	121.66	7	4.1		台湾台东海域
187	04-29-23:02:56.1	24.63	97.84	29	4.2		云南省德宏傣族景颇族自治州盈江县
188	04-30-15:09:41.6	25.88	104.64	12	4.4		贵州省六盘水市盘县
189	04-30-16:23:44.8	25.2	122.64	180	4.3(m_B)		台湾台北海域
190	04-30-21:44:58.0	24.8	122.62	113	4.5(m_B)		台湾宜兰海域
191	05-01-03:22:27.1	21.98	119.98	10	4.1		台湾恒春海域
192	05-02-04:16:06.2	42.96	84.35	15	4.1(m_b)		新疆维吾尔自治区巴音郭楞蒙古自治州和静县
193	05-02-23:56:23.2	27.4	101.89	16	4.6		四川省凉山彝族自治州盐源县
194	05-04-20:58:19.2	24.0	121.8	10	4.2(m_B)		台湾花莲海域
195	05-04-22:43:09.7	35.64	81.36	11	4.4(m_B)		新疆维吾尔自治区和田地区策勒县
196	05-06-04:55:10.6	25.87	104.61	12	4.1		贵州省六盘水市盘县
197	05-06-13:00:42.4	35.54	81.46	11	4.9(m_B)		新疆维吾尔自治区和田地区策勒县
198	05-06-13:25:35.3	35.39	81.32	22	4.5	4.9	新疆维吾尔自治区和田地区策勒县
199	05-06-17:30:08.1	32.76	85.6	35	4.3(m_B)		西藏自治区阿里地区改则县
200	05-11-03:18:52.8	24.08	122.43	18	4.3		台湾以东海域
201	05-11-03:41:56.2	23.89	122.79	17	5.8	5.6	台湾以东海域
202	05-12-10:43:15.8	22.47	121.87	10	4.9(m_B)		台湾东南海域
203	05-12-13:02:27.9	35.88	81.4	9	4.0		新疆维吾尔自治区和田地区策勒县

序号	发震时间	震中位置		深度/km	震级		地区
	月-日-时:分:秒	ϕ_N(°)	λ_E(°)		M_S	M_W	
204	05-12-14:27:58.7	31.01	103.42	14	8.0	7.9	四川省阿坝藏族羌族自治州汶川县
205	05-12-14:43:14.7	31.27	103.82	14	6.3		四川省阿坝藏族羌族自治州汶川县
206	05-12-14:48:57.7	32.43	105.67	17	5.6(m_b)		四川省广元市
207	05-12-14:54:16.8	31.26	103.59	13	5.8		四川省阿坝藏族羌族自治州汶川县
208	05-12-14:57:36.2	31.65	104.48	15	5.2(m_b)		四川省绵阳市安县
209	05-12-15:01:34.4	31.45	104.49	13	5.5		四川省绵阳市安县
210	05-12-15:07:36.2	32.29	104.8	19	4.8(m_b)		四川省绵阳市平武县
211	05-12-15:13:44.5	31.07	103.34	14	4.8(m_b)		四川省阿坝藏族羌族自治州汶川县
212	05-12-15:22:25.7	32.2	105.03	18	4.7		四川省江油市
213	05-12-15:25:00.4	32.04	105.2	18	4.2(m_b)		四川省江油市
214	05-12-15:28:33.3	32.08	104.91	25	4.6(m_b)		四川省江油市
215	05-12-15:31:07.2	30.9	103.54	11	4.8		四川省都江堰市
216	05-12-15:34:42.2	31.29	103.77	13	5.8		四川省阿坝藏族羌族自治州汶川县
217	05-12-15:40:07.1	31.39	103.73	10	4.8(m_b)		四川省彭州市
218	05-12-15:44:16.1	31.34	103.86	9	4.6(m_b)		四川省彭州市
219	05-12-15:47:28.9	31.02	104.21	17	4.4(m_b)		四川省广汉市
220	05-12-15:49:21.9	31.47	104.37	8	4.5(m_b)		四川省绵阳市安县
221	05-12-15:53:52.5	30.61	104.33	20	4.6(m_b)		四川省成都市
222	05-12-15:58:21.5	31.14	103.63	24	4.6(m_b)		四川省都江堰市
223	05-12-16:02:18.9	31.43	104.3	22	4.2(m_b)		四川省绵竹市
224	05-12-16:02:58.0	31.83	104.38	9	4.7		四川省绵阳市北川羌族自治县
225	05-12-16:03:40.5	32.03	104.36	22	4.6(m_b)		四川省绵阳市北川羌族自治县
226	05-12-16:08:06.4	31.03	103.4	25	4.6(m_b)		四川省阿坝藏族羌族自治州汶川县

续表

序号	发震时间	震中位置		深度/km	震级		地区
	月-日-时:分:秒	ϕ_N(°)	λ_E(°)		M_S	M_W	
227	05-12-16:08:15.4	31.57	104.35	10	4.8(m_b)		四川省绵阳市安县
228	05-12-16:10:43.0	31.78	104.45	15	4.6(m_b)		四川省绵阳市北川羌族自治县
229	05-12-16:10:57.3	31.14	103.6	10	5.5		四川省都江堰市
230	05-12-16:18:49.1	31.33	104.04	20	4.3(m_b)		四川省绵竹市
231	05-12-16:21:39.5	31.53	104.28	11	5.5		四川省绵竹市
232	05-12-16:26:12.3	31.4	104.12	12	5.1		四川省绵竹市
233	05-12-16:35:05.5	31.29	103.65	14	5.2		四川省都江堰市
234	05-12-16:36:26.4	31.05	103.22	16	4.9(m_b)		四川省阿坝藏族羌族自治州汶川县
235	05-12-16:40:15.4	32.05	104.4	15	4.7(m_b)		四川省绵阳市北川羌族自治县
236	05-12-16:40:30.2	31.38	103.48	12	5.4(m_B)		四川省阿坝藏族羌族自治州汶川县
237	05-12-16:47:23.3	32.16	105.12	9	5.1		四川省广元市剑阁县
238	05-12-16:50:38.7	32.24	105.19	21	4.8		四川省广元市剑阁县
239	05-12-16:54:12.3	32.17	104.92	13	5.0		四川省绵阳市平武县
240	05-12-16:56:33.4	31.93	104.92	20	4.5(m_b)		四川省江油市
241	05-12-16:59:39.9	31.13	103.57	11	4.8(m_B)		四川省都江堰市
242	05-12-17:06:59.0	31.16	103.69	10	5.2		四川省彭州市
243	05-12-17:19:11.3	31.02	103.66	12	4.5		四川省都江堰市
244	05-12-17:23:35.5	32.19	104.92	20	5.0		四川省绵阳市平武县
245	05-12-17:30:55.2	32.15	105.21	8	5.1		四川省江油市
246	05-12-17:31:15.2	31.16	103.56	10	5.2		四川省都江堰市
247	05-12-17:42:24.2	31.48	104.13	14	5.3		四川省什邡市
248	05-12-17:47:45.7	31.35	104.05	25	5.2(m_B)		四川省绵竹市
249	05-12-17:49:50.9	31.08	103.81	12	4.4(m_b)		四川省彭州市
250	05-12-17:51:24.7	31.5	104.24	14	4.7		四川省绵阳市安县
251	05-12-17:54:52.9	31.01	103.41	21	4.3		四川省阿坝藏族羌族自治州汶川县
252	05-12-17:56:55.0	31.15	104.26	15	4.3(m_b)		四川省什邡市

续表

序号	发震时间	震中位置		深度/km	震级		地区
	月-日-时:分:秒	ϕ_N(°)	λ_E(°)		M_S	M_W	
253	05-12-17:59:39.3	32.52	104.45	8	4.1		四川省绵阳市平武县
254	05-12-18:02:35.6	32.45	105.22	7	4.6		四川省广元市青川县
255	05-12-18:04:31.1	32.22	105.08	10	4.8		四川省江油市
256	05-12-18:06:11.9	31.48	103.92	10	4.9(m_B)		四川省什邡市
257	05-12-18:07:21.9	31.53	104.22	10	5.1(m_B)		四川省绵阳市安县
258	05-12-18:09:12.8	31.74	104.62	17	4.4		四川省江油市
259	05-12-18:16:19.9	32.33	105.14	14	4.3		四川省广元市青川县
260	05-12-18:23:39.1	30.97	103.48	9	5.0		四川省阿坝藏族羌族自治州汶川县
261	05-12-18:33:33.8	32.48	105.66	24	4.1		四川省广元市
262	05-12-18:43:11.8	31.5	104.11	14	4.6		四川省绵竹市
263	05-12-18:43:59.8	31.96	104.46	14	4.1		四川省绵阳市北川羌族自治县
264	05-12-18:54:17.5	31.13	103.88	7	4.2(m_b)		四川省彭州市
265	05-12-18:59:21.9	30.98	103.62	16	4.1		四川省都江堰市
266	05-12-19:04:46.2	32.41	105.39	10	4.1		四川省广元市
267	05-12-19:08:08.9	31.33	103.47	9	4.5(m_b)		四川省阿坝藏族羌族自治州汶川县
268	05-12-19:11:01.0	31.26	103.67	14	6.3	6.1	四川省阿坝藏族羌族自治州汶川县
269	05-12-19:27:35.9	31.24	104.2	13	4.8(m_b)		四川省绵竹市
270	05-12-19:28:38.7	31.29	103.91	17	5.6(m_B)		四川省什邡市
271	05-12-19:33:20.5	32.55	105.35	16	5.0		四川省广元市青川县
272	05-12-19:35:06.5	31.11	103.48	13	4.5(m_b)		四川省阿坝藏族羌族自治州汶川县
273	05-12-19:41:09.4	32.22	105.09	9	4.8		四川省江油市
274	05-12-19:45:16.9	32.31	105.05	14	4.5		四川省广元市青川县
275	05-12-19:49:41.1	31.6	103.91	20	4.2(m_b)		四川省什邡市
276	05-12-19:52:21.6	32.71	105.36	20	4.7		四川省广元市青川县
277	05-12-20:01:52.4	31.2	103.91	22	4.4		四川省彭州市
278	05-12-20:04:38.4	32.69	105.41	11	4.3		四川省广元市青川县

续表

序号	发震时间	震中位置		深度/km	震级		地区
	月-日-时:分:秒	ϕ_N(°)	λ_E(°)		M_S	M_W	
279	05-12-20:06:17.5	32.41	105.24	17	4.4		四川省广元市剑阁县
280	05-12-20:06:54.3	32.14	104.88	16	4.4		四川省绵阳市平武县
281	05-12-20:09:04.9	30.81	103.58	15	4.3		四川省崇州市
282	05-12-20:11:58.7	31.32	104.24	15	4.3		四川省绵竹市
283	05-12-20:13:47.7	31.39	103.63	20	4.3		四川省阿坝藏族羌族自治州汶川县
284	05-12-20:15:39.6	31.87	104.57	9	4.9		四川省阿坝藏族羌族自治州汶川县
285	05-12-20:23:26.3	32.47	105.32	11	4.5		四川省广元市青川县
286	05-12-20:29:57.7	31.4	104.07	11	4.6		四川省绵竹市
287	05-12-20:33:07.5	31.37	103.61	9	4.4		四川省阿坝藏族羌族自治州汶川县
288	05-12-20:34:51.5	32.16	104.77	18	4.3(m_b)		四川省绵阳市平武县
289	05-12-20:38:55.1	31.64	104.26	20	4.2		四川省绵阳市安县
290	05-12-20:54:58.2	31.33	103.71	14	4.3		四川省彭州市
291	05-12-20:58:49.9	30.98	103.29	9	4.1(m_b)		四川省阿坝藏族羌族自治州汶川县
292	05-12-21:02:04.7	30.9	103.57	10	4.2		四川省都江堰市
293	05-12-21:07:17.6	31.22	103.65	17	4.4		四川省都江堰市
294	05-12-21:24:59.4	31.11	103.58	18	4.3		四川省都江堰市
295	05-12-21:26:53.2	31.06	103.67	10	4.2		四川省都江堰市
296	05-12-21:32:13.6	31.31	104.1	23	4.4		四川省绵竹市
297	05-12-21:35:04.3	30.98	103.61	10	4.6(m_b)		四川省都江堰市
298	05-12-21:36:06.4	33.0	105.7	24	4.2		甘肃省陇南市康县
299	05-12-21:40:53.0	31.02	103.65	9	5.2		四川省阿坝藏族羌族自治州汶川县
300	05-12-21:55:10.1	31.34	103.54	12	4.0		四川省阿坝藏族羌族自治州汶川县
301	05-12-22:06:31.1	32.2	105.01	20	4.0		四川省江油市
302	05-12-22:09:47.9	31.97	104.44	10	4.6		四川省绵阳市北川羌族自治县
303	05-12-22:10:24.0	31.34	103.59	18	4.6		四川省都江堰市

序号	发震时间	震中位置		深度/km	震级		地　　区
	月-日-时:分:秒	ϕ_N(°)	λ_E(°)		M_S	M_W	
304	05-12-22:14:56.0	30.86	103.49	15	4.4		四川省都江堰市
305	05-12-22:15:26.5	32.12	104.77	19	4.6		四川省绵阳市平武县
306	05-12-22:16:32.3	35.88	81.66	10	4.2		新疆维吾尔自治区和田地区于田县
307	05-12-22:26:15.9	31.47	103.94	9	4.1		四川省什邡市
308	05-12-22:38:54.2	31.76	104.49	21	5.0(m_B)		四川省绵阳市北川羌族自治县
309	05-12-22:41:36.3	31.25	103.58	10	4.2		四川省都江堰市
310	05-12-22:46:06.3	32.72	105.64	10	5.1		四川省广元市青川县
311	05-12-22:55:28.0	32.36	105.14	10	4.1		四川省广元市青川县
312	05-12-23:05:30.0	31.2	103.79	17	5.2		四川省都江堰市
313	05-12-23:05:36.2	31.05	103.42	14	5.1		四川省阿坝藏族羌族自治州汶川县
314	05-12-23:16:57.8	31.15	103.45	17	4.6		四川省阿坝藏族羌族自治州汶川
315	05-12-23:18:48.5	32.56	105.1	11	4.6		四川省广元市青川县
316	05-12-23:28:46.1	32.46	105.31	10	4.8		四川省广元市青川县
317	05-12-23:28:52.4	31.1	103.59	10	5.1		四川省都江堰市
318	05-12-23:40:37.2	31.19	103.89	12	4.3(m_b)		四川省彭州市
319	05-12-23:52:11.7	31.22	104.06	18	4.9(m_B)		四川省什邡市
320	05-12-23:54:22.1	32.07	105.07	15	4.2		四川省江油市
321	05-12-23:57:27.4	31.41	104.19	12	4.3(m_b)		四川省绵竹市
322	05-12-23:58:57.3	31.16	104.05	14	4.4		四川省什邡市
323	05-13-00:09:50.2	31.76	104.34	12	4.6		四川省绵阳市北川羌族自治县
324	05-13-00:24:16.0	31.76	104.5	10	4.1		四川省绵阳市北川羌族自治县
325	05-13-00:28:21.4	31.18	104.45	17	4.6		四川省德阳市
326	05-13-00:28:52.9	31.26	103.76	16	4.5		四川省彭州市
327	05-13-00:32:27.7	31.48	104.16	10	4.5(m_b)		四川省绵竹市
328	05-13-00:34:12.3	32.44	104.93	10	4.3		四川省广元市青川县

续表

序号	发震时间	震中位置		深度/km	震级		地区
	月-日-时:分:秒	ϕ_N(°)	λ_E(°)		M_S	M_W	
329	05-13-00:41:21.1	31.93	104.98	10	4.1		四川省江油市
330	05-13-00:44:08.8	31.56	104.49	14	4.0(m_b)		四川省绵阳市安县
331	05-13-00:52:55.8	31.2	103.7	9	4.2		四川省彭州市
332	05-13-01:01:48.4	30.92	103.56	24	4.4		四川省都江堰市
333	05-13-01:03:10.9	31.1	103.65	20	4.6		四川省都江堰市
334	05-13-01:07:53.0	31.13	103.93	20	4.3		四川省彭州市
335	05-13-01:13:32.9	31.61	104.18	21	4.2(m_b)		四川省绵阳市安县
336	05-13-01:14:26.9	31.38	104.79	25	4.4(m_b)		四川省绵阳市
337	05-13-01:24:28.1	31.18	104.28	10	4.1(m_b)		四川省德阳市
338	05-13-01:29:06.5	31.21	103.68	24	4.9		四川省都江堰市
339	05-13-01:36:34.9	31.72	104.27	17	4.6(m_b)		四川省绵阳市安县
340	05-13-01:39:43.2	32.12	104.84	22	4.2		四川省绵阳市平武县
341	05-13-01:43:04.3	31.6	104.6	10	4.2(m_b)		四川省绵阳市安县
342	05-13-01:52:24.5	31.82	104.58	30	4.7		四川省绵阳市北川羌族自治县
343	05-13-01:54:32.5	31.26	103.62	17	5.1		四川省阿坝藏族羌族自治州汶川县
344	05-13-02:26:17.2	31.47	104.1	11	4.1		四川省绵竹市
345	05-13-02:43:30.1	31.13	103.84	20	4.6		四川省彭州市
346	05-13-02:44:10.4	31.21	104.21	15	4.5		四川省绵竹市
347	05-13-02:46:13.3	32.43	104.97	22	4.5		四川省广元市青川县
348	05-13-02:51:44.4	32.49	105.11	19	4.0		四川省广元市青川县
349	05-13-02:55:20.9	32.17	104.81	10	4.3		四川省江油市
350	05-13-03:40:26.0	31.3	104.13	20	4.7(m_B)		四川省绵竹市
351	05-13-03:53:19.3	31.19	103.8	25	4.6		四川省彭州市
352	05-13-04:08:48.8	31.43	104.06	21	5.8	5.6	四川省什邡市
353	05-13-04:39:59.2	31.49	104.18	15	4.1		四川省绵竹市
354	05-13-04:45:31.3	31.73	104.55	20	5.2		四川省绵阳市安县
355	05-13-04:51:27.0	32.33	105.17	22	4.7		四川省广元市青川县
356	05-13-05:08:13.0	31.3	103.56	11	4.5		四川省阿坝藏族羌族自治州汶川县

序号	发震时间	震中位置		深度/km	震级		地区
	月-日-时:分:秒	ϕ_N(°)	λ_E(°)		M_S	M_W	
357	05-13-05:41:19.6	32.32	104.85	10	4.0		四川省绵阳市平武县
358	05-13-06:19:30.1	31.75	104.34	10	4.1		四川省绵阳市北川羌族自治县
359	05-13-06:24:40.7	32.15	105.06	15	4.2		四川省江油市
360	05-13-06:28:36.9	31.06	103.66	12	4.7		四川省都江堰市
361	05-13-06:40:39.3	30.99	103.68	10	4.2		四川省都江堰市
362	05-13-06:47:20.6	31.17	103.66	9	4.3		四川省都江堰市
363	05-13-06:52:57.0	30.94	103.64	9	4.1		四川省都江堰市
364	05-13-06:57:41.3	23.89	122.79	29	4.7		台湾以东海域
365	05-13-07:38:13.4	32	104.61	10	4.1		四川省绵阳市北川羌族自治县
366	05-13-07:43:50.9	31.37	104.34	14	4.0		四川省德阳市罗江县
367	05-13-07:46:17.9	31.34	103.58	13	5.4	5.2	四川省阿坝藏族羌族自治州汶川县
368	05-13-07:54:45.7	31.28	103.63	10	5.2	5.1	四川省阿坝藏族羌族自治州汶川县
369	05-13-08:21:27.0	31.28	104.13	13	4.3(m_b)		四川省绵竹市
370	05-13-08:22:17.3	31.26	104.03	12	4.4		四川省什邡市
371	05-13-08:24:33.8	31.96	104.52	14	4.3		四川省绵阳市北川羌族自治县
372	05-13-08:54:00.5	32.29	105.39	15	4.3		四川省广元市青川县
373	05-13-09:32:02.4	30.94	103.37	18	4.2		四川省阿坝藏族羌族自治州汶川县
374	05-13-09:51:51.0	31.55	103.77	8	4.2(m_b)		四川省阿坝藏族羌族自治州茂县
375	05-13-10:15:16.4	31.58	104.11	15	4.3		四川省绵竹市
376	05-13-10:28:11.6	31.48	103.89	15	4.0		四川省什邡市
377	05-13-10:33:38.4	31.27	103.81	14	4.3		四川省彭州市
378	05-13-10:59:33.1	31.16	103.55	11	4.8		四川省阿坝藏族羌族自治州汶川县
379	05-13-11:00:38.1	31.21	103.7	14	4.9		四川省彭州市

续表

序号	发震时间	震中位置		深度/km	震级		地区
	月-日-时:分:秒	ϕ_N(°)	λ_E(°)		M_S	M_W	
380	05-13-11:36:56.5	31.17	103.69	9	4.3(m_b)		四川省都江堰市
381	05-13-11:48:46.4	31.25	103.85	14	4.2		四川省彭州市
382	05-13-12:45:58.2	31.01	103.42	13	4.1		四川省阿坝藏族羌族自治州汶川县
383	05-13-12:50:24.3	31.34	103.57	15	4.0		四川省都江堰市
384	05-13-13:25:47.2	32.56	105.27	13	4.3		四川省广元市青川县
385	05-13-13:36:29.0	32.47	105.23	11	4.4		四川省广元市青川县
386	05-13-14:01:26.8	31.53	104.12	16	4.0		四川省绵竹市
387	05-13-14:38:18.8	31.36	104.04	13	4.2		四川省绵竹市
388	05-13-14:39:51.2	31.58	104.27	23	4.6(m_B)		四川省绵阳市安县
389	05-13-14:44:10.0	30.82	102.95	13	4.0		四川省阿坝藏族羌族自治州汶川县
390	05-13-14:56:49.2	30.79	102.94	16	4.1		四川省阿坝藏族羌族自治州汶川县
391	05-13-15:07:08.2	30.95	103.42	14	6.1	5.8	四川省阿坝藏族羌族自治州汶川县
392	05-13-15:19:16.0	32.35	105.24	18	5.1		四川省广元市青川县
393	05-13-15:44:19.1	32.62	105.1	24	4.0		甘肃省陇南市文县
394	05-13-15:49:52.4	32.55	105.71	21	4.1		四川省广元市
395	05-13-15:51:30.6	32.43	105.37	10	4.7		四川省广元市青川县
396	05-13-15:53:03.1	32.24	105.1	23	4.7		四川省广元市青川县
397	05-13-16:11:00.3	32.51	105.27	15	4.4		四川省广元市青川县
398	05-13-16:20:51.5	31.36	104.05	17	4.8		四川省绵竹市
399	05-13-17:13:17.0	31.62	104.25	14	4.0		四川省绵阳市安县
400	05-13-17:27:07.1	32.58	105.73	13	4.0		四川省广元市
401	05-13-17:41:21.0	32.04	104.48	20	4.2		四川省绵阳市北川羌族自治县
402	05-13-18:16:05.7	31.66	104.47	12	4.8		四川省绵阳市安县
403	05-13-18:16:39.7	34.58	81.69	23	4.1(m_b)		西藏自治区阿里地区日土县
404	05-13-18:20:17.5	31.78	104.45	18	4.1		四川省绵阳市北川羌族自治县

续表

序号	发震时间	震中位置		深度/km	震级		地区
	月-日-时:分:秒	ϕ_N(°)	λ_E(°)		M_S	M_W	
405	05-13-18:36:42.0	31.25	103.88	20	4.3		四川省彭州市
406	05-13-20:51:37.2	32.28	105.18	14	4.7		四川省广元市青川县
407	05-13-21:12:55.1	32.21	104.95	16	4.5		四川省江油市
408	05-13-21:13:03.0	32.36	105.2	17	4.4		四川省广元市青川县
409	05-13-21:31:34.3	32.3	105.26	15	4.6		四川省广元市青川县
410	05-13-22:47:09.9	31.28	103.77	14	4.8(m_B)		四川省彭州市
411	05-13-23:10:32.9	32.55	105.48	14	4.3		四川省广元市青川县
412	05-14-00:03:59.6	31.2	103.66	16	4.0(m_b)		四川省都江堰市
413	05-14-00:12:32.7	31.43	104.21	15	4.1		四川省绵竹市
414	05-14-00:23:50.7	31.66	104.39	16	4.6		四川省绵阳市安县
415	05-14-02:10:05.3	32.27	104.62	17	4.0		四川省绵阳市平武县
416	05-14-02:27:55.5	22.67	121.21	21	5.3	5.2	台湾台东沿海
417	05-14-03:30:18.2	31.04	103.43	16	4.4		四川省阿坝藏族羌族自治州汶川县
418	05-14-03:51:53.9	30.98	103.41	15	4.3		四川省阿坝藏族羌族自治州汶川县
419	05-14-04:32:09.2	31.54	104.35	20	4.1		四川省绵阳市安县
420	05-14-04:50:32.2	31.15	103.68	7	4.0		四川省都江堰市
421	05-14-06:03:31.8	31.25	103.82	16	4.5		四川省彭州市
422	05-14-07:15:10.2	28.66	104.52	18	4.1		四川省宜宾市宜宾县
423	05-14-08:08:13.4	30.96	103.68	15	4.2		四川省都江堰市
424	05-14-09:09:20.5	31.43	104.05	14	4.2		四川省绵竹市
425	05-14-09:56:41.1	31.19	103.8	13	4.4		四川省彭州市
426	05-14-10:54:37.3	31.34	103.63	16	5.8	5.4	四川省阿坝藏族羌族自治州汶川县
427	05-14-11:07:47.7	31.01	103.36	16	4.3		四川省阿坝藏族羌族自治州汶川县
428	05-14-12:24:02.7	32.67	105.58	13	4.0		四川省广元市青川县
429	05-14-13:27:28.1	32.36	105.29	16	4.1		四川省广元市青川县
430	05-14-13:54:57.2	31.95	104.24	15	4.7		四川省绵阳市北川羌族自治县

续表

序号	发震时间	震中位置		深度/km	震级		地区
	月-日-时:分:秒	ϕ_N(°)	λ_E(°)		M_S	M_W	
431	05-14-14:33:58.0	31.33	104.07	17	4.0		四川省绵竹市
432	05-14-15:02:36.6	30.82	103.65	14	4.0		四川省都江堰市
433	05-14-15:39:51.3	31.46	104.16	8	4.2		四川省绵竹市
434	05-14-16:57:26.5	30.94	103.54	10	4.3(m_b)		四川省都江堰市
435	05-14-17:26:43.3	31.41	104.12	10	5.1	5.1	四川省什邡市
436	05-14-18:00:29.8	32.34	105.15	12	4.5		四川省广元市青川县
437	05-14-18:44:38.0	32.11	104.9	18	4.2		四川省江油市
438	05-14-19:45:36.1	23.69	102.67	7	4.3		云南省红河哈尼族彝族自治州建水县
439	05-14-19:49:34.6	23.5	102.6	27	4.7(m_B)		云南省红河哈尼族彝族自治州建水县
440	05-14-20:27:59.2	31.74	104.36	13	4.2		四川省绵阳市北川羌族自治县
441	05-14-21:21:01.7	32.57	105.64	16	4.1		四川省广元市
442	05-14-21:29:43.2	32.35	105.19	19	4.3		四川省江油市
443	05-15-00:05:12.9	31.67	104.55	13	4.0		四川省江油市
444	05-15-01:03:03.6	30.61	103.41	11	4.3(m_b)		四川省成都市大邑县
445	05-15-01:17:23.1	31.43	103.98	16	4.3		四川省什邡市
446	05-15-01:33:23.6	31.32	103.66	15	4.7		四川省都江堰市
447	05-15-03:59:03.3	31.12	103.8	14	4.3		四川省彭州市
448	05-15-05:01:06.3	31.64	104.34	10	4.8		四川省绵阳市安县
449	05-15-06:10:09.8	31.21	103.85	10	5.1		四川省彭州市
450	05-15-07:28:14.4	32.19	104.68	16	4		四川省绵阳市平武县
451	05-15-08:09:29.0	31.86	104.52	15	4.2		四川省绵阳市北川羌族自治县
452	05-15-08:37:20.8	32.48	105.36	10	4.1		四川省广元市青川县
453	05-15-08:39:44.1	31.09	103.57	10	4.2(m_B)		四川省都江堰市
454	05-15-08:50:19.0	31.35	103.68	10	4.2		四川省都江堰市
455	05-15-09:28:27.9	32.59	105.33	18	4.0		四川省广元市青川县
456	05-15-09:46:36.8	32.19	105.27	19	4.7(m_B)		四川省广元市青川县

续表

序号	发震时间	震中位置		深度/km	震级		地区
	月-日-时:分:秒	ϕ_N(°)	λ_E(°)		M_S	M_W	
457	05-15-12:27:30.1	31.28	103.96	14	4.3		四川省什邡市
458	05-15-13:17:22.7	32.27	105.07	10	4.1		四川省江油市
459	05-15-13:27:46.8	31.94	104.46	10	4.4		四川省绵阳市北川羌族自治县
460	05-15-20:10:23.9	31.33	103.87	10	4.2		四川省彭州市
461	05-15-21:04:04.8	32.74	105.62	10	4.3		四川省广元市
462	05-16-00:06:55.5	32.43	105.14	12	4.2		四川省广元市青川县
463	05-16-00:31:50.4	27.29	102.83	15	4.3(m_b)		四川省凉山彝族自治州布拖县
464	05-16-02:05:21.5	31.85	104.35	18	4.2		四川省绵阳市北川羌族自治县
465	05-16-05:55:47.4	32.26	104.75	14	4.5		四川省绵阳市平武县
466	05-16-06:02:33.0	32.18	105.1	10	4.2		四川省江油市
467	05-16-06:10:34.2	31.32	104.03	10	4.5		四川省绵竹市
468	05-16-06:34:32.9	31.88	104.62	19	4.2		四川省江油市
469	05-16-06:47:41.7	31.37	103.55	17	4.0		四川省阿坝藏族羌族自治州汶川县
470	05-16-09:16:22.5	31.22	103.87	7	4.1		四川省彭州市
471	05-16-11:10:02.6	32.7	105.16	9	4.0		四川省广元市青川县
472	05-16-11:34:26.4	31.39	104.16	11	4.9	4.8	四川省绵竹市
473	05-16-13:01:24.6	31.83	104.42	16	4.0		四川省绵阳市北川羌族自治县
474	05-16-13:25:47.0	31.31	103.45	14	5.9	5.6	四川阿坝藏族羌族自治州理县
475	05-16-14:34:36.4	32.42	105.17	9	4.2		四川省广元市青川县
476	05-16-18:17:15.1	31.16	103.74	14	4.3		四川省彭州市
477	05-16-18:20:46.5	32.4	105.24	14	4.0		四川省广元市青川县
478	05-16-18:51:45.6	31.25	103.94	19	4.2		四川省什邡市
479	05-17-00:14:42.4	31.08	103.69	9	5.0	4.9	四川省阿坝藏族羌族自治州汶川县
480	05-17-00:48:21.6	35.46	81.47	10	4.1		新疆维吾尔自治区和田地区策勒县

续表

序号	发震时间	震中位置		深度/km	震级		地区
	月-日-时:分:秒	ϕ_N(°)	λ_E(°)		M_S	M_W	
481	05-17-01:22:22.0	31.13	103.89	14	4.3		四川省彭州市
482	05-17-03:59:08.2	30.76	103.72	13	4.3		四川省都江堰市
483	05-17-04:00:10.4	32.53	105.49	11	4.3		四川省广元市青川县
484	05-17-04:15:21.3	32.19	104.73	14	5.0	5.0	四川省绵阳市平武县
485	05-17-04:16:50.8	31.21	103.67	14	4.9	5.0	四川省阿坝藏族羌族自治州汶川县
486	05-17-04:29:04.2	31.26	103.55	15	4.4		四川省阿坝藏族羌族自治州汶川县
487	05-17-04:30:01.7	35.05	81.8	18	4.2		西藏自治区阿里地区日土县
488	05-17-06:33:08.0	32.23	105.15	15	4.3		四川省江油市
489	05-17-07:23:07.3	31.21	103.93	13	4.1		四川省彭州市
490	05-17-08:29:00.3	31.45	104.15	10	4.2		四川省绵竹市
491	05-17-08:38:06.9	31.96	104.37	12	4.1		四川省绵阳市北川羌族自治县
492	05-17-15:38:43.9	32	104.59	12	4.1		四川省绵阳市北川羌族自治县
493	05-17-17:19:28.3	30.79	103.49	16	4.0	4.4	四川省崇州市
494	05-17-18:35:31.4	42.37	82.25	24	4.6(m_B)		新疆维吾尔自治区阿克苏地区拜城县
495	05-17-21:32:12.5	32.05	104.74	15	4.5		四川省绵阳市平武县
496	05-18-01:08:24.2	32.2	105.08	13	6.1	5.8	四川省江油市
497	05-18-04:26:03.9	31.14	103.72	12	4.2		四川省都江堰市
498	05-18-08:45:55.7	31.8	104.25	15	4.2		四川省绵阳市北川羌族自治县
499	05-18-09:04:58.1	31.08	103.72	8	4.2		四川省都江堰市
500	05-18-11:51:43.1	30.88	103.67	10	4.2		四川省都江堰市
501	05-18-17:25:10.9	31.21	103.63	17	4.2		四川省都江堰市
502	05-18-20:37:03.7	31.31	103.32	17	4.5		四川省阿坝藏族羌族自治州汶川县
503	05-19-07:06:21.0	31.55	104.17	15	4.1		四川省绵阳市安县

序号	发震时间	震中位置		深度/km	震级		地区
	月-日-时:分:秒	ϕ_N(°)	λ_E(°)		M_S	M_W	
504	05-19-12:08:56.5	32.18	105.2	10	4.6		四川省江油市
505	05-19-14:06:53.0	32.47	105.38	14	5.5	5.2	四川省广元市青川县
506	05-19-14:25:51.6	32.48	105.39	15	4.0		四川省广元市青川县
507	05-19-15:59:33.5	31.33	104.13	16	4.5(m_b)		四川省绵竹市
508	05-19-18:08:36.3	42.56	131.87	528	5.9(m_B)	5.7	东俄罗斯东海岸近海
509	05-20-01:52:33.3	32.26	105.07	15	5.0	4.9	四川省绵阳市平武县
510	05-20-08:57:37.6	31.62	104.15	15	4.1		四川省绵阳市安县
511	05-20-11:42:25.5	32.57	105.39	16	4.1		四川省广元市青川县
512	05-20-12:17:58.1	30.76	103.56	16	4.3		四川省崇州市
513	05-20-14:54:21.4	31.81	104.43	15	4.1		四川省绵阳市北川羌族自治县
514	05-20-16:14:29.5	35.86	81.62	26	4.2		新疆维吾尔自治区和田地区于田县
515	05-20-22:29:41.6	32.44	105.16	10	4.4		四川省广元市青川县
516	05-21-16:40:53.9	31.33	103.52	11	4.1		四川省阿坝藏族羌族自治州汶川县
517	05-21-17:33:14.4	32.42	105.26	13	4.5		四川省广元市青川县
518	05-21-21:59:07.5	31.36	104.01	13	4.3		四川省什邡市
519	05-21-23:29:54.5	32.32	105.01	12	4.3		四川省广元市青川县
520	05-22-04:36:26.3	32.18	104.89	11	4.3		四川省绵阳市平武县
521	05-22-15:18:43.7	31.16	103.83	11	4.8	4.9	四川省彭州市
522	05-22-19:22:25.4	32.6	105.55	13	4.0		四川省广元市青川县
523	05-22-23:00:11.6	31.85	104.59	12	4.3		四川省江油市
524	05-23-01:37:36.8	31.17	103.85	12	4.5		四川省彭州市
525	05-23-03:58:49.9	31.85	104.62	11	4.0		四川省江油市
526	05-23-08:05:05.2	31.15	103.84	12	4.7		四川省彭州市
527	05-23-09:23:29.7	31.15	103.73	14	4.3		四川省都江堰市
528	05-23-11:12:14.2	31.23	103.29	13	4.0		四川省阿坝藏族羌族自治州汶川县
529	05-23-20:14:31.1	30.97	103.53	14	4.1		四川省都江堰市
530	05-23-20:50:57.0	35.47	81.5	9	4.1		新疆维吾尔自治区和田地区策勒县

续表

序号	发震时间	震中位置		深度/km	震级		地区
	月-日-时:分:秒	ϕ_N(°)	λ_E(°)		M_S	M_W	
531	05-24-00:10:21.6	32.24	105.07	11	4.1		四川省江油市
532	05-24-00:35:46.0	31.82	104.59	13	4.2		四川省江油市
533	05-24-01:19:16.2	25.21	121.81	10	4.0		台湾台北沿海
534	05-24-01:24:35.3	35.96	81.43	7	4.0		新疆维吾尔自治区和田地区策勒县
535	05-24-01:53:31.9	32.45	105.30	12	4.2(m_b)		四川省广元市青川县
536	05-24-03:43:22.8	29.93	88.57	8	4.2		西藏自治区日喀则地区谢通门县
537	05-24-04:22:08.8	32.21	105.09	12	4.2		四川省江油市
538	05-24-18:08:38.1	31.2	103.83	11	4.1		四川省彭州市
539	05-24-19:42:14.2	32.58	105.48	13	4.1		四川省广元市青川县
540	05-25-11:43:38.8	31.65	104.5	9	4.1		四川省绵阳市安县
541	05-25-12:27:04.9	31.91	104.69	13	4.4		四川省绵阳市北川羌族自治县
542	05-25-16:21:47.0	32.55	105.48	14	6.4	6.1	四川省广元市青川县
543	05-25-17:34:07.8	33.04	105.05	12	4.7		甘肃省陇南市武都区
544	05-25-18:28:17.3	28.01	88.53	15	4.1		西藏自治区日喀则地区岗巴县
545	05-26-04:33:10.3	31.23	104.15	14	4.0		四川省绵竹市
546	05-26-08:39:47.8	30.77	103.51	16	4.4		四川省崇州市
547	05-27-04:03:27.3	31.2	104	10	4.2		四川省什邡市
548	05-27-07:22:06.0	31.34	104.06	15	4.2		四川省绵竹市
549	05-27-14:12:42.7	31.28	104.16	18	4.0		四川省绵竹市
550	05-27-16:03:21.6	32.76	105.65	15	5.3	5.2	四川省广元市青川县
551	05-27-16:12:06.9	32.7	105.57	15	4.1		四川省广元市青川县
552	05-27-16:37:51.3	32.78	105.7	15	5.7	5.7	陕西省汉中市宁强县
553	05-27-17:02:57.1	32.77	105.54	11	4.0		四川省广元市青川县
554	05-27-20:19:29.2	24.81	121.61	10	4.2		台湾台北县
555	05-27-21:59:33.8	32.49	105.3	15	4.7		四川省广元市青川县
556	05-28-00:46:07.5	32.2	104.74	16	4.1		四川省绵阳市平武县
557	05-28-01:35:10.4	32.66	105.44	16	4.7		四川省广元市青川县

序号	发震时间	震中位置		深度/km	震级		地区
	月-日-时:分:秒	ϕ_N(°)	λ_E(°)		M_S	M_W	
558	05-29-04:33:47.7	35.18	81.57	19	4.0(m_b)		西藏自治区阿里地区日土县
559	05-29-12:48:44.5	32.62	105.54	16	4.5		四川省广元市青川县
560	05-29-15:10:20.1	31.23	103.74	13	4.4		四川省彭州市
561	05-30-06:58:03.9	32.47	105.27	10	4.1		四川省广元市青川县
562	05-30-07:51:00.4	32.8	105.47	16	4.0		四川省广元市青川县
563	05-30-19:57:52.4	32.35	105.34	15	4.1		四川省广元市青川县
564	05-31-14:22:42.1	32.32	105.11	15	4.3		四川省广元市青川县
565	05-31-15:34:23.2	32.65	105.48	16	4.3		四川省广元市青川县
566	06-01-09:57:21.8	20.24	121.29	25	6.4		巴士海峡
567	06-01-11:23:56.9	31.59	104.22	16	4.3		四川省绵阳市安县
568	06-02-00:59:22.7	24.9	121.63	95	5.2(m_B)		台湾台北县
569	06-02-02:27:07.7	25.22	124.45	119	4.5(m_B)		琉球群岛
570	06-02-21:57:23.6	39.61	75.13	15	4.0		新疆维吾尔自治区克孜勒苏柯尔克孜自治州乌恰县
571	06-03-11:08:39.0	31.36	103.77	16	4.7		四川省彭州市
572	06-03-11:09:28.6	32.03	104.62	18	4.7		四川省绵阳市北川羌族自治县
573	06-03-11:42:11.0	27.03	96.78	15	4.3(m_B)		缅甸—印度边境地区
574	06-04-23:25:01.3	43.75	88.84	15	4.1		新疆维吾尔自治区昌吉回族自治州吉木萨尔县
575	06-04-23:39:36.3	35.07	82.08	73	4.2(m_B)		西藏自治区阿里地区日土县
576	06-05-01:26:43.0	32.28	105.3	17	4.2		四川省广元市青川县
577	06-05-12:41:05.7	32.36	105.06	16	4.8		四川省广元市青川县
578	06-05-14:02:30.2	32.68	105.54	17	4.3		四川省广元市青川县
579	06-06-19:03:50.8	31.18	103.96	19	4.4		四川省彭州市
580	06-06-21:15:50.1	31.37	103.7	11	4.3		四川省彭州市
581	06-07-08:00:00.4	31.33	103.75	15	4.1		四川省彭州市
582	06-07-08:48:10.9	31.12	103.66	14	4.5		四川省都江堰市

序号	发震时间	震中位置		深度/km	震级		地区
	月-日-时:分:秒	ϕ_N(°)	λ_E(°)		M_S	M_W	
583	06-07-10:21:35.5	24.0	122.5	50	4.1(m_B)		台湾以东海域
584	06-07-14:28:31.7	32.49	105.51	15	4.2		四川省广元市青川县
585	06-07-15:32:45.9	32.47	105.14	15	4.1		四川省广元市青川县
586	06-07-18:42:04.1	32.35	105.67	14	4.5		四川省广元市
587	06-08-06:14:28.3	32.43	105.22	15	4.7		四川省广元市青川县
588	06-08-18:51:16.6	31.88	104.45	15	5.0	4.8	四川省绵阳市北川羌族自治县
589	06-09-01:56:17.4	33.12	92.14	6	5.2	5.2	青海省海西蒙古族藏族自治州格尔木市
590	06-09-02:24:41.8	32.35	85.24	10	4.7	5.1	西藏自治区那曲地区尼玛县
591	06-09-02:54:22.1	33.13	92.04	17	4.1		青海省海西蒙古族藏族自治州格尔木市
592	06-09-05:44:28.2	33.09	92.01	15	4.0		青海省海西蒙古族藏族自治州格尔木市
593	06-09-15:28:36.2	31.31	103.93	13	4.7		四川省什邡市
594	06-09-21:44:48.0	24.69	97.73	13	4.0		云南省德宏傣族景颇族自治州盈江县
595	06-10-01:10:40.1	33.05	92.07	21	4.2		青海省海西蒙古族藏族自治州格尔木市
596	06-10-14:05:01.8	49.03	122.72	16	5.1	4.9	内蒙古自治区鄂伦春与阿荣旗交界地区
597	06-10-18:04:55.0	33.1	92.07	8	5.5	5.4	青海省海西蒙古族藏族自治州格尔木市
598	06-10-18:09:38.4	32.62	91.5	15	5.0(m_b)		西藏自治区那曲地区安多县
599	06-10-19:04:15.1	33.04	92.1	27	5.1	5.1	青海省海西蒙古族藏族自治州格尔木市
600	06-10-19:36:42.9	33.14	92.12	10	4.7	4.9	青海省海西蒙古族藏族自治州格尔木市
601	06-10-22:15:37.5	33.07	92.08	19	5.4	5.3	青海省海西蒙古族藏族自治州格尔木市

续表

序号	发震时间	震中位置		深度/km	震级		地区
	月-日-时:分:秒	ϕ_N(°)	λ_E(°)		M_S	M_W	
602	06-10-22:23:43.5	23.1	122.9	15	4.1(m_b)		台湾以东海域
603	06-11-00:27:27.7	32.72	105.88	15	4.0		陕西省汉中市宁强县
604	06-11-05:37:44.9	20.49	101.01	28	4.6		老挝
605	06-11-06:23:19.8	30.87	103.46	15	4.8		四川省阿坝藏族羌族自治州汶川县
606	06-11-12:33:37.1	21.95	121.07	22	4.6		台湾屏东东南海域
607	06-11-14:18:58.5	21.29	120.98	28	4.2		巴士海峡
608	06-11-22:55:11.6	33.4	91.98	12	4.5(m_B)		青海省海西蒙古族藏族自治州格尔木市
609	06-12-18:55:34.8	31.32	103.55	14	4.0		四川省阿坝藏族羌族自治州汶川县
610	06-13-05:01:49.0	41.89	81.02	25	4.0		新疆维吾尔自治区阿克苏地区拜城县
611	06-14-10:05:58.1	31.18	103.87	24	4.0		四川省彭州市
612	06-14-19:28:18.0	36.4	82.09	14	4.5(m_b)		新疆维吾尔自治区和田地区于田县
613	06-15-07:29:26.5	23.11	120.28	10	4.2		台湾台南县
614	06-15-08:11:22.3	31.17	103.8	15	4.7		四川省彭州市
615	06-15-11:34:29.4	31.36	104.42	16	4.2		四川省德阳市罗江县
616	06-16-12:31:40.2	31.22	103.91	17	4.0		四川省彭州市
617	06-16-17:04:38.5	45.08	83.52	19	4.7(m_b)		新疆维吾尔自治区塔城地区托里县
618	06-16-22:44:51.8	43.33	80.99	23	4.3		新疆维吾尔自治区伊犁哈萨克自治州察布查尔锡伯自治县
619	06-17-13:14:33.4	31.65	104.31	11	4.3		四川省绵阳市安县
620	06-17-13:51:41.8	32.76	105.57	9	4.3		陕西省汉中市宁强县
621	06-17-21:40:43.8	32.28	105.09	13	4.1		四川省江油市
622	06-18-06:43:14.7	31.27	103.48	11	4.1		四川省阿坝藏族羌族自治州汶川县
623	06-18-13:23:29.4	35.28	91.21	15	5.6	5.4	青海省玉树藏族自治州治多县

续表

序号	发震时间	震中位置		深度/km	震级		地区
	月-日-时:分:秒	ϕ_N(°)	λ_E(°)		M_S	M_W	
624	06-18-15:10:31.5	33.16	92.02	10	4.7		青海省海西蒙古族藏族自治州格尔木市
625	06-18-16:12:15.7	33.23	92.12	37	5.1	5.2	青海省海西蒙古族藏族自治州格尔木市
626	06-18-18:17:26.9	43.71	86.44	26	4.3		新疆维吾尔自治区昌吉回族自治州呼图壁县
627	06-18-20:59:32.7	29.19	102.43	7	4.4		四川省雅安市石棉县
628	06-19-07:29:06.7	20.54	119.98	21	4.2		台湾南部海域
629	06-19-10:55:29.3	31.15	103.64	9	4.3		四川省都江堰市
630	06-19-12:48:17.5	31.74	104.5	12	4.2		四川省绵阳市安县
631	06-19-14:28:47.0	26.4	126.1	113	4.5(m_B)		琉球群岛
632	06-19-18:25:59.0	32.73	105.62	10	4.4		陕西省汉中市宁强县
633	06-20-04:27:45.1	31.09	103.73	10	4.6		四川省都江堰市
634	06-20-06:36:58.1	33.21	92.13	35	4.8	4.9	青海省海西蒙古族藏族自治州格尔木市
635	06-20-06:42:35.8	33.34	92.19	42	4.6		青海省海西蒙古族藏族自治州格尔木市
636	06-21-02:26:03.3	30.44	101.51	10	4.4(m_b)		四川省甘孜藏族自治州道孚县
637	06-21-05:16:22.1	33.22	92.24	9	4.4		青海省海西蒙古族藏族自治州格尔木市
638	06-22-18:37:34.0	32.22	104.53	16	4.2		四川省绵阳市平武县
639	06-22-20:02:08.5	33.12	92.02	13	4.0		青海省海西蒙古族藏族自治州格尔木市
640	06-23-05:38:31.5	32.32	105.18	16	4.0		四川省广元市青川县
641	06-26-22:04:47.1	20.19	120.22	23	4.6(m_B)		南海海域
642	06-27-08:55:42.9	30.93	103.64	15	4.0		四川省都江堰市
643	06-27-21:45:00.5	33.17	92.04	14	4.4		青海省海西蒙古族藏族自治州格尔木市
644	06-28-02:20:54.4	31.43	103.45	13	4.5		四川省阿坝藏族羌族自治州汶川县

续表

序号	发震时间	震中位置		深度/km	震级		地区
	月-日-时:分:秒	ϕ_N(°)	λ_E(°)		M_S	M_W	
645	06-28-05:42:09.8	32.26	105.01	12	4.5		四川省江油市
646	06-29-07:55:19.4	32.08	104.69	13	4.2		四川省绵阳市平武县
647	06-29-16:41:57.3	35.69	88.29	9	4.7	5.0	西藏自治区那曲地区班戈县
648	06-29-20:47:25.1	35.71	88.36	15	5.7	5.5	西藏自治区那曲地区班戈县
649	07-02-03:57:53.9	31.29	104.06	14	4.3		四川省绵竹市
650	07-03-04:22:54.8	35.78	88.36	10	5.2		西藏自治区那曲地区班戈县
651	07-03-07:51:08.8	27.35	102.78	12	4.4		四川省凉山彝族自治州布拖县
652	07-03-13:56:56.9	33.5	100.53	14	4.1		青海省果洛藏族自治州久治县
653	07-05-05:35:24.9	29.19	96.12	27	4.3		西藏自治区林芝地区察隅县
654	07-05-06:10:54.5	31.75	104.34	14	4.1		四川省绵阳市北川羌族自治县
655	07-05-09:36:24.3	24.6	117.77	11	4.4(m_b)		福建省漳州市长泰县
656	07-05-09:39:27.7	35.31	81.36	15	4.5		西藏自治区阿里地区日土县
657	07-05-15:00:44.7	31.57	104.36	12	4.4		四川省绵阳市安县
658	07-05-18:24:22.4	33.15	91.96	16	4.2		青海省海西蒙古族藏族自治州格尔木市
659	07-06-02:50:13.2	31.47	104.31	12	4.2		四川省绵阳市安县
660	07-06-11:05:52.9	27.66	90.18	25	4.7(m_B)		不丹
661	07-06-17:37:51.8	31.09	103.79	15	4.0		四川省彭州市
662	07-07-10:29:56.8	31.32	103.41	17	4.2(m_B)		四川省阿坝藏族羌族自治州汶川县
663	07-07-10:50:34.4	26.13	95.23	55	4.2		缅甸—印度边境地区
664	07-07-14:32:52.0	47.08	123.07	14	4.6		黑龙江省齐齐哈尔市龙江县

序号	发震时间	震中位置		深度/km	震级		地区
	月-日-时:分:秒	ϕ_N(°)	λ_E(°)		M_S	M_W	
665	07-08-20:12:58.7	31.38	104.11	16	4.6		四川省绵竹市
666	07-09-00:08:31.7	39.58	73.27	33	4.8		中、塔、吉交界地区
667	07-10-00:04:20.1	35.43	81.26	20	4.1		新疆维吾尔自治区和田地区策勒县
668	07-10-07:19:52.1	32.24	105.12	19	4.1		四川省江油市
669	07-11-05:26:47.7	44.0	87.62	15	4.5(m_B)		新疆维吾尔自治区昌吉回族自治州米泉市
670	07-11-11:07:48.7	25.31	122.15	19	4.6		台湾台北沿海
671	07-12-05:35:07.7	21.29	120.9	10	5.5	5.5	台湾恒春海域
672	07-12-05:45:12.4	21.23	120.92	22	5.1		台湾恒春海域
673	07-12-13:18:32.0	24.43	121.75	9	4.6		台湾宜兰县
674	07-12-14:11:46.4	24.35	121.71	7	4.6		台湾宜兰县
675	07-13-06:29:49.8	20.99	120.9	31	4.3		台湾恒春海域
676	07-13-22:58:31.7	21.18	120.98	11	6.6	6.2	台湾恒春海域
677	07-13-23:46:43.3	21.3	121.17	18	4.9		台湾恒春海域
678	07-14-21:28:38.5	27.56	92.01	15	4.3(m_B)		西藏自治区山南地区错那县
679	07-15-03:56:35.1	31.51	104.26	17	4.0		四川省绵阳市安县
680	07-15-17:26:21.4	31.48	104.27	15	4.6		四川省绵竹市
681	07-15-21:00:09.1	21.14	121.12	26	4.4		台湾恒春海域
682	07-15-21:24:31.9	28.16	103.53	16	4.0		云南省昭通市永善县
683	07-15-22:00:32.0	43.9	86.84	12	4.2(m_B)		新疆维吾尔自治区昌吉回族自治州昌吉市
684	07-16-18:13:47.2	33.77	89.34	10	4.4		西藏自治区那曲地区尼玛县
685	07-16-23:07:10.9	39.47	95.41	19	4.3		甘肃省酒泉市肃北蒙古族自治县
686	07-17-06:58:17.4	33.15	92.11	15	5.4		青海省海西蒙古族藏族自治州格尔木市
687	07-17-17:12:48.2	33.23	91.95	16	4.2(m_B)		青海省海西蒙古族藏族自治州格尔木市

序号	发震时间	震中位置		深度/km	震级		地区
	月-日-时:分:秒	ϕ_N(°)	λ_E(°)		M_S	M_W	
688	07-18-00:34:37.0	35.8	81.74	14	4.6(m_B)		新疆维吾尔自治区和田地区于田县
689	07-18-00:40:42.2	31.6	104.32	17	4.7		四川省绵阳市安县
690	07-18-09:26:03.8	32.38	105.42	18	4.0		四川省广元市青川县
691	07-18-20:47:03.2	37.86	87.12	10	4.9		新疆维吾尔自治区巴音郭楞蒙古自治州且末县
692	07-19-08:15:05.7	38.26	74.94	116	4.3(m_b)		新疆维吾尔自治区喀什地区塔什库尔干塔吉克自治县
693	07-21-21:06:48.5	21.15	121.15	3	4.5		台湾恒春海域
694	07-21-22:19:26.0	21.18	121.11	6	4.4		台湾恒春海域
695	07-22-09:09:33.5	32.44	105.18	16	4.1		四川省广元市青川县
696	07-22-16:39:21.2	33.24	92.03	10	4.1		青海省海西蒙古族藏族自治州格尔木市
697	07-23-22:38:53.6	25.26	122.12	16	4.2		台湾台北海域
698	07-24-01:30:18.0	32.47	105.28	16	4.0		四川省广元市青川县
699	07-24-03:54:42.9	32.72	105.63	10	5.7	5.5	陕西省汉中市宁强县、四川省广元市青川县交界
700	07-24-07:04:34.1	21.29	121.02	7	4.7		台湾恒春海域
701	07-24-13:30:09.2	32.75	105.57	10	4.9		陕西省汉中市宁强县、四川省广元市青川县交界
702	07-24-15:09:27.7	32.76	105.61	10	6.0	5.7	陕西省汉中市宁强县、四川省广元市青川县交界
703	07-24-17:14:32.6	21.08	120.74	3	4.2		台湾恒春海域
704	07-24-20:54:27.6	24.98	122.92	186	4.7(m_B)		台湾台北以东海域
705	07-25-04:54:15.6	30.79	103.53	10	4.3		四川省崇州市
706	07-25-21:39:51.5	32.76	105.65	10	4.0		陕西省汉中市宁强县、四川省广元市青川县交界

续表

序号	发震时间	震中位置		深度/km	震级		地区
	月-日-时:分:秒	ϕ_N(°)	λ_E(°)		M_S	M_W	
707	07-26-05:27:41.3	30.79	103.33	9	4.7(m_B)		四川省崇州市
708	07-27-18:20:56.9	26.98	102.81	12	4.4(m_B)		四川省凉山彝族自治州宁南县
709	07-27-19:18:15.7	33.16	92.09	13	4.5		青海省海西蒙古族藏族自治州格尔木市
710	07-28-04:50:33.4	42.06	79.05	14	4.4(m_B)		吉尔吉斯斯坦伊塞克湖地区
711	07-29-04:34:26.0	32.24	85.06	25	4.1		西藏自治区阿里地区改则县
712	07-29-07:52:08.9	31.35	103.96	15	4.3		四川省什邡市
713	07-29-21:40:58.7	41.66	81.47	20	4.0		新疆维吾尔自治区阿克苏地区拜城县
714	08-01-05:02:03.2	24.15	121.11	17	4.2		台湾南投县
715	08-01-16:32:41.6	32.02	104.85	14	6.2	5.7	四川省绵阳市平武县、北川羌族自治县交界
716	08-01-20:04:26.7	21.52	120.83	15	4.3		台湾恒春海域
717	08-02-02:12:16.5	32.42	105.27	14	5.0		四川省广元市青川县
718	08-02-02:55:47.6	24.2	121.54	11	4.6		台湾花莲县
719	08-02-21:25:46.2	32.68	105.67	10	4.0		陕西省汉中市宁强县、四川省广元市青川县交界
720	08-02-21:35:59.6	32.53	105.56	9	4.4(m_b)		四川省广元市
721	08-04-18:25:54.6	27.06	126.31	20	5.3		东海
722	08-05-09:00:48.9	27.01	126.42	43	5.2		东海
723	08-05-17:49:15.8	32.72	105.61	13	6.5	6.0	陕西省汉中市宁强县、四川省广元市青川县交界
724	08-06-01:06:49.1	44.87	93.01	7	4.4		新疆维吾尔自治区哈密地区巴里坤哈萨克自治县
725	08-06-05:38:59.2	33.31	92.11	10	4.2		青海省海西蒙古族藏族自治州格尔木市

续表

序号	发震时间	震中位置		深度/km	震级		地区
	月-日-时:分:秒	ϕ_N(°)	λ_E(°)		M_S	M_W	
726	08-06-05:59:44.0	33.16	92.11	13	5.0		青海省海西蒙古族藏族自治州格尔木市
727	08-06-07:55:06.2	32.75	105.62	10	4.2		陕西省汉中市宁强县、四川省广元市青川县交界
728	08-06-11:42:26.9	32.65	105.57	16	4.2		四川省广元市青川县
729	08-06-12:47:05.5	32.78	105.6	10	4.3		陕西省汉中市宁强县、四川省广元市青川县交界
730	08-06-20:01:11.1	32.76	105.66	16	4.0		陕西省汉中市宁强县、四川省广元市青川县交界
731	08-07-16:15:34.1	32.12	104.73	15	5.0		四川省绵阳市平武县、北川羌族自治县交界
732	08-08-21:12:19.4	31.4	104.09	15	4.1		四川省绵竹市
733	08-09-05:48:55.4	31.73	83.83	11	4.5		西藏自治区阿里地区改则县
734	08-09-06:05:14.9	21.71	121.49	60	4.3		巴士海峡
735	08-09-20:10:20.0	32.64	105.62	13	4.1		四川省广元市
736	08-10-00:12:35.5	32.33	105.16	14	4.0(m_b)		四川省广元市青川县
737	08-10-00:31:36.0	32.52	105.37	15	4.2		四川省广元市青川县
738	08-10-12:38:09.9	32.41	105.18	14	4.3(m_b)		四川省广元市青川县
739	08-11-01:57:18.6	32.86	92.4	10	4.4		青海省海西蒙古族藏族自治州格尔木市
740	08-11-06:53:54.8	32.22	91.98	12	4.7		西藏自治区那曲地区安多县
741	08-11-22:10:17.4	35.04	81.21	15	4.2		西藏自治区阿里地区日土县
742	08-13-03:23:33.6	23.94	121.37	15	4.3		台湾花莲县
743	08-13-05:03:21.1	31.82	104.37	17	4.7		四川省绵阳市北川羌族自治县
744	08-13-15:44:02.0	31.38	103.5	16	4.0		四川省阿坝藏族羌族自治州汶川县

续表

序号	发震时间	震中位置		深度/km	震级		地区
	月-日-时:分:秒	ϕ_N(°)	λ_E(°)		M_S	M_W	
745	08-13-16:45:43.7	32.47	105.54	16	4.1		四川省广元市青川县
746	08-13-22:49:04.8	30.0	80.2	42	4.4(m_B)		印度
747	08-15-01:06:39.9	30.98	103.5	16	4.6		四川省阿坝藏族羌族自治州汶川县
748	08-15-02:59:20.0	32.72	105.58	17	4.5(m_B)		四川省广元市青川县
749	08-15-05:41:41.6	21.69	119.59	15	4.3(m_B)		台湾恒春海域
750	08-17-17:18:36.5	32.32	104.92	15	4.0(m_b)		四川省绵阳市平武县
751	08-18-10:22:23.8	31.23	103.61	15	4.1		四川省都江堰市
752	08-18-22:11:03.4	33.5	91.73	13	5.2		青海省海西蒙古族藏族自治州格尔木市
753	08-19-01:46:17.4	35.42	81.62	14	4.0		新疆维吾尔自治区和田地区于田县
754	08-19-11:01:45.9	42.92	83.47	24	4.3(m_b)		新疆维吾尔自治区巴音郭楞蒙古自治州和静县
755	08-20-05:35:12.4	25.09	97.89	15	4.9		云南省德宏傣族景颇族自治州盈江县
756	08-20-06:53:26.0	33.1	91.98	19	4.3		青海省海西蒙古族藏族自治州格尔木市
757	08-21-14:53:09.2	23.83	122.51	20	4.4		台湾花莲以东海域
758	08-21-20:20:54.3	24.93	97.81	16	5.3		云南省德宏傣族景颇族自治州盈江县
759	08-21-20:24:27.8	24.91	97.79	14	6.1	6.0	云南省德宏傣族景颇族自治州盈江县
760	08-22-01:19:59.8	42.04	76.97	15	4.2		吉尔吉斯斯坦伊塞克湖地区
761	08-22-08:01:16.8	33.3	92.17	9	4.3		青海省海西蒙古族藏族自治州格尔木市
762	08-22-13:23:13.9	36.68	76.93	96	4.9(m_B)		新疆维吾尔自治区喀什地区叶城县
763	08-22-18:51:21.7	31.28	103.55	11	4.0		四川省阿坝藏族羌族自治州汶川县

续表

序号	发震时间	震中位置		深度/km	震级		地区
	月-日-时:分:秒	ϕ_N(°)	λ_E(°)		M_S	M_W	
764	08-22-20:06:15.5	24.85	97.88	18	4.3		云南省德宏傣族景颇族自治州盈江县
765	08-22-22:10:23.0	41.92	83.8	15	4.6		新疆维吾尔自治区阿克苏地区库车县
766	08-25-10:39:40.5	21.16	120.84	20	4.5		台湾恒春海域
767	08-25-21:21:56.7	30.92	83.57	13	6.9	6.7	西藏自治区日喀则地区仲巴县
768	08-25-21:39:36.7	30.78	83.34	12	5.8		西藏自治区日喀则地区仲巴县
769	08-25-22:14:45.9	30.7	83.4	28	4.0(m_b)		西藏自治区日喀则地区仲巴县
770	08-25-22:16:01.3	30.87	83.55	11	5.2		西藏自治区日喀则地区仲巴县
771	08-25-22:22:41.8	30.61	83.16	13	4.9		西藏自治区日喀则地区仲巴县
772	08-25-22:36:25.2	29.71	82.74	8	4.7		尼泊尔
773	08-25-22:59:48.2	30.22	83	17	4.6		西藏自治区日喀则地区仲巴县
774	08-25-23:09:56.6	30.66	82.96	8	4.1		西藏自治区阿里地区革吉县
775	08-25-23:34:27.8	30.43	83.06	13	4.1		西藏自治区日喀则地区仲巴县
776	08-26-00:46:56.0	30.75	83.36	11	4.0		西藏自治区日喀则地区仲巴县
777	08-26-03:13:50.1	30.57	83.13	19	4.9		西藏自治区日喀则地区仲巴县
778	08-26-04:40:44.1	31.16	83.76	10	4.8		西藏自治区日喀则地区仲巴县
779	08-26-08:21:32.4	30.6	83.24	10	4.0		西藏自治区日喀则地区仲巴县
780	08-26-13:02:11.2	30.64	83.08	18	4.3(m_B)		西藏自治区阿里地区革吉县

续表

序号	发震时间	震中位置		深度/km	震级		地区
	月-日-时:分:秒	ϕ_N(°)	λ_E(°)		M_S	M_W	
781	08-26-15:38:53.9	35.76	115.38	14	4.2(m_b)		河南省濮阳市范县
782	08-26-15:46:54.6	31.7	91.48	14	4.8		西藏自治区那曲地区安多县
783	08-26-18:03:29.0	30.06	82.84	20	4.0		西藏自治区日喀则地区仲巴县
784	08-26-22:06:55.6	47.14	81.44	17	4.2(m_B)		哈萨克斯坦东部
785	08-27-07:54:21.6	30.73	83.19	11	4.9		西藏自治区日喀则地区仲巴县
786	08-27-09:35:26.7	30.64	83.31	10	4.5(m_b)		西藏自治区日喀则地区仲巴县
787	08-27-10:04:36.7	30.8	83.51	10	4.6(m_b)		西藏自治区日喀则地区仲巴县
788	08-27-12:49:06.0	30.78	83.55	12	4.0		西藏自治区日喀则地区仲巴县
789	08-27-13:35:15.0	27.08	91.84	56	4.5(m_b)		不丹
790	08-28-03:28:17.7	30.64	83.36	15	4.5		西藏自治区日喀则地区仲巴县
791	08-28-04:34:18.5	23.48	120.99	38	4.2		台湾南投县
792	08-29-11:52:17.1	30.61	83.26	20	4.3		西藏自治区日喀则地区仲巴县
793	08-29-14:18:11.7	30.43	83.2	26	4.1		西藏自治区日喀则地区仲巴县
794	08-29-17:43:12.6	30.63	83.13	16	4.6		西藏自治区阿里地区革吉县
795	08-30-10:09:50.4	30.35	83.16	15	4.3		西藏自治区日喀则地区仲巴县
796	08-30-16:30:52.6	26.3	102.06	19	6.3	5.9	四川凉山彝族自治州会理县、攀枝花市交界
797	08-30-20:46:46.9	42.65	83.95	11	5.5		新疆维吾尔自治区巴音郭楞蒙古自治州和静县

序号	发震时间	震中位置		深度/km	震级		地区
	月-日-时:分:秒	ϕ_N(°)	λ_E(°)		M_S	M_W	
798	08-31-05:20:18.0	30.11	83	18	4.4		西藏自治区日喀则地区仲巴县
799	08-31-05:31:11.6	30.85	83.48	8	4.8		西藏自治区日喀则地区仲巴县
800	08-31-15:24:51.3	32.67	105.76	8	4.1		四川省广元市
801	08-31-16:25:54.8	42.55	83.93	13	4.0		新疆维吾尔自治区巴音郭楞蒙古自治州和静县
802	08-31-16:31:10.0	26.27	102.06	13	5.8	5.5	四川凉山彝族自治州会理县、攀枝花市交界
803	08-31-17:34:49.1	26.25	102.06	12	4.8		四川凉山彝族自治州会理县、攀枝花市交界
804	08-31-18:45:49.5	23.21	121.04	10	4.1		台湾台东县
805	08-31-19:00:30.9	26.16	101.99	14	4.2		四川省凉山彝族自治州会理县
806	09-01-01:14:13.4	30.56	83.13	9	4.2(m_B)		西藏自治区日喀则地区仲巴县
807	09-01-05:11:37.3	38.4	73.5	123	4.5(m_B)		塔吉克斯坦—新疆边境地区
808	09-01-13:56:50.3	31.21	103.75	15	4.4		四川省彭州市
809	09-01-19:23:58.9	30.59	83.33	19	4.3		西藏自治区日喀则地区仲巴县
810	09-02-11:27:57.4	35.5	99.69	23	4.0		青海省海南藏族自治州兴海县
811	09-03-00:52:43.1	38.15	74.09	159	4.4(m_B)		塔吉克斯坦
812	09-03-02:59:21.5	24.85	97.96	19	4.2		云南省德宏傣族景颇族自治州盈江县
813	09-03-04:49:40.0	43.04	79.83	29	4.2		吉尔吉斯斯坦伊塞克湖地区
814	09-03-05:11:29.2	29.56	82.65	10	4.0		尼泊尔
815	09-03-14:27:24.2	24.82	97.8	25	5.0		云南省德宏傣族景颇族自治州盈江县
816	09-03-16:27:48.2	20.39	120.7	35	4.7(m_B)		南海海域

续表

序号	发震时间	震中位置		深度/km	震级		地区
	月-日-时:分:秒	$\phi_N(°)$	$\lambda_E(°)$		M_S	M_W	
817	09-04-20:53:08.8	30.38	80.4	10	4.8		西藏西部—印度边境地区
818	09-04-23:52:03.1	29.99	82.81	12	4.2		西藏自治区日喀则地区仲巴县
819	09-05-04:33:37.5	26.19	95.08	74	4.3(m_B)		缅甸—印度边境地区
820	09-05-07:41:47.0	30.78	103.78	14	4.0(m_b)		四川省成都市
821	09-05-16:24:15.0	26.23	101.98	16	4.4(m_b)		四川省凉山彝族自治州会理县
822	09-05-22:39:52.1	31.15	84.18	20	4.0(m_B)		西藏自治区日喀则地区仲巴县
823	09-07-03:31:54.2	24.87	97.79	25	4.4		云南省德宏傣族景颇族自治州盈江县
824	09-07-05:03:15.0	42.64	83.77	16	4.0(m_b)		新疆维吾尔自治区巴音郭楞蒙古自治州和静县
825	09-07-14:51:40.9	30.37	82.94	30	4.0		西藏自治区日喀则地区仲巴县
826	09-09-09:33:03.8	38.22	74.18	172	4.5(m_B)		塔吉克斯坦
827	09-09-15:43:08.8	24.4	122.83	100	5.1(m_B)		台湾宜兰以东海域
828	09-10-09:14:30.5	30.78	83.4	19	5.2		西藏自治区日喀则地区仲巴县
829	09-10-09:28:04.5	30.77	83.41	7	5.3		西藏自治区日喀则地区仲巴县
830	09-10-13:00:38.3	32.56	105.43	14	4.0		四川省广元市青川县
831	09-10-19:55:36.9	25.24	122.17	27	4.9		台湾台北海域
832	09-11-00:05:24.8	30.67	83.26	11	4.5		西藏自治区日喀则地区仲巴县
833	09-11-03:07:15.7	27.18	96.42	17	4.1(m_b)		缅甸—印度边境地区
834	09-11-10:53:45.0	32.35	105.19	12	4.7		四川省广元市青川县
835	09-11-12:52:21.0	30.55	83.13	18	4.1		西藏自治区日喀则地区仲巴县
836	09-11-18:30:21.8	31.22	103.87	14	4.3		四川省彭州市

序号	发震时间	震中位置		深度/km	震级		地区
	月-日-时:分:秒	ϕ_N(°)	λ_E(°)		M_S	M_W	
837	09-12-01:38:58.7	32.92	105.67	12	5.5		四川青川、甘肃陇南、陕西宁强交界
838	09-14-06:07:45.9	37.84	75.92	130	4.1(m_b)		新疆维吾尔自治区克孜勒苏柯尔克孜自治州阿克陶县
839	09-18-03:37:38.7	43.51	78.84	46	4.6(m_B)		吉尔吉斯斯坦伊塞克湖地区
840	09-20-03:46:49.5	28.39	86.59	15	4.5(m_B)		西藏自治区日喀则地区定日县
841	09-20-10:54:35.5	38.49	73.51	130	4.7(m_B)		塔吉克斯坦
842	09-21-14:35:12.2	30.19	90.81	6	4.2(m_b)		西藏自治区拉萨市当雄县
843	09-22-14:45:17.6	31.3	103.74	12	4.1		四川省彭州市
844	09-22-15:39:29.9	39.74	74.39	35	4.3		新疆维吾尔自治区克孜勒苏柯尔克孜自治州乌恰县
845	09-24-03:55:00.0	31.59	104.12	15	4.2		四川省绵竹市
846	09-24-12:31:07.3	35.85	88.16	10	4.1		西藏自治区那曲地区尼玛县
847	09-25-09:47:12.5	31.05	83.77	14	6.2	6.0	西藏自治区日喀则地区仲巴县
848	09-26-04:17:23.9	30.85	83.58	17	4.8		西藏自治区日喀则地区仲巴县
849	09-26-18:32:00.4	32.78	105.71	14	4.1		陕西省汉中市宁强县
850	09-27-05:55:17.6	30.86	110.84	11	4.0		湖北省宜昌市秭归县
851	09-28-19:51:37.3	37.73	94.33	12	4.0		青海省海西蒙古族藏族自治州
852	09-28-23:12:15.7	24.83	122.63	105	4.7(m_B)		台湾宜兰以东海域
853	09-29-03:36:19.0	31.27	103.97	12	4.6(m_B)		四川省什邡市
854	09-30-09:16:38.5	26.24	101.94	13	4.5		四川省会理市
855	09-30-23:32:42.7	37.94	101.63	18	4.0(m_b)		甘肃省张掖市肃南裕固族自治县

续表

序号	发震时间	震中位置		深度/km	震级		地区
	月-日-时:分:秒	ϕ_N(°)	λ_E(°)		M_S	M_W	
856	10-01-10:39:23.7	40.59	88.97	12	4.1		新疆维吾尔自治区巴音郭楞蒙古自治州尉犁县
857	10-01-15:34:49.3	25.99	125.16	159	4.9(m_B)		日本琉球群岛西南部
858	10-04-04:11:42.5	26.0	105.35	10	4.0		贵州省安顺市关岭布依族苗族自治县
859	10-04-20:11:45.9	31.86	104.29	10	4.4		四川省绵阳市北川羌族自治县
860	10-04-23:55:33.6	31.41	104.1	9	4.1		四川省绵竹市
861	10-05-23:52:47.4	39.58	73.67	27	7.0	6.6	新疆维吾尔自治区乌恰县与吉尔吉斯坦交界
862	10-06-00:11:09.0	39.66	73.98	26	6.0		新疆维吾尔自治区克孜勒苏柯尔克孜自治州乌恰县
863	10-06-00:36:21.7	39.72	74.05	40	4.5(m_b)		新疆维吾尔自治区克孜勒苏柯尔克孜自治州乌恰县
864	10-06-00:51:40.4	39.3	73.8	35	4.8		新疆维吾尔自治区克孜勒苏柯尔克孜自治州阿克陶县
865	10-06-00:52:53.7	39.7	73.73	30	5.1		新疆维吾尔自治区乌恰县与吉尔吉斯坦交界
866	10-06-01:00:31.3	39.44	74.19	30	4.9		新疆维吾尔自治区克孜勒苏柯尔克孜自治州乌恰县
867	10-06-01:12:33.6	39.49	73.59	24	4.8		中、塔、吉交界地区
868	10-06-01:33:55.6	39.52	74.26	30	4.4		新疆维吾尔自治区克孜勒苏柯尔克孜自治州乌恰县
869	10-06-01:44:27.4	39.62	73.92	20	4.3		新疆维吾尔自治区克孜勒苏柯尔克孜自治州乌恰县
870	10-06-02:27:40.2	39.63	73.92	26	4.8		新疆维吾尔自治区克孜勒苏柯尔克孜自治州乌恰县

续表

序号	发震时间	震中位置		深度/km	震级		地区
	月-日-时:分:秒	ϕ_N(°)	λ_E(°)		M_S	M_W	
871	10-06-05:46:03.6	39.67	74.09	14	4.5		新疆维吾尔自治区克孜勒苏柯尔克孜自治州乌恰县
872	10-06-06:52:07.6	39.4	73.66	18	4.8(m_B)		新疆维吾尔自治区克孜勒苏柯尔克孜自治州阿克陶县
873	10-06-07:47:40.2	39.64	74.4	20	4.0(m_b)		新疆维吾尔自治区克孜勒苏柯尔克孜自治州乌恰县
874	10-06-08:46:29.3	39.7	74.49	38	4.4(m_B)		新疆维吾尔自治区克孜勒苏柯尔克孜自治州乌恰县
875	10-06-15:50:35.6	39.65	74.56	30	4.3		新疆维吾尔自治区克孜勒苏柯尔克孜自治州乌恰县
876	10-06-16:30:43.7	29.81	90.35	11	6.7	6.3	西藏自治区拉萨市当雄县
877	10-06-16:45:06.1	29.74	90.24	10	5.4		西藏自治区拉萨市尼木县
878	10-06-17:30:48.7	39.74	74.29	10	5.0(m_B)		新疆维吾尔自治区克孜勒苏柯尔克孜自治州乌恰县
879	10-06-18:17:10.1	29.68	90.3	10	4.7		西藏自治区拉萨市当雄县
880	10-06-20:10:33.2	29.67	90.43	11	5.2		西藏自治区拉萨市当雄县
881	10-06-20:46:54.7	29.72	90.5	17	4.3		西藏自治区拉萨市当雄县
882	10-07-19:23:06.6	39.69	73.94	15	4.3		新疆维吾尔自治区克孜勒苏柯尔克孜自治州乌恰县
883	10-08-00:43:24.4	41.94	76.86	4	4.1		吉尔吉斯斯坦
884	10-08-02:29:42.7	25.54	102.05	10	4.6		云南省楚雄彝族自治州武定县

序号	发震时间	震中位置		深度/km	震级		地区
	月-日-时:分:秒	ϕ_N(°)	λ_E(°)		M_S	M_W	
885	10-08-22:07:16.9	29.96	90.59	11	5.6	5.5	西藏自治区拉萨市当雄县
886	10-08-22:57:43.7	39.72	74.11	25	4.0		新疆维吾尔自治区克孜勒苏柯尔克孜自治州乌恰县
887	10-09-07:21:50.2	39.71	73.93	13	4.2		新疆维吾尔自治区克孜勒苏柯尔克孜自治州乌恰县
888	10-09-07:31:22.3	39.71	74.3	20	4.0		新疆维吾尔自治区克孜勒苏柯尔克孜自治州乌恰县
889	10-09-11:13:42.8	39.68	74.1	17	4.5		新疆维吾尔自治区克孜勒苏柯尔克孜自治州乌恰县
890	10-09-11:28:50.8	29.91	90.65	28	4.6		西藏自治区拉萨市堆龙德庆县
891	10-09-22:43:20.3	39.64	74.09	18	4.3		新疆维吾尔自治区克孜勒苏柯尔克孜自治州乌恰县
892	10-10-00:29:50.8	29.35	104.96	24	4.2		四川省自贡市
893	10-10-06:34:39.2	39.45	73.6	30	4.6(m_B)		新疆维吾尔自治区克孜勒苏柯尔克孜自治州阿克陶县
894	10-11-01:21:30.6	37.96	73.31	30	4.1		塔吉克斯坦
895	10-11-01:39:05.6	39.92	73.97	9	4.1		新疆维吾尔自治区克孜勒苏柯尔克孜自治州乌恰县
896	10-11-05:18:43.5	29.81	90.5	1	4.6		西藏自治区拉萨市当雄县
897	10-11-07:52:53.9	39.61	73.65	10	4.0		新疆维吾尔自治区乌恰县与吉尔吉斯坦交界
898	10-11-10:01:44.3	39.72	73.98	12	4.0		新疆维吾尔自治区克孜勒苏柯尔克孜自治州乌恰县

续表

序号	发震时间	震中位置		深度/km	震级		地区
	月－日－时:分:秒	ϕ_N(°)	λ_E(°)		M_S	M_W	
899	10－11－23:17:07.8	39.88	74.5	20	4.2		新疆维吾尔自治区克孜勒苏柯尔克孜自治州乌恰县
900	10－13－17:23:35.4	39.74	74.37	25	5.1		新疆维吾尔自治区克孜勒苏柯尔克孜自治州乌恰县
901	10－13－17:25:35.9	39.65	73.44	40	5.1		中、塔、吉交界地区
902	10－14－00:05:22.5	39.68	73.78	29	5.2		新疆维吾尔自治区乌恰县与吉尔吉斯坦交界
903	10－14－15:28:25.2	39.57	74.16	10	4.0(m_b)		新疆维吾尔自治区克孜勒苏柯尔克孜自治州乌恰县
904	10－14－15:51:05.8	39.9	74.13	10	4.0(m_b)		新疆维吾尔自治区克孜勒苏柯尔克孜自治州乌恰县
905	10－16－10:08:46.2	31.23	103.68	10	4.1		四川省都江堰市
906	10－16－17:46:20.5	31.22	103.75	20	4.5		四川省彭州市
907	10－18－17:28:58.0	39.65	73.65	5	4.4		新疆维吾尔自治区乌恰县与吉尔吉斯坦交界
908	10－20－22:26:30.8	35.29	91.19	10	4.9		青海省玉树藏族自治州治多县
909	10－20－23:08:46.2	33.86	92.74	19	4.6		青海省海西蒙古族藏族自治州格尔木市
910	10－21－15:25:29.5	31.66	104.16	15	4.1		四川省绵阳市安县
911	10－21－23:09:12.7	31.87	77.75	25	4.1		印度北部
912	10－22－07:47:02.9	39.61	74.44	15	4.7(m_B)		新疆维吾尔自治区克孜勒苏柯尔克孜自治州乌恰县
913	10－23－00:18:37.2	41.89	131.02	536	4.8(m_B)		日本海
914	10－23－00:46:06.8	40.8	78.03	16	4.0		新疆维吾尔自治区克孜勒苏柯尔克孜自治州阿合奇县

续表

序号	发震时间	震中位置		深度/km	震级		地区
	月-日-时:分:秒	ϕ_N(°)	λ_E(°)		M_S	M_W	
915	10-23-13:50:47.5	39.74	74.1	32	4.6		新疆维吾尔自治区克孜勒苏柯尔克孜自治州乌恰县
916	10-24-05:56:03.5	32.47	105.37	10	4.5		四川省广元市青川县
917	10-25-01:50:33.7	31.36	104.09	14	4.1		四川省绵竹市
918	10-25-10:13:59.5	26.21	102.01	15	4.3(m_B)		四川省凉山彝族自治州会理县
919	10-30-06:06:01.4	30.2	89.72	21	4.0		西藏自治区那曲地区班戈县
920	10-30-11:52:23.4	31.93	101.87	10	4.1		四川省阿坝藏族羌族自治州马尔康县
921	10-30-18:44:56.2	39.8	73.41	6	4.2		吉尔吉斯斯坦
922	10-31-05:05:15.2	35.4	81.37	9	4.0		新疆维吾尔自治区和田地区策勒县
923	10-31-06:08:05.9	23.87	120.94	7	4.0		台湾南投县
924	10-31-06:25:19.5	22.86	120.53	6	4.0		台湾高雄县
925	10-31-10:06:11.2	31.8	104.56	14	4.3		四川省绵阳市北川羌族自治县
926	10-31-16:38:18.4	23.11	119.88	15	4.2		台湾台南沿海
927	11-03-01:01:48.2	31.9	104.4	15	4.0		四川省绵阳市北川羌族自治县
928	11-03-18:03:30.1	38.94	74.0	8	4.3(m_B)		新疆维吾尔自治区克孜勒苏柯尔克孜自治州阿克陶县
929	11-04-20:43:15.3	32.12	104.61	27	4.3		四川省绵阳市平武县
930	11-04-22:22:30.1	39.7	74.58	29	4.4		新疆维吾尔自治区克孜勒苏柯尔克孜自治州乌恰县
931	11-06-22:23:50.1	39.71	74.04	26	4.7		新疆维吾尔自治区克孜勒苏柯尔克孜自治州乌恰县
932	11-06-23:01:43.7	30.84	103.77	16	4.1		四川省成都市郫县

序号	发震时间	震中位置		深度/km	震级		地区
	月-日-时:分:秒	ϕ_N(°)	λ_E(°)		M_S	M_W	
933	11-07-17:21:16.8	39.59	74.05	20	4.0		新疆维吾尔自治区克孜勒苏柯尔克孜自治州乌恰县
934	11-09-00:46:04.7	40.77	122.75	22	4.6(m_B)		辽宁省海城市
935	11-10-09:21:59.1	37.66	95.91	16	6.6	6.3	青海省海西蒙古族藏族自治州
936	11-10-11:47:21.3	37.72	95.82	8	4.6		青海省海西蒙古族藏族自治州
937	11-12-05:55:59.3	37.68	95.75	10	5.3		青海省海西蒙古族藏族自治州
938	11-12-09:45:20.8	37.83	95.88	13	4.1		青海省海西蒙古族藏族自治州
939	11-12-20:09:28.6	37.63	95.92	10	4.9		青海省海西蒙古族藏族自治州
940	11-14-04:52:05.3	39.63	73.91	11	4.1		新疆维吾尔自治区乌恰县与吉尔吉斯坦交界
941	11-14-06:53:26.1	40.72	122.92	13	4.2		辽宁省海城市
942	11-14-11:27:07.0	31.96	103.14	10	4.8		四川省阿坝藏族羌族自治州茂县
943	11-14-13:28:41.9	39.59	74.06	30	4.3(m_B)		新疆维吾尔自治区克孜勒苏柯尔克孜自治州乌恰县
944	11-14-14:33:33.6	32.78	105.59	10	4.3		陕西省汉中市宁强县
945	11-15-00:39:53.9	29.86	83.51	22	4.3		西藏自治区日喀则地区仲巴县
946	11-16-06:59:49.0	32.15	104.81	11	5.0		四川省绵阳市平武县
947	11-18-07:52:15.8	29.13	88.16	10	4.5		西藏自治区日喀则地区拉孜县
948	11-18-21:25:06.2	34.67	83.51	14	4.1		西藏自治区阿里地区改则县
949	11-19-07:07:25.1	31.65	104.53	12	4.0		四川省绵阳市安县

续表

序号	发震时间	震中位置		深度/km	震级		地区
	月-日-时:分:秒	ϕ_N(°)	λ_E(°)		M_S	M_W	
950	11-20-18:42:33.9	29.7	90.52	15	4.5		西藏自治区拉萨市堆龙德庆县
951	11-22-16:01:15.7	31.02	110.77	9	4.4		湖北省宜昌市秭归县
952	11-23-18:19:01.4	31.21	103.77	10	4.7		四川省彭州市
953	11-24-15:23:43.7	36.25	106.19	14	4.0		宁夏回族自治区固原市市辖区
954	11-24-19:28:46.6	31.54	104.1	21	4.0		四川省绵竹市
955	11-27-22:36:30.4	32.75	105.64	9	4.0		陕西省汉中市宁强县
956	11-27-23:49:45.6	39.59	73.73	13	4.2		新疆维吾尔自治区乌恰县与吉尔吉斯坦交界
957	11-27-23:57:11.8	24.62	121.05	10	4.2		台湾新竹县
958	11-29-06:37:10.2	24.33	121.68	16	4.2		台湾花莲县
959	12-01-06:16:08.2	34.38	93.22	9	4.1		青海省玉树藏族自治州治多县
960	12-02-11:16:50.5	23.44	121.51	9	5.1	5.1	台湾花莲沿海
961	12-02-13:11:36.0	27.02	87.64	21	4.2		尼泊尔
962	12-04-09:05:35.4	39.65	73.79	6	4.5(m_B)		新疆维吾尔自治区乌恰县与吉尔吉斯坦交界
963	12-04-21:57:40.8	31.29	103.58	9	4.5		四川省都江堰市
964	12-06-17:24:56.0	44.07	86.14	50	4.4		新疆维吾尔自治区昌吉回族自治州玛纳斯县
965	12-06-18:24:34.2	37.64	95.62	9	4.6		青海省海西蒙古族藏族自治州
966	12-07-04:26:03.6	31.19	103.7	10	4.1		四川省彭州市
967	12-07-11:02:20.9	31.65	104.6	12	4.5		四川省江油市
968	12-08-05:18:32.0	23.83	122.25	17	4.9		台湾花莲以东海域
969	12-08-16:59:06.9	30.11	82.23	10	5.3		西藏自治区日喀则地区仲巴县
970	12-10-02:53:07.4	32.52	105.48	10	5.1		四川省广元市青川县
971	12-11-20:31:03.4	35.31	81.33	10	4.9		西藏自治区阿里地区日土县
972	12-11-21:16:13.1	35.42	81.28	42	4.5		新疆维吾尔自治区和田地区策勒县

续表

序号	发震时间	震中位置		深度/km	震级		地区
	月-日-时:分:秒	ϕ_N(°)	λ_E(°)		M_S	M_W	
973	12-14-21:14:09.8	24.1	122.76	33	4.0		台湾花莲以东海域
974	12-17-15:29:50.0	44.96	93.53	13	4.1		新疆维吾尔自治区巴里坤县与蒙古交界地区
975	12-18-03:17:35.9	25.39	121.46	9	4.0		台湾台北海域
976	12-19-01:39:23.5	36.88	96.41	26	4.5		青海省海西蒙古族藏族自治州都兰县
977	12-19-13:56:52.0	25.17	121.61	15	4.1(m_B)		台湾台北县
978	12-21-22:53:48.2	43.22	109.35	30	4.1(m_b)		蒙古
979	12-23-08:04:43.5	23.02	120.5	17	5.1		台湾高雄县
980	12-23-08:33:19.2	31.27	103.39	14	4.3		四川省阿坝藏族羌族自治州汶川县
981	12-23-09:20:38.9	23.45	101.56	14	4.3		云南省思茅市墨江哈尼族自治县
982	12-24-09:15:27.2	39.84	77.25	10	4.6(m_B)		新疆维吾尔自治区喀什地区伽师县
983	12-25-22:44:43.0	23.72	121.13	8	4.1(m_B)		台湾南投县
984	12-26-02:19:55.0	24.9	103.02	11	4.3		云南省昆明市宜良县
985	12-26-04:20:45.7	23.91	97.74	10	4.8		云南省德宏傣族景颇族自治州瑞丽市
986	12-26-20:05:44.2	25.61	106.89	9	4.1		贵州省黔南布依族苗族自治州罗甸县
987	12-27-20:56:05.6	37.62	94.62	14	4.0		青海省海西蒙古族藏族自治州
988	12-28-09:45:52.5	39.5	91.54	10	4.2		新疆维吾尔自治区巴音郭楞蒙古自治州若羌县
989	12-29-14:18:21.5	32.31	105.21	10	4.7		四川省江油市
990	12-29-23:07:08.1	34.28	90.52	15	4.5		青海省海西蒙古族藏族自治州格尔木市
991	12-30-09:31:25.7	24.73	122.39	95	4.9(m_B)		台湾宜兰以东海域

注：本资料根据中国数字地震台网观测报告和中国月报地震目录整理而成，矩震级 M_W 引自美国 PDE，M_B 为中长周期体波震级，m_b 为短周期体波震级。

（中国地震台网中心地震台网部）

2008 年地震活动综述

一、我国地震活动概况

据我国数字地震台网地震速报结果统计，2008 年我国发生 5 级以上地震 99 次，大陆地区 87 次，台湾地区 12 次（表 1）。其中 8 级以上地震 1 次，为 5 月 12 日四川汶川 8.0 级地震；7 级地震 1 次，为 3 月 21 日新疆于田 7.3 级地震；6 级地震 19 次，其中中国大陆地区 17 次，台湾地区 2 次（图 1）。于田 7.3 级地震的发生结束了自 2001 年昆仑山口西 8.1 级地震后我国大陆近 6 年半的 7 级以上浅源地震平静，进入高活跃时段。2008 年我国地震活动有如下特点：

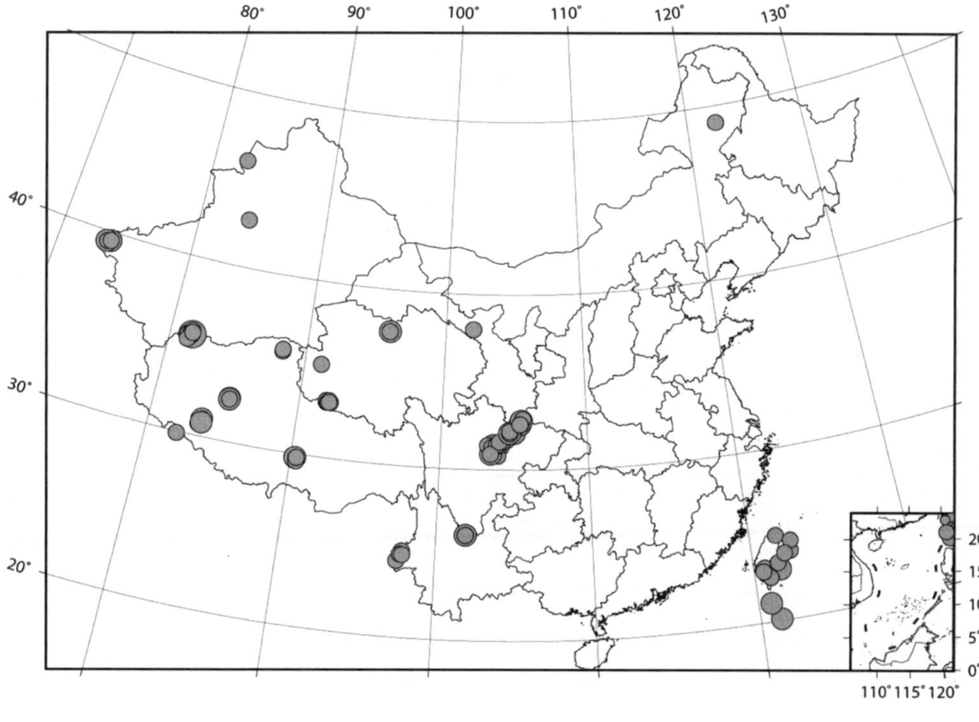

图 1　2008 年我国及邻近地区 $M_S \geqslant 5.0$ 地震震中分布图

表 1　2008 年中国 $M_S \geqslant 5.0$ 地震目录

序号	发震时间(北京时间)			发震地点			震级
	月	日	时:分:秒	纬度(°)	经度(°)	地　　点	
01	01	09	16:26:47.0	32.50	085.20	西藏改则县	6.9
02	01	16	19:54:46.7	32.50	085.20	西藏改则县	6.0

续表

序号	发震时间(北京时间)			发震地点			震级
	月	日	时:分:秒	纬度(°)	经度(°)	地　　点	
03	01	23	02:43:35.5	32.40	085.20	西藏改则	5.5
04	02	18	04:33:02.1	23.30	121.50	台湾花莲沿岸	5.5
05	03	05	01:31:47.3	23.20	120.70	台湾台南、高雄县间	5.1
06	03	21	06:33:02.6	35.60	081.60	新疆于田县	7.3
07	03	21	06:38:58.6	35.50	081.50	新疆于田县	5.1
08	03	21	07:12:03.0	35.50	081.50	新疆于田县	5.2
09	03	21	08:10:41.0	35.50	081.50	新疆于田县	5.0
10	03	21	08:26:16.5	35.50	081.50	新疆于田县	5.2
11	03	21	20:02:57.6	35.30	081.30	新疆洛浦与西藏日土交界地区	5.0
12	03	21	20:36:55.6	24.50	097.60	云南盈江县与缅甸交界地区	5.0
13	03	26	18:39:28.1	35.70	081.60	新疆于田县	5.0
14	03	30	16:32:29.0	38.00	102.00	甘肃肃南裕固族自治县	5.0
15	04	20	21:14:48.9	46.00	082.70	新疆裕民县	5.1
16	04	24	02:28:45.0	23.00	121.70	台湾东部海中	6.1
17	05	11	03:42:00.9	24.00	122.50	台湾以东海中	5.6
18	05	12	14:28:04.1	30.95	103.40	四川汶川县	8.0
19	05	12	14:43:15.0	31.00	103.50	四川汶川县	6.0
20	05	12	15:34:47.8	31.00	103.50	四川汶川县	5.0
21	05	12	16:21:47.3	31.30	104.10	四川绵竹	5.2
22	05	12	17:07:03.1	31.30	103.80	四川彭州	5.0
23	05	12	17:23:38.5	32.30	104.80	四川平武县	5.1
24	05	12	17:42:26.4	31.50	103.90	四川什邡县	5.2
25	05	12	18:23:40.1	31.00	103.30	四川汶川县	5.0
26	05	12	19:10:58.4	31.40	103.60	四川汶川县	6.0
27	05	12	21:40:54.3	31.00	103.50	四川汶川县	5.1
28	05	12	22:46:09.5	32.70	105.50	四川青川县	5.1
29	05	12	23:05:29.3	31.30	103.60	四川都江堰市	5.0
30	05	12	23:28:56.2	31.00	103.50	四川都江堰市	5.0
31	05	13	01:54:36.1	30.80	103.90	四川郫县	5.0
32	05	13	04:08:50.1	31.40	104.00	四川什邡县	5.7
33	05	13	04:45:31.7	31.70	104.50	四川安县	5.2

续表

序号	发震时间(北京时间)			发震地点			震级
	月	日	时:分:秒	纬度(°)	经度(°)	地　　点	
34	05	13	07:46:22.7	31.20	103.40	四川汶川县	5.3
35	05	13	07:54:46.4	31.30	103.50	四川汶川县	5.1
36	05	13	15:07:11.0	30.90	103.40	四川汶川县	6.1
37	05	14	02:27:53.0	22.60	121.00	台湾台东	5.1
38	05	14	10:54:36.5	31.30	103.40	四川汶川	5.6
39	05	14	17:26:44.0	31.40	104.00	四川什邡县	5.1
40	05	15	05:01:08.0	31.60	104.20	四川安县	5.0
41	05	16	13:25:49.0	31.40	103.20	四川理县	5.9
42	05	17	00:14:46.3	31.20	103.50	四川汶川县	5.1
43	05	17	04:16:52.0	31.30	103.50	四川汶川县	5.0
44	05	18	01:08:23.4	32.10	105.00	四川江油市	6.0
45	05	19	14:06:54.9	32.50	105.30	四川青川县	5.4
46	05	20	01:52:36.4	32.30	104.90	四川平武县	5.0
47	05	25	16:21:47.0	32.60	105.40	四川青川县	6.4
48	05	27	16:03:24.1	32.70	105.60	四川青川县	5.4
49	05	27	16:37:53.2	32.80	105.60	陕西宁强县	5.7
50	06	02	00:59:21.6	25.00	121.70	台湾台北	5.0
51	06	05	12:41:08.2	32.30	105.00	四川青川县	5.0
52	06	09	01:56:23.9	33.20	092.20	青海海西自治州	5.0
53	06	09	15:28:36.0	31.40	103.80	四川彭州	5.0
54	06	10	14:05:02.8	49.00	122.50	内蒙古鄂伦春自治旗与阿荣旗交界地区	5.2
55	06	10	18:04:58.0	33.20	091.90	青海海西唐古拉山地区	5.5
56	06	10	19:04:18.3	33.30	091.90	青海海西唐古拉山地区	5.1
57	06	10	22:15:39.0	33.20	092.00	青海海西唐古拉山地区	5.4
58	06	11	06:23:20.2	30.90	103.40	四川汶川县	5.0
59	06	18	13:23:33.9	35.30	091.20	青海治多县	5.4
60	06	18	16:12:14.7	33.30	092.10°E	青海唐古拉地区	5.0
61	06	29	20:47:27.9	35.70	088.30	西藏班戈县	5.5
62	07	03	04:23:00.0	35.80	088.30	西藏班戈县	5.1

序号	发震时间(北京时间)			发震地点			震级
	月	日	时:分:秒	纬度(°)	经度(°)	地　　点	
63	07	12	05:35:08.1	21.10	120.90	台湾恒春海域	5.2
64	07	13	22:58:29.4	21.10	120.80	台湾恒春海域	6.0
65	07	15	17:26:21.5	31.60	104.00	四川绵竹	5.0
66	07	17	06:58:22.3	33.20	092.10	青海唐古拉地区	5.3
67	07	24	03:54:46.5	32.80	105.55	陕西宁强、四川青川交界	5.6
68	07	24	15:09:28.6	32.80	105.50	四川青川、陕西宁强交界	6.0
69	08	01	16:32:44.6	32.10	104.70	四川平武、北川交界	6.1
70	08	05	17:49:18.7	32.80	105.50	四川青川县	6.1
71	08	07	16:15:33.7	32.10	104.70	四川平武、北川交界	5.0
72	08	20	05:35:09.9	25.10	097.90	云南盈江县	5.0
73	08	21	20:24:32.0	24.90	097.80	云南盈江县	5.9
74	08	25	21:22:00.1	31.00	083.60	西藏仲巴县	6.8
75	08	25	21:39:01.0	31.00	083.60	西藏仲巴县	5.2
76	08	26	03:13:56.2	30.70	083.40	西藏仲巴县	5.0
77	08	30	16:30:50.5	26.20	101.90	四川省攀枝花、会理交界	6.1
78	08	30	20:46:46.0	42.70	083.90	新疆和静县	5.3
79	08	31	16:31:11.2	26.20	101.90	四川会理、攀枝花交界	5.6
80	09	09	15:43:13.1	24.60	122.60	台湾宜兰以东海中	5.2
81	09	10	09:14:36.8	31.00	083.60	西藏仲巴县	5.1
82	09	10	09:28:12.4	31.00	083.60	西藏仲巴县	5.2
83	09	12	01:38:58.6	32.90	105.60	四川青川、甘肃武都、陕西宁强交界	5.5
84	09	25	09:47:14.0	30.80	083.60	西藏仲巴县	6.0
85	10	05	23:52:49.5	39.50	073.90	新疆乌恰县	6.8
86	10	05	23:55:20.5	39.43	073.59	中、塔、吉交界	6.3
87	10	06	00:11:11.8	39.50	073.90	新疆乌恰县	5.7
88	10	06	16:30:46.0	29.80	090.30	西藏当雄县	6.6
89	10	06	20:10:32.5	29.60	090.40	西藏当雄县	5.2
90	10	08	22:07:18.1	29.80	090.40	西藏当雄县	5.4
91	10	13	17:23:29.6	39.50	073.90	中、塔、吉交界地区	5.3

续表

序号	发震时间(北京时间)			发震地点			震级
	月	日	时:分:秒	纬度(°)	经度(°)	地　　点	
92	10	14	00:05:19.9	39.50	073.70	中、塔、吉交界	5.3
93	11	10	09:22:05.6	37.60	095.90	青海省海西蒙古族藏族自治州	6.3
94	11	12	05:56:04.7	37.60	095.90	青海省海西蒙古族藏族自治州	5.1
95	11	16	06:59:49.6	32.20	104.70	四川平武县	5.1
96	12	02	11:16:56.1	23.40	121.60	台湾以东海域	5.1
97	12	08	05:18:36.6	23.90	122.10	台湾花莲以东海中	5.2
98	12	10	02:53:11.2	32.60	105.40	四川青川县	5.0
99	12	23	08:04:40.0	23.00	120.60	台湾高雄县	5.2

1. 大陆地区地震活动时、空、强特征

（1）我国大陆进入高活跃时段。2008 年中国大陆地区结束了 2005～2007 年 5 级以上浅源地震低活动状态，进入高活跃状态，共发生 5 级以上浅源地震 87 次，远超 1900 年以来年均 20 次的水平，为 1950 年以来的次高年份（1950 年 92 次）（图 2）。2008 年我国大陆地区共发生 6 级以上浅源地震 19 次，远高于 1900 年以来年均 4 次的水平，与 1976 年同为频次最高年份（图 2）。2008 年中国大陆地区 18 次 6 级以上地震中 6.8 级以上地震有 5 次，其中包含 8 级地震 1 次、7 级地震 1 次，表明我国大陆 5 级以上浅源地震进入了频次高、强度大的高活跃时段。

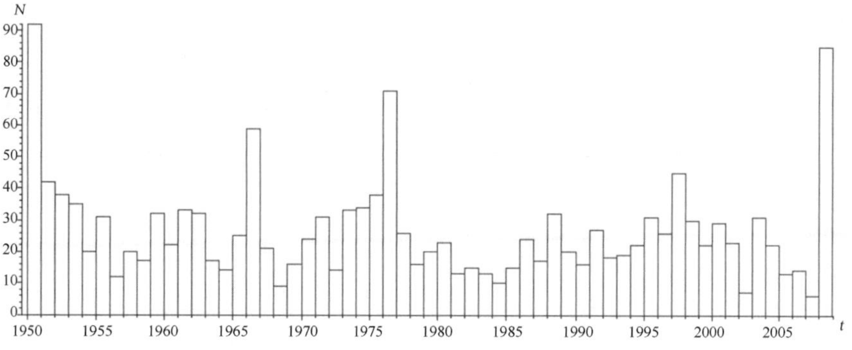

图 2　1900～2008 年中国大陆地区 5 级以上浅源地震频次图

2005 年 4 月西藏仲巴 6.5 级地震后，中国大陆 756 天未发生 6 级以上地震，出现了 1900 年以来最长的 6 级地震平静时段（图 4），2007 年 5 月 5 日西藏日土、改则间 6.1 级地震结束了中国大陆 6 级地震超长平静状态，随后发生了 6 月 3 日云南普洱 6.4 级等地震（图 5）。之后我国大陆地区 5 级以上地震平静近 173 天，被 2008 年 1 月 9 日西藏改则 6.9 级地震打破。2008 年 1 月 9 日至 3 月 20 日中国大陆地区除改则余震区外未发生 5 级以上地震，于 3 月 21 日发生新疆于田 7.3 级地震，结束了 2001 年 11 月昆仑山口西 8.1 级地震后我国大陆地区长达 6 年 4 个月的 7 级以上地震平静，地震活强度显著增强。3 月 20 日至 5 月 11

日于田余震区未发生 6 级以上余震，中国大陆地区除于田余震区外也仅发生 3 次 5 级以上地震，并且最大地震仅为 4 月 20 日新疆裕民 5.1 级地震。5 月 12 日发生四川汶川 8.0 级地震，该地震为我国 1900 年以来第 10 次 8 级地震。2008 年 1～5 月中国大陆地震活动增强明显，之后中国大陆出现 6 级地震活跃状态，表明中国大陆结束了前几年的相对平静状态，进入活跃时段。

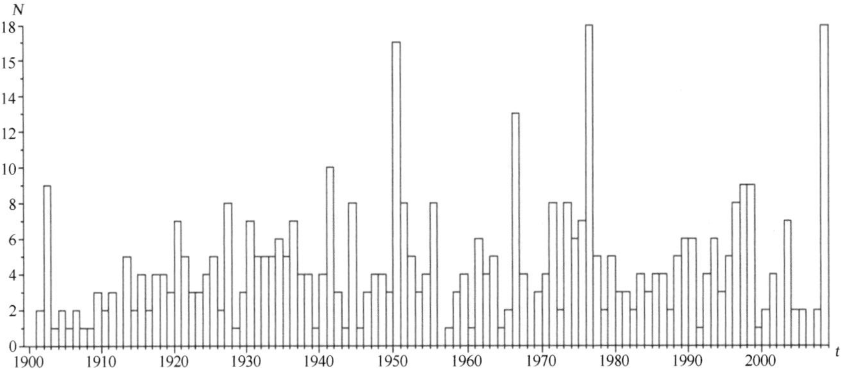

图 3　1900～2008 年中国大陆地区 6 级以上浅源地震频次图

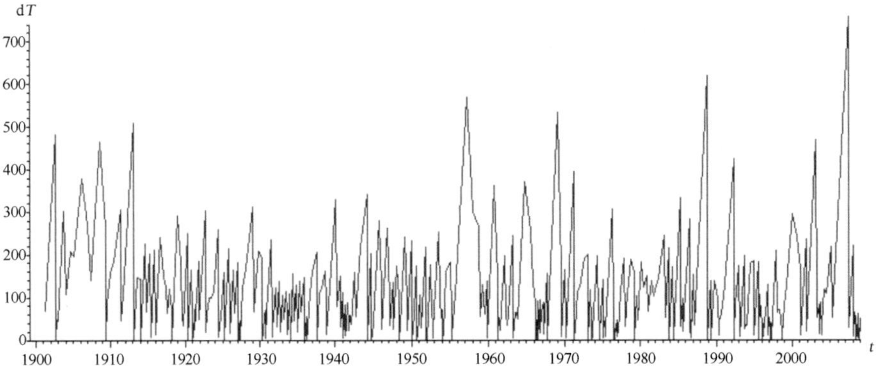

图 4　1900～2008 年中国大陆地区 6 级以上浅源地震时间间隔图

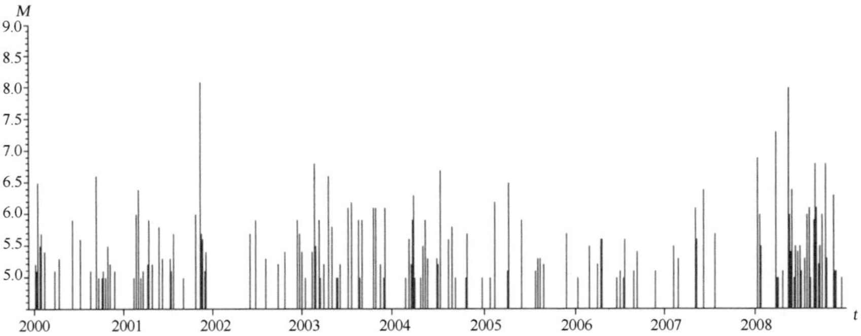

图 5　2000～2008 年中国大陆地区 5 级以上浅源地震 $M-t$ 图

对 1900 年以来我国大陆地区 8 级以上地震成组活动的研究表明，汶川地震与 2001 年昆仑山口西 8.1 级地震应属同一组活动，其发生前的 6 级地震超长平静、5 级地震的长时间平静、改则 6.9 级地震和于田 7.3 级地震之后短时间的地震活动水平相对较低的现象均与汶川 8.0 级地震有关。

（2）汶川地震后震区与外围地区中强地震交替活动。2008 年 5 月 12 日汶川地震后，余震丰富，共发生 5 ~5.9 级余震 34 次、6 级余震 8 次。我国大陆其他地区中强地震也活跃，共发生 5 级以上地震 30 次，其中包括 2 次 6.8 级地震，分别为 8 月 25 日西藏仲巴 6.8 级地震和 10 月 5 日新疆乌恰 6.8 级地震。5 月 12 日汶川 8.0 级地震后至 6 月 4 日我国大陆地区发生的 5 级以上地震均为汶川余震；6 月 5 日至 7 月 14 日余震区以外地震活动显著，余震区地震活动较弱；7 月 15 日至 8 月 19 日余震区出现一组 6 级强余震起伏，其他地区活动相对较弱；8 月 20 日 ~11 月 12 日，余震区以外地区强震频发，余震区活动较弱；11 月余震区活动较为突出，显示汶川余震区与我国大陆其他地区的中强地震活动呈交替活动的特点（图 6）。

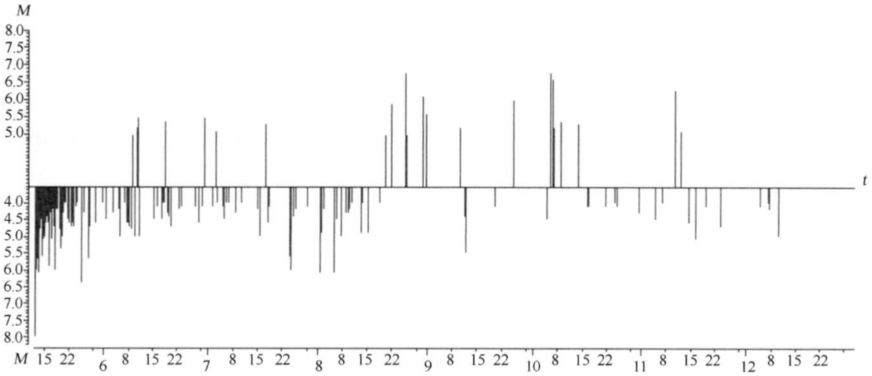

图 6　2008 年 5 月 12 日至 12 月 31 日汶川余震区外中国大陆地区 5 级以上地震与汶川序列 4 级以上地震 $M-t$ 图

（上：汶川余震区以外地区；下：汶川余震序列）

（3）中国大陆西部 5 级以上地震整体活跃。2008 年我国大陆地区 87 次 5 级以上地震可归属于 16 个地震序列，其中汶川 8.0 级地震序列共发生 43 次的 5 级以上地震。2008 年我国大陆 5 级以上地震除 6 月 10 日内蒙古鄂伦春自治旗与阿荣旗交界地区 5.2 级地震外，均发生在我国大陆的西部地区（105°以西），且西部地区的每个省、自治区均发生了 5 级以上浅源地震，显示我国大陆西部地区整体活跃。

（4）南北地震带进入强震活跃时段。南北地震带是我国地震比较活跃的地区之一。2003 年 10 月甘肃省民乐、山丹间 6.1 级地震后，南北地震带 6 级以上地震平静时间超过 43 个月，后被 2007 年 6 月 3 日云南普洱 6.4 级打破。2008 年 5 月 12 日于南北地震带中段的龙门山断裂带上发生汶川 8.0 级地震，结束了 1996 年丽江 7.0 级地震后南北地震带超过 12 年的 7 级地震平静，其后对于 8 月 30 日发生四川攀枝花 6.1 级地震，表明南北地震带已经进入强震活跃时段。

（5）2008 年新疆地区中强地震活跃，共发生 5 级以上地震 14 次。2008 年 3 月 21 日新疆于田 7.3 级地震结束了自 2005 年 2 月新疆乌什 6.2 级地震开始的 6 级以上地震平静，其后 10 月 5 日又发生了乌恰 6.8 级、6.3 级震群，表明新疆地区处于强震活跃时段。

（6）2008 年中国大陆东部地区地震活动水平较弱，仅发生 1 次 5 级以上地震，即 6 月 10 日内蒙古鄂伦春自治旗与阿荣旗交界地区 5.2 级地震。1998 年 1 月张北 6.2 级地震后至 2008 年 12 月华北地区 6 级以上地震平静时间已超过 10 年，且 2006 年 7 月文安 5.1 级地震后 5 级以上地震平静近两年半。2006 年 8 月后华北地区 M_L4 以上地震出现反复平静现象。

2. 2008 年地震趋势预测预报概况

2008 年地震实际活动情况显示，我国境内发生了 3 月 21 日新疆于田 7.3 级地震和 5 月 12 日四川汶川 8.0 级地震，因此，对 2008 年我国大陆地震趋势水平的预测出现显著失误。2008 年我国大陆 5 次 6.8 级以上地震中的 2 次分布在青藏块体内部的监测能力低的地区，其余 3 次中的汶川 8.0 级地震发生在南北地震带中部的龙门山断裂带上，于田 7.3 级地震和乌恰 6.8 级地震位于新疆西部地区，对主体地区的判定尚可，但地点判定上存在问题。

2008 年地震趋势会商会共确定 5 个地震重点危险区，2008 年我国大陆共发生 5 级以上地震 87 次，其中在我国大陆有监测能力地区共发生 59 次 5 级以上地震。如果将余震和震群作为一组地震，那么在前兆台网有一定监测能力地区共发生 9 组地震，这 9 组地震中有 3 组落在危险区范围内，有 2 组在危险区的边界附近，汶川 8.0 级地震发生在未圈定危险区的地区。2008 年还圈定了 5 个中强地震应注意地区，我国东部唯一的一次 5 级以上地震落在内蒙古扎兰屯—牙克石地区 5 级左右应注意区内。2008 年 5 个危险区中的 1 个危险区范围内发生了预期水平地震，2 个危险区附近地区发生了预期水平地震，危险区预测较好。但是，2008 年度最大的汶川 8.0 级附近没有地震重点危险区。

二、全球地震活动概况

据我国数字地震台网地震速报结果统计，2008 年全球共发生 7 级以上地震 19 次，最大地震为 5 月 12 日四川汶川 8.0 级地震。2008 年全球地震仍维持前几年的活动格局，全球 7 级以上地震主要分布在环太平洋地震带西部和欧亚地震带东部，印度—澳大利亚板块、日本地区强震活跃，环太平洋地震带东北部继续平静（图 7）。与 2007 年相比，全球地震频次下降，能量释放明显减少。2008 年全球 7 级以上地震活动有以下特点：

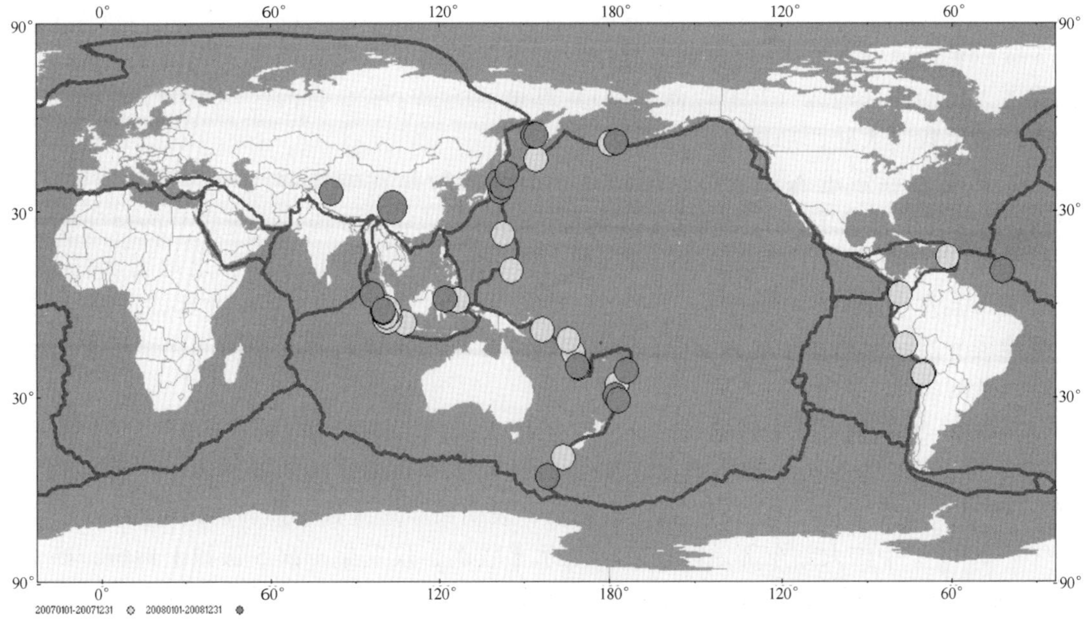

图 7　2007 ~ 2008 年全球 $M_S \geq 7.0$ 地震震中分布图

（图中白圈为 2007 年 7 级以上地震，黑圈为 2008 年 7 级以上地震）

（1）2008 年全球共发生 7 级以上地震 19 次，略高于 1900 年以来的平均水平（18 次/年），与 2007 年相比，地震频次下降。2008 年全球共发生 7.5 级以上地震 4 次，地震能量释放减少，明显低于 2004 ~ 2007 年的水平。2001 ~ 2008 年全球 8 级强震处于高活跃时段，每年均有 8 级以上地震发生，共发生了 11 次 8 级以上地震。2008 年全球发生 1 次 8 级地震，即四川汶川 8.0 级地震。

（2）2008 年全球 19 次 7 级以上地震中有 8 次分布在印度—澳大利亚板块的北边界和东边界上。其余的 11 次中，6 次在环太平洋地震带西北部的日本—鄂霍次克海地区，2 次在青藏块体边缘地区，1 次在中国南海次板块内，1 次在环太平洋地震带北部的安德烈亚诺夫群岛，1 次南美板块与非洲板块交界地区，显示出空间分布相对集中的特点。

（3）由印度板块推挤在我国大陆西部及邻区形成的强震活动“大三角”地区自 2001 年 11 月 14 日昆仑山口西 8.1 级地震后，结束了 1970 年 1 月 5 日云南通海 7.8 级地震后开始的 32 年的 7.8 级以上地震平静，进入了一个强活跃时段，其后 7.8 级以上地震呈准周期活动，2003 年 9 月发生俄蒙中 7.9 级地震，2005 年 10 月发生巴基斯坦 7.8 级地震，2008 年发生汶川 8.0 级地震。

（4）自 2005 年 6 月 15 日美国加利福尼亚北部远海 7.1 级地震后，环太平洋地震带东北部未发生 7 级以上地震，强震平静超过 1200 天，为 1900 年以来最长的平静。

（中国地震台网中心　李　纲　刘　杰　余素荣）

2008 年全球地震灾害评述

一、2008 年世界地震活动性总观

根据中国数字地震台网（CDSN）监测资料，2008 年全球发生 5.0 级以上地震 1879 次，其中 6.0 级以上地震 157 次，7.0 级以上地震 15 次，8.0 级以上地震 1 次。全球地震活动的总水平略低于 1900～2007 年以来的年平均值。百余年期间年平均 6.0 级以上地震 159 次，7.0 级以上地震 17 次，8.0 级以上地震三年两次。

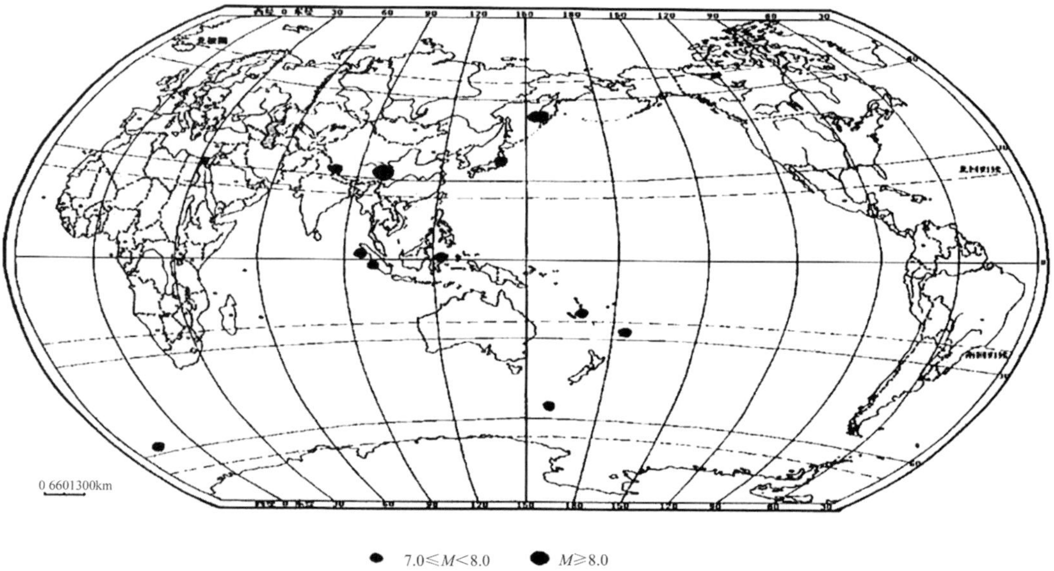

2008 年全球 7.0 级以上地震震中分布图

二、地震活动性特征总观

地震频度和地震强度地区分布和震源深度分布等同过去百年期间所显示的地震区、地震带的总体形势相同，但是个别局部地区变动较大。中国大陆地区 5 月 12 日汶川 8.0 级地震酿成巨大灾难是该地区“千年不遇”事件；俄罗斯南部车臣共和国 10 月 11 日 5.9 级地震十几年一次；非洲刚果与卢旺达交界地区 6.0 级地震导致数百人伤亡；很少发生破坏地震的冰岛地区 6.1 级地震 30 人受伤；美国西部加利福尼亚自 1994 年贝克斯菲尔德地区地震以来 5.0 级以下的较小地震时有发生，而美国东部新马德里地区十九世纪群发巨大地震之后，至今该区无 5.0 级以上地震活动。总之，地震活动性的全球总体时间、空间和强度特征的年度

变化小，一些局部地区变化的年度差异极大。

三、地震地理分布概要

2008 年 5.0 级以上地震在全世界各个地震带一般都有不同次数的分布，发生次数较多的地区依次为：

南太平洋岛弧—海沟区（包括汤加群岛、斐济群岛、所罗门群岛和印度尼西亚岛弧—海沟区等及其附近海域）占 55% 大约 982 次，其中 6.0 级以上地震 96 次；7.0 级以上地震 6 次，绝大部分地震发生在无人区和远海，一般无灾害报道。其中只有 5 次 5.5 ~ 6.5 级地震发生在有人居住地区，有轻度灾情报告。

千岛群岛和日本列岛占 33% 有大约 584 次，其中 6.0 级以上地震大约 32 次；7.0 级以上地震大约 3 次。日本列岛轻灾地震 2 次。

欧亚地震带占 6%，6.0 级以上地震大约 10 次，其中中国地区占 3%，汶川 8.0 级地震重灾，死亡和失踪 8 万余人。欧洲 - 地中海地区 3%，其中希腊 6.1 级地震造成轻度破坏；俄罗斯南部车臣共和国 5.9 级地震造成轻灾。

南美洲 1%。大约 20 次。秘鲁 1 次 6.0 级地震轻灾。

其他地区占 4%，大约 70 次，均无灾害报道。

四、2008 年国内外主要地震灾情

四川汶川 8.0 级特大地震灾情极为严重。根据各省、市、县等地方政府最后综合统计报告数字，死亡 69227 人，失踪 17923 人，受伤 373643 人。500 万人无家可归。涉及四川省及其周边 10 个省和地区的 4500 万人受灾。直接经济损失总计大约 8451 亿元。四川省汶川 8.0 级地震成为我国继 1920（甘肃海原地震）、1927（甘肃古浪地震）和 1976（唐山地震）之后的第 4 个重大灾难地震。

国外地区地震灾情一般均相当轻微。有灾情报告的地震总计 16 次，灾情均不严重，总计死亡和失踪 571 人，受伤大约 1510 人。国外的地震损失小于当年全世界总数的千分之七。

全球地震灾情按年份统计，自 1900 ~ 2007 年期间，地震死亡人数超过 8 万人的有 6 个年份：1908 年超过 11 万人（其中意大利墨西拿 12 月 28 日死亡约 11 万人）；1920 年死亡超过 22.34 万人（其中甘肃海原 12 月 16 日死亡约 20 万人）；1923 年死亡超过 15.06 万人（其中日本关东地区 9 月 1 日死亡 14 万人）；1927 年死亡超过 20 万人（其中 5 月 23 日中国甘肃古浪地震死亡 4.14 万）；1976 年死亡超过 29 万人（其中唐山 7 月 28 日地震死亡超过 24 万人）；2004 年死亡 25 万至 30 万人（其中印度尼西亚班达亚齐 12 月 26 日地震大海啸亡人超过 25 万）。

五、2008 年国外较大灾害地震

（1）巴基斯坦 10 月 28 日和 10 月 29 日发生的 6.2 级“双震”。死亡大约 300 人。受灾人数约 35000 人。2000 多套房屋倒塌或严重破坏。

（2）10 月 5 日阿富汗中部 6.0 级地震 72 人死亡，数百栋民居倒塌或严重破坏。

（3）2 月 3 日刚果与卢旺达交界处 6 级地震 45 人死亡，数百人受伤。很多民居和几座建筑物严重破坏。

（4）灾害地震发生次数较多的地区是印度尼西亚，但灾情很轻。

（5）6 月 14 日日本九州北部地震 12 人死亡，10 人失踪。

（6）俄罗斯南部车臣共和国地震 12 人死亡。

附件：

2008 年国外有伤亡和破坏地震资料

月－日	发震时刻(UTC)	纬度(°)	经度(°)	震源深度/km	震级 M_W	地名	灾情
1－7	03:12:30	0.82S	134.05	35	6.2	印度尼西亚伊里安查亚省	6 人受伤,几栋民居轻微破坏
1－30	07:32:43	7.37S	127.70	10	6.2	印度尼西亚马鲁古省	1 男孩死亡,4 人受伤
2－3	07:34:12	2.31S	28.90	10	6.0	刚果与卢旺达交界地区	45 人死亡,数百人受伤;数百栋民居和几座建筑物严重破坏,十多栋倒塌;经济损失数百万美元
2－20	08:08:31	2.75	95.97	34	7.5	印度尼西亚北苏门答腊省	3 人死亡,25 人重伤;数百套民居和建筑物倒塌
5－29	15:46:01	64.026	20.985W	10	6.1	冰岛	30 人受伤,一些建筑和民居被破坏
6－8	12:25:29	38.029	21.463	10	6.1	希腊西南部	2 人死亡,125 人受伤;数栋老旧房屋和建筑物不同程度破坏和倒塌。山体滑坡
6－14	23:43:46	39.106	140.608	10	6.9	日本本州北部	12 人死亡,10 人失踪,数百人受伤;交通停运,山体滑坡,桥梁被破坏
7－8	09:13:02	15.961S	71.683W	74	6.0	秘鲁南部	6 人死亡,34 人受伤
7－24	00:26:20	39.795	141.426	111	6.8	日本本州北部	99 人受伤;1 处火灾;山体滑坡;交通停运
8－6	22:41:01	8.146S	117.535	10	5.7	印度尼西亚松巴哇岛	1 人死亡,至少 4 人受伤;140 套房屋倒塌或严重破坏

续表

月－日	发震时刻(UTC)	纬度(°)	经度(°)	震源深度/km	震级 M_W	地名	灾情
9－9	03:07:30	3.872S	103.069	38	5.4(M_b)	印度尼西亚苏门答腊岛南部	1名妇女死亡,20人受伤;震中地区至少50栋房屋受到不同程度破坏
9－10	11:00:40	27.010	55.780	55	6.1	伊朗南部	7人死亡,60人轻重伤。一些民居倒塌或破坏
10－5	22:56:33	33.954	69.477	35	6.0	阿富汗中部	72人死亡,数百栋民居倒塌
10－11	09:06	43.33	46.2	10	5.9(M_b)	俄罗斯南部车臣共和国	至少12人死亡,105人受伤;当地部分医院、商场及民房等建筑物倒塌;山区道路损毁
10－28	23:09:57	30.75	67.34	10	6.2	巴基斯坦	超过300人死亡,受灾人数约30000人;2000多套房屋倒塌或严重破坏
10－29	11:32:42	30.54	67.46E	10	6.2		

(中国地震局震灾应急救援司　李　洋　侯建盛　米宏亮)

2008年中国大陆地震灾害述评

一、2008年中国地震概况

2008年我国境内共发生5级以上地震99次（我国大陆地区发生87次，海域和台湾地区发生12次），8.0级以上地震1次，7.0~7.9级地震1次，6.0~6.9级地震19次，5.0~5.9级地震78次，最大地震为2008年5月12日发生在四川省汶川县的8.0级特大地震。汶川地震序列中8.0级以上地震1次，6.0~6.9级地震8次，5.0~5.9级地震34次，占全年大陆5.0级以上地震发生次数的一半。

二、2008年中国大陆地震灾害情况

2008年中国大陆地区有17次地震成灾事件。其中四川汶川8.0级特大地震造成近7万人死亡，失踪近1.8万人，受伤近40万人，地震造成直接经济损失8000多亿元。汶川8.0级特大地震是我国30年来遭受最为严重的地震灾害，是近10年来最为严重的自然灾害，全国各地、南亚、东南亚等地均有震感，四川省、甘肃省、陕西省、重庆市、云南省、宁夏回族自治区等地不同程度受灾。

除四川汶川8.0级地震外，我国大陆地区还发生了16次地震灾害事件，其中重大地震灾害事件1次（西藏当雄县6.6级），较大地震灾害事件1次（四川攀枝花市—凉山州交界6.1级），一般地震灾害事件14次，16次地震灾害事件造成56人死亡，1227人受伤，直接经济损失71.87亿元。17次地震灾害事件共造成中国大陆地区约10730.53万人受灾，受灾面积约501283km^2；造成房屋168626623m^{2}毁坏，61086254m^{2}严重破坏，535588185m^{2}中等破坏，172140594m^{2}轻微破坏。

表1　2008年中国大陆地震灾害损失一览表

序号	时间		地点	震级	人员伤亡/人			房屋破坏/m^2				直接经济损失/万元
	月-日	时:分			死亡	重伤	轻伤	毁坏	严重	中等	轻微	
1	2-1	05:06	四川省长宁县	4.6	0	0	1					2006.00
2	3-21	06:33	新疆于田县	7.3	0	0	0	188711	11112	1077183	44410	19479.90
3	3-21	20:36	云南省盈江县	5.0	0	0	0	5620		431166	40415	6480.00

续表

序号	时间		地点	震级	人员伤亡/人			房屋破坏/m^2				直接经济损失/万元
	月－日	时:分			死亡	重伤	轻伤	毁坏	严重	中等	轻微	
4	3－24	23:24	湖北竹山—陕西白河交界	4.2	0	0	0				3599	158.02
5	3－30	16:32	甘肃省肃南裕固族自治县	5.0	0	0	0	1027	13433	94709	248844	3933.05
6	4－20	21:14	新疆裕民县	5.1	0	0	0	9822	106299	175823	429847	8584.41
7	4－21	05:42	甘肃省肃南裕固族自治县	4.2	0	0	0	5183	6249	83982	156732	1322.64
8	5－12	14:28	四川省汶川县	8.0	69227	375783		165039000	60787000	519386000	167432000	85230900.00
9	6－10	14:05	内蒙古鄂伦春与阿荣旗交界	5.2	0	0	0			7957	74286	3217.49
10	8－20	05:35	云南省盈江县	5.0	5	29	101	358371	52880	3156881	623980	130800.00
	8－21	20:24	云南省盈江县	5.9								
11	8－30	16:30	四川仁和区与会理县交界	6.1	41	1010		2903007	76001	9636644	2281141	446187.00
12	8－30	20:46	新疆和静县	5.3	0	0	0	2491	9208	57082	76222	3644.18
13	10－5	23:52	新疆乌恰县	6.8	0	0	0	4509	17651	113831	151060	6728.40
14	10月6日	16:30	西藏当雄县	6.6	10	14	46	104229	6035	982426	133182	41137.00
15	11月10日	09:22	青海省海西州	6.3	0	0	3	105	137	6665	13467	26611.32
16	11月22日	16:01	湖北省秭归县	4.1	0	0	1			12384	77037	445.10
17	12月26日	04:20	云南省瑞丽市	4.9	0	4	18	4548	249	365452	354372	17960.00
总计					69283	377010		168626623	61086254	535588185	172140594	85949594.51

注：农村简易建筑物震害调查时对建筑物分类采用毁坏（含严重破坏）、破坏（含中等破坏和轻微破坏）和基本完好三类。

三、2008 年中国大陆地震灾害主要特点

（1）多发生在人口较为稠密的地区，造成比较大的人员伤亡和财产损失。除了汶川 8.0 级特大地震外，西藏当雄县 6.6 级地震、四川攀枝花市—凉山州交界 6.1 级地震、新疆于田县 7.3 级地震、云南盈江县 5.0、5.9 级地震等，都发生在人口较为稠密的西部山区，经济条件相对落后，房屋抗震性能较差，导致了较严重的地震灾害；

（2）强震次数明显增多，震级较大。2008 年发生的 6.0 级以上地震次数多于过去 5 年，而且 6.0 级以上地震带来的地震灾害也多于过去 5 年，2008 年 6.0 级以上地震致灾次数为 6 次，而过去 5 年这个数字平均为 2.2 次；

（3）地震灾害损失严重。除汶川地震外，全年地震灾害造成的经济损失总值为 71.87 亿元，而过去 5 年直接经济损失总值为 110.59 亿元，平均每年 22.12 亿元。地震发生在人口稠密地区的西部经济较为落后地区，次生灾害频发是造成严重经济损失的直接原因。

（中国地震局震灾应急救援司　李　洋　侯建盛　米宏亮）

各地区地震活动

首都圈地区

据北京遥测地震台网测定，2008 年首都圈地区共发生 1 级以上地震 626 次，2 级以上地震 124 次，3 级以上地震 11 次，4 级以上地震 1 次，最大地震为 4 月 11 日河北卢龙 4.1 级地震。

地震活动特征如下：

（1）2008 年 1 级以上小震活动年频次相比 2007 年略有回升，但仍在近年来的均值水平附近。2 级、3 级和 4 级以上地震年频次仍持续 2004 年以来的低值状态。地震活动总体强度仍处于 2000 年以来的低水平活动状态中，并达到 1980 年以来的最低值。京津地区自 1996 年北京顺义 4 级地震后一直没有中等地震发生，仍处于明显的缺震背景中。

2008 年首都圈地区 2 级以上地震震中分布图

（2）首都圈地区 2 级以上地震活动的空间分布特征为：西部地区小震活跃，分布较散。中部地区形成两条北西向带状分布：一条沿北京海淀—河北怀来—河北赤城；另一条沿天津宁河－天津蓟县－北京密云。另外在河北的文安霸州及周围地区小震相对集中分布。东部地区仍以唐山震区的北东向分布为主，但相比 2007 年的活动范围有向中北部收缩分布的现象。

（中国地震台网中心　吕梅梅　王慧敏）

北　京　市

据中国遥测地震台网测定，2008 年北京市行政区内共记录到 M_L1.0 以上地震 65 次，其中 M_L1.0～1.9 地震 57 次，M_L2.0～2.9 地震 8 次，最大地震为 4 月 29 日海淀 M_L2.9 地震。2008 年，北京行政区内地震活动表现出如下特征：

（1）M_L1.0 以上地震年频次与平均水平相当，M_L2.0 以上地震年频次低于平均水平。2008 年，北京行政区内发生 M_L1.0 以上地震 65 次，与 1970 年以来 66 次的年平均水平相当；发生 M_L2.0 以上地震 8 次，低于 1970 年以来 11 次的年平均水平。

（2）M_L4.0 以上地震平静现象显著，M_L3.0 以上地震也出现平静现象。1996 年 12 月 16 日顺义 M_L4.5 地震以来，本地区已 12 年没有发生 M_L4.0 以上地震；2007 年 4 月 13 日平谷 M_L3.2 地震以来，本地区未发生 M_L3.0 以上地震。

（3）地震活动具有空间不均匀性。2008 年，本地区 65 次 M_L1.0 以上地震主要发生在海淀区（19 次）和昌平区（10 次）；

8 次 M_L2.0 以上地震分别发生在海淀、昌平、平谷、怀柔和密云等地区，地震活动呈现空间不均匀性。

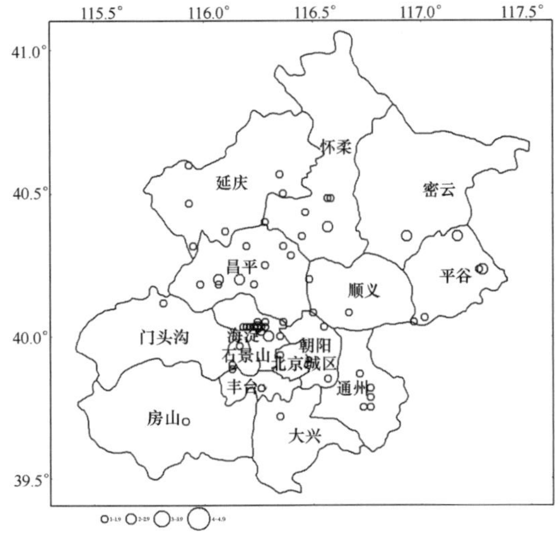

2008 年北京地区 1.0 级以上地震分布图

（4）地震活动具有时间不均匀性和成丛性。2008 年，本地区 8 次 M_L2.0 以上地震发生在 1 月、4～6 月、9 月和 12 月，其他月份相对平静，地震活动呈现时间不均匀性和成丛性。

（北京市地震局　朱红彬）

天津市及其邻近地区

据中国遥测地震台网测定，天津及其邻近地区 2008 年共发生 92 次 $M_L \geq 1.0$ 地震，其中 M_L1.0～1.9 地震 77 次，M_L2.0～2.9 地震 15 次，最大地震震级为 M_L2.8，天津市行政区范围内的 $M_L \geq 1.0$ 地震次数为 37 次，主要分布在蓟县、宁河、汉沽和宝坻等区县。2008 年天津及邻区 $M_L \geq 1.0$ 地震数目与上年相当，地震的活跃程度依然不高，且没有显著的地震事件发生，继续维持近年来的缺震异常特征。

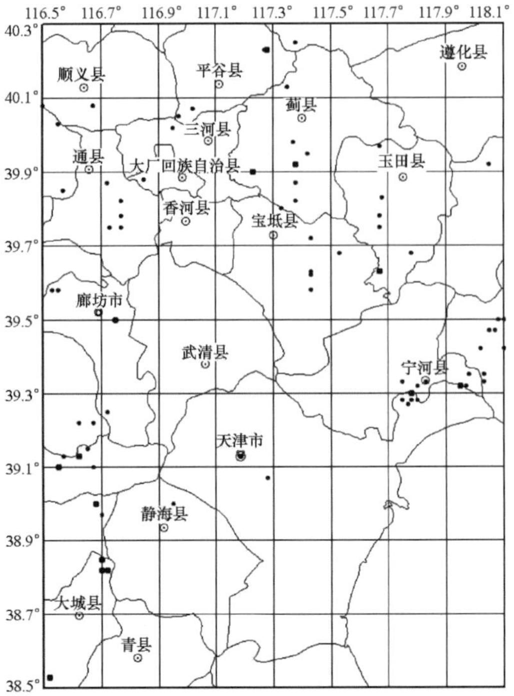

天津及其邻近地区 2008 年 $M_L \geq 1.0$ 地震分布图

• M_L2.0～2.9（15）　· M_L1.0～1.9（77）

（天津市地震局　刘文兵）

河　北　省

据河北省数字遥测地震台网测定，2008 年河北省及京津地区共发生地震 732 次，其中 M_L1.0 以下地震 135 次，M_L1.0～1.9 地震 516 次，M_L2.0～2.9 地震 75 次，M_L3.0～3.9 地震 5 次，M4.0～4.9 地震 1 次，没有 5 级以上地震。最大地震为 2008 年 3 月 11 日 04 时 24 分 16.5 秒河北卢龙（39°59′N，118°54′E）的 M_L4.3 地震。

2008 年河北省及京津地区地震活动具有如下特征：

（1）2008 年的地震频度有所下降，小震频度只有 732 次，低于历史平均水平。

（2）小震活动仍集中分布在唐山、邢台、张家口地区的 3 个地震活跃部位。

（3）地震活动与2007年相比，京津唐地区无论是地震频度还是地震能量都比较低，成丛型比较明显。

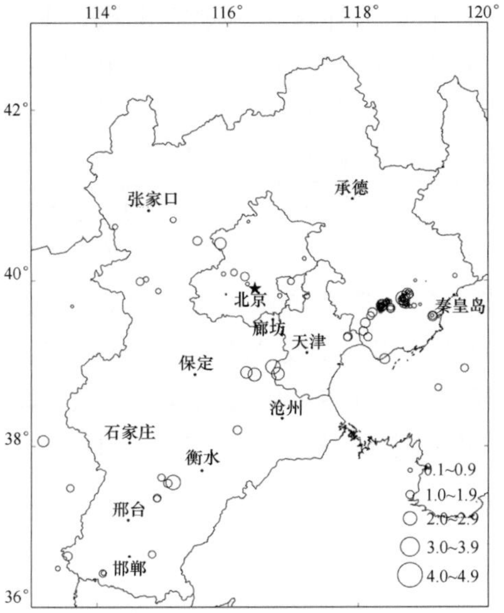

图1　2008年河北省及京津地区地震震中分布图

（4）河北平原地震带中部小震较少，京西北及京津（北京55次，天津44次小震）地区小震成丛集活动比较明显。

（5）晋冀蒙交界地区和河北南部地区的小震丛集。

（河北省地震局　刘继录　毛国良）

山　西　省

据山西省数学遥测地震台网测定，2008年1～12月，山西地区发生$M_L \geq 1.0$地震649次，其中1.0～1.9级地震485次，2.0～2.9级地震152次，3.0～3.9级地震12次，未发生4.0级以上地震，最大地震是2008年9月2日应县大黄巍乡$M_L 3.8$地震。

主要活动特征表现为：

（1）小震频度大幅增加。2008年5月份以来，山西省1级以上地震月频度大幅增加，相继发生了“榆次”、“山阴”、“娄烦”小震群，以1.0～1.9级的单台记录地震居多。分析认为5月以来$M_L < 2.5$小震活动频度突然大幅增高的原因应归结为监测能力的提高，并非实际地震活动水平的增强。

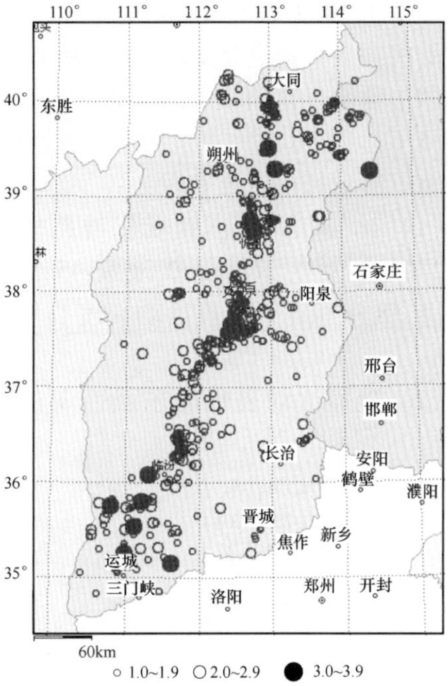

山西地区2008年度$M_L \geq 1.0$
地震震中分布图

（2）3级以上地震频度很低。2008年$M_L \geq 2.5$地震与多年水平相当，但$M_L \geq 3$地震频度连续两年偏低，2008年度仅有12次，低于多年平均水平18次。

（3）强度偏低。2005年以来地震一直保持低水平活动，连续四年无4级以上地震发生，是自1970年有现代地震记录以来4级平静间隔时间相对较长的一次。

（山西省地震局　宋美琴）

内蒙古自治区

据内蒙古自治区数字遥测地震台网测定，2008 年内蒙古自治区发生 $M_L \geqslant 1.0$ 地震 447 次，其中 1.0 ~ 1.9 级地震 196 次，2.0 ~ 2.9级地震 206 次，3.0 ~ 3.9 级地震 42 次，4.0 ~ 4.9 级地震 2 次，5.0 ~ 5.9 级地震 1 次。最大地震是 2008 年 6 月 10 日呼伦贝尔市鄂伦春自治旗与阿荣旗交界处发生的 M_L5.6 地震。

地震活动特征主要表现为：

（1）$M_L \geqslant 3.0$ 地震频度仍维持较高水平。2008 年发生 $M_L \geqslant 3.0$ 地震 45 次，与 2007 年 38 次相比，地震活动频度有较大上升。

（2）地震活动表现出东强西弱的空间格局，发生中强破坏性地震。

2008 年发生的 2 次 $M_L \geqslant 4.0$ 地震分布在内蒙古自治区西部地区。内蒙古自治区东部地区发生破坏性中强地震 1 次，即 2008 年 6 月 10 日 14 时 05 分 04 秒，内蒙古自治区呼伦贝尔市鄂伦春自治旗与阿荣旗交界处发生 M_L5.6（M_S5.2）地震。

（3）赤峰喀喇沁旗爆发小震群活动。自 2008 年 8 月 19 日开始，至 2008 年 9 月 29 日，赤峰喀喇沁旗爆发小震群活动，历时 40 天，累计发震 749 次，0.0 ~ 0.9 级地震 575 次，1.0 ~ 1.9 级地震 155 次，2.0 ~ 2.9 级地震 16 次，3.0 ~ 3.9 级地震 3 次；最大震级 M_L 3.2。该震群具有频次高、持续时间长的特点。

（内蒙古自治区地震局　弓建平）

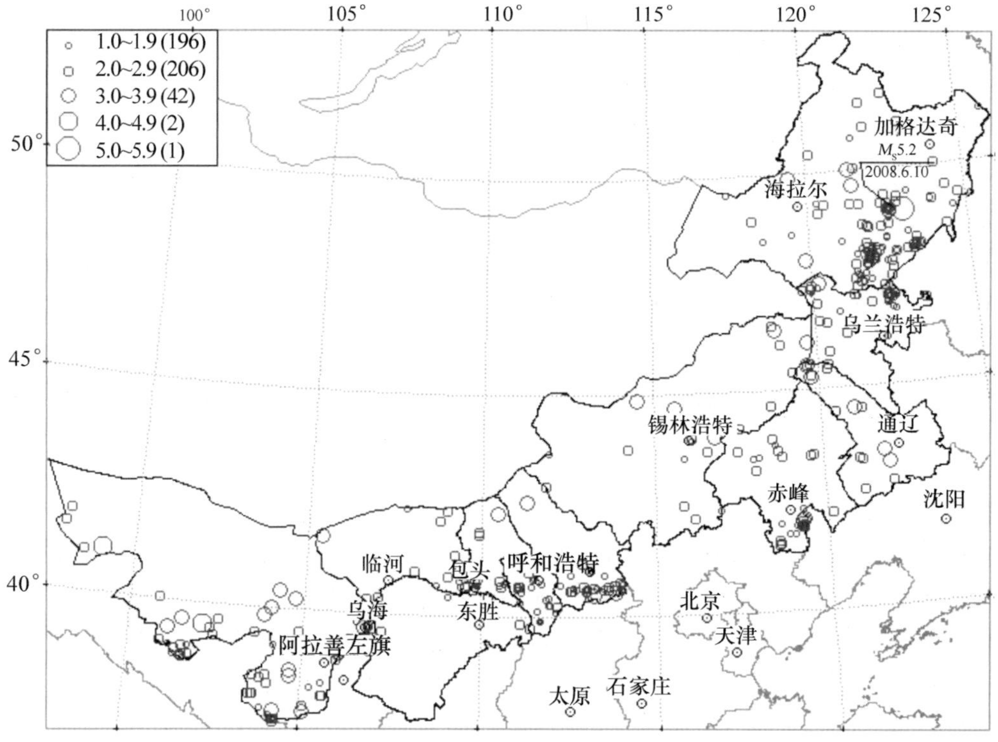

2008 年内蒙古自治区 $M_L \geqslant 1.0$ 地震分布图

辽 宁 省

据中国地震台网中心小震目录数据库统计，2008 年辽宁省及邻区（38°～43.5 °N，119～126 °E）共发生 $M_L \geqslant 2.0$ 地震 189 次，其中 $M_L \geqslant 3.0$ 地震 25 次，$M_L \geqslant 4.0$ 地震 4 次。本年度辽宁境内最大地震为 2008 年 11 月 14 日海城的 $M_L 4.8$ 级地震，震中位于 40.65 °N，122.90°E。

2008 年度辽宁省及邻区的地震活动特点：

（1）3 级地震空间分布格局发生变化。辽宁地区 2008 年上半年发生的 $M_L \geqslant 3.0$ 地震均沿着北东方向呈带状展布，带外无 3 级以上地震。自 8 月 21 日宁城 3.1 震群开始，辽宁地区的 3 级地震分布逐渐散开，NE 向 3 级条带被打破。

（2）4 级地震平静被打破。自 2003 年 3 月 30 日沈阳满堂 $M_L 4.1$ 地震至 2008 年 11 月 2 日，辽宁地区 $M_L \geqslant 4.0$ 地震平静达 67 个月；自 2000 年 5 月 24 日岫岩 $M_L 4.3$ 级地震至 2008 年 11 月 2 日，营口－海城－岫岩地区 $M_L \geqslant 4.0$ 地震平静近 101 个月。均为 1970 年以来的最长平静时段。2008 年 11 月 3 日海城 4 级震群（分别为 11 月 3 日 4.3、11 月 9 日 4.0 级、11 月 14 日 4.8 级）的发生，同时打破了上述两个地区的 4 级地震平静现象。

（3）发生显著地震事件。2008 年 11 月 3 日至 2008 年 12 月 1 日，海城地区发生 4 级震群活动。根据辽宁数字遥测台网记录，截至 12 月 1 日，震群的总频次为 415 次，最大地震为 11 月 14 日 $M_L 4.8$。其中 $M_L 0.0～0.9$ 地震 327 次；$M_L 1.0～1.9$ 地震 68 次；$M_L 2.0～2.9$ 地震 14 次；$M_L 3.0～3.9$ 地震 3 次；$M_L 4.0～4.9$ 地震 3 次。海城 $M_L 4.8$ 震群距 1975 年 2 月 4 日海城 $M7.3$ 地震约 11km，距 1999 年 11 月 29 日岫岩 $M5.4$ 地震 17km。

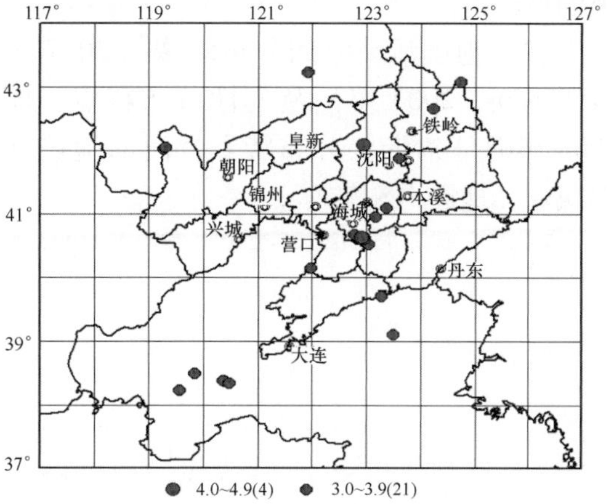

2008 年辽宁及邻区 $M_L \geqslant 3.0$ 地震震中分布

（辽宁省地震局　曹凤娟）

吉 林 省

据吉林省地震台网测定，2008 年 1 月 1 日至 12 月 31 日吉林省内共发生 $M \geqslant 1.0$ 以上地震 59 次，其中 2.0 级以下地震 24 次，2.0～2.9 级地震 32 次，3.0～3.9 级地震 3 次，最大地震为 6 月 12 日发生在吉林省四平市石岭 3.1 级地震和 12 月 9 日发生在吉林省松原市新民 3.1 级地震。全年释放能量为 3.16×10^8（J），（释放能量为 2.18×10^9（J））比 2007 年低。长白山天池火山区共发生 80 次地震，其中可确定震级的地震 21 次。在这 21 次地震中，0.0 级以上地震 14 次，1.0～1.9 级 6 次，2.0～2.9 级 1 次，最大地震为 2.1 级地震。2008 年吉林省地震活动主要有以下特点：

（1）地震活动频度较 2007 年度明显增大，也高于历年平均活动水平。省内 2 级以上地震年均频度为 15 次左右。2005 年发生 2 级以上地震 16 次；2006 年发生 2 级以上地震 26 次，2007 年发生 2 级以上地震 18

次，2008 年发生 2 级以上地震 35 次，高于年均地震频度的 2 倍，地震年均频度为近年来的最高值。

（2）地震活动空间分布图像与 2007 年有所不同，2007 年呈丛集性分布特点，而 2008 年则呈条带状分布特点，西部地震活动减弱，地震向东转移。

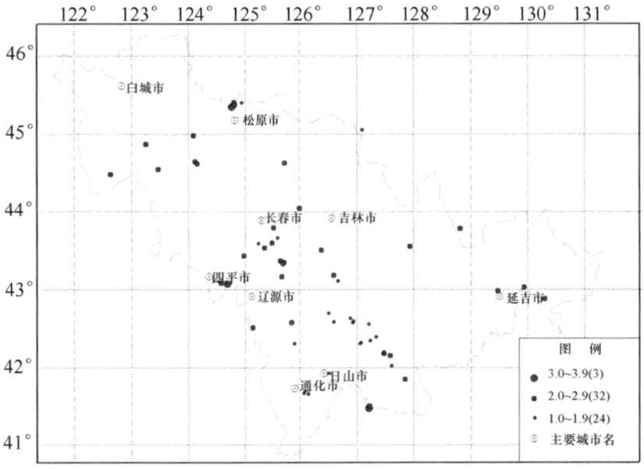

2008 年吉林省地震震中分布图

（3）地震活动的时间分布相对集中。2008 年省内地震集中发生于 3 月中下旬至 4 月底、6 月中旬至 7 月上旬、8 月底、10 月下旬及 12 月中下旬，时间分布呈现明显的分段成丛活动特征。

（4）地震强度下降。全年发生 3 级以上地震 3 次，是近几年的最低值。能量释放曲线也显示今年地震活动强度是 2000 年以来的最低值。

（吉林省地震局　盘晓东）

黑 龙 江 省

据黑龙江省数字地震台网观测报告统计，2008 年 1 月至 2008 年 12 月黑龙江省及邻近地区（42°～55°N，120°～135°E）可定位地震 188 次（$M_L \geq 1.0$）。省内发生可以定位地震 104 次，其中 M_L1.0～1.9 之间的地震 65 次，M_L2.0～2.9 之间的地震 34 次，M_L3.0～3.9 之间的地震 4 次，M_L4.0～4.9 之间的地震 1 次，省内最大地震发生在 2008 年 7 月 7 日龙江县附近，震级为 M_L4.9。省内地震活动频次与往年相比，频次较少，强度小，周边地区的地震活动明显较强，具有空间集中性，呈条带分布。

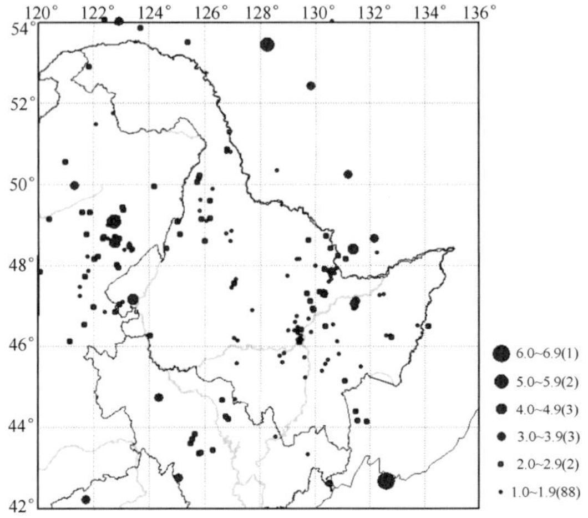

2008 年黑龙江省及周边地区震中分布图

（黑龙江省地震局　高　峰）

上海市及其邻近地区

据上海地震台网测定，2008 年上海市及其邻近地区（29°～34°N，119°～124°E）共记录到 M_L1.0 以上地震 54 次，其中 1.0～1.9 级地震 17 次，2.0～2.9 级地震 30 次，3.0～3.9 级地震 7 次。最大地震为 2008 年 5 月 13 日 04 时 59 分发生在江苏滨海的 M_L3.8 地震，释放的总能量为 7.7×10^9J。

2008 年上海监视区（30.0°～32.4°N，119.6°～123.0°E）共发生 M_L1.0 以上地震 11 次，其中 $M_L \geq 2.0$ 地震有 4 次，最大地震为 2008 年 1 月 16 日 09 时 11 分发生在长江口的 M_L2.4 地震。

2008 年上海行政区记录到小震 1 次，为 2008 年 6 月 29 日 17 时 27 分发生在上海

闵行的 M_L0.7 地震。

地震活动特点如下：

（1）2008 年本区地震活动水平明显低于 1970 年以来的平均水平，3 级以上地震活动频次和强度与 2007 年相比均有所下降。

（2）地震活动空间分布上仍持续 2007 年的北强南弱，主要分布在江苏及南黄海沿岸地区。

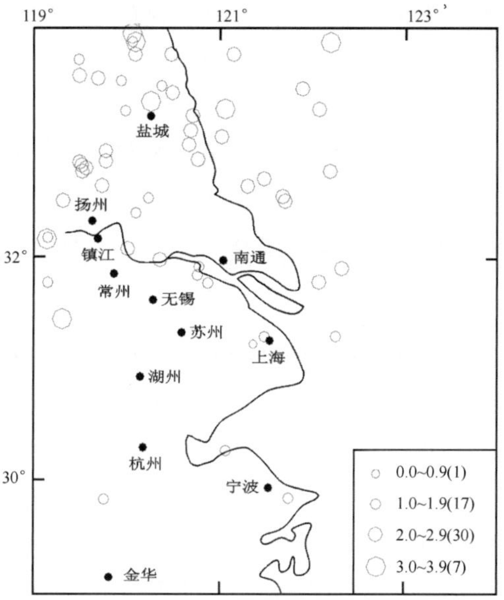

2008 年上海及邻近地区地震震中分布图

（上海市地震局　章　纯　黄　佩）

江苏省及其邻近海域

据江苏省数字地震台网测定，2008 年江苏省陆地及其南黄海海域（30.5°～35.5°N，以下简称“江苏及南黄海”）共发生 $M_L \geqslant$ 2.0 地震 59 次，其中江苏陆地 32 次，南黄海海域 27 次。陆地最大地震为 5 月 13 日江苏滨海（33°55′N，120°03′E）M_L3.8 地震，海域最大地震为 1 月 16 日南黄海（35°21′N，124°55′ E）M_L3. 8 地震。

地震活动特征如下：

（1）2008 年江苏及南黄海 $M_L \geqslant$2.0 地震活动水平与上一年度基本相当，也与 1970 年以来的多年平均水平基本相当，未发生 M_L5. 0 以上地震。

（2）地震活动时间分布较为分散，没有明显的丛集时段。

（3）从地震活动空间分布上来看，2 级以上地震在江苏陆地的活动水平与海域的活动水平基本相当。海域的地震主要发生在南黄海北部坳陷和南黄海南部坳陷。与 2007 年不同的是，江苏陆地发生的地震中有 2 次 3 级以上的地震发生在苏南地区。

（4）江苏陆地发生 3 次有感地震。5 月 13 日江苏滨海与射阳交界发生 M_L3.8 地震，盐城地区部分群众有感。7 月 6 日句容发生 M_L3.6 地震，南京及附近地区较大范围有感。12 月 23 日溧阳发生 M_L3.0 地震，震中附近地区有感。

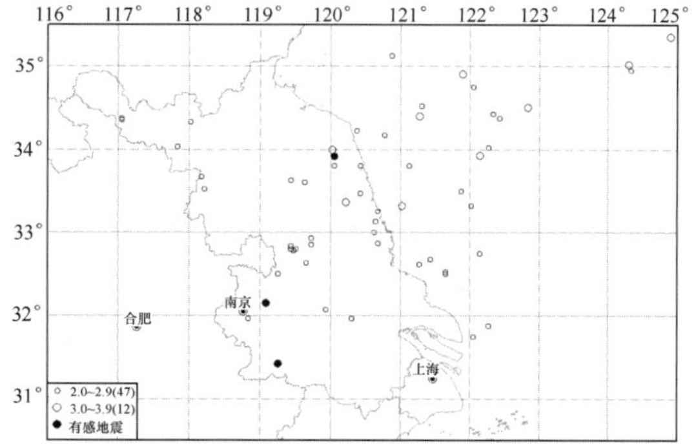

2008 年江苏省陆地及南黄海海域 $M_L \geqslant$2.0 地震震中分布图

（江苏省地震局　李　强）

浙　江　省

据浙江省地震台网测定，2008 年浙江省境内共发生 $M_L \geqslant$1 地震 8 次，其中陆域 7 次，最大地震为 10 月 18 日浙江平阳与瑞安交界 M_L1.9 地震。

地震活动特点如下：

（1）2008 年地震活动频度与强度均低于 2007 年。

（2）除温州珊溪水库小震继续活动外，宁波皎口、丽水庆元两个老震区均有小震活动。

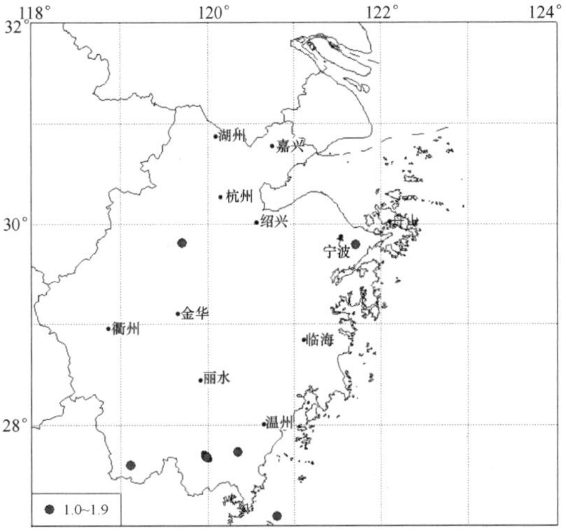

2008 年浙江省地震震中分布图

（浙江省地震局　朱新运）

安　徽　省

据安徽省地震台网测定，安徽省 2008 年共记录到地震 286 次，其中 $M1.5$ 以上地震 6 次，最大地震为 5 月 7 日固镇新马桥 $M3.0$ 地震。

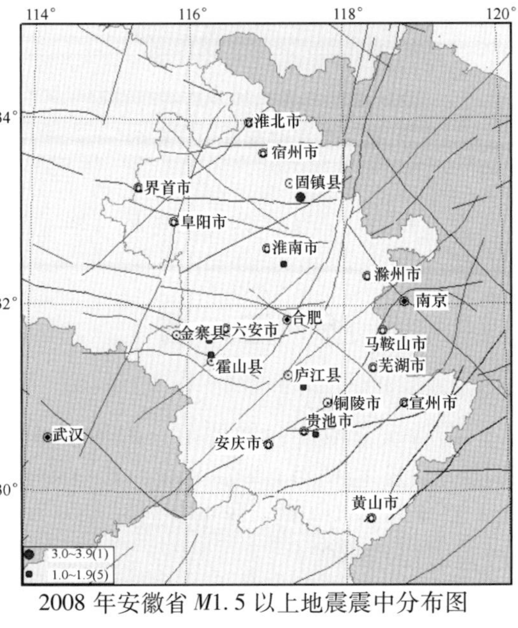

2008 年安徽省 $M1.5$ 以上地震震中分布图

与 2007 年相比，$M1.5$ 以上地震频次有所下降，但强度有所增强。空间分布相对较散，主要发生在梅山—龙河口断裂、土地岭—落儿岭断裂、太和—五河断裂、江南断裂和郯庐断裂带附近。2008 年安徽 $M1.5$ 以上地震频次不但远低于历史平均值 22 次，而且是自 1970 年以来活动频次最少的一年。

（安徽省地震局　刘泽民）

福建省及其近海（含台湾省）

（1）福建省及其近海地区。据福建地震台网测定，2008 年 1 月至 12 月福建及其近海地区共发生 $M_L2.0$ 以上地震 162 次，其中 2.0 ~ 2.9 级地震 138 次，3.0 ~ 3.9 级地震 19 次，4.0 ~ 4.9 级 5 次，最大地震为 3 月 6 日古田县水口库区 $M_L4.8$，次大地震为 7 月 5 日长泰县 $M_L4.7$。2008 年度福建及其近海地区地震活动水平与 2007 年度相当，仍延续了 2007 年度的活跃态势。

2008 年度福建及其近海地区 3 级以上地震震中主要分布在古田县水口库区、宁化县和闽南及其近海，相较 2007 年度震中分布呈现由内陆向沿海迁移的特点；小震活动沿晋江 - 厦门北西向断裂构造带形成有序分布条带，长泰县 $M_L4.7$ 地震发生在该小震条带上有序分布。

（2）台湾海峡区。2008 年度台湾海峡共发生 $M_L3.0$ 以上地震 8 次，其中 3.0 ~ 3.9 级地震 8 次，最大地震为 1 月 25 日台湾海峡南部 $M_L3.6$。台湾海峡 2008 年度未发生 $M_L4.0$ 以上地震，地震活动水平低于 2007 年度，仍延续近年来的较低活动水平。

（3）台湾地区。2008 年度台湾地区共

发生 M_L4.0 以上地震 71 次，其中 4.0～4.9 级地震 59 次，5.0～5.9 级地震 10 次，6.0～6.9级地震 2 次，最大地震为 4 月 24 日台湾台东海域 M_S6.1。2008 年度台湾地区未发生 M_S7.0 以上地震，地震活动水平与 2007 年度相当（2007 年度台湾地区的最大地震为 9 月 7 日宜兰海域 M_S6.3）。

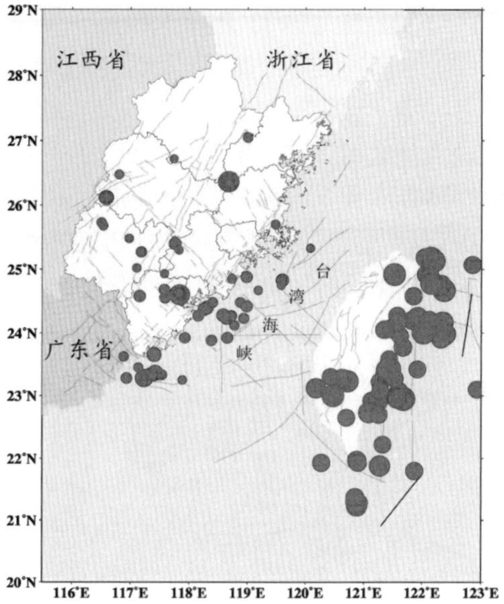

2008 年 1～12 月福建 $M_L \geqslant 2.0$，台湾 $M_L \geqslant 4.0$ 地震震中分布图

（福建省地震局　倪晓寅　林世敏）

江　西　省

据江西省地震台网测定，2008 年地震活动较 2007 年有所增强。2008 年，江西省境内共发生 $M_L \geqslant 1.0$ 地震 64 次，其中 2.0～2.9级地震 21 次、3.0～3.9 级地震 2 次。3 级以上地震分别为 3 月 10 日九江县 3.1 级和4 月 24 日分宜3.3 级地震。空间上地震活动相对集中分布在赣北的九江地区和赣南的寻乌附近地区。

（1）赣南地区，自 2005 年9 月 21 日寻乌 M_L3.9 地震后，3 级以上地震已平静 39 个月。

（2）近 2 年来，江西中部宜春市、新余市分宜县等地小震活动相对较频繁，发生了 8 次 2.0～3.3 级地震。

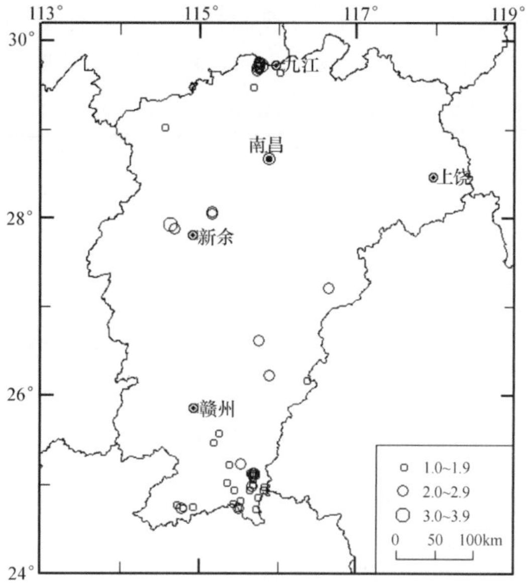

2008 年江西省地震震中分布图

（江西省地震局　高建华）

山　东　省

据山东省地震台网测定，2008 年 1～12 月，山东内陆及邻近区域（34°～39°N，14°～124°E）共发生 $M_L \geqslant 1.3$ 地震 208 次，其中 2.0～2.9 级地震 92 次，3.0～3.9 级地震 25 次，4.0～4.9 级地震 1 次，无 5 级以上地震发生。208 次地震中，13 次地震有震感。本年度释放地震应变能合计为 $1.50 \times 10^6 J^{1/2}$，低于多年平均 $1.90 \times 10^6 J^{1/2}$ 的水平，2.0 级以上地震活动频次 118 次，较多年平均 104 次的水平略偏高。

地震活动特点如下：

（1）2007 年 7 月 10 日蓬莱 4.4 级地震以来，胶东半岛及其北部海域地震活动开始增强，至 2008 年初形成由南黄海北部延伸至渤海的一条北西向3级地震条带。

（2）南黄海北部坳陷区地震活动水平明显减弱。2008年该区共发生2级以上地震34次，无4级以上地震发生，3级、4级地震活动水平为5年来最低。汶川大地震后3个月内，该区域在江苏近海形成3级地震集中区，之后处于3级地震平静状态，仅于2008年11月23日在坳陷区东北端发生3.7级地震。

（3）山东内陆地区地震主要分布在鲁西南及沂沭带南段地区。

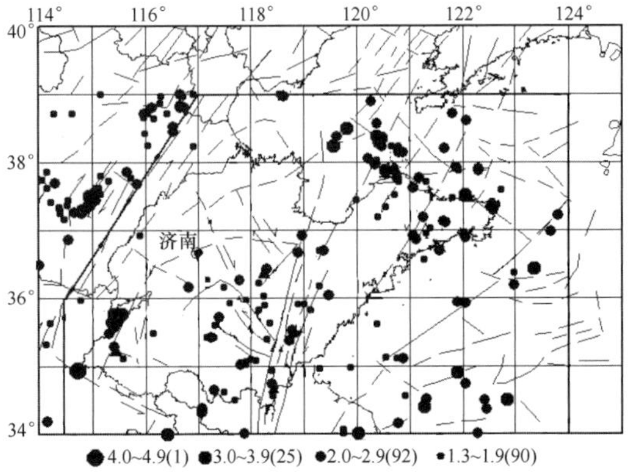

2008年山东内陆及邻区 $M_L \geq 1.3$ 地震震中分布

（山东省地震局　李　霞）

河　南　省

据河南省地震台网测定，2008年河南省境内共发生 M_L1.0以上地震68次，M_L2.0以上地震40次，M_L3.0以上地震16次，M_L4.0以上地震4次，最大地震为2008年4月10日封丘—兰考间 M_L4.8地震。全省地震释放的总能量约为 3.12×10^{11} J。地震活动特点如下：

（1）地震活动水平明显增强。2008年河南省境内发生 M_L3.0以上地震16次，明显高于2007年的9次，远高于本省年均发生4.8次的水平；M_L4.0以上地震3次，也远高于本省年均发生0.7次的水平；最大地震的震级为 M_L4.8，是自1980年林州 M_L5.1地震以来发生的最大地震。

（2）地震活动空间分布广。地震活动空间分布不仅在濮阳地区集中，而且在新乡、开封、商丘、周口、三门峡、信阳、南阳地区分别发生了 M_L3.0以上地震。

（3）兰聊地震带地震活动持续增强。2007年兰聊地震带发生 M_L3.0以上地震4次，最大地震震级为 M_L3.9，而2008年兰聊地震带发生 M_L3.0以上地震10次，M_L4.0以上地震3次，最大地震震级为 M_L4.8，出现了持续增强的活动态势。

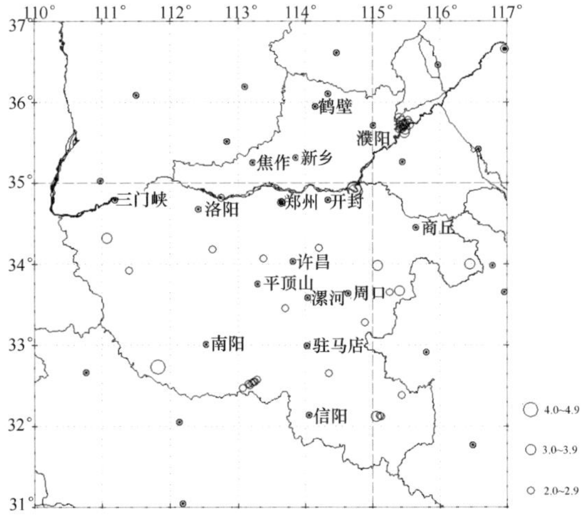

2008年河南省 M_L2.0以上地震分布图

地震活动趋势：自2002年以来河南省先后发生了8次 M_L4.0以上地震，地震的最大震级达到 M_L4.8。特别是2008年，先后发生 M_L2.0以上地震40次，M_L3.0以上地震16次，M_L4.0以上地震4次，最大地震为2008年4月10日封丘—兰考间 M_L4.8地震，地震活动出现了持续增强趋势。

（河南省地震局　王文旭）

湖　北　省

据湖北省地震台网测定，2008 年湖北省境内共发生 $M \geqslant 2.0$ 地震 25 次，其中 $2.0 \leqslant M \leqslant 2.9$ 地震 20 次，$3.0 \leqslant M \leqslant 3.9$ 地震 3 次。$M \geqslant 4.0$ 地震 2 次，最大地震事件为 3 月 24 日竹山 $M4.1$ 和 11 月 22 日秭归 $M4.1$ 地震。

三峡重点监视区 2008 年地震活动频次比上年有所增加，局部地区地震活动强度有所提高。地震活动（图 1）主要集中发生在竹山、巫山－巴东－秭归、恩施－石柱－利川、钟祥－荆门、宜都等地。

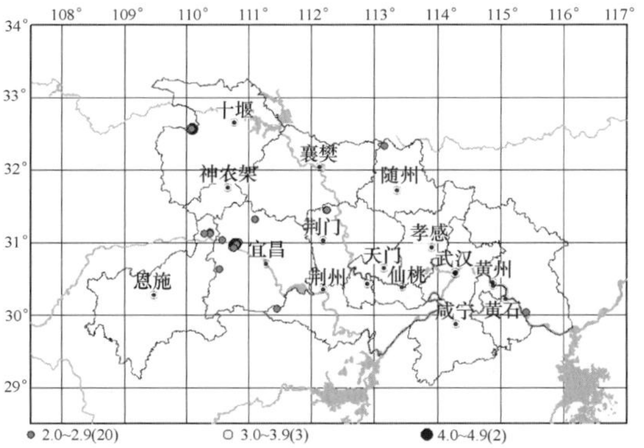

2008 年湖北省地震震中分布图

（$M \geqslant 2.0$ 地震）

三峡库区蓄水 5 年多来，小震活动明显增多，高于蓄水初期。从震中空间分布看，微震活动主要集中在巴东县、秭归县屈原镇等地区。

（湖北省地震局　魏贵春）

湖　南　省

2008 年湖南省境内共发生 $M_L \geqslant 1.0$ 地震 81 次，其中 2.0～2.9 级地震 19 次，3.0～3.9 级地震 1 次，最大地震为 2008 年 1 月 11 日发生在湖南吉首的 $M_L3.0$ 地震。四川汶川 8.0 级地震发生后，湖南及邻区地震活动水平明显增加，长沙宁乡县、郴州苏仙区、常德石门等地发生多次小震，此外，娄底、怀化、吉首、永州、张家界等地出现地下水异常、部分地区出现了地面塌陷等宏观现象。

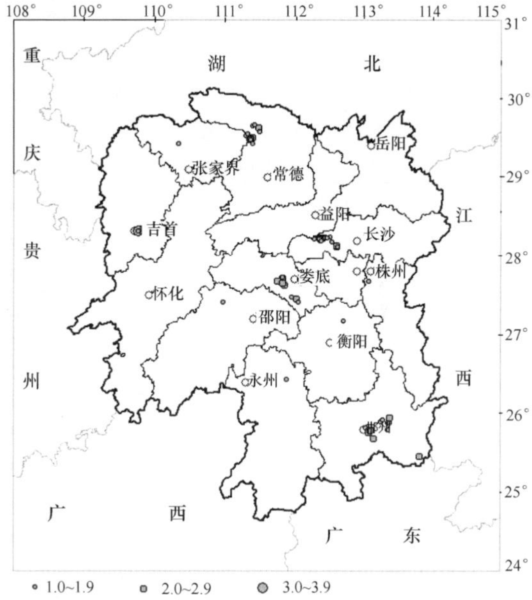

2008 年湖南省 $M_L \geqslant 1.0$ 地震震中分布图

（湖南省地震局　于　萍）

广　东　省

2008 年广东省地震台网记录到广东省及其近海 $M_L \geqslant 1.0$ 地震 743 次，其中 $M_L \geqslant 2.0$ 地震 101 次，$M_L3.0$～4.0 地震 12 次。最大地震为 1 月 31 日湛江（20.88° N，110.29°E）发生的 $M_L3.9$ 地震。2008 年广东省地震活动特点如下：

（1）2008 年广东省 $M_L \geqslant 3.0$ 地震活动频度与上年基本持平，$M_L \geqslant 1.0$ 地震频度比上年略低，总体上地震活动仍维持在较低的水平。

（2）2008 年广东省及其近海地震活动格局与往年相比没有明显变化，地震活动空间分布仍主要集中在阳江、南澳以及河源三个老震区，12 次 M_L3.0～4.0 地震中，阳江（阳西）4 次、南澳及东山附近海域 2 次、河源 1 次，占 58%。另外湛江和深圳都发生了一组小震群活动，但总体强度都不高，湛江最大震级 M_L3.9，深圳最大震级 M_L2.6。

（3）2008 年国内最显著的地震事件是 5 月 12 日发生的汶川 8.0 级地震，该次特大地震后广东省的地震活动明显趋于减弱，至 7～8 月后基本恢复到正常的水平。

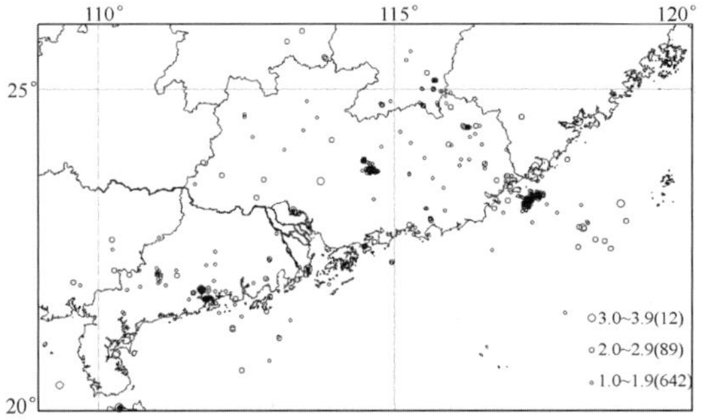

图 1　2008 年广东省陆地及近海地震震中分布图

（广东省地震局　陈大庆）

广西壮族自治区

根据广西地震台网测定，2008 年广西境内共发生 M_L0.0～4.9 地震 1304 次，其中 0.0～0.9 级地震 1048 次，1.0～1.9 级地震 206 次，2.0～2.9 级地震 45 次，3.0～3.9 级地震 5 次，最大地震为 2008 年 8 月 16 日河池市东兰县（24°16′N，107°38′E）发生的 M_L3.5 地震。

2008 年度广西地震活动的频次比 2007 年明显增加，但强度降低，这些地震主要发生在桂西北地区。

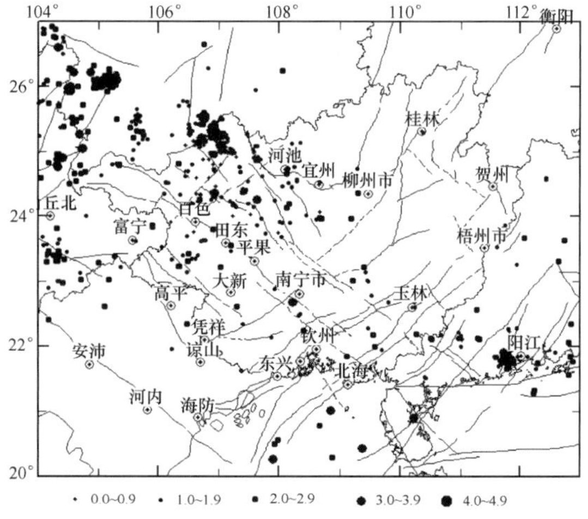

2008 年广西壮族自治区及邻近地区地震震中分布图

（广西壮族自治区地震局
张均洲　李青春）

海　南　省

据海南省地震监测台网测定，2008 年海南岛及其邻近海域（17.7°～20.5°N，108.0°～111.7°E）共发生 $M_L \geq 1.0$ 地震 12 次。其中，1.0～1.9 级地震 5 次，2.0～2.9 级地震 6 次，3.0～3.9 级地震 1 次，最大地震是 2008 年 7 月 10 日海南省临高县西北部约 60 公里的北部湾海域 3.2 级地震。

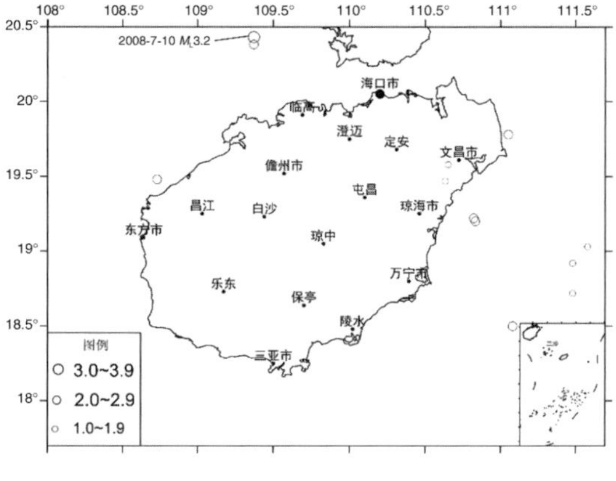

2008 年海南省地震震中分布图

地震活动有如下特点：

（1）地震活动在时间上呈不均匀分布。2008 年 1～3 月微小地震频度相对较高，5 月发生 2 次微小地震，7 月和 11 月发生本年度最大 3.2 级和次大 2.8 级地震。4、6、8、9、10 和 12 月无震。

（2）M_L2.0～2.9 地震年频度比 2007 年减少一半，$M_L \geqslant 3.0$ 频度与强度与 2007 年相当。

（3）2008 年地震活动相对集中在琼东北部海口、文昌、琼海、万宁近海地区和琼西北部临高、昌江近海（北部湾海域）。其他地区未发生地震。

（海南省地震局　符　干）

重　庆　市

据重庆地震台网中心测定，2008 年 1～12 月重庆地区共发生 $M_L \geqslant 1.0$ 地震 930 次，其中 1.0～1.9 级地震 844 次，2.0～2.9 级地震 77 次，3.0～3.9 级地震 9 次。最大地震为 8 月 6 日巫山 M_L3.4 地震。

地震活动较前期存在以下特点：

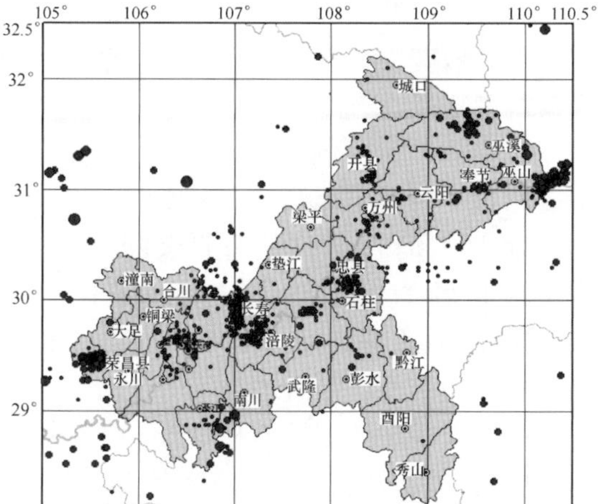

2008 年重庆市 $M_L \geqslant 1.0$ 地震震中分布图

（1）由于监测能力的提高，本年度我市 1 级以上地震活动频度明显上升；

（2）小震仍集中分布在荣昌、合川、长寿、万盛、石柱、万州、巫山地区；

（3）2 级以上地震活动频度和强度与去年基本相当，仍然主要以 1 级档地震活动为主；

（4）荣昌地区和库区小震活动相对活跃，有感地震频发。

（重庆市地震局　贺曼秋）

四　川　省

据四川省地震台网测定，2008 年四川省内共记录 M_L2.0 以上地震 17997 次，其中 2.0～2.9 级地震 13883 次；3.0～3.9 级地震 3457 次；4.0～4.9 级地震 587 次；5.0～5.9 级地震 60 次；6.0～6.9 级地震 9 次；8.0～8.9 级地震 1 次。发生在省内突出地震事件为 2008 年 5 月 12 日汶川 8.0 级地震和 8 月 30 日攀枝花仁和—凉山州会理 6.1 级地震。汶川 8.0 级地震共发生 M_S5.0 以上余震 42 次，其中 5～5.9 级余震 34 次，6 级以上余震 8 次。攀枝花仁和—凉山州会理 6.1 级地震共发生 M_L3.0 以上余震 32 次，其中 3.0～3.9 级地震 25 次；4.0～5.9 级地震 7 次；最大为 8 月 31 日 M_S5.6 余震。邻区最显著的地震事件为 5 月 27 日陕西宁强 5.7 级、7 月 24 日陕西宁强 5.6 级和 9 月 12 日甘肃武都—陕西宁强 5.5 级地震（均位于汶川余震区）。

（1）2008 年四川汶川 8.0 级大地震打破四川长期强震平静状态，不仅打破了四川地区自 1976 年松潘—平武 7.2 级地震后出现的 31 年零 8 个月的 7 级以上地震平静、自 1989 年巴塘和小金地震后的 18 年的 6.5 级以上地震平静和 2001 年雅江 6.0 级地震之后7年多的6级以上地震平静，更是刷新了四川地区自有记载以来无8级巨大地震的历史记录。8月30日攀枝花仁和—凉山州会理6.1级地震是2008年发生的又一次显著地震。汶川8.0级地震的发生标志着四川地区的地震活动进入一个新的活跃阶段。

（2）2008年度，除汶川8.0级和攀枝花仁和—凉山州会理6.1级两次显著地震和余震外，四川其他地区发生的11次4级以上地震。

从3、4级以上地震活动分布看，四川其他地区3、4级以上地震活动主体地区为鲜水河断裂带南段—安宁河—则木河断裂带至巧家附近，木里、盐源至川滇交界西侧地区，以及长宁、兴文一带。

（3）5月12日汶川8.0级地震序列特点：

主震强度巨大，创历史纪录。2008年5月12日汶川8.0级地震发生在自有历史地震记录以来未曾发生过7级地震的龙门山断裂带上，打破了该断裂带自1657年汶川6.5级地震后，最近300多年来一直处于大震平静的状态，创下龙门山断裂带的历史强震新纪录。

序列分布显示单侧破裂与地表破裂延伸相符。主震微观震中（31.0°N，103.4°E）位于四川省汶川县映秀附近，即龙门山断裂南西段，余震的空间展布沿龙门山断裂带向北东延伸长度约330km，显示破裂沿龙门山断裂带向北东方向呈单侧扩展（与断裂地表破裂野外科考结果相符合），中国地震局组织的震后科考结果显示本次地震地表破裂沿龙门山断裂主要向北东延伸，展布的地表破裂带长约240km。

主震和主要余震机制解显示逆冲、走滑以及逆冲兼走滑三类。据国内外的震源机制解结果显示，主震以逆冲为主兼右旋走滑；5、6级余震的震源机制有逆冲、走滑以及逆冲兼走滑三类；分布于龙门山中央主干断裂中段的强余震震源机制以逆冲为主，断裂北段以及分支断裂上的强余震震源机制有逆冲兼走滑和以走滑为主。呈现主震发生的龙门山断裂西南段以逆冲为主的破裂方式，向北东单侧扩展并逐渐转化为以右旋走滑为主的破裂方式。

序列震源深度较浅，属典型浅源型地震。据国内多个研究机构精确定位的结果显示，主震震源深度为14～16km，余震主要集中分布在5～20km深度范围上，属典型的浅源地震。由于震源浅，主震及其多次强余震造成了巨大的破坏。

序列持续时间长，呈现为主震－余震型。截至2008年12月31日，共记录余震4万多次，其中发生M_S5.0以上余震42次，5～5.9余震34次，6级以上余震8次，最大余震为5月25日青川M_S6.4，主震与次大地震震级相差1.6级，序列总体呈现强烈起伏、缓慢衰减特征，序列类型为主震－余震型。

（4）8月30日攀枝花仁和—凉山州会理6.1级地震序列特点。序列呈双震特征。截至2008年12月31日，共记录余震1800多次，其中3.0～3.9地震24次，4.0～4.9地震6次，5.0～5.9地震1次，主震次日（8月31日）震区再次发生M_S5.6地震，主震与次大地震震级仅相差0.5级，序列呈现为双震型特征。

序列分布和机制解显示破裂为走滑型。余震分布于主震南北两侧，主要沿近南北走向（北北东向）的红格—元谋断裂分布，集中在长轴为近南北向（北北东向）约35km的范围的椭圆形，整个序列的4.9级以上地震的震源机制解均显示为走滑型，与红格—元谋断裂活动性质相吻合。

序列持续时间较长。2008年12月仍记录60多次余震，强度明显降低，序列强度总体呈现一定起伏，频次衰减较快，但零星低震级的余震持续时间较长。

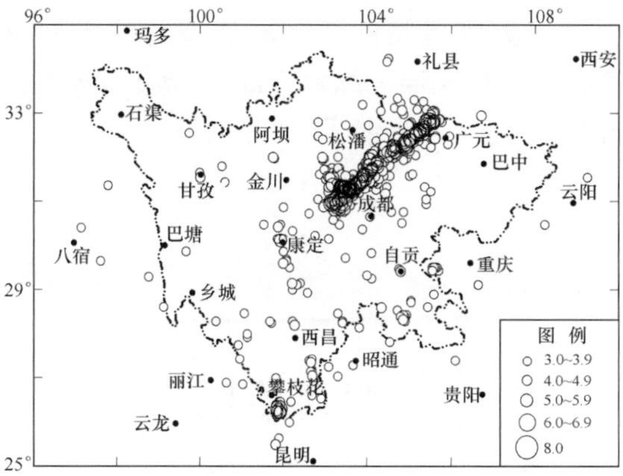

2008 年四川及邻区 3.0 级以上地震分布图

（四川省地震局　杜　方）

贵　州　省

据贵州省地震台网测定，2008 年 1 ~ 12 月，贵州省境内共记录到地震 540 次。其中，$M_L<1.0$ 地震 196 次，$M_L1.0\sim1.9$ 地震 218 次，$M_L2.0\sim2.9$ 地震 91 次，$M_L3.0\sim3.9$ 地震 32 次，$M_L4.0\sim4.9$ 地震3 次。最大地震为 $M_L4.5$。

本年度贵州省地震活动呈现如下特征：

（1）地震活动频度强度增加。与 2007 年相比，地震活动频度从 305 次增加到 540 次，增加 235 次。全年最大地震从 $M_L4.0$ 到 $M_L4.5$，地震活动增强。

（2）西部地区地震活跃。贵州西部地区的盘县、六枝、晴隆、罗甸记录到 $M_L\geqslant3.0$ 的地震 35 次。其中，$M_L3.0\sim3.9$ 地震 32 次，$M_L4.0\sim4.9$ 地震 3 次，小震和中等地震活动极为频繁。

（3）地震沿北西向垭都—紫云构造带活动。威宁发生 3.0 ~ 3.9 的地震 3 次，最大地震 $M_L3.2$。六枝发生 3.0 ~ 3.9 的地震 6 次，最大地震 $M_L3.6$。晴隆发生 $M_L\geqslant3.0\sim3.9$ 的地震 9 次，最大地震 $M_L3.8$。罗甸发生 $M_L3.0\sim3.9$ 的地震 7 次，最大地震 $M_L4.5$。大方发生 3.4 的地震 1 次。六枝、晴隆、罗甸一带 $M_L2.0\sim2.9$ 的微震活动极为频繁，地震沿北西向垭都—紫云构造带活动。主体活动构造为北西向构造带。

（4）矿山、水库地区地震活动频繁。盘县是贵州主要煤矿基地。六枝、晴隆间和罗甸分别为光照电站和龙滩电站水库上游地带。矿山、水库地区地震活动频繁，呈成丛分布。

（5）罗甸小震和中等地震活动频繁。罗甸县历史上发生过 6.5 级地震，现今地震活动较为频繁。2008 年 1 ~ 12 月，已记录到 $M_L3.0\sim3.9$ 的地震 6 次，$M_L4.0\sim4.9$ 的地震 1 次，最大地震 $M_L4.5$，小震和中等地震活动频繁，地震活动较为活跃。

（6）威宁老震区地震活动仍然保持较为活跃的态势。5 月 29 日、9 月 28 日、10 月 10 日威宁连续发生 $M_L3.0$、$M_L3.1$、$M_L3.2$ 地震，且 $M_L1.0\sim2.9$ 微震频次增多。威宁老震区地震活动仍然保持较为活跃的态势。

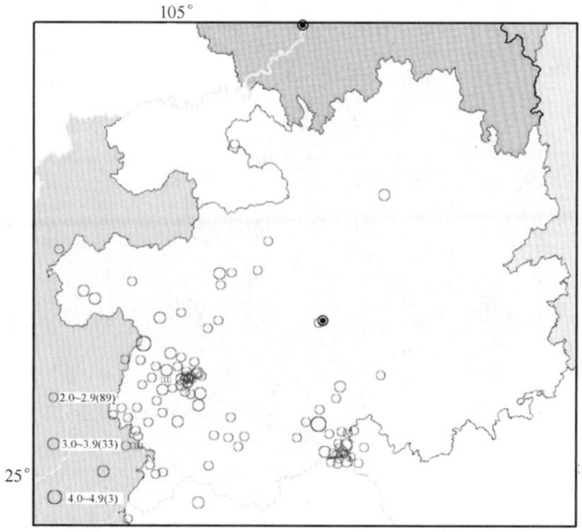

2008 年贵州省 $M_L\geqslant2.0$ 地震震中分布图

（贵州省地震局　罗远模）

云 南 省

2008 年云南地区（21°～29°N，97°～106°E）共发生 $M \geqslant 3$ 地震 366 次，其中 3.0～3.9 级地震 330 次，4.0～4.9 级地震 31 次，5.0～5.9 级地震 4 次，6.1 级 1 次，最大地震是 2008 年 8 月 30 日川滇交界四川境内攀枝花 6.1 级，省内最大地震是 8 月 21 日盈江 5.9 级。其他 5 级地震分别是 2008 年 3 月 21 日盈江 5.0 级、8 月 20、21 日盈江 5.0 级、5.9 级、8 月 30 日攀枝花 5.6 级。

2008 年云南地震活动特点：

（1）2008 年云南地区的 $M \geqslant 3$ 地震主要集中在从云南瑞丽、盈江、保山、大理到四川马边、宜宾以及滇西南中缅边境到普洱、文山的两个北东条带上。

（2）平静近 30 年的德宏州 2008 年先后发生了 3 次 5 级地震，16 次 4 级地震，除盈江 3 次 5 级地震外，12 月 26 日瑞丽 4.9 级地震也造成了一定的破坏。

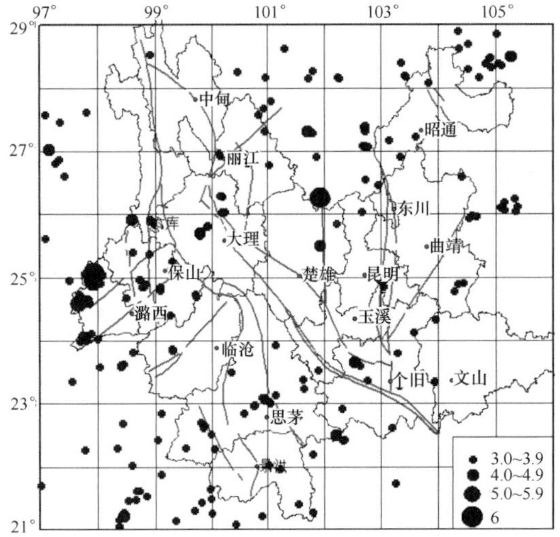

2008 年云南地区 $M \geqslant 3$ 地震震中分布图

（3）滇东北及附近的川滇交界地区，3 级以上地震较为活跃，$M \geqslant 3$ 地震活动是近 10 年来频度最高的 1 年。攀枝花的 6.1 级地震发生在元谋—绿汁江断裂带上，该断裂自 1955 年以来平静了 53 年后又发生 6 级地震活动。

（云南省地震局　付　虹）

西藏自治区

据西藏地震台网测定，2008 年 1～12 月，西藏自治区（26°～37°N，78°～100°E）及其邻区共发生大于 1.0 级以上地震 3321 次，其中：1.0～1.9 级地震 1350 次；2.0～2.9 级地震 1522 次；3.0～3.9 级地震 315 次；4.0～4.9 级地震 103 次；5.0～5.9 级地震 25 次；6.0～6.9 级地震 5 次；7.0 级以上地震 1 次，最大地震是 2008 年 3 月 21 日新疆于田 7.3 级地震，1 月 9 日改则 6.9 级地震则是西藏自治区境内发生的最大地震。

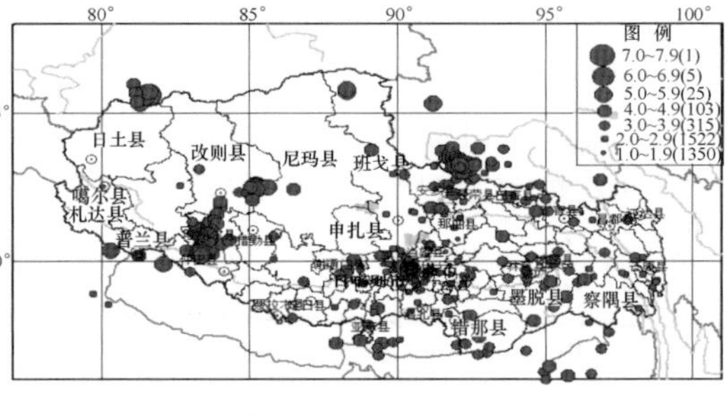

2008 年西藏自治区地震震中分布图

地震活动有以下特点：

（1）2 级以上的小震活动水平显著增强，即使除去当雄余震活动，其活动的水平也高于往年。2008 年西藏自治区地震活动的频次创台网记录以来的新高，这可能与我区地震监测台网在“十五”项目后监测能力显著增强有关，但就 4.0～4.9 级的中等地震也比往年的活动水平高，对此震级段的地震，在“十五”项目投入运行前西藏自治区台网结合国家台网已很少漏记。这说明2008年西藏地区的中小地震活动水平确实较往年有明显增强。

（2）西藏自治区5级以上中强震在2008年具有强度高、频度大、空间范围分布广的特点。至目前为止共发生5级以上地震31次，这也是西藏自治区自有记载来5级以上地震发生的频次仅次于1950年、1951年来的第三个高值。1月9日改则6.9级地震、3月21日新疆于田7.3级地震、6月中旬的唐古拉山5级震群、8月25日的仲巴6.8级地震及10月6日当雄6.6级地震，都说明了强度高、空间范围分布广的特点。仅从6.5级以上地震的频次看，2008年4次6.5级以上地震也是西藏自治区中强震活动频次的历史并列第二高值。

（3）中小地震的空间活动范围主要集中在西藏的中东部地区，这可能与西藏自治区地震台网的监测能力及台网布局有关；5级以上地震则分布较广，喜马拉雅地块、拉萨地块、羌塘地块均有分布，这也说明了青藏块体的前缘西藏地块地震活动的剧烈性和复杂性。

（西藏自治区地震局监测预报中心
张　军）

陕　西　省

2008年5月12日四川汶川发生8.0级特大地震，陕西省宁强县属于此次地震的余震区，陕西省数字地震遥测台网共记录到发生在宁强的余震594次，其中M_L0.0～0.9地震13次，M_L1.0～1.9地震338次，M_L2.0～2.9地震176次，M_L3.0～3.9地震55次，M_L4.0～4.9地震10次，M_L5.0～5.9地震1次，M_L6.0～6.9地震1次，最大地震为5月27日M_L6.0。

2008年3月24日陕西省白河县与湖北省竹山县交界发生M_L4.6地震，陕西省数字地震遥测台网共记录到此次地震余震23次，其中M_L1.0～1.9地震10次，M_L2.0～2.9地震9次，M_L3.0～3.9地震3次，M_L4.0～4.9地震1次，最大余震为3月27日M_L4.1。

除宁强余震和白河竹山地震序列外，2008年陕西省数字地震遥测台网记录到本省区可定震中地震179次，其中M_L0.0～0.9地震12次，M_L1.0～1.9地震125次，M_L2.0～2.9地震39次，M_L3.0～3.9地震2次，M_L4.0～4.9地震1次，最大震级M_L4.0。

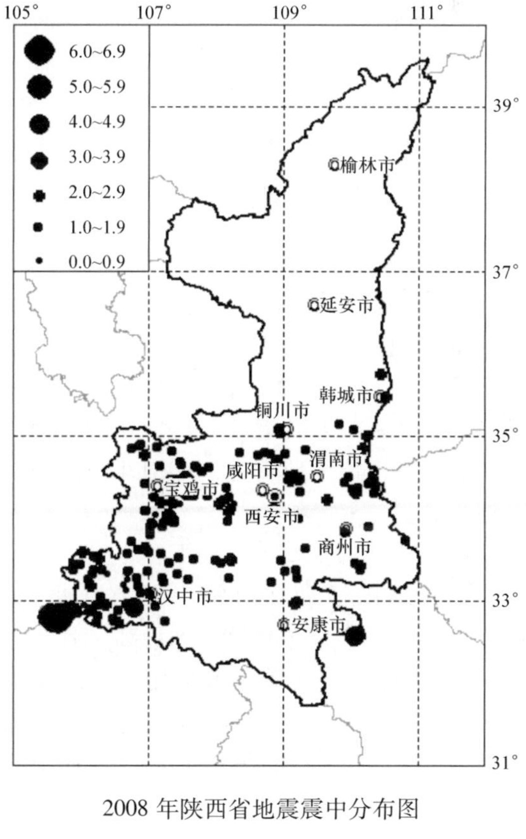

2008年陕西省地震震中分布图

地震活动特点：

（1）2008年1～4月，除白河竹山交界M_L4.6地震外，本省区发生可定震中地震

21 次，其中 M_L2.0 以上地震 3 次，最大震级 M_L2.9。小震活动在西安北部的泾阳、耀县一带分布相对密集，在陕南沿留坝—佛坪—山阳呈近东西向分布。

（2）汶川 8.0 级地震后，省内地震频次大幅升高，但强度不高，主要是小震活动，并且随着汶川 8 级地震余震序列的起伏衰减，频次整体上呈逐渐下降趋势，其中 5 月和 8 月频次较高。空间上，小震活动主要分布在陕南西部、关中西部和关中东部，特别是宝鸡的太白和凤翔附近，小震活动非常密集，另外在西安附近的长安和临潼出现了小震群活动。地震活动在陕西西部呈北东方向分布，在宝鸡附近主要为北西向分布，在陕南西部表现为近东西向分布，地震分布与断裂走向较为一致。

（陕西省地震局　刘　春）

甘　肃　省

据甘肃省地震台网测定，2008 年甘肃省内共发生 $M \geqslant 2.0$ 地震 274 次，其中 2.0～2.9 级地震 212 次，3.0～3.9 级地震 47 次，4.0～4.9 级地震 14 次，5.0～5.9 级地震 1 次，最大地震为 3 月 31 日肃南 5.0 级地震。

地震活动的主要特征如下：

（1）地震活动在时间上具有丛集性，1、2 月份频次低，5 月份达到最高，其余时间比 1、2 月高，且活动水平相当。四川汶川 8.0 级地震的很大一部分余震分布在甘肃省境内，造成 5 月份频次远远高于其余时间。

（2）地震活动在空间上具有集中分布的特点。甘肃文县、武都等区域地震非常集中，主要是四川汶川 8.0 级地震的余震，有 116 次 2.0 级以上地震。其余地区比较均匀地分布于祁连山地震带和甘东南地区，在兰州及西秦岭北缘断裂一带地震相对少。

（3）平凉华亭地区小震活动丛集，主要以 2.0 级左右地震为主。地震频次 8、9 月份最高，其余时间持平。

（4）2008 年 3 月 30 日肃南 5.0 级地震发生在祁连山中东段地区皇城—塔儿庄断裂的端部。微观震中 83°N，102°E，宏观震中位于皇城村一带。地震类型为主震余震型，截至 2008 年 7 月 31 日，共发生 $M \geqslant 1.0$ 余震 57 次，其中 1.0～1.9 级地震 47 次，2.0～2.9 级地震 8 次，3.0～3.9 级地震 1 次，4.0～4.9 级地震 1 次，最大余震为 4 月 21 日 4.0 级。2.0 级以上余震主要分布在主震附近，2.0 级以下余震比较发散。

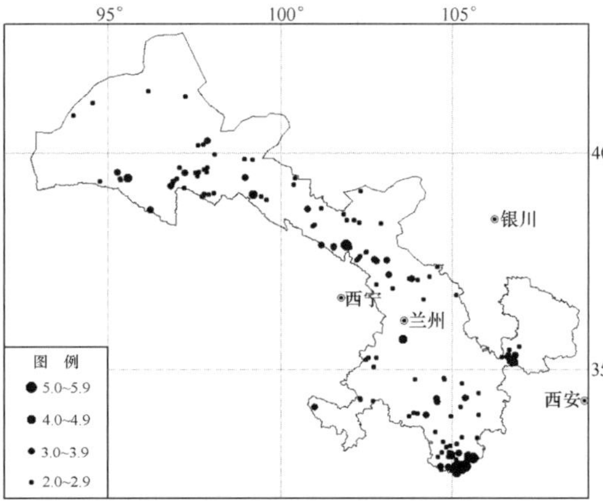

2008 年甘肃省地震震中分布图

（甘肃省地震局　代　炜）

青　海　省

据青海省地震台网记录，2008 年 1 月至12 月 30 日青海省境内共发生 M_L2 以上地震 610 次，其中 2.0～2.9 级地震 415 次；3.0～3.9 级地震 145 次；4.0～4.9 级地震 41 次；5.0～5.9 级地震 8 次；6.0～6.9 级地震 1 次。

M_L2 地震主要集中活跃在祁连地震带、柴达木盆地及周缘地区、鄂拉山断裂和唐古拉地震带中东段地区。M_L3 以上地震在祁连地震带集中分布，并沿祁连构造带呈北西西向展布，同时在大柴旦周围显著集中分布，唐古拉地震带明显活动，且相对于 2007 年呈现增强趋势，集中分布区域为唐古拉和玉树—杂多一带。M_L4 以上地震多数位于唐古拉地震带和大柴旦震区，其中唐古拉地区 M_L4 以上地震有 37 次，占 M_L4 以上地震的 74%，唐古拉地区 M_L4 以上地震增强活动十分显著。

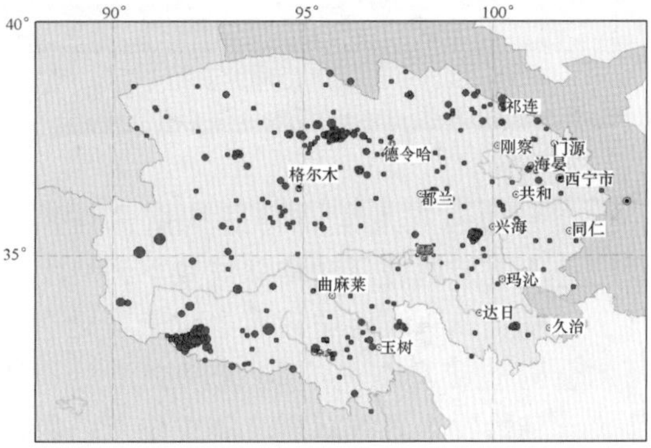

2008 年青海省 $M_L \geqslant 2.0$ 地震震中分布图

（青海省地震局　马玉虎）

宁夏回族自治区

2008 年宁夏回族自治区及邻区（35°00′～40°40′N，103°30′～107°40′E）共发生 M_L 2.0 以上地震 165 次，其中 2.0～2.9 级地震 140 次，3.0～3.9 级地震 21 次，4.0～4.9 级地震 4 次。

2008 年宁夏回族自治区境内共发生 $M_L2.0$ 以上地震 58 次，其中 2.0～2.9 级地震 47 次，3.0～3.9 级地震 8 次，4.0～4.9 级地震 3 次，最大地震为 2008 年 11 月 24 日固原 $M_L4.5$ 地震。

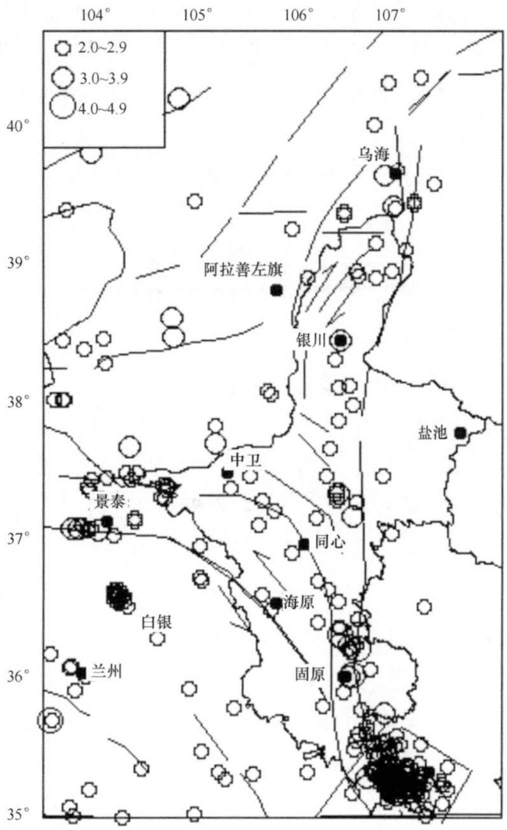

2008 年宁夏回族自治区及邻区 $M_L \geqslant 2.0$ 地震震中分布图

地震活动的主要特征如下：

（1）宁夏及邻区发生了 4 次 $M_L4.0$ 以上地震，其中 3 次发生在宁夏固原地区，与历年宁夏及邻区平均 4.3 次的活动水平相当。但宁夏南部弱震活动明显由平静转为活跃，高于历年同期弱震活动水平。

（2）时间上，宁夏及邻区 $M_L3.0$ 以上地震在 4～5 月和 9～11 月较活跃，其他时间内地震活动较为正常。

（3）空间上，地震在内蒙古阿拉善左旗东南—宁夏中卫、甘肃景泰地区和宁夏西海固地区相对集中，特别在宁夏固原 $M_L3.0$ 以上地震活动明显集中，而宁夏石嘴山至内蒙古乌海、磴口 $M_L2.0$ 以上地震明显比往年减弱。

（4）宁夏境内发生 5 次典型有感地震事件，分别是 3 月 18 日同心 $M_L3.8$ 地震，4

月 6 日、10 月 3 日和 11 月 24 日，固原 3 次 M_L4.0 左右地震，9 月 20 日银川 M_L3.3 地震。

（宁夏回族自治区地震局　罗国富）

新疆维吾尔自治区

2008 年，新疆维吾尔自治区境内共发生 M_S2 以上地震 1543 次。其中 2.0～2.9 级地震 1107 次，3.0～3.9 地震 349 次，4.0～4.9 地震 69 次，5.0～5.9 地震 15 次，6.0～6.9 地震 2 次，7.0～7.9 地震 1 次。2008 年 3 月 21 日和 10 月 5 日发生在于田和乌恰的 7.4 级地震和 6 级双震分别为区内的最大和次大地震。

2008 年新疆地震活动具有下述特点：

（1）地震活动达 22 年来最高水平。2008 年 3 月 21 日新疆于田县发生 7.4 级地震后，新疆先后发生了 4 月 20 日温宿 5.2 级地震、8 月 30 日和静 5.6 级地震、10 月 5 日乌恰 6.9 级和 6.5 级双震，使新疆地震活动达近 22 年来最高水平。

（2）天山地震带为 4 级地震主要活动场所。除于田 7.4 级地震和乌恰 6.9 级地震震区外，2008 年新疆境内共发生 23 次 4 级地震，78% 的 4 级以上地震发生在天山地震带。天山地震带发生的 18 次 4 级地震时间分布成组，空间分布维持以库尔勒为中心 2003 年 4 月以来形成的大范围平静区。其中 5 月底至 6 月中旬地震活动水平最高，达 6 次之多。

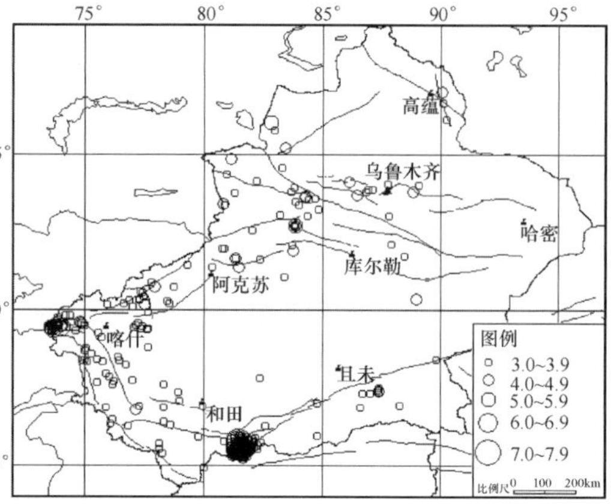

2008 年新疆维吾尔自治区境内 3 级以上地震分布图

（3）中强震发生在特殊构造部位。在西昆仑地震带地震活动增强背景下，3 月 21 日于田发生 7.4 级地震，震中位于西昆仑和阿尔金构造带及东昆仑构造带交汇处；10 月 5 日乌恰发生 6 级双震，震中位于西昆仑和天山构造带交汇处，2 次强震处于西昆仑构造带南北 2 个端部，构造环境复杂。4 月 20 日温宿 5.2 级地震则发生在准噶尔界山区，该地区一直是新疆地震弱活动区。特别是 10 月 1 日若羌 4.5 级地震震区 130km 范围自 1990 年 12 月以来 18 年未发生过 4 级地震。

（新疆维吾尔自治区地震局　王筱荣）

重要地震与震害

2008 年 3 月 6 日福建省古田县水口 4.1、4.8、4.1 级震群

一、地震基本参数

发震时刻：2008 年 03 月 06 日 21 时 03 分 08 秒；2008 年 03 月 06 日 21 时 58 分 02 秒；2008 年 03 月 10 日 07 时 22 分 08 秒

微观震中：26.37°N，118.67°E

宏观震中：古田县水口镇

震　　级：M_L4.1；M_L4.8；M_L4.1

震源深度：4km

震中烈度：Ⅵ

震源机制解：

3 月 6 日古田水口 4.1 级地震

节面 A		
走向	倾角	滑动角
92°	57°	-11°

节面 B			P 轴	T 轴
走向	倾角	滑动角	方位	方位
176°	81°	-147°	309°	48°

节面 A		
走向	倾角	滑动角
141°	60°	-79°

节平面 B			P 轴	T 轴
走向	倾角	滑动角	方位	方位
118°	31°	-109°	258°	42°

地震类型：震群型

余震情况及特点：截至 2009 年 3 月 21 日共记录到 2922 次余震，其中 0.0～0.9 级 2207 次，1.0～1.9 级 635 次，2.0～2.9 级 67 次，3.0～3.9 级 11 次。

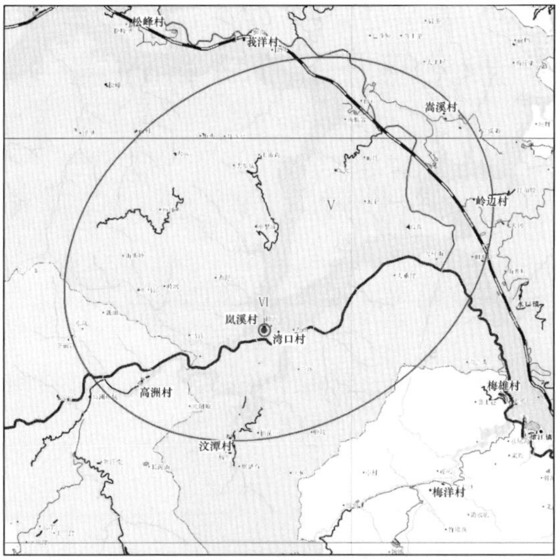

● 地震宏观震中　(Ⅴ) 等震线与烈度值

二、烈度分布与震害

古田县水口 4.8 级地震震中烈度Ⅵ度，极震区在古田县水口镇湾口村牛三自然村，面积约 0.6km²。Ⅵ度烈度区内震感强烈，地声如响雷，个别烟囱倒塌。土木结构房的墙壁多数出现不同程度的裂缝和原有裂缝明显加重，个别严重的有掉块和倾斜现象，多数屋顶瓦出现滑移，在房顶边缘的瓦和砖块多有掉落，个别成片成列掉落。少数砖混、砖木结构房出现裂缝和原有裂缝加重现象。

烈度Ⅴ度区，呈似椭圆状展布，总面积约 $100km^2$，分布于古田县水口镇的湾口村、溪岚村、汶潭村北部和延平区高洲村等地。Ⅴ度烈度区内普遍强烈有感，地声如雷，个别砖墙出现裂缝，少数土木结构房土墙出现裂缝，原有裂缝略有加重，老旧房屋有掉瓦、落砖和掉灰现象。

古田 $M_L4.8$ 地震，有感范围较大，地震造成灾区经济损失达 659.00 万元，无人员伤亡，临时撤离了 1527 人，安置危房 29 户 129 人。

（福建省地震局　鲍　挺　陈　中）

2008 年 3 月 21 日新疆维吾尔自治区于田 7.3 级地震

一、地震基本参数

发震时间：2008 年 3 月 21 日 06 时 33 分 03 秒；

微观震中：35°36′N，81°36′E（中国地震台网测定）

宏观震中：新疆维吾尔自治区于田县和策勒县交界处

震　　级：$M_S7.3$

震源深度：33km

极灾区烈度：Ⅶ度

震源机制解：

节面Ⅰ			节面Ⅱ		
走向	倾向	滑动角	走向	倾向	滑动角
175°	17°	-157°	63°	83°	-74°

P 轴		T 轴		N 轴		矛盾比	台站数
方位	倾角	方位	倾角	方位	倾角		
350°	49°	139°	37°	241°	15°	0.038	53

（新疆维吾尔自治区地震局预报中心　聂晓红）

地震类型：主震—余震型

二、余震情况及特点

地震序列中无 6 级以上地震发生

烈度分布与震害：经震害调查，确定极灾区烈度为Ⅶ度，等震线长轴呈北东 62°走向，长半轴为 123km，短半轴为 72km，面积 $2.734\times10^4km^2$；Ⅵ度区长半轴为 187km，短半轴为 136km，面积 $5.208\times10^4km^2$。Ⅶ度区（极灾区）：土木结构房屋普遍出现裂缝，如门窗角八字形斜向裂缝、墙体发育竖向裂缝和斜向贯通性裂缝，纵横墙之间开裂、墙体变形等；少数毁坏，表现为屋盖塌落、墙体倒塌、外墙严重外闪和结构严重变形等。于田县阿羌乡普鲁村土木结构房屋，局部墙体倒塌、墙体严重倾斜，房屋毁坏约 56%；出现墙体发育竖向贯通性裂缝和斜向裂缝，纵横墙之间竖向开裂门窗角上方和墙体斜向细微裂缝，房屋破坏约 44%。阿羌乡喀什塔什村土木房屋毁坏约 15%，破坏约 60%，基本完好约 25%。策勒县奴尔乡布藏村共有 86 户，该村 56 户土木结构房屋具有不同程度的损坏，占 65%，其中较严重的 41 户，占 47%。受损土木结构房屋，表现为部分房屋整体由西往东倾斜，墙体坍塌，屋顶开裂，房屋整体出现 2cm 左右下沉。策勒县博斯坦乡阿热勒力克村土木结构房屋 40% 被毁坏，表现为墙体倒塌、屋盖塌落；房屋破坏占 55%，为墙体多处出现竖向和斜向裂缝、纵横墙之间开裂；基本完好占 5%。多数非设防砖木和砖混结构平房门窗附近墙体出现细微斜裂缝、承受大梁的横墙和山墙发育竖向细微裂缝、屋架错动造成女儿墙倒塌，呈轻微破坏；少数纵横墙之间开裂、纵横墙发育多处裂缝，呈中等破坏；个别墙体外闪、严重开裂，呈严重破坏—毁坏。局部输电线路毁坏。Ⅶ度区主要位于低山丘陵区，地下水埋藏较深，地基土力学性能良好（为厚层卵砾石或基岩组成），调查未发现有砂土液化和震陷。地震地质灾害主要为陡立的黄土边坡出现小规模滑坡，陡立的岩质边坡出现小规模崩塌。

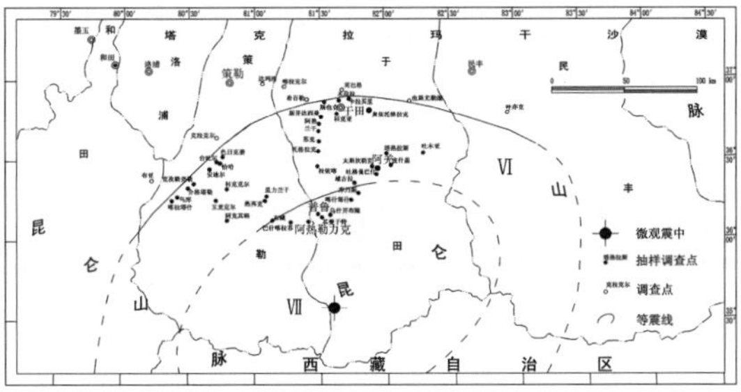

图1　2008 年 3 月 21 日新疆于田—策勒 7.3 级地震等震线图

Ⅵ度区：半数土木结构房屋能够保持基本完好，少数房屋墙体在应力集中的部位（门窗角、木梁承重处）和结构交接的部位（纵横墙之间、墙体与屋盖搭接处等）出现破坏，个别屋盖和墙体倒塌、外墙外闪和墙体严重开裂、毁坏。多数非设防砖木和砖混结构平房基本完好，少数房屋墙体在应力集中部位和结构交接部位出现轻微破坏；个别承重墙体多处开裂、或严重开裂，呈中等破坏或严重破坏。于田县城多层砖混结构房屋（当地设防烈度为Ⅵ度）基本完好；少数房屋在墙体、柱、梁等承重构件上局部发育细微裂缝，呈轻微破坏；个别房屋由于施工质量差和结构不合理（平面、立面突出），出现中等程度的破坏。少数水库、渠首、给水排水设施出现轻微程度破坏，局部输水渡槽出现中等程度的破坏。该区主要位于冲洪积平原区，地基土主要为砂土、地下水埋藏较浅（仅为数米），但未发现有砂土液化和震陷等地震地质灾害现象。

灾区总面积 $1.294\times10^4\ km^2$，灾区总户数 46562 户，总人口约 186248 人，包括于田县 12 个乡 160700 人，策勒县 4 个乡 25548 人，其中受灾人口 61880 人。灾区户均人口为 4 人。地震没有造成人员伤亡。由于房屋倒塌和损坏造成居民失去住所共计 12081 人。灾区居民老旧房屋以土木结构为主，此次地震中土木结构房屋毁坏占 7.51%，$187341m^2$，破坏占 41.68%，$1039183m^2$，基本完好占 50.81%，$1266836m^2$。地震造成直接经济损失为 19479.90 万元，灾区恢复重建经费需 44327.00 万元，属于一般破坏性地震。地震灾区中抽查的乡村抗震安居房均基本完好。自 2005 年起，灾区实施抗震安居工程 30790 户，抗震安居房屋总面积为 123.16 万平方米，占乡村总户数的 66%，受益人口共计 123160 人，共计减少经济损失 9508.76 万元。

（新疆维吾尔自治区地震局　胡伟华）

2008 年 3 月 21 日云南省德宏州盈江县 5.0 级地震

一、地震基本参数

发震时刻：2008 年 3 月 21 日 20 时 36 分 55 秒

微观震中：24°36′N，97°40′E

宏观震中：盈江县太平镇拉丙村与铜壁关乡和平村一带

震　　级：$M_S5.0$

震源深度：11km

震中烈度：Ⅵ度

地震类型：主震—余震型

余震情况及特点：截至 3 月 24 日 16 时，云南地震台网记录到震区 $M\geqslant1.0$ 以上地震 96 次，其中 1.0～1.9 级地震 76 次，2.0～2.9 级地震 13 次，3.0～3.9 级地震 6 次，4.0～4.9 级地震 1 次，最大余震为 3 月 21 日 21 时 45 分 54.7 秒发生的 4.0 级地震。

二、烈度分布与震害

对震区 42 个居民点进行调查，盈江县 5.0 级地震主要分布在盈江县太平镇拉丙村与铜壁关乡和平村一带，极震区烈度为Ⅵ度。

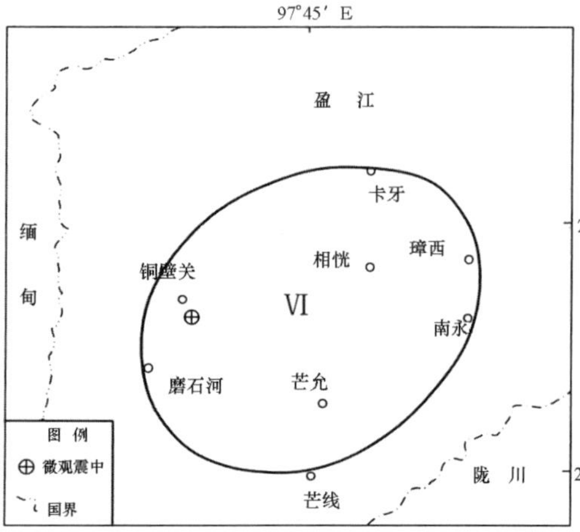

2008 年 3 月 21 日盈江 5.0 级地震烈度分布图

Ⅵ度区：北起太平镇卡牙村，南近弄璋镇芒线村，东起太平镇璋西村以东，西至铜壁关乡磨石河村，等震线形状呈椭圆形，长轴走向为北东向。总面积约 423km^2。

灾区主要涉及盈江县，评估区外的陇川县、梁河县的部分民房、校舍也遭受不同程度的破坏。地震灾区主要涉及盈江县太平镇、弄璋镇、铜壁关乡和昔马镇等 4 个乡镇，23 个行政村，灾区人口 66824 人，涉及 14319 户，其中 11060 人失去住所。盈江 5.0 级地震造成的直接经济损失为 6480 万元，其中，盈江县 5650 万元，陇川县 420 万元，梁河县 410 万元。

（云南省地震局　李胜德）

2008 年 3 月 24 日陕西白河与湖北竹山交界 4.2 级地震（陕西震区）

一、地震基本参数

发震时间：2008 年 3 月 24 日 23 时 24 分 41 秒

微观震中：32.6°N，110.1°E

宏观震中：湖北省竹山县双台乡

震　　级：4.2 级

震源深度：10km

震中烈度：Ⅵ度

余震情况：据湖北省和陕西省地震监测台网测定，截至 2008 年 3 月 31 日，共发生余震 28 次。其中 $M \geqslant 3.0$ 余震 2 次，2.0 ~ 2.9 级余震 3 次，1.0 ~ 1.9 级余震 6 次，0.0 ~ 1.0 级余震 6 次，$M < 0$ 余震 11 次。最大余震为 2008 年 3 月 25 日 09 时 52 分发生的 3.3 级地震。

二、烈度分布与震害

（1）经过现场考察，本次地震最高烈度为Ⅵ度，面积约 35 km^2，位于湖北省境内。陕西境内主要是Ⅳ、Ⅴ度区。Ⅴ度区主要包括白河县卡子镇、四新镇、双河村和五厂镇的部分村庄，即从五一村、四新镇、叶家湾、双河镇一线以南地区，面积约 400 km^2。Ⅳ度区主要包括白河县境内五一村、四新镇、叶家湾、双河乡以北地区。

Ⅴ度区的主要震感和震灾表现为：震感强烈，多数村民梦中惊醒，跑出室外。感到两次震动，第一次震动强烈，持续时间大约几秒，第二次震动感觉较弱，持续时间短。地震造成五一村 1 处 180m 高的陡崖发生岩崩，约 130m 水泥路面被砸坏。震区部分砖木、砖混、土木结构的房屋墙体、楼顶出现不同程度的裂缝。房屋有掉瓦、缩瓦现象。

Ⅳ度区的主要震感和震灾表现为：大多数人有明显震感，个别人梦中惊醒，部分人跑出室外。感到两次震动，第一次震感较强，约 5、6 秒，第二次震感较小，时间段。没有房屋裂缝等破坏现象。

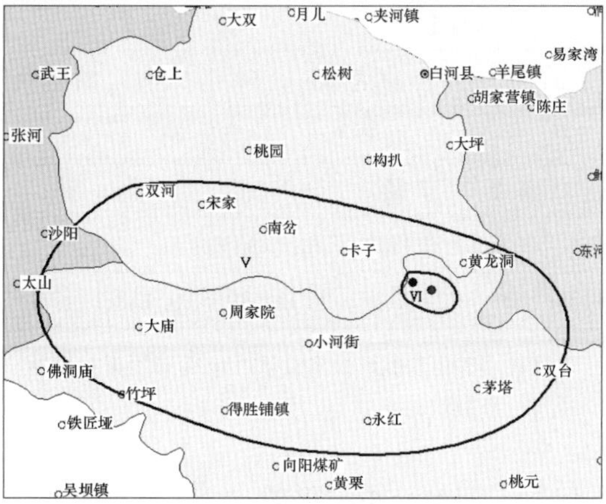

2008 年 3 月 24 日陕西白河与湖北竹山交界 4.2 级地震烈度分布图

（2）调查结果显示，Ⅴ度区涉及陕西省白河县南部卡子镇、四新乡、中厂镇、宋家镇、茅坪镇、构扒镇 6 个乡镇共约 193 个自然村，灾区人口 3.5 万。震区房屋破坏程度主要为轻微破坏和基本完好 2 个等级。土木房屋 2.7% 遭到轻微破坏，18% 基本完好；砖木房 2% 遭到轻微破坏，12% 基本完好；砖混房 1% 遭到轻微破坏，10% 基本完好。

此次地震造成灾区地震直接经济损失 158 万元。其中，房屋建筑经济损失 123 万元，白河县政府灾后各种直接投入 35 万元。地震没有造成人员伤亡。

（陕西省地震局　谭玉娥）

2008 年 3 月 30 日甘肃省肃南县 5.0 级地震

一、地震基本参数

发震时刻：2008 年 3 月 30 日 16 时 32 分 29.0 秒

微观震中：38°00′N，102°00′E

宏观震中：甘肃省张掖市肃南县皇城镇一带

震　　级：M_S5.0

震源深度：33km

震中烈度：Ⅵ度

地震类型：主震—余震型

震源机制解：

节面Ⅰ			节面Ⅱ		
走向	倾向	滑动角	走向	倾向	滑动角
334°	47°	-177°	242°	88°	-44°
60°	78°	19°	325°	71°	167°

P 轴		T 轴		B 轴		矛盾比
方位	倾角	方位	倾角	方位	倾角	
189°	31°	297°	28°	60°	46°	0.19

余震情况及特点：截至 7 月 31 日共发生余震 57 次，其中 1.0～1.9 级地震 47 次，2.0～2.9 级地震 8 次，3.0～3.9 级地震 1 次，4.0～4.9 级地震 1 次，最大余震为 4.0 级。本次余震比较发育，持续时间长，空间展布大于一般 5 级地震的余震区范围，2.0 级以上余震集中分布在主震附近，2.0 级以下余震比较发散。

二、烈度分布

本次地震位于甘肃省张掖市肃南县皇城镇一带。极震区烈度为Ⅵ度，等震线形状呈不规则椭圆形分布，总体走向东西向。

Ⅵ度区：长轴 35.8km，短轴 16.8km，面积 493.3km^2。

Ⅴ度区：长轴 78km，短轴 49km，面积 3109km^2。

三、震害情况

根据现场调查，这次地震有感范围较大，武威市凉州区和金昌市永昌县城震感强烈。地震灾区主要涉及肃南县皇城镇，金昌市永昌县，武威市凉州区和九条岭矿区等地区，地震使 1061 人失去住所。房屋毁坏

1027 km^2，严重破坏 13433 km^2，中等破坏 94709 km^2，轻微破坏 248844 km^2。直接经济损失 3933.05 万元。

此次地震还造成部分交通设施、水利设施、通信设施破坏。

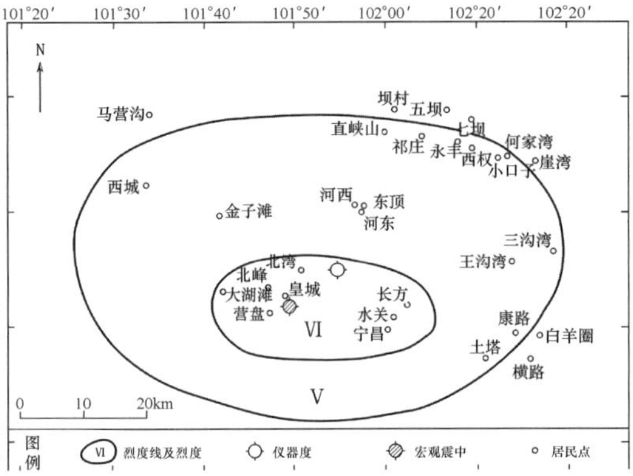

2008 年 3 月 30 日甘肃省
肃南县 5.0 级地震烈度分布图

（甘肃省地震局　赵　亮）

2008 年 4 月 20 日新疆维吾尔自治区裕民 5.1 级地震

一、地震基本参数

发震时间：2008 年 4 月 20 日 21 点 14 分 48.9 秒

微观震中：46°00′N，82°42′E

宏观震中：新疆维吾尔自治区裕民县察汗托海牧场

震　　级：M_S = 5.1

震源深度：33km

震中烈度：Ⅵ度

震源机制解：

节面Ⅰ			节面Ⅱ		
走向	倾向	滑动角	走向	倾向	滑动角
27°	85°	-9°	118°	81°	-175°

P 轴		*T* 轴		*N* 轴		矛盾比	台站数
方位	倾角	方位	倾角	方位	倾角		
342°	10°	72°	3°	177°	80°	0.118	34

注：本表由新疆维吾尔自治区地震局预报中心聂晓红提供。

地震类型：主震—余震型

余震情况及特点：余震衰减较快

二、烈度分布与震害

据地震现场考察，宏观震中位于裕民县察汗托海牧场克什玛布拉克附近（46°03′N、82°38′E）。极震区烈度为Ⅵ度。Ⅵ度区西南自兵团农九师 161 团 14 连，东北至裕民县铁日斯布拉克村；西北自别克什萨依村一带，东南到塔斯提电站至克塔纳希一线。等震线长轴呈北东走向。烈度区长半轴 14.9km，短半轴 10.2km，面积 475km^2。此外，裕民县城（含 161 团场驻地）为Ⅵ度区异常点。

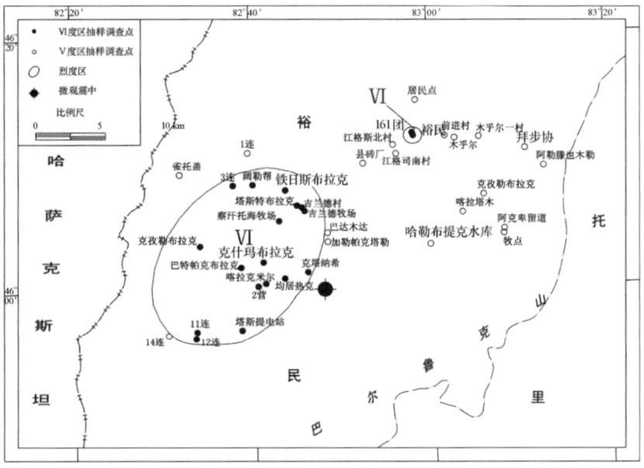

2008 年 4 月 20 日新疆裕民
5.1 级地震等震线图

Ⅵ度区：土木结构房屋以严重破坏或中等破坏为主；主要破坏现象包括：纵横墙体交接处出现明显裂缝、梁下墙体出现裂缝、房屋四角及门窗角部出现倒八字形裂缝、墙体外闪有变形、屋顶局部塌落等；单层砖混结构房屋主要为中等破坏和轻微破坏，主要破坏现象包括：砖墙抹灰出现裂缝，门窗洞口角部墙体出现斜向裂缝，宽度在1～5mm之间，屋顶预制板或槽型板之间出现裂缝，墙体局部出现竖向裂缝等；多层砖混房屋多集中在裕民县Ⅵ度异常区，其他Ⅵ度及Ⅴ度区均没有多层砖混结构，破坏程度主要以中等破坏和轻微破坏为主，主要的破坏现象有纵横墙交接处有明显竖向裂缝，门窗角处有八字形裂缝，墙体出现斜向裂缝，建筑平面不规则房屋出现选择性应力集中点破坏等。现场调查未发现滑坡、崩塌、地表破裂、砂土液化等地震地质灾害现象。

灾区总面积480km^2，受灾人口约29669人，受灾8861户。地震未造成人员伤亡。由于房屋毁坏和较大程度的破坏造成室外避难人数2302户，7393人。此次地震中土木结构居住房屋毁坏占1.89％，9822m^2，严重破坏占13.15％，68483m^2，中等破坏占22.56％，117527m^2，轻微破坏占40.63％，211638m^2，基本完好占21.78％，113445m^2；造成砖混结构居住房屋严重破坏占8.37％，33505m^2，中等破坏占12.73％，50930m^2，轻微破坏占41.17％，164717m^2，基本完好占37.73％，150947m^2。地震造成直接经济损失8584.41万元，灾区恢复重建经费需22934.54万元，属于一般破坏性地震。

地震灾害特点：由于该区历史上地震活动水平相对较弱，长期以来基本建设处于无设防状态，各类建筑物抗震性能较差。通过调查，灾区以往的自建住宅房屋很少考虑到抗震措施，许多房屋没有采取任何墙体与屋盖、墙体之间的加固措施和构造链接，一些土木结构的房屋布局明显不合理，开间大（进深达9m）、屋顶高（5m以上），部分房屋虽是砖墙和混凝土板屋盖，竟用黄土砌筑，经历本次强度并不大的地震，却产生了难以想象的破坏，同时也反映出灾区群众比较淡薄的防震意识。极震区人口较为集中，地形地貌属于山前低山丘陵区，高低起伏较大。许多房屋建造在斜坡地带，地震动放大作用和边坡影响导致其破坏较为严重。政府助建的乡村抗震安居房屋，调查中未发现破坏现象，但数量相对较少（普及率仅占10％）。

（新疆维吾尔自治区地震局　胡伟华）

2008年5月12日四川省汶川8.0级地震（云南灾区）

2008年5月12日14时28分04秒，四川省汶川县（31°N，103.4°E）发生M_S8.0地震，微观震中距离云南省昭通市263km。四川汶川8.0级地震云南灾区的破坏主要集中在昭通市境内，同时对楚雄州、丽江市和迪庆州等的部分县乡各类生命线工程和水利等基础设施也造成不同程度损坏。四川汶川8.0级地震云南灾区Ⅵ度区总面积为1950km^2，包括水富、绥江、永善和盐津4

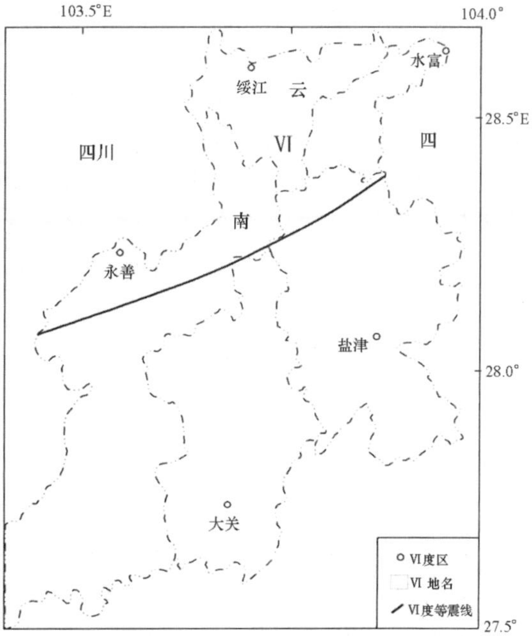

汶川8.0级地震云南灾区烈度分布图

个县共16个乡（镇），134个村民委员会。其中，水富县、绥江县、永善县3个县城处于Ⅵ度区内。

四川汶川8.0级地震造成云南灾区死亡1人，重伤2人，轻伤49人，灾区人口546261人，涉及122480户。云南灾区直接经济损失为168310万元。其中：水富县41040万元、绥江县47650万元、永善县55160万元、盐津县12870万元，昭通市评估区外的其他7个县8940万元、曲靖市400万元、丽江市600万元、迪庆州650万元、楚雄州1000万元。

（云南省地震局　李胜德）

2008年5月12日四川省汶川8.0级地震（陕西震区）

一、烈度分布情况

陕西省境内烈度主要为Ⅷ、Ⅶ、Ⅵ和Ⅴ度区，烈度区长轴方向总体呈北东向，短轴方向北西个别地区出现烈度异常。具体如下：

（1）Ⅷ度区：主要集中在汉中市宁强县西南角，外边界线大致在宁强县居亭乡、代家坝、舒家坝和黄坝驿一线。主要包括宁强县青木川镇、广坪镇、安乐河镇、燕子砭镇、阳平关镇、代家坝镇和舒家坝镇及所属村庄。

（2）Ⅶ度区：包括汉中市西部的略阳、勉县以及宁强、南郑、留坝、汉台区、城固和洋县。

（3）Ⅵ度区：该区范围较大，主要在汉中东部、宝鸡大部分地区，咸阳和安康西部地区。包括西乡县、佛坪县、留坝县、凤县、太白县、眉县、扶风县、凤翔县、岐山县、千阳县、陇县、麟游县，以及周至县、武功县、杨凌区、乾县、兴平县和户县的部分地区。

（4）Ⅴ度区：分布在永寿县、礼泉县、户县、宁陕县、石泉县和镇巴县这几个县城附近以东。

（5）烈度异常区：汶川地震在陕西造成的破坏有两个异常区。一是在Ⅵ度区范围内划分出宝鸡市陈仓区Ⅶ度异常区，包括宝鸡市陈仓区、金台区等。二是在Ⅴ度区中划出的西安市Ⅵ度异常区。

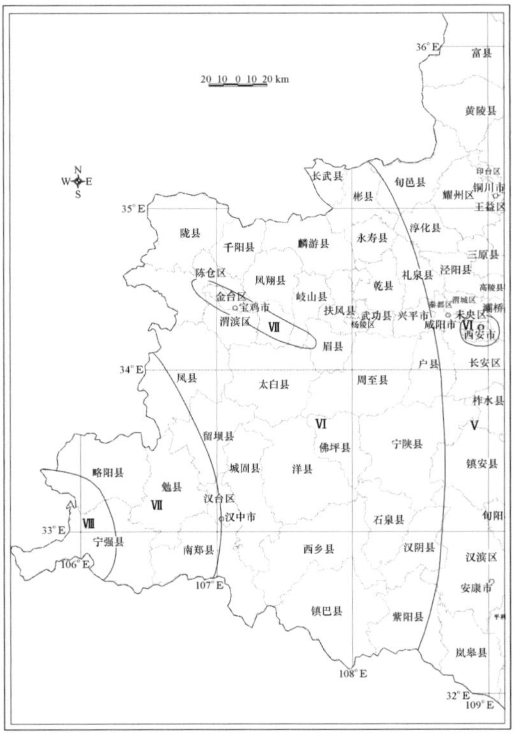

汶川8.0级地震陕西灾区烈度分布图

二、震害特征及损失情况

汶川8.0级地震对陕西汉中、宝鸡、安康、咸阳、西安等市建（构）筑物、生命线工程、基础设施、文物建筑等造成了较大破坏与影响。

主要表现在，土木结构房屋破坏严重，40多个县土木房普遍受到不同程度的破坏，部分倒塌；砖木、砖混结构的房屋总体上受损较轻，主要破坏表现为墙体出现不同程度裂缝；框架结构房屋承重构件基本完好，部分外墙瓷砖脱落、伸缩缝开裂和填充墙出现裂缝，极个别建筑物的承重构件受到破坏。市政公用基础设施，如城市立交桥、路涵洞、供电、供气管道、通信网络遭到不同程度的损坏，引发供电中断、通讯受阻等。生命线系统受损严重。交通桥涵受损，滑坡、崩塌堵塞道路，影响交通；大量移动基站受损，致使通讯中断；部分电力设施受损，导致一些重点厂矿处于危险状态和居民停电；水库大坝坝体产生裂缝与变形，出现渗漏和泄水；城乡供水设施遭到破坏，供水管网受损，水塔倒塌，影响群众正常生活。文物受损严重，古建筑墙体裂缝，塔体发生倾斜，部分摆放文物移位、脱胶、裂缝、断裂等，陶瓷类文物打碎。地震引发的滑坡、崩塌、地裂缝等地质灾害较为严重，毁坏道路、输油管道等，影响交通和输油大动脉正常运行。

陕西省因灾死亡 125 人，受伤 3396 人，300 多万群众受灾，直接经济损失 245 亿元人民币。

（陕西省地震局　谭玉娥）

2008 年 5 月 12 日四川省汶川 8.0 级地震（甘肃灾区）

一、烈度分布

本次地震烈度在甘肃境内等震线形状呈条形，总体呈北东—南西展布。烈度区域分为Ⅸ度、Ⅷ度、Ⅶ度、Ⅵ度区，总面积 9.02 万 km^2。

二、震害情况

根据现场调查，这次地震和大量的强余震波及甘肃省，使陇南、天水、定西、庆阳、平凉、甘南、白银、临夏等 10 个市（州）、70 个县（市、区），945 个乡镇、10931 个村委会、129.32 万户、519.12 万人受灾，死亡 370 人、受伤 10274 人，紧急转移安置 177.99 万人，直接经济损失 617.7 亿。

1. 城乡房屋破坏情况

地震造成农村倒塌房屋 29.38 万户，139.19 万间；严重损坏 16.36 户，82.84 万间；中等损坏 29.46 万户，123.29 万间。城镇倒塌房屋 70.4 万 m^2，严重损坏 92.31 m^2。

2. 生命线工程破坏情况

（1）交通系统：地震造成 1 条国道主干线、7 条国道、26 条省道，28 条县道严重受损；104 条乡道和 1251 条村道交通中断；甘肃省徽县嘉陵镇下游宝成铁路嘉陵江右岸山体滑坡，造成穿越隧道行使的一列货运列车被压埋起火，宝成铁路中断 283 小时。

（2）通信电力系统：地震造成兰州至成都光缆甘肃段中断，45.43 万用户通信受损；电网损失负荷 34.2 万千瓦，87.8625 万户停电。

（3）水利系统：地震造成 28 座水库，97 座水电站、1951 处农村供水工程受损，损毁堤防 336km。98.6 万人出现暂时引水困难。

3. 工业生产损失情况

地震造成 761 户工业企业受损，其中规模以上企业 279 户。重灾企业 419 户，不可恢复企业 1 户；倒塌厂房 46.35 万 m^2，受损厂房 159.6 万 m^2。

4. 农业生产损失情况

地震造成 24 万亩耕地和 1434 亩鱼塘损毁，农作物受灾 86 万亩，9053 亩日光室和塑料大棚受损，11670 台（套）农机具损毁，3100 台（套）排灌机械损毁。死亡大小畜禽 20.06 万头（只）。

5. 次生灾害情况

地震引发次生地质灾害 8182 处。其中，泥石流 98 起，滑坡 1610 处，崩塌 3121 处，地面塌陷 615 处，地裂缝 2667 处。

6. 文物及博物馆损失情况

地震造成不可移动文物损坏53处，其中全国重点文物保护单位20处，省级文物保护单位17处，市县级文物保护单位16处，省级历史文化名镇1座、民宅14座；地震造成博物馆受损20座，其中7座破坏严重，13座墙体出现裂缝；地震造成各级各类收藏文物受损607件，其中国家一级文物4件，二级文物6件，三级文物51件，一般文物及尚未明确级别文物546件。

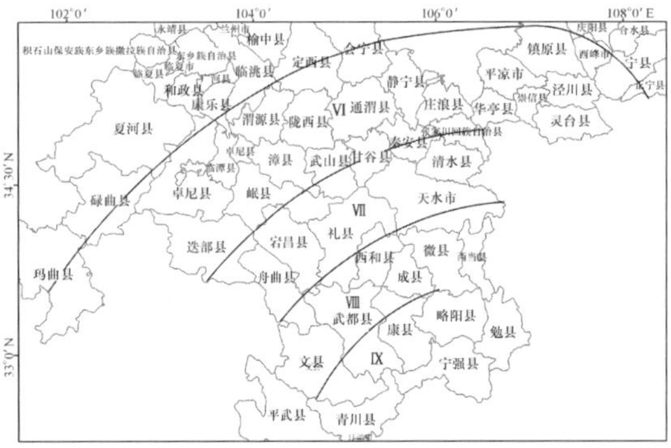

四川汶川8.0级地震（甘肃灾区地震烈度分布图）

（甘肃省地震局　赵　亮）

2008年6月10日内蒙古自治区呼伦贝尔市鄂伦春自治旗与阿荣旗交界5.2级地震

一、地震基本参数

发震时间：2008年6月10日14时05分

微观震中：49°04′N，122°36′E

宏观震中：内蒙古自治区呼伦贝尔市鄂伦春自治旗与阿荣旗交界

震　　级：$M5.2$

震源深度：14km

震中烈度：Ⅵ度

震源机制解：收集了16个台站的P波初动符号，用3种方法所做的震源机制见图1和见表1～表2。从观测到的可定位余震震中分布图看到，余震的优势分布方向为NE向，发生的余震位于主震的西南方向。余震分布长轴约17km。从可定位的余震震中分布图和震源机制解综合分析，认为北东向截面为地震的破裂面。主压应力轴方位为NE向。

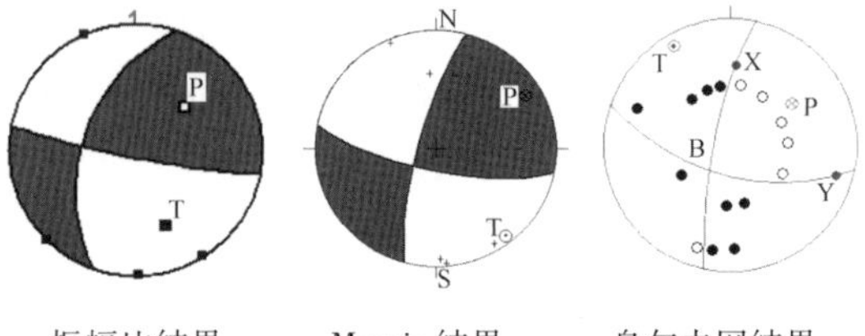

振幅比结果　　Mapsis结果　　乌尔夫网结果

地震震源机制

表1　振幅比和Mapsis软件震源机制结果

序号	节面Ⅰ			节面Ⅱ		
	走向	倾向	滑动角	走向	倾向	滑动角
1	281°	83°	45°	19°	45°	170°
2°	15°	79°	-16°	282°	75°	-168°

P轴		T轴		N轴		矛盾符号比	方法
方位	倾角	方位	倾角	方位	倾角		
49°	36°	158°	24°	274°	45°	0	振幅比
59°	19°	148°	3°	50°	71°	0.118	Mapsis

表2　乌尔夫网震源机制结果

编号	节面Ⅰ			节面Ⅱ		
	走向	倾向	滑动角	走向	倾向	滑动角
1	27.2°	NNE	75°	291°	NW	65°

P轴		T轴		B轴		矛盾符号比
走向	仰角	走向	仰角	走向	仰角	
72°	29.5°	337.5°	6.5°	235.5°	74°	1%

地震类型：主震—余震型

余震情况及特点：截止到6月16日16时共发生余震36次，最大余震为6月11日

17 时 25 分 40 秒 M_L3.5，其中：M_L0.0 ~ 0.9 地震 7 次，M_L1.0 ~ 1.9 地震 14 次，M_L2.0 ~ 2.9 地震 11 次，M_L 3.0 ~ 3.9 地震 4 次。余震衰减正常，经计算衰减系数 $P>1$，在衰减过程中，余震序列的分布呈 3 次起伏活动，逐渐减弱，最大余震发生在第 2 次起伏活动中。

二、烈度分布与震害

这次地震震感范围较大，东起莫力达瓦达斡尔族自治旗，西到满洲里，南起齐齐哈尔，北至阿里河，均有震感。震灾区面积约为 10000 多平方千米，涉及鄂伦春自治旗、阿荣旗、牙克石市 3 个旗市的 8 个乡镇，约 4.2 万人，其中鄂伦春自治旗、牙克石市、阿荣旗震感强烈并遭受到了一定的地震破坏。

鄂伦春自治旗卧斯门林场位于极震区，该地区砖木结构房屋出现了山墙裂缝、山墙外闪、烟囱移动和脊瓦错位等Ⅵ度破坏特征，部分木结构房屋裂缝加宽。由于Ⅵ度仅为该点，故本次地震极震区范围较小。

Ⅴ度区，西起莫那根林场，东至三岔沟镇，南起查巴奇，北至卧斯门，面积约 8380km^2，长轴方向略呈北东向，长约 130 km，短轴方向为北西向，长约 114km。Ⅴ度区内人们普遍反映地震时像有载重汽车通过一样，之后水平摇动特别强烈，个别考查点有人从睡眠中惊醒。震区木结构房屋包括板夹泥房屋和木刻楞房屋，占震区总建筑面积的 36%，这类建筑少数年久失修的危房裂缝加宽加长。砖木结构房屋部分房屋产生微、细裂缝，多数房屋原有的裂缝加宽加长等。

因灾区房屋多为砖木结构，墙体均达到 50cm 左右，并且有圈梁，抗震性能较好；少数房屋为木结构，整个房屋用林区特有的原木做墙，外部抹灰，整体性好，抗震性能强；故在本次地震中未出现毁坏和严重破坏的房屋，无人员伤亡和室外避难人口。经评估，此次地震造成灾区总经济损失为 3217.49 万元。

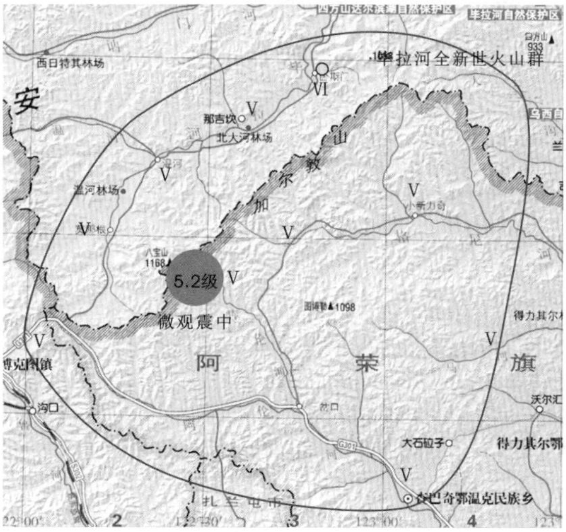

呼伦贝尔市鄂伦春自治旗与
阿荣旗交界 5.2 级地震烈度分布图

（内蒙古自治区地震局　弓建平）

2008 年 8 月 21 日云南省德宏州盈江县 5.9 级地震

一、地震基本参数

发震时刻：2008 年 8 月 21 日 20 时 24 分28.8 秒

微观震中：25°04′N，97°56′E

宏观震中：盈江县勐弄乡左家坡、中山村、麻栗坡一带

震　　级：M_S5.9

震源深度：7km

震中烈度：Ⅷ度

地震类型：震群型

余震情况及特点：截至 8 月 25 日 19 时，云南地震台网记录到震区 $M \geq 1.0$ 以上地震 660 次，其中 1.0 ~ 1.9 级地震 311 次，2.0 ~ 2.9 级地震 305 次，3.0 ~ 3.9 级地震 38 次，4.0 ~ 4.9 级地震 4 次，5.0 ~ 5.9 级

地震2次，最大余震为8月22日20时06分发生的4.7级地震。

二、烈度分布与震害

2008年8月20日05时35分，云南省德宏州盈江县发生$M_S5.0$地震，8月21日20时20分、20时24分该震区又相继发生$M_S4.9$和$M_S5.9$地震。

1. 烈度分布

通过对147个居民点进行调查，盈江3次地震分布在盈江县勐弄乡左家坡、中山村、麻栗坡一带，极震区烈度Ⅷ度，等震线形状呈椭圆形，长轴走向为北北东向，震源深度分别为10km、7km、7km。灾区总面积为4511km^2。

Ⅷ度区：北起左家坡，南到勐弄乡政府所在地，东起下寨村，西至麻栗坡，面积约26km^2。

Ⅶ度区：北起苏典乡黄草坝，南到平原镇户勐街，东起盏西乡邦朗村，西到卡场镇小新寨，面积约391km^2。

Ⅵ度区：北起盈江县支那乡白岩村南，南到陇川县清平乡广岭村，东起腾冲县中和乡勐新村，西到盈江县昔马镇镇政府所在地，面积约4094km^2。

江心坡、弄杏、弄康、苏典乡政府所在地等均为Ⅶ度异常点，苏典乡羊奶棚为Ⅷ度异常点。

2. 震害

地震造成大量房屋建筑和工程结构不同程度的破坏，灾区主要包括德宏州盈江县、陇川县、梁河县和保山市腾冲县的25个乡镇（农场），135个行政村（居委会），灾区人口355395人，涉及81299户，失去住所约99480人。共造成5人死亡，29人重伤，101人轻伤，评估区以外的德宏州潞西市、瑞丽市及保山市龙陵县、隆阳区的部分民房、校舍及生命线工程也遭受了不同程度的破坏。

8月20日盈江5.0级、8月21日4.9级、5.9级地震发生后，国家投入救灾应急资金1800万元，云南省人民政府投入9100万元，德宏州人民政府及相关县人民政府投入301万元，民政部紧急调拨帐篷13090顶，应急棉被22800床。

8月20日盈江5.0级、8月21日盈江4.9级、5.9级地震的直接经济总损失为130800万元。其中：盈江县94180万元，陇川县10820万元，梁河县9430万元，潞西市2920万元，瑞丽市2850万元，腾冲县6940万元，隆阳区1670万元，龙陵县1990万元。

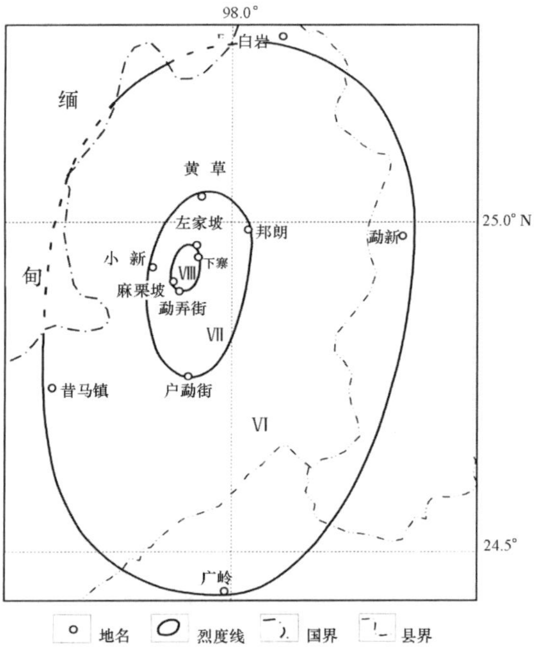

2008年8月21日盈江5.9级地震烈度分布图

（云南省地震局　李胜德）

2008年8月30日四川省攀枝花市仁和区、凉山彝族自治州会理县交界6.1级地震

一、地震基本参数

发震时刻：2008年8月30日16时

30 分50.5 秒

微观震中：101.9°N，26.2°E

宏观震中：四川攀枝花市仁和区平地镇—凉山州会理县绿水乡一带

震　　级：$M=6.1$

震源深度：10km

震中烈度：Ⅷ度

地震类型：主震—余震型

余震情况及特点：截至2008年10月6日，攀枝花序列共记录到地震1970次，其中1.0～1.9级地震927次，2.0～2.9级地震188次，3.0～3.9级地震24次，4.0～4.9级地震4次，5.0～5.9级地震2次，6.0～6.9级地震1次。最大余震为2008年8月31日16时31分发生的5.6级地震。本次地震余震序列沿昔格达断裂展布，主要分布于绿水乡、河口乡、平地镇、拉鲊乡、黎溪乡、大龙潭乡，南北长约40km，东西宽约20km。

发震构造：本次地震发生在北段的昔格达断裂上。有史料记载以来，昔格达曾发过1955年9月23日鱼鲊$6^3/_4$级地震和1955年9月26日鱼塘$5^1/_2$地震（该地震为鱼鲊$6^3/_4$级地震的余震）。

二、烈度分布与震害

1. 烈度分布特征、有关范围和受灾范围

本次地震震中烈度为Ⅷ度。Ⅵ度及其以上区域总面积为9634km^2，影响到四川省攀枝花市、凉山州、云南楚雄州的部分区县，其中四川省境内6265km^2，云南省境内3369km^2。

Ⅷ度区：北自四川省凉山州会理县鱼鲊乡河漂村，南到云南省楚雄州元谋县姜驿乡政府驻地，东起四川省凉山州会理县绿水乡松坪村，西达四川省攀枝花市仁和区平地镇小啊喇村，长轴直径39km，短轴直径19km，总面积628km^2，其中四川省境内600km^2。Ⅷ度区内房屋破坏严重，土木结构大部分房屋整体倒毁，部分墙体倒塌、屋架倾斜，其余房屋震害为墙体稍有倾斜、变形、开裂，梭瓦、掉瓦现象普遍；砖木结构房屋部分倒塌，部分房屋屋架倾斜、墙体严重开裂或倒塌，另有部分房屋墙体稍有倾斜、变形、开裂或局部墙面抹灰层脱落，多数有梭瓦、掉瓦现象；砖混结构少数构造柱断裂、墙体位错，部分房屋墙体X型裂缝贯通，多数墙体开裂。

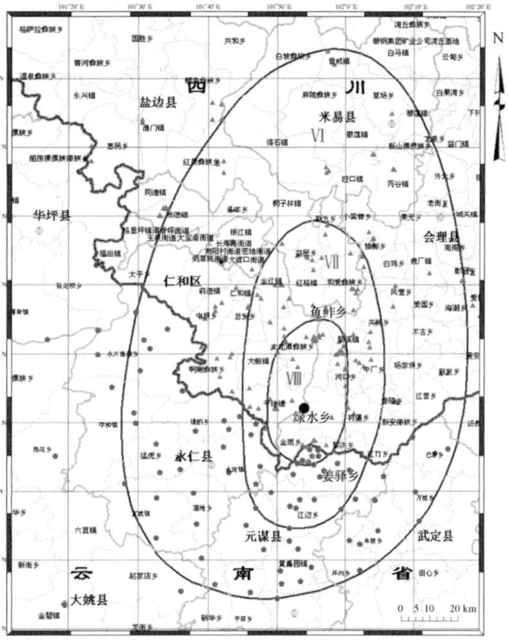

攀枝花市仁和区—凉山州会理县交界6.1级地震烈度分布图

Ⅶ度区：北自四川省攀枝花市盐边县新九乡九场村，南到云南省楚雄州元谋县江边乡大树村，东起四川省凉山州会理县普隆乡寨子村，西达四川省攀枝花市仁和区大田镇政府驻地、云南省楚雄州永仁县维的乡红花地村。长轴直径83km，短轴直径34km，总面积1682km^2，其中四川省境内1194km^2。区内房屋破坏较为严重，土木及砖木结构房屋部分房屋墙倒架歪，部分墙体局部倒塌，多数墙体开裂、梭瓦；砖混结构房屋个别墙体开裂严重，少数墙体开裂普遍，部分墙体开裂明显。

Ⅵ度区：北自四川省攀枝花市米易县普威乡龙滩村，南到云南省楚雄州元谋县能禹镇政府驻地，东起四川省凉山州会理县通安镇武家沟村、云南省楚雄州禄劝县汤郎乡政府驻地，西达云南省楚雄州永仁县永兴乡白马河村。长轴直径148km，短轴直径83km，总面积7324km^2，其中四川省境内4471km^2。区内土木和砖木结构房屋除个别年久失修者倒塌外，主要以轻微破坏和基本完好为主，震害现象主要为墙体开裂，少量梭瓦；砖混结构房屋，极个别墙体出现贯通裂缝，少数墙体出现显见裂纹；框架结构房屋极个别承重梁可见细微裂纹，绝大部分没有破坏现象。

2. 人员伤亡情况

2008年8月30日仁和—会理6.1级地震造成四川省35人遇难，638人受伤。

本次地震还造成的四川境内失去住所人数约12万人。

灾区伤亡人数统计表

区县	死亡人数	受伤人数
攀枝花市西区	2	7
攀枝花市东区	1	20
攀枝花市仁和区	1	94
攀枝花市盐边县	1	278
攀枝花市米易县	1	10
凉山州会理县	29	360
合计	35	638

（云南省地震局　李胜德）

2008年8月30日四川省攀枝花市仁和区、凉山彝族自治州会理县交界6.1级地震（云南灾区）

一、烈度分布

通过对114个居民点进行调查，四川省攀枝花市仁和区、凉山州会理县交界6.1级地震云南灾区分布在白秧树至根树村一带，地震烈度为Ⅷ度，等震线形状呈椭圆形，长轴近南北向，灾区总面积为3369km^2。

Ⅷ度区：主要分布在元谋县姜驿乡境内，北、西自川滇边界，南到根树村，东达白秧树村，面积约28km^2。

Ⅶ度区：主要分布在元谋县和永仁县境内，北至川滇边界，南到元谋县江边乡大树村，东起元谋县姜驿乡贡茶村以东，西到永仁县维的乡红花村，面积约488km^2。

Ⅵ度区：主要分布在楚雄州境内，北至川滇边界，南到元谋县能禹镇政府驻地，东起禄劝县汤郎乡政府驻地，西到永仁县永心乡白马河村，面积约2853km^2。

二、震害

四川攀枝花市仁和区、凉山州会理县交界6.1级地震的微观震中距云南省楚雄州元谋县边界10.1km，永仁县边界11km，永仁县城27.3km。地震造成云南省楚雄州元谋县、永仁县、武定县、大姚县、牟定县、昆明市禄劝县和丽江市华坪县等部分房屋破坏，生命线工程及水利等基础设施损坏。云南灾区主要包括楚雄州元谋县、永仁县、武定县、大姚县及昆明市禄劝县等5个县22个乡镇、122个行政村或居委会，灾区人口300189人，涉及71183户，失去住所约87821人，造成云南灾区6人死亡，47人重伤，194人轻伤。评估区外的楚雄州大姚县、牟定县、昆明市禄劝县及丽江市华坪县的部分民房、校舍及生命线工程也遭受到不同程度的破坏。

四川攀枝花市仁和区、凉山州会理县交界6.1级地震发生后，财政部、民政部联合向云南省地震灾区下拨救灾资金1100万元，民政部调拨救灾帐篷11000顶，云南省人民政府投入救灾应急资金3050万元，省民政厅调拨救灾帐篷7107顶，棉被8000床，楚雄州安排救灾应急资金350万元，大米110

吨，彩条布2040卷，灾区各县人民政府共投入救灾资金285万元。

8月30日四川攀枝花市仁和区、凉山州会理县交界6.1级地震云南灾区的直接经济总损失117870万元。其中，元谋县44250万元，永仁县44050万元，武定县16590万元，大姚县4160万元，牟定县2760万元，禄劝县3810万元，华坪县2250万元。

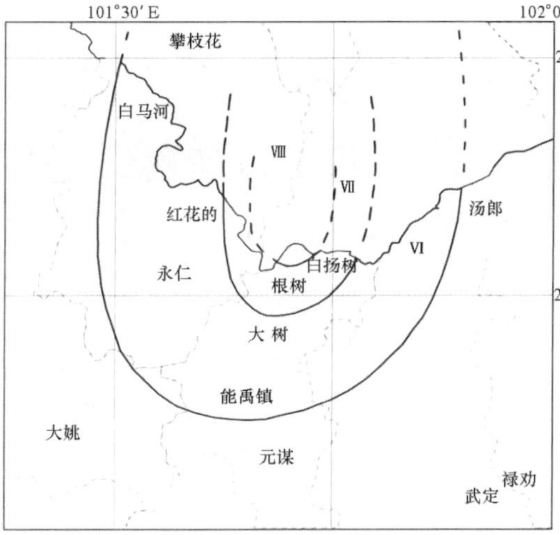

2008年8月30日四川攀枝花市仁和区、凉山州会理县交界6.1级地震云南灾区烈度分布图

（云南省地震局　李胜德）

2008年8月30日新疆维吾尔自治区和静5.3级地震

一、地震基本参数

发震时间：2008年8月30日20时46分46.9秒

微观震中：42°42′N，83°54′E

宏观震中：新疆维吾尔自治区和静县巴音郭楞乡哈拉撒拉村

震　　级：$M_S=5.3$

震源深度：25km

极震区烈度：Ⅵ度

震源机制解：

节面Ⅰ			节面Ⅱ		
走向	倾向	滑动角	走向	倾向	滑动角
106	156	71	204	20	67

*P*轴		*T*轴		*N*轴		矛盾比	台站数
方位	倾角	方位	倾角	方位	倾角		
156	2	64	30	250	60	0.148	54

注：本表由新疆维吾尔自治区地震局预报中心聂晓红提供。

地震类型：主震—余震型

二、余震情况及特点

余震衰减较快

烈度分布与震害：据地震现场考察结果，宏观震中位于和静县巴音郭楞乡哈拉撒拉村附近（42°43′N，83°56′E），与微观震中位置大体一致。极震区烈度为Ⅵ度（震中附近有个别Ⅶ度点）。Ⅵ度区西自巴音郭楞乡伊克赛乌苏村一带，东至巴音乌鲁乡赛热木村；北自巴音布鲁克区政府驻地，南到霍拉山北麓。等震线长轴呈北东东向。烈度区长半轴43.0km，短半轴27.0km，面积3640km^2。

Ⅶ度点：哈尔萨拉村，震感强烈，大多数人惊逃户外，听到巨大地声。村委会土木结构和砖木结构房屋，墙体多处出现裂缝，其中一堵砖墙有两条斜向裂缝，宽2~3cm，墙皮多处脱落，屋顶的铁管烟囱被震倒，砖砌的烟囱倒塌，停止的汽车发生移动。哈尔萨拉几处牧民定居点的土木房屋遭受了破坏，墙体多处出现裂缝，墙皮大面积脱落，部分墙体已经“震酥”，空心火墙倒塌，火炉震倒。鹅卵石混凝土砌筑的羊圈多处出现裂缝，局部出现倒塌。地震时马受惊吓跑。巴音郭楞河河岸出现长约30m的滑坡体，岸边松软地表出现宽约3cm，断续延伸30m

的地裂缝。217 国道边坡有几处出现崩塌，体积为数立方米。

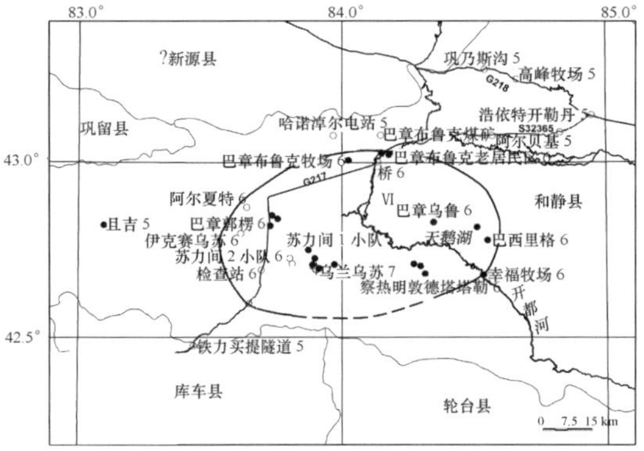

2008 年 8 月 30 日新疆和静 5.3 级地震等震线图

Ⅵ度区：普遍震感较强烈，部分人仓皇出逃，马受惊吓跑；多数土木结构的房屋出现裂缝，少量墙皮脱落，个别严重破坏，屋内火炉震倒。砖木房屋的墙体出现微小裂缝，个别裂缝较宽。砖混房屋基本完好。乡村公路石桥桥墩塌陷、桥头护坡开裂、外张。

灾区面积 3640km^2。灾区受灾人口约 10358 人，2587 户。地震没有造成人员伤亡。由于房屋毁坏和较大程度破坏造成失去住所共计 880 人，220 户。土木结构房屋毁坏占 2.47%，2491m^2，严重破坏占 4.23%，4265m^2，中等破坏占 33.69%，33970m^2，轻微破坏占 33.37%，33647m^2，基本完好占 26.24%，26457m^2；砖木结构房屋严重破坏占 5.50%，2686m^2，中等破坏占 20.46%，9991m^2，轻微破坏占 37.97%，18541m^2，基本完好占 36.07%，17613 m^2；砖混结构房屋严重破坏占 1.35%，2257m^2，中等破坏占 7.83%，13121m^2，轻微破坏占 14.35%，24034m^2，基本完好占 76.47%，128061m^2。地震造成直接经济损失 3644.18 万元，灾区恢复重建经费需 6730.90 万元，属一般破坏性地震。

地震灾害特点：一是灾区位于高海拔地区，冬季漫长。为抵御严寒，牧民居住的土木、砖木结构平房相对低矮，屋顶高度一般不超过 3m，开间小；墙体厚、墙面规整、纵横墙连接咬槎，这些因素均有利于结构抗震，也是灾区没有房屋倒塌造成人员伤亡的重要原因。二是灾区属于永久性冻土地区，由于季候和局部温度变化造成地基土发生交替型融陷冻胀作用，使得建筑物基础和结构损坏，导致地震破坏有加重的趋势。

（新疆维吾尔自治区地震局　胡伟华）

2008 年 10 月 5 日新疆维吾尔自治区乌恰 6.8 级地震

一、地震基本参数

发震时间：2008 年 10 月 5 日 23 时 52 分49.5 秒

微观震中：39°30′N，73°54′E

宏观震中：新疆维吾尔自治区乌恰县

震　　级：M_S =6.8

震源深度：33km

震中烈度：Ⅷ度（境外）

震源机制解：

节面Ⅰ			节面Ⅱ		
走向	倾向	滑动角	走向	倾向	滑动角
327°	172°	51°	62°	40°	84°

P 轴		*T* 轴		*N* 轴		矛盾比	台站数
方位	倾角	方位	倾角	方位	倾角		
188°	22°	292°	32°	70°	50°	0.261	46

注：本表由新疆维吾尔自治区地震局预报中心聂晓红提供。

地震类型：震群型

二、烈度分布与震害

通过现场调查，确定境内极灾区烈度为

Ⅶ度。据报道，毗邻的吉尔吉斯斯坦共和国努拉村（39°39′N，73°52′E），距伊尔克什坦口岸西南7km，近1000人村落几乎被摧毁，死亡70余人，通讯电力完全中断，道路桥梁受到损坏。初步判定其烈度为Ⅷ度，为此次地震的宏观震中。目前仅确定境内等震线，长轴呈北东东走向，长半轴为30km，短半轴为22km，面积1031 km^2；Ⅵ度区长半轴为130km，短半轴为42km，面积7354 km^2。

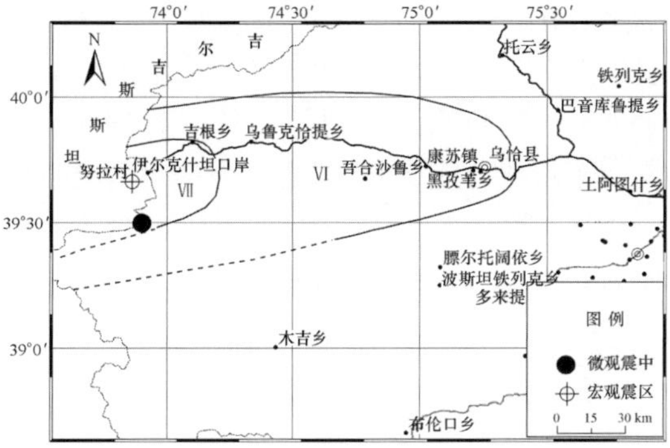

2008年10月5日新疆乌恰6.8级地震等震线图

Ⅶ度区：主要包括伊尔克什坦口岸区和吉根乡。人们普遍有强烈震感，大多数人惊逃户外，并听到巨大地声。地震造成口岸地区电力中断，砖混结构公房受损248间，严重受损36间，砖混结构墙体普遍出现细小裂纹。据口岸会晤站站长介绍，地震发生时，中吉两国会晤站桌上物品震落、挂钟落地，听到巨大地声，并在远处天空看见亮如白炽灯般地光，地光持续约几秒钟后消失。在口岸有部分框架结构建筑物为轻微破坏，未见明显裂缝。多层砌体结构出现门窗洞口处墙体和梁端墙体的斜向裂缝，宽度较小，破坏类型属轻微破坏。单层砖混结构房屋其破坏程度比多层砌体结构严重，破坏程度属中等破坏。在Ⅶ度区内的单层毛石混凝土架构房屋抗震性能良好，未见地震破坏现象。在Ⅶ度区的土坯房不具抗震能力，大部分产生中等—严重破坏，墙体外闪，纵横墙开裂，成为无法居住的危险房屋。Ⅶ度区内山体发育多处滑坡，滑坡宽度50～300m，体积达数百方至数千方不等，其间有20～30t巨石崩落，落距达50m；在萨尔布拉克村东侧，可见多条向南突出的弧形张性裂缝，长度达100m，间距3～5m，向北依次呈梯级塌陷，高差约10cm，缝宽10～20cm；在萨尔布拉克村西侧一白垩纪泥岩山丘上，被纵横向张性裂缝切割，缝宽5～10cm。

Ⅵ度区：主要包括乌鲁克恰提乡、乌合沙鲁乡、康苏镇、黑孜苇乡以及乌恰县县城，土木结构房屋普遍存在轻微—中等破坏，主要为门窗角处裂缝、纵横墙体裂缝、纵横墙交接处开裂等。抽样调查的乌鲁克恰提乡托困铁列克苏村、沙热克巴依村、琼铁列克苏村、阿克铁克提尔村、克孜勒库热村、克恰提村和加斯村等土木结构房屋10%～20%严重破坏，50%为中等破坏，其余为轻微破坏。乌合沙鲁乡土木结构房屋普遍墙角出现不同程度裂缝，土木结构房屋局部出现贯穿性裂缝，裂缝宽度达到1～2cm。康苏镇土木结构居住房屋结构为苏联老式建筑，房屋年久失修，主要破坏现象为屋顶抹灰层塌落，后纵墙、墙角不同程度裂缝，屋内墙皮脱落。对黑苇子乡部分民宅进行抽样调查，其中土木房屋10%～20%轻微破坏，其余基本完好，主要为山墙出现不同程度的裂缝、墙角普遍有竖向裂缝。Ⅵ度区内学校房屋出现了不同程度的破坏。

受灾总面积8385km^2。灾区总人口约30380人，7595户。地震没有造成人员伤亡。灾区受灾人口约12756人，3189户。室外避难人数176户，704人，疏散在校学生约600名。地震中土木结构房屋毁坏1.23%，4509m^2，严重破坏4.83%，17651m^2，中等破坏31.16%，113831m^2，轻微破坏41.35%，151060m^2，基本完好21.43%，78283m^2；砖木结构房屋严重破坏9.29%，2062m^2，中等破坏25.34%，

5627m^2，轻微破坏43.12%，9575m^2，基本完好22.26%，4943 m^2；砖混结构房屋严重破坏3.06%，2756m^2，中等破坏16.12%，14529m^2，轻微破坏44.24%，39873m^2，基本完好36.58%，32968m^2。地震造成直接经济损失为6728.40万元，灾区恢复重建经费需17872.01万元，地震属于一般破坏性地震。

灾区大力实施抗震安居工程是大震后无人员伤亡的主要原因。乌恰县是自治区推广抗震安居工程重点地区，自2004年以来，已完成城乡抗震安居工程9476户，按9度设防，完成率达80%。调查中的抗震安居房屋没有破坏，灾民的转移安置率仅占20%。灾区已完成抗震安居工程房屋共减少经济损失2723.26万元。

（新疆维吾尔自治区地震局　胡伟华）

2008年10月6日西藏自治区拉萨市当雄县6.6级地震

一、地震基本参数

发震时刻：2008年10月6日16时30分

微观震中：29°48′N，90°21′E

宏观震中：拉萨市当雄县格达乡羊易村

震　　级：$M=6.6$

震源深度：8km

震中烈度：Ⅷ度

震源机制解：发震断层走向N38°E，倾角49°，滑移矢量侧伏角64°，为一个兼具左旋走滑的正断层

地震类型：主震—余震型

余震情况及特点：据西藏自治区数字地震台网测定，截止到10月13日12时整，西藏当雄6.6级地震共发生1256次余震，其中5.0～5.9级地震2次，4.0～4.9级地震1次，3.0～3.9级地震27次，2.0～2.9级地震179次，1.0～1.9级地震750次，0.0～0.9级地震297次。

二、烈度分布与震害

地震的宏观震中位于当雄县格达乡羊易村一带，微观震中距当雄县约105km，距拉萨市约77km。最高地震烈度Ⅷ度，等震线呈椭圆形，长轴呈北北东走向。灾区总面积为11934km^2；Ⅷ度区面积约307km^2，北自格达三组，南到尼玛果、羊易四组一带，东达羊易一组、羊易二组以东；Ⅶ度区面积约10570km^2，北自央热村一组，南到尼雪，东、西边界为无人区，无地表破坏作参照，且交通不便，属推测界线；Ⅵ度区面积约1057km^2。北自当雄县的宁中乡堆灵村，南到仁布县的玛日、浪卡子县的白地亚斯一带，东起曲水县的南木，西至尼木县的麻江、江尼以西一带，由于西边界为无人区，属推测界线。

本次地震造成10人死亡，60人受伤（其中重伤14人）。由于房屋毁坏和较重程度的破坏造成失去住所约2万人。灾区人口121406人，23899户。此次地震造成的直接经济损失41137万元。

灾区房屋建筑按结构类型可分为土木结构、石木结构、砖混结构、钢筋混凝土框架结构等四类。灾区内各类居民住房屋破坏总面积为1225872m^2（房屋毁坏104229m^2，严重破坏6035m^2，中等破坏982426m^2，轻微破坏133182m^2），直接经济损失28484万元；地震造成教育系统房屋破坏和教学设备损坏，直接经济损失1158万元；地震造成卫生系统房屋破坏很医疗设备损坏，直接经济损失239万元；地震造成电力系统设备及线路受损，直接经济损失100万元；地震造成公路开裂、塌陷、路基下沉，直接经济损失800万元；地震造成“村村通”单收站和收转站受损以及通讯设备损坏，直接经济损失120万元；地震造成饮水工程、水池水

塘等不同程度受损，直接经济损失 110 万元。地震造成其他公用房屋（指除教育系统和卫生系统之外的公用房屋，包括机关和各企事业单位的办公用房、厂房等）损坏，直接经济损失 3329 万元。此外，评估区外的贡嘎县、拉萨市城关区、林周县、达孜县、浪卡子县、堆龙德庆县、江孜、南木林县等部分民房及其他工程设施也遭受了不同程度的破坏，直接经济损失 3250 万元。

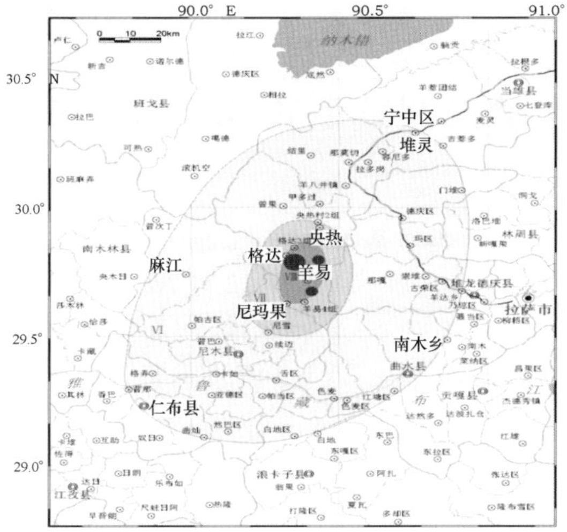

2008 年 10 月 6 日拉萨当雄 6.6 级地震烈度分布图

（西藏自治区地震局办公室　喻景阳）

2008 年 11 月 10 日青海省海西蒙古族藏族自治州大柴旦行委 6.3 级地震

一、地震基本参数

发震时刻：2008 年 11 月 10 日 09 时 22 分 05.6 秒

微观震中：37°36′N，95°54′E

宏观震中：37°37′N，95°43′（大柴旦东南 55km 处，开源煤矿一带）

震　　级：$M=6.3$

震源深度：10km

震中烈度：极震区烈度为Ⅶ度

震源机制解：

节面Ⅰ			节面Ⅱ		
走向	倾向	滑动角	走向	倾向	滑动角
248°	30°	54°	108°	66°	109°

地震类型：主震—余震型

余震情况及特点：

截止到 12 月 31 日大柴旦单台共记录到地震 2812 次，最大余震为 11 月 12 日 5.1 级地震。其中：M_L0～0.9 地震 1530 次；M_L1～1.9 地震 1044 次；M_L2～2.9 地震 194 次；M_L3～3.9 地震 33 次；M_L4～5.3 地震 8 次；M_S5～5.9 地震 1 次；M_S6～6.9 地震 1 次。余震震中分布的优势方向为近 EW 向，余震震源深度优势分布在 4～11km 之间。

二、烈度分布与震害

此次地震烈度等震线为北西向分布的椭圆，长轴沿 340°方向展布，长轴约 194km、短轴约 94km，围限面积 4 万余平方千米，其中Ⅶ度区面积 1141km^2，该区内主要有大煤沟煤矿和开源煤矿；Ⅵ度区面积 6664km^2，该区居民点主要分布于大柴旦、小柴旦、石灰沟、居洪图、巴力沟等地；Ⅴ度区面积 33525km^2，包括德令哈市市区、怀头他拉镇、柯鲁柯镇、尕海镇大部分、格尔木盐场、郭里木等地。

格尔木市、德令哈市震感强烈，有感范围东至西宁。

灾区范围涉及大柴旦地区、德令哈市和格尔木市，灾区总人口共计 7.22 万人，受灾人口 2.77 万人，有 7946 户居民因房屋受损，需要转移安置，灾区面积约 4 万余平方公里。

主要破坏现象：

1. 房屋建筑

震区房屋建筑按结构类型主要分为砖砌体（多层砌体）、土木房屋（一般房屋）、砖木房屋（一般房屋）、砖混平房（一般房屋）等4类。砖砌体（多层砌体）地震时基本没有造成破坏。土木房屋是灾区的建筑主体，这类房屋在震区破坏程度相当高，是灾区抗震性能最差、破坏比例最大的一类房屋，尤其建造年代久远、已超过使用年限的老旧房屋严重破坏。砖木房屋主要集中在大柴旦工矿区和部分乡镇政府所在地。这些结构的房屋大多数建于20世纪90年代，抗震性能一般，破坏程度中等。砖混平房主要集中在大柴旦工矿区，抗震性能较好，地震时破坏程度轻微。

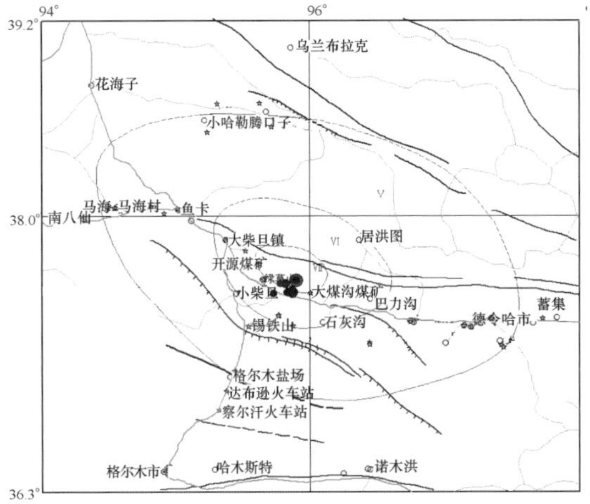

2008年11月10日大柴旦东南6.3级地震烈度图

2. 生命线工程

（1）水库、水利工程：本次地震使怀头他拉水库在库区局部出现小面积塌方，引水涵渠裂缝，裂缝宽1～2cm，初步评定为轻微破坏。大柴旦、小柴旦等地，部分引水渠道、水闸、河道护坡、蓄水池等出现中等程度的破坏。

（2）交通：地震引起的山体崩塌、滚石，滑塌等造成大煤沟矿和开源煤矿进矿公路部分阻塞，路基防护工程受到轻微破坏。

（3）人员伤亡情况：本次地震无人员死亡，受伤3人。

（4）经济损失：此次地震造成的经济损失为26611.32万元，其中直接经济损失为18114.52万元，间接经济损失7160.0万元，救灾投入1336.8万元。

（青海省地震局　马玉虎）

2008年12月26日云南省德宏州瑞丽市4.9级地震

一、地震基本参数

发震时刻：2008年12月26日04时20分46.6秒

微观震中：24°N，97.8°E

宏观震中：宏观震中位于瑞丽市勐秀乡小街、高里、勐秀乡政府一带

震　　级：M_S4.9

震源深度：5km

震中烈度：Ⅵ度

地震类型：主震—余震型

余震情况及特点：截至12月29日12时，云南地震台网记录到震区$M \geq 1.0$以上地震181次，其中1.0～1.9级地震145次，2.0～2.9级地震28次，3.0～3.9级地震6次，4.0～4.9级地震2次。

二、烈度分布与震害

通过对震区29个居民点及瑞丽城区3个片区的调查，瑞丽4.9级地震灾区主要分布在勐秀乡小街、高里、勐秀乡政府一带，极震区烈度为Ⅵ度，等震线形状呈椭圆形，长轴近南北向，总面积约为274km^2。

Ⅵ度区：分布在瑞丽市及陇川县境内，北起陇川县章凤镇南兰，南到瑞丽市姐相乡云井，东起瑞丽市勐卯镇贺南毛，西到瑞丽

市广帕，总面积约 423km^2。

这次地震灾区主要包括瑞丽市的勐秀、姐相、户育、勐卯和陇川县的章凤 5 个乡镇，1 个国有大型企业（瑞丽农场），灾区人口 109426 人，涉及 32076 户，失去住所约 9376 人，地震造成 4 人重伤，18 人轻伤。地震发生后，云南省财政厅向灾区下拨了 200 万元救灾应急资金，民政部调拨 1000 床棉被、1000 顶帐篷和 1000 件大衣。德宏州安排震灾应急资金 20 万元，瑞丽市安排 10 万元，市委组织部从省管党费中安排 5 万元专项经费支持瑞丽抗震救灾。市、乡各级投入应急资金 197.2 万元，发放帐篷 719 顶，大米 11.5t，各类衣服 2175 件（套），手套 240 双，儿童手套、帽子 20 箱，胶鞋及运动鞋 550 双，棉被 1580 床，饮用水 100 桶。瑞丽 4.9 级地震造成的直接经济损失为 17960 万元。其中，瑞丽市 14070 万元，陇川县 2020 万元，瑞丽农场 1870 万元。

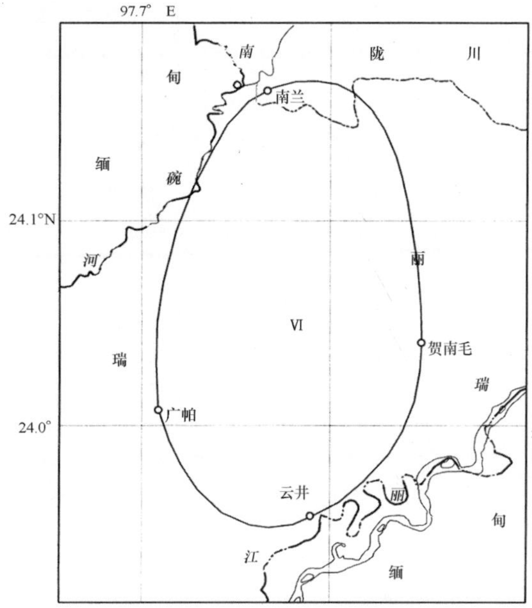

2008 年 12 月 26 日瑞丽 4.9 级地震烈度分布图

（云南省地震局　李胜德）

防震减灾

这一部分收载中国地震局系统、各级政府防震减灾三大工作体系（地震监测预报、地震灾害预防、地震震灾应急救援）的建设与进展，全面记录政府、专业队伍、社会各界的作用和贡献，从中可看到我国防震减灾事业的发展。

2008 年防震减灾综述

2008 年是我国防震减灾事业发展中极不寻常的一年。全年大陆共发生 5 级以上地震 87 次，其中 6 级以上地震 19 次，特别是发生了震惊世界的汶川 8.0 级特大地震，共造成 69227 人遇难，17923 人失踪，直接经济损失 8451 亿元。

在党中央、国务院的坚强领导下，全国人民万众一心，众志成城，开展了卓有成效的抗震救灾工作，取得了抗震救灾的伟大胜利。在这极不平凡的一年，地震系统广大干部职工勠力同心，攻坚克难，全面完成了防震减灾各项工作任务，为保障社会经济又好又快发展作出了应有的贡献。

一、全力开展汶川地震应急处置和抗震救灾

汶川 8.0 级特大地震发生后，中国地震局快速测定地震参数，及时上报党中央国务院，迅速启动应急预案 I 级响应，成立应急指挥部和现场指挥部，紧急投入 4000 余人的地震专业救援队伍，全力抢救被埋压人员，共营救出 371 名深埋幸存者；全力修复和增设地震监测设施，强化震情监视跟踪，努力把握余震发展趋势；组织近 1000 名技术骨干历时 1 个多月，累计行程 80 余万千米，完成了汶川地震烈度分布图的编制和地震灾害损失评估任务；及时公布震情灾情信息，广泛开展宣传引导工作，为抗震救灾营造良好舆论氛围；认真落实恢复重建各项任务，保障恢复重建工作顺利进行；全面开展汶川地震科学考察，为科学研究和总结奠定基础。

二、深入开展学习实践科学发展观活动

按照中央统一部署，地震部门在中央指导检查组的悉心指导下，深入开展学习实践科学发展观活动，以“开展汶川地震总结、提升防震减灾能力”为载体，把学习实践发展观活动与开展汶川地震科学总结反思紧密结合。在学习实践科学发展观活动过程中，中国地震局广泛征求防震减灾联席会议成员单位和地震系统基层单位意见和建议，梳理出包括加强地震监测预报研究、实现监测、预报与科研密切结合，加强防震减灾社会管理和公共服务，加强地震科技创新等 9 个方面 30 个问题的调研题目，组织开展了广泛深入的调查研究，重点抓住 3 个阶段 11 个主要环节，上下互动，左右联动，圆满完成了学习实践活动各阶段任务，在提高思想认识、解决突出问题、创新体制机制、促进科学发展四个方面都取得了明显成效。

三、全面推进防震减灾综合能力建设

修订《中华人民共和国防震减灾法》，防震减灾法制化建设迈上新台阶。《中华人民共和国防震减灾法》于2008年底通过审议，由48条增加到93条，对健全防震减灾规划、强化抗震设防管理、加大防震减灾监督力度等10个方面的法律制度做了进一步完善。2008年度共发布2项国家标准、14项地震行业标准，现行地震标准总数已达60项，

夯实基础，震情保障能力进一步增强。"十五"数字地震项目正式通过验收，防震减灾基础设施和技术系统基本实现数字化、网络化，并在汶川地震中发挥了重要作用。完成地震速报技术系统升级，速报时效和准确性得到进一步提高。"三峡库区重庆段地震监测技术系统"项目测震、前兆台网正式运行。"中国大陆构造环境监测网络"和"东半球空间环境地基综合监测子午链工程"项目建设进展顺利。会同奥组委、北京市政府等建立协调机制，完善工作方案，圆满完成了奥运地震安全保障任务。

齐抓共管，社会综合防御地震灾害能力进一步提升。坚持依法加强城乡建设和基础设施抗震设防监管，完善重大建设工程地震安全性评价和抗震设防要求审批等制度。推进新一代全国地震区划图的编制工作。完成海南昌江核电站、新疆喀什地震小区划、北京地铁十四号线等百余项工程场地地震安全性评价报告审查和抗震设防要求审批。各地纷纷出台防震减灾工作政策措施。农居地震安全工程由示范向全面推开，新疆、云南、甘肃等地结合新农村建设、移民搬迁等，新建地震安全民居近55万户。会同有关部门开展了前所未有的高频次、大规模的宣传活动。

加强队伍建设，地震应急救援能力进一步提高。及时研究编制了国家救援队扩建方案，该方案经中央批准后正在实施。依托新建成的国家地震紧急救援训练基地，对各类救援队伍和力量开展了17次地震专业救援培训。与安全监管总局建立了地震灾害和安全生产事故信息通报、协调机制。高效应对处置了新疆、西藏、云南、青海、甘肃等15次破坏性地震事件。组织开展了新一轮预案修订，建成国家、省、市（县）三级地震应急预案管理信息平台。颁布实施首个"地震应急避难场所"国家标准，积极推进省会城市和大中城市应急避难场所和疏散通道的建设，全国已有140多个城市建设了地震应急避难场所。

强化地震科技创新，加强国际交流合作。加强空间对地观测技术在地震监测中的应用，地震电磁探测试验卫星工程项目立项工作迈出新步伐，获得国家"863计划"支持。2008年新增"973项目"1项、国家科技支撑计划2项、地震行业科研专项51项，项目新增资金合计近2个亿。第十四届世界地震工程大会成功召开，回良玉副总理出席大会，代表我国政府就防御和减轻地震灾害提出五项建议，得到会议热烈响应。双边合作关系进一步拓展，与美国、日本、法国、俄罗斯等24个国家的合作单位举行了双边会晤、与意大利签署地震灾害应急管理领域合作协议，还成功举办第19届国际地球电磁感应学术讨论会。

推进重点项目实施，开展规划体系建设。"十一五"国家地震安全计划——中国地震背景场探测工程项目已经发改委批准立项。编制完成国家地震社会服务工程项目建议书，目前已通过立项评审。辽宁、福建、山东、广东等9个省22个防震减灾"十一五"项目实施进展顺利，到位资金2.8亿，其他地区的22个项目正在抓紧推进立项。深入开展"十二五"防震减灾发展规划研究工作，就防震减灾事业发展指标体系和评价体系等重大问题，开展系

统的分析研究。积极开展防震减灾“十二五”规划体系建设，印发《国家“十二五”防震减灾规划体系》，明确防震减灾“十二五”期间开展规划工作的总体构架和要求。

（中国地震局办公室秘书处）

防震减灾法制建设与政策研究

2008年防震减灾法制建设情况

一、《中华人民共和国防震减灾法》修订案通过全国人大常委会审议

2008年12月27日，中华人民共和国第十一届全国人民代表大会常务委员会第六次会议审议通过了修订后的《中华人民共和国防震减灾法》，由胡锦涛主席签署中华人民共和国第七号主席令公布，自2009年5月1日起施行。

《中华人民共和国防震减灾法》发布实施以来，为促进我国防震减灾事业发展发挥了重要的保障作用。各级政府越来越重视，部门协作越来越密切，社会管理越来越规范，公共服务越来越完善，社会参与越来越广泛，科技支撑越来越有力。防震减灾工作在经济社会中越来越重要，越来越受到全社会的关注，发挥着越来越重要的作用。

随着经济社会和防震减灾事业发展，《中华人民共和国防震减灾法》在实施过程中面临着一些新情况、新问题。一方面，防震减灾工作不断积累了一些新的成功经验：各级防震减灾规划相继发布实施，农村民居抗震设防工作逐步推进，地震应急预案体系不断健全，地震紧急救援工作取得重大突破。另一方面，一些法律制度在实施过程中存在一些不适应的地方：防震减灾的政府管理职能需要强化，政府相关部门的管理职责需要明确，抗震设防管理措施需要加强，防震减灾知识宣传教育有待深入，地震分级响应和紧急应急措施需要完善，地震灾后过渡性安置和恢复重建需要规范，防震减灾活动中的违法行为的责任追究力度需要加大。此次《中华人民共和国防震减灾法》的修订工作，基于以上两个方面的因素。

《中华人民共和国防震减灾法》修订，是中国地震局党组学习实践科学发展观，总结新经验，研究新形势，谋求新发展，致力推进的一项重要工作。《中华人民共和国防震减灾法》修订，坚持以人为本、科学减灾的指导思想，坚持突出重点、全面防御的发展战略，坚持防震减灾服务经济社会发展、适应经济社会发展的根本要求。体现了以科学发展观统领防震减灾工作的总体要求，体现了党中央、国务院对防震减灾工作的一系列指示精神，体现了国务院各部门、各级地方政府、专家和社会公众的意见，体现了抗震救灾工作实际和地震灾区百姓的意愿，体现了近年来防震减灾工作的实践经验，体现了所有参与法律修订和审议工作的全国人大常委会委员、政府相关部门和专家的共同智慧。修订后的《中华人民共和国防震减灾法》与原法相比，结构更加合理、内容更加全面、制度更加完善。强化了政府职能、强化了部门职责、强化了社会参与、强化了条件保障、强化了科技支撑、强化了法律

责任，必将为促进我国防震减灾事业发展提供更加有力的制度保障。

《中华人民共和国防震减灾法》修订，是在总结法律实施 10 年来的经验基础上，为适应经济社会和防震减灾事业发展需要，对法律制度进行全面的修改、完善。法律修订案在保留原法总体结构的基础上，新增加了 2 章：一是，防震减灾规划，二是监督管理。原法共 48 条，修订后为 93 条，新增加条文 45 条。对原法律 40 余条进行了修改、完善，仅个别条款未做修改。经梳理，《中华人民共和国防震减灾法》确立的主要法律制度有 32 项，其中：新建的法律制度有 11 项，完善的法律制度有 16 项，未作实质修改的法律制度有 5 项。

二、制定《汶川地震灾后恢复重建条例》

汶川 8.0 级地震发生后，按照国务院领导的要求，国务院法制办公室会同中国地震局及国务院其他相关部门组织《汶川地震灾后恢复重建条例》的制定工作。该条例的工作，时间紧、任务重、难度大。在对党中央、国务院关于抗震救灾工作部署进行全面研究的基础上，借鉴国外有关地震灾后恢复重建管理经验，起草了《汶川地震灾后恢复重建条例》，于 6 月 4 日国务院第 11 次常务会议通过，2008 年 6 月 8 日由温家宝总理签署第 526 号国务院令公布施行。条例对汶川地震灾后恢复重建的方针、原则、组织领导、过渡性安置、调查评估、恢复重建规划、恢复重建的实施、资金筹集与政策扶持、监督管理以及法律责任等进行了全面的规定。条例的发布实施，得到了国务院领导的肯定，得到了灾区政府和有关部门的肯定，得到了灾区百姓的肯定，为规范汶川地震灾后恢复重建工作有力、有序、有效开展发挥着重要的作用。

三、继续推进防震减灾依法行政

以《中华人民共和国突发事件应对法》、《政务信息公开条例》等法律法规的发布实施为契机，推进依法行政。购买有关法律法规文本发放给机关工作人员，利用召开全国性会议的机会对全局系统贯彻落实相关法律法规、推进依法行政进行全面部署，提出明确要求。对地震系统贯彻落实国务院发布的《全面推进依法行政实施纲要》的情况进行全面总结，将总结报告报国务院。

四、继续推进地震标准化工作

紧紧围绕服务于防震减灾三大工作体系建设的需要，推进地震标准化工作，促进地震行业技术系统建设规范化和科学化，提升防震减灾公共管理和社会服务能力，提高震灾应急响应能力和地震现场工作水平。一年来组织制定的技术标准达 52 项，涵盖防震减灾基础、地震监测预报、震害防御和应急救援各领域。2008 年度共发布 4 项国家标准、14 项地震行业标准，现行地震标准总数已达 60 项。精心组织“中国地震烈度标准研究”等 9 项地震标准基础研究工作，一些项目取得的阶段性成果已经发挥着重要的作用。

（中国地震局法规司　唐景见）

2008 年政策研究工作综述

2008 年，围绕全局年度工作部署和重点工作，结合年初南方低温雨雪冰冻灾害和 5·12 汶川特大地震，突出为重大决策和重点工作服务，积极探索完善体制机制建设，在增强针对性上下功夫，政策研究工作进一步推进。

一、重点政策研究课题取得重要研究成果

2008 年，先后组织完成了《农居地震安全工程典型经验分析》、《国内大地震巨灾应对机制研究》重点课题验收，并向中国地震局党组提交了《防震减灾新闻宣传工作政策研究》、《加强离退休干部队伍管理和服务措施研究》、《南方低温雨雪冰冻灾害对我国防震减灾工作的启示》等课题研究成果报告，提出了有较强针对性的意见和建议，得到中国地震局党组充分肯定。

《农居地震安全工程典型经验分析》课题在广泛调研和深入分析我国农村民居主要结构类型分布特征及其抗震能力的基础上，总结提出了目前农居地震安全工程实施的典型经验和专项工程模式、宣传引导模式、惠农项目模式、规划置换模式、法规管理模式五种主要模式，提出了全面推进农居地震安全工程的多项政策建议。

《防震减灾新闻宣传工作政策研究》课题分析了防震减灾新闻宣传在观念、管理机制、制度建设、技术手段规划计划和经费保障等方面的不适应，提出了转变观念、健全制度、完善机构、加强培训等方面的对策与建议，为推进防震减灾新闻工作发挥了重要作用。

《南方低温雨雪冰冻灾害对我国防震减灾工作的启示》课题研究结合 2008 年初我国南方遭遇了几十年罕见的低温雨雪冰冻灾害，认真分析了南方低温雨雪冰冻灾害暴露的主要问题，通过借鉴南方雪灾应对的经验教训，提出了应对地震灾害必须做到有备无患、必须高度重视突发地震灾害应对、要根据经济社会发展和科学技术进步及时调整现行防震减灾工作标准、要充分发挥科学技术在防震减灾领域的重要作用、必须高度重视灾害应急救援的交通运输保障等五个方面的意见和建议，为加强监测预报、震害防御、应急救援等方面的工作提供了咨询意见和决策参考。

《国内大地震巨灾应对机制研究》课题针对我国地震巨灾所面临的灾情判定、信息保障、应急救援指挥与协调、巨灾高风险区防御、提升地震巨灾预报能力和强化巨灾应对社会动员等机制方面存在的问题，进行了分析，提出了建议。该成果对加强国家地震巨灾应对机制建设，提高全社会应对地震巨灾能力具有较高的参考价值。

重点政策研究课题成果在推进全局性相关工作方面发挥了作用，主要表现在通过调研指导政策的制定，提高了制定政策的针对性和可行性，并转化为推进工作的政策措施。部分研究成果被吸纳到年度国务院防震减灾工作联席会议、全国地震局长会议等全局性会议文件

中。部分政策研究成果得到及时应用，《农居地震安全工程典型经验分析》课题成果对中国地震局全面部署和推进农居地震安全工程具有重要参考价值，并对各地深入实施农居地震安全工程具有较强的指导意义，取得了良好的社会效益。中国地震局办公室将《防震减灾新闻宣传政策措施研究》课题成果转化为推进新闻工作的具体措施，成立了地震突发事件应急处置新闻组，制定了地震突发事件新闻应急预案和响应流程，明确了各岗位人员职责，同时及时组织地震系统新闻发言人培训班，为汶川地震新闻有序应急处置发挥了重要作用。

二、对政策研究体制机制建设进行了积极探索

通过深入学习实践科学发展观活动和5·12汶川地震科学总结与反思，对政策研究体制机制建设进行深入调研，全面回顾防震减灾政策研究工作发展历程，认真总结经验，深刻分析与防震减灾事业发展需求存在的不适应，借鉴其他部委的做法和典型经验，形成了《关于加强防震减灾政策研究机制体制建设调研情况》，提出了加强防震减灾政策研究体制机制建设的意见和建议，得到中国地震局党组高度重视，探索完善政策研究工作体制机制已纳入中国地震局深入学习科学发展观整改落实方案。

三、局机关调查研究工作深入开展

按照中国地震局深入学习实践科学发展观活动的统一部署，中国地震局机关各部门围绕建立健全保障科学发展的体制机制、制定促进科学发展的政策制度和服务科学发展等方面需要中国地震局深入调查研究的主要问题，通过函询、网询、座谈会等多种方式，广泛征求机关各部门、地震系统各单位的意见和建议，组织机关各级领导干部反复研究斟酌，及时梳理出包括加强地震监测预报研究，实现监测、科研与预报密切结合，加强防震减灾社会管理和公共服务，加强地震灾害应急救援体系建设和完善应急协调机制，加强地震科技创新等9个方面30个调研题目。其中，国家防震减灾规划体系、市县防震减灾工作、专业救援队伍建设、统筹资源配置、加强作风建设、监测预报与科研结合等6个重点调研专题分别由中国地震局党组成员牵头主持。各调研组深入基层，深入群众，深入一线广泛调研，寻计问策。中国地震局党组成员和各司室主要负责人带头撰写调研报告，形成了一批有内涵、有见地的调研成果。组织了一系列调研报告交流会，并将调研报告汇编印发，供进一步交流和指导工作。

四、地震系统各单位政策研究工作继续推进

《关于印发中国地震局2008年度政策研究重点方向的通知》（中震办发〔2008〕24号）下发后，各单位高度重视，结合政策研究重点方向和本地区本单位实际，围绕事业发展主题和相关领域问题，确定了本单位重点政策研究选题，并组织力量，集思广益，深入开展调查研究。汶川地震发生后，根据《关于开展汶川地震相关政策研究的通知》（中震办函〔145〕号）的要求，各单位在2008年度重点政策研究选题的基础上，围绕汶川地震科学总结与反思工作，深入思考汶川地震对防震减灾工作的启示，积极探索更好地推进防震减灾工作的政

策措施，提交研究成果53篇，为防震减灾事业发展提供了有参考价值的意见和建议。

针对汶川地震，有关部门组织力量及时收集整理新闻媒体、社会公众、专家学者对涉及防震减灾相关工作的意见和建议，编辑《5·12汶川8.0级地震参阅材料汇编》（1~6册），涉及地震监测预报、地震灾害防御、震灾应急救援、地震灾后重建、地震科技创新以及其他相关内容等6个方面，计48万字，为今后开展防震减灾政策研究提供了比较系统和有价值的参考材料。

（中国地震局办公室调研处）

地震监测预报工作

2008 年度地震监测工作综述

2008 年在中国发生了两件大事，吸引了全世界的目光都在这里聚焦。一是在四川汶川发生了 8.0 级特大地震，引发了震惊世界的地震大灾难，二是举办了盛世空前的第 29 届奥运会和残奥会。在这样的特殊背景下，地震监测工作紧紧围绕年初确定的既定目标和任务，并针对这两次事件地震监测应急工作的需要，适时调整工作计划，在做好年度日常监测工作的基础上，认真落实好各项地震监测应急工作任务，并取得了明显的进展。

一、强化管理，规范运行

（1）运行管理。认真总结“十五”新建台网运行经验，结合新系统的观测技术特点，组织起草了《地震前兆台网运行管理办法》、《测震台网运行管理办法》和《地震监测行业管理办法》的审批稿，主要内容是规定了一些新的技术系统运行流程和操作规程，软硬件入网制度、仪器维修维护机制以及台网运行跟踪和报告制度等。在此基础上，各学科技术管理组、中国地震台网中心分别制定了本学科台网运行技术要求和区域前兆台网运行技术要求，进一步细化规范了区域中心和台站的日常监测工作。

（2）台网分级。根据“十五”台网建成后台网布局的新情况，开展了全国地震台站分级分类研讨工作。在清理现有台网基本情况的基础上，按照《地震监测管理条例》规定，结合新形势下台网管理工作的需要，以行政管理和科技管理两条主线为引导，进一步讨论和完善了《地震台站划分方案》，新的《台站划分方案》征求意见稿已完成。

（3）完成了《地震速报技术管理规定》的修订和颁布，进一步规范了新的速报流程，强化了国家和省级两级速报和信息发布职责，地震速报工作的时效性和准确性显著提高，地震速报服务社会政府和社会的能力进一步加强。

二、保障运行，提高质量

（1）充分发挥学科组和台网中心的质量监控与运行监控功能，台网运行效率与资料质量明显提高。在台网中心的牵头组织下，加强对台网日常的运行监控和产出资料的质量监控。做好新老技术系统衔接工作，实时跟踪台网运行，专门召开系统运行技术研讨会议，及时协调解决故障，保障地震监测台网正常运行。目前，从每天的监控情况来看，“十五”全国测震台网总体运行率在95%左右；前兆台网仪器1266套，3846测项，正常的1200余套，运行率达到规范要求。

（2）完成了2007年度地震观测资料年度评比工作。组织开展了2007年度地震观测资料的评比工作。在各省局按照学科评比管理要求完成本单位评比基础上，按照学科分类对全国台网观测资料进行了统一评比。全国统一评比表彰工作将于年底前举行。同时，为加强对各省级单位区域前兆台网运行管理，区域前兆台网运行评比办法已经征求了各单位的修改意见，拟于2009年1月起正式纳入运行评比。

（3）强化地震速报工作。一是以保障奥运地震安全工作为契机，组织制定并下发了《奥运地震速报工作方案》，进一步细化了措施，解决了有关地震速报信息的定位、传递以及发送等关键技术问题，有力地保障了奥运地震安全工作；二是配合奥运地震速报工作的需要，强化地震速报技术大练兵，开展了全国地震速报技术竞赛筹备工作，编制了全国地震速报技术竞赛方案。2008年年底已经完成了各省级的初赛和6个片区的复赛，将于2009年年初完成全国总决赛；三是结合近两年的地震速报工作发现的主要问题，按照局领导的指示精神，认真地系统地总结了地震速报工作，找出了问题，提出了完善措施与建议，并形成了上报局党组的“关于地震速报工作情况的报告和加强地震速报工作的方案”，并经局领导批示，已经在全国建成了5个自动速报分中心和1个国家地震速报备份中心，极大地提高了地震速报的服务能力和水平。

（4）积极推进地震观测资料应用研究和丰富台网产出工作。加大了地震观测资料原始产品和二次产品开发的力度，经过科学评估，启动了首批10个试点单位的地震“新参数”目录产出服务工作，并举办了专题培训工作。召集了前兆观测学科技术管理组，也就前兆观测资料如何加强观测产出内容和形式等问题进一步地做出了规范，重点强化了前兆的应力应变、重力、地磁、GPS等图形化产品产出工作。

特别是，根据汶川地震的经验教训，监测司组织了台网中心、地球所、预测所、福建局等单位联合开展大震后的地震台网产出工作，初步建立了协同工作机制，搭建了震后快速产出的服务平台，规范了震后监测服务产品的形式和内容。

三、加强能力，支撑监测

（1）扎实推进行业专项与科技支撑项目研究。《全国地震区域走时表》等9个地震行业基础研究专项以及8个“地震仪器科技攻关”等行业科技支撑计划研究进展顺利。评审了项目所属各课题的技术方案，开展了项目研究交流和阶段检查，目前各课题均按照国家财政部和科技部的统一时间进度要求，完成了项目既定的研究目标和任务，将于明年上半年验收。

（2）全面做好“十五”网络项目收尾验收工作。“十五”数字地震观测网络项目的顺利验收不仅对于台网尽快投入正式运行、发挥监测效能具有重要意义，而且关系中国地震局“十一五”项目立项和监测工作的长远发展。在2007年完成各单位分项工程验收工作基础上，一是继续做好部分单位测震、前兆分项工程验收工作。2008年1月完成了都圈改造、前兆台阵、福建局分项工程几个收尾工程验收工作。二是做好国家层面分项验收各项准备工作。组织“十五”项目前兆、测震软件专题验收，对测震11个软件包和前兆7个软件包进行测试验收。配合办公室，完成测震、前兆项目管理所有文档材料归档工作。在各单位分项工程验收完成的基础上，做好测震、前兆分项竣工、试运行、技术、测试工作、财务、监理、档案报告的编写工作，确保分项工程顺利通过验收。4月份“十五”数字地震观测网络项目顺利通过国家验收。

（3）境外台建设有序推进。推进“十五”境外地震台站建设。2008年3月15日，老挝琅勃拉邦台、腊肖台及数据中心进入试运行。2008年底，位于缅甸的2个台站及数据中心进入试运行。蒙古地震台网建设，因为国家层面协议尚未签订，全部设备处于拷机状态。

援印尼地震监测台网项目。已完成全部10个宽带地震台的观测系统安装，另有2个超宽频带地震台因准备条件未就绪尚未安装（其中1个已临时安装宽带系统）。印尼方面已将中方系统与德方系统（SeiscomP）共同作为地震监测的运行业务系统。已经于2008年11月11日正式启用“印尼海啸预警系统”。

援巴基斯坦地震监测台网项目。已经得到商务部的正式批复，正在签订合同，即将赴巴基斯坦开展任务谈判和台址初选工作。

（4）全国台站优化改造项目。4月初完成2008年度30个台站优化改造项目实施方案批复工作。派出项目专家前往山东、江苏等单位，实地检查项目进展和实施效果。配合发展财务司做好2007年度台站绩效考评工作，协调沟通考评指标和考评方案，推荐现场考评台站，提供绩效考评有关材料，协助完善绩效考评报告。截至2007年已经完成改造台站169个。结合2007年度绩效考评中发现的问题与2008年实施进展情况，对2009年度申报项目进行了严格的把关审核，遴选确定了2009年度19个单位的27个台站实施优化改造。

四、全面总结，科学规划

根据中国地震局的统一安排部署，2008年底地震监测组已经完成汶川地震监测工作科学总结和评估报告编写。

五、大震应急，不辱使命

在四川汶川特大地震发生后，地震应急一级现场监测工作程序启动。面对这次突如其来大地震，监测系统全体同志坚决贯彻中国地震局党组指示，围绕余震监测预报、趋势判定，统筹安排，有序高效地开展各项工作，有效保障了应急救灾和震后趋势判定与研究工作需要。

（1）健全组织工作机构，各项工作落实到人。为协调并加强地震现场和全国地震监测预报工作管理，保障应急期间各项工作有序高效开展，震后第一时间在四川地震现场成立现场监测预报地震小组，设立监测专家组和预报专家组，统一协调现场流动监测工作、余震快速测报和余震趋势分析判定工作。在中国地震局，将监测预报司全司人员进行分工，成立监测组、预报组和信息综合组，围绕震情全力做好台网运行监管、震区及全国震情分析、趋势会商、预测和信息报送服务等工作。

（2）印发《关于加强监测预报工作的紧急通知》，部署全国监测预报工作。要求各省级地震部门全力保障地震监测台网运行，加强速报和余震分析；全国实行加密会商，四川省地震局和中国地震台网中心实行不间断滚动会商，及时落实前兆和宏观异常，实时跟踪；建立全国、华北与首都圈以及四川地区强化震情跟踪工作组，强化重点地区震情工作机制；围绕余震监测，尽快部署流动测震台网开展加密观测；做好应急流动前兆加密观测工作。

（3）迅速启动应急流动观测，加强震区地震监测能力。汶川地震发生后，第一时间派遣国家地震现场流动观测队和震区相邻的重庆、陕西、云南、甘肃、青海、湖北等省地震局8支测震流动观测队伍，即刻奔赴震区开展流动观测。现场监测工作组与各现场流动观测等单位经过研究迅速采取了各种可能的技术途径，采用十五流动测震集成项目的协同观测模式，利用动态虚拟台网技术，克服震区范围大、地形复杂、极震区处于崇山峻岭之中，而且通讯、交通、电力都可能中断等各种困难，在不到10天的时间内，在震区及周边紧急布设了覆盖震区和龙门山断裂的46个流动台站，紧急修复地震中被破坏的15个固定地震台站。震区测震流动台网和四川固定台网120个台站信号实时传输并统一汇集四川省地震局台网中心，保障余震监测预报和趋势判定工作需要。

6月初根据震区余震趋势判断工作需要，进一步组织地球物理所技术队伍携带12套地震仪器和1套主动震源探测系统赶赴龙门山断裂北段，开展发震构造监测和断层浅层探测工作。在龙门山断裂北段的宁强-勉县地区，架设流动台开展观测。同时，组织地质研究所的技术力量，协助陕西省地震局在汉中市宁强、略阳等地开展地质调查和活动构造研究工作。

（4）紧急部署震区和全国其他重点地区前兆加密观测。根据汶川地震可能对全国震情形势造成的影响和有关指示，迅速组织专家，按照“统筹全国、突出重点”的原则，围绕震区及南北地震带、华北区域和新疆3个重点区域，制定了开展地磁、GPS、重力、水准测量等加密观测实施方案。同时，根据实施方案，迅速组织湖北局、一测中心、地球所等13个单位、74个工作组、287人，携带144套仪器前往各测区进行观测。6月下旬，现场流动加密观测工作全部结束。完成401个地磁观测点、263个GPS测点、10条1050公里水准测线，以及4个绝对测点、149段重力等前兆加密观测工作；建立了7个GPS临时连续观测站和5个重力临时连续观测站，观测周期暂定为6个月。所有观测数据准实时传送至数据中心分析处理，提交预报和研究人员用于跟踪判定震区及重点地区震情趋势。

同时进一步为获取震区近场的前兆信息，沿余震分布由东北向西南方向在广元、江油、安县和德阳安装4台数字倾斜仪；在广元和德阳安装1台地温仪和1台流体综合观测仪，增强震区的前兆监测能力。目前6套仪器工作正常，数据每天报送四川局台网中心。

（5）抽调精干力量，加强四川震区地震速报分析和余震分析、趋势判定力量。分批次从全国各单位抽调了30多名专家，协助四川局开展台网中心开展大震速报、单台序列分析、多台定位序列分析，建立临时超强度工作制度，全力保障余震区的地震速报工作。同时通过电话和短信方式及时发布信息，有力地保障了资料分析处理和震情跟踪的需要，为稳定社会和政府开展救灾决策提供了及时有效的依据。根据地震预报会商工作的需要，协调台网中心产出单台和M_L3以上地震（后期为$M_L1.5\sim2.0$以上）的多台定位序列。协调陕西、甘肃、四川3省地震台网余震序列处理工作，制定了汶川地震余震序列目录产出约定，规范余震序列处理工作，较好满足分析预报人员的应用需求。

（6）收集其他部门的相关观测数据。根据震情分析、研究需要，积极与测绘局、气象局联系，请求协助提供部分重点地区水准观测、空间电离层监测的资料，为震情跟踪和抗震救灾提供观测信息的服务保障。此外，积极与外交部协调，争取尽快获得禁止核试验条约组织地震监测系统的观测数据，并及时提供地震预报人员使用。

(7) 加强资料分析处理，保障流动观测资料第一时间应用到余震分析与趋势判定研究。中国地震局地震预测研究所、地壳工程中心、地球物理研究所、武汉地震研究所和第一监测中心、第二监测中心等单位收集历史观测资料，及时对现场传回的观测资料进行分析处理，完成了《汶川地震地壳形变应急加密观测（一期）总结》和《汶川地震流动地磁强化监测工作报告》，提交《汶川地震 GPS 应急观测数据处理阶段报告》《5·12 大震应急观测及分析报告》《南北地震带连续重力观测数据分析》《汶川地震流动地磁强化监测资料处理阶段报告》、川滇地区岩石圈磁场局部异常模型等10余份数据产品报告。

通过紧张的监测和会商研究，较好地完成了余震速报、分析会商和趋势判定工作，为夺取抗震救灾工作的全面胜利做出了应有的贡献。

六、认真实践，科学发展

今年在全党开展学习实践科学发展观活动，以此为契机，在前一阶段认真学习的基础上，以汶川地震总结为实践的载体，重点围绕地震监测系统技术整合工作和地震专用仪器设备生产两个问题，深入开展地震监测工作的调研，目前已经完成了系统内有关单位的调研，并形成了“加强地震监测技术系统整合，发挥整体监测效益”和“推进地震专用仪器设备市场化进程”的专题调研报告。

七、其　　他

配合发财司开展“十一五”背景场项目立项和初评估工作；开展年初雨雪冰冻灾害调查，落实解决台站受灾恢复经费问题；协调监测标准化建设；协调地震核查监测系统通讯设施建设、国际禁核试组织的国际评估与核证工作；开展可控震源系统调研与建设，指导我国新一代 ACROSS 研究与发展等工作。

（中国地震局监测预报司）

2008 年度地震监测预报工作质量全国统评结果（前三名）

一、监测综合评比

（一）测震学科

第一名：兰州台（甘肃省地震局）

第二名：昆明台（云南省地震局）

第三名：高台台（甘肃省地震局）　呼和浩特台（内蒙古自治区地震局）

（二）地壳形变学科

第一名：代县台（山西省地震局）

第二名：攀枝花台（四川省地震局）　佘山台（上海市地震局）　易县台（河北省地震局）

第三名：张家口台（河北省地震局）　牡丹江台（黑龙江省地震局）　湖州台（浙江省地震局）　乌鲁木齐台（新疆维吾尔自治区地震局）　蓟县台（天津市地震局）

（三）电磁学科

第一名：成都台（四川省地震局）

第二名：青海台（天津市地震局）

第三名：嘉峪关台（甘肃省地震局）

（四）地下流体学科

第一名：聊城台（山东省地震局）

第二名：宝坻台（天津市地震局）　西昌台（四川省地震局）　乌鲁木齐台（新疆维吾尔自治区地震局）

第三名：庐江台（安徽省地震局）　盘锦台（辽宁省地震局）　保山台（云南省地震局）　怀来台（河北省地震局）　下关台（云南省地震局）

（五）遥测地震台网

第一名：四川台网（四川省地震局）

第二名：云南台网（云南省地震局）

第三名：陕西台网（陕西省地震局）

（六）流动观测

第一名：第二监测中心

第二名：安徽省地震局

第三名：搜救中心

二、监测单项评比

（一）测震学科

1. 国家数字测震台

第一名：兰州台（甘肃省地震局）

第二名：高台台（甘肃省地震局）　昆明台（云南省地震局）

第三名：呼和浩特台（内蒙古自治区地震局） 成都台（四川省地震局） 黑河台（黑龙江省地震局）

2. 区域数字测震台

第一名：湟源台（青海省地震局）

第二名：延边台（吉林省地震局） 乌加河台（内蒙古自治区地震局）

第三名：松潘台（四川省地震局） 碾子山台（黑龙江省地震局） 克拉玛依台（新疆维吾尔自治区地震局）

3. 大震速报台

第一名：红山台（河北省地震局）

第二名：大连台（辽宁省地震局）

第三名：沈阳台（辽宁省地震局）

4. 中国数字地震台网（CDSN）

第一名：昆明台（云南省地震局）

第二名：海拉尔台（内蒙古自治区地震局）

5. 区域遥测地震台网

第一名：四川台网（四川省地震局）

第二名：云南台网（云南省地震局） 辽宁台网（辽宁省地震局）

6. 地方遥测地震台网

第一名：陕西台网（陕西省地震局）

第二名：广东台网（广东省地震局） 海南台网（海南省地震局）

（二）地壳形变学科

1. 区域水准测量

第一名：第二监测中心 105 组

第二名：第一监测中心 202 组

第三名：第二监测中心 103 组

2. 流动重力观测

第一名：搜救中心

第二名：河北省地震局

第三名：物探中心

3. 断层形变场地观测

第一名：第二监测中心（水准）

第二名：山东省地震局（水准）

第三名：陕西省地震局（水准） 山西省地震局（水准）

4. 断层形变观测台站

第一名：临汾台（山西省地震局）

第二名：清源台（辽宁省地震局）

第三名：炉霍台（四川省地震局）

5. 倾斜潮汐形变单项台

第一名：代县台（山西省地震局）

第二名：肃南台（甘肃省地震局）　乌什台（新疆维吾尔自治区地震局）

第三名：木奇站（辽宁省地震局）　宁波台（浙江省地震局）　丽江台（云南省地震局）　海原台（宁夏回族自治区地震局）

6. 倾斜潮汐形变综合台

第一名：铁岭台（辽宁省地震局）

第二名：麻城台（湖北省地震局）

第三名：攀枝花台（四川省地震局）　怀来台（河北省地震局）

7. 重力潮汐台站

第一名：昆明台（云南省地震局）

第二名：狮泉河台（西藏自治区地震局）

第三名：蓟县台（天津市地震局）　乌什台（新疆维吾尔自治区地震局）

8. 洞体应变台站

第一名：永胜台（云南省地震局）

第二名：宜昌台（湖北省地震局）　张家口台（河北省地震局）

第三名：湖州台（浙江省地震局）　姑咱台（四川省地震局）　兰州台（甘肃省地震局）　乌鲁木齐台（新疆维吾尔自治区地震局）

9. 钻孔应变台网

第一名：佘山台（分量应变，上海市地震局）

第二名：南京台（体应变，江苏省地震局）　房山台（差应变，北京市地震局）

第三名：锦州台（体应变，辽宁省地震局）　宽城台（体应变，河北省地震局）　安丘台（体应变，山东省地震局）　昔阳台（体应变，山西省地震局）

（三）电磁学科

1. 地电阻率

第一名：蒙城台（安徽省地震局）

第二名：大同台（山西省地震局）　陇南台（甘肃省地震局）　海安台（江苏省地震局）

第三名：乾陵台（陕西省地震局）　新沂台（江苏省地震局）　成都台（四川省地震局）　银川台（宁夏回族自治区地震局）

2. 地电场

第一名：昌黎台（河北省地震局）

第二名：高邮台（江苏省地震局）　延庆台（北京市地震局）　榆树台（吉林省地震局）　红山台（河北省地震局）

第三名：大山台（山东省地震局）　乌鲁木齐台（新疆维吾尔自治区地震局）　静海台（天津市地震局）　绥化台（黑龙江省地震局）　嘉峪关台（甘肃省地震局）

3. 地磁Ⅰ类台

第一名：肇庆台（广东省地震局）

第二名：武汉台（湖北省地震局）

第三名：乌鲁木齐台（新疆维吾尔自治区地震局） 兰州台（甘肃省地震局）

4. 地磁Ⅱ类台

第一名：静海台（天津市地震局）

第二名：嘉峪关台（甘肃省地震局）

第三名：红山台（河北省地震局） 崇明台（上海市地震局）

5. 定点核旋

第一名：新沂台（江苏省地震局）

第二名：淮安台（江苏省地震局） 静海台（天津市地震局） 高邮台（江苏省地震局） 蒙城台（安徽省地震局） 成都台（四川省地震局）

第三名：红山台（河北省地震局） 广平台（河北省地震局） 连云港台（江苏省地震局） 宿迁台（江苏省地震局） 乾陵台（陕西省地震局） 涉县台（河北省地震局）

6. 流动磁测

第一名：安徽省地震局

第二名：云南省地震局

（四）地下流体学科

1. 水氡

第一名：平凉台附件厂井（甘肃省地震局）

第二名：武山台（甘肃省地震局） 乌鲁木齐10泉（新疆维吾尔自治区地震局） 宁波台（浙江省地震局）

第三名：宝坻台王4井（天津市地震局） 姑咱台（四川省地震局） 沈家台站（辽宁省地震局）

2. 水位

第一名：庐江台（安徽省地震局）

第二名：沈家台2井（辽宁省地震局） 高村井（天津市地震局） 厦门台（福建省地震局） 平凉C11井（甘肃省地震局）

第三名：山龙峪井（辽宁省地震局） 弥勒台（云南省地震局） 本溪台（辽宁省地震局） 西昌5—2k1井（四川省地震局） 加积台（海南省地震局） 永清台（河北省地震局） 周至台（陕西省地震局） 岫岩1井（辽宁省地震局）

3. 水温

第一名：沈家台站（辽宁省地震局）

第二名：澜沧台（云南省地震局） 盘锦台（辽宁省地震局） 平凉台（浅）（甘肃省地震局） 海口台（海南省地震局）

第三名：聊城台（山东省地震局） 武都台（甘肃省地震局） 保山台（云南省地震局） 庐江台（安徽省地震局） 泉州1井（福建省地震局） 乌鲁木齐04井（新疆维吾尔自治区地震局） 昌平台（浅）（地壳研究所） 徐辛庄井（北京市地震局）

4. 气氡

第一名：盘锦台（辽宁省地震局）

第二名：聊城台（山东省地震局） 庐江台（安徽省地震局） 武都台（甘肃省地震

局）

第三名：宁德台（福建省地震局）　石嘴山台（宁夏回族自治区地震局）　周至台（陕西省地震局）

5. 水汞

第一名：洱源温泉（云南省地震局）

第二名：夏县台（山西省地震局）

第三名：怀来台（河北省地震局）　下关台（云南省地震局）　庐江台（安徽省地震局）

6. 气汞

第一名：聊城台（山东省地震局）

第二名：庐江台（安徽省地震局）　保山台（云南省地震局）

第三名：怀来台（河北省地震局）　九江台（江西省地震局）　腾冲台（云南省地震局）

7. 氡

第一名：聊城台（山东省地震局）

第二名：西昌台（四川省地震局）

第三名：弥勒台（云南省地震局）

（五）信息网络

1. 省局系列

第一名：山东省地震局

第二名：安徽省地震局　云南省地震局

第三名：甘肃省地震局　广东省地震局　浙江省地震局

2. 局直属单位系列

第一名：地壳应力研究所

第二名：中国地震台网中心

（六）地震编目

1. 一类单位

第一名：四川局编目组

第二名：云南局编目组

特别奖：中国地震台网中心编目组

2. 二类单位

第一名：广东局编目组

第二名：山西局编目组

3. 三类单位

第一名：广西壮族自治区地震局编目组

第二名：黑龙江局编目组

三、分析预报评比

（一）分析预报综合评比

1. 一类单位

第一名：新疆维吾尔自治区地震局

第二名：辽宁地震局

2. 二类单位

第一名：福建地震局

第二名：安徽地震局

3. 三类单位

第一名：黑龙江地震局

第二名：海南地震局

（二）日常分析预报

第一名：安徽省地震局

第二名：山东省地震局　河南省地震局

第三名：广西省地震局　北京市地震局

（中国地震局监测预报司）

“十五”中国数字地震观测网络项目测震、前兆台网建设情况

为提高我国地震监测预报能力、地震灾害综合防御的能力和各级政府地震应急指挥能力，有效减轻地震灾害损失，保护人民生命财产安全和维护社会稳定，经国务院批准在发改委、财政部的支持下，中国地震局实施了“中国数字地震观测网络”项目，自2004年开工建设，至2007年基本建设完成，现将测震和前兆台网建设结果综述如下：

一、测震台网

中国数字测震台网由国家测震台网、区域测震台网、流动测震台网和火山台网组成。国家台网建设完成了97个国家级测震台、2个小孔径台阵、1个国家测震台网中心、1个国家测震台网数据备份中心、1个国家测震仪器检测与技术支持系统、1个国家数字测震观测技术教育培训系统和1套数字测震台网专业处理软件系统；区域测震台网建设完成了685个区域测震台

和 32 个省级测震台网部；流动测震台网建设完成了由 200 套流动观测设备和 19 个流动台网中心组成的 19 个应急流动测震台网、由 600 套流动观测设备和台阵中心以及 2 个主动探测震源系统组成的 1 个科学探测台阵；火山测震台网建设完成了 33 个火山测震台、2 个火山前兆台、4 个省级火山台网部、6 个区域火山台网中心和 1 个国家火山台网中心；本项目还对 47 个九五国家台和 31 个首都圈台站进行了升级改造。中国数字测震台网项目的总体架构见图 1。

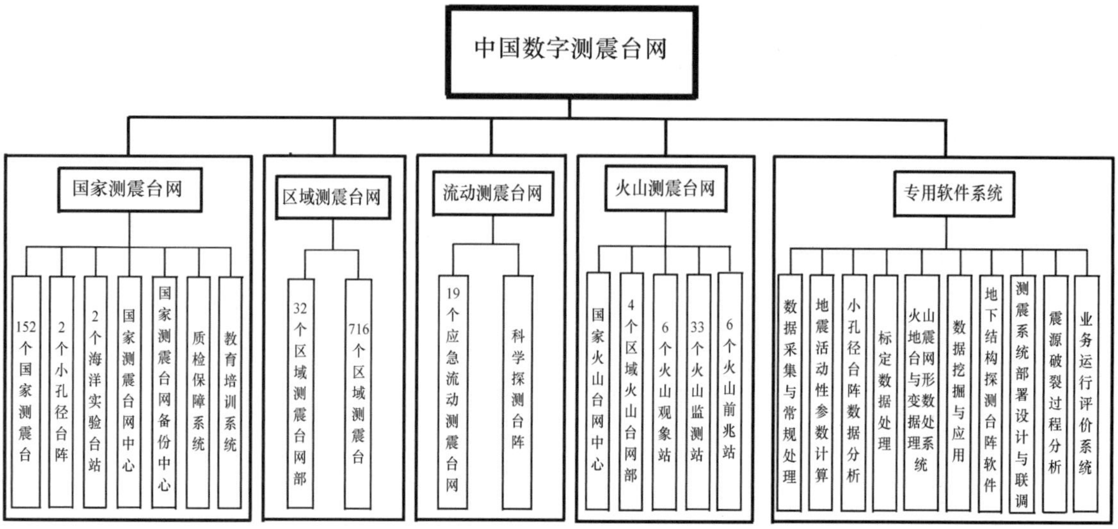

图 1　中国数字测震台网系统总体结构示意图

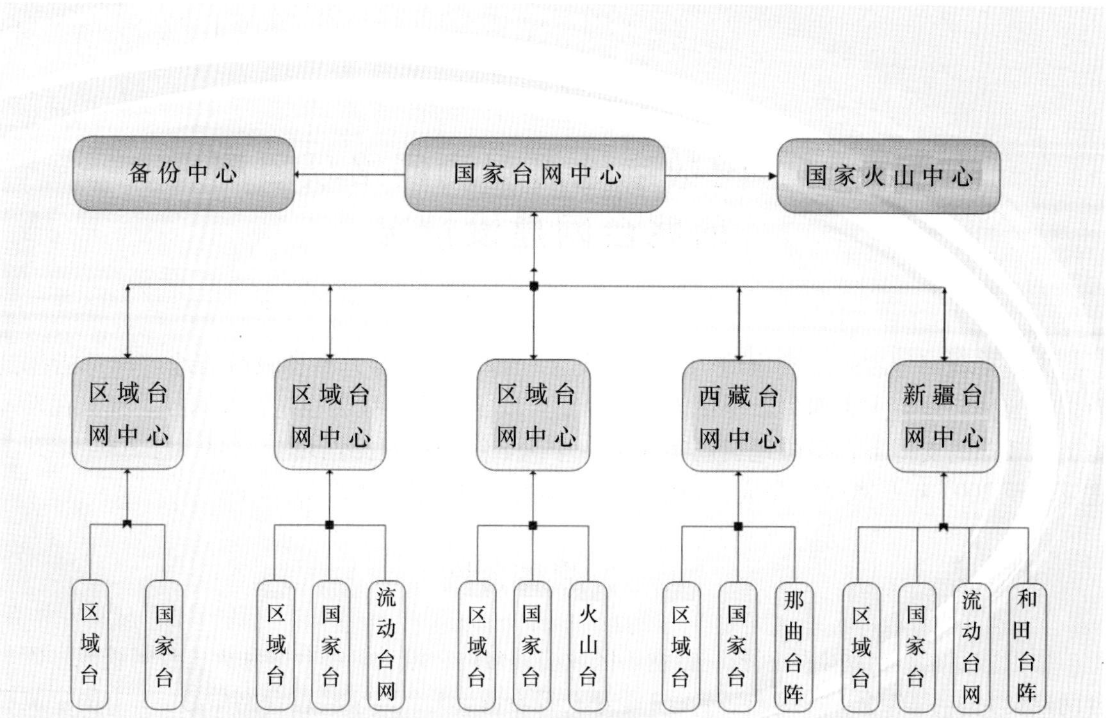

图 2　中国数字测震台网数据流程示意图

2. 流动台网

（1）应急流动测震台网。

建设完成了由 200 套流动观测设备和 19 个流动台网中心组成的 19 个应急流动测震台网。流动子台配备地震计、数据采集器、数据传输设备、供电设备、控制计算机和导航与远程通讯设备等；流动台网中心系统包括数据处理系统、数据传输设备、供电设备、网络设备、个人工作装备和车辆。能够实现观测系统快速安装部署、数据收集、处理、管理服务功能，能够实现流动台网与固定观测台网协同观测、数据交换共享、联合处理等功能。可以达到为地震应急监测、重大事件震情保障和科学研究观测服务的目标，大幅度提高了我国地震应急流动观测能力和应急响应能力。

（2）科学探测台阵。

建设完成了科学探测台阵系统的流动观测仪器子系统、观测单元监控管理子系统、可控震源子系统、流动观测技术保障子系统、流动观测数据中心子系统、流动观测实验场和应急流动测震系统集成。形成了由 600 套流动地震仪及其配套系统组成的、综合的、完整的技术系统；建成了一个仪器中心和一个数据中心；形成了对外仪器服务和技术服务能力。

流动观测仪器系统配备了 600 套流动观测设备，其中宽频带观测设备 500 套、甚宽频带观测设备 10 套、短周期观测设备 90 套。观测单元监控管理系统由无线通讯网络监控系统和流动观测仪器车等组成，包括一个总控中心（中心监控设备）、6 个流动监控中心（野外流动监控设备）和 200 套地震仪器通讯单元。可控震源系统包括 1 套大容量气枪震源系统和 1 套 40t 精密控制震源系统。

3. 火山台网

火山台网建设完成了 33 个火山测震台、2 个火山前兆台、4 个省级火山台网部、6 个区域火山台网中心和 1 个国家火山台网中心。火山台网位置分布见图 8。火山测震台配备短周期或宽频带观测系统，实现了实时 IP 数据传输和本地存储。国家火山台网中心建立了由硬件设备平台、通用软件平台和专用软件平台组成的火山数据中心；以及由火山挥发份测试、火山岩测试和火山灾害模拟组成的火山测试中心。省级火山台网部和区域火山台网中心配备了计算机服务器、客户机、通信设备、网络交换机、数据存储设备和其他输入输出设备等，安装了数据处理软件系统，能够实现数据汇集转发、数据分析处理、数据管理服务以及与区域测震台网数据共享等功能，能够实现 3 个月连续波形数据在线存储服务、1 年以上事件波形数据在线存储服务以及地震目录和震相数据的长期在线存储服务。

火山台网对 6 个火山区进行设防，对重点危险火山（长白山）进行密集设防。采用无人职守、有人看护的数字化测震网络，结合地形变、地球化学等多种手段，利用网络技术实现准实时数据传输，火山地区地震监测能力达到 $M_L 1.0$。

4. 测震仪器检测与技术支持系统

建成了 1 个测震仪器质检中心，包括地震计振动检测子系统、地震计噪声检测子系统、地震仪电子检测子系统、地震仪环境试验子系统和地震仪功能检验子系统。建成了 1 个测震专业软件评测平台，包括震例库子系统、数据回放子系统、测试评价管理子系统、地震定位测试工具子系统、数据结构测试工具子系统和技术支持网站子系统。制定了 6 个测震仪器质检技术规程，包括：测震仪器质检技术管理规程、地震计质量检测技术规程、地震数据采集器质量检测技术规程、测震台网（台站）软件质量评测技术规程、测震台站观测系统质量在线检测技术规程和测震仪器入网认证管理（试行）办法。

5. 教育培训系统

建设完成了能够满足100名学员开展教学活动的培训教室，配备了教学用电脑电化教学设备、音响等，具有支持多媒体教学功能。

建设完成了能够同时满足20人实习的测震仪器实验室，安装了甚宽带地震计、加速度计各1套，配备PC机6套。具有开展数字化仪器原理、操作、安装、调试等技术培训的功能。

6. 专业软件系统

中国数字测震台网在建设过程中完成了10个功能软件包，23个软件功能模块的建设任务。在研制过程中贯彻了统一规划、模块化、分布式和数据库管理等设计思路，实现了波形数据汇集转发、自动处理、交互分析、精细分析、联机地震速报、统一地震编目、监控、数据管理服务等功能。实现了观测数据的高效处理、业务流程的集成和台站、区域台网部与国家中心的协同。研制了一批数据挖掘引用软件，具有台基响应等走时介质类参数和震源破裂过程等震源力学类参数的分析计算功能。

“十五”测震台网建设大幅度提高了我国的地震监测能力，我国绝大部分陆地疆域的地震监测能力达到M_L2.5以上，部分地震重点监视防御区、人口密集的主要城市以及东部沿海地区达到M_L1.5；提高了我国地震应急速报和应急能力，对全国及邻区的$M_S \geqslant 4.5$以上地震初报时间不超过10分钟，最终速报时间不超过20分钟；对区域数字测震台网内$M_L \geqslant 3$地震速报初报时间不超过3分钟，最终速报时间不超过15分钟；提高了我国地球深部探测和火山灾害的监测预防能力，推进了地震观测技术进步。同时，新建测震台网也将在经济建设、综合减灾和国防等领域发挥积极的作用。

二、前兆台网

通过项目建设好完成了1个国家重力台网、1个国家地磁台网、1个地壳形变台网、1个地电台网、1个地下流体台网、2个前兆台阵、31个区域中心前兆台网部和1个国家地震前兆数据中心构成的中国地震前兆台网。整个台网以国家地震前兆数据中心为核心，辐射到5个学科台网中心、31个区域中心以及全国375个台站。台网基于最新的网络化前兆观测设备为基础，以地震信息服务网络为依托，实现了地震前兆台网网络化数据汇集、远程动态监控的组网观测。图3为中国地震前兆观测台网网络结构示意图。

1. 国家重力台网

国家重力台网由24个台站、1个流动观测系统和1个台网中心构成。台网观测设备：相对重力仪24套、绝对重力仪1套、超导重力仪1和流动重力仪8套。

2. 国家地磁台网

国家地磁台网由28个地磁基准台、62个基本台、1个地磁流动观测系统和1个台网中心构成。台网观测设备：地磁台网专业设备包括地磁总场与分量记录组合观测系统28套、磁通门经纬仪（DI）28套、基本台磁通门磁力仪37套、分量质子磁力仪46套、核旋仪29台、dIdD2套；流动观测设备1套包括DI仪20套、核旋仪30台、差分GPS测量仪15套、流动磁通门磁力仪10台。

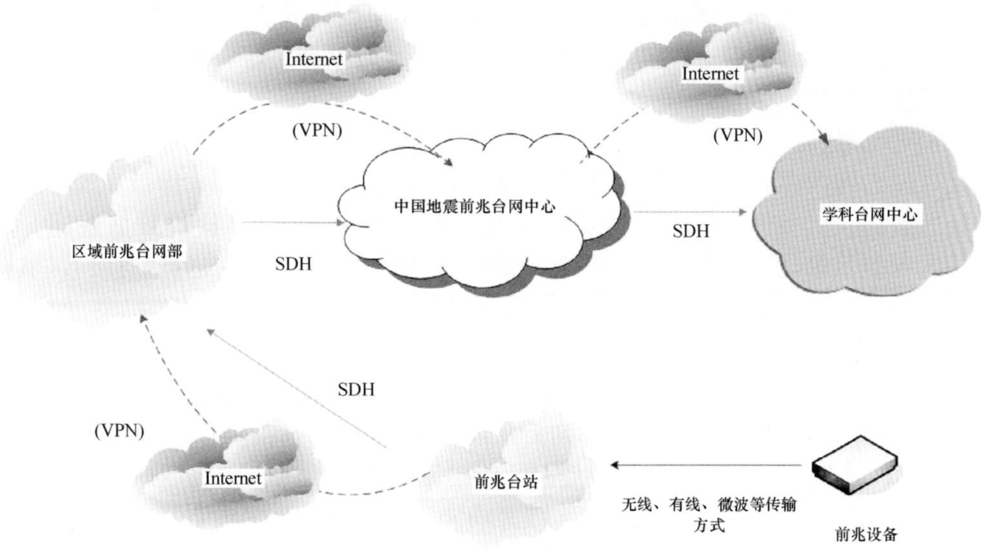

图3　中国地震前兆台网网络结构示意图

3. 地壳形变台网

地壳形变台网由130个形变固定台、1个形变流动观测系统和1个台网中心构成。台网观测设备：垂直摆倾斜仪42套、水平摆倾斜仪27套、井下摆倾斜仪14套、水管倾斜仪55套、伸缩仪53套、体应变仪41套、分量应变仪39、跨断层形变仪2套及流动观测系统1套。

4. 地电台网

地电台网由100个台站和1个台网中心构成。台网观测设备：地电阻率仪21套、地电场仪81套、ELF仪12套、MT仪2套、N－MT仪2套、电磁波10套。

5. 地下流体台网

地下流体台网由204个台站、1个地下流体流动观测系统和1个地下流体台网中心构成。台网观测设备：水氡仪19台、气氡仪58台、水汞仪17台、气汞仪40台、水温仪167台、水位仪157、测氦仪3台、水电流1台、红外遥感测量仪1台和流动观测设备1套。

6. 前兆台阵

前兆台阵由四川西昌台阵和甘肃天祝台阵2个前兆台阵和1个数据处理系统构成。观测台阵观测设备：地电场6套、钻孔应变5套、磁通门磁力仪18套、水位仪8套、水温仪12套、垂直摆倾斜仪7套、电磁扰动仪4套、电阻率仪2套、多极距电阻率仪2套、测氡仪2套、测氦仪1套、流量测量仪1套和超短基线应变仪1套等69台观测仪器。

7. 区域前兆台网部

中国地震前兆台网在全国31个省、自治区、直辖市分别建立区域地震前兆台网部，担负区域前兆台网的数据汇集、处理、服务和监控功能，并向国家中心实时或准实时报送观测数据。分布图如下图所示。

（1）系统构成。

区域前兆台网部技术系统主要由数据汇集系统、数据存储系统、数据管理与服务系统构成，主要设备包括应用服务器、数据库服务器、磁盘阵列等存储设备、数据处理微机、网络设备级设备维护工具等，部署前兆台网数据管理软件和数据处理软件。核心交换、核心路由、磁盘阵列服务器、备份带库等基础信息系统平台及数据库平台、操作系统 GIS 平台等与信息服务系统分项集成建设。

（2）技术性能。

实现区域台网前兆台站的仪器观测数据及相关信息的自动采集和入库；在线存储观测数据和预处理数据，具备区域前兆台网所有数据 5 年在线存储能力；提供数据查询、数据下载、数据波形显示等功能和服务；对台站观测仪器实现实时、准实时运行监控；区域前兆台网部数据库与国家中心数据库实现准实时自动同步。

8. 重力、形变、电磁、地下流体学科中心

学科中心技术系统自动接受国家地震前兆数据中心分发的全国重力台网观测数据并自动入库。基于 Oracle 数据库平台在磁盘阵列上在线存储，具备保存台网 10 年的秒钟值数据和 20 年的分钟值数据以及 10 年的日报、月报及年报等数据的能力。实现数据处理、台网监控和运行评价功能。提供数据查询、数据下载等功能，并可通过台网中心网站提供用户访问咨询服务。建立相应比测系统，具备如下主要功能：数据处理、比对观测数据研究处理、测量标准传递比测、标准参数数据处理等功能。

9. 国家地震前兆数据中心

（1）系统构成。

国家地震前兆数据中心技术平台主要由数据汇集系统、数据存储系统、数据管理系统、数据处理系统、数据服务系统、时间服务系统和台网监控系统等构成，主要设备为数据汇集服务器、数据库服务器、GIS 服务器、网站服务器、数据质量跟踪处理机、台网和数据管理工作站、数据交互处理机以及打印机等外围设备等，系统软件为 Suse Linux Enterprise 10 操作系统，Oracle10g for Suse Linux Enterprise 10 数据库平台，部署中国地震前兆数据管理系统、中国地震前兆台网数据处理系统、中国地震前兆台网运行评价系统、国家地震前兆台网中心数据管理与监控管理系统、国家地震前兆台网中心数据服务系统等应用软件。

（2）技术性能。

除具备区域前兆台网部的数据汇集、数据存储、数据库备份、数据处理、数据共享服务、台网运行监控和运行评价等功能外，负责向重力、地磁、形变、地电和流体台网中心分发各学科观测数据。建立由 2 台服务器热备的前兆台网时间服务系统，为全国的前兆仪器网络授时提供服务。

前兆台网建设，新建了台站和测项，填补了西藏、新疆等空白监测区域，提升了地震前兆监测能力；采用高精度和高采样率的数字化观测设备，产出分辨率更高、频带更宽的观测数据，丰富了地震前兆观测信息，提高了地震前兆监测反应能力；采用数据准实时汇集，提高数据应用的时效性，数据共享服务能力显著提高。前兆台网的观测数据在广泛应用于地震预测预报、地球构造等地学研究的同时，也在资源勘探、工程建设地质探查、定向导航等国民经济建设和国防等领域有着重要的应用价值。

（中国地震局监测预报司）

2008 年度流动观测概况

流动观测台网是固定台网观测的重要补充。根据任务需要，2008 年度全国常规流动观测工作主要完成以下四个部分工作：

一、区域流动水准

2008 年区域水准测量共完成 3522. 3km，其中第一监测中心结合 2008 年北京奥运会完成首都圈地区垂直形变监测网复测工作，测区北京、天津、河北，水准测量 1997. 2km。第二监测中心完成甘肃河西、天武和宁夏银北地区区域精密水准测量共计 1425. 1km。

二、跨断层水准和场地观测

辽宁省地震局、四川省地震局等 20 个单位开展水准、基线、测距流动观测，场地数 278、期次 170 次、1745 场次观测。

三、流动重力观测

2008 年度执行常规流动重力地震监测任务的单位有 20 个，全年总计完成 39 个测网（线）的常规监测任务，完成的单台仪器总测段 7081 段（图 1），总测点数 3050 点次，累积行程约 265000km。

在常规流动监测工作基础上，根据重点时段震情保障等工作需要有 10 个单位对各自的观测网进行了应急加密跟踪观测（不含汶川应急监测和科学考察监测内容）。完成的单台仪器总测段 1920 段，总测点数为 817 点次，累积行程约 76700km。

中国地壳运动观测网络重力网的重力联测任务中，湖北省地震局和第二监测中心联合完成了单台仪器总测段数为 1116 段，总测点数为 183 点次，行程约 70000km（图 2 和图 3）。

四、流动地磁观测

各单位常规流磁观测任务与 2007 年度相同。流动地磁观测主要使用 G－856 磁力仪和 G816 磁力仪。河北省地震局流动测量队、福建局厦门地震勘测研究中心、地球物理研究所等 10 个单位承担观测任务。2008 年度福建省地震局依托省政府财政支持，对监测区的测点网络进行了调整和扩充。测点总数从 47 个扩充为 95 个，测点网络结构从独立 2 小片拓展为覆盖福建省的准均匀网络，为测网布局完善和今后流动观测工作开展奠定了扎实的工作基础。

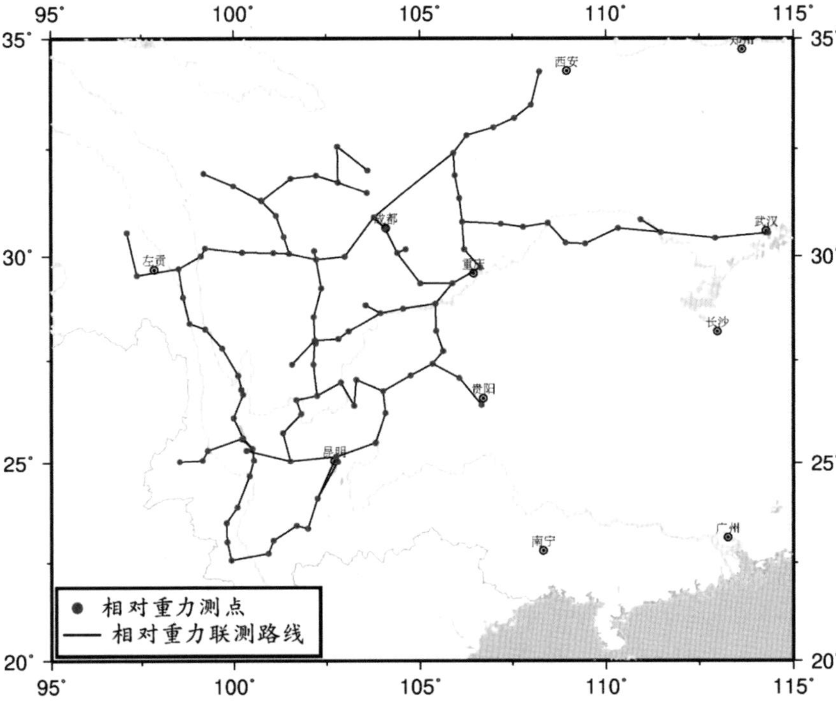

图 1　2008 年度流动重力地震监测实际测网图

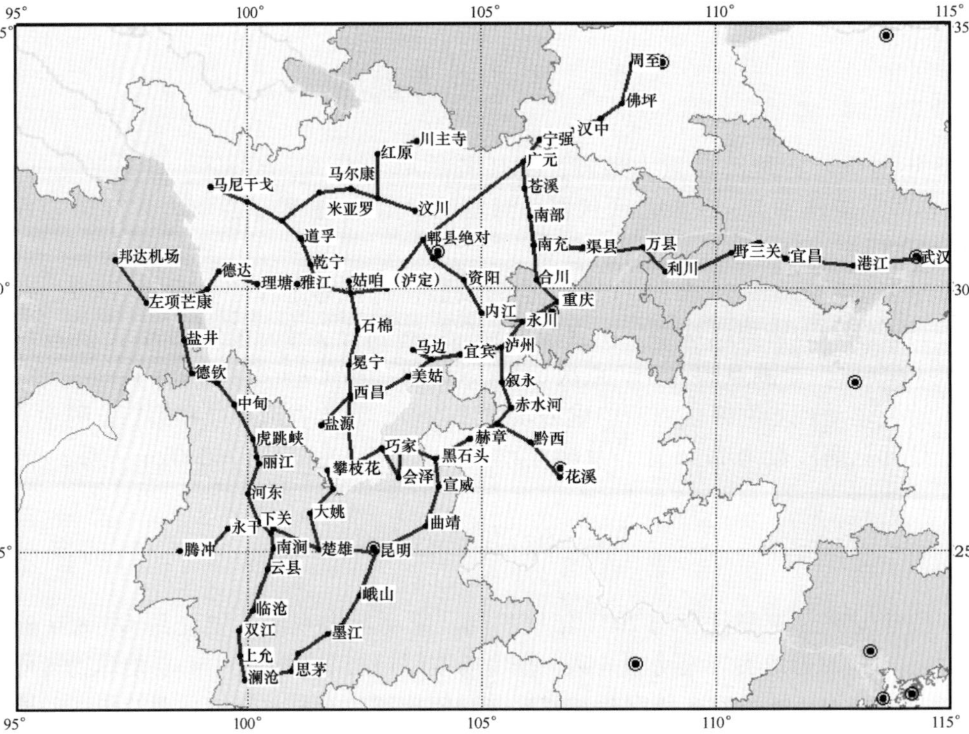

图 2　湖北省地震局完成的地壳运动观测网络重力联测任务

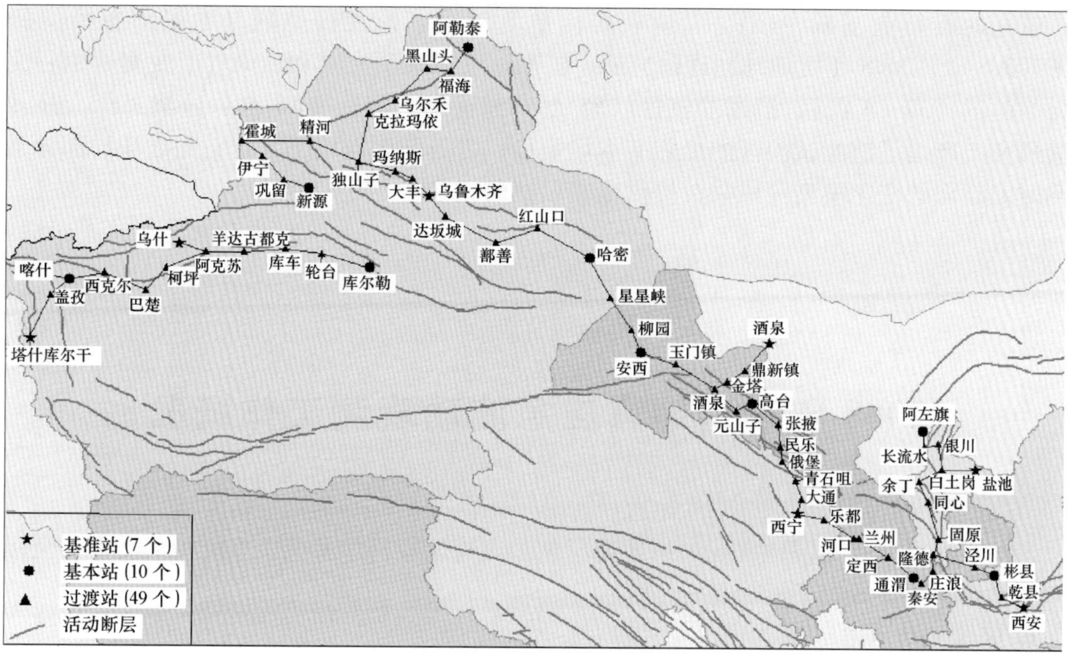

图 3　第二监测中心完成的地壳运动观测网络重力联测任务

全年常规流磁观测共完成华北环测网等 18 个测网，61 期常规监测任务，1500 余个测点。全年度测量工作完成良好，资料质量可靠，报送基本及时。

各单位测区及测点数

执行单位	测区名称	测点数	测量周期	使用仪器	备　注
地球物理研究所第五研究室	北京测区	62	3 个月	4 台 G－856，4 台 G－816	有测点破坏停测
搜救中心现场部中心	京津唐沧保张测区	46	3 个月	3 台 G－856	有测点破坏停测
河北省地震局保定中心台	华北环、冀豫环	28	3～6 个月	6 台 GSM－19T	
辽宁省地震局地震研究所	辽南测区	23	3 个月	3 台 G－856	
山东省地震局分析中心测量室	鲁南，安丘，胶东，鲁西四个测区	88	3 个月	4 台 G－856，4 台 G816	
山西省地震局太原中心台	晋北、晋中、晋南测区	30	3 个月	5 台 G856	
安徽省地震局地震工程研究院	皖北、皖中测区	26	3 个月	4 台 G－856，4 台 G816	
福建省地震局厦门地震勘测研究中心	东南沿海、闽赣交界测区	39	3～6 个月	5 台 G－856	对测点网络进行优化、扩充
四川省地震局工程测量院	川西测区	72	12 个月	5 台 G－856，1 台 G866	有测点破坏停测
云南省地震局形变测量中心	滇西测区	48	3 个月	2 台 G856，1 台 G866	

依托地震行业基础专项：《地震与构造活动重点监视区地磁基本场动态模型研究（20070208）》，2008 年度地球物理研究所、安徽地震工程研究院和云南省形变测量中心完成苏鲁皖测区（32 +4 点）、滇东北测区（55 点）和首都圈测区（46 点）监测工作，并开展实验研究，产出了监测试验区的地磁基本场模型、岩石圈磁场模型、岩石圈磁场局部异常的监测时间断面的变化模型等成果，提供地震预测研究参考。

（中国地震局监测预报司）

2008 年汶川地震应急流动观测工作概况

流动观测台网在中国地震局汶川地震应急和汶川地震科学考察工作统一部署下，全国流动观测工作主要完成以下五个部分工作：

1. 区域流动水准

2008 年汶川地震应急和汶川地震科学考察工作区域水准测量共完成 1925.6km。其中一测中心完成 1475.6km，二测中心完成水准测量 650km。

（1）地震应急：一测中心完成华北 1075.6km 测量任务。二测中心完成四川震区及周边 450km 测量任务。

（2）科学考察共完成 410km，一测中心完成 201.8km，二测中心完成 208 管理，测区位于四川。

2. GPS 区域站观测

（1）地震应急。华北地区完成流动 GPS 观测 80 站（一测）；南北地震带中段及周围地区完成观测 145 站（二测 56 + 武汉 48 + 云南 41）；新疆天山中段完成 GPS 观测 26 站（二测）。

（2）科学考察。在四川、陕西、甘肃、云南共完成 100 个点两期流动 GPS 观测（200 个点次），其中一测 27 个点、二测 27 个点、湖北局 15 个点、四川局 15 个点、云南局 16 个点。

3. 跨断层场地观测

在地震应急工作中，四川局、二测中心、搜救中心开展跨断层场地的加密观测。其中四川局加密 13 个场地，二测中心加密 6 个场地、搜救中心加密 4 个场地。

4. 流动重力观测

2008 年 5 月 12 日汶川地震后，湖北省地震局、第一监测中心、第二监测中心、局应急搜救中心、局地球物理所承担完成国家地震局组织首期汶川地震应急观测；此后湖北局、第一监测中心、第二监测中心开展了应急二期观测和地震科学考察观测。11 月期间湖北省地震局与四川省地震局联合对四川成都网进行了一次重复测量。完成的单台仪器总测段数为 1224 段，总测点数为 278 点次，行程约 105000km。

2008 年度流动重力应急监测和科学考察任务完成情况

单　位	单期点数	期数/年	年总测点数	单仪测段数	概略数/km	备　注
湖北省地震局	60	+1	60	364	21000	应急一期
第二监测中心	120	+1	120	528	45000	应急二期
第一监测中心	99	+1	99	420	36000	地震科考
湖北省地震局 四川省地震局	22	+1	22	84	2000	成都测网测量
总　计	278	4	278	1224	105000	

5. 流动地磁观测

汶川地震流动地磁强化监测自 2008 年 5 月 15 日开始实施。观测工作分 5 个区域展开，其中川陕甘青测区，由 67 个矢量测点构成，地球物理研究所、安徽地震工程研究院和兰州观象台负责实施。川滇测区 91 个矢量测点（含滇南和滇西地区 36 个测点）。首都圈测区由 46 个矢量测点和 192 个总场强度测点组成，地球物理研究所负责实施。新疆喀什乌恰测区，由 33 个测点构成，新疆地震局监测预报处负责实施。苏鲁皖测区，由 32 个测点构成，由地球物理研究所和安徽地震工程研究院实施。6 月 13 日野外流动地磁测量工作全部完成。6 月 15 日结束全部数据处理、模型计算及共享成果提交等工作。

（中国地震局监测预报司）

各省、自治区、直辖市地震监测预报工作

北　京　市

1. 震情跟踪与分析预测

北京市地震局结合震情形势和北京市地震监测预报工作实际，继续强化震情跟踪和分析会商工作。制定《2008 年北京市震情跟踪工作方案》印发各相关单位，汶川地震后印发《关于加强北京市地震监测预报工作的通知》，加强震情值班和异常落实分析，保障监测台网正常运行。

2008 年，共召开周、月、加密和紧急会商会 119 次，其中加密和紧急会商会 69 次，共计上报各类会商意见 120 份，完成了春节、“两会”、汶川地震后、奥运会、残奥会等各重要时段的震情保障工作。

成立宏观异常收集报送核实工作小组，共计落实宏观异常 14 起。

全年共发生速报地震 4 次，启动震情应急 3 次，即 3 月 11 日河北卢龙 M_L4.4、4 月 29 日海淀 3.0 级和 5 月 12 日四川汶川 8.0 级地震。地震发生后，有关人员迅速到岗并进行紧急会商，对有关异常信息进行全面跟踪分析，从而对震后趋势尤其是地震对北京地区可能造成的影响做出了正确的判定。汶川地震发生后，及时作出了北京地区近期不会发生破坏性地震的意见，并通过电视、网站、报纸等新闻媒体向社会发布，及时平息了京区地震谣传，迅速稳定了社会。5 月 12 日四川汶川 8.0 级地震发生后，正确处理了通州 M3.9 地震误报事件。

编写的《北京市 2008 年度地震趋势研究报告》获全国会商报告评比二类局第二名。

2. 台站建设与管理

（1）台站建设。

海淀小营台已完成主体工程建设、强弱电接入、市政燃气接入、直燃机安装调试、路面硬化及庭院绿化。已通过四方验收，办理了交接手续。房山台改造已完成地形图测绘，取得了规划意见书，完成了项目备案。延庆台改造已完成地质勘察工作，人防、园林树木砍伐手续的申报，取得了规划意见书，办理了工程规划许可证。

（2）观测环境保护。

2008 年 4 月，协同通州区地震局、西集地震台、西集镇人民政府及中国城市规划设计院，对在西集镇小城镇规划中如何保护西集地震台的观测环境进行了协商，明确了西集地震台的保护范围，修改完善了西集镇改造规划。

2008 年 5 月，完成东三旗台监测环境保护工作，拆除测区内违章建筑的二层楼房，有效地保护了昌平区地震监测环境。

（3）台网运行管理。

2008 年 4 月，为适应数字化台网运行管理的需要，组织各前兆学科制定资料月评比标准，并修订了《北京市地震前兆观测资料评比办法》，开展资料月评比工作。3 月初组织召开 2007 年度北京市地震观测资料评比会。在中国地震局组织的全国资料统评会上，通州地震台大地电场测项获得第二名、延庆水汞获得第三名的好成绩，改变了以往多年仅有一项进入前三名的局面。

3. 数字地震观测网络项目

2008 年 1 月，完成“十五”网络项目各分项及档案的测试验收工作，完成项目技术报告、竣工报告、验收总报告、试运行报告及汇报材料的编写，完成测震、前兆、信息、强震、应急分项录像片外景拍摄和室内制作。

4 月，配合国家发改委完成对项目的稽查工作。

8 月，完成对活断层分项遗留工程——“离心机实验”专题的验收。

11 月，完成对强震分项遗留工程——“昌平体育馆大跨度结构台阵”及“银泰中心地震反应专用台阵”的测试、验收工作。

4. 奥运地震安全保障

完成了中国地震局奥运地震安全保障项目中有关监测预报方面的任务，包括部分台站地电线路更新、供电系统改造、防雷设施改造和延庆台水汞观测设备更新等；新建 6 个流体井观测点，开展水位、水温观测，新建 23 个 CO_2 观测点和 16 个 GPS 流动观测站；建设由 20 个子台构成的流动测震观测台网，完成 43 个奥运场馆和相关重要建筑物强震台点的建设，对部分专业台站和部分手段的设施、设备进行了升级改造。实现新建系统与原有系统的有效连接；对现有的老化落后的观测设备和观测环境进行更新改造，为确保北京奥运地震安全奠定了坚实的技术基础。

5. 地震专用仪器研发

2008 年，完成 QZ－1 加速度传感器零部件外加工 100 套，生产 DS－4A 短周期三分向地震计 30 多套，DS－3K 宽带地震计 8 套，成功研制了 ZD－1 型变频振动台，并已生产 6 台。

（北京市地震局　李文生）

天　津　市

1. 完成奥运会、残奥会和夏季达沃斯论坛地震安全保障任务

2008 年天津市地震局承担了奥运会、残奥会、天津夏季达沃斯论坛期间地震安全保障工作。市地震局成立了奥运地震安全保障工作领导小组以及新闻保障工作领导小组和震情监视、震情跟踪、新闻宣传、应急处置等四个工作组。编发了《奥运地震安全保障特殊时段工作指南》、《天津达沃斯论坛地震安全保障实施方案》、《天津市地震局2008年奥运会地震应急新闻发布工作预案》以及台网运行、震情跟踪、异常落实、应急指挥、谣传应对、新闻发布、网络支持等工作方案。7月16日市地震局召开奥运地震安全保障工作动员大会，对做好各项保障工作进行动员部署。在7月16日至9月30日期间，市地震局取消了干部休假，局领导在岗带班，有关职能处室实行24小时值班；测震台网、强震动台网、前兆台网加强仪器故障排查，确保系统运行；测震台网采用两套系统进行地震编目，做到每日更新地震目录；信息中心增加技术维护力量，时刻注视数据汇集、数据处理、存储与备份、数据服务和数据上报等环节的工作状态；地震台站前兆观测实行每日测项零报告制度；预报人员24小时值班，及时处置震情；预报中心实行每天会商，每2小时上报一次最新震情。为了及时准确做好地震突发事件新闻处置，与市各大主流媒体建立了新闻发布渠道。天津夏季达沃斯论坛期间，市地震局和市应急办派员进驻会议现场，确保一旦发生地震及时进行有效处置。

2. 天津市地震监测预报工作取得明显进展

2008年初天津市地震局制定了本年度震情短临跟踪工作方案，明确了工作机构、岗位职责任务。坚持震情会商制度，按时召开周、月、半年和年度震情趋势会商会以及“津、唐、廊、沧”震情联席会商会，及时分析判定地震活动趋势。完成了元旦、春节、五一、十一、“两会”等特殊时段强化震情监视工作。

为加强台网运行与管理，制定了《地震速报技术管理实施细则》、《测震台网运行管理实施细则》、《前兆台网运行管理实施细则》、《强震动台网运行管理细则》等规定。据统计，上半年测震、前兆、强震动三大台网运行完好率为99%，按规定完成了地震速报任务。3月11日河北卢龙4.2级地震速报用时为4.5分钟，得到了中国地震局的表扬。静海台地磁试验室项目和徐庄子台台站优化改造项目已通过验收。

完成了宝坻地震台新台址土地的征用以及总体规划，全面展开新址基建工作。依托渤海QK18－2石油钻井平台，建成了第一个海上地震观测站，实现了海域测震信息和海域温度信息的自动采集与传输，填补本市地震台网在海域的空白。市地震局承担的市科技支撑计划重点项目《天津及周边地区地震中短期预测技术研究》项目进展顺利。各区县加大对地震观测环境保护力度和宏观观测的管理。蓟县、北辰、宝坻、武清、东丽完善了群测群防队伍建设。汉沽区加强了遥测井网传输系统的运维。塘沽区及时落实宏观异常。

在全国资料质量统评中，蓟县地震台重力获得第一名，潮汐形变获得第三名；静海地震台地磁获得第一名，核旋获得第二名，大地电场获得第三名，磁电综合获得第二名；宝坻地震台水氡获得第三名，流体综合获得第二名；测震台网地震编目获第一名；年度地震趋势研究报告获第三名。蓟县地震台水管倾斜潮汐形变观测获得中国地震局防震减灾优秀成果三等奖。

（天津市地震局　孙继忠）

河 北 省

1. 牢固树立“震情第一观念”

河北省地震局始终牢固树立“震情第一”的观念，切实抓好地震监测预报工作，特别是地震重点监视防御区和地震重点危险区的震情跟踪工作。特别是汶川地震后，河北省地震局都在规定时间内按要求及时报告了中共河北省委、河北省人民政府，并较为准确、迅速地进行了速报，及时为政府和社会公众提供地震信息服务，保障了当地群众正常的生产、生活秩序。2008 年度，河北省测震与强震台网完成了台网中心及其所属子台的硬件、软件和系统维护。完成了大震速报，日常地震观测及数据资料处理，河北省地震月报目录、观测报告编辑印刷及与相关单位进行数据交换等常规任务，每天定时将各类原始数据及信息以日报形式向大华北数据共享系统发送。全年共处理地震事件 913 条，较大爆破事件 30 条，完成地震速报 15 次，速报时间和精度等指标均符合中国地震局规定；编辑河北省地震目录、观测报告共计 24 册；定时向中国地震局 APNET 网报送快报 52 期；完成野外台站维护任务 90 余台次；送修地震计、数据采集器等设备 30 余台套，自己修复电源、调制解调器等设备近 30 台套；拨号强震台站旬检 50 余次，获得强震加速度记录 20 余台条。在中国地震局组织的评比中，河北省强震台网获得全国资料评比第二名；河北省遥测地震台网获得全国评比优秀；河北省地震编目获得全国评比优秀。6 人次获得河北省地震局防震减灾优秀成果二等奖。

2. 圆满完成奥运地震安全保障工作

河北省地震局严格按照中国地震局要求认真制定并实施《河北省 2008 年奥运地震安全保障工作方案》，扎实有效做好地震监测预报、震情跟踪、地震应急、新闻宣传等各项奥运地震安全保障工作。

（1）认真谋划，建立健全奥运地震安全保障工作领导机构和工作机制。一是成立以局长周清良为组长的河北省奥运地震安全保障工作机构，明确各实施小组的分工和职责，做到任务明确，组织保障，责任到人。二是建立健全协调工作机制。编制《河北省 2008 年奥运地震安全保障工作方案》，明确河北省奥运地震安全保障工作的目标、原则、工作阶段和各阶段各单位的具体任务，建立协作工作机制。三是制定《奥运秦皇岛分赛区现场工作细化方案》，落实现场工作组人员、职责和现场工作具体时段的工作安排。四是编写奥保期间地震速报、震情跟踪、地震应急预案、前兆台网工作制度、新闻保障等专项工作方案并组织实施。

（2）查漏补缺，做好奥运地震安保实战准备。继 2008 年 7 月 14 日中国地震局召开第二次奥运地震安全保障领导小组会议暨奥运地震安保工作后，河北省地震局于 2008 年 7 月 15 日就组织召开了全省奥运地震安保工作转入实战阶段的动员会议，要求全省地震系统按照《河北省地震局关于加强奥运会期间各项工作的通知》的总体要求和动员会的要求，对奥运地震安全保障的各项准备工作做好“回头看”。

（3）有力组织奥运现场地震安全保障工作，确保分赛区现场工作的顺利完成。一是通过简报、工作会议等方式，积极收集各单位有关工作情况，检查督促其工作和进度符合奥运保障工作整体工作要求。二是按照《河北省地震局关于加强奥运期间各项工作的通知》等文件要求，按照奥运保障工作方案对各部门各单位奥运期间工作提出具体要求。三是协助组织奥运地震安全实战演练，对制定的各种预案、方案、工作程序进行演练，确保各项准备工作科学合理、完善到位。四是汇总各部门奥运地震安全保障工作，对河北省奥运地震安全保障工作进行了认真总结，并及时上报中国地震局。在全省地震系统全体干部职工共同努力下，河北省地震局圆满完成了北京奥运会和残奥会的地震安保工作，被中国地震局评为“奥运地震安全保障先进单位”，秦皇岛市地震局和河北省地震局监测预报处获得中国地震局“奥运地震安全保障优秀集体”。

3. 观测资料质量不断提高

2008 年，河北省地震局监测预报工作获得中国地震局“全国监测预报先进单位”，在中国地震局地震监测预报工作质量评比中，河北省参评项目 80 项，参评优秀率 100%，获得学科综合评比和单项评比前三名共 12 项，其中，张家口台获地壳形变学科第三名、洞体应变第三名；怀来台获倾斜潮汐形变单项第一名、水汞第三名、气汞第三名；易县台获地壳形变学科第二名、钻孔应变台网第三名；保定中心台野外组获流动观测第三名、流动重力观测第一名；后土桥台获地电场第一名；红山台获地磁Ⅱ类台第二名；河北省地震局遥测台网获地方强震动第二名。

4. 网络项目顺利通过验收

2008 年初，河北省地震局承担的中国数字地震观测网络项目单位工程通过中国地震局组织的验收。专家组一致认为：该项目完成了全部建设任务，工程质量合格，总体功能和技术指标达到设计要求；在项目实施过程中，执行了项目法人制度、招投标制度、合同制度和监理制度；文档资料齐全，归档完整；经费使用合理。同意通过验收。现该项目已经投入运行。

5. 圆满完成陆态网建设任务

完成了 1 个核心站和 5 个基准站工程建设，被工程中心确定为全国样板，并以河北省为例建立土建工程验收大纲。

6. 台站建设不断推进

涉县地震台优化改造项目以优异成绩通过财政部委托的第三方验收，绩效考评分全国第一。秦皇岛中心台优化改造业已完成全部建设任务，准备验收。易县地震台优化改造项目已上报中国地震局，整体改造计划正在按要求实施。

7. 河北省地震安全工程项目顺利立项

河北省地震安全工程项目共计总投资 3000 多万元，包括黄壁庄地震台改造、曹妃甸地震综合观测中心、宣教技术系统、河北省中部地震电磁观测网建设和地震流动观测网改造等，2009 年河北省财政厅将先期投入 600 多万元用于该项目购置部分设备。由河北省地震局编制的由河北省人民政府正式印发的河北省防震减灾“十一五”规划项目，除模拟图纸数字化项目正在与河北省财政厅沟通外，其他重点项目已全部完成立项工作，到目前共落实“十一五”重点项目经费约 1.4 亿元，是河北省地震局从“八五”开始编制五年防震减灾规划以来，落实五年规划项目最好的一次。

（河北省地震局　王加林　刁建新　梁志琴　贾宏谱）

山　西　省

1. 紧盯震情，强化震情监视和会商

山西地区2008年地震活动频度有以下特点：一是1级小震活动频度增加；二是3级以上地震活动频度较低；三是整体地震活动强度偏低。在2009年地震趋势会商会上，参会代表认真总结了汶川地震的经验、教训，结合2008年度全省震情监视工作，对未来一年的地震趋势进行了充分讨论和判定。

汶川地震之后，山西省出现了大量的宏观和微观的异常，为应对复杂的震情形势，山西省地震局制定和印发了《山西省地震震情会商制度》、《山西省地震前兆异常落实工作制度》和《关于加强宏观异常收集报送和核实工作的紧急通知》，同时要求各单位对本地区的情况实行异常零报告制度。在汶川地震后和北京奥运会、残奥会期间，加强震情监视，加密会商，期间共派专家组落实宏观异常40余项，召开周、月会商会45次，临时会商会67次，紧急会商会3次，震情研讨会1次。较好地完成了大震应对及会期保障任务。

2. 强化管理，提高地震观测质量和地震科技水平

2008年山西数字地震观测网络项目开始正式运行，模拟台网和数字台网并行观测。为保证台网正常运行，印发了《山西测震台网运行实施细则（试行）》、《山西地震前兆台网运行实施细则（试行）》，《山西省地震速报技术管理实施细则（2008年修订）》《山西省地震信息网络运行管理细则》等一系列工作制度。在地震观测中，强调对观测结果的对比分析，保证观测质量稳步提高。通过不断加强观测质量管理，山西省地震局在2007年全国观测质量评比中有5项获全国前三名，创历年来最好成绩。

加强业务培训。2008年组织参加中国地震局培训42人次；自办班3次培训99人次。派出访问学者8人，访问学者数量达全国地震系统第二。

努力营造科研氛围。2008年，山西省地震局与山西省科技厅共同印发了《关于进一步加强我省地震科技工作的意见》。《意见》明确提出山西省地震科技发展的指导思想、发展目标、4个重点领域和17个优先主题，以及4项保障措施，较好地推动了全局的科研工作。同时加大与中国地震局直属7个下属研究所（中心）、省科技厅、北京大学、太原理工大学、省气象局等单位交流合作力度，采取走出去、请进来、项目合作、资料共享等项措施，积极拓宽科研渠道，科技工作取得了多项实质性进展。2008年全局获批项目13项，其中参与中国地震局及直属研究所等单位的科研合作项目10项、获准中国地震局“三结合”项目2项、中国地震局地震科学基金项目1项。申报地震行业科研专项共5项。与北京大学、地质所、地壳所联系，联合申报3项。评选防震减灾优秀成果奖获奖项目4项，并推荐2008年度中国地震局防震减灾优秀成果奖项目2项和山西省科技进步奖项目1项。

3. 加大地震观测环境保护力度

2008年6月，静乐天柱山化工有限公司在静乐井附近进行钻井施工，可能对该井观测环境造成破坏，山西省地震局对此情况进行了认真调查，并采取积极措施保护观测环境。

2008 年初，按照太原市规划局规划，太原滨河西路南延工程将从太原武家寨地震台附近通过，由于武家寨磁电台距汾河不足 500m，该路的修建必将对台站观测环境造成严重干扰。为妥善解决此事，山西省地震局积极采取措施，致函太原市规划局，并与有关单位进行协商，原则上同意该路的修建，但是建设单位必须采取措施，建设抗干扰设施，保证台站观测环境。

4. 继续推进重点项目实施

2008 年重点项目有：陆态网络项目、台站优化改造项目、离石台搬迁重建、五台山新建和中国地震局极低频探地工程项目。山西省地震局陆态网络项目主要建设灵丘、长治、临汾和夏县四个陆态网络基准站。到 2008 年底，灵丘站土建基本完成，其他 3 个台站正在建设中。台站优化改造项目完成了夏县中心地震台优化改造工程，启动了昔阳地震台优化造工作，申报太原武家寨地震台台站优化改造项目。配合中国地震局完成极低频探地工程项目大同中心地震台、临汾中心地震台、代县中心地震台等备选台站基本情况调查。实施了离石地震台和五台山地震台的建设工作。

5. 建设太原大陆裂谷动力学国家野外科学观测研究站

太原大陆裂谷动力学国家野外科学观测研究站是国家野外科学观测研究站体系的重要组成部分。2006 年山西省地震局与中国地震局地质研究所合作，向科技部提交了首批国家野外站的申报材料，2006 年 12 月通过了科技部专家组的评审，2007 年 4 月被科技部批准成为首批全国 14 家地球物理领域的国家野外科学观测研究站之一。同时也是山西省首个国家野外科学观测研究站。2008 年 10 月 25 日，“太原大陆裂谷动力学国家野外观测科学研究站”正式挂牌。中国地震局监测预报司、中国地震局地壳运动监测工程研究中心、中国地震局地质研究所、山西省科技厅、山西省气象局、太原理工大学等单位的领导和专家出席了揭牌仪式并开展学术讲座与交流。

（山西省地震局　庞云峰）

内蒙古自治区

1. 震情和监测预报工作概述

（1）2008 年，自治区地震局继续坚持抓震情跟踪，促监测预报工作。结合自治区地震形势和地域特点，建立了“抓中间，带两端”的震情跟踪工作机制，组成了以自治区地震局专家和管理部门为督导，以巴彦淖尔市地震局、呼和浩特市地震局，赤峰市地震局和呼伦贝尔市地震局为牵头的区域跟踪区，发挥区域跟踪优势，细化联动程序。年内结合汶川地震和奥运震情保障下发 5 次文件，专门部署和安排震情跟踪工作。

（2）按照中国地震局的要求，内蒙古自治区地震局从 2008 年 5 月 12 日开始至 10 月 10 日，坚持长达 150 天的 24 小时应急值班制度。值班制度期间，运用移动通讯、IP 电话和地震应急管理平台不同方式进行日常督察和不定时抽查。

（3）2008 年，内蒙古自治区先后出现了巴彦淖尔市临河八一井、乌兰察布市三号地水位以及呼和浩特和林格尔县上土城子地下水位、乌兰察布市察右前旗天力建材厂水井水位等异常现象，内蒙古自治区地震局及时派出技术人员进行了核实、排查。

（4）2008 年 11 月 18 ~ 19 日，内蒙古自治区地震局在呼和浩特市召开了内蒙古自治区 2008 年度地震趋势会商会。会议组织与会专家和分析预报人员对自治区 2009 年度内蒙古自治区地震趋势判定、短临预报工作思路及重点监视区强化跟踪措施进行认真的讨论，部署相关工作。

2. 台网运行情况

（1）自治区地震局在年内先后安排技术人员对全区数字化观测系统进行巡检，通过巡检及时准确掌握了系统运行状况。根据内蒙古自治区观测战线长，仪器返修周期长等制约数字化观测系统发挥效益等因素，内蒙古地震局及时调整经费，投入近百万元购置了数字化观测系统的备份设备，确保内蒙古自治区数字化观测系统始终在较高的正常运行状态。

（2）2008 年 5 月 12 日汶川 8.0 特大地震和 2008 年 6 月 10 日呼伦贝尔市鄂伦春自治旗与阿荣旗交界 5.2 级地震，数字化测震观测系统都在 10 分钟内独立完成地震参数测定。

（3）制定了《内蒙古自治区数字强震动台网管理办法》、《数字强震动台管理协议书》、《强震动台岗位职责说明书》和《观测技术人员日常工作》等规章制度。按照有关规章制度的要求，对全区 32 个强震动台站进行了现场常规检查。

（4）受到金属加工设备厂干扰的赤峰地震台已依法进行了查处；呼和浩特台地电观测设施受干扰破坏事件进行了前期取证工作，正在和呼和浩特市政府及开发商协商台站环境保护事宜。

（5）内蒙古地震局荣获 2008 年度全国地震监测预报工作先进单位。在 2007 年度全国地震观测资料质量统评中，内蒙古地震局有 8 项进入前三名，其中内蒙古地震遥测台网、内蒙古地方遥测地震台网、海拉尔台 CDSN、乌加河地震台形变观测都获得了评比第一名。

3. 台网建设

（1）“中国数字地震观测网络”内蒙古自治区地震局承担的建设项目全面完工并通过验收，项目总投资 5901.79 万元，其中：中央投资 4110.93 万元，地方投资 1790.86 万元。内蒙古自治区地震局已对项目形成的房屋建筑物和采购的设备做了全面的清理登记工作。

（2）2008 年 2 月 24 日，中国地震局数字地震观测网络项目档案验收组对内蒙古地震局数字地震项目档案进行检查验收。认为内蒙古地震局领导重视，建立健全了项目档案工作规章制度，从项目档案保管条件、专兼职人员配备、齐全完整等方面符合《中国数字地震观测网络项目档案管理细则》的要求，一致同意内蒙古地震局“数字地震观测网络”项目档案验收合格。

（3）“十一五”地震重点项目全部启动。其中满洲里地震台子午线土建工程；乌兰浩特地震台、阿古拉地震台、包头地震台、乌加河地震台和乌海地震台陆态网络基准站土建工程已完成主体建设。

（4）2008 年，中国地震局下达内蒙古自治区地震局两个国家重点地震台站优化改造项目，其中锡林浩特地震台建设面积为 797 平方米的二层观测楼建设认为已完成并通过验收，项目总投资预计 192 万元。西山嘴地震台由于地方城市规划及其他原因没有按期完成。

（5）2004 年立项并开始建设的阿尔山火山地震观测站全部完工，总投资 250 万元。

2008 年内蒙古自治区地震局已向中国地震局上报了决算和办理交付使用手续。

（6）自治区发改委投资的两个基本建设项目，内蒙古自治区防震减灾科普基地项目进行了招投标，68 万元的土建工程全部完工，设备招投标正在进行；内蒙古自治区分区域地震预警预测系统项目进行了前期的测试和论证，现已完成了视频会议系统的招投标工作，年内完成支出 183 万元。

4. 监测预报基础和应用研究工作

（1）由内蒙古自治区地震局组织研制的 SLDZ－1 型地下流体多测项综合观测仪，经研制课题组三年多时间的调研、设计、样机研制与改进，一年时间的台站试验观测，于 2008 年 10 月 21 日顺利通过由中国地震局地下流体学科权威专家、前兆仪器研发专家和内蒙古地震局专家组成的验收鉴定专家组验收鉴定。专家组给予新型观测仪器高度的评价，认为该观测仪器技术水平处国内相关领域领先水平。

（2）2008 年 11 月 20 日，由自治区科技厅对内蒙古自治区地震局承担的《内蒙古自治区防震减灾预测、预报、预警系统》进行验收。验收组在听取项目研制人员详细的汇报的基础上，严格按照《科技计划项目合同书》具体内容进行了鉴定、验收。最终验收组成员一致认为《内蒙古自治区防震减灾预测、预报、预警系统》实现了数字化转化和智能化判断，形成了集地震预报、震害预测评估和地震应急预警指挥为一体的自治区防震减灾决策指挥系统，完全达到当初设计的各项技术指标和参数，通过验收。

（内蒙古自治区地震局　弓建平）

辽　宁　省

1. 震情监视与跟踪工作扎实有效

汶川地震发生后，辽宁省的地震活动同步响应征兆明显，震情形势日趋复杂。为了较好地把握震情发展趋势，确保全省社会稳定和沈阳奥运赛场地震安全，省防震减灾工作领导小组各成员单位和全省各地密切配合，进一步完善了地震监测台网技术系统，加密监测地震活动和前兆场变化，提高观测质量和信息报送的时效性；强化震情监视与跟踪管理机制，落实责任，开展震情动态跟踪与会商，及时研判震情形势，较成功地把握了全省震情发展趋势，有效组织实施了奥运会地震安全保障工作。

2. 加强地震监测预报工作日常管理

一是加强地震预报科技人员及台站监测一线技术人员自身能力的提高，通过各种培训和岗位练兵，学习运用新知识和新技术提升大震速报和震情会商质量。二是对全省 121 个测项的观测资料进行评比，优秀率为 95.04%；78 个测项参加全国评比，优秀率为 100%。三是完成沈阳、清原地震台的优化改造任务。四是依法保护监测环境，全年共发生影响和破坏地震监测设施及观测环境的事件 6 起，通过沟通协调初步解决。

3. 奥运会沈阳赛区地震安保工作

按照总体方案的要求，成立奥运地震安保工作领导小组，下设四个保障组织机构：一是协调组，二是地震速报组，三是震情跟踪与分析判定和灾害评估组，四是新闻保障组。并结合实际制定《震情跟踪方案》、《监测和灾情速报方案》、《应急方案》、《新闻宣传保障工作方案》、《地震谣传言处置方案》、《监测系统运行维护和应急流动观测方案》。沈阳市地震局制定《地震应急宣传方案》。明确相应责任部门和牵头单位。

4. “十一五”防震减灾规划年度重点项目

在省发改委、省财政厅、省科技厅、省信息产业厅等部门和各市政府的支持下，辽宁防震减灾“十一五”规划年度重点项目实施顺利。建成由67个强震子台、近100个实时摄录系统组成的地震灾情速报台网；建成地震应急流动观测技术系统；设立地震灾备中心；完成重点监视防御区大中城市震害预测和县以上城镇、农村民居抗震性能普查数据库建设；辽宁省地震安全公共服务技术系统进入集成环节；辽宁省地震重点实验室建设已经立项。

（辽宁省地震局　韩　平）

吉　林　省

1. 震情监测

吉林省地震局始终坚持震情第一观念，以地震速报工作为核心，以抓震情会商、抓异常核实为重点，认真执行周、月会商制度，及时组织4次地震异常核实工作；完成了奥运地震安全保障震情监视工作；编写了吉林省汶川地震反思总结报告；地震应急人员参加了东北三省地震应急演练工作，提高了地震应急能力。2008年11月17～20日，在长春召开了2009年度吉林省地震趋势会商会，吉林省地震预报委员会听取了各市（州）地震局和分析预报中心的地震趋势报告，最终形成吉林省2009年度地震活动趋势意见。

2. 台网运行管理

吉林省台网全年正常运行，由31个台站构成测震台网全年实现实时连续观测，开展日常监测和地震速报工作，地震监控和速报能力明显提高；前兆台网83套观测设备全面进入正式运行，台网全年产出连续地震观测资料。吉林省地震局下发《吉林省地震局数字测震台网运行管理细则》、《吉林省地震局地震前兆观测台网运行管理细则》和《吉林省地震局地震速报管理实施细则》三项规章制度，组织地震台站完成各类制度上墙工作。2008年，有7名台站业务骨干参加中国地震局组织的4期台站上岗培训，16人次参加中国地震局组织的学科评比和网络项目培训。全省地震台站范围内组织开展了地震监测专业技能考核活动，近100名监测一线人员参加了网络答题。吉林省地震局在省内举办首届地震速报技能和专业知识竞赛，选拔出3名选手参加中国地震局首届地震速报技能竞赛分区赛。吉林省地震局成立学科质量管理组，完成2007年度全省地震台站观测资料质量评比及成果验收工作，延边台测震获全国评比单项第一名、双阳台倾斜获全国评比单项第三名。

3. 台网建设

丰满地震台优化改造工程全部竣工并通过吉林省地震局验收；完成 2009 年度四平地震台优化改造实施方案的编制工作。长白山火山站定点 GPS 连续观测站和合隆地磁台子午工程基建任务全部完成。长白山火山观测站安装重力仪并正式投入运行。落实台站观测环境保护工作，解决合隆地磁台、延边地震台、四平地震台观测环境干扰问题；组织省内台站办理资产保险工作。

4. 监测预报基础和应用研究工作

整理历史地震监测数据，继续开展数据共享工作；科技人员申报地震行业专项 3 项；科技人员独立承担和参与科研项目 9 项。

（吉林省地震局　张京辉）

黑 龙 江 省

1. 地震监测预报

（1）紧盯震情，强化会商与跟踪工作。2008 年度执行了地震趋势的年会商、季会商、月会商、周会商制度，严格按照地震预报管理条例的要求开展震情趋势判定工作，及时上报各会商意见，遇有紧急情况及时会商，落实异常核实，保证异常不过夜。全年进行异常核实 7 次。组织完成了省内三个片区年中、年度会商工作，召开了全省 2009 年度地震趋势会商会，制订了《黑龙江省地震短临跟踪方案》，加强了震情跟踪和异常核实工作。

（2）狠抓地震速报和观测质量。①强化地震速报工作。制定并下发《关于开展地震速报岗位练兵和竞赛活动的通知》，活动包括岗位练兵、地震观测技术等知识的学习、地震速报竞赛。②提升观测质量。2007 年全国台站观测资料评比中，有 4 个台站进入全国评比前 3 名，其中黑河台获得测震一类台第三名，在测震二类台评比中依兰台获第二名，碾子山和五大连池台获第三名，加格达奇台进步明显，获优秀第八名。黑龙江省地震编目获全国三类省局第二名。

（3）继续推进台站建设和台站优化改造。依兰地震台优化改造项目，目前已完成招标，开始施工，外部主体工程已完工。完成了黑龙江省 2009 年台站优化改造项目密山台和哈尔滨台的立项申报书组织编写报送工作，通过中国地震局的审定。组织完成了密山地震台优化改造方案的编制和报送工作。鸡西区域地震台网建设前期准备工作已基本完成，建设合同已签订，预计于年底前建完。大兴安岭区域台网中心人员已落实到位，台网中心的房间已落实，建设经费正逐步到位。

（4）推动国家重大科技工程项目建设。2008 年完成中国大陆构造环境监测网络项目（鹤岗站、五大连池站）施工图审核，并得到批准实施。目前鹤岗、五大连池的观测墩已浇筑完成，观测室外部主体工程已完成。协助中国局地壳所完成了国家地磁卫星地面接收站的初勘工作。初步选出 3 各备选点：德都台、绥化台、牡丹江台，此项目全国共有 4 个地面站。

（5）加强台站管理和人员培训。健全台站各项管理制度，加大观测资料质量奖惩力度。积极创造机会选派台站人员参加各类技术培训，全年共有8名台站人员参加了不同层次的岗位培训。根据“十五”观测项目2009年开始评比，各学科新的评比标准刚刚出台的情况，分学科对全省台站进行培训，参加人员80多人。

2. 台网运行管理

2008年“十五”网络项目建设完成，投入正式观测。全年保证了较高的台网运行效率，台站整体观测资料质量进一步得到提高，数字地震台网完成责任区内的地震速报；刻录光盘24张；完成地震月报编辑12册。

及时组织有关人员维修台站各种观测仪器设备，力保台网正常运行，目前测震台网运行率达90%左右，前兆台网运行率在85%左右。为各专业台站配备了发电机，以适应十五新增仪器设备的要求。

3. 台网建设

完成了黑龙江省“十一五”地震监测台网建设部分的编写工作，并根据省发改委和省财政厅的意见，进行了进一步修改完善。鸡西地震台网基本完成，投入观测。

（黑龙江省地震局　扬文东）

上　海　市

1. 震情监测

（1）加强监测预报管理。通过制订《监测中心管理条例》，完善速报值班制度和监测中心应急预案，进一步明确速报人员的岗位职责，做好上海台网监视区域内的速报工作。特别是汶川地震后，全面加强震情监视和趋势分析工作。值班人员实行24小时动态监视，密切关注上海市及邻近地区的震情，同时加密会商。

（2）做好奥运上海赛区的地震安全保障工作。根据中国地震局和上海市政府的要求，成立了奥运地震安全保障工作领导小组。结合上海实际和上海奥运比赛项目特点，对奥运期间上海赛区的地震安全保障工作做到早布置、早落实，明确责任部门、工作任务和时间节点。制订奥运期间地震短临跟踪方案和应急预案；积极联系奥足赛上海赛区办公室，将地震安保工作纳入上海奥运安保体系；提前在奥运赛场设立流动观测点，并对奥运志愿者和工作人员开展相关地震知识的培训。2008年7月20日至8月24日，安排了奥运期间的行政总值班，应急指挥系统24小时开启待命，圆满完成了奥运上海赛区地震安全保障的各项任务。

（3）在全国年度资料质量评比中取得较好成绩。预测分析中心在年度会商报告评比中获三类局第一名，佘山台在CDSN和钻孔应变台网评比中分别获全国第二、第三名，崇明台在地磁Ⅱ类台评比中获全国第二名。另外，主干通信网评比获全国第二名。其他观测项目也均获得优秀的成绩。

（4）于11月13日召开了2009年度上海及邻近地区地震趋势会商会，形成2009年度的趋势意见。

2. 台网建设

国家“十五”项目上海部分测震分项建成测震台网部1个，测震台站11个（竹园、青浦金泽、崇明东滩、天马山、小昆山、大洋山、横湖、秦皇山、天平山、崇明大新中学、南汇），安装设备12台套。前兆分项建成前兆台网部1个，前兆台站6个（崇明长江农场台、浦东张江地电台、南汇流体台、虹桥流体台、青浦金泽地电台、松江佘山形变台），安装设备22台套。信息分项建设信息节点总计23个，其中区域节点1个，县级节点20个，台站节点2个。强震动分项建成固定台站14个（长江台、长兴台、大团台、东滩台、惠南台、金泽台、南翔台、佘山台、吴淞台、莘庄台、新海台、新桥台、张江台、张堰台），安装设备14台套。上海“十五”项目测震分项建设张江台和佘山岛台，安装设备20台套。

3. 监测预报基础和应用研究

（1）完成与福建省地震局合作开展的计算机自动速报系统专项研制，对区域数字地震台网实时速报系统软件进行安装调试和软件升级，系统运行情况良好。共用到上海“十五”测震台站11个，江苏省和浙江省台站43个（江苏24个、浙江19个）。至2008年底记录到的触发有50余次（均为爆破）。

（2）初步完成上海及邻区网格化地震趋势快速判定系统的研制，并实现了系统软件编制、上海地区内发生地震的趋势意见与对策、历史上发生过地震的区域内设定地震的趋势意见、会商信息等四部分功能。形成预会商意见库，10分钟内给出召开会商会的PPT图件。

（3）基本完成轨道交通对佘山地磁观测影响的修正研究的处理程序研制工作。绝对观测方面，对观测标志进行改造；相对记录方面，针对干扰基本情况（如干扰频率、幅度等），设计滤波器，编制数据修正处理软件，并对修正方法得到的结果进行对比检验。

（上海市地震局　孙敏震）

江　苏　省

1. 地震监测预报工作

（1）制订印发了2008年度江苏省震情监视和短临跟踪工作方案，强化震情监视和地震速报工作。在重点监视防御区增上流体、电磁波、形变等观测项目，加大台网密度，提高监测实效。遇有异常情况，及时落实，加强短临跟踪和预测预报研究工作。参加全国评比的地震观测资料项目，优秀率100%，进入全国前三名的测项有7项。

（2）对发生在2008年5月13日江苏滨海3.8级地震、7月6日南京栖霞区与句容市交界处3.6级地震和12月23日溧阳3.1级地震，省地震局快速反应，应急处置得当，准确作出了震后趋势判定，安定了民心。认真做好重要节日、“两会”及奥运会、残奥会期间的震情保障工作。

2. 地震台站建设和环境保护工作

（1）高度重视台站优化改造建设，盐城台、高邮台测震项目已完成，溧阳台新台监测楼已建成，海安台新台规划已经初步论证，新沂台新台土地征用已获批准，已完成射阳台征地工作并在建设之中。

（2）依法加强地震监测设施和地震观测环境保护工作，与常州监狱签订了茅山短水准场地迁建协议，完成苏10井（姜堰）环保商谈工作，就无锡台环境保护问题做好相关工作。

3. 加强防震减灾工作

（1）2008年6月27日，江苏省召开省防震减灾工作联席会议，回顾总结全省防震减灾工作情况，研究部署下一阶段工作任务。在省防震减灾工作联席会议上，何权副省长代表省政府与全省各市分管市长签订了责任书。这是全国首家也是江苏省第二年以政府目标管理的形式将防震减灾工作的责任交由政府来主导、相关部门共同承担责任、社会全面参与。全省会议后，各市又相继召开防震减灾工作联席会议，市政府与所辖县级政府也签订了防震减灾目标管理责任书。

（2）省政府批准拨付全省震情跟踪及地震应急准备专项经费420万元。2008年省财政投入经费比上年增加5.5%，落实防震减灾公共服务系统专项经费223万元，落实省科技厅科技三项经费35万元。防震减灾“十一五”重点项目“江苏省地震安全工程”项目经费已列入省发改委2009年投资计划，待省政府批准实施。

（江苏省地震局　龚寿荣　朱庆和）

浙　江　省

1. 震情监测

全省地震监测预报工作坚持以“震情”为中心，重点做好汶川5·12地震应急期间和奥运会、残奥会以及重大节假日期间的震情保障工作。全年共召开各类地震趋势会商会131次；及时处理落实珊溪水库库水冒泡发浑、湖州埭溪大冲村小水塘水发浑、平阳县梅源乡溪流聚集大量青蛙、文成县巨屿镇青蛙迁徙、永嘉县岩头镇多种动物异常、永康市唐先镇岩前村水井水位突然下降等宏观异常6起。在全国地震监测预报工作质量全国统评中，浙江省年度会商报告获（三类局）第二名、分析预报综合评比获（三类局）第二名。在全国地震速报竞赛中，浙江省地震局获合肥赛区团体第三名。

2. 台网运行管理

根据浙江省“十五”新建地震台网运行实际情况和工作要求，2008年浙江省地震局制定了《浙江省测震台网运行管理实施细则》、《浙江省地震前兆台网运行管理细则》、《浙江省地震速报技术管理规定》和《浙江省数字地震观测资料质量评比办法》等4次管理制度。以此为保证，浙江省各类地震台网全年保持稳定运行，其中浙江省数字测震台网平均运行率达97.8%，数字前兆台网产出的数据评价连续率达96.7%。2008年11月11日，浙江省地震局在杭州组织召开了浙江省2009年度地震趋势会商会。会议对2009年度浙江省及邻区地震趋势进行了研判，并形成了《浙江省2009年度地震趋势预测意见》。

3. 台网建设

2008年，浙江省地震局以推进浙江省防震减灾“十一五”重点项目建设为重点，继续加大防震减灾基础设施建设力度，全年完成烈度速报台站建设2个，台址勘选33个，土建1个；完成深井台和加密台站台址勘选12个，地震前兆台站台址勘选4个；完成应急指挥服务系统建设3个，地址勘选8个，地壳形变（GPS）台址勘选8个。截至2008年底，浙江省数字测震台网已经拥有33个台站，36台套设备；前兆台网已经拥有30个台站，60台套设备，其中形变观测设备30台套、流体观测设备16台套、电磁观测设备14台套；强震台网已经拥有设备15台套。按浙江省陆域面积10.18万平方千米计算，平均每1519km^2有1个台站，平均每917km^2有1套观测设备。此外，浙江省还拥有省级信息节点1个，大中城市信息节点1个，县级信息节点7个，台站信息节点5个；建成省级指挥中心和市级指挥中心各1个。

4. 地震监测预报基础和应用研究工作

2008年，浙江省地震科研水平再上新台阶：《浙江海域地震监测台网组网技术和海啸数值模型研究》、《浙北地区地壳三维速度结构研究》、《浙江省地震应急指挥联动系统数据交换关键技术研究》等3个项目被列为浙江省省级科技计划项目，立项数量和科研经费再创新高；浙江省社会发展项目《浙江省数字地震监测网络远程管理系统研究开发》成功通过验收，在此基础上研发的“数字地震前兆台网远程管理系统”获得国家自主知识产权计算机软件著作权，实现了新的突破；浙江省地震局参与的《数字地震资料的信息提取及其在地震预测中的应用研究》获2008年度中国地震局防震减灾优秀成果二等奖。此外，还获得中国地震局台站三结合课题3项。

（浙江省地震局　庞银照）

安　徽　省

1. 震情监测

进一步规范异常核实程序，强化了震情跟踪和日常震情会商制度，全年累计核实上报的各类宏观异常62起，完成周、月和临时会商181次。探索建立省、市、台会商联动机制，拓宽会商研究思路，开始将气象观测资料应用于震情会商研究。两次协调、组织召开华东地区震情会商会，分析判定2009年度华东地区和我省地震趋势并提交了安徽省《2009年度地震趋势研究报告》。分析预报项目参加全国评比获得了两个第一名。

2. 台网运行管理

（1）运行情况。安徽省数字测震台网和地震前兆台网运行良好，数字测震台网24个子台运行率在99%以上，能够在震后迅速完成、地震参数的测定与速报，具备对全省行政区内发生3.0级以上地震12分钟速报的能力。测震台网除负责本省震情监视外，还负责将全球大地震向局领导和省政府报告的任务，全年共向省局领导和省政府报告震情176次，传真和上政务网震情报告178次，向全局及相关人员发送地震短信24000多条。前兆台网担负着全省所有专业台站和部分地市观测点的模拟前兆数据、"九五"数字化前兆数据、模拟"九五"格式数据、"十五"数字化前兆数据的传输工作和大华北前兆数据的交换工作。仪器整体运行率和数据报送率都达到98%以上；原始数据预处理也由不到30%提高到95%以上，基本保持在全国先进行列。

（2）建立健全规章制度。制定了前兆和测震台网管理办法，分别对当天值班、数据检查、地震速报、统一编目、大华北共享、数据上传、系统维护维修等方面作了明确要求；前兆台网实行监控周报制度，每周一次统计台站数据内在质量及报送、入库等情况，对于发现的问题及时向台站反馈，取得了较好效果；强震动台网坚持每月一次的现场巡检，每周1次远程检查制度。上述措施有效地保证了全省测震、前兆、强震动台网的正常运转。

（3）培训情况。安徽省地震局举办了全省地震预报会商培训班和地震观测技术培训班，邀请10余位专家为全局技术人员作各类学术讲座，同时积极组织技术人员参加中国地震局举办的各类培训班，一年来共计培训人员达90余人次，进一步提高了全省监测预报人员的业务水平。

（4）观测环境保护。省地震局积极指导黄山、蒙城、肥东地震台做好相关环境保护工作，组织专家对合肥台、庐江台监测环境依法按规范标准严格保护，召开协调会5次，下发了《关于庐江地震台环境保护问题调研意见的函》，积极协商解决合肥台、庐江台观测环境的保护问题。

（5）资料和科研成果。全年共接收全省模拟前兆数据约16万组，新入库数字化前兆数据约1200万组，接收数字化前兆数据约1200兆。同时接收大华北14个省（市）215个台站模拟前兆数据约150MB、接收15个省（市）共95个台站约4GB的数字化前兆数据，为地震预报科研和震情趋势判断提供了重要的基础科学数据。2008年，安徽省参加全国评比的监测预报测项共有10项进入前三名，安徽省地震局被评为2008年度全国地震监测预报工作先进单位，是唯一连续11年获此殊荣的省级地震部门；2008年，全局科技人员共发表技术论文30余篇，获中国地震局防震减灾优秀成果奖三等奖1项，安徽省地震局防震减灾优秀成果奖6项，其中一等奖2项，二等奖3项，三等奖1项。

3. 台网建设

（1）台网布局调整。经中国地震局监测预报司和相关学科组同意，2008年，安徽省X.25分组交换网、蒙城地震台和金寨地震台模拟磁变仪停止运行。蒙城台增上了JCZ超宽频带测震观测，合肥、泾县、蚌埠地震台实行电磁波数字化改造，黄山地震台增上来电磁波观测，安庆增上了地电阻率观测，大别山区增上了1个CO_2观测点，淮北、滁州市地震局、凤台县地震办新增了数字化电磁波观测，六安市地震局增上了钻孔应变仪，泗县台增上了数字化石英摆，蚌埠五河女山井、马鞍山27井进行了水位观测数字化改造，六安、淮北等市局建成了流动台台网技术系统。

（2）技术系统和观测环境升级改造。省地震局完成了合肥国家台数字化测震系统的升级改造任务及相关台站的避雷完善工作，基本完成了肥东台观测用房和观测线路改造任务，升级了安徽省地震速报平台和地震应急指挥技术系统，更新了地震应急基础数据库，积极推进蒙城台国家地球物理野外科学观测研究站建设，中国大陆构造环境监测网络蚌埠 GNNS 基准站和淮北连续重力站建设也取得很大进展。

4. 监测预报基础和应用研究工作

全面应用数字化资料，开展了对地震序列以及构造和应力场背景的分析研究，共提炼和确定 7 个预报和趋势判断指标，在华东地区中强震和中等地震的检验中取得了较好的效果。加大了地震科研经费的投入，继续设立省地震局重点基金课题和合同制课题项目，资助局科研团队，鼓励科研人员积极申报中国地震局、省科技厅等单位重点基金课题，共获批项目 6 项，资助经费 200 多万元，是历年来获局外科研经费支持最多的一年。13 名科技人员参加了 4 项局外课题的实施工作，其中包括中国地震局公益性行业基金 2 项，科技部课题 1 项和省地调院课题 1 项。积极申报 2008 年中国地震局防震减灾优秀成果奖，获得三等奖 1 项。在《国际地震动态》、《地震》等各级科研刊物上发表论文 36 篇，撰写技术报告 10 篇，参加学术讨论会议提交论文 10 篇，比 2007 年增加 25 篇。调整了省地震局科学技术委员会人员组成及工作职责。向 16 个“十五”项目信息节点免费开通了数字图书信息服务。

开展广泛的科技合作交流，构建科研平台。一是加强与中国科技大学合作，积极做好蒙城国家地球物理野外观测研究站建设工作。蒙城台国家地球物理野外科学观测研究站一期工程投资达 110 多万元，建筑面积 700 多平方米。积极与省科技厅联系，以蒙城野外站为依托，申报安徽省地球物理灾害重点实验室建设项目和安徽省科技平台建设计划项目。二是与中国地震局地球物理研究所合作，争取到地震行业科研专项“地震与构造活动重点监视区地磁基本场动态模型研究”项目；积极参与认真组织开展科技部重点项目“2010 地磁图”的编制工作，承担了该项目前期工作中华东、华南以及西沙、南沙共计 95 个地磁三分量矢量测点的观测及数据处理工作。在 2007 年度十大地震科技进展评选中，省地震工程研究院参与完成的《2005.0 中国地磁图》项目获选。积极参加中国第五代区划图编制工作，负责安徽地区相关资料的收集、整理与分析等工作。三是与省文物考古管理部门共同开展地震考古合作研究。与省文物局联合发文要求各级地震、文物部门积极开展地震考古工作，做好史前地震和历史地震资料的收集和分析工作，把地震考古工作作为第三次文物普查一项重要工作，积极开展地震考古科研课题申报和研究工作。四是按照中国地震局地壳工程中心要求，积极推进安徽省陆态网络项目建设。专门成立了项目建设领导小组和实施小组。到年末，蚌埠 GNSS 基准站已经完成主体工程，淮北连续重力站已经完成了施工设计审核。

（安徽省地震局　李大梅）

福　建　省

1. 震情监测

2008 年福建省震情形势复杂，先后发生了 3 月 6 日古田 4.1 级和 4.8 级地震、7 月 5 日漳州长泰4.7级地震。在严峻的地震形势面前，福建省地震局牢固树立“震情第一”观念，扎实做好地震监测预报工作各项工作。加强了对地震监测手段的管理，严格执行技术规范，提供连续、可靠、及时的观测资料；根据数据资料分析和震情判断，密切关注地震形势发展变化，作出了及时有效、正确的震后地震趋势判断，为震后稳定社会发挥了积极作用。

2008年5月12日，汶川8.0级特大地震发生后，福建省地震局立即进入地震应急状态，做好地震应急处置工作。加强应急值班，密切监视震情动态和趋势发展，同时向福建省委、省政府有关领导多次汇报震情，提出抗震救灾应对建议。响应中国地震局命令，先后派出23人赴四川汶川地震灾区开展地震现场监测预报、震害调查、震害评估等工作，出色地完成了工作任务。福建省地震局地震现场工作队被福建省委、省政府评为“福建省抗震救灾先进集体”，19名队员被评为“福建省抗震救灾先进个人”并同时也荣获全国总工会授予的“五一劳动奖章”称号。

组织召开2008年年中、年度震情会商会，对福建省及台湾地区地震形势提出了科学的预测。进行了会商质量评比工作，促进了福建省各设区市会商水平的提高，为提升震情会商科学决策水平奠定了良好的基础。继续深化地震趋势会商会工作改革，采用新技术、新方法分析预报地震，使福建省中强地震的震后趋势判断较为准确，2008年福建省发生的几次中强地震均在年初评定的重点危险区域内。特别是在汶川特大地震后的会商会中，首次邀请外单位专家参与会商，取得了良好的效果，为会商制度改革创建了一种新的模式。福建省地震局2007年地震分析预报综合评比获中国地震局二类单位第二名、日常分析预报第二名，取得建局以来历史性突破。

2. 台网运行管理

（1）福建省地震监测台网前兆流动观测项目实施有效推进，已完成89个重力点，52个地磁点，6个跨断层场地，1个GPS试验场选点以及42km跨永安—晋江断裂水准剖线查埋点，15个GPS基本点的查点与观测等任务。

（2）进一步加强了全省地震监测手段管理，要求全省地震监测台网及各专业、地方台站认真做好地震监测工作，严格执行技术规范，保证提供连续、可靠、及时的观测数据；严格数据规范报送流程；在有影响的地震事件发生时，安排相关的地震台站进行加密观测；努力提高观测资料质量、抓紧台站业务培训。

（3）建立健全规章制度。印发了《福建省地震宏观观测管理办法》、《福建省地震局关于成立震情跟踪领导小组和震情跟踪分析专家组的通知》、《关于进一步规范宏观异常上报、调查、核查、落实制度的通知》和《福建省地震前兆台网运行管理细则（试行）》等重要文件，规范了监测队伍、监测质量和日常综合管理，取得明显效果。

（4）继续加强地震宏观观测网建设。目前省级地震宏观观测网已初具规模，福建全省每个县（市）及设区市的政府所在地至少建设有一个省级（管理）地震宏观观测报点，按地震前兆监测的管理模式每天向福建省地震局预报中心报送资料。同时，福建省地震局负责指导市、县地震宏观观测点的建设，为市、县进行了“地震宏观测报培训”，并组织有关人员对各宏观观测点进行现场调研和基础资料收集。在今年多次地震事件中，较好地发挥了福建省地震宏观观测网的作用。

3. 台网建设

（1）继续做好台站优化改造工作。完成了漳州地震台和莆田地震台、南平地震台的基建改造任务，使台站的工作条件得到了极大的改善；平潭地震台综合楼工程目前已完成前期准备工作，正在开展工程施工招投标；永安地震台正在上报省发改委立项，永安地磁台已完成征地工作，正在进行围墙施工和开工前准备工作。泉州地震台搬迁重建可行性研究方案经省局专家论证通过，搬迁的具体事宜正在与相关单位商谈中。

（2）做好台站管理改革工作。在泉州基准地震台、厦门地震台和龙岩地震台改革试点的基础上，增加了漳州地震台作为试点继续深化地震台站管理改革工作。同时，加强台站管理制度建设，印发了《福建省地震局地震台站职工年度定量考评试行办法》，做到台站人员待遇与观测资料质量和绩效考评挂钩，形成精干高效的台站监测队伍。全面抓好台站台容台貌建设，实行台站卫生工作制度，积极创建卫生文明台站和花园式台站。

4. 监测预报基础和应用研究工作

大力加强地震科技创新工作，围绕福建省防震减灾三大工作体系，坚持“四个面向”，选好科技创新突破口，起到了科技支撑和引领作用。

（1）由福建省地震局自行研制、自主知识产权的“区域数字地震台网实时速报系统”已日趋完善，速报实时能达到1分钟左右，该项目效能在2008年的地震事件中得到了充分发挥，获得了上级领导和有关地方政府的好评。该项目已在中国地震台网中心和全国五大区域的14个省市地震局推广使用。

（2）研制完成福建省地震局地震动图和地震烈度速报系统，能在5分钟内绘出全省震区的地震烈度分布图，该系统已在川滇地区和首都圈的地震监测中投入使用，承担区域地震烈度速报任务。

（3）福建局重点科研项目——地震面波噪声成像研究项目逐步走向成熟，已在福建省地震预报中发挥了作用，成为地震预报的一种新手段。

（4）漳州地震台开展的深井观测项目已进入仪器安装调试阶段，该项目已能开展数据对比分析，同时新的观测手段的增加也为地震监测预报提供了更为科学的依据。

（福建省地震局　李　毓　陈　晨）

江　西　省

1. 加强震情监视与跟踪研判

据江西省地震监测台网统计，2008年，江西省境内共发生$M_L \geq 1.0$地震64次，3级以上地震分别为3月10日九江县3.1级和4月24日分宜县3.3级地震。

2008年，江西省地震系统高度重视震情监视和跟踪研判工作。除了坚持日常的周、月会商外，尤其是强化了全国“两会”、四川汶川特大地震应急期、奥运会和残奥会等重要时段的震情监视与跟踪工作，多次召开了紧急会商会，对全省的地震形势进行跟踪分析；在汶川地震发生后，全省320多个群测群防观测网点密切关注异常变化，全省地震部门共组织专家及时排查核实宏观异常13起。省局2008年度地震趋势报告获全国同类局评比前三名，市县地震部门地震趋势会商水平也逐步得到提高。

2. 加强台网运行管理

2008 年 1 月 29 日，“十五”重点项目——江西数字地震观测网络项目顺利通过了中国地震局组织的总验收。通过项目建设，江西省测震台站由 9 个增加到 24 个，新建了前兆台站 9 个，强震台网从无到有。有效监控 3.0 级地震覆盖全省，面积增加了 200%。

（1）2008 年初，江西省遭遇了历史罕见的低温雨雪冰冻灾害，刚刚通过验收、投入试运行的江西数字地震项目受到了不同程度的损坏，近一半地震台站的水、电、路等基础设施被毁，仪器设备受损。江西省地震局由 3 位局领导带队，分赴受灾严重的台站进行灾情调查和救灾指导。全省地震部门的同志不等不靠，不辞辛劳，夜以继日，紧急抢修，使地震台网和技术系统在较短时间内就全面恢复运转。为成功应对 3·10 九江县 2.5 级地震和 5·12 汶川大地震打下了基础。

（2）为做好江西数字地震观测网络项目的运行维护工作，江西省地震局在充分调查研究、征求意见的基础上，从 10 月 1 日起正式施行了测震台网、前兆台网、地震信息网络和地震速报等 4 个运行管理细则，保障了监测预报系统规范运行。2008 年，江西省全年地震台站运行率达 94.8%，测震台网运行率达 99.9%，前兆台网运行率达 98%。测震台网在全国地方遥测台网评比中获得第七名，地震编目获得同类局第四名。

3. 加强监测预报基础和应用研究

2008 年，江西省地震局继续鼓励和支持中青年技术人员申报科研课题，开展监测预报基础和应用研究。全年共承担中国地震局科研项目 5 项，分别是“地震监测、预报和科研三结合”课题——《适合江西的地震预警方案研究》、《九江－瑞昌地震序列震源位置及震源区速度结构的研究》、《江西会昌超宽带数字地震仪 JCZ－1 的地震波形特征》，地震科学联合基金课题“九江－瑞昌地震序列的时空发展过程和成因研究”以及《中国近代重大地震事件考证研究》项目；承担江西省科技厅课题 3 项。

2008 年，江西省地震局科研人员在国内刊物共发表科技论文 4 篇。组织了对 2007 年度科研课题《流动台地震波形文件临时组网软件研制及九江地震余震事件文件的组网应用》、《九江瑞昌及邻区地震构造环境初步研究》和 2008 年度《中国近代重大地震事件考证研究》项目的验收。通过课题研究和科研项目的实施，促进了全省监测预报技术水平和管理能力的提升。

（江西省地震局　刘圣炳）

山　东　省

根据年度地震趋势判定意见，山东省地震局和 17 市地震局制定实施短临跟踪工作方案，经常研究震情变化，及时排查落实各类异常。汶川大地震后强化工作措施，加密资料收集、震情会商和流动观测周期。坚持震情趋势周、月、半年、年度会商制度，日常会商和紧急会商相结合，对13次显著性地震事件准确作出震后趋势判定。针对奥帆赛在青岛市举办，山东省地震系统认真开展地震安全保障工作，强化震情监测、应急值守、新闻宣传等各方面工作措施，奥运期间进入内部应急期，制定并实施一批专项工作方案，圆满完成奥运地震安全保障任务。全省地震台网运行良好，强震台网并入台网中心运行管理，潍坊、青岛、东营、济宁市地震台网中心安装虚拟测震台网处理系统。测震台网新接入16个省内和11个邻省台站，实时信号接入台站达到79个，全年速报地震252次、2.0级以上非天然地震96次。山东地震信息交换共享平台开通，实现速报信息实时发布。加强地震观测环境保护，实施台站供电避雷工程，泰安、嘉祥、莱阳、陵阳、大山、荣成等台站开展优化改造，地震观测资料质量得到提高，有11项观测资料在全国地震观测资料评比中位居前三。举办测震及前兆技术培训班、地震会商报告编写培训班、观测数据共享培训班，举办3期地震台站全员培训班，举行全省地震速报竞赛，全省地震监测预报人员业务素质明显提高。加强地震科技工作，山东省政府2月27日召开全省地震科技工作电视会议，传达全国地震科技大会精神，表彰全省地震科技工作先进集体和个人，部署地震科技工作；山东省地震局与省科技厅联合下发《关于进一步加强地震科技工作的意见》。山东省地震局下达合同制科研项目32项、博士研究项目6项，落实地震科学联合基金项目1项、省科技发展项目1项、中国地震局三结合项目4项、横向合作项目9项，《山东半岛北部近海地震区划研究》获2008年度山东省科技进步二等奖。完成2005、2006年度地震科学数据共享项目建设任务，承办全国地震科学数据共享会议。

（山东省地震局　苏培雨）

河　南　省

1. 震情监测

针对汶川地震影响和河南省严峻的地震形势，切实加强了地震监测工作。增上各类监测手段运转正常，确保监测资料的连续可靠。重点监视防御区的各市都按照要求购置流动地震监测仪器，配备监测车辆，强化震后地震流动监测。切实加强异常落实和震情会商。坚持宏观异常零报告制度和日报告制度，全年共落实宏观和微观异常610余次，做到异常落实不过夜。召开全省年中地震趋势会商会和2009年地震趋势会商会。全年共召开周、月会商会50次，紧急会商会16次，加密会商会152次，较为准确地预测了河南省震情趋势，为奥运会、残奥会提供地震安全保障。

2008年11月12～13日，河南省地震局在郑州召开2009年度地震趋势会商会。省地震局监测预报中心专家对地震形势作了总体报告，中国地震局物探中心、省辖市地震局（办）的专家先后作了专题发言，认真分析本省地震活动情况和前兆资料异常情况，研讨2009年河南省地震趋势，形成了判定意见。

2. 台网运行管理

强化管理，确保台网正常运行，完善相关制度，9 月 30 日前将中国地震局监测预报司制订的《测震台网运行管理办法（试行）》、《地震前兆台网运行管理办法》《数字化观测资料评比标准》下发各有关台站执行。制订《河南省地震局测震台网运行管理办法（试行）》、《河南省地震前兆台网运行管理办法（试行）》下发各台站执行。2008 年河南省测震台网和数字化前兆台网的资料连续率分别为 99. 80% 和 95. 02% ，其中，资料连续率最高的浚县台分别达到 99. 90% 和 99. 99% 。

2008 年 8 月 3 日至 8 月 7 日在郑州举办“测震、前兆数据共享和应用培训班”，来自 17 个市局 40 余人参加了培训，全面地介绍测震、前兆数据共享和应用技术，除洛阳、信阳、周口因硬件设备不到位外，其余市局均实现了数据共享。

（河南省地震局　刘建华　王文旭）

湖　北　省

2008 年数字测震台网运行率为 98. 5% 、模拟测震台网运行率达到 99% 以上；数字前兆台网运行率达 97. 4% ；对台网运行有关管理制度进行了修订，组织举办了多次观测技术培训班，定期对全省监测工作质量进行检查和评比；钟祥地震台和九宫山地震台被纳入财政部支持的全国重点地震台站优化改造项目，对钟祥地震台约 280 平方米的综合观测楼进行了改造和装修，对道路和围墙进行了修缮。九宫山地震台完成测震摆房定址、设计和建设工作。另投入 30 多万元为钟祥、黄梅、襄樊、麻城、宜昌等台站安装了监控安防报警系统；更新了地震速报短信群呼系统，增加了地震自动定位辅助软件。全年速报地震 32 次，平均地震速报时间在 10 分钟左右，较上一年有明显提高；长江三峡工程诱发地震监测系统运行正常，全年三峡地区共速报地震 17 次，其中三峡重点监视区 $M1.8$ 以上地震 16 次，最大地震为 11 月 22 日 16 时 01 分的宜昌市秭归县屈原镇发生的 $M4.1$ 地震；在 2008 年全国地震观测资料评比中，武汉基准地震台获全国地磁Ⅰ类台评比第一名，宜昌地震台获全国洞体应变台站评比第一名，地震编目获全国三类单位编目评比第一名；组织召开了全省 2009 年地震趋势会商会，对 2009 年全省地震形式进行了预测，预测意见报中国地震局和省委、省政府；坚持开展日会商、周会商和月会商，重点跟踪三峡库区等地区地震形势。全年召开各类地震趋势会商 129 次。

（湖北省地震局　沈基玲）

湖 南 省

（1）2008 年湖南地震监测预报工作先后经受住了两次重大考验。年初，我国南方发生百年一遇的持续低温雨雪冰冻灾害。湖南地震台网受到严重影响，部分台站水管和供电线路损坏，导致停水停电，交通、通信中断，湖南地震系统全体监测人员克服恶劣气候影响，坚守工作岗位，确保了全省重点骨干台站和省地震台网中心的正常运转，取得了抗击冰冻灾害的最后胜利。5 月 12 日，四川汶川发生 8.0 级地震，湖南省大部分地区震感强烈。震后邵阳、娄底、张家界、怀化等地出现多种宏观异常现象，宁乡、郴州、常德等地相继出现小震活动。湖南省地震局积极应对，加强震情值班和地震分析处理，组织召开多次紧急会商，提出科学判断意见，及时向省委、省政府报告并通过新闻发布形式向社会公布，对稳定民心，保障全省生产生活秩序平稳正常起到积极作用。

（2）“十五”网络项目。完成测震、前兆分项目工程验收报告并通过中国地震局专家组验收。完成了网络项目档案收集整理工作并通过中国地震局档案验收组的验收。完成网络项目湖南省单位工程竣工验收报告的编写，制作了网络项目专题汇报短片。2008 年 3 月，“湖南省数字地震观测网络项目”通过中国地震局验收。

（3）台网运行管理。结合实际，制定了测震台网运行、前兆台网运行、地震速报技术等管理细则，规范了运行管理。加强台网仪器的运行维护，及时发现并处理台网和台站仪器运行过程中产生的问题，全省台网仪器运行率达到 99%，大部分测项资料连续率提高到 95% 以上。先后派出 30 余人次参加中国地震局组织的各种培训。举办了全省数字化地震台站前兆和测震数字处理软件培训班，举办了湖南、江西两省第二期地震台站全员培训班。组织了全省地震速报培训及竞赛，参加了全国地震速报竞赛广州赛区复赛，获团体第三名。开展了全省观测资料评比工作。

（4）台网建设和改造。完成了石门、溆浦和新宁台的仪器设备安装，勘选确定了安化、江华、怀化、浏阳和沅陵等台址，对冷水江、湘阴、平江、韶山和石门等前兆台站改造进行了调研，提出了具体改造方案。邵阳、茶陵、吉首、宁乡等地震台站的优化改造已基本完成。对邵阳大祥形变台进行先期数字化改造，确定山洞改造方案，采购了观测设备。

（5）监测预报基础和应用研究工作。开展了《湖南地震目录》和《湖南震例》汇编工作，并对基础图件进行了清理和购置。继续实施了《第五代地震动参数区划图预编》、《三向应变结构与地震的实验与应用研究》等几项重大课题，对湖南省地震地质和活动构造情况进行较全面的研究，并对地震预测预报理论进行了不懈的探索。

（湖南省地震局　王沛华）

广　东　省

1. 地震监测预报

汶川8.0级地震发生后3分钟，利用自主研制、国内首创的地震自动实时定位软件，快速准确测定出地震三要素，并向省委、省政府和中国地震局报告；震后2小时内发出第2份简报，明确此次地震活动不会对广东的生产生活造成影响；震后3小时，杨马陵同志随中国地震局专家组乘坐包机赶赴灾区，担任现场余震预测及地震序列分析的负责人之一，开展现场分析预报工作；先后派出康英等4位测震专家到四川局协助开展地震监测资料的处理与分析，同时为四川、甘肃流动监测台网提供全天候远程技术支持。建立宏观异常收集核实和快速报送24小时值班制度，核实、排查宏观异常50多次，并及时将核实结果告知当地民众。加密震情跟踪会商并及时报告中国地震局。5月19日至9月20日4个月中，加密会商108次，合计提交132份会商报告。

完成北京奥运会（残奥会）香港马术比赛项目的地震安全保障任务，省地震局被中国地震局评为奥运地震安全保障工作先进单位。

准确把握湛江市雷州湾3.0级地震、阳西县3.0级地震的震后趋势，为政府科学决策和稳定社会提供依据。11月18日在广州召开2009年度广东省地震趋势会商会。会议总结2008年广东省地震活动情况和震情跟踪工作，形成了2009年度广东省震情趋势会商意见。

2. 台网运行管理

广东省遥测地震台网运行连续率为96.3%，记录处理地震事件5425个，编目2287条，速报地震15次，无一错报、漏报和迟报。建立了“广东省地震速报系统”，在全省地级以上市地震部门及有人值守专业台站安装该系统接收终端。区域前兆台网中心总体数据连续率和完整率在99%以上，完成前兆数据库的建设任务。

制定《广东省测震台网运行管理规定（试行）》、《广东省前兆台网运行管理规定（试行）》、《广东省地震速报技术管理规定》和《广东省地震速报技术管理规定》，进一步规范了台网运行管理、地震速报及信息发送的技术流程。

成立了奥运安保领导小组和工作组，制订了《奥运期间香港赛区地震安全保障筹备工作实施方案》、《奥运期间香港赛区地震安全保障前期工作实施方案》和《奥运期间香港赛区地震安全保障工作预案》，建立了“珠江三角洲（粤港澳）地区地震速报系统”，强化地震速报业务训练，保障技术系统运行正常。

完成全国地震速报竞赛活动华南赛区复赛的组织工作，并获得广州赛区团体冠军。在全国地震监测资料质量评比中，肇庆地磁台获地磁学科第3名、汕头遥测台网获第4名、汕头市地震局气汞和数字化水位单项评比分获第5名和第6名。

3. 台网建设

完成云浮、德庆、阳山、汕头、汕尾、潮州和揭阳等7个测震台站勘选和测试；完成潮阳市、汕头澄海和汕尾共8个强震台的勘选和测试；完成东莞、汕头、汕尾基准站的勘选测试；完成“陆态网络”韶关GNSS基准站的土建工程；“广东省南海地震观测网及地震海啸监测预警系统建设工程项目”获省发改委批复实施；完成新丰江水库地震监测预报综合实验中心项目台址的初选；深圳完成了测震台、海啸台和深井综合台共12个台站的堪选和测试及地震监测网络工程前期工作；佛山建成了具有地震监测、地震应急指挥部、地震科普教育、业务管理等8个功能的综合地震台。

完成肇庆地震台办公楼外墙改造、汕头台观测窿道改造、湛江台观测环境改造、广州台五山前兆观测项目改造；肇庆台启动国家重大基础科学项目“子午工程”；修订了湛江地震台测震项目异地搬迁重建赔偿经费概算。

4. 监测预报基础和应用研究工作

完成国家台网控制台的相关软件研制工作；参与金沙江台网建设并提供软件服务；完成汶川地震台网建设方案（草案）编写；参与国家科技支撑项目水库地震研究；完成深圳、东莞活断层精定位工作；汕头台完成了市科技计划项目《汕头市地震应急数字系统开发与建设》；广州台开展“不同时段绝对观测对观测基线值的影响分析研究”工作；承担研制的“十五”中国数字地震观测网络项目测震分项专业软件《数据采集与常规处理》（JOPENS软件）顺利通过中国地震局验收；成功研制“地震实时自动定位处理软件”，省地震局成为全国虚拟速报台网暨国家数字地震台网备份中心；自主研发的JOPENS地震台网数据处理系统和IP数据传输设备参展深圳第十届高交会。

（广东省地震局　陈玉桃　何晓灵）

广西壮族自治区

1. 地震监测预测与数字地震观测系统项目建设

（1）广西数字地震观测系统项目建设。据2008年2月29日《广西壮族自治区发展和改革委员会关于广西数字地震观测系统综合楼（广西数字地震指挥中心）初步设计的批复》（桂发改投资〔2008〕115号）规定，广西数字地震观测系统建设系自治区50周年大庆项目之一，项目总投资7700万元。该项目包括广西数字地震观测指挥中心（区域中心），柳州、桂林、梧州、北海、防城港、钦州、贵港、玉林、百色、贺州、河池、来宾、崇左共13个地级市和百色市的平果县应急指挥中心建设及桂林、邕宁、灵山地震台等部分项目优化改造，17个观测台站、县级信息节点等建设，至2008年底，完成了总投资的60%工作任务。

（2）市县级地震监测台网建设。2008年，南宁市新建宾阳县大塘镇石壁村测震子台、上林县白圩镇覃排中学测震子台，改建武鸣县太平镇境堆屯测震子台，并当年投入正常运行，至止南宁市数字测震台网共有9个子台。

（3）专用地震监测台网。大厂矿区地震监测台网建设，是自治区地震局应河池市人民政府的要求，由河池大厂矿区投资416万，委托自治区地震局建设和日常技术维护。该台网主要包括芭芒坪、大树脚、月亮坪、大坪屯、田角村、拉公、掟甲、鱼泉洞8个遥测子台，

2 套流动观测设备和 1 个台网（数据处理）中心（确定在河池地震台内）。该项目 10 月 28 日正式动工，2008 年底已完成了芭芒坪、大树脚、月亮坪、大坪屯 4 个遥测子台的土建施工任务，2009 年续建。这一台网是继广西百色水利枢纽、龙滩电站地震监测台网之后的第 3 个专用地震监测台网。

（4）数字强震台网建设。广西数字强震台网，由 19 个子台组成，2008 年底各台运转正常。根据震情的需要，自治区地震局与龙滩水电开发有限公司协商，确定在龙滩库区人口密集移民点天峨县向阳镇纳念屯、坡结乡杠里屯建设 2 个自由场强震观测站及增加 2 套流动台设备。该项目由龙滩水电开发有限公司投资，并委托自治区地震局承建和日常维护管理，9 月 10 日正式动工，2008 年 12 月底基本完成了强震台站的土建及观测条件准备工作，有望在 2009 年投入正常工作。

（5）地震信息网络建设。广西地震信息网络，截至 2008 年底承担着全区 8 个专业地震台，14 个地级市及 1 个县地震台的地震数据传输任务，主要包括 21 套地震前兆仪器观测数据和 42 个测震台仪器观测数据，这些数据都要通过 SDH 专线、Internet VPN 和联通 VPDN 等链路实时传输到自治区台网中心。2008 年，为发挥“十五”国家数字地震观测项目投资效益，优化完善地震信息网络，先后对 OA 办公、信息上报、磁盘阵列、视频点播、信息发布等系统进行优化，使之实用化。重新建立“广西防震减灾网”站，9 月中旬完成了全区 14 个地级市网站建设，实现了全区一体化新网站建设，系统在广西处置 9·13 大地震谣言中发挥了明显的效果。

（6）广西地震前兆台网建设。9 月自治区地震局灵山地震台在原有的山洞安装了武汉地震仪器研究院生产的 DZW 型数字重力仪，并投入试运行，试记期间，仪器工作稳定性能良好，清晰记录到固体潮，从此填补了广西无重力观测的空白；中国大陆构造环境监测网络项目百色 GNSS 基准站，9 月 18 日开工，2008 年底完成了土建任务，仪器设备待安装。该项目建成填补了广西在该领域的空白。北海市改建了海城区咸田、合浦县石康地下流体观测和市内电磁波观测，并投入了正常观测。

（7）群测群防，“三网一员”建设。2008 年，全区有钦州市的灵山县、浦北县，崇左市江州区、凭祥市、天等县建立了“三网一员”网络；截至 12 月 31 日，14 个地级市建立了相对固定并有人观测的宏观观测点。全区除贺州市无宏观观测点外，其他 13 个地级市总共有宏观观测点 732 个，有观测人员 1392 人。

2. 广西地震台网运行管理

（1）台网（包括前兆）运行情况。2008 年参加省局台站观测资料质量检查评比的共 39 台（场）项，其中测震学科数字测震台网 5 个、数字测震单台 5 个；地壳形变 7 台场项（地倾斜 3 台项、地应力 2 台项、流动水准测量 2 场项）；电磁学科 8 台项（地磁 3 台项、电磁波 5 台项）；信息网络 1 项；地下流体 13 台项（数字化 7 台项、模拟记录 6 台项）。在该年度评比中，测震、地壳形变、电磁学科、信息网络项目全部获得优秀，优秀率 100%；地下流体优秀率 78%。从评比结果可见广西测震观测资料质量比 2007 年有了明显提高，前兆项目成绩与 2007 年相比基本持平。

（2）开展市县防震减灾工作综合评比。

（3）建立完善地震监测预测规章制度。根据国家有关法律法规和中国地震局有关规定，结合广西防震减灾工作的实际，2008 年先后制定或修订了《广西南宁数字地震台网值班制度》、《震情会商会制度》、《广西地震信息网络管理规定》、《广西防震减灾网络管理人员职责》等规定，从而保障了地震监测预测工作顺利开展。

（广西壮族自治区地震局　张均洲　李青春）

海　南　省

1. 震情监测

2008年海南省以震情为中心，强化震情跟踪工作，密切监视震情发展趋势，较好地把握了海南岛及邻区年度地震活动趋势和最高震级水平。加强日常地震分析预报工作，积极探索和推进地震短临预报工作，努力提高会商质量，按要求完成周、月会商、年中、年度会商和临时加密会商及参加华南片区会商、全国震情会商会达130次；迅速核实地震异常，全年落实宏观异常23起。加强观测质量管理，发挥新建数字化地震监测信息技术系统的综合效能，提高地震响应能力，全省台站（网）的运行率在98.0%以上。加强日常值班和节假日及重要时期的震情保障工作，圆满完成了春节、国庆节、全国人大政协“两会”、建省20周年、博鳌亚洲论坛、汶川大地震、北京奥运会、残运会等特殊时期的震情保障工作，有力维护了社会稳定。

2. 台网运行管理

2008年海南省有地震台（网）14个，其中国家台2个，省直属台（站）4个，市县台站7个，数字地震观测台网1个。开展了包括测震、强震、地磁、流体、形变、大地电场、重力、GPS观测等8种手段地震监测。2008年海南省地震台站观测质量稳中有升，测震台站（网）的运行率达98%以上。前兆台站（网）运行情况良好，除琼中地震台重力仪送厂家维修未能正常运行外，琼中地震台钻孔形变于5月安装后运行正常，其他前兆台站运行率达90%以上。2008年全省20个台项的观测资料参加全国评比均获优秀。其中海口地震台地热（浅井）观测资料在全国114个台站评比中获第三名。琼海水位观测资料在全国125个台站评比中获第二名。琼中台地磁、大震速报也取得明显进步。

2008年海南省新制订《海南省地震速报管理规定》、《海南省测震台网运行管理规定》《海南省地震前兆台网运行管理规定》，进一步建立健全地震监测预报规章制度，规范管理地震速报、前兆、测震工作。

2008年海南省地震监测预报技术人员有90人次参加了中国地震局和海南省地震局举办的监测预报学科的岗位培训及项目培训。海南省地震局还组织开展首届地震速报竞赛活动，提高了地震速报一线技术人员的速报技能和业务水平。

2008年海南省依法开展地震监测设施与观测环境保护工作，有效保护了地震监测设施和观测环境安全，地震观测环境基本稳定，除部分野外地震观测台站通讯和电力电缆被盗外，全年未发生较大影响的观测环境被破坏的事件。

3. 台网建设

2008 年海南省完成了儋州市西流地下流体观测台的环境改造，更新了西沙地震台的仪器设备，恢复了西沙台的正常运行。

4. 监测预报基础和应用研究工作

2008 年，海南省地震系统技术人员积极申报和承担中国地震局、海南省的科研课题。完成海南省重点科研项目《卫星遥感信息异常解译与海南地震前兆的耦合机理研究》（郭坚峰）1 项，完成中国地震局“三结合”科研课题 2 项。成功申报了海南省重点科研项目《南海天然地震观测及地壳结构研究》（曾钢平）1 项，海南省地震局自筹资金资助的科研课题 11 项。获海南省科技进步奖二等奖 1 项《海口市活断层探测与地震危险性评价》（沈繁銮）。

（海南省地震局　胡金文）

重　庆　市

1. 震情监测

2008 年，重庆市地震局坚持月会商、周会商、节假日会商和特殊时段会商制度，出现异常做到及时追踪和落实。在重大节日特别是奥运期间，制订周密方案，对监测仪器维护、震情值班、会商、异常落实、应急准备等工作做出严密部署，保证奥运期间社会秩序稳定。加强对重点危险区的震情跟踪工作，2008 年 9 月巫溪县，10 月万州区、11 月上旬奉节县、11 月下旬湖北秭归分别发生有感地震，重庆市地震局及时启动应急预案，组织局相关业务部门进行临时会商，结合历史观测资料，提出地震趋势意见及相关应急措施，组织应急现场工作队赶赴当地进行震情跟踪、宏观异常落实等工作，配合当地政府安抚群众情绪，较好地完成了对影响较大的有感地震的震情跟踪、应急等相关工作。四川汶川地震后，强化震情监视、密切跟踪震情发展，保证台网值班，确保监测数据的完整可靠和及时准确的处理，保证每天进行震情趋势会商，做好震情趋势判定工作；制作汶川地震“震情快讯”，短信群发等各种方式，向全局及区县地震系统通报截止发稿时的余震次数及强度，就地震预报发布、动物习性异常等我市群众关心的问题做出相应解释。以每天一期“工作简报”的形式，将汶川地震后的监测预报工作情况及时报送中国地震局。

在本年度报送的 134 期会商报告中，明确提出无震意见的会商报告共有 78 期，占 58%，明确提出引起注意的会商报告共有 56 期，占 42%。实际检验情况：本年度会商时段内重庆辖区没有发生 5 级以上地震，在应注意时段发生有感地震 16 次，加密会商和临时会商对震情的预测意见都通过了实践检验，没有漏报和虚报现象，日常会商预测自检结果较好。

在 2008 年度地震监测预报工作质量全国统评中，重庆台的测震被评为Ⅱ类台优秀，地磁基本观测、形变和 G856 核旋观测均被评为优秀；在监测单项地震编目评比中，市地震局获编目Ⅲ类局优秀。“2008 年度重庆市地震趋势研究报告”获全国评比三类局第三名，连续四年保持全国同类评比前三名的好成绩。

2. 台网建设情况

2008 年是重庆台网建设的丰收年。“重庆市数字地震观测网络”项目总投资 2726.14 万元，建筑面积 2992.15m²，建设内容包括测震台网部 1 个，测震台站 12 个，流动台网 1 个；前兆台网部 1 个，前兆台站 5 个，地震应急指挥部 1 个，地震现场流动应急指挥技术系统 1 套，地震应急物资储备库 1 个；信息服务部 1 个信息节点总数 18 个（其中区域节点 1 个，县级节点 16 个，台站节点 1 个）。十五网络项目于 2008 年初顺利通过验收投入运行；“三峡库区重庆段地震监测技术系统”项目总投资 2960 万元，建筑面积 2685.15m²，建设内容包括 1 个地震监测总站，1 个地震监测中心站，1 个测震台网，15 个固定测震设施，1 个由 9 台地震仪构成的流动观测系统；1 个前兆观测台网，其中包括 15 个 GPS 基准观测网络设施，6 个钻孔应变观测设施，3 个地下流体观测设施，6 个地磁观测设施，5 个电磁波观测设施。“三峡”项目进展顺利，已完成绝大部分建设任务，预计于 2009 年初完成验收工作。

经过“十五”、“三峡”项目的建设，我局基本形成了覆盖重庆主城及渝西经济发达地区的监测网络，并对三峡库区重庆段实施重点监测，现三峡库区重庆段监测能力 $M_L \geqslant 1.2$，一般地区 $M_L \geqslant 1.6$，重庆辖区 $M_L \geqslant 2.2$，前兆测项分布较均匀，观测手段较齐全，基本保证对重庆主城及渝西经济发达地区前兆异常信息的捕捉。目前测震台网运行情况良好，符合中国地震局对运行质量的要求，并且在此次 5·12 汶川地震的震情监测、跟踪工作中发挥了重要的作用，获得好评。

由重庆市地震工程研究所承担的彭水水电站数字遥测地震台网项目，为彭水水电站的组成部分，包括龚滩台、后坪台、鹿角台、新田台、朗溪台、鞍子台共 6 个测震台站以及万足强震台，信息节点 1 个（彭水水电站营地内），测震台网中心 1 个（重庆市地震监测预报中心台网部内），2008 年 12 月完成项目验收。彭水水电站数字遥测地震台网项目的顺利实施，建成了以数字观测技术为核心，覆盖彭水水电站整个库区范围的地震监测网；实现包括台网中心和彭水水电站信息节点在内的，与涵盖水电站周边两个县境内所有新建地震观测站点的网络化数据传输；同时接入以重庆市地震监测预报中心台网部的地震监测系统，更好地为重庆市地震监测预报工作服务。

3. 台网运行管理

台网运行管理是防震减灾工作的基础，为提高观测质量，确保数据产出，2008 年，重庆市地震局组织监测预报中心和相关地震台站，采取措施保证地震台站仪器设备观测记录的连续可靠，同时着重加强对台网的运维管理，确保了测震及前兆台网的正常运行及观测资料的顺利产出，为地震监测预报提供了较好的保障。

加强制度建设，针对测震台网部、前兆台网部、信息部分别制订了相关的值班制度和运行管理细则，明确了岗位职责和操作流程等，更好地规范台网运行管理。组织了地震观测资料质量评比工作，提高台网观测资料产出质量。本着“震情就是命令，时间就是生命”的原则，在日常监测工作中，尤其是奥运等特殊时段，狠抓台网运行管理，强化震情监视工作。

汶川地震后，重庆台网以最快速度定出准确的地震三要素并报中国地震台网中心，加大台网值班力度，加强对台网仪器设备故障予以排查处理，确保监测数据的完整可靠和及时准确的处理。

4. 地震科研与技术服务

2008 年，根据新的工作形势变化，市地震局组织召开科学技术委员会会议，讨论修改了科技委章程，更新了科技委人员名单；组织完成了《重庆市地震局防震减灾优秀成果评审奖励办法》、《重庆市地震局防震减灾优秀成果奖评审标准》的制订工作，并经审议通过予以印发。

加强项目、课题申报管理工作。组织申报了中国地震局“三结合”课题，《重庆台形变观测抽水干扰分析及其机制探索》获中国地震局“三结合”课题经费支持；完成了 2009 年地震行业科研专项项目的申报、初审、上报工作；与移民局合作，向国务院三峡办上报《三峡库区重庆段地震监测技术系统建设优化完善实施方案》，组织完成了科委软科学和科技攻关计划的申报工作，《重庆彭水、江口电站水库诱发地震趋势及对策研究》、《汶川强震背景下重庆及三峡库区重庆段地震危险性和防御措施研究》分别获得重庆市科委 2 万和 15 万元经费的支持，现上述两个项目均已进入实施阶段。

（重庆市地震局　谭小龙）

四　川　省

1. 地震监测预报

（1）2008 年度，四川省地震局认真贯彻温家宝总理、回良玉副总理视察四川省地震局的讲话和全国地震局长会、地震监测工作会议和年度趋势会商会精神，坚持以震情为中心，着力加强自身能力建设，强化台网运行管理，提高台网监测质量，抓紧台站优化改造项目实施，积极应对 5 月 12 日汶川 8.0 级特大地震等大震考验，努力探索地震规律，不断增强地震监测预报能力。

（2）提供及时、连续，可靠的观测资料是地震监测预报的基础。2008 年，四川省地震局在“十五”项目建设与验收工作刚刚完成，台站尚有九五、模拟等系统并行，技术整合集成尚未完成、软件系统有待完善，震灾频发、中强震不断来袭，应急持续时间较长等多种困难情况下，充分发挥各级监测人员的主观能动性，竭尽全力完成了地震监测任务，监测质量继续保持良好态势。参加 2007 年全国监测质量评比 77 个台项中，获得全国前三名 14 项，占参评项的 18%，其余全部优秀，与 2007 年基本持平。特别是省骨干通信网和松潘台观测质量取得前所未有的进步。

（3）坚持震情周、月日常分析会商制度，密切监视震情发展变化；派出现场工作组，及时核实了地震前兆异常现象；组织召开了全省地震趋势年度、年中会商会，认真分析研究各方面的震情趋势意见。促成四川省政府办公厅转发了关于 2008 年度震情趋势和做好有关工作的通知，明确部署了相关工作任务；制定了全省年度震情跟踪工作方案，下达了实施计划任务；四川省地震局会同四川省财政厅落实了省级震情短临跟踪工作经费，确保了全省震情监视跟踪工作的正常开展；增上了流动监测设施，实施了加密观测，重点区域的加密报数工作运行正常。

（4）5月12日汶川8.0级特大地震发生后，人员伤亡惨重，经济损失巨大，四川省地震局由于未能在震前作出短临预报，深感沉重和压力。同时，四川省地震系统在汶川地震中遭受了重大损失，5名职工遇难，5名职工受伤，84个台点受损，监测预报工作面临较大的困难。但在中国地震局的组织领导下，四川省地震局切实加强了震情监视跟踪工作，并作出了较为准确的趋势判定，为抗震救灾和恢复重建工作提供了重要资讯。一是调集技术力量。在中国地震局的组织下，迅速调集了全国地震系统的地震监测和分析预报方面的技术力量参与了汶川地震的震情监视跟踪工作，其中地震监测技术骨干及专家300余人，预测预报专家30余名，集中了全国地震系统的优势技术力量，切实加强了对汶川震区的地震观测数据的分析与处理，为做好震后震情趋势判定工作提供了技术支撑和保证。二是增上监测手段。制定了强化汶川震区震情监视工作专项方案，并成立了专门的领导小组和专家组，增设了46个流动观测台，接入水库台网监测点29个，及时恢复在地震中受损的汶川、平武等24个台，在震区建成了一个由120余个台站组成的密集型监测台网，每天24小时不间断实时监测。同时，在中国地震局的组织安排下，实施加密观测，震后增加流动重力观测24393km，流动水准观测900km，流动GPS观测142站，流动地磁观测120点。余震活动测定、地震前兆观测等工作高效有序地进行，为震情趋势判定提供了大量的基础资料。三是强化应急状态。坚持每天对汶川震区的震情进行分析会商，做到例行会商与紧急会商相结合，截至10月底共组织会商124次；及时现场核实地震前兆宏观异常100余起，广泛收集各方信息；及时处理汶川地震序列目录，保证了震情分析会商的需要；全省地震系统坚持实行24小时值班制度，有效应对处置各类震情应急突发事件；派出多批由局领导和专家带队的工作组分赴广元、德阳、绵阳、雅安、阿坝、凉山、攀枝花等地，深入基层，督促指导震情监视跟踪工作，确保了各项工作措施落到实处。四是判定震情趋势。汶川地震发生后，四川省地震局迅即组织了震情紧急会商，并在5月15日上报了正式震情趋势总体意见的书面报告，并随后向社会公众进行了公布：汶川8.0级地震为主震—余震型，最大余震在6.5级左右，余震活动将持续一段时间并呈有起伏的衰减，成都市区不会遭到破坏性影响，四川盆地内不会发生破坏性地震。这一震情趋势判定与汶川地震余震活动情况总体相符。此后，针对汶川震区强余震频发的情况，组织了多次专题震情会商，及时向四川省政府上报震情判定意见及采取防范措施的建议，切实减轻了强余震可能造成的损失。

2. 台网运行管理

（1）运行情况概况。2008年，四川前兆台网61个台点（包括12个温泉观测点，其中电磁学科计观测站16个，形变学科观测站16个，重力学科观测站4个，流体学科计观测站36个）运行总体运行良好。汶川地震后，因观测山洞、观测井及观测室受损，汶川JB及SQ水平摆、茂县JB水平摆、北川水位及水温观测中止，因泉点断流，安县水氡观测中止。所有391个前兆测项的平均运行率为97.23%。由52个数字测震台站和1个区域台网中心构成的四川数字测震台网，除泸州台仪器故障外，2008年度其余51个数字测震台站平均运行率为95.29%。

（2）台网管理培训。全年继续贯彻“振奋、敬业、质量”台站工作方针，全面落实地震监测质量目标管理责任制，切实加强地震监测质量管理。组织开展了全省地震监测资料质量检查评比，对215个测项和7个遥测地震台网的观测质量进行了综合考评。加强台站技术人员培训，着力提高台站观测人员业务水平。维护好四川地震监测预报网站，确保地震前兆信息收集、传输畅通。

（3）观测环境保护。依法加强了全省地震台站监测设施和观测环境保护，全年接到四川省政务服务大厅转来建设工程地震监测环境审批件187份。四川省地震局对可能影响地震观测环境的工程项目，及时派出人员进行实地调查，在宣传防震减灾相关法律的基础上，进行了妥善处理。汶川地震后，成都、松潘等台进入灾后重建规划影响范围，四川省地震局积极组织有关人员与设计单位、业主单位及当地政府本着地震监测与经济建设共同发展的原则，多次协商与探讨，努力寻求解决方案。成都至都江堰快速铁路原方案从成都基准台南几百米的地方通过，将对成都基准台的测震、电磁、重力等观测手段造成影响，经多次协商，业主方修改了设计方案，距离保持在1.4km。对依然受到影响的测震手段改为深井观测；对地电手段进行异地迁建，其前期野外踏勘和场地测试已基本完成。

3. 监测预报基础和应用研究工作

在继承测震学和前兆监测手段的基础上，四川省地震局继续发展新的监测手段GPS观测网络和卫星热红外观测接收系统，用于地壳形变监测和地表温度变化监测，为地震预报研究提供料基础资料。在地震预报中，进一步对各地区和区域的地震预报指标进行清理研究，形成边研究—边预报—边检验的研究工作实践。

（四川省地震局　杨志敏　邹洪生　田玉萍）

贵　州　省

（1）认真贯彻落实贵州省委书记石宗源对贵州省地震局工作的重要指示。2008年5月16日下午，贵州省委书记、省人民代表大会常务委员会主任石宗源在省委常委、省委秘书长张群山，省委常委、省政法委书记崔亚东，省发改委、省科技厅等部门领导的陪同下，视察了省地震局。在听取了省地震局负责人工作汇报后，对省地震局的工作作出重要指示。省地震局全体干部职工认真学习石宗源书记的重要指示，与深入学习实践科学发展观活动相结合，振奋精神，扎实工作，努力开创我局工作新局面。

（2）建立健全地震台站管理制度。“十五”贵州省地震局新建和改建的13个测震台站、1个前兆台站已正常运行，在地震监测预报工作中正发挥积极的作用。为保障地震台站仪器正常运转，地震信息网络畅通，及时搞好地震速报。省地震局已编制了地震台站管理规定，要求台站培训上岗，坚持24小时值班，凡省内记录到$M_L \geqslant 3.0$、省外$M_L \geqslant 4.0$以上地震，10分钟之内上报省地震局。要及时排除地震仪器故障，随时保证仪器正常运转。

（3）对地震台站的环境进行改造。“十五”贵州省地震局新建和改建的13个测震台站、1个前兆台站，因许多工作不够完善。经请示省政府，由省财政厅拨专款对全省地震台站环境进行改造，修建了值班室，购置了办公设施，极大地改善了台站工作环境，保证地震监测和速报工作顺利进行。

（4）成立了地震流动台站。由省财政拨专款购置了 3 台 BBVS—60、EDAS—24IP3 宽频带地震观测仪器，组建了流动台网。专业负责野外地震应急现场跟踪监测、工程地震测试、勘测选择地震台址等。在地震现场测试效果较好，起到了安定民心、跟踪监测地震活动，为准确判定地震活动趋势，预测预报地震提供可靠的科学依据。

（5）定期召开地震趋势会商会。6 月 12 ~ 14 日和 11 月 13 ~ 15 日召开全省地震趋势会商会，参加会议的有市、州、地及部分县科技局的分管负责人、地震台站技术人员共 60 人。会期各地震台站提交了年中和年终会商意见报告，并对贵州省地震活动趋势进行了深入讨论。各台站根据地质构造分布、地震活动情况、前兆观测资料异常等，对贵州省未来两年内地震活动中、长期趋势进行了研讨，形成趋势会商意见。同时对贵州省地震台站防震减灾、地震观测、地震预报三项工作进行评比，评选出各项工作先进单位 1、2、3 名，对评选出的单位颁发了奖状奖金。

（6）加强地震台站的维护维修。贵州省地震局“十五”期间新建和改建的 13 个数字测震台站和 1 个前兆台站，从 2007 年 10 月开始试运行至今，大部分台站仪器运转正常，有少部分台站仪器不正常，供电电源、路由器、地震计、数采器及易损坏，使地震记录不连续，极大地影响了贵州省地震监测监控和速报工作。为提高贵州地震监测监控和速报能力，省地震局对有故障仪器进行维护维修，保障了地震台站仪器正常运行。

（7）加强两会期间的地震监测和速报工作。2008 年 3 月“两会”和 8 月中国国际奥运会期间，为加强地震监测和速报工作，省地震局制定了值班安排。每天坚持 24 时值班，凡记录到省内 $M_L \geq 3.0$，省外 $M_L \geq 4.0$ 的地震，10 分钟内上报省委、省政府、省应急办，中国地震局。省地震局地震应急处做好准备，随时赶赴灾区，及时了解情况上报省人民政府和中国地震局，做好地震现场监测和宣传，安定民心，保障社会秩序稳定和经济持续发展。

（贵州省地震局　罗远模）

云　南　省

1. 地震监测

2008 年 2 月 18 日，漾濞发生 4.8 级地震，云南省地震局向中国地震局、省委、省政府上报“漾濞 4.8 级地震震后趋势分析意见”，提出了“近期云南地区存在发生 5 ~ 6 级地震的危险，重点跟踪 2008 年度地震危险区，尤其要关注滇西北东条带、滇西南、滇东北及川滇交界地区”的预测意见。3 月 21 日盈江发生 5.0 级地震。2 月 29 日，省抗震救灾指挥部全体成员会议召开，听取省地震局关于云南震情趋势和防震减灾工作汇报，部署 2008 年防震减灾工作。召开震情跟踪工作领导小组会议，部署震情跟踪工作，云南省地震局主要领导与云南省地震预报研究中心、地震监测中心、形变测量中心、信息中心和监测预报处签订了震情跟踪工作责任书。制定《云南及邻区强震预测工作方案》，成立“云南及邻区强震预测研究工作组”，对强震进行跟踪预测研究。

5月12日，四川省汶川发生8.0级特大地震，云南省昆明、昭通、曲靖、楚雄、大理、丽江、迪庆等州市均有明显震感，部分县市震感强烈。汶川地震发生后，省地震局第一时间向省委、省政府报告地震参数，云南省人民政府向各州市人民政府，省直各委、办、厅、局印发“关于进一步做好防震减灾工作的紧急通知”，要求迅速查核灾情，进一步加强地震监测预报工作，进一步做好云南省防震减灾工作。接到震情报告后，省委省政府领导立即到省地震局现场办公，共同研究震情，12日晚省政府秘书长丁绍祥到省地震局进一步了解震情灾情。5月13日上午，省委省政府以及相关厅局的领导到省地震局召开专题会议，听取省地震局对地震形势的总体判断和分析意见，研究四川汶川8.0级地震后云南省的有关应对工作。5月15日，省地震局牵头，会同省发改委、公安厅、民政厅、建设厅等10个单位研究制定预防处置地震灾害能力建设的具体措施，并于5月17日召开会议研究省地震局等单位提出的建设方案。5月21日，省委常委会专题研究汶川地震抗震救灾问题，充分肯定了全省抗震救灾取得的成绩，对下一步工作做了部署，强调要全面加强云南省的防震减灾工作。5月23日，云南省政府召开第5次常务会议，落实省委常委会精神，提出强化防震减灾工作的若干重大措施。6月2日，云南省政府向各州、市、县（市、区）人民政府，省直各委、办、厅、局印发《全面加强预防和处置地震灾害能力建设十项重大措施》，并在《云南日报》上全文登载。7月1日，省委省政府领导在省地震局主要领导陪同下，赴北京向中国地震局陈建民局长汇报十项重大措施的基本情况。组织召开云南省2008年年中地震趋势会商会，对下半年地震趋势进行研究判定，并将会商意见上报中国地震局、省委、省政府。召开滇东地震预报协作区工作会议，深入分析5月12日四川汶川8.0级特大地震对云南及滇东地区震情发展的影响，加强滇东预报协作区震情跟踪监视和地震应急救援工作。7月25日，中国地震局副局长阴朝民到省地震局检查指导地震短临跟踪工作，召开川滇协作区震情跟踪工作暨震情会商会，对川滇交界地区震情发展趋势进行深入分析研究。8~9月，先后派出人员到洱源、剑川、大理、禄劝、楚雄、泸西、石屏、建水、江川、玉溪、华宁、丘北、师宗等地调查落实宏观前兆异常，检查指导震情跟踪工作。召开云南地区近期震情研讨会，对云南地区近期尤其是国庆节期间的震情发展趋势进行了分析研究，预测意见上报省委、省政府。11月13~14日，召开全省2009年地震趋势会商会，预测意见上报中国地震局、省委、省政府。

全年共召开震情会商会101次，收到各州、市、县（市、区）地震部门和地震台站的宏观异常报告86项，及时派出工作组到现场调查核实。向中国地震局和省委、省政府上报《震情反映》13期，震情跟踪工作值班信息18期，《云南防震减灾网》及时发布云南省防震减灾工作新闻信息1500余篇。向省委总值班室、省政府办公厅应急办公室和秘书九处报4级以上《地震速报》传真件19期。

2008年1月3日，根据云南省地震局在宁洱“6·3”地震预测预报和应急处置工作中做出的突出成绩，中国地震局、云南省人民政府联合对云南省地震局给予表彰和重奖。全省87个观测项目参加全国地震观测质量评比，有16个项目获得前三名，连续5年居全国第一，其余项目均获优秀。在地震监测预报工作质量全国统评中，云南省地震局获分析预报综合评比、日常分析预报、年度会商报告等三个第一名。在2008年度地震监测预报工作评比中，云南省地震局被中国地震局授予地震监测预报工作先进单位称号，德宏州防震减灾局被授予地震监测预报工作优秀集体。全省共评出防震减灾优秀成果奖5项，获中国地震局防震减灾优秀成果奖2项，获云南省科学技术奖三等奖1项。《地震研究》期刊影响因子由2007年的0.41提到0.59。出版专著1部，发表科技论文90篇。

2. 台网运行管理

（1）运行情况。共处理2007年12月1日至2008年10月31日触发地震1684个，分析速报地震1458个，出版地震目录10126条，10分钟内向中国地震局和云南省委、省政府领导准确速报2008年3月21日盈江5.0、8月20日盈江5.0、8月21日盈江5.9和8月30日四川攀枝花—会理6.1级地震。2008年，测震台网运行率为98%。

完成对云南省前兆三大学科的94个台项的模拟观测资料质量100%的检查评比。首次开展对云南省41个"九五"前兆台的117套仪器、26个"十五"前兆台的138套仪器的观测资料质量评比。完成"九五"和"十五"前兆数字化观测数据的收录采集、数据转换、资料预处理、工作日志、观测日志和监控日报的填报、数据入库等工作。"十五"系统90%的测项连续率为95%以上。

2008年，小湾台网共记录到98.5°~101.4°E，24°~26.1°N范围内地震1952个，处理编目地震（含爆破）1952个，完成《小湾台网地震月报目录》、《小湾台网月地震观测报告》、《小湾库区月爆破目录》、《小湾库区及邻近地区月地震目录》、《小湾台网月震中分布图》各10期。1~10月平均运行率为97.46%。

（2）建立健全规章制度。为了进一步明确职责，落实责任，强化监管，做好震情跟踪工作，制定《云南省2008年度震情跟踪工作责任制考核办法（试行）》和《云南省2008年度震情跟踪工作责任制评分标准（试行）》，云南省地震局主要领导与16个州（市）地震局（防震减灾局）、监测预报处、预报研究中心、监测中心、信息中心、形变测量中心签订了责任书，制定《云南省地震监测质量评比与奖励办法》、《云南省数字地震监测资料评比办法（试行）》、《云南省地震前兆台网运行管理办法》和《云南省地震信息行业网络运行评比办法（试行）》，加强了地震监测管理工作的规范化、制度化和科学化。

（3）加强业务培训。举办"云南省地震前兆观测技术培训班"，全省地震系统60余人参加了培训。举办三期"全省县级地震局长研讨班"，三期研讨班共对云南省16个州（市）的108个县（市、区）地震局长进行了培训，培训范围占云南省119个县的91%。派员参加中国地震局组织的业务培训9批20人次。

3. 台网建设

组织开展对云南省辖区内的国家台、省级台和市县台基本情况的统计。2008年，云南省地震局直管台站93个，其中专业台33个，遥测子台46个（8个国家台），小孔径台网14个（火山子台8个，大理子台6个），共262项测项。

台站优化改造。2007年承担的弥渡、洱源地震占优化改造项目，通过了财政部中资机构的绩效考评，并获得好评。2008年完成云县、巧家、云龙三个地震台优化改造项目任务。

4. 监测预报基础和应用研究

召开"地震预测预报思路体系专题讨论会"，开展地震预测预报思路、方法大讨论，对"地震活动性分析方法"、"前兆异常指标与强震分析"、"宏观异常与地震的相关性分析"等进行分析与探讨，加强对云南新一轮强震活动首发地震的预测研究。

（云南省地震局　李胜德）

西藏自治区

1. 地震预报

2007年年底，西藏自治区地震局召开年度地震趋势会商会，完成《2008年度西藏地区地震趋势研究报告》，全年西藏及邻区共发生5级以上地震31次，这些地震发生后，西藏自治区地震局都积极组织分析预报人员，通过对历史地震和震后地震序列的研究，及时进行会商，提出趋势判断意见。并根据前兆异常变化情况，在震情紧张期间，制定该期间的震情工作制度和具体落实措施，加强地震预测预报工作。唐古拉山地区5级地震群及当雄6.6级地震发生后，都及时进行会商，提出了较准确的趋势判断，为各级人民政府进行抢险救灾决策提供了科学准确的依据。

按照《西藏自治区地震局地震灾情速报实施细则》的要求，组织业务人员认真学习、履行职责，确保在区内发生较大地震后能及时准确收集震情、灾情，并快速报送。进一步检查和完善监测中心及台站震情值班人员岗位责任制，加强节假日震情值班，实行局领导亲自带班制度。

2. 台网运行

规范“十五”数字地震观测网络项目，确保各系统正常运行是2008年西藏自治区地震局一项重要工作。经过人员的调配、各项规章制度的建立和人员培训力度的加大，测震、前兆、信息等各系统已步入正常运行轨道。西藏地震监测、分析、定位能力得到显著提高，区内外较大的地震已基本能在15分钟之内做出快速的定位，达到了地震速报的要求。

3. 监测预报重点项目建设

（1）在自治区政府的高度重视下，2008年西藏自治区地震局上报的藏东、藏北地震监测台网项目建设得到自治区发改委的批复，总投资500万元。2008年下达投资200万元。尼玛、双湖台已完成建设，丁青台基建完成。

（2）西藏自治区地震局承担的国家六部委联合项目——“陆态网络”（GPS）11个基站投资约1000万元。2008年已全部完成11个台点的基建，提前完成任务。子午工程项目建设也进展顺利。

（3）“十一五”中国地震局对西藏投资2000多万元，项目的可行性研究报告和初步设计方案已经完成，正在进行立项工作。

（西藏自治区地震局办公室　喻景阳）

陕 西 省

1. 震情监视工作

始终坚持“震情第一”观念，制定并组织实施年度震情短临跟踪方案。全年共召开会商会198次，落实口镇井、泾阳台短水准和地裂缝等各类异常124次。在春节、两会、“五一”、高考、奥运、国庆等重要时段实施震情跟踪。召开年中和年度震情趋势会商，提出2008下半年以及2009年度地震趋势预测意见。应对了2月10日三原泾阳有感地震、3月24日湖北竹山—陕西白河4.2级地震。组织开展速报技能竞赛，在成都片区速报技能竞赛中荣获团体第二名。

5月12日汶川8.0级地震后，陕西地震监测台网在8分钟内完成了地震速初报。全省密切监视震情，迅速开展了测震、强震、形变流动观测，在汉中、宝鸡架设7个流动观测台站，增加一期跨断层水准加密测量，同时加密全省流体观测。实行24小时滚动会商，召开专题会商会126次，落实各类宏微观异常117次。切实保障陕西数字地震台网正常运行，共抢修测震仪8台次，地磁磁变仪9台次，水位仪5台次，地电仪10台次；强震台12台次，巡检流动测震台站4轮次；督促协助电信部门抢修测震、前兆、强震台通讯故障23台次；督促协助电信部门抢修台站电话故障4台次。汶川地震应急期间，共向省政府提供震情趋势意见11份，完成了高考期间震情保障工作，报送高考震情专报8份。

2. 台网运行管理

组织开展观测质量建设年活动，制定了测震、前兆台网运行管理和地震速报技术管理规定。测震台网全年运行率98.5%，速报地震1118个，地震编目7503个。前兆台网运行率达到99.40%，资料连续率98.69%。强震台网全年运行率高达99.6%。台网运行率比2007年明显提高。

派出22人次参加地磁、形变重力、地下流体、陆态网（GPS）、测震实时速报及速报软件EQIM、震相分析、强震动、前兆数据管理软件等各种培训。

3. 台网建设

（1）陕西数字地震观测网络项目（陕西省“十五”防震减灾重点项目）测震、前兆、强震项目通过了中国地震局组织的验收。测震项目进行了2次软件系统升级；汉中台、安康台、宁陕等台站通讯线路进行了SDH线路升级改造。前兆项目完成了榆林地磁台基建工程和华阴形变台仪器、西安台重力仪、乾陵台DI仪安装工作。强震项目进行了周至台、阎良台观测环境改造。

（2）制定了《陕西省GPS连续观测网络建设项目实施管理细则》。启动中国地震局陆态网安康、勉县、彬县三个GPS基准站建设，安康基准站基建工程基本完工，勉县基准站观测墩等主体完工，彬县基准站经中国地震局同意改为旬邑站，完成了重新勘选、测试工作。

陕西省佛坪、陇县、凤翔三个GPS观测站完成前期勘选、设计工作。

（3）编制汶川地震陕西灾区灾后恢复重建项目地震监测系统建设项目规划和实施方案，

落实灾后中央、地方灾后恢复重建投资8000余万元。在汉中、宝鸡、安康、商洛等地新勘选测震台址13个42个点位，勘选GPS连续观测站站址5个13个点位。

（4）开展了榆林、合阳地震台站观测环境保护工作，完成榆林地磁台、临潼台的优化改造工作。

（陕西省地震局　谭玉娥）

甘　肃　省

1. 震情监测

（1）年度地震监测工作。2008年甘肃省地震监测工作注重解决“十五”观测网络运行中存在问题，对观测网络信息传输、程序化实施了高度集成，建立了观测资料共享机制，使数字化地震信息应用适应实际工作需要，发挥了应有的效能；加强观测仪器维修和革新改造，对仪器设备进行了实用化改造，保证了观测数据的连续可靠；实施地震台站优化改造项目，改造观测环境和观测技术条件；加强地震监测设施和地震观测环境保护，对破坏和干扰事件依法依规进行处理。本年度地震台站的观测仪器和数据传输设备运行良好，监测台网整体运行率达98%以上。

（2）汶川8.0级特大地震流动观测工作。汶川特大地震发生后，甘肃省地震局先后派出了6个流动强震、微震观测组赶赴地震灾区开展流动观测。观测组在甘肃、四川地震灾区精心布点，科学布设了强震、微震观测仪27台，获取了4500多条强余震记录和大量微震观测数据，为强余震预测、震后趋势研判和震灾快速评估提供了珍贵的基础资料。特别是派往汶川的一个流动强震观测组，克服道路交通基本中断、强余震不断发生、滑坡滚石接连不断等重重困难，冒着生命危险在地震发生42小时后抵达汶川，成功架设了强震观测仪器开展实时观测，并及时向中国地震局汶川特大地震现场指挥部报告了灾情。同时，应中国地震局要求，甘肃省地震局还在甘肃省陇南市文县至四川省汶川县之间，进行了23个点位的流动地磁观测，为震情趋势判定提供基础资料。汶川特大地震发生后，甘肃省地震局成立了观测仪器维修专门队伍，紧急修复了被地震损坏的5台仪器设备，对台站所有观测仪器设备进行全面检查维护，对区域中心软硬件设备、数据传输信道进行巡检，排除故障隐患，保证了监测仪器设备的正常运行。速报人员克服增加70倍工作量的实际困难，地震即时发生、即时分析、即时速报、即时编目。汶川特大地震后的42天内，共分析速报地震14978个，准确、快速地产出了地震速报信息。针对汶川特大地震后余震监测工作的需要，启动了陇南市、天水市各县区，甘南州、平凉市部分县区的骨干地震宏观观测网点，加强宏观异常的收集和核实，做到了随时发现，随时报告，最大限度地满足了震情会商工作的实际需求。

（3）年度地震预报工作。2008年甘肃省地震预报工作以年度地震重点危险区为重点，制定周密的方案和措施，开展了不间断的震情监视与跟踪分析。本年度对省内发生的15次显著地震事件作出了较准确的震后趋势判定，为政府决策提供了可靠的依据。特别是3月

30 日发生在祁连山中东段的肃南 5.0 级地震，落到了 2008 年度中国地震局和甘肃省地震局确定的地震重点危险区内，取得了较好的中期预报效果。

（4）年度地震趋势会商会情况及判定意见。2008 年甘肃省地震趋势会商会，通过区域地球动力学环境分析、区域地震活动背景特征、地震活动场动态特征、前兆异常的跟踪分析，确定了 2008 年地震重点危险区。

（5）汶川 8.0 级特大地震预测预报工作。汶川特大地震发生后，甘肃省地震局立即召开了紧急会商会，及时向甘肃省人民政府提出了震后趋势判定意见，明确了该地震属主震余震型；坚持 24 小时滚动分析会商，高度重视汶川地震序列的发展变化，加大各种资料的分析处理与应用，特别强化了“十五”数字化资料的分析研究，截至 9 月 20 日奥运会结束共召开震情会商会 146 次，短临预报意见评审会 3 次；采取了切实可行的应对措施，强化宏观异常的收集甄别，处理分析各类异常 30 多次，组织 17 人次深入现场对异常进行调查核实；5 月 20 日，甘肃省地震局提出了强余震短临预报意见，对余震最大震级、活动区域以及破坏影响范围作出了判定和预评估，并上报甘肃省抗震救灾总指挥部。根据甘肃省地震局意见，甘肃省抗震救灾总指挥部发布了强余震临震预报公告。5 月 20 日四川青川 5.5 级地震、5 月 25 日四川青川 6.4 级、5 月 27 日四川青川 5.4 级及陕西宁强 5.7 级等强余震均相继发生在甘肃省地震局上报甘肃省抗震救灾总指挥部的判定地区和震级范围内；在各级政府、当地驻军抗震救灾和灾后重建工作部署、省内统一高考、成人自学考试及北京奥运地震安全保障等时段，提出了较准确的震情判定意见，制定了应对预案，为各级政府、当地驻军和社会公众提供了决策依据和震情服务。

2. 台网运行管理

（1）运行情况。本年度甘肃省测震台网运行率达到 98.9%，共速报国内外地震 680 个，分析地震 21606 条目，及时向中国地震局地震预测研究所、各市（州）地震局提供观测资料 400 份；前兆台网运行率达到 96.8%，数据完整率 99.73%；强震动完成了模拟台网巡检任务和数字台网每月远程检查标定一次的任务，178 个固定台站工作正常；信息网络中心设备运行率达到 99.9%，最大限度地满足信息发布、地震速报、地震目录和前兆资料的查询。

（2）规章制度建立健全。制定了《甘肃省地震前兆台网运行管理细则和甘肃区域地震前兆台网中心运行管理细则》、《甘肃省地震台网地震速报技术管理实施细则》、《甘肃省测震台网运行管理实施细则》。

（3）培训情况。本年度有 3 人参加了地震系统内的学术访问交流；3 人参加了“西部青年地震分析预报人员科技论坛；1 人参加了 2008 年地下流体学科地震分析预报培训班；1 人参加了 2008 年全国年轻地震分析预报人员培训班；62 人参加了中国地震局系统内举办的其他各类培训班。

（4）观测环境保护。本年度甘肃省地震局对天水、武都、定西等 5 起影响地震观测环境的事件依法依规进行了大量的协调、交涉，其中安西县政府兑现了被干扰测震台站的搬迁费用；对甘肃林业职业学院和甘肃电力公司因新扩建工程影响地电观测台问题得到妥善解决；积极与兰渝铁路建设工程部、兰新客运线协商，提交了相关铁路建设对沿线地震观测环境影响范围的有关资料。

（5）资料和科研成果。在 2008 年全国地震观测资料评比中，甘肃省地震局共获 16 项前三名，其中第一名 4 台项，第二名 6 台项，第三名 6 台项。“嘉峪关地震台地电场观测资料全国评比连续六年内五年第一名（2001～2006）”获得中国地震局防震减灾优秀成果奖二等奖。

3. 台网建设

（1）台网布局调整。本年度“中国大陆构造环境监测网络”项目新建古浪、嘉峪关、景泰、静宁、玛曲、岷县、清水、武都8个GNSS基准站；在兰州和嘉峪关新建2个沙土应力站。

（2）地震台站优化改造和观测环境改造。实施了肃南、通渭地震台优化改造项目，主体工程已经完工。为台站增加了23万元取暖费，为中心地震台配置交通车辆6部，摄像机5台，及时解决了区域台网中心主机房温控设备功率偏低的问题。

4. 监测预报基础和应用研究工作

探索短期阶段预测理论和方法，在预测指标和预警研究方面取得了一定的进展。系统总结了区域地震活动基本状态和演化规律，加强了数字化前兆、测震资料的应用力度，不断丰富具有短临预报意义的指标体系，初步建立了祁连山地震带震情预警指标及模型。将振幅比、小震震源机制解等地震学参数研究的阶段性成果应用于日常震情分析当中，开展了小震频度特征研究及应用。

（甘肃省地震局　张元芳）

青　海　省

1. 震情监测

2008年共完成地震速报137次，其中在汶川地震、唐古拉系列地震及海西州大柴旦6.3级地震速报中成绩突出，受到中国地震局和青海省委、省政府的充分肯定。2008年青海省地震台网运行质量显著提高，维护、维修仪器设备220余台套。测震台网整体运行率达到99.5%，台站实时波形连续率平均达到97.2%。前兆仪器运行连续率97.6%。台站观测资料质量进步显著，2008年，湟源地震台连续7个月在全国99个台站震相分析评比中，进入前10名，其中3月份取得了第1名的好成绩；在全国形变学科组月度综合评比中，青海省地震局形变台网在33个参赛单位中4次进入前10名，一次进入第3名。

2008年周会商54次，月会商12次，临时会商和加密会商167次。编写周会商意见54期，月会商意见12期，临时和加密会商意见146期，落实现场异常45次。对2008年青海省内15次显著地震事件迅速应对，有效判定地震趋势，准确把握分析唐古拉系列地震发展趋势，在6月18日唐古拉5.0级余震前填报了短临预报卡片，得到了中国地震局的肯定。中期预报效果显著。在2008年度划定的3个地震重点危险区内，两个重点危险区发生了预测的地震。青海省地震局预报中心获得全国地震监测预报工作优秀集体。

2008年，青海省地震局进一步加大服务社会的意识，对重点时段，重大社会活动如“奥运会”、“残运会”、“环湖赛”期间的地震形势以及汶川地震、大柴旦地震后的地城形势都做出了较准确的趋势判断并及时上报省政府，得到了省政府的好评，体现了防震减灾服务社会的功能，提高了工作显示度，取得了良好的社会效益。

2. 台网运行管理

（1）全部完成项目基建改造维修工作，包括西宁井房、拉脊山、斑马、大武、同仁、祁连、湟源、沱沱河、天峻、尕海和德令哈观测室的维修改造；

（2）完成了部分设备的采购任务，配置了柴油发电机组，保证了技术系统的后备供电问题；

（3）根据中国地震局的统一部署，完成了项目账务处理和资产重新登记工作；

（4）安排资金完成了 3 个强震台观测室的建设；

（5）组织完成了陆态网络项目培训的建设方案设计等前期准备工作和 8 个新建基准站的土建主体工程；

（6）完成了大武地震台优化改造项目监测楼的建设。

（青海省地震局　荣建生）

宁夏回族自治区

1. 地震监测

做好“十五”项目收尾工作，完成测震台网部软件安装升级、海原测震山洞建设、固原郑旗观测点排水工程、银川基准台供电改造任务。启动“陆态网”项目建设，完成了银川基准站、海原基准站土建任务。完成固原地震台环境改造工程和北塔地磁台优化改造主体工程。强化管理，落实制度，完成了北京奥运会、自治区五十大庆期间的地震安全保障工作。修订了地震台站综合考评、观测资料评比等管理办法；采取多种形式，对监测一线人员进行培训。积极与地方政府协调，依法保护泾源山洞观测点、石嘴山红果子跨断层水准测量、固原彭堡地电等观测环境。

2. 地震预测

认真落实震情跟踪与分析会商制度，针对宁夏南部地震活动水平升高的态势，进一步加强宁夏南部震情监视，发现异常及时落实，较好地把握了汶川地震对自治区震情趋势的影响。承办了 2008 年年中西北片震情趋势会商会。

3. 分段地震科研

2008 年，宁夏地震局进一步加大地震科研工作力度，鼓励科技带头人积极申请国家级科研项目，鼓励年轻地震科技工作者主持或参与小型科研项目研究。申报国家自然科学基金课题 1 项；申报中国地震局“三结合”课题 2 项，批复 1 项：《银川台速报地震震级偏差探讨》（完成人：蔡新华，2009 年 12 月结题）。为了解“5・12”汶川地震对宁夏地区未来地震活动趋势影响，2008 年宁夏地震局下达指令性课题 2 项：《四川汶川地震对我区未来地震活动趋势的影响》（完成单位：分析预报中心，2008 年 12 月结题）、《中强以上地震震后趋势判定及强余震的预测》（完成单位：分析预报中心，2008 年 12 月结题）。以宁夏地震局地震科技工作者为主，承担宁夏回族自治区政协《宁夏地震灾害与对策研究》（2009年7月结题）课题研究工作。申请到宁夏回族自治区科技攻关计划项目1项《汶川地震对南北地震带北段（宁夏及邻区）震情影响的研究》（完成人：盛菊琴等，2010年6月结题）。

（宁夏回族自治区地震局　孙立新　闫　冲）

新疆维吾尔自治区

1. 震情监测

2008年新疆维吾尔自治区内中强地震活动明显增强，先后发生了2008年3月21日于田7.4级地震、4月20日裕民5.2级地震、8月30日和静5.6级地震和10月5日乌恰6.9级、6.5级地震。面对严峻的地震形势，新疆地震局加强地震现场监测和震情跟踪工作。全年共召开正式会商会70次，成立两个地震重点危险区跟踪工作组，开展地震短临现场跟踪工作9次；架设临时测震台18个。2008年11月11～13日在乌鲁木齐召开2009年度新疆地震趋势会商会，会议形成了2009年度新疆地震趋势判定意见。

2008年5月12日四川汶川8.0级地震发生后，新疆地震局迅速贯彻中国地震局关于认真开展“三网一员”工作体系建设的精神，分别召开南北疆地方地震局长工作会议，部署落实“三网一员”建设工作，确定建立各类宏观观测哨点297个。为形成“三网一员”工作长效机制，经与自治区人民政府、财政厅等部门沟通协商，最终在人员编制、经费落实、工作考核等方面获得自治区人民政府支持，并将以自治区人民政府行文执行。

2. 台网运行情况

2008年台网建设工作完成改造前兆监测台项8项、延续性改造3项。完成阿合奇、巴里坤地震台条件保障系统优化改造。由新疆地震局负责承建“中国大陆构造环境监测网络”工程项目基准站共15个，其中新建：阿勒泰（重力并置）、富蕴、温泉、独山子、石河子、木垒、新源、芨芨台子、昭苏、库尔勒（重力并置）、乌恰、巴楚、布伦口、于田（重力并置），乌什站为已建站点，该项目已完成观测室装修、观测墩建设，进入验收阶段。

2008年完成对2007年度全疆观测资料检查验收项目共191项，其中173项获得优秀；新疆2007年度观测资料在全国资料评比中获得前三名共6项。

3. 科研课题进展

2008年，新疆地震局获得国家自然科学基金资助课题1项，延续课题2项；获得中国地震局地震科学基金资助项目2项，自治区科技厅资助项目1项；获得中国地震局“三结合”资助课题2项。协作合作各类研究项目24项、各类基金课题22项。新疆地震科学基金共受理申报课题17项，批准资助申报课题12项。2008年度进行岗位资质培训14人次，网络项目专项培训15人次。获得中国地震局防震减灾优秀成果三等奖2项。

（新疆维吾尔自治区地震局　朱　燕）

中国地震应急搜救中心

1. 完成首都圈日常监测预报和奥运保障工作

（1）跨断层水准测量，全年完成511测段，每公里偶然中误差±0.296mm。完成密云、土木、涞水、镇罗营、小水峪等五处测点的改造和紫荆关BM2测点的维护，保证了监测工作的正常运行。

（2）跨断层基线测距，全年完成10个场地，259测段，相对中误差比上年度略有提高。

距离区段/m	≤50	50~100	<100
相对精度	1:173万	1:363万	1:408万

（3）流动重力测量，全年完成首都圈日常监测任务2期，奥运保障加测1期，奥运地震预警保障—重力剖面加密观测项目4次，全年共计478个测点、511个测段，在灵山基线场对仪器的一次项系数进行了重新标定，并进行了周期误差改正。自差$6.5\times10^{-8}ms^{-2}$，互差$8.2\times10^{-8}ms^{-2}$，单位权中误差$7.5\times10^{-8}ms^{-2}$，点值中误差$7.8\times10^{-8}ms^{-2}$。在上年度获得全国评比第三名的好成绩后，观测精度又有大幅提高。

（4）流动地磁测量，全年完成正常监测四期，汶川震后应急加测一期，共243个测点。将日变站迁到中科院十三陵地磁台，避免了干扰，使总体精度有所提高，野外桩位均方误差0.071nT，通化处理均方误差一项指标0.398nT，测区均方误差测区均方误差0.97nT。

（5）分析预报工作，全年共会商23次，其中月会商9次，应急（加密）会商12次，半年会商1次，年度会商1次。收集了部分重力测点附近的地下水、地形变资料，分析了地下水、地形变资料对重力观测值的影响。对首都圈及邻近地区提出没有5级以上地震的预报意见，与实际发生情况一致，较好地把握了全年的震情发展。

2. 完成汶川震后华北加测任务

在汶川地震应急工作期间，现场工作分成重力、地磁、形变三个观测组和分析预报组，出动车辆4辆，行使1.2万余千米。重力实施组完成南口、大厂、蔚县、山阴、介休、临汾6个跨断层剖面观测任务；地磁组完成首都圈流动地磁网一期加密观测；形变组主动出击，对首都圈有背景异常的墙子路等7处场地进行了加密观测；分析预报组广泛收集资料，累计处理数据数十万个，向局报送会商意见16次。

（中国地震应急搜救中心　张成强）

地球物理勘探中心

1. 国家自然科学基金项目

（1）《华北克拉通岩石圈结构及深部过程的研究（主动源和被动源综合地震方法）》是国家自然科学基金重大计划重点项目，现已完成人工地震剖面的野外观测工作，完成地质、地球动力学等方面的资料搜集，完成华北地区地震台网近震和远震资料的搜集工作。该剖面起始于山东青岛附近海边，向北西西方向延伸，剖面全长800km。横跨辽胶、渤鲁、华北平原、汾渭等块体，穿越郯庐、兰考—聊城、太行山前等深大断裂带。

（2）《利用最新的密集临时地震台站资料研究唐山震源区三维地壳构造》是国家自然科学基金面上项目，该项目利用地震成像、震源分布图像和震源机制解等方法技术对2006年唐山—滦县地区布设的密集临时地震台网获得的天然地震资料和已完成的人工地震三维台阵资料进行综合分析和联合处理，得到唐山震源区地壳的三维细结构，主要断裂的位置和深部形态，建立相应的几何模型。在此基础上，确定唐山地震区主要活动断裂的展布和性质。通过对唐山发震构造带的深入研究，剖析华北强震震源区的某些典型构造特征。

（3）《罗圈里撞击坑高精度地震探测研究》，现已完成地震反射剖面和折射方阵的野外探测工作，开展了三维速度结构、三维地震衰减结构成像及界面和断层形态研究。

（4）《汶川M_S8.0地震序列精定位及发震构造特征》，现已完成石油、地震测资料的收集整理，余震事件的截取，初至到时的读取。

（5）《龙门山山前隐伏活动断裂探测研究》，现已完成资料收集、现场踏勘、现场试验，完成野外地震数据采集，现正在进行室内地震数据处理。

2. 地震行业专项和地震基金项目

（1）《地震测深和地震深反射剖面技术标准研究》和《隐伏活断层的近地表多震相地震映像技术》，是地震行业专项，现正在开展前期准备，已完成资料的收集工作。

（2）《吉林龙岗火山地震监测与深部岩浆系统研究》是地震基金项目，现已完成资料准备、方案设计以及程序编制调试，并在龙岗火山区布设宽频带地震仪器进行地震监测。

（3）《宽角地震反射资料处理中的多项式算法》是地震基金资助项目，现已开展了大偏移距情况下水平层状各向同性介质中传播的反射波时距关系的各种计算方法的研究和高阶多项式数值算法应用于计算反射波走时理论表达式的研究。

3. 汶川8.0级地震科考和活断层项目

（1）《龙门山断裂带的围陷波探测》和《龙门山前山隐伏断裂探测和四川盆地地震构造图编制》项目，现已完成野外探测工作，现正在进行室内资料的处理。

（2）完成河南安阳市、北京市、长春九台市、宁夏石嘴山市、河北承德市和四川龙门山活动断层探测工作，探测总长度230公里，其中布设浅层地震反射测线43条、折射测线4条，共进行人工地震激发10670余炮。

（3）自筹资金153万元，研制生产165台PDS—1型轻便数字地震仪，从而使人工地震宽角反射/折射地震仪器发展到500台套。

4. 流动重力测量及监测预报工作

2008年完成豫鲁重力测网、山西重力测网、内蒙古重力测网4期流动重力测量任务，共计测量21个闭合环，163个测点，181个测段。并根据河南封丘和汶川地震震情，两次对豫鲁测网进行加密复测。根据中国地震局的指示，为做好北京奥运会期间地震安全保障工作，又对豫鲁重力测网、山西重力测网、内蒙古重力测网进行了流动重力加密复测。

5. 科技成果

2008年物探中心共有18篇论文在各类刊物上发表，其中SCI收录7篇、EI收录2篇、CSCD收录5篇。

（中国地震局地球物理勘探中心　方盛明　王广亚）

第一监测中心

1. 监测预报工作

（1）5·12汶川地震应急监测。2008年5月12日汶川发生8.0级特大地震，给人民的生命、财产造成重大损失。按照中国地震局的统一部署，2008年5月17日，一测中心组成2个重力野外监测组，以汶川、北川为中心，在四川、重庆、陕西南部、云南北部等地实施重力监测任务，共完成重力测量65个测段。

2008年5月17日至6月18日完成派遣8个水准作业组和14个GPS监测组执行首都圈应急监测任务。共完成一等水准监测1079.2km，分布在北京、河北、山西等区域；完成GPS监测点80个，分布在北京、天津、河北、辽宁、内蒙古、山西、河南、江苏、山东等区域。

由于应急监测工作的出色表现，重力小组荣获“天津市抗震救灾五一劳动奖状先进集体”称号；监测一队党支部书记王树发被中共天津市委授予“天津市支援抗震救灾优秀共产党员”称号。

（2）汶川地震科学考察。2008年8~9月，执行汶川大地震科考任务，组成8个GPS监测组、1个水准作业组、1个重力作业组。共完成科考任务：GPS观测54个点，位于四川、陕西、甘肃等地；一等水准测量210km，监测路线为绵竹—北川—平武；重力测量20个测段，分布在四川、重庆、云南、陕西。

（3）2008年奥运会地震安全保障监测。监测首都圈及周边地区的地壳水平形变演化情况，为2008年奥运会地震安全保障与形势判定提供资料，同时为地震中、长期预报提供大区域地壳水平形变异常信息。工作区域位于北京、天津、河北、山西、山东、辽宁、江苏等地区，完成GPS测量142个点，山西网39个点。

（4）中国大陆构造环境监测网络的建设（简称陆态网络）。①2008年4~8月，完成陆态网络79个区域站点的建设任务，位于北京、天津、河北、西藏等地区；②完成唐山台

GPS 检定站建设工作。用于陆态网络工程购置 GPS 接收机的选型检测工作。

（5）天津地面沉降监测工作。2008 年完成天津市地面沉降监测网完善埋设标石 101 个。完成一等水准测量 1300km、二等水准测量 1079km、水文站水准联测 7 个、水闸水准联测 16 个、分洪口门水准联测 8 个。

2. 分析预报工作

为提高分析预报水平，坚持把工作重点放在资料分析上，多次派人收集断层形变资料、重力资料和全国 GPS 基准站观测数据，及时处理 GPS 复测资料，特别是汶川地震科考的相关资料，为预报和科研工作打好基础。在日常工作中，坚持月会商、半年会商和年会商制度，遇有 GPS 和水准观测数据异常，抓紧落实，召开紧急或临时会商会。利用多学科、多手段提高震情跟踪分析和预报水平，年度提交会商报告 10 篇。进一步加强对地震中短期预测预报的方法研究。

3. 科研工作

积极探索地震预报新的方法和手段。2008 年承担的科研课题 7 项，提交研究报告 20 多篇，发表科研论文 17 篇，出版《流动形变监测系统》专著一部（上中下三册）；“断层形变时空演化与强震活动关系研究”项目获中国地震局 2008 年度防震减灾优秀成果三等奖；完成的“地壳形变与地震预测研究”获得天津市 2008 年度自然科学三等奖；获批天津市自然科学基金课题一项，题目为“GPS 连续观测的强震预测预报技术研究”、天津市科技创新子专题一项，题目为“天津滨海新区地面沉降预测研究”。

（中国地震局第一监测中心　杨春花）

第二监测中心

1. 地震监测预报

（1）常规地震监测。完成陕西、甘肃、宁夏、青海等省区精密水准测量共计 1425.1km，每千米偶然中误差为 ±0.35mm；跨断层水准测量 63 个场地，复测 6 期，共 326 处次，每千米偶然中误差 ±0.19mm；跨断层红外测距 12 个场地，104 条边；甘肃地区 3 个跨断层综合场地 30 站点 GPS 观测；完成甘肃河西地区常规流动重力观测 178 个站点；GPS 网络项目基准、基本站重力联测 66 测点；陕西 GPS 观测形变监测网 37 个站点的观测；完成中国大陆构造环境监测网络项目 121 个区域站的勘选建设任务。

（2）汶川 8.0 级地震应急加密观测。5·12 四川汶川 8.0 级地震应急加密观测于 2008 年 5 月 15 日至 6 月 30 日实施。完成任务如下：

① 南北地震带中段建立 3 个 GPS 固定连续站及实施 56 个 GPS 流动站应急加密观测。

② 新疆天山中段实施 26 个 GPS 流动站应急加密观测。

③ 流动重力加密观测 2 期：第 1 期为西昌—成都—广元—周至地区 19 个测点；第 2 期为西安—兰州—西宁—玛多 31 个测点。

④ 震区周围跨断层场地加密观测 15 处次。

⑤ 实施震区周围 3 条长水准剖面总计 450.8km 水准观测，其中甘肃望关 - 汉中褒河 219.6km，四川泸定—雅安 131.8km，四川西昌—昭觉 99.4km。

（3）汶川 8.0 级地震科学考察。

① 震区科考 GPS 观测两期：第 1 期为松潘—阿坝—玛曲—陇西—天水地区 27 个测点；第 2 期为宁强—天水—彬县—蒲城—商州—佛坪地区 27 个测点。

② 新建震区周围跨断层场地 5 处；跨断层场地水准观测 16 处次。

③ 选建川甘陕交界流动重力网，补充新建观测点 32 个；对川甘陕交界流动重力网 82 个测点实施了两期观测。

④ 完成震区两条水准路线 295.8km 的水准观测。

（4）分析预报。

① 根据 2008 年度全国地震趋势会商会精神和震情形势，针对性地提出了中国西部地区流动形变监测方案。

② 汶川 8.0 级地震发生后，对应急加密观测资料及相关历史资料及时进行分析处理；地震应急期间共召开震情跟踪会商会 42 次，将震情跟踪分析意见及时上报中国地震局；将应急加密观测的分析处理结果应用于 2008 年年中和 2009 年度震情趋势的分析和强震危险区的判断。

③ 向中国地震局提交了 2008 年年中地震趋势研究报告、2009 年度地震趋势研究报告和 2009 年度地震大形势跟踪研究报告。参加了 2008 年下半年西北片区震情会商会以及 2009 年度甘肃、青海、宁夏和陕西省地震局的年度地震趋势会商会。

④ 认真开展汶川地震的科学总结与反思工作，按照中国地震局的科学总结与反思大纲，编写上报了科学总结与反思报告。

中国地震局第二监测中心被评为中国地震局 2008 年度监测预报先进单位，重力研究室被评为中国地震局 2008 年度地震监测预报优秀集体；陈文礼同志被评为陕西省抗震救灾优秀党员；二测中心被评为陕西省科技系统抗震救灾和灾后重建先进集体，张尊和、祝意青被评为先进个人。

2. 地震科学研究

（1）2008 年申报并获批国家自然科学基金项目 1 项，中国地震局行业专项 2 项；2008 年在研课题项目近 20 项。全年科技人员在各类刊物上发表科技论文 20 余篇。

（2）《水准仪计量检定规程》通过全国计量检定规程审定会议通过；自主研制的“数字水准仪和光学水准仪室内检定装置”荣获中华人民共和国国家知识产权局发明专利；GPS 扩项计量检测等 8 个项目获得陕西省技术监督局计量检定考核再授权。

（3）2008 年获准资助及在研各类课题项目共 32 项。

（4）获奖成果。①抽注水引起的地层水平运动及其相关地质灾害研究（王庆良等），获基层地震科学理论研究成果 1 等奖；②中国地震局第二监测中心 2005 ~ 2007 年度地震趋势研究报告（张希等），获基层地震预报成果二等奖，获 2008 年度中国地震局防震减灾优秀成果三等奖。

（中国地震局第二监测中心　于建民）

台站风貌

张家口地震台

张家口地震台为国家基本台，隶属河北省地震局，台站字母代码ZJK，数字代码56016。该台位于河北省张家口市桥东区鱼儿山路18号，占地面积10939.4m^2，现有观测与办公用房2503.73m^2，观测人员12名，张家口中心台管理人员8名（中心台下辖张家口、怀来、阳原、赤城4个综合台，管理11个有人与无人值守观测站点）。

张家口地震台始建于1971年，1974年建成张家口测震台、1976年建成张家口地磁台（现已停测）、1984年建成张家口形变台、2001年建成张家口流体台、同年建成张家口台网分中心。

该台观测项目现有测震（CTS－1甚宽频带地震仪、FBS－3A宽频带地震仪）、强震（SLJ力平衡加速度计）、形变（FSQ水管倾斜仪、SSY伸缩仪、SQ－70D数字水平摆倾斜仪、TJ－1C体积应变仪、VS垂直摆倾斜仪）及流体（SZW－1A水温仪、LN－3水位仪、CO2测量仪）等。张家口台网分中心每日产出各类前兆观测数据达83000余组。

该台自1995年以来，观测资料参评优秀率达100%，在全国统评中，共获得前三名14项。2000年被中国地震局评为“全国地震系统先进集体”，并给予记一等功；2003年被中国地震局评选为“全国地震台站工作先进集体”。

近年来，通过实施“九五”、“十五”项目以及首都圈防震减灾示范区系统工程建设项目，实现了由模拟观测向数字化观测的跨越，台站建设取得了长足发展，初步在张家口地区建成了一个先进的现代化数字测震、强震观测台网以及数字化地震前兆观测台网，大大提高了本区地震监测能力和科技含量，为今后的发展奠定了坚实基础。

根据中国地震局和河北省地震局的部署，当前该台正在组织实施中国数字地震观测网络建设项目，并积极申报规划“国家防震减灾科普教育基地”、“首都圈防震减灾观测试验场”等建设项目。

大连地震台

大连地震台隶属辽宁省地震局，是35个全国大地震速报台之一，地磁Ⅱ类基准台，台站字母代码DLG，数字代码测震21001，地磁21002。大连地震台位于大连市西岗区畅通街15号，地磁台位于大连市甘井子区辛寨子镇由家村，新建地磁台位于大连瓦房店市九龙村。现地磁台占地28亩，新建地磁台占地50亩。

大连地震观测始于1904年8月5日，日本人在大连设立中央气象台“第六临时观测所”，同年9月7日在大连湾海军防备队院内（原俄国观测所）开始地震观测。1954年5月15日中国科学院地球物理研究所着手恢复地震观测，建立《中国科学院地球物理研究所大连地震台》，1955年8月14日在旅大气象台内（现大连气象台）正式投入观测。1970年5月12日，“中国科学院地球物理研究所大连地震台”划归辽宁省地震办公室管理，并更名为“旅大地震台”，1981年改为“大连地震台”。1971年4月迁址到大连市甘井子区湾家村，1982年7月1日由湾家村迁至现台址绿山。

台站现有观测手段有测震（DD－1、DK－1、CTS－1测震仪）、地磁（CTM－DI、G856、MINGEO DIM、FHDZ－M15、GM－4地磁仪）观测，新建地磁台按照地磁Ⅰ类基准台配备观测仪器。

台站观测成果在全国地震、地磁观测资料质量评比中取得了优异成绩，测震大地震速报连续7年获全国评比前三名，其中2002～2006年度连续5年获全国评比第一名，获中国地震局防震减灾优秀成果二等奖1次，辽宁省地震局防震减灾优秀成果一等奖1次。地磁观测1983～1987连续5年获得全国评比第一名。

随着大连城市建设的发展，2006大连地磁台的观测环境受到了严重影响，地震台积极争取赔偿，获得赔偿经费1900万元，并于2007年在大连瓦房店市选址新建地磁台。目前新址建设项目顺利实施，已经完成了磁房和办公楼等基础设施建设。

牡丹江地震台

牡丹江台地处黑龙江省牡丹江市北郊，地质构造位于黑龙江亚板块的次一级构造长白块体之北部，敦密断裂与牡丹江断裂交汇处，出露的是元古代混合花岗岩。

牡丹江台1971年由黑龙江省地震局批准筹建，1975年经国家地震局批准成为国家地震基准台和大震速报台。台站字母代码MDJ，数字代码23001。1983年被国家地震局确定为“中国数字化地震台网”（CDSN）的数字化观测台，1986年增上水氡观测。在“十五”建设了有5个子台的监测台网；新增强震观测手段；新增了重力、水管仪、垂直摆、伸缩仪、体应变形变观测项目。

2000～2002 年，ncdsn 连续 3 年获全国评比前三名，形变获 2008 年度全国评比第三名。牡丹江台 2000 年至今累计参加课题 10 项，发表论文 25 篇，交流论文 19 篇。

合肥地震台

合肥地震台位于合肥市西郊大蜀山森林公园内，台站占地 3970m^2，地处华北断块区南缘，郯庐断裂带西侧，岩性为玄武岩、辉绿岩，白垩系红砂岩。是国家基本台、国家大震速报。隶属安徽省地震局。台站代码：HFA；数字代码：34001。

该台于 1973 年 3 月开始基建，当年完成了 350m^2 的平房建设。1999 年，中国地震局、安徽省政府共同投资 65 万元，建成了一幢 397m^2 的监测楼，拆除了部分旧建筑物，进行了台站工作环境的改造，现台站总建筑面积为 565m^2。

合肥台原为省属综合台，建台初期主要有测震、地电、应力等监测项目。20 世纪 80 年代，台站经过优化、调整，保留测震、地电和电磁波观测手段。自 1973～1985 年开展地应力观测。1990 年，合肥台被中国地震局确定为国家基本台、国家大震速报台，承担全球大震速报任务。1997 年，又被中国地震局确定为国家 47 个数字化台站之一，在“九五”期间完成了测震数字化改造任务。至 2002 年，测震仪器为 CTS－1 型甚宽频带数字地震仪，地电仪器为 ZD8B 数字地电仪。2003 年省地震局在该台建设地震科普基地，2004 年被安徽省科学技术协会批准为“安徽省地震科普教育基地”，成为省会城市开展地震科普教育工作的主阵地。2008 年省局对台站地震科普设施、观测环境、大门等附属设施进行改造。

2008 年该台业务技术骨干代表安徽省地震局参加中国地震局举办的地震速报比赛，获华东片区二等奖。承担省局科研合同制课题 1 项。

拉萨地磁台

拉萨地磁台为国家基准台，隶属西藏自治区地震局，台站字母代码 LSA，数字代码 24000。台站位于拉萨市金珠西路蔬菜研究所院内，占地总面积 104115m^2，分为工作区和生活区两部分，现观测人员 4 名，由西藏自治区地震局和中国地震局共同管理。由于拉萨地磁台所处地理位置重要，该台所得到的地磁资料一直为国内外科学工作者瞩目。

为了配合 1957～1958 年国际地球物理年的观测活动，1956 年 7 月中国科学院地球物理研究所派周锦屏等赴藏选建地球物理观象台。勘定台址在拉萨西郊七一农场果园内。1956 年秋破土兴建，建筑材料和设备由北京经兰州、西宁，由总参、总后和兰州军区派车队运至拉萨。1957 年 4 月完工，台名为：“中国科学院地球物理研究所拉萨地球物理观象台”。1964 年改称为“西藏 151 单位”。仪器配置主要有：测震仪、地磁记录和观测仪、人造卫星观测仪（最后移交西藏军区代管）、臭氧观测仪（1959 年初运回北京）。1957 年 7 月 1 日正式出观测报告，分地磁和地震两个专业手段。1957～1974 年期间，该台共刊出《拉萨地磁台观测报告》18 卷。

拉萨地磁台的主要任务是观测区域地磁场变化并承担国际资料交换，为地震预报、国防及科研服务。1984 年，拉萨地磁台荣获“国际地球观测百周年纪念”银奖。2003 年和 2005 年该台被中国地震局评选为先进台站。

拉萨地磁台现有绝对测量设备 Schmidt、DTZ－1、GSI 仪、CTM－DI 仪；相对观测仪有 57 型、CB3 型；核旋定点观测主要有 DTZ－1 型设备。“九五”期间，中国地震局投入大量资金，对拉萨地磁台实施了数字化改造，增设了 CTM－DI 磁力仪、G856 核旋仪、FHD 磁偏仪及辅助仪器。在全国地震重点台站优化改造中，2002～2005 年，国家财政和地方财政又投入资金，对台站基础设施和办公环境实施改造，新建综合办公楼 787m^2，新建绝对观测房 109.2 m^2。2005 年堪选了地电观测场地，2006 年地下流体观测井已打完，两个前兆观测手段观测日期指日可待。相对记录观测室改造项目正在筹划当中。

通过台站改造，提高了各观测项目的数字化、自动化和标准化程度，增强了该区前兆监测能力，拉萨地磁台必将发挥更重要的作用。

地震灾害预防

2008 年度抗震设防要求和地震安全性评价管理工作

2008 年，各级地震部门紧紧围绕汶川地震抗震救灾和恢复重建，积极履行职责，全力以赴，为抗震救灾和恢复重建作出了应有的贡献。同时，各级地震部门加强抗震设防要求和地震安全性评价管理，完善制度，规范管理，不断推进管理的规范化和法制化。

一、编制汶川地震灾区地震动参数区划图，为灾区恢复重建提供科学的抗震设防要求

汶川地震发生后，震害防御司迅速组织专家收集震区及周围地区地震、地质等相关资料，派专家赴地震灾区开展科学考察。根据获得的新资料、新认识，以最快速度编制完成《四川、甘肃、陕西部分地区地震动参数区划图》（比例尺 1∶100 万）。5 月 31 日国家地震安全性评定委员会和全国地震标准化技术委员会对区划图进行了审查。6 月 11 日国家标准化管理委员会批准了《四川、甘肃、陕西部分地区地震动参数区划图》，并将其作为国家标准 GB 18306—2001《中国地震动参数区划图》第 1 号修改单发布实施。该图作为编图区域内新建、改建、扩建一般建设工程以及已建建设工程抗震鉴定与加固的抗震设防要求，为灾区恢复重建规划提供基础依据。

同时，为了贯彻落实《汶川地震灾后恢复重建条例》和《国务院关于做好汶川地震在灾后恢复重建工作的指导意见》，保证恢复重建建设工程达到抗震设防要求，中国地震局下发了《关于加强恢复重建抗震设防要求监督管理的通知》，从保证灾区地震动参数区划图的贯彻实施、推进农村民居地震安全工程、重大建设工程的抗震复核三个方面提出了明确要求，指导灾后恢复重建中的抗震设防要求管理工作。

二、组织开展汶川地震工程震害科学考察，为政府决策、抗震理论研究提供依据

汶川地震造成了大量建设工程的倒塌损毁，各类工程震害现象十分丰富，详细、系统的工程震害调查和震害经验总结对改进工程性防御措施、有效提高防御能力具有重要意义，特

别是唐山地震后按区划和规范设计建设的工程在此次地震中的震害经验的总结具有十分宝贵的价值。为此，震害防御司积极与建设、水利、交通、铁道、电力、石油、电信等部门或单位沟通，迅速组织专家开展工程震害调查和震害经验总结。在地震系统内，组成了以中国地震局工程力学研究所为牵头单位的科学考察组，开展了重灾区典型房屋建筑震害和部分城市生命线系统震害详细调查，取得了丰富的震害资料。8 月份，震害防御司以地震工程联合会的名义联合建设、交通、电信等有关部门，广泛邀请科研院所、大专院校和各勘察设计单位，在成都召开了工程震害调查资料交流研讨会。会议交流了震害科考成果，提出了建立面向全国共享的震害资料数据库、编撰《汶川大地震震害》并开展相关研究工作的倡议和计划。今后，将通过申请地震行业科研专项、自然基金等项目，争取国家支持开展震害资料的系统分析总结。

三、进一步完善地震安全性评价资质管理相关制度和地震安全性评价工程师执业资格制度

为规范一级地震安全性评价工程师注册管理工作，中国地震局印发了《一级地震安全性评价工程师注册实施办法》（中震防发［2008］153 号）。该办法对注册的管理体制、注册条件和程序、受理、审查、审批、监督管理等环节作出了明确规定。与此同时，为保持地震安全性评价专业技术人员和单位资质管理相关政策的连续性，确保地震安全性评价工程师制度的顺利实施，中国地震局下发了《关于地震安全性评价上岗证书管理制度向地震安全性评价工程师制度过渡有关问题的通知》，对过渡期内上岗证和注册证的使用、单位资质的检查和有效期延展、单位资质的申请、已有资质单位证书换发等问题进行了规定。

四、顺利完成2008 年度一级、二级地震安全性评价工程师资格考试

在震害防御司、人事教育和科技司的共同努力下，2008 年度一级地震安全性评价工程师资格考试顺利完成。全国共有 400 余人参加考试，29 人达到合格标准。2008 年是地震系统第一次实施二级地震安全性评价工程师资格考试，为了确保考试顺利进行，震害防御司下发《关于 2008 年度二级地震安全性评价工程师资格考试考务工作有关事项的通知》，对二级地震安全性评价工程师资格考试工作计划、考试信息管理、试卷命制、试卷预定、阅卷、试卷回收等工作进行部署，并组织专家编制完成了二级地震安全性评价工程师资格考试三个科目共 10 套试卷，保证了二级地震安全性评价工程师资格考试的顺利进行。

五、进一步加强抗震设防监督管理工作

为提高省级安评委办公室主任的业务水平和宏观把握安评报告质量的能力，加强安评报告评审监管，震害防御司组织了省级安评委办公室主任培训班，聘请国家地震安全性评定委员会专家讲解报告评审中应当把握的主要环节。为了促进地震安全性评价资质单位之间的相互交流与协作，引导行业自律，进一步促进地震安全性评价工作的健康有序发展，震害防御

司组织召开了地震安全性评价资质单位负责人研讨会，研讨解决贯彻地震安全性评价法规制度和技术标准存在的突出问题，深入探讨地震安全性评价工作质量保证、规范市场和加强队伍建设等问题。中国地震局履行城市总体规划联席会议成员单位职责，参与苏州、银川、襄樊等城市总体规划的审查，保证防震减灾工作落实到城市规划当中。中国地震局和各省（区、市）地震局积极履行职责，加强监管，2008 年度共完成近 2000 项重大建设工程地震安全性评价报告的评审和抗震设防要求的审批。

六、新一代全国地震区划图编制工作进展顺利

区划图编委会、各工作组在震害防御司的组织下，努力工作，2008 年度新一代全国地震区划图编制取得了明显进展。基础资料收集整理与基础图件编制工作组完成了全国历史地震等震线、现代构造应力场、现今地壳形变、地球物理场、地震目录和地震构造的资料收集和整理，编制了相应基础图件，并通过了我司组织的验收；潜在震源区划分工作组论证和提出了三级划分的新思路，地震活动性参数确定工作组提出了大震复发周期和地震空间函数确定方法，衰减关系研究工作组收集补充了我国近几年来特别是汶川地震强震动记录数据，初步给出了我国分区衰减关系；土层参数调整与政策协调工作组初步提出了土层双参数调整表，区划图预编工作组对全国 *K* 值进行了研究，在湖南、四川、鄂尔多斯地块等地进行预编。汶川地震发生后，编委会通过编制灾区地震动参数区划图，重新审视并调整编图的技术思路和方法，调整工作计划，争取明年年底前完成全国地震区划图初稿。

依法加强对抗震设防要求和地震安全性评价工作的管理，是确保建设工程地震安全的有效措施，对于有效减轻地震灾害具有重要作用。中国地震局将继续深入贯彻落实相关法律、法规，贯彻实施地震安全性评价资质管理制度和执业资格制度，加快推进全国地震区划图的编制，加强抗震设防要求的监督管理，努力提升建设工程抗御地震灾害的能力。

（震害防御司　刘凤林　韦开波）

2008 年度市、县防震减灾工作

2008 年 7 月 2 ~4 日，中国地震局在北京组织召开市县防震减灾工作座谈会。参加这次会议的有来自四川、甘肃、陕西、北京、山东、河南、广西、河南等 8 个省（自治区、直辖市）48 名代表。会议的主要议程是总结近年来市县地震工作的经验，特别是汶川地震的经验和启示，梳理当前市县地震工作发展中存在的问题，提出今后发展的意见和建议。市县地震部门领导畅所欲言，提出许多在抗震救灾过程中的实际问题，如地震监测分析能力薄弱，地震发生后很短时间内难以给政府提供准确地震参数问题，地震应急指挥体系和机制不够健全，灾区地震部门缺乏必要的通讯设备，震后工作陷入瘫痪，难以起到牵头开展抗震救灾的作用等。同时也提出了许多好的建议。会后，根据中国地震局领导的指示精神，我们将

市县部门提出的主要意见和建议印送给全局各相关司室，对相关意见和建议提出了相应的解决措施，在一定程度上促进了各地的工作。

8 月 6 日，2007 年度全国市县防震减灾工作综合评比会议在广西南宁顺利召开。经过认真评选，会议评选出广西南宁市等 10 个 2007 年度全国市县防震减灾工作一等奖，云南保山市等 10 个二等奖，黑龙江佳木斯市等 10 个三等奖，云南昭通市等 41 个优秀奖；评选出防震减灾法制工作、地震监测预报工作、地震灾害防御工作、地震应急救援工作、防震减灾社会动员工作单项奖各 6 个；评选出防震减灾创新奖、管理奖各 6 个；评选出 5·12 汶川地震抗震救灾突出贡献奖 9 个；评选出全国县级防震减灾工作先进单位 104 个通过评比和表彰，正确引导了事业发展方向，促进了各地开展工作的积极性和主动性，各地对紧紧围绕地方人民政府关注的问题来开展三大体系建设的方式、方法有了更加清楚的了解，对“干什么、怎么干、为什么这么干”等问题有了深入的认识，市县防震减灾局面得到了进一步开拓，防震减灾能力进一步提高。

11 月 12 日，国务院应急办来电要求中国地震局根据 5·12 汶川地震反映出的防震减灾工作新问题，对《全国防震减灾 2020 年奋斗目标实施方案》作进一步修改完善后尽快上报。根据局领导批示精神，结合汶川地震的经验、教训和启示，震防司再次组织专家对方案进行了修改完善，主要是增加了对学校、医院等公共建筑工程开展抗震性能普查、鉴定和加固的任务，对方案中个别任务的时限要求作了调整。拟将调整后的方案再次上报给国务院应急办，申请以国务院办公厅名义印发各地、各部门执行。

11 月 17 日，第四届中国西部防震减灾论坛在海口市召开。此次论坛由海南省人民政府、中国地震局主办，海南省地震局、海口市人民政府承办。论坛的主题是“借鉴汶川地震启示，建设地震安全家园”。中国地震局刘玉辰副局长、海南省人民政府李国梁副省长出席论坛并讲话。来自新疆、四川、内蒙古、重庆等 14 个西部省、自治区（直辖市）的 200 多名会议代表参加，提交大会论文 127 篇。论坛还邀请了中国地震局地质研究所张培震研究员和中国地震局工程力学研究所孙柏涛研究员到会并分别作了题为“汶川大地震破裂特征与成因机制的探讨”、“汶川 8.0 级地震工程简述”的专题报告，13 个论坛成员单位在会上作了典型发言。

（中国地震局震害防御司）

2008 年度防震减灾科普宣传工作

2008 年 2 月 1 日，中国地震局印发《关于开展〈中华人民共和国防震减灾法〉实施十周年宣传活动的通知》。2008 年是《中华人民共和国防震减灾法》实施十周年，该法发布实施以来，为促进我国防震减灾事业又好又快发展发挥了重要的保障作用。为利用此契机再次掀起全国贯彻实施《中华人民共和国防震减灾法》的新高潮，《通知》提出了开展集中宣传活动的指导思想、宣传活动的基本要求和宣传的主要内容，指导全局系统开展好此次活动。

3 月 24 日，印发《2008 年防震减灾宣传教育工作要点》，强调了 2008 年宣传工作的重要意义，明确了宣传工作的总体要求以及需要把握的宣传原则，对 2008 年宣传工作进行了部署。

3 月 26 日，邀请中央电视台新闻频道播放海南民居新闻。

5 月 7 日，中国地震局震害防御司杜玮副司长带领李永林处长与教育部基础教育司商谈加强中小学生地震科普教育问题，基础教育司有关领导参加了座谈。双方在非常融洽的气氛中开展了座谈，一致表示中小学生科普教育工作非常重要，双方应加强合作，充分发挥各自的优势，共同采取有效可行的措施，切实加强中小学生地震安全教育。另外，双方就有关具体的合作达成了一致意见。

5 月 12 日，四川省汶川县发生 8.0 级地震后，中国地震局迅速开展宣传和社会稳定工作，组织专家参加中央电视台 20：00 现场直播，介绍汶川地震基本情况并向公众播放地震科普知识教育片，正面回应公众疑问，答疑解惑，稳定社会。

6 月 13 日，中国地震局和国家文物局联合印发“关于成立汶川地震遗址博物馆规划建设协调组的函”（中震函［2008］172 号），会同国土资源部、建设部、国家民委、国家旅游局和四川省政府开展地震遗址博物馆规划建设工作。

9 月 16 日，中国地震局组织国家文物局、住房和城乡建设部、国土资源部、国家民族事务委员会、国家旅游局和四川省人民政府等地震遗址博物馆规划建设协调组各有关单位，在北京召开了地震遗址博物馆规划建设方案审查会议，通过了汶川地震遗址博物馆规划建设方案。

11 月 7 日，中国地震局和教育部在山东威海市联合召开了全国防震减灾科普示范学校现场经验交流会。来自全国各省、自治区、直辖市地震局负责科普教育工作的部门负责人和 20 个省、自治区、直辖市教育部门负责学校安全工作的部门负责人共 70 多位代表参加了会议。中国地震局震害防御司卢寿德司长和教育部基础教育一司王定华副司长出席会议并作重要讲话。山东省地震局、北京市海淀区东北旺中心小学、江苏省地震局、四川省安县桑枣中学、济南市地震局、威海市地震局等 6 个单位作了典型交流发言。

11 月 22 日，由大连市地震局、市妇联、市慈善总会、大连电视台联合主办的“爱心创造美好，知识守护生命”永嘉杯大连市首届家庭防震减灾知识电视大赛的决赛在大连市举行。中国地震局副局长刘玉辰出席电视大赛，并向资助大连市地震事业 3000 万的永嘉集团颁发“襄助防震减灾事业明星企业”牌匾，向集团董事长戚士新颁发“防震减灾杰出人士”奖，并发表了重要讲话。

12 月 29 日，为落实国务委员刘延东关于地震遗址博物馆建设的批示精神，会同国家文物局赴成都与四川省人民政府就地震遗址博物馆建设及地震遗址遗迹保护等相关问题进行了研究并达成共识。

（中国地震局震害防御司）

农村民居地震安全工程进展显著

2008 年，各地、各有关部门积极贯彻落实中央关于农村民居地震安全相关要求，加强组织领导，科学规划，整合资源，以示范试点为切入点，加强宣传引导，扎实推进农村民居地震安全工程的实施，进展显著。

中国地震局继续深入贯彻落实国务院全国农村民居防震保安工作会议和相关文件精神，推进全国农村民居地震安全工程的实施，深入甘肃、海南、广西、新疆、云南等地开展调研，总结各地实施农村民居地震安全工程的成功经验和存在的主要问题，积极组织“农村民居地震安全技术服务工程”等项目的立项申报工作，为全面实施农村民居地震安全工程提供技术支撑和基础，结合四川汶川、西藏当雄等大地震的恢复重建工作，先后下发了《关于加强汶川地震灾后恢复重建抗震设防要求监督管理工作的通知》、《关于做好灾后恢复重建有关工作的通知》，对在恢复重建中推进农村民居地震安全工程提出了明确的要求，大力推进工程的实施。

各地加大工作力度，组织实施农村民居地震安全工程，进展显著。2008 年，6 个省（区、市）召开了省级农村民居地震安全工作会议或现场会，11 个省下发了专门文件，全面部署农村民居地震安全工程的实施；一些地区建设技术服务网络、编制出版农村民居建筑设计图集，积极开展农村建筑工匠培训，为农村民居地震安全工程实施提供技术指导；各地积极筹集资金，结合灾后恢复重建、小康村和新农村建设、移民搬迁等，开展示范工程建设，引导农民主动参与农村民居地震安全工程。目前，新疆、云南、甘肃进入全面实施阶段，截至 2008 年底，新疆共建成 152 万户抗震农居，云南 2007、2008 年加固改造、重建 43 万户抗震农居，甘肃结合地震灾后恢复重建、移民搬迁等建成 30 余万户抗震农居；其他各地农居工程示范试点工作全面展开，在 4000 多个示范村（点）共建成 23 万余户抗震农居。

汶川地震后，各地吸取汶川地震经验教训，加大工作力度，深入推进农居工程实施。甘肃制定了实施规划，计划用 5 年时间，完成 200 万户的建设任务；黑龙江省委、省政府决定用 5 年时间，完成 160 万户抗震农居建设；云南、宁夏、海南、陕西等 10 多个省（区、市）都对农居工程实施作出新的部署，初步形成由示范开始向全面推开的局面。

实施农居工程切实提高了农村民居抗震能力，取得了明显的减灾实效。新疆 2008 年于田 7.3 级、乌恰 6.8 级地震中，震区抗震农居无一受损；云南 2008 年盈江 5.9 级地震，抗震农居没有出现倒房伤人事件。汶川特大地震中，四川德阳宏达新村和甘肃陇南东风沟村、李亭村、稻畦村的抗震农居，经受了地震烈度八度的考验，完好无损；在遭遇地震烈度十度的四川绵竹盐井村，57 户抗震农居虽严重破坏，但无一倒塌。

提升农村民居抗震能力是一项需要长期坚持不懈推进的工作，是防震减灾工作的重要组成部分，也是实现 2020 年防震减灾目标重要措施。中国地震局将在国务院的统一领导下，加强与建设等相关部门的协作，充分发挥资源优势，加强对实施农居工程的指导，在防震减灾基础知识、法律法规的宣传普及，在农村民居抗震能力普查鉴定和农居抗震技术研发，在服务网络体系建设和技术服务等方面，努力开展工作，加快推进农居工程实施。

（震害防御司　周　健　韦开波）

中国数字强震动台网通过验收

2008年年初中国数字强震动台网通过验收，正式投入运行，我国的强震动观测事业进入了一个崭新的阶段。5月12日发生的汶川8.0级特大地震对台网进行了一次全面的检验，从记录获取及处理的情况看，数字强震动台网基本实现了项目设计目标，通过了汶川大地震的检验，并取得了丰硕的成果。

一、台网通过了汶川大地震的检验

地震发生后，中国地震局震害防御司及时组织国家强震动观测中心和四川、甘肃、云南等省地震局的技术人员赴灾区抢收强震动记录数据、开展强震动流动观测等现场工作，同时，国家强震动台网中心工作人员及时分析处理此次地震获得的强震动记录数据。震后的几个月内，先后派出技术人员20余人次，携带50台套设备，开展现场抢收强震动记录和强震动流动观测。同时，国家强震动台网中心对所有记录进行了分析、处理，及时汇编强震动观测数据、编制汶川地震主震峰值加速度分布图（PGA图），并提供给中国地震局现场指挥部和后方指挥部使用，为灾害损失评估、抗震救灾指挥等提供依据。汶川地震中，全国19个省市455个台站获得了1357条主震加速度记录，3万余条余震加速度记录，其中汶川卧龙台记录的最大主震加速度高达957.8Gal，为我国强震动观测史上最大加速度记录。震害防御司在此基础上组织编辑出版了《汶川8.0级地震未校正加速度记录》。如此大范围的台站获得特大地震主震加速度记录，极大地丰富了我国的强震动记录数据库，填补了我国获取强地震近场加速度记录的空白。从记录获取及处理的情况看，数字强震动台网基本实现了项目设计目标，通过了汶川大地震的检验，并取得了丰硕的成果。

二、加强运行维护管理，保证台网正常运行

2008年是中国数字强震动台网建成并投入运行的第一年，针对强震动观规章制度不健全等实际情况，震害防御司司组织起草并下发了《强震动台网运行管理办法（暂行）》，对台网分级管理、各单位职责、台网维护管理、台站数据汇集处理与发布、仪器标定和维护人员配置等进行了明确规定，为保证台网的正常运行提供了保障；根据观测仪器发生重大变化的情况，震害防御司总结多年来强震动观测管理的经验，从评比原则、评比标准、奖项设置等方面对《强震动观测评比办法》进行了修订，使之更好地引导和约束全国强震动观测行为；为了提升强震动观测技术人员的业务水平，提高观测质量，举办了强震动台网运行维护

管理及观测数据处理技术培训班，培训班邀请相关专家概要介绍了强震动观测的应用范围和发展前景，详细讲解了《强震动台网运行管理办法（暂行）》、《强震动观测评比办法》，并结合汶川地震反映的问题，从台站建设、日常维护管理和数据处理等方面分析了当前强震动观测台网存在的主要问题，培训取得了良好的效果，参加培训的人员普遍感到这次培训很及时，对于提高自身的业务水平具有重要的作用。

强震动观测是认识强地震动特性、工程结构地震反应和地震破坏及影响程度的重要手段，直接为预防和减轻地震灾害服务，是震害防御工作的重要组成部分。总结汶川地震的经验教训，结合新形势的要求，中国地震局将完善相关标准和法规，规范强震动观测管理；开展相关基础研究，拓展强震动观测服务领域；加强台网运行维护管理，保证台网的正常运行，努力提升强震动观测工作服务于防震减灾的能力。

（震害防御司　卢大伟　韦开波）

汶川地震断层动态监测

一、汶川地震断层北端主动源监测

1. 试验简介

在中国地震局和地球物理研究所的统一安排下，中国地震局地球物理研究所实验地球物理研究室于2008年6月1日出发前往陕西省宁强县进行地震现场主动源监测试验。在陕西省地震局和宁强县科技局等部门的协助下，工作组经过实地考察，最终于2008年6月4日选定位于四川省青川和陕西宁强交界处的宁强县广坪镇金山寺村（105.5991°E，32.7381°N）作为试验场地。该实验场点为青川—平武断裂的北端。关于该断裂在本地区的分布及延展情况尚无定论。该小组希望通过主动震源试验研究：

1）利用浅层勘探的方法探查断裂在该地区的状态（走向和倾向等）；

2）尝试利用主动震源的方法监测断裂及其附近介质状态的变化。

2. 试验描述

为获得青川－平武断裂带在试验场附近的展布情况，我们利用Summit plusII地震仪和60Hz高频检波器构成了一个垂直断层的浅层勘探系统，利用人工捶击震源我们对浅层结构进行了勘探，浅层勘探系统的道间距和炮间距均为2.5m。

在监测断层动态演化的试验中，我们布设一个由8套短周期地震仪组成的“十”字小台阵（图1），分别使用Guralp 40T和Reftek 130B作为拾震器和数据采集器。仪器的采样率设置为500Hz，数据通过无线局域网络传输到现场数据中心同时也记录在仪器自身的CF卡上。试验中我们采用新近与河北理工大学联合研制的落锤作为主动监测的震源。落锤每1小时激发一组，每组为约16次。连续监测从6月7日开始一直持续道6月29日共三个星期的时间。

我们还布设了一条浅层勘探测线（图 1 灰线）用于探测该地区的浅层结构。本次实验中使用的采集设备是 Summit II 型 24 位数字采集仪器，60Hz 高频检波器，94 道接收，道间距是 2. 5m，测线总长度是 232. 5m。震源有电落锤和人工石头夯。人工石夯激发，实施长时间检测，多次覆盖数据采集技术，得到现场实时数据。采用固定检波点，移动炮点的观测办法进行数据采集，零偏移距，炮间距是 2. 5m，最高覆盖次数是 47 次。

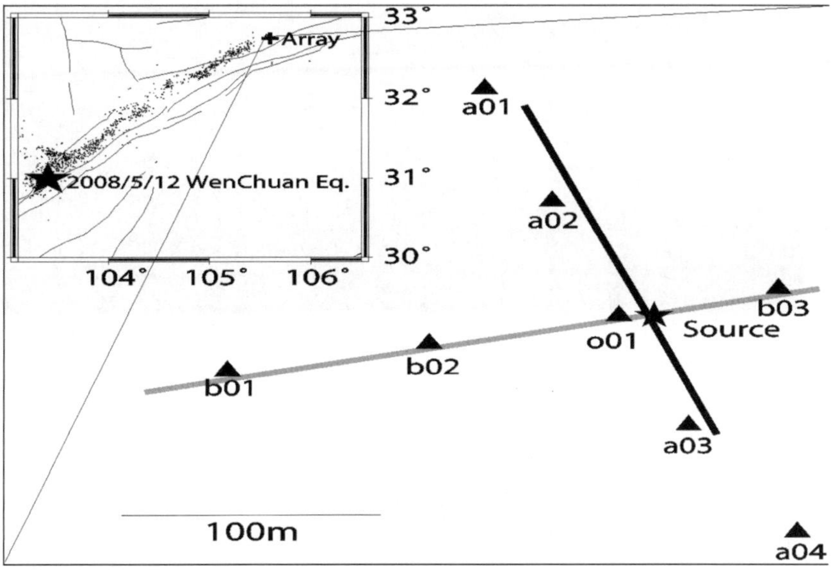

图 1　主动震源（★）和监测台站（▲）分布

黑色粗线为浅层勘探剖面的位置，灰色线条为推测的断层位置。插图中显示了汶川地震主震（★）和余震（黑点，截止时间 2008 年 6 月 12 日）分布的位置，十字为试验地点

3. 浅层结构

从现场记录的实际资料分析来看，由于存在浅层强反射面，地震波场非常复杂，主要包括浅层反射波、折射波和面波。各种波互相混叠在一起，互相干扰，给资料处理带来了很大的难度。处理方法是在波场分离的基础上，结合石油勘探和浅层地震勘探的方法，综合利用各种有用的有效信息，分析地层的构造、断层和速度特征。

对于浅层勘探观测结果我们首先利用波的传播方向和频率特征上进行分离，通过 F－K 变换法来分离不同地震波。对于反射波场，由于能量低很容易受到面波和噪音的影响，在处理中，主要通过带通滤波和噪音衰减，并手动剔除较远的道集，提高反射波资料 F－K 的信噪比。那么，通过 F－K 分析和波场分离处理，根据不同波的传播规律和特征不同，可以得到面波的地震资料、折射波地震资料、反射波的信息地震资料。

利用分离后的波场，我们分别获得了反射波体波和面波成像剖面。图 2 显示了面波成像的速度结构。从图 2，我们可以看出试验地区具有 20m 左右的沉积层。同时根据速度梯度的变化，我们可以推断在沉积层以下有明显的断层存在。

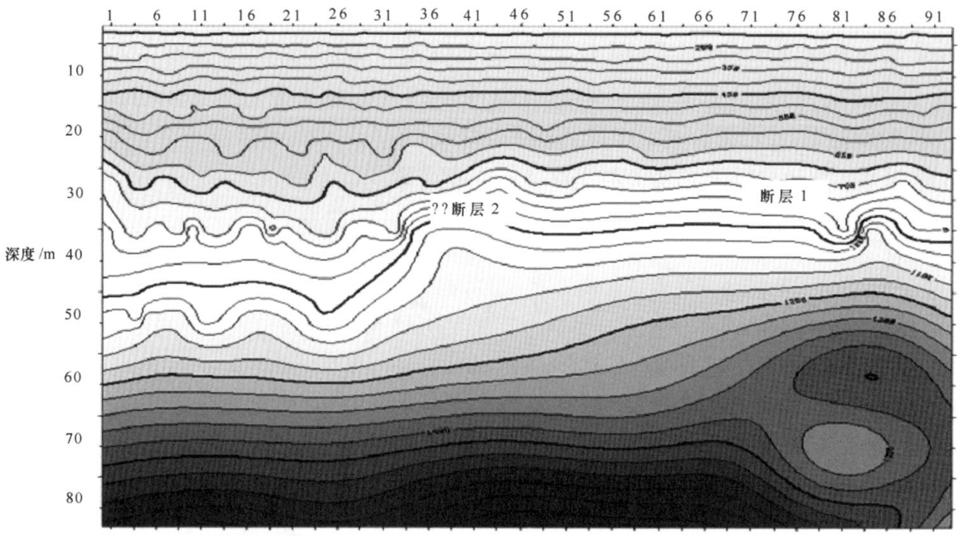

图 2　面波波速反演剖面

4. 断层动态变化

为了观测汶川地震余震以及监测断层附近波速的连续变化，从 2008 年 6 月 6 日到 2008 年 6 月 29 日，我们在汶川地震龙门山断裂带北端进行了 24 天的主动探测实验。实验采用的主动震源为 75kg 的电动落锤。震源每小时自动启动一次，每次启动激发 16 次。我们使用仪器记录的地震波激发时间和震相到达的绝对时间差来测量地震波的走时，因此数据采集系统的时间精度是影响地震波走时测量的另一个重要因素。我们使用 Reftek 公司的 130B 数采来对地震计记录的数据进行采集，采样频率为 500Hz，并用 GPS 对数采进行连续授时，授时精度为 1μs。我们分别计算了实验期间源场记录和接收点记录的 GPS 钟差，整个实验期间 GPS 的授时误差控制在 5μs 之内。

统计表明该方法可以试验波速变化观测精度达 10^{-4}，我们发现，在距离起始记录时间 233 和 286 小时左右，面波走时有两个比较大的变化，最大变化幅度为 2%（远大于观测精度），并在 48 小时之内，逐渐恢复到之前的平均水平。但相应时段内，P 波的走时并没有明显变化。对应走时的变化趋势如图 3（a）所示。这两个明显的波速变化与两个中等（M_L4.7 和 M_L4.9）区域地震（图 3b）存在明显的对应关系。

二、噪声成像方法研究汶川地震主震同震变化

由于不依赖于天然地震的活动性，背景噪声成像技术在近来得到广泛的应用。我们利用四川台网的连续地震记录（数据由国家地震台网数据备份中心提供），研究了由汶川地震导致的该地区速度结构的变化。我们首先计算了每个台站对之间的噪声相关函数并且将相关函数进行叠加。从相关函数中，我们可以看出噪声相关函数中包含非常高信噪比的面波成分。利用汶川地震之前 50 天和地震之后 50 天的叠加相关函数，我们分别反演了该地区的地震波速。将地震前后的波速相减，我们可以得到与汶川地震相关的波速变化。从波速变化中我们

可以看到，汶川地震之后，在断层附近地震波速显著下降（0.2% ~0.4%）。由于台站覆盖，在断层的东北端数据分辨率相对较低。我们将继续跟踪该地区，利用该方法研究断层的愈合情况。

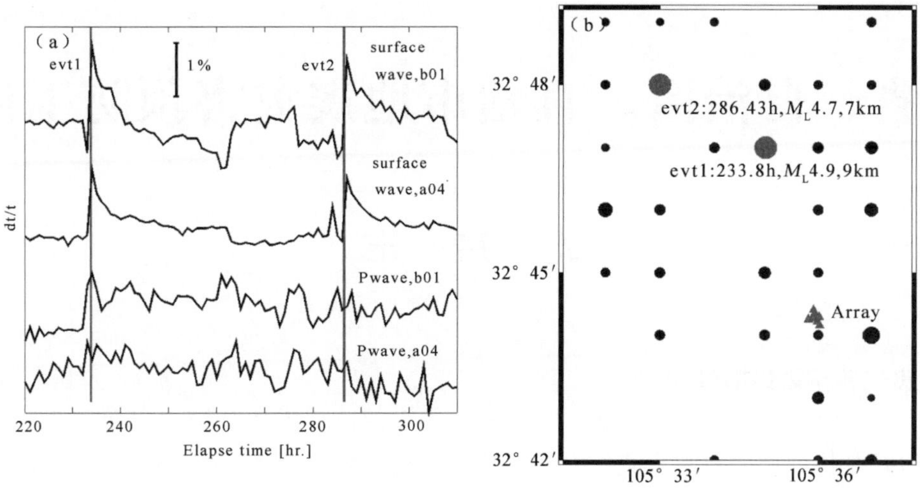

图 3　(a) 在距离起始记录时间 234 和 287 小时的时刻，面波走时发生了 2% 的相对变化，而 P 波走时无明显变化，灰色垂直线标记了两个区域地震的发生时刻；(b) 试验期间，地方余震分布，两个较大的余震表示为灰色圆圈

（中国地震局地球物理研究所　王宝善）

各省、自治区、直辖市地震灾害预防工作

北　京　市

1. 建设工程抗震设防管理

2008 年，共组织完成了 26 项建设工程地震安全性评价报告的评审批复工作，对 68 项建设工程进行了抗震设防要求审查。对一些特殊工程的抗震设防工作组织设计、建设部门专家进行研讨。按北京市政府要求，逐一梳理了 65 个进入政府绿色通道项目的审批工作，完成所有项目抗震设防要求的审查工作。

2. 落实“十一五”防震减灾发展规划

2008 年 9 月，作为“十一五”的重要建设内容的防震减灾中心大楼建设项目在北京市发改委正式立项，批复建筑面积 13000 余平方米，市政府基建投资 6565 万元。为使建设工程项目尽快实施，北京市地震局组建了大楼建设领导小组和大楼基建办，完成环保审批和土地预审。

3. 防震减灾科普教育基地

2008 年，北京市地震局与北京市科委联合发文，出台了《关于北京市防震减灾科普教育基地申报和认定管理办法》。组织专家对 2008 年度申报的北京市防震减灾科普教育基地进行了评审认定。丰台区科技馆、北京人遗址防震减灾科普教育基地、海淀公共安全馆、西城区德胜民防宣教中心、宣武区公共安全宣传教育基地、朝阳区建外街道应急指挥宣教中心、小关街道应急指挥中心、望京街道应急指挥中心和八里庄街道公共安全指挥所等 9 个单位，被命名为北京市防震减灾科普教育基地。年内，全市已建成各种规模的防震减灾科普宣传教育场馆 14 个。

4. 防震减灾宣传教育工作

2008 年，印制《家庭地震应急三点通》卡通画册 2 万册，制作宣传挂图 2 万套，印制地震科普知识三维动画片《笨笨狗 PK 巨能霸》DVD2000 片，制作宣传折页 10 万份，并将这些材料在奥运会召开前夕通过各区县地震局发放至北京市民。

汶川地震发生后，赶制《学习地震知识减轻地震灾害》宣传折页 6 万册，《应对地震灾害》宣传光盘两万张发送四川灾区。组织首都 11 家媒体来到北京市地震局进行集体采访，宣传防震减灾知识。与 40 余家媒体共同制作了宣传防震减灾知识的节目和栏目，为学校、社区和有关单位进行防震减灾科普知识讲座近 40 场。和市科委联合印制了 50 万册《公众地震应急避险要诀》宣传手册，发放给北京市民。

5. 区县防震减灾工作

2008 年，北京市 18 个区县地震局在做好防震减灾各项工作的同时，加强了防震减灾科普宣传教育工作。房山区地震局为科普教育基地制作了三语展板，昌平区地震局开展了创建地震安全示范社区活动，延庆县地震局开展了防震减灾宣传设施建设，平谷区地震局加强了应急装备建设，西城区、宣武区地震局为宣传教育基地增添地震专业仪器展品。

2008 年，在全国市（地）防震减灾工作综合评比中，昌平区地震局获得全国评比二等奖。在 2008 年度北京市区县防震减灾工作综合评比中，昌平区地震局荣获区县防震减灾工作综合评比一等奖，朝阳区地震局、海淀区地震局荣获区县防震减灾工作综合评比二等奖，丰台、顺义、通州、平谷区地震局荣获区县防震减灾工作综合评三等奖；大兴区地震局等 4 个单位荣获区县防震减灾工作综合评比优秀奖；宣武区地震局和延庆县地震局获得区县防震减灾工作单项奖。

（北京市地震局　任振起　师宴宾）

天　津　市

（1）2008 年天津市地震局与市人事局、市发改委分别联合制定了《天津市二级地震安全性评价工程师资格考核认定办法》、《关于加强地震安全性评价管理的通知》等规范性文件。全年共评审工程场地地震安全性评价报告 60 项，实施行政许可 53 件，并对已经完成的《空客 A320 系列飞机组装厂地震安全性评价》等 40 个项目的行政许可事项进行了自查。

（2）市教委、建委等部门对全市各级各类学校校舍抗震安全进行了排查。市防震减灾行政执法大队与和平、塘沽、蓟县、武清等区县对高新区软件基地、水上运动世界等 20 个工程项目的地震安全性评价进行行政执法检查。

（3）完成中新天津生态城总体规划、天津市土地利用总体规划、天津市主体功能区规划以及东丽区、大港区、蓟县、西青区、津南区、北辰区城市总体规划的审查。按照“横向到边、纵向到底”的要求，市内六区将三网体系覆盖到社区和基层居委会，防震减灾助理员设置到街；在有农业的区县，将三网体系覆盖到了居委会和自然村，防震减灾助理员设置到乡镇；行政区内的大、中型企业也设置测报员、速报员、宣传员和防震减灾助理员。

（4）截至 2008 年底，天津市建立了 6000 余人的“三网一员”队伍，完成了对区县“三网一员”管理人员和辅导员的培训。对“三网一员”队伍实施数据库管理，制定了管理制度和编码方案，明确了职责和任务。

（5）市委宣传部和市地震局联合印发了《天津市防震减灾宣传计划》，安排部署 2008 年度宣传工作。市地震局利用 3 月 1 日《中华人民共和国防震减灾法》实施十周年纪念日、7 月 26 日全市突发事件应急宣传日和 7 月 28 日唐山地震纪念日，在全市范围内组织各区县开展了以宣传展板、发放“防震减灾明白纸”、专家现场咨询服务等多种形式的集中开展宣传活动，广泛宣传防震减灾法制知识和科普知识。防震减灾知识已纳入本市中学课堂教育，共创建22所防震减灾科普示范学校。累计向中小学校发放了1000套地震科普教育挂图，举办了15场科普知识讲座。河东区、河北区将防震减灾知识纳入到党校教学内容。

（6）完成本市滨海新区重大基础性项目——中央大道一期海河隧道工程场地地震安全性评价工作；完成了“天津市汉沽城区地震小区划”，通过了国家地震安评委评审。《天津市活断层探测与地震危险性评价》项目荣获中国地震局防震减灾优秀成果二等奖和天津市科技进步三等奖。

（天津市地震局　刘允秀）

河　北　省

1. 加大防震减灾行政执法力度，推进抗震设防要求管理

积极开展《建设工程地震安全性评价分类》修订调研编印出版《河北省地震安全性评价管理条例》释义；配合中国地震局、河北省人民政府法制办多次提出防震减灾法修改意见，完善《河北省地震安全性评价管理条例》重新修订施行后的各项配套措施。制定《河北省二级地震安全性评价工程师资格考核认定办法》、《河北省二级地震安全性评价工程师资格考试实施办法》、《河北省地震安全性评价工程师注册执业管理办法（暂行）》等地震安全性评价管理制度。组织执法人员参加了行政执法培训。2008年，共完成地震安全性评价报告评审184份，其中完成省级行政许可批复52份，完成会审两次；接受河北省效能办审查6次，并按照其提出的意见进行整改，做到一案一卷；进一步规范了省管重点建设项目的行政审批和全省地震安全性评价工作。做好实施网上行政审批准备工作；完成地震动参数分界线两侧区域的确定工作，并编制相关图件。参与全省城市规划及核电选址，对河北省20余个城市的总体规划提出意见，参与了河北省核电场地址的普选方案的制定工作。地震部门作为管理部门第一次参与城市总体规划的编制工作，是地震部门强化社会管理和服务职能的又一体现。同时确定了地震动参数分界线两侧区域，对于各级地震部门科学、准确执法，规范执法行为、杜绝执法随意性有重要意义。

2. 城市活断层探测与地震危险性评价项目进展顺利

2008年是河北省城市活断层探测与地震危险性评价项目实施最为关键的一年。为保证施工质量，于2008年4月7~10日组织召开了“河北省城市活断层探测与地震危险性评价项目监理培训班”，针对该项目的工作特点，对城市活断层探测与地震危险性评价项目的监理依据、监理流程、控制要点、进行工程监理的几种形式及监理需要的规范表格和活断层探测的工作方法等进行了讲解；为确保项目各市之间的衔接和河北省地震局技术平台的数据能够较好的入库，在北京组织有关专家就1∶250000构造图的拼接进行了讨论，并确定了各市的施工范围及编制构造图的范围；按照国家测绘保密条例的要求，会同河北省地震局保密委员会有关人员，制定了使用申请程序和要求，与各市签署就1∶50000、1∶10000电子地图使用的保密协议；组织完成数据库与信息系统项目的招投标工作。到2008年底，全省已完成项目全部11个城市分项目施工合同的签署，正在实施控制性浅层人工地震勘探和目标断层踏勘，已产生初步研究成果。

3. 农村民居地震安全工程建设稳步推进

配合河北省建设科学研究院完成了《关于河北省农村民居防震保安现状的调查报告》。配合河北省建设厅启动农村新民居“十百千”示范工程，2008年在全省11个设区市均确定了一个示范村，部分村完成示范建设工程并正式对外挂牌。向全省每个行政村推广农村新民居优秀设计方案100套、在全省建设样板房1000套。通过样板村样板房建设，为各地农民建房和村庄建设提供典型示范，带动不同地域农村住宅建设水平的尽快提高。组织编写《河北省农村民居防震保安工程指导手册》。协助河北省建设厅出台《河北省农村民居设计导则（试行）》。在《河北震害防御与法制建设》中编发了“河北省农村民居地震安全工程工作进展专版”，对各设区市农村民居地震安全工程进展情况进行了汇总宣传。

4. “三网一员”建设取得新进展

2008年度，河北省地震局组织了石家庄等7个设区市近千人的防震减灾助理员培训，提高了基层地震工作人员的工作能力和业务素质。制发《关于组织开展河北省省县级防震减灾工作机构和地震群测群防“三网一员”网络建设工作情况调查的通知》、《关于进行县级地震工作机构和地震群测群防工作开展情况阶段性总结的通知》等文件，完善地震群测群防“三网一员”工作规章制度。组织开展了县级防震减灾工作机构和地震群测群防“三网一员”网络建设工作情况调查。组织开展地震群测群防工作管理平台的建设，促进地震群测群防工作迈向网络化、信息化管理。到2008年底，河北省“三网一员”建设共建设乡镇级骨干点2205个，每个乡镇均设立了一名联络员和一名助理员，每个乡镇点均又设立了2~3个一般网点，全省设6615个一般网点，每个一般网点均设立了一名联系员，各市均制定了“三网一员”管理办法，部分市编制了“三网一员”人员工作手册，对部分“三网一员”人员进行了培训，部分市落实了“三网一员”人员经费，建立了长效投入机制。

5. 防震减灾宣传教育取得新突破

充分利用防震减灾法纪念活动日、全国科技周、科普日、汶川应急期、7·28防震减灾宣传周等重要时段进行防震减灾宣传工作。有针对性的制作科普宣传作品，完成9种宣传品的制作。举办全省防震减灾宣传教育工作培训班，提高了防震减灾宣传管理者水平。制定《河北省地震局防震减灾宣传评比办法》，进一步推动和规范河北省防震减灾宣传工作。对门户网站进行了全新整合开发，配合河北门户网站、中国地震局门户对河北省地震局防震减灾信息和知识及时更新、宣传以及数据交换，保证了河北省地震局相关数据的社会共享。开创制作了地震报电子版，保持与纸介质“原汁原味”的版式设计风格，与纸介质报纸同步发行。河北省目前拥有国家级防震减灾科普教育基地5个，科普教育基地每年开放天数300天左右，每年接待人次30万左右，有专兼职管理人员15人，专兼职讲解员人数12人，均制定了相应管理办法。各市认定的科普示范学校98所，每年参加活动256000人次，有专兼职管理人员298人，专兼职讲解员人数186人，均制定了相应管理办法。举办面向领导干部的宣传讲座活动36场次，面向在校学生的210次，面向社区群众的126次，面向企业的38次，面向农村地区的60次。全省出版、印制音像、图书和招贴画等制品近30余种。

6. 市、县机构建设和市、县地震工作取得新进展

加强市县工作管理制度规范化建设。经与省编办多次沟通协调，联合印发了《河北省县（市、区）地震工作机构职责》，解决了长期以来河北省县级防震减灾工作界定不清、职责不明的问题。推动县级机构建设取得实质性进展，各设区市均完成了县级机构建设，全省县级地震机构中设有独立地震机构的12个，合署办公的146个，内设机构13个，属于专人负责的3个。同时，组织石家庄、承德、秦皇岛、唐山、廊坊、邯郸、保定等各设区市开展了面向县级地震机构负责人的培训。参加由中国地震局组织的2007年度全国市（地）防震减灾工作综合评比，石家庄地震局市获一等奖，秦皇岛市地震局获三等奖，邯郸市地震局获创新奖，三河市等7个县级地震部门获得全国先进单位，河北省地震局震害防御处荣获组织管理奖 。

（河北省地震局　王加林　刁建新　梁志琴　贯宏谱）

山　西　省

1. 开展活断层探测工作

2008年，对清徐县境内交城断裂带、地裂缝及地震活动性进行了探测评价。该项目于2008年3月正式启动，运用了国内先进的高密度电法三维成像数字技术，经山西省地震工程勘察研究院有关专家半年多的实地勘察研究，查明清徐县13个村产生地裂缝的原因，确定了构造断裂的具体位置及避让范围，取得了多项富有实际指导意义的科学成果，为清徐县的国土利用、规划建设提供了科学依据。

2. 加强抗震设防要求管理和地震安全性评价工作

为规范山西省建设工程抗震设防要求的管理，加强防震减灾行政许可制度建设，制订了《建设工程抗震设防要求重新确认处理程序》，进一步规范简化行政许可程序。完成地震安全性评价项目174项，省级行政审批173项，市级一般工程抗震设防管理审批918项。于2008年9月27日组织完成山西省第一次二级地震安全性评价工程师资格考试工作。

3. 推进农村民居地震安全工程

山西各市组织开展了灵活多样的农民抗震知识和建设安全民居宣传，并积极为农村建房提供地震基本烈度和抗震设防要求。大同市地震局与大同市建筑设计二院合作，根据晋北民居的类型和特点，并结合大同－阳高地震时给房屋造成的震害情况，设计了《大同市农村民居防震设计图》，并以这套图纸为样板，在全市农村逐步推广。太原市组织有关专家深入清徐县194个村，对农村的住房现状和建房概况进行了调研与调查，发放调查表70900份，编写了《农村建房抗震知识》小册子50000份发放到农民手中，同时编制新农村住宅设计图集，发放到每个村。2008年全省96个县设立了示范点298个建成示范民居70955套。

4. 积极开展防震减知识普及宣传

以汶川地震为契机，广泛开展防震减灾科普知识集中宣传。山西省地震局先后在省法制办、团省委、省建校等机关事业单位进行了防震减灾知识专题报告会，各市广泛开展了“进农村、进社区、进学校和进企业”的防震减灾宣传行动。晋城市地震局组织编写《“画”

说地震》大众科普图书10000册，下发到6县（市、区）机关、厂矿企业和学校。太原市地震局制作出版了《防震减灾知识一节课》光盘并与市教育局联合发文，将防震减灾知识引入课堂，编印了《太原市民防震减灾知识手册》20000本发放到机关、学校和市民手中。临汾市在全市创建了34所防震减灾宣传教育示范学校，34个科普示范村庄。结止2008年底全省共建成防震减灾市级科普教育基地4所，县级科普教育基地51所，科普示范学校492所，进行社区宣传1131次，农村宣传1671次。

（山西省地震局　吴　东）

内蒙古自治区

1. 抗震设防要求管理

（1）汶川地震发生后，自治区政府办公厅紧急下发《内蒙古自治区人民政府办公厅关于加强各类建设工程抗震设防监督管理工作的通知》（内政办发电［2008］41号），要求各级人民政府对已有公共建筑物抗震性能进行普查和鉴定，并将检查结果报送自治区地震局，年内，内蒙古自治区地震局已将材料汇总，并上报内蒙古自治区人民政府办公厅。

（2）推动抗震设防管理的监管审批体制和机制的建设。通过努力2008年呼和浩特市地震局、通辽市地震局、兴安盟地震局进入了当地政务服务中心；乌兰察布市和巴彦淖尔市将抗震设防要求纳入基本建设审批程序，巴彦淖尔市地震局还进入当地城市建设审批委员会和G市建设专家咨询委员会。

2. 法制建设情况

（1）2008年3月1日前夕，内蒙古自治区地震局与民政等有关单位一起，利用电拭、报纸等媒体，开展大规模的、形式多样的纪念《中华人民共和国防震减灾法》实施十周年活动。

（2）2008年10月30日至11月8日，自治区人大常委会教科文卫委员会协同内蒙古自治区地震局组成执法调研组，对内蒙古自治区近几年贯彻实施《内蒙古自治区防震减灾条例》、《内蒙古自治区地震安全性评价管理办法》等有关法律法规情况进行了专题调研。对考察地和考察单位的抗震设防、应急措施对策、防震减灾知识宣传教育等情况进行了了解和座谈。

（3）内蒙古自治区地震局并向内蒙古自治区人大常委会和内蒙古政府法制办公室上报了“十一五”法制建设远规划和五年立法计划；制定《内蒙古自治区地震工作管理部门规范性文件制定和备案监督办法》和《内蒙古自治区地震局行政执法和行政执法监察过错责任追究办法》，从落实行政执法责任制、建立相关制度入手，加强对执法人员的指导和监督，进一步规范行政执法工作。

3. 地震安全性评价管理

（1）根据中国地震局2005～2007年地震安全性评价报告抽查情况，内蒙古自治区地震安全性评价委员会于3月18日召开“关于加强自治区地震安全性评价工作研讨会”，总结近几年安全性评价报告评审中存在的问题，提出改进的措施。

（2）组织有关专业人员参加一级和二级地震安全性评价工程师培训和考试；对全区甲、乙、丙级资质单位进行验证和换证工作，并向有关资质单位下发文件，要求进一步加强地震安全性评价工作管理。

（3）内蒙古自治区地震安全性评价委员会全年评审地震安全性评价项目60项，依法审批建设工程抗震设防要求。

4. 防震减灾宣传

（1）汶川地震发生后，全社会对防震减灾知识需求十分迫切，针对具体情况内蒙古自治区地震局组织人员通过报纸、杂志、电视、讲座、街头宣传等形式多样，生动活泼，民众喜闻乐见的方式开展防震减灾宣传50余次。5月12日16时30分，内蒙古广播电台、电视台《今日关注》栏目与内蒙古地震局连线，有关人员讲述了四川汶川县地震基本情况、有感范围、内蒙古地震局应急反映和采取的措施、应急避险的常识。相关信息请大家关注政府及相关部门发布，不要轻信谣传等。5月13日，由张建业副局长率震防处、分析预报中心的专业人员再次座客内蒙古广播电台《今日关注》、《共同关注》和专为农牧民开办的《绿野之声》栏目就自治区的监测预报、震害防御和防震减灾知识进行了宣传，尤其对农村牧区居住安全和避震常识做了重点宣传。5月14日，内蒙古电视台大型访谈节目《百姓热线》、15日《尉兰的故乡》节目就防震减灾内容进行了录播宣传。节目的播放很快平息了市民的恐慌，起到了宣传的目的。5月17日，呼和浩特市新华广场“2008年科技活动暨全区第十三届科普活动宣传周”的主题临时改为“抗震救灾，众志成城，携手共建和谐社会”。防震减灾知识宣传作为这次活动重点，内蒙古地震局党组非常重视这次宣传活动，包东健局长带领30人参加，并亲自向参观者发放宣传品和解答防震减灾知识，20块展板前络绎不绝的参观者非常关注国内外及内蒙古地震灾害及“地震来了怎样办”等内容。这次宣传活动发放宣传品万余份，解答咨询百余人，收到了很好的效果。

（2）各盟市地震局也及时进行了宣传，5月13日，赤峰台分别接受赤峰电视台直播生活、走进红山栏目组专访。高级工程师辛宝玉同志，为采访人员介绍了仪器设备和发生地震的记录情况，讲解了发生地震的基本常识和发生地震时的防御办法。5月14日至5月15日，呼伦贝尔市地震局彭海杰局长接受及回答了呼伦贝尔日报社、呼伦贝尔电台、电视台等多家媒体记者采访并做客直播间，对呼伦贝尔市近年防震减灾工作和远景目标向社会公众做了详尽阐述，确保社会稳定的同时也及时讲解了地震科普常识与我市防震减灾工作。5月17日，由乌兰察布市委宣传部、市科技局和市科协在集宁区中心广场联合举办乌兰察布市第十三届科技活动周启动仪式，市地震局全体干部职工参加了此次活动。

（3）走进校园、街道、社区进行地震应急宣传活动，先后在内蒙古财经学院、红旗小学、海拉尔办事处和托克托县部分学校进行地震应急科普知识讲座，举办了应急避震演练。并进行简单紧急避震演练。呼和浩特地震科普教育基地改建土建工作和装修设计工作基本完成。

（4）加强新闻发言工作。汶川地震引起全社会和新闻媒体对防震减灾工作的广泛关注。汶川地震发生当天的十五时三十分左右，内蒙古自治区地震局新闻发言人召集有关新闻媒体的记者，举行了新闻发布会，介绍了汶川地震的基本情况以及对内蒙古地区的影响，解答了记者的有关提问，有关新闻在内蒙古电视台和内蒙古电台等媒体播出后，取得了良好的社会效果；接下来的几天内，各大媒体纷纷到内蒙古自治区地震局采访，新闻发言人都一一做了回答。

（5）成立了新闻发言领导小组，由分管宣传工作的副局长任组长，办公室主任、震害防御处处长、监测预报中心主任为成员，明确常态和地震突发事件发生后的新闻宣传职责及具体分工，装备新闻发布会场所，保证必要的经费投入。制定并印发《内蒙古自治区地震局新闻发言人工作制度》，规范新闻发布行为及各部门职责分工、程序等，为防震减灾新闻工作提供了人员、设备和制度保障。

（6）2008 年 4 月，内蒙古自治区地震局成立由分管局长任组长，办公室主任为副组长，各有关部门参加的政府信息公开工作领导小组，开始编制内蒙古自治区地震局政府信息公开指南和政府信息公开流程图，制定《内蒙古自治区地震局政府信息保密审查办法》和《内蒙古自治区地震局政府信息依申请公开办法》，并安排有关处室按照《中国地震局政府信息公开目录编制规范》，收集梳理自 2003 年以来相关信息。

5. 其他工作

（1）在全国地方地震工作评比中，内蒙古自治区呼伦贝尔市地震局获第三名，鄂尔多斯市地震局获优秀奖，扎兰屯地震办、阿鲁科尔沁地震局、乌拉特前旗地震局、扎赉特地震局获防震减灾工作先进单位。

（2）经内蒙古自治区地震局与自治区编办、人事厅协商，自治区批准 12 个盟市地震局参照公务员法管理，并于 2 月全部完成审批手续。年内，锡林郭勒盟地震局升格为处级独立单位问题已由锡林郭勒盟盟委研究通过。

（3）2008 年 4 月，内蒙古自治区人民政府办公厅以内政办字［2008］60 号发文，对内蒙古自治区防震减灾工作领导小组组成人员进行了调整，自治区人民政府副主席刘卓志任组长。

（4）呼和浩特市地震局和巴彦淖尔市地震局解决了“三网一员”的补助问题，保证了“三网一员”的稳定和工作的有效开展。

（内蒙古自治区地震局　弓建平）

辽　宁　省

1. 防震减灾法制建设

公布实施《辽宁省地震局行政处罚自由裁量权指导性意见》；

制定《辽宁省地震局地震执法案卷立卷归档规定（试行）》，做到一案一卷。行政处罚案卷、行政许可案卷合格率均达到 95% 以上。

将行政执法工作主要内容纳入综合评比和目标考核。

利用各种契机组织地震行政执法人员进行防震减灾法律法规培训和教育。2008 年地震执法监督部门开展 3 次全省地震行政执法检查。

2. 抗震设防要求管理

（1）认真贯彻实施省政府165号令，发改委、经委、建设、地震等部门加大建设工程抗震设防管理力度，加强地震安全性评价项目审查，保障建设工程地震安全。全年受理省级建设工程地震安全性评价结果审定和抗震设防要求管理行政许可69项。

（2）实施地震安全性评价工程师制度，与省人事厅考核认定13人具备国家二级地震安评师资格。

（3）全省市、县地震机构更加健全，职能更加明确，编制有所增加，抗震设防要求管理已基本纳入政府审批环节。

3. 防震减灾宣传

（1）全省各市地震部门在当地党委宣传部门和政府的支持下，志愿者队伍、示范社区、示范学校、地震安全城区建设效果良好。

（2）利用电视、电台、报刊和网络等媒体开展地震知识竞赛、组织地震宣讲团、采用多种形式开展防震减灾法规宣传等，受到社会公众普遍欢迎。

（3）组建近10万人的地震"三网一员"队伍，强化宏观信息管理。

（4）参加全国防震减灾工作综合评比，铁岭市地震局获二等奖；营口市地震局获综合优秀奖、地震应急单项奖；辽阳灯塔县、盘锦双台子区获全国县级防震减灾工作先进单位。

4. 震害预测

（1）完成辽宁省地震安全公共服务系统由省财政立项批准，预算资金500万元，主要开展全省农村民居抗震性能普查，并建立信息数据库。

（2）完成沈阳、大连、营口、盘锦、朝阳、辽阳6个城市震害预测项目的评审和验收工作。

（辽宁省地震局　韩　平）

吉　林　省

（1）2008年6月19日，吉林省人大车秀兰副主任率科教文卫委员会组成调查团，对吉林省贯彻落实《中华人民共和国防震减灾法》和《吉林省防震减灾条例》情况进行了检查。检查组到吉林省防震减灾指挥中心、吉林省地震与火山监测中心、合隆地震台进行实地考察。听取吉林省地震局任利生局长有关省内震情和工作的汇报。

（2）建设工程抗震设防管理工作进一步加强。2008年全省有35项重大工程进行了地震安全性评价，农村民居地震安全工程与全省泥草房改造结合实施进展顺利。吉林省劳动厅将农村工匠培训列入《2008年吉林省农村劳动技能就业计划实施方案》（吉劳就字［2008］316号），由全省9个市（州）组织实施。完成首次二级地震安全性评价工程师资格的认定工作，全省有30人取得二级地震安全性评价工程师资格。

（3）开展《吉林省工程建设场地地震安全性评价管理办法》（省政府93号令）的修订

工作。对行政审批权限进行了再次清理，完成防震减灾法规的自由裁量权制定工作。

（4）吉林省地震局与吉林省教育厅、吉林省科技厅联合下发《关于开展创建防震减灾科普示范学校活动的通知》（吉震联字［2008］1号），成立由“一局两厅”主要领导为组长和副组长的领导小组，同时制定下发《吉林省防震减灾示范学校建设标准》。目前，吉林省已创建防震减灾科普示范学校8所，长春市第二十七中学被确定为国家级防震减灾科普教育基地。

（5）群测群防队伍建设有了较好的发展，吉林省有群测群防人员2000多人，建成“三网一员”数据库，有80多人参加“三网一员”培训。

（6）松原市地震局在中国地震局年度综合评比中获得综合奖二等奖，这是我省首次在全国评比中获得综合二等奖的好成绩。

（吉林省地震局　王军亮）

黑 龙 江 省

1. 扎实推进农村民居地震安全工程

（1）根据省政府《关于转发省地震局省住房和城乡建设厅关于实施农村民居地震安全工程意见的通知》（黑政办发［2008］31号）文件精神，经省政府同意，栗战书省长亲自部署，将农村民居地震安全工程建设纳入农村泥草房改造等有关农村房屋改造工程项目中去。2008年将完成20万户的改造任务。有7个地市建立一批农村民居地震安全示范工程，将由省级验收挂牌。

（2）2008年9月1~4日在牡丹江市举办“农村民居地震安全工程”管理培训班。参加培训的人员有：各市（地）地震局震防科（处）长，各县（市）地震局局长，省地震局有关人员共90余人。

2. 地震安全性评价的管理

（1）2008年黑龙江省地震安全性评定委员会共评审工程场地地震安全性评价报告65项，对部分安评报告修改稿进行审查。对哈尔滨宾西至成高子铁路新建工程、会展新城冬奥村工程、群力新区东区建设工程、哈尔滨医科大学附属一院外科病房楼工程、龙煤集团七台河铁东矸石电厂工程、哈尔滨市平房压缩天然气母站及1.5km管线工程等工程场地地震安评项目进行工程现场检查。保证了黑龙江省地震安全性评价质量。

（2）积极推进地震安评收费标准的调研调整工作。2008年10月27~30日，省物价局、省地震局就《办法》试行情况赴鸡西市、牡丹江市、绥化市进行了调查，11月28日又到佳木斯市与建设单位进行座谈，一致反映地震安评收费定价偏低，特别是地震安评收费第10项不符合实际情况，难以进行，建议根据实际需要进行调整。

（3）组织进行二级安评师考试工作。在考前震防处为全省参考人员提供了《地震安全性评价技术教程》、《工程场地地震安全性评价》、相关法律法规和技术参考资料。并采取各种方式对部分参考人员进行考前辅导。协助省人事厅考试中心在9月27～28日组织全省70余人进行了2008年度二级地震安全性评价工程师资质考试。

3. 积极推进市县防震减灾工作

至2008年底，全省13个地市91个县市区，建立了由1042名乡镇防震减灾助理员和3147名农民组成的“三网一员”队伍，共计4189人，形成了“横向到边、纵向到底”的群测群防网络体系。2008年我们将全省“三网一员”工作人员进行汇总新编制了《三网一员工作手册》，省市县地震部门积极组织开展以防震减灾助理员为主的业务培训，使市县两极防震减灾助理员基本掌握了宏观观测技术。各地市地震局还为农民观测员颁发了工作证书，在观测点悬挂了标示，有效起到了激励和稳定作用。

5·12汶川特大地震发生后，2008年8月，省政府下发了《黑龙江省人民政府关于全面加强防震减灾工作的意见》（黑政发［2008］66号）文件，省财政厅、省地震局迅速落实关于“要积极推进地震宏观异常测报网、地震灾情速报网和地震知识宣传网建设，充分发挥群测群防在地震短期临震预报、灾情信息报告和普及地震知识中的作用。”的要求，为了稳定和完善“三网一员”体系，省财政厅、省地震局联合下发文件，要求各市、县财政局、地震局做好群测群防经费保障工作：一是要将地震群测群防工作经费纳入本级财政预算，确保群测群防工作宣传费、骨干人员培训等群测群防工作的实际需要；二是要结合本地实际，制定农民观测员岗位补贴发放标准，按月或按年度向农民观测员发放工作补贴；三是要加强对“三网一员”队伍的管理，对农民观测员定期进行培训，不断提高业务素质。同时，对责任心强，工作成绩突出的要进行表彰和奖励。

据了解，各市（地）、县（市）级地震部门接到文件后正积极与财政部门沟通，争取农民观测员岗位补贴的落实和明年地震群测群防经费预算的落实。确保防震减灾工作的实际需要。目前大庆、肇东市、望奎县、绥化北林区等地为农民观测员兑现了工作津贴，颁发了工作证书，有效地起到了激励和稳定作用。

4. 防震减灾宣传教育工作

2008年，积极组织开展《中华人民共和国防震减灾法》颁布实施10周年、7·28唐山大地震宣传活动。黑龙江省共设立宣传站点30余处，悬挂宣传标语60余幅，展出展板140余块，发放宣传资料11万份，发表电视讲话两次，刊登科普知识20余篇。7·28宣传活动期间，与哈尔滨市地震局联合在革新街教堂广场设立宣传站，悬挂宣传条幅，展示宣传展板，发放宣传资料，解答有关咨询。当天各市（地）也都组织了大型宣传活动。还积极参与了黑龙江省科技活动周以及国际减灾日的宣传活动，积极组织开展防震减灾科普知识进校园等宣传活动，取得了良好的社会效应。

2008年我局防震减灾科普工作以3月1日《中华人民共和国防震减灾法》颁布实施十周年纪念日和7·28唐山大地震纪念日为重点，黑龙江省各级地震部门通过制作电视专题宣传片，发放地震知识宣传资料，编印宣传挂图，设立宣传站等形式，直接向社会群众宣传；同时不断拓宽宣传载体，丰富宣传内容，在网站、电视台、电台、报纸等各大主流媒体开辟专家访谈、有奖知识竞答等多种形式进行地震知识宣传；积极参与科技活动周的宣传工作。在社区学校举办防震减灾科普知识讲座，使宣传活动深入厂矿、学校、社区和乡村，有效地增强了广大群众的防震减灾意识，提高了社会公众应对突发事件和识别地震谣言的能力。

在两次宣传活动中全省共悬挂宣传条幅两百余条，摆放地震知识展板数百块，发放防震减灾宣传资料两万多册，发放防震减灾宣传单60000多份，为学校和社区发放宣传挂图1000余套，设立防震减灾法律法规咨询站数十处，为数万人讲解了相关知识。全省各级地震部门非常重视防震减灾知识宣传工作，努力抓好这项工作。在宣传形式上创新，以群众喜闻乐见的形式，使防震减灾法规宣传、防震减灾工作宣传防震减灾知识宣传深入人心。宣传活动起到了很好的效果。

2008年黑龙江省各个市，县地震局积极与当地政府协调，在一些地市的重点学校内设立防震减灾科普教育示范校，为科普示范学校挂牌。目前黑龙江省科普示范学校已经建立119所，各级地震部门积极举办地震科普知识讲座、悬挂科普挂图，开展应急演练，受到学校教师和广大学生家长的一致好评。11月结合科学发展观调研阶段走访一些地市，对科普示范学校建设工作进行检查，指导。为科普示范学校提供一些宣传教育光盘，并提出一些建设性意见。

（黑龙江省地震局　张东凯）

上　海　市

1. 防震减灾法制建设

（1）防震减灾立法。2008年初，成立由上海市人大教科文卫委、法工委、上海市政府法制办和上海市地震局有关人员组成的上海市防震减灾条例立法调研工作领导小组。7月16日，上海市人大胡炜副主任带领市人大教科文卫委、法工委和市政府法制办有关人员开展调研，专题听取上海市防震减灾工作情况汇报。8月，正式启动防震减灾立法课题，成立立法课题小组，先后召开由防震减灾联席会议有关成员单位和区县代表参加的不同层面的座谈会，并陪同市人大教科文卫委有关人员赴北京、天津开展专题调研，听取北京、天津市人大和地震局关于防震减灾立法工作的情况及经验介绍，并到中国地震局学习正在修订的《中华人民共和国防震减灾法》立法方面的相关经验，听取中国地震局对上海市防震减灾立法方面的意见和建议。

（2）普法宣传。为纪念《中华人民共和国防震减灾法》颁布实施十周年，根据上海市人大的要求，进一步加大宣传力度，普及防震减灾法律知识和地震科学知识，全市各区、县积极行动，组织落实，运用展板、讲座、竞赛、横幅、演练等多种形式，开展了为期三个月的防震减灾知识“进机关、进学校、进社区”大型宣传教育活动，达到良好的效果。

（3）行政执法。为加强上海市防震减灾执法队伍培训，根据上海市法制办的要求，上海市地震局职能处室执法岗位工作人员和各区县地震办的执法人员积极参加由上海市政府法制办组织的基础法培训。并于2008年底完成了全市防震减灾执法人员的执法证换证工作。

2. 抗震设防要求的管理

2008年上海市地震局先后完成了中国2010年上海世博会中国馆工程、上海北外滩白玉兰广场项目、上海中心大厦项目等16项工程安评结果的审定及抗震设防要求的确定工作。

对不符合要求的报告，坚持工作原则，确保工作质量。

崇明、闵行、南汇、青浦等承担本辖区抗震设防行政审批职责的区县地震办公室，全年完成项目抗震设防要求的审批、登记、会签共计146项。崇明县地办还进一步推进对抗震设防行政审批建设工程项目的跟踪把关，确保将抗震设防管理落到实处。

为协助推进上海农村民居防震保安工作，对上海市10个区县农村民居的现状、发展趋势、管理方向开展调研，形成上海市农村民居抗震设防状况调研报告。

3. 地震安全性评价管理

2008年，对上海神龙防灾技术有限公司提交的资料进行严格审查，结合该公司近年来的业务实绩，对其做出了延续其丙级安评资质两年的行政许可。8月，与上海市人事局配合完成了上海市二级地震安全性评价工程师的考核认定工作，共有14人提出申请，12人通过考核认定。其结果在上海市地震局和上海市人事局网站上进行公示。9月底，与上海市人事局、上海市教育考试院共同组织完成了上海市二级地震安全性评价工程师的资格考试工作。

2008年，印发了上海市地震局《关于规范本市建设工程地震安全性评价报告格式的通知》（沪震函〔2008〕77号），对安评报告的格式、内容等作了相关规定，进一步确保安评报告的质量。

在正式评审过程中，明确规定凡是报告存在原则性问题的，评审组长有权暂缓审定及签署评审意见，待修改后重新审定。2008年曾有一次因报告质量存在较大问题，先后评审了4次才通过的情况。同时，将上海市5家具有地震安评资质的单位名称、地址、联系方式和市物价局核准的地震安评收费标准及地震安评报告评审工作流程等，通过上海市地震局网站向社会公开，并在上海市地震局相关办公场所予以公示，接受社会监督，确保安评管理的公开、公平、公正，提高行政许可工作的透明度。

4. 防震减灾宣传教育工作

2008年，上海市防震减灾宣传教育工作继续以各级政府、社区居民、中小学生作为宣传重点，坚持“主动、慎重、科学、有效”的宣传方针，以日常宣传和7·28防震减灾日、奥运地震安全保障等重点时段宣传相结合的方式开展工作。在继续利用展板、横幅、现场咨询、科普大篷车、大屏幕、讲座、培训、特色学校教育等传统途径开展常规性宣传的同时还积极创新手段，确保宣传的力度、深度和广度。据不完全统计，全年共开展防震减灾各类培训、讲座、活动等近百场，直接参与近万人，宣传对象涉及政府机关、学校、联席会议成员单位、社区街道、建筑单位从业人员等各个层面，宣传内容包括地震科普常识、突发事件应急、自救互救、建筑安全等方面，受到广大市民的好评。2008年4月15日，青浦金泽地震科普教育基地建成并揭牌，成为具有地震监测、防震减灾知识宣传双重功能的科普教育基地，为青浦区的广大市民和中小学生更直观、实时、系统地了解地震监测等科学知识提供了新的途径。

5月12日汶川地震发生当晚，上海市地震局就派出专家参与SMG新闻夜线约见和东方卫视夜新闻节目，向广大市民介绍地震情况，解答市民关心的问题，稳定公众情绪。地震发生当日，有关部门未接到因地震原因，居民夜间逗留户外的报道。5月13日，在上海市地震局网站首页开辟汶川地震宣传专栏，及时发布有关最新消息，坚持正确的舆论导向。又多方派专家接受报刊媒体采访，包括东方网的视频采访和上海卫视早新闻及东方卫视的现场直播，共计接待记者约40人次，在报刊发表相关文章近30篇，并派专家外出讲座10余次，对进一步普及地震知识和维护社会稳定起到了积极的作用。自地震发生以来，上海市民生活工作秩序正常。本次地震应急和宣传工作取得了比较好的效果，在及时为政府提供决策依据、迅速平息民众恐慌情绪和维护社会稳定等方面均起到了积极的作用，得到上海市政府的充分肯定。

成立了上海市地震局地震新闻工作小组，加强组织领导，不失时机地加强防震减灾宣传工作。6 月 24 日，由上海市人大常委会、市应急管理委员会联合举办的“《突发事件应对法》和《中华人民共和国防震减灾法》宣传教育活动”正式启动，拉开了上海市为期 3 个月的防震减灾法制宣传教育活动。

（上海市地震局　孙敏震）

江　苏　省

1. 建设工程抗震设防要求管理工作

全省各地加强建设工程抗震设防要求管理和地震安全性评价工作，进一步提高震害防御能力。盐城市将新建建设工程抗震设防管理纳入建设工程项目审批的前置条件；镇江、连云港、南通、无锡和徐州等市在项目办理开工批复时，要求必须有地震部门抗震设防要求审批意见；新一批县（市、区）将抗震设防要求纳入基本建设管理程序。会同省人事厅制定实施江苏省地震安全性评价工程师的考试、考核工作管理办法。采取多种形式对地震安全性评价持证单位进行业务技术指导，逐步在全省有关市、县行政审批中心“窗口”推广使用统一编制的抗震设防要求管理软件。进一步加强对农村建房抗震设防工作的指导，推进全省农村民居地震安全工程的实施。

2. 建设工程地震安全性评价工作和工程检测项目

省地震工程院完成南京地铁六号线西北环线、上海至南京城际轨道交通、上海至西安国家高速公路崇启大桥、南京长江第四大桥、淮安民用机场等 80 多项重大工程的地震安全性评价项目，完成南京地铁一号线南延线、连云港 25 万吨级矿石接卸码头等 200 多项工程检测项目。

3. 市县防震减灾工作

强化对市县防震减灾工作指导的力度，市县防震减灾工作成绩突出。防震减灾目标责任书的签订，有力地推动了全省各地防震减灾事业的发展。宿迁市明确各级地震机构三定方案并增加了人员编制；徐州市编委一次性增加市地震局事业编制 8 人；南通市城市震害预测项目已完成主体工程；徐州市政府立项城市活断层探测项目并安排了 700 万元经费，苏州、宿迁、盐城、南通和无锡正在开展前期调研并落实经费。各地进一步加大了对防震减灾工作经费的投入力度，盐城市政府 2008 年增加防震减灾专项经费 160 万元，明确今后每年防震减灾经费递增 20%，并纳入当年财政预算；无锡市、镇江市、徐州市政府都安排数十万元经费建设地震台网中心或改善办公条件；苏州市、张家港市专题安排 80 万元建设防震减灾科普教育基地。无锡市3000平方米防震减灾预警中心大楼破土动工。在全国市县防震减灾工作综合评比中，无锡市地震局荣获市级一等奖，连云港市地震局获得优秀奖和法制工作单项奖，高邮市地震局、射阳县地震局、宜兴市地震局和昆山市地震局荣获全国县级防震减灾先进单位。

4. 防震减灾知识宣传和教育

广泛开展防震减灾宣传，不断提高社会公众防震减灾意识。在全省范围内广泛开展《中华人民共和国防震减灾法》实施十周年宣传活动，组织全省地震系统参加2008年全国科技周暨江苏省第二十届科普宣传周。已建成33个省级以上防震减灾科普基地，其中国家级5个；建成命名省级防震减灾科普示范学校112个，其中2008年建成40个。组织新闻媒体采访赴四川灾区参加救援的地震工程专家50人次，组织专家作地震应急救援和科普知识专题报告近20场。“中国江苏网”举办3次防震减灾工作在线访谈；对科普宣传刊物《江苏防震减灾》进行改版，全年出刊6期；制作完成4部反映防震减灾工作的影像资料片；省地震学会出版1期《汶川大地震论文集》；组织开展第二届全省防震减灾优秀科普作品征集评选活动，近20件作品获奖。

（江苏省地震局　龚寿荣　朱庆和）

浙　江　省

1. 防震减灾法制建设

2008年，浙江省防震减灾依法行政工作得到进一步规范和加强，制定印发《浙江省地震局行政执法责任制》，按时完成浙江省政府依法行政工作考核。

2. 抗震设防要求管理

依法加强对重大建设工程和生命线工程的抗震设防要求管理，浙江省地震安全性评价委员会2008年共组织评审并审批京杭运河隧道、杭甬客运专线等重大43项工程的抗震设防要求。农村民居地震安全工程稳步推进，验收通过浙江省省级农村民居地震安全工程示范区“文成县的重建小区”。

3. 地震安全性评价管理

为进一步提高地震安全性评价从业人员的素质，重点做好二级地震安全性评价工程师资格考核认定与考试工作。截至2008年底，浙江省共有5人取得国家二级地震安全性评价工程师执业资格，9人取得国家一级地震安全性评价工程师执业资格。

4. 活动断层探测工作

杭州市城市地震活断层探测和危险性评价工作取得阶段性成果：2008年完成全部24个子项目的验收，并将所有成果录入“杭州市城市地震活断层”数据库平台，初步建成了数字化“活断层”平台。宁波慈溪市城市地震活断层探测工作正式启动。

5. 防震减灾科普宣传

大力开展防震减灾科普教育基地建设，全年新建科普示范学校7所，确定台站科普设施改造2个。防震减灾科普宣传教育深入开展。5·12汶川8.0级地震后，浙江省地震局不失时机地利用电视、报纸、网络等媒介，大力开展防震减灾知识宣传，先后接待媒体采访80余次，协同电视、电台等制作防震减灾知识宣传专题节目4期，组织安排专题讲座5次。在浙江省地震局指导下，浙江省各市县地震部门也充分利用《中华人民共和国防震减灾法》10周年、科技三下乡、科普活动周等特定时间，积极开展形式多样的防震减灾知识宣传活动，获得了社会公众的欢迎。

（浙江省地震局　庞银照）

安　徽　省

1. 防震减灾法制建设

为适应经济社会发展需要，2008年4月3日，省政府第4次常务会议审议修订《安徽省地震监测设施和观测环境保护暂行规定》，并以安徽省人民政府令第211号发布。4月3日，省地震局与省人大教科文卫工作委员会联合召开纪念《中华人民共和国防震减灾法》实施10周年座谈会，省人大常委会副主任朱维芳、省政府副秘书长余焰炉出席会议并讲话，省防震减灾工作领导小组成员单位与省政府法制办等30多个部门的领导和代表参加了会议。

为大力推动安徽省建设工程抗震设防管理工作，进一步规范全省地震安全性评价工作，在省地震局不懈努力下，安徽省地方标准《建设工程地震安全性评价分类》在征求省直相关部门意见后，7月11日，通过省质量技术监督局组织的专家评审会，于8月26日由省质量技术监督局正式发布实施。11月10日，省政府新闻办召开《建设工程地震安全性评价分类》（DB 34/848—2008）新闻发布会，会议由省政府新闻办副主任郑明武主持，省质量技术监督局副局长张文静宣布了实施《建设工程地震安全性评价分类》的决定，省地震局局长张鹏作标准制订有关情况的说明，并现场回答了记者提问和采访。安徽省政府网对新闻发布会进行了网络直播，45名记者出席会议，22家媒体几天内集中报道，在全省引起较大反响。为进一步扩大宣传效果，省地震局编印2万份标准宣传材料，利用10月8日国际减灾日、12月4日全国法制宣传日之机，开展了多次街头宣传活动。11月18日至19日，省地震局在合肥举办了《建设工程地震安全性评价分类》培训班，来自全省市县地震部门分管震害防御的领导和业务人员以及省局相关部门人员共90人参加了培训。

2. 抗震设防要求管理

积极推进市县地震部门加强抗震设防要求管理，至2008年底，合肥、淮北等8个市将抗震设防管理纳入了基本建设管理程序，全省有14个市级地震部门进入同级政务服务中心，部分县级地震部门也进入了当地政务服务中心，开展管理和社会服务工作。全年有5000多项一般建设工程进行了抗震设防要求核定。此外，省地震局与省教育厅、省建设厅联合对全省校舍排查工作进行了详细部署。根据安排，省地震局派出了10名专家参加了省政府统一组织的校舍排查工作。其中8月14~18日，以省地震局副局长刘欣为组长，省建设厅、省地震局专家为成员的省校舍抗震安全排查第七督查组一行 5 人赴池州、安庆开展校舍抗震安全排查督查工作。

3. 地震安全性评价管理

省地震局加强了对重大建设工程地震安全性评价项目的监管，积极指导市县开展地震安全性评价工作。先后组织合肥机场工程、国投宣城电厂二期（1×600MW）扩建工程、国电宿州“上大压小”热电工程、大唐淮北虎山发电厂上大压小工程、池州长江公路大桥、淮南电厂工程、宁宣杭高速公路宣城至宁国段工程、蚌埠淮河公路大桥、淮上淮河大桥、扬州至绩溪公路宁国至绩溪段工程、宿州祁东电厂 2×600MW 项目等 16 个项目的评审会议，对这些项目的地震安全性评价工作进行监管。2008 年，全省共有 140 项重大建设工程开展了地震安全性评价工作。按照有关规定，对来安徽承担建设工程地震安评项目的北京工业大学、哈尔滨震工科技有限公司进行了资质审查和项目备案。同时对安徽省资质已经过期的三家丙级地震安全性评价资质单位（华东冶金地质勘查研究院、安徽省水利水电勘测设计院、安徽省地质矿产勘查局 321 地质队）进行了实地审查，核发了三家单位的资质延展证书。组织参加全国一级地震安评工程师资格认定，省地震局有 4 人一举通过考试。省地震局与省人事厅联合组织实施安徽省二级地震安评工程师的考核认定和考试等工作，联合下发了《安徽省二级地震安全性评价工程师资格考试实施办法》、《安徽省二级地震安全性评价工程师考核认定办法》、《关于 2008 年度安徽省二级地震安全性评价工程师资格考试考务工作的通知》。9 月 27 日，安徽省二级地震安全性评价工程师资格考试在合肥举行，省地震工程研究院有 1 人通过考试认定。组织完成安徽省安评委换届及 2008 年度安评委工作会议，成立了省地震局地震安全性评定咨询专家组。

4. 防震减灾宣传

为加快安徽省防震减灾科普教育基地和防震减灾科普示范学校建设，省地震局与省教育厅、科协于 11 月先后联合印发了《安徽省防震减灾科普教育基地申报和认定管理办法》和《安徽省防震减灾科普示范学校管理办法》。合肥市地震监测中心、安庆地震台被当地科协授予“市级科普教育基地”，安庆市第二中学、寿县寿春中学以及淮北市 6 所中小学被授予了“市级防震减灾科普教育示范学校”。加强与主流媒体的联系，组织、策划采访报道，全年接待新闻记者 130 多人次，采写、发表稿件 90 余篇，创作《汶川地震应急救援纪实》等 6 部声像作品和档案资料片。全年上报中国地震局政务信息近 450 条，采用率位列全国省级地震部门第三。省局门户网站采用市局信息 657 条。规范全省省级科普示范基地和科普示范学校的建设和管理，与省科协、省教育厅联合制定了防震减灾科普示范基地、科普示范学校申报管理办法。合肥、安庆、淮北、马鞍山等地分别建立了科普教育基地或示范学校，全省市级科普示范学校已达到 28 所。结合汶川大地震的经验教训，全省积极开展防震减灾知识进机关、进乡村、进社区、进学校、进企业活动。省局累计开展了不同层次的学术讲座 10 余场，市县地震部门组织各类防震减灾知识讲座 91 场次，组织各类宣传活动 300 多场次，发表宣传文章 109 篇，发放各类防震减灾宣传材料 7 万余份。亳州市地震局与教育局还联合下发通知，对学校防震减灾工作做出总体部署。

（安徽省地震局　安树志）

福　建　省

1. 加强防震减灾法制建设

不断加强地震行政执法队伍建设，建立福建省地震系统持执法证件人员的管理制度，指导全省地震系统机关工作人员参加2009年度全省行政执法资格考试的报名和备考。对拟建重点项目进行梳理，省、市地震局密切配合跟踪项目进展，并适时进行执法监督检查，以电话通知或信函告知等形式督促省人民医院门诊综合楼等工程业主单位依法开展地震安全性评价。根据中国地震局的部署和"五五"普法规划，开展防震减灾法律、法规知识普及宣传教育，推进普法宣传进社区、学校和乡村。

2. 加强抗震设防要求管理，继续推进农居地震安全工程

各设区市在福建全省范围内结合造福工程、灾区重建、库区移民和村镇建等项目，初步筛选出一批已建和在建的农居项目作为示范点。福建省地震局组织人员实地考察了福州的江阴、连江、闽侯、罗源、永泰及三明的尤溪等示范点。为配合工程实施，与建设厅、省科技出版社协商，组织开展农村民居地震安全工作宣传材料挂图和宣传册的编写。对重大建设项目进行了梳理，并跟踪其进展情况，全年共有88项重大建设工程依法开展地震安全性评价并确定抗震设防要求。

3. 进一步加强地震安全性评价管理

10月20日，福建省政府办公厅印发了《福建省人民政府办公厅关于调整福建省地震安全性评定委员会组成人员的通知》，完成了省地震安全性评定委员组成人员调整工作。协同省人事厅组织了全省首次地震安全性评价二级工程师资格考试，组织了全省地震安全性评价一级工程师注册工作。

4. 进一步加强防震减灾知识宣传教育工作

下发《关于印发2008年度防震减灾宣传教育工作要点的通知》，对福建全省防震减灾宣传教育工作做出了部署。充分利用各类活动，积极组织开展防震减灾宣传教育，被评为福建省"科技·人才活动周"先进集体。

省地震局与省教育厅联合印发《关于加强中小学生防震减灾宣传工作的通知》和《福建省防震减灾科普教育示范学校认定与管理办法》，全面加强中小学校防震减灾科普教育，推进防震减灾科普示范学校创建活动；共同制定了中小学校地震应急演练方案编写纲要；制作了2万张地震科普动画片《蟾童》光盘，免费发放到全省各中小学校，并派人协助省教育厅对全省各级教育部门进行学校防震减灾培训。

创作和编写了一批防震减灾科普宣传作品和材料。地震科普动画片《蟾童》的续集《蟾童Ⅱ》制作完成，并将由省电子音像出版社出版。组织编印《福建省防震减灾"三网一员"手册》、《机关企事业单位（社区）防震减灾手册》和《农村地震安全手册》，并配合省科技出版社编写出版《抗震救助知识》宣传挂图。

5. 进一步健全防震减灾“三网一员”

继续加强防震减灾“三网一员”培训，及时给予指导并派人为部分设区市培训班授课。印发了《地震灾情手机短信速报话费补贴办法》，鼓励群测群防人员积极参与地震灾情手机短信速报工作，提高了“三网一员”的工作成效。

（福建省地震局　邱立钦　苏旭耀）

江　西　省

1. 防震减灾法制建设

（1）积极配合做好《中华人民共和国防震减灾法》立法调研工作。2008 年 4 月，中国地震局陈建民局长陪同全国人大教科文卫委立法调研组，来江西省开展《中华人民共和国防震减灾法》修订工作调研。立法调研组在南昌和九江分别召开座谈会，还实地调研了 2005 年九江瑞昌 5.7 级地震灾后重建、农村民居地震安全工程建设等工作。调研组肯定了《江西省防震减条例》对修订《中华人民共和国防震减灾法》所作出的探索性贡献。

（2）加强防震减灾法制监督和行政执法工作。2008 年 7 ~ 9 月，江西省地震局配合省人大教科文卫委在全省范围内开展了《江西省防震减灾条例》执法专项调研。实地检查了赣州、九江、景德镇、上饶、抚州等设区市和瑞昌、九江、湖口、寻乌、瑞金、广昌县等地的防震减灾工作。此次执法调研活动的开展，有力推进了江西省的防震减灾工作。

2. 抗震设防要求管理

（1）指导市县加强抗震设防要求管理。《江西省防震减灾条例》实施以来，江西省通过举办防震减灾行政许可调研、研讨和法制培训，加强了对市县地震工作机构履行职责、服务社会的指导。南昌、宜春、赣州、萍乡 4 个设区市和瑞昌、九江、寻乌、铜鼓、宜丰、丰城、靖安、都昌、会昌 9 个县（市）已将抗震设防审批纳入当地行政审批事项。

（2）依法加强重点项目开展地震安全性评价工作的监督。对西气东输工程、南昌城市地铁等 20 多项重大建设工程依法确定了抗震设防要求。江西省地震局还组织专家团队，服务省委省政府关于建设环鄱阳湖生态经济区的重大决策，提出了建设环鄱阳湖生态经济区地震灾害预测预警系统规划建议。

（3）推进实施农村民居地震安全工程。2008 年 4 月，省政府办公厅转发了省地震局和建设厅《关于实施农村民居地震安全工程的意见》（赣府厅发〔2008〕29 号）。要求各地要继续结合移民搬迁、扶贫搬迁、灾后恢复重建等项目，推进实施农村民居地震安全示范工程。全省各级地震部门通过科普宣传、工匠培训、协调试点建设经费等方式，指导推动寻乌、信丰、铜鼓等地建立了 300 多个农村民居地震安全工程建设示范点，为提高农村防震减灾能力发挥了示范辐射作用。

3. 防震减灾知识宣传教育

2008 年江西省防震减灾宣传工作呈现频次高、规模大的特点。全省各级地震部门共制作电视专题片28部，刊登报刊文章952篇，播发电视新闻报道304条，举办艺术表演5场，开展地震知识讲座352场次，举办地震知识展览176场次，举办地震知识竞赛14个，发放宣传资料23万多份。省局与省教育厅、科技厅联合认定了13所省级防震减灾科普示范学校，另有60多所学校被市县地震部门会同有关部门认定为本级科普示范学校。南昌市东湖区、西湖区等地还积极开展了地震安全示范社区建设。江西省地震局制作了一批带有地震知识自评卡的有奖明信片，由各级地震部门向社会发送，取得了很好的社会效果。

4. 其他工作

（1）推进重点项目立项与启动工作。2008年2月，省发改委批复同意江西省防震减灾中心及台网加密与扩建工程立项实施，并安排了项目启动资金。3月份，分管省领导与中国地震局领导就该项目建设进行了协商，明确了项目立项、经费筹措等问题。南昌市人民政府已同意划拨昌东大道一块约20亩的土地用于建设省防震减灾中心。

（2）吸取汶川地震教训，落实省政府领导关于加强全省防震减灾工作的有关指示。汶川地震后，江西省人民政府谢茹副省长深入赣南、赣北地震重点监视防御区开展专题调研，撰写了《江西省防震减灾工作情况调研报告》，提出了加强全省防震减灾工作的13条对策。吴新雄省长、凌成兴常务副省长审阅后，重点对学校、医院和民房加强抗震设防要求管理做出了重要批示。江西省地震局据此提出了的省直有关部门落实省领导指示精神的分工安排建议，于2008年12月召开的省防震减灾工作领导小组专题会议审议通过。

（江西省地震局　刘圣炳）

山　东　省

1. 加强城市规划和重大工程抗震设防管理

邹城、嘉祥、鱼台、东营河口、垦利等6个城区完成地震小区划工作，诸城市编制城市抗震防灾规划。截至2008年底，全省有12个设区的市和30余个县级城市完成地震小区划工作。全年审批确定420余项重要工程的抗震设防要求，开展地震安全性评价的工程项目数量比2007年增加68%。“鲁西三城市地震活断层调查与地震小区划”、“半岛城市群地震安全工程”两个省“十一五”防震减灾重点项目启动工作进展顺利。继续推进将抗震设防要求管理纳入基本建设审批程序，枣庄市政府下发了《关于加强建设工程抗震设防管理工作的通知》，威海市政府下发《关于进一步加强地震安全性评价工作的通知》。

2. 加强地震安全性评价行业管理

山东省地震局下发《进一步提高地震安全性评价工作质量的通知》，举办全省地震安全性评价执业人员培训班，建立执业人员业务考绩档案，召开安评价资质单位座谈会。山东省地震局会同省人事厅组织山东考区二级地震安全性评价工程师资格考试，全省有13人新获得二级地震安全性评价工程师执业资格。

3. 积极推进农村民居防震保安工作

完成全省农村民居抗震性能基本情况调查试点，10 月 14 日山东省地震局在东营召开全省农村民居建筑地震安全示范工程技术交底会议，10 月 23 日山东省地震局与建设厅联合印发《山东省农村民居建筑抗震技术导则》，12 月 4 日山东省地震局与建设厅在诸城联合召开全省地震安全农居建设现场会。各地示范试点工作范围进一步扩大，潍坊市政府印发了《农村民居地震安全工程实施方案》。

4. 防震减灾地方法规体系更加健全

5 月 29 日，《山东省地震监测设施与地震观测环境保护条例》经山东省人大常委会审议通过，于 8 月 1 日正式施行，山东省人大召开宣传实施座谈会。12 月 24 日，山东省政府第 31 次常务会议通过《山东省地震重点监视防御区管理办法》，对地震重点监视防御区防震减灾工作作出规范。山东省地震局举办全省地震系统行政执法人员培训班，牵头召开山西、内蒙古、吉林、山东四省（区）地震行政执法经验交流会。全省地震行政执法典型案例数据库基本建成。

5. 加强防震减灾知识宣传教育

山东省地震局、教育厅和科协联合出台《山东省地震科普示范学校管理办法》，开展省级地震科普示范学校考核，截至 2008 年底，全省有省、市、县三级地震科普示范学校 600 余所。山东省地震局先后举办全省地震科普知识竞赛、全省地震科普演讲比赛和全省地震科普示范学校辅导员培训班。加强地震科普宣传阵地建设。山东省地震局泰山宣教中心开工建设，莱芜建成市级防震减灾科普教育基地，菏泽市在博物馆、科技馆开辟防震减灾知识展区，聊城市地震局开通网站。各级地震部门利用防震减灾法实施纪念日、唐山地震纪念日、普法宣传日、科技活动周、国际减灾日、安全生产月等时机，通过报纸、电视、网络、广场等多种形式积极开展防震减灾宣传，经常深入基层单位开办防震减灾知识讲座，社会公众防震减灾意识得到提高。

（山东省地震局　苏培雨）

河　南　省

1. 防震减灾法制建设

（1）《河南省实施〈地震安全性评价管理条例〉办法》（以下简称《实施办法》）以省政府 120 号令印发。起草期间，与省法制办到云南省进行立法调研，同时书面征求 18 个省辖市政府及省发改委、省建设厅、省交通厅、省国土资源厅等省直部门意见。经认真研究和反复修改，形成《实施办法（送审稿）》报省政府。2008 年 10 月，河南省人民政府第 21 次常务会审议并通过《实施办法》并于 2008 年 12 月 1 日起正式施行。

（2）与省人大联合开展首次执法调研。8 月份，省人大常委会教科文卫工作委员会会同省地震局组成调研组，赴安阳、许昌、信阳和开封四市进行执法调研。调研结束后，省人大

分别通过省政府法制办、省人大法工委上报国务院法制办、全国人大法工委。常德市地震局等单位积极开展地震安全性评价行政执法，对拒不进行地震安全性评价的工程业主依法进行行政处罚。

2. 抗震设防要求管理

对长沙、常德、株洲、湘潭、衡阳、郴州等市抗震设防要求审批与技术服务情况进行了检查，举办了4期抗震设防要求管理与技术培训班。各市州地震部门以当地政府政务中心为依托，加强一般建设工程抗震设防要求监管，全省共有900多项建设工程进行了抗震设防要求审批。继续贯彻落实全国、全省农村民居防震保安工作会议精神，结合新农村建设、移民搬迁、灾后重建等形式，通过向示范户免费提供房屋抗震设计图、对选址施工给予技术指导、颁发示范户标牌、分级奖励等措施，积极引导农民建设地震安全住宅，湖南农村不设防的状况得到改变。全省共建成农村民居地震安全工程示范村（点）87个，示范户4879户。继续推进“湖南省农村民居建筑抗震防灾实用技术及相关政策”课题项目研究，2008年5月该项目通过湖南省科技厅组织的中期验收。

3. 地震安全性评价管理

继续抓好地震安全性评价管理目标责任制的落实工作，抓好重点项目地震安全性评价管理工作，衡茶吉铁路湖南段、长沙劳动西路湘江隧道、淋溪河水电站、汝郴高速公路赤石特大桥、大唐华银怀化电厂等重点项目都实施了地震安全性评价。全年共有91项重大建设工程依法进行了地震安全性评价，并根据评价结果审批确定了抗震设防要求。

4. 防震减灾宣传工作

积极开展科普教育基地和示范学校建设工作，全省共建成防震减灾科普示范学校47所，宣传教育基地31个，举行各种形式的宣传活动190余次，发放宣传资料22万多份。结合《中华人民共和国防震减灾法》颁布实施十周年、科技活动周和5·12汶川8.0级特大地震等地震突发事件，适时开展了大规模防震减灾宣传。

5. 市州地震机构建设

经请示湖南省委常委、分管副省长徐宪平和省委常委、常务副省长于来山同意，并报周强省长批准，湖南省编办和湖南省地震局联合下发《关于规范市州地震工作机构设置的通知》。文件进一步明确市州地震工作机构的职责；规范了机构设置，统一名称为“××市州地震局”，事业性质，根据授权承担本行政区域的防震减灾管理职能，由市（州）人民政府分管领导直接联系。该文件的下发对推进湖南防震减灾工作具有重要意义。

（湖南省地震局　王沛华）

广　东　省

1. 防震减灾法制建设

2008年1月2～5日，国务院法制办公室副主任张穹和中国地震局副局长刘玉辰带队来广东调研《中华人民共和国防震减灾法》的修订工作，省地震局积极配合相关工作。会同省政府法制办公室、建设、民政等10余个部门召开《中华人民共和国防震减灾法》修订工作座谈会。各部门与会人员就如何做好《中华人民共和国防震减灾法》的修订工作提出了意见和建议。调研期间，广东省副省长李容根、谢强华分别会见了调研组一行，双方就如何依法推进防震减灾工作，为促进经济建设和社会发展提供更加有力的保障进行了交流。调研组还考察了新丰江地震台、新丰江水库大坝强震监测设施、库区地震监测子台，并与当地政府主要负责同志就如何强化库区的抗震设防措施，依法推进本市的防震减灾工作进行了座谈交流。

全省开展纪念《中华人民共和国防震减灾法》实施十周年系列宣传活动，效果良好。

2. 抗震设防要求管理

印发《关于加强对大中型建设工程地震安全性评价工作管理的通知》，并转发《广东省建设厅大中型建设工程初步设计审查管理办法》，明确大中型建设工程初步设计审查应当提供包括地震安全性评价报告的规定。与省建设厅联合印发《广东省农村民居地震安全工程建设规划》。印发《广东省地震安全农居示范工程建设指南》和《广东省农村民居地震安全示范村建设标准》等相关文件，明确“十一五”期间全省各地市农居示范村建设任务以及投资概算配套投资比例。汕头、清远、梅州、惠州、阳江、湛江编制的农村民居地震安全工程建设规划已通过政府审批。

3. 地震安全性评价的管理

召开提高地震安全性评价报告质量研讨会。印发《广东省二级地震安全性评价工程师资格考试实施办法》和《广东省二级地震安全性评价工程师资格考核认定办法》。组织完成国家2008年度二级地震安全性评价工程师资格考核认定及考试工作。其中4位同志经认定获得省二级地震安评师资格。办理地震安全性评价报告核准的行政批复109项，通过评审的地震安全性评价报告共334份。

4. 震害预测工作

完成深圳市震害预测与防御对策系统建设项目；中山市震害预测项目建设取得新进展；“广州开发区、萝岗区防震减灾专项规划”完成编制并通过验收；东莞市城区震害预测与防御对策研究项目获得中国地震局2008年度防震减灾优秀成果三等奖和广东省地震局2008年度防震减灾优秀成果一等奖。

珠海西部地区的地震小区划工作已进入收尾阶段；惠州完成惠阳中心区和三和经济开发区数十平方公里的地震影响小区划工程；广州启动管道燃气强震动监测预警处置系统建设可行性研究。

东莞市、深圳市地震活断层探测与地震危险性评价项目通过省级验收；“五桂山断裂带活动性、危险性以及对中山市工程建设影响”调研项目通过验收。

5. 防震减灾知识宣传

汶川特大地震后，及时在信息网站上新设“汶川特大地震”等多个栏目，接受各类新闻媒体采访近百次，并适时加密开放省地震科普教育馆，全年接受约3万人次的参观；派出专家100多人次深入省内机关、厂矿、学校、社区以及香港工程师学会、香港大学等授课；与广东团省委开展“防震减灾——你我同行”广东省青少年地震知识普及活动；与省委宣传部、省教育厅联合发出关于进一步加强防震减灾宣传教育工作的通知，指导各市开展防震减灾知识“进校园、进社区、进机关、进企业、进乡村”活动；编印《让我们一起努力》5·12汶川地震宣传册子；与省科技厅联合出版了《灾难救助手册》；与省科技中心联合举办地震展览等。

指导东莞市完成防震减灾科普教育基地建设，全省共18个科普教育场馆被认定为广东省防震减灾科普教育基地。

全省各地积极利用防震减灾宣传周、7·28唐山地震纪念日和科技活动月等时机，发放防震减灾宣传材料60多万份、VCD光盘1500多张，播放地震知识音像专场60多场，开展宣传咨询活动及讲座40多场，制作宣传展板100多套，80%以上的学校开展了防震减灾科普教育。

6. 其他工作

向全省重点监视防御区13个地级市下达了《建（构）筑物抗震性能普查工作实施意见》；对中国银行广州市分行的20余个营业网点大楼的抗震性能进行检查与鉴定；与广东省建设厅联合发文《关于组织赴四川地震灾区进行房屋鉴定等应急救灾援助工作的通知》；组建了广东省工程技术救灾援助队。

（广东省地震局　徐锦春　李宏志　朱建明）

广西壮族自治区

1. 防震减灾地方立法

（1）2008年广西壮族自治区先后下发《广西壮族自治区机构编制委员会关于设立广西壮族自治区防震减灾和紧急救援办公室的批复》（桂编〔2008〕142号）、《广西壮族自治区人民政府办公厅关于调整自治区防震减灾工作领导小组成员的通知》（桂政办发〔2008〕31号），为协调广西防震减灾工作提供了组织保障。全区上下采取特殊时段的科普宣传，安定人心，稳定社会。

（2）2008年4月14日，自治区副主席、自治区防震减灾工作领导小组在广西防震减灾指挥中心（自治区地震局）召开2008年领导小组全体成员会议，总结2007年防震减灾工作，部署2008年工作。2008年5月15日，经自治区人民政府同意，《自治区防震减灾工作领导小组关于印发2008年自治区防震减灾工作实施方案的通知》（桂防震发〔2008〕1号），下发各市县人民政府及自治区防震减灾工作领导小组各成员单位贯彻实施。

（3）2008年3月12日，自治区防震减灾工作领导小组办公室、自治区地震局联合印发《关于2007年度全区市县防震减灾工作综合评比结果的通知》（桂防震办发〔2008〕1号），该通报下发，意在总结经验，表彰先进，进一步推进广西市县防震减灾工作科学发展。

2. 防震减灾监督检查

（1）2008年5月14日，自治区党委书记郭声琨在南宁主持召开自治区党委常委扩大会议，专题听取广西应对四川汶川8.0级地震情况汇报，研究部署下一步应急处置工作。2008

年9月13日，自治区党委常委、常务副主席李金早莅临自治区地震局检查指导广西防震减灾工作，并作了“科学监测，防震为民”的指示。

（2）自治区领导两次到自治区地震局检查指导地震工作，听取自治区地震局关于广西应对汶川地震的应急处置工作及其震情动态汇报，强调了自治区党委书记郭声琨提出的“宁可备而不震，不可震而无备”的要求。并先后前往河池市天峨县广西最大的水电站—龙滩水电站检查地震安全及龙滩数字地震遥测（专用）台网的地震监测情况；在南宁市检查市县地震宏观观测和南宁南湖公园应急避难场所建设工作；到来宾市实地检查该市防震减灾指挥分中心建设、建设工程抗震设防要求、地震应急等执行情况，听取来宾市人民政府防震减灾工作汇报。

3. 抗震设防要求管理

2008年度，在广西壮族自治区行政区域内共进行抗震设防行政许可、技术咨询等2942项，其中自治区本级141项，地级市723项，县（市区）级2078项。全自治区农居防震保安工程开展试点的县（市区）有南宁市隆安县、横县，北海市海城区、合浦县，玉林市福绵区、玉州区、北流市、博白、容县、兴业县，百色市乐业县，河池市金城江区，崇左市辖的凭祥市总共14个县（市区）进行该项目的试点工作。

4. 地震安全性评价管理

建立完善行业准入和执业资格制度。2008年，广西根据国家人事部（国人部发〔2005〕72号）文件规定，结合本区域实际，自治区人事厅、自治区地震局联合制订了地震安全性评价管理有关的3个规定，并于2008年7月18日下发《关于印发〈广西壮族自治区二级地震安全性评价工程师制度暂行规定〉〈广西壮族自治区二级地震安全性评价工程师资格考试实施办法〉和〈广西壮族自治区二级地震安全性评价工程师资格考核认定办法〉的通知》（桂人发〔2008〕56号），从而进一步完善规范了广西地震安全性评价工作管理。

2008年度，在广西行政区域内的建设工程完成地震安全性评价143项，其中14个地级中南宁市73项、柳州市21项、桂林市3项、梧州市2项、北海市15项、防城港市1项、钦州市8项、贵港市5项、玉林市7项、百色市3项、贺州市2项、河池市1项、崇左市3项。全区县（市区）级城镇完成了地震安全性评价的有南宁市横县8项、宾阳县1项、隆安县1项；百色市田阳县2项；崇左市天等县1项，总共有5个县，13项完成了地震安评工作。

5. 防震减灾知识宣传教育

5月12日14时28分四川汶川发生8.0级特大地震，受这次地震波及，广西各地有明显震感，按照中国地震局和自治区党委政府应对汶川地震的工作部署，5月16日，自治区党委宣传部、自治区地震局、自治区教育厅、广播电影电视局4个委厅局联合印发《关于进一步加强防震减灾科普宣传的通知》（桂宣发〔2008〕15号）。全区上下，各市县以科学发展观为统领，以高度的政治责任感和对人民高度负责的精神，以“提高全民防震减灾意识，建设和谐安全社会”为宗旨，按照“主动、慎重、科学、有效”的防震减灾宣传工作方针，各地采取多种形式强化防震减灾科普宣传，从而达到全面提升全社会的防震减灾意识和切实提高广大公众的自救互救能力，形成全社会共同抵御地震灾害的局面。自治区地震局成立防震减灾科普宣传讲团，深入重点监视防御区、重点领域和重大企业开展主题宣传活动，开展进学校、进社区、进农村、进机关、进企业等防震减灾科普宣传活动。全区大小宣传活动超过500场，发放各种宣传材料1000万份，各种讲座96场。自治区地震局领导和专家接受主流媒体记者专访，先后接受广西电视台、广西广播电台、广西日报、南宁电视台、光明网、广西新闻网等媒体记者采访，新闻、专访节目滚动播出超过100分钟，收到良好的效果。

广西各市县按照自治区党委政府关于地震应急宣传的工作部署和自治区地震局的具体要求，全面地开展“井喷”式的防震减灾宣传教育。宣传重点内容有地震基本知识、建筑防震知识、地震应急避险知识、防震减灾法律法规、地震谣言的识别等方面防震减灾科普知识。宣传对象以汶川地震为鉴和目前我国城乡开展防震减灾工作的实际，重点加强青少年和广大农民的宣传教育。在防震减灾宣传教育具体形式及手段上，发挥新闻主流媒体的主要作用，开展各级领导干部防震减灾培训，走进千家万户，进校园入村区，广泛巡展，建立健全防震减灾科普宣传基地和科普网站，如桂林市平乐县创建了广西第1个县级“地震科普网”。用的新思路，组织创作和编制一些宣传防震减灾的科教影视片、图书、挂图、展板等作品，应用于防震减灾科普宣传，据不完全统计，2008年广西14个地级市分别在3月、5月、6月、7月、9月、10月、11月期间，进行大范围的防震减灾宣传教育共有33次；县（市区）开展大规模的防震减灾宣传教育总共56次，全自治区受防震减灾宣传教育的总人数约3554.9万人次，从而达到预期宣传教育目标。

（广西壮族自治区地震局　张均洲　李青春）

海　南　省

1. 防震减灾法制建设

2008年，海南省认真贯彻落实《中华人民共和国防震减灾法》和《海南省防震减灾条例》及有关防震减灾法律法规，加强法制建设，努力创建防震减灾良好法治环境，起草《海南省抗震设防监督管理条例》，并进行立法调研和相关前期工作。

2. 抗震设防要求管理

2008年海南省进一步加大抗震设防要求管理力度，地震、发改、规划、建设等职能部门加强沟通与协作，依法加强对重大工程、生命线工程和易产生严重次生灾害工程的抗震设防要求管理，严把建设工程抗震设防关。并积极推进全省农村民居地震安全示范工程。

（1）进一步强化城市规划建设地震安全，海南省2008年完成的城镇和重点项目规划全部进行了地震安全审核。

（2）抓好全省重大建设工程项目抗震设防要求管理，依法审核48项重大建设工程项目抗震设防要求；各市县都将抗震设防要求管理纳入基本建设管理程序，对450多项一般建设工程抗震设防要求进行监管审核；海南省地震局与省民政厅联合开展少数民族地区茅草房改造抗震设防情况检查、技术指导和服务，加强茅草房改造工程抗震设防工作；海南省地震局与省农垦总局联合制发《关于加强垦区防震减灾工作的意见》，指导垦区防震减灾工作，加强垦区职工自建房抗震设防技术指导和监督管理。

（3）有效推进防震减灾行政审批服务工作，海南省地震局和海口、三亚、琼海、儋州、东方、临高、澄迈及昌江等8个市地震局已进入政府政务服务中心行政审批窗口办公，行使“建设工程抗震设防要求”等5项防震减灾行政审批服务职能，进一步促进海南省防震减灾依法行政，提高防震减灾服务能力，有效加强了海南省建设工程抗震设防要求监督管理。

（4）大力推进农村民居地震安全工程，切实提高全省农村民居抗震设防能力。2008年7月，海南省委、省政府将农村民居地震安全工程列入“海南省2008～2012年民生工程建设项目”，并下发《海南省人民政府关于印发海南省2008～2012年重点民生项目发展规划的通知》，推进工程项目的实施；海南省法制办与省地震局制定《海南省农村民居地震安全工程管理办法》，海南省财政厅与省地震局制定《海南省农村民居地震安全工程试点建设抗震设防补助经费使用管理暂行办法》等规章制度，为农村民居地震安全工程实施提供政策保障；加强农村民居地震安全工程技术服务体系建设，建设开通海南省农居工程技术服务信息网和12322地震服务电话热线，成立海南省农居工程技术服务专家组，建立市县、乡镇技术服务中心（站），全省乡镇防震减灾助理员和有关技术人员都配备了笔记本电脑、数码照相机等设备；2008年海南省组织举办抗震设防技术培训班25期，培训3000人次；编印2万本农居工程知识册，宣传挂图2万张，全省新建立农村民居地震安全工程试点乡镇28个，示范村36个，建设农居示范亭5个，1300农户住上符合抗震要求的房屋。

3. 地震安全性评价管理工作

2008年，海南省有48项建设工程项目开展了场地地震安全性评价或地震动参数复核工作。其中，开展工程场地地震安全性评价的建设工程项目25项，开展工程场地地震动峰值加速度复核的建设工程项目23项。完成一级地震安全性评价工程师初始注册工作，对海南省5名取得一级地震安全性评价工程师的任职资格进行了初始注册。

4. 震害预测工作

2008年，海南省建设厅、省教育厅、省卫生厅和省地震局等部门联合开展学校、卫生等人口密集的公共建筑工程抗震安全隐患排查工作。共排查学校3692所，面积1201.9万平方米，卫生医疗建筑479栋，面积183.8万平方米。

5. 防震减灾知识宣传

（1）海南省委宣传部、省地震局、省文体厅、省教育厅和省电影公司联合在全省开展地震灾害预防与救助知识电影宣传教育活动，组织80支流动电影放映队深入到各市县学校、社区、村庄和企业等播放《地震奥妙》、《面对地震》等地震灾害预防救助科普电影2000场次，使广大人民群众特别是老师、学生了解地震知识，掌握避震要领，学会自救互救，增强防震减灾、公共安全、风险防范意识，有效提高了广大人民群众地震灾害防御和自救互救能力。

（2）组织开展农居抗震设防知识进农户活动。在全省农村举办防震减灾知识图片巡回展览，开展农居抗震设防技术培训和广播讲座。

（3）2008年7月25～31日在全省组织开展主题为“借鉴汶川地震启示，依法防震减灾，建设地震安全家园，提升地震应急救援能力”的纪念唐山大地震32周年及汶川特大地震防震减灾宣传周活动，使汶川特大地震经验教训和启示更加深入人心，取得显著的宣传效果。

（4）创建防震减灾宣传示范学校和示范村。2008年，海南省已建立示范学校40所，示范村 16 个，发挥了以点带面，典型示范辐射带动作用，普及了防震减灾法律法规和科普知识。

6. 平息 9·13 地震海啸谣言工作

从 2008 年初开始，在互网站上流传 9 月 13 日南宁与海南岛之间将发生 9.1 级大地震、引发海啸、造成数百万人死亡。5·12 汶川大地震发生后，特别是临近 9 月 13 日，谣言在一定程度上引起了海南省外来民工和外籍人员的不稳定情绪，提前离琼返乡，给海南省社会稳定和经济发展造成一定负面影响。谣言引起了国务院、海南省委省政府和中国地震局领导的高度重视，国务院总理温家宝、国务院秘书长马凯、中国地震局局长陈建民、海南省委书记卫留成、省长罗保铭、副省长李国梁等领导都作出重要批示。海南省积极采取措施，加强地震监测、应急值班、落实地震宏观异常和预报，加大新闻宣传教育，召开平息 9·13 地震海啸谣言情况通报会，正面舆论引导，科学解释，切实提高广大社会群众的地震海啸科学知识，迅速地平息了谣言，安定了民心，稳定了社会，取得了显著的社会效益。

（1）密切跟踪事态发展，跟踪谣言传播情况，了解社会舆情，做好调查分析，及时向上级部门汇报，为上级部门及领导决策参考。

（2）海南省政府及时下文对全省各市县平息地震海啸谣言工作进行部署。并于 2008 年 9 月 7 日召开平息 9·13 地震海啸谣言情况通报会，正面向新闻媒体和社会公众介绍应对地震海啸谣言工作情况和就有关地震海啸进行科学解释。

（3）海南省政府各职能部门和新闻媒体全力配合共同做好舆论引导工作。海南省地震局充分发挥专业部门的作用，协助省内 18 家主要媒体进行了系列报道，报刊网络报道 97 篇，电视报道 21 次，报社热线电话接受市民咨询 2 次，专家做客南海网与网民对话 1 次，省地震局领导做客海南电视台《公仆在线》栏目接受专访 1 次。

（4）加强防震减灾科普宣传，普及地震知识。组织地震专家到社会各界开展防震减灾知识宣传，包括到机关、银行、公司、学校等 20 个单位举办防震减灾讲座；7 月 25 ~ 31 日，结合纪念唐山大地震 32 周年及汶川特大地震在全省组织开展防震减灾知识科普宣传周活动；向社会公布省地震局 24 小时值班咨询电话，安排专家值班，接受群众咨询；编印 5 万份《不信谣，不传谣》宣传单到特定地区、特定人群中发放，科学解释澄清。

（5）召开全省市县地震局长会议，部署平息地震海啸谣言工作，要求各市县地震局和全省群测群防联络员及乡镇防震减灾助理员要深入基层，做好情况调查和地震海啸知识科普宣传工作。

（6）积极落实宏观异常现象，针对 20 多次异常及时派出专家赴现场开展仔细调查，认真分析原因写出异常报告，向公众和媒体宣传防震减灾知识。

（7）加强地震监测预报工作，调整了省地震预报专家组，加密震情会商，提高会商质量，强化短临跟踪，加强日常值班和做好应急保障工作。

（海南省地震局　胡金文）

重　庆　市

1. 防震减灾法制建设

2008 年，汶川地震后，重庆市人大高度关注《重庆市防震减灾条例》修订工作，将修订工作纳入重庆市人大立法审议项目。重庆市法制办提前介入，对重庆市地震局修订工作予以指导。重庆市地震局按照“立足于防，核心在度，关键在类，落实在责”的要求，以提高实际操作性为目标，认真组织修订工作，安排专人对原有稿件修改，并广泛征求区县地震部门意见，同时邀请法律专家进行审阅，目前已四易其稿。随后将开展调研等后续工作，争取早日完成修订工作。

规范设置区县地震工作机构。市编委于 8 月印发《关于强化区县防震减灾管理职能、完善地震工作机构的指导意见》，对各区县地震机构的设置、人员编制、职能职责提出了明确要求。目前全市已有 39 个区县建立地震工作机构和明确了职能归属部门，其中两个区县的地震局单列。

2. 抗震设防要求管理

地震安全性评价工作质量关乎人民切身利益，安评报告质量是安评质量的集中体现。重庆市地震局严把重大工程安评报告质量关，全年共评审安评报告 18 份，其中会审 4 份，为重大工程提供了科学合理的抗震设防要求。

与此同时，重庆市地震局积极推进关于将抗震设防纳入并联审批事宜，先后向法制办、市政府提交《关于请求将抗震设防要求审批纳入建设领域并联审批环节的函》和《关于进一步加强全市建设项目抗震设防工作的意见》，争取早日将抗震设防审批纳入建设领域行政审批改革试点。

3. 地震安全性评价管理

在安评工作中，重庆市地震局严格按照法律法规要求，对安评资质单位、从业人员、安评报告质量加强管理。实行资质备案制度，凡在重庆辖区内进行重大建设工程地震安评工作的单位，必须进行登记备案，以备查证。对安评报告的评审工作，加大了会审力度，通过专家、评委和报告承担人当面交流，提高了报告质量。

此外，根据中国地震局和人事部的统一部署，重庆市二级地震安全性评价工程师资格考试于 2008 年 9 月 27、28 日顺利举行，重庆市有 51 名考生报名参考，开创重庆地震行业首次执业资格考试的先河。

4. 活断层探测工作

2008 年，重庆市都市区活断层探测与技术工作项目招标工作顺利完成。按照重庆市发改委批复要求，重庆市地震局邀请国内具有丰富活断层探测经验的从业单位进行公开招标。经过招标专家组严格公正的评审，中国地震灾害防御中心最终竞标成功，并于 12 月签订合同，正式工作将于 2009 年启动。

5. 防震减灾知识宣传

2008 年，重庆市地震局加强防震减灾知识宣传工作，成立了地震应急与宣教中心，出台《门户网站管理办法》，建立完善了相关制度。

利用法律法规颁布日、唐山“7·28”地震纪念日、国际减灾日等有利时机，全面整合社会资源，通过电视、报刊、网络播出或刊登相关音像和文章，通过专栏、挂图、标语、现场咨询、发放宣传资料等形式，加强防震减灾宣传教育，普及地震科学知识。

在汶川地震后，举办防震减灾科普知识讲座和宣传活动。市局统一安排授课人员，统一培训内容，举办了多场专题讲座。与团市委联合在主城 10 余所大专院校招募了 200 余名志愿者，进行强化培训；争取市委宣传部宣传经费支持，紧急赶制了 15 万册防震减灾宣传手册对公众发放；及时收集、整理、汇编，完成地震知识条目 107 条，由市委宣传部责成重庆日报、重庆晨报、重庆晚报、重庆商报、重庆青年报等媒体陆续刊载；组织参与电台“阳光重庆”现场直播节目和全市 12 家新闻媒体栏目对局领导进行专访；分别在解放碑、大足县中心广场和黄泥塝社区举办了街头防震减灾宣传活动。各区县地震部门整合各种资源相继开展了防震减灾知识宣传活动。

（重庆市地震局　李小飞）

四　川　省

1. 防震减灾法制建设

（1）立法工作。四川省政府 2008 年第 2 次常务会原则同意通过了四川省地震局与省政府法制办共同提交的《四川省工程建设场地地震安全性评价管理规定（修订草案）》（原省政府令第 146 号）。按照省政府常务会决议，新规定正式颁发前，尚需各有关部门对必须进行地震安全性评价的建设工程范围达成一致。汶川地震发生前，在省政府法制办的协调下，省地震局、省建设厅多次进行了沟通、磋商。汶川地震发生后，该项工作中止。

（2）防震减灾行政执法。雅安市防震减灾局通过成立全省首支行政执法支队，强化了防震减灾行政执法。成都、阿坝、凉山、乐山、甘孜等局，通过人大开展执法检查、听取政府专项报告等方式，推动了防震减灾法律法规全面贯彻落实。

（3）为《中华人民共和国防震减灾法》修订建言献策。四川省地震局积极组织专家和市州防震减灾部门，对《中华人民共和国防震减灾法（修订草案）》逐条逐句进行研究，提出了 30 条修改建议，在正式函报中国地震局和四川省政府法制办的基础上，还专门致函全国人大教科文卫委员会。2008 年 8 月 3 ~6 日、9 月 2 ~7 日，四川省地震局分别配合四川省法制办和省人大，完成了国务院法制办、全国人大在川开展的《中华人民共和国防震减灾法（修订草案）》立法调研任务。

（4）开展抗震救灾与恢复重建法律适用问题研究。一是结合汶川 8.0 级特大地震实际，就《汶川地震灾后恢复重建条例》（征求意见稿）、《自然灾害救助条例》（征求意见稿）提出了具体修改意见、建议。关于提高灾区学校、医院等公共设施的抗震设防要求的建议，已被采纳并成为《汶川地震灾后恢复重建条例》的正式条文。二是就现行防震减灾法律法规在汶川地震灾后重建中的适用问题，分别向四川省政府和省人大提出了具体建议。针对《汶川地震灾后恢复重建条例》第五十条，提出了学校等人员密集建筑应提高进行抗震设计的建议。三是组织相关院所、专家经认真研究，对新的《抗震设防分类标准》（征求意见稿）和新《抗震设计规范》（征求意见稿）提出的修改意见，受到国家标准委员会高度重视，并专门回函表示将给予采纳。四是参与了《北川地震现场清理保护规定》的制订工作。

（5）行政执法队伍建设。2008 年 4 月，四川省地震局行政执法执证人员参加了四川省政府统一组织的上岗和换证培训，并全部通过考核。全省已形成 235 人持证的行政执法队伍和 65 人持证的行政执法监督队伍。

（6）普法宣传。结合《中华人民共和国防震减灾法》实施十周年纪念日，3 月 1 日前后，四川省地震局组织全省各地采取多种形式开展了大规模的宣传纪念活动，如召开座谈会、开展征文活动、知识竞赛、书法比赛、街头宣传等。2 月 29 日下午，四川省人大教科文卫委员会在成都组织召开了纪念《中华人民共和国防震减灾法》实施十周年座谈会。3 月 1 日，四川省地震局联合省发改委、省建设厅、省政府法制办、省政府应急办、成都市消防支队等单位在闹市区设立联合宣传站，开展了防震减灾法律法规专题宣传活动。

2. 抗震设防要求管理

（1）积极推进《四川省工程建设场地地震安全性评价管理规定》修订工作；加强了行政执法人员业务培训，规范了行政审批程序，提高了行政审批服务水平，严格行政审批报告审查。2008 年，在四川省政务中心受理并完成地震安全性评价行政审批 176 项（包括省外单位在川审批 7 项）、审查完结率达到 100%，确保了重大、重要和生命线工程的抗震性能。

（2）开展了汶川地震灾区地震动参数区划图的修改建议论证工作。编制了行政区划图，地形图、破裂带图合三为一的汶川地震灾区 1∶5 万地表破裂带分布图，向四川省抗震救灾指挥部提交了包括灾区范围、灾害损失在内的灾区资源承载能力研究报告；将 GB 18306—2001《中国地震动参数区划图》（第 1 号修改单）规定的峰值加速度、特征周期参数值细化落实到四川省灾区的全部 13 个市州、82 个区县、1637 个乡镇，为过渡性安置、规划选址、恢复重建提供了必要依据。参与了汶川、北川、青川等近 10 多个县、20 多个乡镇灾后重建的规划、选址、现场勘察，以及城镇、乡镇重建规划的评审工作。

（3）四川省地震局与省、市有关职能部门合作，完成了对震区受灾严重学校的震害情况、校舍安全情况进行调查的工作，指导市县地震部门配合教育、建设部门开展了校舍抗震性能调查与排险加固工作。

（4）农村民居抗震设防管理工作。一是全省农居地震安全工程发挥出显著作用。截至汶川地震发生前，全省已有单独建设或结合地质灾害避让、移民搬迁、新农村建设等项目建成并挂牌的农居安全工程示范村 291 个，示范乡（镇）173 个，六个重灾市州共建有农居地震安全工程示范乡（镇）66 个、示范村 60 个，共计示范农户 96769 户，各地示范农户遭受严重破坏的比例远低当地农房遭受严重破坏的平均比例。二是 2008 年初，四川省地震局与省建设厅为农居地震安全工程工作在 2007 年商讨的基础上又进行了多次沟通，两单位同时出资与四川省建筑勘察设计研究院联合编印的农村民居房屋建设设计图集在汶川地震后又予以修订后正式出版，在灾后重建中对指导灾区农房建设起到了很好的作用。三是四川省地震局积极参与了灾区农房、城市居民住房恢复重建方案的制定工作，并承担了为农房恢复重建的选址提供技术服务的任务。按照省政府安排，完成了眉山、乐山、阿坝、成都等市州受灾群众安置住房建设的督导工作，参与了灾区农民过冬住房建设检查、指导工作。

（5）市县加强抗震设防管理。宜宾将防震减灾工作纳入了区县政府目标管理考核体系，政府出台了《关于切实加强地震灾害防御工作的意见》，对城市建构筑物和农村民居的抗震设防做出明确规定，市安委会将防范地震引发的次生灾害作为了“隐患治理年”的工作重点之一。凉山州州政府制发了《关于提高我州房屋建筑及市政基础设施抗震能力的意见》，明确将抗震设防要求和管理纳入了建设工程基本程序管理，并对应先期做好地震安全性评价的重点建设工程提出了具体要求。乐山和绵阳地震部门通过成为市规划委员会成员单位、高层建筑项目初步设计技术审查会评审单位，提升了抗震设防要求监管效能。

3. 地震安全性评价管理

（1）四川省地震局协调中国地震局组织的专家，于6月3日至7月初，先后完成了灾区各地活动板房建设用地地震安全影响评价，共计395个安置点15379亩。12位安评专家分别来自河南、山西、安徽、江苏、重庆、天津、云南、北京、陕西、广东、福建11个省（市）地震局。

（2）四川省地震局参与了省重大建设工程的可研报告评审工作和水电站防震抗震专题研究报告的审查工作。汶川地震后，成为了省交通建设和机场建设的协调小组成员单位。

（3）汶川地震后，对位于灾区的70多项重大建设工程的地震动参数进行了复核。组织、协调有关资质单位按时保质完成了南充－广元高速公路、东方汽轮机厂异地重建、成都－兰州铁路、成都军区411工程等61项重大建设工程地震安全性评价工作。

（4）四川省地震局与四川省人事厅联合组织了2008年度二级地震安全性评价工程师资格考试。

4. 防震减灾知识宣传

（1）汶川地震应急宣传。汶川地震发生后，四川省地震局积极组织开展应急新闻宣传和科普宣传工作，通报重要震情信息，强化防震减灾宣传教育，努力维护全省社会秩序稳定，以减轻地震所造成的社会影响。一是加强社会舆论引导。组织召开了新闻发布会7场，参加了省政府新闻发布会5场，派出专家协助省内外的电视台、电台等媒体制作了新闻访谈节目20余期，提供了新闻专稿10余篇，安排多名国内外知名专家接受记者专访，加强社情民意的跟踪反馈，积极配合新闻媒体做好汶川地震的新闻宣传工作，较好地把握了新闻宣传和社会舆论导向，服务于抗震救灾工作大局。二是强化防震减灾宣传。5月15日凌晨，紧急制作《地震救灾和抢救指导手册》，共发送了110万份；随后，又联合省疾病防控中心、省教育厅制作发送《抗震减灾急救手册》近10万份、《防震减灾知识挂图》30万份；发送《地震来了怎么办》、《防震减灾知识100问》4.3万余册；发放中国地震局宣传资料10万册和重庆市委宣传部、重庆市地震局捐助的2万套地震科普宣传光碟。在这次地震中共发放资料160多万册。此外，接听处理群众咨询电话上万个；举办科普讲座7场；参加《阳光政务》节目3期；更新了“四川防震减灾信息网”网页，提高了网速，设立了富有针对性的栏目，形象地展示了余震分布图，截至11月网站点击率突破6亿次，发挥了重要的宣传阵地作用。三是有效处置突发事件。5月19日，汶川地震强余震预测意见公布后，四川省地震局当夜立即组织专家制作了电视、电台访谈专题节目，详细解释了“余震”、“余震区”、

“成都市是否是余震区”等内容，有效地澄清了市民们的误解；5 月 28 日，及时向省“5·12”抗震救灾指挥部报送并向各市州转发了震情趋势意见，成功平息了因相邻省区误传引起的恐慌事件；“6·18”石棉 4.2 级地震后，由于国外学者嵇少丞的博客“石棉地震是下次强震的前震”而引起石棉市民恐慌，严重影响了当地正常生活、生产秩序，针对这一情况，四川省地震局向省委、省政府作了专题报告，主要负责同志还亲赴石棉开展工作，促使当地秩序逐步恢复正常。四是保持非余震区稳定。5 月 20 日，根据成都市人民政府来函明确回复“成都市主城区不是汶川大地震的余震区；若余震区发生 6~7 级余震对成都市主城区不会造成破坏；成都市主城区不会发生破坏性地震”的意见，使距离震中仅有 70 余公里的成都得以迅速稳定下来。此后，相继对资阳、广安、德阳、绵阳、广元等市政府回复了非余震区的安置处理意见，并开展了相应的宣传工作，有力地维护了全省非余震区的正常生产、生活秩序，有效地减轻了汶川地震对全省社会经济建设的负面影响。五是开展震后安全宣传。编制了《展示四川安全环境、重塑投资者信心工作方案》，报送了《汶川地震没有改变成都平原投资环境和宜居环境——有关四川未来地震安全问题的宣传策划建议》，协助新闻媒体制作了多期专题节目，参加了上海四川省旅游推荐会、成都发展环境论坛、绵阳市房地产协会等活动；举办了《汶川地震不会影响遂宁城市发展》等有针对性的地震科普知识讲座，宣讲了四川地震安全环境，使社会民众了解了地震灾害的有限性，增强了投资者信心，促进了恢复重建工作开展。

（2）防震减灾科普示范学校建设。四川省地震局与省教育厅、省科协自 2005 年开始启动全省防震减灾示范学校创建活动，至 2007 年底，已建成防震减灾科普示范学校 130 余所（其中省级防震减灾科普示范学校 24 所，市县级 110 所）。在汶川特大地震中，这些示范学校如省级防震减灾科普示范学校江油花园初中和德阳市孝泉中学、北川县防震减灾科普示范学校曲山镇刘汉希望小学、青川县防震减灾科普示范学校三锅小学等，由于平时注重防震减灾知识的学习和经常性的防震应急演练，在这次地震中经受住了血的考验，将灾害损失降到了最低，成效十分卓著。12 月 10 日，由四川省地震局与省教育厅、省科协组成的评审组对 2008 年度申报省级示范学校的单位进行了评审，又有 6 所学校被通过认定成为省级防震减灾科普示范学校。

（3）防震减灾科普示范社区建设。在全省范围内深入推进防震减灾进社区工作，4 月 21~22 日在德阳召开了四川省防震减灾科普示范社区现场工作会。由四川省地震局命名的首家防震减灾科普示范社区——德阳旌阳区花园巷社区，其自建的地震应急救援队在汶川地震抢险救援中利用平时学到的地震应急知识和抢险技能救出 9 人，刨出了 182 名遇难者的遗体，在关键时刻发挥了应有的作用。

5. 市县防震减灾建设

（1）2008 年，四川省地震局继续抓好四川省编委《关于建立健全我省防震减灾工作机构有关问题的通知》的落实工作，推进市、县防震减灾工作队伍建设。截至汶川大地震发生前，全省 21 个市州、181 个县级行政区域中，已有 20 个市州、138 个县（市）设立了防震减灾工作机构；至年底，全省绝大多数市州地震部门均已更名为防震减灾局（办），并进一步明确了职责任务。

（2）根据四川省政府部署，四川省地震局启动实施了 11 个重点县（市）防震减灾综合能力建设工作，切实加强对建设工作的组织和技术方案的指导，截至年底已审批了 9 个县的实施方案，并在年内按计划下达建设经费；另外2个县（汶川、马尔康）因受汶川地震等影响，需要结合灾后重建调整建设方案而推迟了工作计划。

（四川省地震局　韩　震　周　玮　田　力）

贵　州　省

1. 加强地震行政执法培训

2008年12月23～28日，贵州省地震局与省法制办联合举办了第三期地震行政执法培训班。参加培训学习的有全省各市、州、地及有台站的县科技局干部、地震台站技术人员、省地震局干部职工共60余人。省法制办的专家到会讲解了“行政执法概要、行政处罚法、行政复议等等”，省地震局讲解“贵州省建设工程场地地震安全性评价管理规定”。经过学习，全体学员在地震行政执法知识方面得到较大提高，经省法制办严格考核，对合格的学员颁发行政执法证。

2. 严格执法

对新建、改建、扩建的重大建设工程，易发生次生灾害的工程，必须进行安全性评价，加强建筑物、构筑物的抗震设防要求行政执法。凡未进行地震安全性评价的重大建设工程，省地震局及时向建设单位下发书面通知，要求补做。拒不执行《贵州省建设工程场地地震安全性评价管理规定》的，按规定进行行政处罚。

3. 全面提高建设工程场地地震安全性评价报告质量

为加强建设工程场地地震安全性评价管理，提高地震安全性评价报告质量，严格建筑物、构筑物的抗震设防要求，减少地震造成的人员伤亡和财产损失。经请示省政府同意，省地震局聘请了省发改委、省理工学院、贵阳地震台、省地震局在职、退休的高级工程师、地震地质专家、学者组成贵州省建设工程场地地震安全性评价评审委员会，于12月5召开成立大会，向受聘的委员颁发了聘书。

4. 加强水库诱发地震监测台网建设

贵州水利资源非常丰富，可开发利用的河流较多，到目前为止，已建水库水电站2300余座。在已建的乌江渡水电站、东风水电站、天生桥水电站、龙滩水电站、构皮滩水电站、三板溪水电站、光照水电站和毛栗寨水库等高坝大型水库已发生M_L2.0～4.0的水库诱发地震。为加强水库诱发地震的监测和预测工作，省地震局、省发改委、省水利厅以省地震局为主联合下发《关于加强水库水电站地震监测工作的通知》（黔震发〔2008〕51号）。要求全省各市（州、地）发改委、水利局、地震工作管理部门，各电力管理公司及水力发电厂，在坝高100m，库容5亿立方米以上的水库及水电站相关管理部门必须按照《地震监测管理条例》建立和完善水库、水电站专业的地震监测台网或强震动监测台站，加强水库、水电站诱发地震的监测监控，提高水库地震预报能力。

5. 加快农村民居安全建设

为贯彻落实全国农村民居防震保安工作会议精神，坚持政府引导、农民自愿、因地制宜、协调发展、抗震安全的原则。在省政府大力支持下，扎实开展试点工作。在贵阳市乌当区水塘村、六盘水市水城县前进村、安顺市关岭县场坝村、黔西南自治州望谟县前峰村、黔东南自治州丹寨县老八村、黔南自治州荔波县板寨村、毕节地区威宁县双包塘村、黔西县韦寨村、纳雍县安乐村9个村开展我省农村民居地震安全工程试点。2008年11月省地震局、省发改委、省建设厅联合与9个村寨签订了农居安全建设协议，每一个试点村寨省财政补助8万元，地方配备8万元。具体建设的农民住宅可新建、改建、扩建，但必须按抗震设防要求进行抗震加固和施工建设。

6. 加强建设工程场地地震安全性评价管理

2008年度省地震局工程地震研究中心与湖北地震局联合对毕节地区机场、盘县北煤矸石发电厂、贵阳市山语城房屋开发小区、六盘水市5个变电站、盘县四格风电厂、沿河县王坨大桥等建设工程场地进行了地震安全性评价。

7. 防震减灾宣传工作

5月12日四川汶川8.0级特大地震后，省地震局购置了防震减灾小册子、地震应急救援录像带，自编印宣传传单发放到毕节、威宁、六盘水、贞丰、晴隆、安顺、兴义、遵义、德江、玉屏、凯里、黎平、都匀、荔波、罗甸、盘县等市、州、地及县、市、特区，地震台站，并利用电视、广播、报刊向群众广泛宣传地震科普知识、防震减灾法等法律法规，安定了民心，保持社会秩序稳定和经济持续发展。

7月28日唐山地震纪念日，省地震局编制地震科普、应急救援、防震减灾活页小册子，印制了7万份，分发到9个市、州、地及县、台站，7·28唐山地震纪念日，在贵阳、六盘水、遵义等市、州、地及县、市、特区向广大群众宣传，增强人民群众地震意识，提高防震抗震、自救互救技能，尽量避免和减轻地震造成的人员伤亡和财产损失。

（贵州省地震局　罗远模）

云　南　省

1. 防震减灾法制建设

（1）立法工作。组织起草《云南省地震监测管理规定》，已召开两次征求意见会，完成文本修改、起草说明和条文注释工作，8月份上报云南省人民政府，省政府法制办公室已发送省直各委、办、厅、局和16个州、市人民政府等45个单位和部门征求意见。按照立法程序已进入研究阶段。

按照全国人大立法调研安排，2008年4月14~18日，全国人大教科文卫委员会立法调研组在中国地震局刘玉辰副局长的陪同下，赴云南省进行《中华人民共和国防震减灾法》修订调研，调研组在昆明、昭通和楚雄分别召开了有地方人大、政府及有关部门参加的座谈会，听取省、州（市）政府关于防震减灾工作情况汇报和地震、建设、民政等部门对防震减灾法修订草案的意见，实地考察了昆明地震基准台、昭通市地震应急指挥中心和盐津县、鲁甸县、姚安县的三个地震恢复重建点。此次调研提出的修改意见和建议，主要涉及防震减灾规划、防震减灾的财政支持、建设工程抗震设防、地震应急救援管理和防震减灾管理体制等方面。

（2）普法工作。举办《中华人民共和国突发事件应对法》专题讲座，邀请云南省人民政府法律顾问室领导主讲。3月1日，举行纪念《中华人民共和国防震减灾法》实施10周年宣传活动，云南日报、昆明日报报道了宣传活动情况。3月4日，省地震局与省人大常委会教科文卫工作委员会联合召开纪念《中华人民共和国防震减灾法》实施10周年座谈会，省人大常委会副主任杨保建出席会议并讲话，对云南省贯彻落实《中华人民共和国防震减灾法》以来所取得的成绩以及存在的问题进行了总结，并就进一步贯彻落实《中华人民共和国防震减灾法》提出了意见。

（3）行政执法工作。2008年1月21日，云南省人民政府行政执法主义考核组对云南省地震局2007年度行政执行工作进行评议考核。考核组在听取汇报的基础上，查阅了相关资料、抽查了10件行政许可卷宗，并召开行政相对人座谈会。最后考核组反馈考核评议意见认为：云南省地震局2007年推行行政执法责任制工作部署积极、严谨，并制定了配套管理办法；云南省地震局领导法制意识强；干部职工注重法制学习，尤其是对新法的学习；各类文书制作严谨、细致。

（4）法制监督工作。云南省地震局、省人大教科文卫委员会、省政府法制办公室组成执法检查组，对临沧市临翔区、耿马县实施《云南省建设工程抗震设防管理条例》情况进行执法检查。对云南省地震局现行有关突发事件应对法的规范性文件和涉及行政事业性收费项目进行清理，并按照云南省人民政府“限时办结制”等四项制度，对云南省地震局三项行政许可事项办理时限压缩1/3。

（5）地震标准化工作。制定《云南省建设工程地震安全性评价分类标准》，通过云南标准化协会的审查，已上报云南省质量技术监督局。编制《云南省地震动峰值加速度区划矢量化图》。

2. 抗震设防要求管理

（1）建设工程抗震设防要求管理。加强对云南省企业工业建设项目抗震设防管理工作。参与云南省工业与信息化委员会组织的《企业工业建设项目核准手续办理指南》讨论会，负责起草《企业投资项目地震安全性评价结果审定和抗震设防要求确定办理手续》，该指南将抗震设防要求管理纳入基本建设管理程序，对加强云南省建设工程的地震安全具有重要意义。并在省工业与信息化委员会组织的培训会上进行讲解，引起政府有关部门和企业对项目建设抗震设防问题的重视。

（2）农村民居抗震设防管理。2008年5月12日，省政府在昭通市召开“全省农村民居地震安全工程建设现场会议”，会议总结2007年农村民居地震安全工程建设工作，表彰2007年度工程建设先进单位，部署2008年工作，签订《云南省2008年度农村民居地震安全工程建设目标责任书》，并作题为“科学规划，统筹协调，扎实推进全省民居住房建设”“精心组织，狠抓落实，圆满完成2008年农村民居地震安全工程建设任务”的报告。

云南省地震局主要开展三方面工作：一是认真履行职责，努力推进农村民居地震安全工程建设，参加省委、省政府组织的农村民居地震安全工作会议10多次；参与“2008年全省农村民居地震安全工程建设现场会议”的筹备、组织工作。二是参与编制2008年全省农村民居地震安全工程计划，起草《云南省未来1～3年及2008年地震重点危险区基本情况统计》，提出2008年农村民居地震安全工程计划分配意见和建议。完成《云南省农村民居地震安全工程建设十年规划》中“地震灾害成因、特点及防灾形势”一章的编写工作。起草《云南边境地震对设施和农村民居破坏情况》，对云南省“富民兴边工程”中“边境地区农村民居地震安全工程”行动计划提供了翔实的基础资料。三是作为农村民居地震安全工程建设竣工验收组长单位之一，3次组织专家对红河州、玉溪市、怒江州、文山州等州、市进行督察、验收、检查。

2008年，云南省完成农村民居地震安全工程24万户。

3. 地震安全性评价管理

完成“2007年云南省地震安全性评审委员会评审的地震安全性评价项目统计表”和“2007年地震行政许可实施情况自检报告”，上报中国地震局震害防御司。

制定《云南省地震安全性评审委员会章程》、《云南省建设工程地震安全性评价结果审定及抗震设防要求确定行政许可实施细则（试行）》，完成云南省地震安全性评审委员换届工作。

与云南省人事厅联合印发《云南省二级地震安全性评价工程师资格考试实施办法》和《云南省二级地震安全性评价工程师资格考核认定办法》，云南省有59名人员申报，认定39人具有二级地震安全性评价工程师资格。云南省共有31人报名参加二级地震安全性评价工程师资格考试，5人通过。云南地震局有12人报考一级地震安全性评价工程师资格，3人通过。

12月9日，中国地震局副局长刘玉辰和云南省人民政府副省长刘平，在昆明出席“昆明新机场隔震成套技术服务项目签字仪式”并作重要讲话。昆明市被纳入“全国地震重点监视防御区防震减灾工作示范城市”。加强中缅石油管道及炼化基础建设项目抗震设防管理，组织专家对昆明石油炼化基地预选场址进行研究，提出三个备选场址的地震安全意见，对中石油天然气股份有限公司在昆明建设石油炼化基地决策发挥重要作用。2次参加云南省政府召开的中缅石油炼化基地建设项目选址会议，2次参加云南省人民政府工业与信息化委员会召开的选址会议。2008年依法审批了地震安全性评价项目124项。

4. 防震减灾知识宣传

2008年2月18日，省地震局向各州、市地震局（防震减灾局）印发开展《中华人民共和国防震减灾法》实施十周年宣传活动的通知，要求以《中华人民共和国防震减灾法》实施十周年为契机，集中开展防震减灾法制宣传教育活动。5月6日，向各州、市地震局（防震减灾局）、局属各单位印发2008年云南省防震减灾宣传工作方案。向16个州、市地震局（防震减灾局）发放《云南农村民房建设抗震知识》等资料近万份。

2008年5月27日，省政府办公厅向各州、市、县（市、区）人民政府，省直各委、办、厅、局印发《进一步普及地震灾害防灾知识的通知》，要求将防震减灾宣传作为2008年宣传工作的一大重点，深入组织开展防震减灾科普宣传，要组织有关专家组成地震防震减灾巡回宣讲团，深入到机关、企事业单位、城镇社区和农村地区进行宣传演讲，使广大干部职工树立科学的防震减灾意识和观念，增强对地震、防震、避震等科学问题的正确判断能力，提高对各种地震谣传事件的鉴别判断能力，提高在地震灾害中的自救互救能力。按照通知精神，省地震局成立了防震减灾科普宣讲团，组织专家编写、制作统一的防震减灾科普宣传多媒体报告，并派专家到省直相关厅局，省委党校、大型国有企业、大中小学校，昆明市及各县（市、区）政府，曲靖、昭通、玉溪、红河等州、市、县政府开展防震减灾科普知识专题报告达40多场次，受众数万人。省地震局主要领导走进省委党校和行政学院、出席昆明市城乡建设抗震设防电视电话会议，开展“应对大震的组织协调工作”、“防震减灾—任重道远”等专题报告，为省政府办公厅举办的“中华人民共和国突发事件应对法”厅级干部培训班作讲座5次，共有厅级干部50余人、处级领导干部350余人，中青年干部50余人听取了讲座，对防震减灾知识宣传教育进机关起到了表率和引领作用。各州、市、县地震部门积极开展防震减灾知识进学校、进企事业单位、进社区活动。昆明市各级防震减灾部门在主城四区开展防震减灾宣传136次，其中，上街宣传18次，到乡镇宣传53次，到街道办事处及社区宣传32次，到29所中小学、1所大学和3个企事业单位上防震减灾知识课各1次，展出宣传展板8套75块145面；召开副科以上领导干部防震减灾培训工作会议3次和专题讲座4次，接受记者采访14人次，在云南电视台、昆明电视台、昆明广播电台多次播放防震减灾宣传片，《昆明日报》也多次宣传防震减灾知识。在《中华人民共和国防震减灾法》颁布日宣传活动中，东川区防震减灾局在区电视台以打字幕和放光盘的形式，播放了一周的防震减灾知识，还编排了一台文艺节目到14个乡镇演出长达一月之久，用广大人民群众喜闻乐见的形式把防震减灾知识传送到了最基层。

10月22～29日，省地震局组织“防震减灾科普大篷车”巡回宣讲团，到曲靖、昭通、玉溪、红河的会泽、巧家、华宁、建水、个旧等县（市），采取举办防震减灾知识报告会、播放《笨笨狗PK巨能魔》、《蟾童》等科普宣传片，发放《防震避震知识折页》、《地震知识100问》等宣传资料（2万余份）的形式，开展防震减灾宣传活动。各州、市、县地震部门通过防震减灾纪念日、宣传周、三下乡等活动，积极组织防震减灾科普知识宣传专家组进学校、机关、社区、企业、农村，开展丰富多彩、形式多样的防震减灾知识宣传活动。普洱、临沧等州、市各级地震部门开展了“11·6”澜沧——耿马地震20周年宣传纪念活动。

为了加强防震减灾法律法规的宣传力度，省地震局印刷《云南省建设工程抗震设防管理条例》单行本2万册；编辑出版印刷《地震知识100问》5万册；编辑出版印刷《防震避震常识》小折页5万份；再版印刷《防震减灾法律法规汇编》和《农村民居抗震挂图》。各州、市、县地震部门也多方筹措宣传经费，积极印制与发放宣传材料。昆明市各级防震减灾部门，通过开展《中华人民共和国防震减灾法》颁布10周年宣传活动，发放各种资料5万多份（册）；通过科技“三下乡”，发放防震减灾宣传科普扑克2千付、宣传材料2万多册（份）；通过科技活动周宣传活动，发放各种宣传材料20多万份（册），同时针对盘龙和五华两区没有成立防震减灾部门的情况，刻录了100盘光碟下发到这两个区的教育局，要求分发给部分中小学校进行宣传。

防震减灾宣传工作不仅采取了“走出去”的方式，同时，充分利用省地震局地震应急指挥大厅以及昆明基准地震台、大理滇西地震预报实验场两个国家级科普教育基地的资源和技术力量优势，采取“请进来”的方式，积极接待到省地震局参观、学习、调研的各级政府领导以及包括省委党校和省直机关党校等各类学校师生，用组织参观、专题讲座等形式，广泛宣传防震减灾知识。2008年昆明基准地震台共接待各类参观学习的人员1.1万多人次。

（云南省地震局　李胜德）

西藏自治区

1. 防震减灾法制建设

自治区地震局年初修订《破坏性地震应急预案》，在政府倡导的行政公开和信息公开工作中，上报了《西藏自治区地震局行政执法项目办理程序》，该程序包括行政审批项目、服务承诺、行政执法处罚工作程序三大内容，已经西藏自治区人民政府审核批准并通过西藏自治区人民政府网站向社会公布。5·12汶川地震后，昌都地区、林芝地区等地（市）修订或制定《破坏性地震应急预案》，昌都地区还针对当地实际制订抗震设防要求和建设工程场地地震安全性评价管理规定等规章。

2. 抗震设防要求的管理

在农牧民安居工程的实施过程中，西藏自治区地震局不断加强监督，特别是当雄地震发生后，在农牧民安居工程的验收工作中一再强调抗震设防的重要性。四川汶川8.0级地震发生后，西藏自治区党委和政府对地震安全高度重视。按照自治区党委、政府要求，由自治区教育厅牵头、自治区发改委、自治区建设厅和自治区地震局组成联合调查组重点开展西藏七地（市）学校抗震设防能力的拉网式检查。

3. 地震安全性评价的管理

2008年度先后开展了中国人民银行拉萨中心支行办公大楼场地、昌都地区行署院内地直机关周转房工程、西藏自治区墨竹工卡县驱龙铜矿、拉萨机场快速路工程的地震安全性评价工作。

4. 防震减灾宣传工作

（1）汶川地震发生后，给社会公众造成严重的恐震心理，为此，西藏自治区地震局5月份在西藏电视台迅速播放《应对地震灾害》公众自救互救常识记录片，得到社会的广泛关注。

（2）为配合西藏自治区科协在山南举办的“2008年西藏自治区科普日活动”，2008年9月21日，西藏自治区地震局派出技术人员在山南地区康辉中学举行了地震科普知识讲座。

（3）拉萨市当雄县发生M_S6.6地震后，为了稳定拉萨市市民对地震的恐惧以及学校及时了解地震基本知识，自治区地震局向自治区教育厅和拉萨市宣传部发放了3000本藏、汉文《防震减灾知识读本》，对宣传防震减灾知识发挥了重要作用。为配合西藏自治区教育系统在拉萨举办的“学校安全校长培训班”，自治区地震局派出专家进行《防震避震科普知识》讲座。

（4）为了加强防震减灾知识的宣传，自治区地震局在9月中旬印刷了60000张藏文、汉文的防震减灾知识的宣传卡片，卡片以图片为主、通俗易懂。

（西藏自治区地震局震害防御处　李　海）

陕　西　省

《陕西省工程建设场地地震安全性评价管理》（省政府28号令）被纳入省政府2008年立法工作计划，在2008年内完成了修订案起草工作，提交省政府审议。开展《中华人民共和国防震减灾法》颁布实施十周年纪念宣传活动，在陕西日报上发表了领导署名文章，与省电视台联合制作播出《防震减灾，共同的责任》专题片，与省电台联合录播领导访谈。配合中国地震局进行《中华人民共和国防震减灾法》修订工作。完成了陕西省行政执法证换发工作。组织学习《汶川地震灾后恢复重建条例》。组织处以上领导干部参加了全省县处以上领导干部法律知识考试。

按照中国地震局的要求，开展第五代区划图编制的相关工作。确定了省级地震重点监视防御区，提出了加强相关工作的意见。省地震、建设、发改委、民政、财政、扶贫六部门共同制定了加快实施农村民居地震安全工程的意见，全年新增农村民居地震安全工程示范村（点）18个。西安市临潼区和未央区、宝鸡市金台区开展了城市地震安全社区试点工作。

陕西省地震局完成省地震安全性评价委员会换届工作，组织了全省二级地震安全性评价工程师考试，审批了38项重要建设工程的抗震设防要求。市县地震部门对323项建设工程抗震设防要求进行检查，下发整改要求40余项。

汶川地震后，省地震局在相关工作的基础上，印发1∶100万陕西灾区地震动参数区划图，制定恢复重建工程抗震设防要求管理规定，对2000年以来开展地震安评的项目进行了复核，对汶川地震灾区9个整体搬迁村场地进行地震安全性评估。四个重灾县地震部门按抗震设防要求审核灾后恢复重建项目452项。

西安、宝鸡、咸阳、渭南市地震小区划项目正式启动实施。组织开展了汶川地震汉中灾区活动断裂调查、宝鸡市陈仓部分区域地震地质勘察工作，为灾后恢复重建提供依据。

省地震局成立了信息中心宣教部和地震科普知识报告团。通过多种方式，开展防震减灾知识“进机关、进学校、进社区、进农村、进企业”活动。与陕西自然博物馆联合举办防震减灾展览。防震减灾知识初步纳入党校、行政学院领导干部培训内容，与省委党校和行政学院联合举办了5期防震减灾知识宣传课，对200余名公务员进行了防震减灾知识培训。与省委宣传部、省教育厅联合印发了进一步加强防震减灾宣传工作的意见，全省大部分中小学在新学期初开展了防震减灾知识培训，新增防震减灾科普示范学校17所。汶川地震应急期间，省地震局通过电视、报纸、网络等媒体开展抗震救灾和地震科普知识宣传120余次，通过门户网站报道防震减灾信息220多条，发放地震科普材料5万余份，发布余震短信20亿人次，开展地震科普知识讲座40余场，接受群众电话咨询数万次，有效维护了社会稳定。

（陕西省地震局　谭玉娥）

甘　肃　省

1. 防震减灾法制建设

（1）立法工作。《甘肃省防震减灾条例（修订案）》被甘肃省人大常委会列入《甘肃省人大常委会2008～2012年立法规划》。加强和规范甘肃省地震安全性评价活动，甘肃省地震局出台了《甘肃省地震安全性评价管理实施细则（暂行）》配套性规章。

（2）普法工作。组织实施“五五”普法规划，甘肃省依法治省办公室组织开展了中期督察，在综合评比中甘肃省地震局被评为优良等级。参加地震系统和甘肃省法制部门组织的法律知识培训30人次。组织厅（局）领导参加甘肃省依法治省办公室组织的法律知识考试。邀请有关专家对新招录的17名人员进行岗前法律知识培训。利用甘肃省委党校、省行政学院高层平台，对领导干部进行防震减灾法制宣传讲座。组织开展《中华人民共和国防震减灾法》颁布实施十周年纪念系列宣传活动，甘肃省地震局邀请甘肃省人大常委会副主任崔玉琴在甘肃卫视发表电视专题讲话；邀请甘肃省政府副省长陆武成在《甘肃日报》上发表署名文章。

（3）行政执法工作。积极推进防震减灾行政审批工作，甘肃省地震局7项防震减灾行政许可审批事项和2项非行政许可审批事项于3月10日全部进入甘肃省政府政务大厅，实现防震减灾行政许可与甘肃省政府行政审批统一管理的接轨；完成甘肃省政府第三轮行政执法主体、行政执法人员和执法监督人员的换证工作，甘肃省地震局有20人取得行政执法证，11人取得行政执法监督证，健全完善了全省政执法和执法监督人员数据库；加大行政执法力度，对天水、武都、定西等5起影响地震台站观测环境事件进行行政执法；白银市地震局成立“白银市地震工程执法检查大队”，开展建设工程抗震设防执法检查，取得明显的社会管理效果。

（4）法制监督工作。甘肃省地震局对酒泉、张掖、平凉、陇南和甘南州防震减灾工作进行了执法检查；甘南州地震局印发了《关于集中开展全州水电建设工程地震安全性评价督查工作的通知》，开展监督检查，不断推进全州抗震设防要求和地震安全性评价监督的法制化管理；金昌市地震局采取有效措施，督促建设单位对建设工程办理抗震设防要求审批确认手续，依法进行抗震设防；嘉峪关市地震局制定了《行政执法监督检查制度》和《行政执法过错追究制度》，依法规范行政执法行为。

2. 抗震设防要求管理

（1）抗震设防要求管理。依法加强建设工程抗震设防要求管理，严把工程建设项目抗震设防关。本年度全省共审批抗震设防要求700项。

（2）农村民居抗震设防管理。甘肃省地震局与甘肃省新农村建设工作领导小组办公室共同制定甘肃省委、省政府领导批示的5年农居地震安全工程实施计划；落实中国地震局副局长阴朝民视察甘肃平凉农居地震安全工程时提出的六点要求；组织编印农居防震保安技术培训教材和宣传材料。指导市县农居地震安全工程实施技术培训，其中金昌市地震局分批、分片对全市138个自然村的泥瓦匠集中进行了轮训；天水市地震局设计了不同类型的农宅设计图，供群众选用；酒泉市地震局会同有关部门和专家对全市所有村镇进行了规划选址和评审，基本实现了“乡乡要建示范点，村村要有样板房”的目标；定西市地震局在7个县区挂牌各建立了一处农村民居抗震安全示范点。本年度，全省建成各类抗震安全农居50万户，农村民居抗震能力显著提高。特别是平凉市崆峒区、华亭县和陇南市文县临江镇东风新村的地震安全示范农居经受了汶川特大地震考验，房屋完好无损。在第10届世界地震工程大会上甘肃省农居工程作为中国加强农村地区抗震设防的典型作了经验介绍。

3. 地震安全性评价管理

（1）地震安全性评价资质管理。甘肃省地震局与甘肃省人事厅联合完成了二级地震安全性评价工程师资格考核认定工作，全省19位同志通过考核认定。甘肃省地震局对兰州市地震工程评价所等3个地震安全性评价丙级资质许可证进行了考核和延期更换，批准定西市地震局设立兰州地震工程研究院临洮工作站。截至2008年，全省共有地震安全性评价甲级资质单位1个，丙级资质单位5个，批准设立兰州地震工程研究院地震安评工作站9个。全省共有25名同志获得一、二级地震安全性评价执业资格。

（2）地震安全性评价工作管理。甘肃省地震局举办了全省地震安全性评价和抗震设防要求管理研讨班，邀请省内外地震、建设专家讲授建设工程地震安全性评价和抗震设防要求法制化、规范化管理的相关内容，提高了管理部门和从业人员的业务技术和管理水平。本年度共审定各类地震安全性评价项目55项。

4. 参与汶川特大地震甘肃灾区恢复重建工作

甘肃省地震局作为甘肃省灾后重建工作领导小组成员单位，认真贯彻落实甘肃省政府各项灾后重建工作部署和要求。成立了局灾后重建工作领导小组和实施专家组，研究制定了《地震灾区重建抗震设防工作实施方案》，将6项工作内容进行了分解落实，对实施进度提出了要求；编制的《甘肃省地震灾后恢复重建工作陇南甘南地区地震动参数区划图》、《甘肃省活动断层分布图（1:150万）》、《汶川地震甘肃省灾后恢复重建工作甘东南地区活动断层分布图（1:50万）》以及陇南、甘南灾区地震活动断层与村镇位置表，已经甘肃省人民政府办公厅印发执行，为甘肃灾区灾后重建工作提供了抗震设防要求和防灾减灾依据；牵头编制的《甘肃灾区恢复重建防灾减灾专项规划》在民政部专家评审中获得好评；甘肃省地震局主要领导率领有关部门负责人深入平凉市崆峒区的大寨乡、白水镇和庆阳市的西峰区、环县曲子镇，实地视察灾后重建工作、农居地震安全示范工程和新农村示范工程建设情况，提出了各类房屋、窑洞建造的抗震设防要求指导意见；甘肃省地震局与甘肃省建设厅共同编写完成《甘肃省陇南、甘南灾区震后重建建筑抗震技术规程》，把抗震设防要求真正落实到了建筑设计规范中；在甘肃省委新农村建设工作领导小组震后编印的《灾后重建与新农村建设指导手册》中，将“加强农村民居防震保安工作”和“在新农村建设中实施地震安全农居示范工程”作为省委、省政府新农村建设的决策部署。

5. 防震减灾宣传工作

（1）防震减灾知识宣传。甘肃省地震局印发《2008年全省防震减灾科普宣传安排意见》，对年度防震减灾科普宣传进行统筹部署。指导市州开展形式多样、内容丰富的防震减灾科普宣传活动，其中定西市、甘南州地震局利用庙会、花儿会开展科普知识宣传教育；兰州市、酒泉市地震局发挥兰州地震博物馆和酒泉市防震减灾科普教育示范基地优势开展宣传教育；庆阳市地震局联合邮政部门，制作防震减灾科学知识有奖答题明信片，开展特色宣传。本年度全省共开展集中科普宣传600场次，制作展出科普展板800块，发放科普资料200万份，通过宣传教育社会公众防震减灾意识和自救互救能力明显提高。

（2）推进防震减灾科普示范学校建设。各级地震、教育、科协等部门通力协作，结合本地区本部门实际，采取各项措施，创建防震减灾科普示范学校。其中，兰州市、张掖市等8个市州地震局协调教育等部门，坚持每周在中小学增设一课时地震科普知识课，利用校园广播、网络、晨会、主题班会、课外兴趣小组、黑板报、手抄报、橱窗、展板、防震减灾小制作等形式，普及防震减灾科学知识。本年度，全省示范学校共组织科普讲座70多场次，开展地震应急避险疏散演练150次，接受防震减灾科普教育的中小学师生达30万人次。截至2008年，全省共创建各级防震减灾科普示范学校230所。

（甘肃省地震局　贺建雄）

青　海　省

1. 加大抗震设防执法力度，推进安居工程建设

2008年，青海省各级地震部门以依法管理为重点，全面推进地震灾害预防工作，不断加大抗震设防执法力度，努力推进综合防御地震灾害水平。积极推进农村牧区民居地震保安工作，根据全国农村民居防震保安工作会议精神和青海省人民政府办公厅《关于推进我省农村牧区民居地震安全工程的实施意见》的要求，紧紧抓住贯彻党的十七届三中全会精神及进一步推进农村牧区改革发展的大好时机，结合“十一五”重大项目立项和社会主义新农村、新牧区建设、城镇化建设、移民搬迁、恢复重建等工作，先后向青海省委办公厅报送了《关于贯彻落实党的十七届三中全会精神推进我省农牧区地震保安工作的函》和关于对《中共青海省委关于贯彻党的十七届三中全会精神进一步推进农村牧区改革发展的意见》反馈意见，全面阐述了在农村牧区工作中开展民居地震保安工作的重要性和紧迫性，得到了省委、省政府的高度重视和支持，中共青海省委第十一届五次会议审议通过的中共青海省委1号文件明确提出“加快推进农村危房、抗震安居工程建设，实施抗震民居工程”，为在青海省农村牧区全面开展地震安居工程奠定了基础。

2008年，青海省地震局加大了对抗震设防要求管理与监督的工作力度，根据青海省政府第四次常务会议精神，积极和青海省发展与改革委员会、青海省建设厅沟通，起草了《关于将抗震设防要求纳入基本建设程序的通知》。同时加大各州（地、市）抗震设防要求管理与监督工作。2008年共办理各类建设工程抗震设防要求审批手续350项。2008年在西宁市开展地震行政执法检查38次，查处违规建设项目15个。组织地震安全性评定委员会对30个项目的地震安全性评价报告进行了评审。汶川地震后，青海省地震局和青海省发改委、建设厅等5家单位联合下文就学校、医院等公共建筑抗震设防工作进行检查。2008年由青海省地震局与青海省法制办公室共同起草的《青海省地震重点监视防御区管理办法》经省

政府研究通过，于2008年12月15日以省长令形式发布执行，为推进青海省防震减灾事业科学发展提供了政策保障。

2. 防震减灾知识宣传

2008年，青海省地震系统紧紧抓住汶川地震后人民群众和社会各界对防震减灾工作高度关注的时机，开展主题突出，形式多样的防震减灾宣传工作。由青海省委办公厅主办的核心刊物《青海工作》发表了青海省地震局党组书记、局长孙雄的署名文章《对新时期防震减灾工作的思考》，在省直机关引起了良好反响。2008年，青海省地震局共接待新闻媒体20多家，利用门户网站、简讯等介质，及时发布防震减灾科普知识400余条。2008年，青海省各级地震部门共组织各类讲座37次，组织学生演习12次，近1万名学生参加了地震应急演练。各州（地、市）地震局利用赛马会、物资交流会以及传统民族节日等机会，采用汉藏两种语言和文字，在少数民族地区积极开展富有本地区特色的宣传活动，为提高全民的防震减灾意识，及时消除群众恐震情绪起到了积极作用。

3. 地方地震工作

2008年，青海省各州（地、市）县防震减灾工作在全国防震减灾工作总体思路的指导下，在各级政府的领导和州（地、市）县地震局的不懈努力下，各项工作稳步推进。

（1）地震工作机构进一步完善，2008年果洛州6个县、海西州7个县成立了地震工作机构，县级地震工作机构已达22个，有力推动了当地防震减灾工作的发展。

（2）地方地震灾害预防工作扎实推进。西宁、海东、海西、海北、格尔木等地震局进行联合执法检查，依法加大了对建设工程抗震设防要求的管理工作。海西、海北、果洛等地震局在当地开展了大规模的防震减灾工作调研，为唐古拉系列地震和大柴旦地震抗震救灾工作提供了扎实的基础数据和决策依据。黄南州地震局结合社会主义新农村建设和牧区定居点建设，积极推广科学合理、经济适用的农牧区民居建设和施工技术。西宁市地震局在城北区大堡子镇晋家湾村建设了民居地震安全样板房，举办了地震安全民居工匠培训班。

（3）地方地震应急救援体系建设取得新进展。2008年完成了海东地区互助县青稞酒文化广场、海北州西海镇西海广场、西宁市新宁广场的应急避难场所建设工作。西宁市、海东行署、海南州、海北州专门发文制定了近几年应急避难场所建设规划。西宁、黄南、果洛、海东、海西、海北、海南州等地震局在学校、社区开展应急演练30余次。

（4）法律法规建设进一步完善，2008年西宁市出台了青海省首部城市地震监测管理办法《西宁市地震监测管理办法》，为保护和管理地震观测环境和监测设施提供了有力保证。

（5）加强业务培训和学习。西宁市地震局与西宁市公安消防支队联合举办青海省届“社区防灾减灾应急救援志愿者培训班”。海北、海西等地震局加强“三网一员”培训工作，并在11月10日大柴旦6.3级地震中发挥了很好的作用。

（青海省地震局　荣建生）

宁夏回族自治区

1. 加强法制建设

在认真调研基础上，起草《宁夏回族自治区地震监测管理办法》，被列入2009年宁夏回族自治区政府立法计划。规范地震安全性评价工程师管理，组织实施宁夏回族自治区二级注册地震安全性评价工程师考核认定和考试工作。

2. 加强抗震设防管理

积极推进依法行政，加大对重大工程、生命线工程的抗震设防监督管理。2008年，审批重大工程地震安全性评价项目59项，审批一般工业与民用建筑项目700多项。

3. 积极开展防震减灾知识宣传

结合纪念《中华人民共和国防震减灾法》颁布实施10周年、唐山大地震32周年，广泛开展防震减灾知识宣传，直接受教育群众10万多人。汶川地震发生后，抓住社会对地震知识需求空前高涨的时机，组织地震专家到党政机关、企业、学校、社区开展防震减灾知识讲座；举办"安全建筑、责任地产"大型专业讲座。编印《地震防灾避险知识》手册40万册、地震科普宣传挂图5万张，刻制《在山走动的地方》光盘4000多张。

4. 加强市县地震工作

积极推进群测群防工作，在调研基础上，调整核定宏观观测点和观测员，健全了档案，落实了补助费。协调自治区政协委员考察海原地震遗迹遗址，研讨海原地震博物馆建设；联合当地政府，设立海原地震震中纪念碑、银川—平罗8级地震纪念碑。年底，组织全区防震减灾工作巡回评比，召开了全区地震宏观观测工作总结表彰大会。

（宁夏回族自治区地震局　孙立新　闫　冲）

新疆维吾尔自治区

2008年新疆地震局积极贯彻落实《中华人民共和国行政许可法》，完善程序、加强管理，履行职责，组织完成行政执法资格审验、证件核发、换证及二级地震安全性评价注册师考试命题工作。对地州市地震部门的行政执法活动给予指导和监督。根据相关法规完成新疆地震局行政复议、处罚、诉讼、许可等自查、统计报告。组织完成《中华人民共和国防震减灾法》及其他法律法规征求意见汇总、上报，以及新疆维吾尔自治区地震局防震减灾2009～2012年立法规划。

2008年，在实施抗震安居工程过程中，严格按照国家确定的抗震设防要求，禁止随意降低设防要求。针对全国安评报告抽检结果及普遍存在的问题，及时对相关业务部门提出整改意见和建议，进一步规范安评工作。2008 年新疆地震安全性评价委员会办公室共完成地震安全性评价报告的评审和审批 50 余份。

2008 年新疆维吾尔自治区人民政府下达城乡抗震安居工程计划任务 35 万户，实际完成 37. 3 万户。5 年累计投资 412 亿元，国家支持 12 亿元、自治区配套 11. 1 亿元、地县自筹 12. 3 亿元、银行贷款 15. 9 亿元、社会各界帮扶 4. 7 亿元资金，农民自筹资金达 356 亿元，共新建、改造抗震安居房 189. 5 万户，已有 836 万群众搬迁新居。

2008 年，针对防震减灾工作重点，新疆地震局在全区范围内就开展防震减灾宣传工作做了系统安排和部署。各地、州、市通过电视、广播、报纸、讲座、画廊、画板、横标等渠道和形式，开展系列宣传教育活动，将防震减灾知识送进学校、社区、乡村，引导全社会关注、参与和支持防震减灾工作，促进全区防震减灾事业的全面发展。为促进抗震安居工程的顺利实施，自治区共投入资金 200 多万元开展宣传培训，一方面为保质保量地完成建房任务提供了技术保障，另一方面震后无损害的实例宣传效果更加明显，调动了各族农牧群众对抗震安居房建设的积极性。科普教育基地不断补充更新科普宣传内容、加强科普宣传讲解人员的培训工作，不断提升讲解人员的讲解、示范能力，最大限度满足各届参观需求，充分发挥地震科普宣传作用，得到社会各界好评。

特别是在新疆于田 7. 3 级地震、四川汶川发生 8. 0 级地震后，新疆地震局不失时机地开展地震科普宣传，配合新疆电视台 1 套《今日访谈》、2 套《心语》、5 套《文苑》、8 套《科技与生活》，新疆人民广播电台《天山之声》、《健康百乐园》、《城市家园》、《非常接触》等栏目，及新疆科技报社等新闻媒体，开展防震减灾知识的宣传；在自治区党校、新疆军区司令部、乌鲁木齐军分区、自治区总工会、自治区科技厅、自治区科学技术协会、兵团党校等单位做专家科普讲座，提高了广大干部的防震减灾意识；在乌鲁木齐市图书馆、新疆农业大学、妇女干部学校、中科院新疆分院子校等单位、学校做防震减灾知识专题宣传，得到了广泛好评。科普教育基地在汶川地震发生后一个月内，接待中小学校、各机关、企事业单位集体参观人员 2000 余人，强化了防震减灾知识。2008 年 6 月 5 日新疆人民广播电台在“世界地球日”，由新疆地震局监测预报专家参与完成防震减灾宣传互动直播节目，通过直播，向广大听众介绍了有关地震的监测预报、震害预防、紧急救援等方面的知识。各地、州、市地震局同期开展了系列宣传活动。在县广播电视局开设防震减灾宣传专栏节目，定时播放防震、避震知识和抗震安居房建设的要求。在各中小学校、乡镇办事处进行专题讲座、防震应急疏散演练；通过模拟地震现场，开展地震紧急避险、疏散、自救互救演练，大大增强了广大师生的防震减灾意识，应对地震的自救互救、心理承受能力。

（新疆维吾尔自治区地震局　戴晓敏）

地震灾害应急救援

2008年地震应急救援工作综述

2008年我国地震灾害发生频度高、灾害重、地震现场工作难度大、工作内容多。全年我国大陆地区共发生5级以上地震87次，造成近7万人死亡，近1.8万多人失踪，近37万多人受伤，直接经济损失近8000多亿元。

一、汶川特大地震应急救援处置

1. 汶川特大地震应急

汶川8.0级特大地震，是新中国成立以来破坏性最强、波及范围最广、救灾难度最大的一次地震。地震发生后，国家地震灾害紧急救援队与国家地震现场应急工作队（以下简称国家救援队）于2008年5月12日18时乘专机飞赴成都，13日凌晨4时抵达地震灾区都江堰市，这是震后第一时间赶到地震灾区的第一支灾区外应急工作队伍，也是近十多年来中国地震局派出专家最多、携带装备最全、反应速度最快的一次现场应急行动。中国地震局先后从四川、云南、山东等20个省（市、区）地震局及直属单位抽调了1000余名工作人员，携带4辆应急通讯车、1000余台套现场应急装备，共同参与汶川地震现场处置工作。在中国地震局汶川特大地震现场联合指挥部的坚强领导下，全体工作人员不畏艰险、迎难而上，高效有序地完成了地震监测、震情趋势分析、灾害调查和损失评估、科学考察、房屋安全鉴定、地震应急通信和防震避震知识宣传等工作。

在汶川地震现场处置过程中，中国地震局和各省级地震局地震现场工作队都在第一时间赶赴地震现场，开展了流动监测、震情分析、烈度考察、灾害损失评估、科学考察等各项工作，获得了丰富的观测资料和灾害调查数据，为抗震救灾和恢复重建等工作做出了贡献。

2. 汶川特大地震紧急救援

汶川特大地震发生后，国家救援队在第一时间迅速启动，首批195名队员于12日22时40分到达灾区开展救援。根据灾区救援工作的需要，国家现场工作队把对救援工作技术指导作为现场工作重点，所有现场工作人员在各救援点就地进行现场救援指导。同时，中国地震局在北川成立了现场救援指挥部，指导和协调北川的应急救援工作。根据国务院抗震救灾总指挥部指示，国家救援队先后转战都江堰市、绵竹县汉旺镇、汶川县映秀镇、北川县城4个城镇48个作业点，历时15天，救援作业共216小时，连续作业120小时；成功营救幸存者49人（其中专家6名、学生30人、其他群众13人），清理遇难者遗体1080具，协助指导其他救援队营救出幸存者12人，帮助定位36人，帮助四川武警部队抢救枪支76支、匕首35把。

二、国内外地震应急处置

2008年大陆发生的87次的5.0级以上地震中，除汶川特大地震及其多次强余震造成巨大人员伤亡和财产损失外，西藏当雄县发生了1次重大地震灾害，四川攀枝花市—凉山州交界发生了1次较大地震灾害，其他地区发生了14次造成灾害的地震事件。面对这些地震灾害事件，中国地震局快速派出国家地震现场应急工作队，高效有序完成了地震现场处置工作。此外，针对2008年国外发生有影响的地震，我们及时做出了响应，快速了解灾情范围和损失情况进行了上报，同时做好相应处置工作。向国务院及相关各部委报告了中国地震局认定的地震灾害损失评估结果7份，编发了131期《国内地震灾害快报》，并根据政务公开的规定，将地震灾害损失及烈度分布情况在中国地震局门户网站上向社会公布。同时在处置国外地震事件中，编写了20期《国外灾害地震快报》。

（中国地震局震灾应急救援司　侯建盛　李成日　李　洋）

2008年地震应急区域协作联动工作机制建设

自2006年开展地震应急区域协作联动工作机制建设以来，各区域协作联动工作机制建设逐步完善。通过汶川特大地震应急工作实践，各应急协作区域联动工作发展加快，逐步成为当前地震现场应急工作新模式。

一、研究总结地震应急区域联动工作的发展方向

为深入推进地震应急区域协作联动工作的发展，开拓工作领域，3月组织召开了地震应急协作联动研讨会，中国地震局赵和平副局长亲临会议指导并作重要讲话，2008年度各区域牵头单位负责人及应急处负责人参加了研讨。会议对地震应急协作联动工作的现状和未来发展方向进行了分析、研讨，对开辟地震应急协作联动工作领域和发展方向提出意见。

二、各地地震应急区域联动工作机制建设全面展开

在中国地震局党组的直接领导下各地震应急区域协作联动区按照年初制定的工作目标，全面组织开展了各项工作。4月底，华北区举行了地震应急协作联动工作桌面演练，对联动区各单位应急指挥技术系统进行了功能联调；华东区、中南区和西北区分别召开了地震应急

协作联动工作会议，联动区各省（区、市）政府应急办和救援队的代表参加了会议。

三、地震应急协作联动工作运行顺利

地震应急区域协作联动工作正逐步纳入日常应急准备工作推进落实，工作内容正在向多方位、多层次、多领域延伸和拓展，并得到了地方政府的重视和认可。在汶川 8.0 级特大地震、西藏当雄 6.6 级地震、攀枝花—会理 6.1 级地震等发生后，有关地震应急区域协作联动单位都启动了应急协作联动工作机制开展相关工作，锻炼了队伍，提高了能力。

（中国地震局震灾应急救援司　李　洋）

地震应急与救援队伍建设

一、应急队伍建设

2008 年地震应急现场工作队伍建设工作得到了较快发展。各省、自治区、直辖市地震局均已建成地震现场工作队。汶川 8.0 级特大地震发生后，20 个单位的 1000 余名地震现场工作队员参与了汶川地震现场应急工作，在实战中得到了锻炼，并积累了工作经验。在总结反思汶川特大地震工作中，各省级地震部门对本单位地震现场应急工作队进行了调整，补充了人员和必要工作及个人装备、设备，提高了现场工作队快速反应能力和现场工作能力。

为提高中国地震局地震现场应急工作队高效有序应对地震灾害水平，中国地震局重点加强了现场应急工作队五方面建设工作：一是加强制度和机制建设。与城乡与住房建设部、交通部、铁道部、工业和信息化部、广电总局等共同组建灾害损失评估小组，研究建立重、特大地震灾害损失会同评估工作机制。二是强化国家地震现场应急工作队队长联席会议办公室的职能职责。制定了联席会议办公室通报制度和国家地震现场应急工作队轮换值班工作制度，确保震后第一时间派出现场工作队伍，并快速进行现场处置。三是完善国家、省级现场工作队协调联动工作机制。继续实行少震省份人员交流制度，使应急工作人员掌握地震应急处置流程和地震现场工作内容。四是印发《中国地震局直属各有关单位地震应急救援任务的通知》。强化了直属单位在地震应急救援活动中的作用。五是补充完善了现场工作队队员和装备。汶川地震后，完成了国家地震现场应急工作队第三次人员调整，补充完善了现场应急工作和装备。

二、救援队伍建设

一是加强制度建设。组织召开国家救援队联席会议和三次联席会议办公室会议，制定实施救援队未来三年发展规划和《国家地震灾害紧急救援队训练和考核大纲（试行）》。二是做好救援队扩编的准备工作。汶川地震救援行动结束后，按照中央领导的有关指示精神，结合这次地震救援经验和教训，组织相关单位和部门开展了国家救援队队伍扩编、装备配置等准备工作。同时，完成了汶川地震救援专项经费的申报，补充了部分消耗救援物资。三是组织培训和演练。组织和进行两期四周的基础知识及实用技能培训和救援队搜救犬高级测试培训。特别是在国家救援队第二期培训中，进行了IEC地震救援综合演练，这次演练作为2009年中国国际救援队筹备联合国国际重型救援队分级测评的第一次预演，表明中国国际救援队准备分级测评工作的正式开始。配合国务院应急办完成了省部级和厅局级领导干部桌面演练工作。组织对四川、云南、甘肃、青海、新疆和广东等省级救援队进行了培训。四是推进陆地搜救与救护基地建设。配合甘肃省地震局完成了国家发展改革委评审中心对国家陆地搜寻与救护基地实地的考察论证工作，该项目近期将正式获得批复立项。五是组织编写2008~2010年地震紧急救援发展规划。

（中国地震局震灾应急救援司　李　洋　荣建玲　陈永章）

2008年四川汶川8.0级特大地震应急救援行动综述

一、灾害情况

2008年汶川发生的8.0级特大地震，是新中国成立以来破坏性最强、波及范围最广、救灾难度最大的一次地震，震中最大烈度达Ⅺ度，大小余震达6万多次，灾区面积约50万平方公里，涉及四川、甘肃、陕西、重庆等10个省（区、市）、417个县（市、区）、4667个乡（镇）、48810个村庄，受灾群众4625万多人，地震造成大量房屋倒塌损坏，基础设施大面积损毁，工农业生产遭受重大损失，生态环境遭到严重破坏，地震引发堰塞湖等巨大次生灾害。

二、应急响应

地震发生后，中国地震台网中心13分钟即完成了地震参数的测定，中国地震局立即向党中央、国务院作出报告，及时通报国务院抗震救灾指挥部成员单位，并迅速启运了地震应急一级响应，成立了中国地震局汶川特大地震应急指挥部，地震系统各单位也迅即启动了应急响应。按照国务院抗震救灾总指挥部的统一部署，在中国地震局指挥部的统一指挥、协调下，地震系统各单位快速联动，全力投入抗震救灾。当天下午，第一批中国地震局地震现场工作队和国家地震灾害紧急救援队共237名队员，携带两辆救援装备车、1辆救援指挥车、6条搜索犬和大量现场应急装备乘坐两架空军运输机飞赴灾区。与此同时，各地应急救援队伍也开展了紧急大驰援。

三、应急处置

2008 年 5 月 13 日凌晨，中国地震局地震现场工作队抵达灾区后，中国地震局与四川省地震局立即成立了地震现场联合指挥部，先后从四川、云南、山东等 20 个省（市、区）地震部门和直属单位抽调了 900 余名应急人员，配备大量应急装备组成现场联合应急工作队，开展现场处置工作。在这次应急处置工作中，现场联合应急工作队历时 26 天，累计行程达 80 万公里，工作范围涉及四川等 6 个省（区、市），244 个县，作业面达 50 万平方公里，调查点达 4150 个，有力有效地完成了抢救压埋人员、地震监测预报、灾害损失及烈度调查、应急性科考和防震避震知识宣传等工作，现场工作结束后，又会同国务院有关部门和灾区政府核实论证灾害损失评估结果，为抗震救灾工作做出了重要贡献。

四、紧急救援

2008 年 5 月 13 日凌晨，首批抵达灾区的国家地震灾害紧急救援队 195 名队员，根据国务院总指挥部的指示，先后转战都江堰、汉旺、映秀、北川等 4 个城镇，历时 15 天，救援作业 216 个小时，连续作业 120 个小时，成功营救深埋幸存者 49 人。同时，从甘肃、安徽、四川、广东、海南、黑龙江、河南、湖北、江苏、辽宁、内蒙古、上海、浙江、福建、宁夏、云南、湖南、山东、天津、山西、重庆、陕西等省（自治区、直辖市）级地震灾害紧急救援队先后派出 4000 余名官兵分别深入都江堰、青川、北川、什邡、汶川、绵竹、平武、彭州、安县等急难险重救灾点开展紧急搜救，共营救出幸存者 322 人，医治伤病灾民 5000 余人。期间，中国地震局还在北川灾区成立了现场救援协调中心，指导协调部分省级救援队和日本、俄罗斯、韩国、新加坡等国际救援队以及香港、台湾救援队的救援行动。

（中国地震局震灾应急救援司　高玉峰）

地震应急预案体系建设

目前，全国地震应急预案体系已经基本形成，地震应急预案已覆盖各地、各部门和基层单位。截至 2008 年底，全国各级各类地震应急预案已达 2 万件。中国地震局 2006 年开展了全国地震应急预案建设普查、2007 年制定实施了《地震应急预案管理办法》，2008 年成立了中国地震局地震应急预案管理专家组，建设完成了国家、省、市（县）三级预案管理信息平台，推进了地震应急预案评估机制建设，组织了汶川 8.0 级特大地震应急响应实施情况调查，开展了地震应急预案建设与演练工作专题调研，申报了地震应急预案行业专项，召开了多次地震应急预案建设研讨会，启动了《国家地震应急预案》修订准备工作。

2008 年各地扎实推进地震应急预案建设。山东省地震局创新工作思路，开展了“地震应急预案管理示范县（市、区）”创建活动，召开了首批17个示范县（市、区）地震应急预案建设现场会，天津市地震局和山西省地震局已经完成省级专项地震应急预案的修订，中国地震灾害防御中心和地球物理研究已经完成了本单位地震应急预案预案修订，湖北、辽宁、福建、广西等省级地震局正在组织专项预案的修订，甘肃等省级地震局对全省预案建设情况进行了监督检查，山西、北京等省级地震局出台了地震应急救援地方性法规和地震应急预案管理办法，山东等省级地震局制定了地震应急行动细则、地震应急响应操作规程、地震应急简明程序和地震应急责任卡等，有的省级地震局还制定了地震应急预案编制指南等。2008年各级政府、部门、军地、专业队伍、企业、社区、学校等单位开展地震应急培训和演练达430余次，如山东省举行了“地震应急实兵拉动演练”，山西省举行了“军警民联动实战演练”，等等。

2008年，四川汶川8.0级、四川长宁4.6级、四川仁和区与会理交界6.1级、云南盈江5.0级、云南盈江5.9级、云南瑞丽4.9级、西藏当雄6.6级、青海海西州6.3级、湖北秭归4.1级地震发生后，国务院和中国地震局迅速启动地震应急响应，统一领导、指挥与协调应急处置和抗震救灾工作，国家地震应急预案、中国地震局应急预案在处置各类突发地震事件中发挥了重要指导作用。特别是，在2008年汶川8.0级特大地震发生后，中国地震台网中心13分钟即完成了地震参数的测定，中国地震局立即向党中央、国务院作出报告，及时通报国务院抗震救灾指挥部成员单位，并迅速启动了地震应急一级响应，成立了中国地震局汶川特大地震应急指挥部，地震系统各单位也迅即启动了应急响应。震后1个半小时，温家宝总理飞赴四川重灾区统一指挥、协调抗震救灾工作，国务院其他有关部门在震后第一时间启动了本部门地震应急响应，参加国务院抗震救灾指挥部会议，按照指挥部的部署迅速开展抗震救灾工作。按照国务院抗震救灾总指挥部的统一部署，在中国地震局指挥部的统一指挥和协调下，地震系统各单位快速联动，全力投入抗震救灾。汶川特大地震后，中国地震局协调四川、甘肃、陕西、新疆、西藏等省级地震局有效处置了汶川地震余震和多次其他地区的地震灾害事件。

（中国地震局震灾应急救援司　高玉峰　白春华）

地震救援条件保障建设

汶川8.0级特大地震后，根据中央领导已批准的《关于加强国家地震灾害紧急救援队建设建议方案的请示》（中震发［2008］131号），在充分考虑地震救援工作实际，特别是汶川地震救援经验，中国地震局震灾应急救援司组织各有关单位对国家地震灾害紧急救援队（以下称“国家救援队”）扩编后的队伍结构进行了科学合理的编程。按照国家救援队扩编后的队伍结构组成，会同军队和武警等部门编制了《国家地震灾害紧急救援队装备扩充与更新》项目。项目主要建设内容包括补充国家救援队规模扩大后所需的救援装备，改造和修缮国家救援队犬舍和训练场地，以及更新已超过安全使用年限和老化落后的现有救援装备等。

随着全国地震救援队伍的发展，救援装备和保障能力建设是地震救援队提升救援能力的重要工作之一。汶川地震救援表明，专业化救援装备是开展地震紧急救援的重要保障。为提高省级地震灾害紧急救援队处置和应对地震等灾害及突发事件的能力，进一步规范省级地震灾害救援队装备配置，推进地震灾害救援装备的规范化、标准化建设，根据国家救援队参加国内外救援的经验，并结合汶川地震救援的实践，中国地震局震灾应急救援司组织编写了《省级地震灾害紧急救援队装备和保障能力建设指导意见》，并印发执行。

（中国地震局震灾应急救援司　冯海峰）

地震应急指挥技术系统建设与运行

2007 年 11 月至 2008 年 1 月 28 日组织完成各省级地震局应急指挥分项和地震现场工作系统等全国性主要合同的验收，3 月 20 日顺利通过中国地震局组织的应急指挥分项验收，并为 4 月 11 日国家发改委组织的数字地震项目总验收提供了重要支撑和成果演示平台。在此期间，中国地震局震灾应急救援司组织各单位人员参加各种技术和试运行培训，确保应急指挥分项按时优质完成了项目建设全部任务。2008 年 5 月 5 ~7 日，在北京召开“十五”数字地震项目应急分项建设总结大会，对项目的实施过程、技术指标、系统功能和试运行方面的经验进行总结，对未来的系统运行维护提出了要求，并对运行维护细则和评比办法广泛听取各个方面的意见，进行修订和完善。

地震应急指挥技术系统投入正式运行后，在汶川 8.0 级特大地震及各次地震事件应急处置中发挥了积极作用，在震后及时高效的生成震区基本情况、灾害损失预估、辅助决策建议等信息，并在 2008 年的历次地震应急和多次大型地震应急演练中发挥了重要作用，并为奥运应急安保工作开展了一系列应急准备工作，保障了全局系统的多次大型视频会议和震后应急视频通讯。尤其是在汶川 8.0 级特大地震应急处置工作中，地震现场工作系统发挥了关键的通信保障作用，在震后，还组织专家针对应急过程中发挥作用情况进行认真总结和研究，反思其中各个环节，提出了功能改进和完善方案，为今后应急指挥技术发展、应急工作与业务流程的完善提出合理建议。

经过 1 年正常运行和摸索，在中国地震局震灾应急救援司的组织下，已经建立了一系列运行管理规范和制度，印发了《省级地震应急指挥中心运行维护细则》（试行）和《省级地震应急指挥中心考核评比办法》（试行），对地震应急指挥技术系统的功能、工作流程、日常工作重点、应急基础数据库更新维护、技术系统演练设计等进行了详细的要求，通过规范化的要求来促进各省级地震应急指挥中心管理、运行机构和制度的完善。

为充分发挥专家在应急指挥技术系统建设和应急指挥技术发展方面的引领作用，成立了地震应急指挥技术协调组，组织开展了应急指挥中心运行维护和管理培训、组织编写地震应急岗位技术培训系列教材，完成《地震应急指挥系统概论》、《地震应急基础数据库岗位培训教材》、《应急指挥系统硬件平台》、《评估与辅助决策系统培训讲义》、《地震现场应急指挥技术系统》等。并于2008年11月24～29日在广州举办了地震应急指挥技术系统运行管理培训班，取得了良好的效果。

（中国地震局震灾应急救援司　米宏亮）

国家应急管理人员培训基地建设

国家应急管理人员培训基地项目是“十一五期间国家应急体系建设规划”中的重点项目之一。该项目利用国家地震灾害紧急救援训练基地，进一步拓展培训功能，为各级领导干部、中央党校和行政学院开展应急管理的体验式教学。根据国务院应急办对应急管理人员培训和培训设施建设的指导性意见，在完善基地设施建设方面，一是增加对应急管理人员的培训；二是专业队伍培训，拓展功能，加强综合性、一队多能的培训。通过加强应急管理体验式教学为主体的突发事件仿真模拟系统建设，完善了培训与演练设施。国家发改委已于2008年10月对该项目正式批复立项。

（中国地震局震灾应急救援司　冯海峰）

“12322”防震减灾公益服务信息平台建设进展

中国地震局震灾应急救援司与中国移动、联通、网通等通信服务提供商协调沟通，研究将“12322”用于建设防震减灾信息服务平台的可行性并制定了初步建设方案，截至2008年底地震应急短信息灾情速报平台已正式投入运行，防震减灾公益服务热线完成了实施准备工作。

一、“12322”短信息灾情速报平台建设情况

“12322”灾情短信息速报平台（以下简称信息平台）是在地震发生后，将地震消息发给灾区及周边地区的地震灾情速报人员和应急救援志愿者，迅速汇集反馈的灾情等有关信息，根据反馈内容快速判定灾区范围，掌握灾害情况，为应急指挥决策提供依据。该信息平台于2008年3月份开始测试运行，5月正式启用，在汶川8.0级特大地震后多次地震灾害事件中，发送了灾情收集短信息，得到了部分人员的及时反馈，取得了较好的结果。

二、"12322" 防震减灾公益服务热线建设进展

中国地震局从热线的定位、效用以及如何利用地震部门现有资源来为社会公众提供防震减灾咨询服务、发布地震震情、应急公告以及接收地震灾区群众灾情报告等出发，确定了"12322" 防震减灾公益服务热线的两大功能：一是提升地震部门的社会服务能力。将防震减灾知识宣传由阵地式、突击式的宣传转向常态化宣传。了解社会公众对防震减灾工作的意见、建议和需求。二是提高地震部门自身能力。拓展信息来源，通过热线获取重要信息，震时作为灾情获取的重要平台，接受灾区群众报灾、发布公告、宣传避险自救知识等，平时可以接受群众报告前兆异常等信息。

2008 年 8 月 18 日中国地震局召开了各省、自治区、直辖市地震局参加的视频会议，全面部署了热线建设的有关事宜，中国地震局赵和平副局长作了指示。10 月，中国地震局与联通公司签署了呼叫中心建设的战略合作框架协议，决定采取虚拟呼叫中心的模式共同推进热线建设。在此基础上，双方还共同讨论确定了服务热线建设方案及资费优惠方案。中国地震局组织中国地震应急搜救中心、中国地震台网中心完成了对防震减灾知识库、座席工单、自动语音流程、应急工作流程等内容的编写和座席软件的编制。12 月 27 ~30 日，在北京举办了 "12322" 试点开通培训班。目前，"12322" 服务热线正在进行正式开通前的最后准备工作。

（中国地震局震灾应急救援司　米宏亮）

奥运地震应急安全保障工作

一、奥运安保期间开展的主要工作

1. 成立奥运会地震安全应急保障工作组

成立了以中国地震局震灾应急救援司司长为组长，各赛事承办地省地震局分管地震应急救援工作的副局长为副组长的工作组，负责组织领导奥运地震应急安全保障工作。多次以各种形式召开奥运地震应急安全保障工作领导小组全体会议，研究部署各阶段的奥运地震应急安全保障工作。

2. 协调各单位奥运安保工作顺利开展

制定并印发《特殊时段地震安全应急保障工作方案》，部署各单位完成十项奥运安保工作任务，同时通过建章立制，完善和落实灾情报告制度、震情值班制度、应急检查制度，极大地促进了应急工作规范化、制度化和模式化。

3. 加强灾情速报工作

更新各地台站人员、市县地震部门人员、灾情速报员信息，灾情速报员数据库中已有近

50000 人信息。

充分发挥“12322”全国地震灾情短信息速报平台作用。在 2008 年 5 月 12 日汶川 8.0 级地震主震和多次余震、内蒙古鄂伦春旗与阿荣旗交界 5.2 级地震、仁和—会理 6.1 级地震中，发挥了重要作用，得到了实践的检验。

与搜狐公司开展地震灾害速报网络合作，拓展灾情速报志愿者招募，开展灾情速报网络上报平台合作。

为中国地震局有关领导、奥运安保相关单位领导和应急人员安装应急信息手机发布系统，在地震后，将应急指挥系统快速生成的有关地震应急信息以手机报的方式发到有关人员的手机上。

4. 检查各单位奥运安保工作准备工作

为全力保障奥运会期间地震安全应急工作顺利开展和进行，震灾应急救援司于 7 月多次现场检查了北京市地震局、中国地震应急搜救中心、中国地震台网中心和河北省地震局的应急准备工作。2008 年 8 月 6 日上午，震灾应急救援司在中国地震局地震应急指挥大厅通过视频会议系统，对天津市、辽宁省、上海市、山东省、广东省地震局等 7 家单位的奥运地震安全应急保障工作进行了检查。

5. 建立奥运安保期间值班工作制度

为保证奥运期间地震应急工作反应迅速、处置有序、应对有效，7 月 28 日至 9 月 21 日，震灾应急救援司组成了奥运会地震安全应急保障值班组，由司领导、处长、工作人员和专职值守人员组成，负责奥运期间应急处置工作和各奥运安保单位联络保障工作。承担奥运安保工作的各单位也在奥运期间建立了值班制度，实行“双岗双员”，负责联络、协调、传递信息和应急值守等工作。国家地震应急现场工作队针对奥运期间可能发生的地震应急事件，建立了现场应急队值班制度，值班队员在得到出动的指示后可以迅速出动执行任务。奥运值守期间共编写《奥运地震安全应急保障值班简报》54 期。其中为奥运安保有针对性地编写了《奥运期间地震应急分级别应对方案》，为各单位奥运安保工作提出了具体要求。简报还介绍有关地震应急方面的知识、历史上著名的地震等资料，为应急工作提供相关基础性的资料。

6. 进行奥运地震应急安保演练

为加强华北应急联动区各单位地震应急能力，检验各单位奥运会地震应急安保工作进展情况，4 月以北京市地震局为主体分别开展了奥运会地震应急安保演练和华北地震应急协作联动区应急指挥技术系统功能联调测试演练，检验各单位的应急响应能力和技术系统的保障能力，完善各单位的协作机制。

7. 安排好国家地震灾害紧急救援队奥运安保任务

为保障紧急救援任务的开展，制定了奥运期间的出队专项方案，保障奥运期间救援任务顺利开展。同时，要求加强各支救援队伍的装备保障工作，开展装备保障演练。

8. 奥运期间较好应对地震灾害事件

国家地震应急现场工作队和奥运赛事举办地地震现场应急工作队在奥运期间始终保持待命状态。奥运期间，发生了汶川地震的多次强余震、云南盈江 5.9 级地震、西藏仲巴 6.8 级地震、四川攀枝花仁和 – 凉山会理 6.1 级地震、新疆和静 5.3 级地震及国外多次强震，国家地震现场应急工作队按照《奥运期间地震灾害事件应急出队方案》，派员指导参加了地震现场应急工作任务，通过中国地震局、地震发生所在省地震局和相关安保单位的共同努力，顺利完成了应急处置、灾情收集、信息报送和现场应急等工作，为局领导提供了有效的决策参考。完成了国务院新闻办召开的四川攀枝花仁和－凉山会理6.1级地震新闻发布会任务，有力地配合了奥运安保整体工作。

二、取得的成效

1. 在实践中培养了一批地震应急中坚力量

在奥运安保期间，有关单位的一批从事地震应急工作不久的工作人员经历了应急工作，处置了发生在奥运期间的地震灾害事件，感受了地震应急的紧迫性，真实地体验了地震应急的全过程，了解了地震应急处置的程序和环节，大应急的理念深深植入大家的意识中，使他们逐渐成为应急救援工作的中坚力量。

2. 逐步形成地震应急值守工作向常态化、日常化转变

奥运期间值守工作不仅让中国地震局机关进行了一次应急处置日常化的全面实践，也是地震系统自上而下进行了一次特殊的实战体验。奥运值守工作为今后应急保障工作提供了经验，为加强地震应急救援工作的常态化管理，将震后的应急处置、紧急救援和国务院抗震救灾指挥部办公室工作融入到日常工作中，确保平时和震时的无缝衔接和转换，进行了有效探索和实践。

（中国地震局震灾应急救援司　侯建盛　李　洋　米宏亮）

2008年兰州陆地搜寻与救护基地建设

中国地震局震灾应急救援司会同武警总部、甘肃省地震局和武警甘肃省总队，在充分的研究和论证基础上，向国家发改委上报了《兰州国家陆地搜寻与救护基地建设项目的可行性研究报告》。国家发改委项目评审中心对《可研报告》进行初步评审后，于2008年3月组织专家组赴兰州进行实地考察调研，并对建设方案提出了意见和建议。同时，为使建设项目能够顺利批准并尽早建设，甘肃省地震局和武警甘肃省总队签署了《甘肃省地震局与武警甘肃省总队联合共建国家陆地搜寻与救护基地补充协议》。

2008年底，国家发改委同中国地震局交换了意见，同意调整后的建设项目内容，并已正式批复立项。

（中国地震局震灾应急救援司　冯海峰）

中国地震应急搜救中心地震应急救援工作

2008年，中国地震应急搜救中心全体干部职工在中国地震局党组正确领导和局各职能部门的指导支持下，按照中国地震局党组全面加强“四个能力”建设的要求，加强科技创新和制度建设，在积极应对汶川大震巨灾，做好国内外地震事件应急响应的同时，积极推进国家地震紧急救援训练基地建设等各项工作。

一、应对汶川特大地震灾害

2008年5月12日，汶川8.0级地震发生后，中国地震应急搜救中心在震后立即启动应急预案一级响应，按照党中央国务院的决策和中国地震局的部署，全体干部职工众志成城，迅速投入抗震救灾工作，确定中心首批24位出队人员，组织人员收集震区相关图件资料，准备应急救援物资装备，接到地震信息后2个小时，完成了近200人装备的准备工作，完成了国家地震灾害紧急救援队和现场工作队的两辆救援专用车和650余件近4吨的应急救援装备物资的集结装车，及时运往机场，保证了应急救援队伍的如期出发。

中国地震应急搜救中心共有32名同志赶赴汶川灾区，其中有11位同志参加了国家救援队的汶川地震救援行动，承担装备保障和通讯保障任务，开展救援技术指导工作，他们与国家救援队队友们一起营救幸存者49人；有17名同志参加汶川地震现场灾评工作和指挥部后勤通讯保障工作；另有4位同志配合外交部和中国地震局国际合作司同志，发挥了专业和语言优势，圆满完成新中国成立以来国际救援队首次来华参与救援的保障任务。

汶川地震应急救援行动结束后，中心及时进行科学总结与反思，进一步完善现场工作队的联动机制建设，顺利完成奥运地震安全保障任务，对国家地震现场应急工作队队员进行了人员调整和个人装备更新，组织召开地震灾害损失研讨会议和队长联席办公会议，成功主办国家地震现场应急工作队员培训班，并加强地震应急救援基础数据库、装备模块集成管理建设，开展针对性应急演练，开通“12322”服务热线，进一步强化中心职工地震应急意识，提高中心地震应急救援能力。成功举办了全国性的“汶川8.0级地震应急救援研讨会”，参与了“汶川地震应急救援响应情况调查”项目方案编制，并承担其中3个专题的地震科学考察任务。

二、国内地震现场应急工作

除汶川地震之外，2008年中心还派出24人次赴新疆于田（M_S7.3）、云南孟江（M_S5.9）、四川攀枝花（M_S6.1）、新疆喀什（M_S6.3）、西藏当雄（M_S6.6）、青海海西州（M_S6.3）六个地震现场开展灾评科考工作和天津蓟县山体滑坡救援工作，并提供了应急救援物资保障服务。

三、救援训练基地培训

国家地震紧急救援训练基地共举办国家队、省队、志愿者地震救援培训班7期，培训救援队员340人；举办应急培训班5期，培训280人；举办地震应急救援知识科普讲座5期，参加人数950人。此外，接待中国地震局、全国人大、各部委领导检查指导和调研工作18批，接待外宾和兄弟单位参观考察30多批，接待1800多人次。于2008年11月在基地成功举行了国家救援队综合演练。

在国务院应急办的支持下，基地被列为国家应急管理体验式教学基地。同时基地也成为国际地震救援界关注的热点，有多个国家的救援机构表示愿意与基地建立长期合作，除与瑞士、新加坡、荷兰正在执行开展的救援培训合作外，德国THW救援训练中心将与基地合作，开展"第一响应"应急培训项目，日本JICA项目已经得到日本外务省批准，正在与消防厅进行沟通。在2008年11月召开的INSARAG亚太组年会上，孟加拉国和蒙古国官员提出希望中方为该国提供救援培训支持。

（中国地震应急搜救中心　尹　智）

各省、自治区、直辖市地震灾害应急救援工作

北　京　市

1. 健全应急救援体系

2008年，为做好奥运期间地震应对工作，根据《奥运会残奥会期间北京城市运行工作总体方案》《奥运会残奥会期间北京市突发事件应急处置工作方案》的有关要求，结合奥运地震风险评估结果，分别制定了《北京奥运会残奥会期间地震应急预案》《北京市特殊时段地震现场工作队工作方案》《北京市地震局奥运期间（特殊时段）值守应急工作方案》和《关于全面加强特殊时段地震应急救援工作的紧急通知》，对奥运时期的地震应急工作进行了规定。

2. 奥运应急避难场所保障

根据副市长吉林“在奥运会前对全市应急避难场所进行检查，并开通两个相对封闭、便于管理的场所备用”和全面摸清全市应急避难场所现状的指示，制定下发《奥运期间应急避难场所保障方案》，要求有关区县政府遵照执行。由北京市地震局、北京市应急办组成联合检查组，对北京市9个已建应急避难场所的区开展了检查。对20个应急避难场所进行了抽查，并提出整改意见。各区县按照检查结果，对应急避难场所进行了整改。

2008年，北京市依托公园、绿地、广场、学校操场、体育中心等设施已建成的应急避难场所达33个，总面积510.24万平方米，可安置159.6万人。

2008年新建的6处地震应急避难场所，分别为奥林匹克森林公园（南园）、曙光防灾教育公园、长春健身园、阳光星期八公园、东升文体公园、温泉公园。所建应急避难场所均达到了紧急和长期应急避难场所内配设应急生活设施的要求，并均编制了应急避难场所的疏散安置预案。其中朝阳区政府按照《奥运期间应急避难场所保障方案》的要求，为奥林匹克森林公园（南园）、朝阳公园北部区应急避难场所配置了300套帐篷、床、被褥，为奥运期间应对突发事件的紧急疏散和临时安置国外观众，为奥运会和残奥会的安全举办提供有力保障。

3. 社区地震救援志愿者队伍建设

继续指导各区县积极推进社区志愿者队伍建设，踊跃参加奥运志愿者活动，密云县、海淀区、东城区、崇文区、昌平区、朝阳等396支社区地震应急救援志愿者队伍，12000多

人，在奥运会和残奥会期间，积极报名并参加了社区的奥运值守、值班、值勤、安保等各项保障工作。

4. 建立应急物资保障供应联动机制

2008 年，积极与北京市应急办、北京市民政局沟通，研究建立北京市地震应急物资储备调拨机制。指导各区县在应急避难场所疏散安置预案中明确各应急避难场所应急物资的保障机制。海淀区和昌平区整合区内大型商场、超市、物资调配中心资源，建立物资统一调拨体系，确保紧急情况下有三天至五天的应急物资供给。

5. 地震应急演练

2008 年 4 月 16 日，组织华北七省市地震应急指挥系统联调联测演练；4 月 30 日，组织北京 2008 年华北区域地震应急协作联动桌面演练。华北区域联动协作区共 16 个单位负责人和有关专家共同参加了这项地震应急协作联动演练，华北地区地震突发事件的应急联动能力获得提高。

（北京市地震局　师宴宾）

天　津　市

1. 全力做好汶川特大地震应急处置和支援工作

2008 年 5 月 12 日 14 时 28 分四川汶川发生 8.0 级特大地震，天津市辖区普遍有感，高层建筑震感强烈，社会影响较大。地震发生后，市地震局及时将地震参数报告市委、市政府，召开紧急会商，加强值班力量，昼夜注视本市及周边地区震情发展趋势，并与宣传等部门及时召集各主要新闻媒体，召开新闻发布会，发布地震消息，维护社会生产生活秩序。本市第一时间相继派出公安、消防、地震、医疗、房屋、通讯、电力等 10 个专业的 40 余支专业救援队，辗转奋战在都江堰、汶川、北川、青川、广元等重灾区开展救援工作。发展改革、财政、民政、商务、卫生、经济管理等部门及时组织募集、筹集、生产和调运食品、药品、帐篷等救灾物资。建设等部门紧急援助四川德阳、甘肃陇南建设过渡安置房，并做好陕西宁强、略阳的恢复重建工作。交通、邮电部门积极协调铁路、公路、空港、海港、电力、通信等单位，最大限度地调配运力，保障电力和通信。卫生部门抽调专门力量精心救治来津治疗的 83 名伤员。教育部门积极接收绵竹市 202 名中学生来津复课。各区县政府发动社会各界力量，募集、抢运救灾物资，全力支援抗震救灾工作。

2. 认真开展地震应急准备工作

天津市地震局和市应急办及时组织开展了《天津市地震应急预案》的修订工作和 17 个专项保障计划的编制工作，修订和编制过程中借鉴汶川特大地震国务院抗震救灾总指挥部工作组组成方案，汲取汶川特大地震应急处置和紧急救援实战经验，对组织指挥体系、任务划分、队伍建设、处置程序等都作了较明确的规定。修订后的预案已经市政府第 14 次常务会议审议通过，并正式颁布实施。《天津市地震应急预案》颁布后，市地震局会同市应急办指导各区县、相关部门和单位开展本级预案的编制和修订；市地震局牵头，与天津警备区、武警8630部队、市公安消防局、武警医学院附属医院和市国土房管局等单位共同完成了市地震灾害紧急救援队的重建和装备配置方案的编制；草拟了市抗震救灾指挥部办事规则，为指挥部正常运转创造了条件。市地震局规范了抗震救灾应急指挥中心管理，制定《应急指挥中心运行管理办法》《应急指挥大厅技术系统管理办法》以及《应急岗位人员任务职责》，开展应急人员岗位培训，严格操作流程，确保应急指挥中心24小时正常运转。

武清、宁河、汉沽、东丽、西青、津南等区县及时组织修订了应急预案；宁河、东丽、南开、河北、西青、津南等区县加强了应急志愿者队伍建设；蓟县、河北、和平、河东等区县组织了中小学生地震应急演练；南开区结合长虹公园提升改造，建成了全市首个标准的应急避难场所。市国动委以本市某地发生7.1级重大地震灾害为背景，组织了应对重大自然灾害快速动员网上指挥演练。市地震局、市应急办、市发改委、市民政局等部门联合组成检查组，对南开区和河北区及市奥体中心和运动员、记者下榻的酒店进行了地震应急保障措施的检查。

（天津市地震局　姚兰予）

河　北　省

1. 积极开展汶川地震应急工作

汶川地震发生后，河北省地震系统立即进入应急状态，积极开展应急工作，为全省的社会稳定和支援灾区作出了应有的贡献。一是当好参谋，积极协助河北省人民政府处置应急工作。地震发生后，河北省地震局迅速启动地震应急预案。从地震发生20分钟之后，先后向中共河北省委、河北省人民政府报送《震情简报》24期，随后改为每天向河北省人民政府应急办进行工作汇报，共编发《每日汇报》13期。积极主动向中共河北省委、河北省人民政府汇报了汶川地震有关情况，并提出河北省支援四川工作建议，受到中共河北省委、河北省人民政府的高度评价。河北省地震局作为河北省人民政府支援四川灾区工作领导小组主要成员单位之一，为河北省人民政府采取支援灾区决策发挥了重要参谋助手作用。二是加强调度，认真做好应急值班和震情监视工作。地震发生后，河北省地震系统进一步加强了震情和行政值班，坚持双岗7×24小时值班，领导在岗带班。全省地震台站加强了监测工作，省、市地震局加强了宏观信息的收集和核实，根据群众反映组织落实宏观异常数十次。同时组织专家每天进行加密会商，及时分析和密切监视汶川地震后全省的地震形势并上报中共河北省委、河北省人民政府。三是抓住契机，大力开展防震减灾知识宣传。地震发生后，河北省地震局及时拟定了新闻通稿，向新闻媒体发布了有关地震信息，并联系中国网通、中国移动和中国联通等通信公司，向广大市民发布地震短信，使广大群众及时了解正确的地震信息，避免了谣言的蔓延和传播。应新华社、河北日报、河北电视台、河北电台等主流新闻媒体的要求，安排局领导和有关专家制作了访谈、采访等节目，回答群众关心的问题，消除群众的恐慌心理。各级地震部门也充分把握时机开展科普宣传，接受群众咨询，收到良好效果。四是快速行动，积极开展支援灾区工作。地震发生后，河北省地震局先后派出 6 批共 13 位地震专家赴地震灾区开展地震应急工作；唐山市地震局派出 4 名同志组成的专家组前往地震灾区进行抗震救灾工作，得到了中共河北省委、河北省人民政府的表彰并分别被中共河北省委、河北省人民政府授予“河北省抗震救灾先进集体”的荣誉称号；向遭受地震灾害最重的四川省地震局提供 20 万元紧急援助。同时，全省地震系统踊跃向四川等地震灾区捐款捐物，仅河北省地震局机关就捐款和缴纳特殊党费共计 21.56 万元，捐献衣物 776 件。

2. 妥善处置“地震风险排名”社会不安事件

2008 年 7 月 22 日，《30 个省级城市地震风险出炉，石家庄最高上海最低》一文在搜狐等网站发表，在石家庄乃至全省引起了强烈的震惊，特别是对石家庄市民引起极大的恐惧和不安，造成一定程度的社会不安。事情发生后，中共河北省委、河北省人民政府及石家庄市委、市政府的主要领导都高度重视，河北省地震局党组非常重视，反映非常迅速，妥善处置了这一突发事件。一是通过新闻媒体向社会如实公布作者的有关情况，文章撰写和发表的背景情况，明确提出该文章使用的研究方法不够科学，采用的有关石家庄市的资料和数据不真实，请读者和广大公众不要轻信其地震风险度的排序；二是根据河北省地震局多年对石家庄市的地震观测结果和分析研究结果，通过新闻媒体告诉石家庄市民近期或近年内石家庄不会发生破坏性地震，做好平息市民恐震心理和社会稳定工作；三是同时也要提醒政府和社会，要切实加强城市的防震减灾工作，提高防御地震灾害的能力。四是责成河北省地震局刁桂苓等专家从专业的角度对该文章进行更加深入的研读和批驳；五是责成石家庄市地震局抓紧时间与作者本人取得联系，说明该文章给石家庄造成的不良后果，要求本人承担责任并向石家庄市政府和人民表示歉意。五条对策实施后，很快收到了很好的宣传和稳定社会的效果。河北省地震局配合石家庄市妥善处置该事件，不仅石家庄市委、市政府以及中共河北省委、河北省人民政府都很满意，而且作者本人也没有提出任何不同意见，并在石家庄报纸上公开承认自己文章的不妥之处并向石家庄市政府和人民表示歉意。本事件的根源虽然仅仅产生于一篇不长的报道，但造成的影响很大，不仅影响了一般公民，而且影响到政府的高层，本事件的妥善处置使河北省地震局受到了一次很好的处理应急事件的考验和锻炼。

3. 不断完善应急救援队建设

印制了《河北省地震灾害紧急救援队训练与考核大纲》、《地震灾害紧急救援技术》、《地震救援装备概论》和《搜索与救援》等培训教材；于 2008 年 4 月 27 日举办地震基础知识培训班，并针对汶川地震实施救援的过程中，凸显出了的增强救援队队员医疗知识水平、医疗急救技能亟待提高的迫切性要求，于 2008 年 10 月 23～24 日举办医疗救护知识培训班，加强对省地震紧急救援队的培训。完成 2007 年度救援设备采购、到货、验收和交付使用工作；完成 2008 年度救援队救援设备采购任务。

4. 推动志愿者规范化管理

在推进《社区地震应急救援志愿者指南》编制工作的同时，结合 5·12 汶川特大地震应急救援志愿者工作暴露出来的问题，联系共青团河北中共河北省委、河北省青年志愿者协会联合开展“志愿防震减灾事业，共建平安和谐家园”主题活动，成立河北省防震减灾志愿者行动领导小组，并开始公开招募防震减灾志愿者，各市也同时开展了此项工作。

5. 推动建设地震应急避难场所

开展了应急避难场所建设情况调查和摸底，对各市地震应急避难场所建设的设置提出要求；同时还积极与河北省人防办进行协调和沟通，依托人防工程建设城市地震应急避难场所，制定了《依托人防工程开展城市地震应急避难场所试点建设工作方案》。5 月 27 日，保定市西苑小区人防工程地震应急避难场所挂牌并投入使用，成为河北省第一家正式投入使用的人防工程兼作地震应急避难场所。目前河北省 11 个设区市都改造完成了一个人防工程地震应急避难场所，作为城市居民在应对地震等自然灾害或其他紧急状态时的紧急疏散和临时生活的安全场所。

6. 地震现场应急工作队建设进一步加强

为贯彻落实了 2008 年 11 月 4 日国家地震现场应急工作队培训班精神，进一步提升河北省地震现场工作队应急能力，2008 年 11 月 17 ~ 19 日举办了地震应急现场工作培训班。培训班邀请了有关专家进行授课。各市地震局、中心台，机关各处室、直属事业单位分管应急工作的领导和地震现场应急工作队队员 60 多人参加了此次培训。这次培训班是在总结汶川地震现场应急工作基础上对现场工作队的一次系统性、全面性的培训，专家从地震应急工作历史发展过程，地震现场工作主要内容、工作程序、工作规范、结合汶川地震现场工作实际，全面系统地介绍了地震现场工作，特别是从现场应急工作的组织管理、工作的展开、突发事件的处置等再现了现场应急工作过程。从汶川地震现场应急工作反映出来的问题，重点讲解了地震应急预案的编制和管理，地震应急预案管理软件的使用。

7. 认真开展各市地震局局长、河北省地震局全体处级干部地震应急演习

为进一步加强地震应急工作管理水平，切实提高各市地震局长应对地震事件的应急处置能力，促进特殊时期地震应急工作的有效开展，2008 年 7 月 18 日，在承德市召开的河北省地震局长会议上举办了地震应急桌面演练。为进一步熟悉和掌握河北省地震局地震应急工作流程，切实提高河北省地震局处级干部应对和处置地震事件和协调指挥能力，2008 年 10 月 27 日，在指挥中心举办处级干部地震应急桌面演练。为了搞好这次应急桌面演练，专门制定了应急桌面演练方案，明确了桌面演练内容，给定了演练程序，提出了演练要求。通过演练，取得了良好的演练成效，真正达到了以会代训、会训结合的目的。

8. 完善全省地震应急预案体系，推广预案管理软件

地震应急预案作为“一案三制”的应急管理体系的重要内容，是地震应急工作的重要基础。河北省各级政府及有关部门，企事业单位均编制了破坏性地震应急预案，并不断修订完善。为实现预案统一管理、数据共享、震后快速调用，根据中国地震局有关要求，河北省地震局在学习使用《地震应急预案管理系统》软件的基础上，结合河北省实际情况，将该程序管理结构进行设置，将各级政府及有关部门和地震系统的地震应急预案纳入软件管理系统，实现了程序的本地化，并将各市地震局、台站设为用户，建立预案管理系统更新、使用制度，实现预案的科学快捷管理，完善了全省地震应急预案管理体系，极大地促进了河北省地震应急预案管理水平。根据汶川地震后出现的地震应急预案不适应当前严峻的地震形势，对《河北省地震应急预案》重新进行了修订，现在已经完成了初稿修订。

（河北省地震局　王加林　刁建新　梁志琴　贾宏谱）

山　西　省

2008 年，山西省地震局以贯彻落实《中华人民共和国突发事件应对法》、《山西省地震应急救援规定》和山西省政府关于做好防震减灾工作的文件精神为工作重点，加强地震应急救援体系建设，积极应对汶川地震，强化地震应急演练，努力提高地震应急救援能力。

1. 继续完善应急指挥技术系统建设

在 2007 年完成山西省地震应急指挥中心建设的基础上，全面推动市级地震应急指挥中心建设。建成并验收了晋城市、朔州市指挥中心和指挥技术系统。建成吕梁市、长治市指挥中心和技术系统，拟于 2009 年验收。至 2008 年底，已有 10 个市建成了指挥中心和技术系统，其中 6 个市通过验收。

2008 年，对地震应急基础数据库中行政区划数据及道路交通数据进行了部分整理更新。

2. 加强地震应急救援准备工作

开展地震应急预案修订及培训工作。全省共举行各级各类修订预案培训班 20 余次，受训达 500 余人次。《山西省地震应急预案》经过 5 次反复征求意见和讨论，已上报省政府待批。11 个市政府、近 80% 的县级政府和 70% 的部门修订了应急预案。65% 的乡镇级政府修订了预案，新绛县、迎泽区等十几个县、区的农村、社区也制订了预案。

继续推进救援队伍建设和应急演练。2008 年，省委、省政府批准成立山西省地震灾害紧急救援二队，目前处于筹备阶段。救援二队拟由省军区直属队两个连和地震、建筑、化工、医疗、通信技术等专家 240 人组成。长治、吕梁、朔州组建了 3 支市级地震灾害紧急救援队。目前太原、大同、晋中、临汾、运城、晋城、阳泉、朔州、吕梁等 9 个市已建立市级地震综合救援队，由各专业抢险、抢修、矿山救护队等综合组建，震时由政府统一调度，总人数达 3.5 万余人。共有城市社区、乡村地震救援志愿者队伍 1834 支 3 万余人。举行了不同形式、不同规模的地震应急救援演练 40 余次。太原市小店区，在“八一社区”举行了社区的地震应急救援演练，应急救援演练开始走进了社区。

积极开展《中华人民共和国突发事件应对法》、《山西省地震应急救援规定》和防震减灾法律法规的宣传。全省共编印了宣传资料 50 余种，印发 60 余万份；开展视频讲座受众人数达到近百万人次。太原市地震局印发了《太原市民防震减灾手册》，并编制了专门针对学校师生的防震减灾知识“一堂课”的 45 分钟光碟，发放至每个学校。

建设灾情速报网和紧急避难场所。已有 10 个市的农村灾情速报网建设覆盖率达到 60%。全省规划建设了紧急避难场所 211 处，但功能有待进一步完善。阳泉、太原等市将避难场所建设纳入城市建设规划与改造中。

3. 参加军地协同演习，推动军地协同救援

2008 年 7 月 4 日参加了省委、省政府、省军区联合组织的“联动—2008 山西省应对多种安全威胁军地联合演习”。演习分为两部分：联动 2008A 党政军联合指挥、联动 2008B 军警民实兵演习。山西省地震局受省政府委托承担了实兵演习中“抢险救援单元”的组织、策划、现场布置、指挥、协调、训练和演练组织等任务。此次演练，山西省地震局和省救援队分别被省委、省政府、省军区授予“联动—2008演练先进单位”。

4.《山西省地震应急救援规定》颁布实施

2008年5月20日，省人民政府第9次常务会议审议通过了《山西省地震应急救援规定》，并自发布之日起施行。该《规定》共分七章五十四条，分总则、组织机构、应急准备、预警与处置、应急响应与救援、法律责任和附则等，规范了各级政府及其有关部门、各单位职责与义务。

5. 积极应对汶川地震及救援行动

5·12汶川地震后，山西省地震局及时开展地震应急工作，收集震后全省的灾情和社会影响情况，上报省政府。地震现场灾害评估队和现场工作队集结待命，随时听从调动。通过省电视台、省移动和联通公司向社会发布了《山西省地震局公告》，告知公众“汶川地震多数省份有感，因此次地震震中距我省较远，不会有大的影响，应保持正常生产生活秩序”，及时稳定了全省群众的情绪。震后一段时间，向社会广泛开展了地震科普知识宣传。在山西地震信息网上专门开辟了汶川地震和地震科普专辑，专门为山西省图书馆制作地震科普知识宣传展板；向广播、电视、报纸等媒体提供了《面对地震》、《唐山大地震》、《笨笨狗PK巨能霸》等光盘资料。

参与汶川“5·12”特大地震救援。四川省汶川5·12特大地震发生后，山西省地震灾害紧急救援队根据上级有关命令，组成总计214人的省地震救援队，于5月14日凌晨乘专机赶赴四川省安县灾区参与现场救援。山西省地震灾害紧急救援队是第一支到达茶坪镇的救援部队，共计营救出埋压在地震废墟下的幸存者47人，救助灾民500余人，疏散群众5000余名，抢挖粮食16500公斤，帮助红十字会从绵阳机场抢运物资100余吨，抢排险情23处，并在安县茶坪镇的崇山峻岭中开辟出一条“生命”通道，帮助邻近地区14个村庄的30000余人顺利通过。此外山西省地震局还完成了全长54km的茂汶断裂和岷江断裂、虎牙断裂（34km）1:5万地形图的野外标注和填图以及都江堰市活动板房的地震安全性评价工作。解决了当地政府灾后重建的关键难题。

（山西省地震局　郄晓芸）

内蒙古自治区

1. 应急指挥系统建设

（1）内蒙古自治区地震应急指挥系统建设工程在2008年2月通过了中国地震局对设备、软件及数据库系统验收。之后又对原有数字会议设备进行了更换和系统控制软件的升级。全年在应急指挥中心共召开了23次各种会议，在应急指挥现场系统共进行了16次测试及应急演习。

（2）覆盖全区12个盟市和台站的地震应急视频会议系统已经完成招标采购工作。

（3）逐步更新、完善了内蒙古自治区的地震应急基础数据库，地震重点监视区域的基础数据的收集基本完成，加强了区域基础数据交换，加强与邻省的数据交流。

2. 地震应急救援准备

（1）重新修订印发《内蒙古自治区地震局地震应急预案》，加强了应急值守，调整、培训了应急人员。

（2）根据华北地区地震应急联动协作会议要求，建立了地震应急联动工作体系，修订了《内蒙古自治区地震应急联动实施方案》。

（3）5月23~24日进行了地震应急演练。通过对地震现场包括“十五”期间装备的卫星通讯、流动监测数字化设备以及现场后勤保障和工作队员装备进行集中展示和演练，通过演练对现场工作程序运行，设备安装使用进行了系统的实战性检验。

（4）补充了应急流动监测设备、应急越野车辆、冬夏装等必要的应急物质装备、设备。

3. 地震应急救援行动

（1）汶川地震应急救援行动。

汶川地震发生后，内蒙古地震局在20分钟内确定了地震三要素，及时向自治区党委、政府报告了有关情况；及时启动应急预案，召开会议部署并开展了相关应急工作。

① 自治区地震局相关新闻发言人举行了新闻发布会，介绍了汶川地震的基本情况以及对内蒙古地区的影响，解答了记者的有关提问，有关新闻在内蒙古电视台和内蒙古电台等媒体播出后，取得了良好的社会效果；

② 安排了应急值班，拟定了统一口径回答社会公众的询问；

③ 按照自治区政府刘卓志副主席的指示，与消防总队联系落实赴四川灾区救援事宜，同时又组建了由自治区地震局20名现场工作队员和自治区地震灾害应急救援队30名队员组成的地震现场工作应急预备队，按照党中央、国务院的号召和中国地震局的要求原地待命，做好了随时支援灾区抗震救灾的准备。

④ 发文要求各盟市地震局、分析预报中心、各地震台站加强震情值班和震情会商，严密监视内蒙古地区的震情，确保监测系统正常工作，做好地震应急准备和相关监测和分析预报工作。同时要广泛利用各种传媒和宣传手段进行防震减灾知识宣传，使广大人民群众尽可能多掌握防震减灾知识，强化公众自救、互救能力，避免对地震产生不必要的恐慌心理。要保持高度的政治敏锐性，警惕地震谣言的发生，一旦发生情况要采取有效措施予以平息，确保社会稳定。

⑤ 根据震区指挥部的要求派出2人到震区四川地震局协助开展震情测震分析速报工作。

⑥ 5月14日，内蒙古自治区地震紧急抢险救援队150名官兵携带救援装备从呼和浩特出发赶赴灾区参加救援行动，自治区政府副主席任亚平一行为官兵送行。

⑦ 5月20日，根据内蒙古自治区人民政府的要求，内蒙古自治区地震局就汶川地震救灾重建代自治区政府向国务院提出六个方面的建议。

（2）呼伦贝尔市鄂伦春自治旗与阿荣旗交界地震应急救援行动。

2008年6月10日，内蒙古自治区呼伦贝尔市鄂伦春自治旗与阿荣旗交界发生5.2级地震。地震发生后，地震发生后，内蒙古自治区地震局迅速启动地震应急预案，及时向中国地震局和内蒙古自治区党委、政府报告了震情情况，并要求呼伦贝尔市地震局和海拉尔地震台组成现场先遣工作队，及时赶赴震区，了解情况。内蒙古自治区地震局也组成了9人的现场工作队，由曹刚副局长带队于当日晚乘飞机到北京，11 日转机海拉尔市赶赴灾区，开展流动监测、震害评估和科学考核等现场工作。

地震之前，内蒙古自治区地震局曾下发紧急通知，要求重点监视区各盟市加强地震监测和地震应急等各项工作，5 月 30 日，呼伦贝尔市人民政府下发了《呼伦贝尔市人民政府关于进一步加强防震减灾工作的通知》，文件的下发有效应对了这次地震，取得了一定的实效。

（3）赤峰市敖汉旗地震谣传平息。

2008 年 8 月下旬，内蒙古自治区赤峰市喀喇沁旗发生数百余次的震群活动，赤峰市敖汉旗出现地震谣传。谣传事件发生后，内蒙古自治区地震局立即责成赤峰市地震部门向当地政府汇报，并采取有效措施平息地震谣传，赤峰市政府、敖汉旗政府和地震部门及时采取有效措施，迅速平息了这起地震谣传事件，使当地很快恢复了正常的生产、生活秩序。

（内蒙古自治区地震局　弓建平）

辽　宁　省

1. 地震应急救援体系建设

一是 2008 年重新修订《辽宁省地震局地震应急预案》，提出坚持应急演练常态化、实战化，增强了《预案》的实用性和可操作性，在汶川地震和省内地震应急工作中得到了检验，发挥了作用。二是全省 14 个市政府及有关部门、101 个县、区政府和省内大中型企业、生命线工程及地震重点监视区的乡镇政府都编制了应急预案，全省地震预案体系、应急检查进一步健全和完善。三是省地震局作为东北区协作联动牵头单位，根据东北地区的特点，开展了应急联动工作的建章立制和应急演练，全面整合区域应急资源，加强相互协作联动，形成区域应急合力。四是进一步加强地震应急救援队伍培训和装备保障工作。采取以会代训、专业培训、以演促训、慰问走访等措施，开展技战术训练；运用走出去、请进来的办法派出应急指挥人员参加国外培训，为省消防局提供救援教材和通信工具及声像资料或派有关人员到外省学习调研，参加各类应急工作培训，邀请工力所专家授课等；为应急人员配备大震应急电话，保持 24 小时开机；投资 7 万元为地震现场专门制作了便携式铝合金装备箱 20 余套；为现场工作指挥部购买 4 顶活动帐篷、15 只睡袋、15 条气垫、7 条防潮垫、15 具背囊存入备震应急库房，以备急需。五是地震应急基础数据库建设稳步推进。完成了基础信息库信息更新，建成 9 大类、42 个分项的应急数据库，完成近 40 个专业底图和 31 个属性数据库建设，灾情获取技术方法和途径也更加快捷方便。六是市级地震救援队伍和城市社区志愿者队伍发展壮大，全省地震灾害紧急救援力量网络逐步形成。如沈阳市中山公园地震应急避难场所正式启用；沈阳市皇姑区北陵社区建立地震应急救援志愿者试点取得成功；盘锦、辽阳、营口等城市开展地震应急演练进校区活动；大连成立首支防震减灾义工队伍等。

2. 全力做好汶川地震应急处置和抗震救灾工作

汶川地震发生后，辽宁省地震监测台网 10 分钟左右向省政府报告了 8.0 级地震参数初定结果，随后报告了成都市没有重大灾害的灾情信息。省委、省政府高度重视，及时召开常委会和常务会议专门研究部署抗震救灾工作。各成员单位分工负责、密切配合，迅速集结力量，做好救灾准备。省地震灾害紧急救援队分三批派出678人参加灾区救援行动，抢救出压埋人员635人，救活32人。地震救援期间，省地震灾害紧急救援队专家分队70多人配备了新的专业装备和生活保障设施，保持待命状态，并按要求派出了部分专家协助灾区进行余震监测和灾情评估。同时与辽宁消防和前线救援队保持联系，掌握救援动态，全力提供后勤保障。坚持向国务院抗震救灾指挥部实行零报告制度，上报《辽宁地震救援专刊》八期，做到下情上报，上情下达。

汶川地震后，省内相继发生几次显著地震事件，社会反响较大。如一些地方发生地震误传事件，部分群众产生恐震反应。遵照省委、省政府指示，制定了震情对外统一回答口径，组织专家编写文稿，配合新闻媒体进行正面宣传引导，并派出精干人员配合当地党委、政府平息地震误传事件。同时组织应急工作检查组对辽南、辽东地区进行实地检查。特别是11月14日海城老震区发生轻微破坏性地震后，按照主管省长要求，省政府应急办会同省地震局，对相关地区的应急工作进行全面检查，采取有效应对措施，维护全省社会稳定。

3. 地震应急演练常态化实战化

本着“练为战”的思路，2008年组织3次全局性的应急演练。各部门、各台站结合各自任务适时组织演练。如维修中心进行地震现场流动台架设及信号传输演练；应急救援中心模拟省内发生6级地震，紧急启动指挥中心系统，快速确定震区，开展灾害预评估；地震预报中心、监测中心、各地震台都结合实际不定期地组织应急值班等科目演练。

（辽宁省地震局　韩　平）

吉　林　省

1. 吉林省地震应急指挥系统建设

“吉林省地震应急指挥技术系统”由地震应急指挥技术系统支撑平台、地震应急基础数据库群、地震应急快速响应系统、地震应急指挥命令系统、地震应急指挥辅助决策系统、地震应急信息通告系统及地震应急指挥与管理系统集成等部分构成。

吉林省应急指挥技术系统2002年开始建设，2007年10月系统总体竣工，通过中国地震局的验收并投入使用。经过2008年运行，吉林省地震应急指挥系统达到以下技术指标：可对全省实施地震应急监控、动态跟踪，并实施救灾指挥。应急指挥技术系统能在破坏性地震发生后25分钟内作出灾害评估并准备好相应指挥信息，50分钟内全面进入指挥状态。

吉林市地震应急决策反应系统由城市灾情获取及上报子系统、城市地震应急反应决策系统构成。该系统可以在震后第一时间获得地震灾区的震情与灾情上报信息，同时在各级指挥中心尚未下达救灾命令之前，可根据城市地震应急反应决策系统，先期开展必要的救灾行动。吉林省地震局建立了本城市辖区范围内以乡为基础的人口、建筑物、社会经济、救灾力量等等基础地理信息数据库。在发生相应的灾害时，通过灾情上报系统得到吉林省抗震救灾指挥部的相关信息，利用决策反应系统为当地政府主管部门提供相关决策信息。吉林省地震局地震应急基础数据库建设项目于2008 年1 月通过中国地震局专家组验收。

2. 地震应急救援准备

结合《突发事件应对法》，加快推进吉林省预案体系建设，完成了吉林省地震系统的预案修订工作，指导完成了《丰满发电厂地震应急预案》等7 个大型企业预案。根据吉林省地震局机构设置和人员变化情况，及时修订完善了《吉林省地震局机关应急实施行动方案细则》。吉林省省直各部门和9 个市州地震应急预案，都做了相应的修订和完善。吉林省地震局先后对松原市、白山市、白城市等地震应急工作进行不定期检查。此外，2008 年6 月19 日，吉林省人大车秀兰副主任率教科文卫委员会调查组一行9 人，到吉林省长春市、双阳区进行检查，均收到较好效果。2008 年11 月13 ~ 14 日，吉林省地震局牵头举行了东北三省地震局应急指挥系统桌面演练和现场应急人员紧急集结实战演练，经受了类似实战的演练。2008 年2 月印发了《关于加快推进应急避难场所建设的通知》，9 月在松原市召开了全省地震避难场所建设现场会。截至2008 年12 月，吉林省地震应急避难场所已达到68 个。此外，吉林省地震灾情速报网络建设经过一年运行，各项指标符合中国地震局运行要求。

3. 应急、救援队伍建设

2008 年，吉林省地震局和长春市地震局、延边州地震局、四平市地震局分别调整充实了本级地震现场应急工作队。目前，吉林省9 个市州都已组建了自己的地震现场应急工作队。吉林省地震局积极与吉林省政府应急办、吉林省武警总队医院、吉林省消防总队沟通协商，就组建吉林省地震灾害紧急救援队向吉林省人民政府提交了组建吉林省地震灾害紧急救援队的方案，正在等待批复。

4. 应急救援条件保障建设

2008 年，吉林省地震局加大了地震应急装备购置，在新的办公楼设置了应急库房，购置了部分新的设备仪器和冬季应急寒防服和20 套地震现场工作队单兵装备。

（吉林省地震局　孙继刚）

黑 龙 江 省

1. 应急指挥技术系统建设

（1）省级地震应急指挥技术系统建设。加强地震应急指挥中心的收尾工作和日常运维管理工作，负责地震应急指挥系统的运行、维护和管理工作。部署地震应急指挥系统的运行、维护和管理，部署防震减灾公益短信息“12322”灾情速报平台实施工作。

（2）市级地震应急指挥技术系统建设。进行地震应急中心建设的日常维护工作。

（3）地震应急基础数据库建设。加强地震应急基础数据库的更新和维护工作，协调省政府应急办搜集全省内的灾害危险源、重要目标等工作，主要完成了1∶50000 电子地图的县级公路的更新和拼接工作，地震灾情速报员的收集及数据库的录入工作，共更新维护了2.5万余条的记录。

2. 地震应急救援准备

（1）各级各类地震应急预案修编情况。已有10个市（地）政府批准颁布新修订的地震应急预案，40多个县（区）级地震应急预案也重新修订和颁布实施。其余市（地）、县政府正在审议中。

（2）地震应急演练落实情况。牡丹江市地震局于2008年3月16日在牡丹江市立新实验小学开展地震应急演练。11月14日在吉林省长春市参加了东北区域地震应急协作联动演练。

9月11～12日在虎林市举办了黑龙江省中、东部地区地震应急救援培训班。参加这次地震应急救援培训的有哈尔滨市、牡丹江市、佳木斯市、鸡西市、鹤岗市、双鸭山市和七台河市的地震局局长、主管地震应急工作的副局长、应急科科长和七市所辖县（市、区）的地震局局长共计60余人。

3. 青年志愿者队伍建设

齐齐哈尔市、大庆市、哈尔滨市、鸡西市成立了青年志愿者队伍。其他市（地）正在积极规划建设中。

（黑龙江省地震局　秦志华）

上　海　市

1. 应急指挥技术系统建设

在上海突发公共事件应急管理体系总体框架下，完善上海市地震应急指挥中心和区（县）地震应急处置中心的功能。建设一套与上海市应急联动中心连接的“一机两屏”终端设备，该设备由上海市应急联动中心提供，安装系统场地正在技术改造中。

2. 地震应急救援准备

（1）各级各类地震应急预案修编情况。完成2008年上海市乡、镇、街道、开发区地震应急专项预案编制培训和预案格式化样稿。为做好奥运地震安全保障工作，根据中国地震局的统一部署，结合上海实际和上海奥运比赛项目特点，编制了上海市地震局奥运保障地震专项应急预案。

（2）地震应急演练。2008年7月3～4日，上海市地震局地震现场工作队组织开展奥运保障专项应急演练。演练内容包括流动观测、实时无线传输、强震观测、实时现场记录、帐篷搭建等科目，检验快速布设架台、队伍协同作战能力、队伍快速集结能力、应急指挥技术系统以及仪器设备维护状况等。通过专项演练，提高应急响应能力，为奥运安全保障工作做好准备。

9月22～26日，由上海市地震局负责组织第二届华东地震应急联动协作区五省一市成员单位在崇明岛举行地震现场监测演练，主要内容为测震和强震仪野外布设和双向信息传输演练。

（3）应急救援科普宣教。奥运前与奥运上海赛区办公室联系，为上海奥运志愿者进行培训。培训内容为地震应急、地震常识和安全知识等方面。培训共分两次：7 月 16 日在上海师范大学为上海赛区志愿者开展培训，7 月 19 日在上海师范大学为赴京志愿者开展培训，受训志愿者达 1200 人次，发放宣传资料 1200 多份。通过培训进一步提升上海奥运志愿者的服务技能和服务本领，展示上海青年志愿者良好的精神风貌。

（4）应急避难场所建设。2008 年 5 月 6 日《上海市中心城应急避难场所布局规划》获上海市政府批准，大连路应急避难场所试点建设正在进行中。

3. 应急救援条件保障建设

地震现场应急装备建设情况方面，一是整合清理地震应急救援装备，将现有的分散在各部门管理的应急装备和新购置的地震现场工作装备统一归上海市地震局应急救援保障中心管理及维护保养。二是为更好地管理应急救援装备，保障地震应急效率，制订了应急指挥大厅使用管理办法、应急救援装备管理办法、应急技术装备配置等规定。三是安装 800 兆应急通讯政务共网终端设备，包括固定台、车载台和手持台。

4. 地震应急救援行动

2008 年 5 月 12 日四川汶川 8 级地震发生后，上海市地震局地震科学考察队一行 7 人于 5 月 14 日晚赶赴震区，由中国地震局抗震救灾现场指挥部先后安排至绵阳、北川、平武、什邡、汶川和成都等地开展灾情了解和现场考察。根据中国地震局的安排，上海市地震局还先后派出两批专家奔赴现场，开展震害评估工作和参与地震前兆分析预报工作。

（上海市地震局　孙敏震）

江　苏　省

1. 支援四川地震灾区抗震救灾

（1）2008 年 5 月 12 日，汶川 8.0 级地震造成巨大人员伤亡和经济财产损失。汶川地震发生后，江苏全省有震感，南京震感明显，一时社会反响较大。江苏省委省政府领导高度重视震情，及时作出批示，要求密切监视震情发展趋势，强化应急措施。江苏省地震局认真贯彻省领导批示精神，第一时间采取及时高效的应急和宣传，迅速安定社会秩序。汶川地震发生后 3 分钟，江苏省地震监测中心数字测震台网收到中国地震台网中心关于地震发生的时间、地点、震级“三要素”，省地震局立即启动江苏省地震局地震应急预案，有序开展地震应急工作；震后 10 分钟将震情信息报送省委、省政府；震后 22 分钟，省地震局丁仁杰局长召开全局中层干部会议，对地震应急、宣传和赴川救援等工作作了部署；震后 25 分钟，对汶川地震进行会商分析，提出全省近期不会发生破坏性地震的结论，并通过电视、报纸、手机短信群发等形式，第一时间向社会发布，安定人心；震后 30 分钟，省地震局向省应急办和省消防总队商量应急救援事宜，震后 2 小时即向中国地震局提出缨派遣江苏地震灾害紧急救援队和地震现场工作队赴四川灾区抗震救灾。

（2）省地震灾害紧急救援队和省地震现场工作队 5 月 13 日紧急集结飞赴灾区开展救援，是最早进入北川进行救援的专业队伍之一。省地震局共派出 2 批地震工程专家 17 人参加救援，专家组成员积极主动沟通，发挥专业特长，不怕牺牲，克服重重困难，为救援队科学安全救援提供技术支撑。经过近 10 日的连续奋战，救援队共救出 39 名被埋压人员；搜索、抢救枪支 86 支，子弹 4000 余发；协助兄弟部队侦察抢救被埋压、受困人员 43 人；配合兄弟部队搜索到现金等财物 730 余万元；为 100 多位受灾群众送医送药。

（3）省地震局强化地震监测预报，及时落实宏微观异常，正面宣传，及时消除公众恐震心理，及时落实部分地区出现的 20 余起蟾蜍大规模活动、井水浑浊、地面拱起、地震前兆观测数据变化等宏微观异常。积极主动接受电视台、电台、报刊等 20 多家新闻媒体 50 余次采访，坚持正面宣传，注意做到积极、慎重、科学、有效，起到了安定人心、稳定社会的作用。紧急印制《地震应急防护手册》50000 册，运至四川、甘肃、陕西灾区。全省各级地震部门组织地震专家到全省 100 多个中小学校和居民社区进行地震科普宣传，并对 50 多个学校、企业、社区的地震应急疏散演练进行指导。制作省地震灾害紧急救援队救援资料片《决战北川》，出版《汶川大地震救援专刊》。

（4）在汶川地震救援工作后期，省地震局组织人员进行地震科考，获得了 4000 多张震灾和救援行动照片及大量的影像资料。派员参加中国地震局组织的四川地震灾情调查、活动板房建设选址和余震准确定位编目等工作，先后收集 500 多个乡、镇、村等居民点的地震灾害资料，完成近 2000 间房屋的震害调查，提交了地震灾区活动板房建设用地地震安全性快速评估报告。

2. 地震应急救援体系建设

（1）14 个省政府组成部门、有关单位编制完成地震应急专项预案，并送省地震局备案。全省 13 个省辖市的预案修订和编制工作全部完成。大部分县（市）级地震应急预案也已修订完成并印发实施，部分省辖市的预案编制工作已深入到乡镇一级，如连云港市 336 个村全部编制了地震应急专项预案。

（2）建立了全省地震应急工作的区域协作与联动机制，成立了苏南、苏北两个地震应急协作联动区，制定了《江苏省地震应急区域协作联动工作实施方案》。组织省地震现场工作队演练 2 次，省地震灾害紧急救援队演练 1 次，补充了部分应急装备。全省地震应急救援志愿者人数增至 6000 多人，徐州市有 6 所学校成立了“防震减灾志愿者站”。

（3）积极与省通信管理局联系，建立应急短信发送通道。无锡、南通、连云港、盐城、扬州和淮安等市共建成 11 个地震应急避难场所，南京、苏州、宿迁等市的地震应急避难场所正在建设之中或已申请落实了经费。协助指导南京地震应急数据库建设和常州、盐城等市地震应急指挥技术系统建设。

（江苏省地震局　龚寿荣　朱庆和）

浙　江　省

1. 地震应急救援

2008 年，浙江省地震局坚持围绕震情开展工作，着力加强应急准备和队伍建设。浙江省地震应急预案体系进一步完善，全省 11 个市全部完成预案的修订工作，并编制完成了相应的预案操作手册，50% 以上的县和部分乡镇及大型企业修订或制定了应急预案。2008 年浙江省共成功组织针对应急预案，应急实战演练 5 次。其中规模最大的一次在嘉兴市钧儒小学举行，嘉兴市卫生局、消防支队、教育局和钧儒小学 300 多名师生参加了这次应急演练活动，嘉兴市中小学领导，县（市、区）科技局、防震减灾科普示范学校的领导到现场观摩了演练。

2. 应急救援队伍建设

地震应急救援队和地震应急志愿者队伍建设工作成效明显，浙江省级地震应急救援队已获浙江省政府批准成立。截至 2008 年底，浙江省已建成 3 支市、县级地震应急救援队，3 支市级地震应急志愿者队伍。2008 年 2 月，浙江省地震局与浙江省团省委联合印发了《关于推进地震应急救援青年志愿者队伍建设的意见》，有力地推动了基层地震应急志愿者队伍的建设。2008 年 3 月，浙江省地震局会同浙江省发改委、民政厅、安监局等部门联合制定了《浙江省地震应急检查工作制度》。应急避难场所建设继续稳定推进，义乌市 13 个镇街结合“避灾工程”建设，利用公园、绿地、广场等开敞空间落实地震应急避险场所。

3. 地震应急救援行动

（1）全力支援灾区开展抗震救灾工作。浙江省地震局于 5 月 12 日当天便组建完成现场应急队；5 月 13 日晚抵达都江堰灾区后，立即参与搜救工作；5 月 14 日成功救出一名叫贾正娇的 20 岁女青年。在救人后仅用一天时间，应急队就按照中国地震局的统一部署，完成了大邑县的震后现场震害评估工作；随后又完成了宝兴、天全、芦山、名山和汉源等 5 个县（市）的震害损失评估工作。整个应急过程中，浙江省地震局先后共派出有关专家 9 人次奔赴灾区支援。

（2）切实强化新闻宣传和防震减灾知识科普宣传。地震发生后，浙江省地震局为了让社会公众了解汶川震情和浙江省震情趋势，严密防范地震谣传的发生，立即通过网络和报纸、电视、广播等新闻媒体发布震情信息。5 月 12 日当天，浙江省地震局就召集浙江省内主要新闻媒体，明确指出浙江省发生破坏性地震的可能性不大。应急期间，浙江省地震局累计接待新闻记者 80 余人次，并抓住时机，主动派出专家与电视、电台等主流媒体合作，制作“阳光在线”、“政策面对面”等专题节目 4 期。5 月 12 日下午震后 3 小时左右，新浪、网易等国内大型网站上出现“浙江嘉兴、上海间发生 5.7 级地震”的不实信息，浙江省地震局发现后立即果断采取措施，迅速平息了谣传，有效地维护了社会稳定。

（3）全面加强震情监视和跟踪。地震发生后，浙江省地震局立即全面加强对本省地震活动的监视和跟踪，切实强化领导带班和 24 小时应急值守制度。浙江省地震监测预报研究中心安排专人每天查看分析观测资料，切实加密震情会商。全省各级地震部门和台站密切关注宏观异常变化，及时收集、报告相关信息。地震发生后，温州市地震局、湖州市地震局、金华市地震局和丽水市地震局及时地向浙江省地震局汇报当地的宏观异常，并及时组织人员进行实地排查落实，有力地维护了当地社会的稳定。

（浙江省地震局　庞银照）

安　徽　省

1. 应急指挥技术系统建设

安徽省地震应急指挥技术系统已通过验收，制定了《应急保障室管理制度与工作职责》、《地震应急值守细则》、《指挥中心应急反应流程》等规章制度。系统增加了省地震局自行研制的地震灾害盲估软件、安徽省地震综合数据库软件，建立了地震应急3级响应机制。完善了地震应急数据库，对缺失数据项进行补充，对不合理的数据进行修改，保证了地震应急指挥系统评估与辅助决策结果的合理性。

2. 地震应急救援准备

制定了地震应急责任卡，按照安徽省直各有关单位的职责和地震应急工作层级责任制，对各单位应当采取的应急措施进行细化，使预案内容明细化，操作简明化。为做好五一、奥运、十一等重要节日、重大活动期间的应急准备工作，省地震局全年共组织了5次大范围的地震应急检查，重点检验网络通讯、应急信息报送和群测群防网点速报能力，基本做到了地震应急检查常态化。为检验震后震灾快速评估的可行性和实际效果，11月29日，安徽省局应急处和合肥市地震局共同组织了5.9级地震应急模拟演练。积极参与华东区地震应急协作，参加了在上海举行的流动地震台野外布设和传输演练。马鞍山、滁州、安庆市地震局分别作为皖南、皖北和皖中西部地震应急协作联动区牵头单位，组织开展了卓有成效的联动行动，提高联动水平和应急能力。积极推进市县地震应急避难示范场所建设，建立安庆、淮北相山区2个应急避难示范场所。

3. 应急救援队伍和条件保障建设

根据汶川地震救援经验，进一步强化部门之间地震灾害预警防范联系协作机制。省地震局与安徽预备役师和省安监局建立应急协作关系，分别建立7支地震救援预备队，7支有专业救援能力的地震救援志愿者服务队，进一步充实了安徽省地震灾害救援能力。省地震局与省武警总队联合发文要求建立市级预警防范协作联动机制，安庆、淮南、马鞍山、巢湖、淮北等市地震局均已落实。淮北市地震局和淮北煤师院联合组建了由200名在校大学生组成的地震应急救援志愿者队伍，并建立了相应的工作机制。另外，绝大部分市局配备了应急车辆、GPS定位仪等应急装备，6个市局添置了流动监测仪器，个别市局还配备了海事卫星电话。积极协调省地震灾害应急救援联席会议各成员单位，落实到位首批330万元的救援装备。组织救援队骨干队员开展了2次技术培训和1次灾害现场救援、医疗综合培训，开展了

1 次现场工作队和救援队联合训练，并选送救援队领队、指导员赴新加坡参加国际救援培训。通过培训和演练，在锻炼队伍的同时，重点从应对突发事件的能力和效率方面，检查救援队员对救援装备使用和协调配合能力，取得很好的效果，极大地提高了救援队整体战斗力，在汶川地震现场救援中发挥了重大作用。

4. 应对汶川特大地震成绩突出

2008 年 5 月 12 日，汶川特大地震发生后，全省地震系统在第一时间内快速反应。省局在极短的时间内即将地震参数和安徽省受影响情况上报省委省政府，并通过网络、新闻媒体等向社会发布。各市地震部门迅即启动应急预案，积极主动向本地党委政府汇报情况，公布信息。省委书记王金山，省委常委、常务副省长孙志刚，分管副省长倪发科等领导就应对工作做出重要批示。全省地震系统广大干部职工坚守岗位，严阵以待，各项应对工作有力、有序、有效展开。

（1）全力以赴，支援四川抗震救灾和恢复重建。

省地震局于 5 月 14 日派出由 11 名专家、技术人员组成的现场工作队，日夜兼程，驱车千里，赶赴灾区，参加紧急救援和灾害评估。根据中国地震局的安排，5 月 16 日，再次派出由 6 名专家、技术人员组成的队伍，奔赴震区，开展野外地磁测量工作。随后不久，省地震局又向灾区派出地震安全性评价专家组，指导当地活动板房建设场地的选址。抓住时机，组织地震科学考察队深入汶川震区开展地震科学考察。这些被派往灾区现场的专家和队员们，冒着生命危险，克服多种难以想象的困难，连续奋战，会同省地震救援队先后抢救出被埋压群众 83 人，其中 6 人生还，运送紧急救灾物资 5 吨，抢救出价值数万元的灾民生活物资；对 11 个市县累计十几万平方米建筑物受灾情况进行了评估；完成了覆盖渝、川、陕、甘、青五省市 67 个测点的地磁应急野外观测工作；指导 6 县 1 区，累计完成 43 个板房安置点，1800 亩建设用地的地震安评工作。科考队基本走遍汶川地震极震区，跨越陕西、甘肃、四川 3 省 6 市 12 县约 40 个考察点，采集到大量珍贵的房屋震害类型及地震地质科学资料。

全省地震系统发扬一方有难、八方支援的精神，积极帮助灾区恢复重建，累计捐款 30 多万元。省地震局与合肥、马鞍山两市地震局组队赴松潘县慰问，向松潘县防震减灾局捐款 10 万元，淮北市地震部门向松潘县防震减灾局捐赠了价值 1. 5 万元的办公设备。省地震局投入救援设备价值 198. 4 万元（其中损耗 27. 7 万元），投入车辆共 7 台次，累计行程 4 万余公里。因抗震救灾中表现突出，省局汶川地震抗震救灾现场工作队临时党支部获省委组织部表彰，被评为“全省支援抗震救灾先进基层党组织”。省地震工程研究院被省支援四川灾区抗震救灾领导小组授予“安徽省支援抗震救灾先进集体”称号，另有 4 位同志被评为“安徽省支援抗震救灾先进个人”。

（2）周密部署，加强本省震情监视和应急保障。

加密地震观测，增上了 12 台套仪器设备。加密震情会商，汶川地震应急期间，省局会商 117 次，各市局会商 50 余次。全省各级地震部门、台站和 306 个群测群防宏观观测网点密切关注异常变化，及时收集、报告相关信息。地震前后，省、市地震局共组织专家及时排查核实宏观异常 62 起。积极参加政府统一组织的校舍安全排查工作，省局带领一个组对安庆、池州两市校舍安全情况进行了全面排查，从抗震设防角度对抽查的学校安全问题给予指导。同时，加大了应急检查力度，紧急采购了一批应急设备和基本装备，充分做好各项应急工作准备。

（3）正确引导，强化新闻宣传和地震知识科普。

地震发生当天，省地震局就召开了有10家新闻单位参加的发布会，明确指出安徽省近期发生破坏性地震的可能性不大，请公众保持正常的工作生活秩序。应急期间，省地震局累计接待新闻记者90余人次，接待中央、省内新闻媒体14家，发出各类简报43期，上网发布汶川地震相关信息206条，图片107幅。并抓住时机，主动派出专家到电台、电视台、新华网等主流媒体做客，与公众连线访谈，进一步宣传普及防震减灾知识。合肥、滁州、阜阳、淮北、宿州、宣城、六安、亳州等市地震局分别通过电视、广播、报纸等媒体开展了多层次、全方位的宣传，做到了电视上有影、电台上有声、报纸上有文。淮北、宿州、亳州等市地震局果断采取有效措施，迅速平息了5月22日凌晨发生的地震谣传，有效地维护了当地的社会稳定。

（安徽省地震局　刘涌梅）

福　建　省

1. 应急指挥技术系统建设

福建省地震局紧紧抓住事业发展的主旋律，努力通过科技创新，提高地震应急水平。一是牵头完成了福建省科技厅重点项目“地震监测预报预警和应急处置关键技术的研究”项目建议书和地震行业基金项目“地震应急宏观灾情快速提取及可视化展示技术研究”的编写工作。二是研发了“基于手机平台的地震灾情快速收集处理系统”，获得了中国信息协会“2008年度政府信息化应用推进奖”。三是完成了地震应急指挥三维基础地理信息系统从地方坐标框架体系到西安80坐标框架体系的升级改造工作。四是完成了连接福建省地震局应急指挥中心和福州、莆田、泉州、厦门、漳州、龙岩、三明、南平、宁德9个设区市地震局的“福建省地震局视频会议系统建设”。五是完成了莆田市516组重大危险源数据和滑坡泥石流数据及其相应经纬度的收集工作，完成了部分数字化大中型企业代码库数源改造以及补充漳州和宁德的地方政府联络数据、地方抗震指挥部数据和灾情速报网络数据。

2. 地震应急救援准备

（1）各级各类地震应急预案修编情况。认真总结四川汶川8.0级特大地震及省内古田、长泰地震应急救援的经验教训，修订了《福建省地震系统地震应急预案》。各设区市地震局也以汶川8.0级特大地震为契机，积极推进各学校、社区、大型企业地震应急预案的修订工作。

（2）地震应急检查工作落实情况。联合省发改委、省民政厅和省安监局对南平市和莆田市地震应急工作进行检查。以福建省抗震救灾指挥部办公室名义发文对福建省政府抗震救灾指挥部各成员单位和各设区市地震局进行应急工作大检查，泉州、福州、南平及漳州等地也开展了不同形式的应急检查。

（3）地震演练落实情况。全省各地在机关、企事业、学校、社区开展了不同规模、不同形式的地震应急演练，如6月30日漳州市抗震救灾综合演练、12月19日龙岩市地震应急救援演练等，有效提升了震时应对地震灾害的能力。

（4）应急救援科普宣教情况。积极组织编写防震减灾科普手册，在福建省地震局网站上发表多篇科普和应急救援文章。派人支持各设区市进行地震应急工作培训，介绍汶川大地震现场工作，指导市县地震应急工作。

（5）地震灾情速报网络建设和管理情况。实施了“基于手机平台的地震灾情快速收集处理系统”项目，印发了《地震灾情手机短信速报话费补贴办法》，为地震灾情速报奠定了坚实的基础。

（6）应急避难场所建设情况。泉州市建成中山公园、东湖公园、侨乡体育中心等3个大型应急避难场所；福州市建成温泉公园避险场所；漳州市对市区9处地震应急避难场所进行挂牌；华安、长泰、南靖等县共建成40个地震应急避难场所。

（7）乡村、社区应急工作开展情况。福州、厦门、泉州、漳州、莆田、龙岩、南平、三明、宁德等九设区市重视并积极推进“三网一员”的建设，完成了对社区、乡镇、村居的“三网一员”培训工作。

3. 应急、救援队伍建设

（1）各级地震救援机构建设情况。漳州市调整了市政府抗震救灾指挥部，对县（市、区）防震减灾工作领导小组也进行了调整和更新。

（2）各级地震现场应急队伍建设和管理情况。对福建省地震现场工作队进行调整，增加了10名建筑结构专业人员，同时对现场工作队第一时间出发人员及资源配置方案也做了规定。各设区市地震局也相继成立或明确了地震现场工作组，配备了一定的现场工作装备，成为地震现场工作的重要补充力量。

（3）各级地震灾害紧急救援队伍建设和管理情况。向省政府提出了加强福建省应急救援体系建设的报告，建议尽快完善省、市、县三级救援体系。省地震救援队在现有150人的基础上，增加10名建构筑物结构专业人员和15名医疗救护人员。莆田市、漳州市相继成立了地震灾害紧急救援队。

（4）青年志愿者队伍建设和管理情况。与团省委、省红十字会联系，组建省、设区市和重点县市的青年志愿者队伍；泉州市新建成晋江市4支志愿队，石狮市2支志愿队；漳州市筹建了10支约850人社区志愿者队伍；南平市招募30～60人志愿者组建队伍；龙岩市继新罗区两支地震灾害志愿者救援队成立后，又在长汀成立并培训了两支志愿者队伍；厦门市地震志愿者已达1360多名。

4. 应急救援条件保障建设

（1）地震现场应急装备建设情况。配备了现场应急通讯设备，包括卫星电话等设备。制定《地震应急物资管理办法》，规范现场工作装备的管理和使用。

（2）救援物资及装备建设情况。福建省地震救援队一期装备已经完成政府采购程序，所有装备均已供货到位。

5. 地震应急救援行动

四川汶川发生8级大地震后，福建省地震局根据上级指示紧急派出现场工作队共23人分赴重庆和四川灾区开展地震现场救援和灾害评估工作，获得了各级领导部门的充分肯定。

2008年3月6日古田水口M_L4.1、M_L4.8地震及7月5日厦门与漳州龙海市交界处（长泰县）M_L4.7 地震发生后，福建省地震局立即启动应急预案，迅速派出地震现场工作队赶赴地震现场开展灾害损失调查、分析预报、流动监测等工作。

（福建省地震局　危福泉　陈朋文）

江　西　省

1. 开展汶川特大地震应急处置和抗震救灾

（1）全省地震系统迅速启动应急响应程序，及时发布震情信息，稳定社会秩序，服务省委、省政府决策。2008 年 5 月 12 日，四川汶川 8.0 级特大地震发生后，江西省地震局立即向社会公众发布震情信息，并向省委、省政府上报了《关于四川省汶川县 8.0 级地震的处理情况的报告》。省领导对地震部门工作给予了充分肯定，并对全省防震减灾工作做出了重要指示。江西省地震局向各市县地震部门印发了《关于切实加强当前防震减灾工作的紧急通知》。省局及时启动新闻发布会机制妥善应对了省内相继出现的震后地震传言事件。各级地震部门正面回应公众疑惑、澄清事实、正确引导，强化新闻宣传和地震科普，有力配合了抗震救灾工作，维护了社会稳定。全省地震部门普遍加强与教育部门协作，在中小学开展地震应急疏散演练。安远县、寻乌县等地震部门还积极会同建设、教育等部门开展辖区内校舍安全排查。

（2）省地震局和省消防总队迅速组成紧急救援队，赶赴地震重灾区——四川省汶川县映秀镇支援抗震救灾，成功转移受灾群众 587 人，搜寻出被埋压人员 324 人（其中生还 10 人），运输救援物资 71.3 吨，表现了江西地震灾害紧急救援队的战斗力，得到了党中央、国务院及灾区人民的充分肯定。并根据中国地震局的统一安排，先后派出 2 名专业技术人员，奔赴地震灾区协助开展地震监测、地震编目、震后趋势判断等工作。

（3）各级地震部门情系灾区，踊跃向灾区群众捐款捐物，缴纳特殊党费，运送紧急物资，奉献无私爱心。

2. 做好地震应急救援准备

（1）修订了《江西省地震应急预案》，2008 年 6 月 24 日由江西省人民政府办公厅印发实施。《预案》修订工作全面总结了江西九江地震和汶川特大地震应急经验教训，进一步强化了科学性和可操作性。省直有关部门和各市县人民政府根据《江西省地震应急预案》全面强化了应急准备工作。赣州市还编制了《赣州中心城区地震应急疏散避险预案》。

（2）做好省内有感地震的应急处置工作。3 月 10 日，正值全国“两会”期间，九江县发生 3.2 级地震，10 多个乡镇有明显震感，领导和群众都非常关注。省地震局领导带队到九江市七个县区通报震情和震后趋势，察看地震监测台网运行情况，迅速维护了社会稳定。

（3）省地震灾害紧急救援队组建工作进展顺利。江西省地震、消防两个部门在充分调研论证的基础上向省政府呈报了救援队组建方案，省政府于 4 月 24 日正式批复同意成立救援队。汶川地震发生后，江西省地震局与消防总队提前启动了大震救援机制，联合组队赴汶川实施了紧急救援。

（4）开展了地震应急演练。2008 年 11 月，江西省举行了“应急 2008”演练，省地震局和南昌市地震局作为专家组成员单位，牵头制定了整个“应急 2008”全省综合演练评估标准，并派出专家参与了演练与评估工作。江西省地震局在 11 月下旬，举行了全局性的地震应急演练，有针对性地设置了流动台架设和应急技术系统应用等重点演练科目，检验了现场监测并网能力、系统联动能力和应急指挥技术系统的快速评估能力。12 月 25 日，宜春市政府举行了大型地震应急演练，20 多个单位参演。

（5）加强了地震应急区域协作。2008 年 9 月 25 日，江西省地震局、省公安消防总队、省政府应急办联合组队，参加了在上海崇明岛举行的华东地震应急联动协作区野外地震流动台布设演练，圆满完成了地震现场工作队远程拉动、野外地震流动台布设、地震信息远程传输等演练科目，锻炼了地震现场工作队伍。2008 年 12 月，闽粤赣三省七市签署了《闽粤赣三省七市区域地震联防协作协议》，全面加强了区域间地震应急协作机制建设。

（江西省地震局　刘圣炳）

山　东　省

1. 迅速投入汶川大地震应急救援

（1）汶川 8.0 级特大地震发生后，山东省地震局连夜协调联系包机，山东省地震灾害紧急救援队 2008 年 5 月 13 日上午飞抵地震灾区，下午即在都江堰市投入救援，是出现在地震灾区的第一支外省救援队。山东省地震灾害紧急救援队先后在八五三招待所、观景路 47 号、幸福小区、水电十局宿舍等地开展救援，清理遇难者遗体 35 具。

（2）积极支持四川抗震救灾。山东省地震局派出 4 名同志参加震后救援，派出 4 名同志参加地震科学考察和灾情调查，派出 2 名同志到四川省地震局协助余震监测工作，派出 4 名同志到四川开展北川重建规划调研，派出 1 名同志到山东省援川办帮助工作。全局同志踊跃捐款支援灾区，257 名职工捐款 71460 元，180 名党员缴纳特殊党费 92115 元。

（3）妥善处置汶川大地震影响。山东省地震局迅速作出“短期内山东不会发生 5 级以上破坏性地震”的判定意见。各级地震部门正面引导震后舆情，平息多次小范围地震谣传、误传事件。新编印并广泛投放一批宣传图册，协调电视台、电台播出多批次宣传节目，协调报纸刊登一系列防震宣传文章，深入社区、学校巡回宣讲，全社会防震意识得到提高。

2. 举行地震应急实兵拉动演练

11 月 9 日，山东省和东营市联合举行地震应急实兵拉动演练，山东省 45 个部门和东营市 43 个部门，27 支应急队伍、181 台装备车辆、932 名救援队员参加演练。演练在未知准确时间条件下突然启动，桌面推演不预设脚本，14 支省直应急队伍与指挥部同时出发，实施 250 公里远距离拉动，应急队伍得到锻炼。11 月 20 日，山东省政府召开地震应急实兵拉动演练总结会议。

3. 加强地震应急预案体系建设

推进地震应急预案向社区、医院、学校、商场、影剧院、体育场馆和重点行业等基层延伸，泰安、莱芜、菏泽等市政府重新修订地震应急预案，青岛市943个社区全部编制地震应急预案，威海、聊城市编制应急预案工作手册。

4. 加强地震应急救援队伍建设

山东省地震灾害紧急救援队配发培训教材，邀请应急管理专家授课。山东省地震局成立一支40人组成的救援队。济南、淄博、烟台、东营、泰安、莱芜、菏泽新成立一批应急救援队伍和志愿者队伍。截至2008年底，全省有地震应急救援专业队伍30支、地震应急救援志愿者35000余人。

5. 加强地震应急装备和避难场所建设

强化大震应急保障能力，全省17市地震局配备卫星电话，山东省地震局配备地震应急指挥车和地震现场监测车。推进地震应急避难场所建设，青岛、烟台、临沂、日照等地新建成一批应急避难场所，淄博市编制实施了中心城区应急避险疏散规划。截至2008年底，全省建成地震应急避难场所360余处。

（山东省地震局　苏培雨）

河　南　省

1. 应急指挥技术系统建设

河南省防震减灾指挥技术中心于2006年4月投入使用，其中地震应急指挥技术系统于2007年12月10日正式建成并通过中国地震局的验收。经2008年5月12日汶川8级大地震和中国地震局几次视频会议的检验证明，河南省地震应急指挥技术系统完全符合项目建设要求。

根据中国地震局有关要求，进一步完善了地震应急基础数据库。

2. 地震应急救援准备

目前河南省18个省辖市已全部制定了本级地震应急预案，其中8个市参照《河南省地震应急预案》修订了本级地震应急预案。位于地震重点监视防御区的县（市、区）都制定了本级政府《地震应急预案》。目前已有110个省辖市局（委、办）、17个省辖市地震局、139个县（市、区）、38个县（市、区）地震机构、281个乡（镇、办事处）、164个重要企事业单位、18个社会基层组织制定了《地震应急预案》。截至2008年底，《河南省地震应急预案》涉及的33个省直有关部门、单位已有27个制定了本单位的地震应急预案。

2008年8月，河南省地震局配合河南省人大教科文卫委员会，对安阳、许昌、信阳、开封等市地震应急工作等开展情况进行了执法调研，调研报告分送副省级以上领导参阅。2008年10月，河南省地震局派出地震应急检查组，按照年初下发的《2008年冀鲁豫交界地区地震应急工作方案》要求，对位于地震重点监视防御区的濮阳、鹤壁、济源、开封市的震情短临跟踪和地震应急工作进行了认真的检查。

2008 年 1 月 25 日，河南省地震局组织首次地震应急桌面演练。此外，2008 年采取分散演练的方式，由地震现场工作队的各个工作组自行组织，结合本组实际进行演练。

河南省地震局宣传教育中心整合资源，合理分工，调整办报思路，通过《中原减灾》报宣传应急工作，使应急管理科普宣教的影响力进一步增强。

河南省已初步建立了全省市、县、乡三级地震灾情速报网络，人数近 3000 人。其中位于地震重点监视防御区的濮阳、郑州、安阳等 8 个省辖市已建成市、县、乡、村四级速报网络，人数近 10000 人。通过几次 3 级以上地震的实际工作检验，大部分速报员都能发挥一定作用。特别是在 2008 年 3 月 10 日河南省封丘与兰考交界发生的 $M4.4$ 地震和 2008 年 12 月 18 日淅川发生的 $M3.1$ 地震中，速报网络人员发挥了非常重要的作用。

2008 年，郑州、濮阳、安阳、开封、焦作市建成 9 个地震避难场所。

3. 应急、救援队伍建设

河南省 18 个省辖市 17 个成立了地震救援机构，部分县（市）成立了地震救援机构。

河南省地震局地震现场工作队现有现场工作队员 39 人，地震现场工作方案进一步完善。有 15 个省辖市地震局成立了地震现场工作队。

郑州、焦作、濮阳、安阳市各建立 2 支城市社区地震救援志愿者队伍。

4. 应急救援条件保障建设

2008 年河南省地震局下达经费计划 30 万元，购置卫星电话、对讲机、笔记本电脑、照相机、摄像机、工作服等地震现场应急装备。

2008 年与河南省卫生厅、省消防总队一起编制装备购置、救援演练及经费需求计划，已报省政府，尚在争取中。

5. 地震应急救援行动

2008 年，河南省地震局及时有效地处置了 16 次发生在本省的 3 级以上强有感及破坏性地震，其中 3 次地震出动现场工作队开展现场应急工作。

按照中国地震局安排，河南省地震局选派两名具有地震安全性评价资格的技术人员，赴四川地震现场参与活动板房场地地震安全性评价工作。

（河南省地震局　李文利）

湖　北　省

2008 年，全省发生了 $M2.5$ 以上地震 12 次，$M4.0$ 以上地震两次，开展地震应急处置工作共 34 次，派出地震现场工作队 12 次，共 70 人次。联合省应急办和三峡工程总公司，在三峡库区组织开展了一次省、市、县三级地震部门以及三峡工程总公司协同联动的地震应急演练。

3 月 24 日竹山县双台乡发生 $M4.1$ 地震，11 月 22 日秭归县屈原镇发生 $M4.1$ 地震，两次地震均给当地农民造成了一定的财产损失。地震发生后，省地震局立即启动Ⅳ级响应，派出现场工作队赴震区开展地震灾害调查、损失评估、建筑物安全鉴定、科学考察、防震减灾知识宣传等项工作。经省地震灾害损失评定委员会评估，竹山 $M4.1$ 地震的直接经济损失575.02万元，秭归 $M4.1$ 地震的直接经济损失445.1万元。

5月12日14时28分，四川汶川发生8.0级特大地震，造成了特别严重的人员伤亡和财产损失。地震波及湖北，全省普遍有感，造成1人死亡、14人受伤。地震发生后，湖北省地震局快速启动地震应急预案实施Ⅰ级响应，在震后2小时内迅速派出现场工作队，赶赴四川地震一线，先后派出27台车，80多人次的现场工作队伍驰援灾区。完成了中国地震局抗震救灾指挥部下达的灾害评估、流动监测、科学考察、数据分析等工作安排；完成了德阳等17个县（市、区）的灾害调查、评估工作；完成了震区近百个GPS流动站的GPS观测，以及四川全境、云南大部分地区近25000km的流动重力观测；“湖北省地震灾害紧急救援总队”400多名官兵在震区开展抢险救人工作，地震专家和武警消防官兵、医疗救护人员，深入7个乡镇、20个村组，转移灾民4000余人、救治伤员417人，发放药品200余种，清理遇难者遗体29具，抢救国家重要档案3万余份，守护重点目标450人次，转运消防官兵4800多人、救援物资3800多吨。

（湖北省地震局　沈基玲）

湖　南　省

1. 应急指挥技术系统建设

完成湖南省地震应急指挥技术系统工程的扫尾工作，系统可对全省震情实施应急监控，并提供辅助决策意见。建立健全系统管理制度，实施了地震应急24小时值班制度。一年来，系统运行情况正常。

2. 地震应急救援准备

组织开展湖南省地震局地震应急预案的修订和完善工作，已正式下发执行。各处室、中心、台站对预案作了进一步的细化和分工，把责任落实到个人。坚持对各处室、中心及市州地震工作部门和地震台站的地震应急准备和地震应急值班工作进行检查。针对重点时段制定了临时地震应急预案，并安排了专门的应急值班人员。“5·12”汶川地震应急期间，组织开展了现场工作队模拟出队演习。选派人员参加了在新加坡举办的应急救援培训。衡阳、湘潭、张家界、益阳、邵阳、株洲等地中小学校组织开展了地震应急演练。全年共举办地震应急及相关内容的大型报告会2场，举行应急知识讲座31场次；制作并放映卡通录像片1集；制作并展出宣传展板20块；发放宣传资料等10000余份，发放宣传碟片500余份。积极推进地震应急避难场所建设，长沙市建成2处地震应急避难场所，岳阳等市正在筹备之中。

3. 地震应急救援行动

5月12日14时28分，四川汶川发生8.0级特大地震，湖南省全境强烈有感。地震发生后，湖南省地震局立即启动应急预案，迅速确定地震三要素，了解、汇总震情灾情，及时向省领导汇报。配合省委宣传部撰写新闻通稿，向公众公布震情，对社会上流传的种种不实之言进行辟谣，稳定民心。省地震局领导带队分三路到常德、邵阳、怀化、娄底、湘西等地核实宏观异常现象。通过实地考察核实，结合分析地震监测资料，提出了湖南近期内发生破坏性地震可能性不大的预报意见，并将上述意见转达到各市州政府，有力地安定了民心，维护了全省生产和生活秩序。

湖南省委、省政府接到省地震局的报告后，立即召开紧急会议，听取省地震局全德辉局长汇报四川汶川地震情况，部署了省内地震应急和参与四川抗震救灾工作。紧急派出地震灾害紧急救援队赶赴四川灾区，参与救灾行动。救援队先后在四川都江堰市、绵阳市、广元市等灾区开展救援工作。圆满地完成了都江堰生命搜寻、南坝遗体搬运和剧毒农资转移、石坎灾民搜救转移和锰矿厂火灾扑救等一系列抗震救灾重大行动，独立参加倒塌建筑搜救和清理50余处，解救被埋压群众2人，遇难者遗体499具，营救被困人员650多人，救助伤员130多人，转移受灾群众1420多人，并抢救出大批生产和生活物资。

"5·12"汶川8.0级地震发生后，湖南宁乡、郴州、石门等地相继发生M_L2.5左右的小震群活动，造成震区群众恐慌。省地震局全德辉局长、胡奉湘副局长及时率考察队赴地震现场进行现场科学考察，结合分析震情，提出了汶川地震后湖南地震活动虽有所增强，但发生破坏性地震的迹象不明显的趋势意见，稳定了震区群众情绪。另外，组织两批人员深入北川、汶川等地震重灾区开展了现场科学考察活动。

（湖南省地震局　王沛华）

广　东　省

1. 地震应急救援准备及应急演练

编制了《广东省地震应急预案操作手册》、《广东省防震减灾助理员、灾情速报员、信息员手册》、《广东省地震局地震信息发布规定》等；省军区、发改委、建设厅、通信管理局根据《广东省地震应急预案》的有关要求，完成了本单位的地震应急分案修订工作。

指导协助广州、深圳、珠海、韶关、阳江、茂名、云浮等市新建了16个应急避难场所，截至2008年底全省共建成34个应急避难场所；完善了局应急仓库的应急装备；完成局"视频会议系统"的建设任务，该系统已投入试运行。

12月5日，与佛山市人民政府、省应急办联合在佛山市举办地震应急救援演练，这是广东省首次地级市级别的大规模多部门协调作战地震应急救援演练。全年指导各市、各地中小学校开展了地震应急疏散演练上百场。

2. 应急指挥技术系统建设

11月25~29日，协助中国地震局在广州举办全国地震应急指挥技术系统培训班，为地震应急指挥技术系统模拟演练提供了技术平台。

3. 应急救援队伍与条件保障建设

组织省消防总队和省地震局专家为省地震灾害紧急救援队培训地震救援业务理论知识，组织开展了破拆、侦检、堵漏和建（构）筑物倒塌处置训练；派出11名救援队员、现场工作队员到国家地震灾害紧急救援基地、新加坡等参加紧急救援培训班；协调省公安消防总队，完成了救援队专业搜索与营救装备的采购任务。

指导广州、江门、韶关组建了志愿者队伍，截至2008年底全省建成了9支区一级地震应急志愿者队伍。

按照中国地震局地震现场应急个人装备配置标准，购置40套个人地震应急现场装备；加强应急救援条件保障建设，省地震灾害紧急救援队购置了生命探险测仪、液压切割锯和大型撑杆等一批总额300万元人民币的地震专业救援设备。

4. 地震应急救援行动

汶川8.0级特大地震后，先后派出杨马陵、钟贻军、姜慧、吴业彪、康英等46名专家赶赴灾区，全力开展拯救援助、监测预报、灾害评估、科学考察和专题研究工作。省地震灾害紧急专业救援队首次跨省出动，赴汶川灾区开展救援，成功从废墟中救出幸存者。黄剑涛局长亲自率队三次赴灾区开展协调、科考、慰问工作，现场工作队得到了广东省委书记汪洋、省长黄华华的亲切接见。杨马陵、康英等受到温家宝总理的亲切接见。广东省黄华华省长与中国地震局陈建民局长分别对省地震局地震应急和支援工作给予高度评价。省地震局被省委省政府授予“广东省抗震救灾先进集体”，2人被授予“广东省抗震救灾先进个人”，1人被授予“广东省抗震救灾优秀党员”，并入选省抗震救灾先进事迹报告团。

省地震应急救援队先后出动救援车辆3台，救援官兵463名，赴灾区开展抗震救灾。2008年5月14~21日，在四川地震灾区都江堰、平武、安县等地共搜救、挖掘坍塌建筑物500余处，抢救埋压、被困群众172人，其中重伤员47人，老人72人，婴幼儿53人，清理遇难遗体262具，帮助群众搭建简易住宿区200余处、帐篷268顶，转移受灾群众2431人。抢救、医治受伤群众300多人，赠送当地抗震救护站和受灾群众药品13万余元。

7月至9月间，深圳大鹏地区出现了一组小震群活动，最大地震为9月7日23时53分的$M1.8$级地震。省地震局对此次小震群活动高度重视，一方面安排专家严密监视震情发展趋势，及时解答公众及有关单位问询，另一方面深入指导深圳市地震局开展应急处置工作。由于省地震局、深圳市地震局应对及时、措施得当，震区当地社会稳定，群众生产生活秩序正常。

（广东省地震局　王维亮　何晓灵）

广西壮族自治区

1. 地震应急救援准备

（1）地震应急预案修订与制定。按照中国地震局和自治区工作部署，2008年修订完了第3次地震应急预案的有桂林、梧州、防城港、河池共4个地级市，并与市政府文件下发实施。另外，有柳州市鱼峰区，桂林市永福、平乐、灵川县，梧州市藤县、蒙山、苍梧、岑溪市，防城港市上思县，钦州市灵山县，百色市田阳县，贺州市富川县、平桂区、钟山县，崇左市大新、龙洲县全区共有16个县（市区）政府制定或修订了县级地震应急预案。特别是河池市凤山县（革命老区）江洲乡，6月12日印发了《关于印发江洲瑶族乡地震防震避险应急预案的通知》（江发〔2008〕55号），这是广西第一个乡镇级的地震应急预案。

（2）地震应急检查。2008年5月16日至12月6日，自治区常务副主席李金早等自治区领导先后6次到自治区地震局和3个地级市及龙滩电站检查地震应急工作；2008年有9个地级市，5个县（市区）人大或政府领导进行了地震应急检查。

（3）地震应急演练。7月28日，自治区应急办公室在柳州举行地震应急演练，自治区有关委办厅局、各地级市政府应急办领导和市地震局领导共60人参加了地震应急演练；自治区地震局内部2008年度共举办了10次梯次式地震应急演练，总共有1360人次参加演练，达到预期目标；2008年度全区有32个市、县（市区）主要在178家中小学校举行了地震应急演练，有16.32万师生参加了演练。

（4）地震应急拓展业务培训。自治区地震局以“推动科学发展，有效防震减灾，服务社会民众”为主题，11月17日至11月21日，在南宁市武警广西总队训练基地开展了自治区地震局应急拓展业务培训班，局机关各处（室）、中心（院）45岁以下工作人员66人参加了培训。这次培训班遵循体能训练为主、业务培训为辅的培训思路，请了2名武警教官开展了队列、集合口令、紧急集合、实弹射击等强体能培训，还请了3位领导和专家为全休学员讲授了“地震灾害评估”、“地震现场通信”、“地震现场科学考察”等知识与实践，达到了强化体能、激发潜能、提高心理素质和职业素养的预期目的。

2. 地震应急指挥技术系统建设更新应急基础数据库

（1）参照中国地震局与国家测绘局建立的数据交换机制框架，6月3日，自治区地震局与自治区测绘局签了《关于加强地理信息数据资源共享与合作的协议书》，并付诸实施。重点对1∶5万基础地理图的收集与整理，把1∶5万全广西区域的地理基图〔包括DLG线划图592幅（7.2G）、DRG栅格图663幅（3.6G）、DEM数字高程图686幅（2.3G）〕。具体拼接工作：一是把592幅的DLG线划图，按每幅图有13个图层的数据，拼接为7696幅图；二是把663幅的DRG栅格图的每幅图进行坐标转换，投影转换，按图幅有效范围进行裁剪，形成了663幅新拼接的图；三是DEM数字高程图的重新拼接。

（2）地震应急基础数据收集与整理。应急基础数据是地震应急指挥技术系统的核心内容，其的时效性较强，必须及时更新补充，方能发挥地震应急救援的重要作用。10月6日，下发《广西壮族自治区人民政府办公厅关于完善自治区抗震救援指挥部地震应急基础数据的通知》，要求自治区有关委办厅局提供相应的基础数据；另外印发《广西壮族自治区地震局关于收集各市、县（区）地震系统联络数据的通知》，采用多渠道多种方式收集了各市县有关人员和通信方式、收集广西行政区域内的水库、公路桥梁、隧道、医疗、教育、物资存备、人口、经济、危险源、危险地质灾害等25种基础数据，完善、补充已建成的广西地震应急基础数据库。

（3）收集整理遥感基础数据。通过汶川8.0级特大地震应急救援总结，发现卫星遥感数据分辨率高，给人很直观了解震中地理环境情况，自治区地震局决定开展遥感数据收集，与中国资源卫星应用中心签署合作协议，使用该中心的遥感数据，至12月底，收集到了全广西区域中巴资源卫星影像遥感数据，数据分辨率为2.4m，共有90G数据量；与自治区气象局遥感中心合作，从该中心收集了TM遥感数据，分辨率为30m；还收集到南宁、柳州、桂林、梧州、北海、防城港、贵港、玉林等地级市的市城区高分辨遥感数据，分辨率为0.6m。

（4）全面推进自治区50周年大庆项目——广西数字地震观测应急指挥项目中的分项目“柳州、桂林、梧州、北海、防城港、钦州、贵港、玉林、百色、贺州、河池、来宾、崇左13个地级市和百色市的平果县应急指挥中心技术系统建设”。10月27日，完成了全自治区远程会议系统主要设备MGU在南宁广西防震减灾指挥中心设备安装调试，11月选择柳州市作为地震应急指挥中心设备安装示范点，为推动全区市、县地震应急指挥中心设备安装积累了经验，至12月31日，已完成了柳州、桂林、梧州、贵港、玉林、百色、来宾共7个地级市地震应急指挥系统的设备安装调试，其他由于场地暂不具备安装条件，待后安装调试。

3. 成功应对5·12汶川8.0级特大地震

2008年5月12日14时28分，四川省汶川县发生8.0级特大地震，地震波及广西全境，14个地级市普遍有感，高层建筑内工作生活的人群纷纷从楼内跑出户外躲避，恐慌情绪一度蔓延。自治区地震局立即启动相关地震应急预案，遵照中国地震局和自治区党委、政府领导的重要指示，正确把握舆论导向。第一时间通过自治区气象信息平台向全自治区250万手机用户发送地震信息，稳定广大民众情绪，紧接着利用当地电视、广播、报纸、网络等主流媒体宣传和开展一系列地震应急处置工作，全力做好震情监视，及时召开震情紧急趋势会商会，科学分析和准确把握地震发展势态，密切关注灾情发展，编发震情简报82期，主动及时向自治区党委、政府领导汇报震情灾情及应急救援最新情况，震后2个月内全区14个地级市地震局坚持实行每日情况零汇报。另外，根据自治区人民政府常务会议精神，自治区地震局会同自治区应急办、法制办、建设厅、国土资源厅、教育厅等单位组成科学考察队，行程8600多公里，对四川省14个地震重灾市县、68个乡镇进行了全面考察，获得了宝贵的抗震救灾第一手资料。

4. 顺利平息9·13网络地震传言

2008年初开始，广西一些网络媒体盛传着巴西人朱瑟里诺先生关于2008年9月13日在南宁和海南之间将发生9.1级巨大地震，并引起30m巨浪海啸的传言。在此预言期间，3月21日南宁吴圩镇发生了3.2级有感地震，5月12日四川汶川8.0级特大地震对社会公众造成了巨大刺激。广西地震系统本着“宁可备而无震、不可震而无备”、“内紧外松”、“内外有别”的原则，站在维护社会稳定的政治高度，按照应急响应工作程序，及时启动《平息地震传言（谣言）应急预案》，切实做好了预案、机制、思想、人员和技术准备，通过一系列媒体等宣传工具的宣传教育，消除了广大社会民众的“恐震”心理，走出了汶川地震的阴影，有效遏制该“预言”的蔓延趋势，稳定了广西社会公众情绪和谐社会秩序，取得了很好的社会效益和经济效益。

（广西壮族自治区地震局　张均洲　李青春）

海 南 省

1. 地震应急救援准备工作

2008年，海南省抗震救灾指挥部35个成员单位和18个市县抗震救灾指挥部都按照《海南省地震（火山）应急预案》的要求，对本部门地震应急预案进行修订，并都报省抗震救灾指挥部办公室预案备案；海南省抗震救灾指挥部办公室根据《海南省地震应急检查工作制度》的要求，对有关成员单位和各市县政府地震应急工作进行了检查，提出了加强地震应急工作的明确要求和具体措施；全面建设地震灾情速报网，各市县地震局、地震台站、各乡镇都配备灾情速报员；根据《地震应急避难场所、场址及配套设施》规范要求，在澄迈县金江镇开展应急避难场所试点建设。

2. 应急指挥技术系统建设

2008年，海南省按照中国地震应急指挥技术系统建设的标准和规范要求，完成了海南数字地震观测网络项目应急指挥系统的控制室、应急机房、应急物资储备库、供电系统的建设和改造；完成了数字会议、音频系统、视频会议、集中控制、应急专用网络、存储系统、专业应用软件系统的建设；基本完成了指挥室和大屏幕及辅助显示的建设；完成了地震应急基础数据库的数据收集和建库任务；完成了1个大中城市应急决策反应系统的建设。并对该技术系统进行试运行，该技术系统可对海南岛及邻区发生的破坏性地震进行快速响应、灾情快速评估，做出初步的应急救灾辅助决策意见，实现应急信息的分级发布和系统的安全管理。

2008年，海南省对地震应急基础数据库进行了进一步的完善，数据格式符合区域地震应急基础数据库格式规范，充实数据，数据缺项较少，基本达到应急指挥系统运行的需要。

3. 应急救援队建设情况

2008年，海南省继续加强省地震灾害紧急救援队建设，并加快市县地震灾害紧急救援队伍建立。海南省政府下发《海南省政府办公厅关于加强防震减灾工作的意见》，明确要求各市县政府都成立地震灾害紧急救援队伍。省地震灾害紧急救援队、琼海市、三亚市、海口市和万宁市地震灾害紧急救援队已正式挂牌成立，其余市县政府都已经批准组建地震灾害紧急救援队伍，正积极筹备，购置应急救援仪器和设备，进行了专业训练和培训。

继续推进社会地震应急救助志愿者队伍试点建设，2008年海南省已组建地震应急救助志愿者队伍12支。

4. 应急救援条件保障建设

2008年，海南省政府落实地震应急救援专项经费500多万，为市县地震应急部门配置应急指挥车18辆，全省地震灾害紧急队员配备服装等个人装备850套。

海南省地震局调整充实了省地震局地震现场工作队，更新部分技术装备，开展地震应急演练和岗位训练，确保地震应急能力。

5. 地震应急救援行动

2008年5月12日四川汶川8.0级特大地震发生后，海南省地震灾害紧急救援队立即主动请战。13 日中午，根据国务院抗震救灾指挥部办公室和海南省政府的命令，海南省地震灾害紧急救援队迅速赴地震重灾区——北川县城开展紧急救援工作，是全国最早抵达四川灾区的省级专业救援队伍。海南省地震灾害紧急救援队成功从废墟中抢救出 19 名幸存者。

在救援过程中，海南省地震灾害紧急救援队实现了平均救人最多、被救人员第二次伤害最小、救援队员本身无伤亡的救援目标，是全国救援效率最好的队伍之一。海南省地震灾害紧急救援队还创造了“地震工程结构专家、消防官兵和医务人员，专业救援队与解放军、武警部队有效配合、整体作战的科学救援方法”，得到了灾区抗震救灾指挥部和中国地震局陈建民局长的充分肯定，被称为“海南救援模式”，并且被其他救援队伍所借鉴和推广。

海南省地震灾害紧急救援队卓有成效的救援行动，受到国家和海南省委、省政府及灾区人民、灾区各级政府的高度评价，海南省地震灾害紧急救援队被全国总工会授予抗震救灾“工人先锋号”，被海南省政府授予海南省抗震救灾先进集体，海南省地震局工会被中华全国总工会授予“中华全国总工会抗震救灾先进基层工会”；2 名队员被授予全国抗震救灾模范，18 名队员被授予海南省抗震救灾先进个人，1 名队员被授予“中华全国总工会抗震救灾优秀基层工会干部”，1 名队员被中国科技协会授予“中国科协抗震救灾先进个人”。四川省“5·12”抗震救灾指挥部赠送给海南省地震灾害紧急救援队“人民不会忘记，历史永远铭记”的锦旗。

（海南省地震局　胡金文）

重　庆　市

1. 地震应急救援准备

（1）地震应急预案落实。加强对区县地震应急预案的指导，全市 373 区县出台了地震应急预案。及时修改完善《重庆市地震局地震应急预案》《重庆市地震局地震工作细则》等规章制度也在修改完善中。督促库区区县做好应急预案和应急措施准备，并要求形成长效机制。

（2）地震应急检查工作落实情况。根据《重庆市地震应急检查工作制度》和市政府通知要求，积极参与了对区县政府和地震工作部门对地震应急工作的领导、地震应急预案的编制与修订、地震应急机构建设、地震应急指挥系统建设、地震应急救援队伍建设、震情和灾情信息系统建设、救援的资金、物资及设备储备、重点目标的应急保障措施、应急避难场所的建设与维护、政府及其有关部门、社会团体、公众的防震减灾意识、地震应急反应能力和自救互救能力、地震应急知识的宣传、普及工作等工作的检查与督察。

（3）地震应急演练落实情况。指导万州、长寿、涪陵、秀山、巴南、巫山等区县开展了局机关和中小学地震应急与疏散演练。

（4）应急救援队伍建设。重新修订了重庆市地震灾害紧急救援队机构方案和工作职责。大力推进区县救援队伍的建设。指导万州、长寿、巴南、荣昌和涪陵等区县利用消防队、矿山、企业等救护队建立了数十支区县综合应急救援队。其中荣昌县成立了900多人的兼职救援队。与团市委联合在全市10余所大专院校招募了200余名志愿者，进行强化培训。指导万州、巫山、巴南和大足等区县建立了一队多用的地震应急志愿者队。

（5）应急避难场所建设情况。积极参与制定《重庆市应急避难场所建设实施方案》，在制度上对全市应急避难场所建设做统一规划和部署。目前万州区设置了7处应急避难场所，荣昌设立2处，永川6处，丰都3处。

2. 地震应急救援行动

汶川地震发生后，紧急启动地震应急预案，一方面开展灾情数据收集和上报，一方面开始了稳定人心和社会安定工作。一是立即派出赴四川灾区的应急监测小分队，二是迅速组成了现场工作队，奔赴梁平灾区。在开展现场工作的同时，时刻关注重庆市派往灾区的救援队行动，及时向中国地震局和市委市政府报告，并在重庆地震局网页上通报救援队工作进展。

（重庆市地震局　余国政　罗　峻）

四　川　省

1. 应急救援工作准备

（1）开展应对6.5级左右地震准备。2008年初，四川省地震局立足于应对发生6.5级左右地震开展了一系列准备工作。组织进行6.5级以上地震应急工作研讨，着重探讨了应急预案体系完善落实、应急装备的补充、应急人员的安排等问题，落实了强化措施；进一步细化地震应急预案体系，要求全省地震系统各部门、各单位在《四川省地震系统地震应急预案》的基础上，按照各自承担的职责任务，制定具体的工作方案，将工作任务落实到每一个岗位和工作人员。

（2）开展区域地震应急协作联动。四川省地震局积极参加中国地震局区域地震应急协作联动工作，2008年作为牵头单位，积极组织片区各省市区地震局开展工作。通过“十五”地震应急指挥技术系统组织召开了视频工作会议，讨论通过西南地震应急协作联动区2008年度工作计划，制定协作联动区地震应急救援综合演练初步方案。

（3）市州应急救援主要准备工作。汶川地震前，四川省16个市（州）编制了市级地震应急预案，45个县（市、区）编制了县级地震应急预案，180多个乡镇编制了乡镇地震应急预案，攀枝花、自贡、阿坝、甘孜等地区编制了企事业单位、生命线工程系统、学校、社区地震应急预案，部分地区防震减灾领导小组成员单位编制了地震应急预案。初步形成了地震应急预案体系。一些市州地震部门成立了独立的应急管理部门，以加强地震应急工作的组织管理。成都等7个市州已建或在建应急避难场所92处。绵阳市组建了市级地震灾害紧急救援队，乐山市沐川县组建了县级地震灾害紧急救援队，各地还积极开展社区志愿者队伍建设，成立了21支社区志愿者队伍，总人数超过800人。各市州地震部门切实加强了“三网一员”建设工作，在了解、上报地震灾情、协助政府抗震救灾、调查灾区破坏情况、为地震现场工作提供保障等方面发挥了重要作用。

2. 应急、救援队伍建设

（1）开展地震现场应急工作队整合，将全省地震系统地震应急力量进行整合，组建地震现场应急工作队，进一步增强地震应急工作能力，并组织编制了包括队伍整合方案、装备配置方案以及地震现场工作细则、现场应急工作队管理规定、工作保障方案、后勤保障方案等规章制度的《四川省地震局地震现场应急工作队筹建总体方案》。

（2）自贡、德阳、广元、宜宾、凉山等5市州防震减灾工作部门陆续成立了应急救援科。

（3）市州救援队伍。2008年11月11日，四川省凉山州人民政府正式宣布成立凉山州地震灾害紧急救援队（凉府办函〔2008〕239号）。凉山州地震灾害紧急救援队总人数为80人，由州公安消防支队官兵，部分地震技术专家、建筑结构专家、急救医疗专家、搜救专家、防化专家组成。隶属“凉山州抗震救灾指挥部”，地震灾害发生后，听命于指挥部的调动和指挥；平时，由州公安消防支队负责管理、训练等。同时设置“凉山州地震灾害紧急救援联席会议”制度，负责组织协调各方关系及相关事宜。此外，2008年5月21日，攀枝花市人民政府第33次常务会决议也决定成立攀枝花市地震灾害紧急救援队。

（4）省地震灾害紧急救援队建设。四川省地震灾害紧急救援队不断加强救援队建设，完善了联席会议协调机制，不断加强救援装备建设，开展了多种形式的指挥官和技术骨干培训和队员的常规训练。

3. 地震应急救援行动

（1）2008年5月12日汶川地震现场工作情况。

汶川地震发生后，四川省地震局按照地震应急预案的自启动原则，立即动员全局力量，组织地震救援，配合中国地震局开展地震现场工作，并积极协助政府开展抗震救灾和恢复重建工作。

① 快速应急响应。地震发生后22分钟后，四川省地震局第一支现场工作队便出发直奔震中汶川，后续人员也迅速集结，分批赶往震区。同时，通知成都、雅安、乐山、自贡等市地震部门以及测绘工程院、康定地震中心站应急人员和车辆立即从各地赶往震区支援。队伍在赶往汶川途中遇山体滑坡受阻，及时根据情况改变部署在都江堰市集结，建立临时现场指挥部，进行了人员分组，安排了第二天工作任务，并设法将情况报告省地震局。四川省地震局现场工作队与随后赶到的中国地震局现场工作人员一起，冒雨连夜在都江堰体育中心建立了“中国地震局四川省地震局“5·12”地震现场联合指挥部”，保证了地震现场指挥工作的及时、顺利开展。

② 组织协调救援力量。一是组织省内专业救援队快速救援，四川省两支专业地震灾害紧急救援队伍——四川省地震灾害紧急救援队、绵阳市地震灾害紧急救援队反应迅速，奉命赓即开赴灾区开展抢险救援工作。四川省地震灾害紧急救援队先后转战都江堰、汉旺、映秀、向峨、灵岩山索道等40余个救援点，救出幸存者69人，并协助其他救援队救出幸存者47人，是众多参战救援队中到达现场最早、救出幸存者最多的队伍。绵阳市地震灾害紧急救援队亦在北川等地成功营救出49名幸存者。二是协调省外救援队开展救援。在中国地震局、国家有关部委和兄弟省区的组织和支持下，国家地震灾害紧急救援队和天津、山东、河南、上海等18支省外省级救援队在第一时间奔赴汶川地震灾区实施紧急救援，他们转战都

江堰、映秀、绵竹、北川等重灾区，成功抢救出被埋压人员371名，并在协助当地开展抗震救灾工作方面发挥了极其重要的作用。三是协助境外救援队开展救援。四川省地震局在省“5·12”抗震救灾指挥部的统一领导下，根据震情、灾情等方面的情况，协助震区指挥部安排部署境内外救援力量；同时，积极协助公安部消防局部署其他救援力量；此外还配合省红十字会、省外办等部门切实做好救援物资的调配工作。

③ 参与灾害损失评估和地震科学考察。中国地震局从全国抽调骨干力量开展了汶川地震灾评科考工作，四川省地震局积极配合，派出技术人员参与组织指挥和灾害损失调查工作，还积极与地方政府协调，收集灾情资料，配合调查组工作，保证了灾害损失评估工作的顺利进行。四川省地震局派出专家率汶川地震现场应急科考队，分8个小组开展了发震构造的野外调查，查明了汶川地震的地表破裂带展布范围、规模、同震位移量分布，以及与龙门山断裂带的关系，证实了5月中旬对汶川地震发震构造与成因机制的推断。现场应急工作结束后，为了对汶川地震进行科学考察和科学总结，中国地震局组织了汶川地震科学考察工作队，四川省地震局积极参与到地震应急响应调查和社会调查工作中，派出大量人员参加各方面工作，同时全力配合，协助开展协调保障工作。

④ 认真做好各项保障。整个现场工作期间，四川省地震局负责中国地震局现场工作队400余人和后方400余人的后勤保障工作，在工作、生活、出行等方面，采购和调用了大量物资装备，组织调动车辆50余台，总计行程26万千米，保障了所有人员的吃、住、行。配合中国地震局负责现场通讯保障，搭建了VSAT卫星视频会议系统，开通了指挥部长途电话和专线因特网，保证了现场指挥部对外通讯联系。此外还在网络安全、资料信息、加强对灾区市州地震部门及各级指挥部的工作联系、动员社会力量等方面为地震现场应急工作提供了有力的保障。

⑤ 高效有序处置强余震事件。7月下旬以来，汶川地震余震活动有所加强，连续发生了7月24日青川5.6级、6.0级，8月1日平武北川交界6.1级，8月5日青川6.1级和8月7日平武北川交界5.0级等多次强余震。四川省地震局均迅速派出工作组赶赴震区，调查了解并及时上报灾情，协助当地政府抗震救灾。考虑到震区通讯条件尚未完全恢复，四川局还派出应急通讯车进行现场通讯联络。日常按照中国地震局要求做好了5级以上余震出现场的各种准备工作。

⑥ 市州地震部门开展的主要工作。汶川地震发生后，各市州地震部门也迅速行动起来，一方面协助本地政府开展抗震救灾工作，一方面配合省局进行震后应急工作，同时认真组织力量调查本区域地震灾害损失情况。阿坝州防震减灾局派出工作组深入震中进行调查，在道路不通的情况下徒步90多千米到达汶川县城，其后又徒步到达映秀镇，收集了大量第一手灾情资料。绵阳市防震减灾局积极组织市地震灾害紧急救援队在北川等地区开展救援，先后救出49名幸存者。雅安市地震局派出工作组对本市石棉、汉源等烈度异常点进行了实地调查，为指挥部报送了大量灾情资料。成都、雅安、乐山、自贡等市地震部门按照省局安排，派出技术人员参加了中国地震局组织的灾害损失调查工作。各市州地震部门还积极为中国地震局地震现场指挥部各工作组提供了大量帮助，保证了各项现场工作的顺利进行。

（2）四川省地震灾害紧急救援队汶川地震紧急救援工作情况。

“5·12”汶川8.0级地震发生后，四川省地震灾害紧急救援队第一时间出动，并在第一时间赶到地震现场投入救援工作。在整个抗震救灾过程中，四川省地震灾害紧急救援队先后参加了都江堰、彭州、绵竹汉旺镇等44个点的救援工作，共独立救出幸存者69人，并协助其他救援队救出幸存者47人，是众多参战救援队中救出幸存者最多的队伍，为汶川地震的抗震救灾工作做出了突出贡献。

（四川省地震局　龚　宇）

贵　州　省

1. 积极修订地震应急预案

根据中国地震局和省政府的有关要求，2008年7月至9月，省地震局组成编写小组，根据《国家地震应急预案》、《国家地震应急条例》、《国家破坏性地震应急预案》、《贵州省破坏性地震应急预案》、《贵州省地震应急条例》及邻省（区）《地震应急预案》和贵州省情震情，修订《贵州省地震应急预案》，于8月交省直有关厅局征求意见，10月初已报省政府省长办公会议审议通过颁布实施。预计2009年1月上旬正式颁布实施。毕节、六盘水、遵义、黔西南和黔南地区已修订《地震应急预案》，省地震局计划2009年7~8月在盘县、罗甸县进行地震应急演练。

2. 加强地震应急协作联动演练

按中国地震局对各地震应急协作区工作安排，2008年4月召开西南5省（区）地震应急协作联动视频会议，要求各省（区）作好准备，10月中旬参加西南5省（区）进行地震应急协作联动演练。贵州省地震局积极响应中国地震局地震应急协作区工作安排，及时召开地震应急工作领导小组会议，要求管理应急指挥中心要调试好视频会议、数字会议、音响、基础数据库、地震触发软件、地震灾害评估软件和屏幕，保障仪器设备正常运转，信息畅通，做好地震应急演练准备工作；地震应急工作小组要做好准备，遵从西南地震应急协作区联动演练的统一安排，全力以赴，积极搞好地震应急协作演练。

3. 积极应对汶川地震

5月12日14时28分，四川省汶川县发生8.0级特大地震，贵州省地震台站监测到这次地震，省地震局及时与中国地震局和四川省地震局联系，核实地震情况，加强地震台网值班制度，坚持24小时值班，密切监视我省的地震活动趋势，值班人员随时将贵州境内$M_L \geqslant 3.0$的地震及时上报中国地震局，并与四川地震局联系，了解汶川地震的活动趋势和余震情况，特别是地震应急救援开展情况，与省应急办联系，协商应急救援支援事例。省地震局按中国地震局的文件要求，组织了汶川地震应急救援工作小组，随时准备赶赴震区进行地震应急救援和支援。5月12日汶川8.0级地震，贵州9个市、州、地受地震波及，房屋左右摇晃，门窗响动，个别墙体开裂；睡在床上的人惊醒，部分人跑出屋外；省、地、县部分群众纷纷打电话到省地震局、地区科技局、地震台站询问情况。全省各市、州、地及县部分群众露宿街头。省地震局按省政府的指示，利用电视、广播、报刊、传单、小册子等，向公众广泛宣传地震科普知识，解释5月12日地震是四川汶川发生的8.0级地震，贵州因受汶川地震的波及，致使房屋摇晃，门窗响动，个别房屋墙体开裂，梭瓦掉瓦。请大家不要惊慌，安心生产生活，贵州目前不存在发生较大地震的异常。

（贵州省地震局　罗远模）

云　南　省

1. 地震应急救援准备

（1）各类地震应急预案修编情况。组织对部分年度重点危险区州、市地震部门的地震应急预案进行检查，并提出修订完善意见。各州、市、县地震部门开展对地震应急预案进行修订。

制定《云南省地震局地震应急处置科技保障工作方案》，整合云南省地震局多年来的研究和“十五”项目取得的成果，以实用规范的图件和资料等形式，在破坏性地震发生后为地震应急救援、新闻宣传、抗震救灾等各项地震应急处置工作提供科技支撑。

（2）地震应急检查。由云南省地震局、省发改委、民政厅、省安全生产监督管理局组成的地震应急联合检查组，对红河、文山、曲靖、德宏、保山等州、市以及建水、蒙自、广南、会泽、盈江、腾冲等县的地震应急工作进行检查。

（3）地震应急演练。昭通、玉溪、昆明、迪庆、丽江、红河等州、市印发了《关于在全州（市）教育系统开展防震减灾知识教育和防震减灾演练的通知》，在中小学、幼儿园等开展地震应急演练，腾冲县在猴桥镇组织防震应急联合演练，县抗震救灾指挥部全体成员及所有乡镇共51个部门和单位的领导参加了演练。云南省地震应急指挥中心保障部确保每月与现场技术系统联合进行一次野外实地地震模拟应急演练，全面检验地震应急指挥技术系统的业务、技术人员的应急处置能力。

（4）应急救援科普宣传教育。云南省地震局主要领导应邀为云南省政府办公厅举办的《中华人民共和国突发事件应对法》培训班授课，各州市政府及有关委办厅局分管领导120余人参加了培训。协调组织云南省政府办公厅举办的《中华人民共和国突发事件应对法》培训班学员到云南省地震局参观学习，并听取了省地震局有关人员作的地震应急案例分析的讲课。

（5）应急避难场所建设。玉溪市制定并实施《玉溪市中心城区应急避难场所规划》。

2. 应急救援队伍建设

（1）地震救援机构建设。2008年3月18日，昆明市防震减灾局与驻滇集团军某部共同组建的昆明市地震灾害紧急救援队正式成立。

（2）地震现场应急工作队伍建设和管理。2008年，按照云南省人民政府全面加强预防和处置地震灾害能力建设十项重大措施要求，云南省地震局完成220人的地震现场工作队的扩建工作。2008年，云南省地震局举办两期地震现场应急培训班，培训主要内容为地震现场调查和灾害损失评估。培训范围占云南省119个县的60%。

（3）地震灾害紧急救援队建设和管理。按照《救援队训练大纲》的规定，对新入队的新兵加强了应急技能训练，提高了新队员的应急意识和技能。对搜索犬进行全面体检，现在搜索犬身体条件良好，能满足地震现场搜索救援工作需要。

（4）青年志愿者队伍建设。昆明市东川区铜都镇经过宣传动员、招募、编队、购置装备、培训、训练等一系列前期准备工作，于2008年1月23日成立昆明市东川区铜都镇地震救援志愿者大队，人数为100人，下设4个中队。

3. 汶川8.0级地震应急救援

（1）地震现场应急。2008年，云南地区（21°～29°N，97°～106°E）发生盈江5.0级、5.9级，川滇交界四川境内攀枝花6.1级等地震。云南省地震局立即启动地震应急预案相关对策，派出157人携带约25台（套）仪器和相关应急装备赶赴灾区，开展地震灾害损失评估和地震监测等工作。

（2）汶川8.0级地震应急工作。5月12日，四川汶川发生8.0级地震，云南省地震局第一时间向云南省委、省政府报告地震参数。派出30人地震现场工作队，携带流动观测、应急通讯等设备，分乘7辆车于5月13日14时50分到达都江堰抗震救灾指挥部，参与通讯保障、烈度调查、灾评总报告编写、现场监视、选址等工作。

汶川8.0级地震发生后，云南省地震灾害紧急救援队43名队员，搭乘专列于14日凌晨8时抵达灾区，接受北川县城搜救任务，总计救出13人，特别是在北川县城冒着垮坝的危险，成功救出被掩埋127小时的人员。3月18日才组建的昆明市地震灾害紧急救援队53名队员分两批赶赴灾区，先在陈家坝后转场北川县城展开救援，总计救出34人。

汶川8.0级地震发生后，昭通市地震局迅速启动地震应急辅助决策系统，收集灾情上报；加强地震监视；为市委、政府组织抗震救灾决策提供依据。云南省地震局派出一个5人工作组，在昭通市地震局及有关部门的协助下，完成灾害损失评估现场调查，云南省地震灾害损失评定委员会于5月30日对《2008年5月12日四川汶川8.0级地震云南灾区灾害损失评估报告》进行评审。

云南省地震局赴四川地震灾区地震现场工作队在全国开展的“抗震救灾做贡献、重建家园立新功”为主题的“工人先锋号”创建活动中，获中华全国总工会授予的抗震救灾重建家园先进集体“工人先锋号”光荣称号。云南省防灾研究所获云南省总工会授予的“工人先锋号”光荣称号；云南省地震局地震现场工作队荣获云南省总工会颁发的“云南省五一劳动奖状（班组）”荣誉奖状，被云南省委省政府授予云南省抗灾救灾先进集体；李永强、卢永坤同志被表彰为云南省抗震救灾先进个人；周光全同志被云南省总工会授予五一劳动奖章；胡永龙、汤筱麒被云南省委授予优秀共产党员称号。云南省地震灾害紧急救援队被表彰为“全国抗震救灾英雄集体”，被成都军区表彰为“抗震救灾先进单位”；救援队所在基层党组织被中央组织部表彰为“抗震救灾先进基层党组织”。

（云南省地震局　李胜德）

西藏自治区

1. 地震应急救援装备建设

2008 年，西藏自治区地震局除建立完善了应急指挥系统外，还为开展现场工作专门配备有静中通卫星数据传输车一台，配置手持 GPS、对讲机、手提电脑等现场工作用品及防寒衣、徒步鞋、太阳镜等个人装备。西藏自治区地震紧急救援总队于汶川地震和当雄地震后两次完善和更新部队装备，总价值达到 4000 万元，包括雷达生命探测仪、顶升破拆、照明交通、通信通讯、运载指挥等，极大地提高了西藏地震应急救援工作能力和速度。可在 6 小时内对拉萨及周边约 500km 范围内展开地震救援行为。

2. 应急、救援队伍建设

西藏自治区地震局于 2008 年 10 月组建了地震应急现场工作队，该队由 20 人组成，由分管应急工作的副局长曹忠权同志负责；西藏自治区地震紧急救援工作主要由西藏消防部队承担，西藏自治区地震紧急救援总队成立于 2007 年 8 月，搜救主力是拉萨市消防支队特勤大队。

3. 地震应急救援行动

（1）2008 年 1 月 9 日 16 时 26 分在西藏自治区改则县境内（32.5°N，85.2°E）发生 6.9 级地震。地震发生后，自治区地震局高度重视，当即召开紧急会议并启动西藏自治区地震局破坏性地震应急预案，及时将震情情况向中国地震局和自治区党委、政府做了汇报。西藏自治区地震局迅速组成地震应急现场考察工作组赶赴震区开展了考察和应急工作。

（2）5 月 12 日，四川汶川发生 8.0 级特大地震，西藏自治区地震局立即启动西南地震协作区破坏性地震应急预案，立刻组成现场工作队，在第一时间赶往灾区集结，并在 24 小时内赶赴四川灾区参与抗震救灾工作。

（3）2008 年 10 月 6 日 16 时 30 分，西藏自治区拉萨市当雄县（29°48′N，90°21′E）发生 M_S6.6 地震，地震发生后，西藏自治区地震局立即启动地震应急预案，40 分钟后派出 5 人专家组携通迅、定位等野外考察设备，6 点 10 分到达羊八井镇，7 点到达极灾区格达乡羊易村，并迅速投入救援及开展灾情调查工作。10 月 7 日，中国地震局 8 人和云南地震局 4 人到达拉萨组成国家地震现场工作队。截至 10 月 13 日，历时 7 天，国家地震现场工作队和西藏地震局（6 人）及自治区相关单位（12 人）30 人，分成 7 个调查小组，开展地震震害调查工作。灾评组先后对西藏自治区的当雄县、尼木县、堆龙德庆县、仁布县、曲水县、浪卡子县、贡嘎县、班戈县、林周县、南木林县的部分乡（镇）进行灾情调查，行程约 20000km，共调查了 60 个居民点和 3 个地震地质灾害点，从中确定了 41 个抽样点。同时，灾评组还对 11 项生命线工程及水利工程结构进行了调查，对评估区外贡嘎县、拉萨市、林周县、达孜县、浪子卡县、堆龙德庆县、江孜县等县市部分地区的灾情进行了核查。组织专家对当雄 6.6 级地震灾害损失报告进行编写，10 月 16 日 ，该报告编写完成，通过了西藏自治区财政厅、农牧厅、水利厅等 17 家厅局级单位的领导和专家的评审。此次地震应急工作在西藏自治区地震局得到自治区党委、政府和中国地震局的高度好评。

（西藏自治区地震局　李　海）

陕　西　省

1. 应急指挥技术系统建设

省地震应急指挥技术系统建设项目通过中国地震局验收。经过2008年3月24日陕西白河、湖北竹山交界4.2级地震应对过程中的实际启用，对系统存在的问题进行优化设计，并完成相关设备的采购和安装调试。地震现场应急指挥技术系统安装调试完毕。

汶川地震应急期间，省地震应急指挥大厅作为省地震局应急指挥部集中办公场所，承担了信息汇集、处理、发布等关键业务，保证了与中国地震局、各设区市地震局以及地震现场的信息传递和与省政府应急指挥中心的信息互通。省地震应急指挥技术系统连续工作近4个月，特别是地震后的第一个月，各技术单元24小时满负荷运行，指挥中心网络系统保持了良好的运行状态，确保了与中国地震局和省政府的话音和视频连接，同时，通过FTP服务器为各市地震局及地震台站提供了信息传输服务，并为地震现场提供了基于移动链路和VPN链路的信息传输服务；保障了测震、前兆及各类地震应急信息与中国地震局之间的可靠传递；为地震应急信息的及时获取提供可靠的网络通道，为应急指挥技术系统提供了安全可靠的网络工作平台，确保了应急指挥工作的顺利进行。

汶川地震应急期间，首次启用了地震现场应急技术系统，随地震应急现场工作队5次前往汉中市、安康市等地，通过对BGAN系统、Vsat系统和移动视频传输系统的使用，实现了现场指挥部视频、单兵视频、应急指挥中心间的语音和视频双向传输，并同时实现了现场至应急指挥中心的数据传输。为地震现场应急提供了良好的通信保障。

汶川地震应急期间，省地震局根据应急工作需求及时调整了应急指挥机构和人员组成。

2. 地震应急救援准备

汶川地震后，陕西全省各行业、部门加强了地震应急预案的修订工作，咸阳、宝鸡等市县把地震应急预案编制工作延伸到社区和农村。部分学校、社区开展了地震应急演练。

省政府印发《陕西省人民政府关于加快推进应急避难场所规划和建设的意见》（陕政发〔2008〕50号）。省地震局、省应急办在华县召开应急避难场所建设现场工作会。西安、宝鸡、咸阳、渭南和汉中五城市地震应急避难场所建设项目正式启动实施。陕西省应急避难场所标志地方标准第一稿完成。

3. 地震应急救援队伍建设

省地震局及时充实、调整地震应急现场工作队，不断补充完善现场工作装备和个人装备。多次对现场工作队应急准备工作进行检查。继续完善、巩固关中四城市地震应急救援志愿者队伍，启动商洛市应急救援志愿者队伍建设工作。召开省地震灾害紧急救援队联席会议办公室成员会议，制定了陕西省地震灾害紧急救援队管理办法和救援队出队方案，确定省地震灾害紧急救援队培训与训练计划及实施方案。聘请专家对省地震灾害紧急救援队队员进行了地震知识培训。汶川地震应急期间，配合省抗震救灾指挥部举办了陕西地震救援技术培训班，对省内煤矿、石油、化工等行业10余支救援队的30多名救援队长进行地震专业救援技术培训。

4. 地震应急救援行动

四川汶川8.0级地震后，省地震局先后派出8批150余人次的现场工作队伍，赶赴灾区开展流动监测、震害损失调查评估、烈度考察等工作。地震现场工作队员分成9个小组，从13日至16日对汉中市、宝鸡市的23个县区70多个乡镇，以及安康、咸阳、西安、渭南的部分县区进行了抽样调查。调查内容涉及人员伤亡、不同结构类型房屋建筑破坏情况，水利设施、生命线工程受损情况，地表破坏、滑坡等地震地质灾害情况、社会影响等多个方面。于5月22日完成《2008年5月12日四川汶川8级地震陕西灾区灾害损失评估报告》。本次地震现场考察工作中，地震应急现场工作队行程十万多公里，调查收集资料2000多份，拍摄图像资料近万张，顺利完成了陕西灾区的地震现场应急工作任务。

在5月27日、8月1日、8月5日、9月1日四次较大强余震后，省地震局地震应急现场工作队坚持第一时间出动，进行地震现场考察，分别形成了现场工作报告。

5月12日汶川8.0级地震后，根据省政府的指令，陕西省地震灾害紧急救援队44名官兵和省地震局2名地震工程结构专家，编为西安抢险救援分队，与咸阳、渭南两市消防支队组建陕西地震抢险救援增援机动大队，携带抢险救援装备，于5月13日凌晨出发，前往四川北川开展抢险救援行动。陕西省地震灾害紧急救援队同地震工程结构专家密切配合，克服环境恶劣和后勤保障不足等重重困难，充分利用专业救援设备，科学施救，共救出14名幸存者，挖掘、转移尸体168具，安全疏散受灾群众1000余人，搜救北川县委组织部人事档案材料一万余宗，上交贵重物品一百余件、存折21个。陕西省地震灾害紧急救援队被全国总工会授予“全国五一劳动奖状”荣誉称号。

省地震局被省政府授予应急管理工作先进集体。

（陕西省地震局　谭玉娥）

甘　肃　省

1. 应急指挥技术系统建设

（1）省级地震应急指挥技术系统建设。甘肃省地震局对应急指挥大厅进行了数字会议技术、设备改造。完成大厅内部通信线路重新布设，话筒、电话机更新连接，机柜内线架布线及各种设备连通，软件安装及其与数字会议系统硬件连接、调试；完成地震应急现场指挥系统硬件培训、调试和试应用工作；对中国地震应急卫星通信网络中甘肃省固定站、移动站发射功率余量、天线极化隔离度及杂散进行了测试。

（2）市级地震应急指挥技术系统建设。金昌市地震局为应急指挥中心购置音频和视频设备，安装调试后投入正常使用。张掖市建成了地震应急指挥中心并投入使用。

2. 地震应急救援准备

（1）各级各类地震应急预案修编情况。甘肃省地震局与甘肃省经委联合下发《关于进一步加强大中型企业防震减灾工作的通知》，对大中型企业加强地震应急预案建设提出了新的具体要求。全省80%的大中型企业制定或修订本级应急预案，把预案的适应性调整到应对大震上来，增强预案的针对性和可操作性。酒泉、嘉峪关、甘南等9个市州政府及有关部门重新修订《地震应急预案》，定西市政府制定了《定西市社区地震应急救援疏导预案》。

（2）地震应急检查工作落实。汶川特大地震发生后，依照甘肃省人民政府授权，甘肃省地震局与甘肃省监察厅联合对省抗震救灾总指挥部17个主要成员单位和7个灾区市州政府执行《甘肃省地震应急预案》的情况进行了全过程监督检查。通过督查，为指导各部门和灾区政府执行好预案、甘肃省抗震救灾总指挥部全面掌握情况和进一步完善地震应急预案起到了重要作用。

（3）地震灾情速报网络建设和管理。甘肃省地震局积极组织调研，对发送手机地震信息所需时间进行了统计分析，购买了短信猫池硬件，重新确定、扩大了地震短信发布的范围，手机发送地震三要素信息的效率不断提高；更新了各市（州）、县（区、市）地震部门的联系电话和联系方式，对震后灾情上报的方式、格式、时限重新进行了明确，提高了灾情收集的效率。

（4）应急避难场所建设。推进地震应急避难场所建设，甘肃省地震局及时向各市州地震局转发《应急避难场所的选址及配套设施》（GB 21734—2008）国家标准，同时编印《地震应急避险手册》5万册，通过社区组织发放居民手中。本年度新建应急避难场所105处，其中兰州市建设应急避难场所32处，平凉市共规划建设地震应急疏散通道80条，避险场所56处，可容纳近50万人；天水市建成应急避险场所17处，可容纳近42万人应急避险。截至2008年，甘肃省共建成有明显标志的地震应急避难场所260多处。

3. 地震应急救援队伍建设

（1）各级地震现场应急工作队伍建设和管理情况。甘肃省地震局调整扩充了现场工作队，使地震应急现场工作队队员扩充到156人，制定了相应的管理制度，组织了相关的业务培训。同时，吸纳市州地震局主要技术人员60人，参加震后的灾害损失调查工作。

（2）各级地震灾害紧急救援队伍建设和管理情况。甘肃省地震灾害紧急救援队安排4人到国家陆地搜寻与救护基地进行技术培训。平凉市、定西市、白银市、张掖市甘州区地震灾害紧急救援队，开展了应急救援演练，提高了应对突发地震事件的能力。

（3）青年志愿者队伍建设和管理情况。甘肃省地震局加大对社区志愿者队伍的建设指导力度，向市（州）、县（区、市）提供相关文件，介绍其他省市志愿者队伍建设经验，积极组织筹建工作。指导天水市张家川县地震局组织开展志愿者抢险救援演习，取得很好效果。2008年度，新建志愿者队伍50支，人数2500人。截至2008年，全省共建立志愿者队伍61支，人数3000人。

4. 地震应急救援情况

（1）甘肃省张掖市肃南裕固族自治县5.0级地震现场应急工作情况。3月30日，甘肃省肃南裕固族自治县5.0级地震发生后，甘肃省地震局立即启动了地震应急预案，地震现场工作队员在张掖市肃南裕固族自治县皇城镇、皇城种羊场；山丹马场；九条岭煤矿；金昌市永昌县城关镇、六坝乡、南坝镇、东寨镇；武威市凉州区丰乐堡乡，西营镇共完成48个抽样点、151个调查点的调查，客观、公正地完成了灾害损失评估工作。

（2）汶川特大地震甘肃灾区地震现场应急工作情况。汶川特大地震震后40分钟，甘肃省地震局派出了第一批地震现场工作队赶赴灾区，后又陆续派出了5批队员，甘肃省地震局在灾区现场工作队员的总人数达到88人。按照西北地区地震应急区域协作联动方案，甘肃省地震局与宁夏、青海、新疆地震局组成128人的甘肃灾区联合地震现场工作队，行程20万千米，在甘肃省的10个市州、52个区县、600余个乡镇、5944个调查点的11万平方千米范围内开展了大规模的地震灾害损失调查与快速评估工作。5月31日组织召开甘肃省地震灾害损失评定委员会会议，评审通过《汶川地震甘肃灾区地震灾害损失评估报告》。在甘肃省抗震救灾和灾后重建工作中，该报告成为甘肃省人民政府进行工作决策的重要依据之一。

（3）汶川特大地震甘肃省地震灾害紧急救援队救援情况。根据甘肃省抗震救灾总指挥部统一部署，甘肃省地震灾害紧急救援队在基本完成甘肃省第一阶段抢险救人的任务后，其中145人于5月15日，携带抗震救灾药品、器械，赴四川开展救援工作。16日，甘肃省地震灾害紧急救援队在甘肃文县完成队伍集结，装备修整，于17日到达四川省青川县地震灾区。按照当地抗震救灾指挥部的统一部署，救援队主要负责青川县沙洲镇、姚渡镇、营盘乡的排险救灾、抢救物资、搭建帐篷、维护秩序、救治伤病员、卫生防疫、搬运分发救灾物资、机动应急等任务。

截至5月26日，累计解救被困群众3人，营救伤病员2100人，心理疏导597人次，健康教育培训1723人次；协助当地政府安置灾民3500人；排除危房、险情237处，排除氧气瓶、乙炔气瓶等易燃易爆品41瓶；协助灾民搭建临时防震帐篷513顶；抢救出总价值近700万元现金、黄金，抢救出家电、手机等价值20万元贵重物品；卸载、搬运救灾物资355吨；为当地灾民发放药品10万元，开展卫生防疫、水源、厕所等生活环境消毒等40000m^2；修复蓄水池一座，埋自来水管道约500m；从危房抢出并转移粮食33吨，协助灾民抢收小麦5亩；清理建筑垃圾2500方。

（甘肃省地震局　赵　亮）

青　海　省

2008年，青海省共发生5级以上地震9次，最大地震是11月10发生在海西大柴旦6.3级地震。地震发生后，党中央、国务院、中国地震局、青海省委、省政府十分关注震区人民群众的生命和财产安全。省委书记强卫、省委副书记、省长宋秀岩、省委副书记骆惠宁、副省长高云龙、王令浚先后亲临现场指导抗震救灾工作。青海省地震局共派出现场工作队4批，人员60余人（次），架设流动观测仪11台（套），总行程达40000余公里，顺利完成了现场工作任务。精心组织专家完成了灾害损失评估报告，为及时稳定震区社会秩序和政府科学决策、有效组织抗震救灾及灾后重建工作做出了应有的贡献，受到省政府和灾区政府的高度评价。

2008 年 5 月 12 日，汶川 8.0 级特大地震发生后，青海省东南地区普遍有感。青海省地震局立即采取有力措施，在 8 分钟内完成速报，在第一时间将所掌握的地震情况报告青海省委、省政府并提出相关建议，为政府决策提供了非常重要的第一手资料。地震发生后，青海省地震局措施得当，工作有序，立即启动地震应急预案，召开指挥部会议，部署抗震救灾工作，连夜派出由 11 名专家和技术人员组成的现场工作队赶赴灾区直接参与 灾区抗震救灾工作。现场工作队在灾区工作 19 天，足迹遍布甘肃重灾区的文县、武都、康县、成县、微县、两当县及四川九寨沟地区，完成 243 个抽查点和 6 个观测点的工作，总行程 13000 多公里。为当地政府抗震救灾，保证灾区社会稳定，重建家园提供了第一手资料。青海省地震局现场工作队被青海省委、省政府授予集体贡献奖，现场工作队队员被授予个人贡献奖，秦松涛同志被评为先进个人，徐传捷同志被中国科协授予抗震救灾先进个人称号。汶川地震发生后，加强了与灾区相邻地区的震情监视和应急保障工作，在青南地区架设了 6 套流动观测仪进行加密观测。青海省地震局利用省内各大新闻媒体，及时发布青海省震情情况，安定了民心，稳定了社会，得到了青海省委、省政府和中国地震局的充分肯定。

为确保地震应急工作顺利开展，特别是北京奥运会以及重大节、假日期间的应急工作，青海省地震局对应急工作人员在岗情况、应急物资的保管、储备情况进行定期检查，确保应急队伍能够常备不懈、快速高效地应对突发地震事件。2008 年，共进行应急检查 7 次，开展地震应急实践演练 2 次，桌面演练 2 次，举办地震科学考察和灾害评估工作培训 1 次，地震现场工作系统培训 1 次，极大地提高了应急人员的理论知识和实际操作能力。

（青海省地震局　荣建生）

宁夏回族自治区

1. 应急预案体系建设

2008 年初，会同自治区政府应急办等单位，对全区市县地震应急管理工作进行检查，指出存在问题。银川、固原、永宁等市县针对应急预案过于宏观和操作性不强的问题，重新修订了预案；石嘴山市将应急演练纳入中小学校安全教育内容，编印地震应急简明手册，增强了预案的可操作性。市县政府换届后，调整各级防震减灾工作领导小组（抗震救灾指挥部）成员，修订地震应急预案。汶川地震后，宁夏地震局组织人员对震区政府地震应急预案发挥作用情况进行调研，在此基础上，结合宁夏实际，编制宁夏回族自治区政府应对中强地震灾害工作方案。

2. 开展地震应急演练

经过各方协调和精心准备，宁夏大学、新华百货商店、固原市行政中心、中卫市中小学校先后在10月下旬举办地震应急演习。12月4日，自治区防震减灾工作（抗震救灾）领导小组在自治区应急指挥中心，进行了地震应急响应桌面推演。汶川地震后，银川市第一中学、石嘴山市供排水公司、平罗县政府、中宁县第一中学、固原市新时代购物中心等单位先后开展了地震应急演练。

3. 推进地震应急避难场所建设

积极与自治区发改委、建设厅、财政厅磋商，制定全区应急避难场所建设意见，指导、推动市县政府加强地震应急避难场所建设。青铜峡市政府对已建立的应急避难场所设立了标识牌。积极推进银川市、石嘴山市、吴忠市、中卫市、固原市应急避难场所建设试点工作，规划建立11个应急避难场所，开展了基础资料调研，并绘制功能区划图，已被当地政府发文确认。

4. 积极做好有感地震应对处置工作

2008年，固原、同心、银川相继发生有感地震。宁夏地震局按照有感地震应急程序，迅速反应，上下联动，紧急处置，高效有序做好地震应急应对工作。及时发布震情信息，加密观测，紧急会商，研判震后趋势，派出现场工作组进行震害调查，向自治区党委、政府提出应对建议。几次应急工作反应迅速，处置得当，稳定了社会。

（宁夏回族自治区地震局　孙立新　闫　冲）

新疆维吾尔自治区

（1）新疆各地州市《地震应急预案》已全部修订完成；新疆地震局及时更新和完善了《新疆地震局地震应急工作流程》及应急通讯录。汶川8.0级地震发生后，新疆部分地州市积极加强学校防震减灾知识宣传普及与应急避险演练，促进应急避难场所建设。新疆地震局为进一步加强应对西部7级地震应急准备工作，按照地震应急预案和应急工作流程，除日常应急准备外，针对重要活动、节假日等，开展地震应急准备工作检查，已成为常规检查内容，通过检查及时发现问题，提高各部门的应急意识。2008年注重开展全疆范围的应急救援培训。在积极参加中国地震局举办应急救援培训的同时，积极组织全疆各地、州、市地震局相关人员参加中国地震局举办的地震现场工作、市县地震应急救援等内容的培训；在新疆各地州市组织主管领导干部、以及以“三网一员”防震减灾工作为中心，开展以防震、避震、自救互救为重点的地震应急专题培训。

（2）为适应地震应急需要，新疆地震局组织各部门和现场指挥技术系统的地震应急演练。8月在塔城地区进行了塔城地区教育系统模拟地震应急演习；11月，在伊犁州新源县举办大规模地震应急综合演练，组织相关单位参加自治区《中华人民共和国突发事件应对法》电视知识竞赛和大型集中宣传活动，并获电视知识竞赛优秀组织奖。

（3）新疆地震应急指挥技术系统通过验收，正式投入使用。目前，该技术系统试运行正常，可实现对全区境内发生的破坏性地震的快速响应、灾情快速评估，提出初步的应急救灾辅助决策意见，并实现应急信息的分级发布和系统的安全管理。在几次5级以上地震应急工作中，地震应急指挥技术系统迅速启动，为地震应急指挥部提供场所和应急信息，发挥了重要作用。2008年，新疆地震局还参与了自治区应急平台体系基础地理信息平台建设。

（4）自治区人民政府借鉴汶川8.0地震经验和教训，高度重视新疆地震应急队伍建设。决定由自治区财政一次性拨款568万元，为自治区地震紧急救援队增配救援装备，补充了救援队急需。现应急救援队装备器材共有9大类200多种，3000余件，规模在3000万元左右，极大地提高了救援队处置地震灾害事故的能力。派5名队员赴北京参加首期“省级救援队技术骨干基础培训班”。通过培训，先进的地震救援理念融合到平时的训练和学习中，使整体救援能力得到进一步提高。5月12日，新疆地震灾害紧急救援队在接到新疆地震局关于四川汶川发生强烈地震的灾情通报和准备出队的命令后，立即启动地震灾害紧急救援预案，部队进入临战状态，并着手做好跨区域应急救援的各项准备。为检验队伍的应急反应和实战作业能力，新疆地震灾害紧急救援队进行了实兵、实车、实战为背景的紧急拉动和模拟实战演练。地州市地震灾害紧急救援分队建设稳步推进，部分救援装备已陆续配发到喀什、阿克苏、伊犁等消防支队。目前塔城地区地震局已经正式向地区行署上报了《关于成立塔城地区地震灾害紧急救援队的请示》。新源县人民政府拨专款20万元为消防中队配备了破、拆等救援器材。

（5）2008年新疆地震局完成新疆于田—策勒7.3级地震、裕民5.1级地震、和静5.3级地震、乌恰6.8级地震等地震现场考察任务。派出现场工作队4批次，48人次，累计24个工作日。按时、保质地完成地震现场灾害损失评估、科学考察、房屋安全鉴定、监测预报、防震减灾宣传等工作。为自治区部署抗震救灾工作、尽快开展重建做出了应有的贡献。5·12汶川8.0级地震发生后，根据中国地震局和西部区域联动要求，派地震现场工作队员第一时间赶赴四川和甘肃地震灾区，协助完成灾害调查和损失评估、地震流动监测、地震趋势预测、抢救性应急调查等任务，为灾区各级政府抢险救灾、灾民安置、恢复重建提供了第一手可靠、翔实的数据。

（新疆维吾尔自治区地震局　宋立军）

中国地震应急搜救中心

1. 应对汶川特大地震灾害

2008年5月12日，汶川8.0级地震发生后，中国地震应急搜救中心在震后立即启动应急预案一级响应，按照党中央国务院的决策和中国地震局的部署，全体干部职工众志成城，迅速投入抗震救灾工作，确定中心首批24位出队人员，组织人员收集震区相关图件资料，准备应急救援物资装备，接到地震信息后2小时，完成近200人装备的准备工作，完成国家地震灾害紧急救援队和现场工作队的两辆救援专用车和650余件近4吨的应急救援装备物资的集结装车，及时运往机场，保证了应急救援队伍的如期出发。

中国地震应急搜救中心共有32名同志赶赴汶川灾区，其中有11位同志参加了国家救援队的汶川地震救援行动，承担装备保障和通讯保障任务，开展救援技术指导工作，他们与国家救援队队友们一起营救幸存者49人；有17名同志参加汶川地震现场灾评工作和指挥部后勤通讯保障工作；另有4名同志配合外交部和中国地震局国际合作司同志，发挥了专业和语言优势，圆满完成新中国成立以来国际救援队首次来华参与救援的保障任务。

汶川地震应急救援行动结束后，中心及时进行科学总结与反思，进一步完善现场工作队的联动机制建设，顺利完成奥运地震安全保障任务，对国家地震现场应急工作队队员进行了人员调整和个人装备更新，组织召开地震灾害损失研讨会议和队长联席办公会议，成功主办国家地震现场应急工作队员培训班，并加强地震应急救援基础数据库、装备模块集成管理建设，开展针对性应急演练，开通12322服务热线，进一步强化中心职工地震应急意识，提高中心地震应急救援能力。成功举办了全国性的“汶川8级地震应急救援研讨会”，参与了“汶川地震应急救援响应情况调查”项目方案编制并承担其中3个专题的地震科学考察任务。

2. 国内地震现场应急工作

除汶川地震之外，2008年中心还派出24人次赴新疆于田（$M_S7.3$）、云南孟江（$M_S5.9$）、四川攀枝花（$M_S6.1$）、新疆喀什（$M_S6.3$）、西藏当雄（$M_S6.6$）、青海海西州（$M_S6.3$）六个地震现场开展灾评科考工作和天津蓟县山体滑坡救援工作，并提供了应急救援物资保障服务。

3. 救援训练基地培训

国家地震紧急救援训练基地2008年7月投入运行使用后，共举办国家队、省队、志愿者地震救援培训班7期，培训救援队员340人；举办应急培训班5期，培训280人；举办地震应急救援知识科普讲座5期，参加人数950人。此外，接待中国地震局、全国人大、各部委领导检查指导和调研工作18批，接待外宾和兄弟单位参观考察30多批，接待1800多人次。于11月在基地成功举行了国家救援队综合演练。

在国务院应急办的支持下，基地被列为国家应急管理体验式教学基地。同时基地也成为国际地震救援界关注的热点，有多个国家的救援机构表示愿意与基地建立长期合作，除与瑞士、新加坡、荷兰正在执行开展的救援培训合作外，德国THW救援训练中心将与基地合作，开展“第一响应”应急培训项目，日本JICA项目已经得到日本外务省批准，正在与消防厅进行沟通。在2008年11月召开的INSARAG亚太组年会上，孟加拉国和蒙古国官员提出希望中方为该国提供救援培训支持。

（中国地震应急搜救中心　尹　智）

重 要 会 议

国务院2008年度防震减灾工作联席会议在京召开

2008年1月21日，国务院防震减灾工作联席会议在北京召开。中共中央政治局委员、国务院副总理、国务院抗震救灾指挥部指挥长回良玉出席会议并讲话。他强调，党中央、国务院高度重视防震减灾工作，胡锦涛总书记、温家宝总理多次作出重要指示。我们要认真贯彻党的十七大精神，深入落实科学发展观，准确把握防震减灾面临的新形势、新要求，突出重点，统筹兼顾，依靠科技，不断完善体制机制和法制，健全监测预报体系，强化震灾防御基础，提高应急救援水平，全面增强地震灾害防范应对能力，切实保障人民群众生命财产安全。

会议听取了中国地震局等有关部门和专家关于我国2007年及近年来防震减灾工作情况的汇报，研究部署了2008年防震减灾重点任务。回良玉指出，近年来，在各有关方面的共同努力下，我国防震减灾工作思路更加清晰，方向更加明确，措施更加有利，震情监测预报能力不断提高，抗震基础日益增强，应急救援体系进一步完善，地震科技实力大大提升，防震减灾工作取得显著成效。

回良玉强调，防震减灾事关人民生命安全、事关改革发展稳定大局。做好防震减灾工作，必须把保护群众生命安全、保障群众生产生活作为根本，着力抓好城乡民居、重要基础设施、生命线工程的防震保安；必须进一步创新工作思路，不断拓展防震减灾服务领域，改进服务手段，丰富服务产品；必须深入落实突发事件应对法，进一步提高地震应急能力；必须实现防震减灾工作与经济社会发展的统筹谋划、协调推进，为国民经济又好又快发展做出新的更大的贡献。

回良玉要求，各地区、各有关部门要进一步加大工作力度，扎实做好2008年防震减灾工作。一要切实做好奥运地震安全保障，以及大中城市、地震多发区、防御薄弱区、重点防御区，重大活动、重点时段的地震安全保障工作；二要切实加强震情监测和跟踪研判，推进城市地震安全示范社区和农村民居地震安全工程建设，健全应急救援队伍，以提高地震测报、预防、救援能力为重点，全面提升震灾综合防御能力；三要切实加快国家防震减灾规划的实施，逐级分解落实规划目标和任务，不断强化防震减灾基础；四要切实推进地震科技创新，进一步加大投入，完善各项政策措施，抓好国家地震科技发展纲要的落实；五要切实加强军地、部门、区域之间的协调联动，完善地震应急管理体制机制，形成防震减灾合力。

（中国地震局办公室）

天津市召开防震减灾工作联席会议

2008年3月11日，天津市政府召开防震减灾工作联席会议，副市长王治平出席会议并讲话，市政府副秘书长王志铭主持会议并传达了国务院防震减灾工作联席会议精神，市地震局局长赵国敏总结了近两年来全市的防震减灾工作，并对2008年重点工作做出具体部署。各区县政府及市防震减灾工作联席会议成员单位、市政府应急办、市滨海委、市奥足办负责同志，各区县地震工作部门负责同志共80余人参加了会议。

王治平在讲话中要求，一是各地区各部门要从全局和战略的高度，从思想上高度重视防震减灾工作，加强对防震减灾工作的组织领导。地震灾害突发性强、辐射面广、破坏性高，会给人民生命财产带来巨大的损失。防震减灾工作是一项社会性的系统工程，既要抓好地震监测预报等基础性、专业性的工作，也需要各地区各部门在思想上高度重视防震减灾工作，坚决贯彻落实防震减灾的各项工作措施，切实提高本市防震减灾综合防御能力。二是扎扎实实地做好防震减灾各项工作。要深入开展防震减灾知识宣传，切实提高全社会的防震减灾意识。要强化震情监视工作，优化台网建设，改善地震观测设备，提高地震监测预报能力。要全力做好地震应急准备工作，制订好地震应急预案，开展好应急救援队伍建设和应急避难场所建设，做到有备无患。三是要把防震减灾工作与天津经济社会的加快发展紧密结合起来，统筹考虑，统筹安排和落实。防震减灾工作关系民生问题。要认真贯彻落实胡锦涛总书记在天津视察时提出的“两上走在全国前列”和“一个排头兵”的重要要求，充分发挥防震减灾工作在服务天津经济建设和促进社会和谐方面的作用，为实现天津科学发展和谐发展率先发展和进一步加快滨海新区开发开放做出新的贡献。

最后，王志铭对做好会议的贯彻落实工作，提出了具体意见。

（天津市地震局）

河北省召开防震减灾工作联席会议

2008年4月28日，河北省人民政府防震减灾工作联席会议在河北省地震局召开。河北省人民政府副省长龙庄伟，副秘书长李靖，发改委、财政厅、公安厅等河北省政府防震减灾联席会议31个成员单位的负责同志以及河北省地震局机关干部和事业单位副高职以上人员参加会议。会议由李靖副秘书长主持，龙庄伟副省长作重要讲话。

龙庄伟副省长在讲话中指出，要准确把握河北省防震减灾面临的新形势，要保持清醒的头脑，冷静客观地分析当前面临的地震形势，决不能麻痹大意。龙庄伟副省长要求，要以科学发展观统领全省防震减灾工作，要关注民生、促进和谐，特别是要关注城乡民居防震保安工作；要落实突发事件应对法，加强应急管理。龙庄伟副省长强调，要扎实做好2008年防震减灾的各项工作，切实提高监测预报、震灾综合防御和应急救援能力建设，不断增强科技创新能力，做好全年，特别是北京奥运会和残奥会的地震安全保障工作。

李靖副秘书长传达了国务院有关文件精神，河北省地震局周清良局长代表省地震局和省建设厅就贯彻落实国务院文件精神汇报了落实意见。会议还对河北省2008年的地震形势进行了认真分析。

（河北省地震局　王加林　刁建新　梁志琴　贾宏谱）

山西省召开全省防震减灾工作会议

2008年4月14日，山西省人民政府组织召开全省防震减灾工作会议。深入贯彻落实国务院防震减灾工作联席会议和全国地震科技大会、全国地震局长会议精神，回顾总结2006年、2007年防震减灾工作，安排部署2008年、2009年防震减灾重点任务，推动全省防震减灾事业又好又快发展。

中国地震局修济刚副局长到会祝贺，并就贯彻落实国务院防震减灾联席会议和全国地震科技大会精神提出两点要求：一是提高认识，进一步认清防震减灾工作面临的新形势和新要求。坚持以科学发展观统领防震减灾各项工作，为经济社会发展作出新贡献。二是狠抓落实，做好2008年防震减灾各项工作。并希望山西继续创造新的经验，防震减灾工作取得新的更大的成绩。

山西省副省长、省防震减灾领导小组组长张建民出席会议，指出推进防震减灾工作，是落实科学发展观、构建和谐社会的必然要求，是强化社会管理，建设服务政府、责任政府的基本要求，是应对防震减灾形势的客观要求。2008～2009年，全省的防震减灾工作要围绕2020年防震减灾工作奋斗目标，在全面提升“测、防、救”综合防御能力、目标实施的保障能力、防震减灾公共服务能力、依法行政能力和防震减灾工作合力上下功夫。他强调要落实责任，强化措施，确保防震减灾工作有序推进。

会上，山西省防震减灾领导小组副组长、省地震局局长赵新平作了工作报告，中国科学院院士陈颙就加强地震重点监视防御区工作做了专题讲座。会议还表彰了在地震应急基础数据收集工作中成绩突出的市和省直有关单位。

各市人民政府分管领导，市地震局局长；省防震减灾领导小组成员单位分管领导及联络员、省直有关部门分管领导等共150余人出席了会议。

此次会议的圆满举行对于贯彻十七大精神，做好新形势下山西省防震减灾工作具有重要的指导意义。

（山西省地震局　赵晋红）

内蒙古自治区人民政府召开会议部署全区防震减灾工作

2008年4月16日，内蒙古自治区人民政府召开全区防震减灾工作电视电话会议，贯彻落实全国防震减灾工作联席会议和全国地震局长会议精神，通报了地震趋势意见，总结近年来全区防震减灾工作，部署当前和今后一个时期的防震减灾工作。会议由自治区人民政府副秘书长盖文山主持。自治区地震局局长包东健总结了全区的防震减灾工作，安排部署了2008年及今后防震减灾工作。

全区各盟市分管防震减灾工作的副盟长、秘书长；自治区及盟市两级防震减灾工作领导小组成员单位负责人；部分大中型企业负责人和各地震台站负责人参加了会议。

（内蒙古自治区地震局　弓建平）

辽宁省召开防震减灾工作会议

2008年辽宁省防震减灾工作会议，于2008年3月31日至4月1日在沈阳召开。省政府常务副省长许卫国到会并作了重要讲话。

党组书记、局长高常波传达了全国地震局长会议暨党风廉政建设工作会议精神；局党组成员、副局长佟晓辉代表局党组作了2007年全省防震减灾工作总结和2008年工作计划安排的报告；计划财务处处长通报了2007年度预算执行情况和2008年预算安排；地震研究所所长廖旭介绍了辽宁省地震科学技术发展规划重点项目；预报中心主任焦明若传达了全国地震趋势会商会精神并通报了辽宁省震情；会议表彰了2007年度全省地震系统防震减灾工作先进单位、先进集体和先进个人。会议分组学习讨论了全国地震局长会议暨党风廉政建设工作会议精神和许卫国副省长的讲话，认真研讨2008年重点工作、“十一五”项目落实和实施、台站管理、人才队伍建设和事业单位改革等问题。

（辽宁省地震局　修维山）

福建省召开地震系统工作会议

2008 年 4 月 1 日，2008 年度福建省地震系统工作会议在福州召开。会议传达了中国地震局长会议精神及党风廉政建设工作部署，省地震局党组书记、局长金星在会上做了题为“与时俱进　开拓创新　全面推进我省防震减灾事业发展”的主题报告。会议指出，2007 年福建省地震局党组紧紧依靠广大干部职工，坚持以科学发展观统领全局工作，牢固树立“震情第一”观念，切实加强“两个能力”建设，积极推进“3 + 1”体系的建立健全，认真贯彻落实“四个面向”的工作思路，统筹安排，开拓进取，全面完成了年初预定的各项工作任务，取得了突出的成绩，获得了“全国地震科技创新先进单位”、“全国市县防震减灾综合评比管理奖”、“中国地震局地震应急救援先进单位”等荣誉，有 17 个单位和 16 位个人获得中国地震局或省级表彰奖励。会议强调，2008 年各部门、各单位要进一步认清当前的形势和任务，从八个方面做好福建省防震减灾各项工作：一是认真学习十七大精神，贯彻落实全国地震局长会议和党风廉政会议的工作部署；二是未雨绸缪，做好重要时段的震情和应急保障，有效处置地震事件；三是采取措施，做好震情监视和预报工作；四是更新观念，全面提高震灾预防能力；五是狠抓落实，努力完成重点项目年度建设任务；六是强化创新，发挥科技支撑和引领作用；七是深化改革，抓好队伍和精神文明建设；八是转变作风，进一步抓好党风廉政建设。

（福建省地震局　陈　中　谢　明）

广东省召开防震抗震救灾工作领导小组会议

2008 年 5 月 16 日，广东省防震抗震救灾工作领导小组会议在省地震应急指挥中心召开。省防震抗震救灾工作领导小组全体成员参加了会议，省防震抗震救灾工作领导小组组长、副省长李容根出席会议并作讲话。省人民政府颜学亮副秘书长主持会议。

会上，省地震局局长黄剑涛汇报了汶川特大地震的应急及支援灾区工作以及近年来我省防震减灾工作情况，提出了下一阶段工作目标，即：建立健全全省立体地震监测预报系统；建设南海地震监测网；实施大中城市及珠江三角洲城市群地震综合减灾工程；实施地震安全农居示范工程；实施全省地震应急救援响应工程。

李容根副省长在讲话中充分肯定了省地震局应对汶川特大地震的应急工作及防震减灾工作所取得的成绩。要求各地认清形势，切实增强做好防震抗震救灾工作的紧迫感和责任感。

着力抓好五项工作。一是全力以赴，坚决做好支援四川灾区的工作；二是立足震情，切实做好地震监测和速报工作；三是常备不懈，认真做好地震应对准备和处置工作；四是突出重点，深入做好地震灾害综合防御工作；五是狠抓落实，积极做好防震减灾宣传教育工作。

会后，全省各地认真贯彻落实会议精神及省人民政府《关于进一步加强防震减灾工作的通知》文件精神。

（广东省地震局　王维亮　何晓灵）

海南省召开防震减灾工作联席（扩大）会议

2008 年 4 月 8 日，海南省抗震救灾指挥部在省委第一会议室召开 2008 年度海南省防震减灾工作联席（扩大）会议。会议由省政府副秘书长倪健主持，李国梁副省长出席会议并讲话。

会议的主要任务是：贯彻落实 2008 年国务院防震减灾工作联席会议精神，回顾总结 2007 年度全省防震减灾工作，表彰 2007 年度推进农村民居地震安全工程和地震应急演练工作先进单位和个人，安排部署 2008 年度全省防震减灾工作。

会议指出，近年来，在省委、省政府的正确领导下，在各有关部门的共同努力下，防震减灾工作统筹推进，取得显著成效。进一步完善防震减灾法规体系，全省防震减灾法治环境明显改善；大力推进地震监测台站的优化建设，加强地震预测新方法研究，地震监测预报工作继续跻身全国先进行列；不断加强城乡抗震设防管理，积极推进农村民居地震安全工程，防震减灾基础日益增强；进一步建立健全地震应急救援体系，成功举办全省地震紧急救援演练，地震应急救援能力大大提升。

会议要求，各有关部门要进一步加大工作力度，扎实做好 2008 年防震减灾工作。一要统筹谋划，进一步做好防震减灾“十一五”重点项目立项和实施工作，把规划的目标转化为具体措施和行动；二要扎实做好监测预报工作，积极推进南海地震监测建设，切实提高全省的地震监测预报能力；三要增强地震灾害综合防御能力，切实加强城市抗震设防管理和全面开展农村民居地震安全工程，整体提升全省抗震设防能力；四要常备不懈地做好地震应急准备工作，从组织领导、预案建设、队伍建设、救援物资储备等各个环节全面做好防震减灾的各项准备工作，有效提高地震灾害紧急救援力量；五要切实做好博鳌论坛、建省 20 周年和奥运会期间的地震安全保障工作，周密部署，全面安排，积极落实震情监视、应急保障、安全稳定等方面防范应对措施。

（海南省地震局　胡金文）

河南省召开防震抗震指挥部工作会议

2008 年 2 月 26 日，河南省防震抗震指挥部工作会议在省政府常务会议室召开。会议的主要任务是贯彻落实国务院 2008 年防震减灾联席会议精神，听取震情形势汇报，总结 2007 年及近年来防震减灾工作，安排部署 2008 年防震减灾重点任务。指挥长、副省长徐济超作重要讲话，副指挥长、省地震局局长梁宪章代表指挥部做工作报告。

徐济超副省长指出，近年来，河南省发生了多次小地震，地震虽然不大，但省委、省政府高度重视，多次做出重要批示。各级政府、各有关部门按照职责分工，密切配合，团结协作，做了大量卓有成效的工作，全省防震减灾事业取得长足发展：防震减灾基础设施建设成效显著，监测预报能力不断提高，全面防御措施日益增强，地震应急工作取得实效。他强调，党的十七大系统阐述并深入贯彻科学发展观，对加强防震减灾工作提出了新要求。一是更加关注民生、促进社会和谐，要求防震减灾要有新理念。二是转变政府职能、强化公共服务，要求防震减灾要有新思路。三是落实突发事件应对法、加强应急管理，要求防震减灾要有新举措。四是实现可持续发展、维护社会稳定，要求防震减灾要有新贡献。他要求，各级政府、各有关部门要突出重点，乘势而上，努力做好 2008 年的防震减灾工作。

（河南省地震局　李　卓）

甘肃省召开防震减灾工作领导小组会议

2008 年 4 月 3 日，甘肃省召开防震减灾工作领导小组会议。会议主题是总结 2007 年全省防震减灾工作，安排部署 2008 年全省防震减灾重点工作。

会议提出五点要求，一是统筹协调，认真落实《防震减灾规划》。地震、发改委、财政、国土资源、建设、民政、科技等部门和市县各级政府都要认真抓好甘肃省暨西北区域防灾减灾中心大厦建设、国家陆地搜寻与救护基地建设和国家地震安全工程甘肃分项工程等项目的立项和实施；各成员单位要积极指导和支持市州落实“十一五”防震减灾规划项目。二是周密部署，全面做好监测预报工作。各级各有关单位要树立“震情第一”的观念，采取各种措施，不断提升预测的时效性和准确性；财政、科技部门要加大对地震科学研究的支持力度，不断改善科研环境和条件，增强地震科技创新能力。三是强化措施，不断提升城乡防震抗震能力。各级各有关部门要大力推进城市地震安全社区示范工作和农村民居防震保安工作，提升城乡地震灾害综合防御能力；地震部门要强化重大建设工程的抗震设防管理，做好抗震设防行政审批工作；交通、水利、电力等部门要切实落实各类工程的抗震设防措施。四是健全制度，不断完善地震应急处置机制。各级各有关部门要继续推进地震应急预案修订和完善工作，建立健全地震应急预案检查制度，广泛动员社会力量参与地震应急救援工作，全面提升全社会的地震应急救援能力；各成员单位要切实履行职责，相互支援、相互配合，共同做好应急处置工作。五是加强宣传，不断增强全社会防震减灾意识。各级各部门要深入持久地做好防震减灾知识宣传普及活动，不断提高公众心理承受能力和自救、互救能力；各级宣传部门要组织做好防震减灾新闻宣传和管理，把握正确的舆论导向，切实维护社会安定和谐。

（甘肃省地震局　赵　亮）

青海省政府召开第10次常务会议
会议听取防震减灾工作汇报

2008年5月30日，宋秀岩省长主持召开青海省人民政府第10次常务会议。青海省地震局局长孙雄列席会议。会议听取了省地震局关于防震减灾工作情况汇报后，认为，青海省地处青藏构造块体东北部，具有特殊的地理环境和地质背景，境内构造运动强烈，是地震多发地区，地震分布频率高、破坏性强，加强防震减灾工作具有十分重要的意义。

近年来，在国家地震局的大力支持下，青海省地震监测预报、震灾预防和应急救援三大工作体系建设取得重大进展，全民防震减灾意识明显提高。但是与经济社会发展的客观要求相北，我省防震减灾工作还存在一些不容忽视的问题，地震监测预报基薄弱，重大地震灾害事件应急保障能力和应急处置机制亟待提高和健全。

会议要求，各地区、各部门要提高重视防震减灾工作，要以科学发展观为指导，按照预防为主、防御与救助相结合的方针，发挥政府主导作用，动员全社会力量，依靠科技、依靠法制，加强防震减灾体系建设，不断提高防震减灾综合能力。

一要进一步增强防震减灾意识。各级政府、各部门要深刻认识我省防震减灾面临的形势和任务，进一步提高对防震减灾工作重要性认识，增强忧患意识，切实把防震减灾工作列入重要日程。

二要进一步狠抓防震减灾各项措施的落实工作。各级政府、各部门要制定和细化防震减灾的措施，依法健全和完善工作机制。要切实把抗震设防纳入基本建设管理程序，加强对重点工程建设项目的防震评估，严格落实工程建设监理制度，严把工程质量关。要加大执法检查力度，对一些可能发生严重次生灾害的重点工程、重要设施和公共场所的抗震设防能力进行一次必要的检测检查，发现问题，及时改进和加固。

三要进一步提高防震减灾方面的快速反应和应急救援能力。各地区、各有关部门要吸取教训，总结经验，对已经制定的防震减灾方面的各类应急预案重新反思、审视、修改和完善，积极开展必要的应急预案演练工作。

四要进一步加强防震减灾知识的宣传普及。有关部门要积极采取各种行之有效的形式，加强防震减灾知识的教育和宣传，尤其要在全省各级各类中小学和大中专院校普及防震减灾知识，不断增强全社会共同做好防震减灾工作的主动性和自觉性。

（青海省地震局　荣建生）

宁夏回族自治区召开防震减灾领导小组（扩大）工作会议

2008 年 5 月 14 日，宁夏回族自治区防震减灾领导小组（扩大）会议在宁夏地震局地震应急指挥中心召开，自治区防震减灾领导小组成员、5 个地级市分管地震工作的副市长及市地震局长、宁夏地震局各部门负责人参加会议；自治区副主席李锐、主席助理田明出席。会议安排部署了宁夏地区防震减灾工作任务。

（宁夏地震局　孙立新　闫　冲）

新疆维吾尔自治区召开地震工作会议

2008 年 4 月 15 ~ 16 日新疆地震工作会议在乌鲁木齐召开，会议传达了 2008 年全国地震局长暨党风廉政建设工作会议精神和全国地震趋势会商会精神，介绍了全国和新疆的地震形势。会议对 2007 年新疆地震工作情况作了全面总结，围绕 2020 年奋斗目标及防震减灾工作中心任务，提出了 2008 年工作总体思路，并对各项工作做了安排部署。新疆地震局、新疆生产建设兵团地震局、武警新疆总队、新疆地震灾害紧急救援队、各地、州、市、县地震局（办）、地震台站的代表及新疆地震局全体干部职工参加了会议。会议对获得省部级奖励单位、2007 年度先进集体和先进个人、地州（市、县）防震减灾工作综合评比先进单位进行了表彰。

（新疆维吾尔自治区地震局　朱　燕）

科技进展与成果推广

本部分主要刊载获国家级、省部级、中国地震局局级的科技成果奖项及通过中国地震局、省部级鉴定的项目；收载重点项目的实施情况；综述主要学科的研究进展，科技成果的推广以及地震地质、物探、城市活动断裂、历史地震事件等重大考察活动。

科　技　成　果

2008 年获省部级科技成果奖项目

奖励名称	成果名称	获奖等级	主要完成单位	主要完成
天津市自然科学奖	地壳形变与地震预测研究	三等奖	中国地震局第一监测中心	薄万举　郭良迁　杨国华 李延兴　杜雪松
云南省自然科学奖	澜沧江流域重大水利枢纽工程诱发地震监视与研究	三等奖	云南省地震局	秦嘉政　陈　勤　叶建庆 钱晓东　杨周胜　邵德盛 毛玉平
山东省科技进步奖	山东半岛北部近海地震区划	二等奖	山东省地震工程研究院	晁洪太　王志才　邓起东 杜宪宋　陈时军　王红卫 刁守中　陶九庆　崔昭文
海南省科技进步奖	海口市活断层探测与地震危险性评价	二等奖	海南省地震局	沈繁銮　牟光迅　吴小江 李战勇　王　路　郑在壮 李志雄　林　军
天津市科学技术进步奖	天津市活断层探测与地震危险性评价	三等奖	天津市地震局	赵国敏　陈宇坤　李振海 邵永新　杨绪连
黑龙江省科技进步奖	高层建筑和构筑物抗震性能及分析方法研究	三等奖	中国地震局工程力学研究所	孙景江　张令心　唐玉红 孟庆利　裴　强　江近仁 丁世文

（中国地震局人事教育和科技司　张大维）

2008 年度中国地震局防震减灾优秀成果奖获奖项目

序号	成果编号	获奖等级	成　果　名　称	推荐单位	主　要　完　成　单　位	主　要　完　成　人
1	200813202	1	土体动力特性试验及场地地震反应分析理论研究	中国地震局工程力学研究所	中国地震局工程力学研究所　南京工业大学　北京交通大学　中国地震局地球物理研究所　中国地震局地壳应力研究所	李小军　陈国兴　赵成刚　刘启方　李伟华　王炳辉　李亚琦　唐　晖　荣棉水　王子辉　庄海洋　董　俊　刘雪珠　张　倩　王　磊
2	200810101	2	天津市活断层探测与地震危险性评价	天津市地震局	天津市地震局	赵国敏　陈宇坤　李振海　邵永新　杨绪连　崔晓峰　聂永安　杨港生　刘　芳
3	200810302	2	山西省防震减灾社会管理工作创新与实践	山西省地震局	山西省地震局	赵新平　光春云　陶君丽　刘松清　樊　琦　郭君杰　贺明华　吴　东
4	200810502	2	大连地震台地震观测成果及研究应用(2002～2006 年)	辽宁省地震局	辽宁省地震局	成健民　张卫东　刘旭东　李茂林　王九阳　孙德新　史宏伟　韩　明　于绍雨
5	200811101	2	区域数字地震台网实时速报系统研究与应用	福建省地震局	福建省地震局　中国地震局工程力学研究所	金　星　廖诗荣　陈绯雯　马　强　李山有　史彛华　朱海燕　刘启方
6	200811801	2	2007 年云南宁洱 6.4 级地震预报与现场应急	云南省地震局	云南省地震局	皇甫岗　秦嘉政　胡永龙　吴国华　付　虹　郑世远　周光全　张建国　陈　勤
7	200812701	2	接收函数叠前偏移与青藏高原地壳上地幔成像研究	中国地震局地球物理研究所	中国地震局地球物理研究所	吴庆举　李永华　张瑞青　曾融生　田小波　安张辉　张乃铃

续表

序号	成果编号	获奖等级	成果名称	推荐单位	主要完成单位	主要完成人
8	200812902	2	数字地震资料的信息提取及其在地震预测中的应用研究	中国地震局地震预测所	中国地震局地震预测研究所　中国地震台网中心　河北省地震局　浙江省地震局　江苏省地震局　广东省地震局　北京市地震局　云南省地震局　四川省地震局	郑斯华　刘　杰　王勤彩　华　卫　赵翠萍　高景春　李志雄　朱新远　刘红桂
9	200813101	2	嘉峪关地震台地电场观测资料全国评比连续六年内五年第一名(2001～2006)	甘肃省地震局	甘肃省地震局	赵　洁　王忠民　张彩艳　何少林　康云生　袁文武　武华峰　党　鸿　曾文浩
10	200813102	2	黄土地基震陷性处理技术研究	中国地震局兰州地震研究所	中国地震局兰州地震研究所	王兰民　孙军杰　袁中夏　黄雪峰　石玉成　王　峻　邓　津　徐舜华　王　平
11	200813201	2	底部框架——抗震墙房屋抗震性能研究	中国地震局工程力学研究所	中国地震局工程力学研究所　辽宁省建筑设计研究院　大连理工大学	夏敬谦　熊立红　张毅斌　蔡贤辉　熊朝晖　张前国　丁世文　黄泉生　邬瑞锋
12	200813301	2	中国大陆及邻区构造应力/应变场特征及其动力学机制研究	中国地震局地壳应力研究所	中国地震局地壳应力研究所　中国科学院研究生院　北京大学	朱守彪　石耀霖　谢富仁　杨树新　郑月军　蔡永恩
13	200813802	2	余震序列统计特征及强余震预测研究	中国地震台网中心	中国地震台网中心　新疆维吾尔自治区地震局　云南省地震局　山东省地震局　中国地震局地震预测所	蒋海昆　曲延军　李永莉　彭克银　郑建常　华爱军　刘　杰　付征祥　侯海峰
14	200810401	3	乌加河地震台2000～2005连续六年中五年获得全国测震Ⅱ类台资料质量评比前三名	内蒙古自治区地震局	内蒙古自治区地震局	李柱林　杜雷颖　石友和　海　峰　高　源

续表

序号	成果编号	获奖等级	成 果 名 称	推荐单位	主 要 完 成 单 位	主 要 完 成 人
15	200810501	3	辽宁核电前期项目初可研阶段江石底、庄河楼上厂址地震调查与评价	辽宁省地震局	辽宁省地震局	万 波 黄 河 廖 旭 郑双成 雷清清
16	200810902	3	南京台地震速报（2001～2006）	江苏省地震局	江苏省地震局	陈 飞 殷 翔 胡光武 沙宏武 高立峰
17	200811003	3	安徽省地震应急救援社会化协作联动的研究与实践	安徽省地震局	安徽省地震局	王 跃 夏浩明 胡 诚 张来平 刘涌梅
18	200811501	3	东莞市市区震害预测与防御对策系统建设	广东省地震局	广东省地震局 东莞市地震局 中国地震应急搜救中心 中国地震局工程力学研究所	聂树明 梁 干 康建国 陈小芳 盘绍风
19	200811802	3	云南地震编目（一类局）全国观测质量评比连续5年获前二名（2002～2006）	云南省地震局	云南省地震局	杨周胜 王兰兰 陈 慧 杨晶琼 田秀美
20	200812302	3	天山及邻近地区现代地壳运动研究	新疆维吾尔自治区地震局	新疆维吾尔自治区地震局 中国地震局地震研究所	王晓强 李 杰 王 琪 乔学军 方 伟
21	200812303	3	乌鲁木齐台全国测震六年评比中五年获前三名	新疆维吾尔自治区地震局	新疆维吾尔自治区地震局	上官文明 聂万里 周辉生 王文景 高 丽
22	200812901	3	川气东送天然气管道工程场地地震安全性评价	中国地震局地震预测所	中国地震局地震预测所	陈国星 高战武 米素婷 杨攀新 张军龙
23	200813001	3	武汉台地磁观测（Ⅰ类）成果（2001～2006年）	湖北省地震局	湖北省地震局	李德前 邓 娜 杨艳芳 宦吉洪 罗俊秋

续表

序号	成果编号	获奖等级	成果名称	推荐单位	主要完成单位	主要完成人
24	200813002	3	地壳变动观测技术在火山、地球动力学中的监测研究	中国地震局地震研究所	中国地震局地震研究所	蔡惟鑫　谭适龄　秦小军　申重阳　高伟民
25	200813203	3	哈尔滨市轨道交通工程场地与既有地下结构安全性评价	中国地震局工程力学研究所	中国地震局工程力学研究所	薄景山　刘德东　刘红帅　郭　迅　赵振东
26	200813302	3	防震减灾遥感数据管理与网络发布	中国地震局地壳应力研究所	中国地震局地壳应力研究所	张景发　田云锋　赵福军　姜文亮　龚丽霞
27	200813501	3	断层形变时空演化与强震活动关系研究	中国地震局第一监测中心	中国地震局第一监测中心　中国地震局第二监测中心　中国地震应急搜救中心　中国地震局地震台网中心	薄万举　郭良迁　陈　兵　高福旺　杜雪松
28	200813602	3	中国地震局第二监测中心2005～2007年度地震趋势研究报告	中国地震局第二监测中心	中国地震局第二监测中心	张　希　王双绪　张四新　张晓亮　薛富平
29	200815001	3	重庆市2005～2007年度地震趋热研究报告	重庆市地震局	重庆市地震局	朱丽霞　贺曼秋　魏红梅　黄世源　李　强

（中国地震局人事教育和科技司　张大维）

中国石油四川石化工程场地地震安全性评价复核

中国石油四川1000万吨/年炼油和80万吨/年乙烯工程项目拟建在四川省成都市下辖的彭州市，距成都市区36km，与成都市区有彭成高速公路相连，交通较为便利。拟建项目工程场地位于彭州市区以北10km的隆丰镇，占地面积约4km^2，总投资约300亿元。

中国石油四川石化项目是国家实施西部大开发战略以点带面的重要项目，也是西南地区第一套和国内一次性单体投资最大的炼化一体化项目。该项目的实施关系到国家经济社会发展大局、民族团结和边疆稳定，对发挥西部地域广大、自然资源丰富、市场潜力巨大的优势，扩大国内需求，调整经济结构，促进东西互动，保持国民经济持续快速健康发展，巩固全国改革发展稳定的大局具有重大意义。该项目建成后可以有效地带动当地及周边地区化工的发展，有利于四川及周边地区的化工产业结构的调整，有利于化工产品的更新换代，有利于企业的技术进步和环境保护，有利于四川及周边地区化工持续快速的发展。根据初步计算，该项目建成后，将年均增加销售收入136亿元，年均增加利润34亿元，将充当四川省的龙头企业，对四川省尤其是成都市的经济拉动作用非常明显。

四川省委、省政府从1988年就开始筹划此项目，并且已经对场址附近的居民进行了拆迁工作，汶川地震前地震安评和环评已经顺利通过。中国地震灾害防御中心于2007年7月承担并完成了本项目的地震安全性评价工作。四川汶川“5·12”8.0级大地震突破了地震科学界对该地区地震危险性的认识，使本地区原设防参数不满足于工程抗震设防要求，本项目为重大工程，必须依照国家标准《工程场地地震安全性评价》（GB 17741—2005），对本项目的设计地震动参数进行复核工作。同时，汶川地震造成了龙门山断裂带前山断裂汉旺到磁峰有地震地表破裂，该破裂带距离场址16km左右，有关人士质疑场址区下有活动隐伏断裂存在，为了查明情况需要开展场址区的现场调查和地球物理勘查工作。

根据中华人民共和国国家发展和改革委员会发改办工业［2008］1284号文“国家发展改革委办公厅关于委托中国地震局对四川炼油乙烯项目建设厂址进行地震安全性评价的函”的指示，受中国石油四川石化有限责任公司的委托，中国地震灾害防御中心对中国石油四川石化工程场地地震安全性评价进行了复核工作。

1. 工作思路

（1）在已有工作的基础上，参照《中国地震动参数区划图》（GB 18306—2001）国家标准第1号修改单，结合近场及场址区的地震地质查勘工作，对原来的潜在震源区和地震活动参数进行调整。

（2）采用反射波法地震勘探和高密度电法勘探进行综合地球物理勘探，对场址及附近区域是否存在隐伏断裂进行查明和分析。

（3）为满足重大工程抗震设防的需要，提供了100年超越概率63%、10%、2%和50年超越概率63%、10%和2%的设计地震动参数。

2. 基本结论

（1）50 年超越概率 10% 的峰值加速度复核后的结果为 152cm/s^2，复核前的结果为 115cm/s^2。

（2）汶川地震地表破裂带距离场址约 16km，为全新世活动的龙门山前山断裂，离场址距离较远，该地表破裂带对场址没有造成影响。离场址东侧最近的断裂为竹瓦铺－什邡断裂，为晚更新世早期活动断裂；场址西侧最近的断裂为关口断裂，为中更新世活动断裂，这两条断裂在汶川 8.0 级地震后均未发现地震地表破坏。竹瓦铺－什邡断裂和关口断裂最大潜在发震能力不超过6.5 级，距离场址最近距离分别为6km 和3km，对场址区不会产生地震地表破坏。场址区地球物理勘查测线覆盖了场址及附近 2km 的范围，勘查结果表明场址区没有隐伏断层通过，不存在地表破裂的情况。根据现场调查和目前掌握的资料来看，认为为场址及附近地层连续，没有北东向隐伏断层通过。根据现有的地震地质资料来看，也不存在其他方向隐伏断裂。所以场址区无隐伏断层通过，也不存在工程抗断的问题。

国家地震安全性评价委员会于 2008 年 7 月 27 日对此报告进行了会审，专家组一致同意该报告通过评审。中国石油四川石化是汶川“5・12”8.0 级特大地震后第一个通过地震安全性评价复核评审的重大项目，对灾区的震后重建以及招商引资工作有着积极的推动作用，极大地鼓舞了灾区人民建设美好家园的信心，为灾区的经济发展贡献了力量。

（中国地震灾害防御中心　赵凤新　王笃国）

核电厂地震安全性评价

核电是世界三大支柱能源之一，国际上核电装机容量约占世界总电力容量的 17%。而我国目前的核电发电量仅占 1% 左右。与火电水电相比，核电工业耗能低，而且环保。根据中共十六大提出的到 2020 年中国 GDP 翻两番，达到 4 万亿美元的经济发展目标的估计，届时全国约需发电装机容量为 8 亿～9 亿千瓦左右，而目前国内已有装机容量是 3.5 亿千瓦，需要新增量 4.5 亿～5.5 亿千瓦。为完成这一目标，核电必须为此做出更大的贡献。

随着核电规划和建设日趋迅猛的发展，近年开展了大量的核电厂选址工作，并且选址范围也从沿海地区发展到内陆地区，涉及广东、福建、辽宁、山东、江苏、浙江、广西、海南、重庆、四川、湖南、湖北、河南、安徽、江西、云南、吉林等十多个省市。相应地开展了大量的厂址地震安全性评价工作。

核电工程对安全性有极高的要求，而地震是其中需要考虑的重要危险因素之一，尤其在前期工作中，对工程的地震安全性高度关注，对未来所面临的地震危险性的评估有很高的要求。我国是世界上地震灾害较为严重的国家之一，因此，在我国核电站建设项目的前期工作中，对地震安全问题始终给予充分的重视。

一、我国核电厂地震安全性评价工作的特点

1. 在多个相关范畴内均有法规要求

我国对核电厂地震安全性的高度重视，体现在国务院、地震管理部门、核安全管理部门和电力部门的诸多法规和规范中。这些法规大致划分为以下三个主要范畴：①地震灾害防御，如《中华人民共和国防震减灾法》（中华人民共和国主席令第 94 号）、《工程场地地震安全性评价（GB 17741—2005)》、《核电厂抗震设计规范（GB 50267—97)》等；②核安全，如核安全导则（HAD101/01）《核电厂厂址选择中的地震问题》等；③核电厂建设管理，如《核电厂工程建设项目可行性研究地震工作内容与深度规定》（试行）等。

2. 分阶段评价

依据相关法规，我国核电工程建设项目前期工作主要包括初步可行性研究和可行性研究两个重要阶段，在这两个阶段中，均要求根据其工程目标，开展不同内容和深度的地震调查与安全性评价工作。初步可行性研究阶段要在当前资料和认识水平下，对影响厂址地震安全性的关键性因素（如 SL－2 高值、能动断层、地震地质灾害）进行调查与评价，并尽可能排除颠覆性因素。可行性研究阶段要通过全面、深入地震危险性评价工作，确定核电厂抗震设计所需要的设计基准地震动参数。这两个阶段在工作内容和深度上逐步深入和细化，体现了不同阶段对地震安全性的控制。

3. 技术标准高

在相关技术标准中对核电厂地震危险性评价技术要求较高，主要体现在：①需要分别开展区域（一般为距厂址 150km 范围）、近区域（一般为距厂址 25km 范围）、厂址附近范围（一般为距厂址 5km 范围）三种尺度的调查工作，调查的精度由粗到细；②强调全面覆盖的调查要求，地表地质与深部构造调查、出露基岩区与第四系覆盖区调查、陆域与水域调查等；③选取的抗震设防标准最高，要提供相当于万年一遇的地震风险水平的评价结果，即极限安全停堆地震（SL－2）；④以国家标准的型式规范核电厂的抗震设计要求，是国际上少数能够做到的国家之一。

4. 质量控制和审查严格

核电工程地震危险性评价需要对整个技术过程全程进行质量监控与管理，并且有地震、核安全、电力规划等不同管理部门严格的审查程序。地震安全性评价结果必须获得国家地震安全性评定委员会审查通过。

二、我国核电厂地震安全性评价工作近年来的进展

1. 工程实践

近年来我国开展了上百个厂址的不同阶段的地震安全性评价实践，厂址分布涉及面广，跨越不同的地震构造环境。54% 的厂址为滨海厂址，东南沿海是滨海厂址主要分布地区。46% 的厂址为内陆厂址，都位于江河及水库附近，以长江流域最为集中，占所有濒河厂址的 47%。从地理分布上看，当前核电厂厂址大多数位于地震活动较弱的地带，六成以上厂址 SL－2 值不大于 0.15g，八成以上厂址 SL－2 值小于 0.20g。

2. 技术进步

大量厂址的地震安全性评价工作开展，丰富了各个地区的地震、地质资料，以及地震活动和地震构造特征的认识，在一些地区尤其是海域更是获得了较大的进展。大量的历史疑难地震进行了调查与复核确定，能动断层调查与鉴定方法更加成熟，确定性与概率性地震危险性评价方法通过实践不断发展与完善，核电厂设计基准地震动参数方面发展出具有我国的特色的确定原则与方法等等。当前，针对核电厂地震安全性评价中存在的一些科学问题正在开展“核电厂地震安全问题研究”地震行业专项课题，也力图解决一些实践中面临的重要问题，推进我国核电厂地震安全性评价技术进步。

3. 法规与标准建设

我国核电起步的早期阶段，引入了国际原子能机构的核安全导则《核电厂厂址选择中的地震问题（50-SG-S1（Rev. 1)》，并依据其推荐的方法开展了核电站地震安全性评价工作。我国目前采用的1994年版核安全导则（HAD101/01）是依据IAEA1991年版本结合我国地震活动特殊情况改进和调整后颁布的，距今已有十多年，与实践有所脱节，且国际原子能机构对该导则也有了新的调整和更新。同时，我国的地震安全性评价技术也取得较大的进展，因此，我国核电厂的地震安全性评价现有技术标准和规范也面临更新和调整的需要。近年来，核电厂地震安全性评价方面有多个法规和规范进行了修订和编制，充分反映了当前的工程实践经验以及国际国内的最新进展。依据最新的国际原子能机构的导则核安全导则HAD101/01正在进行修订；电力行业标准《核电站工程勘测技术规程：地震地质》已经编制完成；国家标准《核电厂工程地震调查与评价规范》接近完成。

三、应进一步关注的问题

我国核电站建设尽管还处于起步阶段，但是在核电厂地震安全性控制方面做出了巨大的努力。中国地震局所属科研单位在核电厂厂址选择与评价阶段开展的大量地震安全性评价工作，为核电厂地震安全性提供了重要基础。

根据当前核电厂地震安全性评价工作的实际，将来应对以下方面给予重视：

1. 应该充分认识地震问题的复杂性

日本是地震研究与核电建设都较发达的国家，也难以避免发生新潟地震导致核电厂核安全事件。在这一事件中，日方也总结尽管在选址工作中做了详细的调查工作，但是对海域地震构造认识还是不足，导致对未来地震危险性的认识偏低。汶川地震也同样对我们是个警醒。人类对地震的了解还是非常局限的，因此，尽管在核电厂选址中已经充分考虑了厂址所处的地震构造环境，但我们还应该不断及时地从新的震例中学习，根据新的资料和认识重新审视已有核电厂的地震安全性。对地震活跃地区和地震构造复杂地区的地震危险性应充分考虑认识的不确定性。

2. 应加强核电厂地震调查与评价方面的科研工作

我国已开展了大量核电厂址的地震调查与评价工作，随着对核电厂地震安全性要求理解的深入、核电安全技术的进展、国际国内地震安全性评价理论与方法发展，业内对核电厂选址和设计中涉及的诸多地震问题积累了大量的新的认识和新的实践，也提出了许多新的课题，需要通过研究来加以解决。由于核电发展形势很快，尽管目前已正在开展相应的科研专项研究，但总体而言，核电厂地震安全涉及问题的科研工作还是显得有些力不从心。

3. 应加强核电厂地震安全方面技术性法规文件建设

根据国外的经验，核电厂地震安全性方面的技术指导性文件非常细致，地质和地震条件调查、地震危险性分析方法、设计地震动参数确定、标准审查大纲等，许多重要技术环节均有详细的指导性技术导则。我国在一般工程和特殊重大工程的地震危险性评价工作中，有较为详细的技术规范，但核电工程的地震危险性评价有其特殊性，应有自身的技术标准体系，目前《核电站工程勘测技术规程：地震地质》和《核电厂工程地震调查与评价规范》的编制，将使这一问题得到一定的缓解，但还是需要有更加丰富的、涉及面更宽的技术标准体系，需要地震部门、核安全部门、电力管理部门、核电公司和核电设计院等多部门、多行业的联合协作。

（中国地震局地球物理研究所　潘　华　高孟潭　张志中）

2008 年通过省级科技成果鉴定项目

山西省地震灾害总结及其地理信息系统建设

成果完成单位： 山西省地震局

主要完成人： 李自红　樊　琦　杨志刚　赵晓云　徐　扬　王跃杰　高全锁　王汝雕　刘松清　郭建和　刘晋栓　郭星全　苏宗正　吴　东

组织鉴定单位： 山西省科技厅

鉴定日期： 2008 年 6 月 6 日

鉴定批准日期： 2008 年 6 月 17 日

鉴定形式： 会议鉴定

鉴定编号： 晋科签字［2008］第 114 号

一、成果简要技术说明

本项目在总结山西 6 次 7 级以上强震灾害特征的基础上，重点分析研究了 1303 年洪洞 8 级地震和 1695 年临汾 8 级地震的震害分布特征，建立了相应的数据库，数据成果共享性强，易更新；开展了地震危险性及地震影响场分析；研发了临汾市地震灾害分析预测管理系统，该系统不仅可进行历史地震震害综合分析，还具有震害预测和震害快速评估等功能。

收集丰富的震害资料，并分析研究震灾与当时、当地社会经济的关系。用以上资料建立当地地理信息系统（制作光盘），用此作为当地建设规划及可持续发展依据之一。

二、成果特点

1. 技术创新

（1）利用地理信息系统对历史地震资料进行了管理，利用地理信息的空间分析功能对历史地震的震害分布特征进行了分析。

（2）基于 MapObjects 组件开发的系统，可脱离 ArcInfo 软件平台独立运行，开发周期短，成本低。

（3）系统集震害预测与震害快速评估为一体，具平时与震时相结合的综合服务功能，有实用价值。

2. 社会效益

（1）通过历史强震震害分布特征分析、地震危险性分析、地震灾害预测，为临汾市的防震减灾提供可以依赖的基础信息和城市建设规划信息。

（2）未来临汾市遭遇破坏性地震时，该系统的地震灾害快速评估模块可根据地震的级别、震中的位置自动预估地震灾害损失，为应急指挥提供对策支持。

（3）为其他大中城市开展类似的工作铺垫了道路。

澜沧江流域重大水利枢纽工程诱发地震监视与研究

成果完成单位：云南省地震局

主要完成人：秦嘉政　陈　勤　叶建庆　钱晓东　杨周胜　邵德盛　毛玉平　李永莉　陈　京　刘学军　刘丽芳　陈　慧　张俊伟　施发奇　邬成栋

组织鉴定单位：云南省科技厅

鉴定日期：2008 年 6 月 19 日

鉴定批准日期：2008 年 6 月 19 日

鉴定形式：会议评审

鉴定编号：云科奖鉴字［2008］164 号

一、成果简要技术说明及主要技术性能指标

本项目主要从诱发地震数字地震台网建设和监测研究、诱发地震地壳形变监测台网建设、诱发地震地下水动态监测台网建设和澜沧江流域地震活动、诱发地震机理及预测技术研究四个方面开展工作。在澜沧江流域水利枢纽工程库区建成初具规模的诱发地震三个学科的监测台站。深入开展澜沧江流域重大水利枢纽工程地区的地震活动特征、新构造运动及活动断裂构造分布背景等研究，开展了诱发地震机理研究和预测预报应用技术开发。

二、重要研究进展

（1）完成澜沧江诱发地震数字地震台网建设和监测研究；

（2）完成诱发地震地壳形变监测台网建设；

（3）建设完成澜沧江流域水库诱发地震昌宁监测站；

（4）完成澜沧江流域地震活动、诱发地震机理及预测技术研究；

（5）完成澜沧江流域水库区诱发地震危险性预测及对策综合研究。

广西地震构造背景场的三维数值模拟研究

成果完成单位：广西壮族自治区地震局

主要完成人：李细光　曾佐勋　袁　媛　史水平　袁家治　杨巍然　李志勇

组织鉴定单位：广西壮族自治区科学技术厅

鉴定日期：2008 年 7 月 8 日

鉴定批准日期：2008 年 8 月 11 日

鉴定形式：函审鉴定

鉴定编号：200882038

一、成果简要技术说明

项目属地震科学领域。本项目以活动地块、大陆动力学以及活动断裂等理论为指导，以活动断裂和地震构造分析、历史与现今地震活动分析为基础，结合广西及其周边地区的地质、地震、地球物理、形变等方面的资料，建立了广西三维地质模型和几何计算模型，确定了广西地震构造背景场的形成机制、边界条件和力源，通过运用野外调查与室内研究相结合、宏观与微观相结合、定性与定量相结合方法，利用大型有限元分析软件 Marc，来模拟和研究广西三维地震构造背景场，分析广西三维地震构造背景场的三维构造应力空间展布状态以及演变、演化规律和活动趋势及成因，在此基础上重新调整了广西潜在震源区，确定了广西未来地震重点监视防御区和地震危险区，提交了广西防震减灾新建议。

二、主要技术性能指标

建立了广西地壳细结构三维地质模型；研究了广西主要活动断裂；确定了广西及邻区现今构造应力场形成机制；获取了广西不同层次、不同深度、不同剖面的地震构造背景场的三维数值模拟结果；重新圈定了广西潜在震源区，确定了广西地震重点监视防御区和地震危险区，提交了广西防震减灾新建议；完成了项目成果研究报告，并在《地质力学学报》、《地震研究》、《华南地震》和《山西地震》上发表了 4 篇论文。目前，项目研究成果已广泛应用于广西重要或重大以及生命线工程的地震安全性评价中，并成功应用于“监测预报基础数据库”（广西）中，取得了明显的社会和经济效益。

2006 ~ 2020 年甘肃省地震重点监视防御区确定

成果完成单位：中国地震局兰州地震研究所
主要完成人：袁道阳
组织鉴定单位：甘肃省省科技厅
鉴定日期：2008 年 7 月 20 日
鉴定批准日期：2008 年 9 月 2 日
鉴定形式：会议
鉴定编号：甘科鉴字［2008］244 号
成果简要技术说明及主要技术性能指标

（1）新编了甘肃省地震构造图。编制完成了反映本省活动断裂最新研究成果和认识水平的地震图，为重点监视防御区综合确定提供了重要依据。该图可为监测预报、地震科研、城乡规划及重大工程等抗震设防提供科学依据和技术指导。

（2）地震危险区综合预测科学性强。以十多年来开展的地震中长期预测研究为基础，开展地震地质和地震活动性等单项和综合地震危险性预测研究，综合评价发震构造背景和地震活动趋势，为地震重点危险区确定提供科学依据。

（3）首次开展了全省范围地震易损性和灾害损失预测研究。在系统收集各县级行政区年度人口和社会经济统计数据基础上，建立了基于 GIS 的甘肃省地震灾害损失预测基础数据库。研究和预测了未来我省人口和社会经济发展状况，确定未来潜在强震作用下，不同地震动峰值加速度（或地震烈度）下，民用和重大工程、生命线工程、生命财产和 GDP 的易损性，以县级行政区为单元预测 2006 ~ 2020 年甘肃省及邻区地震经济损失与人员伤亡。

（4）重点监视防御区防震减灾工作指南针对性强。在总结 1996 ~ 2005 年甘肃省地震重防区工作的基础上，制定了符合甘肃省省情、震情并服务于2020年前甘肃省全面建设小康社会大目标的重点监视防御区防震减灾工作指南，有助于提高防震减灾的实效。

银川市活断层探测与地震危险性评价

成果完成单位：宁夏回族自治区地震局

主要完成人：柴炽章　孟广魁　马贵仁　刘保金　杜　鹏　王　银　雷启云　谢晓峰　盛菊琴　张学辉　赵卫明　宋方敏　郭永峰　石金虎　任雪梅

组织鉴定单位：宁夏回族自治区科技成果管理中心

鉴定日期：2008年11月3日

鉴定批准日期：2008年11月11日

鉴定形式：会议鉴定

鉴定编号：2008065

一、成果简要技术说明

20世纪70年代石油勘探单位就提出了银川市东部存在隐伏断层，“银川市活断层探测与地震危险性评价”2004年8月开始实施，2007年10月圆满完成，通过了中国地震局的验收。该项目总投资760.8万元，由国家、地方共承担。项目旨在查清银川市及其周围地区4条主要断层，特别是从银川老城区东部通过的银川隐伏断层的精确位置、晚第四纪活动习性、未来一定时段的地震危险性以及危害性，提出合理的抗震和避让措施，为银川市成为西部大开发战略中的区域中心城市奠定坚实基础。成果得到了中国地震局和银川市人民政府的高度评价。

二、主要成果

（1）完成并提交《工作区1：25万地震构造图》及其说明书、《目标区1：5万活断层分布图》及其说明书、《银川隐伏断层1：1万带状分布图》及其说明书、《目标区贺兰山东麓断层1：1万带状地质填图》及其说明书、《目标区黄河断层1：1万带状地质填图》及其说明书以及被鉴定为非地震活动断层的《目标区芦花台隐伏断层1：2.5万带状分布图》；

（2）完成并提交《目标区主要地震活断层危险性评价结果和1：5万的地震危险性综合评价图》及其专题研究报告；

（3）完成并提交《目标区1：5万强地面运动分布图》及其研究报告；

（4）完成并提交《目标区银川隐伏断层1：1万避让带分布图》、《目标区贺兰山东麓断层1：1万避让带分布图》和《目标区黄河断层1：1万避让带分布图》及其相应的技术报告；

（5）完成并提交电子版《银川市活断层探测与地震危险性评价地震活断层基础数据库与地理信息系统》及其相应的使用说明书；

（6）在《目标区主要活动断层地震地表破裂带预测及避让带划分技术报告》中提出了具体的地震活断层危害防范对策的建议。

青藏铁路沿线典型冻土场地地震动特征及其震害研究

成果完成单位：中国地震局兰州地震研究所

主要完成人：王兰民

组织鉴定单位：甘肃省省科技厅

鉴定日期：2008年11月24日

鉴定批准日期：2008年12月9日

鉴定形式：会议

鉴定编号：甘科鉴字［2008］353号

成果简要技术说明及主要技术性能指标

（1）得到地震作用下多年冻土区地表变形、破裂的特征与影响范围，震陷、液化和崩塌对工程的危害性及相应的预防对策。

（2）获得青藏铁路沿线多年冻土场地地面脉动和土层波速的数据及其空间分布特征。

（3）建立地温（温度）对多年冻土动本构模型、动弹性模量、阻尼比和动强度的影响模型。

（4）研究不同地温条件下多年冻土场地地震动峰值加速度、速度、位移和反应谱特性，并给出了地温对其影响规律。

（5）得到青藏铁路沿线典型冻土场地地震位移、速度、加速度和反应谱特性。

湖北省数字地震观测网络项目通过验收投入运行

1月23~24日，中国地震局项目档案验收组对湖北省数字地震观测网络项目档案进行了检查验收，验收组专家一致同意湖北省数字地震观测网络项目档案通过验收；2月22日，中国地震局会同湖北省发展和改革委员会在武汉召开中国数字地震观测网络项目湖北省单位工程项目验收会，项目验收专家组认为项目内容和规模、台网功能和技术指标、各类系统的功能等均符合设计要求，达到了工程建设目标，可投入运行。省政府印发《省人民政府关于表彰湖北省地震应急快速反应系统项目建设先进集体和先进个人的通报》（鄂政函〔2008〕228号），对“十五”项目建设先进集体和先进个人进行了表彰。

（湖北省地震局　沈基玲）

专利及技术转让

建筑物抗震能力的评估方法及其应用

专　　利　　号： ZL200710028052. X

成果完成单位： 广西壮族自治区地震局　广西大学

主 要 完 成 人： 杨仕升　秦　荣　郝效强

专　利　类　型： 发明专利

申请立项、转让及效益简要说明：

本发明公开了一种评估建筑物抗震能力的方法，它是基于建筑工程抗震性态设计通则、现行建筑抗震设计规范、混凝土结构设计规范及抗震设防标准，借鉴结构强度与延性的抗震能力评估理念，建立一套强度与延性抗震评估流程与规范相结合的钢筋混凝土结构抗震评估体系，开发一种混凝土结构抗震能力量化评估软件，将抗震能力评估、薄弱楼层及薄弱单元分析与加固、简化能力谱方法整合在同一软件平台上。本发明的方法将抗震能力定量评估这样一项极为复杂的工作用人机交互程序来实现，使具有一般土建知识的工作人员通过使用该程序，即可实现对钢筋混凝土结构抗震能力的量化评估，为钢筋混凝土结构抗震评估和加固方法的推广应用，为建筑工程抗震性能设计提供了广阔前景。

灵敏度可调式光纤光栅温度传感器

专　　利　　号： ZL 2008 2 0079596. 9

成果完成单位： 中国地震局地壳应力研究所　北京品傲光电科技有限公司

主 要 完 成 人： 李　阔　周振安　叶晓平　王永根

专　利　类　型： 实用新型

申报立项、转让及效益简要说明：

申报立项：地震行业科研专项经费：基于光纤光栅传感器的地震前兆综合观测系统研制；所长基金：基于光纤光栅的精密温度传感器研制；自然科学基金：此专利未转让；尚未获得直接经济效益，但存在很大的潜在市场。

光纤光栅温度增敏传感器

专　　利　　号：ZL 2007 2 0190661. 0

成果完成单位：中国地震局地壳应力研究所　北京品傲光电科技有限公司

主要完成人：李　阔　叶晓平　周振安　刘爱春　荣　宁　王永根

专利类型：实用新型

申报立项、转让及效益简要说明：

申报立项：①地震行业科研专项经费：基于光纤光栅传感器的地震前兆综合观测系统研制；②所长基金：基于光纤光栅的精密温度传感器研制；③自然科学基金：此专利未转让；尚未获得直接经济效益，但存在很大的潜在市场。

数字水准仪和光学水准仪室内检定装置

专　　利　　号：ZL200410073344. 1

成果完成单位：中国地震局第二监测中心

主要完成人：罗官德　杨　辉　丁　平　胡　斌　任道胜　陈如丽　种　宇
闵学鹏　黄　智　陶茂盛　李　辉

专利类型：发明专利

申报立项、转让及效益简要说明：

本装置具有量传的稳定、准确、可靠、操作简单等优点，已向社会计量部门推广出两套，将广泛应用于国内外计量部门对数字水准仪进行计量检测，具有不可估量的经济社会效益。

钢管混凝土柱隔震装置

专　　利　　号：ZL 200820099295. 4

成果完成单位：中国地震局工程力学研究所

主要完成人：熊立红　丁世文

专利类型：实用新型

申请立项：钢管混凝土柱隔震装置为隔震技术产品；本装置可有效降低房屋的地震反应，提高房屋的抗震能力，且造价低廉，取材方便，施工简单。

技术转让：尚无

效　　　益：尚无

雷击时间记录器

专　　利　　号：ZL200720310648.4
成果完成单位：广东省地震局
主 要 完 成 人：柴剑勇
专　利　类　型：实用新型
说　　　　　明：属地震前兆仪防雷技术成果

移动式防盗联络器

专　　利　　号：ZL200520128018.6
成果完成单位：广东省地震局
主 要 完 成 人：柴剑勇
专　利　类　型：实用新型
说　　　　　明：属智能无线数据分析技术成果

一种提高质子磁力仪测量精度的方法及其原理

专　　利　　号：200910119216.9
成果完成单位：广东省海洋地质调查局
主 要 完 成 人：柴剑勇　陆敬安等
专　利　类　型：发明
说　　　　　明：863 项目子课题技术成果

全向性深海质子旋进传感器

专　　利　　号：200820178101.8
成果完成单位：广东省海洋地质调查局
主 要 完 成 人：柴剑勇　陆敬安等
专　利　类　型：发明
说　　　　　明：863 项目子课题技术成果

野外无人值守地震台环境监控系统

专　　利　　号： ZL 2008 2 0089275. 7

成果完成单位： 黑龙江省地震局　黑龙江思瑞网络科技有限公司

主 要 完 成 人： 王晓峰　李　鹏

专 利 类 型： 实用新型专利

申报立项、转让及效益简要说明：

野外无人值守地震台环境监控系统，是一种对无人值守台站的实时数据进行采集、监测和控制的装置。

重力和倾斜固体潮综合观测仪

专　　利　　号： ZL200720087834. 6

成果完成单位： 中国地震局地震研究所

主 要 完 成 人： 李家明　姚植桂　温兴卫　梅建昌　朱仲芬　张卫华　刘子维　张勤耕

专 利 类 型： 实用新型专利

申报立项、转让及效益简要说明：

本实用新型公开了一种重力和倾斜固体潮综合观测仪，涉及一种潮汐观测仪器。在地面（A）上的系统主机箱（B）通过传输电缆线（C）与设置在钻孔井护套管（D）内的仪器本体（E）连接；所述的仪器本体（E）的结构是：在本体外壳（10）内，从上到下，包括依次连接的吊装孔（1）、压力弹簧（3）、支撑柱（4）、定向装置（5）、球头关节（6）、电路单元（7）、重力仪（9）、倾斜仪（11）、初置平装置（12）和精密置平装置（13）。将重力仪和倾斜仪一体化，放入井下，在同一位置、同时对垂直向重力固体潮和两方向的水平固体潮进行同步观测，提供可靠、精密和连续的观测数据，也可配上三角底座在一般的山洞中使用。

地下水动态综合观测仪

专　　利　　号： ZL200720087009. 6

成果完成单位： 中国地震局地震研究所

主 要 完 成 人： 李家明　姚运生　梅建昌　张卫华

专 利 类 型： 实用新型专利

申报立项、转让及效益简要说明：

本实用新型公开了一种地下水动态综合观测仪，涉及一种地下流体观测系统。本实用新型是测项变送器（100）和数据采集控制器（200）连接，数据采集控制器（200）分别与无线数据终端设备（300）、有线数据终端设备（400）连接；所述的测项变送器（100）包括水位变送器（110）、水温变送器（120）、气温变送器（130）、气压变送器（140）、雨量变送器（150）。本实用新型将水位、水温、气温、气压和雨量的模拟电信号变换为数字信号，又经单片计算机接收处理分别送至显示器进行显示和电子盘存储；再经 RS-232 接口，实现实时远程通信；不仅满足了三峡井网的需要，并可推广到地下流体观测技术中。

超短基线伸缩仪

专　　利　　号：ZL200720086747.9

成果完成单位：中国地震局地震研究所

主 要 完 成 人：李家明　姚植桂　梅建昌　张卫华

专　利　类　型：实用新型专利

申报立项、转让及效益简要说明：

本发明公开了一种超短基线伸缩仪，涉及一种伸缩仪。本发明的结构是基线杆（130）的一端连接位移传感器（110），位移传感器（110）再通过调零装置（120）和第 1 基岩（310）连接；基线杆（130）的另一端连接标定器（150）后再通过固定端（160）和第 2 基岩（320）连接；位移传感器（110）和标定器（150）分别与测量与控制系统（200）连接；所述的位移传感器（110）为一种全密封结构的差动电容传感器（211）。本发明基线不大于 100cm，分辨力优于 1×10^{10}，无机械传动，标定可靠；可以垂直安装；体积小可以便携，适应地震前兆的流动和应急监测；并可推广到长基线伸缩仪和其他微位移测量仪中使用。

一种高精度三维 GNSS 位移检测装置

专　　利　　号：ZL200720300405.2

成果完成单位：中国地震局地震研究所

主 要 完 成 人：乔学军　游新兆　王　琪　杜瑞林

专　利　类　型：实用新型专利

申报立项、转让及效益简要说明：

本实用新型公开了一种高精度三维 GNSS 位移检测装置，它包括主底盘、副底盘、主连接杆、副连接杆、X 向微调器、Y 向微调器、Z 向微调器、GNSS 天线连接器，长方形的副底盘固定在圆形的主底盘上，主连接杆通过 X 向微调器与 Y 向微调器与副底盘连接，副连接杆通过 Z 向微调器与主连接杆连接，GNSS 天线连接器与副连接杆连接，副连接杆分别与 GNSS 天线连接器、主连接杆相连。本实用新型结构简单，使用方便，安全可靠，可以满足高精度 GNSS 接收机的检定需求和形变监测的精度要求，成本低廉，提高了工作效率。

可移动式地面角反射器

专　　利　　号：ZL200720300406.7

成果完成单位：中国地震局地震研究所

主要完成人：乔学军　游新兆　杜瑞林

专　利　类　型：实用新型专利

申报立项、转让及效益简要说明：

本实用新型公开一种可移动式地面角反射器，它包括三块直角三角形铝合金板、不锈钢圆形转盘、转盘高度调整器、支撑脚、扣环、反射器高度调整器；三块直角三角形铝合金板拼装成一个直角锥体反射体，然后将直角锥体反射体安装于一个高度可调整的不锈钢圆形转盘上，直角锥体反射体可通过扣环的转动和反射器高度调整器的调整，实现方位和高度的调整，满足不同雷达干涉卫星的观测需求。本实用新型安装简单、移动方便，提高了角反射器的利用率，而且有效地提高了观测精度，可适合于不同干涉雷达卫星的观测，减少了资源浪费，成本低廉。

科 技 进 展

“十一五”国家科技支撑计划项目：强震监测预报技术研究

本项目执行年限为2006～2009年，依托单位及负责人为中国地震局地震预测研究所，江在森。

2008年，“强震监测预报技术研究”项目完成了精密可控人工震源系统、井下综合观测系统和地震短临跟踪观测系统的观测试验及样机定型，基本完成了强震动力动态图像预测技术、综合预测方法和预警技术及火山与水库地震监测预报关键技术研究。

全面处理了测震、地壳形变、地下流体、地震电磁等学科的观测资料，研究汶川8.0级地震孕育发生过程各类观测量的动态变化，从汶川地震的孕震动力环境、地震活动、地壳运动与应变积累、地下流体和地震电磁观测变化的背景与动态特征，初步分析了汶川地震的特殊性及大地震预测的难点问题。

一、汶川地震孕育发生过程各学科观测量时空动态变化

1. 地震活动及其参数动态图像特征

在汶川地震前龙门山断裂带地震活动水平不高，有历史资料以来最大地震为1654年汶川6.5级地震。而其附近的岷江断裂带却非常活跃（发生过1933年叠溪7.5级和1976年8月四川松潘2次7.2级地震）。汶川地震前龙门山断裂带地震活动以平静为主，震前出现30年的5级地震背景空区和5年半的4级地震孕震空区。

根据介质品质因子Q值的演化，汶川地震前龙门山断裂西侧的马尔康地区Q值、速度结构V_p值有一个明显降低过程，而龙门山断裂带Q值、V_p值有一定程度的增高现象，反映随着汶川地震临近，处于闭锁状态的龙门山断裂应力水平上升。

2. 地壳运动与应变场、重力场动态变化特征

在汶川地震前作为发震构造的龙门山断裂带相对运动与变形很弱，其东侧的四川盆地边缘区域无变形，但其西侧的巴颜喀拉地块东部为整体近东西向地壳缩短的应变积累缓慢状态；汶川大地震发生在GPS观测应变场的面应变负值（压缩）增强区，重力场变化的高梯度异常区，但断层形变、定点形变观测的短临异常数量相对于正常背景没有增加；在震前数

年青藏块体相对华南地块的北东向运动增强，跨断层形变长趋势转折显示 2001 年昆仑山口西 8.1 级地震后巴颜喀拉地块向东运动增强；同震位移场显示，不仅破裂带西盘向东的运动的弹性应变释放显著，破裂带东盘的四川盆地也呈现向西运动的弹性应变释放的变形特征。

3. 地下流体动态变化特征

汶川地震前地下流体前兆异常主要分布在震中区 300km 外的川滇交界和甘东南地区。按汶川震中 800km 范围统计，异常总比例为 31%，其中趋势、中短期和短临异常比例分别占 17%、8% 和 6%。震前地下流体趋势异常出现的时间早，波及范围广，龙门山断裂及其附近地区短期和短临异常比例小，与以往 7 级以上地震前兆空间演化特征存在科学认识上的差异，因此对汶川地震前地下流体的前兆动态演化过程需要进一步深入研究。

4. 地震电磁观测动态变化

在汶川地震前地电阻率观测到冕宁、甘孜和成都台地电阻率低值趋势异常变化，其中成都台 2006 年后趋势下降，2007 年明显破年变，降幅约 5.5%。但它们分别在不同的构造断裂上，台站数量少难以估计异常范围。1976 年 8 月松潘地震前约一个月武都台的地电阻率有一明显的加速下降异常，但这次汶川地震并没有出现类似的情况。通过对地磁观测资料的处理分析，没有发现与汶川地震孕育相关联的显著异常变化。

5. 宏观异常调查情况

对震前宏观异常总结和震后科考调查结果表明，汶川地震宏观异常比较突出，异常类型与以往大震表现有相似之处。从空间分布来看，主要沿龙门山断裂带集中分布，但从异常出现的时间短，主要集中在震前 10 天左右，占总宏观异常数的 90%，震前 3 天占 50%，而震前 6 个小时宏观异常最为突出。

二、主要认识

从大时空尺度来看，在汶川大地震前作为反映强震背景异常的趋势性变化明显，且时间长。部分观测提供了强震地点判定的参考依据。但基于现有观测的短临异常从数量、规模都难以甄别和发现大地震的短期危险性。

根据 GPS 观测获得的震前地壳变形与同震应变释放的地壳变形不对应性等特征，分析认为，汶川大地震的应变积累是一个漫长的而且是非线性的过程，但在孕震后期不仅龙门山断裂带全线闭锁，且可能存在震源区域弹性应变达到极限后难以变形（介质“硬化”）的相持阶段，可能导致短临异常不突出。

不仅要从大时空尺度研究大地震的孕育过程，发现应力应变积累达到极限的危险地带，而且需要进一步研究大地震的触发因素及其相应的观测技术。

“十一五”国家科技支撑计划项目：地震防御与应急救援技术研究

本项目执行年限为2006～2009年；依托单位及负责人为中国地震局地球物理研究所，高孟潭。开展重点地区（甘青川地区、南北天山地区和华北地区）活动断裂带的野外调查与典型断裂带的分段初步研究。针对潜在震源区三级划分进行了研究，并取得了一定的结果。

（1）提出不同复发模式下大震平均复发周期的定量评价模型和基于地震活动性资料的大震年评价发生率评价方法。以多学科观测资料为基础，强震的应力累积释放模型和活动断裂三维非线性滑动摩擦有限元模型，开展数值计算试验。

（2）选用7级以上强震的强震记录，研究了大震衰减关系；研究了我国不同构造区非弹性衰减特征及其横向变化。初步研究了中国西部地区的地震烈度衰减关系。

（3）开展场地力学参数的不确定性及影响分析，提出地震区划场地地震动参数值的初步调整方案。

（4）系统研究了中国大地震、中等地震和小地震之间的比例关系，开展了示范区的地震区划研究。

（5）依托本课题的研究成果，依托所获得的最新资料和最新认识，针对龙门山断裂带的分段性和活动性、潜在震源区划分、大震复发周期等关键问题进行了充分研究与论证，对汶川地震灾区地震区划图进行了修订，国家标准化管理委员会以GB 18306—2001《中国地震动参数区划图》国家标准第1号修改单的形式于2008年6月11日批准实施。

（6）研究了建筑结构的地震可靠性和现行建筑抗震设防原则的合理性和可靠性，发展了拟合多阻尼反应谱的人工地震动时程合成的时域叠加法，发展了震源与地震波传播、盆地效应分析相结合的近断层地震动模拟方法。

（7）计算分析了近断层速度脉冲地震动作用下钢筋混凝土框架结构地震反应的特点，提出了一种高效提取表征结构损伤特征弱信号的方法，探讨了结构双向水平地震动输入问题，计算分析论证了结构地震反应分析中双向地震动峰值比例的合理取值。

（8）完成了形状记忆合金（SMA）绞线—叠层橡胶复合隔震装置支座大变形特性振动台试验，研制了一种将碟形弹簧内置于密闭油缸中的竖向隔震装置，形成了能实现三维隔震的复合装置。

（9）提出了新的震害图像增强算法及其软件集成，完成了震害增强组合模型的模型抽象、程序研制与集成，开展基于多特征的面向对象影像分析方法研究，提取震害信息。

（10）开展了现场搜救行动方案优化技术和相关技术系统研究，初步完成了搜救目标的分类评估与优选模型研究，给出了采用决策分析表的方式，进行目标优选的模型。

（11）完成了地震灾情监控仪总体设计和软硬件模块设计，完成了部分软件模块的研制。

（12）开展了结构震害三维模型研究，分析了钢筋混凝土框架结构典型震害特征，开展了不同类型结构震害三维模型建模研究，实现了灾情模拟。

（13）完成了智能化电磁波生命探测装备的总体设计和部分模块的研制。

（14）完成了结构形变峰值测试仪设计，生产了第二代样机。

科技部973项目：城市工程的地震破坏与控制

一、近场强地震动的破坏作用及其空间分布规律

在地震动速度大脉冲形成机理方面，通过数值计算发现地震动的速度大脉冲是由断层的位错引起的，与地面的永久位移高度关联，与断层的破裂速度等关系不大。在地震动侧移谱方面，研究表明高宽比对结构的动力特性有显著影响，重力等竖向载荷对高耸结构的地震反应有时会产生明显影响。对5·12汶川大地震的近场强地震记录进行了初步分析，表明断层附近的加速度峰值很大，个别台站接近1g；地震动持续时间较长，平均为160s；水平向加速度的主要频率平均在6Hz以下，竖向加速度的主要频率平均在6Hz以上；近断层处的加速度峰值的竖向分量最大值达到水平向分量的2.5倍。

在近场地震动数值模拟方法方面，提出了一种高精度且稳定的内域波动数值模拟显式方法，结合人工边界条件和并行计算方法，建立了近场地震动有限元数值模拟的技术路线，对西安和长春市设定地震下地震动场进行了预测应用。

在土体本构关系方面，研究了砂土的剪胀性，建立了一个能够描述砂土剪胀性以及循环特性的本构模型，并采用我国17个省24个城市和地区的588组土样进行非线性实验，给出了动剪切模量比和阻尼比的不确定性分析结果，揭示了典型应变下动剪切模量和阻尼比变异性规律。

二、城市多龄期建筑的地震破坏过程与倒塌机制

具体的相关研究为：完成了8幢典型建筑结构整体结构模型振动台试验，这些典型建筑的结构形式包括：大空间混合结构、连体混合结构、高位连体混合结构、长悬挑混合结构、超高层混合结构和异形筒体框剪结构等。完成了3次原型结构现场实测实验，其中2次是对同济大学进行的某厂房三层框架结构进行的原位推覆试验，1次是利用中国神华宁煤集团大峰露天煤矿羊齿采区上部水平爆破工程对距爆心分别约500m和1200m的两个测点三座房屋进行了爆破震动影响监测。在汶川地震发生后，利用同一地区不断发生余震的机会，完成了汶川地震余震中4栋建筑物的现场原型观测。

在结构地震反应全过程模拟方面，首先提出了结构时频谱反应分析方法，以及随机子空

间结构地震损伤识别方法，采用上述两种方法识别结构的动力特性及其地震累积损伤。

在破坏与变形的关联方面，提出了需要同时考虑变形和滞回耗能的结构破坏的评价公式，并继续简化，利用地震动输入和典型的结构特性（例如自振周期、高宽比、刚度特征值）来表示结构的反应，可以方便地估算结构由于地震而造成的破坏和损失。

三、基础设施的破坏

在基础实验方面，开展了以研究土体本构关系和土体抗液化强度为目的的大量土工实验，验证了本项目利用理论推导提出的土体抗液化强度与其剪切波速的4次方成比例关系，提出了基于初始液化的地震液化剪切波速判别方法。5·12汶川大地震后，利用该方法调查了成都、汶川映秀等地区典型场地的地震液化，为震害原因调查和震后灾区重建提供了良好的依据。

在理论研究方面，针对混凝土的强度理论、土体的三维本构关系、土与结构的接触面特征和人工边界条件等开展了研究。基于摩擦材料的试验规律提出了可用于多种各向同性材料的广义非线性强度理论，结合混凝土材料的力学特性与宏观试验结果，建立适用于多种混凝土材料的广义非线性强度理论；基于 Hvorslev 面、当前屈服面和参考屈服面之间的相互关系，提出了潜在强度的概念，并将其与特征状态应力比一起引入到统一硬化参数中来，建立了超固结土的本构模型；首次提出了利用黏聚区域模型（Cohesive Zone Mode，CZM）来描述土与结构的接触面；针对城市地下基础设施地震响应分析的无限域能量辐射模拟及相应地震动输入问题，提出了一种高阶弹簧－阻尼－质量边界和配套的地震动输入技术；提出了一种新的设计地震动参数，以更好地适用于地下结构的地震反应时程分析，即地面峰值相对位移（PGRD），并且对 PGRD 作为设计地震动参数如何取得并用于设计进行了研究；最后借鉴地上结构抗震分析的 Pushover 方法的思想，提出一种适用于地铁等地下结构抗震分析与设计使用的 Pushover 分析方法，用以指导城市工程的抗震设计。

在数值计算方面，将显式有限元、离散元和有限差分法应用于基础设施的地震破坏研究，并注重对非连续变形的模拟，提出了在现有有限单元法框架内、基于数学网格和物理网格分离的强化有限单元法（Enhanced Finite Element Method，FEM＋＋）。

四、城市建筑地震破坏的控制原理与方法

在智能阻尼材料与智能减振系统方面，给出了磁流变液触变性的测量指标——触变环和触变指数，发现了纳米级颗粒能够明显提高混合液的触变性，且粒径越小、触变性提作用效果越显著；结合试验和有限元计算，建立了可准确考虑缸体与活塞间隙处磁场强度变化的磁流变液阻尼器阻尼力的数值计算方法。利用三个形状基本相同，材质分别为 Terfenol－D 金属、树脂基磁致伸缩复合材料以及压电陶瓷制成的驱动器，与同一参数的摩擦阻尼器复合，制成了三个阻尼力可调的智能摩擦阻尼器，完成了阻尼力及响应时间测试。

在新型被动耗能减振器及其性能研究方面，研究了支撑各组成构件设计参数的取值对全钢防屈曲支撑稳定性的影响和足尺十字内芯防屈曲支撑的抗震性能；提出并研究了一种无焊接新型的全钢防屈曲支撑和约束部件均采用金属圆管的轻型屈曲约束支撑阻尼器及其原理；研究了

结构拟负刚度阻尼减振方法和拟负刚度与黏滞阻尼混合减振结构的动力特性与减振效果。

在能量转化系统与主动控制系统方面，建立了永磁直流无刷电动机的数学模型与基于电磁阻尼器的 TMD、半主动 TMD、AMD 和蓄电池储能控制系统的数学模型；无阀伺服系统的电机控制部分、液压动力机构和液压执行机构的数学模型，进而建立了无阀伺服作动器的数学模型；从单自由度结构出发，给出了最大允许时滞量的解析表达形式，并对多自由度时滞量的确定进行初步探讨。

在结构非线性振动的智能控制方面，针对设置层间控制器的结构非线性振动控制问题，提出了结构非线性振动的自适应模糊滑模控制算法，并采用模糊系统来消除滑模控制中的抖振现象，根据 Lyapunov 稳定定理设计出了相应的模糊控制器和自适应律；分析了提出的自适应模糊滑模主动控制力的特点，得出其适合用半主动控制算法实现的结论；针对设置 AMD 的结构非线性振动控制问题，根据 AMD 控制的特点，提出了相应的模糊控制算法；为解决结构非线性控制试验模型的可重复性问题，提出并实现了利用旋转式磁流变阻尼器模拟结构塑性铰的方法，并通过模型振动台试验，验证了本项目提出的结构非线性振动控制算法的有效性和可行性。

在结构地震破坏失效模式控制方面，提出了基于刚度阵奇异值和基于非线性静力分析的结构失效模式准则，提出了以残余变形及屈服后二次刚度为结构震后可修复性的指标；研究并制备了具有稳定二次刚度的钢－连续纤维复合筋（SFCB）新型增强材料，研究了该种材料及 SFCB 混凝土构件的初始弹性模量、二次刚度、屈服强度、极限强度、卸载刚度和残余变形等；研究了一种新型的悬挂减振结构，提出了悬挂剪切型减震结构分析模型和悬挂摆减震结构分析模型，研究了动态子结构法和减震结构参数设计的拟合公式；最后建立了多指标能力评价方法。

五、典型城市地震破坏模拟与预测

目前已经收集到有关唐山市的断层、土层、新唐山的建筑物详细分布图和旧唐山建筑物的统计信息、唐山地震震害的详细调查报告等。2008 年 5 月 12 日汶川 8.0 特大地震发生以后，一个由多学科专业人员组成的 20 多人的团队在一个多月的时间里对都江堰市所有的建筑物和城市配套设施进行了详细的地震灾后调查，同时对广元市进行了抽样调查，积累了大量的数据；编辑出版了《汶川 8.0 级地震工程震害概览》，为未来 3 年的城市层次的地震破坏模拟提供了大量的第一手资料。

在城市建筑物群体的地震破坏模拟与预测方面，利用美国 ATC 的资料，结合我国的地震震害资料，提出了我国城市建筑物群体地震损失的预测方法；采用包络界限凸集模型和椭球界限凸集模型描述地震活动性参数 b 值、年平均发生率 ν 和地震统计区震级上限 M_u 的不确定性，给出一种基于凸集模型的界限地震损失估计方法。值得说明的是，利用本项目提出的建筑物群体地震损失的方法在汶川大地震之后给出的损失估计为中央政府调动救援力量提供了决策的数据。

在城市地震破坏的模拟系统方面，提出了地震工程科学大平台的思想，并就架构设计、系统的模块化、数值模拟系统的细化和示范平台的建设等给出了详细的设计和计划。平台建设所需要的硬件设备已经到位，并初步构建了模拟系统。

项目组成员共发表核心期刊文章151篇，其中SCI检索23篇、EI检索31篇，出版著作3部，获得国家专利11个。

（中国地震局工程力学研究所　李山有　朱晓力）

国家重大科技基础设施项目：子午工程建设进展

东半球空间环境地基综合监测子午链工程（简称子午工程）沿东经120°子午线附近，利用北起漠河，经北京、武汉，南至海南并延伸到南极中山站，以及东起上海，经武汉、成都，西至拉萨的沿北纬30°纬度线附近现有的15个监测台站，建成一个以链为主、链网结合的，运用地磁（电）、无线电、光学和探空火箭等多种手段，连续监测地球表面20～30km以上到几百千米的中高层大气、电离层和磁层，以及十几个地球半径以外的行星际空间环境中的地磁场、电场、中高层大气的风场、密度、温度和成分，电离层、磁层和行星际空间中的有关参数，联合运作的大型空间环境地基监测系统。该项目是目前国际上跨度最长，手段最多的空间环境监测系统，受到国际社会的普遍关注，并为国际子午圈的重要组成部分。项目的建成将有助于了解空间环境中的灾害性空间天气的变化规律，逐步弄清我国东临大海、西有青藏高原、中有地震多发带这一地域特色所造成的我国上空空间环境的区域性特征和全球变化的关系，带动我国空间物理学、地球物理学、大气物理学、太阳物理学、等离子体物理学、非线性科学和计算数学等主要基础学科的发展，减少或避免空间和地面技术系统以及人类健康遭受灾害性空间天气的损伤和破坏，提高我国空间天气预报能力和服务水平。

子午工程由中国科学院牵头，教育部、信息产业部、中国地震局、国家海洋局、中国气象局等六部委共12家单位共同建设，工程总投资16728万元，2008年开工建设，2010年投入试运行，建设周期为3年。

子午工程分空间环境监测、数据与通信、研究与预报三大系统。空间环境监测系统由地磁（电）分系统、无线电分系统、光学分系统和探空火箭综合监测分系统构成，用于监测我国境内东经120°子午链和北纬30°纬度线上空的空间环境。数据与通信系统由通信网络分系统和数据库分系统构成，系统以大型专用数据库为核心，以面向科学数据和事务管理的计算机系统为主体设施，利用公用或相关业务部门的专用通信网络作为信息主通道，是一个面向用户的、可实现国际数据交换的科学支撑平台。研究与预报系统由科学运行分系统、研究建模分系统和预报服务分系统构成。科学运行分系统包括科学运行办公室、国际合作办公室、多功能演示厅、学术活动厅；研究建模分系统包括研究与建模虚拟平台（研究平台、建模平台）和专用高性能计算平台；预报服务分系统包括民用预报服务平台等。

作为空间环境监测系统的重要组成部分，地磁（电）监测分系统由中国地震局地球物理研究所主要负责，内蒙古局、吉林局、山东局、湖南局、广东局、海南局、西藏局、四川局、湖北局、浙江局和中国科学院地质与地球物理研究所参加共同完成漠河、满洲里、长春、马陵山、邵阳、肇庆、琼中、拉萨、成都、武汉、杭州、北京、三亚和南极中山站等14个地磁（电）监测台站和局地球物理所、院地质与地球所两个节点站的建设，其中中国地震局地球物理研究所承担10个中国地震局所属台站和地球物理所节点站建设任务，中国科学院地质与地球物理研究所负责4个中国科学院所属台站的建设任务。

地磁（电）监测分系统主要配置磁通门磁力仪、感应式磁力仪、大气电场仪、地电场仪、磁通门经纬仪（DI仪）和overhauser磁力仪共6种主要观测设备，实现地基附件地磁（电）场的观测。

2008年1月5日，国家发展和改革委员会副主任张晓强和中科院党组成员阴和俊共同为子午工程开工仪式剪彩，中国地震局副局长岳明生、局地球所高孟潭副所长参加了开工仪式，标志着子午工程正式进入实施阶段。会上由所有参建单位领导签署了数据共享协议，各级领导对整个工程项目表示高度重视，并明确给予大力支持。在地震局监测预报司的组织下，2007年12月在局地球所召开了地磁（电）监测分系统开动动员大会，地震局监测预报司领导、局地球所有关领导、子午办总经理及其他成员、参建省局领导、参建台站技术人员、项目组成员等40余人参加了会议，会上对项目的管理、实施、财务、档案、质量、招投标等各个方面进行了详细的讨论和部署，争取保质保量地圆满完成建设任务。

为了更好地完成建设任务，地震局监测预报司组织成立了专门的工程实施管理机构，对建设过程进行管理。工程实施管理机构由工程领导小组、工程实施组、工程财务组和工程质检组构成。工程领导小组由地震局监测预报司主管领导、局地球所主管领导和业务管理部门领导、工程实施组组长、工程财务组组长和工程质检组组长组成。工程领导小组下设领导小组办公室，负责工程领导小组日常事务。工程实施组由工程项目负责人、项目组成员、各协建省局主管领导、台站主要技术负责人组成，负责工程的实施。工程财务组由局地球所财务管理部门领导及相关财务人员组成，负责招投标、财务核算等工作。工程质检组由局地球所审计管理部门领导、技术专家组成，对工程的实施进行监督。

2008年是子午工程开工建设的第一年，也是整个工程建设中最重要的一年。一年来，经过项目组和10个共建省局、台站相关人员的共同努力，工程建设各项任务都取得了重要进展，较好的按进度完成了各自承担的任务，为下一步工作的完成打下了坚实的基础。

在土建方面，完成了6个台站的改造任务，有3个台站改造已接近尾声，1个台站到2009年4月底完成。

先后组织了5次研讨会，进行了规范的编写，完成《场址勘选标准规范》、《观测设施的技术与施工要求》、《观测设备接口与安装暂行标准》、《台站和网络试运行标准》、《系统集成规范》、《数据管理与交换规范》、《数据处理规范》、《数据通信规范》、《验收标准》九个规范的初稿和校稿。

通过中央政府采购网网上竞价、中国地震政府采购中心公开招标等多种方式完成了大气电场仪、地电场仪、overhauser磁力仪、磁通门经纬仪（DI仪、感应式磁力仪的采购，磁通门磁力仪、节点站设备的采购也即将完成。

2009年度将完成全部工程建设任务，力争地磁（电）监测分系统实现试运行，为子午工程其他系统的试运行奠定基础，为子午工程二期的申请和立项发挥重要作用。

（中国地震局地球物理研究所　王喜珍）

科技部－国家科技支撑课题：重大工程地震参数确定技术研究

一、抗震设防要求与地震动输入关键技术

基于历史震害资料（易损性矩阵分析资料），对现有建筑结构的地震可靠性进行了分析，探讨了现行建筑抗震设防原则的合理性和可靠性，研究表明采用“中震可修”设防原则开展建筑结构抗震设防，并进行“小震不坏”和“大震不倒”的抗震验算，可以更为经济有效地实现“小震不坏、中震可修和大震不倒”的设防目标；对比分析了中国、日本、美国、英国、挪威的相关管道抗震规范，指出当前的管道抗震设计正由应变设计向性能设计的方向发展，并提出了两级抗震设防的思路，而第二级以管道不发生泄漏为抗震设防目标，对管道的地震安全性评价工作提出了更高的要求。

发展了拟合多阻尼反应谱的人工地震动时程合成的时域叠加法，建立了同时拟合目标加速度反应谱、目标峰值速度及目标峰值位移的人工地震动时程合成方法；提出了基于概率地震危险性分析结果进行分解的原则和方法结合地震构造背景，确定设定地震及其地震动参数的技术思路与方法；发展了震源与地震波传播、盆地效应分析相结合的近断层地震动模拟方法，并结合兰州市、南京市、上海市、西安市、长春市、拉萨市等6个城市活断层地震危害性评价实际工程，开展了近场地震动模拟方法的应用研究；对我国规范砂土液化判别式的回判成功率和对地震液化预测的成功率进行了研究，分析了现有一些判别方法结果的合理性及方法的适用性。

二、特殊地震环境下复杂结构抗震性能评价关键技术

改进了多维地震动空间相关模型和地震动合成方法，为空间结构地震动输入的非一致性特征及其影响分析提供了方法；计算分析了近断层速度脉冲地震动作用下钢筋混凝土框架结构地震反应的特点，研究表明反应谱能够较好地反映含速度脉冲地震动对结构弹性地震反应的影响，但当结构地震反应进入弹塑性阶段后，反应谱将不能充分体现出速度脉冲对结构地震反应的贡献，并结合振动台试验及结果分析，对结构在脉冲型地震作用下的反应特征开展了进一步研究；应用改进 HHT 技术，提出了一种高效提取表征结构损伤特征弱信号的方法，基于模型试验及实桥测试分析检验了方法在工程结构损伤识别中应用的适用性和可靠性；探讨了结构双向水平地震动输入问题，计算分析论证了结构地震反应分析中双向地震动峰值比例的合理取值。

三、大震近场工程结构减隔震优化技术

分析了脉冲型地震动作用下实际高层建筑分别采用基底隔震和层间隔震措施的非线性地震反应特性和规律，探讨了高层建筑结构的隔震优化设计方法；完成了形状记忆合金（SMA）绞线－叠层橡胶复合隔震装置支座大变形特性振动台试验，分析了此复合隔震装置的隔震性能；研制了一种将碟形弹簧内置于密闭油缸中的竖向隔震装置，并将此竖向隔震装置和叠层橡胶支座合理组合，形成了能实现三维隔震的复合装置，并针对一层单跨钢框架结构模型计算分析了复合三维隔震装置的控制效能；分别针对简支箱梁桥、大跨刚构连续梁桥（包括高低墩桥梁）和大跨斜拉桥等不同结构形式的桥梁，开展了主动控制、半主动控制和被动控制形式的减震效果计算分析，探讨了它们的减隔震效果和特点，研究了不同结构形式和减隔震方式对于近断层地震动环境的适用性问题，提出了减隔震装置优化布置的方案和建议；依据大量试验资料分析了砌块墙片的强度和变形，建立了四折线恢复力计算模型；发展了基于钢管混凝土柱隔震系统，并分析了应用该隔震技术的混凝土砌块砌体结构基础隔震系统的抗震性能及优化技术。

（中国地震局工程力学研究所　李山有　朱晓力）

利用卫星热红外信息研究南北地震构造带现今活动

一、重要的认识和结果

利用卫星热红外信息研究断层现今活动具有极强的探索性，面临着多方面理论与应用上的困境，需要多学科的综合研究。本项目在改进实验观测技术和引入新的卫星数据产品基础上，通过理论分析和实验观测，结合野外进行了综合研究，获得了一些重要的认识和结果。

（1）实验技术上进行了三方面改进。从热象观测发展到热像与铂电阻接触测温系统结合观测，前者得到的图像它随时间的变化，温度分辨率低（0.06K），时间上采样间隔较大（12.5 帧/s）；而后者温度分辨率为 5mK，采样频率为 5Hz。技术上改进使对热场随应变的变化更加清晰。标本的应变观测由应变片观测进展到数字散斑相关测量方法对样本表面变形进行观测。传统的应变观测元件本身发热，对热与变形观测难以在一次实验中进行，影响了应变场与热场的对比。数字散斑相关测量方法的引入，改进了应变场与热场的对比分析。数字散斑相关方法（Digital Speckle Correlation Method，简称 DSCM）又称为数字图像相关（Digital Image Correlation，DIC）方法，是实验固体力学中一种变形场测量方法。DSCM 以散斑图像中的随机斑点结构为变形信息载体，用图像区域灰度匹配的方法跟踪数字图像上点的运动，获得位移场。将位移场平滑后进行数值微分，获得应变场。DSCM 观测系统包括硬件

部分和软件部分：硬件部分采集加载过程中试件表面矿物颗粒的颜色差异形成的斑点结构的“天然”散斑场图像及其他有用信息，软件部分对实验过程中采集到的图像进行分析得到位移场和应变场。用数字 CCD 相机直接采集模型试件表面的数字图像。通过软件处理，得到实验中不同像素点的位置随时间的变化。建立了注水设备。以往的实验均在无水条件下进行。而水在变形中的作用，是自然界不可回避的问题。为实现向断层区注入可控承压水，了解断层内承压水对断层活动性的影响，在实验室内搭建了一套可控压力的双向流体增压系统，包括动力增压机械系统和计算机控制系统（手动和伺服控制）两大部分以及真空泵。此项进展为下一步开展含水标本的实验创造了条件。目前，已开展了房山花岗岩样品有/无水试样的阻抗变化研究，并取得初步结果。

（2）根据热力学原理、弹性介质理论和理想材料与岩石样本力学实验，以及野外对比分析，对应力应变与温度响应之间的物理规律进行了系统研究。获得了较为明确的结论：在弹性变形阶段，温度变化只与体应变变化成正比，纯剪应变不引起温度变化，即样本的形状改变并不引起温度变化。标本处于挤压状态，体积变小，温度上升；标本处于拉张状态，体积增加，温度下降。这较好地解释了标本在受力的条件下，压性雁列岩桥区温度最高，而张性雁列岩桥区温度最低。并在新疆钻孔应变与地表热红外辐射对比中得到检验。

（3）研究发现热场在时间上和空间上与应力、应变场的关系密切，不同阶段主导增温机制不同，热象分布形式也发生相应变化。压性雁列和张性雁列处于相反的构造应力状态，判断断层错动方向和断层活动情况，只有从不同雁列部位的温度变化中发现。在雁列岩桥区可能观测到较多的失稳前兆。

（4）引入 MODIS 地表温度产品，获取了可作为地表温度正常背景值的年变基准场；研究了温度与海拔和纬度之间的变化关系，可用来校正地形（高程）和纬度变化对地表温度的影响；利用小波正交分解技术获得了与构造活动密切相关的地表温度年变殘差长周期成分，并对获取可反映地下热信息的物理指标作了初步探索，为后继研究工作进行了铺垫。

（5）本项目在南北带可能发生强震的认识基础上进行。汶川地震前论证了南北带发生强震的可能性和观测到巴颜喀拉松潘块体张性应变集中现象共存，震后注意到发生强震的龙门山断裂带与其他地区在热象时空演化过程上的特点。并且注意到改则地震、于田地震与龙门山断裂带之间存在明显的远程呼应关系。龙门山断裂是一个应力水平很高的地区。多次出现高应力现象，但是是否发震与应力的水平无直接联系。

二、研究成果的意义

研究表明，温度的变化只与体积变化有关。在失稳阶段引起的热变化是由摩擦滑动引起的。因此在地壳常态应变（弹性应变或小应变）状态下，从热红外观测到的不是剪应变，而是体积变化。进而，寻找地震前兆应该从体积变化的分布上去发现，而不是剪应变。热象观测到的体积变化高值区，只能说明区域平均应力水平高，与断层失稳错动无直接关系。要了解断层是否错动不是从沿断裂带是否出现一条高温带，而是需要从断层上存在体积变化的构造部位的温度变化上寻找。

目前地震系统的观测大多是台站式的观测，这是一种点的观测。点与点之间相距甚远，很难建立其间的联系。而地震研究需要一个能显示应力场时空演化的手段。在建立了热场与应力、应变场关系的基础上，卫星热红外信息成为可以利用的手段之一，应用前景逐渐明朗。

（中国地震局地质研究所　马　瑾）

科技部－科技支撑课题：现场灾情监控与救援装备研究

一、地震灾情监控仪研制及布控技术研究

已经完成了监控仪各软、硬件模块的设计；智能电源、视频采集、GPS 和地震动、火灾、有毒气体（3 种）数据采集等模块的软、硬件实现与单元调试；智能控制单元硬件和总体测控程序的设计与实现；以及基于数据库服务器和网络服务器的灾情监控仪测试平台设计与实现。

结合汶川地震现场的实地考察，对监控目标类别进行了分类研究，得出了初步分类结果，给出了初步分类原则。进行了图像配准方面的研究；对地震发生后获取房屋的破坏情况、产生的火灾等次生灾害进行了判别方法的研究，通过图像识别，对火灾的判别方法提出了一些新的思路；对地震灾情监控仪选址原则进行了进一步研究，提出了一些建议。完成了灾情监控系统布设及安装规范的初步编制。

二、现场灾情场景模拟技术研究

已经完成了不同类型结构在不同强度地震动作用下破坏程度的预测新方法研究。

收集分析了多个地震中各种结构形式的震害图片及相关资料，完成了各种结构震害按地震名称的分类。包括不同类型结构震害图片的收集、分类、整理。不同类型结构典型破坏特征的提取、分析，不同类型震害特征的图形表征和三维建模技术研究等。

开展了不同类型震害特征的图形表征方法和三维建模技术研究；初步设定灾场的元素组成、场景的组织方式，完成了地震现场灾情场景的初步设计；初步确定场景演示系统的主要功能、模块组成、实现方法和技术流程，基本完成了场景演示系统的架构设计；确定了开发方案，建立了开发环境，初步实现了灾前场景的建立和显示。

三、智能化电磁波生命探测技术与装备的研发

研究了超宽带电磁脉冲的传播特性，完成超宽带电磁波的时域波场分析、波场衰减特性分析、波场散射特性分析，研究了大地介质中以及穿墙探测试验中理想导体对超宽带电磁场

的散射特性，得出了超宽带脉冲在探测方面的优越性。

完成了隔墙（地下室）人体探测三维数值模拟研究；完成了多目标识别与定位 MUSIC 算法研究；完成了人体目标模型及编码技术在超宽带雷达中的应用；完成人体生命特征探测实验；完成模拟人体胸部随呼吸变化而起伏状态下的响应，从响应信号中提出人体回波，检测到活体目标的微动响应。

设备样机中的射频信号发射机和接收机，超低频信号预处理器这 3 种硬件已经分别装配、调试，基本达到设计指标，后面的算法已做了仿真和实际信号研究，经联合实际测试，可在实验室环境中有效探测隔墙后 1 米的人体，但结果还不能达到任务书的要求，需进一步优化和改进。

四、现场结构形变峰值测试仪研制

选取典型框架结构进行弹塑性地震反应分析。对（9 层混凝土框架结构）的福建省防震减灾大楼进行了弹塑性地震反应分析，重点摸索梁端和柱端塑性铰出现时刻、位置和最大变形量。

峰值形变仪设计。经过反复推演、试验、计算，完成了峰值形变仪的参数分析，提出了主要参数的取值范围，完成了机械加工图纸设计、样机检验、修订、再生产，目前第二代样机已经完成。研究了峰值应变仪的优化布置方案，完成了峰值应变仪标定实验的混凝土框架结构模型的制作。

五、现场救援技术标准与救援行为系列规范

完成了 2007 版“地震灾害紧急救援训练与考核大纲”的编制。该大纲充分借鉴了国际、国内救援经验，根据《国际搜索与救援指南和方法》，比照《陆军军事训练与考核大纲》，为规范地震灾害紧急救援队训练内容、时间与标准，提高救援能力，提供了最基本的管理和技术指南。该大纲适用于国家地震灾害紧急救援队（中国国际救援队）和省级地震灾害紧急救援队，是指导地震灾害紧急救援队伍训练的基本依据。主要内容包括：共同训练、分业训练（由搜索训练、营救训练、救援保障训练、医学救援训练、救援指挥训练、灾害评估组成）、协同训练、体能训练。

完成了《地震灾害紧急救援演练指南》主体框架初稿，完成了《建筑物倒塌现场救援基本行动程序》主体框架初稿，完成了《地震灾害紧急救援行动辅助决策规则》中相关理论模型的研究。分析了建筑物结构类型和倒塌类型的关系，完成了以建筑结构类型为基础的废墟类型划分方案，并对各类废墟的破坏特点进行了分析总结。

（中国地震局工程力学研究所　李山有　朱晓力）

地震预测研究所研发精密可控震源装置并投入实际观测

我国的破坏性地震主要发生在地下 5～25km 深的地方，了解这一地区的详细结构，动态地监测这一地区的结构参数（如波速 V_P、V_S 等）的变化，对判断这震源区是否正在孕育地震，并进而预测地震是非常有意义的。要全面地、高分辨地、动态地监视一个地区的地下细结构，依靠天然地震和人工地震资料反演。

天然地震在时间、空间上是不确定的，所以要用天然地震方法了解一个地区的结构常常需要积累几年甚至几十年的台网观测数据，才能有足够的数据求得地下结构模型，这个模型是在数据积累时期内的平均值，因此，要想达到"动态"监视，了解其"变化"是不可能的。另外由于天然地震在空间上分布的随机性，震中远近不一，反演时造成数据的不完备，其结果往往是不唯一的，用反演所得的模型精度和分辨率较低。

利用人工震源可避免天然地震的这两个缺陷。在时间和空间上都是可以人工控制的，但是人工爆炸一方面成本很高，另一方面爆炸造成环境的破坏，已不允许在人口稠密的城市中进行。地球物理勘探的车载可控震源主要用于地下资源勘探，其探测的距离和深度有限，一般还达不到地震层内深度 10～25km。另外为了做到动态监视，震源应是常时工作的，即在监视时间段内，持续发震或引爆，以上两种人工震源是很难动态监视的。精密可控主动地震震源即精密可控常时震源，是 20 世纪末发展起来的人工震源系统，其主要目的是持续、动态大面积地监测地下结构，目前正逐步走向实用化。

精密可控地震震源系统是通过精确控制的旋转质量体为动力源，在指定时间，产生与设计模式一致的振动信号。在地震预报中使用的基本思想是，通过精密可控主动地震震源系统，对关注区域较长时间的低能量强度输入，采用的记录设备和记录数据处理方法，把这种长时间低能量强度记录转变成可以用于反演地下结构及物性参数的形式。由于对地输入的能量强度比较低，对环境没有任何破坏，使用范围得到了大大拓展。同时，由于振动源是精密控制的机电设备，可以保证运行的重复性。目前试验表明，这种震源的作用水平距离可达到数百公里，深度可达地幔。综上，精密可控地震震源具有时间、地点、震源函数是严格已知，可重复，安装使用范围广泛等特点，特别适用于地震预报需要对地震危险区域进行地下精细结构研究及其动态变化监测。

一、精密可控地震震源的研制情况

中国地震局地震预测研究所地震观测技术研究中心与北京港震机电技术有限公司合作，自 2001 年开始研制精密可控地震震源，2002 年研制成 4 吨力的旋转式地震震源，并在十三陵地震台进行功能性试验，取得了初步结果。2004 年开始研制 5 吨力的水平线性力的地震震源，线性力的产生是由两个相位差180°的旋转震源合成的，在技术上比单个旋转式地震震源难度大得多。样机研制成以后，进行的试运转表明，研制方案是可行的。2006年开始研制2吨垂直线性力的地震震源，次年，其样机又在北京的怀柔县现场试验，在数公里的距离上能记录到波形信号。在此基础上，2007年初开始研制40吨力的垂直线性力的地震震源，2007年新研制的40吨力震源安装在河北省沽源县的九连城镇，并开始试运行。

二、精密可控地震震源的观测试验

为了检验精密可控地震观测系统的理论与方法，我们对安装在河北省沽源县的九连城镇的40吨力震源进行了系统的功能性试验和地下结构测试试验，震源在从2008年5月9日到5月18日的10天内运转了126个周期，所有测点均取得了合格的观测数据。

试验中得到的观测数据，经过匹配滤波实现波形变换，再把变换得到的每道126次记录波形叠加在一起，得到精密可控地震震源观测剖面图。中国地震局物探中心于1996年实施H－21剖面深部地震探测时，在精密可控地震震源的西南方向，进行过一次爆破，得到了150km内的剖面。二者形成的剖面具有可比性，地下介质结构是相似的。

经过以上所述的多次试验可以初步得出下列结论：

（1）精密可控地震震源系统可以在150千米以上的范围内取得有效的数据记录，从中可以提取多种地震震相的走时，用于地壳介质的运动学特征研究。

（2）精密可控地震震源系统由于震源的可长期运行、高度可重复性，是监视地下介质结构及物性变化，了解地震孕育、发生过程与状态的有效手段，目前的尝试主要限于走时变化。

（3）精密可控地震震源对地输入能量强度较低，架设环境比较宽松，其对于在人口密集区、城市、水库及地震危险区地下介质物性探测、监测等方面都具有实用性。

（4）对于每一个测点，精密可控地震震源系统可以精确测定各震相走时变化，在200sps采样率下，采用全波拟合的办法，这种精度可以达到1ms以上。

在以上工作的基础上，结合速度结构反演，可以比较准确地确定介质速度及其变化，进而比较准确地确定介质的波速比、泊松系数、拉梅系数及其变化等。而这些参数的变化直接反映出介质内应力状态，特别是剪切系数，对介质性质变化比较敏感，对于监视地下介质结构的动态变化很有意义。

三、进行实际观测

为了探讨精密主动监测在地震科学考察中的应用，为物理地震预测提供依据，在中国地震局汶川地震科学考察的框架内，为确定汶川震区未来地震活动的发展趋势，预测所地震观测技术研究中心、数字地震学应用研究室组织实施了汶川地震震区精密主动观测，开展该区域内地下介质速度变化的研究。2008年11月21日在位于汶川震区南端的雅安、宝兴一带开展正式观测，震源设在雅安市的望鱼镇，测线由此开始向西北方向展布长度约120千米，共架设了27套流动数字地震仪器，开展两个月的实际运行观测。

研究人员多次前往试验现场，取回大量的观测记录数据，并对纪录数据进行了处理，完成波形变换、叠加分析、形成时间波形系列，完成部分测点的走时变化计算。已经取得的结果表明，精密主动地震监测系统可以监测到因潮汐引起的地震波速度变化，表明该系统具有足够的走时变化测量精度，完全可以监视断裂带内介质参数变化。此外，还记录了大量的发生区域内及其附近的地震事件数千次，为了解该地区地下介质结构和地震活动性积累了大量的有效资料。

需要说明的是，现在的精密可控地震震源发出信号的频带是比较窄的，这在一定程度上影响了计算得到的变换波形的形态，这个问题对于波形的走时采集不构成影响，同时，信号的频带扩展在技术上不存在困难，只是由于目前开展的试验还处于比较初级的阶段，尚未开展扩展频带方面的工作。

精密可控地震震源系统已经取得了进展，具有发展潜力，有望为地震学研究带来新突破。

（中国地震局地震预测研究所　庄灿涛）

中国大陆构造环境监测网络项目进展

中国大陆构造环境监测网络（以下简称“陆态网络”）是以全球卫星定位系统为主，辅以各种空间技术、精密观测技术，实时动态监测大陆构造环境变化，探究其对资源、环境和灾害的影响的地球科学综合观测网络。该项目在原有地壳运动观测网络基础上，建立由基准网、区域网、数据系统三大部分构成，高时空分辨率、高精度、多尺度、实时和多种卫星定位系统兼容的地面观测基础设施，为地壳运动及动力学、地震预报和灾害性天气形成机理研究提供基础数据，同时服务于军事测绘和大地测量，以及社会减灾和国民经济建设。2007 年 12 月，工程正式开工，2008 年度项目进展如下。

一、工程设计进展

1. 施工图设计

陆态网络基准网、区域网和数据系统在建设过程中严格依据国家发改委批复的初步设计和项目概算，进行施工图设计和实施方案的编制，并经地壳工程中心与招标选聘的中国电子工程设计院论证和批复后施工。截至 2008 年底，完成了 231 个新建 GNSS 基准站施工图的设计、审核和修改工作和 27 个已有 GNSS 基准站的改造方案设计。

2. 技术设计

陆态网络基准网、区域网和数据系统技术设计，严格依据国家发改委批复的陆态网络初步设计、《中国地壳运动观测技术规程》进行。截至 2008 年底，GNSS 基准站根据用电、通讯和用途，分四类（高电专线类、市电卫通类、太阳能卫通类、核心站类）进行了技术设计；连续重力站分洞体型和地下室型两类进行了技术设计；上海和乌鲁木齐2个VLBI站，上海、长春、房山、武汉、昆明和西安等6个固定SLR站以及武汉流动SLR站全部提交了技术设计和改造实施方案。包括详细的改造目标、改造内容和设计方案、改造设备清单、改造进度、投资计划等。地壳工程中心组织专家进行论证，批复了上述技术设计方案，各项工作正在全面展开。

二、建筑工种进展

截至2008年底，233个新建GNSS基准站开工188个站，完成92个站土建，另外45站正在紧张进行施工前的各项准备工作。27个改造GNSS基准站改造方案设计即将完成，改造工作即将展开。

30个连续重力站开工23个站，完成8个站土建，另外7站正在加紧施工前的准备工作。

1000个GNSS区域站完成966个站土建。区域网70个InSAR人工角反射气站点的土建全部完成。

三、设备采购进展

1. 设备选型

（1）GNSS接收机选型测试。从2008年7月起，地壳工程中心邀请国际上主流品牌的GNSS接收机在唐山GNSS鉴定场进行了为期近5个月的GNSS接收机天线相位中心和运行稳定性对比测试及混用效果测试工作，从技术角度全面考察了各品牌仪器的性能和精度，为陆态网络项目设备采购提供真实可靠的技术依据。

（2）重力仪选型测试。2008年3～4月期间，以中国地震局地震研究所、中国科学院测量与地球物理研究所技术人员为主，会同共建各部门的重力专家成立测试小组，对陆态网络拟购买的加拿大SCINTREX公司的CG－5型重力仪和美国ZLS公司的Burris（贝尔雷斯）重力仪的技术参数和应用性能进行了测试。所得测试报告对重力设备招标提供了翔实的数据和选型依据，保证了重力设备的顺利采购。

2. 设备采购

（1）GNSS接收机采购。2008年9月，根据财政部关于GNSS接收机购买国产设备的要求，对陆态网络初步设计书中关于GNSS接收机（基站型、流动型）的各项技术指标和要求进行了整理和归纳，向目前国内有可能生产GNSS设备的所有厂家发送了正式而详细的调查文件，并安排了实际设备的测试事宜。根据调调研，专家组一致认为目前国内尚无满足陆态网络所有关键技术指标的GNSS观测设备，建议采购进口设备。为此，中国地震局发展与财务司向财政部报文申请采购GNSS进口设备。目前地壳工程中心编制完成了GNSS接收机招标标书，等待财政部的同意批复后开始招标。

（2）重力设备采购。2007年11月，按照陆态网络初步设计和国家发改委的批复意见，地壳工程中心委托地震政府采购中心以公开招标的方式，组织了重力设备的招标。本次招标的设备分为4包，分别为相对重力仪（台站型），相对重力仪（流动型），超导重力仪，绝对重力仪。因02包、03包和04包投标人均不足3家，按废标处理。向主管部门申请变更采购方式后，采用竞争性谈判方式确定了02包、03包与04包设备供应商。

3. 软件研发

2008年5月，按照陆态网络初步设计和国家发改委的批复意见，地壳工程中心采取内部招标的方式，在共建6部委内部组织了应用软件招标工作。本次招标的软件分为3大类，共计8包。前来设标的共建6部委下属科研机构（或高校）共10家。

2008年7月，地壳工程中心组织完成了商务谈判和软件研制合同的签署。陆态网络应用软件研发的起止时间为2008年6月至2010年3月。

（地壳运动监测工程研究中心　张　锐）

红河断裂带晚第三纪断裂活动“转换过程”微观研究

断层岩中蕴藏着断层活动的大量信息。通过详细研究红河断裂带断层面特征，断层岩微结构，断层物质的测年，以及磷灰石裂变径迹测年参数的变化，对红河断裂带晚第三纪从早期左旋走滑到晚期右旋走滑期间活动特征取得了一些新认识和重要进展。主要表现在如下几个方面：

一、红河断裂带中南段断层岩特征、FT测年及构造应力场演化

通过对红河断裂带中南段断层岩微结构的研究，部分典型样品的磷灰石裂变径迹测年（简称FT测年，以下同）和利用断层滑动资料反演构造应力张量的方法，获得了红河断裂带中南段断层活动转换过程微观特征的变化：

（1）断层岩主要有糜棱岩、断层角砾岩、碎裂岩和断层泥；

（2）FT年龄可分为20.7～26.1Ma、9.9～12.7Ma、6.8～8.4Ma和2～4.6Ma四个时段；

（3）构造应力场从中新世以来经历三期主要的变化，且断层岩微结构、FT年龄及构造应力场特征之间有一定的相关性。

出露在红河断裂西南侧的糜棱岩，其微结构特征主要有石英、长石波状消光，石英动态重结晶，长石和角闪石发生塑性变形，说明这种变形温度可能高于长石脆—韧性转换温度（450～500℃）。定向薄片中典型的书斜式构造、云母的反S构造等显示了断裂呈左旋剪切位移的特点。FT年龄为20.7～26.1Ma B. P.，表明这期间红河断裂带曾发生过一次构造热事件；出露在哀牢山变质岩和古近系、新近系地层接触带中的碎裂化糜棱岩，FT年龄为9.9～12.7Ma B. P.，其显微结构显示压性特征，书斜式构造和断层面上擦线倾角小于30°，反映断层为右旋走滑位错。构造应力场以北北东挤压，北西西拉张为主要特征，应力结构为

走滑型；出露在靠近红河谷一侧中新统、上新统地层中的碎裂岩，FT 年龄为 6.8 ~ 8.4Ma B. P.，微结构显示张性特征，共轭扭破裂、书斜式构造、断层面上擦线倾角在 35° ~ 45°之间，反映断层活动是以右旋走滑为主兼有正断分量的滑动。构造应力场以北东东拉张为主要特征，应力结构为正断型；出露在新近纪地层中断层面上或断层附近的碎裂岩、超碎裂岩，FT 年龄在 2.0 ~ 4.6Ma B. P. 之间，微结构均显示张性特征，断层面上的擦线倾角在 35° ~ 70°之间，表明该断层活动是以正断为主具有走滑分量，构造应力场以北东东拉张为主要特征，应力结构为正断型。

研究表明，红河断裂带新近纪以来经历过多期次的断裂位错运动。但在 9.9 ~ 12.7Ma B. P. 期间，红河断裂的活动应属右旋走滑、压性位错，应力结构为走滑型。而在此后的 6.8 ~ 8.4Ma B. P.，2.0 ~ 4.6Ma B. P. 的 2 期活动中，断层活动均是以右旋走滑为主兼有正断分量的滑动，构造应力场以北东东拉张为主要特征，应力结构为正断型。研究认为红河断裂带由早期左旋走滑运动转为右旋走滑的时间可能开始于 9.9 ~ 12.7Ma B. P.，而后又发生多期右旋走滑正断位错。

二、红河断裂带中南段糜棱岩分形特征及主要流变参数的估算

红河断裂带的西南侧出露一套经韧性剪切形成的糜棱岩，宏观上发育多种变形组构如构造面理、线理、S – C 组构等；微观变形特征有云母鱼、长石碎斑、长石和角闪石压扁拉长、碎斑旋转形成的压力影等；石英普遍变形，石英动态重结晶新颗粒尤其发育，重结晶的新颗粒边界具有锯齿状或港湾状等不同的微观特征，这些不同的特征记录了变形时的温压环境和流变速率。

采用面积 – 周长法，计算典型糜棱岩动态重结晶石英颗粒边界分维数，重结晶石英颗粒边界统计数据相关性大于 0.85，其分数维在 1.150 ~ 1.180 之间；将分维值投在 Kruhl 分形维与变形温度关系图上，显示糜棱岩变形温度约 500℃左右，变形温度相当于高绿片岩相到低角闪岩相；用“重结晶颗粒粒径压力计”估算糜棱岩的变形古差异应力在 42.0 ~ 58.0MPa 之间；取变形温度 500℃，用分形法计算公式获得应变速率在 10^{-8} ~ $10^{-8.4}s^{-1}$之间，属于中高应变速率。

红河断裂带构造岩主要有糜棱岩、断层角砾岩、碎裂岩和断层泥等多种类型。25 个不同类型样品的磷灰石裂变径迹测年结果显示：年龄介于 2.0 ~ 26.1Ma，裂变径迹长度介于 12.3 ~ 14.4μm。总体上，最老的年龄组（20 ~ 26Ma）和最年轻的年龄组（6.8 ~ 2Ma）具有较长的裂变径迹长度（ > 13μm），而中间年龄组（8 ~ 13Ma）具有较短的裂变径迹长度（12 ~ 13μm），表明这批样品涵盖了一个完整的部分退火带。

构造糜棱岩中磷灰石的裂变径迹年龄大于 24Ma，径迹长度大于 14μm，表明样品在处于部分退火带之上；远离断层沉积地层中的磷灰石的裂变径迹年龄大于 20Ma，径迹长度接近于或大于 14μm，表明样品晚新生代没有发生退火作用，他们的年龄反映源区的剥蚀年龄。其他样品均采自近断层或断层面上，其中碎裂化糜棱岩，断层面上的擦线倾伏角小于 30°，反映该断层活动是以右旋走滑为主，磷灰石的裂变径迹年龄为 9.9 ~ 12.7Ma，裂变径迹长度介于 12.6 ~ 12.7μm，表明这些样品经历了部分退火作用；碎裂岩，断层面上的擦线倾伏角在 35° ~ 45°之间（平均 42°），表明该断层经历了一次以右旋走滑为主兼有正断分量的滑动，

磷灰石的裂变径迹年龄在6.8～8.4Ma之间，径迹长度为12.3～12.9μm，表明经历了部分退火作用；部分碎裂岩或超碎裂岩，断层面上的擦线倾伏角在35°～70°之间（平均65°），表明该断层活动是以正断为主兼有走滑分量，磷灰石的裂变径迹长度介于13μm。表明这些样品处于完全退火带，他们代表后期快速剥露的年龄。

研究认为，红河断裂带裂变径迹年龄，长度的变化与断层活动性之间存在一定的关系。即：8Ma以前，裂变径迹的长度随年龄减小而变短，表明退火作用不断增加。6Ma以后，裂变径迹长度突然变长，基本上大于13μm，表明这些样品可能经历了完全退火作用。因此，6～8Ma为样品遭受快速剥露的年龄。也即是红河断裂带右行走滑兼正断开始的时间。

三、红河断裂带南段中新世以来右行位错的定量研究

红河断裂带南段穿经盆地内的“中谷断裂”，是一条新构造期明显活动的主平移断裂。它的新近活动将中新世红河盆地一分为二，右旋切错至倮头山—大曼迷一带。与此相伴，山前断裂以正断活动为主。沿“中谷断裂”高角度切错中新统的剪切走滑断面，被断错的中新世条形盆地内发育轴向NE的挤压褶皱及压缩变形的空间变化特征，下中新统、中上中新统、上新统及第四系的分布依次自SE向NW有序迁移，且在“中谷断裂”的东北盘节节错后分布等，均表明红河断裂带南段中新世以来自SE向NW的不断破裂扩展和右旋走滑位错；区内中下中新统较厚的山前磨拉石沉积建造、卷入“中谷断裂”剪切变形的强度中新统明显大于上新统等表明，红河断裂带南段大规模的右旋走滑运动应发生在中新世前后，其FT年龄约为13.7Ma. B. P；根据切错的中新统平面尺度、用平衡剖面法恢复压缩前盆地的长度和断层变形带宽度等计算，求得红河断裂带南段中新世以来右行位错总量介于62～69km，中值为65km。

（中国地震局地质研究所　张秉良）

华北地区噪声层析成像研究进展

近年来，基于地震台站记录的背景噪声，一种新的研究壳幔速度结构的方法——噪声层析成像，开始逐渐发展起来。噪声层析成像通过对两个台站长时间的地震噪声记录进行互相关计算提取台站间的格林函数，获取面波频散特征，并进一步通过地震层析成像获得地球内部的速度结构。经过四五年的发展，该方法在很多地区得到了广泛的应用。噪声层析成像方法克服了传统面波层析成像由于地震分布不均、地震定位误差、短周期频散测量较少等缺点，具有不依赖震源位置，可通过布设合理的地震台站获取高分辨率的地下速度结构图像。这种方法可以使面波射线路经分布更加均匀合理，其横向分辨能力主要取决于台站间距，在地壳深度范围内一般可达几十公里左右，明显高于传统的面波层析成像方法。由于这种方法

可以获得较多的短周期频散数据，因此对地壳浅层的分辨能力也大有提高。

华北地区是地震灾害多发区，历史上曾发生过一系列破坏性地震，长期以来一直是地质与地球物理学科的重点研究区域。许多地球物理学家利用人工地震测深和地震层析成像方法研究了华北地区的壳幔结构，并取得了许多成果，但对S波速度结构的研究相对较少；且早期面波层析成像研究的分辨率较低，短周期的频散测量较少，对地壳浅部的速度结构约束较差。为研究华北克拉通的破坏和岩石圈减薄，深入探讨华北地区强震的孕震背景，获得高分辨率的地壳上地幔三维速度结构，对该区域内的中长期破坏性地震预测和首都圈地区的防震减灾提供科学依据，中国地震局地球物理研究所于2006年11月份在华北地区开展了大规模流动地震台阵观测，在该区域布设了250套流动地震观测设备。

利用华北地震科学台阵2007年1月至2008年2月、190个宽频带和10个甚宽带垂直分量的地震噪声数据，通过互相关方法提取了瑞利面波的经验格林函数，用多重滤波方法测量了基阶瑞利面波的群速度频散，得到5630条高质量的频散曲线。检测板测试结果表明，大部分地区的分辨率都能达到0.25°×0.25°。我们将研究区域划分为0.25°×0.25°的网格，用面波层析成像方法反演得到了4~40s周期的群速度分布图。迄今为止，这是国内分辨率最高的群速度层析成像结果。

层析成像结果较好地揭示了地壳内部，尤其是浅部地壳的横向速度变化。短周期的群速度分布同地表地质结构、地形密切相关。华北盆地及山间的沉积盆地，如延庆—怀来盆地，大同盆地，显示低速异常，而基岩广泛出露的太行山和燕山隆起区，呈现高速异常。4~26s周期的群速度分布图像在太行山山前断裂带与布格重力异常图趋势一致。计算了9~12s的群速度分布图的速度梯度场，将速度梯度划分为三个区间：<0.05km/s，0.05~0.15km/s，>0.15km/s，并与公元前780年以来发生的$M \geqslant 6.0$的强震震中分布进行了对比，发现约2/3的强震（$M \geqslant 6.0$）都发生在中等速度梯度带（0.05~0.15km/s）附近。

使用光滑约束的遗传算法反演了432个节点的瑞利面波群速度频散曲线，得到了华北地区0~50km深度的三维S波速度结构。反演结果较好地揭示了华北地区地壳内部的S波速度结构、结晶基底埋深和莫霍面厚度。反演结果表明太行山、燕山隆起区结晶基底埋深一般约<2km，延庆—怀来盆地约5km，大同盆地约3km。华北盆地内部结晶基地深度一般>6km，且差异较大，沧县隆起约8km，冀中拗陷和黄骅拗陷约11km。研究区域的地壳厚度横向变化较大，基本形态是西部厚、东部薄，由东南向西北逐渐加深，莫霍面的区域构造方向呈北东或北北东向展布。从东部渤海湾附近的28km逐渐向西北方向变厚，进入山西高原地区达到44km，厚度变化达16km。冀中、黄骅拗陷地壳较薄，约为31km，沧县隆起区较厚，约36km厚。在太行山山前断裂附近，莫霍面厚度由东部的36km左右，至西部陡变为40km左右。燕山隆起带地壳厚度由渤海边的32km，向西逐渐加深至约44km。

噪声层析成像方法使深部S波速度结构研究不再依赖于天然地震，为获取地震活动性较低地区的精细地下结构提供了一种非常有效的工具，也为准实时监测地下介质的物性变化提供了可能。随着日益增多的区域地震台网的布设和地震台阵探测研究的开展，该方法将会得到更加广泛的应用。

（中国地震局地球物理研究所　房立华　吴建平）

天山再生造山带前陆盆地活动褶皱带晚第四纪非均匀多阶段隆起

一、天山山前主要推覆构造区的地壳缩短

利用平衡地质剖面方法研究天山山前主要褶皱带的地壳缩短，其中 3 条平衡剖面分别横跨天山南麓的柯坪逆断裂—褶皱带和库车逆断裂—褶皱带，两条剖面横跨天山北麓的玛纳斯活动逆断裂—褶皱带，1 条剖面横跨吐鲁番中央隆起逆断裂—褶皱带。柯坪活动逆断裂—褶皱带、库车逆断裂—褶皱带、玛纳斯逆断裂—褶皱带和吐鲁番盆地的地壳缩短量分别是 40～45km、27～37km、8.5～10.5km 和 6～7km。天山山前活动逆断裂—褶皱带在东西向上互不重叠，它们的缩短量大致代表了该经度上新生代的最小地壳缩短量，反映出天山地壳缩短由西向东减小的趋势。假定天山山前活动逆断裂 - 褶皱带开始形成的时间为距今 2.5Ma 的西域砾岩沉积期，考虑到博阿断裂、塔拉斯—费尔干纳断裂在南北向上的缩短活动分量，上述四个地段的最小缩短速率分别为 15.4～17.3mm/a、12.7～16.5mm/a、3.8～4.5mm/a 和 2.3～2.7mm/a。活动走滑断裂在天山内部特定位置发生向左偏转，走向由北西向转为北西西，在断裂转折的部位走滑活动量转化为天山南北向的缩短变形。

二、西南天山阿图什背斜晚第四纪的阶段性隆升

西南天山山前的阿图什背斜带是晚第四纪以来强烈活动，博古孜河横切背斜的中段，在背斜区形成 6 级基座阶地，为晚第四纪以来背斜阶段性褶皱隆起的地貌标志。阶地地貌和沉积学特征证明其为构造成因阶地。差分 GPS 测量阶地纵剖面，发现 T_1、T_2 和 T_4 阶地面在背斜的北翼坡向北，与河流的流向相反。T_1、T_2 和 T_5 阶地面在背斜的南翼坡向南，平均坡度分别为 0.9°、1.2°和 1.8°，远大于现代河床的平均坡度角 0.5°。通过细颗粒石英和细颗粒混合矿物的光释光简单多片再生法（SMAR）测年，确定博古孜河 T_1、T_2、T_3、T_4 和 T_5 阶地的形成年龄分别为距今约（25.0±2.6）ka B. P.、（42.7±4.4）ka B. P.、（63.1±6.3）ka B. P.、（96.9±9.9）ka B. P. 和（120±10）ka B. P.。晚第四纪不同时段博古孜河的下切速率是不均匀性，其中 T_3 和 T_4 的下切速率分别为 0.39mm/a 和 0.5mm/a，T_5、T_2 和 T_1 的下切速率分别为 1.16mm/a、1.69mm/a 和 1.2mm/a（图 2.2.2）。博古孜河分别在距今（120±10）ka～（96.9±9.9）ka、（42.7±4.4）ka～（25.0±2.6）ka 和（25.0±2.6）ka 至今的三个时段发生强烈的下切，应是阿图什背斜带在该时段的快速构造隆起导致的河流加速下切。

三、柯坪推覆构造中的新生的逆断裂—褶皱带

虽然它们的规模较小，但它们都直观地给出了柯坪推覆构造最新构造活动的位置，如果简单地把4个活动褶皱晚更新世早期以来的缩短速率相加，得出的数值为1.07mm/a，它显然小于塔里木盆地西北缘与西南天山之间由褶皱变形和逆断裂所反映出的10mm/a以上的地壳缩短速率。同时也小于GPS观测和地质学模型计算得到跨天山西段约20mm/a的地壳缩短速率。研究的这几个小背斜的缩短只是柯坪推覆构造地壳变形的一小部分，柯坪推覆构造内还发育5~6排规模宏大的褶皱，在这些褶皱山体南缘或东南缘均存在晚第四纪活动逆断裂，它们的活动必然造成褶皱山体的隆升和地壳缩短。柯坪推覆构造内的新生褶皱区，山丘顶端残留的阶地砾石层热释光年代为距今约0.142Ma，褶皱隆升使它们抬升到不同的高度，距今约96ka和6.6ka年的阶地也被褶皱变形，青藏高原距今0.14Ma以来的重大构造隆升事件可能影响到西南天山，在山前褶皱带内形成前展式新生褶皱，且发生了3次强烈的隆升。

四、玛纳斯河在活动背斜段的阶地发育与河流下切

玛纳斯河主要发育5级阶地，其中T1阶地又可分为2个次级阶地，T_2阶地也可分为2个次级阶地，这样一来玛纳斯河在背斜段也可以划分出7级阶地，而且这些阶地均为基座阶地。T_1阶地与奎屯河T_1阶地相当，T_4阶地和奎屯河T6阶地相当，T_5阶地与奎屯河T7阶地相当，砾石层上均覆盖晚更新世的风积黄土。T_1-T_5阶地的拔河高度分别为16m、45m、61m、85m和113m，相邻阶地间的高差分别为16m、29m、16m、24m和28m。T_1、T_4和T_5阶地形成以来的下切速率分别为2.0mm/a、7.08mm/a和1.51mm/a。河流的下切速率不等于褶皱的隆起速率，但在河流侵蚀基准面不变和河流流量不变的条件下，可以近似地把河流的下切速率看成是褶皱的隆起速率。从以上玛纳斯河晚第四纪不同时期以来的下切速率可以看出，玛纳斯背斜晚第四纪时期的隆起是不均匀的。

五、天山北麓独山子背斜晚第四纪的隆起和奎屯河的下切

独山子活动背斜区发育7级基座阶地，其中T_1、T_6和T_7阶地在天山北麓地区普遍发育。其中T_1阶地被废弃下切的时代为距今0.7~0.8Ma，T_6阶地被废弃下切的时代为距今1.2~1.3Ma，T_7阶地被废弃下切的时代距今7.5~12Ma。T_2-T_5的被废弃下切的时代为全新世早期。T_7阶地的下切速率为1.75mm/a，T_6阶地距今的平均下切速率为12.92mm/a。由于T_2-T_5阶地仅发育在独山子背斜段，因此，他们的形成与独山子背斜在全新世时期的间歇性快速隆起有关，T_6阶地的快速下切也从一个侧面反映了独山子背斜在全新世时期的快速隆起。

（中国地震局地质研究所　杨晓平）

中国数字地震观测网络项目地震台站建设

1. 老挝地震观测台网建设

2008年，地壳工程中心先后派出四批队伍完成了老挝地震台网的预安装、安装调试、土建验收及设备修复工作。

2008年初，完成了老挝地震台网的卫星通讯系统、避雷系统及数据处理系统的采购与测试，同时完成了测震观测系统与GNSS观测系统的联合调试及数据传输测试。2008年1月初，全部设备运抵老挝首都万象。

2008年1月24日至2月6日，派出武金涛协同北京震科工程监理有限责任公司监理师杨军对老挝地震台网土建工程进行竣工监理，对运抵的货物进行开箱检查，完成了老挝地震台网预安装准备工作，并形成《老挝地震观测台网预安装报告》。

2008年2月26日至3月15日，派出余海洋、邹锐、甘卫军、张勇，协同中国地震台网中心杨乐、湖北省地震局蔡亚先，完成了老挝地震观测台网的安装调试工作，并形成《老挝地震台观测网安装报告》。

从2008年3月15日00时00分起，位于老挝境内的琅勃拉邦地震观测台和腊肖地震观测台记录到的甚宽频带地震数据、强震动数据及GNSS数据通过卫星链路传输到中国地震台网中心，同时传输到位于老挝首都万象的老挝气象水文厅的地震数据中心，老挝地震观测台网进入试运行阶段。

2008年6月，琅勃拉邦地震观测台地震计工作异常，台站供电系统受雷击破坏，同时位于万象的小型数据接收中心遭受雷击，避雷系统遭受破坏。

2008年8月11~25日，地壳工程中心组织北京震科工程监理有限责任公司监理师于云、云南省地震局地震监测中心主任杨周胜、湖北省地震局地震观测系统工程师蔡亚先与李丽、余海洋、邹锐一同对老挝琅勃拉邦地震观测台、腊肖地震观测台及数据中心进行了土建验收，并对琅勃拉邦地震观测台的地震观测系统进行了修复。此行还将两个台站的沙盘模型提交中国驻老挝大使馆及老挝气象水文厅，并就下一步培训和深入合作事宜进行了商讨，同时与老挝地震观测台网施工方云南建工集团签订了土建工程验收监理意见。

针对腊肖台地下室渗水问题，经过施工方修复后，派出项目主管余海洋、湖北省地震局地震观测系统工程师吕永清于2008年10月前往老挝完成设备再安装。

2008年11月16日至12月5日，经中国地震局国际合作司批准，地壳工程中心与云南省地震局在昆明联合举行了老挝地震台网观测技术培训班。李丽、余海洋、邹锐及云南省地震局谷一山、高洋、张森对老挝水资源环境署气象水文厅气象与地震观测部主管Singthong及两名工作人员就地震台站的维护、地震波形处理、地震台网的运行与维护等进行了为期三周的技术培训。经过培训，老挝地震台网工作人员掌握了地震观测系统的维护、通过互联网从获取国际共享的地震数据、地震事件定位、地震台站日常管理等技术和流程，为老挝技术人员进一步开展地震观测工作奠定了基础。

2008 年 9 月，老挝合作方就老挝地震台网的建设及后续合作行文至老挝政府及中国地震局，同月将中国地震局的回复发往老挝合作方。12 月，地壳工程中心针对北京理工大学关于与老挝合作方开展环境腐蚀观测、中国科学院地质与地球物理研究所与老挝合作方开展流动地震观测等合作事宜，协助完成多方沟通工作并确定了合作意向。

2. 缅甸地震观测台网建设

2007 年 10 月，地壳运动监测工程研究中心与北京城市开发设计研究院签订缅甸台站及数据中心施工设计合同后，2007 年 12 月底，缅甸台网土建工程设计、技术系统设计及概算中英文版完成并通过论证。

2008 年 1 月 6 日至 13 日，缅甸气象水文厅厅长 Tun Lwin 率代表团来访北京，与地壳工程中心相关人员就施工设计中的相关建设细节包括施工设计图、工期等事宜进行了充分沟通。双方认可施工设计，并确认 2008 年年底前将完成台网建设任务。来访期间，缅方代表团还参观了中国地震台网中心、GPS 数据中心、白家疃地震台和十三陵地震台。缅方代表团提出的曼德勒台和仰光台的修复申请，以及联合进行 GPS 台网建设申请等事宜，缅甸气象水文厅厅长已于 2008 年 10 月正式行文至缅甸政府及中国地震局，同月将中国地震局的回复发往缅甸合作方。

2008 年 3 月，经过多次磋商，地壳工程中心与葛洲坝集团签订缅甸地震台网施工合同。缅甸密支那地震观测台、南山地震观测台及数据中心的全部土建工程于 8 月底完成，我方全部观测设备也同期发往缅甸。

2008 年 9 月 18 日至 10 月 1 日，地壳工程中心派出武金涛、邹锐协同北京震科工程监理有限责任公司监理师于云、杨军前往缅甸密支那地震观测台、南山地震观测台及位于首都内比都的数据中心进行竣工监理，对运抵的货物进行开箱检查，完成缅甸地震台网预安装准备工作，并形成《缅甸地震观测台网预安装报告》。

2008 年 12 月 5 日至 27 日，派出余海洋、邹锐协同中国地震台网中心杨乐、湖北省地震局吕永清，以及地壳部张锐完成了缅甸地震观测台网的安装调试工作，并形成《缅甸地震台观测网安装报告》。2008 年 12 月底，缅甸地震台网进入试运行。

因卫星通讯系统故障，位于缅甸的 2 个地震台暂采用台站记录方式，拟于 2009 年 3 月对卫星通讯系统进行修复。

3. 蒙古地震台网建设

2008 年 3 月，地壳工程中心按照现场勘选结果，完成了位于蒙古国的 3 个地震台及数据中心的土建工程设计、技术系统设计，并将英文版发送至蒙古地震台网建设合作方。2009 年，蒙古地震观测台网建设工作将根据中国地震局做出的总体安排开展。

4. 永暑礁地震台建设

2008 年 3 月，地壳工程中心完成了永暑礁地震观测台设计，并于 4 月 18 日与海南省地震局签订建设协议。4 月底，与总参测绘局卫星定位地面总站完成集成方案，5 月完成全部设备采购，8 月完成集成设计及设备联合调试，12 月完成施工设计。预计 2009 年 6 月将完成永暑礁地震台的全部建设任务。

（地壳运动监测工程研究中心　武金涛）

基于人工和永久反射器的 InSAR 微量形变监测模型研究及初步应用

1. 延怀盆地地震构造背景研究与角反射器设计

延怀盆地位于 40°00′~40°38′E，115°04′~116°14′N 之间。盆地东西长约 100km，南北宽约 20km。延怀盆地由燕山沉降带中的中生代山间盆地发育而成，由延庆、矾山、怀来—涿鹿等 3 个次级断陷盆地组成，区域构造上位于山西地堑系北东东向展布的晋冀北张性区东北端与北西向张家口—蓬莱断裂带的复合、交会部位。延怀地区属于多震区，历史上发生地震次数较多。自公元 294 年以来共发生过 8 次超过 5 级的地震。其中大于 6 级的地震有 3 次。从震中分布图中可以看出，破坏性地震多集中怀来、万家窑、狼山、蚕房营以及涿鹿盆地与山区接壤的地带。据不完全统计，1970~1994 年期间仪器记录到的大于 2 级的地震达 124 次。在借鉴前人资料和野外实地考察的基础上，自行设计和制作了本次研究中所使用的人工角反射器，并把它布设到了所要研究的区域内。

2. 布设 18 个人工角反射器观测台阵

在原有 8 个角反射器（直角边长 1.0m）的基础上，在延怀盆地又新增了 10 个直角边长为 1.2m 的人工角反射器，布设包括：选点、运输和安装等过程。经过野外实际踏勘，最终选择了 10 个新增点架设角反射器，分为三条测线，一线为对施家营—鸡鸣驿—南庄村—杨窑村测线加密，跨怀涿盆地北缘断裂；二线为对松山水库—黑龙庙—曹家营—里炮村加密，三线在一线和三线之间，为新增加测线。

3. 大气对流层水汽含量反演模型的建立

通过研究，提出了基于稳定块体的重轨星载 D-InSAR 大气校正通用模型。通过对 NOAA-16 图像进行处理发现 2005 年 10 月 14 日获取 ASAR 数据时，研究区域上空基本无云；而 2005 年 11 月 18 日获取 ASAR 数据时，研究区域上空云量也很少，这样，可以应用 FY-1C 数据进行两景 ASAR 数据获取时，研究区域上空大气对流层水汽含量的反演。

大气对流层水汽含量与对流层延迟关系系数 k：

$$k = (N_{w0} \times 2.8)/m_{0\Delta} = \Delta L_{w0}/m_{0\Delta} = 2.8/0.000085 = 32941.176\ \mathrm{cm}^4/\mathrm{g}$$

大气对流层水汽含量与对流层延迟关系的表达式为：

$$\Delta L_w = k \times m_\Delta = 32941.176 \times m_\Delta$$

4. GPS + MODIS 大气校正方法

研究利用少数 GPS 点和 MODIS 水汽产品生成水汽延迟分布图，用以改正差分 InSAR 中的大气效应。研究中，首先通过 MODIS 水汽值和 GPS 观测值进行单点比较和时空比较，比较发现两种水汽值之间有很高的相关性，相关系数一般都达到 0.9 以上，但两种数据间存在一比例误差，使用时需要用 GPS 数据来对 MODIS 水汽值进行校准。校准时利用了本文提出的分块校准法。然后对 MODIS 水汽数据进行空间结构函数分析，得到研究区域内水汽场的空间分布规律。把这种区域水汽场的空间分布信息结合到 kriging 内插法中以生成更为合理的水汽图，用以改正 ASAR 数据所生成的差分干涉延迟图中的大气效应。通过上海地区数据的实验发现，这种加以改正的 GPS 和 MODIS 数据联合改正法不仅可以对长波大气信号有明显的消弱，还能消弱一些短波的大气信号，特别是一些幅度较强的短波信号。经过 GPS + MODIS 算法改正后，2004 年和 2005 年的两幅差分大气延迟图的 RMS 从开始的 2.29mm 和 2.92mm 分别降到了 1.54mm 和 1.79mm，分别降低了 32.74% 和 38.82%，去除幅度较大。另外，与 GPS + ATM 算法比较，我们发现，在上海地区现有的数据条件下（即研究区域内只有 6 个 GPS 点），GPS + MODIS 法在大气去除效果或者说大气信号重现能力方面优于 GPS + ATM 算法。GPS + MODIS 算法在捕获短波大气信号方面要比 GPS + ATM 强大，因此也可以改正短波大气误差。

5. InSAR 数据处理

在延怀盆地实验区利用外部 1：25 万地形图进行了“两通”差分干涉处理，处理区域基本包含了试验区。处理结果表明：在图像右半部分（地理坐标为东北方向）的区域有大片区域条纹变化梯度十分平缓，根据前面讨论的大气对流层水汽对干涉纹图的影响及该区域活动性和地形特征，可以知道该区域条纹的变化仅仅是由大气对流层水汽引起的。而在左边的区域，条纹变化梯度较大，对于间隔较大的条纹，既包含地表形变信息，也有大气水汽影响。而在边缘区域，条纹细密的区域，根据该区域地形起伏情况，认为变化条纹中包含有地形相位没有去除干净的残差相位所造成条纹数。

6. CR、PS 干涉形变测量联合解算算法数据处理与分析

作为算法的验证与应用，使用接收的所有 10 景数据，对陕北地区进行了联合解算算法处理。通过处理，我们得到了预期的结果，获取了该区域内相干性值高于 0.99（经校正后的值）的所有 PS 点的形变信息。结果显示：2004.01.10 ~ 2006.12.30 期间 PS 点的视线向形变速度在 −5.955 ~ 5.955mm/a 之间，从而验证了联合解算算法的可行性，并证实了该算法高精度的特点。在这些 PS 点中，选取了 3 个 PS 点进行抽样分析，对其形变结果进行了解译。

（1）大气校正分析。大气校正分析的主要目的是搜索所有的形变模型和 DEM 误差模型中能够得到最高时间相干性的模型。所谓形变模型，这里实际就是指形变速度，例如假定最大形变速度（用相位表示）为 $0.2 \times 2\pi/a$，采用 $0.025 \times 2\pi/a$ 的递增值建立模型；DEM 误差模型就是 DEM 误差的大小，例如假定最大误差为 20m，采用 1m 的递增值建立模型。实际中，我们往往根据研究区形变情况的先验知识，设置合适的初始值，采用递增的方法不断改变形变模型和 DEM 误差模型，通过搜索，得到最佳组合。通过可靠的高相干性散射体（CR、PS）像元均值处理并进行迭代得到大气扰动相位，实现大气校正，从而计算得到高相干性散射体（CR、PS）经去除大气扰动相位、形变相位和 DEM 误差相位之后的时间相干性值，为 PS 点选取提供依据。通过这一步处理，得到了时间序列 SAR 图像的平均后向散射值，以及时间相干性值、形变速度模型和 DEM 误差模型等结果。平均后向散射值图像将在下节展示，其余数值将在 PS 点抽样分析中介绍，这里不作展示。

（2）PS 点形变量提取。经过大气校正后，便可利用时间相干性值进行 PS 点的选取，之后按照最小费用流算法对 PS 点进行相位解缠，得到它们的形变量以及形变速度。根据第二章介绍的理论知识，设置阈值为 0.99，共选取了 1413 个 PS 点，PS 的密度约为 $0.6PS/km^2$。

由于数据量较少，利用了最小二乘法，用计算得到的平均形变速度来表征 PS 点的形变速度趋势，结果比较符合线性规律；而实际情况有可能是非线性的，如果还用线性模型就会导致结果不精确。在数据量更加充裕的时候，应该利用非线性进行拟合，如分段线性拟合模型、以及多项式拟合模型等。

7. 汶川地震地表同震形变场

在InSAR数据处理过程中，先按条带将每景SAR数据拼接成1个或2个整条带，然后通过采用2通获得干涉图像，与SRTM DEM模拟SAR图像进行差分处理，除去地形起伏影响，获得了汶川地震震区的同震干涉形变场。可以看出，条带间的干涉条纹基本能拼合在一起，但远离断层处的部分条纹对接上有一些偏差，这可能与不同条带采用不同时相的SAR数据有关。震后会出现弹性形变恢复，它随时间变化，不同时间间隔的SAR数据对可能包含了不同时期的震后形变恢复变化。

结果表明整个干涉条纹以北东向发震断层——映秀—北川断裂为中心分布，干涉条纹呈包络发震断层分布。整个同震形变场影响范围非常大，长宽达到500km×450km范围。南侧影响到乐山、重庆一带，北侧到南坪、武都、康县。从干涉条纹的分布格局可以看出，发震断层两侧干涉条纹有多次起伏，且有一定的两盘不对称性，这说明了位错量沿断层的不均匀分布。在发震断层南东端点映秀镇附近，出现了排列细密的同心干涉条纹，这说明这一带的形变强度非常大。北川县城南东侧，有平行于断层密集的干涉条纹包络，这表明该段发震断层有较大的地表位错量。

在青川苏河附近，条纹已包络了发震断层，显示出断层东端点形成的形变场格局。在远离发震断层的区域，西北盘总体表现为抬升，南东盘表现为沉降。但在发震断层附近，断层两侧均表现为局部抬升，且沿断层形变量分布很不均匀，表现出较强的分段性，显示出发震断层以逆冲为主的断层性质。这一结果与汶川地震的野外考察、余震分布、震源机制一致。

（中国地震局地质研究所　单新建）

青藏铁路沿线典型冻土场地地震动特征及其震害研究

本项目研究内容属于冻土工程学与工程地震学的交叉领域，项目研究区域为青藏铁路沿线多年冻土区典型地段和2001年昆仑山口西8.1级地震冻土震害分布区。

（1）得到了地震作用下多年冻土区地表变形、破裂的特征与影响范围，震陷、液化和崩塌对工程的危害性及相应的预防对策。

（2）获得了青藏铁路沿线多年冻土场地地面脉动和土层波速的数据及其空间分布特征。

（3）建立了地温（温度）对多年冻土动本构模型、动弹性模量、阻尼比和动强度的影响模型。

（4）研究了不同地温条件下多年冻土场地地震动峰值加速度、速度、位移和反应谱特性，并给出了地温对其影响规律。

（5）得到了青藏铁路沿线典型冻土场地地震位移、速度、加速度和反应谱特性。

推广应用及社会效益或经济效益情况：本项目在多年冻土区震害勘查与预防对策的研

究、地震荷载作用下多年冻土动力学参数特征和青藏铁路沿线多年冻土场地脉动和波速与地震动特征以及地温对其影响规律等方面所取得的研究成果，对于多年冻土场地的工程结构（构筑）物的稳定性，对于青藏铁路进行科学合理的抗震设防和青藏铁路建成后的安全运营具有重要的科学意义和实用价值。以上成果在“青藏铁路冻土工程长期观测系统”建设和运行中得到充分考虑，并已经运用到国家首例对铁路安全运行进行监测预警的技术系统“青藏铁路监测预警系统”的方案设计与建设之中，优化了设计方案，节约了投资成本。另外，在青藏铁路冻土区桥梁基础设计和施工中对此均有安全预留和施工预案，得到了青藏铁路建设总指挥部的高度评价，研究成果具有广泛的应用价值和社会经济效益。

（中国地震局兰州地震研究所　张元芳）

断层活动的有限单元法模拟及其在地震预测研究中的应用研究进展

1. 项目内容

地震预报由目前的经验预报走向物理预报，数值模拟断层活动状态变化的过程是其中的关键。研究中应用统一的数学公式来表示速率－状态相关的摩擦接触中黏着（sticking）和滑移（sliding）这两种不同的运动状态，利用不连续变形体接触力学的三维有限单元方法模拟应力、应变的空间分布及其随时间的演化。有限元计算中采用静力显示的时间积分方法，基于 R 最小策略，控制时间步长以保持力学状态稳定，从而保证计算过程平稳、收敛。研究中特别注重对断层的闭锁、解锁及滑动过程，即：地震的孕育、发生与震后调整过程的动态模拟，通过定量计算试图了解断层由闭锁到滑动，再由滑动到闭锁这一准周期性过程的物理机制，研究断层面上的摩擦本构关系对断层活动的影响程度，探讨大地震形成的条件。

2. 主要进展

（1）对断层的闭锁、解锁及地震的孕育、发生过程能够运用有限元方法进行模拟，突破前人研究中计算不收敛的障碍，并且计算过程稳定，效率高。

（2）利用对断层的有限单元模拟方法对 2008 年汶川地震的机制、对 1999 年台湾集集地震的震后变形以及 2004 年苏门答腊地震过程进行了模拟，取得一些新的认识。相应成果发表在《地球物理学报》及《中国科学（D 辑）》上。

（3）通过项目的有效实施，我们深深认识到，充分利用从地表观测资料得到的地震活动、地质构造、地表变形、重力异常、介质温度结构、热结构、地磁、地电、地下流体，等壳幔各种物理结构资料，在充分掌握“地情”的基础之上，再利用现代力学、数学、计算科学的理论、方法及技术通过科学计算，获得不同区域、不同深度的构造应力场的空间分布及其随时间的演化，计算下一个大地震发生的时、空、强，即数值地震预报是完全可以实现的。

（中国地震局地壳应力研究所　朱守彪）

中国东部上地幔各向异性研究

地震各向异性研究是了解壳幔形变的有效方法之一。这一研究不仅能够了解板块内部的形变特征，而且能提供与板块构造运动有关的下覆岩石圈的地幔形变状况。中国东部地处欧亚板块与太平洋板块的接触带附近，其西部受到印度板块与欧亚板块强烈碰撞造成物质东向挤出的影响，东部受到太平洋板块和菲律宾海板块向欧亚板块下的俯冲作用。利用上地幔各向异性研究对了解中国东部深部动力学机制具有重要意义。

2000 年以来，除中国国家数字地震台网和中国数字地震台网外，各省市的区域台网相继建成。另外，2006 年 10 月，中国地震局地球物理所在华北地区布设的 200 套宽频带地震台站组成的华北科学探测台阵已经投入观测。这些台站在中国东部形成了稠密且分布较均匀的观测台网，并获得大量的宽频带数字地震记录，对中国东部上地幔各向异性研究提供了可靠的资料保障。

在中国地震局地球物理所基本科研业务专项的支持下，利用布设在中国东部地区近 300 个地震台站的资料，开展了上地幔各向异性方面的研究。对台站记录作远震 SKS 波形资料偏振分析，采用最小切向能量的网格搜索和叠加分析得到了各个台站的各向异性参数，即快波偏振方向和快、慢波的时间延迟。一般而言，固定台站的观测条件较好，背景噪音低，且观测时间较长，可用于 SKS 波分析的远震事件多，因此 SKS 波分裂测量的质量高，其方位误差在 10°以内，时间延迟的误差在 0.2s 以内。华北地区的流动地震观测虽然观测条件较差，但近 2 年的记录也获得了一些可用于 SKS 波分裂分析的远震记录，且在单个事件分析的基础上进行叠加分析，多数台站的分裂测量质量比较好。根据各台得到的各向异性参数，中国东部的各向异性快波方向从华南的近 EW 方向到华北的 NWW—SEE 方向，再到东北的 NW－SE 方向，由南向北呈顺时针旋转的趋势，快、慢波时间延迟范围是 0.41～1.52s。

一般各向异性快波方向预示了上地幔物质的形变方向，快、慢波的时间延迟代表了形变的程度。据此，结合大地测量（GPS）、绝对板块运动（APM）、地壳应力场、断裂等地质与地球物理的研究成果，分析得到：印度板块与欧亚板块的碰撞以及太平洋板块和菲律宾海板块向欧亚板块下方俯冲的共同作用导致了中国东部上地幔各向异性，各向异性不仅来自岩石圈，还应有软流圈的贡献。在中国西部地壳增厚隆起的同时，物质向东挤出，使得东部上地幔物质向东和东南方向流动。中国东部大陆岩石圈和岩石圈下的上地幔物质在板块的相互作用下产生形变，使上地幔橄榄岩等晶体的晶格优势取向沿形变方向。各向异性快波方向与岩石圈的伸展方向和 GPS 得到的速度场方向一致，表明中国东部壳幔形变具有垂直连贯形变特征。

（中国地震局地球物理研究所　常利军）

2006～2020 年甘肃省地震重点监视防御区确定

本项目属社会公益类地震科学基础研究项目，涉及学科领域有构造地质学、地震预测学和灾害学等。

（1）新编了甘肃省地震构造图。编制完成了反映本省活动断裂最新研究成果和认识水平的地震图，为重防区综合确定提供了重要依据。该图可为监测预报、地震科研、城乡规划及重大工程等抗震设防提供科学依据和技术指导。

（2）地震危险区综合预测科学性强。以十多年来开展的地震中长期预测研究为基础，开展地震地质和地震活动性等单项和综合地震危险性预测研究，综合评价发震构造背景和地震活动趋势，为地震重点危险区确定提供科学依据。

（3）首次开展了甘肃全省范围地震易损性和灾害损失预测研究。在系统收集各县级行政区年度人口和社会经济统计数据基础上，建立了基于 GIS 的甘肃省地震灾害损失预测基础数据库。研究和预测了未来甘肃省人口和社会经济发展状况，确定未来潜在强震作用下，不同地震动峰值加速度（或地震烈度）下，民用和重大工程、生命线工程、生命财产和 GDP 的易损性，以县级行政区为单元预测 2006～2020 年甘肃省及邻区地震经济损失与人员伤亡。

（4）重防区防震减灾工作指南针对性强。在总结 1996～2005 年甘肃省地震重防区工作的基础上，制定了符合甘肃省省情、震情并服务于 2020 年前甘肃省全面建设小康社会大目标的重防区防震减灾工作指南，提高了防震减灾的实效。

推广应用及社会效益或经济效益情况：本项目的实施，不仅系统地总结了甘肃省多年来在地震地质、地震活动性、地震灾害损失预测研究等方面的基础资料、理论、方法和最新的研究成果，形成了比较系统地服务于甘肃省防震减灾工作的基本格架。而通过划定地震危险区，缩小地震重点监视防御区的范围，为甘肃省未来一段较长时间内地震监测预报、震害防御、应急救助等各项防震减灾工作的有效开展，为在全面实现小康社会的总体目标下，保障甘肃省国民经济和社会可持续发展，积极发挥政府的防震减灾社会公共服务职能等提供科学决策依据。

编制的重防区防震减灾工作指南，针对性强，可以更加有效地指导重点监视防御区内当地政府和人民开展震灾防御工作。

项目成果已在甘肃省地震趋势会商、科学研究、重点监视防御区重大工程及工民建的工程抗震中得到广泛应用，具有显著的示范作用，产生了明显的社会及经济效益；并对指导甘肃全省防震减灾工作具有显著的推广应用前景。

（中国地震局兰州地震研究所　张元芳）

利用 CRInSAR 技术监测长白山天池火山地表形变特征

利用差分合成孔径雷达干涉测量技术（D－InSAR）获取长白山地区的形变场。结果显示1995～1998年期间，位于长白山东南侧的长白山火山存在6～12cm的视线向形变，而长白山天池火山处于平静期，没有明显形变。利用2002～2003年的GPS和水准获取的形变数据，分别采用Mogi单源、双源模型反演了长白山火山的岩浆囊参数。其中双源模型拟合效果较为理想，两个点源一个位于长白山天池老火山口下方7.9km处，另一个位于长白山火山下方5.5km处。对双源模型反演得到的岩浆囊参数进行适当调整，拟合得到与InSAR形变场基本吻合的结果。上述研究结果表明长白山地区火山活动存在时间上的间歇性和空间上的迁移性，为进一步研究长白山地区火山活动机制提供了参考和依据。

1. 利用 D－InSAR 技术获取长白山地区形变场

GPS和水准这些观测点位过于稀疏，对于研究长白山火山更加细密的研究显得稍嫌不足，加上长白山地区地形复杂、气候恶劣，这些常规的形变监测手段又很难从较大区域来研究火山的形变特征，而InSAR技术的发展和成熟为研究火山形变提供了更加便捷的方法。同时，2002年以前，长白山地区缺少形变监测资料，通过积累的SAR数据计算可弥补其不足。为此，综合考虑SAR数据质量及其基线距、季节变化、时间间隔等因素，选取该地区2景ENVISAT数据和5景JERS－1数据，表1给出了选取数据的时间及像对之间的基线距。采用D－InSAR技术对获取的SAR数据通过优化组合进行处理计算，但最终用两景JERS－1数据（19950816/19980820）获得了该地区较好的形变场，为了更加直观的表示该地区1995～1998年期间的形变信息，又进行了解缠处理。

2. D－InSAR 形变场误差分析

（1）失相关的影响，从我们用两通法处理的结果来看，两景图像的相干性较好，解缠结果也比较理想，因此可以认为失相关影响对我们所获取的差分干涉图影响不大。

（2）地形的影响，本文利用的是SRTM数据，水平分辨率3s，垂直精度16m。对于地形影响可以根据地形高度变化与干涉相位变化关系来分析：

在没有微量形变的情况下一个干涉条纹所代表的地形变化。JERS数据从卫星到地物的斜距为r693km，入射角θ为35°，波长L为23.5cm，两景JERS数据基线距为250m，得到$\Delta h/\Delta\phi=186$m/条。本文所用DEM数据的垂直精度为16m，因此，地形对D－InSAR结果的影响换算成形变大约在1cm左右。

（3）大气、随机噪声引起的总体偏移，大气和随机噪声导致像元值整体偏高或偏低，虽然在图中无法直观看出，但会导致错误的形变测量值。

3. 反演模型与算法

为了解不同的监测手段、不同时段该地区的形变变化，我们联合了2002～2003年相对精度较高的GPS和水准观测数据进行反演计算，最后利用反演结果正演InSAR处理结果。

考虑 GPS 和水准观测点位相对较少，不适合利用复杂模型进行模拟研究，选取了最简单、最常用的 Mogi 点源模型进行模拟研究。该模型的变形源被假定为一个“埋置”于均匀弹性半空间中的静水压力点源。在模拟中笔者都选用了软件包 1stOpt 进行反演计算，在 1stOpt 软件提供的众多反演算法中，选取了准牛顿法（BFGS），并联合 1stOpt 软件提供的通用全局优化算法进行反演计算，充分利用了准牛顿法的收敛快和自我矫正以及通用全局优化算法的无需给定初始值的全局搜索等优点来求解。

4. 反演结果

2002～2003 年期间，长白山地区的地表变形似乎符合以天池一带为中心的单压力源图像特征。对此，首先利用形变观测资料进行了单压力源模型的反演研究工作。经过反演得到岩浆囊各参数。

为更好地拟合所观测到的垂直位移和水平位移，并且利用 InSAR 获取的形变结果也提示我们，长白山火山下方也可能存在岩浆囊。为此，利用双压力源模型进行反演，得到两个源的参量及相应的拟合形变场。垂直位移、水平位移与实际观测值对比如图 4 所示。可以看出，双源模型反演结果无论对水准垂直形变还是 GPS 水平位移都拟合得比较好，该双源模型较好地反映了长白山火山区 2002～2003 年期间的岩浆活动情况。

对双源模型反演结果分析推测，长白山火山 2002～2003 年期间的岩浆压力源主要分布在两个区域。其中，源 1 在天池水面正下方，深度在 7.9km 左右，压力变化较大，其等效体积变化为 $6.3\times10^6\mathrm{m}^3$；源 2 在天池东南朝鲜一侧，深度在 5.5km 左右，该源位于长白山火山的西侧，可能是长白山火山的地下岩浆房，该岩浆房压力变化相对较小，其等效体积变化为 $1.6\times10^6\mathrm{m}^3$。两个源的连线方向跟该区 NWW 向断裂走向基本一致，两岩浆房之间可能有断裂或裂隙等岩浆通道连接，这个模型反演结果也证明前面 D－InSAR 结果的具有较好的一致性。

5. 正演计算

根据反演得到的长白山地区的双源模型参数，正演计算 1995～1998 年期间利用 InSAR 获取的长白山地区的垂直形变和水平形变，计算中主要调整了点源的平面坐标和膨胀量参数，最后获取了一组跟 InSAR 结果符合得最好的结果。

利用 D－InSAR 技术首次直接获取长白山地区大范围的、连续空间覆盖的火山形变的定量化基础数据，结果显示在 1995～1998 年三年内长白山天池火山东南方向位于朝鲜境内的长白山火山地区大约有 6～12cm 左右的视线向形变。尽管没有其他可以进行相互对比验证的资料和数据，但长白山地区的地震活动较为频繁，仍从一定程度上证实了这一区域的活动性。

利用 2002～2003 年的水准观测和 GPS 观测数据对长白山地区火山岩浆囊的参数进行了反演研究，分别利用 Mogi 单源、Mogi 双源进行模拟计算。Mogi 双源模型拟合效果最佳，两个点源一个位于长白山天池老火山口下方 7.9km 处，另一个位于长白山火山下方 5.5km 处，天池老火山口之下的岩浆囊与前人得到的地震学和大地电磁测深结果比较一致，长白山火山下方的岩浆囊则与 InSAR 得到的形变场结果具有一致性。从形变及模拟结果我们可以发现长白山地区火山活动具有随空间迁移和随时间间歇活动的演化规律。

CRInSAR/PSInSAR 技术的不断发展将为火山地区的形变研究提供更加便捷的方法和手段，长白山天池火山周围已经架设了 10 个 CR 点，开始了试验性研究，期待能够对长白山形变监测起到积极作用。

6. 长白山天池火山角反射器野外架设、安装

首先进行点位的踏勘、落实，充分考虑周围地形、地理交通、安全、区域分布等综合因素最终确定了10个CR点位，其中八个紧挨GPS点位，池西北这一点位因周围区域不够开阔进行了适当的挪动。

7. 角反射器影像特征

从ENVISAT SAR（20070413）图像中只识别出了七个角反射器点。对照架设角反射器之前SAR图像（2005年11月4日），未能发现这些亮点，在植被覆盖严密地区出现这样的亮点有理由相信这些点就是所要找的CR点。其中，北坡山门（CR2）、池西（CR7）、池西北（CR8）这个点位出现的亮点位置跟我们野外用GPS所测位置基本一致，而西坡山门里（CR6）、黑河林场（CR9）、白石河林场（CR10）这三点有300~400m左右的误差，可能是SAR图像未经过几何精纠正所致，双目峰（CR3）这点误差较大，超过了1km，很可能不是所架CR点，但在2005年的SAR图像中未能在相应位置发现这一亮点。另外三个没发现的点位海拔都在1600m以上，可能是由于成像时山体上的厚层积雪仍未融化所致，这也为后续选点提供了经验，高海拔、积雪覆盖厚的地区可能不适合架设角反射器。

（中国地震局地质研究所　单新建）

涠洲岛及北部湾陆缘火山活动与构造意义

1. 火山地质特征

涠洲岛及斜阳岛是北部湾内一对姊妹火山岛。火山活动分为早晚两期，早—中更新世火山喷发造就了涠洲岛和斜阳岛，从涠洲岛横路山锅盖岭盾形火山锥溢出的玄武岩浆向四周漫流，形成涠洲岛中心高四周低的盾形火山地形，环岛潮间带分布的球状风化玄武岩即为该期产物；晚更新世末期涠洲岛南湾火山和斜阳岛斜阳村火山以射气岩浆喷发为主，间有岩浆喷发，形成巨厚基浪堆积夹空降火山碎屑覆盖两岛。

南湾火山保存了典型的射气岩浆喷发成因的低平火山口（近圆形，直径约2km）和巨厚（50~60m）基浪堆积特征，是一巨型射气岩浆喷发的火山，火山口位于涠洲岛的南端（即南湾）。射气岩浆喷发基浪堆积与空降碎屑堆积十分壮观，典型的射气岩浆喷发基浪堆积形成低角度波状层理、交错层理和大型板状层理，以及特有的爬升层理和火山增生砾，无疑是射气岩浆喷发成因，而非所谓的“沉凝灰岩”或“风暴岩”成因。岩浆喷发与射气喷发构成涠洲岛火山喷发的交响曲，岩浆爆破喷发抛射到空中的火山角砾、岩块、火山弹等坠落在尚未固结的基浪堆积物上，形成形态繁多的“V”字形或“U”字形等冲击坑，镶嵌在海蚀陡崖峭壁或海蚀平台上，犹如一幅幅奇特的火山壁画，成为射气喷发与岩浆喷发交相辉映的杰作。

斜阳村火山口位于斜阳岛的斜阳村北西侧，火口垣北高南低（海拔 140 ~ 80m），中间低而平坦，呈梨形洼地。根据火口地形和斜阳岛全岛发育的射气岩浆喷发基浪堆积，以及火口内部钻孔所见的湖相沉积夹玄武岩、火山角砾岩层，可以断定斜阳村射气岩浆喷发的低平火山口，曾一度蓄水沉积，后海岛抬升为现今地貌。

2. 火山活动历史

涠洲岛及斜阳岛火山的早期喷发历史采用火山岩 K - Ar 法测年，晚期喷发历史采用火山岩中砂岩捕虏体光释光法（OSL）和射气岩浆喷发的基浪堆积物中贝壳加速器质谱法（AMS）^{14}C 定年。根据火山岩 K - Ar 年龄，涠洲岛早期火山喷发活动介于早更新世—中更新世（1.42 ~ 0.49Ma）；晚期火山岩中砂岩捕虏体光释光（OSL）法测年和贝壳加速器质谱法^{14}C 测年两种不同方法结果十分接近（分别为 33.7ka 和 36.1ka），可以认定南湾火山最新喷发距今约 3 万年的晚更新世末期。另外进行了北部湾周边的关系合浦烟墩岭火山和广东廉江烟头岭火山喷发年代研究，根据火山岩 K - Ar 法测年结果，烟墩岭火山岩的年龄为 1.26 ~ 1.04Ma，烟头岭火山岩年龄为 0.72Ma，这与北部湾涠洲岛早期火山活动以及琼北多文岭期火山活动时间基本相同，为早—中更新世火山喷发的产物。

3. 火山岩浆源区与成因演化

早—中更新世火山岩 SiO_2 变化于 45% ~ 50%，为基性碱性橄榄玄武岩；晚更新世末期火山岩 SiO_2 变化于 42% ~ 45%，为超基性碧玄岩，它们的 $Mg^{\#}$ 分别变化于 59 ~ 67 和 66 ~ 70，具有接近原始岩浆特点。涠洲岛及斜阳岛碱性橄榄玄武岩的 $\sum$REE 变化于 140 ~ 159μg/g，碧玄岩的 $\sum$REE 明显高于碱性橄榄玄武岩的 $\sum$REE，一般变化于 200 ~ 300μg/g，但它们有着相似的微量元素分布模式。研究认为它们是地幔不同程度部分熔融的产物，彼此不存在演化关系，碧玄岩由更低度部分熔融产生。

涠洲岛、斜阳岛及周边火山岩有着非常相近的 Sr、Nd、Pb 同位素组成，均落在亏损地幔区（DMM），类似于 MORB 的地幔源区特征，而在 Pb - Pb 变化图上，趋向于 EMII 富集地幔端元。这与环南海海盆玄武岩和琼北玄武岩有相似的 Sr、Nd、Pb 同位素组成特征，即具有亏损地幔的 Sr、Nd 同位素组成和 Pb 同位素显示的 EMII 富集地幔特征的 Dupal 异常。这种同位素地球化学特征的不谐和，要求地幔源区是由两个不同的地球化学组分混合而成，不可能来自单一的地幔端元。

涠洲岛地幔橄榄石的 Re、Os 含量和同位素组成特征与 Sr、Nd 同位素特征一致，均指示涠洲岛火山岩中橄榄岩捕虏体来源于亏损的岩石圈地幔，而非来自地核或核幔边界，认为北部湾的火山活动与地幔柱无关。根据模式年龄（1.45 ~ 1.09Ga），涠洲岛橄榄岩至少在 1.09 Ga 之前就发生了部分熔融，这一时间也是 Rodinia 超大陆形成年龄，推测涠洲岛火山岩中的捕虏体很可能是 Rodinia 超大陆的岩石圈地幔橄榄岩。在 $^{187}Re/^{188}Os$ — $^{187}Os/^{188}Os$ 图解中，指示样品来自亏损源区和受到近期熔体/流体的交代作用，这从涠洲岛橄榄岩中富含流体 - 熔体包裹体得到印证。

4. 地幔橄榄岩及其地幔熔体

根据涠洲岛晚更新世火山岩中尖晶石二辉橄榄岩的矿物化学和形成条件推测，它们是来自地下约 40 ~ 50km 的大陆岩石圈地幔样品。涠洲岛地幔橄榄岩矿物中富含流体—熔体包裹体，根据包裹体中玻璃熔体电子探针分析结果，分为高硅（64% ~ 68%）和低硅（49% ~ 57%）两种熔体成分，它们普遍富碱、Al_2O_3 和 H_2O、CO_2 等挥发组分（2% ~ 5%）。研究认为，两种熔体存在不同的成因机制。高硅熔体可能与软流圈上升的玄武质岩浆和斜方辉石反应（贫 SiO_2 熔体 + Opx→富 SiO_2 熔体 + Ol）或下地壳物质循环进入地幔后的部分熔融有关。低硅熔体直接提供了富硅熔体与橄榄石发生交代作用（富 SiO_2 熔体 + Ol→贫 SiO_2 熔体 + Opx）的证据，其结果是消耗橄榄石生成斜方辉石。

大陆岩石圈地幔区别于大洋岩石圈地幔，它夹在厚厚的大陆地壳和软流圈之间，其漫长的地质演化过程受到来自上升的软流圈深部流（熔）体、上部地壳或俯冲带流（熔）体的交代和改造。涠洲岛橄榄岩中两种熔体的发现，进一步提供了发生在大陆岩石圈地幔流（熔）体与橄榄岩交代作用的普遍性、复杂性，以及地幔熔体多样性的新证据。

5. 火山活动及其构造意义

涠洲岛及斜阳岛火山岩属于碱性玄武岩，但是北部湾周边乃至扩展到南海周边地区，仍存在相当数量拉斑玄武岩，所以并非单一岩区，而是碱性玄武岩和拉斑玄武岩复合岩区，反映了它们源区或上升演化过程的复杂性。火山岩微量元素和同位素资料表明，涠洲岛及其北部湾周边火山岩不可与 OIB 或 MORB 源区简单类比。众所周知，由于存在大陆岩石圈，大陆玄武岩比大洋玄武岩的成因复杂得多，涠洲岛及斜阳岛火山岩属于南海北缘陆缘带火山岩，火山岩微量元素和 Sr－Nd－Pb 同位素，以及地幔橄榄岩 Re－Os 同位素地球化学特征表明，岩浆并非来自单一地幔源区，即非 OIB 或 MORB 源区，也非地幔柱成因。涠洲岛及斜阳岛与北部湾周边火山岩属于南海扩张后陆缘火山活动的产物，推测涠洲岛及斜阳岛与雷琼及北部湾周边的岩浆可能是由于南海扩张后大陆裂解，软流圈地幔热物质上涌，与上覆薄而年轻的岩石圈地幔相互作用的结果。

（中国地震局地质研究所　樊祺诚）

利用红外遥感监测长白山天池火山活动性

一、基于 NOAA 红外遥感数据的工作进展及取得的成果

1. 建立长白山火山区红外亮温图像库并对图像进行了分类

收集整理了 1999 年和 2003 年 6 月至 2008 年 12 月共 6 年多的 NOAA 卫星热红外遥感数据，从这些数据中截取出长白山火山研究区的图像（125°～131°E，40°～44°N），并对图像进行了辐射矫正、几何矫正、标准大气矫正及投影与坐标系统的转换，形成覆盖同一空间范围，具有相同坐标系统的亮温图像库，可以用于本项目及后续的各种分析研究。

考虑到本项目的主要目标是建立长白山火山区的红外亮温背景场及异常检测模型，但在红外图像上云和噪声的变化相当复杂，对背景场的建立影响很大，仅靠计算机程序自动去除云和噪声是很难的，也是很不可靠的，为此，采取了人机联合的方法，即首先结合研究区的地表覆盖情况，对图像逐一进行人工目视解译，按云和噪声的影响程度将图

像分成无云无噪，少云少噪和多云多噪三类，其中无云无噪的可直接用于背景场的统计，多云多噪的直接从背景场统计中剔除，只有少云少噪的那部分图像需要我们通过程序来检测云和噪声，然后再用相应的算法来替补。这样不仅减少了计算量还提高了去云去噪的精度与可靠性。

2. 设计新的算法对 NOAA 数据进行了几何精矫正

（1）计算火山区亮温背景场需要对已积累的多年数据按地理坐标进行时间维上的统计分析。但由于 NOAA 数据像元形状的畸变，按经纬度范围从条带图像中截取下来的同一区域历年图像并非完全重合，而是存在 3 ~ 7 个像元的错位，这样如果多年平均的话就会将一些面积较小的亮温突变点或区，如河流、小湖泊等平滑掉，也就是一些小的亮温标志点在单幅图像上看得比较明显，而在多年平均后的背景图像上就不明显了。因此在计算亮温背景场时必须对图像进行精确几何矫正，使不同图像上的同一像元对应地面上同一点。

（2）NOAA 数据像元畸变特点。影响 NOAA/AVHRR 数据像元形状畸变的主要因素是卫星轨道，扫描角和地球曲率。NOAA/AVHRR 像元的畸变是非常显著的，尤其是沿扫描线方向的畸变更为明显，扫描线方向的偏移角变化很大，且沿扫描线方向呈周期性波动，这与卫星姿态和辐射仪的动态调整有关。

（3）几何纠正是直接利用 1A.5 数据集中不够精确的控制点对数据进行直接的线性插值纠正，纠正图像的内部变形误差，然后再用适当的地面控制点纠正图像因时间不准造成的漂移误差。这种方法要求在纠正漂移误差时需人工交互进行，比较费时，但较为简单和易于实现。本项目使用这种方法实现了 NOAA 数据的几何精矫正，对比校正前后像元的变化，很明显校正前像元的大小不一致，越靠扫描线两侧畸变越大，而校正后像元大小相同，适合基于像元的统计分析。

3. 设计云检测和噪声检测的算法模型并进行了初步应用

首先对长白山火山区亮温图像上的各类云层和噪声进行了统计分析，确定了云的亮温变化阈值及噪声的变化阈值，然后设计了基于各自阈值的检测模型。检测出的云和噪声又分单点和区域两种情况进行了替补。云检测和噪声检测的算法模型与亮温背景场的统计计算是相互渗透的过程，即云层和噪声检测与去除的算法嵌套被在亮温背景值的计算过程中。根据统计分析一般云的亮温均高于地表亮温，而噪声的温值一般都远高于背景的亮温值，因此，我们设定以多年亮温平均值作为亮温背景值的衡量指标，以平均值加减数倍标准差作为去云和去噪的指标。通过反复实验和验证，我们采用平均值减 2 倍标准差作为云检测的阈值，以平均值加 2 倍标准差作为噪声检测的阈值，利用阈值对像元进行逐一遍历和判断，如果判定像元为云或噪声就用该处的平均值替换该像元值，从而达到去云去噪的目的。为了使云和噪声去的尽量干净，我们设定程序至少循环三次。

4. 设计亮温背景场计算及亮温异常的检测模型并实际应用

本项目采用多年亮温平均值作为亮温背景场的指标，背景场计算全部采用去除过云及噪声的图像，因此，背景场能够代表在正常气候和环境条件下的亮温变化特征。背景场的计算是按月为时间周期，对收集到的 6 年半的数据按月求取平均值，其结果作为每个月的背景值。

5. 对比分析了天池与周围不同背景的亮温变化关系

为了进一步深入分析天池火山与周围不同背景地物的亮温变化关系，我们在天池火山口，天池南坡、北坡及附近海域各选取了一个 10pixcel × 10pixcel 的小区域，利用 5 年的数据了进行亮温统计分析对比。结果标明从 1999，2004，2005 到 2006 年，年亮温背景值逐渐降低，2006 年后又有所回升。这是否与火山活动有关还有待深入研究。

二、基于 TM 红外波段数据的工作进展及取得的成果

1. 基于 Landsat TM/ETM + 红外波段的火山区地表温度反演方法

美国 Landsat TM/ETM（美国陆地卫星专题制图仪/增强型专题制图仪）影像的第 6 波段为热红外波段，其光谱范围与 NOAA 卫星的热红外波段相当（10.4 ~ 12.5μm）。但是 TM/ETM 热红外波段的空间分辨率为 120m/60m，远远高于 NOAA 卫星热红外波段的空间分辨率 1100m，可以用来捕获火山区热场分布的空间结构和微动态变化。为了充分发挥不同时空分辨率红外遥感数据在火山活动性及火山区热结构研究中的作用，达到优势互补，我们对 TM/ETM + 影像红外波段数据进行了研究。

选取了 1993 年 5 月 28 日的 TM 和 1999 年 9 月 2 日的 ETM 影像各一景用于本项目的研究。基于前人提出的一些单通道反演算法，对长白山火山区的地表温度进行了反演计算。反演过程分为以下三步。

第一步是 NDVI（归一化植被指数）的计算：NDVI = （NIR − R）/（NIR + R），或两个波段反射率的计算；−1 ≤ NDVI ≤ 1，负值表示地面覆盖为云、水、雪等，对可见光高反射；0 表示有岩石或裸土等，NIR 和 R 近似相等；正值，表示有植被覆盖，且随覆盖度增大而增大。

第二步是地表比辐射率的计算：地表发射率的确定是地表温度反演中的一个关键环节，同时也是难点所在。我们根据长白山地区本身的特点，采用了基于植被指数和基于地表分类两种方法相结合的思路。基于植被指数的方法依据标准化差值植被指数（NDVI）把地表分成三类：NDVI 小于 0.2 归为裸露地表，相应的地表发射率取裸露地表的典型值 εg；NDVI 大于 0.5 归为完全植被覆盖地表，相应地表发射率取植被的典型值 εv；NDVI 处于 0.2 ~ 0.5 之间的归为部分植被覆盖地表。对 NDVI 小于 0.2 的地表，应该进一步加以区分，比如说水体和冰雪覆盖地表，它们 NDVI 值一般小于 0.2，它发射率却接近 1.0。

第三步是地表温度的反演计算：首先要考虑单窗算法的大气参数，即大气平均作用温度和大气透过率两个参数。根据大气水分含量和地表附近空气湿度来估计大气透过率，通过分析标准大气剖面资料，尤其是大气水分和气温随高程的变化规律，根据地表温度推算大气平均作用温度。

（1）大气平均作用温度的估计方法：大气平均作用温度主要取决于大气剖面气温分布和大气状态。$Ta = 16.0110 + 0.92621T_0$（$T_0$ 为地面附近的气温），$Ta = 16.0110 + 0.92621 \times 275 = 271$。

（2）大气透过率的估计方法：$0.974290 - 0.08007 \times 0.8 = 0.90234$（0.8 为长白山地区的水汽含量）。

2. 基于 Landsat TM/ETM + 红外波段的火山区地表温度反演结果

基于以上反演方法，利用 19930528 日和 19990902 成像的 Landsat TM、ETM 图像的红外波段（6 波段）反演了长白山火山区地表温度和植被指数（NDVI）。这只是初步结果，反演

过程中的一些大气参数及地表参数还需做进一步的改进和优化，这些工作以及对反演结果的分析将在后续研究中继续进行。

（中国地震局地质研究所　屈春燕）

甘肃省岩土防灾工程技术研究中心建设

甘肃省岩土防灾工程技术研究中心的建立为甘肃省防震减灾、公共安全、建设开发、国土规划和环境保护的岩土灾害研究和技术研发提供一个综合性科研和技术开发平台。以甘肃省岩土防灾工程技术研究中心为核心，通过人才流动、设备开放和资源共享机制，整合省内岩土防灾科研力量，促进产学研相结合，加快甘肃省在岩土防灾研究和技术开发领域的进展，为甘肃省社会经济发展提供更好更多的岩土防灾科技服务。有利于巩固甘肃省在地震灾害、黄土岩土灾害等学科的优势科研地位，有利于相关领域的学科发展和科研团队建设。甘肃省岩土防灾工程技术研究中心建立后可产生如下预期的经济效益。

（1）通过黄土路基稳定性技术研究，提升高等级公路黄土路基质量，力争通过10年的研究，使应用研发技术的路段，公路使用期限延长10%，非工资性公路养护成本降低20%。

（2）通过研究高边坡监测预警和防护技术，提高对滑坡灾害的防御能力和高边坡防护技术水平，力争通过10年的研究，使应用研发技术的地区滑坡导致直接人员伤亡降低50%，滑坡造成的直接经济损失降低30%。

（3）通过研究建筑地基抗震技术，提高建筑地基的抗震能力，力争通过10年的研究，使应用研发技术的普通民用建筑地基能抵御水平峰值加速度0.2g左右的地震动作用。

（4）通过岩土灾害区划和防治技术研究以及地震动和地震灾害分布实验场观测和研究，使研究区域对岩土灾害的防御能力显著增加，力争通过10年的系统研究使应用区划结果的地区，岩土灾害工程事故减少40%。

该项目于2008年7月4日顺利通过由甘肃省科技厅组织的专家论证，现开始组织实施，前期建设经费40万元。

（中国地震局兰州地震研究所　张元芳）

广东省地震局科技进展

1. 国家与中国地震局重点科技项目的进展

2008 年 1 月至 2009 年 12 月承担地震自动速报技术研发，此项目属地震行业科研专项经费项目，由广东省地震局监测中心副总工程师黄文辉负责组织研发。此项目主要在“十五”软件 JOPENS 基础上研发、添加自动处理模块，能快速应用到实际台网中，接收来自实时波形流服务器的波形数据，并进行实时处理，研发了数据接收与预处理、单台检测、事件综合判断、震相自动拾取、震相可靠性判断、地震定位、振幅量取与震级量算、实时处理监视等模块。

2. 主要学科领域创新成果

（1）JOPENS 数字地震台网中心处理系统。JOPENS 软件系统是由广东省地震监测中心开发的一套地震台网专业核心应用软件，全名叫“JOPENS 数字地震台网中心处理系统”，它是根据“中国数字地震观测网络”项目要求开发的集地震数据采集、地震参数测定的数据处理软件系统。它采用当今国际最新的地震观测和软件开发技术，达到国际先进水平，多项技术填补国内空白，能满足现代地震台网各种工作需求，符合台网工作人员习惯的一套优秀数据处理系统软件，首次实现全国地震台网数据共享，特别是其出色的自动实时定位功能，极大地缩短了国内目前的地震速报时限。该软件在国家速报功能备份中心和全国 31 个省级区域台网及国家对外援建地震台网等重大项目中成功应用，在汶川地震抗震救灾中发挥了重要作用，为国家防震减灾事业提供了有力的科技支撑。

（2）东莞市市区震害预测与防御对策系统建设。该项目是中国地震局、广东省和东莞市“十五”重点项目，获 2008 年度中国地震局防震减灾优秀成果奖三等奖，2008 年度广东省地震局防震减灾优秀成果奖一等奖。

该项目工作区在东莞市市中心，面积约 89.3km^2 范围。在广泛收集了区域、近场和工作区内的地震活动性、地震地质构造和地震地质灾害资料、建（构）筑物、生命线工程、地震次生灾害源、社会环境、经济和人口数据，及地震危险性分析、概率设定地震研究和地震小区划等工作的基础上，采用国内外最先进的震害预测方法，进行震害预测与防御对策研究，计算得到了Ⅵ、Ⅶ、Ⅷ、Ⅸ等四种不同烈度破坏影响下 85771 栋建（构）筑物震害结果、各类结构建筑物的地震易损性矩阵、各生命线工程（包括供电、供水、供气、交通、通讯系统）的震害结果、地震次生灾害（主要是火灾、水灾、毒气和易爆源）影响、人员伤亡与经济损失评估结果，对工作区及东莞市的抗震能力进行了综合评价，提出了防御地震灾害的措施和对策，开发了基于 GIS 的防震减灾信息管理与地震应急辅助决策系统、防震减灾信息服务系统、地上与地下三维可视化模块及震害预测基础数据库管理系统。

根据东莞市防震减灾工作现状和预测结果，对东莞市防震减灾各项工作和抗震防灾薄弱环节进行了评价，向东莞市政府提出了加强各项工作的建议和措施，包括土地利用建议、降低建筑物密度与人口密度措施，建筑物和生命线工程抗震措施、地震次生灾害防治对策、高危害小区分布、避震疏散场地规划、救灾物资储备和医疗救护建议、地震应急事件响应对策和措施、震后恢复与重建措施，对东莞市区城市建设和改造、地震灾害防御，政府部门制定城市规划、防震减灾规划具有实用价值。其预测成果及防震减灾信息系统已在东莞市防震减灾工作和城市建设中得到应用。

该项目在震害预测方法、资料分析处理、信息系统集成、三维可视化、公众服务等方面有创新，在城市震害预测的同类工作中总体上达到了国内领先水平。

该项目的完成，为我国中等以上城市开展震害预测积累了宝贵的经验。其成果为政府提供了震前预防、震时应急救灾、震后恢复生产和生活秩序的辅助决策信息和科学依据，广泛应用在地震应急，地震预测、预警和备震，城市抗震规划，城市改造和建设等方面。在城市综合防灾，城市管理，城市消防系统等方面具有推广应用价值。

（广东省地震局　余演波　王胡瑛）

汶川地震机理及其大区动力环境研究项目（973）立项

地震机理是一个复杂的系统过程，对其研究涉及到多学科、多领域，需要不同专业科学家之间的紧密合作和协同攻关。对地震机理和地震破裂过程的理解是开展地震预测预警的前提和基础。汶川地震为我们提供了一个难得的认识大陆变形和地震孕育过程的机会，同时也为预测我国南北地震带地震危险性提供依据。

本项目提出“汶川地震机理及其大区动力环境研究”的基础研究计划（973），课题的主要研究重点将集中在下面四个方面：

（1）研究汶川地震的震源机理，判断地震（包括余震）的下一阶段的趋势；

（2）研究龙门山构造带活动断裂特征，评测龙门山以南和以北的地震危险性，探讨龙门山构造带不同段落的地震机制；

（3）研究东亚大陆“大三角”地震构造格局及其动力学环境，解读“大三角”地震构造格局的外部动力环境；

（4）全球深部物理场构造格局与地震构造格局的相关性研究，在全球现今构造的框架下研究板块对欧亚大陆的碰撞接触关系、青藏高原的隆升机制，以及汶川大地震的深部动力学背景。通过上述四个主要方面的研究，项目试图从不同层次（点、线、面）探讨汶川地震的形成机理和宏观构造背景以及地震下一步的发展趋势。

项目的总体目标是：从大区域构造动力环境认识汶川地震发生机理。配合国家三年完成灾区整体恢复重建，为灾区提高防灾减灾能力打下科学的基础。认识汶川地震发生过程的深浅构造力学表现，揭示断层相互作用及构造变形与汶川地震发生的关系；认识汶川地震发生的地质与地球物理背景和破裂过程，阐明控制汶川地震孕育发生的物理模型和主要控制因素，理解主震和余震发生的相互关系；阐明龙门山断裂周围孕震能量的积累过程和外围动力的来源。发表一批高水平学术论文，编撰一套汶川地震相关的科学数据，造就一批活跃于国际舞台的中青年学术骨干和优秀研究群体。

项目设置五项课题：汶川主余震序列的特点和发生机理研究；龙门山地质构造断裂带及其与汶川孕震动力条件分析；中亚大陆强震构造格局及其动力环境；全球深部地球物理场及其非对称的动力作用与汶川地震的关系；汶川地震相关信息分析与陆区大震预测途径探索。五个课题以汶川地震发生机理研究为龙头、以探求汶川地震动力来源为主线，从龙门山构造带的活动特征，到印度板块运动对东亚大陆构造变形的影响，并进一步从全球地震构造格局的角度，理解汶川地震孕育发生的动力学构造背景。按照各自的特点，在研究内容上各有侧重，形成一个相互补充、互相关联的有机整体，由此探求由亚洲逐步展入全球的研究途径。

项目承担单位为中国地震局地震预测研究所，主要参加单位有地质科学院地质力学研究所、中国地震局地质研究所、中国科学院青藏高原研究所。参加项目研究人员是来自中国地震局、国土资源部、中国科学院、教育部等部门的优秀科学家。按照优势互补、团结合作的精神开展集体攻关。整个研究队伍在项目首席科学家的指导协调下开展科学研究。

（中国地震局地震预测研究所　雷　强）

龙门山断裂带的断层围陷波探测课题进展

中国地震局地球物理勘探中心承担的四川汶川 8.0 级大震科考项目《龙门山断裂带的断层围陷波探测》课题。该课题旨在利用断层围陷波确定龙门山断裂带的中央断裂和前山断裂的深部结构、破裂带深部形态及带内岩体破碎程度。这些结果，不仅对于认识汶川 8.0 级大震的破裂过程具有重要的科学意义，而且对于该地区地震危险性的估计和灾后城镇重建的合理选址具有重要的实用价值。

在中国地震局汶川大震科学考察联合指挥部的指导和大力支持下，第一期野外观测工作于 2008 年 8 月中旬完成。野外工作共投放了 128 台三分向数字地震仪，布设了四条小点距的横跨断层的流动地震测线。其中三条位于中央断裂，一条位于前山断裂。横跨中央断裂的测线分别位于平通镇、擂鼓镇和虹口乡。横跨前山断裂的测线位于白鹿乡。四条地震测线共设置了 64 台三分向数字地震仪。仪器间距为 25 ~ 50m。另一半地震仪为替换仪器，以确保不间断的记录。经过一个多月的观测，共得到 1000 多个余震的 30000 多个地震记录资料。这些地震记录为课题研究目标的实现奠定了基础。

自 2008 年 8 月中旬以来，课题组抓紧时机，对上述资料进行了回放、初步整理和分析解释。通过数字滤波，从震源位于断层带内或断层带边缘的余震记录中分离出了断层围陷波，并利用不同测线的断层围陷波波形，研究了中央断裂的结构和南北两段的差异。结果表明，地下破裂带北南两段的宽度分别为170～200m和200～230m。相应的倾角为80°和70°。破碎带内的地震波速大致为围岩的一半。相比之下，破裂带的北段比南段稍窄一些和陡一些。此外，更重要的差别是地下破裂带相对于地表破碎带位置的不同。在南段，地下破裂带位于地表破碎带的西北侧，即断层的上升盘内。而在北段，地下破裂带位于地表破碎带的两侧。这些差异，反映了汶川大地震破裂过程中，南北两段物理机制的不同。

下一阶段计划再利用体波波形资料反演地下破裂带几何参数和物性参数，并与围陷波的结果进行对比。

（中国地震局地球物理勘探中心　李松林　赖晓玲）

成 果 推 广

中国地震局工程力学研究所科技开发工作

2008 年度中国地震局工程力学研究所承担科技开发项目 100 余项，合同额 967 余万，进款额约 736. 5 万元。承担了深圳经济特区震害预测与防御对策系统建设项目、四川大渡河瀑布沟水电站库区复建公路部分路段安评工作等重要项目，承揽并完成工程场地地震安全性评价项目 20 余项。

（中国地震局工程力学研究所　李山有　罗　靖）

中国地震局兰州地震研究所科技开发工作

2008 年，兰州地震研究所深入贯彻全国科技大会精神，落实《甘肃省地震科学技术发展纲要（2008 ~ 2020 年）》，按照防震减灾事业发展基本思路，以地震科技服务于甘肃及西北地区经济建设为重点，健全完善内部管理机制，着力加强人才队伍建设，进一步拓展市场和服务领域，按照市场经济规律运作，充分发挥行业优势，不断推进科技开发工作可持续发展。

（1）以地震安全性评价、环境地质评估、岩土工程勘察、桩基检测为主，全年共签约开发项目 65 项。其中，“兰州南山路主要桥梁隧道地震安全性评价”、“陇南市碧口电站地震安全性评价”、“陇南市苗家坝电站地震安全性评价”、“陇南市麒麟寺电站地震安全性评价”、“嘉酒煤电基地一期地震安全性评价”、“甘肃省夏河机场地震安全性评价”、“甘肃会展中心地震安全性评价” 等较大工程项目，取得了一定的经济效益。

（2）加强科技开发技术人员培训。兰州地震工程研究院 2 人参加甘肃省全省地震安全性评价与抗震设防要求管理培训；5 人参加中国地震局地震安全性评价一级安评师考前培训，其中 1 人取得了国家地震安全性评价一级资格；与兰州科技创新基地开展了 4 次学术交流，科技开发工作人员的业务水平进一步提高。

（3）加强科技开发项目管理。实行项目统一归口管理，杜绝了市场不正当竞争，进一步规范了市场行为，保证了开发项目的有序实施；强化人员管理和使用，按照科技人员所学专长，合理分配项目管理、项目实施、后勤保障等工作，最大限度地发挥了科技人员的作用。同时，在专家的指导下，大胆使用年轻科技人员承担项目实施，在实际工作中锻炼成长，完成工作质量较高，得到了委托单位和专家的一致好评。

（4）根据不同区域工作条件和汶川特大地震灾后恢复重建的需要，兰州地震工程研究院在定西市临洮县和陇南市礼县建立了地震安全性评价工作站，加强了与市州地震工作部门的合作，推动了市州地震部门地震安全性评价和抗震设防要求工作的有效开展，最大限度地满足灾区抗震设防要求的工作需要，取得较好的社会效益。

（中国地震局兰州地震研究所　王新林）

广东省地震局科技开发工作

2008年，广东省地震局共组织申报各类科研项目20多项，其中“数字地震台网技术创新及应用”、“广东省抗震场地和地震作用研究”等项目获得批准。实施省政府支持的开展对口支援灾区汶川县的科学考察、地震小区划、重建监测系统及广东的专题科学研究工作以及省科技厅支持的《四川汶川特大地震发震与成灾机理的科学考察和研究以及广东的对策》项目。完成防震减灾优秀成果奖的评审及推荐工作。自主研发的地震观测网络项目测震软件通过中国地震局的验收，水平达到国内领先，科技成果已在全国30多个省级台网中心、印尼、巴基斯坦国家地震台网使用。在地震自动处理和地震参数精确测定方面取得突破，科研成果已应用于建立国家地震速报功能备份系统和印尼地震海啸预警台网中。

指导香港、广州、开平等地的地震影响小区划工作。协助澳门完成《澳门屋宇及桥梁结构之安全及荷载规章——风力及地震力规范》，为澳门地区一般建筑工程的抗震设计提供参考依据。

国家863计划项目子课题“全向性地磁日变数据测控技术研究”项目中四项新技术已申请国家新型实用技术发明专利。在广东省特大桥梁上设置强震动监测设施项目得到省交通厅的支持，省交通厅印发《关于在特大桥梁上设置强震动监测设施的通知》，九江大桥强震观测系统已进入安装实施阶段。桩基检测通过全省建设工程质量检测机构专项检查。

（广东省地震局　余演波　王胡瑛）

陕西省地震局科技进展及科技开发工作

陕西省工程地震勘察研究院深化内部管理体制改革，不断拓宽科技开发领域，建立健全质量、安全管理体系，全年签订科技开发合同99个，合同额超过1100万元。其中地震安全性评价项目34个，人工地基检测项目41个，岩土工程勘察项目13个，其他项目11个。

（陕西省地震局　谭玉娥）

科 学 考 察

汶川 8.0 级地震科学考察

2008 年 5 月 12 日汶川地震发生后，中国地震局立即组织开展了多部门、多学科、全方位的汶川地震综合科学考察。通过地球物理、地质、大地测量、地震工程等探察手段，获取大量的第一手观测数据和调查资料，力求探明汶川地震成因机理，判定汶川地震强余震以及邻近地区后续强震的潜在危险性，为汶川地震灾区重建的选址和抗震设防提供科学依据，为提高我国防震减灾能力提供科学建议，为国际地球科学研究和大震巨灾防御提供鲜活案例。

汶川 8.0 级地震科学考察工作分两个阶段实施：

第一阶段为应急性科学考察，时间为 2008 年 5 月 13 日至 6 月 30 日，由汶川地震现场工作队组织实施，开展了汶川地震流动观测、地表破裂带野外调查、地震烈度调查以及灾害损失评估等考察，先后有 780 余名科考队员参加现场工作。

第二阶段为系统性科学考察，主体野外考察从 2008 年 7 月上旬开始，到 10 月底结束，少量专题组一直工作至 2009 年 3 月。来自地震行业内外 40 个单位的 420 多名科考队员参加了这一阶段的工作。

科学考察期间，四川灾区余震不断，地质灾害严重，滑坡、滚石和泥石流频发，交通极为不便，全体考察队员以高度的责任感和使命感，以严谨求实的科学态度，冒着生命危险，克服难以想象的困难，圆满完成了预定的科考任务。

此次汶川地震科学考察按计划圆满完成了任务，获取了大量宝贵的数据资料，经初步整理与研究，得出以下基本结论。

一、汶川地震主要参数

发震时刻：2008 年 5 月 12 日 14 时 27 分 57.10 秒

震中位置：31.0032°N，103.3694°E

震源深度：18.66km

面波震级：8.0 级

地震破裂时间：95 秒

最大峰值加速度：957.7Gal

地震发震断裂：地震发生在龙门山断裂带，从西南向东北方向延伸，走向 220°，倾角为 32°，滑动角为 118°。

地震破裂的长度：340km

地震最高烈度：Ⅺ度，面积 2580km^2

二、地表破裂带与震源破裂过程

汶川地震发生在龙门山断裂带，地表破裂形成两条近于平行的叠瓦状地表破裂带和 1 条起连结作用的次级地表破裂带，分别称为北川—映秀地表破裂带、灌县—江油地表破裂带和小鱼洞地表破裂带，其中映秀—北川断裂长约 240km，灌县—江油断裂长约 72km，小鱼洞断裂长约 6km。映秀—北川断裂是本次地震的主体破裂带，地震形成的最大垂直位移达 9m，最大水平位移近 5m。

整个破裂过程可划分 4 个破裂阶段：地震起始破裂后 10s 内破裂长度约 30km 的纯逆冲型，释放了总地震矩的 7%；10 ~ 42s 破裂长度约 100km 兼有少量走滑分量的逆冲型，释放了总地震矩的 61%；42 ~ 60s 破裂长度约 50km 的逆冲兼走滑型，释放了总地震矩的 9%；60 ~ 95s 破裂长度约 110km 兼有少量逆冲分量的走滑型，释放了总地震矩的 23%。揭示出存在多条断层参与异常复杂的地震破裂过程。

三、精定位后的余震震中分布

用于余震定位的台站数为 126 个，地震事件 3920 个，总计震相数为 109705 个，精确定位的结果显示：汶川地震序列从彭灌杂岩南缘开始破裂，主震及其余震破裂带长约 350km，在大部分区域宽约 20 ~ 30km，小鱼洞到理县方向则存在一个长度超过 60km 的北西向分支。绝大多数余震都分布在龙门山断裂带逆冲席体内部，表明震后破裂主要发生在龙门山断裂带内部。余震分布宽度和空间形态沿破裂带呈现强烈的分段和非均匀特征，清楚地显示了断裂结构对余震活动的控制作用。

余震主要分布在 4 ~ 24km 深度范围内的龙门山东缘上地壳高速层内，其中的优势分布深度范围是 10 ~ 20km，余震深度分布剖面清晰地显示了映秀—北川断裂和灌县—江油断裂以及汶川—茂汶断裂在 20 ~ 22km 深度合并为剪切带的特征。

四、龙门山断裂带的深部结构

汶川地震的破裂过程与地壳结构密切相关并主要受地壳应力场的控制，而余震的分布主要受地壳结构的控制。四川盆地相对坚硬地壳的阻挡和松潘—甘孜块体壳内低速体的广泛存在为其上方地壳在青藏高原作用下与下地壳的拆离创造了条件，导致龙门山断裂附近高速、坚硬上地壳内积累了高应力，壳内低速体在垂直方向上使地壳增厚的过程中形成了龙门山断裂带上盘的逆冲推覆，这是汶川地震形成的基本构造背景。

1. 存在 S 波低速区

在周边断裂的控制作用下，松潘—甘孜地块内的中下地壳存在大面积广泛分布的 S 波低速区，其速度为 2.75 ~ 3.15km/s，与此相应的地壳平均泊松比高达 0.29 ~ 0.31，相对软弱并容易变形。

2. 地壳厚度和速度结构具有明显的分块特征

鲜水河断裂和龙门山断裂均为切割地壳的深大断裂，它们对地壳深部结构具有强烈的控制作用。川滇地块、松潘—甘孜地块和四川盆地的地壳厚度及其横向变化存在明显差异：川滇地块的地壳厚度为 58 ~ 60km，其横向变化不大；松潘—甘孜地块的地壳厚度为 50 ~ 58km，由西向东，地壳逐渐变薄；四川盆地的地壳厚度为 46 ~ 52km，四川盆地前陆存在较为明显的横向变形，速度结构显示出一定程度的横向变化。

3. 具有明显的地壳构造边界

四川盆地的中下地壳的速度明显高于松潘—甘孜地块相应深度的地壳速度，据此推断，四川盆地至少在地壳深度范围内，对青藏高原物质的向东挤出构成了明显的阻挡作用。

4. 四川盆地岩石圈特性

接收函数反演及地震层析成像的结果均表明，四川盆地地壳上地幔显示为整体高速异常，这个高速异常的深度从南部 250km 向北逐渐减薄至 100km，这个深度可能代表为岩石圈的深度。鲜水河断裂带是清晰的青藏与四川盆地的边界，直至上地幔 150 公里边界两端仍存在明显的差异。四川盆地下方岩石圈底部受到向东挤出的青藏高原热物质的侵蚀，松潘—甘孜地块的壳内低速度体与上地幔上涌的低速物质有密切关系。

五、震前地壳形变特征

1. 水平形变特征

基于震前的 GPS 观测结果，定量获得龙门山地区的长期背景地壳形变场。龙门山地区存在着明显的东西向地壳缩短或逆冲挤压，三条主要活动断裂（前山、后山和中央断裂）的总体逆冲速率达每年 4mm，并伴随微弱的右旋走滑。龙门山地区的水平地壳差异运动或应变速率在整个川西地区并不突出，龙门山西北的阿坝地区以及龙门山西南的川滇地区均具有更高的水平地壳应变速率。

国际上一直普遍认为地壳差异运动或应变速率愈低，其地震危险性也愈低。但汶川地震使人类对地震发生规律有了新的认知，即应变速率低的断裂也许意味着其目前暂时处于闭锁阶段，有可能孕育着较大的地震。

2. 垂直形变特征

成都—汶川—阿坝水准路线、茂县—北川—绵竹水准路线各点相对四川盆地参考点的长期垂直形变速率矢量场图中，成都—汶川—阿坝测线为 1975 ~ 1997 年 22 年的长期平均变化速率，茂县—北川—绵竹测线为 1987 ~ 1997 年 10 年的长期平均变化速率。

相对四川盆地，龙门山以西的川西高原表现为大范围的迅速隆升运动，最大隆起速率每年 3.5mm；龙门山相对四川盆地的隆升由东向西逐渐增加，从每年不到 0.5mm 增加到约 1.5mm。

汶川地震正好发生在龙门山地区的垂直形变速率梯度带上，表明震区震前一直处于应力、应变积累状态。初步对比研究发现，川西高原的大范围迅速隆起变形与中下地壳的低速高导层有较好的空间对应关系，意味着汶川 8.0 级地震的孕育有可能与龙门山地区中下地壳的堆积增厚动力学过程相关。

汶川地震震前地壳垂直形变特征提醒我们，对于逆冲及伸展型的构造变形和强震孕育区，应重视三维地壳运动速度场的监测研究，即除 GPS 观测水平地壳运动外，还应重视水准观测垂直地壳运动。

六、震区地应力变化

（1）汶川地震前，龙门山断裂带内 ZK1 点在 408 ~ 418m 深处附近的最大主压应力为 21.8 ~ 21.9MPa，四川盆地内 ZK3 点在 406 ~ 420m 深度的最大主压应力为 12.0 ~ 12.2MPa，反映了龙门山断裂带内的主压应力比其外部高约 9.6 ~ 9.9MPa，应力从四川盆地向龙门山断裂带逐渐增大。

（2）汶川地震后，发震断裂附近的 ZK1 钻孔 390 ~ 420m 深度段，其原地应力重复测量检测到 5.8 ~ 5.9MPa 的应力降；四川盆地边缘 ZK3 钻孔 400m 附件的深度上，其原地应力重复测量只检测到约 0.1MPa 的应力降，说明汶川地震后释放的应力降也主要集中在龙门山断裂带上。

七、龙门山断裂带的古地震复发间隔

汶川地震发生之前，成都和龙门山地区有历史记录的 2000 多年来没有发生过 7 级以上强震。在历史记载之前是否发生过强震？其原地重复发生的周期是多少？这是汶川地震科学考察要回答的科学问题之一。通过开挖一系列探槽，并对探槽地点和附近的断错地貌面进行了实测和分析，获得以下主要认识：

在映秀—北川和灌县—江油断裂上发现了大量古地震遗迹，说明地质历史上曾经发生过能够产生地表破裂的大地震。沿映秀—北川断裂，在映秀镇附近揭露出两次古地震事件，在北川县的擂鼓、沙坝村、邓家、桂溪发现了 1 次古地震事件。沿灌县—江油断裂，在白鹿镇发现了两次古地震事件。沿北西走向的小鱼洞断裂，在三个地方都发现了 1 次古地震事件。

从断裂错动不同年龄地貌面的累计变形量、探槽揭露的古地震位移等方面看，汶川地震发震断裂存在 3 次大地震原地重复现象，而且同震变形量与古地震基本一致，这意味着汶川地震发震断裂存在大地震复发的可能。

根据测年数据结果、断错地貌分析和历史地震记录，可以推断汶川地震前一次事件的年代距今 2000 ~ 7000 年之间，与通过断层平均滑动速率和最大同震位移估算的 3000 ~ 6000 年原地复发间隔相近。

八、汶川地震孕育模式

汶川地震孕育和发生涉及多个地质构造变形单元，为多单元组合孕震模式，与以往认识到的单条断裂孕震方式不同。

青藏高原内部地壳物质向北东方向扩展，由于坚硬四川盆地的阻挡，中下地壳物质以塑性流变的方式在龙门山及其以西的川西高原堆积，并向四川盆地以北和以南的地区“流出”，导致川西高原中下地壳的显著增厚，并对上部脆性地壳施加垂直隆升作用；上部脆性地壳的变形发生三维分解，垂向上造成龙门山和川西高原的隆升，水平方向上向北东方向运动，表现为平行于龙门山断裂的右旋剪切和垂直于龙门山断裂的挤压缩短。汶川地震就是在这样一种构造背景下而孕育和发生的。

在青藏高原向北东方向的推挤作用下，川西高原由于地壳介质软弱而发生强烈震前变形，并把应力传输到龙门山断裂带，构成孕震的变形单元；由于组成物质的高强度和不利于滑动的产状，龙门山断裂带对川西高原传递过来的应力的响应是发生缓慢的震前变形和积累很高的应力，构成孕震的闭锁单元；四川盆地由于刚度大、不易变形而对川西高原和龙门山的向东扩展起着阻挡作用，构成孕震的支撑单元。这三个单元的共同作用导致了龙门山断裂带应力的高度积累和突发释放，形成了汶川地震。不同单元在震前阶段和同震阶段的变形状态和孕震作用是不同的，汶川地震的孕育和发生可以用多单元组合模型来理解。

在长期的震前变形阶段，作为变形单元的川西高原发生连续的右旋走滑、水平挤压和垂直隆升作用，除本身遭受应力和发生变形之外，还连续不断地向龙门山传递应力。而龙门山断裂由于闭锁只发生缓慢的变形而导致应力高度集中，这就是地震前龙门山断裂活动水平很低的原因；当断裂带上积累的应力超过其摩擦强度或破坏强度时就突发失稳，发生地震，释放出巨大的能量，形成长达300多公里的破裂带，同震位移既有很大的垂直抬升，又有右旋水平走滑，还有水平缩短。作为支撑单元的四川盆地对川西高原的向东运动起着阻挡作用而造成龙门山断裂带的高应力积累。

在瞬间发生的地震破裂过程中，能量释放主要发生在闭锁单元，使得断裂错动、同震变形、余震活动、地表震害等主要发生在龙门山断裂逆冲带内部，而变形单元和支撑单元只是受到影响作用，表现为变形和震害以龙门山断裂带为中心向两侧迅速衰减。

汶川地震是历史上首次记载到的低滑动速率断裂带上发生的，具有高角度斜向逆冲的破裂特征的多单元强闭锁特大地震。

九、建筑物结构震害特点

通过建筑物震害调查，结构的抗震性能大体按照以下规律依次递减：钢结构、钢筋混凝土结构、砖混结构、木结构、底框架结构、土结构。

（1）钢结构建筑抗震性能最好。由于强度高，韧性好，质量相对较轻，因而结构受力合理，在极震区北川县城3幢钢框架厂房都介于轻微破坏和基本完好之间。

（2）钢筋混凝土结构抗震性能仅次于钢结构，尤其是框架—剪力墙结构表现良好。虽然钢筋混凝土结构质量较重，但是它的延性好，能承受较大的变形。

（3）抗震设防的砖混结构抗震性能达到要求。由于重量较大且是脆性材料，其抗拉、抗剪、抗弯强度均较低，但经过抗震设防的砖混结构基本达到了“小震不坏、中震可修、大震不倒”的目标。在极震区北川县城和高烈度区绵竹市的汉旺镇有很多设防砖混结构没有倒塌或部分倒塌。未经过抗震设防的砖混结构在极震区倒塌率很高。

（4）木结构房屋造成人员伤亡较少。由于其材质韧性好，是榫卯方式进行连接和固定，所以结构整体性较好。而且，木结构较轻，地震时受力小，抗震性能要优于未设防的砖混结构。即使发生破坏，也不会完全倒塌而造成大量人员伤亡。

（5）底框架结构破坏比较普遍。“底柔上刚，头重脚轻”的底框架结构，上部墙体较多和底层框架层刚度相对偏小，结构刚度沿竖向分布不均匀，底层框架层一般侧向变形较大，故底层框架上方的过渡层墙体比较容易在地震中发生剪切破坏。

（6）土结构抗震性能很差。由于生土的材料性能差，土结构房屋在Ⅵ度区就开始产生破坏，在Ⅶ度或Ⅷ度区会大量严重破坏和倒塌。

（中国地震局地质研究所　张培震）

汶川8.0级地震应急性与系统性科学考察

一、应急性科学考察

为了全面了解成灾区内的工程震害情况，除在应急初期安排各灾害评估工作组进行工程震害普查外，5月24日中国地震局地震现场指挥部又专门成立了以工程力学研究所科技人员为主体结合部分大学和省局的工程震害科学考察队。考察队由孙柏涛研究员任技术总负责、胡春峰任总指挥，下设9个工作小组。考虑到成灾区内倒塌和严重破坏建筑的拆除速度很快，第一阶段的工程震害考察任务主要是对汶川—北川—青川一线与成都—绵阳—广元一线之间震害重的地区的建筑物首先进行抢救式调查。截至6月6日，考察队已经完成包括绵竹市区、汉旺镇、曲山镇（北川县城）、擂鼓镇、陈家坝镇，安昌镇、晓坝镇、沸水镇、平通镇、龙门山镇、小鱼洞镇、通济镇、红白镇等在内的20余个重点抽样点（乡镇）的调查工作，抽样建（构）筑物总数超过400栋。

（1）企业地震经济损失调查。

对四川长虹集团、攀钢集团长钢公司、九洲电器集团、川矿集团、剑南春集团、丰谷酒业、绵阳药业集团、绵阳燃气集团、绵阳电信公司、绵阳中国移动、好医生医药集团公司、绵投控股、什邡石化股份有限公司、蓥峰化工有限公司、四川蓝星机械有限公司、四川蓥峰实业有限公司、四川宏达（集团）有限公司等企业地震经济损失进行了调查。调查汉旺镇、绵竹市内剑南镇等不同烈度区内人的感觉和器物反应。

（2）城镇建筑物地震破坏调查。

对地震破坏比较严重的南坝镇、响岩镇、平通镇、陈家坝镇、红白镇、武都镇、永胜乡、花荄镇、秀水镇、龙门山镇、小鱼洞镇等进行了工程震害调查，抽样了近400余栋建筑并对其地震破坏进行了详细描述。

（3）城市地震烈度复核。

在前期地震烈度初评的基础上，对都江堰、什邡、德阳、绵竹、绵阳、安县、江油七个城市的地震烈度进行了更细致的评定，调查房屋建筑七百多栋。根据各破坏等级的数量进行烈度评定。

（4）结构地震反应观测。

从布设在江油市区一装配式钢砼框架结构上地震反应观测台阵中获取了5月27日青川6.4级余震以及5月27日青川5.4级余震和宁强5.7级余震的结构反应数据（地面最大输入加速度达到0.12g，结构顶部最大加速度反应达0.19g）。江油结构反应台阵共获得20次余震引起的结构反应数据；广元结构反应台阵共获得4次余震引起的结构反应数据；都江堰结构反应台阵获得1次余震引起的结构反应数据。

二、系统性科学考察

在中国地震局有关业务司的支持下，由工程力学研究所牵头于2008年于7月25日正式启动了全面性的汶川8.0级地震工程震害科学考察工作。此项工作由工程力学研究所孙柏涛副所长牵头，下设地震烈度核定考察及遥感震害影像比对调查、场地条件影响调查、建（构）筑物震害调查、生命线工程震害调查、地震灾害损失关键因素核定考察等五个专题。在烈度评定方面主要是在地震应急阶段烈度调查初步结果的基础上，通过大范围的调查对烈度进行进一步核定和修改，并进行遥感震害影像比对调查。工程场地条件科学考察方面主要是对这次地震中取得有效记录主要强震台站进行考察，对其原始记录进行校核，给出台阵信息和校核结果；考察地形等场地效应，考察典型烈度异常区，给出宏观和震害考察结果；考察断层、液化等典型地震地质灾害和地基失效现象，给出宏观和震害考察结果。房屋建筑震害科学考察方面主要是对灾区所有农村民居（含乡镇自建房屋）、公共建筑、多层砖混结构、多层底框架结构、框架结构、高层建筑、工厂企业建（构）筑物以及古建筑的震害现象及破坏机理进行详细调查。生命线系统震害调查方面主要是针对电力系统、交通系统、通讯系统、供（排）水和供气系统以及水利工程的震害现象及破坏、成灾机理进行详细调查。地震灾害损失关键因素的核定考察方面主要包括建（构）筑物损失比例关键参数核定调查、人员伤亡主要因素考察、间接经济损失评估方法考察以及恢复重建经费评估关键参数核定考察。

自2008年7月开始至今，来自地震系统内外20余个单位的150余名科技人员参加了科考工作，人均工作时间超过2个月。调查了200余个乡镇级调查点的5000栋以上建筑，调查了100余处地震液化点，调查了600余个交通设施、电力设施、通讯设施、供水和水利工程设施样本，核实了130余个强震动台站的仪器参数。拍摄了数万张照片，填写2000余张建筑物破坏调查表，收集100余建筑物的设计图纸，收集20余份地震系统外单位的震害调查报告，收集10000余张建筑物震后安全鉴定表。绘制了新版地震烈度发布图，编辑出版了《汶川8.0级地震工程震害概览》。全部科考工作将于2009年5月结束。

（中国地震局工程力学研究所　李山有　朱晓力）

汶川 8.0 级地震陕西灾区现场调查情况

2008 年 5 月 12 日 14 时 28 分四川汶川 8.0 级特大地震发生后，陕西省地震局立即启动地震应急预案 I 级响应，迅速派出 52 人的地震现场工作队，赶赴陕西省灾情较为严重的汉中、宝鸡、安康等地区，开展地震灾害损失评估、地震科学考察和流动监测工作。

5 月 12 ~ 22 日，陕西省地震局地震现场工作队在灾区各级党委、政府和民政、建设、水利、交通、电力、教育、通讯、卫生等部门的支持下，对汉中、宝鸡、咸阳、安康、西安等地区进行了广泛调查，收集了不同地区不同环境条件下的各种房屋建筑的破坏资料、震前震后的异常现象、地震资料记录、断层活动特征、地震地质灾害现象与特点、地震造成的社会影响等多个方面的大量基础资料，拍摄照片近万张。经过对大量资料的分析处理，形成《汶川 8.0 级特大地震陕西灾区现场考察报告》。

1. 现场地震观测

5 月 12 日汶川 8.0 级地震发安生后，陕西省地震局地震应急现场工作队流动监测组于当晚 23 时抵达陕西省汉中市，连夜分别赶赴宁强、镇巴和紫阳三个县架设仪器。13 日凌晨 3 点在宁强县电信局院内完成第一个流动台站架设，13 日 9 时至 16 时，当地电信部门的配合下，相继完成了镇巴、紫阳、广坪三个流动台站架设，数据实时传回省地震局数字地震台网中心。5 月 15 日，现场流动观测队又在汉中南郑、石泉和宝鸡凤县架设 3 个流动台站。至此，陕西省流动地震台站数量达到 7 个，大大增强了川陕甘交界地区的地震监测能力。

随着汶川地震震情的发展，鉴于陕西省宁强县位于龙门山断裂北段的特殊地理位置，6 月 3 日至 6 日，中国地震局地球物理研究所在宁强县南屏乡等地架设了 5 个流动观测台站，同期在宁强县广坪镇金山寺村对平武 - 青川大断裂附近架设微震台测取地震信息和做人工震源监测的测试。

2. 地震烈度调查

陕西省地震局地震现场工作队在陕南和关中共 28 个县区，抽样调查村、小区一级点 244 个。

野外调查显示，陕西省境内烈度主要为Ⅷ、Ⅶ、Ⅵ和Ⅴ度区，烈度区长轴方向总体呈北东向，短轴方向北西，和全国烈度调查等震线长短轴方向一致。个别地区出现烈度异常。具体如下：

（1）Ⅷ度区：主要集中在汉中市宁强县西南角，外边界线大致在宁强县居亭乡、代家坝、舒家坝和黄坝驿一线。主要包括宁强县青木川镇、广坪镇、安乐河镇、燕子砭镇、阳平关镇、代家坝镇和舒家坝镇及所属村庄。

（2）Ⅶ度区：包括汉中市西部的略阳、勉县以及宁强、南郑、留坝、汉台区、城固、洋县，宁强县城、南郑县城和汉中市包括在该区内。

（3）Ⅵ度区：该区范围较大，主要在汉中东部、宝鸡大部分地区，咸阳和安康西部地区。包括西乡县、佛坪县、留坝县、凤县、太白县、周至县、武功县、杨凌区、眉县、扶风县、凤翔县、岐山县、千阳县、陇县、麟游县、乾县、兴平县和户县（有的县只包括其中一部分）。

（4）Ⅴ度区：分布在永寿县、礼泉县、户县、宁陕县、石泉县和镇巴县这几个县城附近以东。

（5）烈度异常区：一是在Ⅵ度区范围内划分出宝鸡Ⅶ度异常区，包括宝鸡市陈仓区、金台区等。二是在Ⅴ度区中的西安Ⅵ度异常区。

3. 地震宏观异常现象

地震宏观异常现象调查的范围主要涉及陕西关中及陕南地区，着重对Ⅵ度及Ⅵ度以上区域的宏观异常进行了收录，对Ⅵ度以下区域的较典型异常也进行了收集。

5月12日汶川8.0级地震后，陕西省地震局共收到宏观异常报告89份，涉及异常106个。其中地下井（泉）水异常51个，占49%，主要表现为井（泉）水发浑、冒泡、翻花、升温、变色、变味、突升突降、井孔变形、水源突然枯竭或涌出等异常现象；动植物异常32个，占30%，主要表现为青蛙（蟾蜍）、蚂蚁、蚯蚓、蜜蜂的大量出现，鸡、狗的烦躁不安等；地形变异常12个，占11%，主要表现为地裂缝的出现；气象、电磁、地象及其他异常11个，占10%，主要表现为天空出现光亮、七彩云等。

通过对汶川8.0级地震陕西宏观异常的深入调查整理与汇总，初步得到以下认识：汶川8.0级地震前，陕西境内未出现明显宏观前兆异常；各类宏观异常中地下井（泉）水异常数量多，其次为动植物异常，地形变、气象、地象及其他异常数量较少；宏观异常日报个数随时间变化，5月12日、13日和5月20日、21日异常数量较多，分析与群众警觉提高有关；异常数量及分布与地震烈度高低无明显关系，低烈度区也存在大量异常；青川6.4级地震及宁强5.7级地震前后，在宁强一带出现了一些地下井（泉）水异常。

4. 工程结构震害调查

陕西省地震局现场工作队主要对汉中、宝鸡、西安、咸阳、安康等市的房屋建筑、企业与生命线工程、文物等震害情况进行了调查。

调查结果表明：汶川8.0级地震对陕西汉中、宝鸡、西安、咸阳、安康等市建（构）筑物造成了较大破坏与影响。土木结构房屋破坏严重，40多个县土木房普遍受到不同程度的破坏，部分倒塌；砖木、砖混结构的房屋总体上受损较轻，主要破坏表现为墙体出现不同程度裂缝；框架结构房屋承重构件基本完好，部分外墙瓷砖脱落、伸缩缝开裂和填充墙出现裂缝，极个别建筑物的承重构件受到破坏。市政公用基础设施，如城市立交桥、路涵洞、供电、供气管道、通信网络遭到不同程度的损坏，引发了供电中断、通讯受阻等。生命线系统受损严重。交通桥涵受损，滑坡、崩塌堵塞道路，影响交通；大量移动基站受损，致使通讯中断；部分电力设施受损，导致一些重点厂矿处于危险状态和居民停电；水库大坝坝体产生裂缝与变形，出现渗漏和泄水；城乡供水设施遭到破坏，供水管网受损，水塔倒塌，影响群众正常生活。文物受损严重，古建筑墙体裂缝，塔体发生倾斜，可移动文物移位、脱胶、裂缝、断裂等，陶瓷类文物打碎。地震引发的滑坡、崩塌、地裂缝等地质灾害较为严重，毁坏道路、输油管道，影响交通和输油大动脉正常运行。

5. 社会影响调查

对社会影响情况的调查，主要调查了陕西因灾伤亡人员分布情况和原因以及政府的应急救援行动。

汶川地震在陕西造成了重大人员伤亡，全省因灾死亡125人，受伤3396人。汉中市死亡人数最多（49人），其次为宝鸡（33人）、西安（27人）、咸阳（12人）、安康（4人）。人员伤亡的主要原因有围墙、建筑物倒塌，山体滑坡，山上落实，建筑工地发生意外，电线杆倒地后电击及其他意外原因等。

地震发生后，陕西省委、省政府，汉中、宝鸡、西安、咸阳等市政府、全省各级地震、交通、民政、卫生、建设等部门立即启动应急预案，采取紧急措施，立即开展了紧急救援、受伤人员救治、灾民紧急疏散金额安置、损毁道路修复、通讯设备抢修、次生灾害隐患排查、通报地震信息、平息地震谣言等工作，取得了显著成效。在做好自身抗震救灾工作的同时，陕西省响应中央、国务院的号召，及时修复损毁道路，救灾车辆给予免费通行，免费护送西川民工返乡，组织调运救灾物资，派出救援、医疗队伍，接收四川伤员，开展募捐活动，全力支援四川、甘肃抗震救灾工作。

6. 发震构造调查

略阳—勉县断裂（略阳—汉中段）以勉县为界大致可以分为东西两段。西段（略阳段）走向北西，倾向北东，断层沿北西向的沟谷发育，没有错断中更新世形成的T4阶地，为中更新世以来不活动断层。东段（汉中段）发育在汉中盆地的北缘，断裂两侧地形高差约1000m，断层被晚更新世地层覆盖，为中更新世活动断裂。

茶坝—林庵寺断裂带宁强段走向北东，北东段线形地貌好，南东段差。断层在中更新世形成的阶地面上残留有北东东向的断层槽地，山前形成断层三角面等，为中更新世断层。

平武—青川断裂是龙门山断裂带后山断裂的东北段，由大致平行2条断裂构成。南边的青川—勉县断裂规模大、延伸长，从陕西勉县一直延伸到四川平武。北边八海—玉泉坝断裂规模较小，东北起自八海东北，向西南经过玉泉坝、青木川，止于姚渡一带，长约50km。根据资料和野外观察，青川—勉县断裂和八海—玉泉坝断裂中更新世是活动的，晚更新世—全新世停止活动，活动性质是以逆断层为主。

7. 地震地质灾害

按照大地构造分区结果，陕西主要涉及秦岭褶皱系、松潘甘孜褶皱系、扬子准地台及渭河断裂带四大构造单位。

调查表明：陕西境内与汶川8.0级地震有关的地震地质灾害共有483处，一部分为原有的地质灾害隐患点遭遇地震后发生变化，如滑坡体上裂缝加宽，滑体边缘或滑坡体上出现新裂缝，滑坡台阶、崩塌体边缘部分坍塌以及位于滑坡体上的建筑物出现裂缝或裂缝加宽等；一部分为地震后新增加的地质灾害隐患点。这些地震地质灾害点主要分布在陕西西南部，以地震灾害最为严重的汉中宁强、略阳和宝鸡市分布最为广泛，尤以汉中宁强、略阳和宝鸡陈仓区最为严重，与地震烈度相吻合。震后地震地质灾害受断裂带及地貌、岩性控制明显。

（陕西省地震局　范增节　谭玉娥）

汶川 8.0 级特大地震甘肃灾区科学考察

考察时间：2008 年 5 月 25 日至 8 月 20 日，甘肃省地震局先后联合兰州交通大学、上海交通大学、日本中央开发株式会社、美国肯塔基地震调查局等国内外高校和研究机构，在汶川 8.0 级特大地震甘肃灾区联合开展了地震科学考察。

考察地点：甘肃省天水市城区及武山县，陇南市武都区及文县，四川省青川县姚渡镇，212 线武都至四川省姚渡镇沿线，甘肃文县至四川九寨沟公路沿线等。

主要成果：对典型村镇房屋结构类型、受震破坏特征进行了主要原因分析；对次生地质灾害的岩体类型、受震破坏特征进行了主要原因分析。通过原因分析、数值模拟计算为灾后恢复重建、地震科学研究提供了基础资料，同时也为甘肃省地震局与日本、美国等研究机构在甘肃灾区重建城市地震小区划、民房结构抗震加固技术、次生灾害防治、预警项目的合作奠定了基础。

（中国地震局兰州地震研究所　张元芳）

广东省地震局汶川地震科学考察

2008 年 5 月 26 日，黄剑涛局长率第一批地震科学考察队向正在成都支援灾区重建的省人民政府颜学亮副秘书长汇报了有关情况及提供了灾区的地震地质资料。

5 月 27 日，黄剑涛局长一行到四川省地震局调研，并代表广东省地震局向四川省地震局捐赠 20 万元。

7 月 5 ~ 17 日，组织对汶川 5・12 特大地震进行科学考察，开展“四川汶川特大地震发震与成灾机理的科学考察和研究以及广东的对策”专项研究。主要任务是在汶川灾区开展灾区断裂带分布、特性的调查与研究、建（构）筑物结构灾害调查与研究、生命线工程灾害调查及研究、农村民居抗震实用技术研究、确定抗震设防要求的研究等。科学考察和专题研究成果将为四川灾区的重建和广东防震减灾各项工作提供重要的科学依据。

9 月 27 日至 10 月 6 日，组织 14 名地震地质专家赴灾区开展汶川县地震小区划前期调研工作。工作队分成 7 个小组，一组在成都负责协调联系，与中国建筑西南勘察设计研究院、四川省地勘局水文队等部门进行了接洽，并达成了初步的合作意向；其余六组分赴汶川 13 个乡、镇所在地作实地考察，获取各乡、镇所在地断裂通过的初步成果，对地震小区划的工程场地类型进行了划分，并布设了地震勘测钻孔，获得各乡、镇所在地断裂通过的初步成果。

10 月 11 ~ 12 日，参与广东省科技厅赴汶川科技重建调研活动，为下一步重建提供地震科技服务。

（广东省地震局　余演波　王胡瑛）

中国地震灾害防御中心汶川地震科学考察

一、汶川地震现场应急科学考察

5 月 16 ~ 22 日，中心副主任陈国星研究员与震防中心李峰副研、王继副研、王笃国助研对北川 – 映秀断裂北端进行了震害调查，在北川—桂溪—平通一带陆续发现地震地表破裂带（断层），在第一时间为灾区区划图修订提供了必要的第一手的基础资料。

5 月 22 ~ 31 日，孙福梁主任带队，尤红兵副研究员、田学民副研究员、张郁山副研究员、王笃国助理研究员和龚飞助理研究员参加汶川地震现场应急科考队工程震害调查组，分别对绵阳、江油等灾区的建筑、生命线等震害进行了调查，收集了大量工程震害资料。

5 月 22 日至 6 月 10 日，田勤俭研究员负责地震现场应急科考队地震地质灾害调查组第 8 小组工作，小组成员包括李峰副研究员，主要对地表破裂带南段进行了调查，并对其他段落重点地段进行了调查，目的是通过野外地震地质调查，结合遥感影像解译与余震分布查明汶川地震产生的地震断层（地表破裂带）及其同震位移与形变特征，进而探讨汶川地震的发震构造与成因的动力学环境。在发震断层科学考察中，特别应用了发震断层的累积地貌研究的方法，成功获得古地震复发间隔的可靠数据。

6 月 10 日至 7 月 3 日，国务院汶川地震专家委员会南北带地震构造组对地震地表破裂带开展填图，李峰副研究员参加了地表破裂带微地貌的大部分野外测绘工作及部分探槽研究工作。在地震地表破裂带科学考察中，主要利用全站仪、差分 GPS 和三维激光扫描仪等高精度测量技术对同震变形造成的微地貌进行测量，及时记录了地表同震变形现象的丰富信息，为相关的定量分析提供了有效保障。

二、汶川地震系统科学考察

中国地震局于 2008 年 7 月 15 日召开了汶川 8.0 级地震科学考察工作部署大会，决定从 7 月中旬至 10 月底组织开展汶川 8.0 级地震系统性科学考察。

7 月 26 日至 8 月 27 日，震防中心田学民副研究员、尤红兵副研究员、张郁山副研究员、高杰助理研究员参加工程震害科学考察组，主要是对汶川地震对农居造成的破坏情况进行专项考察。先后调查了广元、德阳、绵阳和成都等地区，共 8 个市县 20 个乡镇 28 个村，烈度范围从Ⅷ度到Ⅺ度，行程近5000km。通过实地考察发现，我国农居仍然是抗震最薄弱的环节之一，大量的农居仍然处在毫无抗震构造措施或者措施不得利的状态。

9月24日至11月4日，在“甘肃和陕西南部断裂活动性调查”专题下，由李峰副研究员带队，考察了岷江断裂、虎牙断裂、白龙江断裂等，行程近7000km，并负责编写岷江断裂、虎牙断裂第四纪活动特征的报告。

通过参加汶川地震科学考察工作，震防中心提高了整体业务水平，锻炼了业务骨干，掌握了大量一手资料，为今后进一步开展工作奠定了基础。

（中国地震灾害防御中心　田学民）

汶川8.0级地震前后发震断裂带的原地应力测量

汶川8.0级大地震的发震构造为龙门山中央断裂带，即汶川—北川—林庵寺断裂带，地震破裂始于汶川映秀镇，尔后迅速向北东方向扩展，穿过北川直至青川林庵寺一带。自8.0级主震以来的余震沿该断裂带密集分布，在龙门山断裂带北端的青川、广元一带多次发生5~6级强余震。

地壳岩层的断裂与错动无疑是构造应力作用的结果。为探讨地震的孕育与发展过程，必须弄清大震前发震构造带的地壳应力状态。然而，我们无法准确预测在什么地点什么时间将发生强烈破坏性大地震，因此迄今为止各国尚无大震前发震构造带的原地应力测量资料。

由于交通建设的需要，在汶川8.0级大震发生前的4月份至5月初，我们在极震区的青川及其附近开展了四个孔深为420m深钻孔的水压致裂原地应力测量，而且于5月6日完成现场测量的测孔就位于发震断裂带上，其余三孔则位于其附近的发震断裂带下盘。为弄清发震断裂带大震前后构造应力场的变化特征，在5·12大震之后在发震断裂带与其附近下盘各选择两个测孔陆续进行原地应力的（重复）测量，获得丰富翔实的深部地壳原地应力测量成果。

于2008年5月6日完成的在发震构造带上420m深钻孔的地应力测量结果表明，在大震邻震前的发震构造带上，在300~400m深度范围内的最大水平主应力高达21~22MPa，最小水平主应力值一般为垂直主应力的1.3倍左右，而其附近下盘该深度范围内的最大水平主应力值仅为13~15MPa，最小水平主应力小于或近似于垂直主应力。显然，在大震邻震前发震构造带上作用着的地壳构造应力比其附近下盘强烈得多，在相同深度范围内，发震断裂带上的最大水平主应力值比其附近下盘高出8~9MPa。

大震前在发震构造带上进行的地应力测量结果表明，在发震断裂带上三向主应力之间的关系为：$S_H > S_h > S_V$，而在其附近下盘三向主应力之间的关系表现为：$S_H > S_V > S_h$，由此进一步表明大震前发震断裂带两盘的现今构造应力作用具有显著差别，发震断裂带上的现今构造应力作用尤为强烈的特征。

在汶川5·12大震发生后两周至五个月的时间内，在发震构造带两个钻孔中的地应力（重复）测量结果表明，发震构造带上的震前高应力异常得到了显著释放，构造应力作用的强度大幅降低。大震后发震断裂带在300～400m深度上的最大水平主应力变化为13～16MPa，最小水平主应力值为8～10MPa。由大震前后的地应力重复测量结果可见，大震的应力释放使得发震断裂带的构造应力作用强度降低了约30%。而在发震断裂附近下盘的测量结果表明，大震对于断裂下盘的地应力作用状况影响不大，大震前后的构造应力作用状态基本没变。

大震前后的地壳构造应力作用方向变化不大，最大水平主应力的方向均为NW—NWW向，表现为有利于右旋逆滑的现今地壳应力场作用特征。

汶川大震前后地应力测量结果的分析表明，汶川发震断裂带在大震前具有强烈的水平构造应力作用，与其附近下盘的地应力分布状况形成了显著差别；活动断裂构造带的地应力高值异常蕴含着强震的现实危险，原地应力的可靠测试成果是圈定地震危险区，也是进行强化跟踪监测直至实现邻震预测的可靠依据。

汶川大震的反思表明，在地震危险区圈定与强震监测及预测科研工作中，原地应力测量研究具有重要作用，绝对地应力测量成果是强震预测分析不可或缺的可靠依据，原地应力测量技术是强震监测工作的一种可靠方法。

对于强震的捕捉与监测科研工作，需要多学科的相互协作，进行不同方法各种技术的综合研究。可行的有效监测工作路线应为：

（1）首先进行活动性断裂带的调查研究，弄清强震的时空分布特征，初步筛选并确定出进一步深入开展监测研究的地震危险区、带；

（2）并非所有的活动性断裂带都具有强震的现实危险，只有地壳构造应力显著高值异常的活动断裂带才具有强震发生的现实危险性。因此，在初步确定出的活动性断裂带进行原地应力测量，进一步判定活动断裂带的地震危险性；

（3）在地壳构造应力显著高值异常的危险区（段），采用各种手段进行强化跟踪监测，捕捉并进一步判定强震孕育和发生的危险性；

（4）各种短临监测手段及监测技术的综合应用，协同攻关，进而实现大震的可靠预测。

（中国地震局地壳应力研究所　郭启良）

龙门山断裂带与汶川地震的三维高分辨率地壳上地幔速度结构

本项目除按预定目标基本上完成年度计划之外，还重点对汶川地震进行考察和研究，为认识汶川地震的成因机制做出贡献。本文重点介绍龙门山断裂带与汶川地震的三维高分辨率地壳上地幔速度结构。

截止到2008年6月，川西台阵共记录到$M5.0$以上的远震（$90° > \Delta > 30°$）690个，这为利用川西台阵记录的远震体波波形数据和接收函数方法，探测研究区100km深度范围内的地壳上地幔S波速度结构奠定了重要的数据基础。上述远震事件波形数据预处理的工作已经完成，整个台阵所有观测台站接收函数的分离已经完成。

根据沿31°N剖面的地壳上地幔S波速度结构和泊松比，我们可以有如下的观察：

（1）研究区地壳上地幔S波速度结构具有较为明显的分区特征，它们与地貌和地表地质构造特征相吻合。台站KDF04以西的地区属于川滇地块，其东侧直到台站KWC01所跨越的区域为松潘—甘孜地块，台站KCD05以东为四川盆地。台站KDF04 – KDB03所跨越的区域对应地表可识别的鲜水河断裂带。地壳速度结构表明，该地域构成了川滇地块与松潘—甘孜地块之间的过渡带。台站KCD05恰好处于龙门山断裂带的前山断裂（灌县—江油断裂）的东侧，而台站KWC01位于龙门山中央断裂（映秀—北川断裂）的西侧。我们的结果表明，龙门山断裂带的前山断裂和中央断裂构成了松潘—甘孜地块与华南地块的壳内构造边界。

（2）在研究区内，上述三个地块的地壳厚度及其横向变化存在明显差异：川滇地块的地壳厚度为58 ~60km，其横向变化不大，26km深度存在 ~10km厚度的高速层；松潘—甘孜地块的地壳厚度为50 ~58km，由西向东壳幔界面抬升，地壳逐渐变薄；四川盆地内的地壳厚度为46 ~52km。四川盆地的地壳存在较为明显的变形，速度结构显示一定程度的横向非均匀变化。

（3）松潘—甘孜地块内存在壳内的楔状低速区，其厚度由西侧的 ~30km向东逐渐减薄为东侧的 ~15km。低速区的S波速度为2.75 ~3.15km/s。与该低速区相应的地壳平均泊松比高达0.29 ~0.31。这表明高波松比值与软弱并容易变形的地壳密切有关。

（4）龙门山断裂带附近的四川盆地前陆显示了坚硬地壳的特征，其下地壳的S波速度达到4.0km/s以上。与此相应，地壳平均泊松比仅为0.2。但是，除此以外，四川盆地的地壳平均泊松比值较高，达到0.28 ~0.31。这个结果除了可能与该地区存在较厚的沉积层（ ~10km）外，更主要的应与其地壳的刚性程度有关。接收区地壳速度结构表明，四川盆地的下地壳S波速度仅为3.5 ~3.6km/s，明显低于全球地壳模型（PREM）给出的3.9km/s的结果。这个结果与Yao等（2008）根据环境噪声和面波数据反演的结果基本一致。尽管如此，四川盆地的中、下地壳的速度仍明显大于松潘—甘孜地块相应深度的地壳速度。

（5）沿上述观测剖面，四川盆地前陆存在清晰、明显的地壳厚度变化，表明在青藏地块的长期作用下，四川盆地前陆已经产生了变形。同时，松潘—甘孜地块速度结构和壳幔界面的形态变化推断可能存在上地幔物质上涌的作用。

据沿102°E剖面的地壳上地幔S波速度结构可以推断，四川盆地前陆坚硬的地壳实际上在龙门山断裂与鲜水河断裂交汇的部位与川滇地块汇合。这个结果不但解释了地表观察到的断层分布形态，并且表明松潘—甘孜地块不可能再向南运动，它只能在青藏地块东向逃逸和四川盆地阻挡的作用下形成向北沿龙门山断裂的变形运动。

在18km深度上壳内S波速度的横向变化图进一步揭示川滇地块，松潘—甘孜地块和扬子四川地块在速度结构上的分块特征。它与地表地质的断裂分布十分吻合，表明这些断层对地壳深部结构具有强烈的控制作用。由此图可见松潘—甘孜地块的中地壳存在大面积的S波低速区。同时值得注意的是，在汶川—茂县一带出现的高速结构。这为解释汶川地震破裂过程和余震序列的活动特征提供了深部构造依据。

接收函数反演给出的研究区壳内低速结构得到了地震波场地表直接观测结果的支持。由2008年5月16日理县M_S5.9地震剖面图可见，该剖面的长度521km，走向为近NS向。地震动衰减明显小于通常的理论估计，其衰减规律甚至接近与震中距平方成反比。这表明在震源及其邻近区域存在异常大的振幅衰减。这意味着这些地区存在Q值较低的壳内S波低速区。

上述结果表明，相对于四川盆地，松潘—甘孜地块的地壳较为软弱，但四川盆地不存在向松潘—甘孜地块的俯冲。这与数值模拟所作的推断不同。据此，我们推断在青藏高原向东挤压的长期作用下，四川盆地的阻挡作用导致松潘—甘孜地块的地壳产生了强烈变形，造成壳内结构垮塌和上、下地壳的解耦，从而形成了上地壳在龙门山断裂带的逆冲推覆。

当然，地壳结构破坏垮塌仅仅是对壳内低速体成因的一种限于局部特定区域的推断。壳内低速体的存在仅仅是这一推断的必要条件。壳内低速体也可以解释为具有流变特性的结构。Clark等（2005）根据数字地形等数据所作的数值模拟研究表明，在四川盆地的阻挡作用下，软弱下地壳的增厚变形可以导致地表的抬升及地壳的增厚。但是，他们的动力学模型在松潘—甘孜地块的地壳中所包含的是一个厚度均匀的低速层，并预测四川盆地地壳存在向上地幔的俯冲。我们的结果不支持其动力学模型所预测的上述结果。本文给出的壳内楔状低速区应更可能是遭受强烈侧向挤压后地壳结构变形破坏的结果。另外，壳内层流（channel flow）模型意味着需要壳内低速层的普遍存在。只有这样，才有可能实现地壳物质的远距离输运。但迄今为止，这种推测仍然缺乏观测证据的充分支持。当然，关于松潘—甘孜地壳结构垮塌的推断也仍然有赖于其他介质参数研究的证实。

另一方面，地质及GPS观测结果表明龙门山及其邻域地壳变形较为缓慢，其缩短速率仅为3.0mm/a。根据给出的松潘-甘孜地壳速度结构，我们可以进一步推断，该地区在长期的缓慢变形过程中，其坚硬的上地壳应该形成了巨大的应力积累，而其软弱的中、下地壳由于结构的不断垮塌和增厚，使其聚集了巨大变形能量。这些因素可能是在映秀—北川断裂发生汶川M_S8.0地震的基本动力学背景。

（中国地震局地质研究所973项目办公室）

龙门山断裂带中北段大震复发特征与复发间隔估计

位于南北地震构造带中段的龙门山断裂带是青藏高原和华南地块的边界构造带，由三条北东走向、倾向北西的逆断层构成，自北西向南东依次为汶川—茂汶断裂（后山断裂）、映秀—北川断裂（中央断裂）和灌县—安县断裂（前山断裂）。2008年5月12日M_S8.0汶川地震沿映秀—北川断裂形成了长达240km的地表破裂，并同时沿灌县—安县断裂形成了长约70km的地表破裂，尚未发现沿汶川—茂汶断裂形成地表破裂带。本次地震沿两条断裂带的垂直位移之和最大可达 6 ~ 10m。

龙门山断裂带大震复发特征研究是该地区开展中长期地震预报的基础性工作。汶川地震后，研究人员基于 GPS 速率和断层活动速率对类似地震的复发间隔进行过估算，但该断裂是否符合特征地震复发模式，尚需论证。研究地震复发行为的有效途径是通过探槽或断错地貌分析等方法建立古地震序列。汶川地震主破裂带的垂直断距多在 2 ~ 6m，而探槽开挖的深度有限，难以揭示多次古地震事件。野外调查尚发现，龙门山断裂带新老地震的地表破裂有时在一定范围内迁移，而不是沿一个断裂面重复发生，为探槽开挖工作造成了困难。构造地貌方法研究断层多次活动显示出了一定的优势。通过较大范围横跨断裂的多级地貌面的垂直断错分析，可以确定断裂带多次位错特征，进而分析地震复发规律。本课题在地震地表破裂带调查的基础上，用差分 GPS 对龙门山断裂带中北段的断错地貌进行了测量，在此基础上分析了地震复发行为，并估算了复发间隔。

1. 大震复发的地貌证据

在映秀一带，映秀—北川断裂南段和岷江斜交，断裂垂直错断了岷江的 4 级阶地（T_1 至 T_4），各级阶地的垂直位错量分别为 3.0m，10.4m，16.4m 和 40.1m，其中 T_1 阶地 3m 高的断层陡坎是 2008 年汶川地震造成的。

在北川县擂鼓镇石燕村，中央断裂带穿过涪江支流，并形成跌水和断层陡坎。石燕村东 T_1 阶地上汶川地震最新断坎高度为（180 ± 20）cm。石燕村北 T_2 阶地上断错地貌由三个陡坎组成，累积高度为（572 ± 20）cm，中间陡坎为 2008 年汶川地震造成，高度为（274 ± 20）cm。

在北川县桂溪乡凤凰村，中央断裂带横穿涪江支流。汶川地震在河漫滩和 T1 阶地上形成了高（197 ± 20）cm 的最新陡坎。T_2 阶地面上本次地震的最新断层陡坎高（261 ± 20）cm，新、老断坎累计高度为（486 ± 20）cm。

在白鹿镇白鹿学校附近，前山断裂以 NE48°穿过校区和湔江支流。汶川地震将河漫滩垂直位错（240 ± 20）cm，将 T_1 阶地垂直位错（200 ± 30）cm，而白鹿中学水泥地面的垂直位错为（180 ± 20）cm。T_2 阶地面上先存地形陡坎，新的地震陡坎形成于老陡坎坡脚，或从老陡坎中间形成。新地震陡坎高（196 ± 20）cm，新、老地震陡坎累计高度为（441 ± 20）cm。

在上述 4 个调查点中，同一调查地点河漫滩与第一级河流阶地的断错量相当，均代表最新地震垂直位移，表明第一级阶地形成以来除本次地震外未发生过地表破裂型地震。在映秀之外的三个调查点，第二级河流阶地的断错量约为第一级河流阶地的断错量的 2 倍，震后的探槽也仅揭示一次古地震事件。另据中国地震目录，2000 多年来龙门山断裂带上仅发生过 3 次 6 ~ $6^1/_2$ 级地震，无 7 级以上地震发生。因此推断龙门山断裂带中北段大震复发可能符合特征地震模型，震级与本次汶川地震相当。

在映秀调查点，T_2 阶地的垂直位移量是 T_1 阶地的 3 倍多，是发生了三次位错事件，还是上一次位错量较大，尚需进一步研究。由于中央断裂中段与南段的几何分界点位于映秀与三江口之间，而汶川地震地表破裂带的南端也位于映秀与三江口之间，映秀与三江口之间相距仅 20km 左右，不排除映秀的位错受到断裂南段的影响。

2. 大震复发周期的估算

由于横穿龙门山的河流下切共同受四川盆地这一区域侵蚀基准面和相同的气候变化条件

控制，所以同一级河流阶地形成时代应大致相同。根据我们的测年结果，结合前人已发表成果，龙门山中段 T_1 阶地下切时间为 3 ~ 4ka. B. P.，T_2 阶地下切时间为 10 ~ 12ka。从断错地貌来看，T_1 阶地以来仅有一次地震事件，表明龙门山断裂带大震复发间隔应大于 3 ~ 4ka；而 T_2 以来有两次地震事件，复发间隔为 5 ~ 6ka。综合估计龙门山断裂带中北段大震复发间隔应为 3 ~ 6ka。因为前一次大震发生在 T_2 阶地形成之后，所以用 T_2 阶地形成时代来估算大震的复发间隔结果稍大于实际值。

已有的研究发现，晚第四纪以来龙门山断裂带单条断裂的垂直滑动速率不超过 1mm/a。调查结果表明，汶川大地震仅造成了中央断裂和前山断裂的破裂，断层垂直位移总和为 6 ~ 10m 左右。因此亦可估算龙门山断裂带中北段发生 8 级地震的重复间隔为 3000 ~ 5000 年。

本课题还利用 $M_S5.0$ 以上余震序列的地震矩，统计得到了龙门山断裂带面波震级和标量地震矩的统计关系：

$$\lg(M_0) = 1.59M_S + 7.29 \quad (r = 0.97)$$

并以此计算得到龙门山断裂中北段一个大震重复周期内释放的标量地震矩，并利用长期平均滑动速率和余震精定位结果确定的震源深度计算了地震矩释放率，以此可估算汶川大地震的复发间隔为 2600 ~ 3800 年。

综合判断龙门山断裂带中北段大震的复发间隔为 3000 ~ 6000 年。而震前前人探槽研究认为龙门山断裂带单条断裂的强震复发周期至少 2000 ~ 3000 年，震后前人通过地震波反演和 GPS 速率认为 8 级地震复发周期在 2000 ~ 10000 年或 2000 ~ 6000 年，这些研究与本文的估算结果比较一致。

（中国地震局地壳应力研究所　张世民）

2008 年汶川 8.0 级地震震源区横波分裂的变化特征

近震地震记录中显示有横波分裂的现象，它们被认为是地震波穿过上地壳中与应力相关的微裂隙定向排列介质时形成的。横波分裂对地壳应力比较敏感，在有密集微裂隙分布的各向异性岩层中，横波分裂成为两个近互垂直的偏振波，速度较快的波的偏振方向沿着最大水平压应力的方向。这个特性可用来监测地震活动期间区域应力场的变化。与地震活动相关的横波分裂的时间变化在不同的地区被观测到，如在冰岛和中国的云南地区。

2008 年 5 月 12 日，中国四川汶川发生了 $M_S8.0$ 的强烈地震，主震的破裂带沿龙门山断裂延伸长达 300km，余震分布在沿断层带的狭窄地带。主震发生后，在龙门山断裂带附近迅速布设了许多流动地震台站。大量余震和近地震台站提供了丰富的数据，可借此分析汶川地震震源区横波分裂的时空变化。鉴于横波分裂现象与震源上方最大水平应力相关的特性，利用横波分裂的结果可以监测与地震活动有关的地壳应力变化。因此，横波分裂的现象对研究地震发生的机理和地震活动的构造应力背景有重要意义。

收集了5·12汶川地震前后固定台和流动台的数字地震记录。主震前的地震活动水平不高，符合进行横波分裂分析条件的地震记录图很少，只在PWU（平武）台找到了主震前的一条记录。主震发生后，沿龙门山断裂带中部的东南侧布设了一些流动台站，它们距余震活动区较近，有利于获取近台的地震资料，进行横波分裂的分析研究。

横波分裂最重要的特征参数是分裂的横波快波偏振方向和两个分裂横波之间的到时延迟。在地壳浅部，横波分裂的方位分布是由近垂直的和平行排列的微裂隙造成的。利用横波分裂时的快波偏振方向对裂隙的走向和最大水平应力的方向给出估计，快慢波之间的到时延迟是对应力强度的一种估测，或者可以看成是沿特定射线路径上裂隙分布的几何形态反映出的应力效应。

对位于地震断裂带附近的固定和流动地震台站进行横波分裂研究。在大量记录中挑选出了位于横波窗内的近台横波记录数据，在L5501、LDG、AXI、L0203、L0205、L0207和PWU台的记录中测得了横波分裂的参数。得到横波分裂结果的七个台站都在龙门山断裂的地区，这些结果揭示了快波偏振方向的空间分布。在位于靠近四川盆地一侧的龙门山断裂带中部的L5501、LDG、L0203、L0205、L0207台和断裂带北部的台站，快波的偏振方向为北东和北北东方向，这可能表明盆地地区和龙门山断裂带北部的应力方向为北东和北北东方向。但在断裂西北侧位于高原内部的PWU台，快波偏振方向为东西向，这和松潘—甘孜块体向东挤压的过程相关。在AXI台站观测到的快波东西向偏振方向可能来自区域复杂的地下结构，该地区是不同断裂的交汇地带。

由地震记录得到了两个分裂横波到时延迟随时间的变化特征。在L5501台和PWU台测得的归一化处理后的到时延迟呈现出随时间的趋势变化。L5501台位于地震破裂带的南端，靠近主震破裂的起始点。自5月12日主震发生后，其到时延迟持续减小，说明地震断层南端的应力积累在地震过程中得到了释放。

主震发生前龙门山断裂带的地震活动背景比较平静，不易找到符合条件的地震波形记录进行横波分裂的探测。有幸的是我们获得了跨越主震的时间段中横波分裂的探测结果。在PWU台的地震记录中测得了主震发生前4天的横波分裂结果。主震前的到时延迟较小，仅为2.4ms/km。主震发生后，PWU台的到时延迟增强到5~10ms/km，远高于主震前的水平。PWU台快波的偏振方向也随着余震的活动发生变化，从南东向逆时针转为东西向。PWU台的结果意味着这个地区的地壳应力在主震后得到了增强，余震活动使应力场发生了改变。

上地壳中的地震横波分裂主要是由台站下方岩层中随应力方向排列的直立微裂隙产生的。横波分裂的探测结果说明了在主震和余震过程中区域应力场的变化特征。L5501台归一化到时延迟的单调减小表明汶川地震震源区南部的应力积累在主震和余震过程中得以释放。地震过程使得地壳应力向龙门山断裂带的东北部转移，导致PWU台周围的应力增强。

（中国地震局地球物理研究所　丁志峰　武　岩　王　辉　周晓峰　李桂银）

机 构 ·
人事·教育

主要收载机构设置及领导名单，人事教育工作，地震系统院士、有突出贡献中青年专家、享受政府特殊津贴人员简介，入选跨世纪人才名单和新通过评审的研究员名单，以及表彰情况等。

机 构 设 置

中国地震局领导班子成员名单

党组书记、局　长：陈建民
党组成员、副局长：刘玉辰
党组成员、副局长：赵和平
党组成员、副局长：修济刚
党组成员、中央纪委驻中国地震局纪检组组长：张友民

阴朝民，依据组任字〔2008〕62号、国人字〔2008〕70号文件通知，阴朝民同志任中国地震局党组成员、副局长。

（中国地震局人事教育和科技司）

中国地震局机关司、处级领导干部名单

（截止时间：2008年12月31日）

<table>
<tr><th>部　门</th><th>职　位</th><th>姓　名</th><th>职能处室</th><th>职　位</th><th>姓　名</th><th>备　注</th></tr>
<tr><td rowspan="8">办公室
（政策研究室）</td><td rowspan="8">主　任
副主任
副主任</td><td rowspan="8">张宏卫
王　蕊
张志波</td><td>秘书处（值班室）</td><td>处　长</td><td>王春华</td><td></td></tr>
<tr><td>调研处（新闻处）</td><td>处　长</td><td>杨　威</td><td></td></tr>
<tr><td>文电与信息化处
（保密委员会办公室）</td><td>处　长</td><td>吴仕仲</td><td>党组机要秘书</td></tr>
<tr><td rowspan="2">综合处（信访办、督查处）</td><td>处　长</td><td>闫京波</td><td></td></tr>
<tr><td>副处长</td><td>康　建</td><td></td></tr>
<tr><td rowspan="2">机关财务处</td><td>处　长</td><td>申屠娟</td><td></td></tr>
<tr><td>副处长</td><td>刘秀莲</td><td></td></tr>
<tr><td>事务管理处（档案处、综合办、保卫处）</td><td>处　长</td><td>董艺斌</td><td></td></tr>
</table>

续表

部门	职位	姓名	职能处室	职位	姓名	备注
发展与财务司	司长 副司长 副司长	牛之俊 方韶东 徐铁鞠	发展规划处	处长	顾劲	
			项目处（基建处）	处长	武守春	
			预算处	处长	周伟新	
			财务与资产处（统计处）	处长	韩志强	
				副处长	吴晋	
监测预报司	司长 副司长 副司长 副司长	李克 吴书贵 宋彦云 车时	监测处	处长	余书明	
			预报处	处长	刘桂萍	
			综合处	处长	陈锋	
				副处长	王飞	
			信息网络处（无线电管理委员会办公室）	处长	唐毅	
震害防御司（法规司）	司长 副司长	卢寿德 杜玮	抗震设防处（法制监督检查办公室）	处长	韦开波	
			社会防御处（市县防震减灾工作指导委员会办公室）	处长	李永林	
				副处长	张黎明	
			法规处	处长	唐景见	
			技术监督处	处长	黎益仕	
震灾应急救援司	司长 副司长 副司长	黄建发 陈虹 苗崇刚	应急协调处	处长	侯建盛	
			预案管理处	处长	高玉峰	
			紧急救援处	处长	王志秋	
				副处长	李成日	
			条件保障处	处长	周敏	

续表

部　门	职　位	姓　名	职能处室	职　位	姓　名	备　注
人事教育和科技司（国际合作司）	司　长 副司长 副司长	何振德 赵　明 李　明	综合处（机关人事处）	处　长	康小林	
			干部处	处　长	刘铁胜	
				副处长	付跃武	
			科技人才和成果处（教育培训处、科技保密办公室）	处　长	杨心平	
				副处长	王　峰	
			基础研究处（地震科学联合基金会办公室、科技委办公室）	处　长	田　柳	
			机构和工资处	处　长	陈　光	
			双边合作处	处　长	王满达	
			国际组织与国际会议处（港澳台事务办公室）	处　长	徐志忠	
直属机关党委	常务副书记 副书记兼纪委书记	刘连柱 杨小瑛	组织部	部　长	卢　桢	副巡视员
			办公室（宣传部）、局党校	主　任	乔福生	
			直属机关工会（机关工会）		（空缺）	
			团　委	书　记	王继斌	
			审计室	主　任	王　蔚	
中纪委驻局纪检组、监察司	副组长、司长	潘怀文	综合室（案件审理室）	主　任	孙晓竟	机关副司级
			纪检监察室	主　任	傅　宏	机关副司级
离退休干部办公室	主　任 副主任	王　霞 王援朝	综合处	处　长	张连达	
			老年教育活动处	处　长	李春明	
			机关离退休处	处　长	刘成海	

（中国地震局人事教育和科技司）

中国地震局所属各单位领导班子成员名单

（截止时间：2008 年 12 月 31 日）

序号	单位名称	姓　名	党政领导职务
1	北京市地震局	吴卫民	党组书记、局长
		徐　平	副局长
		胡　平	党组成员、副局长
		陶裕录	党组成员、副局长、纪检组组长
		谷永新	党组成员、副局长
2	天津市地震局	赵国敏	党组书记、局长
		冯俊生	党组成员、副局长
		李振海	党组成员、副局长
		聂永安	党组成员、副局长
		武丁辰	党组成员、纪检组组长
3	河北省地震局	周清良	党组书记、局长
		曹志成	党组成员、副局长、纪检组组长
		王钟山	副局长
		孙佩卿	党组成员、副局长
		赵　军	党组成员、副局长
4	山西省地震局	赵新平	党组书记、局长
		樊　琦	党组成员、副局长
		郭跃宏	党组成员、副局长、纪检组组长
		郭君杰	党组成员、副局长
5	内蒙古自治区地震局	包东健	党组书记、局长
		曹　刚	党组成员、副局长
		刘　美	党组成员、副局长、纪检组组长
		张建业	党组成员、副局长
6	辽宁省地震局	高常波	党组书记、局长
		李国安	党组成员、副局长
		佟晓辉	党组成员、副局长
		卢　群	党组成员、副局长、纪检组组长
		臧　伟	党组成员、副局长

续表

序号	单位名称	姓　名	党政领导职务
7	吉林省地震局	任利生	党组书记、局长
		包晓军	党组成员、副局长、纪检组组长
		陈凤学	党组成员、副局长
8	黑龙江省地震局	郑继烈	党组书记、局长
		张锡杰	党组成员、副局长
		孙文斌	党组成员、副局长、纪检组组长
		张　莹	党组成员、副局长
		赵　直	党组成员、副局长
9	上海市地震局	张　骏	党组书记、局长
		王建军	党组成员、副局长
		朱元清	党组成员、副局长
		李红芳	党组成员、副局长、纪检组组长
10	江苏省地震局	丁仁杰	党组书记、局长
		张振亚	党组成员、副局长
		仲建民	党组成员、副局长、纪检组组长
		倪岳伟	党组成员、副局长
11	浙江省地震局（中国地震局干部培训中心）	苏晓梅	党组书记、局长（主任）
		宋新初	党组成员、副局长(副主任)
		傅建武	党组成员、副局长（副主任）
		陈经华	党组成员、副局长（副主任)、纪检组组长
12	安徽省地震局	张　鹏	党组书记、局长
		姚大全	党组成员、副局长
		王　跃	党组成员、副局长
		刘　欣	党组成员、副局长、纪检组组长
13	福建省地震局	金　星	党组书记、局长
		朱金芳	党组成员、副局长
		黄向荣	党组成员、副局长
		史粪华	党组成员、副局长
		申　平	党组成员、纪检组组长
14	江西省地震局	王建荣	党组书记、局长
		张福平	党组成员、副局长、纪检组组长
		宁为民	党组成员、副局长
		郑　栋	党组成员、副局长

续表

序号	单位名称	姓　名	党政领导职务
15	山东省地震局	晁洪太	党组书记、局长
		孙亚强	党组成员、副局长
		林金狮	党组成员、副局长
		姜金卫	党组成员、副局长
		刘　峰	党组成员、纪检组组长
16	河南省地震局	梁宪章	党组书记、局长
		卢国合	党组成员、副局长
		王合领	党组成员、副局长
		刘尧兴	党组成员、副局长、纪检组组长
17	湖北省地震局 （中国地震局地震研究所）	姚运生	党组书记、局（所）长
		吴　云	党组成员、副局（所）长、纪检组组长
		邢灿飞	党组成员、副局（所）长
		龚　平	党组成员、副局（所）长
18	湖南省地震局	全德辉	党组书记、局长
		胡奉湘	党组成员、副局长
		周剑峰	党组成员、副局长、纪检组组长
		燕为民	党组成员、副局长
19	广东省地震局	黄剑涛	党组书记、局长
		郑南忠	党组成员、副局长
		梁　干	党组成员、副局长、纪检组组长
		吕金水	党组成员、副局长
20	广西壮族自治区地震局	高荣胜	党组书记、局长
		劳王枢	党组成员、副局长
		龙安明	党组成员、副局长
		杨传贤	党组成员、副局长、纪检组组长
		李伟琦	党组成员、副局长
21	海南省地震局	牟光迅	党组书记、局长
		郭坚峰	党组副书记、副局长
		周　昕	党组成员、副局长
		李战勇	党组成员、副局长
		赵庆辉	党组成员、纪检组组长
22	重庆市地震局	陈铁流	党组书记、局长
		王　强	党组成员、副局长、纪检组组长
		吴晓莉	党组成员、副局长

续表

序号	单位名称	姓　名	党政领导职务
23	四川省地震局	吴耀强	党组书记、局长
		邓昌文	党组成员、副局长、纪检组组长
		王　力	党组成员、副局长
		吕弋培	党组成员、副局长
		李广俊	党组成员、副局长
24	云南省地震局	皇甫岗	党组书记、局长
		胡永龙	党组成员、副局长、纪检组组长
		陈　勤	党组成员、副局长
		王　彬	党组成员、副局长
25	西藏自治区地震局	朱　荃	党组书记、局长
		曹忠权	党组成员、副局长
		索　仁	党组成员、副局长
		郭星全	党组成员、副局长、纪检组组长
26	陕西省地震局	胡　斌	党组书记、局长
		姬丁义	党组成员、副局长、纪检组组长
		李炳乾	党组成员、副局长
		刘　晨	党组成员、副局长
27	甘肃省地震局（中国地震局兰州地震研究所）	王兰民	党组书记、局（所）长
		汤　毅	党组副书记、副局（所）长
		张新基	党组成员、副局（所）长、纪检组组长
		周志宇	党组成员、副局（所）长
		杨立明	党组成员、副局（所）长
28	青海省地震局	孙　雄	党组书记、局长
		任铁生	党组成员、副局长
		哈　辉	党组成员、副局长
		樊兰宝	党组成员、纪检组组长
29	宁夏回族自治区地震局	张思源	党组书记、局长
		马贵仁	党组成员、副局长、纪检组组长
		金延龙	党组成员、副局长
30	新疆维吾尔自治区地震局	张云峰	党组书记、局长
		寇大兵	党组成员、副局长、纪检组组长
		吐尼亚孜·沙吾提	党组成员、副局长
		宋和平	党组成员、副局长
		王海涛	党组成员、副局长

续表

序号	单位名称	姓　名	党政领导职务
31	中国地震局 地球物理研究所	吴忠良	党委副书记、所长
		乔　森	党委书记、副所长
		高孟潭	副所长
		欧阳飚	副所长
		杨建思	副所长
		曹学锋	纪委书记
32	中国地震局 地质研究所	张培震	党委书记、所长
		江　钊	党委副书记、副所长、纪委书记
		杨小峰	副所长
		马胜利	副所长
		徐锡伟	副所长
33	中国地震局 地壳应力研究所	唐荣余	党委书记、所长
		谢富仁	副所长
		阮晓龙	副所长
		吴荣辉	副所长
		陆　鸣	副所长
		何　玉	纪委书记
34	中国地震局 地震预测研究所	任金卫	党委副书记、所长
		王善恩	党委书记、副所长
		蔡晋安	副所长
		李志雄	副所长
		马文乔	副所长
		张雪洁	纪委书记
35	中国地震局 工程力学研究所	王自法	所长
		胡春峰	党委书记、副所长
		孙柏涛	党委副书记、副所长、纪委书记
		李小军	副所长

续表

序号	单位名称	姓　名	党政领导职务
36	中国地震台网中心	阴朝民	党委副书记、主任
		李强华	党委书记、副主任
		张晓东	副主任
		贺　钦	副主任
		刘瑞丰	总工程师
		李文清	纪委书记
37	中国地震应急搜救中心	吴建春	党委书记、主任
		谭先锋	副主任
		黄宝森	副主任
		曲国胜	总工程师
		刘鹏飞	纪委书记
38	中国地震灾害防御中心	孙福梁	党委书记、主任
		王　英	党委副书记、副主任
		武冀新	纪委书记、副主任
		张周术	副主任
		陈国星	副主任
39	地壳运动监测工程研究中心	李　强	党委副书记、主任
		张　金	党委书记、副主任
		孙建中	纪委书记、副主任
40	中国地震局地球物理勘探中心	成双喜	党委书记、主任
		李松岭	党委副书记、副主任
		方盛明	副主任
		王夫运	副主任
		王秋润	副主任
		刘保金	纪委书记
41	中国地震局第一监测中心	章思亚	主任
		刘宗坚	党委书记、副主任
		刘广余	副主任
		薄万举	副主任
		高荣建	纪委书记

续表

序号	单位名称	姓　名	党政领导职务
42	中国地震局第二监测中心	丁　平	党委书记、主任
		张尊和	党委副书记、副主任、纪委书记
		李顺平	副主任
		王庆良	副主任
43	防灾科技学院	齐福荣	党委书记
		薄景山	院长
		王自法	兼职副院长
		宿景贵	党委副书记、副院长
		钟南才	纪委书记、副院长
		刘春平	副院长
		迟宝明	副院长
		谭金意	副院长
44	地震出版社	张　宏	党委书记、社长、总编辑
		王　银	党委副书记、副社长、纪委书记
		王天星	副社长
45	中国地震局机关服务中心	巩曰沐	党委副书记、主任
		韩晓东	党委书记、副主任
		马铁民	纪委书记、副主任
		徐京华	副主任
		宋振锁	副主任
		李　伟	副主任
46	中国地震局驻深圳办事处（深圳防震减灾科技交流培训中心）	续新民	党组书记、主任
		刘升礼	党组成员、副主任
		宗　耀	党组成员、副主任、纪检组组长

（中国地震局人事教育和科技司）

辽宁省调整防震减灾工作领导小组成员

为加强全省防震减灾工作，进一步完善地震应急指挥工作机制，充分发挥省防震减灾工作领导小组“统一领导、全面协调”的重要作用，省政府决定调整省防震减灾工作领导小组组成人员。调整后的辽宁省防震减灾工作领导小组成员名单如下：

组　　长：许卫国　　辽宁省人民政府常务副省长

副 组 长：郭富春　　辽宁省人民政府副秘书长

　　　　　高常波　　辽宁省地震局局长

成　　员：仁青龙智　辽宁省发展和改革委员会副主任

　　　　　阎庆文　　辽宁省公安厅副厅长

　　　　　范越林　　辽宁省建设厅副厅长

　　　　　袁广勤　　辽宁省交通厅总工程师

　　　　　闫　伟　　辽宁省财政厅副厅长

　　　　　董德刚　　辽宁省卫生厅副厅长

　　　　　刘文艳　　辽宁省广播电视局副局长

　　　　　张凤彬　　辽宁省通信管理局副局长

　　　　　周志敏　　辽宁省民政厅副厅长

　　　　　巩黎明　　辽宁省科技厅副厅长

　　　　　梁　彦　　辽宁省安全生产监督管理局副局长

　　　　　周连科　　中共辽宁省委宣传部副部长

　　　　　滕建华　　辽宁省军区副参谋长

　　　　　陈文战　　武警辽宁省总队副总队长

　　　　　李金华　　辽宁省消防局参谋长

　　　　　刘劲松　　辽宁省电力有限公司副总经理

　　　　　刘伟平　　沈阳铁路局副局长

　　　　　刘振亚　　辽宁省人防办副主任

　　　　　张行舟　　人保财险辽宁省分公司副总经理

省防震减灾工作领导小组办公室设在省地震局，辽宁省地震局局长高常波同志兼任办公室主任。

（辽宁省地震局）

广东省调整防震抗震救灾工作领导小组成员

根据2008年5月6日广东省地震局《关于调整省防震抗震救灾工作领导小组成员的通知》（粤震［2008］36号）要求，省防震抗震救灾工作领导小组成员名单调整如下：

组　　长：李容根　　副省长
副 组 长：张建洪　　省军区副司令员
　　　　　颜学亮　　省人民政府副秘书长
　　　　　黄剑涛　　省地震局局长
成　　员：杨　健　　省委宣传部副部长
　　　　　余云州　　省发展和改革委员会副主任
　　　　　孙鮀生　　省经济贸易委员会副巡视员
　　　　　李小鲁　　省教育厅副厅长
　　　　　廖兆龙　　省科学技术厅副巡视员
　　　　　张永强　　省公安厅副厅长
　　　　　骆招群　　省民政厅副厅长
　　　　　沈梅红　　省财政厅副厅长
　　　　　黄奕锋　　省国土资源厅副厅长
　　　　　陈英松　　省建设厅副厅长
　　　　　陈自昌　　省交通厅副厅长
　　　　　吕德培　　省信息产业厅副厅长
　　　　　黄庆良　　省水利厅巡视员
　　　　　蔡汉雄　　省农业厅副厅长
　　　　　廖新波　　省卫生厅副厅长
　　　　　张　健　　省广播电影电视局副局长
　　　　　许永锞　　省气象局副局长
　　　　　黄学敏　　省通信管理局副局长
　　　　　丁潘明　　省公安消防局副局长
　　　　　张裕弟　　广东物资集团公司党委副书记
　　　　　徐达明　　广东电网公司副总经理
　　　　　霍凤鸣　　中国人民财产保险股份有限公司广东省分公司副总经理

（广东省地震局）

广西壮族自治区调整防震减灾工作领导小组成员

桂政办发〔2008〕31号

各市、县人民政府，自治区农垦局、自治区人民政府各组成部门、各直属机构：

鉴于自治区防震减灾工作领导小组成员工作变动，为加强对我区防震减灾工作的领导，自治区人民政府决定对该小组成员进行调整。现将调整后的成员名单及有关事项通知如下：

组　　长：陈章良　　自治区副主席

副 组 长：庞栋春　　自治区人民政府副秘书长

肖石桥　　广西军区副司令员

唐　华　　自治区党委宣传部副部长

高荣胜　　自治区地震局局长

成　　员：邱祖强　　自治区发展改革委副主任

石文怀　　自治区经委副主任

郭连科　　自治区教育厅副厅长

黎明智　　自治区科技厅副厅长

于娃宪　　自治区公安厅副厅长

黄瑞平　　自治区民政厅副厅长

席鸿康　　自治区财政厅副厅长

周兆东　　自治区国土资源厅副厅长

周　卫　　自治区建设厅副厅长

李小林　　自治区交通厅总工程师

杨　焱　　自治区水利厅副厅长

韦吉田　　自治区农业厅副厅长

尤剑鹏　　自治区卫生厅副厅长

黎　敏　　自治区环保局副局长

朱日荣　　自治区广电局副局长

段一中　　自治区质监局副局长

陆瑞华　　自治区法制办副主任

农　融　　广西博览局副局长

杨观胜　　广西军区副参谋长

黄湘闽　　武警广西总队副队长

李伟琦　　自治区地震局副局长

唐毓彪　　自治区通信管理局副局长

林火华　　广西电网公司副总经理

自治区防震减灾工作领导小组下设办公室，办公室设在自治区地震局，负责领导小组的日常工作，高荣胜同志兼任办公室主任。今后，凡领导小组成员变动由办公室下文通知。

2008 年 4 月 10 日

陕西省调整防震减灾工作领导小组成员

鉴于陕西省防震减灾工作领导小组部分成员工作变动，陕西省人民政府于 2008 年 8 月 25 日调整了省防震减灾工作领导小组组成人员（陕政字〔2008〕110 号）。调整后的名单如下：

组　　长：郑小明　　副省长
副 组 长：孟建国　　省政府副秘书长
　　　　　胡　斌　　省地震局局长
成　　员：薛保勤　　省委宣传部副部长
　　　　　权永生　　省发展改革委总工程师
　　　　　李军锋　　省教育厅副厅长
　　　　　孙　科　　省科技厅副厅长
　　　　　原忠德　　省国防科工委副主任
　　　　　王玉成　　省公安厅治安局局长
　　　　　李保存　　省民政厅副厅长
　　　　　丁云祥　　省财政厅副厅长
　　　　　鲁学恭　　省国土资源厅副巡视员
　　　　　郑建钢　　省建设厅副厅长
　　　　　胡保存　　省交通厅副厅长
　　　　　许蒲生　　省信息产业厅副厅长
　　　　　洪小康　　省水利厅副厅长
　　　　　赵银玉　　省商务厅副厅长
　　　　　黄立勋　　省卫生厅副厅长
　　　　　张小宁　　省应急办主任
　　　　　陈金柱　　省安监局总工程师
　　　　　李选政　　省广电局副局长
　　　　　刘先莲　　省外办党组成员、省友协专职副会长
　　　　　刘　晨　　省地震局副局长
　　　　　王国权　　省军区副参谋长
　　　　　冯兴平　　省武警总队副总队长
　　　　　李永莱　　省电力公司副总经理

杜晓力　中国人保财险陕西分公司副总经理
高彩玲　省通信管理局副局长
胡晓波　西安铁路局副局长
王小辉　民航西北地区管理局副局长
乔高社　西安市市长助理
郭社荣　宝鸡市常务副市长
车建营　咸阳市副市长
程勉贵　渭南市副市长

领导小组办公室设在省地震局，负责处理日常工作。办公室主任由刘晨同志兼任。

（陕西省地震局）

人 事 教 育

2008 年中国地震局人事教育工作综述

一、完善干部管理机制，扎实加强领导班子建设

1. 领导班子建设

全年完成 24 个领导班子调整，3 个领导班子换届，3 个领导班子副职竞争上岗，13 个单位非领导职务选拔、试用期考察。以中组部到中国地震局进行领导班子思想政治建设调研为契机，对局领导班子思想政治建设工作进行了系统总结。

2. 完善干部人事制度

完善并印发《中国地震局关于加强科学民主决策的规定》、《中国地震局党组议事规则》、《中国地震局机关干部调任暂行办法》等规定，完善《省级地震局巡视员、副巡视员选拔任用工作办法》、《中国地震局干部选拔任用工作监督检查实施办法（试行）》，制定干部任职试用期规定、京外调干工作规范等近 20 个管理办法，大大规范了干部管理工作。

3. 干部培训

制定并印发《中国地震局 2008～2012 年干部教育培训规划》，对今后五年中国地震局干部教育培训的内容、对象、方式、保障等方面做出明确规划。组织完成了各单位党政主要负责人、京区各单位领导班子成员“十七大精神”的学习培训。抓好中青年管理干部赴美中长期培训班的学员选调等组织工作，完成了出国培训班两次英语考试选拔工作。选调 12 名厅局级干部参加中央党校、国家行政学院等培训班学习，组织系统 2008 年新录用无地学背景公务员 53 人参加初任培训。

4. 干部监督管理

根据中组部精神，组织起草了中国地震局深入整治不正之风、提高选人用人公信度实施办法。结合巡视、民主生活会等对各单位干部选拔任用工作进行监督检查。完成了中组部干部选拔任用工作检查，并得到了好评。根据中组部反馈意见，结合科学发展观调研成果，认真总结近几年干部选拔任用工作，提出了整改方案，并认真进行整改，进一步规范干部选拔任用工作。

二、进一步深化人事制度改革，规范干部队伍建设

1. 公务员招录和事业单位公开招聘

2008 年地震系统共招录公务员 63 名，2009 年中国地震局机关计划招录 4 名公务员，19 个省局计划招录 53 名公务员。加强对各单位公开招聘工作的管理和监督，严格审定批复各单位的招聘计划，截止到 11 月底共审批公开招聘社会在职人员 42 人。

2. 事业单位岗位设置改革工作

在人社部批准中国地震局岗位设置方案的基础上，召开事业单位岗位管理动员大会，全面部署实施工作；组织事业单位岗位管理实施工作培训班，对全局 46 个单位的人事部门主要负责人进行岗位设置和日常人事工作培训，2009 年年初将正式批复各单位的岗位设置方案。

3. 奖惩管理工作

加强对局系统表彰工作的指导和管理，逐渐规范中国地震局机关各司室的表彰工作。积极与人社部沟通，启动并开展全国地震系统先进的评选表彰工作，共评审出 20 个集体和 15 名个人。与人社部协商联合开展四川汶川地震抗震救灾英雄（省部级）表彰工作，联合表彰了国家地震灾害紧急救援队 1 个先进集体和王小龙、王念法、袁一凡、温增平 4 名先进个人。

4. 机构编制管理

（1）印发一测、二测、物探中心、服务中心 4 单位三定方案。

（2）批准云南省地震局增设离退休干部管理处。

（3）批准局工程力学研究所增设离退休干部工作办公室。

（4）批准福建省地震局成立福建地壳运动观测网络中心。

（5）批准山东省地震局机构调整：①成立政策研究室，与办公室合署办公；②成立地震应急保障中心，与机关服务中心合署办公。

（6）批准北京市地震局机构更名：①监测预报中心更名为北京市地震监测预报中心；②地震信息技术研究所更名为北京市地震信息技术研究所；③震害防御与工程地震研究所更名为北京市震害防御与工程地震研究所；④宣教中心更名为北京市防震减灾宣教中心；⑤机关服务中心更名为北京市地震应急保障中心，对外可使用机关服务中心印章。

（7）批准吉林省地震局机构更名：①吉林省地震监测预报研究中心更名为吉林省地震与火山分析预报研究中心；②吉林省地震数据信息中心更名为吉林省地震与火山监测中心；③吉林省工程地震研究中心更名为吉林省震灾预防中心，仍与吉林省火山科学研究所合署办公；④机关服务中心更名为吉林省地震应急保障中心，对外可使用机关服务中心印章；⑤吉林省地震局行政执法监察总队更名为吉林省地震行政执法监察总队。

（8）批准重庆市地震局机构调整：①成立离退休干部管理处，与人事教育处合署办公；②重庆市地震预报研究中心更名为重庆市地震监测预报中心，与重庆市三峡水库地震监测中心合署办公；③成立重庆市地震应急与宣传教育中心。

（9）印发《关于调整中国地震应急搜救中心主要任务及内设机构的批复》。

三、落实人才强国战略，大力推进人才队伍建设

1. 研究生教育

2008 年各研究生招生单位共招收研究生 219 人，其中博士生 55 人，硕士生 164 人；2008 年共毕业研究生 145 名，其中博士 18 名，硕士 127 名；2008 年中国科技大学在职硕士进修班在系统共招收 16 人。为了进一步加强研究生学位论文的质量管理，提高博士、硕士研究生培养质量，首次开展“中国地震局优秀博士、硕士学位论文奖评选，经系统内外专家评审，共评选优秀博士论文 5 篇，硕士论文 10 篇。与国家留学基金委协商系统出国留学项目，达成初步意向，每年支持中国地震局公费留学 20 人次，资助经费 130 万元。

2. 防灾科技学院工作

根据教育部、财政部有关对灾区学生资助工作的通知，及时新增 35 名生源地为重灾区的学生为国家助学金获得者。完成防灾科技学院 2008 年本、专科、成人招生计划编制。2008 年共招生普通本专科生 1894 人，其中本科 964 人，专科 930 人，在校生达到 5748 人。2008 年共获教育部新批本科专业 3 个，获教育部批准“高等学校特色专业建设点”1 个。

3. 在职培训工作

制定了“中国地震局 2008 年教育培训计划”，该计划包括局重点培训、基层重点培训、局一般培训计划共 45 项。全系统共举办各类培训 174 期，培训人员 8927 人次；其中，局重点、基层重点和一般培训共 46 项，培训人员 1771 人次；机关各部门、各单位自行组织 117 期各类培训，培训人员 7156 人次。

4. 人才培养工作

以“从汶川地震看地震科技发展为主题”，与人社部联合举办“百人计划”人选高级研修班，就“3 + 1”工作体系建设及汶川地震的经验教训进行讨论。组织“百人计划”人选年度考核工作会，共有 87 人提供考核材料，18 人考核结果为优秀。

5. 交流访问学者计划及职称工作

2008 年交流访问学者申报积极踊跃，共择优资助 96 名人选，其中普通交流访问学者计划 82 人次，高级访问学者计划 14 人次。5 人通过新闻出版总署评审获得编审任职资格，21 人通过了国家测绘局的注册测绘师考核认定，3 人通过国家质量监督检疫总局一级注册计量师资格考核认定。

6. 职业资格考试工作

积极配合、协调人社部人事考试中心及委托考试机构，顺利完成一级安评首次考试的报名、资格审查、考务组织、阅卷（主观题部分）等工作。共 742 人网上申报，提交申报材料 679 人，资格审核合格 618 人，426 人实际参加考试。

（中国地震局人事教育和科技司）

中国地震局系统2008年职工继续教育情况综述

中国地震局系统职工继续教育工作在局领导的关心和支持下，认真贯彻落实中国地震局关于《2008～2012干部教育培训规划》和《中国地震局“十一五”人才规划》，紧紧围绕坚持“四个把握”、处理好“五个关系”，以及在“四个方面”取得实效的总体要求，从全局干部队伍实际情况出发，采取中国地震局重点培训、省级机构针对性培训以及专项培训等方式，开展中国地震局和省级地震机构两级教育培训工作，现将中国地震局2008年度教育培训情况总结如下：

一、中国地震局2008年教育培训执行情况

1. 全局重点培训项目的执行情况

2008年局教育培训计划安排重点培训项目16期，已完成培训项目9个，完成率56.3%。培训人数470人。未完成培训7期，主要原因是受5·12汶川地震影响以及下半年各单位深入学习科学发展观活动将部分培训班顺延。

2. 一般培训项目执行情况

2008年一般培训班计划安排21期，已完成11期，完成率52.4%，培训人数686人。各司根据年度工作需要，增加培训项目23个，培训人数1395人。

3. 基层单位重点培训班执行情况

2008年教育培训计划共有10个单位的10个培训班列入局2008年基层重点培训计划。现有8个单位完成培训任务，完成率80%。培训人数405人。其中工程力学研究所、北京市地震局由于汶川地震原因推迟举办（表1）。

表1　2008年基层重点培训情况

序号	主办单位	计划培训数量	实际培训数量	培训人数
1	北京市地震局	1	0	/
2	湖北省地震局	1	1	31
3	浙江省地震局	1	1	53
4	广东省地震局	1	1	40
5	广西壮族自治区地震局	1	1	45
6	海南省地震局	1	1	50
7	第一监测中心	1	1	46
8	第二监测中心	1	1	60
9	中国地震台网中心	1	1	80
10	工程力学研究所	1	0	/
合计		10	8	405

除了上述单位部分培训班列入基层重点培训班以外，各单位根据实际情况有针对性开展职工继续教育培训117期，培训人数5758人（表2）。

表2　各单位自办培训班情况

序号	单位	培训期数	培训人数	序号	单位	培训数量	培训人数
1	北京市地震局	2	152	19	重庆市地震局	3	100
2	天津市地震局	3	205	20	云南省地震局	6	400
3	河北省地震局	12	405	21	西藏自治区地震局	1	20
4	山西省地震局	5	210	22	陕西省地震局	4	205
5	内蒙古自治区地震局	1	20	23	甘肃省地震局	4	110
6	辽宁省地震局	2	80	24	青海省地震局	3	105
7	吉林省地震局	2	110	25	宁夏回族自治区地震局	1	16
8	黑龙江省地震局	1	60	26	服务中心	2	45
9	上海市地震局	1	30	27	中国地震台网中心	3	70
10	江苏省地震局	5	310	28	地球物理研究所	2	150
11	浙江省地震局	1	35	29	地质所	2	150
12	安徽省地震局	7	250	30	预测所	1	40
13	福建省地震局	1	62	31	中国地震应急搜救中心	1	70
14	四川省地震局	1	50	32	地壳所	4	140
15	山东省地震局	6	255	33	地球物理勘探中心	3	120
16	湖北省地震局	7	230	34	第一监测中心	6	117
17	广东省地震局	1	53	35	第二监测中心	10	263
18	广西壮族自治区地震局	3	120				
合计		61	2637			56	2121

注：以上数据由各单位提供。

4. 台站全员培训执行情况

本年度，人事教育和科技司继续实施台站全员培训计划，截至年底，江西、湖南、山东省完成台站全员培训计划；陕西、内蒙古、宁夏、青海四省区域台站培训由于5·12汶川地震和当地震情等原因推迟培训，计划在2009年完成；辽宁省地震局举办一期台站全员培训，另外两期也将在2009年完成。全年计划完成台站全员培训11期，现已完成6期，培训人数210人，完成率54.5%。

二、2008年地震系统教育培训

2008年教育培训总体执行较好，全年共举办各类培训班174期，培训人数8924人次。

其中列入2008年中国地震局培训计划培训班57期，完成34期，完成率59.6%。完成34期计划内培训班分别是中国地震局重点培训班9期，培训人数470人，完成率56.3%；举办中国地震局一般培训班11期，培训人数686人，完成率52.4%；列入中国地震局基层重点培训班的已完成8期，培训人数405人，完成率80%；台站全员培训完成6期，培训人数210人，完成率54.5%。2008年培训计划未能全部完成最主要原因是四川汶川大地震发生和奥运保障工作，各培训单位都将在2009年继续完成。

2008年地震系统教育培训工作实现“三个紧贴”和“三个转变”即：紧贴防震减灾三大工作体系发展对各级干部素质和能力的实际需求；紧贴干部职工的思想、工作、能力素质的实际状况；紧贴防震减灾发展的目标任务。做到教育培训体制由“分散培训，多头培训”向“统一领导，宏观调控，分级负责，分类培训”转变；培训对象从“抓重点对象培训为主”向“既突出重点又整体推进的全员培训”转变；培训内容从“通用型知识培训”向“能力型培训”转变。

一是增强培训内容的适用性。根据新阶段的新任务对地震专业人员、管理干部的要求和岗位、专业、文化程度等特点，做到“以人为本、按需施教”，本着“干什么、学什么”，“需什么、教什么”，“缺什么、补什么”的原则，2007年年底人事教育和科技司在地震系统组织大规模培训需求调研，2630名专业人员和管理干部参与调研工作，最后形成培训需求调研报告，目的是为了提高培训内容的针对性和实效性；各单位在制定本单位年度培训计划时充分考虑干部职工知识需求，结合工作实际有针对性制定培训内容，做到有的放矢。

二是增强教育培训吸引力，着力抓好“四堂课”。主要领导到培训班致辞或授课。体现领导对培训教育的重视，同时也为学员及时讲解全国或者本省防震减灾基本情况和发展方向等，使学员全面了解当前防震减灾工作重点、工作部署；教授专家讲专业课。有针对性地邀请本单位、本系统有关专家、学者为培训班授课，以高素质的师资保证培训效果；一线同志讲实践课。安排实践经验丰富，工作成绩突出的同志，结合自身工作经历，谈体会、授经验，引发大家对实践工作的思考与共鸣；外出考察上经验课。坚持做到“请进来”与“走出去”并重、理论教育与实践锻炼一齐抓，结合本单位教育培训工作规划，不定期安排领导干部、科技人员赴地震灾区、兄弟省局考察，同时举办学术沙龙、专家讲座等有效拓展各级干部职工的工作思路，找差距，增见识，激发干事创业的热情。

三是管理干部培训有待加强。2008年地震系统举办各类培训班174期，其中管理干部培训29期，占全部培训班的16.7%。按照中央要求，还应加大管理干部培训力度，以适应新时期管理干部能力和素质要求。

三、存在的问题及建议

中国地震局的教育培训工作虽然取得了一些成绩，但还存在一些不足和问题，如一些单位对培训工作的重要性还认识不足，制定年度培训计划不力，未按人事教育和科技司要求进行备案；培训内容不实，培训教材准备不充分，影响培训效果；随意压缩培训时间，难以保证培训质量等。

建议要加强宣传教育，不断提高干部职工对培训工作重要性的认识，增强参加培训的自觉性；加大调查研究，及时调整培训思路，丰富培训内容，切实增强培训的针对性和实用性；创新培训方式，完善中国地震继续教育网在线培训功能，缓解学员工学矛盾；强化约束机制，尽快建立《继续教育登记制度》和《培训科目指南》，同时对重点培训项目进行跟踪检查，保证干部职工教育培训效果。

（中国地震局干部培训中心）

中国地震局干部培训中心教育培训工作

1. 培训班教务管理

2008 年中国地震局干部培训中心共举办系统内培训班 4 期，培训人员 219 人；编制完成中国地震局 2008 年培训计划，对中国地震局、各省级培训机构 2008 年培训执行情况进行了汇总；制定了《中国地震局继续教育暂行规定》和《中国地震局继续教育登记制度（讨论稿）》。

序号	培训班名称	人次	举办日期
1	全国分析室主任震情信息保密知识培训班	45	4. 23 ~ 4. 26
2	浙江省地震观测技能培训班	50	7. 21 ~ 7. 26
3	信息分项存储系统培训班	71	3. 31 ~ 4. 6
4	信息分项 WEBGIS 应用培训班	53	11. 24 ~ 11. 29

2. 继续教育网站建设

2008 年 12 月，“中国地震继续教育网”（http：//jy. zjdz. gov. cn）改版基本完成，完善了中国地震继续教育网在线培训功能。

3. 其他

编制完成中国地震局中长期研讨班、中国地震局后备干部班教学计划。该计划对各层次领导干部的学习要求、学习内容、教师安排、考核办法等做出了详细安排。

（浙江省地震局　熊　丹）

防灾科技学院 2008 年改革与发展

1. 震灾服务工作

5 · 12 四川汶川大地震发生后，学院在 20 分钟内启动应急预案，对抗震救灾有关工作做出部署。受中国地震局指派，先后组织有关专家和教师，分四批奔赴抗震救灾一线，参与地震救援，进行震害科考和灾害损失评估工作。受教育部派遣，薄景山院长、迟宝明副院长和清华大学专家共同组成的地震现场工作组对中小学房屋受损情况进行调查，受到国务委员刘延东，教育部长周济，科技部党组书记李学勇等领导的接见，并向国务委员刘延东同志作了专门汇报，受到领导同志的充分肯定。薄景山院长前后三次深入地震灾区工作达60余天，多次接受中央电视台、四川电视台等中央和地方媒体的采访，扩大了学院的声誉和社会影响力。

2. 教学工作

2008 年，学院以人才培养质量为核心，培育特色为重点，扎实推进本科教育质量工程。在学科专业建设方面，形成了较为完美的学科布局和专业结构。工商管理，网络工程，水文与水资源工程三个本科专业获教育部批准，学院本科专业已达 18 个，形成了具有特色、立足防灾减灾事业、服务社会的本科专业体系。开展了院级重点建设专业的遴选、规划、建设和考核工作，论证编制了学院四个重点建设专业的具体建设规划，全面修订了本科专业人才培养方案。10 月，经教育部批准，勘察技术与工程专业成为教育部第三批特色专业建设点。至此，加上地球物理专业，学院已有两个教育部特色专业建设点。7 月，经河北省教育厅批准，学院五个专业捆绑形成体现学院特色的防震减灾专业群，成为河北省科技创新与人才培养高地项目。经河北省教育厅批准，数字地震信号处理课程成为省级精品建设课程。此外，以重点课程教学质量工程和启动实施首届本科生人才培养质量工作为抓手，上半年启动了高等数学、大学英语教学质量工程，收到明显成效。下半年召开了首届本科生人才培养质量工作动员大会，促进了本科教育教学质量的提高。继续教育工作有较大进展，成人学历教育函授站扩大到 6 个，学历教育计划增加到 1500 名。完成了三个观测岗位考核培训班和全国地震系统初任公务员的培训任务。承担了孟加拉国地震培训项目。协助部分省地震局开展专业培训，对各地市地震局的非地震专业人员开展地震专业知识培训。

3. 学生工作

2008 年的学生工作以学生的成才与发展为主题，努力推进大学生综合素质教育、师德与学风建设、辅导员队伍建设等工程，注重抓好班风学风、管理制度、学生教育活动阵地等建设，积极开展学生助学，就业指导，校园稳定等服务工作，使学生队伍的管理水平、服务水平和学生的综合素质都得到了明显的提高。毕业生文明离校，秩序井然，影响积极；奖、助、补、贷、绿色通道、勤工助学、保险理赔等学生资助体系不断完善，招生工作稳步进展，生源质量有较大的提高，本科报到率达 96. 4%，均为一志愿录取；专科报到率达 93%；首次启动了院内专接本，录取 127 名同学；就业率明显提高，2177 名毕业生一次就业率达到 72%，在河北省毕业生就业指导与服务工作本科组第二轮评估检查中，专家组对我院的就业工作给予了较高的评价。

4. 科研工作

2008 年科研工作加强了管理，注重提高对科研工作的认识，进一步明晰了科研项目和成果的层次级别，明确了学院和教师的科研发展方向，强化了科研激励机制，提高了广大教师的科研责任心，理顺了项目申报渠道，建立了校级、省部级和国家级项目申报平台，确保了随着科研水平的提高，科研经费和项目级别不断上层次。2008 年，学院获得两项行业专项，实现了国家自然科学基金零的突破，科研经费达到了 500 多万元。成功举办了《中国南方冰雪灾害学术研讨会》，协办《中国突发公共事件防范与快速处置》研讨会，主办了多次学术活动。《防灾科技学院学报》进一步突出了防灾减灾办刊特色，在全国范围内组织防灾减灾研究领域的专家学者，组建了新一届编委会，提高了办刊质量和编辑人员的业务素质，进一步加强了学报的信息化网络化工作。

5. 师资队伍建设

2008 年继续推进人才强校战略，进一步加大了人才引进与培养的力度，全年引进优秀人才 54 人，其中博士学位 12 人（博士后 2 人），硕士学位 36 人（在读博士 3 人），本科生 5 人。引进人才中，含学科带头人 2 名，副高级以上职称 4 人。学院正采取各种方式和措施开展在职培训进修工作，本年度有 1 名教师从事博士后研究出站，1 名教师获博士学位，4 名教师获硕士学位，2 名管理干部获本科学士学位，有 1 人在职赴日本进行博士后研究，1 人进入国内研究所从事博士后研究，新增 6 人考取博士研究生，13 人在职就读硕士学位。先后资助 30 余人次参加国家精品课程、专项业务的培训，有 50 名教师参加河北省教育厅举办的岗前培训及考试报名等工作，有 39 名教师参加河北省高校教师资格认定。本年度在专业技术职称晋升中有 6 人获正高职称，6 人获副高职称，22 人获中级职称。

6. 财务与基建

2008 年，学院大力加强了计划财务与资产管理的制度建设，进一步规范收费、采购、银行账户、固定资产管理和报销制度，确保了经费的高效和节约使用。本年度，建立了学院项目储备库，目前共储备项目 26 个，资金 6760. 4 万元；申请修购项目 11 个，其中获批项目 5 个，经费 1000 万元；积极与银行和中国地震局沟通，获得 5000 万元基本建设贷款；学生定额经费在 2007 年的基础上有了较大幅度的增长，并解决了 2009 年学生定额经费足额到位的问题；全年学宿费收入近 3000 万元。基建工作根据学院的建设与发展规划，认真进行规划、立项、设计、勘察、招投标、施工等工作，大学生体育馆 9 月 20 日开工，建筑面积 13069 平方米，截至 2008 年度，已完成投资 921 万元。此外，完成了南校区双路供电和学生 4 号公寓楼的修缮工程。全年购置仪器设备 364 台套；图书馆资源建设力度加大，期刊和电子图书大幅度扩充，图书总量达 768614 册；档案工作和校园网建设工作取得进展。

7. 后勤与安全保障

2008 年，后勤部门进一步深化改革，强化管理，修订和制定了多项规章制度，努力提高服务意识、服务观念和服务质量，在餐饮、公寓、交通、供暖、供水、供电、维修等各项具体工作方面，都取得了不同程度的进步与提高。安全保卫工作继续按照“人防，物防，技防”相结合的原则，强化安全责任制，不断完善校园安保体系。坚持领导双休日值班、中层以上干部假期值班、保卫部门 24 小时值班制度，进一步加强校园 110 及人员的 24 小时巡逻，大力做好消防和治安工作，圆满完成奥运安保工作，经常性地协助地方公安部门做好校园周边治理，及时清除校园和网上不良信息，妥善处理了多起突发事件。

8. 党建与思想政治工作

2008 年，学院党建工作紧扣“学习与建设”的主题，以加强能力建设和先进性建设为目标，进一步加强了党的思想、组织、作风和制度建设，顺利完成了党委换届工作，选举产生了学院第八届党委委员和第四届纪委委员，为学院科学发展奠定了坚实的组织基础。完成了第三届教代会和第六届工会会员代表大会的换届选举工作。以办好中层干部中央党校培训班为重点，抓好中层以上干部的学习培训工作。严格组织发展工作，发展党员 106 名，通过建立健全制度机制，积极推进学习型组织建设，促进了党建工作的制度化，规范化。在思想政治工作方面，继续巩固“平安文明校园建设工程”的成果，通过开展“师德与学风建设工程”，加强对师生员工的思想政治教育，推进具有防灾特色的校园文化建设，不断优化育人环境。继续深入贯彻落实中央16号文件精神，加强大学生的思想政治教育，把关心学生的学习、生活和提高思想认识统一起来，鼓励师生之间开展广泛的谈心交流活动；坚持以活动为载体，对大学生进行理想信念教育；坚持把思想政治工作与为广大师生办实事，办好事结合起来；加强宣传阵地的建设，积极筹办了《防灾科技学院报》；进一步加强了校园网的升级改造工作；大力开展廉政文化建设，积极推动廉政文化进机关、进系部、进课堂、进公寓、进家庭的“五进”活动，开展廉洁从政，廉洁从教，廉洁服务；积极做好统战工作，与民主党派积极联系、沟通，听取他们的意见，共谋学院发展。

（防灾科技学院）

河北省地震局、吉林大学联办固体地球物理学研究生课程进修班学员结业

2007年10月23日，河北省地震局、吉林大学联办的固体地球物理学研究生课程进修班在石家庄市举行了结业典礼。包括河北省地震局、河北省各市地震局、山西省地震局的学员共计70名学员，在两年内学完规定的全部课程并顺利结业。

此研究生进修班自2006年11月21日在石家庄市正式开学，河北省地震局邀请吉林大学精干教授，分5次来石家庄对学员们进行集中面授和辅导，学员们系统学习了4门基础课和9门专业课，并通过各科目的结业考试。吉林大学的孟令顺教授等还针对地震系统工作的实际情况，举办了3次有关地球物理学发展方面的学术讲座，学员们在学习期间结合学习和工作情况撰写了科研论文。通过本次研究生课程进修班的学习，极大地提高了学员们的专业知识水平，增强了学员们在实际工作中认识问题、分析问题和解决问题的能力。

河北省地震局党组书记、局长周清良在结业仪式上充分肯定学员们两年来的学习成果的同时，对全体学员提出了具体希望和要求。研究生课程进修班结业后，部分具备申请硕士学位的同志还将继续学习，争取取得学位。

（河北省地震局　王加林　刁建新　孟　娣）

山东省地震局台站全员培训工作

按照中国地震局关于加强对地震台站工作人员实施轮训计划的总体要求，山东省地震局

于2008年9～12月举办三期地震台站全员培训班，共有来自全省各专业地震台站和市县地震机构的112名学员（其中省局直管台站人员84名）参加了培训。培训班学员通过每期20余天的学习和实践，深入了解和掌握了当前地震科技的新技术、新方法、新理论，全面提高了工作能力和业务素质，总体实现了培训目标，达到了预期目的，经考试考核后全部顺利结业。培训期间，山东省地震局共选派行业专家和业务骨干25人担任授课老师，并邀请了中国地震局资深专家钱家栋研究员来培训班讲学。

1. 培训情况

山东省地震局党组高度重视职工的教育培训尤其是台站人员的专业技能培训工作。在三期培训期间，局领导均亲自参加开班式并作培训动员，极大地鼓舞了参训学员的信心和热情。为全力做好培训工作，在工作经费十分紧张的条件下，为培训班提供了充足的配套经费支持，切实保障了培训工作的顺利、有序开展。

在培训内容的设计上，坚持以行业的特点和台站实际为重点，既立足于台站各项工作的知识储备和更新，又要满足事业的长足发展和需要。开设了地震学和地球物理基础知识、地震观测各学科理论基础与观测技术、计算机网络和台站公用技术、地震地质基础知识以及防震减灾法律法规等主干课程，并对相关的分支内容进行有重点、有层次的讲授。在教材方面选择了地震出版社出版的《全国地震台站观测岗位资格培训系列教材》，并辅以国家和山东省防震减灾法律法规读本。同时要求授课老师根据课本内容和学科特点做好教学课程设计，结合台站日常工作需要编写授课大纲，所有授课大纲均要经过局人事教育处和科技监测处的共同审核。

在组建教师队伍方面，主要采取了以本局专家和各学科业务骨干为主，外聘专家学者为辅的组合方式。本次培训我们先后从局内部抽调了25名专家和业务骨干担任授课老师，这其中包括正高级专家4人，副高级专家9人、机关处级领导4人。授课老师中有的来自地震科研部门，有的来自台网和台站监测一线，均是理论水平较高、专业技能过硬的拔尖人才。2008年10月8日，还邀请了中国地震局资深专家钱家栋研究员为学员讲授关于地电学及前沿性内容的讲座，其高屋建瓴的理论观点使学员们开阔了视野，丰富了知识面。

培训期间，组织学员到省地震台网中心、聊城地震水化试验站、泰安基准地震台等地进行实习，学员们详细听取了技术人员对各种观测手段和观测仪器的介绍，认真观看了操作流程，并结合课堂上学习的知识向技术人员虚心请教、相互研讨。通过参观实习，不仅使学员们拓展了知识面、学习了新技能，还巩固了对相关理论知识的理解和掌握，丰富了直观感受，其学习能力、实践能力和创新能力得到大幅提升。

2. 主要收获

（1）通过台站全员培训班的举办，使参训人员较全面、系统地掌握了地震科研各学科的基本理论、方法和台站观测仪器的操作使用，较广泛地了解了局“十五”项目建设状况、各学科发展方向及当前地震科学新技术的应用和前景。更为重要的是，通过培训，为台站之间、学科之间、台站与管理部门之间搭建了一座相互沟通、相互交流的平台，不仅增加了彼此的友谊，还为今后团结合作、互帮互助奠定了基础。

（2）为广大技术人员尤其是台站人员树立了全员培训的观念，灌输了“活到老，学到老”的学习精神，增强了紧跟科技发展步伐、不断更新知识的意识，为营造学习型台站创造了良好的氛围。

（3）近些年来，山东省地震局逐步加大基层培训工作的力度，截至目前已经连续成功举办了四期市县地震局长防震减灾基本知识培训班。地震台站全员培训班的举办，进一步丰富了基层培训经验，逐步创建适应新时期要求的培训模式，使局教育培训工作水平再上一个新台阶。

（山东省地震局人事教育处）

广东省地震局人事教育工作

省地震局紧紧围绕防震减灾“3+1”工作体系建设，针对“5.12”汶川特大地震后的新形势新特点，及时调整培训计划，开展有针对性的职工教育培训工作。全年共计派出参加政治理论、业务技能等各类培训62人次，其中处级以上干部28人次，一般行政人员及专业技术人员34人次；举办地震预报与研究、财务管理和地震现场培训等业务知识培训班，120多人次受到培训；共派出100多人次分别到地方和香港有关机构宣讲防震减灾科普知识，起到良好的社会效应。

5月12至20日，举办测震观测系统技术培训班。中国地震局地壳运动监测工程研究中心副总工程师杨大克研究员、云南省地震局童汪练研究员等专家应邀授课，省地震局魏柏林研究员作了“汶川地震构造环境简介”的专题报告。此次培训主要讲述测震学的发展历史及趋势、测震参数测定的目的意义及测定方法、常用测震仪器的使用及标定、地震台网日常处理及有关软件的使用等内容。

（广东省地震局　周　岚）

广西壮族自治区地震局教育培训工作

2008年度广西壮族自治区地震局共有761人/次参加各类学习培训，其中，8月在南宁举办1期领导干部廉洁从政培训班，参加培训的有65人/次；11月在南宁举办1期科学发展观培训班，参加学习培训45人/次；11月在南宁武警广西总队训练基地举办了1期45岁以下的地震应急业务拓展培训班，参与培训的有66人/次；全年举办了8期拓展业务培训班共520人/次；派出省内、省外参加各类业务培训共65人/次。

（广西壮族自治区地震局　张均洲　李青春）

重庆市地震局教育培训工作

2008 年 9 月初启动了县处级以上领导干部学习贯彻党的十七大精神轮训工作，培训时间为半个月，采取半脱产方式进行，每天下午全封闭学习。通过培训，从总体上把握了党的十七大文件的精神实质和思想内容，又系统学习和领会了贯穿其中的新思想、新观点和新举措，为推动我市防震减灾工作提供了许多新的理论基础。

此项轮训工作有以下五个特点：一是培训方案有针对性。局党组高度重视此次轮训工作，人事处拟定了培训方案，在方案中细化了操作目标：培训的基础是收看理论与形势，重点是领会思想方法和价值观念，核心是提升领导干部的素质要求与管理能力。二是培训经费得到保障。为了保证培训活动有声有色、扎实有效地开展，我局把县处级领导干部的轮训工作作为干部培训的重点工作，并在年初就预算了培训经费，为轮训工作的开展提供了经费保障。三是培训纪律严明。此次轮训，是县处级以上领导干部学习成长、提高素质能力的良好时机，为保证培训取得实效，要求所有的县处级以上干部必须准时参训，不得随意迟到、旷课，有事必须向分管领导请假，每次专题讲座由局人事处进行考勤。四是培训授课质量较高。此次培训除了收看《百家讲坛》资深理论专家的专题讲座外，还聘请了市社科院、市委党校知名度高、治学严谨、有学术成就的专家到我局授课。五是培训注重理论与实践结合。专家们在授课中注重用科学理论武装县处级以上领导干部的头脑，引导大家用科学理论指导实际工作。他们在授课中注重因材施教，把实际工作问题引入课堂进行探讨，活跃思维，创造性解决问题。另外，专题培训结束后，每位参训领导干部都写一篇心得体会或论文，畅谈通过理论学习提高实践能力的收获。

（重庆市地震局　李小玲）

甘肃省地震局职工教育培训

2008 年，甘肃省地震局职工教育培训工作以邓小平理论和“三个代表”重要思想为指导，深入贯彻落实科学发展观，坚持以人为本，紧紧围绕防震减灾事业发展和科技创新体系建设需要，以人才资源能力建设为核心，以提高全体职工综合能力为重点，以建设高素质的干部队伍为目标，结合实际，开展了内容丰富的培训活动。全年共举办培训班 5 期，内容包括党政培训、新录用人员培训、台站财务人员业务培训等，共有 158 人参加了培训。选派 106 人次参加中国地震局、甘肃省有关部门组织的观测业务、政治理论、信息管理培训。本年度接受教育培训共计 264 人次。

培训内容注重职工综合素质培养，适合防震减灾“3 + 1”工作体系建设需要；培训形式以专家授课为主，注重理论与实践相结合。

（甘肃省地震局　骆渭芳）

青海省地震局2008年人才队伍建设

2008年，青海省地震局认真贯彻落实中央关于加强人才队伍建设的精神，按照《“十一五”人才队伍建设规划》，紧紧抓住人才培养，吸收和使用三个环节，加大对现有人才的培养力度。2008年共邀请专家14人次，组织200多人次参加各级各类培训班。积极争取与国内著名大学和研究机构合作，选派技术人员参加合作交流与研究，其中2人出国参加学术会议。2008年青海省地震局出台了《青海省地震局2008～2012年干部教育培训计划》。和青海省人事厅一起组织了青海省二级地震安全性评价工程师资格考试。

（青海省地震局　荣建生）

人　物

中国地震局2008年获研究员（正研级高级工程师）任职资格人员名单

（中震人发〔2008〕183号）

序号	单位	姓名	性别	学历	证书编号	申报岗位
1	北京市地震局	丁彦慧	女	硕士	4190801	正研级高工
2	天津市地震局	邵永新	男	本科	4190802	正研级高工
		陈宇坤	男	博士	4190803	正研级高工
3	山西省地震局	王秀文	男	硕士	4190804	正研级高工
4	江苏省地震局	杨伟林	男	硕士	4190805	正研级高工
5	山东省地震局	王方建	男	硕士	4190806	正研级高工
		耿　杰	女	本科	4190807	正研级高工
6	广东省地震局	聂树明	男	本科	4190808	正研级高工
7	四川省地震局	雷建成	男	硕士	4190809	正研级高工
8	甘肃省地震局	何文贵	男	本科	4190810	正研级高工
9	新疆维吾尔自治区地震局	王晓强	男	本科	4190811	正研级高工
10	地球物理研究所	赵爱华	男	博士	4190812	研究员
11	地质研究所	郑德文	男	博士	4190813	研究员
		魏海泉	男	硕士	4190814	研究员
		詹　艳	女	博士	4190815	研究员
12	地震预测研究所	孟国杰	男	博士	4190816	研究员
		王洪体	男	博士	4190817	正研级高工
13	工程力学研究所	熊立红	女	博士	4190818	研究员
14	地球物理勘探中心	徐朝繁	男	博士	4190819	研究员
15	第二监测中心	崔笃信	男	本科	4190820	正研级高工

（中国地震局人事教育和科技司）

2008年中国地震局享受政府特殊津贴人员名单及简介

孙柏涛 男，1961年生，2001年毕业于哈尔滨工程大学，获博士学位，工程力学专业。现任中国地震局工程力学研究所研究员，博士生导师。主要从事地震工程、灾害防御、灾害评估和紧急救援等方面的研究工作，曾获省部级二等奖2项，三等奖2项。

袁道阳 男，1965年生，2003年毕业于中国地震局地质研究所，获博士学位，构造地质专业。现任甘肃省地震局研究员。主要从事大陆内部最新构造变动、强震活动及其动力学过程研究等工作。曾获省部级一等奖1项，二等奖3项，三等奖3项。

杨大克 男，1961年生，1985年毕业于国家地震局地球物理研究所，获硕士学位，地震学专业。现任地壳运动监测工程研究中心研究员。主要从事地震观测技术研究等工作。曾获国家科技进步一等奖1项，省部级一等奖2项，三等奖1项。

刘力强 男，1956年生，1995年毕业于国家地震局地质研究所，获博士学位，大地构造物理专业。现任中国地震局地质研究所研究员。主要从事构造变形物理场，地震过程模拟实验等工作。曾获省部级二等奖1项。

陈宇卫 女，1954年生，1980年毕业于中国科学技术大学，地球物理专业。现任安徽省地震局研究员。主要从事地震预报等工作。曾获省部级二等奖2项。

杨国华 男，1957年生，1982年毕业于武汉测绘学院，获学士学位，大地测量专业。现任中国地震局第一监测中心研究员。从事大地形变场、地壳动力学、海面变化、形变灾害、地震预测和GPS技术应用等方面的研究工作。曾获省部级一等奖1项，二等奖2项，三等奖5项。

薛　兵 男，1964年生，1988年毕业于国家地震局分析预报中心，获硕士学位，地震学专业。现任中国地震局地震预测研究所研究员。主要从事数字化地震观测技术研究和观测设备研发等工作。曾获国家科技进步一等奖1项，二等奖1项。

（中国地震局人事教育和科技司）

表 彰 奖 励

人力资源社会保障部　中国地震局关于表彰地震系统抗震救灾英雄集体和抗震救灾英雄的决定

人社部发〔2008〕41号

各省、自治区、直辖市人事厅（局）、劳动保障厅（局）、地震局，中国地震局各直属单位：

5月12日14时28分，四川省汶川县发生8.0级特大地震。面对这场突如其来的特大自然灾害，在党中央、国务院的坚强领导下，全国各族人民全力投入抗震救灾工作，抗震救灾斗争取得重大阶段性成果。地震系统广大干部职工牢记以灾情为命令，视时间如生命，在第一时间作出了迅速反应，以最快速度进入灾区，全力以赴、争分夺秒地投入到抢险救人、灾害评估、地震监测等工作中，不怕艰难困苦、不怕流血牺牲，科学地施救、评估与监测，工作迅速有效，为正确决策提供了大量科学翔实的数据，为尽可能多地搜救幸存者、维护灾区社会稳定作出了重要贡献，涌现出一大批英雄集体和个人。

为表彰先进，弘扬正气，进一步激励地震系统广大干部职工全力投入抗震救灾工作，人力资源社会保障部、中国地震局决定授予国家地震灾害紧急救援队“地震系统抗震救灾英雄集体”荣誉称号；授予王小龙等4名同志“地震系统抗震救灾英雄”荣誉称号，享受省部级劳动模范和先进工作者待遇。希望受表彰的英雄集体和个人，珍惜荣誉、再接再厉，为灾后重建和防震灾事业的长远发展再创佳，再立新功。

当前，抗震救灾仍在继续，灾后重建任务繁重艰巨。全国地震系统广大干部职工，要以受表彰的英雄集体和个人为榜样，紧密团结在以胡锦涛同志为总书记的党中央周围，以更加顽强的精神、更加迅速的行动、更加密切的配合，切实承担起抗震救灾和灾后重建工作重担，为夺取抗震救灾斗争的全面胜利贡献力量，为开创防震减灾事业新局面而努力奋斗。

附件：1. 地震系统抗震救灾英雄集体名单
　　　2. 地震系统抗震救灾英雄名单

中华人民共和国人力资源和社会保障部　中国地震局
2008年6月16日

附件 1：

地震系统抗震救灾英雄集体名单

国家地震灾害紧急救援队

附件 2：

地震系统抗震救灾英雄名单

王小龙　　重庆市地震监测预报中心工程师
王念法　　中国地震应急搜救中心教官
袁一凡　　中国地震局工程力学研究所研究员
温增平　　中国地震局地球物理研究所研究员

中国地震局关于表彰云南省地震局的通报

中震发人〔2008〕1 号

云南省地震局：

2007 年 6 月 3 日，云南省普洱市宁洱县发生 6.4 级破坏性地震。

地震发生前，云南省地震局根据全国地震形势跟踪判定意见和本省震情动态跟踪分析结论，按照中国地震局和云南省委、省政府的安排部署，全面加强了震情监测预报、地震灾害预防和地震应急准备工作，强化了前兆异常信息监测、传递和调查核实、震情分析与会商、地震短临预测预报，严密监视震情发展趋势，对宁洱“6・3”地震做出了较为准确的短临预测预报。

地震发生后，云南省地震局又迅速地组织开展高效有序的应急处置、震情监视和灾害损失评估等工作，对震后震情发展趋势做出了及时、准确的判定，为各级党委、政府做好抗震救灾和恢复建设工作提供了科学依据。受灾地区仅 3 人死亡、28 人重伤，最大限度地减轻了地震灾害损失，取得了明显的减灾效益。

根据云南省地震局在宁洱“6・3”地震预测预报和应急处置工作中做出的突出成绩，中国地震局、云南省人民政府决定对云南省地震局给予表彰奖励。

希望云南省地震局再接再厉，发扬成绩，认真总结经验，继续扎实开展工作，为云南省防震减灾工作做出新的贡献。

2008 年 1 月 3 日

中国地震局关于表彰2008年度地震监测预报工作先进单位　优秀集体和先进个人的通报

中震发人〔2008〕193 号

各省、自治区、直辖市地震局，各直属单位：

根据中国地震局2008年度地震监测预报重点工作及绩效综合评定结果，经研究，决定对评选出的先进单位、优秀集体和先进个人予以表彰：

一、2008 年度地震监测预报工作先进单位（10 个）

云南省地震局

中国地震局第二监测中心

新疆维吾尔自治区地震局

内蒙古自治区地震局

辽宁省地震局

中国地震台网中心

甘肃省地震局

河北省地震局

山东省地震局

安徽省地震局

二、2008 年度地震监测预报工作优秀集体（13 个）

汶川地震现场监测工作组（广东省地震局、河北省地震局、中国地震局地球物理研究所、湖北省地震局）

汶川地震现场预报工作组（四川省地震局、中国地震台网中心、云南省地震局、新疆维吾尔自治区地震局）

首都圈奥运震情保障工作组

中国地震局第二监测中心重力研究室

重庆市地震局地震监测预报中心

四川省德阳市清平地震台

云南省德宏州防震减灾局

中国地震台网中心地震预报部

西藏自治区地震局监测预报中心

广东省地震局地震监测中心
青海省地震局预报中心
山东省地震局泰安基准地震台
新疆维吾尔自治区地震局预报中心

三、2008 年度地震监测预报工作先进个人（22 人，按姓氏笔画排序）

王小龙（重庆市地震局地震监测预报中心）
王恩虎（陕西省地震局科技监测处）
付　虹（云南省地震预报研究中心）
刘　杰（中国地震台网中心地震预报部）
刘耀炜（中国地震局地壳应力研究所地震监测与预测研究室）
吕　坚（江西省地震局预报中心）
孙继忠（天津市地震局监测预报处）
张　晶（中国地震局地震预测研究所地震预测研究室）
张素欣（河北省地震局预测研究中心）
李宗兴（云南省保山市地震局）
杨　陈（中国地震台网中心地震台网部）
杨马陵（广东省地震预报研究中心）
苏永刚（甘肃省地震局陇南中心地震台）
苏金蓉（四川省地震局监测研究所）
周峥嵘（福建省地震局预报中心）
段天山（新疆维吾尔自治区地震局监测中心）
凌学书（安徽省地震监测中心）
高景春（河北省地震局监测网络中心）
康　英（广东省地震监测中心）
曹井泉（天津市地震监测预报中心）
蒋长胜（中国地震局地球物理研究所地震预报推进组）
戴　放（四川省凉山州防震减灾局）

特此通报

中国地震局关于2007年度全国市县防震减灾工作综合评比结果的通报

中震防发〔2008〕133号

各省、自治区、直辖市地震局，新疆生产建设兵团地震局：

为了进一步推进市县防震减灾工作，按照《市（地）防震减灾工作综合评比办法》（中震发防〔2005〕11号）和《关于增设全国县级防震减灾工作综合评比奖项的通知》（中震函〔2006〕32号）文件精神，中国地震局于2008年8月6日至10日在广西壮族自治区南宁市召开了2007年度全国市县防震减灾工作综合评比会议。中国地震局相关司（室）代表及各省、自治区、直辖市地震局负责管理市县地震工作部门的负责人参加会议，并对各单位推荐的参评单位进行了评比。现将评比结果通报如下：

一等奖（10名）：广西壮族自治区南宁市地震局、山东省济南市地震局、山西省大同市地震局、河北省石家庄市地震局、天津市蓟县人民政府地震办、甘肃省酒泉市地震局、四川省宜宾市地震局、宁夏回族自治区石嘴山市地震局、江苏省无锡市地震局、陕西省西安市地震局

二等奖（10名）：云南省保山市地震局、辽宁省铁岭市地震局、吉林省松原市地震局、新疆维吾尔自治区吐鲁番地区地震局、湖北省十堰市地震局、上海市闵行区地震办、北京市昌平区地震局、广东省广州市地震办、江西省赣州市地震局、海南省海口市地震局

三等奖（13名）：黑龙江省佳木斯市地震局、福建省厦门市地震局、青海省西宁市地震局、内蒙古自治区呼伦贝尔市地震局、浙江省嘉兴市地震局、山东省青岛市地震局、福建省漳州市地震局、河南省安阳市地震局、安徽省马鞍山市地震局、四川省成都市防震减灾局、安徽省合肥市地震局、河北省秦皇岛市地震局、山西省太原市地震局

优秀奖（41名，排名不分先后）：云南省昭通市地震局、宁夏回族自治区银川市地震局、湖南省常德市地震局、北京市海淀区地震局、重庆市巴南区地震局、江苏省连云港市地震局、广西壮族自治区柳州市地震局、陕西省宝鸡市地震局、甘肃省天水市地震局、贵州省兴义市科技局、四川省攀枝花市防震减灾局、新疆维吾尔自治区昌吉回族自治州地震局、天津市和平区人民政府地震办、湖北省黄冈市地震局、山东省临沂市地震局、云南省普洱市地震局、北京市丰台区地震局、江西省南昌市地震局、上海市浦东新区地震办、辽宁省营口市地震局、湖南省长沙市地震局、广东省阳江市地震局、甘肃省平凉市地震局、新疆维吾尔自治区石河子市地震局、吉林省长春市地震局、陕西省渭南市地震局、浙江省温州地震局、黑龙江省黑河市地震局、河南省濮阳市地震局、内蒙古自治区鄂尔多斯市地震局、安徽省淮北市地震局、青海省海西州地震局、海南省三亚市地震局、河南省焦作市地震局、黑龙江省大庆市地震局、重庆市涪陵区地震局、湖北省襄樊市地震局、上海市长宁区地震办、广东省深圳市地震局、青海省海东地区地震局、重庆市荣昌县地震办

防震减灾法制工作单项奖（6名）：湖南省长沙市地震局、吉林省长春市地震局、河南省焦作市地震局、重庆市巴南区地震局、江苏省连云港市地震局、陕西省宝鸡市地震局

地震监测预报单项奖（6名）：云南省昭通市地震局、四川省攀枝花市防震减灾局、湖北省黄冈市地震局、新疆维吾尔自治区昌吉回族自治州地震局、新疆维吾尔自治区石河子市地震局、安徽省淮北市地震局

地震灾害防御单项奖（6名）：甘肃省平凉市地震局、湖南省常德市地震局、山东省临沂市地震局、宁夏回族自治区银川市地震局、广东省阳江市地震局、广西壮族自治区柳州市地震局

地震应急救援单项奖（6名）：北京市海淀区地震局、北京市丰台区地震局、上海市浦东新区地震办、辽宁省营口市地震局、云南省普洱市地震局、甘肃省天水市地震局

防震减灾社会动员单项奖（6名）：江西省南昌市地震局、天津市和平区地震办、浙江省温州市地震局、上海市长宁区地震办、陕西省渭南市地震局、海南省三亚市地震局

防震减灾创新奖（6名）：山东省东营市地震局、河北省邯郸市地震局、陕西省咸阳市地震局、广西壮族自治区玉林市地震局、山西省晋城市地震局、海南省儋州市地震局

管理奖（6名）：山东省地震局震害防御处、广西壮族自治区地震局震害防御处、甘肃省地震局震害防御处、山西省地震局震害防御处、河北省地震局震害防御处、宁夏回族自治区地震局震害防御处

5·12汶川地震抗震救灾突出贡献奖（9名）：四川省成都市防震减灾局、绵阳市防震减灾局、广元市防震减灾局、阿坝州防震减灾局、德阳市防震减灾局、甘肃省甘南藏族自治州地震局、陇南市地震局、陕西省西安市地震局、宝鸡市地震局

全国县级防震减灾工作先进单位（104名，排名不分先后）：河北省三河市科技局、唐海县地震局、元氏县地震局、峰峰矿区科技局、卢龙县地震办、万全县地震局、迁安市科技局、山西省太原市迎泽区地震局、太原市小店区地震局、大同市南郊区地震局、大同县地震局、长治县地震局、临汾市尧都区地震局、内蒙古自治区扎兰屯市地震办、开鲁县地震办、阿鲁科尔沁旗地震局、扎赉特旗地震局、乌拉特前旗地震局、辽宁省铁岭银州区地震局、盘锦双台子区地震办、灯塔市地震局、吉林省长春市南关区科技局、图们市科技局、公主岭市地震局、黑龙江省望奎县地震局、勃利县地震局、肇东市地震局、鸡东县地震局、江苏省高邮市地震局、射阳县地震局、宜兴市地震局、昆山市地震局、浙江省平湖市科技局、余姚市地震局、安徽省颍上县地震局、濉溪县地震局、长丰县科技局、和县地震局、福建省晋江市地震办、尤溪县地震办、福清市地震办、江西省寻乌县地震局、瑞昌县地震局、山东省费县地震办、莒南县地震局、莒县地震局、诸城市地震局、青岛经济技术开发区（黄岛区）地震局、胶州市地震局、邹城市地震局、河南省巩义市地震局、滑县地震办公室、濮阳县科技局、孟州市地震办公室、辉县市地震办公室、长葛市地震办公室、兰考县地震办公室、湖北省房县地震局、英山县地震局、兴山县科技局、襄樊市襄阳区科学技术局、湖南省桃源县地震局、新宁县地震局、涟源市地震局、洪江区地震局、广东省广州市花都区地震办、佛山市顺德区地震办、阳西县科技局、惠东县地震局、遂溪县地震局、河源市源城区地震办、广西壮族自治区横县地震局、合浦县地震局、桂平市地震局、田东县地震局、海南省万宁市地震局、重庆市大足县地震办、四川省米易县地震办、西昌市地震办、都江堰市地震办、江油市地震办、马尔康地震办、甘孜县地震办、贵州省黔南州罗甸县科技局、云南省东川区防震减

灾局、祥云县地震局、弥勒县地震局、宁洱县地震局、易门县防震减灾局、水富县地震局、陕西省延安市志丹县防震减灾办公室、西安市未央区地震办、华县地震办、宝鸡市金台区地震办、永寿县地震办、平利县地震办、甘肃省酒泉市肃州区地震局、民勤县地震局、清水县地震局、华亭县地震办、玛曲县地震局、青海省格尔木市地震局、宁夏回族自治区灵武市地震局、新疆维吾尔自治区精河县地震局

希望受表彰的单位珍惜荣誉，发扬成绩，再创佳绩。全国市县地震工作机构要以获奖单位为榜样，开拓进取，扎实工作，为防震减灾事业做出更大的贡献。

特此通报

2008 年 8 月 18 日

中国地震局关于表彰 2007 年度发展与财务工作先进单位和先进个人的通报

中震人发〔2008〕93 号

各省、自治区、直辖市地震局，各直属单位：

2007 年，中国地震局发展与财务工作在各级领导的高度重视下，在全局发展与财务部门职工的不懈努力下，通过各单位的积极配合和共同努力，圆满完成了各项任务，为保障防震减灾事业的协调快速发展做出了显著成绩。

为进一步弘扬发展与财务部门职工爱岗敬业、无私奉献的精神，鼓励在 2007 年度工作中表现突出、成绩显著的单位和个人，调动和激发全体发展与财务部门职工的积极性，经研究决定，对在 2007 年度发展与财务工作中做出优异成绩的北京市地震局等 8 个单位和罗建峰等 10 位同志予以表彰。

希望受到表彰的先进单位和先进个人继续发扬成绩，再接再厉。全局发展与财务部门职工要以此次受表彰的先进单位和先进个人为榜样，努力学习业务知识，认真总结经验，扎实开展工作，不断提高发展与财务工作水平，为促进防震减灾事业又好又快的发展做出新贡献。

附件：1. 2007 年度发展与财务工作先进单位名单
2. 2007 年度发展与财务工作先进个人名单

2008 年 6 月 23 日

附件1：

2007年度发展与财务工作先进单位名单

（排名不分先后）

北京市地震局
山西省地震局
山东省地震局
广东省地震局
甘肃省地震局
宁夏回族自治区地震局
局地球物理勘探中心
局第一监测中心

附件2：

2007年度发展与财务工作先进个人名单

（排名不分先后）

罗建峰	山西省地震局
饶　涛	江西省地震局
王希波	山东省地震局
石玉成	甘肃省地震局
于　钢	新疆维吾尔自治区地震局
阎秀杰	局地球物理研究所
李红飙	中国地震应急搜救中心
许　权	地壳运动监测工程研究中心
沈午春	局第一监测中心
梁瑞莲	防灾科技学院

中国地震局关于表彰2007年度部门财务决算工作先进单位的通知

中震人发〔2008〕177号

各省、自治区、直辖市地震局，各直属单位：

2007年度决算工作是财政部历次决算改革幅度最大的一次，第一次按照预算改革后的新科目体系编制年度决算，并第一次将基本建设合并纳入年度部门决算的考核评审范围。在各级领导的高度重视下，通过各单位的积极配合和共同努力，中国地震局2007年度财务决算布置、报表填报、数据审查和核对等工作得以顺利进行，并再次获得财政部2007年度中央部门财务决算工作考核评比一等奖，同时基建财务决算工作也在财政部首次考评中被评为先进单位。

为进一步推动中国地震局部门决算工作的开展，鼓励先进，根据中国地震局财务决算管理细则有关规定，中国地震局组织会审专家组对2007年度部门决算工作质量进行了考核评比，经研究决定，对评选出的2007年度31个部门决算先进单位予以表彰，其中：一等奖8个，二等奖11个，三等奖12个（具体名单见附件）。

希望受到表彰的先进单位再接再厉，发扬成绩。全局各单位要以此次受表彰的先进单位为榜样，认真总结经验，扎实开展工作，不断提高财务决算质量和财务管理水平，为保障防震减灾事业又好又快发展做出新的贡献。

附件：2007年度部门决算工作先进单位名单

2008年12月8日

附件：

2007年度部门决算工作先进单位名单

一等奖单位（8个）

山西省地震局、江西省地震局、宁夏回族自治区地震局、局地球物理研究所、局地壳应力研究所、局预测研究所、局第一监测中心、局机关服务中心

二等奖单位（11个）

北京市地震局、安徽省地震局、山东省地震局、河南省地震局、甘肃省地震局、新疆维吾尔自治区地震局、局地质研究所、局工程力学研究所、地壳运动监测工程研究中心、局地球物理勘探中心、局驻深圳办事处

三等奖单位（12 个）

河北省地震局、吉林省地震局、上海市地震局、江苏省地震局、湖北省地震局、广东省地震局、四川省地震局、西藏自治区地震局、青海省地震局、局第二监测中心、地震出版社、中国地震局机关

关于表彰 2007 年度中国地震局外事工作先进单位和个人的通报

中震外发〔2008〕34 号

各省、自治区、直辖市地震局，各直属单位：

2007 年，中国地震局外事工作在局党组的正确领导下，在全系统外事干部的共同努力下，积极进取，开拓创新，取得了显著成绩。为表彰先进，弘扬正气，进一步推动新形势下对外合作与交流工作的深入开展，经研究，决定对外事工作业绩突出的单位及个人给予表彰。希望受表彰的先进单位和个人珍惜荣誉，谦虚谨慎，再接再厉，不断做出新的成绩。

一、先进单位

湖南省地震局

广东省地震局

陕西省地震局

新疆维吾尔自治区地震局

中国地震局地球物理研究所

中国地震局地震预测研究所

中国地震局工程力学研究所

中国地震台网中心

中国地震应急搜救中心

地壳运动监测工程研究中心

二、先进个人

兰从欣（女）	北京市地震局
李　平	上海市地震局
刘汉钢（女）	湖北省地震局
邓一唯（女）	四川省地震局
谷一山	云南省地震局
魏若平（女）	新疆维吾尔自治区地震局
苏小兰（女）	中国地震局地球物理研究所
韩　斌（女）	中国地震局地质研究所
李　京（女）	中国地震局地震预测研究所

白　冰　　　　中国地震局工程力学研究所
董　亭（女）　中国地震台网中心
王　娟（女）　中国地震应急搜救中心
张　莺（女）　地壳运动监测工程研究中心

特此通报

2008 年 3 月 4 日

中国地震局关于 2008 年公文质量检查评比结果的通报

中震办发〔2008〕175 号

各省、自治区、直辖市地震局，各直属单位：

为进一步规范地震系统的公文处理工作，提高公文的质量，按照《关于开展 2008 年公文质量检查评比工作的通知》（中震办〔2008〕28 号）要求，2008 年 9 月 19 ~ 23 日，中国地震局办公室在湖南省组织了 2008 年地震系统公文质量检查评比暨公文处理培训班。

2008 年的公文质量检查评比工作，总体的公文质量比较好，参评公文做到了正确选择行文关系，按照行文规则的要求制发公文，公文格式规范，绝大多数公文的内容做到了结构严谨、条理清楚。但是，通过检查评比仍发现部分不规范的问题，主要集中在公文内容上，如：公文中存在病句，用词不当，语句口语化，文字不简明，标点不准确，结构不严谨；个别单位主题词标注、版记位置不规范等。

今后，中国地震局办公室将继续加强公文管理，坚持退文制度，严格公文检查评比中对反复出现同一类问题单位扣分，并取消一等奖评奖资格。同时，在下一年的公文检查评比中，继续对上一年的公文进行讲评，修改、细化评分标准。加强业务培训，切实提高公文管理人员的素质和公文的质量。

2008 年，各单位参评公文质量比以前有了很大的提高，公文评比的分数普遍高于往年。为了鼓励各单位公文管理的积极性，经研究决定，对各协作组的一、二、三等奖，各增加一个奖励名额。根据各协作组的初评结果，结合日常收文情况，经公文质量检查评比工作专家组和领导小组复核审定，现将评比结果通报如下（排名不分先后）：

一等奖单位：北京局、山西局、内蒙古局、黑龙江局、上海局、江苏局、湖南局、广西局、四川局、云南局、陕西局、地壳工程中心。

二等奖单位：天津局、河北局、辽宁局、吉林局、浙江局、安徽局、福建局、山东局、湖北局、甘肃局、新疆局、地壳所、台网中心、机关服务中心、深圳培训中心。

三等奖单位：江西局、河南局、广东局、海南局、重庆局、贵州局、西藏局、青海局、宁夏局、地球所、地质所、工力所、搜救中心、震害防御中心、物探中心、一测中心、二测中心、防灾学院、预测所、出版社。

局机关各司室的参评公文因与系统各单位的参评公文内容不一致，为了体现公平、公正的原则，局机关各司室的公文只参加评比，不涉及奖项。

希望被评为一等奖的单位要继续保持荣誉，再接再厉，其他单位要向他们学习，找出不足，迎头赶上，特别是评奖名次下降及长期评奖名次不高的单位，要认真查找原因，不断改进。各单位要高度重视公文质量，建立健全管理制度，严格公文审核把关，为把地震系统的公文质量提高到一个新的水平而努力。

经各协作组推荐，2008 年的协作组组长单位为：第一协作组：内蒙古局；第二协作组：广东局；第三协作组：宁夏局。

2008 年 12 月 1 日

合作与交流

主要收载地震系统一年来双边、多边国际合作项目，以及重要学术活动概况，是了解国内外地震领域科研进展，学术交流的窗口。

合作与交流项目

中国地震局2008年对外交流与合作综述

2008年，中国地震局外事工作在中国地震局党组的领导下，积极投身汶川地震抗震救灾，认真贯彻落实“两办规定”，成功召开了第十四届世界地震工程大会，地震科技国际合作取得丰硕成果，为防震减灾事业的发展做出了突出贡献，全年出访团组152个、434人次，撤销、延迟、变更出访团组近60个、近300人次。

一、全力投入汶川地震涉外工作

汶川地震发生后，中国地震局国际合作司迅速开展了应急处置工作。为了集中力量应对巨大灾害，立即对原计划的出访、来访等外事工作做出了临时性限制，取消或延迟了大批出访团组；及时收集国外信息，参与应对国外媒体及组织的工作；特别是根据中央领导指示精神，与外交部密切配合，为国外地震灾害救援队伍赴灾区参加救灾行动提供了第一手背景资料和重要的建议，并与外交部组成了联合工作组赴灾区实地指导、协调工作，为俄罗斯、日本、韩国和新加坡四支国外救援队现场工作提供了有力保障。

积极稳妥地与美国、日本等重点国家和地区进行交流和沟通，举行中美、中日、大陆－台湾汶川地震科技合作研讨会，就汶川地震后如何进一步开展技术合作进行了充分交流和讨论，商讨了合作框架，确定了合作领域和计划，并安排多批境外专家赴四川地震现场考察。

二、围绕大局，服务防震减灾事业发展

2008年，中国地震局高层代表团访问了意大利、日本、澳大利亚、新西兰等国家，举行高层会晤；中美双边地震科技研讨会顺利召开，为30年来最大规模的双边地震研讨会，双方100多名专家参会，会议内容涵盖汶川地震、地震基础研究等诸方面，并就中美地震科技合作议定书的续签、地震数据交换等核心问题基本达成一致；中法、中日韩三边等地震科技合作会晤按计划成功举行，这些重要活动都有力地推进了与国外地震科技的交流合作。

中国地震局承担的援外台网项目取得新进展。援助印尼台网项目已完成安装台站9个，并成为“印尼海啸预警系统”的重要组成部分，援助缅甸、巴基斯坦、蒙古等周边台网项目进展顺利，为国家总体战略目标的实现起到了积极的作用。

三、加大力度，外事管理进一步增强

按照中央办公厅、国务院办公厅下发的《关于进一步加强因公出国（境）管理的若干规定》文件要求，进一步完善出国（境）计划报批制度，重点加强对党政领导干部出国（境）访问的管理与审批；对因公出访实行量化管理，对团组境外活动提出明确要求，强化因公出国（境）经费管理。中国地震局国际合作司还针对一些问题到部分单位调研，进行外事管理与外事纪律的宣讲。部分下属单位相继开展了外事管理与纪律方面的教育培训，制定出本单位具体的管理办法。

四、积极开拓，双边、多边合作不断加强

与联合国教科文组织、联合国人道主义事务办公室、国际大地测量和地球物理联合会等重要国际组织及南亚、东南亚、南太平洋岛国等区域组织的合作得到进一步巩固和发展。在相关国际组织中的作用和影响力不断加强：赵和平副局长担任联合国搜索与救援咨询团亚太地区年度主席，何永年研究员任联合国国际减灾战略科学委员会成员，齐霄斋研究员担任亚太地震工程研究中心联合会秘书长，陈棋福研究员担任国际地震中心执委等，这些任职加强了中国地震科技的国际影响力，提升了我国的国际地位。按照粤港澳三方签订的关于定期举办粤港澳地区地震科技研讨会实施方案，第三届粤港澳地区地震科技研讨会在广州成功召开，粤港澳地震科技合作与交流不断增强。

由中国地震局负责承办、局地质研究所牵头组织的第19届国际地球电磁感应学术讨论会10月23～29日在北京成功举行，刘玉辰副局长任大会组委会主席。来自43个国家和地区的专家学者参加大会，参会代表达480人（含境外230人），共收到论文摘要387篇（含境外238篇），参会人数、收到的论文摘要数等为历届会议之最。

国际合作项目蓬勃开展。通过科技部渠道争取到3项重点国际合作项目的经费支持，涵盖地球物理，地震地质、构造变动和地震灾害等方面，总金额达到1000多万元人民币。与科技部就国际合作基地项目达成了初步意见，将每年支持200万。面向发展中国家就地震台网建设与管理和应急管理与搜救在华举办培训班项目获商务部支持。

五、精心谋划，十四届地震工程大会顺利召开

2008年10月13～17日，“第十四届世界地震工程大会”在北京成功召开，来自68个国家（地区）及国际组织3000多名官员、专家学者参加会议，回良玉副总理出席大会开幕式并代表中国政府致辞，陈建民局长主持大会并作学术报告。大会接收来自近70个国家、地区的3000余篇论文，安排1700余个报告，均为历届世界地震工程大会之最。作为2008年在华举办的最大规模的科技学术类国际会议，尤其在汶川特大地震发生之后，更加具有特殊的意义。大会的成功举办增强了中国地震局在国际上的影响力，得到了国际组织、国内外专家学者的高度称赞，也标志着地震科技国际合作达到了新的高峰。

（中国地震局国际合作司）

2008 年出访项目

1 月 14 ~ 22 日

中国地震局震灾应急救援司副司长陈虹等一行 8 人赴新加坡执行国际搜救队能力分级评估工作。

1 月 14 日至 3 月 19 日

中国地震局地震研究所研究员王琪赴日本东京大学地震研究所执行中日地震科技合作计划，开展利用 GPS 资料进行地震变形过程问题的研究，探讨东亚地区现今构造变形活动的运动模式。

1 月 16 ~ 20 日

中国地震局震灾应急救援司等一行 3 人赴新加坡参加“亚太地区人道主义合作伙伴第五次会议”。

1 月 17 ~ 22 日

天津市地震局纪检组长武丁辰赴日本考察访问（天津市人民政府组团）。

1 月 17 ~ 30 日

中国地震台网中心副主任李强华等一行 7 人赴澳大利亚、新西兰执行地震应急管理、地震监测和地震灾害管理系统考察并商讨合作事宜。

1 月 19 ~ 29 日

中国地震局地球物理研究所研究员郑重赴奥地利、韩国执行禁核试核查相关工作考察、验收等（总装备部组团）。

1 月 20 日至 2 月 2 日

内蒙古自治区地震局局长包东健等一行 30 人赴新加坡进行地震救援学术交流。

1 月 22 日至 2 月 1 日

中国地震局地质研究所研究员何宏林赴日本东京大学执行中日地震科技合作项目。

1 月 23 ~ 27 日

中国地震局国际合作司调研员王剑和地壳运动监测工程研究中心副总工程师杨大克二人赴泰国参加“印度洋—南亚地区多灾种早期预警系统地区指导委员会第一次会议”。

1 月 24 ~ 29 日

中国地震局工程力学研究所研究员戴君武赴印度参加“约束砌体结构建造技术研讨会”。

1 月 24 日至 2 月 5 日

地壳运动监测工程研究中心助理研究员武金涛和江苏省地震局研究员杨军 2 人赴老挝执行周边国家地区地震台站项目。

1月30日至2月4日

中国地震局研究员何永年赴法国参加“联合国国际减灾战略科学委员会会第一次会议”。

2月10日至3月3日

中国地震局地球物理研究所副所长杨建思研究员赴奥地利参加“CTBTO禁核试第30次B组工作会议”（外交部组团）。

2月16~21日

中国地震局地球物理研究所研究员葛洪魁赴日本参加“综合大洋钻探科学工作组第六次工作会议”。

2月16~28日

中国地震局人事教育和科技司副巡视员栾毅等一行4人赴意大利商讨卫星合作事宜并顺访法国。

2月16日至3月3日

中国地震局地震预测研究所助理研究员黄建平赴新西兰参加“埃维森孕震及地震预报研讨会”并顺访澳大利亚昆士兰大学。

2月17~21日

中国地震局震灾应急救援司副司长陈虹赴瑞士日内瓦参加“联合国灾害评估与协调专家组会议”。

2月17~24日

中国地震局地球物理研究所所长吴忠良等3人赴新西兰参加“埃维森孕震预报研讨会”并顺访澳大利亚地震中心。

2月17日至3月4日

中国地震局工程力学研究所高级工程师张孟平等一行5人赴美国执行中国地震风险模型方面合作研究并访问美国地震工程学会加州大学。

2月26日至3月15日

地壳运动监测工程研究中心助理研究员余海洋等一行6人赴老挝执行地震台站安装工作。

2月28日至3月2日

中国地震局地震预测研究所副研究员孟国杰赴日本参加“国际地震电磁观测卫星学术会议”。

3月1~7日

中国地震局地球物理研究所所长吴忠良赴奥地利参加“全面禁核试核证系统国际科学研究计划会议”。

3月4~15日

中国地震局工程力学研究所研究员齐霄斋等一行4人赴日本京都大学和韩国首尔大学商讨来华参加第十四届世界地震工程大会展览及赞助等事宜。

3月7~26日

中国地震局地震预测研究所研究员赵翠萍和王洪体等二人赴日本静岗大学执行“主动地震观测技术合作研究”。

3 月 12 日至 9 月 6 日

中国地震局地质研究所助理研究员陈晓利赴日本执行“JICA 火山、泥石流、滑坡灾害管理技术”任务（科技部组团）。

3 月 15～29 日

防灾科技学院副院长迟宝明等一行 8 人赴法国考察相关合作机构和院校在减灾教育、培训等方面情况。

3 月 16～25 日

中国地震局地震预测研究所研究员庄灿涛等一行 4 人赴日本静岗大学洽谈合作及召开“第三次主动地震观测工作会议”等事宜。

3 月 18～31 日

中国地震局地震预测研究所研究员郑斯华赴日本东北大学地震预知火山喷火预知研究观测中心就利用数字地震波形资料研究内陆地震发震机理开展合作研究。

3 月 23～31 日

中国地震局地质研究所研究员甘卫军赴意大利参加第十三届全球大地测量观测系统（GGOS）指导委员会会议。

3 月 25 日至 5 月 5 日

中国地震局地质研究所助理研究员陈桂华赴法国巴黎地球物理研究所执行中法合作项目 GPS 数据处理和解算学术交流。

3 月 30 日至 4 月 12 日

中国地震局地球物理研究所研究员丁志峰赴印度数学模型及计算机模拟中心参加“第二届东南亚地震灾害评估国际研讨会”。

4 月 1 日至 5 月 31 日

中国地震局地震预测研究所硕士研究生彭菲赴美国康涅狄格大学执行中美地震科技合作“基于脉动的阵列观测和高速模拟计算的大北京地区高分辨率地震破坏评估图”项目（持因私护照）。

4 月 6～9 日

中国地震局震灾应急救援司副司长尹光辉赴新加坡执行参加地震救援学术交流活动开幕式。

4 月 6～19 日

甘肃省地震局副局长张新基等一行 32 人赴新加坡进行地震救援学术交流。

4 月 7 日至 5 月 29 日

北京市地震局工程师罗桂纯赴美国康涅狄格大学执行中美地震科技合作“基于脉动的阵列观测和高速模拟计算的大北京地区高分辨率地震破坏评估图”项目。

4 月 13～19 日

中国地震局应急救援司处长王志秋等一行 4 人赴菲律宾参加联合国国际人道主义事务协调办公室（INSARAG）亚太地区地震救援演练。

4 月 15 日至 10 月 15 日

中国地震局地震预测研究所副研究员王辉赴美国密苏里大学执行“华北地震活动、构造活动与地震构造关系”合作研究项目（持因私护照）。

4 月 15 日至 7 月 15 日

中国地震局地球物理研究所助理研究员王宝善赴美国就主动震源信号数据处理、东北台阵的工作计划以及接受函数反演等学术问题开展合作研究。

4 月 18 日至 5 月 13 日

中国地震局副局长修济刚赴美国哈佛大学肯尼迪政府学院参加高级行政管理诡计培训项目（国家外国专家局组团）。

4 月 20 日至 5 月 1 日

上海市地震局高级工程师李红芳等一行 5 人赴美国访问 KINMETRICS 公司、加州大学和肯塔基州地址调查局并商讨合作事宜。

4 月 21 日至 5 月 3 日

中国地震局办公室主任刘连柱等一行 17 人赴加拿大和巴西执行城市综合防灾减灾考察并交流相关经验。

4 月 21 日至 5 月 3 日

中国地震局地球物理研究所研究员吴忠良赴奥地利参加“国际地震学和地球内部物理学协会（IASPEI）执行局会议”。

4 月 22 ~ 29 日

中国地震局地球物理研究所研究员王健等一行 5 人赴日本东京大学进行学术交流并讨论历史地震领域的进一步合作问题。

4 月 22 ~ 29 日

中国地震局地震灾害防御中心处长于爱勤等一行 3 人赴美国考察（中国科学技术协会组团）。

5 月 1 ~ 7 日

中国地震局工程力学研究所研究员齐霄斋、温瑞智 2 人赴美国讨论美国学者来华参加第十四届地震工程大会及赞助事宜。

5 月 5 ~ 11 日

湖北省地震局郭唐永等一行 4 人赴韩国参加“2008 年中韩卫星激光测距技术研讨会”。

5 月 6 ~ 13 日

中国地震局局长陈建民等一行 5 人赴意大利、匈牙利访问意大利总理府民事保护局和匈牙利国家灾害管理局并签署协议。

5 月 10 日至 6 月 6 日

中国地震台网中心高级工程师韩磊等一行 5 人赴印度尼西亚执行数据处理系统搬迁及集成调试、超宽带地震台安装准备等任务。

5 月 10 ~ 19 日

中国地震台网中心研究员张永仙等一行 5 人赴澳大利亚参加“第六届亚太经合组织地震模拟国际研讨会”。

5 月 10 日至 9 月 10 日

中国地震局地震预测研究所硕士研究生熊攀赴英国阿尔斯特大学就“基于空间数据挖掘技术的地震遥感应用模型研究”进行学习交流（持因私护照）。

5 月 11 ~ 16 日

中国地震局地球物理研究所副研究员刘爱文赴日本神户大学就“生命线系统抗震减灾”进行学术交流活动。

5 月 12 ~ 18 日

中国地震局地震预测研究所副所长李志雄等一行 3 人赴俄罗斯科学院地球物理研究所总结 2007 年度中俄交流合作成果并协商 2008 ~ 2009 年度的合作方案。

7 月 8 ~ 17 日

中国地震局地球物理勘探中心主任成双喜等一行 16 人赴韩国参加“第二届韩国国际防灾产业展览”并赴日本进行防灾减灾和科普宣传教育等领域学术考察。

7 月 27 日至 8 月 2 日

中国地震局震灾应急救援司副司长陈虹赴日本参加“汶川地震灾后恢复重建专题培训”（中央组织部组团）。

7 月 27 日至 8 月 3 日

中国地震局地震预测研究所副研究员孟国杰赴澳大利亚参加“2008 年西太平洋地球物理会议”并顺访新南威尔士大学。

7 月 28 日至 8 月 6 日

中国地震局地壳应力研究所副所长谢富仁等一行 3 人赴挪威参加“第三十三届国际地质大会”并赴冰岛进行野外地质考察。

8 月 2 ~ 8 日

中国地震局地球物理研究所院士陈运泰赴德国卡尔斯鲁尔参加“国际大地测量学与地球物理学联合会执行局会议”及执委会会议。

8 月 4 ~ 10 日

中国地震局地壳应力研究所研究实习员张红艳和姜文亮 2 人赴挪威参加“第 33 届国际地质大会”。

8 月 6 ~ 12 日

中国地震局地质研究所研究员叶洪赴挪威参加“第 33 届国际地质大会”。

8 月 11 ~ 16 日

中国地震局兰州地震研究所所长王兰民研究员赴美国阿林顿参加“第六届国际岩土工程实例大会”。

8 月 12 ~ 23 日

地壳运动监测工程研究中心研究员李丽等一行 7 人赴老挝执行援老地震台站土建级设备安装调试验收工作。

8 月 16 ~ 22 日

中国地震局地质研究所研究员樊祺诚等一行 3 人赴冰岛雷克雅未克参加“国际火山学与地球内部地球化学协会 2008 年会员大会”。

8 月 20 日至 10 月 31 日

中国地震局地震研究所副研究员邹彤和实习研究员王培源二人赴韩国天文与空间科学研究所执行中韩卫星激光测距合作观测任务。

8月23～31日

中国地震局地壳应力研究所副研究员田家勇赴澳大利亚阿德雷德参加“第二十二届国际理论与应用力学大会”。

8月23日至9月15日

中国地震局地球物理研究所研究员边银菊赴奥地利维也纳参加全面禁核试条约组织筹委会核查工作组第31次B组会议（外交部组团）。

8月24～27日

中国地震局地球物理研究所研究员郑重等一行3人赴韩国参加“第七届远东亚地震层析成像及相关国际研讨会”。

8月24～31日

中国地震局研究员何永年等一行3人赴瑞士达沃斯参加联合国教科文卫组织的“国际灾害与风险大会”。

8月27日至9月13日

中国地震局地震预测研究所研究员高原赴日本地球演化研究所就地震模拟进行合作研究（持因私护照）。

8月28日至9月2日

中国地震局副局长刘玉辰率团一行6人赴日本与国际地震工程协会官员就如何开好第十四届世界地震工程大会，特别是对会议几个主要活动的安排进行详细讨论。

8月29日至9月29日

湖北省地震局研究员王琪赴美国阿拉斯加大学地球物理研究所进行地壳运动方面合作研究。

9月1日至2009年1月15日

中国地震局地球物理研究所在读博士研究生房立华赴意大利执行“联合培养岩石圈地球物理和地球动力学专业双博士学位研究生”项目计划并参加“第九届地震波传播的三维模拟和反演研讨会”（持因私护照）。

9月6～13日

中国地震局地球物理研究所研究员王健赴希腊克里特参加“欧洲地震学会2008年年会”并做题目为“奥地利的地震密集及其与中强震关系”的专题报告。

9月6～13日

中国地震台网中心研究员周克昌赴罗马尼亚锡亚山参加“国际地震与火山电磁方法监测研讨会”。

9月7～12日

中国地震局兰州地震研究所研究员杜学彬赴罗马尼亚锡亚山参加“国际地震与火山电磁方法监测研讨会”。

9月14～20日

中国地震局地球物理研究所所长吴忠良赴奥地利维也纳参加全面禁止核试验条约组织临时技术秘书处协调人会议及会前研讨会，讨论有关核查核证系统的有关专题。

9月14～27日

中国地震局地震研究所研究员蔡亚先和吕永清二人赴美国地质调查局阿尔布开克实验室

对由该所自行研制的 JCT－1T 超宽频带地震计进行仪器测试。

9 月 15～18 日

中国地震局副局长赵和平赴日本东京参加由中国日报社与日本言论 NPO 共同主办的第四届“东京—北京”论坛（中国日报社组团）。

9 月 19 日至 10 月 1 日

地壳运动监测工程研究中心助理研究员武金涛等一行 4 人赴缅甸执行援缅两个地震台和一个数据中心的台基建设监理和设备安装准备任务。

9 月 20 日至 11 月 20 日

中国地震局地震预测研究所助理研究员李营赴德国斯图加特大学矿物与晶体化学研究所利用德方实验设备进行高压实验和热力学测试及计算工作。

9 月 22～27 日

中国地震局地震预测研究所所长任金卫赴俄罗斯新西伯利亚参加“2008 年亚太地区空间地球动力学会议”，并在会上介绍“GPS 观测的汶川地震同震位移”研究情况。

10 月 4～9 日

中国地震台网中心总工程师刘瑞丰研究员赴乌克兰基辅参加第 21 届国际科技数据委员会主题为“社会科学信息的今天与未来”的学术会议并在会上作专题发言。

10 月 5～9 日

地壳运动监测工程研究中心副主任孙建中等一行 3 人赴马来西亚参加第二届东南亚、南中国海和西太平洋边缘海域地震及海啸灾害国际圆桌对话。

10 月 10 日至 2009 年 9 月 19 日

陕西省地震局高级工程师任隽等一行 5 人赴日本地震学和地震工程国际研究所（IISEE）执行 JICA 项目地震、抗震、防灾学进修任务（科技部组团）。

10 月 12～18 日

中国地震局地质研究所马瑾院士和刘力强研究员 2 人赴俄罗斯莫斯科参加“纪念格佐夫斯基提出构造物理学说五十周年学术报告会”。

10 月 12～21 日

地壳运动监测研究中心助理研究员余海洋和湖北省地震局研究员吕永清 2 人赴老挝执行援老腊肖地震台设备安装任务。

10 月 20 日至 2009 年 4 月 20 日

中国地震局地球物理研究所工程师姜旭东赴南极参加中国第 25 次南极考察（国家海洋局组团）。

10 月 22～31 日

防灾科技学院党委书记齐福荣赴韩国执行考察任务（中共中央党校组团）。

10 月 26～31 日

中国地震局地震预测研究所所长任金卫等一行少人赴美国参加“中美减灾防灾科技合作研讨会和中美科技合作执行秘书会”。

10 月 27～31 日

中国地震局震害防御司副司长杜玮赴韩国参加有韩国国家灾害防御研究所举办的“加强地震灾害减轻能力国际研讨会”，并顺访韩国地球和矿产资源研究院。

11月3~9日

中国灾害防御协会秘书长张辉赴日本商谈2009年北京国际防灾展合作事宜（中国工艺【集团】公司组团）。

11月4~15日

中国地震局地震预测研究所研究员、国务院参事室参事沈梦培赴法国、瑞士、德国进行旅游业考察（国务院参事室组团）。

11月5~9日

中国地震局地质研究所研究员单新建赴意大利参加“中意科技合作巡礼与展望论坛暨中意政府间科技合作协定签署三十周年”活动，做关于“中国地震卫星概况和进展”的报告，并于意方洽谈科技合作事宜（科技部组团）。

11月5~13日

湖北省地震局研究员吕宠吾等一行4人赴越南河内参加由越南科学技术研究院地球物理研究所主办的“VGA2008国际研讨会”，并对湖北省地震局2001年安装在越南和平观测站的SS-Y型伸缩仪进行检修和维护，与越方进行学术交流并商讨进一步合作事宜。

11月5（8）日至11月18日

中国地震台网中心研究员李大辉等一行6人赴印度尼西亚执行援印尼地震数据中心系统调试、数据整理以及超宽频带地震台观测设备安装任务。

11月7~10日

中国地震局地球物理研究所陈运泰院士赴墨西哥的墨西哥城参加“第19届发展中国家科学院院士大会”。

11月7日至2009年1月7日

中国地震局地球物理研究所博士研究生刘宁赴美国休斯敦莱恩大学进行学术交流，完成基于中国区域台网对汶川地震破裂过程直接成像任务（持因私护照）。

11月8~16日

中国地震局副局长赵和平率团一行6人赴新西兰基督城参加“国际搜索与救援咨询团（INSARAG）亚太区域会议”，并赴新加坡访问新加坡民防部队，商讨在应急救援领域的合作事宜。

11月9~16日

中国地震局国际合作司副司长赵明等一行21人赴美国旧金山参加“中美双边地震科技研讨会”并顺访有关科研机构。

11月9~16日

中国地震局地球物理研究所研究员郑重赴奥地利维也纳参加“全面禁核试条约组织2008年度台站运行和管理会议”。

11月10~18日

中国地震台网中心工程师李杰飞赴日本参加“中日青年友好交流年”友好访问（团中央组团）。

11月10~20日

中国地震局地球物理研究所陈运泰院士在墨西哥参加“第19届发展中国家科学院院士大会”后，从墨西哥赴美国南卫理大学商谈合作事宜。

11 月 10 ~ 28 日

中国地震局人事教育和科技司主任科员牟艳珠参加“2008 年度中国基层工作者代表团”赴日本访问（外交部组团）。

11 月 11 ~ 16 日

中国地震局工程力学研究所副所长胡春峰和局国际合作司调研员王剑此人赴美国洛杉矶参加由地震与大城市动议（EMI）和美国洛杉矶政府举办的“国际地震大会”。

11 月 12 ~ 22 日

中国地震局震害防御司（法规司）处长李永林赴美国参加“博物馆与灾害国际研讨会”，并赴墨西哥考察地震博物馆（国家文物局组团）。

11 月 12 日至 12 月 21 日

中国地震局地壳应力研究所研究员李方全等一行 3 人赴新加坡执行开展供电缆隧道第一期可行性研究地应力测试及分析工作任务（国土资源部组团）。

11 月 15 ~ 21 日

中国地震局地震预测研究所所长任金卫研究员在参加“中美双边地震科技研讨会”之后，赴美国波士顿 AIR 公司进行学术交流并探讨合作的可能。

11 月 15 ~ 25 日

中国地震局纪检组长张友民率团一行 6 人赴新西兰商讨紧急救援领域合作事宜，并顺访澳大利亚地质调查局。

11 月 15 日至 12 月 9 日

中国地震局地质研究所研究员王敏在参加“中美双边地震科技研讨会”之后，赴美国加州大学洛杉矶分校就“中国大陆及美国南加州地区地壳形变和区域构造”课题开展合作研究。

11 月 16 ~ 20 日

中国地震台网中心研究员黄辅琼应日本京都大学防灾研究所邀请，赴日本东京参加由国际大陆钻探（ICDP）和美国南加州地震中心（SCEC）联合举办的“重大地震快速钻探响应研讨会”。

11 月 16 ~ 20 日

中国地震局地球物理研究所研究员葛洪魁应日本京都大学防灾研究所邀请，赴日本东京参加由国际大陆钻探（ICDP）和美国南加州地震中心（SCEC）联合举办的“震后断层带快速响应钻探学术研讨会”。

11 月 16 ~ 22 日

中国地震局震灾应急救援司副司长陈虹等一行三人赴瑞士日内瓦参加由联合国国际搜索与救援咨询团举办的救援队能力评估与演练。

11 月 17 ~ 22 日

地壳运动监测工程研究中心研究员杨大克赴罗马尼亚布加勒斯特参加“地球观测组织（GEO）第五次全会”。

11 月 17 ~ 25 日

中国地震局地球物理研究所研究员王健赴奥地利气象与地球动力学中央研究所执行中奥“地震密集与历史地震与关系”项目合作研究。

11 月 17～29 日

中国地震局地球物理研究所研究实习员李艳娥赴日本筑波参加“亚洲地震委员会第七届学术大会”，并参加会前地震学培训。

11 月 22～30 日

地壳运动监测工程研究中心研究员杨大克赴泰国曼谷参加由亚洲备灾中心（ADPC）召开的“ADPC 区域多灾种综合早期预警系统技术指导专家组会议”。

11 月 24～29 日

中国地震局地球物理勘探中心高级工程师徐朝繁赴日本筑波参加“亚洲地震学委员会第七届学术大会”。

11 月 24～29 日

中国地震局地壳应力研究所研究员朱守彪赴日本筑波参加“亚洲地震学委员会第七届学术大会”。

11 月 24～29 日

中国地震局地球物理研究所研究员丁志峰等一行 4 人赴日本筑波参加“亚洲地震学委员会第七届学术大会”。

11 月 24～29 日

四川省地震局研究员易桂喜赴日本筑波参加“亚洲地震学委员会第七届学术大会”。

11 月 24～30 日

中国地震局研究员何永年赴日本东京参加由日本建筑研究所、国家地球科学与灾害防御研究所、国家政策研究所等联合举办的“2008 年减轻地震人员伤亡战略国际研讨会”，在会上作有关汶川地震的主题报告，并应邀参加会前召开的“地震危险感知和建筑安全研讨会”。

11 月 25 日至 12 月 2 日

中国地震局监察司案件审理室主任孙晓竞赴日本访问（国家行政学院组团）。

11 月 27 日至 12 月 2 日

中国地震局副局长修济刚率团一行 5 人赴日本东京参加“中日韩地震科技合作第四次三边会谈”。

11 月 31 日至 12 月 12 日

中国地震局派人赴意大利、土耳其进行汶川地震后公共设施重建专题考察（中组部组团）。

12 月 1～5 日

中国地震局工程力学研究所研究员温瑞智赴马来西亚吉隆坡参加“第三次部长级国际减灾大会”（民政部组团）。

12 月 1～6 日

中国地震应急搜救中心总工程师曲国胜等 3 人赴新加坡参加由德国政府技术减灾机构主办并资助、新加坡民防学院承办的“第一响应人员课程”学习。

12 月 4～13 日

浙江省地震局副局长宋新初赴日本、韩国考察紧急事务管理和处置经验（浙江省人民政府组团）。

12 月 5 日 ~ 28 日

地壳运动监测工程研究中心助理研究员余海洋等一行 5 人赴缅甸执行援缅地震台和数据中心的设备安装调试工作。

12 月 7 ~ 20 日

天津市地震局副局长李振海赴意大利参加“城市和工业地区可持续发展”专题研讨会（天津市人民政府组团）。

12 月 9 ~ 18 日

江苏省地震局局长丁仁杰等一行 6 人赴澳大利亚、新西兰交流考察地震应急救援工作。

12 月 10 ~ 15 日

中国地震局地球物理研究所所长吴忠良赴美国华盛顿参加全面禁核试组织 2008 年筹备会技术秘书处组织的 CTBT 监测系统认证的国际科学评估项目会议。

12 月 13 ~ 22 日

河北省地震局副局长赵军等一行 6 人赴德国施密茨公司和法国维时达国际有限公司考察大型地震抢险救援装备车，并就应急救援技术进行交流。

12 月 14 ~ 20 日

中国地震局人事教育和科技司副巡视员栾毅赴日本参加由中央组织部组织的“汶川地震灾后恢复重建第二期培训”（国家外国专家局组团）。

12 月 14 ~ 20 日

中国地震局地质研究所研究员周永胜赴美国旧金山参加“美国地球物理学会 2008 年秋季年会”。

12 月 14 ~ 20 日

中国地震局地球物理研究所副所长乔森等一行 5 人赴美国旧金山参加“美国地球物理学会 2008 年秋季年会”。

12 月 14 ~ 20 日

中国地震局地质研究所研究员刘启元等 6 人赴美国旧金山参加“美国地球物理学会 2008 年秋季年会”。

12 月 14 ~ 20 日

湖北省地震局研究员王琪赴美国旧金山参加“美国地球物理学会 2008 年秋季年会”。

12 月 14 ~ 21 日

中国地震局地震预测研究所研究员陈棋福等 5 人赴美国旧金山参加“美国地球物理学会 2008 年秋季年会”。

12 月 14 ~ 21 日

中国地震局地质研究所副所长徐锡伟和助理研究员孙建宝 2 人赴美国旧金山参加“美国地球物理学会 2008 年秋季年会”。

12 月 14 ~ 22 日

防灾科技学院研究员万永革赴美国旧金山参加“美国地球物理学会 2008 年秋季年会”。

12 月 14 日至 2009 年 1 月 6 日

中国地震局地质研究所研究员陈杰和蒋汉朝 2 人赴美国旧金山参加“美国地球物理学会 2008 年秋季年会”，并于会后访问加州大学圣巴巴拉分校和加州理工学院，并做有关项目实验。

12月15～20日

中国地震局地球物理研究所在读博士研究生刘超赴美国旧金山参加“美国地球物理学会2008年秋季年会”（持因私护照）。

12月15～20日

防灾科技学院院长薄景山和副院长迟宝明2人赴日本京都大学防灾研究所考察重点实验室和2008年6月14日地震发生地宫城—岩手辖区。

12月15日至2009年1月6日

青海省地震局副主任马玉虎和高级工程师张晓青2人赴美国旧金山参加“美国地球物理学会2008年秋季年会”，会后赴密苏里大学执行中美地震科技合作“青藏高原北部地区地震台阵合作试验”项目。

12月21～24日

地壳运动监测工程研究中心副总工程师、研究员杨大克赴马尔代夫马累参加由亚洲备灾中心召开“印度洋和东南亚区域多灾种综合早期预警系统区域指导委员会会议”。

（中国地震局国际合作司）

2008年来华项目

1月6～13日

缅甸交通部气象水文厅厅长图·拉文（TUN LWIN）等一行3人应中国地震局邀请来华访问，与地壳运动监测工程研究中心商讨合建地震台站设计及施工细节问题，并参观中国地震台网中心和地震预测研究所。

1月20～30日

日本东京消防厅救援专家门马政明（MOMMA MASAAKI）应中国地震局邀请来华执行“中日合作地震应急救援能力建设项目（属JICA项目）”事前调查工作，赴中国地震应急搜救中心及山西省、山东省、上海市、四川省、重庆市和黑龙江省考察救援队建设和装备情况。

5月10～24日

韩国首尔国立大学金庆烈（KYUNG－RYUL KIM）教授应中国地震局邀请来华执行国家自然科学基金会与韩国科学与工程基金会的合作研究项目——利用CRINAR技术监测长白山天池火山地表形变特征，开展D－INDAR形变监测的数据处理分析和成果发表工作。

5月26日至6月5日

墨西哥科利马大学火山观测站教授祖宾·彼瑞玛奴瓦（VYACHESLAV MOISSEEVITCH ZOBIN PEREMANOVA）应中国地震局邀请来华，在中国地震局地球物理研究所就火山地震学进行学术交流，并访问局地质研究所并赴黑龙江五大连池进行火山考察。

6月5~7日

日本东京大学产业研究所小长井一男教授（KAZUO KONAGAI）等一行3人应中国地震局邀请来华商讨汶川地震后的短期、长期合作目标及合作研究的原则性框架。

6月10~13日

美国地质调查局派出以美国国家地震计划主任约翰·（杰克）·海斯（JOHN（JACK）R·HAYES JR·）为首的减灾专家组，应中国地震局邀请来华，在局地球物理研究所参加“中美震后技术合作协调会”，商讨如何开展下一步合作的相关事宜，并访问地质研究所和地震预测研究所开展技术交流。

8月3~11日

以美国戴根科博工程公司高级主管戴维·邦尼威尔（DAVID BONNEVILLE）为首的美国地震工程学会与美国岩土地震勘探中心代表团一行7人，应中国地震局邀请来华考察四川汶川地震现场，与局工程力学研究所共同调查地震破坏情况及地震对结构和岩土工程的影响，了解桥梁和公路的地震表现及对社会的救灾的影响。

8月9~15日

日本东京工业大学教授川岛一彦等一行4人，应中国地震局邀请来华，考察四川汶川地震现场，与局工程力学研究所专家共同调查桥梁的地震破坏情况，研讨桥梁抗震新技术。

8月31日至9月5日

泰国气象厅厅长苏帕克·坦斯瑞塔纳旺（SUPAREEK TANSRIRATANAWONG）等一行8人，应中国地震局邀请来华访问考察，主要在广东省地震局和中国地震台网中心考察中国地震研究及监测工作及设施。

9月9~20日

日本广岛大学教授嶋本利彦（TOSHIHIKO SHIMAMOTO）和博士研究生東郷徹宏（TETSUHIRO TOGO）此二人，应中国地震局邀请来华，赴重庆市荣昌地区进行地质考察，并访问局地质研究所。

9月22日至10月3日

法国国家科学研究中心克莱蒙费朗地球物理观象台教授雅克·兹洛特尼基（JACQUES ZLOTNICKI）和研究工程师波尔·伊沃托（PAUL YVETOT）2人，应中国地震局邀请来华，执行中法“天祝电磁综合观测项目”，赴甘肃检查维护天祝电磁台站，讨论测量结果并撰写相关文章。

9月26日至11月5日

美国加州大学圣芭芭拉分校地壳研究所所长道格拉斯·伯班克（D·W·BURBANK）及其博士研究生杰西卡·汤姆普森（JESSICA THOMPSON）2人，应中国地震局邀请来华，执行国家国际科技合作项目“晚生代帕米尔向北的楔入——大陆斜向碰撞作用的研究”，与局地质研究所共同在新疆塔里木盆地西缘的帕米尔和西南天山山前开展野外工作，以获得这一 地区的晚生代学缩短量级速率。

10月6~26日

德国波茨坦地学研究中心教授皮特·鲍曼（PETER BORMANN）等一行4人，应中国地震局邀请来华讲学，为中国地震台网中心举办的“数字地震资料分析处理培训班”授课，主要讲授基础知识及数字地震资料分析等内容，并顺访安徽省地震局。

10月13～17日

“第十四届世界地震工程大会”在北京举行。参加会议的境外代表共2184人，分别来自阿富汗、孟加拉国、亚美尼亚、塞浦路斯、格鲁吉亚、印度、印度尼西亚、伊朗、以色列、日本、韩国、马来西亚、尼泊尔、巴基斯坦、菲律宾、沙特阿拉伯、新加坡、泰国、土耳其、阿联酋、乌兹别克斯坦、阿尔及利亚、埃及、摩洛哥、南非、加拿大、阿根廷、哥伦比亚、厄瓜多尔、墨西哥、秘鲁、波多黎各、美国、委内瑞拉、哥斯达黎加、奥地利、比利时、保加利亚、捷克、克罗地亚、丹麦、芬兰、法国、德国、希腊、冰岛、意大利、马其顿、荷兰、挪威、葡萄牙、罗马尼亚、俄罗斯、塞尔维亚、斯洛文尼亚、西班牙、瑞士、英国、澳大利亚、新西兰等国家和马提尼克（法），中国香港、台湾等地区。

10月13～27日

由商务部资助、中国地震应急搜救中心承办的“发展中国家地震灾害紧急救援研修班”在北京举行。接受培训的37名学员分别来自阿曼、巴基斯坦、巴勒斯坦、朝鲜、菲律宾、老挝、蒙古、孟加拉国、缅甸、尼泊尔、沙特阿拉伯、斯里兰卡、约旦、越南、巴巴多斯、多米尼克、牙买加、巴布亚新几内亚、斐济、库克群岛和萨摩亚等21个国家和地区，他们大多是政府应急救援的管理人员。

10月15日至11月15日

法国巴黎地球物理研究所教授焉·克林格（YANN KLINGER）和博士茂林·维达尔2人，应中国地震局邀请来华，与局地质研究所人员在甘肃省天祝、古浪海原断裂带和青海省格尔木、曲麻莱昆仑山断裂带开展野外地质考察。

10月23～29日

由中国地震局地质研究所承办的“第十九届国际地球电磁感应学术讨论会”在北京举办。

来自43个国家和地区的中外代表共450余人参加了会议，其中境外代表230名，分别来自泰国、约旦、印度、日本、吉尔吉斯斯坦、印度尼西亚、马来西亚、土耳其、伊朗；埃塞俄比亚、埃及、南非、尼日利亚、吉布提；意大利、匈牙利、爱尔兰、法国、芬兰、西班牙、罗马尼亚、乌克兰、捷克、英国、丹麦、波兰、俄罗斯、瑞典、希腊、德国；智利、阿根廷、美国、加拿大、墨西哥、巴西；新西兰、澳大利亚等国家和台湾地区。

10月23日至11月18日

美国宾夕法尼亚大学教授埃里克·科比（ERIC KIRBY）等一行4人，应中国地震局邀请来华，与局地质研究所人员在青海、甘肃开展野外工作，研究该地区活动构造及强震的构造背景。

10月27日至11月6日

韩国地球物理和矿产资源研究院地震研究中心博士金根勇（GEUNYOUNG KIM）应中国地震局邀请来华，赴荣城、营口、蓟县执行中韩合建台站的维护工作，并与局地球物理研究所商谈合建台网项目的维护事宜。

10月27日至11月15日

由商务部资助、中国地震台网中心承办的“南太平洋、东盟等国地震监测基础技术培训班”在北京举行。培训班介绍和传授了中国地震观测系统、地震台网运行与质量监测以及地震台站堪选和地震仪器基本原理等地震预测与减灾基础知识，培训形式包括课堂授课、台站参观、社会考察和交流研讨等。接受培训的 13 名学员分别来自泰国、越南、菲律宾、老挝、缅甸、汤加、瓦努阿图、巴布亚新几内亚和斐济等 9 个国家和地区。

11 月 3 ~ 6 日

韩国地球物理和矿产资源研究院地震研究中心主任池宪哲（HEONCHEOL CHI）等一行 4 人应中国地震局邀请来华，与局地球物理研究所商讨合建台站维护相关事宜，并访问中国地震台网中心。

12 月 7 ~ 14 日

乌克兰国家科学院和国家航天局电磁探测实验室专家费德尔·杜德金（FEDIR DUDKIN）应中国地震局邀请来华，在局地球物理研究所就地磁秒采样数据的分析和信息提取进行学术交流。

12 月 28 日至 2009 年 1 月 18 日

日本中央开发株式会社地球系统工程本部部长锻治义和（KAJI YOSHIIKAZU）先生等一行 3 人应中国地震局邀请来华，在甘肃省天水市与甘肃省地震局共同开展活断层和隐伏断裂探测、甄别前期测试，以推动双方在甘肃省东南部地区进行的城市地震小区划技术和方法方面合作研究。

12 月 30 日至 2009 年 1 月 6 日

韩国首尔国立大学教授金庆烈应中国地震局邀请来华，在局地质研究所开展 INSAR 形变数据处理方法和 INSAR 算法模型讨论和结果分析。

（中国地震局国际合作司）

2008 年港澳台项目

9 月 9 ~ 11 日

中国地震局地球物理研究所陈运泰院士赴澳门科技大学访问，并担任“科技大师系列讲座”的主讲嘉宾。

9 月 19 ~ 28 日

中国地震局地壳应力研究所副研究员王秀英赴台湾参加“2008 年第九届两岸三地环境资源与生态保育学术研讨会”（中国科学技术协会组团）。

9 月 21 ~ 26 日

中国地震局震灾应急救援司副研究员侯建盛赴台湾参加“亚太经合组织（APEC）巨灾恢复重建研讨会”（民政部组团）。

10 月 22 日至 12 月 13 日

中国地震局地震预测研究所助理研究员孙安辉赴台湾“中央研究院”地球科学研究所

进行合作研究。

11 月 5 ~ 10 日

中国地震局陈颙院士赴香港、澳门参加 2008 “当代杰出华人科学家公开讲座”（中国科学技术协会组团）。

12 月 10 ~ 16 日

西藏地震局副局长曹忠权和中国地震局地质研究所研究员宋方敏 2 人赴台湾大学就最新地震科研成果进行学术交流和考察。

（中国地震局国际合作司）

学 术 交 流

2008 年中国地震学会工作

1. 学术活动

中国地震学会第十二次学术大会于2008 年12 月1 日在北京召开。大会将“汶川地震研究与启示”作为主题。大会收到的地震学、地震地质学、地震预测、地震工程、地震观测技术、地壳深部探测、地壳形变测量、历史地震、地震流体、地震电磁学等多学科的论文200 多篇，其中，近70%都是围绕汶川大震的研究和探索。全国各地不同系统的260 多名代表踊跃参加了这次大会。参加这次大会的广大科技人员对汶川8.0 级大地震发生的前兆、原因、机理等众多相关科技问题进行深入的研究和探讨。

大会开设的8 个分会场的学术交流十分活跃，对观点的讨论和争论也非常热烈。

地震学专业委员会学术研讨会于2008 年3 月24 ~29 日在海南省海口市召开。到会委员30 人，16 位委员进行了会议报告。报告的内容涵盖当前国内地震学研究的各个前沿领域，报告内容丰富。

地质专业委员会于2008 年4 月19 ~22 日在山东召开活动构造学新构造学与地震危险性评价学术研讨会。到会代表230 余人。会议为活动构造学、新构造学与地震危险性评价的科研及工程成果提供了展示成果和展望未来的交流平台。

地震预报专业委员会和广东省地震局、广东省地震学会于2008 年4 月4 ~6 日在广州联合举办了地震预报观测基础研讨会。会议核心内容是讨论数字化地震及前兆观测中存在的问题、数字化资料的分析处理方法以及在地震预报研究中的应用。来自中国地震局及其直属单位以及各省市地震局等29 个单位约70 名代表参加了本次会议。会前共收到75 篇论文摘要，会上交流了58 篇摘要的学术报告。

地震工程专业委员会直接参与组织了于2008 年10 月12 ~17 日在北京举办的第十四届世界地震工程大会。80 多个国家和地区的3328 名代表参加了这次世界地震工程大会有史以来规模最大的一次学术会议。这次会议的成功举办，充分展示了我国地震工程研究成果，促进了我国地震工程专家与国际同行间的交流，提升了我国在国际地震工程界的地位。

地震工程专业委员会还联合中国建筑学会抗震防灾专业委员会，于2008 年8 月19 ~20 日共同主办了汶川地震工程震害调查交流研讨会。会议讨论了有关单位和学术团体对汶川地震工程震害及地质灾害的震后调查、机理分析及防御措施等问题，为下一步进行汶川地震工程震害的调查与研究奠定了基础。

地震观测技术专业委员会于2008年11月29～30日在北京举行了2008年学术研讨会。61名委员及特邀代表参加了会议。会议主要围绕“5·12汶川地震”的经验和总结，深入的讨论地震观测技术的发展趋势，以及研讨如何进一步发挥地震监测技术成果，更好更有效的服务抗震救灾、服务社会公众。

地震科技管理专业委员会于2008年11月18～19日，在北京召开了“5·12汶川地震科学总结与反思研讨会”。会议的召开，对总结成功经验、查找存在问题、明确改进措施、确定努力方向，进一步提高工作水平，更好地服务和保障我国防震减灾事业又好又快发展具有重要意义。

2008年5月12日经民政部批准成立的空间对地观测专业委员会，于2008年11月14～16日在北京召开了空间对地观测专业委员会第一次学术研讨会。本次会议得到了国内遥感和地震领域有关专家的高度关注。与会专家代表来自中国地震局、中国科学院、中国航天科技集团、中国电子科技集团、北京大学、北京师范大学、哈尔滨工业大学、东北大学、黑龙江工程学院等科研与教育部门，以及中地公司和东方泰坦公司等遥感技术推广机构共23个单位，共计90余人参加了会议。空间对地观测是一个跨领域，跨部门、跨学科的高新技术，具有观测范围广，空间分辨率高，不受地面自然条件限制等特点，有着常规地面观测无法比拟的优势。空间对地观测技术委员会将按照国家天地一体化地震立体观测体系建设规划框架，继续为各领域的专家搭建合作和交流的平台，发挥多部门、多学科的优势，推动空间对地观测在防震减灾工作中应用深入和取得实效。

国际交流委员会发挥自身的优势，在2008年北京举行的地震预报国际会商会、在2008年第14届世界地震工程大会（WCEE）、在中国地震学会第十二次学术大会上都发挥了重要的作用。

中国地震学会青年科技工作委员会的许多成员在汶川发生8.0级大地震之后，迅速奔赴现场。有的委员是多次往返现场，在极其危险和艰苦的条件下坚持工作，在抗震救灾和地震现场科学考察中发挥了重要的作用。

中国地震学会还积极参加了2008年中国科协学术年会的活动，我会派出参会学者的专题报告受到会议的好评。

2. 编辑出版工作

《地震学报》编辑人员在汶川地震之后，迅速从本刊1979～2008年发表的文章中选出与汶川地震有关的科技论文，如龙门山断裂、鲜水河断裂、安宁河断裂、金沙江断、甘孜断裂、九龙断裂、马边断裂、岷江断裂、理塘断裂、凉山断裂、玉龙西断裂等102篇，提供给科技人员研究参考。

组织推荐了《地震学报》2003～2007年发表的文章，参加中国科协科技期刊优秀论文的评比工作。其中两篇文章被评为中国科协优秀论文。

2008年《地震学报》获由中国科学技术信息研究所、精品科技期刊服务与保障系统项目组发的中国精品科技期刊证书。

《地震学报》的网站基本建成。已开通网上阅读《地震学报》电子版全文，并开通网上投稿和送审等工作。加快了稿件流程的速度，缩短了稿件的送审周期和出版周期。

《国际地震动态》编辑人员及时走访刚从地震现场回来的专家，听取他们对汶川地震的认识，约请他们撰写稿件。开设“汶川地震专题”栏目，紧紧围绕汶川地震进行了充分的报道。

《国际地震动态》还积极支持中国地震学会的工作，为中国地震学会第十二次学术大会出版了论文摘要专辑。

3. 组织工作

2008 年，中国地震学会召开中国地震学会第七届第三次、第四次常务理事会，会议对制定全年工作计划和指导全年的工作发挥了重要作用。

为了鼓励各省、直辖市、自治区地震学会的工作人员和有关单位从事学会工作的联络员的工作成绩，特别是在 2008 年汶川大地震中的积极表现和发挥的作用，我会在 2008 年全国秘书长工作会议上，对各省、直辖市、自治区地震学会的工作人员和有关单位从事学会工作的联络员进行了表彰。

为鼓励中青年科技人员热爱地震科学事业，勇攀科学高峰，做出新的贡献，中国地震学会于 2008 年 12 月 1 日召开的中国地震学会第十二次学术大会期间，举办了“第六届李善邦青年优秀科技论文奖”的评比工作。大会根据申请中国地震学会“第六届李善邦青年优秀地震科技论文奖”8 位青年科技工作者的大会报告情况，经过专家评审，有 5 位青年同志获二等奖和三等奖。这项活动的开展，表现出中国地震学会对培养青年科技接班人工作的重视。

4. 科学普及工作

2008 年，中国地震学会开展了一系列丰富多彩的科普宣传活动。特别是在汶川地震发生后，为促进全社会防震减灾综合防御能力的提升做了大量的工作。

在为社会公众普及科普知识方面，中国地震学会派专家面向社会，深入学校、社区做了“公共安全与平安奥运”与“防震减灾”的科普报告 5 次，受众达千余人。

在与其他学会合作，开展防震减灾活动方面，中国地震学会与中国水力发电工程学会和中国互联网协会网络科普联盟共同举办《汶川地震与水坝建设专题论坛》高层专家论坛，就汶川地震后回答社会各界所关注的问题，对地震灾区深入开展震害评估调查，总结西南水电大坝抗震经验进行交流和探讨。论坛内容由网络科普联盟向社会发布，产生了很大的影响和社会效果。

中国地震学会与中国地球物理学会、中国地质学会联合编制了一套题为“平安奥运——自然灾害防御与救助技术”展板 45 块，在北京国家图书馆举办了为期一周的科普展览。汶川地震发生之后，及时在展览中补充了汶川地震的内容和照片，很受社会公众的欢迎。展览展出后，展览内容刻成光盘送往中国科协、中国科技部，把展览内容挂到网上，或发送给地震灾区，实现了科普作品的最大资源共享。

中国地震学会还完成了面向社会编制《地震科普知识》DVD 的项目，为今后防震减灾工作和大震应急工作做好了充分的准备。

中国地震学会在参加由中国科协组办的“特大自然灾害中的科技工作者摄影展”中，有 19 张照片获奖。

（中国地震学会　郝记川）

中国地震预报探索学术研讨会在京召开

2008 年 4 月 25 日，由中国地震局地震预测研究所、中国地震台网中心、中国地震学会联合举办的“中国地震预报探索暨梅世蓉教授从事地震工作 56 周年学术研讨会”在中国地震局举行。

梅世蓉教授是我国地震预报研究的创始人之一，在地震预报理论和实践方面都做出了突出贡献。她是将地震活动性研究应用于地震预报实践的开拓者，提出的强震活动在时空上准周期活动特征，仍然是地震中长期预测研究中的重要依据。她是利用地震实验场开展地震观测、研究的先行者，在新疆地震实验场的实践中，开展了多学科的地震监测，提出了利用高应力阶段的塑性变形和介质塑性硬化等理论，解释地震前兆成因的科学思想，对新一代地震实验场建设仍然具有重要意义。梅世蓉教授是地震预测研究所前身——分析预报中心的奠基人，作为分析预报中心的第一任主任，积极倡导地震预报研究要理论联系实际，将地震预测的科学研究、野外观测和地震预报任务紧密结合。梅世蓉教授非常重视年轻人的培养，在分析预报中心成立的第三年，就开始了硕士研究生的培养工作，使其成为国务院批准的硕士学位授予单位，她亲自招收学生，且在中科院研究生院率先开设了“地震预报引论”课程，多年来培养的研究生在全国各地地震预报战线上，发挥了和正在发挥着重要的作用。退居二线后，梅世蓉教授依然致力于地震预报研究与实践，全身心地关注地震科学的进展。

召开这次学术研讨会，旨在回顾地震预报探索的历程，发扬老一辈地震科学家知难而上、百折不回、执着追求、无私奉献的精神，期望我国地震预报事业更加健康、顺利和迅速地得到发展。正如大会主持人、地震预测研究所党委书记王善恩同志所说，要传承历史、传承学术、传承文化，努力创新，最大限度地减轻地震灾害，为我国的防震减灾事业做出应有的贡献。

研讨会上中国地震局原局长陈章立、中科院院士陈运泰、陈颙、马瑾、石耀霖分别做专题报告，吴忠良、王春镛、刘启元、张晓东等 13 位专家进行了学术交流。

（中国地震局地震预测研究所　刘宏伟）

汶川地震工程震害调查交流研讨会在四川召开

由中国地震工程联合会主办、中国地震局工程力学研究所和四川省地震局联合承办的汶川地震工程震害调查交流研讨会于 2008 年 8 月 19 ~ 20 日在四川成都召开。

胡聿贤院士、林皋院士、周福霖院士、欧进萍院士以及王亚勇研究员等170余位来自行业主管部门的官员和科研院所、大专院校和勘察设计单位的专家出席了研讨会。谢礼立院士、林皋院士、王亚勇研究员等38位专家在大会上作了报告，详细介绍了汶川地震工程灾害和次生地质灾害的震后调查、机理分析以及防御措施等。

会议最后，与会代表还围绕汶川地震工程震害资料的共享与汇集、《汶川大地震震害》的编撰、汶川地震新的震害现象认识以及下一步汶川地震科研工作思考等进行了讨论，谢礼立院士对研讨会进行了总结。

（中国地震局工程力学研究所　李山有　朱晓力）

全国地震标准化技术委员会2008年年会在京召开

全国地震标准化技术委员会2008年年会于11月28日在北京市召开。

会议简要通报了汶川大地震抗震救灾工作的有关情况，总结一年来地震标准化工作的进展，研究地震标准化工作面临的新形势和新任务，部署下一阶段的重点工作，为进一步发挥地震标准化对防震减灾工作的支撑作用奠定基础。报告指出，2009年及今后一段时间应着重做好三方面的工作：

（1）拓展宣传渠道，进一步提高地震系统标准意识；

（2）加大工作力度，继续加快地震标准制修订步伐；

（3）集中优势力量，扎实开展地震标准基础研究。

与会代表认真审议了工作报告，并就如何加强地震标准系统建设，促进地震标准化工作科学发展展开了热烈的讨论并提出了许多建议。

国家标准化管理委员会服务业标准部段炼处长在讲话中首先充分肯定了地震标准化工作取得的成绩：在过去的一年中，地震标准化技术委员会保质保量地完成多项国家标准的制修订工作，特别是完成《中国地震动参数区划图》国家标准第1号修改单，为汶川地震恢复重建提供依据；通报了当前国家标准化工作总体形势和我国首次当选为ISO常任理事国的简要情况，指出这一历史性的重大突破必将为我国在国际标准化组织高层中赢得更多的话语权，成为我国标准化建设和发展的重要里程碑；还详细解读了国标委结合当前科学发展观学习活动而提出标准化工作指导思想“解放思想、转变观念、改革创新、科学发展”的深刻内涵；地震标准化技术委员会同时对今后工作提出了具体意见和建议：

（1）加强研究，勇于创新，扎实做好标准体系建设工作。地震领域国家标准体系的完善是保证地震标准制修订工作科学性和系统性的必要前提，为标准化工作的开展构筑框架、明确方向。在完善地震标准体系时，一定要结合我国的实际情况、结合我国宏观政策和规划、结合国际发展趋势和动态，既要涵盖目前迫切需要涉及的领域，也要考虑到中长期的发展需求，使我国地震标准体系能够在较长一段时期内指导地震标准的制修订工作，更好地为地震标准化发展服务。

(2) 加大工作力度，及时做好我国地震标准制修订工作。现行地震标准与防震减灾工作的需求还存在着巨大的差距，要继续加大工作力度，尽快完善地震标准体系。尤其要紧密结合汶川地震的总结与反思，深刻分析地震系统各项工作以及公共管理和社会服务对地震标准的需求，优先解决防震减灾三大工作体系急需的技术标准和管理标准，着力做好地震现场工作技术标准和社会应急避险服务标准的制修订工作，确保工作进度和标准文本的质量。

(3) 集中优势力量，扎实开展地震标准基础研究。近几年，科技基础条件平台建设项目和公益性行业科研专项经费项目等支持的标准研究，有力地推动了地震标准的制修订工作。标准制修订与科研相结合有利于提高相关标准文本的质量和适应性，也有利于科研成果的转化和推广，目前中国地震局已经提出了加强地震科技工作中相关技术标准研究与应用的具体措施和要求，今后除了要继续加强对已经实施的标准研究项目的管理和指导之外，还要引导各研究所投入优势力量，积极开展预研究和项目申报工作。

(4) 加大标准宣贯力度，着力提高标准实施的有效性。标准只有通过实施，才能发挥巨大作用，地震领域标准化工作亦是如此。在座的各位委员、专家不仅应该是标准的制定者和使用者，更应该是标准的宣传者。只有通过大家的协同努力，不断加大标准的宣传贯彻力度，才能确实提高标准实施的有效性和实用性，充分发挥标准化工作对地震领域的有效支撑作用。

(5) 着眼国际，力争实现标准化工作国际新突破。与发达国家相比，我国地震标准化工作优势还不很明显。因此，全国地震标准技术委员会要结合我国国情，积极并主动采用国际标准和国外先进标准；同时，密切跟踪国际地震标准化工作动态，积极组织参加或主导有关国际标准化活动，提高我国地震标准化水平，以赢得更多的国际话语权。

(中国地震局震害防御司　林碧苍)

2008 年地震应急救援国际交流、培训与合作

2008 年 1 月 21 日至 2 月 1 日和 4 月 6 ~ 19 日，中国地震局组织两批共 58 人团组赴新加坡民防学院参加“国际城市搜索与救援指挥官课程”培训。学员来自中国地震局震灾应急救援司、中国地震应急搜救中心和各省级救援队的地震、消防、武警和部队等部门，大部分学员是在地震、消防和武警战线上工作多年并具有较丰富救援管理经验的单位骨干，部分学员参加了汶川特大地震救援行动。

具体培训内容有：建筑物评估、高空救援、急流救援、危险物质的处理、营救装备的训练、通讯器材的训练、搜索犬和仪器搜索及侦检训练、城市搜索与救援、医疗救护等、还包括一次夜训和一次大型的综合演练。其中急流救援和危险物质的处理聘请了专业教官进行授课。

按照中国地震局和中国地震应急搜救中心领导的部署和要求，在中心外事部门的配合下，培训部多次召开专题会议，从课程的准备、时间安排、训练内容、装备器材和个人生活等各个环节进行部署和落实，并做出了明确分工，提出了具体要求。有关处室领导也给予了大力的支持，保证了教官的出勤率，为培训工作的顺利完成奠定了良好的基础。

4 月 13 ~ 19 日，应联合国人道主义事务协调办公室（OCHA）和菲律宾国家灾害协调委员会（NDCC）邀请，派出中国国际救援队（CISAR）4 人赴菲律宾参加 2008 年度 INSARAG 亚太地区地震演练。小组参加了此次演练全部过程，并详细了解菲律宾同行的准备和实施情况。

10 月 13 ~ 27 日，由商务部主办、中国地震局承办的“地震灾害紧急救援研修班”在中国地震应急搜救中心举办。本次研修班共邀请到 21 个国家，包括阿曼、巴基斯坦、巴勒斯坦、朝鲜、菲律宾、老挝、蒙古、孟加拉国、缅甸、尼泊尔、沙特阿拉伯、斯里兰卡、约旦、越南、巴巴多斯、多米尼克、牙买加、巴布亚新几内亚、斐济、库克群岛和萨摩亚，共 37 名官员和专家参加，是一个层次较高、覆盖面较广的官员研修班。

11 月在新西兰召开的联合国国际搜索与救援咨询团亚太区域组会议上，中国担任 2008 年/2009 年度亚太地区搜索与救援咨询团执委，赵和平副局长被选为主席。

根据中瑞救援交流合作协议，2008 年多名瑞士搜救专家先后 10 批次就教官培训、演练设计和后勤保障等方面对国家地震灾害紧急救援队进行了培训。

中日合作地震应急救援能力建设（JICA）项目已经获得日本国政府批准，目前正在准备项目实施工作。

（中国地震局震灾应急救援司　陈　虹　王志秋）

第 14 届世界地震工程大会在北京召开

第 14 届世界地震工程大会于 2008 年 10 月 13 ~ 17 日在北京胜利召开。会议得到了相关国际组织和国内外专家、学者的高度评价与赞扬，取得了圆满成功。第 14 届世界地震工程大会是我国防震减灾领域有史以来举办的规模最大、水平最高的国际会议。大会秘书处共接收到来自近 70 个国家和地区的 3041 篇论文全文，全部收录在论文集光盘中。会议期间，共安排 1700 余个口头报告。中国地震局工程力学研究所作为会议学术组织的主要依托单位，具体负责会议学术活动的各项筹备工作。

1. 专题与特别专题设立

本次大会共设立 15 个专题和 31 个特别专题。特别是 2008 年 5 月 12 日在我国四川汶川发生了 8.0 级特大地震后，增加了汶川地震特别专题。近百名国内外知名专家参与了会议学术专题的设置、召集等工作。成立了 15 个专题工作组，每个专题都有中方负责人和外方负责人，这些负责人均来自国内外著名大专院校和科研院所。

2. 会议论文摘要接收和评审

14WCEE 秘书处共收到来自约 80 个国家和地区的 4800 多篇摘要，第一作者人数统计约 3400 人。由大会组委会秘书处学术组组织国内外 350 余位专家组成 15 个专家组对 15 个专题的摘要进行评审，每篇摘要经过三位专家的评审后由专题负责人确定最终评审结果；另由 31 个特别专题负责人组织评审 31 个特别专题的摘要。经评审确定，接收口头报告近 2500 篇、张贴报告 2400 余篇，并逐一给作者发送摘要接收函。

3. 确定大会主题报告人

第十四届世界地震工程大会组委会秘书处共接到国际地震工程协会国家代表以及国际著名学术组织推荐的 20 位大会主题报告候选人，经专家评选并经国际地震工程学会同意，确定了 11 位为 14WCEE 大会主题报告人。

4. 会序编制工作

14WCEE 秘书处学术组对接收的摘要情况做了详细的统计分析，对评为口头报告的摘要分别按专题、子专题及国家分布情况统计，根据初排会议日程按专题分节，并对往届 WCEE 张贴报告形式、内容做了细致分析，进行会序初编，制定会序编制工作进度计划。

5. 会议论文光盘

大会论文集光盘采用了当今最先进的专业技术，将所有的论文信息收录在光盘之中，所有论文都可以根据作者姓名、论文题目、专题以及关键词全文搜索进行检索。另外，14WCEE 首次把具有全面检索功能的大会日程刻进光盘中。代表可通过作者姓名、论文题目、专题、会场主持人、论文编号以及时间、会议室进行检索查询。

（中国地震局工程力学研究所　李山有　白　冰）

第 19 届国际地球电磁感应学术讨论会在北京成功举行

2008 年 10 月 23 ~ 29 日，第 19 届国际地球电磁感应学术讨论会（19th International Workshop on Electromagnetic Induction in the Earth，即 19EMIW）在北京成功举行。该学术讨论会它是 IUGG 和 IAGA 所属的电磁委员会（I－2 工作委员会）主办的地球电磁感应研究和应用领域最高层次的专业性学术会议，自 1972 年始每两年一届在不同的国家或地区举行。本届会议实现了我国几代科学家在中国举办的夙愿，会议组委会由来自中国地震局、地球物理学会、国家自然科学基金委员会、中石油、中石化、地调局、煤炭地质总局、科学院和大学、研究所等 20 多个部门和单位的领导和专家组成，得到中国、美国国家基金会和国内有关单位和国内外电磁仪器知名企业的资助。

本届讨论会吸引了来自世界五大洲 43 个国家和地区的专家学者，参会代表达 480 人（含境外 230 人），包括学生和青年代表 155 人（含境外 58 人）。本次会议共收到论文摘要

387 篇（含境外 238 篇、详细摘要 113 篇）。2008 年 10 月 20 ~ 22 日在北京举行了会前会（Pre - Workshop）——青年科学讨论会，与会代表 80 多人（含境外 32 人），聘请了 5 位国际知名专家主讲地球电磁法发展前沿的新理论和新技术基础。2008 年 10 月 31 日 ~ 11 月 2 日在成都举行了会后会（Post - Workshop）——关于青藏高原深部结构和动力学以及汶川特大地震的专题讨论会，与会代表 50 多人。以前历届会议参会国家和地区最多不足 30 个，人数最多时仅 200 多人，而本次会议参会人数、收到的论文摘要数等远远超过了历史上规模最大的会议。国内外专家普遍把本次会议喻为“北京电磁奥林匹克”（Beijing EM Olympics）。

本次会议分 10 个专题进行讨论，内容包括：环境、工程探查等浅层电磁探测综合研究；地震和火山深部构造和活动性等电磁探测综合研究；油气、矿床和地热等探测研究；海洋电磁探测研究；地面和空间观测全球电磁研究；电磁法理论和数据处理分析技术研究；二维、三维模型正反演研究；地壳、地幔岩石电导率的实验研究；人工源和天然源电磁法新技术和潜在发展领域的研究。本次会议还专门设置了中国电磁法研究应用专题。

“提高能源、资源勘探能力，为经济建设服务；加强地震和环境监测，为创建和谐社会服务”是本次会议的主题和热点问题。会议报告了近年来电磁法在油气探测中发挥的作用，特别是近几年海洋油气电磁探测的快速发展，国际知名海洋石油公司把电磁探测作为钻探之前的必要手段。会议报告了电磁法在地震、火山、水污染预测研究中所观测的异常现象，特别是报告了汶川大地震前有规律的异常电磁现象，显示出电磁法在这些领域所具有的独特优势。

会议提供了面积达 600 平方米的展厅全程展示 poster，供与会代表交流，还为国内、外 30 多个部门、机构和企事业单位提供了总面积达 600 平方米的展厅，展示新技术、新设备和新成果。会后组织了到汶川地震受灾现场的考察。

会议选举产生了新一届国际电磁委员会成员，委员会上一届主席 Andreas Junge 教授、新一届主席 Yasuo Ogawa 教授和 IAGA 执行委员会委员 T. Harinarayana 博士等都分别给本次会议很高的评价，认为在学术交流水平、会议规模和组织方面都超过了历次会议。

（中国地震局地质研究所）

联合国专家组在川开展国际 RADIUS 项目效果评估

2008 年 10 月 27 ~ 30 日，联合国国际减灾战略专家组一行 5 人来到四川进行自贡 RADIUS项目（世界大城市国际减灾十年风险评估工具研究项目 1997 ~ 1999 年）效果十年评估及汶川地震减灾合作研究调研工作。

在川期间，专家组分别赴自贡市、彭州白鹿镇、都江堰高原村及四川省地震局进行了实地考察，并召开了调研座谈会，分别进行了部分问卷式调查。自贡市人民政府、自贡市地震局、四川省地震局有关部门负责人和自贡 RADIUS 项目研究前参加人员等约 26 人次参加了此次现场考察和调研工作。中国地震局工程力学研究所、四川省地震局分别派出专人全程协同配合工作。专家组总结了联合国自贡RADIUS项目实施十年以来自贡市及四川省所取得的良好效果和收益，提出了汶川地震的地方经验和亟待改进与调整的建议和意见。

（四川省地震局　邓一唯）

计划·财务·审计·党建

主要收载中国地震系统年度的事业发展计划与财务工作综述；地震系统有关情况统计；审计、纪检监察工作状况；党建工作概况。

发展与财务工作

2008 年中国地震局发展与财务工作综述

一、战略研究成果初显成效

2008 年，发展与财务部门本着规划未来、引领发展的管理愿景，以战略研究为先导，为引领防震减灾事业发展做出了积极贡献。

1. 事业发展规划预研究工作基本完成

2008 年，结合防震减灾工作实际，针对事业发展中的一些重点环节和问题，深入研究未来事业发展的战略方向和举措。形成了地震安全的社会管理与公共服务体系研究等 13 个专题研究报告，并就防震减灾事业发展指标体系和评价体系等重大问题开展了初步分析。

2. 开拓思路，稳步推进体制改革

按照中国地震局党组的要求，稳步推进地震出版社的体制改革。根据 2005 年中共中央、国务院《关于深化文化体制改革的若干意见》确定的“区别对待、分类指导、试点先行、循序渐进、逐步推开”的原则，在认真研究国家相关政策的基础上，确定了“立足地震系统的实际，为事业发展提供动力和保障，遵循社会主义文化建设的特点和规律，适应社会主义市场经济发展的要求，坚持把社会效益放在首位，努力实现社会效益和经济效益的统一”的改革思路。提出了地震出版社体制改革比选方案，方案从国家出版体制改革背景出发，详细分析比较各种改革方案的利弊，对地震出版社机构、人员、资金投入等问题的提供了解决建议。在编制方案的同时，积极与财政部、中编办等相关部委就改革的政策可行性进行了沟通，为改革工作奠定了基础。

3. 稳步推进规划体系建设

编制防震减灾规划是防震减灾法赋予地震部门的职责，也是地震部门依法行政、依规划发展的重要内容。2008 年 9 月，印发《国家“十二五”防震减灾规划体系》，初步建立了国家地震规划体系，确立了我国防震减灾行业开展规划工作的总体构架，明确了国家、省（自治区、直辖市）、市县三级和总体、专项两类的规划框架，对于指导各级政府和地震部门编制防震减灾“十二五”规划将起到重要作用。同时，还着手制定了规划编制大纲，规范规划编制工作程序和体例，以指导全局系统做好各个阶段的工作，进一步推进规划体系中各个规划的编制。

二、汶川地震科学总结与反思

四川5·12汶川8.0级特大地震发生后，按照中国地震局党组的部署，全系统深入开展了汶川地震科学总结与反思工作。根据汶川地震科学总结与反思工作的指导思想和原则，全局系统群策群力，扎实工作，用半年多的时间完成了第一阶段的工作。2008年7月29日中国地震局成立了四川5·12汶川8.0级地震科学总结与反思领导小组、科学咨询委员会和科学工作委员会；8月11日召开全国视频会议，全面启动了科学总结与反思工作；10月10日印发《四川5·12汶川8.0级地震科学总结与反思大纲》，明确提出报告编制要求。各省、自治区、直辖市地震局和中国地震局各直属单位按照部署，认真组织开展工作，于12月形成了本单位报告。在此基础上，科学工作委员会编制完成了政务、地震监测、地震预报、震灾预防、地震应急救援和地震科学技术等6个领域的报告，以及面向地震行业、社会和政府的3个专项报告，并最终形成了总报告。

汶川地震科学总结与反思工作，本着科学、客观、深刻、全面的精神，总结了防震减灾工作的成功经验，深入剖析了不足和教训，努力探索国家防震减灾工作改革新模式和新思路，为防震减灾事业发展提供了一份生动、鲜活的素材，为历史保存了一份珍贵档案，是引领防震减灾事业发展的一份重要成果。

三、规制体系建设取得实效

不以规矩，不成方圆。近年来发展与财务部门切实加强规制建设，为促进各项工作的制度化、规范化、科学化发挥了重要保障作用。2008年，从国家行政管理法律法规体系出发，结合多年来的管理经验，进一步完善了发展与财务工作规制体系，对各项工作进行有机分类，规范了从思想创新到实施行动、从宏观管理到微观操作的方方面面，达到了制度建设“理清职能、明确流程、化解矛盾、减少失误、提高绩效”的目的。

截至2008年12月31日，中国地震局已发布的发展与财务管理办法和细则达到12项，涵盖了规划、预算、基本建设、财务、资产等方面的工作。

四、预算管理科学规范

随着部门预算、国库集中收付制度等公共财政改革的深入推进，中国地震局系统的财政资金运行管理新机制基本建立。

1. 首次编制并公开预算书

2008年，大力推进预算科学化、规范化管理，首次编制了全局系统的预算书，并在系统内进行公开，着力推进预算资金分配和使用的公开透明。该项工作得到财政部的高度评价，成为中央国家机关各部委预算公开工作的优秀先例。预算公开加强了预算监督与廉政建设，它既是有效的反腐之策，也有利于保证资金分配的公开公正，对促进防震减灾事业和谐发展，有重要的现实意义。

2. 实施财政支出绩效评价制度

绩效评价制度是现代财政管理中规范资金使用管理、优化支出结构、提高资金使用效益的有效措施。近年来，中国地震局系统在不断加强预算资金投入的同时，不断探索规范预算资金使用的方式方法，2006 年起逐步开展对财政资金支持项目的绩效考评工作。2008 年 3 月，中国地震局根据财政部的有关要求，委托职业中介机构对 25 个省级地震局 31 个地震台站的优化改造项目专项资金执行情况进行了绩效考评。

3. 预算资金投入稳定增长

始终坚持"促进增长、优化结构、注重民生"的原则，认真分析国家财政形势，深入调研全局系统的工作重点和经费需求，优化预算顶层设计，以建立稳定、科学、合理的财政供给机制为目标，继续做好资金保障工作。

中国数字地震观测网络项目正常运转，科技体系增加投入，参照公务员法管理人员津贴补贴、系统医疗经费挂账、高等教育办学等涉及事业和职工生活保障的资金得到了较好解决。

五、抗震救灾保障工作

汶川地震发生后，发展与财务部门认真履行职责，以高度的责任感扎实做好资金落实、规划编制、后勤保障等方面的工作，保障了全系统抗震救灾工作有力、有序、有效开展。

1. 做好救灾资金落实

在第一时间迅速了解全国地震系统抗震救灾工作进展情况，与财政部建立了顺畅的沟通渠道，反映全系统的工作需求与受灾情况，积极调配资金，努力争取中央财政对地震系统抗震救灾工作的支持。顺利地完成了机动经费 1105 万元的调度、国务院汶川地震工作专家委员会 500 万元工作资金、地震灾区现场应急经费 3437 万元与科学考察经费 809 万元的落实，为抗震救灾提供了有力的资金保障。同时高度重视汶川地震灾区灾后恢复重建资金的落实工作，2008 年至 2010 年支持四川、甘肃、陕西 3 省地震局开展灾后恢复重建的资金已经落实。

2. 做好捐赠物资管理

及时转发财政部《关于加强汶川地震救灾采购管理的紧急通知》，规范对汶川地震救灾采购工作的管理，并制定了《中国地震局接受救灾捐赠物资管理规程》，妥善办理了中地数码集团地理信息系统软件、拓普康株式会社 GPS 仪器等捐赠及处置事宜。协助财政部就接受汶川震后捐赠的关税政策提出建议，财政部在相关文件中第一次明确了各级地震局成为接受捐赠的主体，有权确定捐赠品免税事项。按照"特事特办、急事急办"的原则，积极采取措施，迅速批复了灾区所在省局 5 辆越野车政府采购预算以及中国地震局地震预测研究所现场流动观测设备紧急采购等事项。

此外，全国地震系统一大批发展与财务工作人员赶赴地震灾区，从事了应急救援、灾害评估、后勤保障、规划编制等现场工作，为抗震救灾工作做出了努力，树立了发展与财务工作的良好形象。

六、优化资源配置全面展开

资源和谐是事业和谐的根本保障。2008 年，发展与财务部门继续把打造防震减灾供给线并实现资源的优化配置作为主要任务进行推进，不断强化公共财政效益评估等监管措施，严格预算执行管理，坚持用好存量、增量，着力推进资源和谐配置。

1. 引导和推进地震系统土地和建筑物资源的科学规划和合理利用

为提高资源效益，避免短期行为带来的损失，2008 年 9 月，印发《关于开展中国地震局土地资源规划工作的通知》，在全局范围内首次全面系统地布置了土地资源规划编制和实施工作，一方面，通过规划编制，摸清各单位土地和建筑物现有存量、基本功能与布局、与事业发展的适配性，明确系统各单位的土地、建筑物资源发展目标，形成资源结构性调整和发展方案；另一方面，通过规划实施，指导地震系统各单位未来一段时期的基本建设工作方向，为基本建设项目立项、建设和土地开发提供依据。

2. 努力探索建立支出标准体系，促进预算资金分配和使用的公平公正

基本支出方面，除防灾科技学院、5 个研究所和地震出版社以外，其他 40 个事业单位已全部纳入财政定员定额管理范围，遵照国家财政基本支出标准体系分配预算资金。项目支出方面，规范了地震事务经常性业务费项目的支出标准。

3. 优化资源配置结构，提高工作效率

2008 年，在新增中国数字地震观测网络运行经费、中国地震台网中心工程运行经费、国家地震紧急救援训练基地运行经费 3 个项目的基础上，结合原有的地震事务经常性业务费项目进行清理整合，形成了地震监测系统运维、地震预报系统运维、地震灾害预防系统运维、地震紧急救援系统运维、地震观测环境系统运维和地震信息网络运维 6 个经常性业务费项目，并将部分项目调整为经常性业务费项目和跨年度支出项目。该项工作对于优化资源配置结构、理顺经费渠道、提高业务工作的实效都将产生深远的影响。

4. 深入研究建立加强结余资金管理的机制

2008 年，发展与财务部门结合近年来预算执行进度慢等问题，积极采取措施，开展结余资金专项稽查，提出了规范结余资金管理和使用的“依法管理、完善制度，统筹安排、提高效率，划分类别、突出重点”三项原则。

七、项目管理模式改革创新

近年来，针对地震系统项目规模不断扩大、技术要求日益复杂的现实情况，发展与财务部门在项目管理模式和管理方法上不断创新和改革，项目管理日趋完善。

2008 年，通过完善管理规制。使项目管理规制体系基本建立。同时，积极创新项目管理模式。在推进国家地震安全计划立项的同时，加强项目管理模式的研究，切实为项目实施做好充分准备。结合“十五”中国数字地震观测网络项目管理经验以及财政部评审中心、国家发展改革委的稽查意见，针对项目中出现的前期工作薄弱、实施中随意变动、职责不清的问题进行了深入剖析。确定了“各司其职、权责统一，精简高效、注重前期，统一设计、统一集成”的管理模式，确立了“项目法人制、管做分开、监理与质保相结合”的质量保障体系。新的项目管理模式，实现了在发展与财务部门统一协调下，各主管部门和技术部门通力协作，切实做好项目组织、实施和服务等工作的目的，为重大项目的实施提供了组织保障。

目前，重点项目以责、权明晰为特征的现代职业项目管理体制初步建立。采用常规化管理新模式，强化全过程管理，突出项目法人制、招投标制、监理制、合同制和质量终身负责制。

八、重大项目建设稳步推进

重大项目实施是夯实防震减灾基础、健全“3+1”工作体系、培养优秀人才的重要方式。近年来，在国家发展改革委等部门的大力支持下，全系统上下齐心协力，攻坚克难，重大项目立项、建设等工作取得了优异成绩。

1. 国家地震安全计划立项取得重大突破

四川5·12汶川8.0级特大地震发生后，发展与财务部门结合地震系统工作实际，对国家地震安全计划中的中国地震背景场探测项目实施的必要性、建设方案的合理性和地震台站的布局进行了调整，进一步明确了项目目标和建设任务，优化了项目布局和建设方案。2008年12月31日，国家发展改革委正式批复中国地震背景场探测项目建议书，项目总投资4.04亿元。

由中国地震局牵头，总参测绘局、中国科学院、国家测绘局、中国气象局和教育部等六部委共同承建的中国大陆构造环境监测网络项目，总投资5.22亿。自2007年12月18日开工建设以来，已全面进入实施阶段。

根据汶川地震科学总结与反思工作的阶段成果，发展与财务部门对国家地震安全计划中的国家地震社会服务工程，进一步梳理了项目框架，整合了项目建设内容，完善了项目建议书。2008年年底，该项目已通过专家评审。

此外，由中国地震局承担的国家突发公共事件应急体系建设规划重点建设项目——国家应急管理人员培训基地可行性研究报告已经国家发展改革委批复，项目总投资1526万元；国家陆地搜寻与救护基地项目可行性研究报告也已通过立项评审，该项目投资5215万元。

在国家项目立项和实施取得重大突破的同时，各地省级和市县建设项目也取得了较大进展。据初步统计，截至2008年底，辽宁、福建、山东、广东等9个省22个防震减灾“十一五”项目实施进展顺利，其他地区的22个项目正在抓紧推进立项。这些项目的实施，对有效减轻地震灾害，实现《国家防震减灾规划（2006~2020）》确定的奋斗目标，都将发挥重要的支撑作用。

2. “十五”重大项目建设获得丰硕成果

“十五”中国数字地震观测网络项目，是中国地震局成立以来承担的投资最大的国家建设项目，项目总投资22.8亿元，其中中央投资16.8亿元，地方投资6亿元，建设内容涵盖防震减灾各个环节的工作，建设地点遍布全国各地，技术复杂，施工难度大。在全系统广大干部职工的共同努力下，2008年4月11日顺利通过国家发展改革委的验收。国家地震紧急救援训练基地项目已建成并投入使用，中国地震台网中心工程项目已交付使用并完成了分项验收。

中国数字地震观测网络的建成，使我国前兆、测震、强震台站的密度分别达到每万平方公里0.4、0.88和1.2个，监测设备数字化率达到95%，地震速报时间从30分钟缩短到10分钟，地震监测的震级下限从4.5级改善到3.0级，人口密集的主要城市以及东部沿海地区地震监测的震级下限达到1.5级，6个火山地区地震监测的震级下限达到了1.0级。

中国数字地震观测项目的建成，为我国实现防震减灾技术系统的数字化、网络化、集成化奠定了坚实的基础，标志着我国防震减灾基础设施和技术系统现代化建设迈上了新台阶，在我国防震减灾史上具有里程碑意义。

九、资金使用效益有效发挥

做好资金管理，是社会主义市场经济条件下公共财政支出的要求，是落实国家财政体制改革的重要内容，也是确保资金使用效益、促进廉政建设的重要任务。2008年，各级发展与财务部门进一步强化措施，确保了资金高效、安全运行。

1. 扎实推进国库集中支付改革

一是科学调度、合理安排国库用款，确保资金安全高效运转。2008年，继续做好了国库支付渠道划分和请拨工作，中国地震局本级全年办理经费请拨57单，经费额度25.66亿元；办理直接支付154笔，经费额度0.88亿元；特别是汶川地震发生后，及时高效办理相关资金请拨，有力保障了抗震救灾资金需求。二是积极推行公务卡试点工作。按照财政部统一部署，制定印发了全系统的公务卡实施方案，组织开展了“京区单位公务卡业务知识培训班”等一系列宣传和培训工作，2008年9月底，31个二级预算单位全面启用了公务卡，达到了财政部试点管理的要求，加强了单位用款管理，减少了现金的借款、还款和支出业务，提升了财务管理水平。三是规范银行账户管理，强化监督机制。印发了《中国地震局银行账户管理细则》，及时办理银行账户开立、变更、撤销事项，完成了银行账户年检工作，严格账户开立、年检备案的审核，加强了监督检查。

2. 切实抓好预算执行管理

2008年，发展与财务部门按照财政部加强预算执行管理的新要求，结合部门预算执行存在的突出问题，着力推进预算执行情况定期报告制度建设。在继续做好重点项目国库支出周报的基础上，全面推行预算执行情况季报制度，全年完成了50余期中国数字地震观测网络项目执行情况周报，3期全局预算执行情况报告，为及时了解各单位、各项目的预算执行情况，深入分析预算管理中存在的问题提供了依据，为领导和各部门全面掌握预算执行情况、统筹决策提供了可靠信息，对于督促各单位加强预算执行，保障防震减灾各项工作的开展起到了积极作用。

3. 继续做好部门决算

2008年中国地震局决算工作继续取得好成绩，2007年度部门决算连续第7次获得财政部中央部门财务决算工作考核评比一等奖，并在财政部首次基建财务决算考评中被评为先进单位。在具体工作中，主要采取了三项措施。一是加强组织领导，重视培训，认真布置编制工作，并精心挑选财务骨干成立决算会审组进行审核；二是做好决算分析，加强决算数据的挖掘整理，认真总结经验，对各单位决算质量进行初步评估的同时，形成2007年度决算会审工作报告；三是完善制度，印发了《中国地震局财务决算管理细则》，同时不断完善评审激励机制，为财务决算工作的制度化、规范化奠定了基础。全系统各二级预算单位在决算编报过程中，坚持部门决算与部门预算相衔接并协调一致的原则，将全部收支及其结余情况反映到部门决算报表中，保证了数据的真实完整，决算工作整体水平明显提高。

十、政府采购管理规范有序

2008 年，中国地震局政府采购工作继续稳步推进，以公开招标为主的采购方式逐步形成；全年全系统政府采购资金达到 2.8 亿元；审核指导办理财政部审批进口设备近 700 台套，价值近 2 亿元。政府采购规模进一步扩大，政府采购在提高资金效益、规范行政管理、促进廉政建设方面的作用得到进一步发挥。

1. 建立招投标管理制度，完善政府采购管理体系

实行管理与采购分离的监管体制，是政府采购制度改革的根本。2008 年，中国地震局按照“管采分离”的原则，对政府采购模式实行了重大改革。在地震政府采购中心的基础上，通过公开竞争选取了中国仪器进出口集团公司、中国远东国际招标公司、中招国际招标公司 3 家社会中介代理公司承担中国地震局的集中采购部分工作任务，充实和完善了地震部门集中采购机构布局，提高了政府采购和招标工作的效率和服务质量。4 月份，向各单位印发了《关于创新中国地震局政府采购模式完善部门采购代理机构布局的通知》，进一步明确我局部门集中采购的管理模式和工作要求。

2. 稳步推进，建立资产管理与预算管理相结合机制

资产管理与预算管理相结合，进一步推进资产管理的创新，既是加强资产管理的客观需要，也是细化预算编制、提高科学性的有效手段。2008 年，中国地震局从实施公务用车配置改革入手，开展资产配置标准研究，积极探索建立资产管理与预算管理相结合的工作机制。实现了公务用车配置从人为确定过渡到按照客观需求指数全局统一排序，据财力依次支持的科学决策方式。实施公务用车配置改革，通过制度去管理，把权力交给制度，既增强了资源配置的科学性、公平性，也避免了资源的闲置和浪费，提升了资产管理水平。公务用车配置改革得到了财政部的肯定，为今后资源配置方面的改革积累了经验。

3. 狠抓日常政府采购监管

一是借《政府采购法》实施五周年契机，利用专项检查、调查研究等机会，广泛开展宣传活动，不断扩大政府采购的覆盖面和影响力。二是继续加强政府采购预算和实施计划管理，进一步完善政府采购预算编制方法，指导和督促各单位抓好预算和计划的编制及执行工作。三是落实政府采购政策功能，提高服务水平。及时转发了财政部有关节能、环保和自主创新的文件，并在实际工作中狠抓落实。四是加强全局采购人员业务培训，提高业务水平和操作技能。与中央国家机关政府采购中心合作，全年完成两期政府采购业务培训。

十一、国有资产管理不断加强

经过 30 多年的积累和发展，特别是近年来随着财政投入力度的不断增大，地震事业资产规模增长迅猛，截至 2008 年 12 月 31 日，中国地震局事业资产总额达 49.71 亿元。各级发展与财务部门以《中央级事业单位国有资产管理暂行办法》颁布实施为契机，积极探索资产管理改革创新，不断强化资产安全与使用效益的监管，推动资产管理工作迈上新台阶。

1. 调查研究，理清地震事业资产改革思路

2008 年，发展与财务部门开展了国有资产管理专题调研，对全系统各单位国有资产运行情况、管理现状以及存在的问题进行了深入调查研究，理清了改革思路，明确了改革总体目标是“实现从注重资产新增规模、存量资产封闭占有为主的简单化管理，向以存量资产的开放共享，提高资产使用效益为主的精细化管理转变，促进事业的发展由生存型向发展型转变，保障事业又好又快发展”。

2. 积极探索，推进资源整合共享共用

发展与财务部门在借鉴重力仪管理经验的基础上，开展了科学台阵设备管理模式和运行机制的研究。提出了构建基于专业分工，职业化规模化协作，全国共用共享的科学台阵运行模式的设想，促进流动观测力量的发展与区域布局的平衡。以此为契机，逐步建立大型设备局管共用制度，统筹资产合理流动和优化配置，提高资产的使用效益。

3. 夯实基础，继续做好资产核实工作

在 2007 年资产清查工作基础上，各级发展与财务部门根据《行政事业单位资产核实暂行办法》和《财政部关于中央级行政事业单位资产核实工作有关问题的通知》的有关规定，继续开展了资产清查后续核实等基础工作，不断加强与财政部门及相关单位的联系沟通，推动国有资产管理工作上台阶。

十二、财务稽查机制建立健全

财务稽查是近年来发展与财务部门开展的一项重要工作，是新形势下全国地震系统深入推进党风廉政建设和防震减灾工程的重要措施，对于保证防震减灾投资效益、从源头上预防和杜绝腐败问题具有十分重要的意义。

发展与财务部门从建立机制入手，本着“明确工作定位，服务发展大局；创新稽查理念，服务项目建设；规范项目管理，提高投资绩效”的原则，按照局党组关于“建立决策科学、分工合理、执行顺畅、监督有力的行政管理体制”的要求，会同监察司、局机关党委在 2007 年对局系统开展中国数字地震观测网络项目执行和财务工作专项稽查的基础上，继续组织开展了 2008 年度财务专项稽查工作。确定了 2008 年度稽查重点为预算执行、结余资金使用、科技项目经费管理等财务专项工作，按照国家关于预算工作和科技项目的管理要求，对有关单位的基本科研业务费、公益性行业科研专项、修缮购置专项的资金使用情况，2007 年度部门预算和部门决算，结余资金情况等进行了稽查。

2008 年，积极配合国家有关部委开展了中国数字地震观测网络项目专项稽查和政府采购执行情况专项检查等工作，进一步增强了稽查工作的实效。4 月份，积极配合国家发展改革委对北京市地震局等 13 家单位开展了中国数字地震观测网络项目专项稽查工作，针对稽查工作组提出的项目实施中存在的不足、问题和工作建议，中国地震局召开专题会议研究落实整改工作，于 10 月份向国家发展改革委报送了《关于中国地震局落实发展改革委对中国数字地震观测网络项目专项稽察意见整改情况的函》，对存在的问题逐条进行了整改。对此国家发展改革委给予了高度评价。5 ~ 10 月份，根据财政部、监察部、审计署和国家预防腐败局的统一部署和要求，在全系统开展了政府采购执行情况专项检查。在各二级预算单位自查自纠的基础上，会同监察司组成 3 个检查组对 9 个单位进行了重点检查。针对自查自纠和重点检查中发现的问题和薄弱环节，2008 年 9 月印发了《关于做好政府采购专项检查整改进一步加强政府采购工作的通知》（中震函〔2008〕317 号），督导各单位进行了全面深入的整改提高。这些工作，对于强化资金监督、提高财务管理水平、发挥资金使用效益都起到了重要作用。

十三、加强干部队伍建设

干部队伍素质是全面开创新时期发展与财务工作新局面的决定性因素。随着财政改革深入和防震减灾事业发展，新形势、新任务对发展财务人才队伍建设提出了更高的要求，推行干部双向交流锻炼是加强发展财务队伍建设、实施人才战略的重要举措，也是增进机关与基层单位双向业务交流和沟通的有效途径。2008 年，推行局机关与基层单位双向交流挂职锻炼，选派发展与财务司 1 名同志去西藏局，选调山西局、江西局和新疆局的 3 名基层同志到发展与财务司实行了为期半年至一年的“上下挂”交流锻炼，取得了很好的效果。

选派年轻干部到基层或上级机关交流锻炼，让他们在不同环境中磨炼意志，锤炼作风，开阔视野，丰富经验，在学习实践中增长才干，提高素质。通过双向交流锻炼，采取以点带面的方法，能够较快地培养和造就一批懂业务、会管理、有丰富实践经验的复合型人才，推动青年干部群体乃至发展财务队伍整体上新水平。推进双向交流挂职锻炼，不仅使干部得到了锻炼和提高，同时有力地促进了机关与基层单位相互沟通、相互借鉴、共同提高。作为管理机构，更好地了解了基层单位发展财务工作状况、管理模式、业务流程、发展需求以及存在的问题，基层单位对国家宏观政策、中国地震局管理理念、改革思路、工作重点和要求有了更加深入的理解和把握，对进一步推进发展与财务改革具有积极的意义。

2008 年，中国地震局各级发展与财务部门紧紧围绕防震减灾事业发展的中心任务，以战略研究为先导，以模式创新为核心，以资源配置为纽带，以规制建设为途径，大力创新管理新理念，发展服务新方式，各项工作取得了明显成效，圆满完成了年度工作任务。展望未来，发展与财务工作将坚决贯彻中国地震局党组坚持防震减灾科学发展的工作思路，以最大限度减轻地震灾害损失为根本宗旨，统筹把握监测预报、震害预防、应急救援和科技创新体系建设的发展方向和工作重点，探索防震减灾事业发展的新模式、新途径、新举措，加快构建引领和保障防震减灾事业可持续发展的新机制，使发展与财务工作迈上新台阶！

十四、统计分析水平持续提升

经过 30 多年的积累和改进，中国地震局综合统计工作日趋完善，以其较高质量、连续稳定的数据，涵盖了地震系统方方面面工作，为各级领导和有关部门开展研究、进行宏观决策和科学科理提供了服务。2008 年，发展与财务部门进一步完善统计分析，提供了反映防震减灾事业发展规模、水平、速度、比例、效益及趋势等量化信息。

（1）根据国家统计局要求，采集了新中国成立以来破坏性地震有关人员伤亡及灾害损失的统计资料，为汶川地震的抗震救灾决策提供了参考资料。

（2）设计并首次编印发行《中国地震局 2007 年度统计报告》。报告系统反映了地震系统人、财、物，地震监测预报、震害防御、应急救援三大工作体系建设，地震科学研究等方面的综合统计资料，对数年统计数据进行了对比分析。报告提供给地震系统各单位、各级领导、技术专家及科研人员利用，并与国家有关部门进行交流，在很大程度上提高了统计资料的利用率，拓展了防震减灾工作的宣传途径，增强了防震减灾工作的社会效益。

（3）继续做好年度综合统计工作。根据国家统计局《关于同意继续执行防震减灾事业综合统计年报的函》（国统制［2007］110号）批复的报表制度，组织完成了《2007年度防震减灾事业综合统计年报》工作，涵盖了地震系统47家二级预算单位的各类统计调查数据。

（4）完成2007年全国科技统计调查及年报工作。根据科技部《关于实施2007年度全国科技统计调查工作的通知》要求，于2008年年初组织完成了研究与实验发展活动调查表、国家重点基础研究发展计划（973计划）项目报告情况调查表、国家高技术研究发展计划（863计划）项目执行情况调查表、国家级科技支撑计划项目执行情况调查表、国家级科技计划项目跟踪调查表等各类数据的统计、审核和报送工作。

（5）参与完成国家统计局2007年《国民经济和社会发展统计公报》、《中国统计年鉴》、《中国科学统计年鉴》、《中国环境统计年鉴》、《服务业财务状况报表》，国家环保总局《2007年中国环境状况公报》，国家海洋局《2007年海洋统计年鉴》，中国地震局《2007年中国地震年鉴》编制工作，并为其提供地震灾害、监测、救援、经费收支等方面统计调查数据、资料与分析等素材，拓展了地震综合统计的服务范围，提高了数据的利用率。

十五、扶贫工作力度逐步加大

2008年，中国地震局继续遵照党中央、国务院关于加快扶贫开发进程、全面建设小康社会、构建社会主义和谐社会的要求，不断加大扶贫工作力度，落实向中西部地区倾斜的政策，促进全国防震减灾工作区域协调发展；同时扎实开展定点扶贫工作，通过对甘肃省永靖县实施教育扶贫、植树造林等工作，圆满完成了年度扶贫任务，得到了永靖县政府和扶贫对象的好评。

（1）在年度预算安排中，把中西部地区的省级地震局工作需求作为重点进行考虑。如2008年安排宁夏回族自治区防震减灾应急指挥中心大楼、甘肃省地震局陇南中心地震台综合办公楼、河南省地震局防震减灾指挥技术中心、西藏自治区地震局进藏职工周转公寓、云南省地震局云龙地震台综合办公楼等基本建设项目1120万元等。

（2）坚持科学发展，制定切实可行的年度扶贫目标。根据国家扶贫政策和永靖县扶贫工作实际需求，本着调查论证、共同协商，科学制定的原则确定年度工作重点，并加大专项资金投入。2007年以前，年度扶贫专项经费为18万元，2007年提高到30万元，2008年在划拨年度扶贫经费30万元的基础上，另拨专项资金30万元作为实施“减灾林”二期扩建工程的专款，确保了年度扶贫工作的良好实施。

（3）深入调研，扎实做好定点扶贫工作。2008年，中国地震局组织赴永靖县定点考察58人次，资助贫困学生35人次。通过甘肃省地震局的积极工作，在永靖县政府的大力支持下，改善了永靖第九中学、小岭乡“晨光希望小学”的办校设施和条件；以保护母亲河为重点，完善和扩大了“减灾林”，新增绿化面积600亩，共实现绿化面积1600亩。

（中国地震局发展与财务司）

2008年中国地震局系统有关情况统计

地震系统机构设置情况

独立机构分类	机构数
合计	47
省（自治区、直辖市）地震局	30
中国地震局直属事业单位（研究所、中心、学校、出版社）	16
中国地震局机关	1

地震系统人员分类情况

人员分类	人数	占期末在职职工总人数的百分比（%）
期末在职职工总数	12287	—
其中：管理人员	3602	29.32
科技人员	6685	54.41
教学人员	228	1.86
工人	1772	14.42

*期末在职职工总数不含临时工人数。

地震系统专业技术人员及专家情况

职称分类	人数	占专业技术总人数的百分比（%）
各类专业技术人员合计	9113	—
其中：正高级技术职务（称）	324	3.6
副高级技术职务（称）	2175	23.9
中级技术职务（称）	3762	41.3
初级技术职务（称）	2377	26.1
待定技术职务（称）	475	5.2
院士	12	0.1
享受政府特殊津贴人员	307	3.4

地震台站基本情况

观测台站种类	观测台站数/个	投入观测手段	投入观测仪器/台套	备注
合　计	1457	合　计	2847	1. 强震台观测点：1996个 主要观测仪器：2146台套
国家级地震台	192	测　震	975	
		地形变（含GPS）	501	2. 投入经费：132823万元
省级地震台	245	地　磁	410	
		地下流体	555	
市、县级地震台	916	重　力	39	
		地　电	185	
企业办地震台	104	其　他	182	

地震台站人员构成情况

台站人员	人数	占台站人员（%）	台站技术人员	人数	占台站科技人员（%）
合　计	2507	—	合　计	2065	—
正副台长	476	18.99	高　级	292	14.14
管理人员	128	5.11	中　级	954	46.20
观测分析人员	1741	69.45	初　级	642	31.09
其他人员	162	6.46	待定技术职称	177	8.57

地震遥测台网基本情况

遥测项目	数量/个	台网人员	人数	投入经费	金额（万元）
地震遥测台网	105	合　计	930	经费支出	48916
国家级	1	台网正副主任	119	其中：线路租金	15040
省　级	31	管理人员	55		
市县级	64	观测分析人员	696		
企　业	9	其他人员	60		
		其中：技术人员	826		
子台数	1418	高　级	171		
有线子台	1009	中　级	322		
无线子台	376	初　级	351		
中继站	33	未定技术职称	82		

（中国地震局发展与财务司　陆覃星）

2008年地震政府采购中心工作

2008年，地震政府采购中心按照财政部和中国地震局有关规定，受中国地震局以及下属地震地壳运动监测工程研究中心、中国地震地震预测研究所，中国地震应急搜救中心、上海市地震局等单位委托，为国家地震紧急救援训练基地、中国大陆构造环境监测网络等项目进行公开招标采购和竞争性谈判。进一步完善工作制度，健全监督制约机制，严格执行各项工作制度和程序，加强政策和业务学习，规范有序地组织了5个公开招标项目和8个竞争性谈判项目，完成采购任务4018万元，为国家节省财政经费400万元。

项目编号	项目名称	受托单位	完成时间
DZZB－TP0801	国家地震紧急救援训练基地破拆训练设备采购	中国地震应急搜救中心	2008.3
DZZB－TP0802	工程中心重力仪器	地壳运动工程监测研究中心	2008.5
DZZB－0803	基地训练服	中国地震应急搜救中心	2008.4
DZZB－TP0805	大地测量型双频高精度GPS观测设备采购	中国地震局地震预测研究所	2008.6
DZZB－TP0806	高精度动态GNSS观测设备采购		
DZZB－0807	中国大陆构造环境监测网络海事卫星电话采购	地壳运动工程监测研究中心	2008.7
DZZB－TP0808	中国大陆构造环境监测网络项目监理技术咨询服务		
DZZB－TP0809	档案用电动及智能密集架采购	中国地震局	2008.8
DZZB－TP0810	地面三维激光扫描仪采购	中国地震局地震预测研究所	2008.8
DZZB－TP0812	地脉动的密集道距采集系统采购		2008.9
DZZB－0813	上海市地震局气枪震源系统采购	上海市地震局	2008.11
DZZB－0814	多面顶压机和模具成套设备	中国地震局地震预测研究所	2008.11
DZZB－0816	子午工程感应式磁力仪	中国地震局地球物理研究所	2009.1

（中国地震应急搜救中心　尹　智）

关于成立四川5·12汶川8.0级地震科学总结与反思领导小组及其咨询工作机构的通知

中震财发［2008］122号

各省、自治区、直辖市地震局，各直属单位：

为做好四川5·12汶川8.0级地震科学总结与反思工作，经研究，决定成立中国地震局四川5·12汶川8.0级地震科学总结与反思工作领导小组及其办公室、科学咨询委员会和科学工作委员会，其人员组成及主要职责如下。

一、领导小组组成及主要职责

组　长：陈建民

副组长：刘玉辰　赵和平　修济刚　张友民　阴朝民

成　员：张宏卫　牛之俊　李　克　卢寿德　黄建发　何振德　刘连柱　潘怀文　王　霞

主要职责：

（一）贯彻落实党中央、国务院关于汶川地震相关方针、政策和重要指示精神；

（二）统一部署、指导、协调汶川地震科学总结和反思工作；

（三）决策汶川地震科学总结与反思工作中重大事项。

二、领导小组办公室组成及主要职责

主　任：刘玉辰（兼）

秘书长：牛之俊（兼）

成　员：张宏卫　李　克　卢寿德　黄建发　何振德　张志波　方韶东　徐铁鞠　吴书贵　宋彦云　车　时　杜　玮　陈　虹　苗崇刚　赵　明　李　明

秘　书：韩志强

主要职责：

（一）提出汶川地震科学总结与反思方案；

（二）督办落实领导小组议定事项；

（三）承后领导小组日常工作；

（四）承办领导小组交办的其他工作。

三、科学咨询委员会组成及主要职责

主　任：马宗晋

副主任：陈运泰　陈　颙
成　员：曾融生　胡聿贤　丁国瑜　谢礼立　马　瑾　邓起东　廖振鹏　李　玶
许绍燮　许志琴　滕吉文　刘光鼎　赵文津　姚振兴　彭苏萍　陈祖煜
陈厚群　杨秀敏　周福霖　欧进萍　叶叔华　许厚泽　陈俊勇　孙　枢
李廷栋　李德仁　刘经南　王　水　石耀霖　肖序常　朱日祥　叶大年
刘宝郡　张国伟　李小文　秦大河　姚檀栋　魏子卿　许其凤　杨元喜
宋瑞祥　陈章立　何永年　葛治洲　汤　泉　李友博　吴忠良　张国民
刘小汉　张培震　张岳桥　颜丹平　廖椿庭　董树文　史培军　高孟潭
熊　熊　倪四道　殷跃平　吴权仁　张　强　王业耀　苏经宇
秘　书：田　柳　陈　涛　张　锐
主要职责：
（一）承担汶川地震科学总结与反思的日常咨询工作；
（二）对汶川地震科学总结中的重大问题、科学总结与反思报告提供咨询；
（三）对中国地震局防震减灾工作提出建议。

四、科学工作委员会组成及主要职责

主　任：陈鑫连
成　员：分属4个报告组和6个工作组
秘　书：关晶波　兰　天　席琳琳
主要职责：
（一）贯彻落实领导小组工作部署，承担汶川地震科学总结与反思的具体工作；
（二）提出汶川地震科学总结与反思工作大纲；
（三）按大纲分工协作开展汶川地震科学总结与反思；
（四）提交汶川地震科学总结与反思报告。
报告组和工作组组成如下：

（一）总报告组

组　长：陈鑫连（兼）
成　员：孙其政　胡春峰　吴忠良　唐荣余　岳明生　王自法　聂高众　张培震

（二）局系统报告组

组　长：孙其政
副组长：吴卫民　高荣胜
成　员：赵新平　吴耀强　孙　雄　马胜利　孙建中　赖锡安　黄立人　游新兆

（三）政府报告组

组　长：胡春峰
副组长：方韶东
成　员：姚运生　黄剑涛　胡　斌　陶裕录　欧阳飚　张志波

（四）社会报告组

组　长：吴忠良

副组长：杜　玮

成　员：薄景山　谭先锋　邹其嘉　张少泉　彭汉书　徐铁鞠

（五）政务工作组

组　长：唐荣余

副组长：张宏卫

成　员：皇甫岗　李　强　乔　森　陈会忠　刘　晨　谷永新　张志波

（六）监测工作组

组　长：孙其政

副组长：李　克　李强华

成　员：赵仲和　王　力　吕金水　赵家骝　杨大克　滕云田　孙汉荣　高景春
　　　　李大辉　李正媛　刘耀炜　李谊瑞　吴书贵　宋彦云

（七）预报工作组

组　长：岳明生

副组长：李　克　任金卫　张晓东

成　员：张国民　钱家栋　尹祥础　车用太　罗灼礼　韩渭滨　刘　杰　张永仙
　　　　江在森　徐　平　程万正　车　时　刘桂萍

（八）震害防御工作组

组　长：王自法

副组长：卢寿德　孙福梁

成　员：王兰民　高孟潭　徐锡伟　孙柏涛　陆　鸣　俞言祥

（九）应急救援工作组

组　长：聂高众

副组长：黄建发　吴建春

成　员：袁一凡　黄向荣　张振亚　张新基　姜立新　李志强　李永强　陈　虹
　　　　苗崇刚　赵　明

（十）科学技术工作组

组　长：张培震

副组长：何振德

成　员：沈正康　张东宁　闻学泽　王　琪　甘卫军　丁志峰　谢富仁　李小军
　　　　袁晓铭　吴建平　陈九辉　冉永康　陈　杰　李　明

2008年7月29日

审计、纪检监察工作

中国地震局系统审计工作

2008年，中国地震局大力推进系统内部审计工作，进一步加强对建设项目的监督作用和审计意见的整改落实。通过有效实施审计监督，狠抓整改落实，使被审计单位（部门）提高了依法理财、依法行政的意识和能力，完善了长效监督制约机制，强化了内控制度建设。

1. 跟踪审计“数字地震”项目

按照中震审发［2007］119号文件精神，对数字地震项目进行了追踪审计，审计金额3.8亿，及时发现、纠正问题，推进了项目资金管理使用的科学化、规范化，为项目竣工决算奠定了良好的基础。

2. 开展领导干部经济责任审计工作

认真学习贯彻党的十七大关于加强监督和健全制度的部署要求，按照审计署、中央五部委经济责任审计工作联席会议的工作要求，进一步明确经济责任审计的内容、方法和重点，进一步完善评价工作体系，把经济责任审计与财务调查和纪检监察工作结合起来，共完成36位领导干部经济责任审计，审计金额6.8亿。提出改进工作审计意见24条，并督促有关单位针对审计意见进行了及时整改。

2008年全系统共完成审计项目136个，提出审计意见及建议369条，当年被采纳325条。地震系统各单位认真履行内部审计监督和评价职责，普遍加强内部审计工作的力度，为促进防震减灾事业又好又快发展提供了有力保障。

（中国地震局直属机关党委审计室　王　蔚）

中国地震局纪检监察工作综述

一、恪尽职守，积极投身汶川地震抗震救灾工作

汶川8.0级地震发生后，地震系统各级纪检监察部门，以高度的政治责任感和对人民负责的精神，积极投入抗震救灾工作，用实际行动彰显了纪检监察干部的政治本色。同时，紧紧围绕抗震救灾这一中心，加强了对干部职工作风和效率的监督检查，及时把地震系统干部职工抗震救灾工作情况报告中央纪委。震后，国内外企业陆续对地震部门捐赠了仪器设备，为此，驻局纪检组及时印发了《关于加强对抗震救灾资金物资监管的通知》，制定了抗震救灾资金物资监管的有关制度，成立了由纪检监察、财务、审计等部门组成的监管领导小组，将监管工作落到实处。

二、党政主要负责同志亲自抓，党风廉政建设责任制进一步落实

中国地震局党组高度重视反腐倡廉工作，坚持党风廉政建设与防震减灾工作一起部署，一起推进。既按照中央纪委的统一要求全面落实各项任务，又结合地震系统的实际情况突出工作重点。部署工作突出“实”字，注意在细化工作任务上下功夫，将局机关贯彻落实2008年度党风廉政建设工作任务分解为4大方面25项29条，落实到各个部门。推进工作中注意在加强督促检查上下功夫，局党组成员带队，检查考核了5个单位党风廉政建设责任制贯彻落实和领导干部廉洁自律情况，指导11个局属单位召开领导班子民主生活会，听取7个单位主要负责人和纪检组长（纪委书记）述职述廉，年中、年底两次听取机关各部门和京区直属单位贯彻落实党风廉政建设工作汇报。

局属各单位党组（党委）结合本单位实际，将党风廉政建设工作任务细化分解落实到领导班子成员和相关部门。有的单位将党风廉政建设任务进行量化、考核打分并作为部门和个人年度考核的重要指标，有的单位将党风廉政建设纳入干部竞争上岗的考核内容，有的单位主要负责人坚持讲廉政党课，有的单位修订完善了党风廉政建设责任书。

局党组对地震系统落实党风廉政建设责任制10周年工作进行了全面检查，绝大多数单位落实了领导干部“一岗双责”，做到了党风廉政建设与防震减灾工作一起部署、一起落实、一起考核，做到了年初有安排，明确任务；年中有检查，督促落实；年底有考核，责任追究。

三、以廉政文化建设为载体，廉洁自律教育进一步深化

2007～2008年集中开展的廉政文化建设系列活动，有力地推进了廉洁自律教育。两年

来，地震系统全体动员，上下互动，广泛参与，开展了多层次、多形式的廉政文化建设活动，充分展示了廉政文化的说服力、吸引力、感染力，充分发挥了廉政文化的教育、示范、熏陶和导向作用。

在地震系统 47 个单位分 8 个赛区开展廉政文化建设知识竞赛活动的基础上，2008 年举行了总决赛，局党组同志、各单位各部门主要负责人和大家一起观摩比赛，一起接受教育。廉政文化建设征文活动得到了地震系统上上下下的重视，从领导干部到台站职工，从院士专家到离退休同志，积极响应，广泛参与，共征文 1500 余篇。组织召开地震系统廉政文化建设经验交流会，认真总结经验，安排部署下一阶段工作任务。开展争先创优活动，组织对各单位进行分片区的上门检查和考评。

两年来的廉政文化建设系列活动，对全体干部职工进行了生动的廉政教育，在地震系统营造了浓厚的廉政建设氛围，为反腐倡廉工作的深入开展提供了精神动力和思想保障，促进了防震减灾事业的健康发展。

四、以制度建设年为契机，约束机制进一步规范

2008 年是中国地震局党组决定的制度建设年，为认真贯彻落实中央建立健全惩治和预防腐败体系 2008～2012 年工作规划，在认真总结三年来贯彻落实《实施纲要》的实践基础上，结合地震系统实际，集思广益，制定印发了《中国地震局党组落实〈工作规划〉的实施办法》，提出了未来几年地震系统反腐倡廉建设工作的总体要求、阶段目标和工作措施，明确要在民主决策和监督等 7 个方面建立 42 项规章制度。按照中国地震局的总体要求，各单位也结合实际制定了相应的工作规划。

2008 年，局机关制定了基本建设管理、预算管理等 17 项财务管理制度，出台了加强重大决策贯彻落实情况监督检查、领导干部任职试用、事业单位岗位管理、政府信息公开等制度，进一步规范了工作程序。局属各单位结合实际，以“执行、废止、修订、制定”等方式对现有制度，特别是党组（党委）议事规则、民主决策程序、干部选拔任用、招录工作人员、项目管理、招投标、大额资金审批、政府信息公开以及党风廉政建设责任制等重要制度进行了认真清理。据不完全统计，全年共清理规章制度 1300 多项，其中继续执行 770 项，废止 130 项，已修订 290 项，正在修订 100 多项。此外还将新制定 310 项。在建立健全制度体系的同时，各单位、各部门加强对制度执行情况的监督检查，增强制度落实的执行力。制度建设年活动的扎实开展，完善了制度体系，增强了地震系统干部职工的制度意识。

五、以领导干部为重点，监督制约工作进一步加强

印发了《中国地震局党组关于加强局属单位党政主要负责人教育和监督的意见》，对各单位党政主要负责人提出勤政廉政要求，加强对领导干部权力运行的监督和制约。

派出巡视组对海南局、新疆局、甘肃局、湖北局、一测中心、二测中心进行巡视。对 2007 年被巡视单位进行回访，督促检查整改方案的落实。改进巡视方式，注意与审计、干部选拔任用专项检查工作的结合。巡视组对干部职工反映的问题进行认真核实。党组专题听取巡视组汇报，高度重视巡视意见，有针对性地解决发现的问题，有力地促进了被巡视单位

的工作。

坚持谈话制度。对反映局属单位领导班子成员的问题，在认真核实的基础上，区分不同情况，由中国地震局党组成员与其进行提醒谈话或诫勉谈话。对新任司局级干部由监察司进行任职廉政谈话教育。各单位纪检组长（纪委书记）认真履行职责，落实谈话制度。通过不同方式的谈话，起到了关口前移、防微杜渐的作用。

局机关和大多数单位，充分发挥干部监督工作联席会议作用，及时沟通情况，研究解决问题，增强监督的针对性和时效性。机关有关部门还对部分单位干部选拔任用、预算执行、结余资金使用、科技项目经费管理等进行了专项检查。各级纪检监察部门加强了对项目资金使用、政府采购和工程结算等环节的监督检查审计，有的单位还建立了项目管理各部门分工负责、相互制约、纪检监察部门全程监督的机制。积极推进审计与财务部门联网，跟踪资金使用情况，发现问题及时提出处理意见。

重视信访和案件查办工作。对群众来信来访反映的问题，有关部门深入调查了解，对情况反映不实的予以澄清，对存在错误的予以批评、督促整改，查处了个别领导干部利用婚庆事宜收受礼金案件。

（中国地震局监察司　孙晓竞）

中国地震局巡视工作综述

根据十六大和中央纪委第三次全体会议关于建立和完善巡视制度的要求，依据《中国共产党章程》和《中国共产党党内监督条例》，结合中国地震局实际，在充分调研的基础上，中国地震局党组于2004年初成立了巡视工作领导小组，并于当年分别向吉林省地震局、中国地震局工程力学研究所派出巡视组，进行试点，经过不断总结，巡视工作逐步完善，至2008年底，已先后对18个单位进行了巡视。

通过巡视，促进了被巡视单位领导班子和干部队伍建设，推动了反腐倡廉工作的深入开展，督促解决了一些涉及群众利益的热点难点问题，取得了实实在在的效果。

一、领导重视，密切配合，保障巡视工作成功实施

中国地震局党组书记、局长陈建民同志对巡视工作高度重视和关心，中央纪委驻局纪检组组长张友民同志给予具体指导，提出明确要求。每批巡视工作结束后，中国地震局党组都专门听取巡视组工作汇报，研究解决存在的突出问题。例如，巡视期间发现有的单位“一把手”工作不得力，单位比较混乱，工作难以开展，群众反映较大，局党组立即调整了“一把手”；有的单位在工程建设项目中不按有关规定运作，局党组及时在全局系统通报批评。对发现的一些苗头性、倾向性问题及时对有关领导班子和领导干部进行教育提醒，对发

现的违纪违规等问题认真进行了调查核实、处理等。

局监察司、人事教育和科技司、直属机关党委和有关司室，积极协助和支持巡视工作，为巡视工作的顺利开展提供了便利条件。巡视组严格按照局党组的要求，全面听、深入看、重调查、细分析、报实情、求实效，认认真真、实事求是地开展巡视工作，得到领导和被巡视单位干部职工的赞誉。被巡视单位的干部职工积极支持巡视组工作，配合巡视组做了大量的工作，为圆满完成巡视工作任务作出了贡献。

二、建章立制，严格执行，保证巡视工作规范运行

中国地震局党组制定了《中国地震局巡视工作规定》及《中国地震局巡视工作方案》，对巡视工作的意义、目的、任务、组织、纪律以及工作方式与工作方法，都做了明确的规定。2007 年，在认真总结经验的基础上，又制定了《中国地震局巡视工作规程》，进一步规范了巡视工作。为推进巡视工作的规范化、信息化建设，将巡视工作档案进行规整，纸质档案汇总后加密保管，电子档案汇总后专人管理，初步建立了中国地震局巡视工作基础信息档案，详细记录每期巡视任务的时间、人员信息，以及个别谈话、召开座谈、问卷调查、受理信访、提出建议、发现线索、诫勉谈话等工作信息。

三、突出重点，注重防范，确保巡视成果发挥实效

中国地震局的巡视工作始终坚持以邓小平理论和“三个代表”重要思想为指导，全面贯彻落实科学发展观，重点监督检查被巡视单位执行党的路线、方针、政策、决议、决定的情况；贯彻中国地震局和地方党委、政府重大决策的情况；贯彻落实《建立健全教育、制度、监督并重的惩治和预防腐败体系实施纲要》和党风廉政建设责任制、廉政勤政的情况；领导班子贯彻执行民主集中制和《党政干部选拔任用工作条例》以及重大项目经费管理使用等情况。发现了一些苗头性问题和重要线索，同时，对平时群众举报的一些问题，也进行了认真调查核实，巡视组认真将巡视了解的重要情况进行归纳分析、研究，提出意见和建议向中国地震局党组报告。中国地震局党组召开专题会议，认真听取巡视组的工作汇报，仔细研究讨论被巡视单位存在的问题及整改意见，提出制定整改方案、限时整改、跟踪审计等具体要求，还要求局有关司室以巡视发现的问题为例，举一反三，及时研究制定对策，防止其他单位也出现类似问题，切实发挥巡视的预防功能。同时，被巡视单位以巡视为契机，对存在的问题，提出整改意见，认真制定整改措施，进一步加强领导班子建设，大力促进执政能力建设、党的先进性建设、党风廉政建设以及防震减灾业务建设的全面发展。

巩固巡视工作成果，利用好巡视工作的成果，推进被巡视单位防震减灾工作健康发展，是巡视工作的最终的落脚点。中国地震局每年都要对去年被巡视单位就整改措施落实情况进行全面检查，对照整改方案，全面了解整改情况，推进了被巡视单位整改工作深入开展，保证了巡视工作的实际效果。

四、发挥特点，不断完善，巡视监督促进事业发展

通过几年来的巡视工作实践，总结出巡视工作的几个特点：

一是“广”：调研视野广，涉及面广，接触人员广，接触资料广，了解情况和问题广。

二是“深”：调研的层次深，深入到各个层次的人群，深入到各个层次的问题，深入到干部职工的内心世界，深入到问题的本质层面。

三是“真”：通过广泛深入的调查与研究，听到真话，感受到真情，了解到热点、难点、焦点问题的真实原因、背景和事实真相，取得最真切的第一手资料。

四是“实”：较长时间的安排，使调查研究工作更加扎实，了解到的问题更加翔实，有利于把握矛盾的关键，寻找到问题的实质。只有在掌握实情的情况下，才能按实事求是的要求去分析问题、解决问题，通过求实而求是。

五是“细”：通过深入细致的调研、思想情感的交流，可以了解到最精细的情况，掌握问题最精细的环节，把握矛盾的本质和最细微处的机制，从而提出更加贴切、更加具体的建议和解决方案。

六是“稳”：巡视工作方式，不失为一种较稳妥的监督和思想政治工作模式，它的目标既是监督，又是帮助工作，稳定局面。参与而不干预被巡视单位日常工作和领导决策，不影响被巡视单位工作的正常开展。了解问题而不查办案件，不会引起矛盾激化和局面失稳。

几年来的巡视工作，得到了各级领导和职工群众的肯定。大家认为，巡视工作在帮助中国地震局党组聆听基层的意见和建议，协助各单位开展工作，促进党风廉政建设、领导班子建设，更好服务于防震减灾事业发展等方面都起到了重要作用。巡视工作在发现问题、解决问题的同时，也把被巡视单位好的经验和做法进行宣传和推广，促进了防震减灾事业又好又快发展。

（中国地震局监察司　孙晓竞）

全国地震系统廉政文化建设系列活动综述

中国地震局党组高度重视廉政文化建设，决定用两年的时间，在地震系统深入开展廉政文化建设系列活动，并在2007年3月召开的全国地震局长会暨党风廉政建设工作会议上进行了部署，党组书记、局长陈建民同志在动员讲话中强调，要全局动员、全面部署、人人参与、有重点、全方位、多层次、多形式地开展廉政文化建设。按照局党组的部署，中国地震局机关及系统各单位加强领导、精心组织、创新载体、拓宽领域，各项系列活动扎实推进、进展顺利。在认真学习党章、党内“两个条例”和实施纲要的基础上，全系统8000多名党员、干部参加了廉政文化知识答题活动，全国分8个分赛区组织开展了知识竞赛，在北京举

行了总决赛，廉政文化入脑入耳，深入人心；广泛开展廉政文化征文活动，共征集到论文、散文、杂文、小说、诗词、歌曲等1500多篇，86篇征文（作品）分别荣获一、二、三等奖，初步形成了一批廉政文化理论成果；全系统对1300余项制度进行了清理，其中修订290项，新建310项，初步形成了一批制度成果；采取多种方式，开展廉政文化宣传教育活动，局机关和京区单位800多人同台唱响正气歌，各级领导走上讲台讲党课，文艺创作讲习班、专题报告会、参观访问、观看廉政题材影视片、演讲比赛、先进事迹报告和警示教育等活动陆续展开，效果显著；从监察司在上海召开地震系统廉政文化建设经验交流会，到各单位开展自查总结、量化打分和申报和推荐；从15个片区互查小组对45个单位开展互查，到领导小组进行评审；从举办全国地震系统廉政文化建设成果展览，到中国地震局对廉政文化建设先进单位、先进集体和优秀个人的表彰，“创先争优”活动不断掀起高潮，充分体现了局党组和对廉政文化建设的高度重视和牵头部门的精心谋划、系统各单位的精心组织及广大干部职工的热情参与。

地震系统历时两年的廉政文化建设系列活动，既轰轰烈烈，又扎扎实实，广大干部职工在参与中受感染、受触动、受教育，在参与中明是非、知荣辱，共同营造了诚实守信、遵纪守法、秉公用权、清正廉洁的工作环境，有力地推动了党风廉政建设，促进了防震减灾事业的发展。中国政府门户网站、《中国纪检监察报》、《中国监察》等新闻媒体先后10多次进行报道，地震廉政文化开始走向社会，它像一扇窗户，展示了广大地震工作者崇高的思想境界和精神风貌。

（中国地震局监察司　白伟东）

党 建 工 作

中国地震局直属机关2008年党建工作综述

一、在抗震救灾中充分发挥党组织的坚强堡垒作用

2008年5·12汶川8.0级特大地震发生后，机关党委根据局党组的指示，连夜起草紧急通知，对地震系统各级党组织和广大党员干部全力投入抗震救灾发起总动员。在抗震救灾和恢复重建历程中，机关党委坚决贯彻党中央和局党组的重大部署，先后组织开展了宣传动员、慰问表彰、震灾募捐、特殊党费、发展党员、大型抗震救灾主题展览等一系列重要工作。组织京区直属单位1700多名共产党员交纳特殊党费184.6万元。与此同时，积极组织大型赈灾募捐活动，募集捐款70余万元，棉被1400多条。

组织开辟了“抗震救灾——我们在行动”专题网页，建立了与人民日报、紫光阁等主流媒体和中组部、中央国家机关工委等上级组织的信息专报，组织发送慰问信和慰问信息，制作慰问光盘，赶赴前线慰问将士，组织走访后方家属，把前方、后方广大党员群众的心连在一起，把前后方广大党员群众的意志和力量凝聚在一起。

三十余篇信息专报和先进事迹材料及时报送给上级组织和主流媒体。其中“拼尽身上力，捐尽身上钱”和“哪里灾情最重，哪里就有我们的身影”等专报在中央机关和全社会都引起很大反响。在这次抗震救灾中，有21名青年骨干在一线递交入党申请书，19名同志火线入党，国家地震灾害紧急救援队被党中央授予“全国抗震救灾英雄集体”称号，国家地震灾害紧急救援队党支部被中央组织部、中央国家机关工委评为先进党支部，局震灾应急救援司周敏、搜救中心卢杰两位同志被中央国家机关工委评为优秀共产党员，卢杰同志还获得了中央国家机关工委授予的十大杰出青年光荣称号。

实践证明，在关键时刻，中国地震局的党组织和广大共产党员是坚强的，是能够经得住特殊考验的。

二、在深入学习实践科学发展观活动中，充分发挥党组织的组织保证作用

按照局党组的部署，自2008年9月19日开始，机关党委全力投入学习实践科学发展观

活动的组织协调、服务保障工作。机关9个司室，京区11个直属单位，共120个党支部、2354名党员干部全程投入到学习实践活动中。一是从组织学习入手，努力实现广大党员对深入学习实践科学发展观的政治认同、理论认同和思想认同。先后组织了9场专题报告，组织了司局以上党员领导干部培训班，组织了处以上党员干部解放思想集中大讨论，组织了调研报告交流会和分析检查报告评议会等一系列活动。在组织学习、讨论、评议的过程中，进一步加深认识、增强认同感和责任感。二是从制定计划、印发文件、编发简报入手，努力实现对基层党组织的指导和服务。印发指导性文件30余份，专题简报94期，1个总体方案，3个阶段方案，18个周计划。三是承上启下，努力当好局党组的助手。紧密围绕学习调研、专题生活、分析检查，三上三下，采取不同形式，分别不同层面、广泛征求、认真汇总、精心梳理意见和建议，为局党组和机关深入调研、查找问题、分析原因、明确思路，提供群众基础和实践依据。四是积极协调沟通、督促检查，努力实现上下互动、左右联动。五是坚持边学边改，把学、改贯彻学习实践活动始终。中国地震局对学习实践活动进行了满意度测评，包括局机关和京区直属单位代表、京外局属单位、市县地震机构，满意率为98.4%。中央领导小组、中央指导检查组、中央国家机关工委先后对中国地震局发了专报，给予充分肯定。

三、在围绕中心、服务大局中，充分发挥党组织的政治保证作用

一是紧密围绕党风廉政建设，通过专题汇报、参加各单位领导班子民主生活会、实施经济责任审计和专项审计、协同财务稽查和巡视等多种方式，进一步加强了党风廉政建设和贯彻落实局党组重大工作部署的监督检查。基层党组织的科学发展意识、民主意识、制度意识进一步增强。

二是紧密围绕精神文明建设，通过组织开展义务劳动、爱心捐助、地方共建、创先争优等主题实践活动和丰富多彩的先进文化活动，进一步加强了文明机关、文明单位的创建工作。目前，我局在京直属单位已有局机关、地球所、地质所、地壳所、台网中心、搜救中心、防灾科技学院等7个单位被中央国家机关授予文明单位称号，地质所还获得首都文明单位称号。

三是紧密围绕局党组的重大工作部署，通过宣传表彰、组织协调等多种途径，进一步加强了党组织和党员干部的战斗堡垒作用和模范带头作用。

（中国地震局直属机关　王继斌）

附　录

收载本系统一年的重大事件、本系统各单位离退休人员人数统计表，以及出版的重要地震科技图书简介。

中国地震局2008年大事记

1月7~8日

中国地震局在京召开2008年度全国地震趋势会商会，中国地震局党组书记、局长陈建民，中国地震局党组成员、副局长岳明生分别作重要讲话，中国地震局党组成员、副局长刘玉辰、赵和平出席会议。

1月9日

16时26分，西藏改则发生6.9级地震，震中位于海拔4000米以上的山区，无人员伤亡。震后西藏地震局立即派出现场工作队赶赴现场，开展应急处置工作。

1月9日

中国地震局党组书记、局长陈建民主持召开第1次局务会议，审议《全国防震减灾奋斗目标（2006~2020年）实施方案》。中国地震局党组成员、副局长刘玉辰、赵和平参加会议。

1月10日

中国地震局党组书记、局长陈建民会见陕西省副省长罗振江，双方就进一步加强陕西省防震减灾工作深入交换了意见。

1月14日

中国地震局党组书记、局长陈建民主持召开第2次局务会议，听取2008年度防震减灾工作联席会议准备工作汇报，传达贯彻全国安全生产电视电话会议精神，安排部署安全生产工作。中国地震局党组成员、副局长刘玉辰、赵和平参加会议。

1月18日

中国地震局召开会议传达学习十七届中央纪委第二次全体会议精神。中国地震局党组书记、局长陈建民主持会议并讲话，对地震部门贯彻落实会议精神作出部署，中国地震局党组成员、副局长岳明生，中央纪委驻局纪检组组长张友民（以下简称纪检组组长）参加会议。

1月19日

国家地震灾害紧急救援队应天津市人民政府请求赴蓟县对由于山体滑坡导致被压埋人员进行搜救。

1月21日

2008年国务院防震减灾工作联席会议在京召开，回良玉副总理出席会议并作重要讲话。回良玉副总理回顾总结了近年来我国防震减灾工作取得的显著成效，对深入贯彻党的十七大精神，进一步认清防震减灾工作面临的新形势新要求，做好2008年防震减灾重点工作作出重要部署。中国地震局党组书记、局长陈建民代表联席会议办公室作工作汇报。会议还听取了有关专家关于2008年地震趋势会商结论的汇报。防震减灾工作联席会议成员和联络员以及中编办、法制办、北京市人民政府、北京奥组委的有关负责参加会议。

1 月 22 日

中国地震局召开会议传达学习国务院 2008 年防震减灾工作联席会议精神，中国地震局党组书记、局长陈建民对地震系统贯彻落实工作作出部署，中国地震局党组成员、副局长赵和平传达回良玉副总理重要讲话，纪检组组长张友民主持会议。

1 月 22 日

中国地震局党组书记、局长陈建民在中国地震局党组成员、机关各部门主要负责人会议上宣读中共中央组织部和国务院任免通知（组任字［2007］138 号和国人字［2008］2 号）免去岳明生中国地震局党组成员、副局长职务。

1 月 23 日

中国地震局党组书记、局长陈建民，中国地震局党组成员、副局长赵和平与来访的 38 军许林平副军长一行座谈，双方就推进国家地震灾害紧急救援队建设、加强合作交换意见。

中国地震局党组书记、局长陈建民，中国地震局党组成员、副局长赵和平、修济刚与来访的中国地质调查局领导班子全体成员座谈，双方就开展合作、推进事业发展交换意见。

1 月 23 日

中国地震局党组成员、副局长赵和平走访武警总部，双方就加强国家地震灾害紧急救援队建设进行座谈。

1 月 29 日

中国地震局党组成员、副局长赵和平会见天津市政府副秘书长李福海一行，李福海副秘书长专程对国家地震灾害紧急救援队在天津蓟县山体滑坡灾害后实施紧急搜救行动表示感谢，双方还就进一步完善突发事件应对机制交换意见。

1 月 30 日

中国地震局党组成员、副局长赵和平参加中央在京单位老同志迎春茶话会。

1 月 31 日

中国地震局党组书记、局长陈建民，中国地震局党组成员、副局长修济刚参加局机关离退休老同志团拜会。

中国地震局党组书记、局长陈建民赴中国气象局考察，双方就进一步加强合作达成共识。

2 月 1 日

中国地震局机关举办 2008 年春节联欢会，中国地震局党组书记、局长陈建民致新春贺辞，中国地震局党组成员、副局长刘玉辰、赵和平、修济刚，中央纪委驻局纪检组组长张友民出席联欢会。

地震电磁卫星座谈会在京召开，中国地震局党组成员、副局长刘玉辰出席会议并讲话，国家航天局副局长、国防科工委系统工程一司司长罗格出席座谈会。

中国地震局党组成员、副局长赵和平走访总参作战部，双方就进一步加强国家地震灾害紧急救援队建设交换意见。

2 月 2 日

中国地震局党组成员、副局长赵和平走访北京军区，与军区领导进行了座谈，双方就进一步加强合作交换意见。

2 月 3 日

中国地震局党组书记、局长陈建民会见总参测绘局袁树友局长一行，双方就进一步加强合作交换意见。

南方遭受雨雪冰冻灾害，中国地震局党组书记、局长陈建民致电安徽、江西、湖北、湖南、广东等省地震局主要负责人，代表中国地震局党组慰问遭受雨雪冰冻灾害的各单位干部职工，要求各单位积极组织开展抗灾救灾，帮助受灾群众排忧解难，为夺取抗灾救灾的胜利作出贡献。

2 月 13 日

中国地震局党组书记、局长陈建民参加交流干部座谈会。

2 月 18 日

中国地震局党组成员、副局长修济刚主持召开局长专题会议，审议《中国地震局规划管理办法》、《中国地震局级基本建设管理办法》、《中国地震局政府采购管理细则》、《中国地震局政府采购规程》和《中国地震局公务用车管理细则》。

2 月 21 日

中国地震局奥运地震安全保障工作领导小组会议在京召开，中国地震局党组书记、局长陈建民，中国地震局党组成员、副局长刘玉辰、赵和平、修济刚出席会议。

2 月 23 日

中国地震局党组书记、局长陈建民会见西藏自治区尼玛次仁副主席，双方就进一步加强西藏自治区防震减灾工作深入交换了意见。

2 月 28 日

中国地震局党组书记、局长陈建民主持召开第二次党组会议，听取人事教育和科技司关于 2007 年度干部考核结果的汇报，研究确定优秀等次人选及其奖励办法；审议通过人事教育和科技司编制的《中国地震局 2008 ~ 2012 年干部教育培训规划》。中国地震局党组成员、副局长刘玉辰、赵和平、修济刚，中央纪委驻局纪检组组长张友民参加会议。

3 月 3 ~ 14 日

中国地震局党组书记、局长陈建民参加全国政协十一届一次会议。

3 月 4 日

中国地震局党组书记、局长陈建民会见江西省谢茹副省长，听取了有关江西省经济社会发展情况和江西省防震减灾事业发展情况的汇报，商谈“十一五”江西省防震减灾重点项目建设工作。

3 月 6 日

21 时 03 分、57 分，福建古田县分别发生 3.6 级、4.2 级地震。震中位于水口库区，南平、宁德等地区震感强烈，古田县水口和黄田两镇震感较大，个别房屋出现墙体裂缝和瓦片掉落等现象，无人员伤亡。震后，中国地震局立即启动应急处置程序，中国地震局党组书记、局长陈建民要求福建局按照中国地震局关于强化“两会”期间震情应急保障的有关部署，全力以赴做好灾情调查、震情跟踪，协助地方政府开展各项应急处置工作，确保人民生命财产安全。福建地震局立即启动应急预案，组织专家开展会商，研判震后趋势，派出由副局长带队的 15 人现场工作组，分两批赶赴震区，协助震区政府开展应急处置工作。

3 月 7 日、9 日

中国地震局党组成员、副局长刘玉辰列席全国政协十一届一次会议。

3 月 12 日

中国地震局党组书记、局长陈建民会见河南省徐济超副省长，双方就进一步加强河南省防震减灾工作深入交换了意见。

3 月 14 日

中国地震局党组书记、局长陈建民会见山东省副省长王随莲，双方就进一步加强山东省防震减灾工作深入交换了意见。王随莲副省长还参观了中国地震台网中心。

3 月 16 ~ 20 日

中国地震局党组成员、副局长刘玉辰参加地震系统外事工作会议。

3 月 17 日

中国地震局党组书记、局长陈建民会见新疆维吾尔自治区副主席靳诺，双方就进一步加强新疆自治区防震减灾工作深入交换了意见。

3 月 17 ~ 18 日

中国地震局党组书记、局长陈建民参加第十一届全国人民代表大会第一次会议。

3 月 20 日

中国地震局党组书记、局长陈建民主持召开第三次党组会议，审议 2008 年全国地震局长会暨党风廉政建设工作会议主报告，中国地震局党组成员、副局长赵和平、修济刚参加会议。

3 月 21 日

中国地震局党组书记、局长陈建民主持召开会议传达“两会”精神，并就贯彻落实工作作出部署，中国地震局党组成员、副局长赵和平、修济刚参加会议。

3 月 21 日

6 时 33 分，新疆于田发生 7.3 级地震。地震未造成人员伤亡，造成 500 余间房屋倒塌，2 万余间损坏。震后，回良玉副总理作出重要批示，要求切实加强监测，了解灾情，及时启动相应预案。中国地震局党组书记、局长陈建民要求按照回副总理的重要批示精神，组织专家全面会商分析地震趋势，做好各项应急处置工作。中国地震局党组成员、副局长修济刚组织召开专题会议，要求有关部门和新疆维吾尔自治区地震局及时了解灾情，进一步加强震情监视和会商，全力协助地方政府做好应急处置工作，组织召开会商会，研判地震趋势。中国地震局和新疆维吾尔自治区地震局相继派出现场工作队赶赴震区协助当地政府开展应急处置工作。

3 月 21 日

20 时 36 分，云南盈江县与缅甸交界地区发生 5.0 级地震。震中位于山区，距盈江县城约 40 公里。震后，云南省地震局立即启动应急预案，派出 20 人的现场工作队连夜赶赴震区调查了解灾情，协助地方政府开展现场应急工作。

3 月 24 日

中国地震局党组书记、局长陈建民主持召开第四次党组会议，听取“十五”数字地震项目进展和验收工作安排的汇报，研究项目验收和运行维护等工作。中国地震局党组成员、副局长刘玉辰、赵和平、修济刚参加会议。

3 月 25 日

中国地震局党组书记、局长陈建民参加国务院第一次廉政工作会议。

3 月 25 日

中国地震局廉政文化建设知识竞赛在京举行，中国地震局党组书记、局长陈建民，中国地震局党组成员、副局长刘玉辰、赵和平，纪检组组长张友民出席活动。

3 月 26 ~ 27 日

中国地震局召开 2008 年全国地震局长会议暨党风廉政建设工作会议，中国地震局党组书记、局长陈建民代表局党组作了主题报告，总结 2007 年主要工作进展，对 2008 年防震减灾和党风廉政建设主要任务作出具体部署。中国地震局党组书记、局长陈建民在会议开幕式上还传达国务院第一次廉政工作会议精神。中国地震局党组成员、副局长刘玉辰作了会议总结，对学习贯彻中国地震局党组书记、局长陈建民的主报告精神提出了明确要求。党组全体成员参加会议。

3 月 28 ~ 29 日

中国地震局十七大精神学习培训班在京举行，中国地震局党组书记、局长陈建民出席结业式，中国地震局党组成员、副局长刘玉辰代表局党组作总结讲话。

3 月 30 日

16 时 32 分，甘肃肃南裕固族自治县发生 5.0 级地震。金昌市、武威市部分地区有震感。震后，中国地震局立即组织专家进行会商，研判震情趋势。甘肃省地震局立即启动地震应急预案，派出现场工作组赶赴震区，开展灾情调查等现场工作。

4 月 1 日

国务院副秘书长张勇召开会议听取新疆于田地震受灾情况汇报，中国地震局党组成员、副局长赵和平参加会议。

4 月 2 日

中国地震局党组成员、副局长赵和平主持召开专题会议，传达中央领导讲话精神，部署奥运地震安全保障、保密等各项工作。中国地震局党组成员、副局长修济刚参加会议。

4 月 6 日

老红军、原国家地震局副局长张魁三因病医治无效逝世，享年 96 岁。

4 月 9 日

20 时 43 分，洛亚尔提群岛发生 7.3 级地震。

4 月 9 ~ 11 日

中国地震局党组成员、副局长刘玉辰赴山东出席全国震害防御工作会议并讲话。

4 月 11 日

中国数字地震观测网络项目验收会在台网中心举行。项目通过由中国地震局、自然科学基金会、中国科学院、地质科学院、总参测绘局等单位的 19 名专家组成的验收组的验收。数字地震项目的建成，大大提高我国地震台站的密度，优化了网点布局，提升了我国地震监测能力，我国前兆、测震、强震台站的密度分别达到每万平方公里 0.4 个、0.88 个、1.2 个，监测设备数字化率达到95%，地震速报时间从 30 分钟缩短到 10 分钟，地震监测的震级下限从 4.5 级改善到 2.5 级。中国地震局党组书记、局长陈建民，中国地震局党组成员、副局长赵和平、修济刚出席验收会。

4 月 12 日

8 时 30 分，麦夸里岛发生 7.1 级地震。

4月14日

中国地震局党组书记、局长陈建民主持召开局长专题会，听取地震电磁卫星项目工作汇报。中国地震局党组成员、副局长赵和平参加会议。

4月22日

中共中央组织部下发任免通知（组任字［2008］62号），阴朝民任中国地震局党组成员。

4月25日

中国地震局党组书记、局长陈建民出席中国地震预报探索暨梅世蓉教授从事地震工作56周年学术研讨会。

4月29日

22时15分，北京市海淀区新宫门附近发生2.4级地震，海淀区、昌平沙河、回龙观等地部分群众有感。

5月2日

9时33分，安德烈亚诺夫群岛发生7.0级地震。

5月3日

国务院下发文件（国人字［2008］70号），任命阴朝民为中国地震局副局长。

5月5日

全国人大教科文卫委员会在人民大会堂召开全体会议，听取《中华人民共和国防震减灾法》修订工作汇报。会议由全国人大常委会委员、教科文卫委副主任委员徐荣凯主持。国务院法制办公室张穹副主任就《中华人民共和国防震减灾法》修订工作作了汇报：法律修订工作的必要性、修订的指导思想、修订草案的主要内容和审查修改工作的进展情况。中国地震局党组书记、局长陈建民就我国地震灾害概况和地震形势、地震部门的基本情况、《中华人民共和国防震减灾法》实施以来我国防震减灾事业取得的主要进展作了汇报。全国人大常委会委员、教科文卫委员会主任委员白克明，副主任委员宋法棠、李志坚、李树文、程津培等29位委员出席会议，中国地震局党组成员、副局长刘玉辰参加会议。

5月6~13日

中国地震局党组书记、局长陈建民出访意大利、匈牙利。

5月7~10日

中国地震局举办首期地震系统新闻发言人培训班，邀请国内知名新闻工作专家授课，并组织了模拟演练。中国地震局党组成员、副局长赵和平出席培训班并讲话。

5月8日

0时45分，日本本州东海岸发生7.1级地震。

5月12日

14时28分，四川汶川发生8.0级特大地震。

14时43分，四川汶川发生6.0级余震。

19时10分，四川汶川发生6.0级余震。

15时，国家地震灾害紧急救援队和中国地震局现场工作对从北京赶赴四川地震现场。

15时30分，中国地震局党组成员、副局长刘玉辰赶赴机场，陪同温家宝总理赴四川灾区指导抗震救灾工作。

16 时，中国地震局党组成员、副局长赵和平主持召开中国地震局汶川 8.0 级地震应急指挥部第 1 次会议。

17 时，中国地震局党组成员、副局长刘玉辰在总理专机上参加国务院抗震救灾总指挥部会议，汇报汶川 8.0 级地震有关情况。

19 时，中国地震局党组成员、副局长刘玉辰陪同温家宝总理抵达四川省都江堰市灾区查看灾情，协助部署抗震救灾工作。

19 时，中国地震局党组成员、副局长赵和平参加国务院抗震救灾指挥部抢险救灾保障工作会议。

20 时，中国地震局党组成员、副局长刘玉辰参加国务院抗震救灾总指挥部会议。

21 时，中国地震局党组成员、副局长赵和平列席中央政治局常委会议。

22 时，国家地震灾害紧急救援队抵达灾区开展救援行动。

22 时，中国地震局党组成员、副局长刘玉辰听取四川地震局地震应急工作汇报。

23 时，中国地震局党组成员、副局长刘玉辰参加国务院抗震救灾总指挥部会议。

24 时，中国地震局党组成员、副局长赵和平主持召开中国地震局汶川 8.0 级地震应急指挥部第 2 次会议。

5 月 13 日

15 时 07 分，四川汶川发生 6.1 级余震。

15 时，中国地震局党组成员、副局长赵和平参加国务院抗震救灾指挥部抢险救灾保障工作会议。

21 时，中国地震局党组书记、局长陈建民在都江堰召开中国地震局现场指挥部会议，部署抗震救灾和应急处置工作。

21 时，中国地震局党组成员、副局长赵和平主持召开中国地震局汶川 8.0 级地震应急指挥部第 3 次会议。

5 月 14 日

9 时，中国地震局党组成员、副局长修济刚召集办公室、监测司、台网中心、地球所等部门和单位负责同志召开会议，安排部署汶川 8.0 级地震新闻宣传工作。

中国地震局党组书记、局长陈建民查看都江堰中医院、新建小学，德阳市东方汽轮机厂灾情，指导救灾，慰问国家地震灾害紧急救援队，并视察德阳市防震减灾局。

中国地震局党组成员、副局长刘玉辰陪同温家宝总理赴青川县曲山镇、汶川映秀镇视察慰问。

15 时，中国地震局党组成员、副局长赵和平参加国务院抗震救灾指挥部抢险救灾保障工作会议。

15 时，中国地震局党组成员、副局长修济刚召集局办公室、监测司、震防司、应急司等部门负责人召开会议，安排部署汶川 8.0 级地震新闻宣传工作。

16 时，中国地震局党组成员、副局长赵和平列席中央政治局常委会议。

17 时，中国地震局党组成员、副局长修济刚接受中国政府网、新华网联合访问，就四川汶川 8.0 级地震相关情况与网友在线交流。

中国地震局党组成员、副局长刘玉辰参加国务院抗震救灾总指挥部会议。

19 时，中国地震局党组成员、副局长修济刚赴中宣部参加抗震救灾宣传报道工作会议。

20 时，中国地震局党组成员、副局长赵和平参加国务院抗震救灾指挥部抢险救灾物资保障工作会议。

23 时，中国地震局党组成员、副局长赵和平主持召开中国地震局汶川 8.0 级地震应急指挥部第 4 次会议。中国地震局党组成员、副局长修济刚参加会议。

5 月 15 日

8 时，中国地震局党组书记、局长陈建民在绵阳会见四川省副省长张作哈，研究抗震救灾工作。

10 时，中国地震局党组书记、局长陈建民深入重灾区绵阳市北川县城，指导救灾，察看灾情，并看望江苏、海南救援队。

中国地震局党组成员、副局长赵和平与国务院副秘书长尤权、外交部副部长王毅沟通联络国外救援队赴四川灾区实施救援事宜。

19 时，中国地震局党组成员、副局长修济刚参加中宣部抗震救灾新闻宣传工作会议。

中国地震局党组成员、副局长刘玉辰陪同温家宝总理赴青川县木鱼镇视察慰问。

中国地震局党组成员、副局长刘玉辰参加国务院抗震救灾总指挥部会议。

22 时，中国地震局党组成员、副局长赵和平主持召开中国地震局汶川 8.0 级地震应急指挥部第 5 次会议。中国地震局党组成员、副局长修济刚、纪检组组长张友民参加会议。

5 月 16 日

中国地震局党组书记、局长陈建民赴德阳绵竹汉旺镇看望慰问国家地震灾害紧急救援队，指导救援工作。

14 时，中国地震局党组成员、副局长修济刚与何永年、罗灼礼接受人民网强国论坛访谈。

16 时，中国地震局党组成员、副局长修济刚参加国务院抗震救灾指挥部抢险救灾保障工作会议。

21 时，中国地震局党组书记、局长陈建民主持召开中国地震局汶川 8.0 级地震应急指挥部第 6 次会议。中国地震局党组成员、副局长赵和平、修济刚、中央纪委驻局纪检组组长张友民同志参加会议。

中国地震局党组成员、副局长刘玉辰参加国务院抗震救灾总指挥部前方指挥部工作会议。

5 月 17 日

1 时，中国地震局党组书记、局长陈建民组织召开紧急会商会，研究地震趋势。中国地震局党组成员、副局长修济刚参加会议。

9 时，中国地震局党组成员、副局长修济刚参加国务院灾后安置对策方案工作会议。

10 时，中国地震局召开抗震救灾工作进展情况通报会，中国地震局党组书记、局长陈建民就下一阶段抗震救灾工作做出部署，中国地震局党组成员、副局长赵和平通报前期工作情况，中央纪委驻局纪检组组长张友民同志主持会议。

16 时，中国地震局党组书记、局长陈建民参加国务院抗震救灾总指挥部第 8 次会议。

18 时，中国地震局党组书记、局长陈建民主持召开中国地震局汶川 8.0 级地震应急指挥部第 7 次会议。中国地震局党组成员、副局长赵和平、修济刚、纪检组组长张友民参加会议。

中国地震局党组成员、副局长刘玉辰参加胡锦涛总书记在四川召开的抗震救灾工作会议。

中国地震局党组成员、副局长刘玉辰参加国务院抗震救灾总指挥部前方指挥部会议。

5 月 18 日

1 时 08 分，四川江油市发生 6.0 级余震。

中国地震局党组书记、局长陈建民陪同国家机关工委书记杨衍银慰问地震局职守信息组、新闻组工作人员。

中国地震局党组成员、副局长刘玉辰参加国务院抗震救灾总指挥部前方指挥部会议，汇报地震部门抗震救灾工作进展情况。

14 时，温家宝总理在中国地震局主持召开国务院抗震救灾总指挥部第 9 次会议，中国地震局党组书记、局长陈建民作抗震救灾工作汇报，中国地震局党组成员、副局长赵和平、修济刚参加会议。

16 时，中国地震局党组书记、局长陈建民与科技部李学勇、刘燕华副部长，国土资源部贠小苏副部长商议“国家汶川地震专家委员会”筹组事宜。18 时中国地震局党组书记、局长陈建民召集人教科技司有关负责人布置“国家汶川地震专家委员会”筹组工作。

19 时，中国地震局党组书记、局长陈建民主持召开中国地震局汶川 8.0 级地震应急指挥部第 8 次会议。中国地震局党组成员、副局长赵和平、修济刚参加会议。

5 月 19 日

14 时，28 分中国地震局机关、预测所、机关服务中心等单位职工参加“深切哀悼四川汶川大地震遇难者”活动，中国地震局党组书记、局长陈建民致悼词，表达对四川汶川大地震遇难同胞的深切哀悼，集体默哀 3 分钟。纪检组组长张友民参加活动。

14 时，中国地震局党组书记、局长陈建民与科技部李学勇副、刘燕华副部长，国土资源部汪民副部长研究商议“国家汶川地震专家委员会”专家人选报国务院抗震救灾总指挥部。

16 时，中国地震局党组书记、局长陈建民参加国务院抗震救灾总指挥部第 10 次会议。

18 时，中国地震局党组书记、局长陈建民主持召开中国地震局汶川 8.0 级地震应急指挥部第 9 次会议。中国地震局党组成员、副局长修济刚、纪检组组长张友民参加会议。

14 时，中国地震局党组成员、副局长修济刚赴住房和城乡建设部参加灾区群众安置房工作方案研讨会。

中国地震局党组成员、副局长刘玉辰参加国务院抗震救灾总指挥部前方指挥部会议。

中国地震局党组成员、副局长赵和平在中国地震局现场联合工作队指挥部听取工作汇报。

5 月 20 日

9 时，回良玉副总理视察慰问四川省地震局、听取工作汇报并部署抗震救灾工作，中国地震局党组成员、副局长刘玉辰陪同视察，中国地震局党组成员、副局长赵和平通过视频参加会议。

10 时，中国地震局党组成员、副局长修济刚主持召开中国地震局汶川 8.0 级地震应急指挥部第 10 次会议。

中国地震局、科学技术部、国土资源部联合向国务院上报《关于成立国家汶川地震专家委员会的请示》（中震发［2008］72 号）。

11 时，中国地震局党组书记、局长陈建民主持召开中国地震局汶川 8.0 级地震应急指挥部第 11 次会议。中国地震局党组成员、副局长修济刚参加会议。

中国地震局党组成员、副局长刘玉辰参加李克强副总理在四川召开的抗震救灾工作会议。

15 时，中国地震局党组成员、副局长赵和平到都江堰市防震减灾局、市中医医院、聚源中学等地查看灾情。

16 时，中国地震局党组书记、局长陈建民参加国务院抗震救灾总指挥部第 11 次会议。

17 时，中国地震局党组成员、副局长赵和平会见四川省委副书记李崇禧并介绍地震系统抗震救灾工作情况。

18 时，中国地震局党组书记、局长陈建民主持召开中国地震局汶川 8.0 级地震应急指挥部第 12 次会议。中国地震局党组成员、副局长修济刚，纪检组组长张友民参加会议。

中国地震局党组成员、副局长刘玉辰参加国务院抗震救灾总指挥部前方指挥部工作会议。

5 月 21 日

9 时，中国地震局党组书记、局长陈建民列席国务院第 9 次常务会议。

15 时，温家宝总理主持召开国家汶川地震专家委员会成立会议，中国地震局党组书记、局长陈建民代表委员会办公室作报告。

15 时，中国地震局党组成员、副局长赵和平慰问四川局地震监测预报工作人员，并安排部署下一阶段工作。

18 时，中国地震局党组书记、局长陈建民主持召开中国地震局汶川 8.0 级地震应急指挥部第 13 次会议。中国地震局党组成员、副局长修济刚，纪检组组长张友民参加会议。

中国地震局党组成员、副局长刘玉辰参加国务院抗震救灾总指挥部前方指挥部工作会议。

20 时，中国地震局党组成员、副局长修济刚赴水利部参加国务院抗震救灾总指挥部水利组工作会议。

中国地震局党组全体成员和机关各司室党支部书记带头缴纳一个月工资作为“特殊党费”，直属机关 1700 多名共产党员缴纳“特殊党费”共计 185 万余元。

5 月 22 日

9 时，中国地震局党组书记、局长陈建民列席中央政治局常委会议。

15 时，中国地震局党组书记、局长陈建民列席十一届全国人大常委会第四次委员长会议。

18 时，中国地震局党组书记、局长陈建民主持召开中国地震局汶川 8.0 级地震应急指挥部第 14 次会议。中国地震局党组成员、副局长修济刚、纪检组组长张友民参加会议。

中国地震局党组成员、副局长刘玉辰参加国务院抗震救灾总指挥部第 12 次会议。

5 月 23 日

13 时，中国地震局党组成员、副局长赵和平乘直升机空中查看映秀镇、汶川和茂县灾情。

16 时，中国地震局党组书记、局长陈建民参加国务院抗震救灾工作会议并作工作汇报。

19 时，中国地震局党组书记、局长陈建民主持召开中国地震局汶川 8.0 级地震应急指挥部第 15 次会议。中国地震局党组成员、副局长修济刚、纪检组组长张友民参加会议。

中国地震局党组成员、副局长刘玉辰参加国务院抗震救灾总指挥部第 13 次会议。

纪检组组长张友民赴中央纪委参加全国贯彻落实《建立健全惩治和预防腐败体系 2008～2012年工作规划》电视电话会议。

5 月 24 日

9 时，中国地震局党组书记、局长陈建民到台网中心慰问职工，视察指导工作。

15 时，中国地震局党组成员、副局长赵和平赴成都市参加全国对口支援地震灾区临时住所工作会议。

17 时，中国地震局党组书记、局长陈建民主持召开中国地震局汶川 8.0 级地震应急指挥部第 16 次会议。中国地震局党组成员、副局长修济刚，纪检组组长张友民参加会议。

温家宝总理视察慰问四川省地震局、听取工作汇报并部署抗震救灾工作，中国地震局党组成员、副局长刘玉辰陪同视察。

温家宝总理主持召开抗震救灾工作大会，中国地震局党组成员、副局长刘玉辰参加会议。

5 月 25 日

16 时，21 分，四川青川发生 6.4 级余震，造成 7 人死亡，468 人受伤。震后中国地震局召开紧急会议，研究进一步加强余震监视跟踪措施。

18 时，中国地震局党组书记、局长陈建民主持召开中国地震局汶川 8.0 级地震应急指挥部第 17 次会议。中国地震局党组成员、副局长修济刚，纪检组组长张友民参加会议。

中国地震局党组成员、副局长刘玉辰听取国家汶川地震专家委员会张培震同志工作汇报。

中国地震局党组成员、副局长刘玉辰参加国务院抗震救灾总指挥部前方指挥部会议。

21 时，中国地震局党组成员、副局长赵和平出席中国地震局联合现场工作队指挥部全体成员和各工作组负责人会议，对前一段工作进行总结，部署下一阶段工作。

5 月 26 日

9 时，中国地震局党组书记、局长陈建民列席中央政治局会议。

9 时，中国地震局党组成员、副局长修济刚赴国务院法制办参加会议，研究《汶川地震灾区重建条例》制定工作，《中华人民共和国防震减灾法》修订工作。

18 时，中国地震局党组书记、局长陈建民主持召开中国地震局汶川 8.0 级地震应急指挥部第 18 次会议。中国地震局党组成员、副局长修济刚，纪检组组长张友民参加会议。

中国地震局党组成员、副局长刘玉辰参加国务院抗震救灾总指挥部前方指挥部工作会议。

5 月 27 日

15 时，中国地震局党组书记、局长陈建民参加国务院抗震救灾总指挥部第 14 次会议。

17 时，中国地震局党组书记、局长陈建民主持召开中国地震局汶川 8.0 级地震应急指挥部第 19 次会议。中国地震局党组成员、副局长修济刚，纪检组组长张友民参加会议。

17 时，回良玉副总理听取国家汶川地震专家委员会工作汇报。中国地震局党组成员、副局长刘玉辰出席会议。

吴邦国委员长听取四川省政府工作汇报。中国地震局党组成员、副局长刘玉辰参加会议。

5月28日

14时，中国地震局党组成员、副局长修济刚赴国务院法制办参加《汶川地震灾后重建条例》编制工作会议。

17时，中国地震局党组成员、副局长刘玉辰向前来慰问的国家机关工委副书记黄燕明介绍前方指挥部工作情况。

20时，中国地震局党组成员、副局长修济刚赴发展改革委参加国务院抗震救灾总指挥部重建规划组工作会议。

5月29日

9时，华北地区震情工作会议在京召开，中国地震局党组书记、局长陈建民出席会议并讲话。中国地震局党组成员、副局长修济刚出席会议。

中国地震局党组成员、副局长赵和平在中国地震局联合现场工作队指挥部会见前来慰问的国家机关工委副书记黄燕明同志。

17时，中国地震局党组书记、局长陈建民主持召开中国地震局汶川8.0级地震应急指挥部第20次会议。中国地震局党组成员、副局长修济刚，纪检组组长张友民参加会议。

国家地震灾害紧急救援队圆满完成灾区救援任务回京。在15天救援过程中，共救出幸存者49人。

5月30日

15时，中国地震局党组书记、局长陈建民参加国务院抗震救灾总指挥部第15次会议。

中国地震局党组成员、副局长刘玉辰参加贾庆林主持召开的各民主党派工商联抗震救灾座谈会。

中国地震局党组成员、副局长刘玉辰参加国务院抗震救灾总指挥部前方指挥部会议。

5月31日

中国地震局党组成员、副局长赵和平与四川省副省长张作哈就灾害评估损失情况交换意见。

9时，中国地震局党组成员、副局长修济刚赴地球物理研究所出席《灾区地震区划图》评审会。

中国地震局党组成员、副局长修济刚主持召开中国地震局汶川8.0级地震应急指挥部第21次会议。

6月1日

9时，中国地震局党组书记、局长陈建民主持召开局机关及京区有关单位赴四川灾区救援队员座谈会。中国地震局党组成员、副局长刘玉辰、修济刚，纪检组组长张友民参加座谈会。

中国地震局党组书记、局长陈建民主持召开中国地震局汶川8.0级地震应急指挥部第22次会议。中国地震局党组成员、副局长刘玉辰、修济刚，纪检组组长张友民参加会议。

中国地震局党组成员、副局长赵和平与四川省省长蒋巨峰、副省长张作哈就灾害评估损失情况交换意见。

6 月 3 日

中国地震局党组书记、局长陈建民参加国务院抗震救灾总指挥部第 16 次会议。

中国地震局党组书记、局长陈建民主持召开中国地震局汶川 8.0 级地震应急指挥部第 23 次会议，传达国务院抗震救灾总指挥部第 16 次会议精神，听取办公室、发财司、监测司、震防司、应急司、人教科技司工作汇报，对下阶段抗震救灾重点工作做出部署。中国地震局党组成员、副局长刘玉辰、修济刚，纪检组组长张友民参加会议。会上中国地震局党组书记、局长陈建民宣读中组部（组任字［2008］62 号）和国务院（国人字［2008］10 号）通知：阴朝民任中国地震局党组成员、副局长。

6 月 4 日

中国地震局党组书记、局长陈建民参加国务院第 11 次常务会议，审议并原则通过《汶川地震灾后恢复重建条例（草案）》。

中国地震局召开汶川地震抗震救灾进展情况通报会，中国地震局党组书记、局长陈建民做重要讲话，中国地震局党组成员、副局长刘玉辰主持会议。修济刚、阴朝民副局长，纪检组组长张友民参加会议。

6 月 5 日

中国地震局党组书记、局长陈建民主持召开中国地震局汶川 8.0 级地震应急指挥部第 24 次会议，中国地震局党组成员、副局长刘玉辰、修济刚、阴朝民，纪检组组长张友民参加会议。

6 月 7 日

中国地震局党组成员、副局长修济刚赴甘肃实地考察汶川 8.0 级地震受灾情况，并深入陇南市灾区实地考察，慰问陇南市、陇南武都区地震局干部职工，8 日赴甘肃文县、甘南自治州考察，9 日上午，赴甘南州地震局视察指导工作。

6 月 8 日

20 时 25 分，希腊伯罗奔尼撒半岛发生 6.1 级地震，造成 2 人死亡，约 120 人受伤，上百栋房屋不同程度破坏。

6 月 9 日

中国地震局党组书记、局长陈建民参加国务院抗震救灾总指挥部第 18 次会议。

中国地震局党组书记、局长陈建民主持召开中国地震局汶川 8.0 级地震应急指挥部第 25 次会议，中国地震局党组成员、副局长刘玉辰、赵和平、阴朝民参加会议。

中国地震局党组成员、副局长赵和平主持召开会议，听取应急司四川汶川 8.0 级地震灾害损失评估工作进展汇报。

6 月 10 日

14 时 05 分，内蒙古鄂伦春自治旗与阿荣旗交界地区发生 5.2 级地震。震中位于大兴安岭林区，人口稀疏，房屋多为木结构，抗震性能较好。震后，回良玉副总理立即做出重要指示，要求地震部门加强监测预报，特别是针对昨日青海海西自治州 5.0 级和此次 5.2 级地震，要组织专家认真做好当前我国大陆震情监视跟踪和分析研判工作。中国地震局党组书记、局长陈建民立即做出部署，要求监测预报司，内蒙古自治区、黑龙江省地震部门强化震情监视跟踪，台网中心、内蒙古地震局立即组织专家会商，分析研判震情趋势，当地地震部门派出队伍，积极协助当地政府妥善开展应急处置工作。

18 时 04 分、19 时 04 分、22 时 15 分，青海海西唐古拉山地区分别发生 5.5 级、5.1 级、5.4 级地震。震区海拔平均约 5000 米，人烟稀少，没有人员伤亡。

中国地震局党组书记、局长陈建民主持召开中国地震局汶川 8.0 级地震应急指挥部第 26 次会议，中国地震局党组成员、副局长刘玉辰、赵和平、阴朝民，纪检组组长张友民参加会议。

中国地震局党组成员、副局长修济刚赴陕西指导抗震救灾工作期间与陕西省副省长郑晓明进行了会谈，就抗震救灾各项工作交换了意见。同日修济刚副局长还听取了陕西省地震局工作汇报，并视察慰问了西安市地震局。

6 月 11 日

中国地震局召开汶川地震专家座谈会。中国地震局党组书记、局长陈建民作重要讲话，中国地震局党组成员、副局长刘玉辰主持会议，中国地震局党组成员、副局长赵和平、阴朝民，纪检组组长张友民出席座谈会。

国家标准化管理委员会发布国家标准 GB 18306—2001《中国地震动参数区划图》第一号修改单，修订汶川地震灾区地震动参数。

6 月 12 日

中国地震局党组成员、副局长刘玉辰会见匈牙利全国抗灾总局局长一行，商谈双方开展合作事宜。

6 月 12～19 日

中国地震局党组成员、副局长修济刚赴四川指导抗震救灾工作期间参加四川局 2008 年中趋势会商会，听取四川局汶川地震应急工作汇报，深入绵阳市防震减灾局、德阳市防震减灾局、安县防震减灾局、江油市防震减灾局和江油市地震台等一线地震部门调查了解抗震救灾工作情况，向基层防震减灾干部职工和家属表示慰问。

6 月 13 日

中国地震局党组书记、局长陈建民参加省区市和中央部门主要负责人会议，中国地震局党组成员、副局长刘玉辰、赵和平列席会议。

中国地震局党组书记、局长陈建民主持召开老领导专题座谈会，听取汶川地震科学总结工作意见和建议，中国地震局党组成员、副局长阴朝民，纪检组组长张友民参加会议。

中国地震局党组书记、局长陈建民主持召开第六次党组会议，研究推荐中央国家机关抗震救灾先进基层党组织和优秀共产党员备选对象。中国地震局党组成员、副局长刘玉辰、赵和平、阴朝民，纪检组组长张友民参加会议。

中国地震局党组成员、副局长刘玉辰参加国务院抗震救灾总指挥部恢复重建组工作会议。

国务院副秘书长张勇主持召开会议，研究汶川地震灾区类别划分及财税优惠政策范围问题，中国地震局党组成员、副局长赵和平参加会议。

6 月 14 日

7 时 43 分，日本本州东部发生 7.0 级地震。

中国地震局党组书记、局长陈建民主持召开机关处以上干部和京区单位领导班子成员会议，传达省区市和中央部门主要负责人会议精神，中国地震局党组成员、副局长刘玉辰、赵和平、阴朝民，纪检组组长张友民参加会议。

6 月 16 日

中国地震局党组书记、局长陈建民主持召开汶川地震部分单位主要负责人座谈会，中国地震局党组成员、副局长刘玉辰、赵和平、阴朝民，纪检组组长张友民参加会议。

中国地震局党组书记、局长陈建民参加国务院抗震救灾总指挥部第 19 次会议。

中国地震局党组书记、局长陈建民主持召开中国地震局汶川地震应急指挥部第 27 次会议，中国地震局党组成员、副局长刘玉辰、赵和平、阴朝民，纪检组组长张友民参加会议。

6 月 18 日

中国地震局党组书记、局长陈建民主持召开局长专题会，研究部署汶川大地震总结和评估工作，中国地震局党组成员、副局长刘玉辰、阴朝民，纪检组组长张友民参加会议。

中国地震局党组成员、副局长刘玉辰主持召开汶川地震遗址博物馆规划建设协调组第一次工作会议。会议由地震局和国家文物局共同组织，住房和城乡建设部、国土资源部、国家民委和四川省政府有关人员出席会议。

6 月 19 日

中国地震局党组成员、副局长阴朝民出席中国地震台网中心汶川 8.0 级大震序列跟踪和周震情会商会并讲话。

6 月 20 日

中国地震局党组成员、副局长赵和平参加全国防范地质灾害电视电话会议。

6 月 23 日

全国人大常委会副秘书长何晔晖带队的 40 余位列席十一届全国人大常委会第三次会议的人大代表到台网中心考察。中国地震局党组书记、局长陈建民主持召开座谈会，中国地震局党组成员、副局长刘玉辰代表地震局作题为《我国防震减灾工作及汶川地震应急处置情况》的报告。

6 月 25 日

中国地震局党组书记、局长陈建民，中国地震局党组成员、副局长修济刚出席中国地震局 2008 年发展与财务会议并讲话。

中国地震局党组书记、局长陈建民主持召开第 3 次局务会议，研究审议《中国地震局工作规则（送审稿)》，中国地震局党组成员、副局长刘玉辰、赵和平、修济刚、阴朝民，纪检组组长张友民参加会议。

6 月 26 日

中国地震局党组书记、局长陈建民参加国务院抗震救灾总指挥部第 22 次会议。

中国地震局党组书记、局长陈建民主持召开党组理论学习中心组学习会，认真学习贯彻胡锦涛总书记在两院院士大会上的重要讲话。中国地震局党组成员、副局长刘玉辰、赵和平、修济刚、阴朝民，纪检组组长张友民参加会议。

中国地震局党组成员、副局长阴朝民参加外交部招待会，答谢国际社会对我抗震救灾工作的支持和援助。

6 月 27 日

中国地震局党组书记、局长陈建民主持召开第 4 次局务会议，研究审议《汶川 8.0 级地震科学考察方案》，中国地震局党组成员、副局长刘玉辰、赵和平、修济刚、阴朝民，纪检组组长张友民参加会议。

纪检组组长张友民参加中央纪委会议。

6月30日至7月4日

纪检组组长张友民赴上海局调研防震减灾和党风廉政建设工作情况，并出席地震系统廉政文化建设经验交流会议。

7月1日

中国地震局召开纪念建党87周年大会，中国地震局党组书记、局长陈建民发表重要讲话，中国地震局党组成员、副局长刘玉辰主持会议，修济刚副局长带领新党员宣誓，中国地震局党组成员、副局长赵和平、阴朝民出席会议。

中国地震局党组书记、局长陈建民会见云南省曹建方副省长，双方就全面加强云南省预防和处置地震灾害能力建设有关工作进行座谈。

中国地震局党组成员、副局长修济刚、阴朝民出席奥运地震安全保障协调小组工作会议。

7月2日

中国地震局党组成员、副局长赵和平出席奥运新闻保障工作领导小组扩大会议并讲话。

7月2~3日

中国地震局党组书记、局长陈建民，中国地震局党组成员、副局长阴朝民出席2008年年中全国地震趋势跟踪会商会并讲话。

中国地震局党组成员、副局长刘玉辰出席市县防震减灾工作座谈会并讲话。

7月3日

中国地震局党组书记、局长陈建民主持召开第5次局务会议，听取机关各有关部门就汶川地震总结和评估等各项工作部署的落实情况汇报。中国地震局党组成员、副局长刘玉辰、赵和平、修济刚、阴朝民参加会议。

7月4日

全国人大教科文卫委员会赴国家地震灾害紧急救援训练基地开展《中华人民共和国防震减灾法》修订调研。中国地震局党组书记、局长陈建民主持座谈会，会议听取了国家地震灾害紧急救援队实施汶川地震紧急救援的汇报，全国人大常委会委员、教科文卫委员会主任委员白克明在座谈会上讲话。中国地震局党组成员、副局长刘玉辰参加座谈会。

7月5日

10时12分，鄂霍次克海发生7.6级地震。

7月7日

中国地震局党组成员、副局长修济刚主持召开会议，向中国地震局机关老同志通报四川汶川8.0级特大地震有关情况。

7月8日

中国地震局党组成员、副局长赵和平与国务院应急办负责人座谈，双方就落实国务院领导批示，推进国家地震灾害紧急救援队建设进行了沟通。

7月9日

中国地震局党组书记、局长陈建民主持召开第七次党组会议，研究成立中国地震局汶川地震科学总结领导小组和专家组；研究抗震救灾主题展览中国地震局承担部分即“序篇”的筹备工作。中国地震局党组成员、副局长刘玉辰、赵和平、修济刚、阴朝民，纪检组组长张友民参加会议。

中国地震局党组成员、副局长阴朝民听取北京化工大学金日光教授探索地震预报新方法专题报告。

7 月 10 日

中国地震局党组书记、局长陈建民主持召开第 6 次局务会议，研究审议《汶川大地震信息资料库实施方案（征求意见稿）》。中国地震局党组成员、副局长刘玉辰、赵和平、修济刚、阴朝民，纪检组组长张友民参加会议。

7 月 10 ~ 11 日

中国地震局党组成员、副局长刘玉辰陪同国务院法制办副主任张穹一行赴国家地震灾害紧急救援训练基地调研，双方就进一步修订和完善《中华人民共和国防震减灾法》深入交换了意见。

7 月 11 日

中国地震局党组书记、局长陈建民，中国地震局党组成员、副局长刘玉辰召开局长专题会议听取第 14 届世界地震工程大会筹备工作情况汇报。

7 月 12 日

5 时 35 分和 13 日 22 时 58 分台湾恒春海域分别发生 5.2 级和 6.0 级地震。

7 月 13 日

中国地震局党组书记、局长陈建民，中国地震局党组成员、副局长修济刚、阴朝民赴中国地震台网中心听取地震速报和奥运保障工作汇报。

7 月 14 日

中国地震局召开奥运地震安全保障领导小组工作会议，中国地震局党组书记、局长陈建民，中国地震局党组成员、副局长刘玉辰、赵和平、修济刚、阴朝民出席会议。

7 月 14 ~ 17 日

纪检组组长张友民先后赴四川绵竹、什邡、彭州、都江堰等重灾区实地考察，并慰问四川省地震局干部职工。

7 月 15 日

中国地震局召开汶川地震科学考察工作部署会议，中国地震局党组书记、局长陈建民，中国地震局党组成员、副局长刘玉辰、赵和平、修济刚、阴朝民出席会议。

7 月 17 日

6 时 58 分，青海唐古拉地区发生 5.3 级地震。震区平均海拔约 5000 米，人烟稀少，没有人员伤亡。

7 月 18 日

中国地震局党组书记、局长陈建民主持召开局长专题会议，研究部署“关于实施‘中国主要地震断裂带科学钻探计划——汶川地震断裂带科学钻探一期工程（WFSD）’建议书”有关工作。

7 月 18 日

中国地震局党组成员、副局长刘玉辰主持召开局长专题会议，研究汶川地震科学总结机构组建工作。

中国地震局党组成员、副局长修济刚召开会议，听取局机关老领导关于四川汶川地震的工作建议。

中国地震局党组成员、副局长阴朝民出席台网中心领导班子民主生活会。

7 月 19 日

中国地震局党组成员、副局长阴朝民出席北京国际新闻中心举行的中国地震灾害预测与预报新闻发布会，介绍相关情况并答记者问。

10 时 39 分日本本州东海岸近海发生 7.3 级地震。

7 月 22 日

中国地震局党组书记、局长陈建民主持召开第 8 次党组会议，研究汶川地震科学总结工作和 2009 年中央预算内基本建设投资计划。中国地震局党组成员、副局长刘玉辰、赵和平、修济刚、阴朝民，纪检组组长张友民参加会议。

7 月 23 日

纪检组组长张友民出席地球物理研究所领导班子民主生活会。

7 月 24 日

15 时 09 分，陕西宁强县与四川青川县交界发生 6.0 级余震，造成 2 人死亡，22 人受伤，四川省青川县姚渡镇 300 余户房屋倒塌，近 500 户严重损毁，3 个村道路及通讯中断。震后，温家宝总理、李克强副总理、回良玉副总理、马凯国务委员分别作出重要批示，要求认真研判震情发展趋势，继续强化监测，协助和指导地方做好防震减灾各项工作。中国地震局党组书记、局长陈建民迅即作出部署，组织专家召开紧急会商会，专题研究汶川余震区震情发展态势，要求四川省地震局派出现场工作队协助当地政府开展应急处置工作。

7 月 25 日

中国地震局党组书记、局长陈建民会见国家发展改革委刘江副主任，双方就进一步加强合作进行会谈，并赴国家地震紧急救援培训基地考察。

7 月 28 日

回良玉副总理召集有关部门负责人研究奥运保障工作，中国地震局党组书记、局长陈建民就奥运震情保障工作和首都圈震情趋势作汇报。

7 月 28 日

中国地震局党组成员、副局长赵和平赴中国地震局服务中心沙河基地、地壳应力研究所、震防中心、地质研究所检查奥运安全保障工作。

7 月 29 日

中国地震局党组书记、局长陈建民主持召开中国地震局奥运地震安全保障协调组会议，传达贯彻国务院奥运期间自然灾害防御工作会议精神，中国地震局党组成员、副局长修济刚、阴朝民参加会议。

7 月 30 日

中国地震局党组书记、局长陈建民主持召开第九次党组会议，分别听取赴海南局、甘肃局两个巡视组的工作汇报。并召开以“学习和实践科学发展观”为主题的党组民主生活会，中国地震局党组成员、副局长刘玉辰、赵和平、修济刚、阴朝民，纪检组组长张友民参加会议。

7 月 30 日

国务院副秘书长张勇同志听取第 14 届世界地震工程大会筹备工作汇报，中国地震局党组成员、副局长刘玉辰汇报了有关工作进展情况。

7月31日

中国地震局党组成员、副局长赵和平赴北京市地震局、地球物理研究所、地震出版社、搜救中心、台网中心检查奥运期间安全稳定工作。

7月31日

中国地震局党组成员、副局长阴朝民到台网中心检查奥运地震安全保障工作。

8月1日

16时32分，四川平武县、北川县交界发生6.1级余震，造成2人死亡，约350人受伤，倒塌房屋700余户。震后，温家宝总理、回良玉副总理、马凯国务委员分别作出重要批示，要求收集余震破坏情况，继续强化监测，认真研判震情发展趋势。中国地震局党组书记、局长陈建民立即做出部署，安排四川省地震局派出现场工作组赶赴震区调查了解震情，组织有关部门和专家召开紧急会商会，专题研究汶川余震区震情发展态势。

8月1日

中国地震局党组成员、副局长修济刚检查北京市地震局奥运地震安全保障工作。

8月1日

纪检组组长张友民参加中央和国家机关贯彻落实《建立健全惩治和预防腐败体系2008～2012年工作规划》任务分解部署会议。

8月3～7日

中国地震局党组成员、副局长刘玉辰赴广西出席全国市县防震减灾工作综合评比会议，期间出席广西壮族自治区地震局领导班子民主生活会。

8月5日

17时49分，四川青川县发生6.1级余震，造成3人死亡，40人受伤，1000余户房屋倒塌，并对当地交通、通讯等造成一定影响。遵照温家宝总理、回良玉副总理、马凯国务委员的重要批示，中国地震局党组书记、局长陈建民立即部署地震应急处置工作。一是组织专家召开紧急会商会，研究余震序列发展动态，加强余震的趋势分析，认真研判震情发展态势；二是要求当地地震部门组织力量收集核实地震灾情；三是切实加强余震区的震情监测、数据报送、宏观异常落实等工作；四是配合地方政府落实相关防范和应急处置措施。

8月5日

中国地震局党组书记、局长陈建民参加国务院抗震救灾总指挥部第24次会议。

8月5日

纪检组组长张友民参加天津市地震局领导班子民主生活会。

8月7日

中国地震局党组成员、副局长阴朝民出席汶川8.0级地震强余震专题会商会并讲话。

8月8日

中国地震局党组书记、局长陈建民主持召开第10次党组会议，研究局2009年“一上”预算编制，中国地震局党组成员、副局长刘玉辰、赵和平、修济刚、阴朝民，纪检组组长张友民参加会议。

中国地震局党组成员、副局长赵和平、修济刚视察中国地震局新闻办公室工作，听取中国地震局奥运新闻办公室工作情况汇报并慰问值班人员。

8月9~14日

中国地震局党组成员、副局长阴朝民赴四川调研余震监测情况并慰问前方科考工作队，出席汶川地震强余震监测与防范座谈会并讲话。

8月11日

中国地震局召开四川汶川8.0级地震科学总结与反思工作启动视频会议，全面启动和系统部署汶川地震科学总结与反思工作。中国地震局党组书记、局长陈建民作动员讲话，中国地震局党组成员、副局长刘玉辰、赵和平、修济刚参加会议。会议宣布成立四川汶川8.0级地震科学总结与反思工作领导小组及其办公室、科学咨询委员会和科学工作委员会。各省（区、市）地震局、局属各单位、中国地震局机关处级以上干部，有关专家学者在33个分会场参加会议。

8月15日

中国地震局党组召开民主生活会情况通报会，中国地震局党组书记、局长陈建民通报了民主生活会会议情况，中国地震局党组成员、副局长刘玉辰主持会议，中国地震局党组成员、副局长赵和平、修济刚、阴朝民出席会议。

中国地震局党组书记、局长陈建民主持召开第7次局务会议，研究审议《国家地震安全工程计划管理办法（征求意见稿）》、国家“十二五”防震减灾规划体系和中国地震局空间功能规划设计等，中国地震局党组成员、副局长刘玉辰、赵和平、修济刚、阴朝民出席会议。

8月18日

中国地震局党组成员、副局长赵和平出席12322防震减灾公益服务热线建设部署工作会议并讲话。

8月21日

20时24分，云南盈江县发生5.9级地震，造成5人死亡，29人重伤，101轻伤。震后，回良玉副总理作出重要批示，要求继续加强震情监测和趋势分析，尽速了解灾害情况。中国地震局党组书记、局长陈建民立即作出部署，要求迅速组织专家紧急会商，派出现场工作队赶赴震区开展灾害信息收集、流动监测、余震趋势分析等现场应急工作。

中国地震局党组书记、局长陈建民出席中国地震局预测研究所领导班子民主生活会。

8月25日

21时22分、21时39分及8月26日3时13分，西藏日喀则地区仲巴县先后发生6.8级、5.2级、5.0级地震，震区为平均海拔5000米以上的高原地区，人烟稀少。震后，中国地震局立即启动应急预案，部署中国地震台网中心和西藏自治区地震局召开会商会，分析研判震情发展趋势，向地方政府通报情况，调查了解灾情。

8月25日

中国地震局党组书记、局长陈建民主持召开第8次局务会议，审议“地震部门落实国务院关于加强防震减灾工作任务分解方案”，研究部署落实工作，中国地震局党组成员、副局长刘玉辰、修济刚、阴朝民，纪检组组长张友民参加会议。

中国地震局党组成员、副局长刘玉辰参加防灾科技学院领导班子民主生活会。

中国地震局党组成员、副局长修济刚参加地质所领导班子民主生活会。

8月25～27日

中国地震局党组成员、副局长赵和平赴长沙出席湖南局领导班子民主生活会。

8月25～28日

中国地震局党组成员、副局长阴朝民赴沈阳出席辽宁局领导班子民主生活会，期间视察抚顺、丹东、本溪等市地震局和台站。

8月27日

中国地震局党组书记、局长陈建民参加国务院第24次常务会议，审议《国家汶川地震灾后恢复重建总体规划》。

8月28日至9月1日

中国地震局党组成员、副局长刘玉辰赴日本向国际地震工程协会汇报第十四届世界地震工程大会筹备工作进展情况。

8月30日

16时30分、31日16时31分，四川攀枝花市仁和区、凉山彝族自治州会理县交界先后发生6.1、5.6级地震，共造成四川、云南两省41人死亡，1010人受伤。震后，回良玉副总理作出重要批示，要求地震部门加强震情监测预报，认真分析研判地震发展趋势，切实协助地方做好应急处置工作。中国地震局局迅速召开四川、云南省地震局、中国地震台网中心和机关有关部门参加的视频会议，听取四川、云南省地震局负责人的有关情况汇报，对后续震情监视跟踪和应急处置工作作出部署，派出现场应急工作组及地震预报专家赴灾区开展现场应急工作，并要求四川省地震局、云南省地震局加强监测预报，分析研判地震发展趋势，协助地方政府做好应急处置工作。四川、云南两省地震局分别派出由副局长带队的地震现场工作队赶赴震区开展地震现场工作。

8月31日至9月2日

中国地震局党组书记、局长陈建民陪同温家宝总理赴四川地震灾区视察工作。

8月31日

中国地震局党组成员、副局长修济刚听取奥运新闻办关于四川仁和—会理交界6.1级地震新闻应急保障工作情况汇报，对进一步做好震情信息快速发布和提供信息服务等提出明确要求。

9月1日

中国地震局党组成员、副局长赵和平会见泰国气象厅代表团，双方就地震数据共享和工作人员培训等事宜进行座谈，并达成共识。

9月2～7日

全国人大教科文卫委员会、全国人大法律委员会和全国人大常委会法制工作委员会联合组成《中华人民共和国防震减灾法》修订工作调研组赴四川调研，广泛听取四川汶川地震灾区各级政府及有关部门关于《中华人民共和国防震减灾法》修订工作的意见和建议。中国地震局党组成员、副局长刘玉辰、修济刚先后陪同调研。

9月3日

14时27分，云南盈江县发生4.8级地震，造成13人受伤，93间房屋倒塌，1300余间房屋受损，德宏州6个乡镇及盈江国营农场受灾。

中国地震局党组成员、副局长赵和平为全国政协“我国重大灾害应急机制建设”视察团介绍地震灾害应急机制建设情况。

9月4~5日

中国地震局党组成员、副局长修济刚赴四川攀枝花6.1级地震灾区调查了解灾情，慰问地震现场工作队，并与攀枝花市、凉山州以及会理县政府就抗震救灾工作交换意见。

9月9日

15时43分，台湾宜兰以东海中发生5.2级地震。

9月10日

9时14分、9时28分，西藏日喀则地区仲巴县相继发生5.1级、5.2级地震，震区平均海拔约5000米，人烟稀少，没有人员伤亡。

中国地震局党组成员、副局长赵和平出席搜救中心领导班子民主生活会。

9月11日

8时20分，日本北海道地区发生7.1级地震。

中国地震局党组书记、局长陈建民主持召开第12次党组会议，研究事业单位岗位设置实施工作。中国地震局党组成员、副局长刘玉辰、赵和平、修济刚、阴朝民参加会议。

纪检组组长张友民召集有关司室负责人研究制定中国地震局贯彻《建立健全惩治和预防腐败体系2008~2012工作规划》落实方案。

9月16~17日

第四届“东京—北京”论坛在日本东京举行，中国地震局党组成员、副局长赵和平应邀出席论坛，并在“安全保障与灾害合作”分论坛上作会议发言。

9月20~25日

中国地震局党组成员、副局长刘玉辰赴陕西西安出席中心城市防震减灾工作研讨会，期间听取第二监测中心和陕西省地震局工作汇报，赴宝鸡等地震灾区察看灾后恢复重建工作。

9月22日

中国地震局党组成员、副局长赵和平陪同中央党校地市党政主要领导干部进修班学员赴国家地震紧急救援培训基地考察，并作了关于我国地震灾害及地震应急机制建设情况的介绍。

中国地震局党组成员、副局长阴朝民会见2008海峡两岸自然灾害防治访问团一行。

9月23日

中国地震局党组成员、副局长修济刚主持召开中国地震局学习实践活动领导小组办公室会议，学习贯彻中央精神，安排部署有关工作。

9月24日

中国地震局召开奥运地震安全保障工作总结会议，中国地震局党组书记、局长陈建民，中国地震局党组成员、副局长修济刚、阴朝民出席会议并讲话。

9月24~26日

中国地震局党组成员、副局长阴朝民赴四川出席巨灾风险管理与保险国际研讨会，期间听取四川省地震局关于汶川余震趋势汇报。

9月25日

9时47分，西藏仲巴县发生6.0级地震，未造成人员伤亡。震后，中国地震局党组书记、局长陈建民迅速作出指示，要求有关部门和西藏自治区地震局进一步分析研判震情发展趋势，调查了解灾情，协助地方政府做好应急处置工作。西藏自治区地震局立即派出现场工作组，赶赴震区开展应急处置工作。

9 月 27 日

中国地震局党组书记、局长陈建民主持召开第 13 次党组会议，研究学习实践活动安排，审议《中国地震局党组关于贯彻落实〈建立健全惩治和预防腐败体系 2008 ~2012 年工作规划〉的实施办法》、《中国地震局党组关于加强对局属单位党政主要负责人教育和监督的意见》。中国地震局党组成员、副局长刘玉辰、赵和平、修济刚、阴朝民，纪检组组长张友民参加会议。

9 月 28 日

中国地震局党组书记、局长陈建民主持召开汶川地震科学总结与反思领导小组工作会议，研究审议《汶川地震科学总结与反思大纲》，中国地震局党组成员、副局长刘玉辰、赵和平、修济刚、阴朝民，纪检组组长张友民参加会议。

9 月 29 日

23 时 19 分，新西兰克马德克群岛海域发生 7.2 级地震。

10 月 5 日

23 时 52 分、10 月 6 日 0 时 11 分，新疆维吾尔自治区克孜勒苏柯尔克孜自治州乌恰县先后发生 6.8 级、5.7 级地震，乌恰县、阿图什市、喀什市强烈有感，震区附近的伊尔克斯坦口岸震感强烈，旧房出现裂缝，地震未造成人员伤亡。震后，中国地震局立即启动应急响应，部署相关工作，责成新疆自治区地震局加强监测、密切跟踪地震发展趋势，开展灾情调查收集等应急处置工作，要求中国地震台网中心组织专家立即会商，对震后趋势进行分析判定，派出中国地震局地震现场工作组赶赴震区会同地方地震工作部门开展余震监测、灾害调查和评估等现场工作。

10 月 6 日

16 时 30 分、20 时 10 分，西藏自治区拉萨市当雄县先后发生 6.6 级和 5.2 级地震，震中距拉萨市约 82 公里，距日喀则市约 150 公里。地震共造成 10 人死亡（当雄县 9 人，浪卡子县 1 人），45 人受伤。震后，回良玉副总理迅即作出重要批示，要求地震部门及时启动应急响应，强化监测，迅速了解灾情，协助和指导地方做好抗震救灾工作。同时，做好震情趋势研判工作。中国地震局立即启动应急响应，对震情监视跟踪和应急处置工作作出部署，分别安排新疆、西藏地震局加强地震监测、密切跟踪震情动态，开展灾情调查和收集等工作，及时组织专家会商，对震后趋势进行分析判定，做好社会稳定和群众安抚工作，派出国家地震现场应急工作组分赴震区协助开展应急处置工作。

温家宝总理主持召开国务院第 29 次常务会议，研究审议《中华人民共和国防震减灾法（修订草案）》，中国地震局党组书记、局长陈建民参加会议。

10 月 7 日

纪检组组长张友民参加中央纪委深入学习实践科学发展观活动动员大会。

中国地震局召开深入开展学习实践科学发展观活动动员大会，中国地震局党组书记、局长陈建民对地震部门开展深入学习实践科学发展观活动进行了全面动员部署。中央第 21 指导检查组组长刘锡荣同志出席大会作重要讲话，修济刚副局长主持动员大会。中国地震局党组成员、副局长刘玉辰、阴朝民，纪检组组长张友民出席会议。

10 月 7～13 日

中国地震局党组成员、副局长赵和平率国家地震现场工作组赴西藏，指导协助当地政府开展抗震救灾工作。

10 月 8 日

中国地震局党组书记、局长陈建民，中国地震局党组成员、副局长刘玉辰参加全国抗震救灾总结表彰大会，国家地震灾害紧急救援队荣获抗震救灾先进集体表彰，湖北省地震局卓力格图、重庆市地震局王小龙荣获抗震救灾先进个人表彰。

中国地震局党组成员、副局长修济刚主持召开局机关支部书记会议，研究部署局机关学习实践科学发展观活动工作。

中国地震局党组成员、副局长修济刚主持召开学习实践科学发展观指导检查组工作会议，部署对系统各单位学习实践科学发展观活动的指导检查工作。

10 月 9～10 日

中国地震局党组成员、副局长刘玉辰、修济刚，纪检组组长张友民参加中国地震局深入学习实践科学发展观活动专题研讨班。

10 月 10～12 日

中国地震局党组书记、局长陈建民参加中国共产党第十七届中央委员会第三次全体会议。

10 月 13 日

中国地震局党组成员、副局长修济刚出席中国地震局第 13 次老领导、老专家座谈会，介绍汶川地震抗震救灾情况。

10 月 13～17 日

第十四届世界地震工程大会开幕式在京召开，回良玉副总理出席开幕式并代表中国政府致辞，国际地震工程协会主席片山恒雄致辞，中国地震局党组书记、局长陈建民主持开幕式并作主题报告，中国地震局党组成员、副局长刘玉辰参加大会。世界地震工程大会是地震工程领域最有影响力的学术性会议，由国际地震工程协会主办，每 4 年召开一次。这是我国首次承办世界地震工程大会，来自 68 个国家和地区的 2500 多名专家、官员和有关国际组织的代表参加大会。会议为期 5 天，以“创新、安全、应用”为主题，就世界地震工程学及相关领域发展展开广泛交流与讨论。

10 月 13～27 日

由商务部主办、中国地震局承办的“地震灾害紧急救援研修班”在中国地震应急搜救中心举行，来自 21 个国家的 37 名官员和专家参加。

10 月 14 日

中国地震局党组书记、局长陈建民参加国务院抗震救灾总指挥部第 26 次会议。

10 月 14 日

中国地震局党组成员、副局长赵和平出席 2008 年发展中国家地震灾害紧急救援研修班开幕式。

10 月 16 日

中国地震局党组书记、局长陈建民主持召开第 14 次党组会议，听取赴第二监测中心、新疆维吾尔自治区地震局两个巡视组的工作汇报；研究中国地震局深入学习实践科学发展观活动安排；传达学习中央国家机关保密工作会议精神，研究进一步加强地震系统保密管理。中国地震局党组成员、副局长赵和平、修济刚，纪检组组长张友民参加会议。

10 月 19 日

13 时 10 分，汤加地区海域发生 7.1 级地震。

10 月 21 日

中国地震局党组书记、局长陈建民主持召开第十五次党组会议，传达学习全国落实党风廉政建设责任制电视电话会议精神，研究贯彻落实会议精神的具体措施。中国地震局党组成员、副局长刘玉辰、赵和平、修济刚，纪检组组长张友民参加会议。

10 月 21 日

中国地震局党组书记、局长陈建民，中国地震局党组成员、副局长刘玉辰、赵和平、修济刚，纪检组组长张友民参加党组中心组学习科学发展观活动。

10 月 22 日

中国地震局召开汶川地震科学总结与反思科学工作委员会组长会议，中国地震局党组书记、局长陈建民，中国地震局党组成员、副局长刘玉辰出席会议。

10 月 23 日

中国地震局党组书记、局长陈建民向十一届全国人大常委会第五次会议作《中华人民共和国防震减灾法（修订草案）》的说明。

10 月 24 日

中国地震局召开学习实践科学发展观活动专题报告会，中国地震局党组书记、局长陈建民，中国地震局党组成员、副局长赵和平、修济刚，纪检组组长张友民出席报告会。

中国地震局党组成员、副局长刘玉辰出席第 19 届国际地球电磁感应研讨会。

10 月 25 日

中国地震局召开机关正处长以上党员领导干部集中学习讨论科学发展观会议，中国地震局党组书记、局长陈建民，中国地震局党组成员、副局长刘玉辰、赵和平、修济刚，纪检组组长张友民出席会议。

10 月 26 ~ 29 日

中国地震局党组成员、副局长修济刚赴福建调研，参加广东局领导班子民主生活会。

10 月 27 日

中国地震局党组成员、副局长刘玉辰出席发展中国家地震灾害紧急救援研修班结业仪式并讲话。

10 月 30 日

中国地震局党组召开中心组学习会议，研究讨论学习实践科学发展观活动调研方案，中国地震局党组书记、局长陈建民，中国地震局党组成员、副局长刘玉辰、赵和平、修济刚，纪检组组长张友民参加会议。

10 月 30 日

中国地震局党组成员、副局长赵和平主持召开局长专题会议，研究《加强国家地震灾害紧急救援队建设方案（讨论稿）》。

10 月 31 日

中国地震局举行学习实践科学发展观专题报告会，中国地震局党组书记、局长陈建民，中国地震局党组成员、副局长刘玉辰、赵和平、修济刚，纪检组组长张友民参加会议。

11 月 3～6 日

纪检组组长张友民赴江苏省地震局开展学习实践科学发展观活动专题调研，期间出席加强作风建设和重大决策贯彻落实情况座谈会。

11 月 4 日

中国地震局党组成员、副局长刘玉辰参加全国人大常委会法制工作委员会组织召开的防震减灾法修订部门座谈会。

11 月 4～6 日

中国地震局党组成员、副局长刘玉辰赴广西壮族自治区地震局开展学习实践科学发展观活动专题调研，期间与自治区副主席陈章良就加强广西防震减灾工作深入交换了意见。

11 月 5 日

中国地震局党组成员、副局长赵和平主持召开局长专题会议，研究审议《2009 年度中国地震局会议计划（送审稿）》。

中国地震局党组成员、副局长阴朝民赴预测所开展学习实践科学发展观活动专题调研。

11 月 6 日

中国地震局党组成员、副局长赵和平赴地壳应力研究所开展学习实践科学发展观活动专题调研。

中国地震局党组成员、副局长赵和平参加国务院《汶川特大地震抗震救灾志》编纂委员会成立大会暨第一次会议。

11 月 7 日

中国地震局党组成员、副局长赵和平主持召开学习实践科学发展观活动专题调研座谈会，就专业地震救援队伍和保障建设工作，听取部队、武警、公安消防、安监总局和昌平区地震局等有关代表的意见和建议。

11 月 8～16 日

中国地震局党组成员、副局长赵和平出访新西兰、新加坡。

11 月 10 日

9 时 22 分，青海省海西蒙古族藏族自治州发生 6.3 级地震，造成 3 人轻伤。震后，中国地震局立即启动应急响应，派出地震现场工作组赶赴震区协助地方政府开展现场工作。青海省地震局派出地震现场工作队在震区架设流动地震观测仪，加强监测，密切跟踪震情发展趋势，开展灾情调查收集等应急处置工作。

中国地震局党组成员、副局长修济刚主持召开中国地震局学习实践科学发展观活动指导检查组会议。

11 月 11～12 日

中国地震局党组成员、副局长修济刚赴天津市地震局、第一监测中心开展学习实践科学发展观活动专题调研。

11 月 11～13 日

中国地震局党组书记、局长陈建民赴广东省地震局开展学习实践科学发展观活动专题调研。

11 月 15～25 日

纪检组组长张友民出访澳大利亚、新西兰。

11 月 17 日

1 时 02 分，印度尼西亚米纳哈萨半岛发生 7.1 级地震。

中国地震局党组成员、副局长修济刚主持召开学习实践科学发展观领导小组办公室会议。

11 月 18 日

中国地震局党组书记、局长陈建民会见黑龙江省于莎燕副省长，双方就进一步加强黑龙江省防震减灾工作深入交换了意见。

11 月 21～26 日

中国地震局党组成员、副局长刘玉辰赴辽宁开展学习实践科学发展观活动专题调研。期间，听取省地震局当前震情工作汇报；赴部分市县工作机构及台站进行检查工作，参加大连市首届防震减灾知识电视大赛和东北亚地区合作与交流国际学术研讨会并讲话。

11 月 24 日

17 时 02 分，鄂霍次克海发生 7.2 级地震。

11 月 25 日

中国地震局召开学习实践科学发展观活动调研报告交流会，中国地震局党组书记、局长陈建民，中国地震局党组成员、副局长修济刚出席会议。

中国地震局党组成员、副局长修济刚会见西班牙兰萨若特自治州主席一行，双方就加强地震监测、火山观测、形变监测等工作交换意见。

11 月 27 日

中国地震局党组成员、副局长刘玉辰赴地质研究所开展学习实践科学发展观活动专题调研。

12 月 1 日

中国地震局党组书记、局长陈建民，中国地震局党组成员、副局长刘玉辰出席中国地震局科技委交流会议。

12 月 2 日

中国地震局党组成员、副局长刘玉辰参加全国人大法律委员会审议《中华人民共和国防震减灾法（修订草案）》会议。

12 月 4 日

中国地震局党组召开深入学习实践科学发展观活动专题民主生活会，中国地震局党组书记、局长陈建民，中国地震局党组成员、副局长刘玉辰、赵和平、修济刚、阴朝民，纪检组组长张友民参加会议。

12 月 5 日

中国地震局党组书记、局长陈建民主持召开第 9 次局务会议，研究 2009 年联席会议筹备、2009 年度会议计划、以及中国地震局政府信息公开等工作，中国地震局党组成员、副局长刘玉辰、赵和平、修济刚、阴朝民，纪检组组长张友民参加会议。

12 月 6～10 日

中国地震局党组成员、副局长刘玉辰赴云南出席昆明新机场隔震成套技术服务项目签字仪式并讲话，期间与云南省副省长刘平就进一步加强云南省防震减灾工作交换了意见。

12 月 8 日

中国地震局党组成员、副局长修济刚参加中央学习实践活动第 21 指导组工作会议。

12 月 8～10 日

中国地震局党组书记、局长陈建民参加中央经济工作会议。

12 月 9 日

中国地震局党组成员、副局长修济刚主持召开地震局学习实践科学发展观活动指导组会议。

中国地震局党组成员、副局长修济刚出席地球物理研究所民主生活会。

12 月 10 日

纪检组组长张友民参加中央纪委会议。

12 月 11 日

中国地震局党组书记、局长陈建民参加中国地震局人教科技司民主生活会。

中国地震局党组成员、副局长刘玉辰参加地质研究所民主生活会。

中国地震局党组成员、副局长赵和平参加地壳应力研究所民主生活会。

纪检组组长张友民参加中国地震局监察司民主生活会。

中国地震局党组书记、局长陈建民参加中国地震局台网中心民主生活会。

中国地震局党组成员、副局长刘玉辰参加中国地震局震防司民主生活会。

中国地震局党组成员、副局长赵和平参加中国地震局办公室民主生活会。

12 月 12 日

中国地震局党组书记、局长陈建民召开会议传达中央经济工作会议精神，中国地震局党组成员、副局长刘玉辰、赵和平参加会议。

中国地震局党组成员、副局长刘玉辰参加中国地震局震防司民主生活会。

中国地震局党组成员、副局长赵和平参加中国地震局办公室民主生活会。

12 月 12～14 日

中国地震局党组成员、副局长修济刚参加全国发展和改革工作会议。

12 月 15 日

中国地震局党组成员、副局长赵和平参加中国地震局应急司民主生活会。

12 月 16 日

中国地震局党组书记、局长陈建民主持召开第 17 次党组会议，分别听取赴湖北省地震局、第一监测中心两个巡视组的工作汇报，中国地震局党组成员、副局长刘玉辰、赵和平、修济刚，纪检组组长张友民参加会议。

12 月 17～19 日

中国地震局党组成员、副局长赵和平出席中南区地震应急区域协作联动会议，期间，出席了海南省防震减灾中心项目开工典礼仪式以及万宁市地震海啸灾害紧急救援队揭牌仪式。

12 月 18 日

中国地震局党组书记、局长陈建民参加纪念党的十一届三中全会召开 30 周年大会。

12 月 19 日

中国地震局党组书记、局长陈建民主持召开第 18 次党组会议，研究《局党组贯彻落实科学发展观情况的分析检查报告》。中国地震局党组成员、副局长刘玉辰、修济刚、阴朝民，纪检组组长张友民参加会议。

中国地震局党组书记、局长陈建民陪同全国人大农业与农村委员会王云龙主任委员视察台网中心。

12 月 20 日

中国地震局党组成员、副局长修济刚出席中央国家机关青年纪念改革开放 30 周年论坛暨第八届中央机关“十大杰出青年”颁奖典礼。中国地震应急搜救中心培训部教官卢杰被授予中央国家机关“十大杰出青年”荣誉称号，中国地震台网中心监测预报处工程师李杰飞、地震预测研究所副研究员陈正位、地球物理研究所地震预报推进组副组长荣获“中央国家机关优秀青年”称号，中国地震局办公室秘书处（值班室）荣获“中央国家机关抗震救灾先进青年集体”称号。

12 月 24 日

中国地震局党组书记、局长陈建民参加国务院第 42 次常务会议。

12 月 25 日

4 时 20 分，云南省瑞丽市发生 4.9 级地震，造成勐秀乡 4 人重伤、18 人轻伤，房屋受损 30 户；龙川县章凤镇、龙坝镇、景罕镇和勐约乡部分房屋、校舍和基础设施受损。

12 月 26 日

中国地震局党组书记、局长陈建民主持召开 2008 年第 10 次局务会议，审议中国地震局 2009 年度工作要点，中国地震局党组成员、副局长刘玉辰、赵和平、修济刚、阴朝民，纪检组组长张友民参加会议。

中国地震局党组书记、局长陈建民主持召开第 19 次党组会议，听取地震预测研究所、中国地震台网中心专家关于《中国大陆地震大形势跟踪与趋势预测研究报告》、《2009 年度全国地震重点危险区汇总研究报告》，研究 2009 年度全国地震趋势会商会相关事宜。中国地震局党组成员、副局长刘玉辰、赵和平、修济刚、阴朝民，纪检组组长张友民参加会议。

12 月 29 日

中国地震局党组书记、局长陈建民主持召开第 20 次党组会议，研究地震系统下属单位领导班子职数设置原则，中国地震局党组成员、副局长刘玉辰、赵和平、修济刚、阴朝民，纪检组组长张友民参加会议。

12 月 31 日

中国地震背景场探测项目获国家发展改革委员会立项批复。

汶川地震政务保障工作

汶川 8.0 级地震应对是对地震系统政务工作的一次全面、系统检验。从这次地震应对情况来看，成效非常明显，主要表现在以下几个方面。

1. 值守信息工作

为党中央国务院决策部署及时提供信息服务。快速上报余震信息。汶川地震应急期间共处置5级以上强余震41次，最大为2008年5月25日四川青川6.4级地震。及时编辑《地震局值班信息》上报党中央、国务院；全力收集汇总上报震情、灾情和抗震救灾工作进展。与灾区地震部门、中国地震局前方指挥部和相关业务司室保持联系，随时汇总各省最新情况和抗震救灾工作进展情况，共编报125期《地震局值班信息》上报党中央国务院；牵头负责总指挥部地震监测组的信息汇总上报，共编报98期抗震救灾工作专报。

为国务院防震减灾工作联席会议各成员单位和有关部门提供准确及时的信息服务。利用地震信息共享机制，通报汶川地震余震信息。汶川8.0级地震发生后，值守信息组将余震信息上报党中央国务院并通报国务院防震减灾工作联席会议各成员单位和新闻媒体。编发余震统计信息抄送有关部门，共发出《四川汶川8.0级地震余震情况统计》50期；加强沟通协调，密切与各有关部委的联系。值守信息组及时将最新工作进展通报各有关部门，加强与国土资源部、气象局等部委的联系，获取灾区最新地质灾害、气象等各类信息，服务地震部门抗震救灾现场工作。

全力做好地震系统抗震救灾信息等服务保障工作。及时将中央领导、局领导批示指示精神传达到前线指挥部及相关部门。跟踪督办领导批示、指挥部重大部署的落实情况，并按照要求及时将落实情况上报。按照局指挥部部署，发出《紧急通知》要求各有关单位有针对性地报送工作进展情况，重要情况随时上报。

2. 汶川地震新闻宣传工作

5月13日，根据情况，及时抽调地震预测研究所、台网中心等单位人员充实新闻工作力量，新闻组分新闻稿编辑、记者接待、信息收集、资料整理等四个小组有序开展工作。认真贯彻落实中宣部和外宣办的部署要求，进一步加强新闻宣传工作的组织领导，成立了以老领导、专家组成的新闻宣传指导顾问组，加强对新闻宣传工作总体谋划和焦点、热点问题的把握，开展新闻对策研究，完善新闻宣传工作机制；高度重视舆情跟踪和研究，安排专人及时收集各网络、各大报刊媒体信息，加强舆情跟踪，针对社会公众和媒体关心的地震预报水平、防震避震常识等专题组织研究。组织力量整理《中国政府网访谈参阅材料》、《人民网访谈参阅材料》、《舆情涉及问题汇总》以及媒体关注问题参阅材料等；加强地震科普知识宣传，组织专家学者在中央电视台、人民广播电台等媒体进行直播、在线访谈节目，接受电视、广播、报刊等专题访谈以及协助有关单位制作科教片，回应公众疑惑，答疑解难。向各媒体提供《地震科普知识70问》、《抗震救灾自助手册》、《关于防范余震的有关知识》、《地震次生灾害预防常识》等系列地震科普知识；加强地震系统新闻宣传工作的管理和指导，规范新闻宣传工作程序，规范新闻发布审批程序。印发了《关于加强新闻宣传工作的通知》，对各单位当前新闻宣传工作提出了明确的指导意见，进一步规范了地震系统新闻宣传工作。

3. 网站工作

5月13日，成立了汶川地震网络组，推出了“5·12汶川大地震”专辑。紧紧围绕中国地震局抗震救灾工作的主旋律，进一步加强网站宣传工作的组织领导，制定了上网信息的审核、编发程序，明确职责，实行24小时值班；积极答疑解难，维护社会稳定。就社会公众关心的焦点问题采访并请修济刚副局长、张国民和张晓东研究员等解答社会公众疑问。跟踪国内外各大网站及各大报刊媒体的舆情，及时转发相关信息；及时调整“汶川地震专辑”，改进栏目设置，并及时推出了《地震科普知识70问》、《抗震救灾自助手册》、《关于防范余震的有关知识》、《地震次生灾害预防常识》等系列网络版地震科普知识；拓展服务功能，开通短信平台，向公众免费提供余震信息。

4. 政策研究

组织力量通过报刊杂志、网络媒体、群众来信、有关文件和资料等，跟踪社会和新闻媒体关注的相关问题，对涉及汶川地震以及防震减灾工作相关资料进行收集整理，汇编成包括地震监测预报、地震灾害防御、震灾应急救援、地震灾后重建、地震科技创新以及其他相关内容等6个方面的《汶川8级地震参阅材料汇编》。

（中国地震局办公室）

甘肃省应对汶川 8.0 级地震政务工作

1. 启动预案，快速响应

汶川特大地震发生后，甘肃省地震局在 19 分钟内迅速作出四川汶川发生 8.0 级地震、甘肃省可能遭受波及破坏的速报意见。在按照相关规定上报中国地震局的同时，立即报告甘肃省委、省政府领导，使省上领导及时掌握了地震基本情况。同时甘肃省地震局立即启动了局地震应急Ⅰ级响应，并成立了地震应急指挥部，一把手任指挥长，主管应急工作的副局长任副指挥长，其他局领导任指挥部成员，统一领导全局抗震救灾和灾后恢复重建的各项工作。指挥部下设震情组、监测组、灾评组、综合组、宣传重建组、人力资源组、保障组、督查组、科技协作组等 9 个工作组，确定了各工作组工作职责。形成了由一把手负总责，其他局领导分工负责，各工作组打破部门界限，各司其职，密切配合，高效协作的工作格局，为圆满完成抗震救灾和灾后重建工作提供了组织保障。

在汶川特大地震发生后，甘肃省地震局立即召开了紧急会商会，在两个小时内向甘肃省政府提出了震后趋势判定意见；在兰州市和灾区大面积通讯中断的情况下，想尽办法了解灾情上报中国地震局和甘肃省委、省政府；震后半小时即在“甘肃地震信息网”发布汶川地震基本信息，并接待 40 多家新闻媒体的采访；甘肃省分管副省长亲自坐镇甘肃省地震局，与局领导共同协调指挥各项应急行动。第一时间内甘肃省地震局各项地震应急工作全面、高效、有序的投入运转。

2. 履行职责，当好参谋

甘肃省地震局主要领导作为甘肃省政府抗震救灾前线指挥部成员，陪同主管副省长在震后第一时间赶赴灾情最为严重的陇南市，现场指挥灾区开展抗震救灾工作。在工作过程中，及时为领导和前线指挥部提供了大量的基础资料和各类信息。根据逐步了解掌握的地震灾害损失实际情况，甘肃省地震局主要领导主动建言献策，在省政府地震应急响应级别提高到Ⅰ级、前线指挥部前移至灾情最重的文县、省地震灾害紧急救援队立即进入四川青川救援、迅速为与文县相邻的四川青川灾区运送食品药品、积极协助宝成铁路 109 隧道抢险、组织对灾区受损建筑进行地震安全性能鉴定、全力对生命线工程进行抢修等方面，提出的建议措施大均被前线指挥部采纳，较好地发挥了参谋助手作用。

在甘肃省地震局第一阶段抗震救灾工作中，中国地震局派出了以震害防御司副司长杜玮为组长的工作组。工作组深入甘肃受灾最严重的陇南灾区，现场指导开展灾情调查、流动观测科学布点、余震分析研判和省地震灾害紧急救援队救援行动等工作，为甘肃省地震局各项应急和抗震救灾工作的顺利进行提供了强有力的帮助。

3. 主动慎重，引导舆论

甘肃省地震局主动慎重地加强新闻舆论导向和防震减灾知识宣传，在震后各级政府最需要、社会公众情绪最敏感的时段，通过新闻发布会、专家访谈、网站宣传、电话连线采访、广播直播等多种方式连续密集进行汶川地震热点问题、防震减灾知识等系列宣传。组织有关人员对“甘肃地震信息网”进行了更新改版，加快网站信息更新频率，最大限度地满足公众需求；派出知名专家到多所大中专院校作防震减灾科普知识报告，消除学生的恐震心理；5月20~22日，省抗震救灾总指挥部发布了强余震临震预报公告，在这一特殊时段，甘肃省地震局组织有关专家在省市电视台、广播电台和大量平面媒体，加大了集中宣传力度，特别是甘肃省地震局主要领导在甘肃卫视新闻频道“众志成城　抗震救灾”专题节目接受了长达30分钟的专访，从百姓关心的热点话题入手，深入浅出地讲解了余震持续时间、汶川震级修订、余震震中北移，甘肃省震情趋势、如何应对地震等问题，为稳定社会秩序起到了关键作用。

在抗震救灾前期阶段共发布新闻2次、接受媒体采访50多次、为大中院校学生作科普报告20多场、在“中国甘肃网”刊登稿件24篇、发放《地震知识》报增刊5万份、接受公众电话咨询2万人次、“甘肃地震信息网”日点击量近50万次。甘肃省地震局的新闻宣传和防震减灾知识宣传，为稳定社会发挥了重大作用。同时，加强信息报送，为上级领导决策提供服务，共向甘肃省委、省政府上报省内3级以上、汶川地震余震4级以上余震信息83次；向甘肃省委、省抗震救灾总指挥部上报汶川地震余震序列120多条；向甘肃省委、省政府和中国地震局上报《地震续报》58期、抗震救灾各种信息84期；向中国地震局上报抗震救灾工作专报12期，抗震救灾工作进展综述20多篇。

4. 强化宣传，防范余震

甘肃省地震局根据灾区强余震频发、造成新的人员伤亡和财产损失以及各级政府、社会公众对防震减灾知识需求和渴望空前高涨的实际，有针对性、有重点地加强灾区防震减灾科普宣传教育。甘肃省地震局印发了《关于进一步加强地震灾区防震避险知识普及宣传的通知》，从5个方面对加强地震灾区防震避险知识普及宣传工作进行了安排部署；充分利用各级各类媒体和网络资源，编发系列科普宣传稿件6万多字、《地震知识》报5万份，配发余震防震避险画册2万多份，坚持正面宣传引导；组织领导、专家深入陇南、甘南地震灾区进行强余震防范避险科普知识巡回报告演讲，大力普及防震减灾科普知识；指导市县地震工作部门进村入户，进行防震避险知识宣传，督导应急防震避险措施和强余震处置预案的落实；指导当地政府科学有效实施废墟清理，加快对受损房屋和桥梁等建筑物安全性鉴定和危房拆除工作。由于甘肃省地震局在陇南、甘南地震灾区加强了强余震防震避险科普宣传，落实了各项防范措施，在9月12日甘肃陇南市武都区、陕西省汉中市宁强县发生的5.5级强余震，陇南、甘南地区虽然造成了少部分房屋破坏，但没有新的人员伤亡，震后群众生产生活秩序井然，应对地震灾害能力和心理承受能力明显提高。

（甘肃省地震局　杨立庭）

2008 年地震系统各单位离退休人员人数统计表（截至 12 月 31 日）

	项　目	合计	离休干部				退休干部						工人
			小计	局级	处级	≥80 岁	小计	局级	处级	研究员	副研	其他	小计
	甲	1 = 2 + 6 + 12	2 = 3 + 4	3	4	5	6 = 7 + 8 + 9 + 10 + 11	7	8	9	10	11	12
	总计	8906	457	114	294	218	6596	274	1102	448	1859	2913	1853
1	北京市地震局	58					53	4	19	4	16	10	5
2	天津市地震局	158	8	4	4	4	132	3	26	10	48	45	18
3	河北省地震局	343	11	3	7	6	287	8	31	14	68	166	45
4	山西省地震局	163	10	4	6	7	125	4	23	4	25	69	28
5	内蒙古自治区地震局	129	10	1	8	2	106	1	14	1	18	72	13
6	辽宁省地震局	274	20	5	15	5	213	6	49	13	75	70	41
7	吉林省地震局	74	8	1	4	4	61	4	13		25	19	5
8	黑龙江省地震局	105	9	3	6	2	81	4	28		9	40	15
9	上海市地震局	117	9	2	7	7	95	10	23	6	23	33	13
10	江苏省地震局	227	7	4	3	5	206	9	31	8	83	75	14
11	浙江省地震局	63	3	2	1	3	52	5	15	2	13	17	8
12	安徽省地震局	110	9	3	5	3	87	4	17	4	22	40	14
13	福建省地震局	250	7	3	3	4	190	9	27	9	69	76	53
14	江西省地震局	30	2		2		27	3	7		5	12	1
15	山东省地震局	280	31	5	21	14	217	8	40	1	42	126	32
16	河南省地震局	120	8	2	4	6	101	3	15	5	27	51	11
17	湖北省地震局	455	18	5	13	6	321	9	38	40	101	133	116
18	湖南省地震局	67	6	3	3	3	51	2	21		11	17	10
19	广东省地震局	432	12	2	7	4	295	9	40	15	74	157	125
20	广西壮族自治区地震局	64	4		4	3	56	3	15		8	30	4
21	海南省地震局	44	2	1	1	1	32	2	10		9	11	10
22	四川省地震局	580	22	7	15	14	399	11	78	6	82	222	159

续表

	项目	合计	离休干部				退休干部						工人
			小计	局级	处级	≥80 岁	小计	局级	处级	研究员	副研	其他	小计
	甲	1 = 2 + 6 + 12	2 = 3 + 4	3	4	5	6 = 7 + 8 + 9 + 10 + 11	7	8	9	10	11	12
23	云南省地震局	617	25	5	19	12	447	7	45	24	141	230	145
24	西藏自治区地震局	8	1				4	1	2		1		3
25	陕西省地震局	175	14	4	10	8	132	5	19	7	42	59	29
26	甘肃省地震局	469	21	9	9	6	361	5	41	31	85	199	87
27	宁夏回族自治区地震局	84	1		1		71	6	8	2	13	42	12
28	青海省地震局	77	3	2	1	2	53	3	10		6	34	21
29	新疆维吾尔自治区地震局	223	8	2	4	3	159	7	19	12	32	89	56
30	中国地震局地球物理勘探中心	183	11	1	7	3	113	8	19	4	35	47	59
31	中国地震局第一监测中心	202	6	1	5	3	122	3	36	4	32	47	74
32	中国地震局第二监测中心	192	11	1	9	5	106	3	17	1	26	59	75
33	中国地震局工程力学研究所	425	21	6	14	14	309	6	28	43	97	135	95
34	中国地震局地球物理研究所	397	23	7	14	13	339	5	38	61	141	94	35
35	中国地震局地质研究所	317	21	3	16	10	244	6	21	68	88	61	52
36	中国地震局地壳应力研究所	467	22	4	14	11	305	10	38	21	118	118	140
37	中国地震局地震预测研究所	201	14		9	7	184	10	62	9	64	39	3
38	中国地震应急搜救中心	48	3		1		36	2	5	3	14	12	9
39	中国地震台网中心	61	1		1		60	7	7	14	21	11	
40	中国地震局机关服务中心	52					42	15			19	10	
41	地震出版社	50	3	3		3	41	5	18		1	17	6
42	中国地震局驻深圳办事处	5					4	1			1	2	1
43	防灾科技学院	93	2		1	1	83	3	23	2	28	27	8
44	中国地震灾害防御中心	292	8		8	3	99		7		15	77	185
45	重庆市地震局	18					17		11		5	1	1
46	中国地震局机关	107	22	6	12	11	78	42	33			3	7

（中国地震局离退休干部办公室）

地震科技图书简介

地震知识百问百答

本书编写组

16 开　定价：150.00 元

本书由地震出版社组织本社资深高级专业编辑共同编写完成。

书中采用问答的形式，从地震与地震灾害、地震是可以预防的、震时的自救互救三个方面解答了公众最需要知道的问题。基本的防震减灾知识好懂、好记，并不难学。掌握必要的地震知识可以使我们在突如其来的地震灾害面前遇震不慌，合理避震，有效地保护自己，帮助别人。只有做好最充分的准备，才能将地震灾害带来的损失减到最低。

佛山地震志

佛山市地震局

16 开　定价：40.00 元

为全面、系统地反映佛山地区地震情况及防震减灾事业的历史与现状，使社会公众进一步了解地震工作的特点，加深对社会综合防御地震灾害重要性的认识，佛山市地震局编写了本志。

本志采用章、节、目体，以记述为主，辅以图表、照片、大事记和重要文件。贯通古今，上限不限，尽可能上溯至事物的发端，下限截至 2007 年 12 月，记述地域范围以现行佛山市行政区划为准，包括其他的在此之前属于佛山的行政区域。遵循详今略古原则，本志重点记述 1976 年以来佛山市防震减灾事业发展中的科技进步和成就，力求揭示佛山地震活动的特点及地震的孕育、发展规律，对历次地震、震灾情况只作简要追溯。

地震模拟振动台的设计与应用技术

黄浩华

16 开　定价：80.00 元

为了促进我国地震模拟振动台的制造和试验技术的发展，作者依据其五十余年从事工程振动仪器设备研制和试验技术研究成果和实际经验，特编写本书。

本书共分十五章，系统介绍了地震模拟振动台的设计原理和试验方法。

第一章至第三章介绍地震模拟振动台研制的国内外状况，设备的基本构成、主要部件的结构原理和主要参数的选择；第四章和第五章叙述了电液式地震模拟振动台的系统原理分析；第六章为液压源的分析；第七章为电动式地震模拟振动台的系统原理分析；第八章分析了试件与地震模拟振动台台体间的共同作用；第九章为地震模拟振动台的基础设计方法；第十章至第十二章为地震模拟振动台的安装调试、性能测试、使用操作和故障排除；第十三章为试验用测量仪器的选择原则和简单计量方法；第十四章为试件动力特性的测试方法；第十五章为地震模拟振动台试验的组织与实施。

中国灾害大事记（2005）

中国灾害防御协会

16 开　定价：70.00 元

《中国灾害大事记（2005）》由中国灾害防御协会组织协会常务理事单位：农业部、卫生部、国土资源部、环境保护部、国家安全生产监督管理总局、国家林业局、国家海洋局、中国地震局、中国气象局、国家防汛抗旱总指挥部办公室、公安部消防局、公安部交通管理局、中国人民财产保险股份有限公司等共同编写。

本书参考了灾害的管理现状和组织编写工作的方便，按 12 灾种进行划分，从“灾情大事记”和“减灾大事记”两条线按时序编写。秉承《中国灾害大事记》的一贯原则，力争全面、系统、准确地反映各灾种大、中型灾害及较大社会影响的较小灾害，突出“灾情大事”。同时，注重灾害事件的客观记录。

山东省监测志

山东省地震局

16 开　定价：80.00 元

《山东省地震监测志》是一部系统介绍山东省地震监测工作发展过程的资料书。记述了 1908 年到 2002 年 6 月期间山东省地震监测工作的主要内容，反映了近一个世纪以来山东省地震监测工作的发展历程，也是详尽描述山东省地震监测工作逐步发展壮大的历史缩影。监测志的编写既是中国地震局对各省监测工作的一次全面汇总，也是山东省地震局总结全省地震监测工作、探索地震监测台网发展规划，不断完善防震减灾三大工作体系的重要机遇。

地震来了怎么办

本书编写组

32 开　定价：6.00 元

《地震来了怎么办》是在地震出版社所著的《防震减灾常识》读本的基础上再创作而成。它以通俗易懂的语言和图文并茂的形式讲明了人们应该知道的地震知识：地震是怎样发生的；震级和烈度的关系；地震能预报吗；怎样做好防震准备；怎样识别地震宏观前兆；地震来了莫慌乱；应急避震要注意什么；遇到次生灾害怎么办；灾后生活注意什么。要最大限度地减轻地震灾害，必须不断强化全民的防震减灾意识。本书能帮助广大读者认识地震发生的成因，了解一些实用的防震减灾常识，掌握简单易行的震时应急避险和震后自救互救方法，增强对地震灾害的应对能力和心理承受能力。

防震减灾，让我们共同面对，努力做到防患于未然，把地震可能造成的损失减小到最低程度。

强地震中期预测新技术物理基础及其应用研究

中国地震局监测预报司

16 开　定价：80.00 元

本书主要反映中国地震局“十五”重点科研项目“强地震中期预测新技术物理基础及其应用研究”的成果。书中前八章的内容基本上是在项目 01 ~ 08 各课题研究报告基础上对主要研究进展和成果的论述。第九章是在 09 课题研究报告基础上，. 结合其他课题的相关研究初步讨论了强地震中期预测物理基础方面的问题。

岩石矿床地球化学

肖荣阁 刘敬党 费红彩等

16 开 定价：48.20 元

本书是中国地质大学（北京）矿产地质专业研究生的必修课程教材，基本内容由三部分12章49节组成。第一部分包括岩石矿床地球化学概论和成矿地球化学总论，介绍了现代矿床地球化学的研究方法、一些重要成矿控制因素、近20年来世界上一些重要矿产地质研究成果以及岩石矿床地球化学的发展方向；第二部分是各种地质作用中成岩成矿作用中的地球化学特征、地球化学分析方法，及典型矿床地球化学特征，如沉积成岩成矿地球化学、火山岩浆成岩成矿地球化学、变质成岩成矿地球化学、有机成岩成矿地球化学、流体成岩成矿地球化学；第三部分包括不同成矿物质来源的地球化学特征、元素组合规律及其判别方法、成矿物理化学条件以及成矿动力学。

本书重点研究各种成岩成矿地球化学特征及不同岩石矿床中的地球化学规律及其研究方法，对于纯理论的探讨将给出主要的参考文献。本书的特色是对近20年来国内外成岩成矿地球化学研究的理论成果进行总结，根据近10几年来项目组的科研教学经验成果，突出方法性和实用性，系统阐述各种成矿作用地球化学，有利于不同地质矿业专业部门的研究生广泛参考学习，具有广泛普及性的特点。

南四湖——环境与资源研究

沈吉 张祖陆 杨丽原 孙庆义等

16 开 定价：48.00 元

本书是在多次湖泊实地考察、环境与资源要素的现场测试、水土生物样品的提取和分析实验的基础上，汇集了公元2002年以前近40年来地质、水文、气象、环保、水产等丰富资料，经综合研究撰写汇编成书。本书首次对南四湖的近代环境变化过程、资源潜力和污染现状进行了全面、系统、深入的研究，通过对湖泊沉积物各类环境指标和各项污染指标的高分辨率分析，力图恢复湖泊的环境变化历史，揭示湖泊水环境污染在自然变化和人为活动影响下的变化过程与机理，阐明南四湖资源开发的模式以及生态环境保护和防灾减灾的措施，为南四湖湖泊环境综合治理、为南水北调东线工程的实施提供知识储备和决策依据。

2005年江西省九江—瑞昌5.7级地震应急与考察（湖北部分）

邢灿尽等

16 开 定价：35.00 元

2005年11月26日，发生在江西省九江县与瑞昌市交界处的5.7级地震，是自1911年九江市5.0级地震之后近百年来震撼鄂、赣、皖三省毗邻地区最大的一次中强地震，损失较为严重，社会影响也比较强烈。

本书是湖北省各级地震部门在九江－瑞昌5.7级地震后，组织实施地震应急预案，抗震救灾整个过程较系统的总结。全书共分六章，另附地震目录。所述内容涉及本次地震的基本特征、地震监测预报、5.7级地震的区域构造背景与发震构造、地震破坏与烈度分布、地震灾害损失评估、地震应急响应与启示等方面。读者可以从中汲取有益的经验和教训。

地壳构造与地壳应力文集（20）

中国地震局地壳应力研究所

16 开　定价：20.00 元

本书为中国地震局地壳应力研究所连续性学术论文集的第 20 集。全书包括地壳动力学在石油开发中的应用、地应力测量技术的新进展、应力—应变观测与地震、地震预报、地震活动性、遥感地质与地质灾害预测等方面的内容。

本书可供地球动力学研究、地应力测量理论及应用、地震监测预报、工程地质、石油地质等领域的人员及有关大专院校的师生阅读。

中国江西九江—瑞昌 5.7 级地震图集

江西省地震局

16 开　定价：90.00 元

2005 年 11 月 26 日 8 时 49 分，在江西省九江市下辖的九江县与瑞昌市交界处（东经 115.8 度、北纬 29.7 度）发生了 5.7 级地震。这次破坏性地震是江西自 1806 年会昌 6 级地震以来，江西省境内震级最高、伤亡最多、损失最大、灾害最重的地震。地震波及了湖北、安徽、江苏、上海、浙江、湖南、福建等省市，南昌、武汉、合肥、长沙等城市震感强烈。地震造成 13 人死亡，82 人重伤，683 人轻伤，户外避险民众超过百万。地震造成震区的供水、供电、通讯、桥梁、公路、水利、卫生等公用设施不同程度的破坏，直接经济损失超过 20 亿元，部分灾民也因此次地震灾害而返贫。

这次地震是大自然与震区政府和社会的一次“强硬对话”，在震前预防、震时救灾和震后重建等各方面留下了宝贵的经验教训。为更好地记取这次地震的深刻警示，在数千张照片和其他有关资料小选取典型照片，集成此图集。旨在为应急救灾、抗震设防、房屋和生命线工程建设、社会防灾等工作提供借鉴。

汶川 8.0 级地震未校正加速度记录

中国地震局震害防御司

16 开　定价：48.00 元

2008 年 5 月 12 日 14 时 28 分在四川省汶川发生了 M_S8.0 地震，导致巨大的人员伤亡和经济损失，震惊世界。在这次地震中，历时近五年的建设和试运行并于 2008 年 3 月正式投入运行的国家强震动观测网络系统，获得了一大批具有较高质量的数字强震动观测记录，一方面丰富了我国的强震动数据库，填补了我国大震近场加速度记录的空白；另一方面为地震工程提供了重要的数据支持。

由于地震导致灾区交通中断、通讯中断，数据回收异常困难，强震动观测人员历尽艰辛，抢收数据并核实台站情况，每一条强震动记录都来之不易。由于强地震发生的频率很低，地震发生的地点和时间又无法预测，因此强震动观测数据是一种极其珍贵的科学资料，是人类共同的财富，获取资料的部门或个人应该认真、负责地将这些资料整理出来，在第一时间提供全世界无偿使用，今天出版这本目录也正是为了这个目的。

本书记录了 420 个台站目录以及 1253 条记录目录和未校正加速度记录波形。本书的出版将会使广大读者了解汶川地震的强震动记录情况，并充分利用强震动记录资料开展基础理论研究和应用技术研究工作，以推进地球科学和土木工程学相关学科的发展。

中国矿业年鉴（2008）

《中国矿业年鉴》编辑部
16 开　定价：300.00 元

2008 年版《中国矿业年鉴》（以下简称《年鉴》）全面、系统反映 2007 年中国矿业综合资料信息以及当年中国矿业经济发展和运行情况。主要内容涉及中国矿产资源勘查、开发利用、行业生产与安全、地方矿业、政策法规等等，同时也反映了当年中国矿业事业的新发展、新经验、新成果以及遇到的新问题。

附录收录 2006、2007 年世界矿产资源勘查开发和矿产品供需形势、国外矿业信息、中国矿业科技信息、2007 年煤炭矿山事故记事等。

地震安全手册

北京晚报译言网
32 开　定价：6.00 元

本书内容包括如何进行灾前准备，如何尽最大可能逃过灾难，如何在灾后组织营救、防止疫情发生、驱散心理阴影，如何进行灾民安置、重建家园，如何防范地震次生灾害……本书部分内容来源于美国紧急事务管理局的《地震安全手册》、《搜救手册》和 U5AID 的《灾后评估及应急操作手册》，加拿大圣约翰急救组织的《基本救援手册》，世界卫生组织的《灾后疫情分析》和《灾后卫生工作手册》，日本相日防灾株式会社的《日本应急装备》等。

你必须掌握的防震知识

中国地震局宣传教育中心
32 开　定价：22.00 元

本画册是专门为青少年朋友们精心设计创作的，画册采用卡通画的表现形式、简洁明了的语言表达方式，对地震成因、防震准备、地震避险原则、应急避险方法、自救互救知识和科学救助伤员等六个板块内容进行了清晰的讲解和说明。

广大青少年朋通过这本画册的学习，进一步增加忧患意识，居安思危、未雨绸缪，掌握基本的地震科普知识和防震避险自救互救技能，努力做到震前有准备，震时不慌张，震后能自救，把地震灾害损失减少到最低限度。

沂沭断裂带区域工程地质与铁路选线勘察

许再良　李国和　李翔
16 开　定价：55.00 元

“改善人类生存环境”已经成为 21 世纪的主题。作为自然环境的一个重要的组成部分，地质环境也受到十分的重视。在人类工程活动与地质环境的相互作用中，逐步形成了“工程、地质和环境相统一”的工程地质思维，对于工程地质问题不仅从地质方面去解决，而且也要从工程方面去解决。本书作者们在总结胶新铁路地质选线勘察的基础上，对沂沭断裂带的分布、结构、断裂活动性、地震活动的分区性以及活动断裂的地震危险性、工程安全性等方面进行了深入的探讨和研究。作者曾亲历指导和策划胶新铁路初测前地质加深工作，所积累的资料和数据十分丰富而翔实，这为本书的出版打下了一个良好的基础。

本书是一部在活动构造带内实施综合地质勘察、研究评价和工程选址等方面论述系统、深入具体的著作，引用资料大部分来源于胶新铁路勘察设计及评估成果，可为今后在活动构造地区实施铁路、公路等前期论证以及勘察选线等方面提供新的数据和经验。本书的出版也从一个侧面反映了近年来中国铁路建设所取得的成就，并作为一个典型范例而载入中国铁路建设的史册。

地层绝对应力测量与钻孔应变测量

骆鸣津　池顺良　马鸿钧

16 开　定价：40.00 元

地球绝对应力的测量与研究是地球科学、工程建设和防震减灾等的基础，具有现实和深远意义。本书论述了在钻钆应变测量的基础上，用全新的方法测量地层绝对应力：①在井下仪器探头内充入气体或液体，密封、形成弹性体，并测量对探头筒壁施加的压力值，或用顶杆作为弹性体，对探头筒壁施加顶力，测量顶力的大小；②对筒壁施加压力或顶力和不施加压力或不施加顶力，测量两种情况的钻孔应变固体潮的振幅比，进而求外内应力的比值；③将外内应力的比值乘以测量出的对筒壁施加的压力或顶力值，即可求得地层应力。本方法具有精度高和能长期重复观测等优点。本书可作为地学、工程学研究者、或有关专业院校师生参考的基础读物。

流动形变监测系统

程林　武艳强　陈文胜　孙少安　王丹宁等

16 开　定价：（全三册）100.00 元

本书是中国地震局“十五”项目“中国数字地震观测网络”中前兆观测网络中的部分成果，属于大地形变前兆部分。该工程项目除建网、选点、埋石、观测、设备购置、仪器检定等大量实物性基础设施的硬件成果外，还有数据库建设、软件包研发、和人才培养与学术交流等偏重理论和应用理论基础方面的软件成果。本书分三册介绍这些成果，对涉及到有类似数据库、软件研发和人才培养的工程项目有一定的借鉴价值。每一册内容相对独立，上册为大地形变数据库建设，中册为大地形变数据处理软件包的研发，下册介绍的是项目产出的部分“人才培养与学术交流”的成果，可为存在相应问题与需求的科研事业单位、大型企业或大专院校师生提供参考。

液体静力水准仪及其应用

陈德福　聂福

16 开　定价：60.00 元

本书在全面总结介绍国内外液体静力水准仪研制概况的基础上，重点介绍作者主持研制的液体静力水准仪与三代水管倾斜仪的工作原理、功能指标、仪器结构、安装调试、日常观测以及观测环境的技术要求。此外还介绍了液体静力水准·倾斜观测在地球科学与精密工程等垂直位移（或倾斜）监测小的应用及其观测数据处理分析实例。本书是作者毕生的研究结晶和工作积累，集腋成裘，献于世人。

本书内容翔实、论述清晰，实用性强、科考价值高，可供从事防震减灾、地球物理、地球动力学、固体潮汐、地震、地质以及电站大坝、核电站、地铁、隧道、电子对撞机等精密工程监测研究领域的科技工作者，台站与管理人员阅读参考，也可作大专院校相应专业的师生学习研究的参考教材。

数字化成图
——最新 AutoCAD 地形图测绘高级开发

徐泮林　周爱华　刘梁　王其芳

16 开　定价：40.00 元

本书共分九章，内容包括：地形图基础知识，野外数据采集，AutCAD 高级开发，菜单编制、命令延伸、基本图形符号库开发，地形图和地籍图自动绘制，三维立体制图等。本书可作为测绘工程、土地资源管理、地理信息系统、地质工程、物探工程等专业的教材，也可作为采矿工程、城市规划、土木工程、房地产管理、环境工程、交通工程、水利水电工程等专业的参考书，也可供相关专业技术人员参考。

星载 GPS 低轨卫星数据质量控制及其精密轨道确定理论与方法

郑作亚　卢秀山

16 开　定价：28.00 元

本书共分十章：第一章简要回顾了 GPS 技术、数据质量控制和星载 GPS 精密定轨的发展与应用，介绍了 GPS 数据处理和星载 GPS 定轨的研究现状与研究意义；第二章阐述了卫星定轨中涉及到的世界时、原子时、动力学时、GPS 时、协调世界时以及它们之间的关系，介绍了 ITRF 系统；第三章介绍了 GPS 基本观测方程和线性组合；第四章介绍了 GPS 数据预处理基本过程、粗差探测与定位方法、周跳探测与修复及其常用方法、COMPRE 软件周跳探测方案、周跳探测的小波分析法研究和模糊度解算、整周化与有效性检验；第五章分析了 COMPRE 软件的基本结构、功能和特点，编写了 GPS 数据预处理软件——COMPRE，并进行了该软件系统的质量分析；第六章阐述了精密定轨的基本原理、系统组成及其特点，归纳了目前星载 GPS 定轨的基本方法；第七章根据优化几何的四颗 GPS 卫星四面体 GDOP 计算原理，推导了可见卫星的优化几何法计算公式，简单探讨了多星多系统卫星选择问题；第八章给出了星载 GPS 低轨卫星定轨的各种函数模型和随机模型，分析了星载 GPS 数据质量控制的分类与处理方案，探讨了星载 GPS 资料病态性及其处理方法；第九章分别讨论了相位历元间差分定轨、相位平滑伪距几何定轨、基于加权的伪距和相位历元间差分联合定轨、相位非差运动学定轨方法，研究了基于 LP 估计的星载 GPS 运动学定轨及其精度评定方法，分析了运动学定轨过程中主要误差来源；第十章为运动学定轨软件实现与精度评定。

水库诱发地震研究

毛玉平　艾永平　李志祥等

16 开　定价：260.00 元

为了进一步推进水库诱发地震研究，作者在收集研究大量资料基础上，结合“复杂构造区水库诱发地震监测预警研究”项目的研究成果，编辑了本书。本书以英文形式编辑出版，更多的研究者可以共享中国水库诱发地震研究和本书的研究成果。

本书是“复杂构造区水库诱发地震监测预警研究”项目成果之一，在内容上由世界水库建设与水库诱发地震、中国诱发地震的水库、世界其他地区诱发地震的水库、水库诱发地震机理研究四章构成。

（地震出版社　董青）

《中国地震年鉴》特约审稿人名单

谷永新　北京市地震局
郭彦徽　天津市地震局
翟彦忠　河北省地震局
李　杰　山西省地震局
弓建平　内蒙古自治区地震局
卢　群　辽宁省地震局
孙继刚　吉林省地震局
张明宇　黑龙江省地震局
李红芳　上海市地震局
付跃武　江苏省地震局
王秋良　浙江省地震局
张有林　安徽省地震局
朱海燕　福建省地震局
熊　斌　江西省地震局
李远志　山东省地震局
王志铄　河南省地震局
晁洪太　湖北省地震局
曾建华　湖南省地震局
钟贻军　广东省地震局
李伟琦　广西壮族自治区地震局
陈　定　海南省地震局
杜　玮　重庆市地震局
张永久　四川省地震局
陈本金　贵州省地震局
毛玉平　云南省地震局
张　军　西藏自治区地震局
王彩云　陕西省地震局
石玉成　甘肃省地震局
马玉虎　青海省地震局
张新基　宁夏回族自治区地震局
王　琼　新疆维吾尔自治区地震局
李　丽　中国地震局地球物理研究所
单新建　中国地震局地质研究所
杨树新　中国地震局地壳应力研究所
车　时　中国地震局地震预测研究所
李　明　中国地震局工程力学研究所
孙　雄　中国地震台网中心
陈华静　中国地震灾害防御中心
吴书贵　中国地震局发展研究中心
杨振宇　中国地震局地球物理勘探中心
董　礼　中国地震局第一监测中心
范增节　中国地震局第二监测中心
何本华　防灾科技学院
高　伟　地震出版社

《中国地震年鉴》特约撰稿人名单

赵希俊　　北京市地震局
戴永锋　　天津市地震局
李　杨　　河北省地震局
王丕煌　　山西省地震局
王金波　　内蒙古自治区地震局
韩　平　　辽宁省地震局
王万富　　吉林省地震局
李丽娜　　黑龙江省地震局
刘　欣　　上海市地震局
毛　培　　江苏省地震局
沈晓健　　浙江省地震局
张　健　　安徽省地震局
郭　皓　　福建省地震局
胡翠娥　　江西省地震局
王冠南　　山东省地震局
滕　婕　　河南省地震局
杨　勇　　湖北省地震局
王沛华　　湖南省地震局
袁秀芳　　广东省地震局
吕聪生　　广西壮族自治区地震局
佘正斌　　海南省地震局
张　鹏　　重庆市地震局
王翱宇　　四川省地震局
刘　军　　贵州省地震局
孔　燕　　云南省地震局
赵立宁　　西藏自治区地震局
曹桂林　　陕西省地震局
胡永钧　　甘肃省地震局
张恩育　　青海省地震局
周德宁　　宁夏回族自治区地震局
唐丽华　　新疆维吾尔自治区地震局
肖春艳　　中国地震局地球物理研究所
高　阳　　中国地震局地质研究所
郑月军　　中国地震局地壳应力研究所
李晶晶　　中国地震局地震预测研究所
代志勇　　中国地震局工程力学研究所
吴银锁　　中国地震台网中心
权　利　　中国地震灾害防御中心
王有涛　　中国地震局发展研究中心
万　亮　　中国地震局地球物理勘探中心
楼关寿　　中国地震局第一监测中心
屈　佳　　中国地震局第二监测中心
许　靓　　防灾科技学院
董　青　　地震出版社